物理定数

物理量	記号	値	単位
真空中の光の速さ（定義）	c	2.99792458×10^8	$m\ s^{-1}$
真空中の誘電率	ε_0	8.854×10^{-12}	$C^2 J^{-1}\ m^{-1}$
重力定数	G	6.673×10^{-11}	$Nm^2 kg^{-2}$
プランク定数	h	6.62607×10^{-34}	
電気素量	e	1.60218×10^{-19}	
電子の質量	m_e	9.10938×10^{-31}	
陽子の質量	m_p	1.67262×10^{-27}	
原子質量単位	u	1.66054×10^{-27}	
ボーア半径	a_0	5.29177×10^{-11}	m
リュードベリ定数	R_∞	10973731.6	m^{-1}
アボガドロ数	N_A	6.02214×10^{23}	mol^{-1}
ファラデー定数	F	9.6485×10^4	$C\ mol^{-1}$
気体定数	R	8.314510	$J\ K^{-1} mol^{-1}$
		0.082058	$L\ atm\ K^{-1}\ mol^{-1}$
		0.08314510	$L\ bar\ K^{-1}\ mol^{-1}$
ボルツマン定数	k_B	1.38065×10^{-23}	$J\ K^{-1}$
ボーア磁子	μ_B	9.27401×10^{-24}	$J\ T^{-1}$
核磁子	μ_N	5.05078×10^{-27}	$J\ T^{-1}$
電子の g 値	g_e	2.0023	

ギリシャ文字

Α,	α	アルファ	Η,	η	イータ	Ν,	ν	ニュー	Τ,	τ	タウ
Β,	β	ベータ	Θ,	θ	シータ	Ξ,	ξ	グザイ	Υ,	υ	ウプシロン
Γ,	γ	ガンマ	Ι,	ι	イオタ	Ο,	ο	オミクロン	Φ,	φϕ	ファイ
Δ,	δ	デルタ	Κ,	κ	カッパ	Π,	π	パイ	Χ,	χ	カイ
Ε,	ε	イプシロン	Λ,	λ	ラムダ	Ρ,	ρ	ロー	Ψ,	ψ	プサイ
Ζ,	ζ	ゼータ	Μ,	μ	ミュー	Σ,	σ	シグマ	Ω,	ω	オメガ

SI 接頭語

倍数	接頭語	記号	倍数	接頭語	記号
10^{-1}	デシ (deci)	d	10	デカ (deca)	da
10^{-2}	センチ (centi)	c	10^2	ヘクト (hecto)	h
10^{-3}	ミリ (milli)	m	10^3	キロ (kilo)	k
10^{-6}	マイクロ (micro)	μ	10^6	メガ (mega)	M
10^{-9}	ナノ (nano)	n	10^9	ギガ (giga)	G
10^{-12}	ピコ (pico)	p	10^{12}	テラ (tera)	T
10^{-15}	フェムト (femto)	f	10^{15}	ペタ (peta)	P
10^{-18}	アト (atto)	a	10^{18}	エクサ (exa)	E

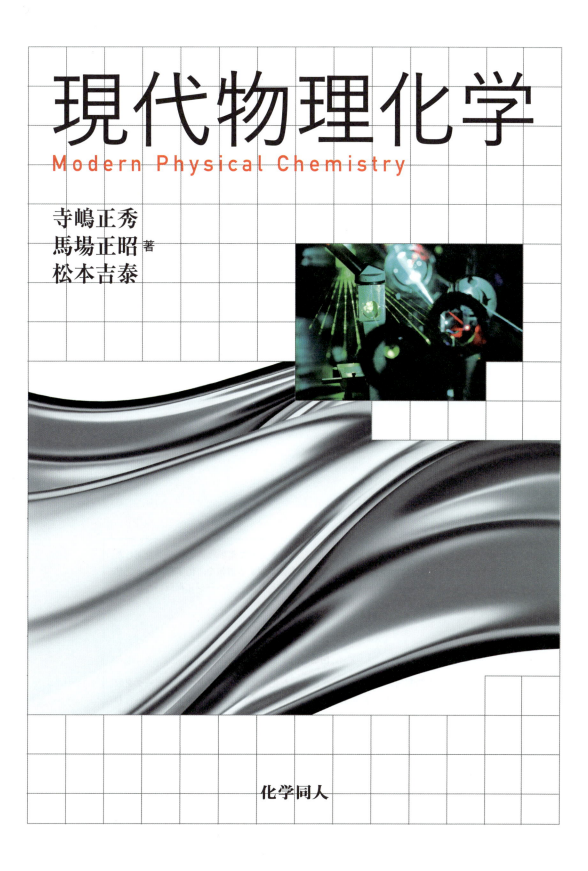

◆「問題の詳解」や「数式や証明の補足解説」(本文中に のマークを記した箇所など)，そのほか学習に役立つ資料や本書に関する情報を，化学同人ウェブサイト(http://www.kagakudojin.co.jp)内の「現代物理化学」のページに掲載いたしますので，ご活用下さい．

◆なお，本書を教科書にご採用いただきました先生には，本書中の図表データを収めた「講義用 CD-ROM」を進呈いたします．詳しくは小社営業部までお問い合わせ下さい．

はじめに

　物理学の理論や実験手段を活用して，原子や分子からなる物質の構造や化学反応を解明するのが物理化学である．その理論的な研究分野も実験的な研究分野も，コンピュータや科学技術の進歩によって，この四半世紀で大きく発展した．また，生体系やナノテクノロジーなどといった領域の異なる分野とも連係が深まり，現代の物理化学は新しい方向へと進んでいる．基礎研究の着実な進歩に加え，社会に直接役立つ応用研究も盛んにおこなわれ，これから物理化学の重要性はますます高くなるであろう．

　ただ，そこで気になるのは，それぞれの研究内容が高度になるにつれ，狭い分野のエキスパートを育てることに目がいってしまい，より広い視野をもった創造的な人材を育てるのが難しくなることである．教育の効果や研究成果を性急に求められれば，基本的な考え方や基礎理論を学ぶ時間が少なくなるのは否めない．それが続くと，指示された実験作業やデータ処理はできても，自分で研究をデザインしたり，新しい物質を創り出したりすることがなかなか身につかなくなる．

　そこで，三人の著者が，化学を志す若い方に基礎をしっかりと身につけてほしいと願い，実際におこなってきた授業のノートをわかりやすく教科書としてまとめたのが本書である．ここに書かれてある基本理論をしっかりと学び，数式とその使い方にもなじみながら，物理化学の本質を理解してほしい．

　本書にはもうひとつの目的がある．それは，専門であるかないかにかかわらず，多くの方に物理化学のおもしろさを知ってもらうことである．これまでの物理化学の教科書では，正確性を期すために多くの数式が並び，複雑な表現も多く用いられたので，早い段階で敬遠してしまう人も少なくなかった．しかし，本書では，興味深い最先端の研究例の紹介など，知的好奇心を湧かせ，学ぶ意欲を高める工夫もしているので，まずはそれを眺めることから始めてもよい．物質合成を中心とした化学分野をめざす方でも，物理化学の研究にふれることで視野が大きく広がるはずである．新しい化合物が合成できた感動の上に，なぜこの物質ができたのか，もっと良い方法はないか，せっかく創った物質をさらに活用できる用途はないかなどといった，さらに一歩進んだテーマについて解決のヒントを得られるかもしれない．

　物理化学は，歴史的に見ると，正確なデータの蓄積とそれを説明しようとする自由な発想によって発展してきた．今でもそれぞれの研究者によって考え方や研究の進め方はさまざまである．それでも，長い年月を経て確立された基本は大切であるし，必ずや糧となるはずである．奥深い分野であるので，短時間で習熟するのは難しいが，本書の内容をきちんと学べば，大学院入学の水準まで十分達することができる．ぜひとも本書を手元に置いて長く活用してほしい．物理化学はレベルが上がるととてもおもしろいので，しっかり勉強してほしい．

　最後に，この場を借りて，化学同人編集部の後藤南氏と平祐幸編集長に感謝の意を表したい．お二人の熱意がなければ，本書が生まれることはなかった．著者たちの教育および研究への思いを形にした本書を，多くの方に読んでいただければこの上ない幸いである．

著者一同

現代物理化学 目次

序章　物理化学を学ぶ　　1

1. 物理化学の成立　1
2. 化学のなかの物理化学　2
3. 物理化学の役割と貢献　3
4. 本書の構成　4
5. 本書の使い方・学び方　5
6. 数式の扱い　6

第Ⅰ部　量子論と化学結合

1章　量子論の基礎　　8

1.1　量子論の誕生　9
- 1.1.1　プランクの量子仮説　9
- 1.1.2　光電効果と光の波動性・粒子性　11
- 1.1.3　ド・ブロイ波と物質の波動性　13
- 1.1.4　ボーアの原子モデル　13

1.2　不確定性原理と波動関数　16
- 1.2.1　不確定性原理　16
- 1.2.2　波動関数と存在確率　17
- 1.2.3　波動関数の規格化　18
- 1.2.4　エネルギーの値と固有値方程式　19

1.3　シュレーディンガー方程式　20
- 1.3.1　波動方程式の基本形　20
- 1.3.2　ハミルトン演算子　21
- 1.3.3　時間を含まないシュレーディンガー方程式　22

2章　量子モデル　　26

2.1　箱の中の粒子　27
- 2.1.1　一次元箱の中の粒子のシュレーディンガー方程式　27
- 2.1.2　とびとびのエネルギー準位と波動関数の直交性　29
- 2.1.3　存在確率の空間分布　29
- 2.1.4　ゼロ点エネルギー　29

2.2　調和振動子——分子振動のモデル　30
- 2.2.1　調和振動子のシュレーディンガー方程式　30
- 2.2.2　調和振動子の固有関数　31

2.3　角運動量——スピンのモデル　33
- 2.3.1　角運動量とは　33
- 2.3.2　角運動量の大きさと軸方向成分の固有値　34
- 2.3.3　空間の量子化　37

2.4　剛体回転子——分子回転のモデル　38
- 2.4.1　二原子分子の回転エネルギー　38
- 2.4.2　剛体回転子のシュレーディンガー方程式　40
- 2.4.3　球面極座標　40
- 2.4.4　剛体回転子の固有値　42

3章　原子の電子構造　　45

3.1　水素原子　46
- 3.1.1　水素原子のシュレーディンガー方程式　46
- 3.1.2　水素原子のエネルギー準位　47

3.2 原子の波動関数（原子軌道） ... 50
- 3.2.1 s軌道 *50*
- 3.2.2 p軌道 *53*
- 3.2.3 d軌道 *54*

3.3 多電子原子と構成原理 ... 55
- 3.3.1 多電子原子のエネルギー準位 *55*
- 3.3.2 電子配置の構成原理 *56*
- 3.3.3 不対電子と原子価 *57*

3.4 電子配置と原子の周期性 ... 57
- 3.4.1 最外殻電子配置 *58*
- 3.4.2 イオン生成の周期性 *59*

3.5 項の記号 ... 61
- 3.5.1 角運動量の合成 *62*
- 3.5.2 項の記号 *62*

4章 化学結合と分子軌道法 ... 66

4.1 分子軌道法と永年方程式 ... 67
- 4.1.1 水素分子イオンのシュレーディンガー方程式 *67*
- 4.1.2 変分原理と永年方程式 *69*
- 4.1.3 水素分子イオンの永年方程式 *70*
- 4.1.4 σ結合とπ結合 *72*
- 4.1.5 分子軌道と電子配置 *74*

4.2 二原子分子 ... 75
- 4.2.1 等核二原子分子 *75*
- 4.2.2 異核二原子分子 *76*
- 4.2.3 ハートリー–フォック法 *78*

4.3 多原子分子 ... 79
- 4.3.1 水分子 H_2O *79*
- 4.3.2 アンモニア分子 NH_3 *80*

5章 混成軌道とπ結合 ... 84

5.1 混成軌道と多重結合 ... 85
- 5.1.1 sp^3混成軌道 *85*
- 5.1.2 sp^2混成軌道 *86*
- 5.1.3 sp混成軌道 *88*

5.2 π電子近似とヒュッケル法 ... 90
- 5.2.1 ヒュッケル法での永年方程式 *90*
- 5.2.2 エチレンのπ結合 *91*
- 5.2.3 ブタジエン分子のπ結合 *93*

5.3 π電子密度とπ結合次数 ... 97
- 5.3.1 π電子エネルギー *97*
- 5.3.2 π電子密度 *97*
- 5.3.3 π結合次数 $N_\pi(i\text{–}j)$ *98*

第II部 分子の構造と分光学

6章 光の性質 ... 104

6.1 電磁波の波動方程式 ... 105

6.2 平面波と偏光 ... 107
- 6.2.1 平面波 *107*
- 6.2.2 偏光 *108*

6.3 光の強度 ... 109

6.4 光の干渉 ... 110
- 6.4.1 光の重ね合わせと強度——干渉の原理 110
- 6.4.2 波束 111
- 6.4.3 光干渉計 114

6.5 光の回折 ... 115

6.6 光子 ... 116

7章 光と物質の相互作用 ... 121

7.1 古典的振動子 ... 122
- 7.1.1 電気双極子の運動 122
- 7.1.2 電気双極子がつくる電磁場 123
- 7.1.3 電磁波の周波数分布 124
- 7.1.4 電磁波による双極子の駆動 125

7.2 量子論的な電気双極子 ... 127
- 7.2.1 電場の影響を受けた水素原子の波動関数 127
- 7.2.2 波動関数の時間的変化 128

7.3 光の吸収と放出の速度論 ... 130
- 7.3.1 1分子による光の吸収・放出 130
- 7.3.2 分子集団による光の吸収・放出 131

7.4 レーザー光 ... 132
- 7.4.1 誘導放出による光の増強 132
- 7.4.2 レーザー発振の原理 133

7.5 吸収係数 ... 135

7.6 光の散乱 ... 136
- 7.6.1 レイリー散乱 137
- 7.6.2 ラマン散乱 137

7.7 スペクトル線の形状 ... 138
- 7.7.1 均一拡がり 139
- 7.7.2 不均一拡がり 139

8章 分子の構造と対称性 ... 143

8.1 定常状態とは ... 144
- 8.1.1 演算子と固有値 144
- 8.1.2 定常状態を量子力学的に規定する 144

8.2 対称操作と対称要素 ... 146

8.3 群論と分子の状態 ... 148
- 8.3.1 群の定義 148
- 8.3.2 点群 148

8.4 点群による対称操作の表現 ... 152
- 8.4.1 群の表現 152
- 8.4.2 既約表現 155
- 8.4.3 指標表 157
- 8.4.4 射影演算子 158

8.5 電子状態の対称性 ... 158
- 8.5.1 原子軌道の対称性と混成軌道 159
- 8.5.2 π結合共役系における分子軌道 160

8.6 選択則 ... 162

9章 分子のエネルギー構造とスペクトル ... 167

9.1 分子内の運動の分離 ... 168
- 9.1.1 運動間の相互作用 168
- 9.1.2 ボルン–オッペンハイマー近似 168
- 9.1.3 分子の回転・振動の波動関数 169
- 9.1.4 回転準位と縮退度 170
- 9.1.5 振動準位と調和振動子近似 170
- 9.1.6 同位体効果 171
- 9.1.7 ポテンシャルの非調和性 172

9.2 電気双極子遷移 ··· 173
- 9.2.1 遷移双極子モーメント 173
- 9.2.2 回転準位間の遷移 173
- 9.2.3 振動準位間の遷移 174
- 9.2.4 振動ラマン遷移 176

9.3 振動回転スペクトル ·· 176

9.4 多原子分子の振動 ·· 178
- 9.4.1 原子核の運動の自由度 178
- 9.4.2 多次元のポテンシャルエネルギー曲面 179
- 9.4.3 基準振動 179
- 9.4.4 基準振動の量子力学的表現 181

9.5 基準振動モードの対称性と選択則 ··· 182

9.6 点群を用いた振動遷移選択則 ··· 183
- 9.6.1 基準振動モードの対称性 183
- 9.6.2 電気双極子モーメントの対称性 184
- 9.6.3 点群による選択則 184
- 9.6.4 結合モードへの遷移 185

9.7 調和振動子近似の破れと特性振動 ··· 186
- 9.7.1 振動間の結合 186
- 9.7.2 代表的な振動バンド 187

9.8 電子遷移と電子スペクトル ··· 188
- 9.8.1 電子スピンに関する選択則 188
- 9.8.2 フランク–コンドンの原理 189
- 9.8.3 多原子分子の電子スペクトル 191
- 9.8.4 振電相互作用 192

10章 電子スピンと核スピン　　196

10.1 電子スピン ·· 197
- 10.1.1 電子スピン角運動量と磁気モーメント 197
- 10.1.2 一重項,二重項,三重項 197

10.2 核スピン ·· 200

10.3 磁気共鳴分光法 ·· 202
- 10.3.1 電子スピン共鳴(ESR) 202
- 10.3.2 核磁気共鳴(NMR) 204

第III部　熱力学

11章 気体分子運動論　　210

11.1 理想気体の状態方程式 ··· 211

11.2 分子運動と気体の圧力 ··· 211

11.3 気体分子の速度分布 ·· 213
- 11.3.1 1方向への速度分布 213
- 11.3.2 マクスウェル–ボルツマン分布 215

11.4 気体分子の衝突 ·· 217
- 11.4.1 壁との衝突 217
- 11.4.2 粒子間の衝突 218

11.5 気体分子の拡散 ·· 219
- 11.5.1 拡散とは 219
- 11.5.2 拡散方程式 221

11.6 実在気体とファンデルワールス方程式 ·· 223
- 11.6.1 ファンデルワールス方程式 223
- 11.6.2 臨界点 225
- 11.6.3 ビリアル係数 227

11.7 分子間相互作用 ·· 229
- 11.7.1 分子間相互作用の由来 229
- 11.7.2 ファンデルワールス相互作用の大きさ 231
- 11.7.3 レナード–ジョーンズポテンシャル 232
- 11.7.4 単純ポテンシャル 232

12章 熱力学第一法則 — 237

- **12.1 熱と仕事** ································· 238
  - 12.1.1 系と状態 238
  - 12.1.2 内部エネルギーと温度 238
  - 12.1.3 熱と仕事 238
- **12.2 状態関数と経路関数** ····················· 240
  - 12.2.1 仕事と状態関数 240
  - 12.2.2 可逆過程と経路関数 241
- **12.3 熱力学第一法則（エネルギー保存則）** ···· 243
- **12.4 エンタルピー** ······························· 243
- **12.5 熱容量と断熱膨張・断熱圧縮** ············ 245
  - 12.5.1 熱容量 245
  - 12.5.2 断熱膨張・断熱圧縮 247
- **12.6 反応にともなうエンタルピー変化** ······ 248
  - 12.6.1 標準反応エンタルピー 248
  - 12.6.2 ヘスの法則 249
  - 12.6.3 標準モル生成エンタルピー 250
  - 12.6.4 エンタルピーの温度依存性 252
- **12.7 ジュール-トムソン効果** ··················· 252

13章 エントロピーと変化 — 256

- **13.1 エントロピー** ······························· 257
  - 13.1.1 エントロピーの定義 257
  - 13.1.2 体積膨張でのエントロピー増加 259
- **13.2 エントロピーは状態関数** ·················· 260
  - 13.2.1 理想気体のカルノーサイクル 260
  - 13.2.2 任意の媒体のカルノーサイクル 263
  - 13.2.3 任意の過程でエントロピーは状態関数 264
- **13.3 不可逆過程のエントロピー** ··············· 265
- **13.4 熱力学第二法則** ···························· 266
  - 13.4.1 自発過程のエントロピー変化 266
  - 13.4.2 熱力学第二法則 267
  - 13.4.3 熱接触した2つの物体のエントロピー変化 269
- **13.5 熱力学第三法則** ···························· 271
- **13.6 エントロピーの圧力・温度依存性** ········ 271
  - 13.6.1 エントロピーの圧力依存性 271
  - 13.6.2 エントロピーの温度依存性 272
- **13.7 エントロピーの絶対値** ····················· 273
- **13.8 標準エントロピーと標準反応エントロピー** ··· 274
  - 13.8.1 標準モルエントロピー 274
  - 13.8.2 標準反応エントロピーと標準生成エントロピー 275
- **13.9 残余エントロピー** ·························· 275

14章 ギブズエネルギー — 281

- **14.1 ギブズエネルギー** ·························· 282
  - 14.1.1 ギブズエネルギーとは 282
  - 14.1.2 反応のギブズエネルギー変化 284
- **14.2 ヘルムホルツエネルギー** ·················· 285
  - 14.2.1 ヘルムホルツエネルギーとは 285
  - 14.2.2 ヘルムホルツエネルギーの意味づけ 286
- **14.3 熱力学量の関係** ···························· 287
  - 14.3.1 エントロピーの測定 287
  - 14.3.2 マクスウェルの関係式 288

14.3.3 マクスウェルの関係式の応用　*290*

14.4 ギブズエネルギーの温度・圧力依存性 292
14.5 標準反応ギブズエネルギー 293
14.6 相平衡 294
　14.6.1 相　図　*294*　　　*14.6.3* ギブズエネルギーの圧力依存性　*299*
　14.6.2 ギブズエネルギーの温度変化　*296*
14.7 クラペイロンの式 300
14.8 非理想気体――フガシティー 303

15章　溶液の混合　　309

15.1 部分モル量 310
　15.1.1 部分モル分子体積　*310*　　*15.1.2* 部分モル体積の濃度依存性　*311*
15.2 化学ポテンシャル 313
　15.2.1 ギブズエネルギーと化学ポテンシャル　*313*　　*15.2.2* ギブズ-デュエムの式　*314*
15.3 混合の化学ポテンシャル 315
　15.3.1 混合溶液の化学ポテンシャル　*315*　　*15.3.3* 理想気体の混合ギブズエネルギー　*316*
　15.3.2 混合の熱力学量　*316*
15.4 理想溶液 317
　15.4.1 ラウールの法則　*317*　　*15.4.3* 混合溶液の成分　*319*
　15.4.2 理想溶液の混合による変化　*317*
15.5 非理想溶液 319
　15.5.1 非理想溶液の混合ギブズエネルギー　*319*　　*15.5.3* 相分離と温度　*322*
　15.5.2 正則溶液　*321*
15.6 ヘンリーの法則 324
15.7 活　量 325
　15.7.1 活量とは　*325*　　*15.7.3* モル濃度単位での活量　*328*
　15.7.2 ラウール則標準状態とヘンリー則標準状態　*327*

16章　溶液の性質　　333

16.1 塩が水に溶ける熱力学 334
16.2 束一的性質 335
　16.2.1 蒸気圧降下　*337*　　*16.2.3* 沸点上昇　*339*
　16.2.2 凝固点降下　*337*　　*16.2.4* 浸透圧　*339*
16.3 電解質溶液 343
　16.3.1 電解質の活量係数　*343*　　*16.3.2* デバイ-ヒュッケル理論　*344*
16.4 溶液中での拡散 347
　16.4.1 濃度勾配に働く力　*347*　　*16.4.2* 拡散係数　*348*
16.5 イオンの移動度 350
　16.5.1 イオンの移動度と拡散係数　*350*　　*16.5.3* イオンの大きさと移動度　*351*
　16.5.2 イオンのモル伝導率と拡散係数　*350*

17章 化学平衡 355

17.1 化学平衡の熱力学 356
- 17.1.1 反応進行度 356
- 17.1.2 反応ギブズエネルギー 356
- 17.1.3 平衡定数 357

17.2 平衡定数の温度・圧力依存性 361
- 17.2.1 ル・シャトリエの原理 361
- 17.2.2 平衡定数の温度依存性 362
- 17.2.3 平衡定数の圧力依存性 363

17.3 電気化学と平衡 364
- 17.3.1 電池 364
- 17.3.2 ネルンストの式 367
- 17.3.3 起電力と熱力学量 368
- 17.3.4 電気化学系列 370

18章 統計熱力学 374

18.1 占有する確率分布 375
- 18.1.1 少数系の熱平衡での分布 375
- 18.1.2 ボルツマン分布 376

18.2 ボルツマン分布の導出 377

18.3 分子分配関数のもつ意味 381

18.4 熱力学量と分子分配関数 382
- 18.4.1 平均エネルギー 382
- 18.4.2 統計エントロピー 383

18.5 分子運動と分子分配関数 384
- 18.5.1 並進運動と分子分配関数 384
- 18.5.2 回転運動と分子分配関数 386
- 18.5.3 振動と分子分配関数 387
- 18.5.4 電子励起状態と分子分配関数 388
- 18.5.5 全分子分配関数 388

18.6 系の分配関数 388
- 18.6.1 カノニカルアンサンブル 389
- 18.6.2 系の分配関数による内部エネルギーとエントロピーの表現 390

18.7 系の分配関数と分子分配関数 391
- 18.7.1 系の分配関数と分子分配関数の関係式 391
- 18.7.2 単原子分子の系の分子分配関数 392
- 18.7.3 多原子分子の系の分配関数 393

18.8 熱力学量の微視的意味 393
- 18.8.1 仕事と熱 393
- 18.8.2 $S = k_B \ln W$ の導出 394

第IV部 化学反応

19章 反応速度 400

19.1 反応速度式と速度定数 401
- 19.1.1 単分子反応 $A \xrightarrow{k_1} B$ 401
- 19.1.2 二分子反応 $A + B \xrightarrow{k_2} C$ 403

19.2 反応速度の温度変化と触媒作用 405
- 19.2.1 反応速度の温度変化——アレニウスの式 405
- 19.2.2 触媒作用 407

19.3 遷移状態理論 408
- 19.3.1 衝突反応モデル 408
- 19.3.2 遷移状態モデル 409

19.4	素反応と律速段階	410
19.4.1	基本的な複合反応　410	
19.4.2	複合反応と律速段階　412	

20章　光化学反応　418

20.1　光による化学結合の切断　419
- 20.1.1　光解離のしくみ　419
- 20.1.2　前期解離　420
- 20.1.3　光解離の例　420

20.2　励起状態ダイナミクス　421
- 20.2.1　光吸収と発光過程　422
- 20.2.2　無輻射遷移と量子収率　423

20.3　レーザー化学　425
- 20.3.1　高分解能レーザーと分子の選択励起　425
- 20.3.2　極短パルスレーザー　427
- 20.3.3　光化学反応のレーザー追跡　430

21章　生体系の化学反応　436

21.1　生体分子の構造　437
- 21.1.1　疎水性効果　437
- 21.1.2　DNA　438
- 21.1.3　生体膜　440
- 21.1.4　タンパク質　440

21.2　タンパク質の構造形成の要因　443
- 21.2.1　構造形成に寄与する相互作用　443
- 21.2.2　変性とその原因　444

21.3　タンパク質の反応速度　445
- 21.3.1　測定法　445
- 21.3.2　ミカエリス–メンテン機構　448

21.4　タンパク質の反応　450
- 21.4.1　タンパク質の光反応　450
- 21.4.2　タンパク質の折りたたみ　452

21.5　新しいダイナミクス測定　453
- 21.5.1　反応にともなう熱力学量と時間変化　453
- 21.5.2　反応中間体の拡散係数　455

21.6　酵素の基質認識機構　455

22章　表面・界面での反応　460

22.1　固体表面の構造と吸着　461
- 22.1.1　固体表面の構造　461
- 22.1.2　固体の電子状態　462
- 22.1.3　表面電子状態　466
- 22.1.4　吸着分子の構造と表面における相互作用　466
- 22.1.5　吸着種の振動構造　468

22.2　表面反応　469
- 22.2.1　吸着・脱離平衡　469
- 22.2.2　吸着・脱離のダイナミクス　471
- 22.2.3　表面反応の形式　472

22.3　固体触媒反応　473
- 22.3.1　アンモニア合成　473
- 22.3.2　周期表から見る金属触媒能　474

22.4　光触媒　475
- 22.4.1　光触媒の原理　475
- 22.4.2　助触媒　476
- 22.4.3　光触媒反応の熱力学的条件　476

補章　物理化学で使う数学　481

S1　物理量とエネルギーの単位 …… 481
- S1.1　国際単位系(SI 単位)　481
- S1.2　エネルギーの単位と換算　482

S2　関数 …… 482
- S2.1　三角関数　$\sin\theta, \cos\theta, \tan\theta$　482
- S2.2　指数関数と対数関数　$e^x, \ln x$　482
- S2.3　複素関数　$x+iy$　483

S3　行列と行列式 …… 483
- S3.1　ベクトルの行列表現　483
- S3.2　行列式とその展開　484
- S3.3　連立一次方程式　485

S4　固有値方程式 …… 485
- S4.1　固有値方程式の行列表現　485
- S4.2　線形演算子と線形結合　486
- S4.3　変分原理と変分法　487

S5　微分と積分 …… 488
- S5.1　微分係数と導関数　488
- S5.2　不定積分と定積分　488
- S5.3　テイラー展開　489
- S5.4　偏微分と全微分　490
- S5.5　完全微分と不完全微分　491
- S5.6　ガウス積分の公式　492
- S5.7　球面積分　493

S6　角運動量演算子に関する計算 …… 493
- S6.1　角運動量成分どうしの交換子　494
- S6.2　角運動量の大きさの2乗と成分の交換子　495
- S6.3　上昇・下降演算子　495

S7　フーリエ変換 …… 496

- ◆付録データ集 …… 498
- ◆問題の解答 …… 505
- ◆索　引 …… 513

Focus 一覧

- 1.1　古典論 ≒ 量子論　10
- 1.2　ハイゼンベルクの思考実験　16
- 1.3　確率期待値とエネルギー固有値　20
- 3.1　閉殻構造の安定性　58
- 4.1　多原子分子の永年行列式　72
- 4.2　ポーリングの電気陰性度と結合のイオン性の割合　77
- 4.3　密度汎関数法　78
- 5.1　二酸化炭素は直線分子　89
- 5.2　ベンゼン分子のπ軌道　96
- 5.3　π結合次数とC=C結合長　100
- 6.1　光速の測定　106
- 6.2　量子電磁気学　117
- 7.1　レーザー光の利用　132
- 7.2　レーザー発展の歴史　134
- 8.1　物理や化学で使われるさまざまな群　151
- 10.1　Na原子の$^2P_{3/2}$と$^2P_{1/2}$　199
- 10.2　MRI(核磁気共鳴画像法)　205
- 12.1　一般的に定容と定圧での熱容量の差はどれくらいか　246
- 13.1　熱力学第二法則に違反している？　268
- 14.1　自発過程でギブズエネルギーが減ることの意味　283
- 14.2　超臨界流体の応用　296
- 15.1　「化学ポテンシャル」とよぶ理由　314
- 19.1　燃料電池と白金触媒　407
- 20.1　ベンゼンの励起状態ダイナミクス　424
- 20.2　波長標準と時間および長さの定義　426
- 22.1　和周波発生振動分光　469

物理化学を学ぶ

序章

　本書は，大学で化学を学ぶ学生を対象に，分子の構造や性質，あるいは物質の特性を解き明かしていく分野である物理化学の基礎をわかりやすく解説した教科書である．化学は一般的に記憶科目と思われがちであるが，現代の化学は知識を蓄積するだけでは習得できない．そこで本書では，重要な事項を精選したうえで，考え方のエッセンスや鍵となる数式を理解し，その物理学的な展開を身につけることに中心を置いた．高度でありながら理解しやすいよう，ていねいに解説することを心がけた．

　序章ではまず，物理化学がどんな学問であるかということを示したあと，本書の概要と，どのように学習を進めたらよいかについて説明していく．

■ Contents
1. 物理化学の成立
2. 化学のなかの物理化学
3. 物理化学の役割と貢献
4. 本書の構成
5. 本書の使い方・学び方
6. 数式の扱い

1. 物理化学の成立

　まずは，物理化学が歴史的にどうやって成立してきたのかを簡単に見てみよう．

　化学の原点のひとつは，中世に西洋で生まれた**錬金術**である．安価に手に入る金属を混合して金をつくる……．あまりに魅力的なテーマであるために，時の権力者の支援を受けて多くの錬金術師が実験的な試みをくり返した（下図）．どうすれば成功するかという理論はなかったが，経験的に得られた膨大な知識が蓄積され，それは少なからず現代の化学のベースになっている．

　しかし，19世紀の産業革命と同時に，もっと合理的な方法で物質を創り出すことが求められるようになり，ここから物理化学のもととなるような理論が生まれてきた．

　物質を加熱したり冷却したりすると状態が変わることはよく知られていた．鉄は高温で溶けて形を変えたり硬さが変わったりするので，温度や組成を正確に設定することで特殊な鉄をつくることができ，鋳型を使って決まっ

ブリューゲル作「錬金術師」
（16世紀）

高温にして溶かした鉄を流す

た形にして固めてやれば機械の部品もできる(左図). 水を冷却すると 0 ℃で氷になるがそのときに体積は 8 ％増加する. 水を加熱すると 100 ℃で沸騰して水蒸気になるが, その圧力をうまく制御することで蒸気機関にすることもできる.

また, 混合物を過熱あるいは冷却すると, いくつかの種類の物質に分離できた. その実験をくり返していくうちに, これ以上はどうしても分けられない物があることがわかり, これを元素とよんだ. 金もその 1 つであることが判明し, 錬金術師には金を創り出すことができないことがわかった.

これらの発見によって社会が大きく発展したのは疑う余地もない. しかし, まだ原子や分子の概念は確立しておらず, 手がかりは, 物質の状態や性質, あるいは温度による変化などであった. それを正確に表すために, 実験から得られる数値やそれを説明する数式が広く使われるようになった.

その後, 熱機関の研究を皮切りに, 熱とエネルギーの関係についての研究が積み重ねられていった. そして, 19 世紀中ごろには, 状態変化や化学平衡の過程を数式を使って正確に表現し, 分子の集団としての性質を解明する**熱力学**という分野が誕生した.

20 世紀に入ると, それぞれの元素は違う種類の原子からなることが判明し, 光の吸収や発光の実験結果を説明するために**量子論**が生まれた. やがて多くの物質は原子が結合した分子からなることがわかり, 分子の構造を明らかにして物質を理解しようとする試みが盛んにおこなわれるようになった.

たとえば, 水は H_2O という分子からなる物質である(左図). O 原子は負の電気を帯びやすく, H 原子は正の電気を帯びやすい. H_2O 分子の構造は二等辺三角形なので, 分子全体として電気的な偏りが大きく, 分子どうしの引き合う力が強くなり, 常温でも液体で安定になっている. その電気的な力によって水には多くの物質が溶解するし, それによってできた水溶液の性質は組成や温度によって著しく変化する. その理由を説明しようとすると, 多数の分子の集団としての挙動がその構造やエネルギーによってどのように変化するかを考えなければならない. また, 不思議なことに, 液体の水では次の反応が絶えず起こり, 常に化学平衡が達成されている.

H_2O 分子

$$H_2O \rightleftarrows H^+ + OH^-$$

そのため水の中には荷電粒子(イオン)が存在し, 電気が流れる. また, 水溶液では酸性やアルカリ性という特性(ペーハー値:pH)が重要となり, 温度によってそれぞれに特有の化学反応が起こる. このように水ひとつを挙げてもその性質は非常に多様である.

こういうことを数学の力を借りて物理学的に考察する方法論が確立し, 物理化学という分野が成立したのである.

2. 化学のなかの物理化学

化学という学問分野がもつ大きな特徴の 1 つは, 新しい化合物を創り出すこと, すなわち物質合成にある. 日本でもこれまでに数えきれないくらい多

くの優れた機能をもつ物質が実際に合成されてきた．そこでは，さまざまな手法が試みられ，経験が蓄積され，多くのブレークスルーがなされてきた．

それらは単に経験則によって成し遂げられるものではない．それぞれの物質にどのような性質や機能があるのか，どんな反応が考えられるか，などについての理論にもとづいて研究が進められ，そこからさらに深化した手法や考察が生み出されていくのである．

つまり，物理化学は，有機化学などの分野に代表される物質合成の土台部分の追究をおこなう学問分野だということができる．もう少し具体的にいうと，分子や分子集合体の構造，物性，反応機構などを，量子論，熱力学などといった物理学的な基礎理論を用いて理解し，応用に展開するための方法論の開拓を担う分野である．もちろんその方法論には理論も実験もある．多くの場合，物性や反応について，まずはモデルをつくって数式で表現し，個別の条件下でこれを理論的あるいは実験的に調べ，詳細かつ正確な考察を重ねて解明していくという過程をとる．そのように，物質合成と物理化学は，相互作用しながら発展していくものであり，不可分なのである．

3. 物理化学の役割と貢献

化学は物質を基盤とする近代社会の発展に大きく貢献してきた．主な寄与として，新規機能物質の創造，システムの制御，地球環境の保全などが挙げられるが，すべてについて物理化学はベースとなっている．

新しい物質を創り出すためには，分子の構造や性質を理解し，量子論や分光学の結果をもとにして可能性の大きい分子を設計する．実際にそれを合成するためには化学反応論が必要となる．あるいは，分子の集合体としての液体や固体の構造や性質も大事であり，エネルギー論や熱力学，界面の特性を学ぶことも必要である．

エネルギー源，冷暖房装置，内燃機関，IT機器などといったシステムの正常な動作と維持には，それぞれの用途に応じた化学物質が用いられる．したがって，快適な生活や都市機能を維持するためには，物質の状態変化や化学反応を巧みに操り，システム全体の正常な動作と循環の維持を保持することが何よりも大切である．なかでも，光エネルギーを電気エネルギーに変換したり（太陽電池），物質に変換したり（人工光合成）することは，今後の重要な課題である．また，優れた特性をもつ半導体，発光ダイオード(LED)（右図），液晶，有機エレクトロルミネッセンス(EL)素子などの開発にも物理化学が大きく貢献している．

2014年ノーベル物理学賞の受賞理由となった青色LED

さらに大きな課題として地球環境問題がある．CO_2の赤外光吸収による地球温暖化，オゾン層の破壊，化石燃料の燃焼反応による大気汚染(右図)など，どれをとっても分子の挙動などといった物理化学の知見なしでは解決できない．大きなスケールの化学物質の循環に対しての応用性も検証していかなければならない．地球規模の物理化学が環境を守る鍵となる．

これから解明しなければならない課題はまだまだ多く残されており，物理化学者の挑戦は今後も続いていくことだろう．

大気汚染が問題となっている北京(中国)

4. 本書の構成

物理化学は大きく，**量子論**，**分子の構造**，**熱力学**，**化学反応**の4つに分けることができる．本書ではこれらを柱にして4部に分け，それぞれの重要なポイントを筋道にしたがって解説した．下図はその章構成を示したものである．

第Ⅰ部「**量子論と化学結合**」は，物質の構成粒子である原子や分子を理解するための基礎理論である．1章では量子論の考え方と数式を使った取り扱いの基本を学ぶ．2章ではそれを簡単なモデルに適用し，実際に値を計算して実験結果と照らし合わせる．量子論で最も重要なことは，原子のエネルギー準位と波動関数（原子軌道）を理解することである．そして，3章では最も簡単なH原子から始めて，多くの原子の性質に周期性や規則性があることを示し，これを電子配置という観点から理解する．さらに，量子論を分子にも拡張して適用するために，4章と5章では化学結合のしくみを詳しく解説する．これを正確に取り扱うために分子軌道法を用いる．

第Ⅱ部「**分子の構造と分光学**」では，量子論の基礎理論を使って分子のエネルギー準位について解説し，分光学的な実験によって実際にどのように解明されるかを詳細に学ぶ．6章ではまず，光（電磁波）がもつ性質について詳しく解説し，7章では物質と光の相互作用について学ぶ．8章では分子分光学によって分子の構造を知るときに重要になる分子の対称性について考える．9章と10章では，それらを用いて実際に観測される分子スペクトルについて説明し，分子の構造や運動状態，さらにはスピンの準位について理解する．

第Ⅲ部「**熱力学**」では，物質を原子や分子の集団としてとらえ，そのなか

でのエネルギーや状態の変化を，いろいろな系について正確に取り扱っていく．11章の気体分子運動論では，分子集団系の基本である気体の熱力学的な取り扱いを学ぶ．この章はあらゆる系を理解するうえで大切なので，まずはしっかり勉強してほしい．12章，13章には，続けて学習すべき熱力学の第一法則と系の乱雑さを表す量であるエントロピーについて詳しく解説してある．さらに，熱力学で重要なギブスエネルギーについて14章で解説する．数学的に少し高度な点もあるが，これを理解することは後の化学反応や平衡を扱うのにとても有用であるので，飛ばさずに読んでほしい．15章，16章は液体の混合や溶液の性質についてまとめてあり，現実の身近な系を制御するのになくてはならない理論が示されている．17章では熱力学で最も重要な問題である化学平衡について深く学ぶ．18章では熱力学のまとめとして，統計論を用いた系の取り扱いを詳しく解説している．

第Ⅳ部「化学反応」では，量子論，分子分光学，熱力学の理論を使って，化学の醍醐味である反応過程を理解することをめざす．19章では反応速度の基礎的な取り扱いについて学ぶが，これはおそらく多くの教科書で共通して取り上げられている部分である．新しいことではないが，反応の理解のためには不可欠なものなので着実に学習してほしい．それに続いて20章, 21章, 22章と，光化学反応, 生体系の化学反応, 表面・界面での反応を取り上げる．ここは最新の研究成果も含め，物理化学のおもしろさをわかってもらえるようにと，各著者がそれぞれの専門分野をコンパクトにまとめたところである．

以上，本書の章立てについて順を追って説明したが，原則的にはこれにしたがって読み進め，時間をかけて学習してほしい．

しかし，カリキュラムに応じて，右図のように，順番を入れ替えて学んでも差し支えないようにしている．

ただ，基本となっているのは量子論であり，先に修得しておくとすべてにおいて理解は深まる．したがって，本書では第Ⅰ部に量子論を置き，段階を経て物理化学全体を学べるような構成とした．

5. 本書の使い方・学び方

本書では，学習を効率的に進めやすくするための工夫として，理解につまずきそうなところでは，「**Assist**[†]」として補足説明を載せたり，大切な数値を「**Data**[*]」として欄外に書き出したりしている（右図）．

また，おおむね各節に「**例題**」があり，そのあとには，類似の問題を自力で解いて定着できるように「**チャレンジ問題**」を用意している（右図）．

章末には，その章で出てきた，重要な公式・数式および概念をまとめた「**重要項目チェックリスト**」を用意した．このリストを見て理解が不十分だと思えるところは，もう一度本文に立ち返って読み直すようにしたい．そして，基本的な「**確認問題**」と，大学院入試レベルの「**実戦問題**」も設定しているので，学習の区切りで必ず解いてみてほしい．数式の形や結果を覚えるだけでは物理化学の学習は不十分である．おそらく本質的なところを十分理解することは簡単なことではないし，実際に問題を解いてみると意外に時間がか

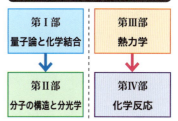

熱力学を先に学ぶ

第Ⅲ部 熱力学
↓
第Ⅳ部（19・21章）反応速度／生体系の化学反応
↓
第Ⅰ部 量子論と化学結合
↓
第Ⅱ部 分子の構造と分光学
↓
第Ⅳ部（20・22章）光化学反応／表面・界面での反応

量子論と熱力学を並行して学ぶ

第Ⅰ部 量子論と化学結合 → 第Ⅱ部 分子の構造と分光学
第Ⅲ部 熱力学 → 第Ⅳ部 化学反応

Assist　方程式の一般解

方程式を解くときに，まずその関数の形を使えば，あらゆる解を表すことができるというようなものからスタートしていくと解くのが容易になる．これを一般解といい，ここでは
$$\Psi(x) = A\sin kx + B\cos kx$$
という一般解からスタートして，これに境界条件をつけて，適切な値へと解を特定していく．

Data　プランク定数

$h = 6.626 \times 10^{-34}$ J s

例題 11.1　根平均2乗速度

300 K での窒素分子の根平均2乗速度を求めよ．

窒素分子の1モルあたりの質量は0.028 kgなので，式 (11.8) より次のように求められる．

$$u_{rms} = \sqrt{\langle u^2 \rangle} = \sqrt{\frac{3RT}{M}} = \sqrt{\frac{3 \times 8.31 \times 300}{0.028}} = 517 \text{ ms}^{-1}$$

チャレンジ問題

300 K で二酸化炭素の根平均2乗速度はいくらになるか．また，500 K ではいくらになるか．

かるが，問題を数多く解くことによって個人のレベルは格段に高くなる．

ただ，それでは物理化学自体への興味が薄れることもあるので，理論的な理解は後にして，興味がもてるところから読み始めても構わない．もちろん基礎理論をきちんと身につけるというのが本書のスタンスであるが，細かい考察や計算に没頭するあまり全体像が見えなくなって意欲が失せてしまってはいけない．本文中には「**Topic ★**」（左図）や「**Focus**」というコラムとして，関連する興味深い話題や最新研究の紹介を載せているので，ぱらぱら見てみるのもよいだろう．

また，物理化学って何がおもしろいのだろうと思っている方には，第Ⅳ部の光化学反応，生体化学，表面・界面の反応の章を開いてほしい．執筆者それぞれが実際に研究を進めている専門分野のことが書いてあり，興味や熱意が伝わって大きな助けになるであろう．分子自体の実験的な研究に関心をもっている方には第Ⅱ部の分子の構造から，統計学を基本とした分子集団に興味があれば第Ⅲ部の熱力学から学習を始めるのもひとつの方法である．

Topic 窓ガラスは非平衡状態
「平衡」とは永遠に待っても変化しない状態である．じーっと見ていて何も変化してないようでも平衡状態でない物は身の回りにたくさんある．たとえば，窓ガラスは，いくら長い間見ていても変化しないようだ．しかし，長時間（場合によっては何世紀も）観測すると，ガラスがだんだん下の方に垂れてくるのが見えるはずだ（13.9 節参照）．

6. 数式の扱い

物理化学はしっかりとした理論にもとづいているので，数値や数式が重要な要素となる．たとえば，物質の性質を示す量の値を求めるのに，数式の変形や導出，それを用いた正確な計算をおこなう必要が生じることがある．数学が苦手なので物理化学は修得できそうにないという人も少なくないが，独力で計算ができるようになると，学ぶことがとても楽しくなる．本書に示した最低限の基本的な計算方法を身につけるだけでも，物理化学の内容を十分理解できるので，あきらめないでほしい．

物理化学における数学学習の指針とその具体的な取り扱いは，**補章「物理化学で使う数学」**にまとめてある．本文を読み進んでいくなかで必要があれば，随時参照してほしい．さらに，複雑な数式の計算や証明などは本書の「**ウェブサイト**」に掲載しておいたので，必要に応じてフォローすると理解が格段に深まるであろう．もちろん，数学を修得すること自体が目的ではないので，式の導出や証明，計算方法自体を深く理解する必要はないかもしれないが，物理化学で数式を扱っていると数学自体を理解できることもあり，それがまた物理化学を学ぶ喜びにもなる．大事なことは，実際に自分の手で計算してみることである．ぜひトライしてほしい．

補足解説や問題の詳解など，学習に役立つ各種資料を，化学同人ウェブサイト（http://www.kagakudojin.co.jp/）内の本書ページに掲載するので，ぜひ参考にしてほしい．

第 I 部
量子論と化学結合

　20世紀になって「量子論」が生まれ，原子や分子，そして化学結合について深く理解できるようになった．今では，物質を取り扱うときの基本概念として広く用いられている．物理化学を学ぶにあたって，量子論を知ることはとても大切である．
　1章では，その基本となる「シュレーディンガー方程式」，「粒子の波動性」，「存在確率」，「エネルギー準位」などについて解説する．これらが，実験結果にどのように表れるかを理解するために，2章では，「箱の中の粒子」や「調和振動子」などのモデルを用意し，そこでの方程式の解を求める．それによって，系に許される準位の「エネルギー固有値」とその各々に対する波動関数「固有関数」がわかる．さらに，3章では，水素原子についてのシュレーディンガー方程式の解を見て，実際の原子のもつエネルギー固有値と，それぞれに対する固有関数（s軌道，p軌道，d軌道）を知る．また，原子は原子番号と同じ数の電子をもっており，それらは構成原理にしたがって，エネルギー準位に配置される．この電子配置を調べることによって，原子の性質や元素の周期律を理解することもできる．
　多くの原子は化学結合をつくって分子を形成する．その化学結合がどのようにしてできるかは，電子が占有しているエネルギー準位の固有関数（原子軌道）で決まっている．その組み合わせで分子全体の波動関数をつくり，エネルギー固有値と固有関数を求める方法を「分子軌道法」といい，4章で詳しく解説する．さらに5章では，有機分子を理解するのに必要な混成軌道の概念やπ結合の構造について学ぶ．

- **1章** 量子論の基礎
- **2章** 量子モデル
- **3章** 原子の電子構造
- **4章** 化学結合と分子軌道法
- **5章** 混成軌道とπ結合

電子や原子は粒子であるが，それが波としての性質をもつと考えることによって，多くの実験結果を理解することができた．その基本となる理論が量子論である．量子コンピュータ，量子エレクトロニクス，量子材料など，これからの科学の発展の鍵を握っている．

1章 量子論の基礎

■ Contents
1.1 量子論の誕生
1.2 不確定性原理と波動関数
1.3 シュレーディンガー方程式

　19世紀以前は，物体の運動や天体の運行など，身近な現象をニュートンの運動方程式を解いて理解していた．ところが，光や熱輻射の観測などから，それではまったく説明できない結果が出てきた．特に，原子のもつエネルギーが連続ではなく，とびとびの決められた値しか許されないことが問題であった．これを説明するための新しい理論のひとつが**量子論** (quantum theory) である．その妥当性が認められていくにつれて大きく発展し，今では原子や分子を基本粒子とする物質を理解するときの基本原理になっている．

　量子論では，原子や分子の性質は波で決められ，波の強さがそれらの粒子の存在確率を表すと仮定する．それを直感的に理解するのは難しいが，エネルギーの塊のようなものを単位としてイメージし，その塊の1個，2個，3個を「量子」ととらえれば，学習を進めやすいだろう．デジタル化されたミクロの世界といってもよい．そうした状態を正確に表し，エネルギーを求め，制御できるようにするためには，量子論を学ばなければならない．この章では，基礎となる考え方を歴史に沿って順を追って解説する．それを理解し，理論的な取り扱いを身につけることが本章の目的である．

量子論が議論された1927年の第5回ソルヴェイ会議参加者．招待された29人のうち17人がノーベル賞を受賞している．①シュレーディンガー，②パウリ，③ハイゼンベルク，④デバイ，⑤ブラッグ，⑥ディラック，⑦コンプトン，⑧ド・ブロイ，⑨ボルン，⑩ボーア，⑪ラングミュア，⑫プランク，⑬キュリー，⑭ローレンツ，⑮アインシュタイン，⑯ウィルソン，⑰リチャードソン

1.1 量子論の誕生

量子論誕生の要因となった最も決定的な実験事実は，「原子のもつエネルギーは決まっていて，特別な値しか許されていない」ことであった．

18世紀，フラウンホーファー（J. von Fraunhofer）はプリズムを使って太陽光線の色の違いを分け，特定の色（**波長**，wave length）の光だけ観測できないこと（暗黒線）を発見した（図1-1）．この暗黒線を**フラウンホーファー線**（Fraunhofer lines）といい，のちに原子が光を吸収することによるものであるとわかった．そのしくみは，図1-2 に示したように考えれば理解できる．原子には，特定の値のエネルギー状態（**エネルギー準位**，energy level）があり，原子核の周りを回る電子はその1つの状態をとる．電子はそこから別のエネルギーの高い状態へ移るときに，そのエネルギー差に対応する波長の光を吸収する．さらに，そこから元の低いエネルギーの状態へ移るときは，同じ波長の光を発する．

20世紀に入るまで，物体の運動や惑星の運行などを理解するのに用いられていたのは，ニュートンの運動方程式であった．そこでは，運動によって変化する物体の位置を，質量と力の大きさによって予測していた．一般に物体の速度やエネルギーはどのような値をとることも可能であり，力が作用するとそれらの値は時間とともに変化する．したがって，このままでは常に同じ値である原子のスペクトル線の波長（あるいは**振動数**，frequency）を説明することができない．そこで，この問題を解決するために，プランクの量子仮説，アインシュタインの光子の考え，ド・ブロイ波，ボーアの原子モデルなどが提案され，**量子論**（quantum theory）として体系化されていった．

> **Data** 光の波長と振動数
>
> 波長 λ：光の波の1周期の長さ
> （例）緑色
> $\lambda = 500$ nm $= 500 \times 10^{-9}$ m
>
> 振動数 ν：光の波の1秒間のくり返し数
> （例）緑色
> $\nu = \dfrac{c}{\lambda} = 6 \times 10^{14}\,\mathrm{s}^{-1}$
>
> （光速 $c = 3 \times 10^8$ m s^{-1}）

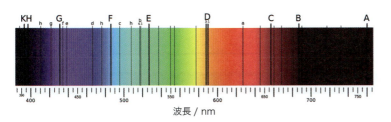

図1-1 フラウンホーファー線
太陽光線はプリズムを通すと波長によって分けられる．波長はそれぞれの色に対応する．これをスペクトルという．そのなかにいつも決まった波長の暗黒線が観測される．これは，宇宙空間中のHやNa原子によってその波長の光だけが吸収され，地上に届かないことによる．たとえば，図中のCはH原子の656 nmのスペクトル線である．

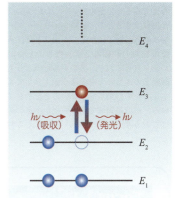

図1-2 エネルギー準位（E_n）と光の吸収と発光
原子のもつエネルギー準位からエネルギーの高い準位へ電子が移るとき（$E_2 \rightarrow E_3$）に光を吸収する．そこから元のエネルギー準位へ戻るとき（$E_3 \rightarrow E_2$）には同じ波長の光を発する（h：プランク定数，ν：振動数）．

1.1.1 プランクの量子仮説

1900年，プランク（M. Planck）は，物質を構成する原子や分子がもつ最低のエネルギーは $h\nu$ で与えられ，とりうるエネルギーの大きさはその整数倍だけに限られるという**プランクの量子仮説**（Planck's quantum hypothesis）を提唱し，それによって物質の**熱輻射**（thermal radiation）の実験結果（図1-3）を

> **Assist** 熱輻射
>
> 物体を熱したときに，物質が熱を電磁波（光）として放出する現象．

みごとに説明した．量子仮説を式で表すと次のようになる．

> プランクの量子仮説　　　　　$E = nh\nu$　　　　(n は正の整数)　　(1.1)

高温の物質は光を放つが，左辺の E はその物質を構成する粒子 1 個のエネルギーを表す．右辺の h は**プランク定数**(Planck's constant)＊とよばれる定数，ν は粒子(振動子)から発せられる光の振動数である．

それまでにも，高温で溶けた鉄が発する光の強度やスペクトルの形状が温度によって変化することはよく知られていた．これを説明するために考えられたのが，光を反射しない物体の発光(黒体輻射)のモデルである．19 世紀までは物質のエネルギーは連続であると考えられていたので，それにもとづいて電磁気学の理論を応用し，熱輻射のスペクトル強度分布がいくつか計算された．そのひとつが**レイリー-ジーンズの式**であり†

Data プランク定数
$h = 6.626 \times 10^{-34}$ J s

Assist プランクの式とレイリー-ジーンズの式

電磁気学によると特定の振動数 ν をもつ光を発する振動子の密度は ν^2 に比例する．それぞれの振動子にエネルギーが等分配されると仮定すると，レイリー-ジーンズの式が導かれ，エネルギーが大きくなる(振動数が大きくなる，すなわち波長が短くなる)ほど，光の強度が大きくなることが予測される．これに対し，プランクの式ではある波長で光の強度が極大を示し，それより短い波長では小さくなる．スペクトルの温度変化も実測を再現する．ただ，この 2 つの式はまったく別というわけではなく，たとえばプランクの式において $h\nu \ll kT$ という条件で考えてみると，分母の $e^{h\nu/k_BT}$ は $1 + h\nu/k_BT$ と近似できるので，結局レイリー-ジーンズの式と同じになる．このことは，実際の物質の熱輻射では，むしろ $h\nu \gg kT$ が成り立っており，熱エネルギーよりも振動子のエネルギーのほうが大きくてエネルギーの移動ができないことを示している．短波長領域で光の強度が小さいのはこれが要因になっていると考えられる．

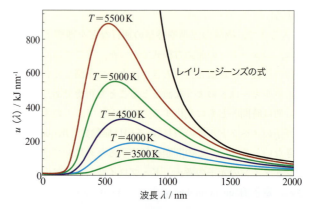

図 1-3　熱輻射のスペクトル
横軸 λ は光の波長，縦軸 u は高温の物質が発する光の強度を表す．振動数の大きい，すなわち波長の短い光(グラフ左端近く)の強さは，レイリー-ジーンズの式による予測よりもはるかに小さい．

Focus 1.1　　　　　古典論 ≠ 量子論

19 世紀までの物理学は，万有引力やクーロン力を運動方程式で取り扱い，物体の運動を予測していたが，原子のスペクトルや熱輻射の実験結果はどうしても説明することができなかった．これを打破したのは，原子や分子が決まった値のエネルギーしかとれないという考え方で，それを最初に示したプランクの量子仮説に続いて，アインシュタインの光量子説，ボーアの原子模型，シュレーディンガー方程式が提唱され，量子論が確立されていった．それまでの理論はやがて古典論とよばれるようになったが，2 つの理論は矛盾するものではなく，量子論の取り扱いのままでも，長さや重さ，エネルギーを大きくしていくと，その極限では古典論の結果と一致することが知られている．また，量子論によって得られるとびとびのエネルギー準位も，エネルギーが大きくなって，準位の間隔が相対的に小さくなると，近似的に連続なエネルギー準位であると考えられる．

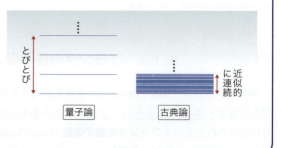

$$E(\nu) = \left(\frac{8\pi\nu^2}{c^3}\right)k_B T \tag{1.2}$$

と表される．ここで，T は温度，k_B は**ボルツマン定数**（Boltzmann constant）とよばれ，温度をエネルギーに変換するときの係数である（11.2 節参照）．この式に従うと，光の振動数の大きい（波長の短い）紫外領域では，強度が急激に大きくなると予測されるが，図 1-3 の実測のスペクトルでは逆に紫外領域で光の強度は小さい．

これに対して，プランクは量子仮説の式 (1.1) にもとづいて考察を重ね，次の式を導いた．

$$E(\nu) = \left(\frac{8\pi\nu^2}{c^3}\right)\frac{h\nu}{e^{h\nu/k_B T} - 1} \tag{1.3}$$

これが**プランクの式**であり，その結果は実測のスペクトルをみごとに再現した．これによって，原子や分子のエネルギーが特定の値だけに限られるという仮説が検証された．

1.1.2 光電効果と光の波動性・粒子性

金属表面に光が当たると電子が飛び出す現象を**光電効果**（photoelectric effect）という（図 1-4）．その実験では，<u>光を強くすると，飛び出す電子の数は増加するが，その運動エネルギー（または速度）は変化しない</u>ことがわかった．これは，光が波であると考えていては説明できない．なぜならば，古典論によると波のエネルギーはその振幅によって決まるので，光を強くすると飛び出す電子のエネルギーが増加しなければならないからである．

そのことを，波とは何かを見ながら確かめてみよう．最も簡単な波は**正弦波**（sine wave）であり，ある時刻での位置による波の大きさの変化は

正弦関数
$$y(x) = A \sin kx \tag{1.4}$$

で表せる（**正弦関数**，sin 関数，sine function）．図 1-5 は，横軸に位置の座標 x，縦軸に $y(x)$ をとって，この関数をグラフで表したものである．kx は**位相**（phase）とよばれ，この関数は位相 0（$x=0$）から π（$x=\pi/k$）までは正（＋）の値でなめらかに増減し，そこから $2\pi/k$ までは負（－）の値で変化する．これがこの波の 1 周期で，あとはすべての x の領域でこの変化がくり返される（これを単振動という）．$2\pi/k$ は波の 1 周期の長さで，これを**波長**（wave length）といい，λ で表す．この波が進む速度を u とすると，1 秒間に波が振動する回数（**振動数**）ν は次の式で与えられる．

振動数
$$\nu = \frac{u}{\lambda} \tag{1.5}$$

$y(x)$ は，$x = \pi/2k$ のところで最大値 A をとる．この値 A を**振幅**（amplitude）といい，波の強さを表す．波のエネルギーは A の 2 乗に比例する†．

光は，回折や干渉を起こすので，波であり，その速度 c は一定である＊．

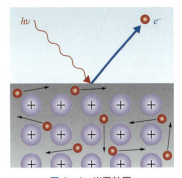

図 1-4　光電効果
h：プランク定数，ν：光の振動数

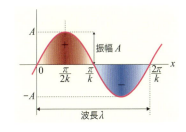

図 1-5　正弦関数のグラフ
k：波数（$= 2\pi/\lambda$），A：振幅

Assist エネルギーは振幅の 2 乗

運動エネルギーと位置エネルギーを計算して 1 波長分の平均をとると波のエネルギーが求められる．その結果，エネルギーはその最大値（振幅）の 2 乗に比例し，＋の一定の値になる．

Data 光の速度・波長・振動数

真空中の光の速度 c（c_0）は一定である．

$c = 3 \times 10^8 \text{ m s}^{-1}$

したがって，波長 λ と振動数 ν の間に，次のような関係が成り立つ．

$\lambda = \dfrac{c}{\nu}$

$\lambda(\text{m}) = \dfrac{3 \times 10^8}{\nu(\text{s}^{-1})}$

> **Topic** 横波と縦波
>
> 媒質の各部分の振動的変位の方向が波の進行方向に対して垂直なものが横波 (transverse wave),平行なものが縦波 (longitudinal wave) である.
>
> (a) 横波
>
>
>
> (b) 縦波
>
>
>
> → 波の進行方向

光の波を,波長 λ と振動数 ν を使った関数式で表すと,次の式になる.

光の波の関数
$$y(x) = A\sin\frac{2\pi x}{\lambda} = A\sin\frac{2\pi \nu x}{c} \tag{1.6}$$

光が波であるなら,そのエネルギーは A^2 に比例するので,光電効果で飛び出す電子のエネルギーも A^2 に比例しなければならない.ところが,実験結果は,光を強くしても飛び出す電子のエネルギーは変化しないことを示しており,これと合わない.

1912年,アインシュタイン (A. Einstein) は,「光は粒子である」と仮定し,光電効果の実験結果をすべて説明した.光の粒子1個が金属表面の電子にぶつかってエネルギーを与える.光の強さは光の粒子数に比例し,強さによってエネルギーは変化しないと考えると,光電効果の実験結果が理解できる.

光の粒子は**光子**(**フォトン**, photon)とよばれ,その振動数を ν とすると,光子1個のエネルギー E は,プランク定数 h を用いて

光子1個のエネルギー
$$E = h\nu \tag{1.7}$$

で与えられる.これを,**プランク-アインシュタインの式**という.ここで,ν は光を波と考えたときの振動数であり,式(1.7)は,粒子のエネルギーが波の性質を表す物理量で与えられていることを示す.

今では,光は波動性と粒子性の両方をもっていると考えられている.

例題 1.1 光電効果の説明

光電効果のもう1つの実験結果は,金属から飛び出す電子の最大の速度は,光の波長が短いほど大きくなるというものである.これを,光が粒子であり,そのエネルギーが式(1.7)で表されることを用いて説明せよ.

[解答]

金属表面にある電子が E_0 のエネルギーで引きつけられているとする(この E_0 の値を仕事関数という).そこへ,$E = h\nu$ のエネルギーをもつフォトンがぶつかると,余剰エネルギーをもって電子が表面から飛び出す.その最大のエネルギー E は,電子の速度を v とすると

$$E = \frac{1}{2}mv^2 = h\nu - E_0 = \frac{hc}{\lambda} - E_0$$

になるので,速度は

$$v = \sqrt{\frac{2}{m}\left(\frac{hc}{\lambda} - E_0\right)}$$

で与えられることになり,この式から,光の波長 λ が短くなるほど飛び出す電子の最大速度は大きくなることがわかる.

> **チャレンジ問題**
> 光電効果の実験において，光の波長が金属で決まっているある値より長くなると，電子がまったく飛び出さなくなる．光を粒子だと考え，その理由を説明せよ．

1.1.3 ド・ブロイ波と物質の波動性

1923年，ド・ブロイ（L. de Broglie）は，物質を構成している粒子にも何らかの波が存在するのではないかと考え，次の式を提唱した．

ド・ブロイ波
$$\lambda = \frac{h}{p} \tag{1.8}$$

この波は**ド・ブロイ波**(de Broglie wave)★とよばれ，左辺のλはその波長（ド・ブロイ波長）を表す．右辺の分母のpは粒子の運動量（$p = mv$）である．

粒子はある速度で運動しているので，この波も時間とともに位置が変わる．これを**進行波**(traveling wave)という（図1-6）．この場合は粒子の速度（エネルギー）も，それによって決まる波長も，任意の値をとることができる．

これに対し，何らかの形で波の位置に制限（境界条件）を加えると波長が決まった値になる．イメージをつかむために弦楽器を考えてみよう．両端を固定した弦を振動させると音が出る（図1-7）．これは空気の疎密波であり，その高さ（波長あるいは振動数）は弦の長さで決まる．原子核や電子のド・ブロイ波でも，その両端を決めてやると，波長あるいはエネルギーが決まってくる．この波は，空間的には同じ位置で時間とともに単振動しており，**定在波**(standing wave)とよばれる．

原子も，それぞれが固有の波をもっており，それによってエネルギー，あるいは吸収・放出する光の波長も決まっていると考えられる．定まったエネルギーをもつ原子に許された状態（あるいは実在できる状態）が，**エネルギー準位**である（図1-2参照）．

粒子のエネルギーが$h\nu$の整数倍だけであるというプランクの量子仮説も，この波が原因であると考えることができる．物質に波を適用するこの考え方は，その後，ボーアの原子モデル，さらには後で説明するシュレーディンガー方程式へと発展し，多くの量子モデルのエネルギーや運動量を正確に求められるようになった．

1.1.4 ボーアの原子モデル

1910年，ラザフォード（A. Rutherford）は，原子が＋の電荷をもつ原子核と−の電荷をもつ電子からなることを証明し，電子が原子核の周りを定常的に周回運動しているモデルを提唱した（図1-8a）．しかし，ラザフォードのモデルでは，電子のエネルギーは任意の値をとることができ，いずれ光を放出して運動エネルギーを失って原子核に引き寄せられてしまう．これは，原

Topic　ド・ブロイ波

アインシュタインが示したのは，光における波動と粒子の二重性であったが，これを物質にまでに拡張すると，物質でも波動性を考えなければならなくなる．ド・ブロイは，その波長を定義しようとして，エネルギーと質量の等価性を示したアインシュタインの有名な式$E=mc^2$から出発し，以下のようにド・ブロイ波の式を導出した．

$E=mc^2=mc\times c$ ①

運動量$p=mc$，速度$c=\nu\lambda$を①に代入して

$E=p\nu\lambda$ ②

②に，プランク-アインシュタインの式$E=h\nu$を代入すると，ド・ブロイ波の式になる．

$h\nu=p\nu\lambda$
$\therefore \lambda=h/p$

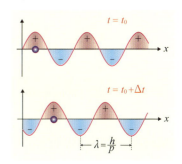

図1-6　ド・ブロイ波（進行波）
ド・ブロイ波は進行方向の座標xに対して単振動していて，そのまま時間とともにx軸方向へ移動する．これを進行波という．

図1-7　楽器の弦の波

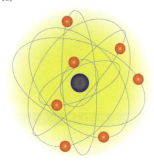

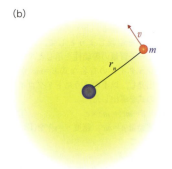

図 1-8 ラザフォードの原子モデル(a)とボーアの原子モデル(b)

ラザフォードは，原子は 1 つの原子核といくつかの電子からなり，電子は原子の周りを定常的に周回運動しているモデルを提唱した．ボーアは，水素原子に対し質量 m の電子が原子核の周りを半径 r_n，速度 v で等速円運動し，さらに量子条件を導入して，原子の準位のエネルギーを求めた．

Data リュードベリ定数
$R_\infty = 10973731.6 \text{ m}^{-1}$

Assist クーロン力

$+C_1$ の電荷と $-C_2$ の電荷の間に働く引力 F_c は，それぞれの電荷量の積に比例し，その間の距離 r の 2 乗に反比例する．

$$F_c = \frac{1}{4\pi\varepsilon_0}\frac{C_1 C_2}{r^2}$$

(ε_0：真空の誘電率)

子核の周りを回る電子が常に決まったエネルギーをもつという原子のスペクトル線の実験事実と合わない．

図 1-1 のフラウンホーファー線のうち，水素原子によるスペクトル線は，656.3 nm，486.1 nm，434.0 nm，364.6 nm などに観測される．

すでに 1890 年に，リュードベリ (J. Rydberg) は，これらの観測波長 λ が次の式で表されることを経験的に見出していた．

リュードベリの式
$$\lambda = \frac{1}{R_\infty\left(\frac{1}{n_1^2} - \frac{1}{n_2^2}\right)} \qquad n_1,\ n_2 \text{ は整数}(n_2 > n_1) \qquad (1.9)$$

R_∞ は**リュードベリ定数**といわれる (3.1.2 項参照)*．これは，水素原子がもつ準位のエネルギー E_n が次の式で表され

水素原子のエネルギー
$$E_n = -R_\infty hc \frac{1}{n^2} \qquad n = 1, 2, 3, \cdots \qquad (1.10)$$

その差のエネルギーをもつ光が吸収されると考えるとうまく説明できる．

1913 年にボーア (N. Bohr) は図 1-8b のように，電子の円運動による遠心力と，原子核と引き合う力がつり合って一定の軌道を周回し，さらに 1 周するごとに波の位相が元に戻るという条件を考え，以下のようにこのエネルギーを導き出した．

水素原子は，$+e$ の電荷をもつ原子核と $-e$ の電荷をもつ電子からなり，図 1-8b に示したように，質量 m の電子が半径 r_n で原子核の周りを等速円運動しているとする．原子核と電子の間には電気的に引き合う力（**クーロン力**, Coulomb's force†）が働くので，電子が定常的に円運動を続けるためには，その引力が，円運動する粒子に働く遠心力とつり合っていなければならない．そこで，次の式が成り立つ．

$$\frac{e^2}{4\pi\varepsilon_0 r_n^2} = \frac{mv^2}{r_n} \qquad (1.11)$$

左辺はクーロン力を表しており，電荷の積 $[(+e)\times(-e)]$ に比例し距離（回転半径）r_n の 2 乗に反比例する．ε_0 は真空の誘電率であり，半径と電荷の積から力を求めるための比例係数だと考えてよい．

右辺は円運動する電子に働く遠心力であり，質量 m と速度 v の 2 乗に比例し半径 r_n に反比例する．式 (1.11) はこの 2 つがつり合っていることを示している．

しかし，この式だけでは円運動の半径とエネルギーは任意の値をとることができ，電子のエネルギーが決まっているというスペクトル線の実験結果と合わない．そこでボーアは仮説として，「電子が軌道を 1 周したとき，原子がもっている波の位相も元に戻らなければならない」という条件を導入した (図 1-9)．たとえば，電子がド・ブロイ波をもち，それが元に戻って定在波が成り立つためには，軌道の長さがド・ブロイ波長の整数倍でなければならない．式で表すと次のようになる．

$$2\pi r_n = n\lambda \qquad n = 1, 2, 3, \cdots$$

ド・ブロイ波長は，式(1.8)で与えられるので

$$2\pi r_n = \frac{nh}{mv}$$

となり，次の式が導かれる．これは**ボーアの量子条件**とよばれる．

ボーアの量子条件
$$2\pi r_n mv = nh \qquad n = 1, 2, 3, \cdots \tag{1.12}$$

式(1.11)(1.12)を使って r_n を求めると

$$r_n = \frac{\varepsilon_0 h^2}{\pi m e^2} n^2 = a_0 n^2 \qquad n = 1, 2, 3, \cdots \tag{1.13}$$

が得られる．a_0 は**ボーア半径**(Bohr radius)★といい，次のような値である．

ボーア半径
$$a_0 = \frac{\varepsilon_0 h^2}{\pi m e^2} = 0.0529 \text{ nm} \tag{1.14}$$

式(1.13)は，<u>電子に許される軌道は，「半径が a_0 の整数の2乗倍」のものだけに限られる</u>ことを示している．

また，電子の全エネルギー E_n は，運動エネルギーとポテンシャルエネルギーの和である．いま，ポテンシャルエネルギーはクーロン力によるものなので

$$E_n = \frac{1}{2}mv^2 - \frac{e^2}{4\pi\varepsilon_0 r_n} \tag{1.15}$$

と表すことができる．式(1.11)を用いると

$$E_n = \frac{1}{4\pi\varepsilon_0}\left(\frac{e^2}{2r_n} - \frac{e^2}{r_n}\right) = -\frac{e^2}{2(4\pi\varepsilon_0)r_n} \tag{1.16}$$

となり，さらに式(1.13)を代入すると，エネルギーの値 E_n は

$$E_n = -\frac{e^2}{2(4\pi\varepsilon_0)a_0}\frac{1}{n^2} \qquad n = 1, 2, 3, \cdots \tag{1.17}$$

となる．このように，ボーアの量子条件を用いると，水素原子のスペクトル線についての実験結果から経験的に得られた式(1.10)のエネルギーの値を説明することができる．また，式(1.17)と式(1.7)(プランク-アインシュタインの式)を用いると，水素原子のスペクトル線の波長を計算することができる*．

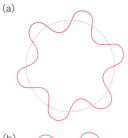

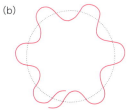

図1-9 電子の波
(a)の場合，電子が軌道を1周すると波の位相が元に戻るが，(b)の場合はそうでないため，波が打ち消し合ってやがて消えてしまう．

Topic ボーア半径

ボーア半径は，電子が水素の原子核の周りを円運動していると考えたときの軌道の半径の値である．しかし，後に示すように不確定性原理が認められて，電子の周回運動を正確に知ることはできないことがわかったので，現在では電子と原子核の間の平均距離であると考えられている．

Data 水素原子のスペクトル線

H原子の $n=2$ のエネルギー準位にある電子は，$n=1$ の準位に移り，そのときに光を出す．その光のエネルギーは2つの準位のエネルギー差に等しく，

$$E = h\nu = E_2 - E_1$$

になる．このことから，光の波長は

$$\lambda = \frac{hc}{E} = 121 \text{ nm}$$

になる．このスペクトルは，ライマン α 線とよばれている．

1.2 不確定性原理と波動関数

1.2.1 不確定性原理

1927年，ハイゼンベルク(V. K. Heisenberg)は，思考実験(Focus 1.2)によって理論的考察をおこない，「位置と運動量を同時に正確に測定できない」という**位置と運動量についての不確定性原理**(uncertainty principle)を提唱した．これは数式を使うと

位置と運動量についての不確定性原理
$$\Delta x \cdot \Delta p_x \geq \frac{h}{4\pi} \tag{1.18}$$

と表される．Δx, Δp_x は，それぞれ粒子の位置と運動量の値をこれ以上は

Focus 1.2　　ハイゼンベルクの思考実験

ハイゼンベルクは右下図に示したような思考実験を考え，不確定性原理を導いた．時刻 $t=0$ に S 地点から x 方向に電子を発射する．電子は一定速度で運動し，時刻 $t=T$ に X 地点(S 地点からの距離 x)に到達したとする．そこで，γ線(光と同じ電磁波である)を照射し，反射されたγ線を顕微鏡で観測して位置を測定する．

X 地点で電子によって反射されたγ線は凸レンズを通って F 地点で像を結ぶが，そのためには，ガンマ線がレンズの異なる位置を通ることによりばらついた電磁波の位相が焦点で再び揃うことが条件となる．焦点より少し離れた地点では位相の差によって打ち消し合いが起こるので位置を区別できるのだが，波長が長くなるとガンマ線が通るレンズの位置が違うことによる位相のばらつきが相対的に小さくなってこの打ち消しも小さくなり，位置判定が難しくなる．すなわち，位置の不確定性はガンマ線の波長に比例する．

また，異なる位置を区別して像を結ぶためには，顕微鏡の倍率，すなわち集光角 θ を大きくしなければならない．これらを考慮に入れると，ガンマ線顕微鏡の位置判定の不確定性は

$$\Delta x = \frac{\lambda}{2\sin(\theta/2)} \quad \text{①}$$

で与えられることがわかる．

一方，運動量については，γ線の反射によって電子の運動量自体が変化することを考えなければならない．γ線の運動量は，ド・ブロイ波の式(1.8)から $p=h/\lambda$ で与えられるが，電子に反射されてレンズを通るγ線の角度

によって，x 方向の成分に $\pm(h/\lambda)\sin(\theta/2)$ の不確定性が生じる．反射のときに全体の運動量は保存されるので，電子の運動量にも同じだけの不確定性が生じ

$$\Delta p_x = 2\frac{h}{\lambda}\sin\frac{\theta}{2} \quad \text{②}$$

となる．ここで，式①と式②を用いて2つの不確定性の積をとると

$$\Delta x \cdot \Delta p_x = h \quad \text{③}$$

という関係式が得られる．これは理想的な思考実験であって，実際の不確定性はこれよりも大きくなることも考え，詳細な計算をおこなうと最終的に式(1.18)で示した次の関係式が導かれる．

$$\Delta x \cdot \Delta p_x \geq \frac{h}{4\pi}$$

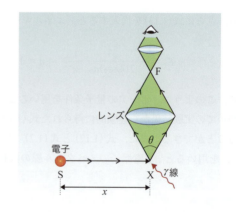

正確に決定することができないという不確定性を表す．式 (1.18) は，その積 $\Delta x \cdot \Delta p_x$ が，右辺のプランク定数 h を 4π で割った値より小さくならないことを示している．

不確定性原理が成り立つと，電子はどの時刻にどの位置にいて，どれだけの速度で運動しているかが正確に決められない．そこで，そのエネルギーを確率期待値で求められないだろうかという考えが提案されることになった．次に説明するのは，エネルギー準位に固有の波動関数の 2 乗が電子の「存在確率」を表すという考え方である．

1.2.2 波動関数と存在確率

光の吸収や発光の実験結果から，原子のエネルギーはド・ブロイ波のような波で決められていることが想像できる．これを正確に考えるためには，波の強さ (振幅) の空間分布 (座標依存性) を数式で表現することが必要となる．その数式を**波動関数** (wavefunction) とよぶ．典型的な波動関数は

$$\Psi(x) = A \sin kx$$
$$\Psi(x) = A e^{-ax^2}$$
$$\Psi(x) = A e^{ikx}$$

などである†．図 1-10a に示してあるのは，x 軸上の 0 と a の間で生じている定在波であるが，この波動関数は

$$\Psi(x) = A \sin \frac{\pi x}{a} \qquad 0 < x < a \qquad (1.19)$$

と表される．これは，x 軸上の一次元空間 (たとえば直線上) を一定の周期で振動している正弦関数である．

ここで，もうひとつの重要な仮定を導入しよう．それは，波の強さが粒子の**存在確率** (existence probability) を表すということである．波といっても実在するものではなく，まずは仮定として導入し，その意味を考えてみるのである．存在確率というのは，粒子がどこにどれだけの確率でいるかということである．われわれが身近に扱っているボールなどでは実感できないが，原子や分子の中で電子がいる確率が高い場所は決まっていて，それが原子や分子の運動やエネルギーを制御していると考える．

この仮定は最初は理解しづらいものであるが，たとえば，後の 4 章に示す分子軌道法では，分子の中で電子がどこにどれだけいるかを考えて分子の性質や構造を理解する．実際にはその電子の位置は刻一刻変化しているが，モデルとして時間によらない一定の強さの波 (定在波) を考え，この波の強さによって存在確率あるいは観測されるエネルギーの確率期待値が決められていると考えると，光の吸収や発光などの実験事実とつじつまが合う．

存在確率の値は波動関数の 2 乗で与えられると仮定して式を見直してみる．正確に表現すると，波の振幅の 2 乗が，粒子がその位置に存在する確率を表すということになる．つまり，波が強いところに粒子が集まると考えることになる．数学的にいうと，空間でのある座標 (x, y, z) における波動関数を $\Psi(x, y, z)$ と表すと，その位置における粒子の存在確率は $|\Psi(x, y, z)|^2 d\tau$ に

Assist 波動関数の記号

量子論における波動関数は一般に，プサイ (Ψ, ψ) やファイ (Φ, ϕ) というギリシャ文字で書き表す．本書では，原則として波動関数はプサイで表すこととする．波動関数を区別する必要があるときには，系全体を表すものを大文字で，1 粒子に対応するものを小文字で表す．たとえば，原子の波動関数は小文字の ψ で表し，その組み合わせ (線形結合) で表される分子軌道では大文字の Ψ を使う．それ以外で特に区別したい場合に，ファイ (Φ, ϕ) を用いることもある．たとえば，本書で取り扱うのは時間に依存しない定常状態の波動関数がほとんどであるが，時間を含むシュレーディンガー方程式ではファイ (Φ) を用いて波動関数を表した．

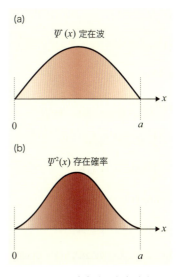

図 1-10　定在波と存在確率

Assist 微小体積(体積素片)dτ

存在確率は，体積のない点では定めることができない．そこで，三次元空間中のある位置における極めて小さい立方体を

$$d\tau = dx\,dy\,dz$$

と定義し，その中での存在確率を

$$\Psi(x, y, z)^2 d\tau$$

と表す．dx, dy, dz はそれぞれの座標の値の微小増加分である．

Assist 倍角の公式

$$\sin^2 x = \frac{1 - \cos 2x}{2}$$

Assist 全空間積分

ある関数の値を全空間にわたってすべて足し合わせることを，全空間積分するといい，微小体積を積分変数として

$$\int_{-\infty}^{+\infty} f(x, y, z)^2 d\tau$$

で表す．

Assist 三角関数の微分・積分

$$\frac{d}{dx}\sin kx = k\cos kx$$

$$\frac{d}{dx}\cos kx = -k\sin kx$$

$$\int \sin kx\,dx = -\frac{1}{k}\cos kx$$

$$\int \cos kx\,dx = \frac{1}{k}\sin kx$$

※上で示した倍角の公式も使っている．

なる†ということになる．波動関数が式(1.19)で表されるときの存在確率は，倍角の公式†を用いて

$$\Psi^2(x) = \frac{1}{2}A^2\left(1 - \cos\frac{2\pi x}{a}\right) \tag{1.20}$$

となり，これをグラフにしたのが図1-10bである．粒子を見出す確率はグラフの中央で最も高く，両端には粒子は存在することができない．

1.2.3 波動関数の規格化

　一般には，<u>波動関数の2乗を全空間積分した値が1になるように波動関数の絶対値を決める</u>†．波動関数の2乗は存在確率を表すが，それを全空間積分すると1，つまり粒子1個になるように値を定めるのである．そうすれば，存在確率が絶対確率(そこに存在する粒子の個数)というべきものになるので，基準としてわかりやすくなる．これを式で表すと下のようになる．

波動関数規格化の条件
$$\int_{-\infty}^{+\infty} \Psi(x, y, z)^2 d\tau = 1 \tag{1.21}$$

こうして定めた波動関数は「**規格化**(normalization)されている」という．

例題 1.2　波動関数の規格化

式(1.19)の波動関数 $\Psi(x) = A\sin\dfrac{\pi x}{a}$ を規格化せよ．

[解答]

規格化の式(1.21)から

$$\int_0^a \left(A\sin\frac{\pi x}{a}\right)^2 dx = 1$$

$$\therefore \frac{A^2}{2}\int_0^a \left(1 - \cos\frac{2\pi x}{a}\right)dx$$

$$= \frac{A^2}{2}\left[x + \frac{a}{2\pi}\sin\frac{2\pi x}{a}\right]_0^a = \frac{A^2 a}{2} = 1$$

$$\therefore A = \sqrt{\frac{2}{a}}$$

が得られる†．この値を**規格化定数**(normalization constant)といい，規格化された波動関数は次の式で表される．

$$\Psi(x) = \sqrt{\frac{2}{a}}\sin\frac{\pi x}{a} \qquad 0 \leq x \leq a$$

🔶 チャレンジ問題

波動関数が $\Psi(x) = A\sin\dfrac{n\pi x}{a}$ で表されるとき，規格化定数 A が n によらないことを示せ．

1.2.4 エネルギーの値と固有値方程式

波動関数の2乗が粒子の存在確率を与えると考えると，関数の形や値について，それにふさわしい制約が生じてくる．まずは，波動関数の値が無限大になってはならない．また，空間のある位置では関数の値は1つでなければならない．さらに，位置の座標に対して連続な関数である必要がある．なぜなら，粒子が空間を移動していくときに存在確率が突然大きく変わることは現実に考えられないからである．これらをまとめて，「波動関数の値は，有限，一価，連続でなければならない」と表す．ただし，確率を示す2乗の値が実数であればいいので，波動関数の値自体は複素数であってもかまわない．

このようにして求められる波動関数を用いると，原子や分子のエネルギーを正確に計算することができる．多くの場合，エネルギーの値は決まっていて，特定の値しかとることができない．その許される状態が**エネルギー準位**である．原子核の回りを周回する電子は，そのどれかのエネルギー準位に入ってその状態に固有のエネルギーの値をとる．電子がどの準位にどのように入るかを**電子配置**（electron configuration）といい，原子の種類によって決まっている（3.3節参照）．

物理や化学では，粒子の運動や物質の状態を表すのに，物理量や状態量を用い，その値を求めるのにいくつかの重要な方程式を解く．その1つが**固有値方程式**（eigenvalue equation）であり（補章4.1参照），一般的にはベクトルの大きさとか，運動量の大きさとか，それぞれの物体に固有の量を求める方程式である．

量子論で用いる固有値方程式は，多くの場合次のような形をしている．

| 演算子 | × | 波動関数 | = | 固有値 | × | 波動関数 |

この式は，系に許される観測可能な物理量の値を求める式で，波動関数に特定の**演算子**（operator）†を作用させると，右辺の形で**固有値**（eigenvalue）が得られる．たとえば，エネルギーに対応する演算子を作用させたときは，系に許されるエネルギー準位のもつエネルギーの値（エネルギー固有値）を求めることができる．量子論では不確定性原理があるので**確率期待値**として求められる．エネルギー固有値を求める固有値方程式に作用する演算子は，座標に対して2階微分をするものである．方程式の解は，実際に観測されるエネルギー準位のエネルギーの値となる．そして，それぞれの準位について，この方程式を満たす固有の波動関数が対応しており，それを**固有関数**（eigenfunction）という（8.1.1項参照）．

量子論で物質を深く理解するために学ばなければならないのは，原子や分子のエネルギー固有値をどのようにして求めるかということである．量子論の大きな仮定として，原子や分子の構造と性質は波動関数で決まっていると考えるので，固有値方程式として**波動方程式**（wave equation）が用いられる．波動方程式とは，原子や分子のもつ波の振幅の空間分布を波動関数で表し，その2階微分を使って固有関数とエネルギー固有値を求めるものである．それを原子や分子に適用できるようにアレンジしたのが次の1.3節で取り上げ

Assist　演算子

ある関数に因子を掛けたり変換したり微分をしたりといった数学的な演算を施すとき，その操作を演算子として表現する．いま，xで微分するという演算子を$\hat{f}$とすると

$$\hat{f} = \frac{d}{dx}$$

で表され，波動関数Ψに演算子$\hat{f}$を作用させると

$$\hat{f}\Psi = \frac{d}{dx}\Psi$$

となる．また，2つの異なる演算子$\hat{f}$と$\hat{g}$を，順番を逆にして作用させても結果が同じになるとき，$\hat{f}$と$\hat{g}$は**可換**であるという（8.1.2項参照）．

$$\hat{f}\hat{g}\Psi = \hat{g}\hat{f}\Psi$$

このとき，$\hat{f}$と$\hat{g}$の固有値は独立に求められる．
なお，演算子は普通，量を表すアルファベットの上に「＾」という記号をつけ，「$\hat{A}$」というように表す．エネルギーを表す演算子はハミルトン演算子といわれ「$\hat{H}$」と表す．

るシュレーディンガー方程式である．シュレーディンガー方程式は上の固有値方程式の形にならって表すと次のようになる．

$$\hat{H}\Psi = E\Psi$$

1.3 シュレーディンガー方程式

　シュレーディンガー (E. Schrödinger) は，原子や分子のエネルギーを求めるための基本方程式を提唱した．それまでに用いられていた運動方程式は，ニュートンが考えた $f = ma$ であったが，これでは原子のエネルギーがとびとびの決まった値しかとらないということを説明できない．そこで，原子を構成する電子と原子核が波によって支配されていると考え，それを表現する波動関数を用いたエネルギー方程式をつくった．これを解くと，とびとびのエネルギー準位の値を正確に決めることができる．このシュレーディンガー方程式 (Schrödinger equation) は，以下のように導出できる．

1.3.1 波動方程式の基本形

　一端を壁に固定して長く伸ばした縄のもう一端を手にもち，手を急速に上下すると図1-11にあるような波が壁に向かって進んでいく．これを例として，波が従う方程式を導こう．縄に沿った座標を x とし，ある時刻 t において水平に張った縄の位置からのずれ，すなわち変位 ξ は

Focus 1.3　確率期待値とエネルギー固有値

いま，固有値方程式を，

$$\hat{f}\Psi = f\Psi \quad \text{①}$$

と表す．$\hat{f}$ は演算子，f は固有値，Ψ は波動関数である．エネルギーを求める場合を考えると，演算子は2階微分を含むので，固有値方程式は微分方程式になり，これを積分して固有値を計算する．①の方程式の両辺に左側から Ψ^* (Ψ の複素共役) を掛け，全空間にわたって積分すると

$$\int \Psi^* \hat{f}\Psi d\tau = \int \Psi^* f\Psi d\tau \quad \text{②}$$

となる．左辺の演算子は微分を含むので，順番を変えたり積分の外へ出すことはできないが，右辺の固有値は数値であるので，積分の外へ出すことができ，次のような関係式が得られる．

$$f = \frac{\int \Psi^* \hat{f}\Psi d\tau}{\int |\Psi|^2 d\tau} \quad \text{③}$$

分母の積分の値は，規格化された波動関数では1になるので，最終的にエネルギー固有値の値は

$$f = \int \Psi^* \hat{f}\Psi d\tau \quad \text{④}$$

で与えられることになる．この積分は行列要素とよばれるが，演算子を同じ波動関数で挟んだ形になっており，エネルギーの確率期待値であると考えられる．不確定性原理で示されるようにエネルギーの値を厳密に測定することはできないが，固有値方程式で確率期待値を求めることで準位のエネルギーを議論することはとても重要である．④の行列要素はしばしば

$$\langle \Psi^* | \hat{f} | \Psi \rangle$$

と表される．この表示のしかたは，ブラケットとよばれる．

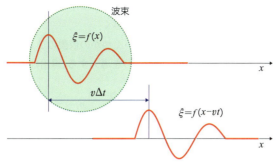

図1-11 波束の伝播

$$\xi(x,\ t) = f(x) \tag{1.22}$$

という x の関数で表される．図1-11 のようにある限られた x の範囲でのみゼロでない有限な変位をもつ波を**波束**(wave packet)とよぶ．波束が一定の速さ v で $+x$ の方向に進む場合，時刻 $t = t_0 + \Delta t$ における波の形は $f(x)$ がそのまま $v\Delta t$ だけ右に移動しただけなので，次のように表せる．

$$\xi(x,\ t_0 + \Delta t) = f(x - v\Delta t) \tag{1.23}$$

時間の原点 $t_0 = 0$ とし，時間 Δt を t とすれば，式(1.23)は次のようになる．

$$\xi(x,\ t) = f(x - vt) \tag{1.24}$$

式(1.24)の x, および t に関する2階微分をとると $\xi(x,\ t)$ は

一次元の波動方程式

$$\frac{\partial^2 \xi}{\partial x^2} = \frac{1}{v^2} \frac{\partial^2 \xi}{\partial t^2} \tag{1.25}$$

を満たすことがわかる[†]．これが波束の運動を記述する式であり，**一次元の波動方程式**という．

同様に考えると三次元の空間を伝わる波の波動方程式は次の式で表せる．

$$\frac{\partial^2 \xi}{\partial x^2} + \frac{\partial^2 \xi}{\partial y^2} + \frac{\partial^2 \xi}{\partial z^2} = \frac{1}{v^2} \frac{\partial^2 \xi}{\partial t^2} \tag{1.26}$$

1.3.2 ハミルトン演算子

粒子の全エネルギー E は，運動エネルギーとポテンシャルエネルギー（位置エネルギー）U の和である．これを，位置の座標 (x, y, z)，時間 t，粒子の質量 m を用いて表すと

$$E = \frac{1}{2}mv^2 + U(x,\ y,\ z,\ t) \tag{1.27}$$

となる．ここで粒子の運動量 $p = mv$ を導入すると，この全エネルギーは

$$H = \frac{1}{2m}(p_x^2 + p_y^2 + p_z^2) + U(x,\ y,\ z,\ t) \tag{1.28}$$

と表される．p_x, p_y, p_z は粒子の運動量の各座標方向の成分である．$U(x, y, z, t)$

Assist 一次元の波動方程式の導出

式(1.24)の x と t についての2階微分を $\chi = x - vt$ とおいて求めると

$$\frac{\partial \xi}{\partial x} = \frac{d\xi}{d\chi}\frac{\partial \chi}{\partial x} = \frac{d\xi}{d\chi} \times 1 = \frac{d\xi}{d\chi}$$

$$\frac{\partial^2 \xi}{\partial x^2} = \frac{d}{d\chi}\left(\frac{d\xi}{d\chi}\right)\frac{\partial \chi}{\partial x} = \frac{d^2\xi}{d\chi^2}$$

$$\frac{\partial \xi}{\partial t} = \frac{d\xi}{d\chi}\frac{\partial \chi}{\partial t} = -v\frac{d\xi}{d\chi}$$

$$\frac{\partial^2 \xi}{\partial t^2} = \frac{d}{d\chi}\left(-v\frac{d\xi}{d\chi}\right)\frac{\partial \chi}{\partial t} = v^2\frac{d^2\xi}{d\chi^2}$$

となり，式(1.25)が導き出される．

Assist 演算子になぜ虚数を含むのか
2乗した関数が負の係数をもっていると，その解としての平方根には虚数単位が含まれる．ここでは三角関数を使っているが，それを2階微分するとそのうち1回は正負の符号が逆転する．角運動量演算子を2乗するとハミルトニアンになる．そのときにこの符号の逆転に対応するように演算子に虚数単位をつけて定義する．

Data $\hbar$（エイチバー）
プランク定数hは多くの場合，式を簡単にするために，この$\hbar$の形で量子の単位として用いられる． $$\hbar = \frac{h}{2\pi}$$ $$= 1.054 \times 10^{-34}\,\text{J s}$$

Assist 物理量と演算子
ニュートン方程式を解く古典論では，たとえば運動エネルギーEは質量mと速度vから $$E = \frac{1}{2}mv^2$$ で計算される．それに対して，量子論では運動エネルギーを，位置に対する2階微分であるハミルトン演算子を波動関数に作用させるシュレーディンガー方程式から求める．

はポテンシャルエネルギーである．計算がわかりやすいので，ここではこの式を使ってエネルギーを求める方程式を導く．

まずはじめに，量子論の基礎となるいくつかの仮説のひとつとして，次のような**運動量演算子**（momentum operator）を導入する（導出は ➡ web ）．

運動量演算子
$$\hat{p}_x = -i\hbar \frac{\partial}{\partial x} \qquad \hat{p}_y = -i\hbar \frac{\partial}{\partial y} \qquad \hat{p}_z = -i\hbar \frac{\partial}{\partial z} \tag{1.29}$$

iは虚数単位であり，2乗すると-1になる[†]．$\hbar$は$h/2\pi$である[*]．そして，運動量演算子には座標に対する偏微分（補章5.4 参照）が含まれている．ある関数が複数の座標変数(x, y, z)を含んでいるときの微分は，それぞれの変数に対する偏微分の和で与えられる．式(1.29)は，運動量の各座標方向の成分が偏微分で求められることを示しており，$\partial/\partial x$は，xに対する偏微分を表す．このように，運動量演算子では粒子の速度を座標の1階微分で求めることになる．

量子論では，観測可能な物理量をそれに対応する演算子で置き換える[†]．式(1.28)のエネルギーを演算子の形で表すと

ハミルトニアン
$$\hat{H} = -\frac{\hbar^2}{2m}\left(\frac{\partial^2}{\partial x^2} + \frac{\partial^2}{\partial y^2} + \frac{\partial^2}{\partial z^2}\right) + U(x, y, z, t) \tag{1.30}$$

となる．これを，**ハミルトン演算子**または**ハミルトニアン**（Hamiltonian）という．このうち，座標の2階微分の項は**ラプラス演算子**または**ラプラシアン**（Laplacian）といい，次のように略して表されることが多い．

ラプラシアン
$$\nabla^2 = \frac{\partial^2}{\partial x^2} + \frac{\partial^2}{\partial y^2} + \frac{\partial^2}{\partial z^2} \tag{1.31}$$

ポテンシャルエネルギーUは座標(x, y, z)の関数になるが，これらは演算子でも同じ形のままにする．

🟥 1.3.3 時間を含まないシュレーディンガー方程式 🔻

量子力学においては，電子や原子核の状態を波動関数Φで表し，それがどのように時間的に変化していくかは**時間を含むシュレーディンガー方程式**

時間を含むシュレーディンガー方程式
$$i\hbar \frac{\partial}{\partial t}\Phi(x, y, z, t) = \hat{H}\Phi(x, y, z, t) \tag{1.32}$$

が決める（導出は ➡ web ）．系の時間変化を記述するという意味で，この方程式は古典力学におけるニュートンの運動方程式に相当する．いずれも理論的な考察から数学を用いて導ける方程式ではないが，これを解いた結果は実験結果をとてもよく説明するので，これを基本方程式として解を求め，原子や分子の実験結果と比較する．

注目する系が外界と相互作用せずに孤立しており，系のハミルトン演算子が時間に依存しない場合には，この系の状態を表す波動関数も時間変化せず

(Ψ で表す),系の全エネルギーは一定値をとる.このとき,式(1.32)は

定常状態のシュレーディンガー方程式
$$\left\{-\frac{\hbar^2}{2m}\left(\frac{\partial^2}{\partial x^2}+\frac{\partial^2}{\partial y^2}+\frac{\partial^2}{\partial z^2}\right)+U(x)\right\}\Psi(x, y, z) = E\Psi(x, y, z) \quad (1.33)$$
$$\hat{H}\Psi = E\Psi$$

となり,時間に依存しない**定常状態のシュレーディンガー方程式**が得られる[†].これは,エネルギーを与えるハミルトン演算子を波動関数に作用させると,エネルギー固有値が得られるという固有値方程式の形をしている.2章ではいくつかのモデルでこれを解き,エネルギー固有値と固有関数を求めてみる.

例題 1.3　エネルギー固有値の計算

ポテンシャルエネルギーが 0 のときの一次元空間での電子のシュレーディンガー方程式は次の式で与えられる.

$$-\frac{\hbar^2}{2m_e}\frac{d^2}{dx^2}\Psi(x) = E\Psi(x)$$

電子の波動関数が,次の式で表されるとき(図1-10a)

$$\Psi(x) = \sqrt{\frac{2}{a}}\sin\frac{\pi x}{a}$$

そのエネルギー固有値を計算せよ.ただし電子の質量は $m_e = 9.1\times 10^{-31}$ kg, $a = 1.0\times 10^{-10}$ m, $h = 6.6\times 10^{-34}$ J s とする.

解答

この系のシュレーディンガー方程式は

$$-\frac{\hbar^2}{2m_e}\frac{d^2}{dx^2}\left(\sqrt{\frac{2}{a}}\sin\frac{\pi x}{a}\right) = E\sqrt{\frac{2}{a}}\sin\frac{\pi x}{a}$$

と表される.定数を消去したのち微分を実行すると次の式が得られる.

$$\begin{aligned}E &= -\frac{\hbar^2}{2m_e}\frac{d^2}{dx^2}\left(\sin\frac{\pi x}{a}\right)\bigg/\sin\frac{\pi x}{a} \\ &= \frac{\hbar^2}{2m_e}\left(\frac{\pi}{a}\right)^2\left(\sin\frac{\pi x}{a}\right)\bigg/\sin\frac{\pi x}{a} \\ &= \frac{\hbar^2\pi^2}{2m_e a^2} = \frac{h^2}{8m_e a^2}\end{aligned}$$

これに実際の数値を代入すると,エネルギー固有値は次のようになる.

$$E = \frac{(6.6\times 10^{-34})^2(\text{Js})^2}{8\times 9.1\times 10^{-31}\times (1.0\times 10^{-10})^2\,\text{kg m}^2} = 6.0\times 10^{-17}\,\text{J}$$

チャレンジ問題

電子の波動関数が,次の式で表されるとき

$$\Psi(x) = \sqrt{\frac{2}{a}}\sin\frac{2\pi x}{a}$$

x に対する関数の値の変化をグラフに示し,そのエネルギー固有値を計算せよ.

Assist　定常状態の波動関数

シュレーディンガー方程式

$$i\hbar\frac{\partial}{\partial t}\Phi(x, y, z, t) = E\Phi(x, y, z, t)$$

を解くことにより,変数分離された波動関数として

$$\Phi(x, y, z, t) = \Psi(x, y, z)e^{-iEt/\hbar}$$

が得られる.波動関数 $\Psi(x, y, z)$ は座標には依存するが,時間には依存しない.時間に依存しているのは位相の項 $e^{-iEt/\hbar}$ だけである.さらに,ポテンシャルエネルギーが時間に依存しないと仮定すると,この波動関数を使って定常状態のシュレーディンガー方程式が得られ,状態の存在確率も

$$|\Phi(x, y, z, t)|^2 = \Phi^*\Phi = |\Psi(x, y, z)|^2$$

となり,時間には依存しない.

1章 重要項目チェックリスト

波

◆正弦関数 [p.11]　$y(x) = A \sin kx$　　　　　　　　　　　　　　　　(A：振幅，k：波数)

◆振動数 [p.11]　$\nu = \dfrac{u}{\lambda}$　　　　　　　　　　　　　　　　　　　　(u：波の速度，λ：波長)

光子のエネルギー（プランク-アインシュタインの式）[p.12]　$E = h\nu$　　(h：プランク定数，ν：光の振動数)

ド・ブロイ波 [p.13]　$\lambda = \dfrac{h}{p}$　　　　　　　　　　　　　　　　　(λ：ド・ブロイ波長，p：粒子の運動量)

不確定性原理

◆位置と運動量についての不確定性原理 [p.16]　$\Delta x \cdot \Delta p_x \geq \dfrac{h}{4\pi}$　　　　(x：位置，p_x：運動量)

波動関数と存在確率

◆存在確率 [p.17]

　空間でのある座標(x, y, z)における波動関数を$\Psi(x, y, z)$と表すと，その位置における粒子の存在確率は$\Psi(x, y, z)^2 d\tau$になる．

◆波動関数の規格化 [p.18]　$\displaystyle\int_{-\infty}^{+\infty} \Psi(x, y, z)^2 d\tau = 1$

時間を含まないシュレーディンガー方程式 [p.23]　$\hat{H}\Psi(x, y, z) = E\Psi(x, y, z)$

◆運動量演算子 [p.22]

$$\hat{p}_x = -i\hbar\dfrac{\partial}{\partial x} \quad \hat{p}_y = -i\hbar\dfrac{\partial}{\partial y} \quad \hat{p}_z = -i\hbar\dfrac{\partial}{\partial z}$$　　　　　　　　　(i：虚数単位)

◆ハミルトン演算子（ハミルトニアン）[p.22]

$$\hat{H} = -\dfrac{\hbar^2}{2m}\left(\dfrac{\partial^2}{\partial x^2} + \dfrac{\partial^2}{\partial y^2} + \dfrac{\partial^2}{\partial z^2}\right) + U(x, y, z, t)$$　　　　(m：質量，U：ポテンシャルエネルギー)

◆ラプラス演算子（ラプラシアン）[p.22]　$\nabla^2 = \dfrac{\partial^2}{\partial x^2} + \dfrac{\partial^2}{\partial y^2} + \dfrac{\partial^2}{\partial z^2}$

確認問題

1・1 ボーアの原子模型で $n=1$ の準位にある電子の速度を計算せよ．

1・2 水素原子のスペクトル線は2つの準位のエネルギー差に対応する波長のところに観測される．スペクトル線のうち一番波長の短いものは 90 nm に観測される．121 nm のスペクトル線は，どの準位間のエネルギー差に対応するかを予測せよ．

1・3 秒速 100 km で運動している電子のド・ブロイ波長を求めよ．

1・4 次の波動関数のうち，実際にふさわしくないものはどれかを選択し，その理由を説明せよ．
 (a) $\Psi(x) = A_0 \tan(2\pi x/a)$
 (b) $\Psi(x) = A_0 \tan(1/a)$
 (c) $\Psi(x) = A_0 e^{-ax^4}$
 (d) $\Psi(x) = A_0 \sin(kx)/(x^2+1)$

1・5 式(1.29)の運動量演算子を用いて，式(1.30)のハミルトン演算子(ハミルトニアン)を導け．

1・6 ポテンシャルエネルギーが0の一次元空間を運動している質量 m の粒子の波動関数が

$$\Psi(x) = A(e^{ikx} + e^{-ikx})$$

で表されるとき，そのエネルギー固有値を $m, \hbar, k$ で表せ．

実戦問題

1・7 次の文章を読み，後の問い A〜C に答えよ．
　水素原子の電子の運動をボーアモデルで考える．電子はクーロン力によって，陽子を中心とする半径 r の円周に沿って角度が毎秒 ω で変化するような古典的な回転運動をしているとする．陽子の質量 M が電子の質量 m に比べて無限に大きいとし，電気素量を e とすれば $\omega=$ 【ア】であり，運動エネルギー T は r の関数として $T=$ 【イ】と表せる．全エネルギー E は r の関数で表せ，クーロン力によるポテンシャルエネルギー V の基準を $r=\infty$ のときにゼロとすれば，$E=$ 【ウ】となる．古典電磁気学によると，加速度運動する荷電粒子は電磁波を放出してエネルギーを失うので，電磁波の放出が続けば式【ウ】によって電子と陽子の距離は限りなく【エ】くなり，原子は安定に存在しえない．ボーアは，電子の運動量 p の大きさを円軌道の1周にわたって積分した値がプランク定数 h の整数倍に等しい軌道のみ電子に許容されるとの量子化条件を仮定した．さらに，このようにして量子化された軌道の間でだけ電磁波の吸収や放出が起こるとして，水素の原子スペクトルが定量的に説明できる結果を得た．

　A．【ア】から【ウ】に適切な式，【エ】に適切な日本語をあてはめよ．
　B．下線部を，量子数 n を用いて表せ．その式を使ってボーアモデルの 全エネルギー E の式を導け．
　C．ボーアモデルの基底状態における電子軌道の半径 a_0 の式を求めよ．
　[平成18年度 京都大学理学研究科入試問題より]

1・8 一次元空間を運動する質量 m の粒子について考える．粒子の波動関数 $\Psi(x)$ は

$$\int_{-\infty}^{\infty} |\Psi(x)|^2 dx = 1$$

を満たすと仮定する．以下の問い A〜E に答えよ．

　A．有限区間 $[x_1, x_2]$ に粒子を発見する確率を $\Psi(x)$ を用いて表せ．
　B．位置 x の期待値 $<x>$ を $\Psi(x)$ を用いて表せ．
　C．x の2乗の期待値 $<x^2>$ を $\Psi(x)$ を用いて表せ．また，x のゆらぎ Δx を $<x>$ と $<x^2>$ を用いて表せ．
　D．運動量演算子 $\hat{p}$ を用いて運動エネルギーの演算子 $\hat{H}_{kin}$ を表せ．
　E．運動量の期待値が $<p>=0$ の場合について，$\Delta x = d$ のときの $<\hat{H}_{kin}>$ の最小値を d を用いて表せ．
　[平成25年度 広島大学先端物質科学研究科入試問題より]

1・9 あるエネルギー準位の固有関数が

$$\Psi(x) = A e^{-ax^2} \quad (-\infty < x < \infty)$$

で表される(ガウス関数)とする．この粒子の存在確率分布関数を求めよ．

2章 量子モデル

■ Contents
- 2.1 箱の中の粒子
- 2.2 調和振動子
  ——分子振動のモデル
- 2.3 角運動量
  ——スピンのモデル
- 2.4 剛体回転子
  ——分子回転のモデル

　量子論を用いて考えると，原子や分子が示す実験結果を正確に理解することができる．たとえば，熱輻射の光が短い波長のところで弱くなることや，原子のスペクトル線の波長が規則的でいつも決まった値であることは，それらの粒子のエネルギーが特定の値しかとれないと考えれば説明できるし，それが粒子のもつ波の性質で決まっていると考えれば，その規則性も理解できる．

　この考え方にもとづいてシュレーディンガー方程式を用いると，エネルギーの値を導き出すこともできる．しかし，その計算の意味を理解するのは難しいので，まずは簡単なモデルについて実際にシュレーディンガー方程式を適用し，その結果を見ながらあらためて意味を考えてみるのが有効である．

　それゆえ，本章では，量子論を学ぶときに必ず出てくるモデルについて詳しく説明していく．「**一次元箱の中の粒子**」は，最も簡単で重要な量子モデルである．「**調和振動子**」はバネや振り子の運動を量子論で扱ったもので，分子の振動の基本モデルとなる．「**剛体回転子**」は，分子の回転のモデルとして用いられる．これらのモデルの結果を理解し，量子論の考え方や使い方を身につけるのが，本章の目的である．

本章で学ぶ「調和振動子」はバネや振り子のような運動を取り扱う基本モデルであり，「剛体回転子」は回転運動を取り扱う基本モデルである．

2.1 箱の中の粒子

量子論のモデルとして最も重要なのは原子である．水素原子の厳密な取り扱いを次章で詳しく学ぶが，まずはその最も簡単なモデルとして，電子をある限られた空間に閉じ込めた場合を考える．これを「箱の中の粒子の問題」とよんでいる．単純なモデルではあるが，量子論で導かれるいくつかの特徴的な結果を知ることができる．

2.1.1 一次元箱の中の粒子のシュレーディンガー方程式

シュレーディンガー方程式の最も簡単な系として，ポテンシャルエネルギー $U(x)$† が 0 である空間の一部分（箱）の中に質量 m の粒子を閉じ込めたときのエネルギー固有値と固有関数を求めてみる．通常の箱は，三次元空間を区切った直方体の内部のことであるが，x 軸上の一次元空間を $x=0$ から $x=a$ まで区切ると**一次元箱**（線分）になる．このときのポテンシャルエネルギー $U(x)$ は図2-1のように描くことができ，その形から**井戸型ポテンシャル**（square well potential）とよばれる．一次元箱の中ではポテンシャルは 0 であるとし，粒子には力が働かないと仮定する．したがって，**一次元箱の中の粒子のシュレーディンガー方程式**は，式(1.33)から y, z を含む項とポテンシャル項を除いて，次のように表される．

$$-\frac{\hbar^2}{2m}\frac{d^2}{dx^2}\Psi(x) = E\Psi(x) \qquad 0 \leq x \leq a \qquad (2.1)$$

一次元箱の中の粒子のシュレーディンガー方程式

この方程式を見てすぐにわかるのは，これを満足する波動関数 $\Psi(x)$ は，2階微分しても同じ形にならなければならないということである．そこで，2階微分して同じ形になるような一般解†として

$$\Psi(x) = A\sin kx + B\cos kx \qquad (2.2)$$

を考える．k は，座標 x が変化するにつれて波の位相がどれくらい進むかを表す定数（**波数**）で，$k=2\pi$ であれば，x が 0 から 1 になるときに波が 1 周期変化する．他の形の一般解も考えられるが，どれからスタートしても同じ解が得られるので，ここではこの一般解を使って方程式を解いていく．

まず初めに，**境界条件**（boundary condition）というものを導入する．粒子を箱の中に閉じ込める，すなわち，箱の外に出られないようにするために，ポテンシャルエネルギーを無限大とする．すると，箱の外で存在確率は 0 となり，波動関数の値も 0 になる．波動関数は一価・連続でなければならないので（1.2.4項参照），両端の $x=0$ と $x=a$ の地点でもやはり，波動関数の値は 0 になる．したがって

$$\Psi(0) = \Psi(a) = 0 \qquad (2.3)$$

として，式(2.2)の一般解を特定していく．まず

Assist　ポテンシャルエネルギー

古典論的なハミルトン形式では，運動量 p_x，質量 m の粒子の全エネルギーは

$$E = \frac{p_x^2}{2m} + U(x)$$

で表される．ポテンシャルエネルギー $U(x)$ はある地点 (x, y, z) で 1 つの値をもつ位置エネルギーである．ハミルトン演算子のなかでモデルによって変わるのは，この $U(x)$ の項だけである．

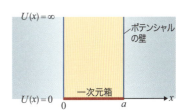

図2-1　井戸型ポテンシャル
横軸は粒子の座標 x で，赤い線分は一次元箱を表す．縦軸はエネルギーで，青線はポテンシャルエネルギーを表す．

Assist　方程式の一般解

方程式を解くときに，まずその関数の形を使えば，あらゆる解を表すことができるというようなものからスタートしていくと解くのが容易になる．これを一般解といい，ここでは

$$\Psi(x) = A\sin kx + B\cos kx$$

という一般解からスタートして，これに境界条件をつけて，適切な値へと解を特定していく．

$$\Psi(0) = B\cos kx = 0 \qquad \therefore B = 0 \qquad (2.4)$$

となり，これから

$$\Psi(a) = A\sin ka = 0 \qquad \therefore ka = n\pi \qquad (2.5)$$

が得られる．波動関数は**例題 1.2** と同じように規格化でき，結果として次のような一次元箱の中の粒子の固有関数が求められる．

> **一次元箱の中の粒子の固有関数**
> $$\Psi_n(x) = \sqrt{\frac{2}{a}} \sin \frac{n\pi x}{a} \qquad n = 1, 2, 3, \cdots \qquad (2.6)$$

さらに計算を進めると，エネルギー固有値は

> **一次元箱の中の粒子のエネルギー固有値**
> $$E_n = \frac{n^2 h^2}{8ma^2} \qquad n = 1, 2, 3, \cdots \qquad (2.7)$$

と求められる（**例題 2.1** 参照）．このように，<u>エネルギー固有値と固有関数は正の整数 n によって規則正しく定められる</u>．この n を**量子数**†（quantum number）とよぶ．

Assist 量子数

量子モデルのエネルギー準位の固有値は，規則正しい値しかとることができない．実際のエネルギー固有値は，n に比例するとか，n^2 に比例するとか，n の簡単な関数で表される．後で示す原子の波動関数も，この量子数できちんと規定される．

Assist 三角関数の微分

三角関数の微分の公式は，1.2.3 項に示してある．そのなかからあてはまるものを選んで適用する．

例題 2.1　一次元箱の中の粒子のエネルギー固有値

式 (2.6) の固有関数をシュレーディンガー方程式に代入し，一次元箱の中の粒子のエネルギー固有値 E を求めよ．

解答

式 (2.6) の固有関数を式 (2.1) のシュレーディンガー方程式に代入すると

$$-\frac{\hbar^2}{2m}\frac{d^2}{dx^2} A\sin\frac{n\pi x}{a} = EA\sin\frac{n\pi x}{a}$$

となる．左辺にある微分を実行すると†

$$-\frac{\hbar^2}{2m}\frac{d}{dx}\left(A\frac{n\pi}{a}\cos\frac{n\pi x}{a}\right) = -\frac{\hbar^2}{2m}A\left(\frac{n\pi}{a}\right)^2\left(-\sin\frac{n\pi x}{a}\right)$$

となる．これを右辺と等しく置いて A を消去すると

$$\frac{\hbar^2}{2m}\left(\frac{n\pi}{a}\right)^2 \sin\frac{n\pi x}{a} = E\sin\frac{n\pi x}{a}$$

が得られる．この式にはもう微分は含まれないので，三角関数の部分を消去することができ，エネルギー固有値 E として次の式が求められる．

$$E = \left(\frac{\hbar^2}{2m}\right)\left(\frac{n\pi}{a}\right)^2 = \frac{n^2 h^2}{8ma^2}$$

チャレンジ問題

式 (2.6) の波動関数を用いて，$n = 1, 2, 3, 4$ での粒子の存在確率を表す式を導け．

このようにして，一次元箱の中の粒子のシュレーディンガー方程式は，厳密に，しかも比較的簡単に解くことができる．その結果をよく見てみると，以下に示すような原子や分子がもつ一般的な性質を知ることができる．

2.1.2 とびとびのエネルギー準位と波動関数の直交性

式 (2.7) に $n = 1，2，3，4$ を代入していくとわかるように，一次元箱の中の粒子のエネルギー固有値は

$$\frac{h^2}{8ma^2}，\frac{4h^2}{8ma^2}，\frac{9h^2}{8ma^2}，\frac{16h^2}{8ma^2}，\ldots$$

という離散的かつ規則的な値になっている．このように，一次元箱の中の粒子のエネルギー固有値は $h^2/8ma^2$ の整数の 2 乗倍になる．

一般に，束縛された粒子のエネルギーは，特定のとびとびの値しかとることができない．これは，境界条件によって波動関数の両端が限られてしまうため，波長が決められた値になり，エネルギーも定められるからだと考えられる．

このように，1 つの系にはいくつかのエネルギー準位が許されるが，1 つの準位は他の準位に影響をおよぼすことはなく，異なる準位に入った電子はお互いに独立なふるまいをする．これを**直交している** (orthogonal) という．つまり，1 つの系で固有値の異なる 2 つのエネルギー準位の固有関数は直交しているといえる．

なお，電子がお互いに独立であるときには存在確率を決める 2 つの波動関数の重なり積分が 0 でなければならない[†]．これを式で表すと

固有関数の直交条件
$$\int_{-\infty}^{+\infty} \Psi_i(x)\Psi_j(x)\mathrm{d}x = 0 \qquad i \neq j \tag{2.8}$$

となる．これが，**固有関数の直交条件**である．

2.1.3 存在確率の空間分布

粒子があるエネルギー準位をとっている（占有している）とき，各空間の位置での存在確率は，そのエネルギー準位の固有関数の 2 乗で表される（1.2.2 項参照）．式 (2.6) からわかるように，一次元箱の中の粒子の固有関数は単純な正弦関数で表されるので，存在確率は粒子の位置によって規則的に変化し，その空間分布は一様にはならない（図 2-2）．古典的論的な考え方によると，粒子は，箱の中でのポテンシャルエネルギーが一定であれば存在確率もすべての位置で一定である．しかし，量子論では粒子がどの位置にいる確率が高いかいうことが決められていて，その値は位置によって大きく異なる．

2.1.4 ゼロ点エネルギー

一次元箱の中の粒子のエネルギー固有値のうちで最小のものは，式 (2.7)

Assist　重なり積分と直交

2 つの波動関数の積の全空間積分を「重なり積分」という（4.1.1 項参照）．

$$S = \int_{-\infty}^{+\infty} \Psi_i(x)\Psi_j(x)\mathrm{d}x$$

この式は，2 つの波動関数が重なった部分の面積の部分を表しているが，同時にどれくらい相互作用するかを表す．この値が 0 であれば，お互いに独立であることになり，2 つの波動関数は直交している．直交というのは，たとえば 2 次元空間で直交する 2 軸の座標変数がお互いに独立であることを考えると理解しやすいだろう．

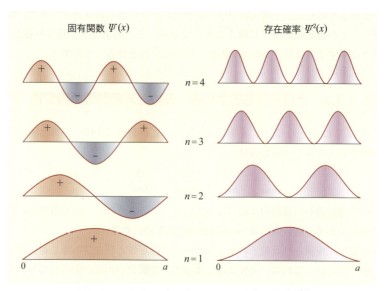

図 2-2　一次元箱の中の粒子の固有関数と存在確率
横軸は粒子の位置を表し、左端は $x=0$、右端は $x=a$ である。

> **Assist　ゼロ点エネルギー**
>
> この章で取り扱う量子モデルでは、エネルギー固有値はとびとびの決まった値しかとらないので、最小のエネルギーの準位が必ずある。そのエネルギーは 0 になることはなく、ある有限の値をとる。つまり、量子モデルの粒子の運動エネルギーは 0 にならない。すなわち静止できないということを意味している。

に $n=1$ を代入したときの値 $E_1 = h^2/8ma^2$ であり、これを**ゼロ点エネルギー**(zero-point energy)†という。一般に、粒子のエネルギーは 0 になることはない。一次元箱の中ではポテンシャルエネルギーは 0 なので、運動エネルギーは一定の値をとり、粒子は箱の中を絶えず動いていることになる。ただし、どの時刻にどの地点でどの方向に動いているかを正確に決めることはできない。これは、「不確定性原理」によるものである。

2.2　調和振動子──分子振動のモデル

粒子が同じ運動を周期的にくり返す例として、バネや振り子のような単振動がある。ここでは、古典的なバネの運動に対応させながら、**調和振動子** (harmonic oscillator) とよばれる量子モデルを考えてみる。化学結合はバネのようだと考えられており、結合の長さが変化する分子の振動はこのモデルを使って表されることが多い。

一次元箱の中の粒子では、井戸型ポテンシャルという極端な仮定でエネルギー固有値と固有関数を求めたが、調和振動子ではもう少し現実的な、なめらかに変化するポテンシャルを考え、シュレーディンガー方程式を適用していくことになる。

2.2.1　調和振動子のシュレーディンガー方程式

調和振動子のポテンシャルエネルギー $U(x)$ を式で表すと次のようになる。

$$U(x) = \frac{1}{2}kx^2 \tag{2.9}$$

これは放物線の関数であり，$x=0$ で最小値 0 をとり，x の値とともに徐々に増加して $x=\pm\infty$ で無限大になる（図 2-3）．もしも運動エネルギーが 0 であれば，振動子は $x=0$ の位置にとどまることになるが，量子論ではゼロ点エネルギーが必ずあるので，とどまることなく一定の振幅で振動運動を続けると考えられる．式 (2.9) で表されるポテンシャルエネルギーは，バネと同じように $x=0$ の位置からの変化に比例した力が加わることによるものである．それゆえ**調和振動子**とよばれている．

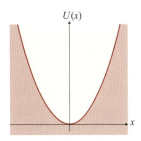

図 2-3 調和振動子のポテンシャルエネルギー
古典的な粒子はポテンシャルの内側（黄色部分）を運動し，外側の色をつけた部分に出ることはない．

次に，この粒子を量子モデルで取り扱ってみよう．式 (2.9) のポテンシャルエネルギーをハミルトン演算子に代入すると，一次元の調和振動子のシュレーディンガー方程式は，次のように与えられる．

調和振動子のシュレーディンガー方程式
$$\left(-\frac{\hbar^2}{2m}\frac{d^2}{dx^2}+\frac{1}{2}kx^2\right)\Psi(x)=E\Psi(x) \tag{2.10}$$

式 (2.10) は，「エルミート方程式」として知られている形をしている[†]．解き方は少し難しいのでここでは説明しないが，最終的にエネルギー固有値 E_n は次のように与えられる（解き方は ➡ web ）．

調和振動子のエネルギー固有値
$$E_n=\left(n+\frac{1}{2}\right)h\nu_0 \qquad n=0,1,2,3,\cdots \tag{2.11}$$

エネルギー固有値は $n+1/2$ に比例するので，ハシゴ段のような等間隔の準位が許され，その間隔は $h\nu_0$ になる．ν_0 は**固有振動数**(natural frequency) とよばれ，次の式で与えられる．

調和振動子の固有振動数
$$\nu_0=\frac{1}{2\pi}\sqrt{\frac{k}{m}} \tag{2.12}$$

> **Assist エルミート方程式**
> 基本形は次のように表される．
> $$\left(\frac{d^2}{dx^2}-2x\frac{d}{dx}+2n\right)H_n(x)=0$$
> $$n=0,1,2,3,\cdots$$
> これを満たす $H_n(x)$ をエルミート多項式という．

2.2.2 調和振動子の固有関数

調和振動子のシュレーディンガー方程式（式 2.10）を解くと，固有関数は次のようになる（解き方は ➡ web ）．

調和振動子の固有関数
$$\Psi_n(\xi)=N_n H_n(\xi)e^{-\xi^2/2} \tag{2.13}$$

この調和振動子の固有関数 $\Psi_n(\xi)$ の変数は，x でなく ξ になっている．ξ は

$$\xi=\sqrt{\frac{\sqrt{mk}}{\hbar}}\,x \tag{2.14}$$

であり，比例係数を含んではいるが，位置 x と同じ意味をもつ変数だと考えればよい．N_n は規格化定数で，n によって値が異なる．$H_n(\xi)$ は，**エルミート多項式** (Hermite polynomial)[†] である．

> **Assist エルミート多項式**
> ある規則に従った一連の多項式で，エルミート方程式の解である．実際の形は次のようになっている．
> $H_0(\xi)=1$
> $H_1(\xi)=2\xi$
> $H_2(\xi)=4\xi^2-2$
> $H_3(\xi)=8\xi^3-12\xi$
> $H_4(\xi)=16\xi^4-48\xi^2+12$
> $\vdots$

例題 2.2　調和振動子の固有関数

一次元箱の中の粒子の固有関数(式 2.6)は図 2-2 のように表されるが，調和振動子の固有関数(式 2.13)はこれと少し異なる．エルミート多項式と関数 $e^{-\xi^2/2}$ の変化を参考にして，$n=0 \sim 3$ の固有関数をおおまかに示せ．

解答

式(2.13)から，それぞれのエネルギー準位の固有関数を求める．

$$n=0 \qquad \Psi_0(\xi) = N_0 e^{-\xi^2/2}$$
$$n=1 \qquad \Psi_1(\xi) = N_1(2\xi) e^{-\xi^2/2}$$
$$n=2 \qquad \Psi_2(\xi) = N_2(4\xi^2-2) e^{-\xi^2/2}$$
$$n=3 \qquad \Psi_3(\xi) = N_3(8\xi^3-12\xi) e^{-\xi^2/2}$$

各々の固有関数の形は図 2-4 のようになる．$n=0$ の固有関数はガウス関数とよばれるもので，$x=0$ で最大値 N_0 をとり，x の値とともに徐々に減少して $x=\pm\infty$ で 0 になる釣鐘型の関数である．$n=0, 1, 2, 3, \cdots$ の固有関数はエルミート多項式の関数を $x=\pm\infty$ で 0 に近づけた形をしている．

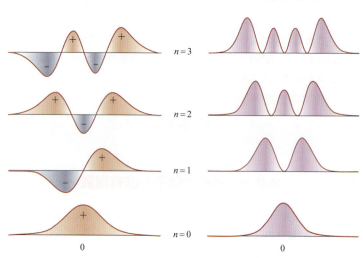

図 2-4　調和振動子の固有関数と存在確率
横軸は振動子の座標 ξ を表す．

Assist　波動関数の広がり

$n=0$ の波動関数は

$$\Phi_0(\xi) = N_0 e^{-\xi^2/2}$$

と表される．一次元箱の中の粒子とは異なり，調和振動子では，ポテンシャルエネルギー

$$U(x) = \frac{1}{2}kx^2$$

の外側でも波動関数が 0 にならない(下図の紫色の部分)．古典論の粒子ではありえないが，量子モデルだと，ポテンシャルの外側にも存在確率があることになる．

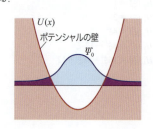

チャレンジ問題

式(2.13)の $n=0 \sim 3$ の固有関数について，その存在確率の式を導け．

調和振動子の固有関数は，一次元箱の中の粒子の場合と形は似ているが，ポテンシャルエネルギーがなめらかな曲線になったために，波動関数がポテンシャルの壁の外側まで広がっている†．このことは，<u>ポテンシャルの外側にも粒子が存在できる</u>ことを意味している．たとえば，$n=0$ では存在確率が 0 であるところが 1 ヶ所もないので(ただし遠方では十分小さい)，振動子

の座標，すなわちバネの長さはいくらでも許されるということになる．これを粒子で考えると，粒子はどこにでも存在することができる，つまりポテンシャルの壁をすり抜けられることになる．この現象を，壁をくぐり抜けるという意味で**トンネル効果**(tunneling effect)とよぶ(図2-5)．

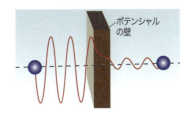

図2-5 トンネル効果

2.3 角運動量――スピンのモデル

これまでは，主に一次元空間でのモデルを扱ってきたが，実際の原子や分子では，二次元空間での回転運動を取り扱う場合が多い．たとえば，原子核の周りを回っている電子のエネルギー準位などである．それを理解するためには，「**角運動量**」というものを学ぶ必要がある．

2.3.1 角運動量とは

物体の運動は，直線運動と円運動に分けることができる．等速の直線運動については方向の変化がないので取り扱いは簡単で，単位時間あたりの位置の変化を速度 v で表す．この運動の勢い，すなわち運動の実質的な能力を表すには，これに物体の質量 m を掛けた運動量 $p = mv$ を用いる．

これに対し，等速の円運動の場合は速度の大きさは一定であるが，その方向が常に変化するので，運動量 $\boldsymbol{p} = m\boldsymbol{v}$ はベクトルを表すと考える[*]．

原点 O を中心に半径 r で等速円運動している質量 m の粒子の位置ベクトルを $\boldsymbol{r}(x, y, z)$，その速度ベクトルを $\boldsymbol{v}(v_x, v_y, v_z)$，運動量ベクトル $\boldsymbol{p} = m\boldsymbol{v}$ を $\boldsymbol{p}(p_x, p_y, p_z)$ で表す(図2-6)．ただし，円運動の場合，$\boldsymbol{p}$ は回転面内で常に $\boldsymbol{r}$ と垂直な方向を向いている．したがって，$\boldsymbol{p}$ は回転面内で常に一定方向に変化しながら同じ大きさで1周する．これを周期で平均あるいは積分すると打ち消し合って0になってしまい，回転運動をうまく表現できない．

これをベクトルを使った式で表すには，運動量ベクトル $\boldsymbol{p}$ と位置ベクトル $\boldsymbol{r}$ のベクトル積(外積)[†]が適している．これを**角運動量**(angular momentum) $\boldsymbol{L}$ とよび，回転運動の能力を示すものとして用いる．

角運動量
$$\boldsymbol{L} = \boldsymbol{r} \times \boldsymbol{p} \tag{2.15}$$

その大きさは，$L = r \times p = r \times mv$ で，回転半径と質量と速度の積になり，長い紐で重い物を速く回すと運動能力が高いという通常の感覚と合致する．実際に計算すると，角運動量 $\boldsymbol{L}(L_x, L_y, L_z)$ は回転運動面に垂直な方向を向いていることがわかる．右ネジの進む方向とかプロペラの軸などを思い浮かべるとわかりやすいだろう．

等速円運動の場合，その大きさは

$$\sqrt{|\boldsymbol{L}^2|} = mrv \tag{2.16}$$

Data ベクトルの表示

ベクトルは $\vec{P}$ と表すこともあるが，本書では $\boldsymbol{P}$ と太字で表すことにする．

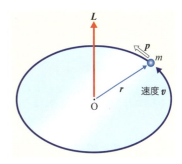

図2-6 角運動量

角運動量 $\boldsymbol{L}$ は回転運動面に垂直な方向をもつ．

Assist ベクトルの積

2つのベクトルの積には2種類あり，内積および外積とよばれる(補章3節参照)．

◆ベクトルの内積(スカラー積)
$\boldsymbol{A} \cdot \boldsymbol{B}$
$= AB\cos\theta$
$= A_xB_x + A_yB_y + A_zB_z$

◆ベクトルの外積(ベクトル積)
$\boldsymbol{A} \times \boldsymbol{B}$
$= (A_yB_z - A_zB_y)\boldsymbol{i} + (A_zB_x - A_xB_z)\boldsymbol{j}$
$\quad + (A_xB_y - A_yB_x)\boldsymbol{k}$
$\quad\quad (\boldsymbol{i}, \boldsymbol{j}, \boldsymbol{k}$ は単位ベクトル$)$

で与えられ，質量 m，回転半径 r，速度 v に比例する．式 (2.15) の角運動量は行列式（補章 3.1 参照）の形で表すことができ

$$\boldsymbol{L} = \begin{vmatrix} \boldsymbol{i} & \boldsymbol{j} & \boldsymbol{k} \\ x & y & z \\ p_x & p_y & p_z \end{vmatrix} \quad (2.17)$$

となる．$\boldsymbol{i}, \boldsymbol{j}, \boldsymbol{k}$ は，それぞれ x, y, z 方向の長さ 1 のベクトル（単位ベクトル）である．この行列式を展開すると，角運動量の各軸方向成分 L_x, L_y, L_z が次のように求められる（図 2-7，計算方法は例題 2.3 参照）．

角運動量の各軸方向成分
$$L_x = yp_z - zp_y \qquad L_y = zp_x - xp_z \qquad L_z = xp_y - yp_x \quad (2.18)$$

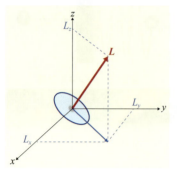

図 2-7　角運動量の各軸方向成分

例題 2.3　角運動量の各軸方向成分

式 (2.17) を展開して，角運動量の各軸方向成分を求めよ．

解答

角運動量を，単位ベクトル $\boldsymbol{i}, \boldsymbol{j}, \boldsymbol{k}$ を用いて次のように表す．

$$\boldsymbol{L} = L_x \boldsymbol{i} + L_y \boldsymbol{j} + L_z \boldsymbol{k}$$

式 (2.17) の行列式を 1 行目の単位ベクトルで展開するとき，その展開係数はその単位ベクトルのある行と列を除いた小行列式になる（補章 3.2 参照）†．ただし，偶数番目の要素については -1 を掛ける．したがって

$$\boldsymbol{L} = \begin{vmatrix} y & z \\ p_y & p_z \end{vmatrix} \boldsymbol{i} - \begin{vmatrix} x & z \\ p_x & p_z \end{vmatrix} \boldsymbol{j} + \begin{vmatrix} x & y \\ p_x & p_y \end{vmatrix} \boldsymbol{k}$$
$$= (yp_z - zp_y)\boldsymbol{i} + (zp_x - xp_z)\boldsymbol{j} + (xp_y - yp_x)\boldsymbol{k}$$

となり，角運動量の軸方向成分 L_x, L_y, L_z は式 (2.18) のようになる．

チャレンジ問題

式 (2.18) から，粒子が xy 面内で等速円運動しているときには，角運動量は z 軸方向を向いていて，その大きさは mrv であることを示せ．

Assist　行列式の展開

一般的な行列式の展開は補章 3.1 に示してある．2 行 2 列の行列式は次のようになる．

$$\begin{vmatrix} A & B \\ C & D \end{vmatrix} = AD - BC$$

■ 2.3.2　角運動量の大きさと軸方向成分の固有値

1.2 節で学んだように，量子論を用いてエネルギーなどの物理量を求めるには，それに対応する演算子を考え，固有値方程式を解く．運動量演算子は，式 (1.29) で示したように，座標に対する 1 階微分で表される．その運動量演算子を角運動量の各軸方向の成分の式 (2.18) にそのまま適用すると，次のような**角運動量演算子**(angular momentum operator) $\hat{L}_x, \hat{L}_y, \hat{L}_z$ が導かれる．

2.3 角運動量——スピンのモデル

角運動量演算子
$$\hat{L}_x = -i\hbar\left(y\frac{\partial}{\partial z} - z\frac{\partial}{\partial y}\right) \quad \hat{L}_y = -i\hbar\left(z\frac{\partial}{\partial x} - x\frac{\partial}{\partial z}\right) \quad (2.19)$$
$$\hat{L}_z = -i\hbar\left(x\frac{\partial}{\partial y} - y\frac{\partial}{\partial x}\right)$$

角運動量の大きさと z 軸方向成分の固有値は，それぞれの演算子を使った次のような固有値方程式で求めることができる．

$$\hat{L}^2 \Psi = \left(\hat{L}_x^2 + \hat{L}_y^2 + \hat{L}_z^2\right)\Psi = L^2 \Psi \quad (2.20)$$

$$\hat{L}_z \Psi = L_z \Psi \quad (2.21)$$

これらの方程式は**例題 2.4** で示す方法で解くことができ，次のような L^2, L_z の固有値が得られる．

角運動量の大きさの 2 乗の固有値
$$\hat{L}^2 Y_{lm} = l(l+1)\hbar^2 Y_{lm} \quad l \text{ は整数または半整数} \quad (2.22)$$

角運動量の z 軸方向成分の固有値
$$\hat{L}_z Y_{lm} = L_z Y_{lm} = m_l \hbar Y_{lm} \quad m_l = l, l-1, \cdots, -(l-1), -l \quad (2.23)$$

Y_{lm} は角運動量の固有関数を表し，**球面調和関数** (spherical harmonics) とよばれるものである（→ web ）．

> **Assist 球面調和関数**
> 球面極座標(p.40 参照)を用いた 3 次元のラプラス方程式の解であるが，l が負でない整数のときにだけ定義されている．

例題 2.4　角運動量の 2 乗の固有値

角運動量の 2 乗の固有値を求めよ．

[解答]

式(2.21)から
$$\hat{L}_z Y_{lm} = L_z Y_{lm}$$

とする．この両辺に左側から角運動量演算子 $\hat{L}_z$ を掛けると
$$\hat{L}_z^2 Y_{lm} = \hat{L}_z(L_z Y_{lm}) = L_z^2 Y_{lm}$$

が得られる．さらに，式(2.20)を使うと
$$\left(\hat{L}_x^2 + \hat{L}_y^2\right)Y_{lm} = \left(L^2 - L_z^2\right)Y_{lm}$$

が成り立つ．$\left(\hat{L}_x^2 + \hat{L}_y^2\right)$ は物理量の 2 乗の和の演算子なので，その固有値は負の値をとることはないから，$(L^2 - L_z^2) \geq 0$ となる．
次に，よく知られている**上昇・下降演算子**[†]を式(2.23)の左辺に作用させると
$$\hat{L}_z(\hat{L}_x \pm i\hat{L}_y)Y_{lm} = (\hat{L}_x \pm i\hat{L}_y)(\hat{L}_z \pm \hbar)Y_{lm}$$
$$= (L_z \pm \hbar)(\hat{L}_x \pm i\hat{L}_y)Y_{lm}$$

が得られ，これから $(\hat{L}_x \pm i\hat{L}_y)Y_{lm}$ は $(L_z \pm \hbar)$ を固有値とする演算子 $\hat{L}_z$ に対する固有関数であることがわかる．

> **Assist 上昇・下降演算子**
>
> ◆上昇演算子
> $\hat{L}_+ = \hat{L}_x + i\hat{L}_y$
> $\hat{L}_z \hat{L}_+ = \hat{L}_+(\hat{L}_z + \hbar)$
> z 軸方向成分の固有値を $\hbar$ だけ増加させる．
>
> ◆下降演算子
> $\hat{L}_- = \hat{L}_x - i\hat{L}_y$
> $\hat{L}_z \hat{L}_- = \hat{L}_-(\hat{L}_z - \hbar)$
> z 軸方向成分の固有値を $\hbar$ だけ減少させる．
> これから次の関係式が導かれる．
> $\hat{L}_z \hat{L}_\pm Y_{lm} = \hat{L}_\pm(L_z \pm \hbar)Y_{lm}$
> （補章 6.3 参照）

ところで，$\hat{L}^2$ の固有値 L^2 の 1 つの値の角運動量に対しては，複数の異なる固有値 L_z が存在する．角運動量の大きさは同じであるが，その方向が異なるいくつかの状態が存在するからである．それぞれの固有関数に演算子 $(\hat{L}_x \pm i\hat{L}_y)$ を作用させると，$\pm\hbar$ だけ固有値の異なる一群の固有値系列をつくることができ，その値は

$$L'_z,\ L'_z+\hbar,\ L'_z+2\hbar,\ \cdots\cdots,\ L''_z-\hbar,\ L''_z$$

と表すことができる．ここで，L'_z は最低の固有値，L''_z は最高の固有値であり，これをまとめて

$$L''_z = L'_z + n\hbar \qquad (n \text{ は正の整数}) \tag{I}$$

と書く．最低の固有値 L'_z 対する固有関数を Y'_{lm} とすると

$$\hat{L}_z Y'_{lm} = L'_z Y'_{lm}$$

となる．これより低い固有値をもつ固有関数が出ないようにするためには

$$(\hat{L}_x - i\hat{L}_y)Y'_{lm} = 0$$

でなければならない．この式に $\hat{L}_x + i\hat{L}_y$ を掛けて計算を進めると次の式が得られる[†]．

$$L^2 = L'_z(L'_z - \hbar) \tag{II}$$

同様の操作を A''_z にもおこなうと次の式が得られる．

$$L^2 = L''_z(L''_z + \hbar) \tag{III}$$

式(III)に式(I)を代入し，さらに式(II)を用いると

$$\begin{aligned}
\hat{L}^2 &= (L'_z + n\hbar)(L'_z + n\hbar + \hbar) \\
&= L'^2_z + (2n+1)\hbar L'_z + n(n+1)\hbar \\
&= L'_z(L'_z - \hbar)
\end{aligned}$$

$$\therefore 2(n+1)\hbar L'_z = n(n+1)\hbar$$
$$\therefore -L'_z = \frac{1}{2}n\hbar$$

同様の操作を A'' にもおこなうと次の式が得られる．

$$-L'_z = +L''_z = \frac{1}{2}n\hbar$$

$\frac{1}{2}n = l$ とおくと，l は整数または半整数だけになり，固有値が求まる．

$$L^2 = l(l+1)\hbar^2$$

チャレンジ問題
角運動量の z 軸方向の成分の固有値を求めよ．

Assist L^2 の導出

$$\begin{aligned}
&(\hat{L}_x + i\hat{L}_y)(\hat{L}_x - i\hat{L}_y)Y'_{lm} \\
&= (\hat{L}_x^2 + \hat{L}_y^2 - i\hat{L}_x\hat{L}_y + i\hat{L}_y\hat{L}_x)Y'_{lm}
\end{aligned}$$

式(2.22)から

$$\hat{L}_x^2 + \hat{L}_y^2 = \hat{L}^2 - \hat{L}_z^2$$

また，交換子の関係式（補章6.1参照）から

$$\hat{L}_x\hat{L}_y - \hat{L}_y\hat{L}_x = -i\hbar\hat{L}_z$$

したがって

$$(\hat{L}^2 - \hat{L}_z^2 + \hbar\hat{L}_z)Y'_{lm} = 0$$

式(2.20)と式(2.21)より

$$(L^2 - L'^2_z + \hbar L'_z) = 0$$

2.3.3 空間の量子化

式 (2.22) が示しているように，角運動量の大きさの 2 乗を $l(l+1)\hbar^2$ で与える l という**量子数** (quantum number) は，負でない整数または半整数の値しか許されない．量子モデルのエネルギー固有値が決まった値しかとることができないのはこれまでに説明してきたが，円運動している粒子の量子モデルでもこれは同じである．したがって角運動量の大きさも決まった値しかとれない．実際に，原子核の周りを周回運動する電子の軌道運動 (公転) では，その角運動量の大きさを表す量子数の値が 0 または正の整数である．電子の自転に対応するスピン角運動量の大きさを表す量子数の値が 1/2 である．

1 つの角運動量には，その z 軸方向成分の量子数 m_l の値が異なるいくつかの状態が存在する．しかし，電場も磁場もない通常の空間では軸の方向が定まらず，エネルギーも等しい (縮退準位)．ここではわかりやすいように，<u>z 軸方向に磁場がかかった状態での角運動量のふるまいを考える</u> (10.1 節参照)．これを**空間の量子化** (space quantization) とよんでいる．いま，$l=1$ の角運動量 L を考えると，その大きさは式 (2.22) から

$$\sqrt{L^2} = \sqrt{l(l+1)\hbar^2} = \sqrt{1(1+1)}\,\hbar = \sqrt{2}\,\hbar = 1.414\,\hbar$$

になり，一定である．

また，式 (2.23) からこの角運動量の z 軸方向の成分は，$m_l = +1, 0, -1$ の 3 つの場合のみが許され，その値 L_z は，$+1\hbar$，0，$-1\hbar$ のどれかに決まっている．

これを図示したのが 図 2-8 である．角運動量の大きさは $\sqrt{2}\,\hbar$ で一定なので，角運動量ベクトルの終点は半径 $\sqrt{2}\,\hbar$ の球面上のどこかにある．また，角運動量ベクトルの方向は，$m_l = +1, 0, -1$ に対応する 3 つだけであり，それぞれの z 方向の成分 L_z の値は $+1\hbar$，0，$-1\hbar$ と決まっている．よって，角運動量ベクトルの終点は，z 軸に垂直な 3 つの円周上にあることになる．右側の図は，それぞれの準位の角運動量ベクトルの方向を示したもので，角運動量ベクトルに垂直な円は，電子がどの方向に公転しているかを表している．

このように，磁場のかかっていない<u>ゼロ磁場では定義できなかった角運動量の方向が定められ，それぞれの量子数によって規則的に表された状態を「量子化されている」と表現することもある</u>．たとえば，$m_l = +1$ の状態は斜め上に向かう長さ $\sqrt{2}\,\hbar$ の角運動量があり，このとき粒子はこの軸に垂直な面内で回転運動している．z 軸方向の成分は $1\hbar$ と定められているので，z 軸とのなす角度は決まっているが，演算子が可換でない L_x, L_y は決められないので，xy 面内のどの方向を向いているかはわからない．

粒子の回転運動を逆向きにすると角運動量の方向も逆になるが，これは空間の量子化の 図 2-8 を見ると，$m_l = -1$ 状態であることがわかる．つまり，<u>角運動量には必ず逆方向回転の状態がある</u>．それが m_l の絶対値は同じであるが符号の違う 2 つの状態に対応しており，z 軸と $-z$ 軸とで対称的になっている．

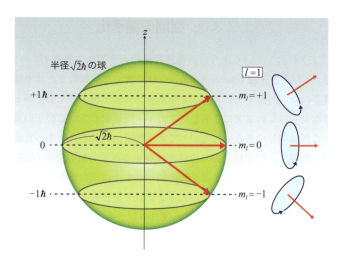

図 2-8　角運動量の空間の量子化

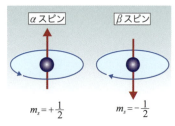

図 2-9　αスピンとβスピン

電子は軌道を回る公転運動をしているが，同時に自転運動（**スピン**，spin）もしており，それに対応する**スピン角運動量**（spin angular momentum）S をもっている．S がとりうる値は 1/2 と決まっていて，自転方向の異なる $m_s = +1/2$ と $m_s = -1/2$ の 2 つの状態が存在する．それらは磁場によってエネルギーが分裂する状態なので**磁気副準位**（magnetic sublevel）という．それぞれの副準位のスピンは**αスピン**，**βスピン**とよばれる（図 2-9）．また，m_s を**スピン磁気量子数**（spin quantum number）という．

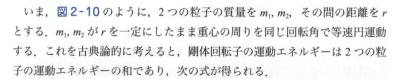

2.4　剛体回転子──分子回転のモデル

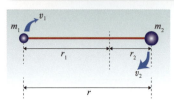

図 2-10　剛体回転子
（二原子分子の回転）

分子の回転では重心を通る軸周りをそれぞれの原子核が回転していると考える．この問題に対してよく用いられる量子モデルが**剛体回転子**（rigid rotator，図 2-10）である．これは，2 つの粒子が一定間隔を保ちながら回転運動する系で，3 章で取り扱う原子の構造を学ぶときに重要になるとともに，第 II 部で詳しく説明する二原子分子の回転運動の問題に適用されるモデルである．

2.4.1　二原子分子の回転エネルギー

いま，図 2-10 のように，2 つの粒子の質量を m_1, m_2，その間の距離を r とする．m_1, m_2 が r を一定にしたまま重心の周りを同じ回転角で等速円運動する．これを古典論的に考えると，剛体回転子の運動エネルギーは 2 つの粒子の運動エネルギーの和であり，次の式が得られる．

$$E = \frac{1}{2} m_1 v_1^2 + \frac{1}{2} m_2 v_2^2$$

速度 v は**角速度** ω (angular velocity)†を用いて $v = r\omega$ と表される．剛体回転子では2つの粒子の角速度は同じなのでどちらも ω とおける．また，「てこの原理」から

$$r_1 = \frac{m_2}{m_1 + m_2}r \qquad r_2 = \frac{m_1}{m_1 + m_2}r$$

という関係が得られるので，これらを代入し，定数部分を I とおくと

$$E = \frac{1}{2}\left[\frac{m_1 m_2^2}{(m_1+m_2)^2} + \frac{m_1^2 m_2}{(m_1+m_2)^2}\right]r^2\omega^2 = \frac{1}{2}I\omega^2 \qquad (2.24)$$

となる．I は**慣性モーメント**(moment of inertia)とよばれ，**換算質量** μ (reduced mass)†と回転半径の2乗の積をすべての原子で足したものである．物体の回転運動の変化のしにくさ(慣性の大きさ)を表す．二原子分子の回転運動に対する慣性モーメントは，

> 二原子分子の慣性モーメント
> $$I = m_1 r_1^2 + m_2 r_2^2 = \frac{m_1 m_2}{m_1 + m_2}r^2 = \mu r^2 \qquad (2.25)$$

で与えられる．式(2.24)の I を計算して確かめてみてほしい．

ところで，角運動量とその大きさは

$$\mathbf{L} = \mathbf{r}_1 \times \mathbf{p}_1 + \mathbf{r}_2 \times \mathbf{p}_2$$
$$L = m_1 r_1 v_1 + m_2 r_2 v_2$$

であるので

$$L = m_1 r_1 v_1 + m_2 r_2 v_2 = m_1 r_1^2 \omega + m_2 r_2^2 \omega = I\omega \qquad (2.26)$$

と表される．式(2.24), (2.25), (2.26)より，二原子分子全体の回転エネルギーは次の式で与えられる．

> 二原子分子の回転エネルギー
> $$E = \frac{1}{2}I\omega^2 = \frac{L^2}{2I} \qquad (2.27)$$

例題 2.5 酸素分子の回転エネルギー

酸素分子(O_2)の回転エネルギーを剛体回転子のモデルで計算せよ．ただし，酸素原子の質量を $m_O = 2.7 \times 10^{-26}$ kg，酸素分子の結合長を $r = 0.1$ nm $= 1 \times 10^{-10}$ m*，その回転数を毎秒 1×10^{10} 回とする．

解答

式(2.27)から，酸素分子の回転エネルギー E は次の式で与えられる．

$$E = \frac{1}{2}I\omega^2$$

慣性モーメント I は式(2.25)を使って次のように求められる．

$$I = \mu r^2 = \frac{m_O}{2}r^2 = \frac{2.7 \times 10^{-26}}{2}(1 \times 10^{-10})^2 = 1.35 \times 10^{-46} \text{ kg m}^2$$

また，角速度 ω は

Assist 角速度 ω

粒子が円運動しているとき，1秒間に中心周りの角度がどれだけ増加するかを角速度という．通常はラジアン単位が用いられ，毎秒1回転のときの角速度は 2π になる．

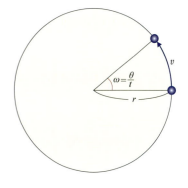

Assist 換算質量

$$\mu = \frac{m_1 m_2}{m_1 + m_2}$$

重心を中心とした2粒子の運動は，換算質量をもった1粒子の運動と同じように扱うことができる．

Data 長さの単位

原子や分子でよく用いられる長さの単位は，次のものである．

μm(マイクロメートル) $= 1 \times 10^{-6}$ m
nm(ナノメートル) $= 1 \times 10^{-9}$ m
pm(ピコメートル) $= 1 \times 10^{-12}$ m

化学結合の長さはおよそ

0.1 nm $= 100$ pm $= 1 \times 10^{-10}$ m

である．それを基準とした単位に

Å(オングストローム) $= 1 \times 10^{-10}$ m

があるが，今はあまり用いられない．

$$\omega = 2\pi \times 1 \times 10^{10} = 6.3 \times 10^{10}\ \mathrm{sec^{-1}}$$

で与えられるので次の値が得られる．

$$E = \frac{1}{2}I\omega^2 = \frac{1}{2} \times 1.35 \times 10^{-46} \times (6.3 \times 10^{10})^2\ \mathrm{kg\ m^2\ sec^{-2}}$$
$$= 2.7 \times 10^{-25}\ \mathrm{J}$$

> **チャレンジ問題**
> 塩化水素分子 (HCl) の換算質量と慣性モーメントを求めよ．ただし，水素原子の質量は $m_\mathrm{H} = 1.7 \times 10^{-27}$ kg，塩素原子の質量は $m_\mathrm{Cl} = 5.8 \times 10^{-26}$ kg，塩化水素分子の結合長は $r = 0.13$ nm $= 1.3 \times 10^{-10}$ m とする．

2.4.2 剛体回転子のシュレーディンガー方程式

次に，剛体回転子のシュレーディンガー方程式を考える．二原子分子の回転では，換算質量を使うと2つの原子核の回転を1つの粒子の回転の方程式で表せることがわかった (式 2.27)．そこで，最も簡単なモデルとして半径 r の球面上を動いている質量 μ の粒子の運動を考える．電場も磁場もない自由空間では，分子の回転で空間的にどの向きを向いてもエネルギーは変わらないので，ポテンシャルエネルギーを0とすると，シュレーディンガー方程式は次のようになる．

$$-\frac{\hbar^2}{2\mu}\nabla^2 \Psi(x, y, z) = E\Psi(x, y, z) \tag{2.28}$$

この式にはデカルト座標 (x, y, z) とその2階微分のラプラス演算子の ∇^2 が含まれているが，ここで新たに，球面運動を扱うのに好都合な**球面極座標**を導入する．

2.4.3 球面極座標

図 2-11 のように，原点 O から粒子の位置までの距離 r を1つの座標にとる．r が定まると1つの球面が規定されるが，その球面上での位置は2つの角度で定める．いま，原点 O と粒子の位置を結ぶ直線が z 軸となす角を θ，その直線を xy 面上に投影し，それが x 軸となす角を φ と定義する．こうして定義された新たな座標 (r, θ, φ) を**球面極座標** (spherical polar coordinate) という．これらを用いるとデカルト座標 (x, y, z) は次のように表せる．

球面極座標
$$\begin{aligned} x &= r\sin\theta\cos\varphi \\ y &= r\sin\theta\sin\varphi \\ z &= r\cos\theta \end{aligned} \tag{2.29}$$

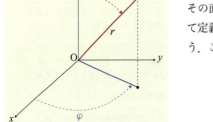

図 2-11 球面極座標

また逆の変換には次の関係式がよく使われる．

$$\tan\varphi = \frac{y}{x}$$

$$\cos\theta = \frac{z}{\sqrt{x^2+y^2+z^2}} \tag{2.30}$$

$$r = \sqrt{x^2+y^2+z^2}$$

球面極座標を使うと，シュレーディンガー方程式を巧みに解けることが多い．次章ではその取り扱いもいくつか出てくるので，ここでは微分演算子，ラプラス演算子，角運動量の2乗の演算子を球面極座標に変換した結果をまとめておく．計算はかなり複雑なのでそれを追う必要はないが，結果は簡単で整った形になっているので，おおまかに把握しておくと非常に役に立つ．

(a) 微分演算子

偏微分は，そこに含まれる変数の微分係数の項の和で表されることが知られており

$$\frac{\partial}{\partial x} = \frac{\partial r}{\partial x}\frac{\partial}{\partial r} + \frac{\partial \theta}{\partial x}\frac{\partial}{\partial \theta} + \frac{\partial \varphi}{\partial x}\frac{\partial}{\partial \varphi} \tag{2.31}$$

が成り立つ．ここで，式(2.30)を用いると，それぞれの偏微分係数を計算することができる（→ web）．少し複雑になるが，それぞれの偏微分は最終的に次のように表される．

$$\begin{aligned}\frac{\partial}{\partial x} &= \sin\theta\cos\varphi\frac{\partial}{\partial r} + \frac{1}{r}\cos\theta\cos\varphi\frac{\partial}{\partial \theta} - \frac{1}{r}\frac{\sin\varphi}{\sin\theta}\frac{\partial}{\partial \varphi}\\ \frac{\partial}{\partial y} &= \sin\theta\sin\varphi\frac{\partial}{\partial r} + \frac{1}{r}\cos\theta\sin\varphi\frac{\partial}{\partial \theta} + \frac{1}{r}\frac{\cos\phi}{\sin\theta}\frac{\partial}{\partial \varphi}\\ \frac{\partial}{\partial z} &= \cos\theta\frac{\partial}{\partial r} - \frac{1}{r}\sin\theta\frac{\partial}{\partial \theta}\end{aligned} \tag{2.32}$$

(b) ラプラス演算子

式(2.32)それぞれの2乗の和をとり，巧みな計算を進めると，最終的にラプラス演算子∇^2は

$$\begin{aligned}\nabla^2 &= \frac{\partial^2}{\partial x^2} + \frac{\partial^2}{\partial y^2} + \frac{\partial^2}{\partial z^2}\\ &= \frac{1}{r^2}\frac{\partial}{\partial r}\left(r^2\frac{\partial}{\partial r}\right) + \frac{1}{r^2\sin\theta}\frac{\partial}{\partial \theta}\left(\sin\theta\frac{\partial}{\partial \theta}\right) + \frac{1}{r^2\sin^2\theta}\frac{\partial^2}{\partial \varphi^2}\end{aligned} \tag{2.33}$$

と書き表される．

(c) 角運動量の2乗の演算子

さらに，式(2.32)を用いると，角運動量の2乗の演算子も次のように球面極座標で表すことができる．

$$\begin{aligned}\hat{L}^2 &= \hat{L}_x^2 + \hat{L}_y^2 + \hat{L}_z^2\\ &= -\hbar^2\left[\left(y\frac{\partial}{\partial z} - z\frac{\partial}{\partial y}\right)^2 + \left(z\frac{\partial}{\partial x} - x\frac{\partial}{\partial z}\right)^2 + \left(x\frac{\partial}{\partial y} - y\frac{\partial}{\partial x}\right)^2\right]\\ &= -\hbar^2\left[\frac{1}{r^2\sin\theta}\frac{\partial}{\partial \theta}\left(\sin\theta\frac{\partial}{\partial \theta}\right) + \frac{1}{r^2\sin^2\theta}\frac{\partial^2}{\partial \varphi^2}\right]\end{aligned} \tag{2.34}$$

1つの角運動量についてrの大きさは変化しないので，それについての偏微分の項はない．

2.4.4 剛体回転子の固有値

それでは,剛体回転子はどのように取り扱えるのだろうか.運動エネルギーには式(2.27)を用い,さらにポテンシャルエネルギーを0とすると,シュレーディンガー方程式は

$$\frac{\hat{L}^2}{2I}\Psi(r,\theta,\varphi) = E\Psi(r,\theta,\varphi) \tag{2.35}$$

と書くことができる.これに式(2.34)を代入すると

$$-\frac{\hbar^2}{2I}\left[\frac{1}{r^2\sin\theta}\frac{\partial}{\partial\theta}\left(\sin\theta\frac{\partial}{\partial\theta}\right) + \frac{1}{r^2\sin^2\theta}\frac{\partial^2}{\partial\varphi^2}\right]\Psi(r,\theta,\varphi)$$
$$= E\Psi(r,\theta,\varphi) \tag{2.36}$$

となる.この導出と解法は複雑であるが(),結果としてはよく知られている角運動量の2乗の固有値方程式と同じ形になっていて,エネルギー固有値は次のように表される†.

剛体回転子の固有値
$$E = \frac{\hbar^2}{2I}J(J+1) \qquad Jは負でない整数 \tag{2.37}$$

これは,二原子分子の回転エネルギー準位のエネルギー固有値を表すものであり,Jが整数の場合にはエネルギーの値は

$$0,\quad \frac{2\hbar^2}{2I},\quad \frac{6\hbar^2}{2I},\quad \frac{12\hbar^2}{2I},\quad \frac{20\hbar^2}{2I},\quad \ldots$$

となる(図2-12).この取り扱いによる結果は,実際の二原子分子の回転エネルギー準位ときわめてよく一致し,分子の結合の長さを決めるのに適用されている(9.1節参照).

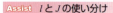

Assist lとJの使い分け

一般の角運動量(式2.22など)ではlを用いていたが,分子の回転ではJを用いることが多い.

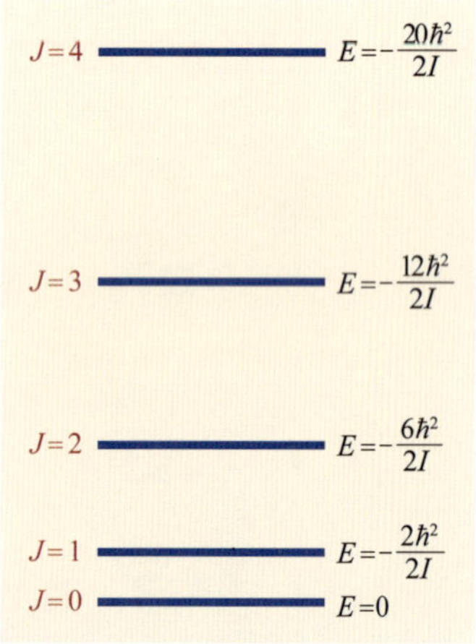

$J=4$ ——— $E=\frac{20\hbar^2}{2I}$

$J=3$ ——— $E=\frac{12\hbar^2}{2I}$

$J=2$ ——— $E=\frac{6\hbar^2}{2I}$

$J=1$ ——— $E=\frac{2\hbar^2}{2I}$
$J=0$ ——— $E=0$

図2-12 剛体回転子のエネルギー準位

2章 重要項目チェックリスト

一次元箱の中の粒子

- ◆固有関数 [p.28]　$\Psi(x) = \sqrt{\dfrac{2}{a}} \sin \dfrac{n\pi x}{a}$　　$0 \leq x \leq a$　　$n = 1, 2, 3\cdots$

- ◆エネルギー固有値 [p.28]　$E_n = \dfrac{n^2 h^2}{8ma}$　　$n = 1, 2, 3\cdots$　　　　(n：量子数，h：プランク定数，m：粒子の質量)

調和振動子

- ◆固有関数 [p.31]　　$\Psi_n(\xi) = N_n H_n(\xi) e^{-\xi^2/2}$　　　　［N_n：規格化定数，$H_n(\xi)$：エルミート多項式］

- ◆エネルギー固有値 [p.31]　$E_n = \left(n + \dfrac{1}{2}\right) h\nu_0$　　$n = 0, 1, 2, 3, \cdots$　　　　　　(ν_0：固有振動数)

角運動量

- ◆固有値 [p.35]　$\hat{L}^2 Y_{lm} = l(l+1)\hbar^2 Y_{lm}$　　l は整数または半整数　　($\hat{L}$：角運動量演算子，Y_{lm}：球面調和関数)

- ◆z 軸方向成分の固有値 [p.35]　$\hat{L}_z Y_{lm} = m_l \hbar Y_{lm}$　　$m_l = l, l-1, \cdots, -(l-1), -l$

- ◆大きさ [p.37]　$\sqrt{L^2} = \sqrt{l(l+1)\hbar^2} = \sqrt{l(l+1)}\,\hbar$

剛体回転子

- ◆慣性モーメント [p.39]　$I = \mu r^2$　　　　　　　　　　　　　　　　　　　　　　($\mu = \dfrac{m_1 m_2}{m_1 + m_2}$：換算質量)

- ◆二原子分子の回転エネルギー [p.39]　$E = \dfrac{1}{2} I\omega^2 = \dfrac{L^2}{2I}$　　　　(L：角運動量の大きさ，ω：角速度)

- ◆固有値 [p.42]　$E = \dfrac{\hbar^2}{2I} J(J+1)$　　J は負でない整数

確認問題

2・1 式 (2.6) の一次元箱の中の粒子の波動関数を用いて，$\Psi_1(x)$ と $\Psi_2(x)$ が直交していることを示せ．

2・2 一次元箱 ($0 \leq x \leq a$) の中の粒子 (質量 m) の両端をつないで円周にしたとき，その固有値と固有関数を a, m, h で表せ．

2・3 エルミート多項式は，一般に

$$H_n(\xi) = (2\xi)^n - \frac{n(n-1)}{1!}(2\xi)^{n-2} + \cdots$$
$$+ (-1)^r \frac{n(n-1)\cdots(n-2r+1)}{r!}(2\xi)^{n-2r} + \cdots$$

で表される．この式から調和振動子の $n=10$ の固有関数を導き，簡単に図示せよ．

2・4 式 (2.13) で示される調和振動子の固有関数 $\psi_0(\xi)$ と $\psi_1(\xi)$ が直交していることを示せ．

2・5 $l=1$ の角運動量には m_l の異なる 3 つの状態が存在する．z 軸に磁場をかけたとき，それぞれが z 軸となす角度を求めよ．

2・6 電子にはスピンがあり，その角運動量の大きさは $S=1/2$ である．この空間の量子化を図示せよ．

2・7 水素分子の結合長は 0.1 nm である．$J=2$ のエネルギー固有値は何 J になるかを計算せよ．ただし，水素原子の質量は 1.6×10^{-27} kg とする．

実戦問題

2・8 調和振動子の $n=2$ の固有関数の規格化定数 N_2 を求めよ（ヒント：エルミート多項式についての下記の積分公式を用いる）．

$$\int_{-\infty}^{+\infty} H_{n'} H_n e^{-\xi^2} d\xi = \begin{cases} 0 & n' \neq n \\ \sqrt{\pi}\, 2^n n! & n' = n \end{cases}$$

2・9 $\hat{L}_z = \hat{x}\hat{p}_y - \hat{y}\hat{p}_x$ を極座標変換し，その偏微分の形で表せ（ヒント：$\dfrac{\partial}{\partial r}$, $\dfrac{\partial}{\partial \theta}$ の項は 0 になる）．

2・10 調和振動子の $n=0$ と $n=1$ の固有関数で，存在確率が最大のところの ξ の値，および，ポテンシャルエネルギーと固有値が同じになるところの ξ の値を求めよ．

2・11 二原子分子のポテンシャルエネルギーが，Morse 関数

$$V(r) = D_e[1 - \exp\{-a(r-r_e)\}]^2$$

で表されるとする．ここで，r は平衡核間距離，D_e は解離エネルギー，a は定数である．$V(r)$ を平衡点近傍で展開して調和振動子近似をおこない，調和振動子の振動数 ν と D_e の間の関係式を導け．

[平成 23 年度 京都大学理学研究科入試問題を改変]

2・12 質量 m の粒子が半径 r の円周上を一定の速度で運動しているとき，この固有関数の周期的境界条件を示せ．また，この円周上ではポテンシャルエネルギーは 0，その他の位置では無限大として定常状態のシュレーディンガー方程式を解き，エネルギー固有値と固有関数を求めよ．ただし，固有関数を規格化する必要はない．

[平成 19 年度 東京工業大学総合理工学研究科入試問題を改変]

3章 原子の電子構造

　正（＋）の電荷をもつ原子核の周りを負（－）の電荷をもつ電子が回っているのが原子である．最も簡単な構造をもつ水素原子は，$+e$ の電荷をもつ原子核（陽子1個からなる）と，$-e$ の電荷をもつ電子1個で構成されている．この系についてはシュレーディンガー方程式を厳密に解くことができ，電子のもつエネルギー準位とそれに固有の波動関数が得られる．この固有関数は**原子軌道**（s軌道，p軌道，d軌道，…）ともよばれる．それは，原子が回っている空間的な軌跡ではなく，電子がどこにいやすいかという存在確率の空間分布を表すと考えられている．この章ではまず，水素原子の電子構造とその波動関数について詳しく解説する．

　水素以外の原子では，原子核の中に複数の陽子が含まれており，それと同じ数の電子が原子核の周りにある．この陽子の数が原子番号である．原子の性質は，原子番号にしたがって**周期性**を示す．それぞれの原子の性質を理解するには，定められた数の電子がエネルギー準位に対してどのように配置されているかを知ることが重要である．物質を構成している分子の基本粒子は原子なので，原子の**電子配置**は化学を学ぶうえでの鍵となる．最後の節では，原子のもつ電子の状態を規定するために，**項の記号**というものを導入する．

■ Contents

3.1 水素原子
3.2 原子の波動関数（原子軌道）
3.3 多電子原子と構成原理
3.4 電子配置と原子の周期性
3.5 項の記号

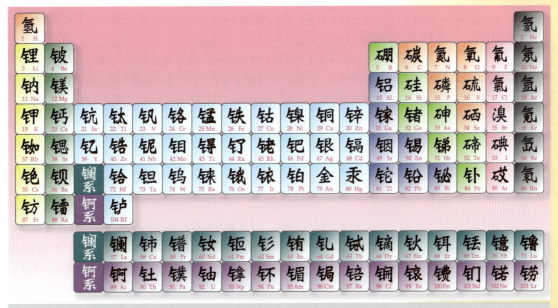

中国語で書かれた元素周期表（赤字は原子番号と元素記号）

3.1 水素原子

水素は原子番号1の最も簡単な原子である．原子核は陽子1個だけで，その周りを回る電子も1個しかない．フラウンホーファー線（図1-1参照）にも水素原子のスペクトル線が含まれていて，その実験結果から，水素原子のもつエネルギーは決まった値しかとれず，常に同じであることがわかっていた．それを最初に説明できたのがボーアの原子モデルである（図1-8参照）．シュレーディンガー方程式を解くと，理論的な矛盾がなくスペクトル線の波長の値を正確に算出することができる．ここでは，水素原子に対するシュレーディンガー方程式とその具体的な解を示し，エネルギー準位とエネルギー固有値について詳しく解説する．

3.1.1 水素原子のシュレーディンガー方程式

$-e$ の電荷をもつ電子のポテンシャルエネルギー $U(r)$（図3-1）は，$+e$ の電荷をもつ原子核との間のクーロン静電引力によるもので，次のように表すことができる（単位を揃えるための係数は省略した）．

電子のポテンシャルエネルギー
$$U(r) = -\frac{e^2}{r} \tag{3.1}$$

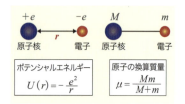

図 3-1　水素原子のポテンシャルエネルギーと換算質量

ここで，r は原子核と電子の間の距離である．水素原子のシュレーディンガー方程式はデカルト座標 (x, y, z) を用いて，次のように表すことができる．

$$\left[-\frac{\hbar^2}{2m} \left(\frac{\partial^2}{\partial x^2} + \frac{\partial^2}{\partial y^2} + \frac{\partial^2}{\partial z^2} \right) + U(x, y, z) \right] \Psi(x, y, z) = E\Psi(x, y, z) \tag{3.2}$$

ここで，m は電子の質量である†．この方程式を解くのは容易ではないが，ここではおおまかにその筋道を追っていき，最終的に得られるエネルギー固有値について考えてみる．

シュレーディンガー方程式に含まれる2階微分のラプラス演算子は，球面極座標（2.4.3項参照）に変換することができ，計算を進めると，次のような水素原子のシュレーディンガー方程式が得られる（➡web）．

水素原子のシュレーディンガー方程式
$$\left[-\frac{\hbar^2}{2m} \left\{ \frac{1}{r^2} \frac{\partial}{\partial r} \left(r^2 \frac{\partial}{\partial r} \right) + \frac{1}{r^2 \sin\theta} \frac{\partial}{\partial \theta} \left(\sin\theta \frac{\partial}{\partial \theta} \right) + \frac{1}{r^2 \sin^2\theta} \frac{\partial^2}{\partial \varphi^2} \right\} + U(r) \right] \Psi(r, \theta, \varphi) = E\Psi(r, \theta, \varphi) \tag{3.3}$$

この式を解くために，まず**変数分離**（separation of variables）という操作をおこなう．球面極座標 (r, θ, φ) は電子の位置を表す座標であり，3つの変数はお互いに独立である．そこで，<u>波動関数全体がそれぞれの変数だけを含む関数の積として表されると仮定する</u>．これを式で表すと

$$\Psi(r, \theta, \varphi) = R(r)T(\theta)P(\varphi) \tag{3.4}$$

> **Assist　原子と電子の質量**
>
> 厳密にいうと，原子核の周りを周回する電子の運動方程式に対しては換算質量 μ（図3-1，2.4節参照）を用いなければならない．しかしながら，原子核の質量 M は電子の質量 m よりもはるかに大きい（$M \gg m$）ので，換算質量 μ は近似的に電子の質量 m と同じである．そこで，式(3.2)では近似的に電子の質量 m をそのまま用いている．

となる．さらに角度部分をまとめ

$$\Psi(r,\theta,\varphi) = R(r)Y(\theta,\varphi) \tag{3.5}$$

と書き表す．$Y(\theta,\varphi)$ は**球面調和関数**という（→web）．これを式(3.3)のシュレーディンガー方程式に代入すると，次の式が得られる．

$$\frac{1}{R}\frac{\partial}{\partial r}\left(r^2\frac{\partial R}{\partial r}\right) + \frac{2mr^2}{\hbar^2}\left(E + \frac{e^2}{r}\right)$$
$$= -\frac{1}{Y\sin\theta}\frac{\partial}{\partial\theta}\left(\sin\theta\frac{\partial Y}{\partial\theta}\right) - \frac{1}{Y\sin^2\theta}\frac{\partial^2 Y}{\partial\varphi^2} \tag{3.6}$$

式(3.6)は，左辺に電子と原子核の距離 r，右辺に角度の座標 θ, φ を変数として含む等式になっている．これらの座標の3変数は独立に変化することができるので，等式の左辺と右辺が常に等しい値をとるためには，両辺がそれらの変数を含まない定数にならなくてはいけない．もし，座標変数を含んでいたらその値は独立に変わるので，等式が成り立たなくなるからである．計算を進めると結果的にその値は角運動量固有値の負の値になることがわかる．後で便利なようにあらかじめそれを考慮して両辺の値を $-l(l+1)$ とおくと，式(3.6)は次の2つの式に分解できる†．

変数 r のシュレーディンガー方程式
$$\frac{1}{r^2}\frac{d}{dr}\left(r^2\frac{dR}{dr}\right) + \left[\frac{2m}{\hbar^2}\left(E + \frac{e^2}{r}\right) - \frac{l(l+1)}{r^2}\right]R = 0 \tag{3.7}$$

$$\frac{1}{\sin\theta}\frac{\partial}{\partial\theta}\left(\sin\theta\frac{\partial Y}{\partial\theta}\right) + \frac{1}{\sin^2\theta}\frac{\partial^2 Y}{\partial\varphi^2} + l(l+1)Y = 0 \tag{3.8}$$

式(3.7)は座標変数としては r しか含んでいないが，式(3.8)は θ と φ との2つの座標変数を含んでいるので，さらにその分解を試みる．2つの変数を含む項を分けると

$$\sin\theta\frac{\partial}{\partial\theta}\left(\sin\theta\frac{\partial Y}{\partial\theta}\right) + \sin^2\theta\, l(l+1)Y = -\frac{\partial^2 Y}{\partial\varphi^2} \tag{3.9}$$

となる．この等式が常に成り立つためには両辺が定数でなければならない．この定数を $-m_l^2$ とおくと

変数 θ のシュレーディンガー方程式
$$\sin\theta\frac{\partial}{\partial\theta}\left(\sin\theta\frac{\partial Y}{\partial\theta}\right) + \sin^2\theta\, l(l+1)Y = -m_l^2 \tag{3.10}$$

変数 φ のシュレーディンガー方程式
$$\frac{\partial^2 Y}{\partial\varphi^2} = -m_l^2 \tag{3.11}$$

が得られる．式(3.7)(3.10)(3.11)が，3変数それぞれが独立した**水素原子のシュレーディンガー方程式**である．

> **Assist** 変数分離と方程式の分割
>
> 式(3.6)の左辺と右辺は，それぞれ極座標の動径部分 r と角度部分 θ, φ を含んでいて，実際には角運動量の大きさと方向についての方程式になっている．変数を分離したときの左辺と右辺が常に等しいという式は，任意に変化する変数を含んでいないと成り立たないので，その両辺をそれぞれ同じ定数と置いて分割することができる．角運動量の大きさと z 方向の固有値は，式(2.22)(2.23)より，それぞれ $l(l+1)\hbar^2$ および $m_l\hbar$ なので，2階微分の項の形を考慮すると，式(3.6)の両辺は $-l(l+1)$，式(3.9)の両辺は $-m_l^2$ とおけばよい．

3.1.2 水素原子のエネルギー準位

シュレーディンガー方程式を解くと，エネルギー固有値と固有関数が求まる．式(3.7)(3.10)(3.11)に示した水素原子のシュレーディンガー方程式は

3章 原子の電子構造

> **Assist** エネルギーを波数単位で表す
>
> プランク＝アインシュタインの式から，エネルギーは
> $$E = h\nu = \frac{hc}{\lambda}$$
> と表され，波長 λ の逆数もエネルギーの単位として使うことができる．多くの場合，cm^{-1} が用いられる．1 cm の中に光の波の数がいくつあるかを計算して，それに対応する光のエネルギーを表すと考えればよい．

> **Assist** 主量子数 n
>
> いわゆる，原子核の周りを周回運動する電子の殻を表す量子数である．エネルギーの小さい順に，$n = 1, 2, 3, \cdots$ の値をとる．

> **Data** リュードベリ定数
>
> $$R_\infty = \frac{me^4}{8\varepsilon_0^2 h^3 c} = 1.09 \times 10^7 \, m^{-1}$$

> **Data** エネルギーの単位
>
> J ：ジュール
> eV：エレクトロンボルト
> 　　$1\,eV = 1.6 \times 10^{-19}\,J$
> cm^{-1}：波数
> 　　$1\,cm^{-1} = 2.0 \times 10^{-23}\,J$
> 　　　　　　$= 1.2 \times 10^{-4}\,eV$
> $\therefore 1\,eV = 8066\,cm^{-1}$

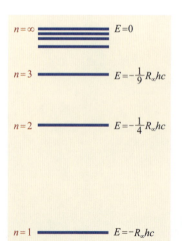

図 3-2 水素原子のエネルギー準位

それぞれの座標について厳密に解くことができる．しかし，かなり複雑な計算なので，ここではまず，エネルギー固有値の結果を示し，水素原子のエネルギー準位を見ていく．

3 つの方程式のうち，エネルギー E を含んでいるのは式 (3.7) だけなので，エネルギー固有値は r だけで決まることがわかる．その解はすでに求められていて（→web），水素原子のもつ電子のエネルギー固有値は，波数単位†で次のように表される．

水素原子のエネルギー固有値
$$E = -R_\infty hc \frac{1}{n^2} \qquad n = 1, 2, 3, \cdots \qquad (3.12)$$

ここで，n は**主量子数**（principal quantum number）†とよばれ，正の整数（自然数）の値をとる．R_∞ は**リュードベリ定数**（Rydberg constant）である*．

原子核は異なるが，電子が 1 個だけしかないという原子は，水素原子と同じ取り扱いができ，これを**水素類似原子**という．He^+，Li^{2+} などがその例で，エネルギー固有値は次の式で表せる．

$$E = -R_\infty hc Z^2 \frac{1}{n^2} \qquad n = 1, 2, 3, \cdots \qquad (3.13)$$

ここで，Z は**原子番号**（atomic number）で陽子の数に等しく，原子核の電荷量は $+Ze$ で表される．

エネルギー固有値は負の値で，その大きさは n の 2 乗に逆比例する．$n = 1$ のとき，その絶対値が最大になる．$n = \infty$ のときのエネルギー固有値は 0 であり，この準位に電子が励起されるとその電子は原子核と離れてしまい，原子はイオンになる．そして，$n = 1$ と $n = \infty$ の準位のエネルギー差を**イオン化ポテンシャル**（ionization potential：E_{IP}）という．

> **例題 3.1** イオン化ポテンシャルの値
>
> 水素原子のもつ電子のエネルギー準位を簡単に図示せよ．また，イオン化ポテンシャル E_{IP} の値をジュールの単位*で求め，eV および cm^{-1} の単位に変換せよ．
>
> **解答**
>
> 水素原子のもつ電子のエネルギーは
> $$E_n = -R_\infty hc \frac{1}{n^2} \quad n = 1, 2, 3, \cdots$$
> で与えられ，これを図にすると右の図 3-2 のようになる．最も安定なエネルギー準位は $n = 1$ で，その固有値は
> $$E = -R_\infty hc$$
> で表される．つまり，固有値の値は $1/n^2$ に比例し，n が増加するにつれて E の値は 0 に漸近していく．イオン化ポテンシャル E_{IP} は，$n = \infty$ と $n = 1$ の準位のエネルギー固有値の差であるので，水素原子のイオン化ポテン

シャルは次のように計算できる.

$$E_{\text{IP}}(\text{H}) = -R_\infty hc \left(\frac{1}{\infty} - \frac{1}{1^2} \right) = R_\infty hc$$
$$= 1.09 \times 10^7 \times 6.63 \times 10^{-34} \times 3 \times 10^8$$
$$= 2.17 \times 10^{-18} \text{ J}$$
$$= 13.6 \text{ eV}$$
$$= 1.10 \times 10^5 \text{ cm}^{-1}$$

チャレンジ問題
He^+ イオンのイオン化ポテンシャルを計算せよ.ただし,H 原子のイオン化ポテンシャルを 13.6 eV とする.

水素原子のエネルギー準位は主量子数 n で規定され,その値は正の整数 $n = 1, 2, 3, \cdots$ である ($n = 1, 2, 3$ の準位をそれぞれ K 殻,L 殻,M 殻ともいう).それぞれの準位はさらにいくつかの副準位からなっており,それぞれ角運動量の大きさと方向に対応する 2 つの量子数 l, m_l によって規定される (図 3-3,図 2-8 も参照).

l は**方位量子数** (azimuthal quantum number) とよばれ,それぞれの n の準位について $l = 0, 1, 2, \cdots, n-1$ の値をとりうる.$l = 0, 1, 2, 3$ の準位はそれぞれ s, p, d, f とよばれ,それに対応する**軌道** (orbital) が s 軌道,p 軌道,d 軌道,f 軌道である (軌道については次節で詳しく説明する).

n と l の組み合わせで決まる 1 つの準位には,さらにいくつかの m_l の準位が含まれている.この m_l を**磁気量子数** (magnetic quantum number) という.m_l がとりうる値は $m_l = 0, \pm 1, \pm 2, \cdots, \pm l$ で,この $2l+1$ 個の準位は**磁気副準位**

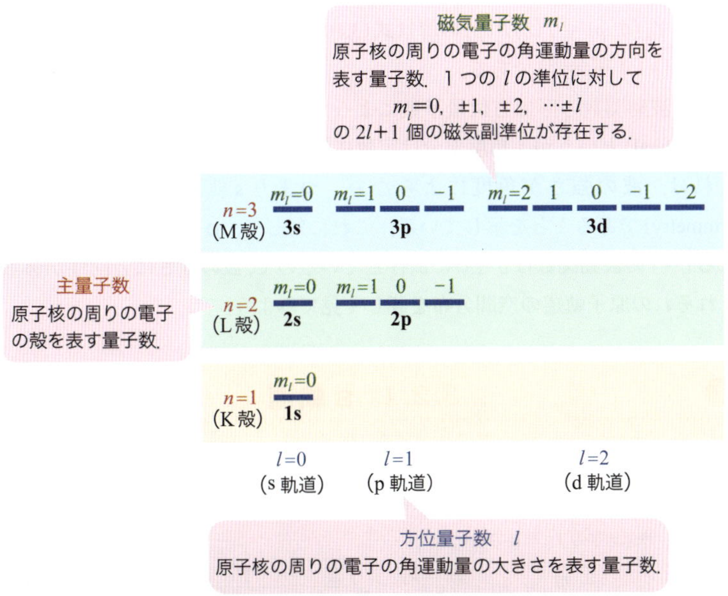

図 3-3 水素原子のエネルギー準位の構造

(magnetic sublevel) とよばれる．電場や磁場がないときには，原子のエネルギーは方向によらないので，副準位のエネルギーはすべて等しい．これを，**縮退準位**(degenerate level)†という．

図3-3で示したように，主量子数 $n=1$ の準位には，$l=0$ の準位(1s)に $m_l=0$ の1つだけが存在する．主量子数 $n=2$ の準位には，$l=0$ の準位(2s)に $m_l=0$ が1つ，および $l=1$ の準位(2p)に $m_l=1, 0, -1$ の3つ，合わせて4つの準位が存在する．主量子数 $n=3$ の準位には，$l=0$ の準位(3s)に $m_l=0$ が1つ，$l=1$ の準位(3p)に $m_l=1, 0, -1$ の3つ，さらに $l=2$ の準位(3d)に $m_l=2, 1, 0, -1, -2$ の5つ，合わせて9の準位が存在する．

> **Assist 縮退準位**
> p 軌道の 3 つの磁気副準位（$m_l=+1, 0, -1$）の固有関数はすべて同じ形をしていて，方向が異なるだけである．したがって，電場や磁場がないときには，これらのエネルギー固有値は必然的に同じになる．このような準位を縮退準位という．

3.2 原子の波動関数（原子軌道）

3.1節で示した水素原子のシュレーディンガー方程式を解くと，エネルギー固有値と固有関数が厳密に求まる．各エネルギー準位は，主量子数 n，主量子数 l，主量子数 m_l の3つで規定されるが，ここではそれぞれの準位の固有関数を詳しく見てみよう．

注目したいのは，それぞれの固有関数の空間分布であり，しばしば**原子軌道**(atomic orbital) とよばれる．ただし，軌道といっても電子が運動している軌跡ではなく，電子がどこにどれくらい存在しやすいかという確率分布を表している．それを知ることによって，原子構造が理解できるとともに，4章で解説する化学結合の理解も深まる．

シュレーディンガー方程式の数学的な展開でこの固有関数を求めるのはかなり難しいので，ここではまず，すでに求められている結果を表3-1に示す．この表のなかで，空間の位置は球面極座標 (r, θ, φ) で表してある（図2-11参照）．波動関数のうち，動径部分の $R(r)$ の解は式(3.7)から求められ，角度部分の $Y_{lm}(\theta, \varphi) = T(\theta)P(\varphi)$ の解は式(3.10)(3.11)から求められる．a_0 は**ボーア半径**(1.1.4項参照)である．

この波動関数の形は方位量子数によって異なる．$l=0$ の波動関数は **s 軌道**(s-orbital)というが，角度部分は定数になっていて θ と φ を含んでいない．これは，波の強さが角度によらない，つまり s 軌道は**球対称**(spherical symmetry)であることを示している．これに対して，**p 軌道**(p-orbital)とよばれる $l=1$ の波動関数は θ と φ に依存しているので，波の強さに方向性がある．それぞれの原子軌道の空間分布を詳しく見てみよう．

 3.2.1 s 軌道

(a) 電子の存在確率

1s 軌道（$n=1, l=0$）の固有関数は，表3-1から

$$\Psi_{1s} = 2a_0^{-3/2} e^{-r/a_0} \times \sqrt{\frac{1}{4\pi}} = \frac{1}{\sqrt{\pi a_0^3}} e^{-r/a_0} \tag{3.14}$$

表 3-1 水素原子の固有関数

軌道	n	l	m	$R_{nl}(r)$	$Y_{lm}(\theta,\varphi)$
1s	1	0	0	$2a_0^{-3/2}\mathrm{e}^{-r/a_0}$	$\sqrt{\dfrac{1}{4\pi}}$
2s	2	0	0	$\dfrac{1}{2\sqrt{2}}a_0^{-3/2}\left(2-\dfrac{r}{a_0}\right)\mathrm{e}^{-r/2a_0}$	$\sqrt{\dfrac{1}{4\pi}}$
2p$_z$	2	1	0	$\dfrac{1}{2\sqrt{6}}a_0^{-3/2}\left(\dfrac{r}{a_0}\right)\mathrm{e}^{-r/2a_0}$	$\sqrt{\dfrac{3}{4\pi}}\cos\theta$
2p$_y$	2	1	±1	$\dfrac{1}{2\sqrt{6}}a_0^{-3/2}\left(\dfrac{r}{a_0}\right)\mathrm{e}^{-r/2a_0}$	$\sqrt{\dfrac{3}{4\pi}}\sin\theta\cos\varphi$
2p$_x$	2	1	±1	$\dfrac{1}{2\sqrt{6}}a_0^{-3/2}\left(\dfrac{r}{a_0}\right)\mathrm{e}^{-r/2a_0}$	$\sqrt{\dfrac{3}{4\pi}}\sin\theta\sin\varphi$
3s	3	0	0	$\dfrac{2}{81\sqrt{3}}a_0^{-3/2}\left(27-\dfrac{18r}{a_0}+\dfrac{2r^2}{a_0^2}\right)\mathrm{e}^{-r/3a_0}$	$\sqrt{\dfrac{1}{4\pi}}$
3p$_z$	3	1	0	$\dfrac{4}{81\sqrt{6}}a_0^{-3/2}\left(\dfrac{6r}{a_0}-\dfrac{r^2}{a_0^2}\right)\mathrm{e}^{-r/3a_0}$	$\sqrt{\dfrac{3}{4\pi}}\cos\theta$
3p$_y$	3	1	±1	$\dfrac{4}{81\sqrt{6}}a_0^{-3/2}\left(\dfrac{6r}{a_0}-\dfrac{r^2}{a_0^2}\right)\mathrm{e}^{-r/3a_0}$	$\sqrt{\dfrac{3}{4\pi}}\sin\theta\cos\varphi$
3p$_x$	3	1	±1	$\dfrac{4}{81\sqrt{6}}a_0^{-3/2}\left(\dfrac{6r}{a_0}-\dfrac{r^2}{a_0^2}\right)\mathrm{e}^{-r/3a_0}$	$\sqrt{\dfrac{3}{4\pi}}\sin\theta\sin\varphi$
3d$_{z^2}$	3	2	0	$\dfrac{4}{81\sqrt{30}}a_0^{-3/2}\left(\dfrac{r^2}{a_0^2}\right)\mathrm{e}^{-r/3a_0}$	$\sqrt{\dfrac{5}{16\pi}}(3\cos^2\theta-1)$
3d$_{xz}$	3	2	±1	$\dfrac{4}{81\sqrt{30}}a_0^{-3/2}\left(\dfrac{r^2}{a_0^2}\right)\mathrm{e}^{-r/3a_0}$	$\sqrt{\dfrac{15}{4\pi}}\sin\theta\cos\theta\cos\varphi$
3d$_{yz}$	3	2	±1	$\dfrac{4}{81\sqrt{30}}a_0^{-3/2}\left(\dfrac{r^2}{a_0^2}\right)\mathrm{e}^{-r/3a_0}$	$\sqrt{\dfrac{15}{4\pi}}\sin\theta\cos\theta\sin\varphi$
3d$_{x^2-y^2}$	3	2	±2	$\dfrac{4}{81\sqrt{30}}a_0^{-3/2}\left(\dfrac{r^2}{a_0^2}\right)\mathrm{e}^{-r/3a_0}$	$\sqrt{\dfrac{15}{4\pi}}\sin^2\theta\cos 2\varphi$
3d$_{xy}$	3	2	±2	$\dfrac{4}{81\sqrt{30}}a_0^{-3/2}\left(\dfrac{r^2}{a_0^2}\right)\mathrm{e}^{-r/3a_0}$	$\sqrt{\dfrac{15}{4\pi}}\sin^2\theta\sin 2\varphi$

と表される．この関数の値は，原子核から電子までの距離 r が長くなるにつれて一定の割合で減少する(図3-4a)．しかし，角度を表す座標 θ と φ を含んでいないので，その値は，<u>r が一定の球面上で同じとなる</u>．波動関数の値の2乗は電子の存在確率を表すから，1s軌道で存在確率が最大なのは原子核の位置となる．原子核から離れていくと存在確率は方向に関係なく一様に減少していくので，図3-4b のような球形の空間分布になる．

(b) 動径分布関数

波動関数の2乗は，その地点での電子の存在確率密度を表す．しかし，実際に原子核からの距離 r のところにいる電子の数はどうなっているのだろうか．それを明らかにするには，波動関数の2乗に加え，動径部分と角度分布の両方を含めた空間全体での密度を考えなければならない†．ここでは，まず1s軌道に存在する電子の r に対する分布を考えてみる．

Assist 電子の存在確率密度と存在数

たとえば，図3-4のO点では，存在確率が高くても，存在できる球面積が0になるので，存在する電子の数は0になってしまうのである．

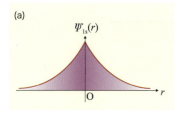

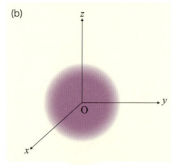

図 3-4　1s 軌道の固有関数(a)と存在確率密度(b)

原子核から r の距離にある電子というのは，半径 r の球面上にいるすべての電子のことであり，全体としての分布数はこの地点での確率密度の総和(球面積分で計算できる)になる（補章 5.7 参照）．これが**動径分布関数**(radial distribution function) である．この球面上での電子の確率密度は波動関数の2乗で与えられるので，動径分布関数 $\rho_{1s}(r)$ はこれを球面積分して，

$$\rho_{1s}(r) = \int \Psi_{1s}^2(r) \, dS \tag{3.15}$$

となる．このときの積分変数 dS とは球面上の面積要素であり

$$dS = r^2 \sin\theta \, d\theta \, d\varphi \tag{3.16}$$

で表される（図 3-5）．いま 1s 軌道の固有関数は角度によらず半径 r の球面上で一定の値をとるので，式(3.15)の積分の値は球面積に比例し，次のように表される．

$$\rho_{1s}(r) = 4\pi r^2 \Psi_{1s}^2(r) \tag{3.17}$$

これに式(3.14)を代入して計算を進めると，最終的に 1s 軌道の動径分布関数は次のようになる．

> **1s 軌道の動径分布関数**
> $$\rho_{1s}(r) = \frac{4r^2}{a_0^3} e^{-2r/a_0} \tag{3.18}$$

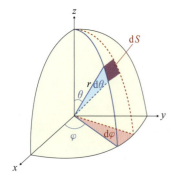

図 3-5　球面上の面積要素

例題 3.2　s 軌道の動径分布関数

水素原子の 1s 軌道の動径分布関数を図示せよ．また，その値が最大となる r の値を求めよ．

解答

1s 軌道の動径分布関数は式(3.18)で与えられる．

$$\rho_{1s}(r) = \frac{4r^2}{a_0^3} e^{-2r/a_0}$$

この関数の値は $r=0$，つまり原子核の位置では 0 になる．その値は r が大きくなるとともに大きくなるが，e^{-2r/a_0} は逆に急激に減少する．$r=\infty$ では r^2 の発散よりも e^{-2r/a_0} の収束のほうが速いので，$\rho_{1s}(r)$ は 0 に収束する．結果的に，関数はある r の値のところで極大となり，これを図示すると図 3-6 のようになる．この関数の値が最大となるとき，その r に対する微分係数は 0 にならなければならないので

$$\frac{d}{dr}\rho_{1s}(r) = \frac{4r^2}{a_0^3}\left(\frac{d}{dr}e^{-2r/a_0}\right) + \frac{4}{a_0^3}\left(\frac{d}{dr}r^2\right)e^{-2r/a_0}$$
$$= -\frac{8r^2}{a_0^4}e^{-2r/a_0} + \frac{8r}{a_0^3}e^{-2r/a_0} = 0$$
$$\therefore r = a_0$$

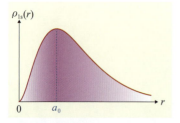

図 3-6　水素原子の 1s 軌道の動径分布関数

が得られ，ボーア半径 a_0 のところで電子の分布が最大になる．

> **■ チャレンジ問題**
> 水素原子の 2s 軌道の動径分布関数を求め，簡単に図示せよ．

このように，波動関数の2乗で与えられる 1s 軌道の電子の存在確率（図3-4）は原子核の位置で最大であるが，原子核からの距離 r で球面に分布する電子全体の密度（図3-5）は，球面積の因子 $4\pi r^2$ を含むので，$r=a_0$ で最大となる．1章で見たように，量子論で得られるのはエネルギー固有値と固有関数，すなわち電子の存在確率密度だけであり，電子がどのような軌跡を通って今どこにいるのかを知ることはできない．しかしながら，もしも電子が古典的な周回運動をしていると考えたら，その原子核からの距離は平均としてボーア半径（$a_0=0.0529\,\text{nm}$）になる．

3.2.2 p軌道

p 軌道の固有関数を見ると，角度部分に θ と φ の関数が含まれていて，<u>波動関数には方向性があることがわかる．p 軌道とは，方位量子数 $l=1$ の固有関数であり，磁気量子数 $m_l=0, \pm 1$ の3つの副準位がある</u>．$m_l=0$ の準位の固有関数は，表3-1 の $2p_z$ 軌道の固有関数と同じである．

水素原子の $2p_z$ 軌道の固有関数

$$\Psi_{2p_z} = \frac{1}{2\sqrt{6}} a_0^{-3/2} \left(\frac{r}{a_0}\right) e^{-r/2a_0} \times \left(\frac{3}{4\pi}\right)^{1/2} \cos\theta$$

$$= \frac{1}{\sqrt{32\pi}} a_0^{-5/2} r e^{-r/2a_0} \cos\theta \qquad (3.19)$$

この波動関数の動径部分の値は，$r=0$ で0となり，r が増加するにつれて大きくなる．しかし，$r=\infty$ では $e^{-r/2a_0}$ の効果が大きく働き，波動関数の大きさは0に収束する．

一方，その角度部分は $\cos\theta$ になっていて，その値は $\theta=0$（$+z$ 軸方向）で1をとり，θ が増えていくにつれてその値は減少し，$\theta=\pi/2$（xy 面）では0になる．さらに θ が増えていくと波動関数は負の値になり，$\theta=\pi$（$-z$ 軸方向）で -1 になる．

電子の存在確率は波動関数の値の2乗で与えられるので，$2p_z$ 軌道にある電子の密度は z 軸上（$\theta=0$, $\theta=\pi$）で最大となる．また，xy 面（$\theta=\pi/2$）での値は0（節面）なので，そこに電子が存在することはできない．

この波動関数の空間分布を xz 面の断面で表したのが図3-7a である．Ψ_{2p_z} には φ の関数は含まれていないので，z 軸からの距離が等しい z 軸回りでその値は常に一定の**円筒対称**の波動関数になる．波の強さは，z 軸上の原子核の位置から少し離れたところで最大になる．ただし，波の山と谷に対応して，z が正の値のところでは Ψ_{2p_z} も正の値（$+$），逆に z が負の値のところでは Ψ_{2p_z} が負の値（$-$）になっている．

z 軸方向から眺めて波動関数の最大点を通るような断面を示すと，図3-7b のようになる．

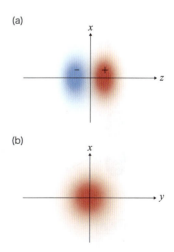

図3-7 $2p_z$ 軌道の空間分布

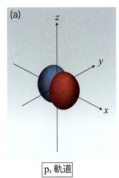

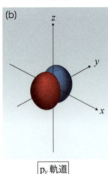

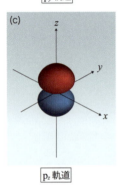

図 3-8　3 つの 2p 軌道の形
固有関数(軌道)の値は空間での位置によって異なるが，ここではある値の境界面の形を表している．図 3-7 では，その値の xz および xy 面での断面の値を示している．

$m_l = \pm 1$ の 2 つの準位は少し複雑で，$m_l = +1$ と $m_l = -1$ の波動関数の組み合わせ(線形結合，補章 4.2 参照)をとり，2p$_x$ 軌道と 2p$_y$ 軌道として次のように表す．

水素原子の 2py 軌道の固有関数
$$\Psi_{2p_y} = \frac{1}{\sqrt{32\pi}} a_0^{-5/2} r e^{-r/2a_0} \sin\theta \cos\varphi \tag{3.20}$$

水素原子の 2px 軌道の固有関数
$$\Psi_{2p_x} = \frac{1}{\sqrt{32\pi}} a_0^{-5/2} r e^{-r/2a_0} \sin\theta \sin\varphi \tag{3.21}$$

これらを含めた 3 つの 2p 軌道の形を示したのが図 3-8 である．Ψ_{2p_x} と Ψ_{2p_y} の動径部分は Ψ_{2p_z} と同じであるが，角度部分は Ψ_{2p_y} では $\sin\theta\cos\varphi$ となっている．その値は，$\theta = \pi/2$ (xy 面)，$\varphi = 0$ (y 軸)で 1 となり最大となる．したがって，2p$_y$ 軌道の形は 2p$_z$ 軌道と同じであるが，波は y 軸方向へ伸びている．同じように，Ψ_{2p_x} の角度部分は $\sin\theta\sin\varphi$ となっていて，2p$_x$ 軌道では波は x 軸方向へ伸びていることがわかる．

3.2.3　d 軌道

方位量子数 $l=2$ の固有関数を **d 軌道** (d-orbital) とよぶ．d 軌道には磁気量子数 $m_l = 0, \pm 1, \pm 2$ の 5 つの縮退した副準位がある．p 軌道と同じように適当な波動関数の線形結合をとって固有関数を表す(表 3-1)．その形を示したのが図 3-9 である．

d 軌道の固有関数には，座標変数 r, θ, φ のそれぞれに対して二次の関数が含まれ，全体的な形は少し複雑になっている．3d$_{xy}$，3d$_{yz}$，3d$_{xz}$ 軌道は，3 つの平面内で値が最大となるような分布をとっているが，p 軌道とは違って x と y の正と負の値に対して「＋ － ＋ －」と波の山と谷が 4 方向に向かって交互に広がっている．たとえば，3d$_{xy}$ は xy 面で波動関数は最大となり，第 1～4 象限[†]で符号が互い違いになっている．3d$_{x^2-y^2}$ 軌道は，形は少し異なるが同じような分布をしていて，x 軸方向(＋)，y 軸方向(－)へ伸びている．3d$_{z^2}$ 軌道は非常に特徴的な形をしているが，z 軸方向に広がっている(＋)の部分を輪のような(－)の部分が xy 面に沿って取り囲んでいる．

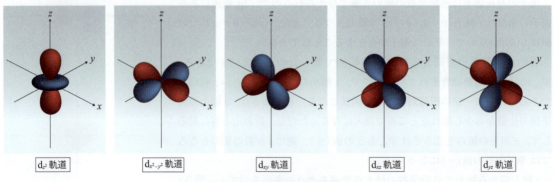

図 3-9　5 つの 3d 軌道の形
境界面を示した形である．

p 軌道が単純に 1 軸方向に伸びているのに対し，d 軌道は 2 軸，3 軸にわたって広く分布した形をしている．したがって，そこから生じる化学結合にも多様性が現れ，金属錯体や配位化合物など，特異的な機能をもった物質は d 電子をもつ原子を含んでいることが多い．

> **Assist 象限** p.54
> 平面を直交する 2 直線で仕切ってできる 4 つの部分の 1 つ 1 つ．

3.3 多電子原子と構成原理

水素原子以外の原子では，原子核に複数の陽子を含み，それと同じ数の電子をもっている．したがって，電子どうしの相互作用などが加わって，シュレーディンガー方程式を厳密に解くことができない★．そこで，そのエネルギー準位や固有関数については水素原子の結果をもとにして，実験結果と合うように少し修正して考える．ここでは，そのエネルギー準位と電子がどのように配置されるかを考え，多電子原子の構造を詳しく見ていく．

> **Topic 多体問題**
> 粒子が 3 個以上の系に対する取り扱いを「多体問題」というが，その運動方程式は数学的に厳密に解くことができない．そこで，いくつかの近似を導入し，できるだけ厳密な解に近いものを得るようにして，その系を理解する．

3.3.1 多電子原子のエネルギー準位

原子核はいくつかの陽子（$+e$ の電荷をもつ）を含んでいて，その数を**原子番号** Z という．原子核はそれとほぼ同数の中性子（電荷をもたない）も含んでいて，陽子と中性子の数を合わせたものを**質量数**(mass number)という★.
<u>多電子原子では電子間の相互作用があってエネルギー準位の構造が水素原子とは少し異なる</u>．主量子数 n が大きくなるにつれて準位のエネルギーが高くなるのは H 原子と同じであるが，それだけでなく，方位量子数 l の値が大きくなるにつれてもエネルギーが高くなる．

一般的な多電子原子の準位構造を表したのが**図 3-10** である．主量子数ごとにエネルギーの異なる準位が存在するので，これをまとめて**殻**(shell) とよぶ．主量子数 $n=1$ を **K 殻**といい，ここには 1s 準位の 1 つしかない．次に，主量子数 $n=2$ を **L 殻**といい，この殻には 2s 準位 1 つと 2p 準位 3 つ，計 4 つの準位が存在している．多電子原子では 2s 準位のほうが縮退した 3 つの 2p 準位よりもエネルギーが小さい．同じように，主量子数 $n=3$ の **M 殻**に

> **Topic 原子の質量**
> 電子の質量は陽子や中性子に比べてはるかに小さいので，原子の質量はほとんど原子核の質量になり，近似的にその質量数で表される．中性子の質量は陽子とほとんど同じなので，結果的に原子の質量は陽子 1 個だけからなる水素の質量のほぼ整数倍になる．

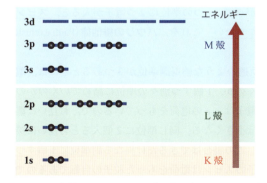

図 3-10　多電子原子のエネルギー準位（Ar の電子配置）

もエネルギーの小さい順から，3s，3p 準位が存在するが，ここではさらに
その高エネルギー側に，縮退した 5 つの 3d 準位が加わる．

3.3.2 電子配置の構成原理

多電子原子は原子番号と同じ数の電子をもっており，エネルギー準位に電子がどのように配置されるかで，原子の性質がおよそ決まる．電子の配置のしかたには次のような**構成原理**(building-up principle)がある．

> ① エネルギーの低い順から 1 つの準位に電子が 2 個ずつ詰まっていく．
> ② 1 つの準位に電子が 2 個入るときには，異なったスピンの状態をとる．
> ③ 縮退準位に電子が入るときにはできる限り異なる準位に入り，同じスピンの状態をとる．

電子はなるべくエネルギーの小さい安定な状態をとろうとするので，空いている準位のうち，エネルギーの低い準位から優先的に詰まっていく．図3-10 は，原子番号 18 の Ar 原子の電子配置を示したものであるが，1s，2s，2p，3s，3p の各エネルギー準位に 2 個ずつ電子が入っている．3p より上の準位の相対的なエネルギーの大きさは少し複雑で（図3-11），M 殻の 3d 準位よりも，N 殻の 4s 準位のエネルギーが低くなっている．したがって，原子番号 19 の K 原子では，3d 準位は空のままで 4s 準位に 1 個電子が入っている．

電子の占有順位をまとめると，

1s→2s→2p→3s→3p→4s→3d→4p→5s→4d→5p→6s→4f→5d→6p→⋯

となるが，d 準位や f 準位についてはエネルギーの順序が微妙になり，構成原理には必ずしも従ってない電子配置の原子もある．

原子のもつ電子の状態は，主量子数 n，方位量子数 l，磁気量子数 m_l で規定されているが，さらに電子にはスピン角運動量がある．その大きさは $s = 1/2$ であるので，$m_s = +1/2$ と $m_s = -1/2$ の 2 つの異なる状態が存在する（2.3.3 項，図 2-9 参照）．これらは，「上向きスピン（α スピン）」「下向きスピン（β スピン）」とよばれ，磁場がないときはエネルギーが等しい（縮退している）．電子はフェルミ粒子†であり，1 つの状態に 2 個以上入ることができない．したがって，<u>1 つの準位に 2 つ電子が入ると，スピンの向きは逆にならなければならない</u>．これを，**パウリの排他律**(Pauli exclusion principle) という．

さらに，p 軌道のような縮退副準位が 3 つあるときには，電子をまず 2 個ずつ詰めていくのか，1 個ずつ別々の準位に詰めていくのかの 2 とおりのやり方がある．電子は $-e$ の電荷をもっているので，お互いに離れているほうがエネルギーは小さくなる．同じ準位に 2 個入るとお互いに接近する確率が高くなるので，この場合は<u>できるだけ異なる副準位に 1 個ずつ入るようにする</u>．また，電子のスピンは電荷をもった粒子の自転であるので，電子を小さな磁石だと考えることができ，後で学ぶ「ゼーマン効果」（10.1 節参照）によっ

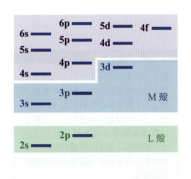

図 3-11 3p より上の準位のエネルギーの大きさ

Assist フェルミ粒子

電子は，1 つの状態に 1 個までしか入ることができない．このような粒子を「フェルミ粒子」というが，原子のもつ電子のエネルギー準位には 2 つの電子スピン状態があるので，それぞれ 1 個ずつ計 2 個の電子が 1 つの準位に入ることができる．1 つの状態に 2 個以上入ることのできる粒子は「ボーズ粒子」という．

て原子の中の磁場と同じ方向で安定になる．したがって，縮退副準位に1個ずつ入った電子は，スピンの向きを揃えたほうが安定になる．これを**フントの規則**(Hund's rule)という．

多電子原子がどのような電子配置をもつかを示したのが図3-12である．最初に2p軌道に電子が入るのは原子番号5のホウ素$_5$Bである．続いて$_6$C，$_7$Nと，$2p_z$，$2p_y$，$2p_x$（軸の方向は任意）に1個ずつスピンの向きを揃えて電子が詰まっていく．$_8$Oでは，$2p_x$準位にスピンの向きを逆にして電子が2個入り，$_9$F，$_{10}$NeとなってL殻がすべて詰まる．いちばん外側の殻に許される電子が詰まっている状態を**閉殻構造**(closed shell structure)という．

3.3.3 不対電子と原子価

電子は，1つのエネルギー準位に2個入って対をつくると安定化するという性質がある．これは，電子にはスピン角運動量があるが，2個の電子がスピンを逆向きにして対をつくるとそれを打ち消し合ってしまうからであると考えられている．逆に，対をつくっていない単独の電子は活性であり，化学結合をつくったり，化学反応を起こしたりする．これを**不対電子**(unpaired electron)といい，図3-12の電子配置では赤丸で示してある．不対電子は他の原子の不対電子と対をつくって結合できるので，原子は不対電子の数（**原子価**，valence という）だけ化学結合をつくることができる．

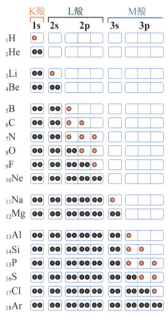

図3-12 多電子原子の電子配置
球は電子を表す．赤い球は不対電子．

例題3.3 原子価

$_3$Li，$_8$O，$_9$F，$_{15}$P，の電子配置を図示し，それぞれの原子価を求めよ．

解答

構成原理にしたがって電子をエネルギー準位に入れていくと，図3-13に示したような電子配置がえられる．赤丸で表した不対電子の数から原子価を求めることができる．$_3$Li，$_8$O，$_9$F，$_{15}$P，の原子価は，それぞれ1，2，1，3である．

チャレンジ問題

$_7$Nの電子配置と原子価を示し，原子番号11から18までの原子のなかで，同じ原子価のものを予測せよ．

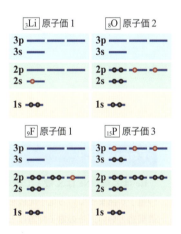

図3-13 原子の電子配置と原子価

3.4 電子配置と原子の周期性

それぞれの原子の電子配置は構成原理によって定まる．原子の性質はその電子配置によって決まっている．この節では，原子の性質は「最外殻電子配置によって支配されている」ということを学ぶ．

3.4.1 最外殻電子配置

主量子数 $n=1$ の K 殻には，エネルギー準位は 1s 準位の 1 つしかない．原子番号 1 の H 原子はそこに電子が 1 個だけ入っていて不対電子になっている．原子番号 2 の He 原子では 2 個の電子が入り，K 殻に許されるだけ電子が詰まり，**閉殻構造**となる（図 3-14）．閉殻構造では，電子がすべて安定化し，原子は不活性になる．主量子数 $n=2$ の L 殻には，2s 準位に 2 個，2p 準位に 6 個，合わせて 8 個の電子が入ることができる．原子番号 10 の Ne 原子では L 殻に許されるだけの数の電子が詰まっていて，これも閉殻構造をとっている．

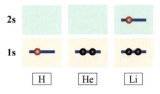

図 3-14　H, He, Li 原子の電子配置

そこからさらに原子番号が大きくなると，M 殻にも電子が入っていく．そのときの K 殻と L 殻の電子は**内殻電子**（inner-shell electron）とよばれ，安定化している．したがって，原子の性質を支配しているのは最も外側の殻の電子配置（**最外殻電子配置**）になる．方位量子数が異なるエネルギー準位は，s, p, d, … の順にエネルギーが高くなり，軌道の種類が異なるので，その電子配置を区別して考えなければならない．ここでは，s 軌道と p 軌道の 2 つに注目して各原子の電子配置を追ってみる．

原子番号 3 の Li 原子は，K 殻の閉殻構造に加えて，2s 軌道にも電子が 1 個入る．最外殻は L 殻になるが，そこに電子が 1 個あるという配置は H 原子と同じである．K 殻の内殻電子は非常に安定で，化学結合や反応にはほとんど関与しないので，2s 軌道にある不対電子が最外殻電子であり，原子の性質の決め手になる．原子番号 10 の Ne 原子までは最外殻は L 殻，次の K 原子からは M 殻になる．

図 3-12 を見ると，多電子原子の最外殻の電子配置は，原子番号とともにくり返すように変化していることがわかる．このくり返しが原子の性質にも現れる．これを**元素の周期律**という．

Focus 3.1　　閉殻構造の安定性

He は K 殻，Ne は K 殻と L 殻の準位にすべて 2 個ずつ電子が詰まっている電子配置をもっている．これを閉殻構造といい，その電子配置はとても安定である．さらに，アルカリ金属原子の陽イオン（Li^+, Na^+, K^+, Rb^+, Cs^+, …）やハロゲン原子の陰イオン（F^-, Cl^-, Br^-, I^- …）も閉殻構造をとり，これらも比較的安定になる．

閉殻構造が安定である理由は，主量子数の異なる準位間での大きなエネルギーギャップにあると考えられる．たとえば Ne 原子では，1s, 2s, および 3 つの 2p 軌道のすべてが電子で詰まっていて，化学結合を形成するための電子を受容しようとすると，主量子数 $n=3$ の M 殻の準位に電子を配置しなければならない．しかしながら，主量子数 n が 1 つ増えたときのエネルギーの増加は方位量子数 l の違いによるエネルギー差よりも大きく，結合をつくるためには大きなエネルギーが必要となる．その分相対的に閉殻構造が安定であると考えられ，Ne 原子は化学結合をほとんどつくらない．逆にそこから電子を 1 個放出するのにも，他の原子に大きなエネルギーを与えなければならなくなり，これも容易ではない．このような効果に加え，閉殻構造ではすべての電子が対を形成していて安定化していることや，3 つの縮退 p 軌道にバランスよく配置されていることによる共鳴効果もあって，結局，閉殻構造は他の配置に比べてかなり安定であると考えられる．

3.4.2 イオン生成の周期性

原子から1個電子を取り去ると、$+e$の電荷をもった**陽イオン**（カチオン、cation）が、また1個電子を与えると、$-e$の電荷をもった**陰イオン**（アニオン、anion）が生成する．それぞれの原子の「イオンになりやすさ」も電子配置で決まっており、周期性がある．ここでは、それらを表す値である「イオン化ポテンシャル」と「電子親和力」の周期性を見ていく．

(a) イオン化ポテンシャル

原子 X が陽イオン X^+ になるのに必要なエネルギーを**イオン化ポテンシャル**（ionization potential；E_{IP}）という（図3-15）．3.1.2項で見たように、H原子では、1s電子が入っている $n=1$ の準位と、電子を引きつけるエネルギーが0となる $n=\infty$ の準位のエネルギー差に対応する．実験結果は $E_{IP} = 13.60$ eV という値になっていて、理論値とよく合っている．

この値が小さい原子ほど陽イオンになりやすい．Li, Na, K, Rb, Cs,…のアルカリ金属（1族）はs軌道に電子を1個もっている．これは比較的容易に放出され、陽イオンになって閉殻構造の電子配置をとり、安定になる．主量子数が同じである同一周期原子については、一般に原子番号が大きくなるとともに、E_{IP} の値も大きくなる．これは、原子番号が大きくなるとともに原子核の電荷が大きくなり、電子を引きつける力が大きくなるためだと考えられる．中性原子が閉殻構造をとっている He, Ne, Ar…などの貴ガス原子は、同一周期原子のなかで最高の値を示す．

また、同一周期原子のなかで、主量子数が大きくなるとともに E_{IP} の値が小さくなるのは、電子の軌道が広がり、原子核と電子の平均的な距離が大きくなって電子を引きつける力が小さくなるからだと考えられている．このような理由から、イオン化ポテンシャルが大きいのは元素の周期律表の右上の部分であることがわかる．

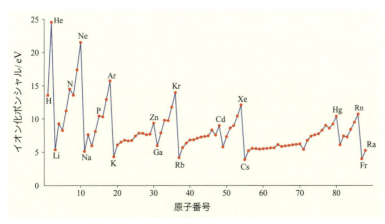

図3-15 イオン化ポテンシャル

(b) 電子親和力

原子 X に電子を 1 個与えて陰イオンになるときに放出されるエネルギーを**電子親和力**(electroaffinity；E_{EA})という．E_{EA} が大きいほど陰イオンになりやすい．各原子の電子親和力をまとめたのが図 3-16 である．F, Cl, Br などのハロゲン原子 (17 族) では，その値が突出して大きい．これらの原子では，p 軌道に 1 つだけ空きがある電子配置をもっており，ここに 1 個電子が入れば閉殻構造になって，そのイオンは比較的安定になる．逆に貴ガス原子は，中性でも閉殻構造をとっていて安定であり，電子を受け取るのが容易ではないので，電子親和力は小さく，実際には負の値をとっていることになる．

(c) 電気陰性度

原子がどれくらい電子を引きつけやすいか，あるいはどれくらい陰イオンになりやすいかは原子によって異なるが，その値をイオン化ポテンシャルと電子親和力から推定することができる．マリケン (R. Mulliken) は，その 2 つの値の平均が，その原子が電子を引きつけて陰イオンになりやすい度合いを表すと考え，これを**電気陰性度**(electronegativity) と定めた．

マリケンの電気陰性度
$$\chi_M = E_{IP} + E_{EA} \tag{3.22}$$

電気陰性度の値は，4 章で詳しく解説する化学結合を理解するのにとても重要なものであるが，特にその結合の立場から電気陰性度を定義したのがポーリング (L. Pauling) である．ポーリングは，2 種類の原子 A と B を結合させてできる AB 分子 (異核二原子分子) では，共有結合にイオン結合性が加わって，結合エネルギーが大きくなると考え，その増加分が 2 つの原子の電気陰性度の 2 乗に比例すると仮定して，次のような式を提唱した．

$$|\chi_A - \chi_B|^2 = a\left[D(A\text{-}B) - \frac{1}{2}\{D(A\text{-}A) + D(B\text{-}B)\}\right] \tag{3.23}$$

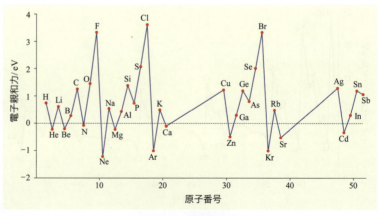

図 3-16　電子親和力

ここで，$D(\text{A-B})$ は異核二原子分子 AB の結合エネルギーを表す．a は比例定数で，ここでは水素原子の電気陰性度が 2.2，フッ素原子の電気陰性度が 4.0 になるように定められている．各原子の値をまとめて示したのが図 3-17 である．ポーリングの電気陰性度とマリケンの電気陰性度は，ほぼ比例関係となることが知られている．

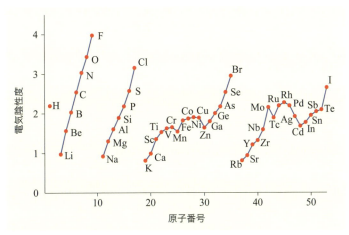

図 3-17　ポーリングの電気陰性度

3.5　項の記号

　原子核の周りを周回運動する電子には，公転運動に対応する**軌道角運動量** l と自転運動に対応する**電子スピン角運動量** s の 2 つの角運動量がある（図 3-18）．原子のスペクトルを詳しく解析すると，2 つの角運動量は独立にふるまうのではなく，それらの和をとった**全角運動量** j によってよく表されることがわかる．よって

原子の全角運動量
$$j = l + s \tag{3.24}$$

と表される．l も s もそれぞれ角運動量であり，方向の異なる磁気副準位が存在する．したがって，全角運動量にも大きさの異なるものが生じる．j のとりうる値は l と s の大きさの量子数から，角運動量の合成の規則にしたがって求めることができる．それらの値を簡潔に表したのが**項の記号**である．これを示すのは少し難解なので必ずしも数式をきちんと追う必要はないかもしれないが，原子あるいは分子について高いレベルでの理解をめざすためにも，その結果については知っておきたい．

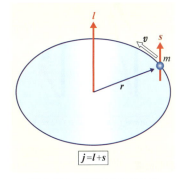

図 3-18　原子の全角運動量

3.5.1 角運動量の合成

> **Assist** 角運動量の表記
> 原子の角運動量の場合は，$a_1 = l$，$a_2 = s$ に対応するが，ここでは一般的な角運動量の合成について考えるので，そのまま a_1，a_2 と表す．角運動量はベクトルなので，その大きさと方向を定めなければならない．本書ではベクトルを太字で表している．

2つの角運動量を $\boldsymbol{a}_1(a_1, m_{a_1})$，$\boldsymbol{a}_2(a_2, m_{a_2})$ と表す†．a_1, a_2 はそれぞれの角運動量の大きさを表す量子数で，整数または半整数の正の値である．m_{a_1}, m_{a_2} はその方向を表す量子数で，とりうる値は次のようになる†．

$$m_{a_1} = -a_1, -a_1+1, -a_1+2, \cdots\cdots, a_1-1, a_1$$
$$m_{a_2} = -a_2, -a_2+1, -a_2+2, \cdots\cdots, a_2-1, a_2$$

> **Assist** m_{a_1} がとりうる値
> たとえば，$a_1 = 3$ の場合は，次のように，7とおりの値をとりうる（図2-8参照）．

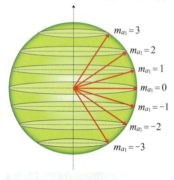

この2つを合成して

$$\boldsymbol{a}(a, m_a) = \boldsymbol{a}_1(a_1, m_{a_1}) + \boldsymbol{a}_2(a_2, m_{a_2})$$

をつくるとき，a のとりうる値は

$$a = a_1+a_2, \ a_1+a_2-1, \ a_1+a_2-2, \cdots\cdots, \ |a_1-a_2|+1, \ |a_1-a_2|$$

になる．それぞれの a の値の合成角運動量について，m_a のとりうる値は

$$m_a = -a, -a+1, -a+2, \cdots\cdots, a-1, a$$

になる．まとめると，2つの角運動量を合成すると，新たにいくつかの大きさの角運動量が生じ，それぞれの方向を表す量子数のとりうる値は規則にしたがって決められることになる（これらの証明は ➡ web ）．

例として，$a_1 = 1$，$a_2 = 1/2$ の2つの角運動量の合成を考えてみる（図3-19）．a_1 には $m_{a_1} = +1, 0, -1$ の3つがあるが，$m_{a_1} = +1$ に $m_{a_2} = +1/2$ を足し合わせると大きさが増して $a = 3/2$，$m_a = +3/2$ の $\boldsymbol{a}(3/2, +3/2)$ になる．このとき合成角運動量の大きさは最大になっている．これに対して，$m_{a_1} = +1$ に $m_{a_2} = -1/2$ を足し合わせると大きさが減って，$a = 1/2$，$m_a = +1/2$ の $\boldsymbol{a}(1/2, +1/2)$ になり，合成角運動量の大きさは小さくなる．

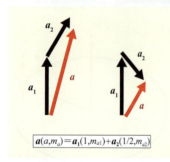

図3-19 $a_1 = 1$，$a_2 = 1/2$ の角運動量の合成
$a_1(1,1)$ と $a_2(1/2,1/2)$ を足し合わせると，合成角運動量は大きくなって $a = 3/2$ になる（左側）．$a_1(1,1)$ と $a_2(1/2,-1/2)$ を足し合わせると，合成角運動量は小さくなって $a = 1/2$ になる（右側）．

3.5.2 項の記号

多電子原子の電子状態は，「軌道」「電子スピン」「全電子について全角運動量を足し合わせた結果」で規定される．電子が複数ある場合はそれぞれの角運動量を1個ずつ合成していくと，その量子数のとりうる値がわかる．しかしながら，電子はフェルミ粒子なので，1つの準位に2個の電子が対をなして入ると，$m_a = +1/2$，$m_a = -1/2$ の状態をとる．よって全体の角運動量は打ち消し合って0になる．したがって，実際には不対電子だけを考えれば注目すべき電子状態をほとんど理解できる．

原子の状態は，電子の全角運動量 $\boldsymbol{j}$ の大きさの量子数 J によって規定されるが，電子の軌道角運動量 $\boldsymbol{l}$ と電子スピン角運動量 $\boldsymbol{s}$ を区別しなければならない．これらの3つの量子数で原子の状態を表現したのが**項の記号**（term symbol）である．

ある原子のすべての電子の軌道角運動量を $\boldsymbol{L}$ とすると，その量子量 $L = 0$，

1, 2, 3,…を S, P, D, F,…の記号で表す（図3-20 中央）．電子スピン角運動量については，すべての電子の総和の量子数をSとすると，Lの記号の左肩に$2S+1$の値を書く（図3-20 左）．これは，m_sで表される磁気副準位の数を表しており，**スピン多重度**(spin multiplicity)という．その値は，$S = 0, 1/2, 1, 3/2,$…に対して 1, 2, 3, 4,…になり，それぞれ**一重項**(singlet)，**二重項**(doublet)，**三重項**(triplet)，**四重項**(quartet) …とよばれる．Lの記号の右下には，すべての電子の全角運動量の総和の大きさを表す量子数Jの値を書く（図3-20 右）．たとえば，s 軌道に不対電子がない場合は $^1S_0$，不対電子が1個あるときは $^2S_{1/2}$ となる．

図 3-20　項の記号

例題 3.4　項の記号

Na 原子の基底状態と第一励起状態を項の記号で表せ．

解答

Na 原子は原子番号 11 である．基底状態では最外殻の M 殻の s 軌道に不対電子が 1 個入り，K 殻と L 殻の電子は角運動量を打ち消し合っているので，ここでは M 殻の 1 個の電子だけについて考えればよい．最もエネルギーの小さい基底状態では 3s 軌道に入っている（図3-21a）．3s 軌道の軌道角運動量は $l = 0$，また，電子 1 個のスピン角運動量は $s = 1/2$ なので，全角運動量のとりうる値は 1/2 だけである．したがって，項の記号は $^2S_{1/2}$ になる．

エネルギーの最も低い励起状態（第一励起状態，図3-21b）は，電子を 3s 準位から 3p 準位へ移した配置である．p 軌道の軌道角運動量は $l = 1$，電子のスピン角運動量は $s = 1/2$ なので，全角運動量のとりうる値は 3/2 と 1/2 になる．したがって，これらの項の記号は，$^2P_{3/2}$ と $^2P_{1/2}$ となる．$^2P_{3/2}$ には $m_j = +3/2, +1/2, -1/2, -3/2$ の 4 つの副準位があり，$^2P_{1/2}$ には $m_j = +1/2, -1/2$ の 2 つの副準位がある．

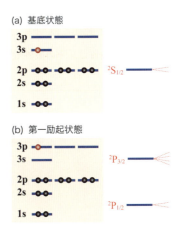

図 3-21　Na 原子の電子配置と項の記号

チャレンジ問題

Na 原子の 3s 軌道の電子を 3d 軌道へ移した状態を項の記号で表し，j, m_j のとりうる値を示せ．

3章 重要項目チェックリスト

水素原子の準位のエネルギー [p.48] $E_n = -R_\infty hc \dfrac{1}{n^2}$ $n = 1, 2, 3\cdots$

- ◆ **主量子数** [p.48] $n = 1, 2, 3, \cdots$
- ◆ **方位量子数** [p.49] $l = 0, 1, 2, 3, \cdots, n-1$
  (s) (p) (d) (f)
- ◆ **磁気量子数** [p.49] $m_l = 0, \pm 1, \pm 2, \cdots, \pm l$

水素原子の 1s 軌道の固有関数 [p.50] $\Psi_{1s} = \dfrac{1}{\sqrt{\pi a_0^3}} e^{-r/a_0}$

- ◆ **動径分布関数** [p.52] $\rho_{1s}(r) = 4\pi r^2 e^{-2r/a_0}$

多電子原子のエネルギー準位と構成原理 [p.56]

Ⅰ．エネルギーの低い順から 1 つの準位に電子が 2 個ずつ詰まっていく．
Ⅱ．1 つの準位に電子が 2 個入るときには，異なったスピンの状態をとる．
Ⅲ．縮退準位に電子が入るときには，できる限り異なる準位に同じスピンの状態をとる．

最外殻電子配置と周期律 [p.58]

原子の性質は，その最外殻電子配置によって決まり，それが等しい原子の性質は似かよっている．

項の記号 [p.63]

スピン多重度 $2S+1$	軌道角運動量 (L)
	$S, P, D, F, \cdots$
	全角運動量 J

s 軌道に不対電子が 1 個：$^2S_{1/2}$
p 軌道に不対電子が 1 個：$^2P_{3/2}, {}^2P_{1/2}$

確認問題

3·1 水素原子について，主量子数 n のエネルギー準位の数は n^2 となることを示せ．

3·2 2s 軌道の動径分布関数の値が極大となる r の値を 2 つ求めよ．

3·3 水素原子のライマン α 線の波長は 121 nm である．主量子数 3 の準位から 2 の準位への遷移に対応するスペクトル線の波長を予測せよ．

3·4 H_2 と F_2 の結合エネルギーはそれぞれ 436 kJ/mol と 158 kJ/mol である．p.61 に示すポーリングの電気陰性度の値と $a=0.012$ を用いて，HF の結合エネルギーを求めよ．

3·5 水素原子には，H(^{1}H：質量 1.0078) と D (重水素 ^{2}H：質量 2.0141) の 2 種類の質量同位体があり，その天然存在比は，1：0.00015 である．水素の原子量を求めよ．

3·6 周期表で，酸素(O)，ナトリウム(Na)，アルミニウム(Al) の下に配置される原子の最外殻電子配置と原子番号を予測せよ．

3·7 O 原子は 2p 準位に 2 つの不対電子をもつ．実在するエネルギー準位をすべて，項の記号で表せ．

実戦問題

3·8 H 原子のイオン化ポテンシャルは，$n=1$ と $n=\infty$ の準位のエネルギー差である．その大きさを eV の単位で求めよ．ただし，$R_\infty = 1.097 \times 10^7$ m^{-1}，$h = 6.626 \times 10^{-34}$ J s，$c = 3.000 \times 10^8$ m s^{-1} とし，1 J のエネルギーは 6.2415×10^{18} eV に対応する．

3·9 $\boldsymbol{a}_1\,(a_1, m_{a_1})$ と $\boldsymbol{a}_2\,(a_2, m_{a_2})$ の 2 つの角運動量がある系では，その状態の数は $(2a_1+1)(2a_2+1)$ で表される．2 つを合成させてできる角運動量 $\boldsymbol{a}\,(a, m_a)$ の状態の数を求め，その変化を考察せよ．

3·10 構成原理に従った炭素原子の電子配置を図示し，基底状態の S, L, J の値のうち，それぞれ最も小さいものを示せ．

3·11
A. 水素原子の 1s, 2s 軌道の球面調和関数はともに定数である．これから，1s, 2s 軌道のもつ共通の立体的な特徴を述べよ．
B. 2s 軌道の動径関数の概略図を示せ．
C. 2s 軌道の波動関数を用いて，原子核を中心とした半径 r の距離に電子を見出す確率 $P(r)$ を求めよ．

[平成 20 年度 大阪大学理学研究科入試問題より]

3·12 水素原子の 1s 波動関数 $\Psi(r)$ は次の方程式を満たす．
$$\left[-\frac{1}{2r^2}\frac{d}{dr}\left(r^2\frac{d}{dr}\right)-\frac{1}{r}\right]\Psi(r) = E_{1s}\Psi(r)$$

A. 波動関数は $\Psi(r) = Ne^{-r}$ と書ける．規格化定数 N を求めよ．
B. 運動エネルギーの期待値を $\langle T \rangle$，ポテンシャルエネルギーの期待値を $\langle V \rangle$ と書くとき，原子におけるビリアル定理 $2\langle T \rangle + \langle V \rangle = 0$ を確かめよ．ただし，計算の過程も示せ．

[平成 23 年度 東京大学理学研究科入試問題より]

3·13 以下の問い A～C に答えよ．

A. 次のそれぞれの組み合わせのうち，どちらの電子親和力が大きいか．不等号 (<, >) を用いて表せ．
(a) C と N   (b) N と O   (c) O と F
(d) F と Cl   (e) F と I

B. C, N, O, F, Cl, I のうち，電子親和力が負の値になる元素をすべてあげよ．

C. 第 2 周期の炭素の酸化物である CO_2 は常温常圧で気体であるが，第 3 周期のケイ素の酸化物 SiO_2 は固体である．この理由を「結合エネルギー」，「原子サイズ」等の用語を用いて説明せよ．

[平成 24 年度 広島大学理学研究科入試問題より]

4章 化学結合と分子軌道法

■ Contents
- 4.1 分子軌道法と永年方程式
- 4.2 二原子分子
- 4.3 多原子分子

原子と同じように,分子にも決められたエネルギーの値の準位しか存在せず,それぞれの準位に固有関数が対応している.分子についてはシュレーディンガー方程式を厳密に解くことはできないが,分子全体の波動関数については,近似的に原子軌道の線形結合(LCAO)で表現できる.これを**分子軌道**とよぶ.分子軌道を用いて近似的なエネルギー固有値と固有関数を求めるのが**分子軌道法**である.

シュレーディンガー方程式の近似解を求めるにはいくつかの方法があるが,ここでは**永年方程式**というものを用いる.まずは,最も簡単な二原子分子である水素分子イオン H_2^+ について解いてみる.なお,等核二原子分子では2つの原子軌道が等しく混ざり合った安定な共有結合をつくっているが,異核二原子分子ではイオン結合性が加わって分子は極性を生じる.

3つ以上の原子からなる分子を多原子分子という.2つ以上の化学結合があって取り扱いは少し複雑になるが,それぞれの分子の電子配置や結合のしくみを考えれば,分子の安定な形やエネルギー準位の構造を理解することができる.

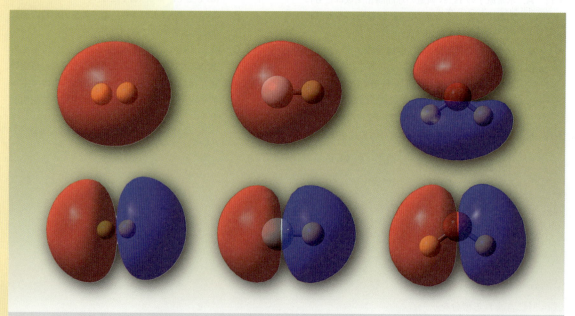

左から,N_2, HF, H_2O の分子軌道.同じような対称性の軌道を選び出して上下に並べてある.

4.1 分子軌道法と永年方程式

分子軌道法を適用するうえで，シュレーディンガー方程式の近似解を求める方法の1つに**永年方程式** (secular equation)†がある．ここでは，最も簡単な分子系である水素分子イオン H_2^+ について永年方程式を解き，そこから得られるエネルギー固有値や固有関数について学ぶ．その結果をよく見ると化学結合のしくみを理解することができる．その考え方をそのまま他の二原子分子や多原子分子（3つ以上の原子からなる分子）に拡張して，分子軌道や電子配置と分子の構造を考えてみる．また，化学結合を知るうえで大事なのが，σ結合とπ結合，二重結合と三重結合，結合性と反結合性軌道の理解であり，それについても典型的な分子の例をとって詳しく解説する．

> **Assist　永年方程式**
>
> 数学では，実対称の固有値方程式を永年方程式とよんでおり，これから説明するシュレーディンガー方程式の近似解法も，その一例である．元は，永年共鳴や永年摂動などと，天文学で天体の長周期の運動について使われていた言葉で，定常的な電子運動のエネルギー固有値を求める方法である．基本的な考え方は，分子の波動関数をそれぞれの原子の波動関数の線形結合で表し，エネルギーの極小点を近似解とするというものである．

4.1.1 水素分子イオンのシュレーディンガー方程式

二原子分子の最も簡単な例は，水素の原子核（陽子）2個と電子1個の水素分子イオン（H_2^+）である（図4-1）．そのハミルトン演算子は，式(1.29)(1.30)(1.31)より，下のように表される．

$$\hat{H} = -\frac{\hbar^2}{2m_e}\nabla_e^2 - \frac{\hbar^2}{2m_H}\nabla_1^2 - \frac{\hbar^2}{2m_H}\nabla_2^2 - \frac{e^2}{4\pi\varepsilon_0}\left(\frac{1}{r_{1e}} + \frac{1}{r_{2e}} - \frac{1}{r_{12}}\right) \quad (4.1)$$

右辺の最初の3項は電子と2つの原子核の運動エネルギーの項，最後の項はお互いのクーロン静電引力によるポテンシャルエネルギーの項である．近似として，まずは電子と原子核の運動を切り離して考える．この操作を**ボルン-オッペンハイマー近似** (Born-Oppenheimer approximation) という（9.1.2項参照）．

波動関数は，2つの水素原子の1s軌道を ψ_1，ψ_2 として，次の線形結合で表すことにする（図4-2）．

> 水素分子イオンの波動関数
> $$\Psi = c_1\psi_1 + c_2\psi_2 \quad (4.2)$$

ここで，c_1，c_2 は定数であり，線形結合における展開係数，つまりそれぞれの原子軌道がどれくらいの割合で含まれるかという値である．

この系のエネルギー固有値を求めるためにシュレーディンガー方程式を下のように変形する．

$$E = \frac{\int \Psi^*\hat{H}\Psi d\tau}{\int \Psi^*\Psi d\tau} = \frac{\sum_{i,j}\int c_i^*\psi_i^*\hat{H}\,c_j\psi_j d\tau}{\sum_{i,j}\int c_i^*\psi_i^*c_j\psi_j d\tau} = \frac{\sum_{i,j}c_i^*c_j\int \psi_i^*\hat{H}\,\psi_j d\tau}{\sum_{i,j}c_i^*c_j\int \psi_i^*\psi_j d\tau}$$

$$i, j = 1, 2 \quad (4.3)$$

右肩の * は複素共役（補章2.3参照）を表す．ここで，式を簡単にするために式(4.3)に含まれる積分を次のようなパラメーターとして表すことにする．

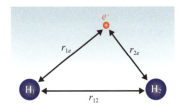

図4-1　H_2^+ の構造
安定な H_2 分子から電子を1個取り去った構造をしている．

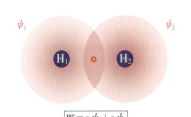

$\Psi = c_1\psi_1 + c_2\psi_2$

図4-2　H_2^+ の波動関数

4章 化学結合と分子軌道法

Assist クーロン積分

$$H_{ii} = \int \psi_i^* \hat{H} \psi_i d\tau$$

ハミルトン演算子を同じ原子軌道で挟み，全空間で積分したもので，通常 α と表される．この積分の形は，その固有関数の準位でのエネルギー固有値を与えるので，このクーロン積分は結合していない原子の準位のエネルギーを表す．

(a) クーロン積分 (coulomb integral)†

クーロン積分
$$H_{ii} = \int \psi_i^* \hat{H} \psi_i d\tau$$

H_2^+ では，下のように表される．

$$H_{11} = H_{22} = \alpha = \int \psi_1^* \hat{H} \psi_1 d\tau$$

これは単に水素原子の 1s 軌道のエネルギー固有値なので，結合をしていない単独の水素原子の 1s 準位のエネルギーになる．

Assist 共鳴積分

$$H_{ij} = \int \psi_i^* \hat{H} \psi_j d\tau \quad i \neq j$$

ハミルトン演算子を異なる原子の軌道で挟み，全空間で積分したもので，通常 β と表される．この積分の形は，2つの軌道の相互作用を表す．この共鳴積分は，結合に関与する原子の軌道が相互作用してエネルギーがどれくらい安定化するかを与えるものである．

(b) 共鳴積分 (resonance integral)†

共鳴積分
$$H_{ij} = \int \psi_i^* \hat{H} \psi_j d\tau \quad i \neq j$$

H_2^+ では，下のように表される．

$$H_{12} = \beta = \int \psi_1^* \hat{H} \psi_2 d\tau$$

これは簡単にいえば，2つの水素原子が近づいて 1s 軌道 ψ_1 と ψ_2 が重なったときに，どれくらいエネルギーが安定化されるかという目安を与える積分である．

Assist 重なり積分

$$S_{ij} = \int \psi_i^* \psi_j d\tau$$

2つの原子軌道の積を全空間で積分したもので，通常 S と表される．この積分は，2つの波動関数が重なっている部分の体積を表している．$i=j$，すなわち同じ軌道の積（2乗）で波動関数が規格化されていたら，重なり積分の値は1になる．

(c) 重なり積分 (overlap integral)†

重なり積分
$$S_{ij} = \int \psi_i^* \psi_j d\tau$$

H_2^+ では，下のように表される．

$$S_{12} = \int \psi_1^* \psi_2 d\tau = S$$

これは，2つの水素原子の 1s 軌道の重なりがどれくらいなのかを示す．実際には $S=0.2$ くらいである．なお，1s 軌道は規格化されていて，$S_{11}=S_{22}=1$ である．

c_i, c_j を実数とし，これら3つの積分パラメーターを用いると，式(4.3)のエネルギー固有値は

$$E = \frac{\sum_{i,j} c_i c_j H_{ij}}{\sum_{i,j} c_i c_j S_{ij}} = \frac{c_1^2 \alpha + c_2^2 \alpha + 2c_1 c_2 \beta}{c_1^2 + c_2^2 + 2c_1 c_2 S} \quad (4.4)$$

と表され，これから次の式が得られる．

$$(c_1^2 + c_2^2 + 2c_1 c_2 S)E = c_1^2 \alpha + c_2^2 \alpha + 2c_1 c_2 \beta \quad (4.5)$$

この式から最適な近似解を得るために，次に示す「変分原理」を導入する．

4.1.2 変分原理と永年方程式

近似関数 Ψ' を用いて得られるエネルギー固有値 E' は，真の値 E_0 よりも必ず大きい．これを**変分原理**（variational principle）という（図 4-3）．これを式で表すと次のようになる（補章 4.3 参照）．

$$E' = \frac{\int \Psi'^* \hat{H} \Psi' d\tau}{\int \Psi'^* \Psi' d\tau} \geq E_0 \tag{4.6}$$

後で述べるように，永年方程式では最終的に LCAO の各係数 c_i とエネルギー固有値 E を求めるのだが，c_i が変化するとともに E が変化する．<u>変分原理はその最小値が真の値に最も近い，すなわち E が最小になるような c_i を求めれば，最も真の値に近い固有関数が得られるということを意味している</u>．最小値のところではエネルギー固有値の微分係数が 0 になる．

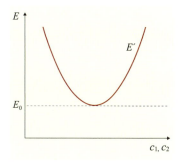

図 4-3 変分原理の概念図

H 原子の 1s 軌道 ψ_1，ψ_2 はすでに定まっていて，変わるのはその係数 c_1 と c_2 である．最も真の値に近い解を得るためには，その偏微分係数（補章 5.4 参照）を 0 とすればよい．したがって

$$\frac{\partial E}{\partial c_1} = 0 \qquad \frac{\partial E}{\partial c_2} = 0 \tag{4.7}$$

という関係式を使うことができ，式(4.5)から**例題 4.1** のように計算すると，次の連立一次方程式が導かれる．これが**永年方程式**である．

水素分子イオンの永年方程式
$$c_1(\alpha - E) + c_2(\beta - ES) = 0 \tag{4.8}$$
$$c_1(\beta - ES) + c_2(\alpha - E) = 0 \tag{4.9}$$

例題 4.1　永年方程式の導出

式(4.5)を c_1, c_2 で偏微分して，H_2^+ の永年方程式を導け．

解答
式(4.5)から
$$(c_1^2 + c_2^2 + 2c_1 c_2 S)E = c_1^2 \alpha + c_2^2 \alpha + 2c_1 c_2 \beta$$
これを，$gE = f$ と表し，両辺を c_1 で偏微分すると
$$\frac{\partial g}{\partial c_1} E + \frac{\partial E}{\partial c_1} g = \frac{\partial f}{\partial c_1}$$
が得られる．変分原理から
$$\frac{\partial E}{\partial c_1} = 0$$
なので
$$\frac{\partial g}{\partial c_1} E - \frac{\partial f}{\partial c_1} = 0$$
という関係式が得られ，それぞれの微分係数を求めると
$$\frac{\partial g}{\partial c_1} = 2c_1 + 2c_2 S \qquad \frac{\partial f}{\partial c_1} = 2c_1 \alpha + 2c_2 \beta$$

となる．最終的に
$$c_1(\alpha - E) + c_2(\beta - ES) = 0$$
が得られる．同様に，c_2 で偏微分すると
$$c_1(\beta - ES) + c_2(\alpha - E) = 0$$
が得られ，式(4.8) (4.9)の永年方程式が導かれる．

> **チャレンジ問題**
> 式(4.2)から，この固有関数の規格化の式が次の式になることを導け．
> $$c_1{}^2 + c_2{}^2 + 2c_1 c_2 S = 1$$

4.1.3 水素分子イオンの永年方程式

式(4.2)で示したように $H_2{}^+$ の分子軌道を 1s 軌道 ψ_1, ψ_2 の線形結合で
$$\Psi = c_1 \psi_1 + c_2 \psi_2$$
と表す（図 4-2 参照）と，永年方程式は，式(4.8) (4.9)で導き出したようになる．以下にもう一度示しておく．

> **水素分子イオンの永年方程式**
> $$c_1(\alpha - E) + c_2(\beta - ES) = 0$$
> $$c_1(\beta - ES) + c_2(\alpha - E) = 0$$

すべての c_i が 0 というのはこの連立方程式の解の 1 つであるが，そうでない解をもつためには各係数が特別の値をとる必要がある．そのための必要十分条件として，永年方程式の値が 0 であるという次の等式が成り立たなければならない．$H_2{}^+$ では次のように表される．

> **水素分子イオンの永年行列式**
> $$\begin{vmatrix} \alpha - E & \beta - ES \\ \beta - ES & \alpha - E \end{vmatrix} = 0 \tag{4.10}$$

まずはこの行列式を展開してエネルギー固有値を求め，それを永年方程式に代入して固有関数を求める（**例題 4.2**）．そのとき，得られた固有関数を規格化するための関係式も必要となり，それを式(4.2)を用いて計算すると次の式が得られる（**例題 4.1 チャレンジ問題**参照）．

> **固有関数の規格化の式**
> $$c_1{}^2 + c_2{}^2 + 2c_1 c_2 S = 1 \tag{4.11}$$

> **例題 4.2 永年方程式とエネルギー固有値・固有関数**
>
> $H_2{}^+$ の永年方程式を解いて，エネルギー固有値と固有関数を求めよ．
>
> ---
> **[解答]**
> 式(4.10)から，$H_2{}^+$ の永年方程式は次のように表される．

$$\begin{vmatrix} \alpha - E & \beta - ES \\ \beta - ES & \alpha - E \end{vmatrix} = 0$$

これを展開して†

$$(\alpha - E)^2 - (\beta - ES)^2 = 0$$
$$\therefore (\alpha - E + \beta - ES)(\alpha - E - \beta + ES) = 0$$

となり，これから2つのエネルギー固有値が求まる．これらを E_1, E_2 とすると，その値として

$$E_1 = \frac{\alpha + \beta}{1 + S} \qquad E_2 = \frac{\alpha - \beta}{1 - S}$$

が得られる．共鳴積分 β は負の値なので E_1 のエネルギーのほうが小さく，これを式(4.8)に代入すると

$$c_1\left(\alpha - \frac{\alpha + \beta}{1 + S}\right) + c_2\left(\beta - \frac{\alpha + \beta}{1 + S}S\right) = 0$$
$$c_1(\alpha + \alpha S - \alpha - \beta) + c_2(\beta + \beta S - \alpha S - \beta S) = 0$$
$$c_1(\alpha S - \beta) + c_2(\beta - \alpha S) = 0$$
$$\therefore c_1 = c_2$$

の関係式が得られる．これを式(4.9)に代入しても同じ形の等式しか出てこないので，係数の絶対値を決めるのには固有関数の規格化の式を用いる．E_1 の固有値をもつエネルギー準位に対する固有関数を Ψ_1 とすると，その規格化の式(4.11)から

$$c_1^2 + c_2^2 + 2c_1c_2 S = 1$$

の関係が成り立つ．これに $c_1 = c_2$ を代入すると

$$2c_1^2 + 2c_1^2 S = 2c_1(1 + S) = 1$$
$$\therefore c_1 = c_2 = \frac{1}{\sqrt{2(1 + S)}}$$

が得られる．同様に，E_2 の固有値からは

$$2c_1^2 - 2c_1^2 S = 2c_1(1 - S) = 1$$
$$\therefore c_1 = -c_2 = \frac{1}{\sqrt{2(1 - S)}}$$

が得られ，固有関数は次のように求められる．

$$\Psi_1 = \frac{1}{\sqrt{2(1 + S)}}(\psi_1 + \psi_2)$$
$$\Psi_2 = \frac{1}{\sqrt{2(1 - S)}}(\psi_1 - \psi_2)$$

> **Assist** 行列式の展開
>
> 2行2列の行列式は次のように展開できる(補章3.1参照)．
>
> $$\begin{vmatrix} A & B \\ C & D \end{vmatrix} = AD - BC$$

チャレンジ問題

$\alpha = -13.6$ eV, $\beta = -2.8$ eV, $S = 0.2$ として，H_2^+ のエネルギー固有値と固有関数を数値で求めよ．

例題4.2のように計算した結果，水素分子イオン H_2^+ のエネルギー固有値と固有関数は次のように表される．

水素分子イオンのエネルギー固有値と固有関数

$$E_1 = \frac{\alpha + \beta}{1+S} \quad \Psi_1 = \frac{1}{\sqrt{2(1+S)}}(\psi_1 + \psi_2)$$

$$E_2 = \frac{\alpha - \beta}{1-S} \quad \Psi_2 = \frac{1}{\sqrt{2(1-S)}}(\psi_1 - \psi_2)$$

(4.12)

4.1.4 σ結合とπ結合

s軌道どうしの重なりによってできる化学結合を **σ結合** (σ bond) という．同じような結合はp軌道どうしの重なりによってもできる．p軌道には，形と大きさは同じであるが方向が異なる3つがある．

同じ方向のp軌道どうしの結合の様子を示したのが図4-4aである．結合の軸（z軸）方向に伸びた2つのp軌道は，中央で大きく重なって強い結合をつくる．これは，s軌道の重なりと同じしくみであり，σ結合である．

これに対し，図4-4bのように結合の軸に垂直な軸方向（x軸，y軸）に伸びたp軌道も重なって結合をつくる．これを**π結合** (π bond) とよぶ．この場合は，2つのp軌道が並行に並んでいるのでその重なりはσ結合ほど強くはないが，大きな範囲に広がった共有結合をつくり，化学反応性が高くなることが多い．

(a) 結合性軌道と反結合性軌道

このような原子軌道の組み合わせを考えて分子軌道をつくってみる．化学結合をつくるときには，**結合性軌道** (bonding orbital) と**反結合性軌道** (antibonding

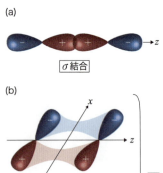
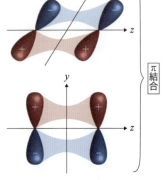

図4-4　p軌道どうしの結合

ここで示す＋，－は波動関数の値であり，＋どうし，－どうしで強め合う．電荷の＋，－とは意味が異なるので注意したい．

Focus 4.1　多原子分子の永年行列式

これを2つ以上の結合をもつ多原子分子に拡張してみよう．多原子分子の分子軌道は各原子のLCAOとして

LCAOによる多原子分子の分子軌道

$$\Psi = \sum_{i=1}^{n} c_i \psi_i \quad (4.13)$$

と表せる．その永年方程式は次のようになる．

多原子分子の永年方程式

$$c_1(H_{11}-ES_{11}) + c_2(H_{12}-ES_{12}) + \cdots + c_n(H_{1n}-ES_{1n}) = 0$$
$$c_1(H_{21}-ES_{21}) + c_2(H_{22}-ES_{22}) + \cdots + c_n(H_{2n}-ES_{2n}) = 0$$
$$\vdots$$
$$c_1(H_{n1}-ES_{n1}) + c_2(H_{n2}-ES_{n2}) + \cdots + c_n(H_{nn}-ES_{nn}) = 0$$

(4.14)

これを解くには，式(4.10)のように，永年行列式の値が0であるという式を用いる．

多原子分子の永年行列式

$$\begin{vmatrix} H_{11}-ES_{11} & H_{12}-ES_{12} & \cdots & H_{1n}-ES_{1n} \\ H_{21}-ES_{21} & H_{22}-ES_{22} & \cdots & H_{2n}-ES_{2n} \\ \vdots & \vdots & \vdots & \vdots \\ H_{n1}-ES_{n1} & H_{n2}-ES_{n2} & \cdots & H_{nn}-ES_{nn} \end{vmatrix} = 0 \quad (4.15)$$

式(4.14)の左辺を**永年行列式** (secular determinant) とよぶ．これを展開するとエネルギー固有値 E の多項式が得られ，その値が0であるという方程式を解くと，α, β, S の3つの積分で表される n 個のエネルギー固有値が求まる．得られたそれぞれの固有値を式(4.13)の永年方程式に代入して連立方程式を解けば，各々のエネルギー準位での c_i が求まり，固有関数を決めることができる．

orbital)の2つの軌道ができることが重要である．<u>結合性軌道を電子が占有すると原子の結合を助け，分子のエネルギーは低くなる．反結合性軌道を電子が占有すると原子の結合力が低下し，分子のエネルギーは高くなる</u>．

分子軌道法で求めたH_2^+の分子軌道を図4-5aに示す．これをよく見ると，安定な化学結合がどのようにしてできるのかを理解することができる．H_2^+では，H原子の1s軌道からつくられるエネルギー準位は2つあって，それぞれのエネルギー固有値は，結合していないH原子の1s軌道のエネルギー（クーロン積分α）より低いものと高いものになる．共鳴積分の値βは負の値であるので，$E_1 = (\alpha+\beta)/(1+S)$のエネルギー準位は，エネルギーが低く安定であると考えられる．

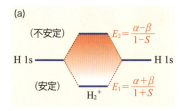

この準位の固有関数を見ると，2つの1s軌道が同じ符号の＋どうしで重なり合い，原子間の中央で波の大きさが強くなっている（図4-5b 左下の赤い部分）．2つの波の干渉による強め合いである．電子の存在確率は波の大きさの2乗で決まるので，電子はより中央に集まり，電気的に－に偏る．その結果，原子核の＋の電荷どうしの反発を打ち消すことになり，全体としてエネルギーが低くなって安定な化学結合をつくる．このように，原子軌道が強め合うように重なった分子軌道が**結合性軌道**である．H_2^+の場合は安定なσ軌道である．

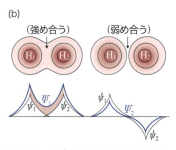

もう1つの$E_2 = (\alpha-\beta)/(1-S)$の準位では，エネルギー固有値はクーロン積分$\alpha$より高く，逆に不安定になっている．この固有関数では，2つの1s軌道の符号が＋と－で異なり，原子間の中央で波の大きさは小さくなる．中間点ではその値は0であり，これを**節**（node）という．2つの波の干渉による打ち消し合いの結果，原子核の間にある電子の存在確率は小さくなり，原子核の＋電荷どうしの反発の割合が大きくなって，全体としてエネルギーが高くなる．この場合は安定な化学結合をつくることはできない．このように，原子軌道が打ち消し合うように重なった分子軌道が**反結合性軌道**である．H_2^+の場合はσ^*軌道である[†]．

図4-5 H_2^+のエネルギー準位（a）と固有関数（b）

Assist 反結合性軌道の表示

軌道の記号の右肩に「＊」をつけて表す．

原子軌道の組み合わせをその線形結合（一次結合）で表すとき，波動関数についてはお互いに同符号と逆符号で足し合わせる（式4.12）．これらは波の強め合いと打ち消し合いに対応し，それぞれ安定な結合性と不安定な反結合性の分子軌道となる．反結合性の軌道も，分子の構造や性質を考えるうえで重要なことが多い．実際の分子軌道を表したのが図4-6である．

(b) σ軌道・π軌道と対称性

2つの原子のs軌道（ψ_{s1}, ψ_{s2}）を結合させるやり方には，図4-6の(a)と(b)に示した2とおりがある．これを次のような線形結合で表す．

$$(a) \quad \Psi(\sigma_g^s) = \frac{1}{\sqrt{2}}(\psi_{s1} + \psi_{s2}) \qquad (4.16)$$

$$(b) \quad \Psi(\sigma^*{}_u^s) = \frac{1}{\sqrt{2}}(\psi_{s1} - \psi_{s2}) \qquad (4.17)$$

このような波動関数の形を「原子軌道の線形結合」という意味で**LCAO**（**L**inear **C**ombination of **A**tomic **O**rbitals）という．

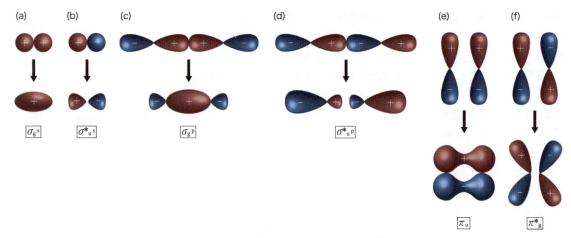

図 4-6 原子軌道の組み合わせによる分子軌道

Assist 反転(inversion)

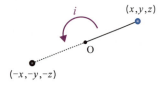

3次元空間でのある位置 (x, y, z) を，原点 O を中心に3つの軸周りに回転させ，$(-x, -y, -z)$ の位置に移す．この操作を反転という．

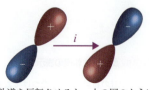

p 軌道を反転させると，上の図のように波動関数の＋と－(山と谷)が反転する．

Assist g と u

g はドイツ語で「偶数」を表す gerade(ゲラーデ) の頭文字．u は「奇数」を表す ungerade(ウンゲラーデ) の頭文字．

結合方向に伸びた軌道が **σ 軌道**となる．さらに，2つの軌道の中心(原点)に対して反転†させたとき，波動関数の符号が変化しないものには g(gerade)，符号が逆転するものには u(ungerade) という記号を右下につけて表す†．

結合軸の方向に伸びた p_z 軌道 (ψ_{pz1}, ψ_{pz2}) に対しても同じように考えることができる．図 4-6 の(c)と(d)に示した軌道はそれぞれ σ_g と σ_u^* になり，次のように表される．

(c) $\quad \Psi(\sigma_g^p) = \dfrac{1}{\sqrt{2}} (\psi_{pz1} + \psi_{pz2})$ (4.18)

(d) $\quad \Psi(\sigma_u^{*p}) = \dfrac{1}{\sqrt{2}} (\psi_{pz1} - \psi_{pz2})$ (4.19)

これに対し，結合軸に垂直な方向に伸びた p_x 軌道 (ψ_{px1}, ψ_{px2}) どうしの結合は **π 軌道**となる．図 4-6 の(e)と(f)に示した軌道は次のような線形結合で表される．

(e) $\quad \Psi(\pi_u) = \dfrac{1}{\sqrt{2}} (\psi_{px1} + \psi_{px2})$ (4.20)

(f) $\quad \Psi(\pi_g^*) = \dfrac{1}{\sqrt{2}} (\psi_{px1} - \psi_{px2})$ (4.21)

注意したいのは σ 軌道と π 軌道の対称性の違いである．σ 結合とは違って，結合性の π 軌道は ungerade になり，反結合性の π* 軌道は gerade になる．

p_x 軌道に垂直な p_y 軌道どうしの π 結合でもまったく同じ表現となる．つまり，π 軌道には同じ表現が必ず2つ存在する(二重縮退)．

4.1.5 分子軌道と電子配置

分子軌道法では，まず電子が1つの系のシュレーディンガー方程式からエネルギー固有値と固有関数を求める．ただし，方程式は厳密に解くことができないので，永年方程式を用いて近似解を求める．電子はそれぞれどれか1つのエネルギー準位に入り，その固有値のエネルギーをもつと考える．

分子には多くのエネルギー準位が存在するが，原子の構成原理と同じように，電子はエネルギー固有値の小さい準位から2個ずつ占有されていく．最も安定な分子の状態（基底状態）では，図4-7のように全体の半分のエネルギー準位まで電子が入っている．電子が入っている準位のうちの，エネルギー固有値の最も高いものを**HOMO**（最高占有分子軌道：Highest Occupied Molecular Orbital），またその1つ上の電子が入っていない準位のうち最低のエネルギー固有値のものを**LUMO**（最低非占有分子軌道：Lowest Unoccupied Molecular Orbital）という．永年方程式の形から，それを解いて得られるエネルギー準位のうち半数は結合性軌道で，半数は反結合性軌道であることがわかる．一般に，HOMOは結合性，LUMOは反結合性軌道になっている．

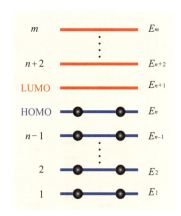

図4-7　分子軌道と電子配置

水素分子イオン H_2^+ では，結合性のエネルギー準位に電子が1個入っている．電子を2個もつ水素分子 H_2 は，図4-8a のようにエネルギー準位は H_2^+ と同じで，HOMOにもう1個電子を入れるだけである．このエネルギー固有値は $E_1 = (\alpha+\beta)/(1+S)$ であり，H_2 は安定な分子になる．

ところが，ヘリウム分子 He_2 では電子が4個になるので，反結合性の $E_2 = (\alpha-\beta)/(1-S)$ の準位にも2個電子が入る（図4-8b）．そのため電子4個のすべてのエネルギーは結合をつくっていない原子2個のエネルギーよりも大きくなり，仮に分子をつくったとしてもすぐに解離してしまう．そのため，ヘリウム分子 He_2 は不安定であると予測される．実際，He原子は化学結合をつくらず，原子のまま気体（単原子気体）になっている．

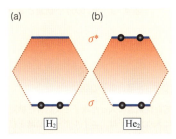

図4-8　H_2(a)とHe_2(b)の電子配置

4.2　二原子分子

同じ種類の2つの原子が化学結合してできた分子が**等核二原子分子**といい，最も簡単なのが水素分子（H_2）である．H_2分子はH原子の1s準位にある不対電子が共有結合して安定な分子になっている．一方，種類の異なる2つの原子が化学結合してできた分子を**異核二原子分子**という．それぞれについて，いくつかの分子をモデルとして取り上げ，化学結合の基本的な考え方を示す．

4.2.1　等核二原子分子

図4-9 は，N_2 の分子軌道と電子配置を示したものである．等核二原子分子では，主に同じエネルギーの同じ原子軌道が2つ相互作用して分子軌道を形成する．N原子の1s軌道と2s軌道はそれぞれ2つが結合して σ と σ^* の分子軌道をつくり，すべての準位に2個の電子が入って安定になっている．しかし，これらは結合性と反結合性の軌道をもつ準位に同じ数の電子をもち，結果的には化学結合には関与していない．これに対して，N原子の2p軌道には方向の異なる3つがあり，$2p_z$ 軌道からは σ 分子軌道，$2p_x$ 軌道と $2p_y$ 軌道からは縮退した2つの π 分子軌道ができる．N原子は3つの2p軌道に1個ずつの電子をもっており，これら3つの分子軌道には2個ずつの電子が入っ

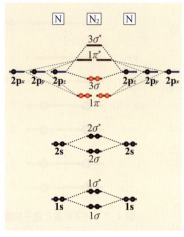

図4-9　N_2 の分子軌道と電子配置

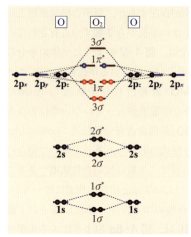

図4-10　O_2 の分子軌道と電子配置

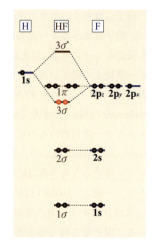

図4-11　HF の分子軌道と電子配置

> **Assist　結合電子の数**
>
> 結合性軌道に入った電子と反結合性軌道に入った電子は，エネルギーの増減を打ち消し合う．よって，「結合性軌道の電子の数−反結合性軌道の電子の数」の差し引きの結果，結合性軌道に入っている電子が2個多ければ単結合，4個多ければ二重結合，6個多ければ三重結合になる．

て，安定な3つの化学結合をつくる．さらに，同じ形の反結合性の軌道をもつ準位が3つあり，そこには電子は入っていない．したがって，N_2 分子は三重結合をもつ安定な等核二原子分子であると考えられる[†]．実際に，空気中に含まれる N_2 分子は化学反応を起こしにくく，燃焼反応などの制御などで役立っている．

対照的に，O_2 は燃焼反応を起こす比較的活性な分子である．そのエネルギー準位と電子配置を図4-10 に示す．O原子は8個の電子をもっているので，O_2 分子では，π^* 軌道にも電子が1個ずつ入っている．π^* 軌道は反結合性軌道なので，これは化学結合を打ち消す効果があり，結果として O_2 分子は二重結合をもっていると考えられる．さらに π 結合も最も安定な形ではなく，電子スピンに関して三重項状態になっており（3.5.2項参照），スピン角運動量が生じるため，O_2 分子は磁性を示す．

4.2.2　異核二原子分子

種類の異なる2つの原子が結合して二原子分子をつくる場合，その電気陰性度の差によって電子が引き寄せられて電荷が偏り，分子に極性が生じる．図4-11 は，HF の分子軌道と電子配置を示したものである[†]．化学結合をつくっているのは，H原子の 1s 軌道と F原子の $2p_z$ 軌道の相互作用によってできる 3σ 分子軌道に入っている2個の電子である．しかし，電気陰性度の大きさは，H原子 (2.20) よりも F原子 (3.98) のほうが大きいので，電子は F原子のほうへ引き寄せられて部分的に移動する．これを**部分電荷** (partial charge) といい，$\delta+$ あるいは $\delta-$ で表す．

ここで，**双極子モーメント** (dipole moment，図4-12) μ を次のように定義する．

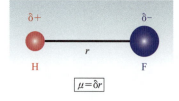

図4-12　双極子モーメント

双極子モーメント		
	$\mu = \delta r$	(4.22)

r は原子核間の距離である．双極子モーメントの単位には，デバイ（1 D $= 3.3356\times 10^{-30}$ Cm）を用いる*．それぞれの分子の双極子モーメントの値は分光学的な実験によって決められているので（表 4-1），核間距離の値と式 (4.22) を用いて部分電荷を推定することができる．電子 1 個が完全に移動したイオン結合では，電荷の移動量は電気素量 e になるので，異核二原子分子の結合の**イオン性の割合**は

$$\Lambda_{\mathrm{ion}} = \frac{\delta}{e} \quad (4.23)$$

で与えられる．これを分子軌道で考えると次のようになる†．

$$\Psi = \Psi_{\mathrm{cov}} + \lambda_{\mathrm{ion}} \Psi_{\mathrm{ion}} \quad (4.24)$$

ここで，Ψ_{cov} は電荷の偏りのない共有結合の波動関数，Ψ_{ion} は電子が完全に 1 個移動した場合のイオン結合の波動関数であり，λ_{ion} はその重みを表す係数である．この係数 λ を用いると，化学結合全体に対する結合のイオン性の割合は次の式で与えられる．

$$\Lambda_{\mathrm{ion}} = \frac{\lambda_{\mathrm{ion}}^2}{1 + \lambda_{\mathrm{ion}}^2} \quad (4.25)$$

> **Data** デバイ
> 1 D（デバイ）$= 3.3356\times 10^{-30}$ Cm
> $+e$ と $-e$ の電荷が 0.1 nm の距離にあるときの双極子モーメントの値は
> $\mu = 4.80$ D

表 4-1 双極子モーメントと核間距離

	μ (D)	r (nm)
HF	1.98	0.096
HCl	1.03	0.13
HBr	0.78	0.14
HI	0.38	0.16

> **Assist** 異核二原子分子の分子軌道
> 等核二原子分子では，2 つの原子のエネルギー準位のうち同じ型の軌道をもつ準位の間で強く相互作用が生じるが，これらの準位のエネルギーは同じである．それらの結合によってできる分子のエネルギー準位は，1 つはエネルギーが高く，1 つはエネルギーが低くなるが，2 つの原子軌道が含まれる割合は等しい．
> これに対して，異核二原子分子では 2 つの原子の準位のエネルギーがそもそも異なるので，それぞれの原子軌道の含まれる割合は等しくならない．この場合，エネルギーの高い分子軌道には，元の原子軌道のうちのエネルギーの高いほうが多く含まれ，エネルギーの低い分子軌道ではその逆になる（→ web）．

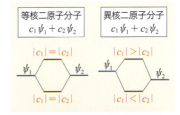

例題 4.3　HF 分子の結合のイオン性の割合

HF 分子の吸収スペクトルを分析したところ，核間距離は 0.09 nm，双極子モーメントは 1.98 D という値が得られた．これから，結合のイオン性の割合 Λ と重みの係数 λ を求めよ．ただし，電子のもつ電荷の量（電気素量）は，1.6022×10^{-19} C である．

解答

式 (4.23) から，HF 分子の結合の部分電荷は

$$\delta(\mathrm{HF}) = \frac{\mu(\mathrm{HF})}{r(\mathrm{HF})} = \frac{1.98 \times 3.3356 \times 10^{-30}\,\mathrm{Cm}}{0.096 \times 10^{-9}\,\mathrm{m}}$$

$$= 6.88 \times 10^{-20}\,\mathrm{C}$$

Focus 4.2　ポーリングの電気陰性度と結合のイオン性の割合

異核二原子分子 AB の結合のイオン性は，A から B へどれだけ電子が引き寄せられるかによるので，A と B の電気陰性度の差に比例すると考えられる．ポーリングは，多くの分子で，結合エネルギー D(A-B) がそれぞれの等核二原子分子の共有結合のエネルギー D(A-A) と D(B-B) の平均値に等しくなっていないことに注目し，これは結合にイオン性が加わっていることに原因があると考えた．そこで，A と B の電気陰性度の差の 2 乗がその平均値からのずれに比例するとして次の式で電気陰性度を定義した．

$$|\chi_{\mathrm{A}} - \chi_{\mathrm{B}}|^2 \propto D(\mathrm{A\text{-}B}) - \frac{1}{2}[D(\mathrm{A\text{-}A}) + D(\mathrm{B\text{-}B})]$$

その後いくつか改良が加えられ，現在では H 原子の電気陰性度を 2.1 にとり，それに添うように各原子の値を決めている．電気陰性度が最も大きいのは F 原子で，3.98 という値である．ハロゲン原子内では原子番号順にその値は小さくなるので，結合のイオン性も，

HF(0.43) > HCl(0.77) > HBr(0.11) > HI(0.05)

の順に小さくなる．

これから，結合のイオン性の割合は式(4.23)を用いて

$$\Lambda_{\text{ion}}(\text{HF}) = \frac{\delta(\text{HF})}{e} = \frac{6.88 \times 10^{-20}\,\text{C}}{1.6022 \times 10^{-19}\,\text{C}} = 0.43$$

また，重みの係数は式(4.25)を用いて次の値が得られる．

$$0.43(1+\lambda^2) = \lambda^2$$
$$\therefore \lambda = 0.87$$

■チャレンジ問題

HCl 分子の結合のイオン性の割合 Λ と重みの係数 λ を求めよ．

4.2.3 ハートリー-フォック法

　多くの分子は複数の電子をもっており，電子間にはクーロン力が働くので，その効果をシュレーディンガー方程式のなかに取り入れなければならない．しかし，実際にはその相互作用を含めて方程式を解くのはかなり困難であり，コンピューターの計算時間を短くして精度の高い値が出せるいくつかの近似法が用いられている．ここでは，**ハートリー-フォック法**（Hartree-Fock method）とよばれる方法を大まかに示す．

　いま，N 個の電子をもつ分子の全波動関数を，1電子系のシュレーディンガー方程式で得られる分子軌道の波動関数の積で表されると近似する（ハートリー近似）．そこで問題になるのは，それぞれの電子は区別ができないので，すべての電子について対称的でかつ電子の交換に対して反対称になるように波動関数を表現することである．そこで，次のような行列式を用いてこれを表現する．

$$\Psi(1, 2, \cdots, N) = \frac{1}{\sqrt{N!}} \begin{vmatrix} \psi_1(1) & \psi_2(1) & \cdots & \psi_N(1) \\ \psi_1(2) & \psi_2(2) & \cdots & \psi_N(2) \\ \vdots & \vdots & \ddots & \vdots \\ \psi_1(N) & \psi_2(N) & \cdots & \psi_N(N) \end{vmatrix} \quad (4.26)$$

これは，**スレーター行列式**（Slater determinant）とよばれているが，このな

Focus 4.3　　　　　　　　密度汎関数法

　ハートリー-フォック方程式の交換演算子の部分を，電子密度 ρ による汎関数（関数を変数とする関数）E_{XC} に置き換える方法で，次に示すコーン-シャム方程式（Kohn-Sham equation）を解いて近似解を求める．

$$\hat{F}_{\text{KS}} \psi_i = \left\{ \hat{h}i + 2\sum_{ij} \hat{J}_{ij} + \frac{\delta E_{\text{XC}}}{\delta \rho}[\rho] \right\}$$

　交換相互作用の項は，密度 ρ の位置による変化が小さい（局所密度近似）と仮定して

$$E = \int \psi_j \left(\hat{h}_i + 2\sum_{ij} \hat{J}_j \right) \psi_j \, d\tau_j + E_{\text{XC}}[\rho]$$

の形の近似的なエネルギー固有値が得られる．これを**密度汎関数法**（DFT：Density Functional Theory）という．その厳密な意味はまだ明らかにされていないが，コンピューターの計算時間が短縮でき，実験値との一致もかなりよいので，今では多くの分子の量子化学理論計算で利用されている．

かの分子軌道関数 ψ_i とそのエネルギー固有値 ε_i を次の固有値方程式で近似的に求める．

$$\hat{F}\psi_i = \varepsilon_i \psi_i \tag{4.27}$$

これが，ハートリー–フォック法である．ここで，$\hat{F}$ は**フォック演算子**(Fock operator)といい

$$\hat{F} = \hat{h}_i + \sum_{ij}(2\hat{J}_{ij} - \hat{K}_{ij}) \tag{4.28}$$

で表される．$\hat{h}_i$ は電子 i のハミルトン演算子である．$\hat{J}_{ij}$ (**クーロン演算子**, coulomb operator) と $\hat{K}_{ij}$ (**交換演算子**, exchange operator) は電子 i と電子 j との相互作用を表す 2 電子演算子で

$$\hat{J}_{ij}\psi_i = \left(\int \psi_j^* \frac{1}{r_{12}} \psi_j \mathrm{d}\tau_j\right)\psi_i \tag{4.29}$$

$$\hat{K}_{ij}\psi_i = \left(\int \psi_j^* \frac{1}{r_{12}} \psi_i \mathrm{d}\tau_j\right)\psi_j \tag{4.30}$$

で積分を求め，電子間の相互作用を近似的に取り込むことができる．

ところが，これらの2電子演算子自体が求める解である固有関数 ψ_i を含んでいるので，ハートリー–フォック方程式は直接解くことができない．そこで，自己無撞着場法 (SCF : Self Consistent Field) という方法で近似解を求める．これはまず，初期分子軌道で2電子演算子を決めてフォック演算子をつくり，方程式を解いて最初の固有関数 $\psi_i^{(0)}$ とエネルギー固有値 $\varepsilon_i^{(0)}$ を求める．この $\psi_i^{(0)}$ を用いて再びフォック演算子をつくり直して方程式を解き，その解を $\psi_i^{(0)}$, $\varepsilon_i^{(0)}$ とする．新たな解は真の値に近づいているはずであり，この操作をくり返して，設定した範囲内で

$$\psi_i^{(n)} \approx \psi_i^{(n-1)} \qquad \varepsilon_i^{(n)} \approx \varepsilon_i^{(n-1)}$$

になったら計算を終了する．この方法は，**SCF-HF 法**とよばれ，実際の分子軌道やエネルギー準位を計算するのによく用いられている．

4.3 多原子分子

原子が3つ以上ある分子，つまり二原子分子以外を**多原子分子** (polyatomic molecule) という．ここでは特に原子のp軌道に注目して，いくつかの分子の構造を見てみる．基本的に，1つの原子からいくつか結合ができているとき，その結合角はおよそ90°になる．また，結合の組み合わせや対称性を考えると，分子全体の形も理解できる．その典型的な例が，水分子とアンモニア分子である．

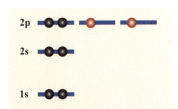

4.3.1 水分子 H₂O

O 原子は原子番号 8 で，電子配置は**図 4-13** のようになっている．p_x 軌道，

図 4-13　$_8$O 原子の電子配置

p_y 軌道に1個ずつの不対電子があるが，それぞれがH原子の1s軌道と重なり，原子が電子を1個ずつ出し合ってO-H共有結合をつくる．こうして水分子（H_2O）ができる．

2つのp軌道は直交しており，それぞれが伸びた方向にH原子が1個ずつ結合するので，この分子は直角二等辺三角形であると予想される．実際のH_2O分子は，H原子どうしの反発があって結合角は104°と少し大きくなっているが，左右対称で二等辺三角形の形をしている．

2つのO-H結合の軌道を

$$\Psi(\sigma_x) = c_1\psi_{px}(O) + c_2\psi_{1s}(H_1)$$
$$\Psi(\sigma_y) = c_1\psi_{py}(O) + c_2\psi_{1s}(H_2)$$
(4.31)

のLCAOで表す．ここで，$\psi_{px}(O)$，$\psi_{py}(O)$ はそれぞれO原子のp_x，p_y軌道であり，$\psi_{1s}(H_1)$，$\psi_{1s}(H_2)$はH$_1$，H$_2$原子の1s軌道である．c_1，c_2はLCAOをつくるときの各原子軌道の展開係数を表す．これらを組み合わせると，分子軌道をつくることができるが，図4-14に示した分子軌道は

$$\Psi(H_2O) = \frac{c_1}{\sqrt{2}}[\psi_{px}(O) + \psi_{py}(O)] + \frac{c_2}{\sqrt{2}}[\psi_{1s}(H_1) + \psi_{1s}(H_2)]$$ (4.32)

と書き表すことができる．原子軌道を組み合わせた分子軌道も規格化されていなければならないので，それぞれの項に$1/\sqrt{2}$がかかっている．$\psi_{px}(O)$，$\psi_{py}(O)$はお互いに直角の方向に伸びており，H原子の1s軌道はその軸上で重なりが大きくなるので，2つのO-H結合は同じ長さ，同じ強さで，その間の角度は直角に近くなることがよくわかる（図4-14）．

物質の性質は，分子の形をよく反映する．水分子が直線ではなく二等辺三角形であることは，生命にとってはきわめて重要なことである．O原子は電気的に－，H原子は＋になるので，二等辺三角形の水分子には電気的な偏りが生じてその間に引力（水素結合）が生じる〔このような分子を**極性分子**(polar molecule)という〕．そのため沸点が高くなるので，常温でも液体でいられる．また，電気的な引力によって他の物質の溶解度が高くなり，多くの化学反応を可能とする．

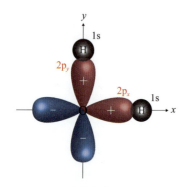

図4-14　H_2Oの構造と分子軌道

4.3.2　アンモニア分子 NH_3

N原子は原子番号7で，電子配置は図4-15aのようになっている．$2p_x$軌道，$2p_y$軌道，$2p_z$軌道に1個ずつの不対電子がある．それぞれがH原子の1s軌道と重なり，原子が電子を1個ずつ出し合ってN-H共有結合を3つつくると，アンモニア分子ができる．3つのp軌道はお互いに直角の方向に伸びているので，アンモニア分子は正三角錐の形をしていると予想される．実際に，アンモニア分子は，結合角がおよそ90°の正三角錐の形をしている．図4-15bに示した分子軌道は次のように書き表せる．

$$\Psi(NH_3) = \frac{c_1}{\sqrt{3}}[\psi_{px}(N) + \psi_{py}(N) + \psi_{pz}(N)]$$
$$+ \frac{c_2}{\sqrt{3}}[\psi_{1s}(H_1) + \psi_{1s}(H_2) + \psi_{1s}(H_3)]$$
(4.33)

アンモニア分子の電気的な偏りは水分子ほど大きくはないが，3つのH原子の反対側に大きな空間ができているので，そこに水分子が近づき，水中ではNH$_4$OHとなって安定化されている．このように，多原子分子の形はその性質に大きく関わっているが，結合の間の角度はほぼ90°である．

ただし，C原子を含む多くの分子は固有の結合角で多様な構造を示すことが知られている．たとえば，メタン分子(CH_4)は正四面体で結合角は∠HCH＝109°，エチレン分子(C_2H_4)の結合角はすべてほぼ120°，二酸化炭素(CO_2)やアセチレン分子(C_2H_2)は直線分子である．これらはすべて混成軌道という考え方で理解できるので，5章で詳しく解説する．

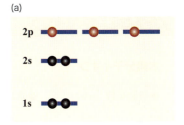

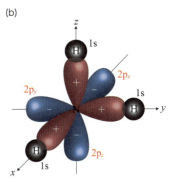

図 4-15 $_7$N原子の電子配置(a)とアンモニア分子の構造(b)

例題 4.4 アンモニアの分子軌道

図4-15に示したアンモニアの分子軌道が式(4.33)で表されることを示せ．

解答

N原子の$2p_x$, $2p_y$, $2p_z$軌道を$\psi_{p_x}(N)$, $\psi_{p_y}(N)$, $\psi_{p_z}(N)$，H_1, H_2, H_3原子の1s軌道を，$\psi_{1s}(H_1)$, $\psi_{1s}(H_2)$, $\psi_{1s}(H_3)$，c_1, c_2を各原子軌道の展開係数とすると，図4-15bに示した3つのN-H結合の軌道は

$$\Psi(\sigma_x) = c_1\psi_{px}(N) + c_2\psi_{1s}(H_1)$$
$$\Psi(\sigma_y) = c_1\psi_{py}(N) + c_2\psi_{1s}(H_2)$$
$$\Psi(\sigma_z) = c_1\psi_{pz}(N) + c_2\psi_{1s}(H_3)$$

と表される．水分子のときと同様に原子軌道の組み合わせを考え，c_1, c_2をそれぞれの軌道が規格化されるように決定すると，図4-15bに示した分子軌道は次のように書き表すことができる．

$$\begin{aligned}\Psi(NH_3) &= \frac{1}{\sqrt{3}}[\psi(\sigma_x) + \psi(\sigma_y) + \psi(\sigma_z)]\\ &= \frac{c_1}{\sqrt{3}}[\psi_{px}(N) + \psi_{py}(N) + \psi_{pz}(N)]\\ &\quad + \frac{c_2}{\sqrt{3}}[\psi_{1s}(H_1) + \psi_{1s}(H_2) + \psi_{1s}(H_3)]\end{aligned}$$

■チャレンジ問題

塩化アミン(NH_2Cl)の分子軌道をLCAOで表し，この分子の形を予想せよ．

4章 重要項目チェックリスト

水素分子イオン

◆ 波動関数 [p.67]

$$\Psi = c_1\psi_1 + c_2\psi_2$$

◆ 永年方程式 [p.70]

$$c_1(\alpha - E) + c_2(\beta - ES) = 0$$
$$c_1(\beta - ES) + c_2(\alpha - E) = 0$$

◆ 永年行列式 [p.70]

$$\begin{vmatrix} \alpha - E & \beta - ES \\ \beta - ES & \alpha - E \end{vmatrix} = 0$$

◆ 固有関数の規格化の式 [p.70]

$$c_1^2 + c_2^2 + 2c_1c_2S = 1$$

◆ 固有値と固有関数 [p.72]

$$E_1 = \frac{\alpha + \beta}{1 + S} \qquad \Psi_1 = \frac{1}{\sqrt{2(1+S)}}(\psi_1 + \psi_2)$$

$$E_2 = \frac{\alpha - \beta}{1 - S} \qquad \Psi_2 = \frac{1}{\sqrt{2(1-S)}}(\psi_1 - \psi_2)$$

分子軌道法

◆ 二原子分子の σ 結合 [p.73]

$$\Psi(\sigma_g^s) = \frac{1}{\sqrt{2}}(\psi_{s1} + \psi_{s2})$$

$$\Psi(\sigma_u^{*s}) = \frac{1}{\sqrt{2}}(\psi_{s1} - \psi_{s2})$$

◆ 二原子分子の π 結合 [p.74]

$$\Psi(\pi_u) = \frac{1}{\sqrt{2}}(\psi_{px1} + \psi_{px2})$$

$$\Psi(\pi_g^*) = \frac{1}{\sqrt{2}}(\psi_{px1} - \psi_{px2})$$

(g は波動関数の符号が変化せず,u は符号が逆転する.* は反結合性軌道を表す)

◆ 異核二原子分子の分子軌道 [p.77]　$\Psi = \Psi_{cov} + \lambda_{ion}\Psi_{ion}$

(Ψ_{cov}:電荷の偏りのない共有結合の波動関数, Ψ_{ion}:電子が完全に1個移動したイオン結合の波動関数, λ_{ion}:その重みを表す係数)

◆ イオン性の割合 [p.77]　$\Lambda_{ion} = \dfrac{\lambda_{ion}^2}{1 + \lambda_{ion}^2}$

多原子分子

◆ 水分子 H_2O [p.80]　$\Psi(H_2O) = \dfrac{c_1}{\sqrt{2}}[\psi_{px}(O) + \psi_{py}(O)] + \dfrac{c_2}{\sqrt{2}}[\psi_{1s}(H_1) + \psi_{1s}(H_2)]$

◆ アンモニア分子 NH_3 [p.80]　$\Psi(NH_3) = \dfrac{c_1}{\sqrt{3}}[\psi_{px}(N) + \psi_{py}(N) + \psi_{pz}(N)] + \dfrac{c_2}{\sqrt{3}}[\psi_{1s}(H_1) + \psi_{1s}(H_2) + \psi_{1s}(H_3)]$

確認問題

4・1 LiH 分子で考えうるすべての σ 結合の波動関数を LCAO で表せ．

4・2 Li_2 と Be_2 の分子軌道とエネルギー準位，および電子配置を図示し，どちらの結合エネルギーが大きいかを予想せよ．

4・3 過酸化水素 (H_2O_2) の分子軌道を LCAO で表し，この分子の形を予想せよ．

4・4 メチルアルコール (CH_3OH) の分子軌道を LCAO で表し，この分子の形を予想せよ．

4・5 CO の分子軌道とエネルギー準位，および電子配置を示せ．ただし，2s, 2p 軌道のエネルギーは，O 原子のほうが少し小さい．

実戦問題

4・6 異核二原子分子の固有関数を，$\Psi = N(\psi_A + \lambda \psi_B)$ と表したとき，その規格化定数 N を，λ と重なり積分 S を用いて表せ．

4・7 H 原子の 1s 軌道と F 原子の $2p_z$ 軌道のクーロン積分を，それぞれ α_H, α_F ($\alpha_H > \alpha_F$) とする．HF 分子の永年行列式が

$$\begin{vmatrix} \alpha_H - E & \beta \\ \beta & \alpha_F - E \end{vmatrix} = 0$$

で表されるとき，2σ 軌道のエネルギー固有値を求めよ．

4・8 下の図は，N_2 と N_2^+ のエネルギー準位と電子配置を示したものである．
これを参考に O_2 と O_2^+ とのエネルギー準位と電子配置を示せ．ただし，N_2 とでの O_2 では，σ_g^{2p} と π_u^{2p}，σ_u^{2p} と π_g^{2p} のエネルギーが逆転している．

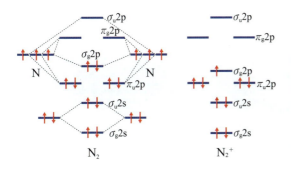

4・9 i, j 方向を向いた 2 つの 2p 軌道を次のように表し，
$$\Psi_i = (\psi_s + \lambda \psi_{pi})/\sqrt{1+\lambda^2}$$
$$\Psi_j = (\psi_s + \nu \psi_{pj})/\sqrt{1+\nu^2}$$

これらが次の関係を満たしているとする（θ_{ij} は i, j 方向間の角度である）．

$$\int \psi_{pi} \psi_{pj} d\tau = \cos \theta_{ij}$$

これらの式と，2 つの 2p 軌道の規格直交化条件から，次の関係式の A を求めよ．

$$1 + A\lambda\nu = 0$$

また，メタンの場合は，$\cos \theta_{ij} = -1/3$，$\lambda = \nu$ である．λ の値を求めよ．

4・10 酸化窒素 NO のエネルギー準位と電子配置を図示し，不対電子が占有している準位の分子軌道について説明せよ．

5章 混成軌道とπ結合

■ Contents
5.1 混成軌道と多重結合
5.2 π電子近似とヒュッケル法
5.3 π電子密度とπ結合次数

　C原子を含む分子は一般に有機分子とよばれ，分子の構造や物質の特性が多様性に富む．分子によって結合角や結合次数が異なることはよく知られているが，その理由を理解するために，ここではまず**混成軌道**という概念を学ぶ．メタン分子（CH_4）は正四面体の形をしていて，4つのC–H結合がすべて同等である．これは，球対称のs軌道と指向性のあるp軌道を独立に取り扱っていては説明できない．そこで，それらの間の混合を考えて分子の構造を理解する．

　さらに，エチレン分子（$H_2C=CH_2$）に見られるような二重結合について，sp^2 混成軌道を導入して説明し，**σ結合**と**π結合**のしくみを理解する．ここでは特にπ結合に注目して分子軌道法を適用し，基本的な近似法である**ヒュッケル法**について詳しく解説する．実際の実験結果を検証するときにはより高度な近似法や数値計算を適用しているが，ヒュッケル法を学ぶとπ結合の本質を理解しやすい．

　π結合は分子全体に広がって安定になっていることが多く，分子軌道法を用いて正確に計算すると，実験結果をよく再現する．ここでは，**π電子密度**と**π結合次数**というものを定義し，それをもとに結合長や結合角，あるいは分子全体の構造を正確に理解することを試みる．

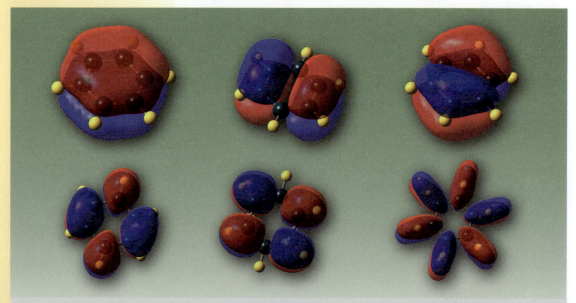

ヒュッケル法で求められるベンゼンのπ軌道．Focus5.2で示した固有関数との対応は以下のとおり．左上：Ψ_1，中央上：Ψ_3，右上：Ψ_2，左下：Ψ_5，中央下：Ψ_4，右下：Ψ_6．

5.1 混成軌道と多重結合

有機分子について考えるときに最も重要なのは炭素原子の軌道と結合の多様性である．その基本となる電子配置の変化を示したのが図5-1である．

C原子は原子番号8で，最も安定な**基底状態**(ground state)†の電子配置(図5-1a)は，$2p_x$軌道，$2p_y$軌道にそれぞれ1個ずつ不対電子をもつ．したがって，C原子の原子価は2であると予想されるが，実際のメタン分子(CH_4)を見るとC原子は同じ長さ同じ強さの4つの結合をつくっており，明らかに原子価は4である．そこで，図5-1bのように，2s軌道の電子を1個，$2p_z$軌道へ遷移した**励起状態**(excited state)†を考える．そしてさらに，多くの有機分子に特徴的な結合角を説明するために，**混成軌道**(hybrid orbital)という考え方を導入する．これは，2s軌道と2p軌道を混合して新たにいくつかの等価な軌道をつくるもので，次の3つの形がある．

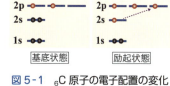

図5-1 $_6$C原子の電子配置の変化

> **Assist 基底状態と励起状態**
>
> 原子の最も安定な状態は，構成原理(3.3.2項参照)に従ってエネルギー固有値の小さい準位から2個ずつ電子が入った配置である．これを基底状態という．電子は光吸収や放電などで外部からエネルギーを受け取り，固有値の大きい空の準位へ遷移することができる．その電子配置を励起状態という．

5.1.1 sp³混成軌道

一般的に，原子は基底状態の電子配置をとり，不対電子が入っているs軌道とp軌道が独立に化学結合をつくる．励起状態の電子配置はそれよりもエネルギーが高く，安定な分子の構造に関与することはない．しかし，C原子は特別で，混成で同等な軌道をつくることによる効果で安定化し，逆に基底状態の電子配置よりもエネルギーが小さくなっていると考えられている†．

C原子の励起状態の電子配置では，1つのs軌道と3つのp軌道にそれぞれ1個ずつ電子が入る．これらをすべて混ぜ合わせて，新たに4つの同等な軌道をつくる．同等とは，同じ形と同じ大きさで，空間的な周囲の環境も同じという意味である．結合が4つの場合は，正四面体の頂点の方向へ伸びた軌道になり，これを**sp³混成軌道**(sp^3 hybrid orbital)という(図5-2)．

C原子の4つのsp^3混成軌道がそれぞれH原子の1s軌道と重なり，不対電子を1個ずつ出し合って共有結合したのがメタン分子(CH_4)である(図5-3)．4つの結合はすべて同等であり，結合長は0.100 nm，結合角は正四面体に対応する109°になっている．

メタン分子のH原子の1つをメチル基(CH_3)で置換したのがエタン分子(CH_3-CH_3)である．これには2つの配座異性体がある(図5-4)．エタンの

> **Assist 混成の起源**
>
> 混成軌道が分子の幾何学的対称性に起源をもつことは8.5節で述べる．

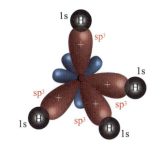

図5-3 メタン分子

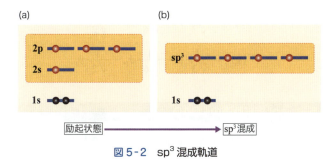

図5-2 sp³混成軌道

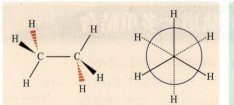

図5-4 エタン分子の立体配座体

スタガー　　　　　　　　　　エクリプス

> **Topic** sp³混成軌道は動きやすい
>
> エタン分子に，さらにメチル基（-CH₃）を1個ずつ付加していくと，プロパン，ブタン，ペンタン，ヘキサン…という分子になる．一般に，sp³混成軌道の結合は立体的に動きやすく，多数が連結したポリエチレンは変形しやすいプラスチックとして広く用いられている．

結合角はすべてほぼ109°で，正四面体のどの頂点を向くかによって立体的な構造が異なる．C-C結合の周りでH原子は容易に回転できるが，そのときに結合角が変わらないのでエネルギーの変化も小さい．C-C結合軸の方向から見て，C-H結合がお互いに60°の角をなしている**スタガー**（stagger）とC-H結合が同じ位置で重なっている**エクリプス**（eclipse）の2つが安定であるが，通常の状態ではより安定なスタガーの形の分子が多い．

5.1.2　sp²混成軌道

C原子の励起状態の電子配置で，1つのs軌道と2つのp軌道を混ぜ合わせて，3つの同等な軌道をつくったものを**sp²混成軌道**（sp² hybrid orbital）という（図5-5）．この軌道は，1つの平面内で120°の角をなして3方向へ伸びている．

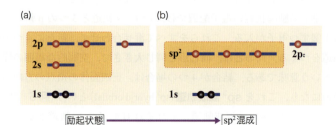

図5-5　sp²混成軌道

C原子の2s, 2p$_x$, 2p$_y$軌道をそれぞれ$\psi_s, \psi_{px}, \psi_{py}$とすると，この3つからつくられるsp²混成軌道は，次のLCAOで表される．

$$\Psi^1(sp^2) = \frac{1}{\sqrt{3}}\psi_s + \frac{2}{\sqrt{6}}\psi_{px} \tag{5.1}$$

$$\Psi^2(sp^2) = \frac{1}{\sqrt{3}}\psi_s - \frac{1}{\sqrt{6}}\psi_{px} + \frac{1}{\sqrt{2}}\psi_{py} \tag{5.2}$$

$$\Psi^3(sp^2) = \frac{1}{\sqrt{3}}\psi_s - \frac{1}{\sqrt{6}}\psi_{px} - \frac{1}{\sqrt{2}}\psi_{py} \tag{5.3}$$

例題5.1　sp²混成軌道のLCAO

C原子のsp²混成軌道を2s, 2p$_x$, 2p$_y$軌道のLCAOで表せ．

解答

新しくつくられる sp² 混成軌道を

$$\Psi^1(\text{sp}^2) = c_s^1 \psi_s + c_{px}^1 \psi_{px} + c_{py}^1 \psi_{py}$$
$$\Psi^2(\text{sp}^2) = c_s^2 \psi_s + c_{px}^2 \psi_{px} + c_{py}^2 \psi_{py} \quad (5.4)$$
$$\Psi^3(\text{sp}^2) = c_s^3 \psi_s + c_{px}^3 \psi_{px} + c_{py}^3 \psi_{py}$$

と表す．それぞれの sp² 混成軌道は規格化されているとすると，2s, 2p$_x$, 2p$_y$ 軌道はお互いに独立で，その間の重なり積分は 0 になるので，次の式が成り立つ．

$$(c_s^1)^2 + (c_{px}^1)^2 + (c_{py}^1)^2 = 1$$
$$(c_s^2)^2 + (c_{px}^2)^2 + (c_{py}^2)^2 = 1 \quad (5.5)$$
$$(c_s^3)^2 + (c_{px}^3)^2 + (c_{py}^3)^2 = 1$$

基底となっている 2s, 2p$_x$, 2p$_y$ 軌道が $\Psi^1(\text{sp}^2)$ の中で電子の密度としてどれくらい寄与しているかは，それぞれの係数の 2 乗 $(c_s^1)^2$, $(c_{px}^1)^2$, $(c_{py}^1)^2$ で与えられる．3 つの原子軌道はもともと規格化されていて，それぞれが 3 つの sp² 混成軌道に振り分けられても総和としての寄与は変わらず 1 にならなければならない．したがって下の式も成り立つ．

$$(c_s^1)^2 + (c_s^2)^2 + (c_s^3)^2 = 1$$
$$(c_{px}^1)^2 + (c_{px}^2)^2 + (c_{px}^3)^2 = 1 \quad (5.6)$$
$$(c_{py}^1)^2 + (c_{py}^2)^2 + (c_{py}^3)^2 = 1$$

次に，各原子軌道の割合について考える．3 つの sp² 混成軌道は同等なので，方向性がなく球対称な 2s 軌道は同じ割合で振り分けられなければならず

$$(c_s^1)^2 = (c_s^2)^2 = (c_s^3)^2$$

と仮定できる．その値は式 (5.6) から $1/\sqrt{3}$ になる．2p$_x$, 2p$_y$ 軌道は，お互いに直角の方向を向いている 2 つの軌道を振り分けて 3 方向へ伸びる同等な軌道をつくるので，図 5-6 を参考にして次のように仮定できる．

$$-\frac{1}{2}c_{px}^1 = c_{px}^2 = c_{px}^3 \qquad c_{py}^1 = 0 \qquad c_{py}^2 = c_{py}^3$$

これらを，式 (5.5) と式 (5.6) に代入するとすべての係数を求めることができ，最終的に sp² 混成軌道は次のように表される．

$$\Psi^1(\text{sp}^2) = \frac{1}{\sqrt{3}}\psi_s + \frac{2}{\sqrt{6}}\psi_{px}$$
$$\Psi^2(\text{sp}^2) = \frac{1}{\sqrt{3}}\psi_s - \frac{1}{\sqrt{6}}\psi_{px} + \frac{1}{\sqrt{2}}\psi_{py}$$
$$\Psi^3(\text{sp}^2) = \frac{1}{\sqrt{3}}\psi_s - \frac{1}{\sqrt{6}}\psi_{px} - \frac{1}{\sqrt{2}}\psi_{py}$$

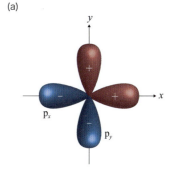
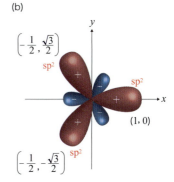

図 5-6 C 原子の 2p$_x$, 2p$_y$ 軌道 (a) と sp² 混成軌道 (b)

チャレンジ問題

C 原子の sp³ 混成軌道は，2s, 2p$_x$, 2p$_y$, 2p$_z$ 軌道の LCAO として次のように表されることを示せ．

$$\Psi^1(\text{sp}^3) = \frac{1}{2}(\psi_s + \psi_{px} + \psi_{py} + \psi_{pz})$$

$$\Psi^2(\mathrm{sp}^3) = \frac{1}{2}(\psi_\mathrm{s} + \psi_{\mathrm{p}x} - \psi_{\mathrm{p}y} - \psi_{\mathrm{p}z})$$

$$\Psi^3(\mathrm{sp}^3) = \frac{1}{2}(\psi_\mathrm{s} - \psi_{\mathrm{p}x} + \psi_{\mathrm{p}y} - \psi_{\mathrm{p}z})$$

$$\Psi^4(\mathrm{sp}^3) = \frac{1}{2}(\psi_\mathrm{s} - \psi_{\mathrm{p}x} - \psi_{\mathrm{p}y} + \psi_{\mathrm{p}z})$$

図5-7 エチレン分子のσ結合とπ結合

図5-7は，sp^2混成軌道のC原子を2つもつエチレン分子($\mathrm{H_2C=CH_2}$)のσ結合とπ結合を示したものである．sp^2混成軌道は平面内で3方向へ伸びている．その1つがC原子と，残りの2つがH原子と共有結合して分子の骨格をつくる．これらの結合は，原子軌道がすべて結合軸に沿って重なるσ結合と考えられ，結合角はすべてほぼ120°になっている．sp^2混成軌道に参加していないC原子のp_z軌道はσ結合に垂直な方向に伸びており，2つ並んでπ結合をつくる．C–H結合はC–C結合軸の回りに回転できるが，2つのp_z軌道が並行になると重なりが最大となり，π結合が最も強くなる．結果的に6つの原子はすべて同一平面内に並ぶ．このような分子を**平面分子**(planar molecule)とよぶ．

エチレン分子のCとCの間にはσ結合とπ結合が1つずつできる．これを**二重結合**(double bond)といい，「C=C」と二重線で表す．σ結合とπ結合では性質が異なるので，二重結合といっても結合エネルギーは単純に倍にはならないし，反応性にも大きな差がある．エチレンの場合，σ結合が反応するのは難しいが，π結合は比較的容易に切れ，C原子がsp^3混成に変化して，他の原子と新たな結合をつくる(付加反応)．付加反応が同時に起こって，多数のsp^3 C原子が鎖状に連結(重合反応)したのがポリエチレンである．

5.1.3　sp混成軌道

C原子の励起状態の電子配置で，1つのs軌道と1つのp軌道を混ぜ合わせて2つの同等な軌道をつくったものを**sp混成軌道**(sp hybrid orbital)という(図5-8)，2つの軌道は直線上で反対の向きに伸びている．

C原子の2s, $2\mathrm{p}_x$軌道をそれぞれψ_s, $\psi_{\mathrm{p}x}$とすると，この2つからつくられるsp混成軌道は，次のLCAOで表される．

$$\Psi^1(\mathrm{sp}) = \frac{1}{\sqrt{2}}\psi_\mathrm{s} + \frac{1}{\sqrt{2}}\psi_{\mathrm{p}x} \tag{5.7}$$

$$\Psi^2(\mathrm{sp}) = \frac{1}{\sqrt{2}}\psi_\mathrm{s} - \frac{1}{\sqrt{2}}\psi_{\mathrm{p}x} \tag{5.8}$$

sp混成軌道のC原子だけは直線上に2つの結合をつくる．アセチレン分子($\mathrm{HC\equiv CH}$)は，sp混成軌道をもつC原子に，C原子とH原子が1つずつ共有結合してできる分子で，4つの分子は直線上に並ぶ．このような分子を**直線分子**(linear molecule)とよぶ．多原子分子で直線になる例は少ない．

アセチレン分子のσ結合とπ結合の様子を示したのが図5-9である．sp^2混成に参加していないC原子のp_y, p_z軌道はσ結合に垂直な方向に伸びてかつ直交しており，C–C結合軸の回りに90°の角をなして2つのπ結合を

つくる．これらのπ軌道のエネルギーや形，大きさはまったく同じで，方向だけが異なる（二重縮退軌道）．これにsp混成軌道のσ結合が加わるので，アセチレン分子のC≡Cは結合は**三重結合**（triple bond）である．二重結合と三重結合は多重結合とよばれるが，σ結合は1つだけ，π結合は最大2つまでしかできないので，四重結合以上はない．

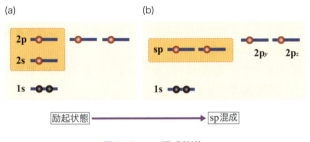

図5-8　sp混成軌道

図5-9　アセチレン分子のσ結合とπ結合

Focus 5.1　　二酸化炭素は直線分子

二酸化炭素分子（CO_2）の結合は少し複雑であるが，近似的に下左図のように表すことができる．多くの実験結果からCO_2は直線分子であることが知られている．中央のC原子はsp混成軌道をとっており，2つの混成軌道がO_AおよびO_B原子のp_x軌道と重なって不対電子どうしがσ結合をつくると考えられる．さらに，C原子にはsp混成に参加していないp_z，p_y軌道に1つずつ不対電子がある．これらがO_A原子のp_z軌道，O_B原子のp_y軌道と重なってπ結合をつくるとすれば，CO_2分子の化学結合をうまく説明することができる．2つのC=O結合はともに二重結合である．

分子軌道法を使うと，このような分子の軌道を理論的に計算することができる．実際に市販のソフトウェアを使って，CO_2分子のπ軌道のうち最もエネルギーの小さいものを計算したのが下右図である．この結果は，これまでのモデルとは違うように見えるが，それは分子全体の対称性からの制約があるためである．CO_2分子の場合，C原子を中心に2つのO原子の位置は対称であり，C=O_A結合とC=O_B結合は同じ長さ・同じ強さでなければならない．分子軌道全体も左右対称でなければならないが，下左図の軌道はそうなっていない．そこで，下左図の軌道とそれを左右逆にした軌道の線形結合をとると，下右図のような対称性を満たした分子軌道をつくることができるのである．

同じ三原子分子でも，水（H_2O）は二等辺三角形であるが，二酸化炭素（CO_2）は直線である．この2つの分子の性質には大きな違いがあり，それぞれの形の違いが要因となっている．直線のCO_2は，対称性が高いので分子全体として電荷の偏りがなく，分子間で引き合う力も弱い．そのため常温常圧では気体であり，高圧で液体になっても沸点が低い．二等辺三角形のH_2Oは，電荷の偏りが大きい（極性分子）ので分子間で引き合う力が強く，液体の水の沸点は100℃と高い．さらに，電気的に−に偏ったO原子に，＋に偏ったH原子が近づき，分子間で水素結合をつくって水特有の性質が発現する．

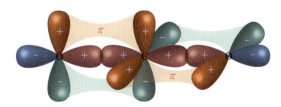

CO_2分子の化学結合

CO_2分子のπ結合

5.2 π電子近似とヒュッケル法

Assist 不飽和炭化水素

二重結合あるいは三重結合をもつ炭化水素を不飽和炭化水素という.それに対して,単結合だけでできているものは飽和炭化水素という.

エチレンやブタジエン,ベンゼンといった不飽和炭化水素†はπ結合を含む二重結合をもっているが,分子の構造は平面になる.その平面内で骨格をつくっているσ結合と,これに垂直なπ結合とを分離して考えることができる.ここでは,そのうち特に興味深いπ軌道,およびπ結合をつくっているπ電子だけを取り出して永年方程式を解くことを考える.これを**π電子近似**(π-electron approximation)という.

まず,いくつかのC原子の$2p_z$軌道(ψ_i)を用いて,分子全体のπ軌道をLCAOで次のように表す(図5-10).

$$\Psi = c_1\psi_1 + c_2\psi_2 + \cdots + c_n\psi_n = \sum_{i=1}^{n} c_i\psi_i \tag{5.9}$$

このπ結合に対する永年方程式は,式(4.14)で示した多原子分子の永年方程式と同じで,次の式で表される.

$$\begin{aligned} c_1(H_{11}-ES_{11}) + c_2(H_{12}-ES_{12}) + \cdots + c_n(H_{1n}-ES_{1n}) &= 0 \\ c_1(H_{21}-ES_{21}) + c_2(H_{22}-ES_{22}) + \cdots + c_n(H_{2n}-ES_{2n}) &= 0 \\ &\vdots \\ c_1(H_{n1}-ES_{n1}) + c_2(H_{n2}-ES_{n2}) + \cdots + c_n(H_{nn}-ES_{nn}) &= 0 \end{aligned} \tag{5.10}$$

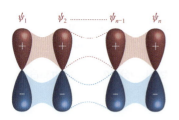

$\Psi = c_1\psi_1 + c_2\psi_2 + \cdots + c_{n-1}\psi_{n-1} + c_n\psi_n$

図 5-10 π軌道の LCAO

5.2.1 ヒュッケル法での永年方程式

ここでさらに,π結合に対する特別な取り扱いとして,**ヒュッケル法**(Hückel method)とよばれる次のような近似をおこなう.

Assist クーロン積分,共鳴積分,重なり積分

4.1節で示したが,もう一度示しておく.
◆クーロン積分
$$H_{ii} = \int \psi_i^* \hat{H} \psi_i d\tau$$
◆共鳴積分
$$H_{ij} = \int \psi_i^* \hat{H} \psi_j d\tau \quad (i \neq j)$$
◆重なり積分
$$S_{ij} = \int \psi_i^* \psi_j d\tau$$

(a) クーロン積分†

これは,結合していないC原子の$2p_z$準位のエネルギーを表す.不飽和炭化水素では,π電子をもつすべてのC原子に対して,$2p_z$軌道のエネルギーは等しいと考え,次のように表す.

$$H_{11} = H_{22} = \cdots = H_{nn} = \int \psi_i^* \hat{H} \psi_i d\tau = \alpha$$

もちろん,一般の不飽和炭化水素ではすべてのC原子は等価ではないが,その位置や周りの関係等を無視して,これをすべて等しいとする.

(b) 共鳴積分

これは,2つのC原子の$2p_z$軌道が重なってπ結合ができたときに,どれくらいエネルギーが安定化されるかという目安を与える積分である.不飽和炭化水素では,π電子をもつすべての隣接C原子に対してこの値が等しいと考え,これを

$$H_{12} = H_{23} = \cdots = H_{n-1n} = \int \psi_i^* \hat{H} \psi_j d\tau = \beta$$

とする.ヒュッケル法では,この共鳴積分は隣接している(あるいは直接結

合している) C 原子間では β とおくが,それ以外では無視できるほど小さいとして 0 にする(図 5-11).一般に β は負の値をもつ.

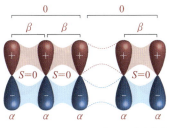

図 5-11 ヒュッケル法での共鳴積分

(c) 重なり積分†

これは,2 つの波動関数が重なる部分の体積を表す.不飽和炭化水素の π 結合では,C 原子の $2p_z$ 軌道どうしの重なりは小さいので,無視して 0 とする.

$$S_{12} = \int \psi_1^* \psi_2 d\tau = S = 0$$

以上の近似をまとめると,ヒュッケル法による π 電子近似では

> ① クーロン積分は,π 電子をもつすべての C 原子で等しく α とする.
> ② 共鳴積分は,隣接する C 原子間のみ,等しく β とする.
> ③ 重なり積分は,0 とする.

として永年方程式を立てる.固有値と固有関数を求めるためには,H_2^+ の場合と同じように,永年行列式,永年方程式,規格化のための式の 3 つを揃えればよい.ヒュッケル法での永年行列式は次のように表される.

ヒュッケル法の永年行列式

$$\begin{vmatrix} \alpha - E & \beta \text{か} 0 & \cdots & \beta \text{か} 0 \\ \beta \text{か} 0 & \alpha - E & \cdots & \beta \text{か} 0 \\ \vdots & \vdots & \ddots & \vdots \\ \beta \text{か} 0 & \beta \text{か} 0 & \cdots & \alpha - E \end{vmatrix} = 0 \tag{5.11}$$

このように,ヒュッケル法では,対角線上には $\alpha - E$ がすべて入り(対角要素という),それ以外(非対角要素という)は,分子の図を描いて各 C 原子に番号を付け,隣接して直接結合するところには β,そのほかには 0 を入れる.この行列式を展開すると π 軌道に対するエネルギー固有値が求められ,それを次に示す永年方程式に代入すると固有関数を決めることができる.

ヒュッケル法の永年方程式

$$\begin{aligned} c_1(\alpha - E) + c_2\beta + \cdots\cdots\cdots\cdots\cdots &= 0 \\ c_1\beta + c_2(\alpha - E) + c_2\beta + \cdots\cdots\cdots &= 0 \\ &\vdots \\ \cdots\cdots\cdots\cdots\cdots + c_{n-1}\beta + c_n(\alpha - E) &= 0 \end{aligned} \tag{5.12}$$

このときに用いる固有関数の規格化の式は,次のように与えられる.

ヒュッケル法での固有関数の規格化の式

$$\sum c_i^2 = 1 \tag{5.13}$$

具体的にエチレン分子を取り上げて考えてみよう.

  5.2.2 エチレンの π 結合

エチレン分子($H_2C=CH_2$)には 2 つの C 原子があり,それぞれの $2p_z$ 軌道に π 電子を 1 個ずつもつ(図 5-12).その分子軌道を

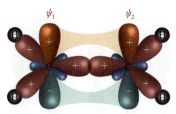

図 5-12 エチレン分子のπ軌道

$$\Psi = c_1\psi_1 + c_2\psi_2 \tag{5.14}$$

で表す．ヒュッケル法を用いるとその永年行列式は次のようになる．

ヒュッケル法でのエチレンの永年行列式
$$\begin{vmatrix} \alpha - E & \beta \\ \beta & \alpha - E \end{vmatrix} = 0 \tag{5.15}$$

左辺を展開して次のようなエネルギー固有値が求められる（**例題 5.2**）．

$$E_1 = \alpha + \beta \qquad E_2 = \alpha - \beta \tag{5.16}$$

β は負の値をとるので，E_1 の準位は安定な結合性軌道（π），E_2 の準位は不安定な反結合性軌道（π*）である．また，式(5.12)から永年方程式は次のようになる．

ヒュッケル法でのエチレンの永年方程式
$$\begin{aligned} c_1(\alpha - E) + c_2\beta &= 0 \\ c_1\beta + c_2(\alpha - E) &= 0 \end{aligned} \tag{5.17}$$

この式と式(5.13)から得られる固有関数の規格化の式

ヒュッケル法でのエチレンの規格化の式
$$c_1{}^2 + c_2{}^2 = 1 \tag{5.18}$$

を用いて**例題** 5.2 のように方程式を解くと，固有関数は次のようになる．

$$\Psi_1 = \frac{1}{\sqrt{2}}(\psi_1 + \psi_2) \qquad \Psi_2 = \frac{1}{\sqrt{2}}(\psi_1 - \psi_2) \tag{5.19}$$

例題 5.2　エチレンπ軌道のエネルギー

エチレン分子のヒュッケル法の永年方程式を解いて，π軌道のエネルギー固有値と固有関数を求めよ．

解答

エチレン分子のヒュッケル法の永年方程式は次の式になる（式 5.15）．

$$\begin{vmatrix} \alpha - E & \beta \\ \beta & \alpha - E \end{vmatrix} = 0$$

これを展開して

$$(\alpha - E)^2 - \beta^2 = 0$$
$$(\alpha - E + \beta)(\alpha - E - \beta) = 0$$

これから，エネルギー固有値は次のように求められる．

$$E_1 = \alpha + \beta \qquad E_2 = \alpha - \beta$$

この E_1 を式(5.17)に代入すると次のようになり

$$c_1[\alpha - (\alpha + \beta)] + c_2\beta = 0$$
$$\beta(c_1 - c_2) = 0$$

$c_1 = c_2$ の関係式が得られる．固有関数の規格化の式(5.18)から

$$c_1{}^2 + c_2{}^2 = 1$$

となり，これに $c_1 = c_2$ を代入すると

$$c_1 = c_2 = \frac{1}{\sqrt{2}}$$

が得られる．したがって，E_1 の固有値をもつエネルギー準位に対する固有関数は次のようになる．

$$\Psi_1 = \frac{1}{\sqrt{2}}(\psi_1 + \psi_2)$$

同様に，E_2 の固有値で同じような計算をすると Ψ_2 が求まる．

チャレンジ問題

分子の $\pi\pi^*$ 光吸収[†]は，π の準位と π^* の準位のエネルギー差に対応する光の波長に観測される．エチレン分子の $\pi\pi^*$ 吸収波長を求めよ．ただし，共鳴積分 β は $-2.5\,\mathrm{eV}\,(-20{,}000\,\mathrm{cm}^{-1})$ とする．

Assist 分子の $\pi\pi^*$ 光吸収

π 電子をもつ分子には，結合性の π 軌道と反結合性の π^* 軌道のエネルギー準位がある．π 軌道にある電子は光を吸収して π^* 軌道へ移ることができる．これを $\pi\pi^*$ 吸収といい，その波長は，π 軌道と π^* 軌道との準位のエネルギー差で決まる．多くの分子では，$\pi\pi^*$ 吸収は紫外領域に観測される．

エチレンの π 軌道に対するヒュッケル法の結果をまとめたのが，図 5-13 である．エネルギー固有値 E_1 は，結合していない C 原子の $2p_z$ 軌道のエネルギー α よりも β だけ小さくなっていて安定な準位となる（β は負の値である）．その固有関数 Ψ_1 では 2 つの $2p_z$ 軌道が同じ符号で重なっていて，結合性の π 軌道になっている．これに対して，エネルギー固有値 E_2 は，α よりも β だけ大きくなっていて，これは逆に不安定な準位である．その固有関数 Ψ_2 では 2 つの $2p_z$ 軌道が逆の符号で重なっていて，反結合性の π^* 軌道になっている．基底状態では電子は Ψ_1 に 2 個入り，安定な π 結合をつくる．

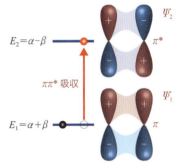

図 5-13 エチレン分子の固有値と固有関数

5.2.3 ブタジエン分子の π 結合

エチレンを 2 つ結合させるとブタジエン分子（$H_2C=CH-CH=CH_2$）ができるが，その σ 軌道と π 軌道の様子を示したのが図 5-14 である．

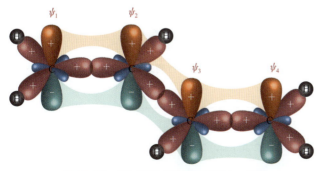

図 5-14 ブタジエン分子の σ 軌道と π 軌道

その分子軌道を

$$\Psi = c_1\psi_1 + c_2\psi_2 + c_3\psi_3 + c_4\psi_4 \tag{5.20}$$

と表すと，ヒュッケルを用いた永年行列式は

ブタジエンの永年行列式
$$\begin{vmatrix} \alpha-E & \beta & 0 & 0 \\ \beta & \alpha-E & \beta & 0 \\ 0 & \beta & \alpha-E & \beta \\ 0 & 0 & \beta & \alpha-E \end{vmatrix} = 0 \tag{5.21}$$

となる．この両辺を β で割り，$x=(\alpha-E)/\beta$ とおくと

$$\begin{vmatrix} x & 1 & 0 & 0 \\ 1 & x & 1 & 0 \\ 0 & 1 & x & 1 \\ 0 & 0 & 1 & x \end{vmatrix} = 0 \tag{5.22}$$

という簡単な計算しやすい形になる．これを展開して x の解を求めると，$E=\alpha-x\beta$ としてエネルギー固有値が得られる．また，永年方程式は次のように表される．

ブタジエンの永年方程式
$$\begin{aligned} c_1 x + c_2 &= 0 \\ c_1 + c_2 x + c_3 &= 0 \\ c_2 + c_3 x + c_4 &= 0 \\ c_3 + c_4 x &= 0 \end{aligned} \tag{5.23}$$

これを波動関数の規格化の式

ブタジエンの規格化の式
$$c_1^2 + c_2^2 + c_3^2 + c_4^2 = 1 \tag{5.24}$$

を使って解けば，固有関数を決定できる．

例題 5.3 のように計算すると，ブタジエンの π 軌道で許される準位のエネルギー固有値は次のように求められる．

ブタジエンのエネルギー固有値
$$\begin{aligned} E_1 &= \alpha + 1.618\beta, & E_2 &= \alpha + 0.618\beta \\ E_3 &= \alpha - 0.618\beta, & E_4 &= \alpha - 1.618\beta \end{aligned} \tag{5.25}$$

例題 5.3 ブタジエン π 軌道のエネルギー

ブタジエン分子の π 軌道の永年行列式を展開して，エネルギー固有値を求めよ．

[解答]
式 (5.22) で示したように，ブタジエンの π 軌道の永年行列式は

$$\begin{vmatrix} x & 1 & 0 & 0 \\ 1 & x & 1 & 0 \\ 0 & 1 & x & 1 \\ 0 & 0 & 1 & x \end{vmatrix} = 0$$

となる．これを 1 行目の 4 つの要素 $(x, 1, 0, 0)$ で展開するが，それぞれの展開係数はその要素の行と列を除いた小行列式になる．ただし，偶数番目の要素では，-1 を掛ける（補章 3.2 参照）．すなわち

$$\begin{vmatrix} x & 1 & 0 \\ 1 & x & 1 \\ 0 & 1 & x \end{vmatrix} x - \begin{vmatrix} 1 & 1 & 0 \\ 0 & x & 1 \\ 0 & 1 & x \end{vmatrix} 1 + \begin{vmatrix} 1 & x & 0 \\ 0 & 1 & 1 \\ 0 & 0 & x \end{vmatrix} 0 - \begin{vmatrix} 1 & x & 1 \\ 0 & 1 & x \\ 0 & 0 & 1 \end{vmatrix} 0 = 0$$

となる．これと同じ操作を続けていくと，行列式の次数が 1 つずつ下がっていき次の式が得られる．

$$\begin{vmatrix} x & 1 \\ 1 & x \end{vmatrix} x^2 - \begin{vmatrix} 1 & 1 \\ 0 & x \end{vmatrix} x - \begin{vmatrix} x & 1 \\ 1 & x \end{vmatrix} + \begin{vmatrix} 0 & 1 \\ 0 & x \end{vmatrix} = 0$$
$$(x^2 - 1)x^2 - x^2 - (x^2 - 1) = 0$$
$$x^4 - 3x^2 + 1 = 0$$

これは x^2 の二次方程式になっているので，根と係数の関係式から

$$x^2 = \frac{3 \pm \sqrt{3^2 - 4 \cdot 1 \cdot 1}}{2} = \frac{3 \pm \sqrt{5}}{2}$$
$$x = \pm \sqrt{\frac{3 \pm \sqrt{5}}{2}} = \pm 0.618, \pm 1.618$$

の解が得られる．$x = (\alpha - E)/\beta$ から $E = \alpha - x\beta$ となるので，エネルギー固有値として，安定な準位の順に次の値が求まる．

$E_1 = \alpha + 1.618\beta \quad E_2 = \alpha + 0.618\beta \quad E_3 = \alpha - 0.618\beta \quad E_4 = \alpha - 1.618\beta$

チャレンジ問題

分子の $\pi\pi^*$ 光吸収は，π の準位と π^* の準位のエネルギー差に対応する光の波長に観測される．ブタジエン分子の $\pi\pi^*$ 吸収は 3 つの波長で観測されると予測される．その値を求めよ．ただし，共鳴積分 β は -2.5 eV $(20{,}000\ \mathrm{cm}^{-1})$ とする．

こうして得られたエネルギー固有値を式 (5.23) の永年方程式に代入し，式 (5.24) を用いて解くと，それぞれのエネルギー準位の固有関数を決定することができる．結果は次のようになる．

ブタジエンの固有関数

$$\begin{aligned} \Psi_1 &= 0.3717\psi_1 + 0.6015\psi_2 + 0.6015\psi_3 + 0.3717\psi_4 \\ \Psi_2 &= 0.6015\psi_1 + 0.3717\psi_2 - 0.3717\psi_3 - 0.6015\psi_4 \\ \Psi_3 &= 0.6015\psi_1 - 0.3717\psi_2 - 0.3717\psi_3 + 0.6015\psi_4 \\ \Psi_4 &= 0.3717\psi_1 - 0.6015\psi_2 + 0.6015\psi_3 - 0.3717\psi_4 \end{aligned} \quad (5.26)$$

ブタジエン分子のπ軌道について，ヒュッケル法を用いて得られるエネルギー固有値と固有関数をまとめたのが図 5-15 である．

π電子は 4 つある．構成原理にしたがって，基底状態では E_1 と E_2 のエネルギー準位に 2 個ずつ入り，Ψ_2 が HOMO，Ψ_3 が LUMO になっている．この結果から，π結合の様子や分子の構造を理解することができるが，そのた

Focus 5.2　ベンゼン分子のπ軌道

エチレンを 3 つ連結して環にしたのが，ベンゼン分子である（下図左）．エチレンやブタジエンと同じようにそのπ軌道をヒュッケル法で考えると，永年行列式は次のようになる．

$$\begin{vmatrix} x & 1 & 0 & 0 & 0 & 1 \\ 1 & x & 1 & 0 & 0 & 0 \\ 0 & 1 & x & 1 & 0 & 0 \\ 0 & 0 & 1 & x & 1 & 0 \\ 0 & 0 & 0 & 1 & x & 1 \\ 1 & 0 & 0 & 0 & 1 & x \end{vmatrix} = 0$$

これも同じように展開することができるが，そこから出てくる六次方程式は簡単に解くことができない．実は，8.4.2 項で学ぶ対称適合基底を用いると容易に計算できるのだが，ここではエネルギー固有値の結果だけを示しておく．

$$E_1 = \alpha + 2\beta \quad E_2 = \alpha + \beta \quad E_3 = \alpha + \beta$$
$$E_4 = \alpha - \beta \quad E_5 = \alpha - \beta \quad E_6 = \alpha - 2\beta$$

E_2 と E_3，E_4 と E_5 のエネルギー固有値はまったく同じになり，これらは縮退軌道になっている．対称性の高い分子ではしばしばこのような軌道の縮退が見られる．また，固有関数は永年方程式を解いて

$$\Psi_1 = \frac{1}{\sqrt{6}}(\psi_1 + \psi_2 + \psi_3 + \psi_4 + \psi_5 + \psi_6)$$
$$\Psi_2 = \frac{1}{\sqrt{12}}(2\psi_1 + \psi_2 - \psi_3 - 2\psi_4 - \psi_5 + \psi_6)$$
$$\Psi_3 = \frac{1}{2}(\psi_2 + \psi_3 - \psi_5 - \psi_6)$$
$$\Psi_4 = \frac{1}{2}(\psi_2 - \psi_3 + \psi_5 - \psi_6)$$
$$\Psi_5 = \frac{1}{\sqrt{12}}(2\psi_1 - \psi_2 - \psi_3 + 2\psi_4 - \psi_5 - \psi_6)$$
$$\Psi_6 = \frac{1}{\sqrt{6}}(\psi_1 - \psi_2 + \psi_3 - \psi_4 + \psi_5 - \psi_6)$$

と求められる．これらの結果をまとめたのが下図右である．固有関数については，ベンゼン分子を分子面の上から眺め，各 C 原子の $2p_z$ 軌道の係数が＋のときは，$2p_z$ 軌道の＋（赤），係数が－のときは $2p_z$ 軌道の－（青）で示し，係数の大きさは $2p_z$ 軌道の円の大きさで表してある．最もエネルギーの小さい Ψ_1 では環全体が結合性で均一に広がった対称的な軌道であるが，エネルギーが高くなるとともに波動関数の節（node）が増えていき，最もエネルギーの大きい Ψ_6 ではすべての位置で反結合性になっている．6 個の電子は基底状態では，E_1，E_2 と E_3 のエネルギー準位に 2 個ずつ入っていて，Ψ_2 と Ψ_3 が HOMO，Ψ_4 と Ψ_5 が LUMO になっている．実際のベンゼン分子ではこれらの縮退準位がわずかに分裂してエネルギー準位は複雑になっている．

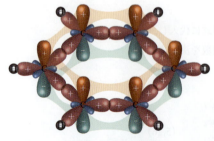

ベンゼン分子のπ軌道

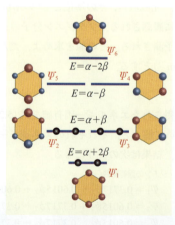

ベンゼン分子のπ軌道のエネルギー固有値と固有関数

めには π 電子密度と π 結合次数を求める必要があり，次節で詳しく解説する．

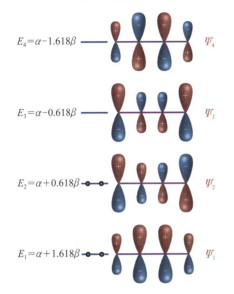

$E_4 = \alpha - 1.618\beta$ ── Ψ_4

$E_3 = \alpha - 0.618\beta$ ── Ψ_3

$E_2 = \alpha + 0.618\beta$ ── Ψ_2

$E_1 = \alpha + 1.618\beta$ ── Ψ_1

図 5-15 ブタジエン分子の π 軌道のエネルギー固有値と固有関数

固有関数は，各 C 原子の $2p_z$ 軌道の係数が＋のときは，分子面の上側が＋（赤），係数が－のときは，分子面の上側が－（青）で示し，係数の大きさは $2p_z$ 軌道の大きさで表してある．

5.3　π 電子密度と π 結合次数

π 軌道のエネルギー準位と固有関数は，ヒュッケル法で近似的に求めることができた．その結果をもとに，分子全体で見た π 結合の構造と性質を詳しく考えてみる．

5.3.1　π 電子エネルギー

分子軌道法では，電子はその準位の固有値のエネルギーをもつと考える．すべての π 電子のエネルギーを足し合わせた値を，分子の **π 電子エネルギー** E_π といい，式で表すと次のようになる．

> π 電子エネルギー
> $$E_\pi = \sum_n E_n \tag{5.27}$$

ここで，n は π 電子を表し，E_n はそれぞれの電子が入っている準位のエネルギー固有値である．実際に計算すると，ブタジエン分子の π 電子エネルギーは $E_\pi = 4\alpha + 4.472\beta$ になる．これは，π 電子結合がないときの 4 つの C 原子の $2p_z$ 軌道のエネルギー 4α よりも 4.472β の分だけ小さく，安定化している．その分が π 結合によるものである．

5.3.2　π 電子密度

電子の存在確率は波動関数の 2 乗で与えられるが，LCAO ではそれぞれの原子軌道の係数の 2 乗が，電子がその原子にどれだけ存在しているかという密度を表すと考える．すべての π 電子についてその固有関数の係数 $c_n(i)$ の

2乗を足し合わせた値 $\rho_\pi(i)$ をその原子における**π電子密度**という．これを式で表すと次のようになる．

$$\rho_\pi(i) = \sum_n c_n(i)^2 \qquad (5.28)$$

π電子密度

ここで n は π 電子を表し，その電子が入っている準位の固有関数について，$c_n(i)$ は i 番目の C 原子の $2p_z$ 軌道 (ψ_i) の係数である．実際に計算すると，ブタジエン分子の π 電子密度は 4 つの C 原子ですべて等しく 1 になる．

5.3.3　π結合次数　$N_\pi(i\text{-}j)$

結合の強さは，波動関数の重なりに比例すると考えられる．2 つの C 原子の間の π 結合の強さを原子軌道の係数の積 $c_n(i)c_n(j)$ で表し，それをすべての π 電子について足し合わせた値 $N_\pi(i\text{-}j)$ を**π結合次数**という．これを式で表すと次のようになる．

$$N_\pi(i\text{-}j) = \sum_n [c_n(i)c_n(j)] \qquad (5.29)$$

π結合次数

ここで，n は π 電子を表し，$c_n(i)$ と $c_n(j)$ は，その電子が入っている準位の固有関数について i, j 番目の C 原子の $2p_z$ 軌道 (ψ_i, ψ_j) の係数である．実際に計算すると，ブタジエン分子の π 結合次数は，$N_\pi(1\text{-}2) = 0.89$, $N_\pi(2\text{-}3) = 0.45$ になる（例題 5.4）．

例題 5.4　π結合次数

ブタジエン分子の π 結合次数を求めよ．

解答

式 (5.26) から，ブタジエンの π 軌道の固有関数は

$$\Psi_1 = 0.3717\psi_1 + 0.6015\psi_2 + 0.6015\psi_3 + 0.3717\psi_4$$
$$\Psi_2 = 0.6015\psi_1 + 0.3717\psi_2 - 0.3717\psi_3 - 0.6015\psi_4$$
$$\Psi_3 = 0.6015\psi_1 - 0.3717\psi_2 - 0.3717\psi_3 + 0.6015\psi_4$$
$$\Psi_4 = 0.3717\psi_1 - 0.6015\psi_2 + 0.6015\psi_3 - 0.3717\psi_4$$

である．これらは図 5-15 のように表されるので，上の 4 式のうち電子が入っている Ψ_1, Ψ_2 の π 軌道それぞれについて，2 個の C 原子の $2p_z$ 軌道 (n) の固有関数の係数の積を足し合わせ，π 結合次数を求める．まず，中央の結合については

$$\begin{aligned} N_\pi(2\text{-}3) &= \sum_{n=1}^{4}[c_n(2) \times c_n(3)] \\ &= 2 \times (0.6015 \times 0.6015) + 2 \times (0.3717 \times -0.3717) \\ &= 0.45 \end{aligned}$$

が得られる．同じように，外側の π 結合に対しては

$$N_\pi(1\text{-}2) = \sum_{n=1}^{4}[c_n(1) \times c_n(2)]$$
$$= 2 \times (0.3717 \times 0.6015) + 2 \times (0.6015 \times 0.3717)$$
$$= 0.89 = N_\pi(3\text{-}4)$$

と，π結合次数が求まる．

■ チャレンジ問題
ベンゼン分子のπ結合次数がすべて2/3になることを示せ．

ヒュッケル法だと，隣り合うC原子間には共鳴積分βを仮定するので，ブタジエン分子では中央の2-3にもπ結合ができる．それでは，π結合が外側の1-2，3-4だけに限定されると仮定すると（図5-16a 上），どのような結果が得られるだろうか．これを**局在化モデル**とよぶが，2-3間の共鳴積分を0として永年行列式は次のように表される．

$$\begin{vmatrix} \alpha-E & \beta & 0 & 0 \\ \beta & \alpha-E & 0 & 0 \\ 0 & 0 & \alpha-E & \beta \\ 0 & 0 & \beta & \alpha-E \end{vmatrix} = 0$$

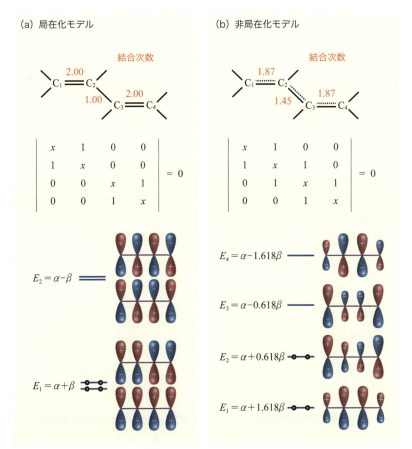

図 5-16 ブタジエン分子のπ電子配置

これを解くと，**例題 5.2** のエチレン分子と同じように，エネルギー固有値と固有関数が得られる．その電子配置を示したのが図 5-16a下である．

このときのπ電子4個のπ電子エネルギーは $4\alpha + 4\beta$ となり，波動関数は 1-2 と 3-4 のどちらかの C=C 結合に局在化している．

これに対して，2-3 の C 原子間にも共鳴積分 β を仮定するヒュッケル法の結果は図 5-16b のようになり，π電子4個のπ電子エネルギーは $4\alpha + 4.472\beta$ となり，π電子の波動関数は 1-2-3-4 の C 原子間全体に広がっている（図 5-16b 上）．これは，いわば**非局在化モデル**である．2つのモデルのエネルギー差 0.472β を**非局在化エネルギー**（delocalization energy）または**共鳴エネルギー**（resonance energy）という．

π結合次数は結合の長さと強い相関があり，実験から推定される C=C 結合長を見ると，どちらのモデルが正しいかがわかる．第Ⅱ部で解説する分光学的な実験から，結合長については，$R(C_1\text{-}C_2) = 0.135$ nm, $R(C_2\text{-}C_3) = 0.146$ nm が得られている．これは結合次数にすると，$N(1\text{-}2) = 1.89$, $N(2\text{-}3) = 1.45$ に対応し，非局在化モデルのヒュッケル法の結果と一致する．一般的に，π結合は非局在化して分子全体に広がったほうが安定になる．

Focus 5.3　π結合次数と C=C 結合長

π電子をもつ分子の C-C 結合次数と結合長について考えてみよう．エタン分子（$H_3C\text{-}CH_3$）では，C 原子の sp^3 混成軌道どうしがσ結合しており，その結合次数を1とする．π結合はなく，これは純粋な一重結合である．C=C の二重結合をもつエチレン分子（$H_2C=CH_2$）では，C 原子の sp^2 混成軌道どうしがσ結合し，これもその結合次数は1とする．π結合次数も式 (5.29) を使って計算すると1になり，σ結合とπ結合を合わせて，エチレン分子の（$H_2C=CH_2$）結合次数は2になる．

結合次数が大きいということは，波動関数による安定化も大きいので，一般的に結合長は短くなる．実験結果から，エタン分子の C-C 結合長は 0.156 nm であるのに対し，二重結合のエチレン分子の C=C 結合長は 0.145 nm，さらに三重結合のアセチレン分子の C≡C 結合長は 0.139 nm であることが知られている．これらの点を通る滑らかな曲線を引いたのが左図である．結合長は結合次数の増加にしたがって単調に短くなることがわかり，このグラフを用いると，ヒュッケル法の計算で得られる結合次数から結合長を予測することができる．

σ結合次数はほとんどの場合ほぼ1であるが，π結合次数は分子やその中での位置によって大きく異なる．たとえば，ベンゼン分子（C_6H_6）ではπ結合次数はすべて 2/3 であり，左図のグラフから結合長は 0.139 nm と予測されるのに対し，実験値は 0.140 nm である．ベンゼン環を2つ連結させたナフタレン分子（$C_{10}H_8$）では，ヒュッケル法で得られる結合次数と予測結合長は右図のようになっていて，これも実験結果とおよそ一致している．

しかしながら，実験値を高精度で再現しようとすると，ヒュッケル法よりも高い近似を用いる必要がある．今では高速のコンピューターを使って大規模計算が可能となり，このような比較的大きな分子でも，実験と理論計算でよい一致が見られるようになっている．

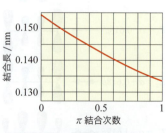

π結合次数と結合長

ナフタレン分子の結合次数と結合長

5章 重要項目チェックリスト

C原子の混成軌道

◆ sp³ 混成軌道 [p.88]

$$\Psi^1(sp^3) = \frac{1}{2}(\psi_s + \psi_{px} + \psi_{py} + \psi_{pz})$$

$$\Psi^2(sp^3) = \frac{1}{2}(\psi_s + \psi_{px} - \psi_{py} - \psi_{pz})$$

$$\Psi^3(sp^3) = \frac{1}{2}(\psi_s - \psi_{px} + \psi_{py} - \psi_{pz})$$

$$\Psi^4(sp^3) = \frac{1}{2}(\psi_s - \psi_{px} - \psi_{py} + \psi_{pz})$$

◆ sp² 混成軌道 [p.86]

$$\Psi^1(sp^2) = \frac{1}{\sqrt{3}}\psi_s + \frac{2}{\sqrt{6}}\psi_{px}$$

$$\Psi^2(sp^2) = \frac{1}{\sqrt{3}}\psi_s - \frac{1}{\sqrt{6}}\psi_{px} + \frac{1}{\sqrt{2}}\psi_{py}$$

$$\Psi^3(sp^2) = \frac{1}{\sqrt{3}}\psi_s - \frac{1}{\sqrt{6}}\psi_{px} - \frac{1}{\sqrt{2}}\psi_{py}$$

◆ sp 混成軌道 [p.88]

$$\Psi^1(sp) = \frac{1}{\sqrt{2}}\psi_s + \frac{1}{\sqrt{2}}\psi_{px}$$

$$\Psi^2(sp) = \frac{1}{\sqrt{2}}\psi_s - \frac{1}{\sqrt{2}}\psi_{px}$$

ヒュッケル法を用いたエチレンの永年方程式

◆波動関数 [p.92]
$$\Psi = c_1\psi_1 + c_2\psi_2$$

◆永年行列式 [p.92]
$$\begin{vmatrix} \alpha - E & \beta \\ \beta & \alpha - E \end{vmatrix} = 0$$

◆永年方程式 [p.92]
$$c_1(\alpha - E) + c_2\beta = 0$$
$$c_1\beta + c_2(\alpha - E) = 0$$

◆固有関数の規格化の式 [p.92]
$$c_1^2 + c_2^2 = 1$$

◆固有値と固有関数 [p.92]
$$E_1 = \alpha + \beta \quad \Psi_1 = \frac{1}{\sqrt{2}}(\psi_1 + \psi_2)$$
$$E_2 = \alpha - \beta \quad \Psi_2 = \frac{1}{\sqrt{2}}(\psi_1 - \psi_2)$$

ヒュッケル法を用いたブタジエンの永年方程式

◆永年行列式 [p.94]
$$\begin{vmatrix} \alpha - E & \beta & 0 & 0 \\ \beta & \alpha - E & \beta & 0 \\ 0 & \beta & \alpha - E & \beta \\ 0 & 0 & \beta & \alpha - E \end{vmatrix} = 0$$

◆永年方程式 [p.94]
$$c_1 x + c_2 = 0$$
$$c_1 + c_2 x + c_3 = 0$$
$$c_2 + c_3 x + c_4 = 0$$
$$c_3 + c_4 x = 0$$

◆固有関数の規格化の式 [p.94] $\quad c_1^2 + c_2^2 + c_3^2 + c_4^2 = 1$

◆固有値と固有関数 [p.94, 95]

$$E_1 = \alpha + 1.618\beta, \quad E_2 = \alpha + 0.618\beta$$
$$E_3 = \alpha - 0.618\beta, \quad E_4 = \alpha - 1.618\beta$$

$$\Psi_1 = 0.3717\psi_1 + 0.6015\psi_2 + 0.6015\psi_3 + 0.3717\psi_4$$
$$\Psi_2 = 0.6015\psi_1 + 0.3717\psi_2 - 0.3717\psi_3 - 0.6015\psi_4$$
$$\Psi_3 = 0.6015\psi_1 - 0.3717\psi_2 - 0.3717\psi_3 + 0.6015\psi_4$$
$$\Psi_4 = 0.3717\psi_1 - 0.6015\psi_2 + 0.6015\psi_3 - 0.3717\psi_4$$

π電子密度とπ結合次数

◆π電子エネルギー [p.97]
$$E_\pi = \sum_n E_n$$

◆π電子密度 [p.98]
$$\rho_\pi(i) = \sum_n c_n(i)^2$$

◆結合次数 [p.98]
$$N_\pi(i\text{-}j) = \sum_n [c_n(i) c_n(j)]$$

確認問題

5・1 π軌道の波動関数を$\Psi = \sum_{i=1}^{n} c_i \psi_i$で表したとき、ヒュッケル法での規格化の式が$\sum c_i^2 = 1$になることを示せ。

5・2 エチレン分子のπ結合で、重なり積分を$S = 0.1$としたときのエネルギー固有値と固有関数を求めよ。

5・3 ブタジエンのπ軌道のエネルギー固有値のうちで、βの係数が黄金比$(1+\sqrt{5})/2$になるのは、エネルギーの低い順から何番目の準位かを示せ。

5・4 C原子数がN個(Nは偶数)の環状ポリエン(C=CとC-C結合が交互に連結した環状の不飽和炭化水素)のπ軌道のエネルギー準位は

$$E_n = \alpha + 2\beta \cos \frac{2\pi n}{N} \quad n = 0, \pm 1, \cdots, \pm\left(\frac{N}{2}-1\right), \frac{N}{2}$$

で与えられる。ベンゼン分子のπ軌道のエネルギー固有値を求めよ。

5・5 ナフタレン分子のヒュッケル法での永年行列式を書け。

5・6 ブタジエン分子とベンゼン分子では、すべてのC原子でπ電子密度が等しく1になることを示せ。

実戦問題

5・7 エチレン分子の結合性π軌道と反結合性π^*軌道を模式的に図示し、反転に対する対称性について説明せよ。

[平成17年度 大阪大学理学研究科入試問題より]

5・8 ヒュッケル法でのブタジエン分子のπ軌道のエネルギーは

$$E_n = \alpha + 2\beta \cos \frac{\pi n}{5} \quad n = 1, 2, 3, 4$$

で与えられる。非局在化エネルギーと、最も小さい電子遷移エネルギーを求めよ。

[平成25年度 京都大学理学研究科入試問題より]

5・9 右図は、オゾン分子のπ軌道の一例である。O原子の3つの$2p_x$軌道からつくられるO_3分子の3つの分子軌道のエネルギー固有値をヒュッケル法を用いて求めよ。次に、紫外領域の光吸収の遷移波長(nm)を、計算の過程も示しながら有効数字3桁で求めよ。ただし、クーロン積分の値αは3つのO原子で同じであり、共鳴積分の値は直接結合しているO原子間で$\beta = -20,000$ cm^{-1}、両端のO原子間で$\beta = 0$ cm^{-1}とする。

[平成22年度 京都大学理学研究科入試問題より]

5・10 ヘキサトリエン($H_2C=CH-HC=CH-HC=CH_2$)のπ軌道をエネルギー固有値の小さい順に模式的に図示せよ。

5・11 シクロブタジエンの永年方程式を書き、それを解いてπ軌道のエネルギー固有値と非局在化エネルギーを求めよ。

[平成20年度 九州大学理学府入試問題より]

5・12 フロンティア軌道理論によると、π軌道結合への求電子置換反応はHOMOおよびLUMOにおけるπ電子密度の大きいC原子の結合で起こる確率が大きい。ナフタレンのHOMOとLUMOの固有関数は次のように表される。下図のどの位置のH原子が置換される確率が大きいかを予想せよ。

LUMO: $\Psi_6 = 0.4253(\psi_1 + \psi_4 - \psi_5 - \psi_8)$
$\qquad\qquad + 0.2629(\psi_2 - \psi_3 + \psi_6 - \psi_7)$

HOMO: $\Psi_5 = 0.4253(\psi_1 - \psi_4 + \psi_5 - \psi_8)$
$\qquad\qquad + 0.2629(\psi_2 + \psi_3 - \psi_6 - \psi_7)$

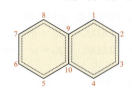

第II部
分子の構造と分光学

　分子はそれを構成する原子の空間的配置によって特有の構造をもつ．分子の諸性質を理解するためには，この静的な構造とともに，分子全体の並進・回転運動，および分子内原子間の振動運動といった動的な様子を知らねばならない．そうした分子固有の構造や運動の様子を解明するために発展してきたのが「分光法」である．

　ある物理的観測量の強度を，周波数（エネルギー）の関数として表した曲線を「スペクトル」とよぶ．最も典型的な分光法では，分子の情報を引き出すための道具として光を用いる．分光法の適用は実験室内での観測にとどまらず，宇宙のはるか彼方から来る光のスペクトルを観測し，宇宙に存在する分子の種類，構造，運動の様子を探るといった広い範囲に及んでいる．また，歴史的に分光学は，第I部で学んだミクロな原子・分子が従う量子力学の発展と確立に大きな寄与をしてきた．したがって，第II部で扱う内容は量子力学の実践的な応用ということもできる．

　第II部では，まず，分光法で用いる光の諸性質を知り，光が原子・分子とどのように相互作用し，吸収・放出されるのかについての基本を学ぶ．観測されたスペクトルを解釈するためには，分子を構成する電子や原子核の運動状態を記述する波動関数が分子の構造とどのような関連をもっているかを知る必要がある．そこで，分子の対称性とは何かを学び，その対称性を分子のエネルギー状態を表すために系統的に利用していく．そして，いろいろな波長域で得られるスペクトルがどのように分子の構造や運動状態を反映するかを理解できるようにする．

- 6章　光の性質
- 7章　光と物質の相互作用
- 8章　分子の構造と対称性
- 9章　分子のエネルギー構造とスペクトル
- 10章　電子スピンと核スピン

ハッブル宇宙望遠鏡がとらえた渦巻銀河M74．望遠鏡に入ってきた電磁波を波長ごとに分ける「分光器」は，現代の天文学にとって，観測成果を大きく左右する重要な装置となっている．

6章 光の性質

■ Contents

6.1 電磁波の波動方程式
6.2 平面波と偏光
6.3 光の強度
6.4 光の干渉
6.5 光の回折
6.6 光子

　光と物質との相互作用をもとに，物質の構造やそれを構成する原子の運動を知ることができる．また，光のエネルギーを使って，化学反応を起こすこともできる．これらのことを学ぶには，まず光自体の性質を理解しておく必要がある．そこで本章では，光の性質の基本を学ぶ．

　光は古代から科学者の興味の的であり，光の本質が何なのかという問題は，ミクロな世界を支配する量子力学の発展にたいへん大きな役割を果たした．光が波と粒子の性質を示すという，いわゆる「**粒子と波動の二重性**」は，有限な質量をもつ電子などのミクロな粒子が逆に波動性をもつという「物質波」の概念に拡張され，マクロな世界に生きるわれわれの物質の見方を大きく変えた．

　本章では，光が示す**干渉**，**回折**などの現象を，光の波としてとらえて吟味する．ここで重要なのは，光には**重ね合わせの原理**が成り立つことである．この考え方は，物質の状態を表す波動関数にも共通する．また，この原理からわかる，周波数と時間領域，空間中の位置と波数との間の共通した変換関係は，次章以降で学ぶ分光学においてたいへん重要である．

　最後には，光の粒子としての描像である**光子**についても学ぶ．

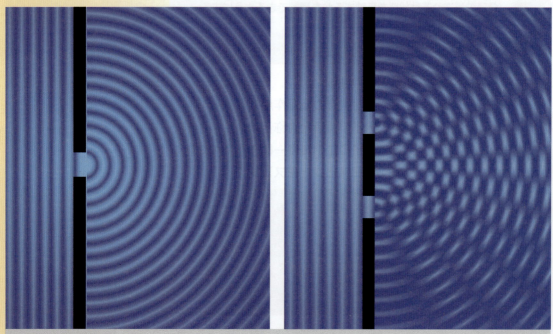

左は，媒質中を伝わる波が狭いスリットを通った後に回り込む「回折」という現象．右では，2つのスリットを通って回折した波が干渉している．

6.1 電磁波の波動方程式

電磁波, すなわち光が従う波動方程式について考えてみよう. 第1章で光は粒子性と波動性の二重性を顕著にもつことを学んだが, ここでは, 波としての光の性質を主に考える.

点電荷 e の周りには静電場 E が生じ, その強度は点電荷からの距離 r の2乗に反比例する (図6-1). また, 磁極や電荷が移動することにより電流が存在すると**磁束密度 B** が生ずる. マクスウェル (J. C. Maxwell) は電磁気学における基本的な諸法則を統一的に取り扱い, 一連の方程式にまとめ上げることに成功した. これらは一般に**マクスウェルの方程式**とよばれている[†].

磁束密度 B が時間とともに変化すると電磁誘導の法則によって電場 E を生じ, また電場の変化がさらに磁場をつくることをくり返しながら空間を伝わる波ができる. これが**電磁波** (electromagnetic wave) すなわち光であり, 電磁波が従う波動方程式がマクスウェルの方程式から導かれる.

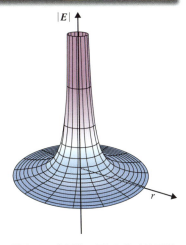

図6-1 点電荷の周りに生ずる電場
点電荷 e の周りに生ずる電場の強さ E は, 点電荷からの距離 r において e/r^2 に比例する. 電場の方向は $e>0$ なら外向きである. また, 電荷の移動 (電流) によって磁場が生じる.

電磁波の波動方程式

$$\nabla^2 E = \varepsilon_0 \mu_0 \frac{\partial^2 E}{\partial t^2} \tag{6.1}$$

$$\nabla^2 B = \varepsilon_0 \mu_0 \frac{\partial^2 B}{\partial t^2} \tag{6.2}$$

ここで, ε_0 は**真空の誘電率** (permittivity of vacuum), μ_0 は**真空の透磁率** (permeability of vacuum) である[*]. この式は, 三次元空間を伝わる一般的な波の波動方程式である式 (1.26) と比べると, 電場と磁場が波として, 次の速度 c_0 で伝播することを意味している.

$$c_0 = \frac{1}{\sqrt{\varepsilon_0 \mu_0}} \approx 3 \times 10^8 \text{ m/s} \tag{6.3}$$

電磁波が真空中ではなく均質で透明な媒質中を伝播するとき, その速度 c は, この媒質の**誘電率** (permittivity) を ε, **透磁率** (permeability) を μ とすると

$$c = \frac{1}{\sqrt{\varepsilon \mu}} \tag{6.4}$$

となる. 真空中の速度 c_0 と c の比が媒質の**屈折率** (refractive index) n であるので, 式 (6.3) (6.4) より次のように表せる[†].

媒質の屈折率

$$n = \frac{c_0}{c} = \sqrt{\frac{\varepsilon \mu}{\varepsilon_0 \mu_0}} = \sqrt{\varepsilon_r \mu_r} \tag{6.5}$$

ここで, ε_r と μ_r をそれぞれ比誘電率, 比透磁率という.

例題 6.1 屈折率と光速

空気 (0 ℃, 1 atm), 水 (20 ℃), ダイヤモンド (室温) の屈折率は波長 589.29 nm (Na D 線) において, それぞれ 1.000293, 1.333, 2.419 である. これらの媒質中を光が 10 mm 伝播するのに要する時間を有効数字 2 桁で計算せよ.

Assist マクスウェルの方程式

マクスウェルは当時すでに知られていたファラデーの電磁誘導の法則, ガウスの法則, アンペールの法則などをまとめて以下のような一連の方程式を得た. 誘電率 ε, 透磁率 μ をもつ等方で一様な媒質中におけるマクスウェルの方程式は

$$\nabla \times E = -\frac{\partial B}{\partial t} \quad \nabla \times H = j + \frac{\partial D}{\partial t}$$

$$\nabla \cdot D = \rho \quad \nabla \cdot B = 0$$

である. E は電場, H は磁場, B は磁束密度, D は電束密度, j は電流, ρ は電荷密度である. また, 物質の分極を P とすると, $D = \varepsilon_0 E + P$, $B = \mu_0 H$ の関係がある. 物質の分極とは電荷や磁気量の分布が変化し空間的に偏ることを意味する. 通常は物質に電場をかけると生ずる.

Data 真空の誘電率と透磁率

ε_0 と μ_0 はそれぞれ電気定数, 磁気定数とよばれることもある.
$\varepsilon_0 = 8.854 \times 10^{-12}$ F m^{-1} (C V^{-1} m^{-1})
$\mu_0 = 4\pi \times 10^{-7}$ H m^{-1} (V A^{-1} s m^{-1})

Assist 屈折率と波長

屈折率は一般に波長に依存する. このような性質を屈折率の分散という.

> **Topic** 光の屈折
>
> 空気と水の屈折率の違いによって光が屈折し，下のようにストローが折れて見える．

> **解答**
>
> 式(6.5)より屈折率nを有する物質中での光の伝播速度cは$c = c_0/n$であり，厚さlの物質を通過するのに要する時間tは$t = l/c = ln/c_0$となる．ここで真空中の光速$c_0 = 3.0 \times 10^8$ m/s とすると，
>
> ・空気中では，$t = 10 \times 10^{-3} \times 1.000293/(3.0 \times 10^{-8}) = 33$ ps
> ・水中では，$t = 10 \times 10^{-3} \times 1.333/(3.0 \times 10^{-8}) = 44$ ps
> ・ダイヤモンド中では，$t = 10 \times 10^{-3} \times 2.419/(3.0 \times 10^{-8}) = 81$ ps である．

> **チャレンジ問題**
>
> (1) 光速を10％低下させる媒質の屈折率を求めよ．
> (2) 真空中で波長 589 nm の光が水中で伝播すると，その波長はいくらになるか．ただし，この波長での水の屈折率を 1.333 とする．

マクスウェルの波動方程式を，$E_1(r, t)$ と $E_2(r, t)$ で表される電磁波が満たす場合，その線形結合である

Focus 6.1　光速の測定

光速の測定の歴史は興味深い．古代ギリシアのころから光は瞬間的に伝播するのか，それとも有限の速度をもって伝播するのかは議論の的だった．これを明らかにするために 17 世紀に入ってからガリレオ（Galileo Galilei）はランタンを使った実験を提唱したが，光速が有限か無限かを判断することはできなかった．

1676 年になり，レーマー（D. C. Rømer）が初めて光速の定量的推定をおこなった．彼は，金星の衛星であるイオの運動を観測し，光速が 2.3×10^8 m/s という有限の値をもつことを示した．光は音波などと違い桁違いに速く伝播するため，速度の定量的な推定が天体観測から始まったのは理解できる．

地上での観測としては，1849 年にフィゾー（A. H. L. Fizeau）が回転する歯車を用いた装置で，ある距離を伝播する光の伝播時間を観測し，3.153×10^8 m/s というかなり正確な値を得た．その後，ラジオ波やレーザー光の干渉を使った観測などにより徐々に正確さは向上し，1972 年には米国の国立標準局（NBS:National Bureau of Standards）により 299,792,456.2±1.1 m/s という値が得られた．そして，1983 年には真空中の光速を 299,792,458 m/s という定数とし，これをもとに長さの基準としてのメートルが定義された．

上記の光速の測定の歴史の中で，マクスウェルは当時得られていた真空の誘電率と透磁率の値を用い，式(6.3)に現れた $1/\sqrt{\varepsilon_0 \mu_0}$ が光速に一致することから，光が電磁波であることを提唱するにいたった．これは光の本質を知るうえできわめて重要なことだった．また，音波が空気を振動させることにより空間を伝わり，また海や湖における波が水を媒体として伝わることから，当時は電磁波が伝播するための媒体が存在すると信じられていた．そこで，19 世紀の物理学者は電磁波を伝える媒体としてエーテル（luminiferous aether）というものを仮定した．しかし，1905 年にアインシュタインが特殊相対性理論を発表した結果，このような想像上の媒体を仮定する必要はないことが明らかになった．

フィゾーが用いた実験装置

$$\text{光の重ね合わせの原理} \quad \bm{E}(\bm{r},\ t) = a_1\bm{E}_1(\bm{r},\ t) + a_2\bm{E}_2(\bm{r},\ t) \tag{6.6}$$

もマクスウェルの波動方程式を満たす解になる．すなわち，電磁波には**重ね合わせの原理**(superposition principle)が成り立つ．したがって，いろんな光学現象を考える際にはまず最も簡単な波動がどのようにふるまうかを理解し，それらの単純な波動の重ね合わせとしてより複雑な電磁波のふるまいを理解すればよい．

6.2 平面波と偏光

6.2.1 平面波

最も簡単な波動の1つが**平面波**(plane wave)である．空間をベクトル $\bm{k}$ の方向に，時間とともに振動する平面波として伝わる光の電場強度 $\bm{E}$ は

$$\text{平面波} \quad \bm{E}(\bm{r},\ t) = \bm{E}° \cos(\bm{k}\cdot\bm{r} - \omega t + \phi) \tag{6.7}$$

と表される．ここで，$\bm{E}°$ は振幅，ω は振動する波の角周波数，ϕ は位相であり，$\bm{k}$ は**波数ベクトル**とよばれる．波数ベクトルの絶対値 $k = |\bm{k}|$，周波数 ν，波長 λ などの間には次の関係がある[†]．

$$c = \nu\lambda \tag{6.8}$$

$$k = 2\pi/\lambda \tag{6.9}$$

$$\omega = 2\pi\nu = \frac{2\pi}{\lambda}c = ck \tag{6.10}$$

平面波では，ある時刻における瞬間的な電場強度は $\bm{E}(\bm{r}) \propto \bm{E}° \cos(\bm{k}\cdot\bm{r})$ である．$\bm{k}\cdot\bm{r}$ が一定な値をもつ面の電場強度はすべて等しく（図6-2），$\bm{k}$ の方向に沿って電場強度は式(6.7)に従って変動している．一方，空間に固定されたある点での電場強度は $\bm{E}(t) \propto \bm{E}° \cos(\omega t)$ であり，角周波数 ω で振動する．これらのことから，平面波は波数ベクトルの向きに電場の変動が伝播す

Assist 波数

後述するように分光学では波数を $1/\lambda$ として扱うので注意する．

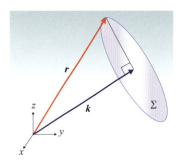

図6-2 平面波における波数ベクトルと波面
平面 Σ 内の点で電場強度はすべて同じで，このような面を**波面**(wave front)という．

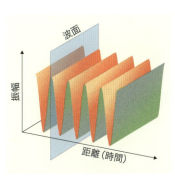

図6-3 平面波と波面

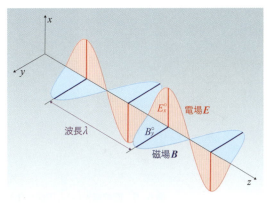

図6-4 平面波の電場と磁場
電場と磁場がともに変動しながら z 軸の正の方向に伝播している．

る波であることがわかる(図6-3).また,変動する電場はかならず磁場をともなうため,電磁波は時間的に変動する電場と磁場を互いにより合わせた縄のように空間を伝播する波と考えることができる.この様子を図6-4に示した.

6.2.2 偏 光

平面波のような横波(1.1.2項参照)の場合,電場ベクトルは波の進行方向(z軸方向)に対して垂直な面(xy平面)で振動する.したがって,電場ベクトルの向きにはxy平面内に2つの自由度がある.ここで,x軸,y軸方向の単位ベクトルをそれぞれiとjとし,次の2つの平面波を考えよう.

$$\begin{aligned}\boldsymbol{E}_x(z,\ t) &= i E_x^\circ \cos(kz - \omega t) \\ \boldsymbol{E}_y(z,\ t) &= j E_y^\circ \cos(kz - \omega t + \phi)\end{aligned} \quad (6.11)$$

重ね合わせの原理から,これらの2つの平面波からなる光は

$$\boldsymbol{E}(z,\ t) = \boldsymbol{E}_x(z,\ t) + \boldsymbol{E}_y(z,\ t) \quad (6.12)$$

と書ける.位相差ϕとそれぞれの成分の電場振幅の値E_x°,E_y°によって光電場ベクトルの振動の様子は異なる.

---

① $\phi = n \times 2\pi$ ($n = 0, \pm 1, \pm 2, \cdots$) の場合

$$\boldsymbol{E}(z,\ t) = (i E_x^\circ + j E_y^\circ)\cos(kz - \omega t) \quad (6.13)$$

となり,xy面内の$i E_x^\circ + j E_y^\circ$で定まる直線に沿って電場は振動する.このような光を**直線偏光**(linearly polarized light)という(図6-4,図6-5a,図6-6).

② $\phi = \pi/2 + n \times 2\pi$ ($n = 0, \pm 1, \pm 2, \cdots$)で,かつ$E_x^\circ = E_y^\circ = E^\circ$の場合

$$\boldsymbol{E}(z,\ t) = E^\circ [i \cos(kz - \omega t) + j \sin(kz - \omega t)] \quad (6.14)$$

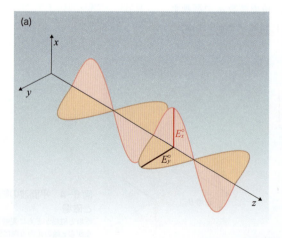
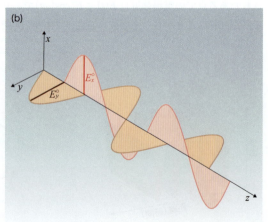

図6-5 直線偏光(a)と円偏光(b)

となり，電場ベクトルの大きさは一定（$E°$）で，方向は xy 面内を回転する．このような光を**円偏光**（circularly polarized light）という（図6-5b，図6-7）．

③ $\phi = \pi/2 + n \times 2\pi$ （$n = 0, \pm 1, \pm 2, \cdots$）で，かつ $E_x° \neq E_y°$ の場合
電場ベクトルは大きさを変えながら楕円を描くようになるので，このような光を**楕円偏光**（elliptically polarized light）という（図6-8）．

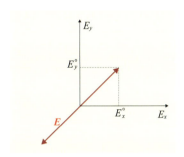 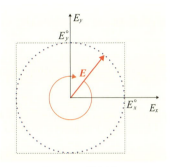 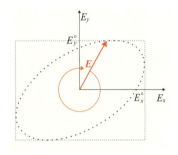

図6-6 直線偏光
電場ベクトル E の矢印の向きは振動の方向を，矢印の大きさは振動の大きさを表す．

図6-7 円偏光
図中では光電場ベクトルがその先端を破線の円に沿って時計回りに回転しているが，反時計回りに回転する場合もある．

図6-8 楕円偏光
光電場はその先端を青点線の楕円に沿って振幅を変化させながら回転する．その回転方向は，円偏光と同様に進行方向から見て，時計あるいは反時計回りである．

6.3 光の強度

真空中において，電場 E，磁束密度 B をもつ空間の単位体積あたりに満たされるエネルギーを**エネルギー密度**（energy density）といい，電磁気学によると

$$\rho_E = \frac{\varepsilon_0}{2}|E|^2 \qquad \rho_B = \frac{1}{2\mu_0}|B|^2 \tag{6.15}$$

となることがわかっている．また $\rho_E = \rho_B$ が成り立つので，電場と磁場を合わせた全エネルギー密度 ρ は

$$\rho = \varepsilon_0|E|^2 = \frac{1}{\mu_0}|B|^2 \tag{6.16}$$

となることがわかっている．これをふまえて光の強度を考えてみよう．

光は時間 Δt の間に真空中で $c_0 \Delta t$ 進むので，断面積 A，長さ $c_0 \Delta t$ の円筒体中を満たす光のエネルギーは $\rho [c_0 A \Delta t]$ である（図6-9）．したがって，光によって運ばれる単位時間，単位面積あたりのエネルギーは

$$I = \frac{\rho c_0 A \Delta t}{A \Delta t} = \rho c_0 \tag{6.17}$$

となり，これを光の**強度**（intensity）という．単位は W/m² である[†]．

光を式（6.7）で表される平面波と考えると，平面波の電場ベクトルは時間とともに変動するため，光強度を見積もるためにはその時間平均をとる必要

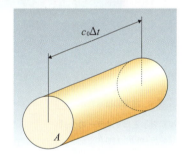

図6-9 断面積 A，長さ $c_0 \Delta t$ の円筒体

Assist 光の強度

ここでの光の強度は電磁波のエネルギーの流れを表すポインティングベクトル

$$I = c_0^2 \varepsilon E \times B$$

の係数として定義される．観測面上の単位面積あたりの照射される光のパワーは**照度**（intensity, irradiance）とよばれる．この場合も単位は W/m² である．

> **Assist** $\cos^2$ の平均値
>
> $$\begin{aligned}\langle \cos^2 \omega t\rangle_T &= \frac{1}{T}\int_0^T \cos^2 \omega t\, dt \\ &= \frac{1}{2T}\int_0^T (\cos 2\omega t + 1)dt \\ &= \frac{1}{2}\end{aligned}$$

がある．$\cos^2(\boldsymbol{k}\cdot\boldsymbol{r} - \omega t + \phi)$ の 1 周期あたりの平均値は 1/2 なので†

光の強度
$$I = \langle\rho\rangle_T c_0 = \varepsilon_0 c_0 \langle|\boldsymbol{E}|^2\rangle_T = \frac{c_0\varepsilon_0}{2}|E^\circ|^2 \tag{6.18}$$

と書ける．ここで，$\langle\cdots\rangle_T$ は 1 周期あたりの平均をとることを意味する．

例題 6.2　光の強度

真空中で $E^\circ = 10$ V/m の振幅をもつ直線偏光した平面波で表される光の強度を計算せよ．

解答

式 (6.18) において，$c_0 = 3.0\times 10^8$ m/s，$\varepsilon_0 = 8.9\times 10^{-12}$ F/m ($= \mathrm{N/V^2}$)，$E^\circ = 10$ V/m を使って次の値を得る．

$$I = \frac{1}{2}\times(3.0\times 10^8)\times(8.9\times 10^{-12})\times 10^2 = 0.13\ \mathrm{W/m^2}$$

■ チャレンジ問題

1.0 mW のレーザーが 2.0 mm のビーム径（直径）をもっているとする．ビームの回折による広がりを無視できるとして，このレーザービームのエネルギー密度 (J/m³) を計算せよ．

6.4　光の干渉

6.4.1　光の重ね合わせと強度——干渉の原理

同じ周波数をもつ 2 つの光が重ね合わされたときにどのようなことが起きるだろうか．2 つの平面波を

$$\boldsymbol{E}_1 = \boldsymbol{E}_1^\circ e^{i\phi_1} \qquad \boldsymbol{E}_2 = \boldsymbol{E}_2^\circ e^{i\phi_2} \tag{6.19}$$

> **Assist** 電場の複素表示
>
> 複素表示とはオイラーの公式
> $e^{i\theta} = \cos\theta + i\sin\theta$
> を用いて電場を振幅と位相で表す方法である．
>
>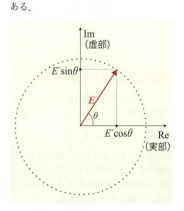

と複素表示で表す†．式 (6.6) で表される重ね合わせの原理からこの 2 つの光を合わせた電場 $\boldsymbol{E}$ は $\boldsymbol{E}_1 + \boldsymbol{E}_2$ である．光の強度は式 (6.18) に含まれる $|\boldsymbol{E}|^2$ を展開すると

$$\begin{aligned}|\boldsymbol{E}|^2 &= (\boldsymbol{E}_1^* + \boldsymbol{E}_2^*)\cdot(\boldsymbol{E}_1 + \boldsymbol{E}_2) \\ &= |\boldsymbol{E}_1|^2 + |\boldsymbol{E}_2|^2 + 2\boldsymbol{E}_1^\circ\cdot\boldsymbol{E}_2^\circ\cos(\phi_1 - \phi_2)\end{aligned} \tag{6.20}$$

となる†．ここで，$\boldsymbol{E}_1^*$，$\boldsymbol{E}_2^*$ はそれぞれ $\boldsymbol{E}_1$ と $\boldsymbol{E}_2$ の複素共役をとったものである．この式における第 1，第 2 項は重ね合わせる前のそれぞれの光の強度に由来するものであるが，第 3 項は干渉項とよばれる．位相差 $\delta = \phi_1 - \phi_2$ とおくと，光の強度 I は式 (6.18) と (6.20) から

光の干渉
$$I = I_1 + I_2 + 2\sqrt{I_1 I_2}\cos\delta \tag{6.21}$$

が得られる．ここで，$\delta = 0, \pm 2\pi, \pm 4\pi, \cdots$のときは

$$I = I_1 + I_2 + 2\sqrt{I_1 I_2} \tag{6.22}$$

となり，2つの光は強め合う(constructive interference)．逆に，$\delta = \pm \pi, \pm 3\pi, \pm 5\pi, \cdots$のときは

$$I = I_1 + I_2 - 2\sqrt{I_1 I_2} \tag{6.23}$$

と弱め合う(destructive interference)ことがわかる．すなわち，<u>重ね合わされた光の強度には位相差がきわめて重要な役割をしている</u>ことがわかる．このように波の重ね合わせによって光の強度が強め合ったり弱め合ったりすることを**干渉**(interference)という．

> **Assist 複素表示の演算**
>
> 複素表示での演算では位相項の取り扱いが楽であり，実空間での結果は最終的にはその演算結果の実部をとることにより得られる．式(6.20)では次のようになる．
>
> $E_1^* \cdot E_2 + E_2^* \cdot E_1$
> $= E_1^\circ e^{-i\phi_1} \cdot E_2^\circ e^{i\phi_2} + E_2^\circ e^{-i\phi_2} \cdot E_1^\circ e^{i\phi_1}$
> $= E_1^\circ \cdot E_2^\circ [e^{i(-\phi_1+\phi_2)} + e^{i(\phi_1-\phi_2)}]$
> $= E_1^\circ \cdot E_2^\circ [\cos(-\phi_1+\phi_2) + i\sin(-\phi_1+\phi_2) + \cos(\phi_1-\phi_2) + i\sin(\phi_1-\phi_2)]$
> $= E_1^\circ \cdot E_2^\circ [\cos(\phi_1-\phi_2) - i\sin(\phi_1-\phi_2) + \cos(\phi_1-\phi_2) + i\sin(\phi_1-\phi_2)]$
> $= 2E_1^\circ \cdot E_2^\circ \cos(\phi_1-\phi_2)$

6.4.2 波束

それでは，異なる周波数の光を重ねた場合どういうことが起きるかを考えてみよう(図5-10)．簡単のため同じ電場強度E°をもち，x軸方向に2つの平面波($\omega_1 \neq \omega_2$)が伝播する．

$$E_1 = E^\circ \cos(k_1 x - \omega_1 t)$$
$$E_2 = E^\circ \cos(k_2 x - \omega_2 t) \tag{6.24}$$

これらを重ね合わせた光の電場強度は

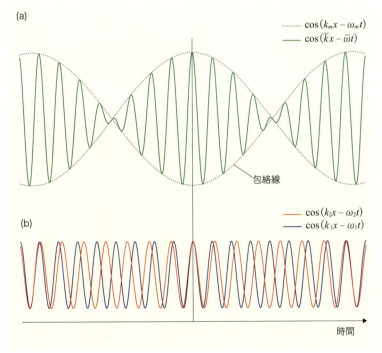

図6-10　波数の異なる光の重ね合わせ
(a)は重ね合わせた平面波の電場強度，破線は電場強度の包絡線で，うなりが見えている．(b)は重ね合わせる前のそれぞれの平面波．

$$E(t) = 2E° \cos(k_m x - \omega_m t)\cos(\bar{k}x - \bar{\omega}t) \quad (6.25)$$

となる†．ここで，$k_m = (k_1-k_2)/2$，$\omega_m = (\omega_1-\omega_2)/2$，$\bar{k} = (k_1+k_2)/2$，$\bar{\omega} = (\omega_1+\omega_2)/2$ である．すなわち，図6-10に示すように，この光は2つの平面波の平均の周波数（中心周波数）$\bar{\omega}$ で時間とともに振動するが，その電場強度には ω_m の周波数で変動するうなりが見られる†．

ここで，この光には2つの伝播速度があることに注意する．波の伝播速度は式(6.10)にあるように周波数 ω と波数 k の比で表される．したがって，中心周波数で振動する波は $\bar{\omega}/\bar{k}$ の速度で伝播しており，この速度を**位相速度**（phase velocity）という．一方，強度の包絡線で表されるうなり成分は

$$v_g = \frac{\omega_m}{k_m} \quad (6.26)$$

という速度で伝わる．この速度を**群速度**（group velocity）という．

それでは，2つの平面波だけではなく，次々と多くの平面波が重ね合わされるとどうなるだろうか．その様子を示したのが図6-11である*．ここで，重ね合わせる平面波の周波数はある周波数幅内にあるものとする．また，それぞれの平面波の電場振幅は中心周波数 ω_0 にあるものを最大とし，$\Delta\omega$ の幅をもったガウス関数†に従うとする．多くの異なる周波数の光成分が加わるごとに，それぞれの平面波の位相がそろって強め合う時間間隔が長くなっていることがわかる．

そして，周波数成分の強度がとびとびの値ではなく図6-11aに示したガウス関数にしたがって連続的に分布するような極限では，光の電場振幅はこ

Assist　cos α + cos β の公式

$$\cos\alpha + \cos\beta = 2\cos\frac{\alpha+\beta}{2}\cos\frac{\alpha-\beta}{2}$$

Assist　うなり

同様に，式(6.25)で表された電場は空間的にも $2\pi/k_m$ の波長でうなりをともなう変調を受けた光となっている．

Data　チルダ

本書では波数 (cm^{-1}) の単位で諸量を表す際，記号の上に「〜」（チルダ，tilde）をつけることとする．

Assist　ガウス関数

一般には
$$a\exp\left[-\frac{(x-b)^2}{c^2}\right]$$
という関数形をガウス関数という．

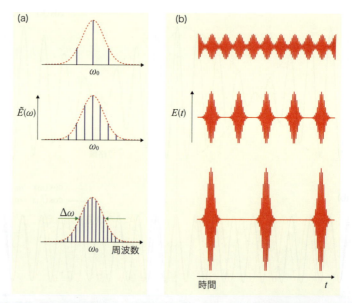

図6-11 異なる周波数をもつ多数の光の重ね合わせによる光電場振幅の時間変化
平面波の電場振幅は(a)に示すように中心波数をピークとした半値幅 $\Delta\omega$ をもつ点線で示したガウス分布 $E(\omega) = E(\omega_0)\exp\left[-\frac{(\omega-\omega_0)^2}{\sigma^2}\right]$ になっている．ここで $\Delta\omega = \sqrt{2\ln 2}\,\sigma$ である．このような周波数をもった光を時間領域で重ね合わせた結果が(b)である．

れまたガウス関数の包絡線をもったパルスとなる．すなわち，時間領域においては周波数が $\Delta\omega$ の範囲にあるものが，時間 $\Delta t = 2\pi/\Delta\omega$ の間にほぼ同じ位相をもって強め合う結果，光の**パルス**(pulse)を形成する†．すなわち，光のパルスは，ある時間(あるいは空間)領域に局在した**波束**(wave packet)である．

これは，光の波束の電場振幅の時間変化 $E(t)$（図6-11b）と周波数領域での電場振幅の分布 $\widetilde{E}(\omega)$（図6-11a）が

$$E(t) = \frac{1}{2\pi}\int_{-\infty}^{\infty} \widetilde{E}(\omega)\mathrm{e}^{-i\omega t}\mathrm{d}\omega$$
$$\widetilde{E}(\omega) = \int_{-\infty}^{\infty} E(t)\mathrm{e}^{i\omega t}\mathrm{d}t$$
(6.27)

のようにフーリエ変換（補章7節参照）によって結びつけられていることを意味する．また，光の電場振幅の空間依存性と波数空間における電場振幅との関係は，式(6.27)において $t \to x$, $\omega \to k$ と置き換えた関係が成立する†．

周波数分布 $\Delta\omega$ と時間領域でのパルス幅 Δt, パルス光の波数分布 Δk とパルスの空間的広がり Δx の間には

$$\Delta\omega\Delta t = 2\pi \qquad \Delta k\Delta x = 2\pi \qquad (6.28)$$

の関係がある．式(6.28)は周波数分布の広がりを狭めていくと，パルス幅は長くなり，逆に周波数広がりを大きくするとパルス幅が短くなることを意味している（図6-12）．より厳密には，光の波束における周波数分布とパルス幅との関係は $\Delta\omega\Delta t > 2\pi$ であり†，式(6.28)が成り立つ場合，光の波束は**フーリエ変換限界**(Fourier transformation limit)にあるという．

例題6.3 パルス

フーリエ変換限界にあるパルスの半値全幅†が 150 fs であった．このパルスの周波数領域での広がり(半値全幅)を波数の単位(cm^{-1})で求めよ．

解答

$$\Delta\omega = 2\pi\Delta\nu = 2\pi c_0 \Delta\widetilde{\nu} = \frac{2\pi}{\Delta t}$$

より

$$\Delta\widetilde{\nu} = \frac{1}{c_0 \Delta t} = \frac{1}{2.998\times 10^{10}[\mathrm{cm/s}]\times 150\times 10^{-15}[\mathrm{s}]} = 222\ (\mathrm{cm}^{-1})$$

■チャレンジ問題

超短レーザーパルスを分光器に導入し，出射スリットから出てくる光パルス強度の時間変化を測定したとする．ここで，出射スリットをしだいに狭めていったとき，パルス波形は入射する前のパルスに比べてどのようになるか述べよ．

Assist 波数ベクトルとパルス

同様に，異なる波数ベクトルをもつ平面波を重ね合わせることにより，空間領域においては，Δk の範囲にある波数をもつ光が $\Delta x = 2\pi/\Delta k$ の領域でほぼ同じ位相をもち強め合い，空間的に局在した光電場を形成する．

Assist 電場振幅の空間依存性と波数空間における電場振幅との関係

$$E(x) = \frac{1}{2\pi}\int_{-\infty}^{\infty} \widetilde{E}(k)\mathrm{e}^{-ikx}\mathrm{d}k$$
$$\widetilde{E}(k) = \int_{-\infty}^{\infty} E(x)\mathrm{e}^{ikx}\mathrm{d}x$$

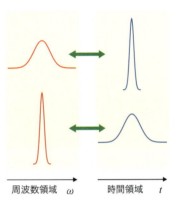

図6-12 パルス幅と周波数広がり

Assist 周波数分布とパルス幅

周波数 ω をもつ光のエネルギーは量子論的には $h\nu$ であるため，

$$\Delta E\cdot\Delta t = h\Delta\nu\Delta t > h$$

となり，「エネルギーと時間との間の不確定性」が導かれる．

Assist 半値全幅

山型の関数の広がりを表す指標．

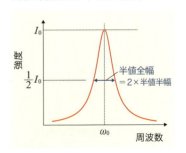

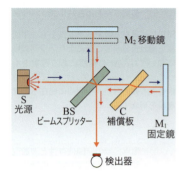

図 6-13 マイケルソン干渉計

図 6-14 マイケルソン干渉計の検出器で形成された同心円状の縞模様

6.4.3 光干渉計

それでは，光の干渉の重要な応用例であるマイケルソン干渉計 (Michelson Interferometer) について考えてみよう．この干渉計は，図 6-13 にあるように 2 つの鏡 (固定鏡 M_1 と移動鏡 M_2) と 1 つのビームスプリッター BS と位相補償用の補償板 C からなる．光源から BS に入射した光は半分が反射され，半分が透過する．反射された光は M_2 に，また透過した光は M_1 により反射され，再び BS に戻ってくる．ここで再びそれぞれの光は反射するものと透過するものの 2 つに分離されるが，M_2 により反射され BS を透過した光と M_1 により反射され BS でも反射された光は干渉し，検出器のある位置で同心円状の縞模様を形成する (図 6-14)．

2 つの光の経路は干渉計の光学配置を図 6-15 のように直線に並べ替えるとわかりやすい．すなわち，M_1 と M_2 のミラーによる光源の像ができる位置が Σ_1, Σ_2 であることに注意すると，$S_1 \to D_1$ という経路 1 と $S_2 \to D_2$ という経路 2 を通る 2 つの光路には $2d \cos\theta$ の距離の差があることがわかる．

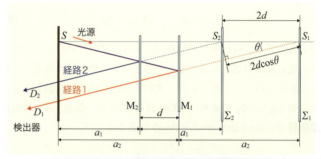

図 6-15 マイケルソン干渉計の展開図

Assist 屈折率

$$n = \frac{c_0}{c} = \frac{\lambda_0}{\lambda}$$

(c_0, λ_0 は真空中の光の速さ，波長)

この 2 つの光が同じ周波数 ω と波数 k をもつとすると，この距離の差により

$$\delta = k 2d \cos\theta = \frac{2\pi}{\lambda} 2d \cos\theta = \frac{2\pi}{\lambda_0} n 2d \cos\theta \quad (6.29)$$

の位相差が生じる．n は光が伝播する媒体の屈折率である†．$n 2d \cos\theta$ を**光路差** (optical path difference) という．したがって，m を整数とすると

$$2d \cos\theta_m = m\lambda \quad (6.30)$$

となる条件を満たしたとき波長 λ の光は強め合う．また，さまざまな m の値に応じてこの条件を満たす角度 θ_m が異なるため，検出器が存在する面には同心円の縞模様が現れる．移動鏡を動かすと光路差が変化するため，検出器における強度も変化する．そこで，干渉する 2 つの光の強度 $I°(\lambda)$ が等しいとすると，式 (6.21) より検出器の位置 ($\theta = 0$) での光強度は

$$I(\Delta x) = I°(\lambda)\left[1 + \cos\left(\frac{2\pi \Delta x}{\lambda}\right)\right] = I°(\tilde{\nu})[1 + \cos(2\pi \tilde{\nu} \Delta x)] \quad (6.31)$$

となり，移動鏡の変位 $\Delta x = 2d$ の関数として変動する (図 6-16)．ここで，

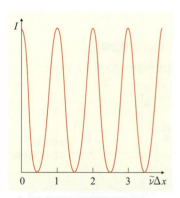

図 6-16 検出器での出力
干渉する 2 つの光の強度が等しい場合．

$\tilde{\nu}(=1/\lambda)$ も波数とよび，6.2.1 項で定義した波数ベクトルの強度 k とは $k = 2\pi\tilde{\nu}$ の関係がある．

光源が単一周波数の平面波ではなく，ある周波数領域で連続的に変化する強度分布 $I(\tilde{\nu})$ をもっている場合は，前節で述べたように互いに異なる波数をもった光が干渉するので，検出器の位置では図 6-17 に示すような同心円状の縞模様が現れる．また，$\tilde{\nu}$ から $\tilde{\nu}+\mathrm{d}\tilde{\nu}$ の範囲で検出される光の強度は

$$I(\Delta x, \tilde{\nu})\mathrm{d}\tilde{\nu} = I(\tilde{\nu})(1 + \cos 2\pi\tilde{\nu}\Delta x)\mathrm{d}\tilde{\nu} \tag{6.32}$$

図 6-17 光源の周波数が連続的に変化する場合の同心円状の縞模様の例

となり，検出器での全光強度は

$$\begin{aligned}I(\Delta x) &= \int_0^\infty I(\Delta x, \tilde{\nu})\mathrm{d}\tilde{\nu} = \int_0^\infty I(\tilde{\nu})(1 + \cos 2\pi\tilde{\nu}\Delta x)\mathrm{d}\tilde{\nu} \\ &= \int_0^\infty I(\tilde{\nu})\mathrm{d}\tilde{\nu} + \int_0^\infty I(\tilde{\nu})\cos(2\pi\tilde{\nu}\Delta x)\mathrm{d}\tilde{\nu}\end{aligned} \tag{6.33}$$

となる．ここで，第 1 項

$$I(0) = \int_0^\infty I(\tilde{\nu})\mathrm{d}\tilde{\nu} \tag{6.34}$$

は Δx に依存しない成分なので，出力波形からこれを差し引いた変動分

$$F(\Delta x) = I(\Delta x) - I(0) = \int_0^\infty I(\tilde{\nu})\cos(2\pi\tilde{\nu}\Delta x)\mathrm{d}\tilde{\nu} \tag{6.35}$$

を **インターフェログラム**（interferogram）という．大気中での実測例を図 6-18a に示す．この式は光源の周波数分布 $I(\tilde{\nu})$ が移動鏡の移動距離を変数とした強度分布に変換されていることを示している．すなわち，$I(\tilde{\nu})$ をフーリエ余弦変換した結果がインターフェログラム $F(\Delta x)$ である．

そこで，インターフェログラムを逆にフーリエ変換することによって光源強度の周波数分布 $I(\tilde{\nu})$ 得ることができる（図 6-18b）．

$$I(\tilde{\nu}) \propto \int_0^\infty F(\Delta x)\cos(2\pi\tilde{\nu}\Delta x)\mathrm{d}\Delta x \tag{6.36}$$

これが，フーリエ変換型の分光器の原理である．

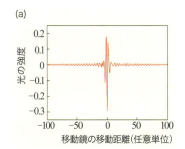

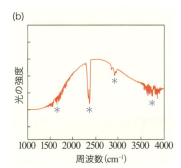

図 6-18 インターフェログラム (a) と光源強度のスペクトル (b)
スペクトル中に * で示した強度の減少は大気中の水や二酸化炭素によるもの．

6.5 光の回折

光が障害物の影の部分に回り込んで伝播する現象を **回折**（diffraction）といい，多数の光の間の干渉の結果としてとらえることができる．特に，「周期的な構造体」による光の回折は，X 線による結晶構造解析などにおける基本となる現象であり，たいへん重要である．

ここでは回折を利用した代表的な光学素子†として **回折格子**（diffraction grating）について考えてみる．回折格子とは表面に規則正しい間隔 a で並んだ凹凸をつけた構造体である．この表面に角度 θ_i で光を入射した場合，出射角 θ_m で反射する光の位相差が図 6-19 に示したように

$$a(\sin\theta_m - \sin\theta_i) = m\lambda \tag{6.37}$$

Assist 光学素子

光学機器を構成する素子のこと．光学素子にはこのほかに，鏡（平面鏡，球面鏡など），レンズ，プリズム，偏光板，フィルターなどがある．

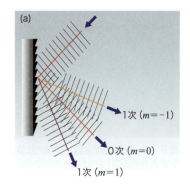

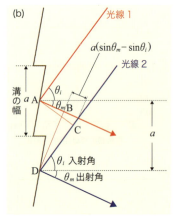

図6-19 回折格子(a)における光路差(b)

を満たすとき，光は強め合う．この干渉は回折格子に刻まれた a だけ離れたすべての溝で起きる．$m=0$ の場合は，$\theta_i = \theta_m$ となり，これは「ゼロ次光」とよばれ，単に入射光が鏡面反射したものである．これに対して，$m \neq 0$ の場合は式(6.37)を満たす多くの光による干渉(回折)の結果であり，「m 次の回折光」とよばれる．

式(6.37)は，回折光の出射角 θ_m が波長に依存することを意味している．すなわち，回折格子に幅の広いスペクトルをもつ白色光を入射させるとそれぞれの波長に応じて強め合う反射光の出射角が異なるため，出射側では虹の帯ができる．このように光を波長(振動数)に応じて空間的に分ける(すなわち分散する)ことができるため，回折格子を用いてスペクトルを分解することができる★．このような光学素子を**分散素子**(dispersive element)という．

図6-20に回折格子を用いた分光器の代表的な光学配置を示す．入射スリット S に焦点を結ぶように光を導入し，M_1 の凹面鏡で平行光とし回折格子 G に入射する．回折格子で分散された出射光は凹面鏡 M_2 によって集光面 P で焦点を結ぶ．すなわち，この光学系では入射スリットの像を集光面上に結ぶのであるが，間に回折格子があるので，集光面では波長ごとに空間的に異なる部分に結像される．集光面にスリットを置けば，回折格子により分散された光のうちある波長の光のみを分光器の外に出すことができる．このように広い波長分布をもった光から単色の光を得ることができる分光器を**モノクロメーター**(monochromator)とよぶ．また，集光面に CCD カメラを置けば，入射光の波長ごとの光強度，すなわちスペクトルを測定することができる．

Topic プリズムによるスペクトル分解
スペクトル分解はプリズムでもできるが，この場合は回折ではなく，プリズムの屈折率が光の波長により異なることを利用している．虹は空気中の水滴がプリズムとなって光がスペクトル分解されたものである．

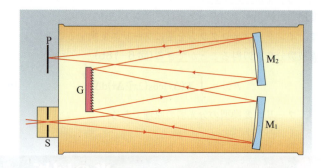

図6-20 回折格子を用いた分光器(grating monochromator)
S：入射スリット，G：回折格子，M_1, M_2：凹面鏡，P：集光面

6.6 光 子

ここまでは光を波動として記述した．しかし，1.1節で述べたように，光は波動と粒子の二重性をもっているので，ここでは光を粒子，すなわち光子としてとらえた場合について考えてみよう．前節までに述べた波動としての光のさまざまな性質が，粒子としての光子の描像とどのように対応するかを見てみよう．光子1個は式(1.7)にあるように

光子のエネルギー
$$E = h\nu = \hbar\omega \tag{6.38}$$

のエネルギーをもっている†．電子と異なり，電荷や質量をもたない粒子であり，真空中では光速 c_0 で伝播する．また，光子の運動量の大きさは

$$p = \frac{E}{c_0} = \frac{h\nu}{c_0} = \frac{h}{\lambda} \tag{6.39}$$

である．これから，波数ベクトル $\boldsymbol{k}$ は光子の運動量との間に

$$\boldsymbol{p} = \hbar \boldsymbol{k} \tag{6.40}$$

の関係がある．したがって，波数ベクトルとは光の運動量に比例する物理量であることがわかる．

> **Assist 光子のエネルギーと振動数**
>
> 屈折率 n をもつ均質な媒質においては光の速度が真空中に比べて遅くなり，その媒質中での光の波長は $\lambda = v/\nu = c/n\nu$ となるので，真空中での波長 λ_0 との関係は，$\lambda = \lambda_0/n$ である．このように，光の波長はそれが伝播する媒質によって異なるが，その振動数，すなわちエネルギーは不変である．したがって，光のエネルギーについて言及する際には，波長ではなく，振動数を用いることが本質的である．あえて，波長によって特徴づける際には真空中での波長を用いる．

Focus 6.2　　　　　　　　量子電磁気学

本章では主に光を古典的な波動として考えてきた．それでは，光の屈折(refraction)や干渉などは粒子の描像としてはどのようにとらえられるのだろうか．

まず，屈折について考えてみよう．運動量 $\boldsymbol{p}_i = \hbar \boldsymbol{k}_i$ をもつ1個の光子が，屈折率 n_1 の媒質1(たとえば空気)から屈折率 n_2 の媒質2(ガラスなど)に入射角 θ_1 で照射され，媒質2内で θ_2 の角度に伝播するとする．光子の運動量のうち，両媒質の界面に平行な成分は保存されるが，界面の法線方向の成分が変化するので，運動量の保存の法則から，次の式が成り立つ．

$$p_1 \sin\theta_1 = p_2 \sin\theta_2$$

式(6.39)を用い，上式の両辺に c_0/ν を掛けると

$$n_1 \sin\theta_1 = n_2 \sin\theta_2$$

というスネルの法則(Snell's law)になる．

このように，光子という概念を使っても波動という概念で説明された屈折の法則を導くことができたが，これはかなり厳密性を欠くものといわざるを得ない．さらに，光の干渉を光子の描像で説明するのは難しい．もちろん，前述した検出器でスクリーンに到達する光子数の空間分布を測定することはでき，その分布が干渉縞を表す結果を得ることはできるだろう．したがって，スクリーン上の1点での光子数がそこでの巨視的な光電場 $|\boldsymbol{E}|^2$ に比例することがわかる．しかし，なぜある点では光子数が他より多く，ある点では他より少ないかという干渉現象を説明したことにはならない．そもそも，波動論によると干渉とは，電磁波が空間に広がっており，その広がりの中で全エネルギーを保ちつつ，しかし空間的にはある強度分布を形成する現象である．光子を空間の1点に集約された「粒」と考えたのでは説明ができない．

この問題はファインマン(R.P. Feynman)，シュビンガー(J. S. Schwinger)，朝永振一郎，ダイソン(F.J. Dyson)らが中心となって確立した量子電磁力学(Quantum electrodynamics)という光の量子性をまともに取り込み，光と荷電粒子との相互作用を量子論的に厳密に取り扱う方法により初めて理解できる．これは本書の範疇を超えるのでこれ以上の解説はしないが，興味のある読者は次のファインマンの本などを参考にされたい．

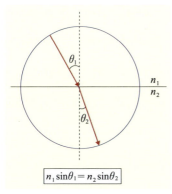

スネルの法則

Richard P. Feynman, "QED The strange theory of light and matter" (Pinceton University Press 1985). 邦訳『光と物質のふしぎな理論――私の量子電磁力学』(岩波現代文庫).

6章 光の性質

光子の集団がある面積 A を通過するとしよう．実際，光電子増倍管 (photomultiplier) という検出器を使えば，1つ1つの光子を検出することができる．さらに，光子を検出した場所を記録すると光子が検出された点からなる像を得ることができる．光子の数が少ないと，この像はまばらな点からなるが，光子の数が増えるにしたがって光子の検出像は空間的に滑らかになり，もはや粒子としての光子を識別することは困難になる．そして，同じ状態をもった多数の光子の集団では電磁波としての巨視的な電磁場が現れる[†]．すなわち，前節までに述べた単色の平面波は同じエネルギー，周波数，運動量をもち同じ方向に伝播する極めて多数の光子集団と考えることができる．

ある面積 A に入射する強度 I の入射光（振動数 ν）の場合，1秒間にこの部分を通過する光子数（光子のフラックス）は

> 光子のフラックス
> $$\Phi = \frac{AI}{h\nu} = \frac{P}{h\nu} \tag{6.41}$$

と表される．ここで P は光のパワーである．

> **Assist 光子はボーズ粒子である**
>
> 光子はスピンをもたずボーズ粒子であるため，このように同一の状態を多数の光子が占めることができる．これに対して，電子は 1/2 のスピンをもつフェルミ粒子であるため，同一状態には2つの電子しか占有することができない．

例題 6.4 光子数の計算

1.0 mW の出力をもつ He-Ne レーザー（$\lambda = 633$ nm）の単位時間あたりの光子数を計算せよ．

解答

$$\frac{P}{h\nu} = \frac{1.0 \times 10^{-3} \text{ W}}{(6.6 \times 10^{-34} \text{ Js}) \times \dfrac{(3.0 \times 10^8 \text{ m/s})}{633 \times 10^{-9} \text{ m}}} = 3.2 \times 10^{15} \text{ photons/s}$$

チャレンジ問題

パルス幅（半値全幅）が 150 fs，くり返し速度（1秒あたりのパルスの数）が 80 MHz のパルスレーザーの平均出力が 1.0 W であった．パルス波形が三角波[†]で近似できるとしてパルスのピークでの瞬間的な光のパワーと光子数を計算せよ．ただし，レーザーの中心波長は 800 nm とする．

> **Assist 三角波での近似**
>
>

6章 重要項目チェックリスト

電磁波の波動方程式 [p.105]　　$\nabla^2 \boldsymbol{E} = \varepsilon_0 \mu_0 \dfrac{\partial^2 \boldsymbol{E}}{\partial t^2}$　　$\nabla^2 \boldsymbol{B} = \varepsilon_0 \mu_0 \dfrac{\partial^2 \boldsymbol{B}}{\partial t^2}$

（$\boldsymbol{E}$：電場，$\boldsymbol{B}$：磁束密度，ε_0：真空の誘電率，μ_0：真空の透磁率）

媒質の屈折率 [p.105]　　$n = \dfrac{c_0}{c} = \sqrt{\dfrac{\varepsilon \mu}{\varepsilon_0 \mu_0}}$　　　（c_0：真空中の光速，c：媒質中の光速）

光の重ね合わせの原理 [p.107]　　$\boldsymbol{E}(\boldsymbol{r},\,t) = a_1 \boldsymbol{E}_1(\boldsymbol{r},\,t) + a_2 \boldsymbol{E}_2(\boldsymbol{r},\,t)$

平面波 [p.107]　　$\boldsymbol{E}(\boldsymbol{r},\,t) = \boldsymbol{E}^\circ \cos(\boldsymbol{k}\cdot\boldsymbol{r} - \omega t + \phi)$　　（$\boldsymbol{E}^\circ$：振幅，$\boldsymbol{k}$：波数ベクトル，ω：角周波数，ϕ：位相）

光の強度 [p.110]　　$I = \dfrac{c_0 \varepsilon_0}{2}|\boldsymbol{E}^\circ|^2$

光の干渉 [p.110]　　$I = I_1 + I_2 + 2\sqrt{I_1 I_2}\cos\delta$　　（$\delta = \phi_1 - \phi_2$：位相差）

光子のエネルギー [p.117]　　$E = h\nu = \hbar\omega$　　（ν：周波数，ω：角周波数，h：プランク定数，$\hbar = \dfrac{h}{2\pi}$）

確認問題

6・1 次に示す平面波の (a) 周波数，(b) 波長，(c) 周期，(d) 振幅，(e) 位相速度を記せ．ただし，時間 t，位置 x，振幅の単位はそれぞれ s，m，v/m である．有効数字は 2 桁で答えよ．

$$\Psi_1 = 4\sin 2\pi(0.2x - 3t)$$
$$\Psi_2 = \frac{\sin(7x + 3.5t)}{2.5}$$

6・2 屈折率が 3.0 の透明な物質を厚さ 3.0 μm の薄膜とし，これに垂直に黄色い光（真空中での波長が 580 nm）を入射した．薄膜内でのこの光の周期の数を計算せよ．

6・3 図 6-19b において 2 つの光線の光路差を考えて式 (6.37) が成り立つことを証明せよ．

6・4 真空中（$\rho = 0$，$\boldsymbol{j} = 0$，$\boldsymbol{P} = 0$）におけるマクスウェルの方程式（6.1 節 Assist 参照）から光の波動方程式（式 6.1, 6.2）を導け．ただし，任意のベクトル $\boldsymbol{F}$ において $\nabla \times (\nabla \times \boldsymbol{F}) = -\nabla^2 \boldsymbol{F} + \nabla(\nabla^2 \boldsymbol{F})$ が成り立つことに注意せよ．

6・5 次の 2 つの成分からなる平面波の偏光状態を答えよ．

$$\boldsymbol{E}(z,\,t) = \boldsymbol{i}E^\circ \cos(kz - \omega t) + \boldsymbol{j}E^\circ \cos(kz - \omega t)$$
$$\boldsymbol{E}(z,\,t) = \boldsymbol{i}E^\circ \sin(kz - \omega t) + \boldsymbol{j}E^\circ \sin(kz - \omega t + \pi/2)$$

6・6 5.0 cm^{-1} の半値全幅をもつパルス光の時間幅（半値全幅）は何 ps か．ただし，パルスはフーリエ変換限界にあるとする．

6・7 あるマイケルソン型のフーリエ変換赤外分光器では移動鏡の最大移動距離が 25 cm であった．この分光器におけるエネルギー分解能（単位 cm^{-1}）を推定せよ．また，この分解能を 0.004 cm^{-1} にするためには最大移動距離がいくら必要か．

実戦問題

6・8 偏光していない自然光などから直線偏光の光を取り出すための光学素子を直線偏光子 (linear polarizer) という．すなわち，直線偏光子を透過した光は偏光子の透過軸方向に光の電場ベクトルが振動した直線偏光となる．このように最初の偏光子により得られた直線偏光の強度を $S(0)$ とする．そこで，2つの直線偏光子を並べ，その偏光子の透過軸が互いに θ の角を成すとき，透過する光の強度が

$$S(\theta) = S(0)\cos^2\theta$$

になることを示せ〔これをマリュスの法則 (Malus's law) という〕．

6・9 図に示したように光が屈折率 n_1 の媒質から入射角 θ_1 で入射し，屈折率 n_2 の媒質2の中に屈折角 θ_2 をもって屈折するとする．以下の問いに答えよ．

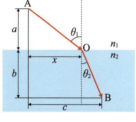

光の屈折

A. 屈折率 n と光が進む距離 s の積 ns のことを光学距離という．図のように，Aから出た光がBに達するときのAからBまでの光学距離を n_1, n_2, a, b, c, x を用いて表せ．

B. 実際の光の経路は光学距離を停留にすることが知られている（フェルマーの原理）．そこで，フェルマーの原理を用いてスネルの法則 $n_1\sin\theta_1 = n_2\sin\theta_2$ を導け．

［平成25年度 東京大学工学系研究科入試問題(物理)より］

6・10 問題 **6・9** の図において $\theta_1 = 0$ で入射する場合を考える．入射光，反射光，透過光の電場の振幅を E_I, E_R, E_T と表す．以下の問いに答えよ．

A. 電場と磁場の接続条件から，エネルギー反射率 R は

$$R = \left|\frac{E_\mathrm{R}}{E_\mathrm{I}}\right|^2 = \left|\frac{n_2 - n_1}{n_1 + n_2}\right|^2$$

となることを示せ．

B. $n_1 = 1$, $n_2 = 1.5$ とすると，入射光の何パーセントが反射されるかを計算せよ．

［平成24年度 京都大学理学研究科入試問題(物理)を改変］

7章 光と物質の相互作用

前章では，光の波および粒子としての基本的な性質を記した．本章ではいよいよ光が原子や分子（以下，分子と総称する）とどのように相互作用するか，すなわち分子がいかに光を吸収，放出，あるいは散乱するのかについて学ぶ．これは，次章以降での分子のスペクトルを理解するうえでの基本となる．

光と分子との相互作用において最も重要なものは **電気双極子遷移** とよばれるものである．なぜなら，このタイプの遷移が光と物質との相互作用のなかで最も大きな寄与をするためである．本章では，まず分子内の電子の運動を古典力学で記述し，古典的な電気双極子と光との相互作用について概観する．次に，電気双極子が量子論的にはどのように表現されるかについて考え，量子論的電気双極子と光との相互作用について学ぶ．どちらの取り扱いにおいても光は古典的な電磁波として扱う．

■ Contents

- **7.1** 古典的双極子
- **7.2** 量子論的な電気双極子
- **7.3** 光の吸収と放出の速度論
- **7.4** レーザー光
- **7.5** 吸収係数
- **7.6** 光の散乱
- **7.7** スペクトル線の形状

香港のビルから発せられるレーザー光．レーザー光は高い指向性と強度をもつ．そのしくみは，7.4節で詳しく述べる．

7.1 古典的双極子

空間のある点に固定されている，あるいは等速度運動をしている電荷は，その周りに距離の2乗に反比例する強度をもつ電場を放射線状にもたらす(6.1節参照)．しかし，時間とともに変動し空間を伝播する電磁波(光)を発生することはない．一方，<u>電荷が外力を受けて加速度運動をすると，加速度運動の方向と垂直な方向へ伝播する電磁波を発生する</u>[†]．逆に，<u>加速度運動をする電荷は電磁波を吸収できる</u>．このように，電荷の加速度運動と電磁波の吸収・放射は密接に関係している．

> **Assist　電荷と電磁波**
>
> 電荷が電磁波を吸収，あるいは放射するということは電荷と電磁場との間にエネルギーのやりとりがあることを意味する．たとえば光を吸収する際には電荷(質量m)は電磁波から外力Fを印加される．ニュートンの運動方程式$F=ma$にあるように，この外力により電荷は加速度aを得る．電磁波の放射はこの逆の過程である．このように，電磁波の吸収・放射には電荷の加速度運動を伴う．

7.1.1 電気双極子の運動

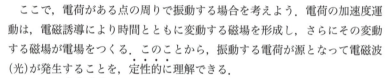

ここで，電荷がある点の周りで振動する場合を考えよう．電荷の加速度運動は，電磁誘導により時間とともに変動する磁場を形成し，さらにその変動する磁場が電場をつくる．このことから，振動する電荷が源となって電磁波(光)が発生することを，定性的に理解できる．

もう少し定量的な議論をするために，図7-1のような$+e$の正電荷と負電荷$-e$(ここでは電子とする)をもつ古典的な**電気双極子**(electric dipole)と電磁波との相互作用を考えてみる．電気双極子モーメントは$\mu = er$と表せる．rは正電荷の位置を基準とした電子の位置を示すベクトルで，その大きさは両電荷の間の距離である[†]．また，簡単のため正電荷の質量Mは電子の質量mに比べて十分大きく，電場の中でも不動であるとする．rの向きにx座標をとり，電子は平衡位置$x=0$に保持されているとする．すなわち，電子が平衡位置からずれると，その変位量xに応じて平衡位置に引き戻す力Fが常に働く．xが十分小さい場合は，この**復元力**(restoring force)を$F(x)=-kx$と近似できる．ここで，kは正の値をもつ一種のバネ定数である．この電子の運動を記述するニュートンの運動方程式は次のようになる．

> **電子のニュートン運動方程式**
> $$F = m\frac{d^2 x(t)}{dt^2} = -kx(t) \tag{7.1}$$

この微分方程式を解くと次のようになる[†]．

> **Assist　電気双極子モーメント**
>
> rだけ離れた2個の電荷$+q, -q$をもつ電気双極子は，ベクトルで表され，以下の電気双極子モーメントをもつ．
>
> $$\mu = qr$$
>
> ここでrは，$-q$の質点から$+q$の質点に向けて引いたベクトルである．

> **Assist　固有振動数とバネ定数**
>
> 式(7.2)の導出には，固有振動数とバネ定数の間に
>
> $$\omega_0 = \sqrt{\frac{k}{m}} \quad k = m\omega_0^2$$
>
> の関係があることを使っている．

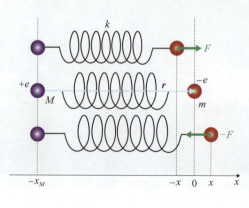

図7-1：古典的な電気双極子
単振動する一次元調和振動子であり，バネ定数をk，そして$M \gg m$とする．変位xと復元力Fは逆に向いている．

$$x(t) = x_0 \cos(\omega_0 t + \phi) \tag{7.2}$$

すなわち，電子は固有振動数 ω_0 で ϕ を初期位相とする単振動をすることがわかる．このように振動する電子の運動は等速度運動ではなく，加速度 $a = \dot{v} = d^2x/dt^2$ をもつ加速度運動である（図7-2）．したがって，このような<u>電気双極子は光と相互作用をして光を吸収あるいは放出することができる</u>．

7.1.2 電気双極子がつくる電磁場

このような振動をする古典的な電気双極子がつくる電場がどのように空間中を伝播するかを考えてみよう．図7-3b に示すように電気双極子から十分離れた距離 R にある位置で，電磁波が単位ベクトル $\boldsymbol{n}$ の方向につくる電場 $\boldsymbol{E}$ および磁場 $\boldsymbol{B}$ は，電磁気学によると次のように書ける[†]．

$$\boldsymbol{E}(\boldsymbol{R}, t) \propto \left[\frac{(\boldsymbol{n} \times \boldsymbol{\mu}) \times \boldsymbol{n}}{R}\right]_{t-R/c_0} \tag{7.3}$$

$$\boldsymbol{B}(\boldsymbol{R}, t) \propto \left[\frac{\boldsymbol{n} \times \boldsymbol{\mu}}{R}\right]_{t-R/c_0} \tag{7.4}$$

ここで，R/c_0 は距離 R まで電磁波が到達する遅延時間を示している．また，振動する電気双極子から角 θ の方向に放出される単位立体角[†] $d\Omega$ あたりの光の平均パワーの θ 依存性 $P(\theta)$ は，

$$P(\theta) d\Omega \propto |\boldsymbol{\mu}|^2 \sin^2\theta \, d\Omega \tag{7.5}$$

であり，図7-3a にその空間パターンを示す．<u>時間とともに電気双極子の振動方向と垂直な方向に電磁波が主に伝播し，振動方向と平行な向きには伝播しない</u>ことがよくわかる．すなわち，電気双極子から放出される電磁波は空間的にはたいへん偏っている．

このように，振動する古典的な電気双極子が電磁波を発生する様子を示したが，今までの議論には1つ問題がある．電磁波を放出するということは，

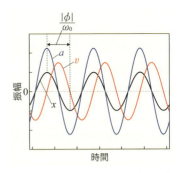

図7-2 単振動における変位 x，速度 v，加速度 a の時間変化

Assist 光の強度と電場

式(7.3)中にある $\boldsymbol{n} \times \boldsymbol{\mu}$ の大きさは，
$$|\boldsymbol{n}||\boldsymbol{\mu}|\sin\theta = |\boldsymbol{\mu}|\sin\theta$$
と書ける．

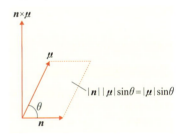

また光の強度は式(6.18)より $|\boldsymbol{E}|^2$ に比例するから，次のように表せる．
$$P(\theta) \propto |\boldsymbol{\mu}|^2 \sin^2\theta$$

Assist 単位立体角

立体角とは，半径 r の球面上の面積 dS に対する立体的な広がりを，その球面の中心において表す量である．単位立体角は次の式で表せる．
$$d\Omega = \frac{dS}{r^2}$$

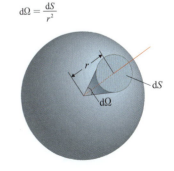

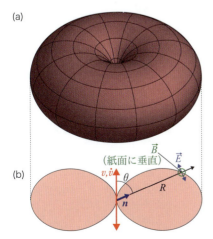

図7-3：振動する電気双極子から放射される電磁波の平均パワー
(a) 三次元の立体図．(b) この立体の中心軸を通る平面（電気双極子を含む平面）で切断した断面図．赤矢印は速度 v，加速度 $\dot{v}$ で振動する電気双極子を表す．

電気双極子がそれにともないエネルギーを損失し，振動の振幅が小さくなるはずだが，これが考慮されていない．そこで，エネルギー損失を表すものとして振動運動の速度 $v = dx/dt$ に比例するような減衰項を運動方程式 (7.1) に導入する†．

> **Assist　単振動の減衰項**
> ここで導入した減衰項は，分子レベルでのメカニズムを考慮したものではなく，単振動のエネルギーが散逸していく現象を記述するための便宜的なものである．物理的には 図7-1 の単振動する電荷に摩擦力 $-2m\Gamma v$ が働いている場合に相当する．

$$F = m\frac{d^2 x(t)}{dt^2} = -m\left[2\Gamma\frac{dx(t)}{dt} + \omega_0^2 x(t)\right] \quad (7.6)$$

この解は

$$x(t) = x_0 \exp(-\Gamma t)\cos(\omega_d t + \phi) \quad (7.7)$$

と表せ，変位 x が Γ の速さで減衰しながら振動数 $\omega_d = \sqrt{\omega_0^2 - \Gamma^2}$ で振動する，いわゆる**減衰振動** (damped oscillation) となる．また，放射される電磁波の電場の振幅は次のようになる†．

> **Assist　電場の振幅**
> 電磁波の電場の振幅は $\ddot{v}$ に比例し，$\ddot{v} = d^2 x/dt^2$ と式 (7.3) から，電気双極子の変位 $x(t)$ から電磁波の電場を求めるには，式 (7.7) の $x(t)$ の時間に関する2階微分をとればよい．

$$|E(t)| = |E_r|\exp(-\Gamma t)\cos(\omega_d t + \phi) \quad (7.8)$$

これも時間とともに減衰する．

7.1.3　電磁波の周波数分布

ここまでは，古典的な電気双極子が放出する電磁波の空間分布について考えた．それではこの電磁波はどのような周波数分布をもっているだろうか．6.4節で学んだように，時間的に変動する電場とその周波数成分はフーリエ変換(補章7節参照)で結びつけられている．したがって，簡単のため $\phi = 0$ とし，電場の振幅の時間変化を表した式 (7.8) をフーリエ変換すると†，

> **Assist　フーリエ変換と偶関数**
> ここでのフーリエ変換では，厳密には式 (7.8) が時刻 $t=0$ で折り返した時間に関して偶関数となっていると仮定しており，フーリエ余弦変換を用いている．

$$|E(\omega)| = \frac{|E_r|}{\sqrt{2\pi}}\int_{-\infty}^{\infty}\exp(-\Gamma t)\cos(\omega_d t)\exp(i\omega t)dt$$
$$\propto \left[\frac{1}{i\Gamma + (\omega - \omega_d)} + \frac{1}{i\Gamma + (\omega + \omega_d)}\right]$$

が得られる．ここで，電磁波の周波数 ω が振動子の振動数 ω_d に近い ($\omega \approx \omega_d$) 場合，$\omega_d + \omega$ を分母にもつ第2項は第1項にくらべて無視できるので

> **Assist　回転波近似**
> $\omega \approx \omega_d$ の周波数領域で考えると，第1項は $\Delta\omega = \omega - \omega_d \approx 0$ でゆっくり変化する成分であるのに対して，第2項はほぼ $2\omega_d$ で速く振動する成分である．そのため十分長い時間をかけて観測すると第2項の寄与は無視できる．このような近似を回転波近似という．

$$|E(\omega)| \propto \frac{1}{i\Gamma + (\omega - \omega_d)} \quad (7.9)$$

と近似することができる†．したがって，電場強度の周波数分布，すなわちスペクトルは

$$|E(\omega)|^2 = g(\omega_d)\frac{\Gamma^2}{\Gamma^2 + (\omega - \omega_d)^2} \quad (7.10)$$

であり，図7-4 のように $\omega = \omega_d$ で最大値をとる．このようなスペクトル線形を**ローレンツ型** (Lorentz-type) という．また，この最大値を与える周波数を**共鳴周波数** (resonance frequency) とよぶ．

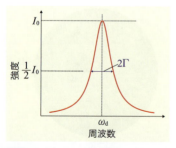

図7-4　ローレンツ型のスペクトルの形状

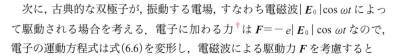
7.1.4 電磁波による双極子の駆動

次に，古典的な双極子が，振動する電場，すなわち電磁波$|\boldsymbol{E}_0|\cos\omega t$ によって駆動される場合を考える．電子に加わる力[†]は$\boldsymbol{F}=-e|\boldsymbol{E}_0|\cos\omega t$ なので，電子の運動方程式は式(6.6)を変形し，電磁波による駆動力 $\boldsymbol{F}$ を考慮すると

$$m\left[\frac{d^2 x(t)}{dt^2}+2\Gamma\frac{dx(t)}{dt}+\omega_0^2 x(t)\right]=-e|\boldsymbol{E}_0|\cos\omega t \tag{7.11}$$

である．この方程式の特解[†]として

$$x(t)=\text{Re}[X\exp(-i\omega t)]=\frac{1}{2}X\exp(-i\omega t)+\text{c.c.} \tag{7.12}$$

を求めると[†]

$$X=\frac{-e|\boldsymbol{E}_0|}{m}\left(\frac{1}{\omega_0^2-\omega^2-2i\Gamma\omega}\right) \tag{7.13}$$

となる．損失がない，すなわち $\Gamma=0$ の場合には次のようになる．

$$x(t)=\frac{-e|\boldsymbol{E}_0|}{m}\left(\frac{1}{\omega_0^2-\omega^2}\right)\cos\omega t \tag{7.14}$$

損失のある場合，ここでも $\omega\approx\omega_0$ 近傍で回転波近似を用い，$\omega+\omega_0\approx 2\omega$ とおくと次のようになる．

$$X\approx\frac{-e|\boldsymbol{E}_0|}{2m\omega}\left(\frac{1}{\omega_0-\omega-i\Gamma}\right) \tag{7.15}$$

このように，<u>電気双極子は電磁波と相互作用することにより，その複素振幅が変化する</u>．特に，電磁波の周波数が ω_0 に近づくほど，振幅が増大する．これは，電磁波のエネルギーの一部が電気双極子に吸収されるためである．このことをもう少し数量的に考えてみよう．

電磁波が双極子になす仕事は力と変位の積

電磁波が双極子になす仕事
$$W=\boldsymbol{x}\cdot\boldsymbol{F}=-\boldsymbol{x}\cdot e\boldsymbol{E}\equiv -\boldsymbol{\mu}\cdot\boldsymbol{E} \tag{7.16}$$

で表される[*]．ここで，電子に加わる力 $\boldsymbol{F}=-e\boldsymbol{E}_0\cos\omega t$ と電子の変位 $\boldsymbol{x}$，すなわち電気双極子 $\boldsymbol{\mu}$ の方向が平行であれば，印加された電磁波は電子に

$$W=-ex\boldsymbol{E}_0\cos\omega t \tag{7.17}$$

の仕事をする．時間 t における瞬時の仕事量，すなわち仕事率（パワー）は外力がなす仕事の時間微分をとればよい．しかし，電磁波の電場強度は時間的に変動しているので，その単位時間あたりの仕事率，すなわち平均パワー $\bar{P}(t)$ を求めるためには，この瞬間的なパワーを1周期 $(T=2\pi/\omega)$ で時間積分すればよい．その結果

$$\bar{P}(t)=\frac{1}{T}\int_0^T d\tau\dot{x}(t+\tau)(-e)|\boldsymbol{E}_0|\cos[\omega(t+\tau)]=-\frac{1}{4}e|\boldsymbol{E}_0|i\omega X^*+\text{c.c.}$$
$$=\frac{1}{8}\frac{e^2|\boldsymbol{E}_0|^2}{m\Gamma}\left[\frac{\Gamma^2}{(\omega_0-\omega)^2+\Gamma^2}\right]>0 \tag{7.18}$$

となる．この式は<u>電気双極子が電磁波を吸収し，そのエネルギーを一種の摩</u>

Assist 電子に加わる力（ローレンツ力）

電荷 $-e$ をもつ荷電粒子が電場 $\boldsymbol{E}$ により受ける力は $\boldsymbol{F}=-e\boldsymbol{E}$ である．

Assist 強制振動の一般解と特解

振動する外力で駆動される振動を「強制振動」という．式(7.11)を解くには，まず外力がない場合の方程式を満足する解（一般解）を求め，次に式(7.11)を満たす式(7.12)のような1つの解（特解）を求め，これらの和が式(7.11)の解となる．ここでは一般解が式(7.7)に相当し，これは長い時間が経てば減衰する過渡的なものである．これに対して，特解である（式7.14）はその後も定常的に振動する項であり，「定常振動解」ともいわれる．

Assist C.C.

複素数 $a+ib$ に対して $a-ib$ を複素共役という．c.c. はその前の項の複素共役をとることを意味し，complex conjugate の略である．

Data 仕事

仕事$(J=\text{kg m}^2\text{s}^{-2})$
$=$ 力$(N)\times$ 変位(m)

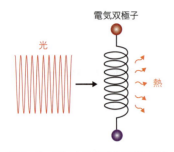

図7-5 光による駆動力で強制的に振動し，減衰項(摩擦項)で熱としてエネルギーを散逸する電気双極子

擦力による熱の放出として消費する減衰過程であることを示している(図7-5)．また，エネルギーの吸収は共鳴周波数 $\omega = \omega_0$ で最大となる．

共鳴周波数は電気双極子固有のものであり，電気双極子が原子・分子のどのような運動によってもたらされるかが重要である．電気双極子をつくる振動運動のタイプによってその共鳴条件を満たす周波数帯(波長)は異なる．

分子には分子全体の回転，分子を構成する原子核の振動，分子内の電子の運動があるが，これらの運動の典型的な特性周波数とこれに対応する電磁波の波長領域は次のようになる(図7-6)．

- 分子の回転運動：周波数 $10^9 \sim 10^{11}$ Hz であり，これはマイクロ波領域 ($\lambda = 0.3$ m ~ 3 mm)の光と共鳴する．
- 分子内の振動運動：$10^{13} \sim 10^{14}$ Hz の周波数帯であり，これは赤外領域 ($\lambda = 30$ μm ~ 0.7 μm)に共鳴周波数をもつ．
- 電子の運動：原子核にくらべてその質量がはるかに小さいため，その運動は速く，その特性周波数は $10^{14} \sim 10^{16}$ Hz である．これは可視・紫外領域($\lambda = 700$ nm ~ 200 nm)に共鳴周波数をもつ．

このように，古典的な電気双極子の運動と光との相互作用は，電気双極子の特性振動数と共鳴する光の吸収や放出，電気双極子の振動方向と相互作用する光の偏光の向きなど，いくつかの重要な特徴を表現することができ，また直感的な理解を促す．しかし，原子・分子は厳密には古典力学ではなく，量子力学に従う微視的な粒子である．したがって，ここで述べた古典的な描像を量子論的なものへと発展させねばならない．これを次節で述べる．

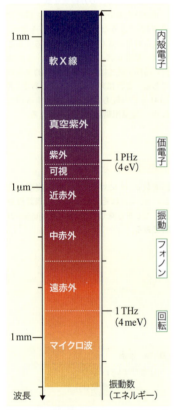

図7-6 光の周波数(波長)領域とさまざまな運動との関係

例題 7.1 電気双極子の振動と偏光

振動する古典的な電気双極子から放出される光の強度が最大となるのはどの方向で，かつ，その光の偏光状態はどのようなものかを答えよ．

解答

式(7.5)より電気双極子とは垂直な方向で光強度は最大となり，また，その光電場ベクトルは電気双極子の振動方向と平行な直線偏光である．

チャレンジ問題

細い金属のワイヤーを平行に張ったグリッドを，赤外光やそれよりも長い波長領域での偏光子として使うことができる．図7-7のように光の進行方向を z 軸にとり，グリッドを xy 面に配し，ワイヤーを y 軸方向に張ったとする．これを透過する光はどの方向に偏光しているか．その理由もあわせて記せ．

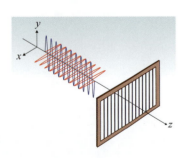

図7-7 ワイヤーグリッドの偏光子

7.2 量子論的な電気双極子

前節では振動する電子が電磁波との相互作用でどのようにふるまうかを古典的に取り扱い，電気双極子が光を吸収したり，放出したりする様子について述べた．しかし，古典的な双極子を用いた方法では，電子のエネルギーは連続的であり，原子や分子内に束縛された電子のような離散的なエネルギー状態を表すことはできない．また，水素原子の 2p 軌道を占める電子状態(^{2}P) から最低エネルギー準位である 1s 軌道を占める電子状態へは強く発光して遷移するが[†]，2s 軌道を占める状態から 1s 軌道への遷移は起きないということを，古典的双極子モデルでは説明することができない．ここでは，このような光と電子との相互作用を量子論的にはどのように取り扱えばよいか，古典的な電気双極子を量子論的にはどのように表現すればよいかについて記す．

Assist ライマン系列

水素原子における主量子数 n と m の準位間の遷移はリュードベリ定数 $\widetilde{R}_\infty = 109737.3 \text{ cm}^{-1}$ を用いて

$$\widetilde{\nu} = \widetilde{R}_\infty \left(\frac{1}{m^2} - \frac{1}{n^2} \right)$$

で表される．$n = m+1, m+2, \cdots$ の準位から最低準位である $m=1$ (^{2}S) への遷移にもとづく一連の発光スペクトル線をライマン系列という．このなかで $n=2$ (^{2}P) から $m=1$ (^{2}S) への遷移による発光が 122 nm に現れる．

7.2.1 電場の影響を受けた水素原子の波動関数

前節では電気双極子が電磁波のもたらす電場にどのように応答するかを，古典力学に従う運動方程式を解くことによって考えた．ここでは，最も簡単な例として，水素原子の光との相互作用を量子論的に考えてみよう．

水素原子では，負の電荷をもつ電子が正電荷をもつ原子核との間のクーロン相互作用により原子核の近傍に空間的に束縛されている．このような微視的な系は位置と運動量の不確定性原理が成り立つ量子論的な系であるため，古典論のように電子の運動の軌跡を運動方程式によりつぶさに調べることは不可能である．

量子論では電子の状態を波動関数 $\Phi(\mathbf{r}, t)$ で表す（$\mathbf{r}$ は電子の位置を示すベクトル）．したがって，時刻 t における電荷密度 $e\Phi(\mathbf{r}, t)^* \Phi(\mathbf{r}, t) = e|\Phi(\mathbf{r}, t)|^2$ が入射電磁波に対してどのように応答するかに注目すればよい．

水素原子の 1s, 2p 状態にある電子の固有エネルギーを $E_a = \hbar\omega_a$, $E_b = \hbar\omega_b$ とすると，それぞれの波動関数は次のように書ける[†]．

$$\Phi(x, t) = \phi_j(\mathbf{r}) \exp(-i\omega_j t) \qquad j = a, b \qquad (7.19)$$

まず，1s 軌道にある電子を考えよう．時刻 $t=0$ に水素原子は基底状態，すなわち電子は 1s 軌道にあるとし，その波動関数を

$$\Phi(\mathbf{r}, 0) = \phi_a(\mathbf{r}) \qquad (7.20)$$

と書く．この状態の電子の電荷密度は $r=0$ の周りで球対称で等方的な分布をしている．これに時間に依存しない静的な電場が印加されると，電場の向きに沿って電荷密度が歪み，等方的な分布から異方的な分布，すなわち，分極した状態へと変化する[†]．静電場の代わりに周波数 $\omega = \omega_b - \omega_a$ で振動する電磁波の電場が印加された場合は，電荷密度はこの周波数で揺れ動く．

このように電場が印加されて分極した状態は量子論的には，1s と 2p 状態

Assist 波動関数の変数分離

量子系の運動方程式である時間に依存するシュレーディンガー方程式は，$\hat{H}$ を系のハミルトニアンとすると

$$i\hbar \frac{\partial \Phi}{\partial t} = \hat{H}\Phi$$

である．ここで，空間部分と時間部分を

$$\Phi(x, t) = \phi(x)\theta(t)$$

とし，この方程式に代入して式を整理すると

$$i\hbar \frac{1}{\theta} \frac{d\theta}{dt} = \frac{1}{\phi} \hat{H}\phi$$

となる．ここで，$\hat{H}$ が時間に依存しない場合には，系のエネルギー E は一定であり

$$\hat{H}\phi = E\phi$$

となるので，θ は次のようになる．

$$i\hbar \frac{d\theta}{dt} = E\theta$$

これを積分すると

$$\theta \propto e^{-iEt/\hbar}$$

となる．したがって，全体の波動関数は次のように書ける．

$$\Phi(x, t) = \phi(x) e^{-iEt/\hbar}$$

Assist 分極

電荷の空間分布が変化して，7.1.1 項で述べたような電気双極子モーメントを生じる現象．

の重ね合わせとして表現することができる．すなわち，電場の影響を受けた状態の時刻 t における波動関数は次のようになる．

$$\Phi(r, t) = c_a \exp(-i\omega_a t)\phi_a(r) + c_b \exp(-i\omega_b t)\phi_b(r) \tag{7.21}$$

ここで，$c_i (i = a, b)$ は係数であり，この分極した状態にどの程度 1s と 2p 状態が寄与しているかを表す．

物理的には，存在確率を示す $|\Phi|^2$ は波動関数の位相に依存しないため，式 (7.21) の各項に $\exp(i\omega_a t)$ を乗じても実質的には影響はない[†]．したがって，式 (7.21) は次のように書き直すことができる．ここで $\omega = \omega_b - \omega_a$ である．

$$\begin{aligned}\Phi(r, t) &= c_a \phi_a(r) + c_b \exp[-i(\omega_b - \omega_a)t]\phi_b(r) \\ &= c_a \phi_a(r) + c_b \exp(-i\omega t)\phi_b(r)\end{aligned} \tag{7.22}$$

7.2.2 波動関数の時間的変化

この波動関数がどのように時間的に変化するかを一次元の動径方向のみに注目したものを図 7-8 に示す．光との相互作用により，2p 状態の寄与が時間とともに相対的に変動するため，式 (7.21) の重ね合わせ状態の波動関数が変化する．特に，$t = 2n\pi/\omega$ においては $\exp(-i\omega t) = 1$ となるので波動関数は次のようになる．

$$\Phi\left(x, \frac{2n\pi}{\omega}\right) = c_a \phi_a(x) + c_b \phi_b(x) \tag{7.23}$$

一方，これより π/ω だけ遅れた時刻では $\exp(-i\omega t) = -1$ となるので波動関数は

$$\Phi\left[x, \frac{(2n+1)\pi}{\omega}\right] = c_a \phi_a(x) - c_b \phi_b(x) \tag{7.24}$$

となる．したがって，電荷密度 $e\Phi^*\Phi$ は図 7-8 に示すようにこの時間間隔で左右に揺れ動く．また，その周期は $T = 2\pi/\omega = 1/\nu$ である．すなわち，この重ね合わせ状態が，2p と 1s の準位間のエネルギーと共鳴する角周波数 ω をもつ光（光子のエネルギー $E = \hbar\omega$）と相互作用している電気双極子を，量子論的に表現したものである．

> **Assist** $\exp(i\omega_b t)$ を乗ずる
>
> 式 (7.21) と式 (7.22) の表現を使って素直に $\Phi = \Phi^*\Phi$ を計算してみれば，このことは説明できる．また，Φ を複素表面上の点として考えると，$\exp(i\omega_b t)$ を乗ずるということは単に $\omega_b t$ だけ原点の周りで回転させることに相当し，原点からの距離（振幅）を変化させるものではない．

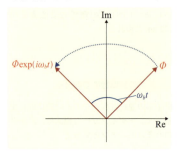

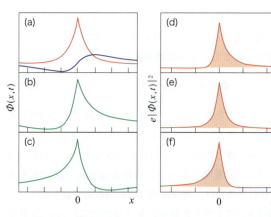

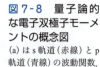

図 7-8　量子論的な電子双極子モーメントの概念図
(a) は s 軌道（赤線）と p 軌道（青線）の波動関数．(b) (c) はそれぞれ $t = 2n\pi/\omega$，$t = (2n+1)\pi/\omega$ における波動関数．(d) (e) (f) はそれぞれ，$t = 2n\pi/\omega$，$t = (2n+1/2)\pi/\omega$，$t = (2n+1)\pi/\omega$ における電子密度分布．時間とともに (d) → (e) → (f) → (e) → (d) と電荷分布は π/ω で振動する．

7.2 量子論的な電気双極子

このような電気双極子モーメントの大きさ μ は、er の期待値 $\langle er \rangle$（Focus1.3 参照）で次のように表される。

光と相互作用する電気双極子モーメントの大きさ
$$\mu = \langle er \rangle = \int \Phi^* \hat{\mu} \Phi \mathrm{d}r = \mu_{ab} c_a^* c_b \exp(-i\omega t) + \text{c.c.} \tag{7.25}$$

これは遷移周波数 ω で振動する。ここで

遷移行列要素
$$\mu_{ab} = \langle a|\hat{\mu}|b \rangle \tag{7.26}$$

を**遷移行列要素**（transition matrix element）という。この意味は 8 章で詳しく述べる。

ここまで、光と量子論的な電気双極子との相互作用を図式的に説明したが、両者の間の相互作用は具体的にどのように表現すればよいだろうか。それは、古典的な場合の相互作用を表す式(7.16)を量子論として書き直し[†]

光と電気双極子の相互作用
$$\hat{H}_{\text{int}} = -\hat{\mu} E(t) \tag{7.27}$$

となる[†]。また、量子力学の教えるところにより、状態 $|a\rangle$ から状態 $|b\rangle$ への遷移確率は遷移行列要素 $\langle a|\hat{\mu}|b\rangle$ の絶対値の 2 乗

$$|\langle a|\hat{\mu}|b\rangle|^2 = \left| \int \phi_a(r)^* \hat{\mu} \phi_b(r) \mathrm{d}r \right|^2 \tag{7.28}$$

に比例する。遷移行列要素がゼロでない場合は状態間の電気双極子遷移が可能であり、この場合、電気双極子遷移は**許容**（allowed）であるという。逆に遷移行列要素がゼロの場合、遷移は**禁制**（forbidden）であるという。

例題 7.2　電子双極子モーメントの大きさと遷移の可否

電気双極子モーメント $\mu = er$ の期待値 $\langle er \rangle$ が式(7.25)となることを示せ。

[解答]

簡単にするため一次元で考える。系の波動関数は

$$\Phi(r, t) = c_a \phi_a(r) + c_b \exp[-i\omega t]\phi_b(r)$$

であるので、期待値 $\langle er \rangle$ は次のように書ける。

$$\begin{aligned}
\langle er \rangle &= \int \Phi^* \hat{er} \Phi \mathrm{d}r \\
&= e\int [c_a^* \phi_a^*(r) + c_b^* \mathrm{e}^{i\omega t}\phi_b^*(r)] \hat{r} [c_a\phi_a(r) + c_b \mathrm{e}^{-i\omega t}\phi_b(r)]\mathrm{d}r \\
&= ec_a^* c_a \int \phi_a^*(r)\hat{r}\phi_a(r)\mathrm{d}r + ec_b^* c_b \int \phi_b^*(r)\hat{r}\phi_b(r)\mathrm{d}r \\
&\quad + ec_a^* c_b \mathrm{e}^{-i\omega t}\int \phi_a^*(r)\hat{r}\phi_b(r)\mathrm{d}r + ec_a c_b^* \mathrm{e}^{i\omega t}\int \phi_a(r)\hat{r}\phi_b^*(r)\mathrm{d}r
\end{aligned}$$

ここで、上式の最後の式の第 1 項、第 2 項は被積分関数が奇関数であるためゼロとなる。これに対して第 3 項、第 4 項はどちらも被積分関数が偶関

Assist　古典力学を量子論で表すには

一般に、古典力学での位置 (x) や運動量 p_x を量子論で表現するには

$$x \longrightarrow \hat{x}$$

$$p_x \longrightarrow \hat{p}_x = -i\hbar \frac{\mathrm{d}}{\mathrm{d}x}$$

というように演算子に置き換えればよい。なお、$\hat{H}_{\text{int}}$ の「int」は interaction の略である。

Assist　電気双極子近似

一般的には、電磁場（光）と分子中の電子との相互作用には、電気双極子との相互作用だけではなく、さまざまな寄与がある。相互作用項は一般には次のように展開することができる。

$$H^{(1)} = -\mu_e \cdot \boldsymbol{E} - \mu_m \cdot \boldsymbol{B} - Q : \nabla \boldsymbol{E} - \cdots$$

ここで、μ_e, μ_m, Q はそれぞれ電気双極子モーメント（Electric dipole moment）、磁気双極子モーメント（Magnetic dipole moment）、電気四極子モーメント（Electric quadrupole moment）である。このうち電気双極子モーメントと電磁場との相互作用が最も大きな寄与をなす。通常、電気双極子モーメントは磁気双極子モーメントにくらべて 2 桁ぐらい大きいため、この項による光との相互作用が重要である。電気双極子のみを考慮する近似を**電気双極子近似**という。

数であるためゼロでない値をとり得る．したがって次のようになる．

$$\mu \propto \mu_{ab} c_a^* c_b \exp(-i\omega t) + \text{c.c.}$$

> **■ チャレンジ問題**
> 電気双極子近似のもとで，水素原子における 1s 状態から 2p 状態への遷移は許容であるが，2s 状態への遷移が禁制になることを波動関数の対称性(中心の点での反転に関する関数の偶奇)に注目して示せ．

7.3 光の吸収と放出の速度論

前節では準位 $|a\rangle$ と $|b\rangle$ の 2 準位からなる分子と光との相互作用の大きさが遷移行列要素 $\mu_{ab} = \langle a|\hat{\mu}|b\rangle$ を用いて表現できることを述べた．ここでは，光が分子の集団と相互作用したときに，光の吸収・放出過程によりその 2 準位の占有数がどのように時間に応じて変化するか，すなわち光の吸収と放出の速度論について考えてみよう．

◆ 7.3.1　1 分子による光の吸収・放出

まず，光は図 7-9 に示すように幅広いスペクトルをもっており，分子の準位 $|a\rangle$ から $|b\rangle$ への遷移の共鳴周波数近傍で光電場のエネルギー密度が

$$\rho_{\text{rad}} = \frac{\varepsilon_0}{2}|\boldsymbol{E}_0|^2 \tag{7.29}$$

で表される一定値をとるとする．エネルギー的に低い $|a\rangle$ 準位から高い準位 $|b\rangle$ への光吸収の遷移確率は，遷移行列要素の絶対値の 2 乗 $|\mu_{ab}|^2$ で表されることを 7.2.2 項で示した (式 7.28)．したがって，光の吸収確率は光の強度と $|\mu_{ab}|^2$ に比例する．アインシュタインは，この吸収の遷移確率 W を次の式で表した．

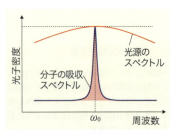

図 7-9　広い周波数分布をもった光源
赤線で示したように光強度が広い周波数にわたって緩やかに変化する光源の場合，共鳴周波数 ω_0 近傍の強度が一定であるので，光源のスペクトルの周波数分布の詳細を考慮する必要がない．これに対して光源のスペクトルが急峻に変化する場合は，これを考慮した取り扱いが必要である．

> **光吸収の遷移確率**
> $$W = B\rho_{\text{rad}} \qquad B = \frac{|\mu_{ab}|^2}{6\varepsilon_0 \hbar^2} \tag{7.30}$$

ここで B はアインシュタインの **B 係数** である．以下，ρ_{rad} は単に ρ と書く．

分子の $|a\rangle$ 準位から $|b\rangle$ 準位への光吸収がこの遷移確率で起きるのなら，逆に $|b\rangle$ 準位から $|a\rangle$ 準位への光放出も同じ確率で起きる．つまり，式(7.30)で記述される遷移確率は 2 準位間の光吸収のみならず光の放出にもあてはまる．ただし，これは常に光電場が存在するときの光吸収・放出過程における遷移確率である．これらは，光が存在することがきっかけとなって誘起される過程なので，それぞれ **誘導吸収** (stimulated absorption)，**誘導放出** (stimulated emission) とよばれる．

7.3.2 分子集団による光の吸収・放出

ここまで，光による1分子の遷移確率について考えてきたが，ある有限な温度をもつ(すなわち統計的な準位分布をもつ)分子集団と光が相互作用する場合はどうなるだろうか．

下準位に N_a 個，上準位に N_b 個だけ存在する分子の集団が光と相互作用する場合，光の吸収速度は吸収確率に下準位の占有数を乗じた $N_a B\rho$ となり，光の放出速度は $N_b B\rho$ となる(図7-10)．熱平衡状態では常に $N_a \geq N_b$ であるため，正味の吸収速度は

$$-\frac{dN_a}{dt} = N_a B\rho - N_b B\rho = (N_a - N_b)B\rho \tag{7.31}$$

となるはずである．しかし，アインシュタインは誘導放出のほかに**自然放出**(spontaneous emission)過程という別のチャンネルがあることを示した．その遷移確率は以下の **A係数**で表され，B係数とは

$$A = \frac{8\pi h\nu^3}{c^3}B \tag{7.32}$$

の関係がある．したがって，式(7.31)は正確には

光の吸収速度
$$-\frac{dN_a}{dt} = (N_a - N_b)B\rho - AN_b \tag{7.33}$$

としなければならない．式(7.32)にあるようにA係数は光の周波数が高いほど大きくなるので，一般に短波長になるほど無視できなくなる．

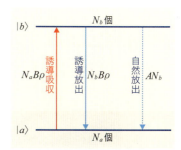

図7-10 誘導吸収，誘導放出，自然放出過程とその遷移速度

下準位 $|a\rangle$ と上準位 $|b\rangle$ の占有数はそれぞれ N_a と N_b.

例題 7.3 アインシュタイン係数の比

次の特性をもつ遷移(a)(b)について，自然放出と誘導放出のアインシュタイン係数の比 A/B を計算せよ．(a) 70.8 pm の X 線　(b) 500 nm の可視光

解答

(a) $\dfrac{A}{B} = \dfrac{8\pi h}{\lambda^3} = \dfrac{8\pi(6.626 \times 10^{-34}\,\mathrm{Js})}{(70.8 \times 10^{-12}\,\mathrm{m})^3} = 4.69 \times 10^{-2}\,(\mathrm{Jm^{-3}\,s})$

(b) $\dfrac{A}{B} = \dfrac{8\pi h}{\lambda^3} = \dfrac{8\pi(6.626 \times 10^{-34}\,\mathrm{Js})}{(500 \times 10^{-9}\,\mathrm{m})^3} = 1.33 \times 10^{-13}\,(\mathrm{Jm^{-3}\,s})$

チャレンジ問題

$3000\,\mathrm{cm^{-1}}$ の赤外光におけるアインシュタイン係数の比 A/B を計算せよ．

赤外光のように波長が長いと自然放出の確率は小さくなるので，近似的には式(7.31)が成り立つ．もし，光の強度を増して下準位にある分子を上準位に励起していくと両準位の占有数が同数 $N_b = N_a$ になる．この場合は吸収された光の量と放出される光の量が等しくなるので，見かけ上，光は吸収も放出もされないように見える．この現象を**吸収の飽和**という(図7-11)．

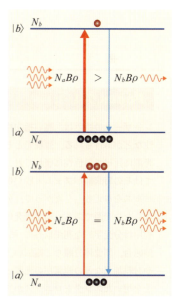

図7-11 吸収の飽和

上は通常の熱分布($N_a > N_b$)であり，物質と相互作用した後の光強度は減少する．それが，光強度の増加とともに $N_a = N_b$ となり，吸収は飽和する．このため，さらに光強度を増しても反転分布($N_a < N_b$)をつくることはできない．

一方，熱力学的に平衡状態にある分子の集団ではありえないが，もし，何らかの理由で上準位の占有数が下準位の占有数を超える ($N_b > N_a$) **反転分布** (population inversion) をとる場合には光の放出が優勢となり，吸収された光の量よりも放出量が多くなるので，系から光を取り出すことができる．これが次節で述べる**レーザー** (LASER：Light Amplification by Stimulated Emission of Radiation) の原理となっている．

7.4　レーザー光

前節の最後に，誘導放出と反転分布がレーザー光を分子や原子集団から取り出す場合の重要な要因であることを述べた．近年の分光学はレーザー光の出現により飛躍的に進歩し，レーザー光は現在でも大きな役割を果たしている．

7.4.1　誘導放出による光の増強

これまで見てきたように，励起状態にある粒子は2準位間の共鳴周波数で量子力学的な電気双極子が振動し，その振動数をもつ光を放出する．ある媒質中に光と相互作用する粒子が存在するとしよう．励起状態にある粒子の1つが基底状態へ遷移する際に光を放出しても，通常は励起粒子の周りには基底状態にある粒子が多数存在するので，放出された光はそれら近傍にある粒子に吸収される．光を吸収した粒子は励起状態となり，またその周りに光を放出し得るが，粒子間の衝突や周りの粒子との相互作用により光を放出することなく，励起エネルギーを熱として散逸してしまう確率が高い．したがって，光は媒質中を伝播するにつれて通常は減衰してしまう．

Focus 7.1　　レーザー光の利用

レーザー光の特色は，高い指向性，高強度，高い可干渉性などがあげられる．連続光としてはランプなど通常の光源に比べて単色性に優れており，また，パルス光としてはその時間幅がフェムト秒 (10^{-15} s) を切るような超短パルスを与える．したがって，分光学においてなくてはならない光源である．科学研究に限っても，レーザーの利用は分光学的な利用以外に，気相原子の冷却，レーザー核融合，同位体分離など幅広い．同時に，民生用の機器や材料加工などの産業用の光源としても重要であり，電子を用いたエレクトロニクスから光を主体としたオプトエレクトロニクスへと，ますますその利用範囲は広がっている．たとえば，レーザーレーダー，レーザーメスなどの医療への応用，光ファイバーを用いた情報分野への応用，CD・DVD の読み込みや書き込み，講演などで用いられるレーザーポインター，高強度のレーザービームを集光して金属材料を切断したり加工・溶接するなどの工業分野，また多種類の色のレーザーを駆使した舞台芸術分野に広く利用されている．

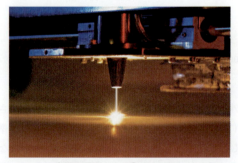

金属を切るレーザーカッター

しかし，光を放出した粒子のごく近傍に励起状態にある粒子が存在すると，放出された光はその励起状態にある粒子の誘導放出を誘起する．この場合，図7-12に示したように放出された光どうしの偏光状態と位相が一致するため光は強め合うように干渉する．したがって，その強度は光の伝播にともなって増強される．単位体積中に基底状態の粒子より励起状態の粒子が多数存在する，すなわち，反転分布が成り立っている場合は，吸収による光強度の低下よりも誘導放出による増強度が優勢なため，光が媒質中を伝播するにつれて，偏光状態と位相が揃った光の強度はますます増強される．

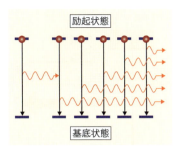

図7-12　誘導放出光の増強
ここでは，それぞれの粒子から放出される光の偏光は紙面内で一致し，また位相も揃っているとしている．

7.4.2 レーザー発振の原理

光が媒質中を伝播することにより得る単位長さあたりの光増強度，すなわち利得 (gain) は必ずしも大きくないので，通常レーザーは，上記の誘導放出を起こすレーザー媒質を2つの反射鏡の中に挿入し，光が何度もこの媒質中を折り返し伝播するような光学系で構成される．したがって，典型的なレーザーは，図7-13にあるように，レーザー媒質，光を何度も往復させることのできる2つの鏡からなる光共振器，およびレーザー媒質中の粒子の反転分布を引き起こすための励起光源からなる．2つの鏡のうちの1つはほぼ100%の反射率をもち，もう1つの鏡（出力側）はレーザー光を光共振器外に取り出すために低い反射率をもっている．したがって，光がこの2つの鏡の間を往復するたびに一部の光は共振器の外に放出されてしまい，光共振器の中の光強度は低下する．しかし，この低下分を上回るほどレーザー共振器内の利得が高くなると**レーザー発振**を起こし，出力側の鏡から強いレーザー光が放出される．このようにして得られるレーザー光は指向性がたいへん高く，また偏光状態と位相も揃っているので，お互いにたいへん干渉しやすい性質（可干渉性，コヒーレンス）をもつ．

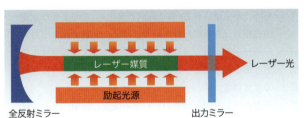

図7-13
レーザー共振器

先に述べたように，レーザー発振のためには，光と相互作用するレーザー媒質中の粒子の状態間に反転分布が成立することが必要条件である．2つの準位間のエネルギー差を ΔE とすると，熱力学的に平衡状態にある系では，上準位の占有数 N_b は下準位 N_a に比べて $N_b/N_a \approx \exp(-\Delta E/kT) < 1$ と少ない．したがって，反転分布を得るためには何らかの手段でレーザー媒質を励起し $N_b/N_a > 1$ となる非平衡状態を実現しなければならない．このためには，外部からの光によりレーザー媒質を励起することが有効だが，レーザー発振に関与する2準位間の遷移を用いただけでは，7.3節で述べたように，いくら強い光で下準位にある粒子を上準位に励起しても，上準位からの誘導放出に

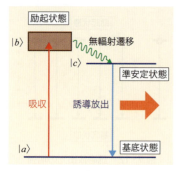

図7-14 3準位系レーザー

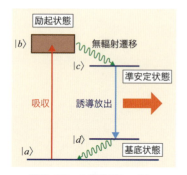

図7-15 4準位系レーザー

より下準位に脱励起されるため，吸収は飽和し，反転分布を得ることはできない．（図7-11参照）

そこで，図7-14に示す3準位系を考える．外部からの光により準位$|a\rangle$から$|b\rangle$へ励起することにより，$|a\rangle$の占有数は減少する．電子状態間の相互作用により，励起された$|b\rangle$から$|c\rangle$へと粒子が光を放出することなく遷移（無輻射遷移）することで，$|b\rangle$の占有数が$|c\rangle$へと移行する．準位$|c\rangle$が準安定状態で長い励起寿命をもつ場合，$|a\rangle \to |b\rangle \to |c\rangle$の励起経路により$|c\rangle$と$|a\rangle$との間に反転分布をつくることができる．このようなしくみでレーザー発振をする系を「3準位系レーザー」という．この場合は反転分布が達成されるとレーザー光がいったん放出されるが，その後反転分布は消失するため，レーザー光はパルス状である．このように，光パルスを出力するレーザーを**パルスレーザー**（pulsed laser）という．

3準位系では，基底状態にある粒子の半数以上を$|b\rangle$に励起しなければならず，強い励起光源が必要である．これに対して，図7-15に示す4準位系を考えてみよう．この場合はレーザー発振をどちらも励起状態である$|c\rangle$と$|d\rangle$状態間で起こそうとするものである．$|b\rangle \to |c\rangle$，および$|d\rangle \to |a\rangle$の遷移は十分速いとする．また，準位$|d\rangle$のエネルギーをE_dとすると温度Tにおけるこの準位の占有数は$\exp(-E_d/kT)$に比例するので，E_dが十分高いと熱分布によるこの準位の占有数は少なくなり，$|c\rangle$と$|d\rangle$間の反転分布を3準位系に比べてより小さな励起光強度で達成することができる．したがって，時間的に連続して発振するレーザー（continuous wave laser）には4準位系が用いられている．

Focus 7.2　　レーザー発展の歴史

現在，私たちがレーザーといって思い浮かべるのは可視域のレーザー光だが，レーザーの出現の前にはマイクロ波領域の誘導放出を用いたメーザー（MASER：Microwave Amplification of Stimulated Emission of Radiation）の発明があった．1954年にタウンズ（C. H. Townes）らのグループがアンモニアの分子線を用いて波長1.25 cmの発振に成功した．その後，より短い波長での誘導放出を利用した光の発振器の開発が精力的に行われた．そして，1960年にメイマン（T. H. Maiman）がルビーを用いて694.3 nmの可視域でのレーザーパルス発振に成功した．それを追うように貴ガスを用いた近赤外領域での連続レーザー光発振がジャバン（A. Javan）らによって達成された．

その後，半導体レーザーや色素レーザーが開発され，より広範囲な波長領域でのレーザー光が得られるようになっている．また，レーザーの高い光強度のもとだと物質は，光電場強度のn乗に比例するような応答を示す．たとえば，$n=2$の場合は入射した光の2倍の振動数をもつ光が生成される（第2高調波発生）．このような光変換過程を光非線形過程という．特に，最近では大出力のレーザー光を貴ガスに集光し，さらに高次の高調波を発生させることによりX線領域をもカバーするようになってきている．

なお，レーザーはそのレーザー媒質の種類によって以下のようなものがある．イットリウムとアルミニウムの複合酸化物（$Y_3Al_5O_{12}$）からなるガーネット構造の結晶（YAG）中のYをNdに置換し，そのイオンの準位を利用した固体レーザー（solid state laser），貴ガスや二酸化炭素などの気体を用いたガスレーザー（gas laser），半導体を用いた半導体レーザー（semiconductor laser），有機色素を溶媒中に溶かして使う色素レーザー（dye laser），化学反応を利用して準位間の反転分布をつくる化学レーザー（chemical laser），光速に近く加速した電子を用いた自由電子レーザーなどが代表的なものである．

さまざまなレーザー媒質を用いたレーザーが開発されており、レーザー発振する波長領域は遠赤外からX線領域に及ぶ。時間領域では、連続発振するものからパルス幅がフェムト秒(10^{-15} s)を切るような超短パルスも得られている。また、その出力は、パルスの先端値でペタワット(10^{15} W)もの大出力を与えるレーザーも開発されている。

7.5 吸収係数

9章で詳しく述べるが、分子はそれぞれに特有な波長の光を吸収する。そこで、分子によって吸収される光の量を縦軸に、光の波長(あるいは周波数)を横軸にして表したグラフをその分子の**吸収スペクトル**(absorption spectrum)という(図7-16)。ここでは、「吸収される光の量」をどのように計量するかについて述べる。

ある周波数をもつ入射光の強度 I_0 に対して、試料を透過した強度を I とすると、**透過率**(transmittance) T は

$$T = \frac{I}{I_0} \tag{7.34}$$

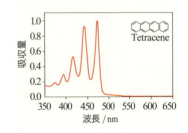

図7-16 テトラヒドロフラン中のテトラセンの吸収スペクトル

と定義される(図7-17)。断面積 A をもつ入射光が試料中の微小な厚み dl を通過するとき、光の強度の減少量 dI は、試料の体積 Adl 中にある光を吸収する分子の量 $nAdl$ に比例する。ここで n は分子の濃度である。したがって

$$AdI = -\kappa AnIdl \tag{7.35}$$

となる。ここで κ は比例係数であり、**吸収係数**(absorption coefficient)という。上式を 0 から l まで積分すると

$$\ln \frac{I}{I_0} = -\kappa n l \quad \text{あるいは} \quad I = I_0 \exp(-\kappa n l) \tag{7.36}$$

と書ける。この対数の底を10に変換し、$\kappa = \varepsilon \ln 10$ で置き換えたのが**ランベルト–ベールの法則**(Lambert-Beer law)である。

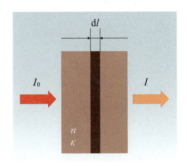

図7-17 光の吸収と透過
n:濃度,κ:吸光係数

> ランベルト–ベールの法則
> $$I = I_0 \, 10^{-\varepsilon n l} \tag{7.37}$$

この法則は光の物質による吸収を定式化したものである。ここで ε は**モル吸収係数**(molar absorption coefficient)†、あるいは単に**吸光係数**(extinction coefficient)とよばれるものである。ε と l が既知の場合は I_0 と I を実測することにより、試料中の分子の濃度を求めることができる。

モル吸収係数 ε の単位は L mol^{-1} cm^{-1} = 10^3 cm^2 mol^{-1} であり、これを1分子あたりに換算したものを**吸収断面積** σ(cm^2)という。すなわち、吸収断面積は分子1個あたりの吸収の大きさを表すものである。また、この関係を**吸光度**(absorbance)

$$A = \log \frac{I_0}{I} \tag{7.38}$$

Assist モル吸収係数

IUPACの規則では常用対数を用いたときのモル吸収係数を ε, 自然対数を用いたときは κ の記号を使用する。

で表すと

$$A = \varepsilon nl \tag{7.39}$$

と書ける．εnl は**光学密度**（optical density）とよばれる．光学密度が十分小さい（$\varepsilon nl \ll 1$）場合は，式(7.37)は

$$I \approx I_0(1 - \ln 10 \cdot \varepsilon nl) = I_0(1 - \kappa nl) \tag{7.40}$$

となるので，次のように近似できる．

$$\frac{\Delta I}{I_0} = \frac{I_0 - I}{I_0} \approx \kappa nl \tag{7.41}$$

例題 7.4　モル吸収係数と吸光度

モル吸収係数 $\kappa = 1.5 \times 10^4$ L mol^{-1} cm^{-1} の分子を含む溶液を厚みが 1.0 mm のセルに満し，吸光度を測定したところ，$\Delta I / I_0 = 1.2 \times 10^{-3}$ を得た．この溶液に含まれる溶質の濃度を求めよ．

解答

$\kappa nl = 1.2 \times 10^{-3}$ である．したがって，式(7.41)より

$$n = \frac{1.2 \times 10^{-3}}{1.5 \times 10^4 (\text{L mol}^{-1}\text{cm}^{-1}) \times 1.0 \times 10^{-1} (\text{cm})} = 8.0 \times 10^{-7} \quad (\text{mol L}^{-1})$$

チャレンジ問題

ある物質をヘキサンに溶かしたとき，270 nm におけるモル吸収係数が $\varepsilon = 855$ Lmol^{-1}cm^{-1} になることがわかっている．この波長の光が，濃度 3.25 mmol L^{-1} の溶液を 2.5 mm だけ透過したときの吸光度を求め，また透過光の強度が入射光強度の何パーセントになるかを計算せよ．

7.6　光の散乱

　量子力学的な電気双極子は光と相互作用することにより，光を吸収したり放出したりする．周波数 ω の光のエネルギー $\hbar\omega$ が基底状態から励起状態への遷移エネルギー $\hbar\omega_0$ に一致する，すなわち共鳴条件（$\omega = \omega_0$）を満足する場合，光と分子との相互作用は著しく増大する．その結果，光が吸収されると光のエネルギーが分子の内部エネルギー，たとえば電子のエネルギーに変換されたり（図7-18a），励起状態にあった分子がその内部エネルギーを光エネルギーに変換して光が放出されたりする（図7-18b）．

　それでは，共鳴条件から遠く離れている場合（図7-18c），粒子はまったく光と相互作用をしないのだろうか．ここでは，光の吸収や放出をも含んだもっと一般的な意味で，光と粒子との相互作用の結果として起きる，粒子による**光の散乱**について考えよう．

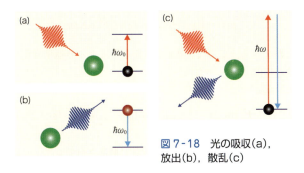

図 7-18 光の吸収(a)，放出(b)，散乱(c)

7.6.1 レイリー散乱

分子に電場 E が加えられた場合，分子内の電子はこの外場に応答し，分子の電子密度の空間分布は歪む．どれくらい歪みやすいかを記述する量が**分極率** (polarizability) α である．すなわち，分子がたとえ空間的には電荷の偏りをもっていなくとも，電場強度 E のもとでは

$$\mu = \alpha E \tag{7.42}$$

という電気双極子モーメント μ が生ずる (図 7-19)．これは外場によって誘起されたものなので**誘起電気双極子モーメント** (induced electric dipole moment) という．μ も E もベクトル量なので α はテンソルであることに注意する．印加された外部電場が，$E(t) = E_0 \cos \omega t$ というように角周波数 ω で変動する光の電場である場合，図 7-20 に示すように誘起電気双極子モーメントもこの周波数で

レイリー散乱
$$\mu(t) = \alpha(t) E(t) \tag{7.43}$$

のように変調を受ける．そして，時間的に変動する誘起電気双極子モーメントを新たな光の発生源として同じ周波数の光が放出される．この過程では<u>入射した光と分子の間でエネルギーのやりとりはない</u>．こうした一連の過程を，分子による**光の散乱**とみなすことができる．このように光との相互作用の前後で光と分子との間でエネルギーのやりとりがない散乱過程を**レイリー散乱** (Rayleigh scattering) とよぶ (図 7-18c)．光と分子の衝突という観点から見れば，この過程は弾性散乱†といえる．

7.6.2 ラマン散乱

一方，散乱過程において光と分子との間でエネルギーのやりとりがある場合もある．たとえば，光によって振動や回転などの運動が励起される場合を考えよう．光散乱の過程で，分子が周波数 ω_0 で回転や振動を励起されたり，あるいは失活したりすると，分極率自体もこの周波数で変動する．この場合，誘起電気双極子モーメントは

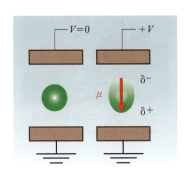

図 7-19 静電場による分極と誘起双極子

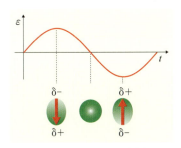

図 7-20 振動する電場が印加された場合の分極と誘起双極子

Assist 弾性散乱

散乱の前後で運動エネルギー及び内部エネルギーが変化しない散乱現象．

ラマンとラマンが用いた分光器

Topic ラマン

ラマン(C. V. Raman)は1928年に、透明な物質に単色光を照射するとこれとは異なる波長の光が散乱される、いわゆるラマン効果を発見し、1930年にノーベル物理学賞を受賞した。この発見はコンプトンのX線散乱の研究(コンプトン効果)にヒントを得たといわれている。

$$\mu(t) = \left(\alpha + \frac{1}{2}\Delta\alpha\cos\omega_0 t\right)E_0\cos\omega t \tag{7.44}$$

と表すことができる。ここで、$\Delta\alpha$ は内部運動による分極率変化の変動幅である。上式を展開すると

ラマン散乱
$$\mu(t) = \alpha E_0\cos\omega t + \frac{1}{4}\Delta\alpha E_0[\cos(\omega-\omega_0)t + \cos(\omega+\omega_0)t] \tag{7.45}$$

となる。この第1項が入射光と同じ周波数で散乱されるレイリー散乱の源である。第2項以下は光と分子の間のエネルギーのやりとりの結果生じたものであり、この過程は光子と分子との間の非弾性散乱である。この過程を**ラマン散乱**(Raman scattering)とよぶ。そのなかでも第2項を源として散乱される光は分子の内部自由度が光によって励起され、光はその分だけエネルギーを失って周波数が ω_0 だけ低下している。この散乱光を**ストークス光**(Stokes radiation)とよぶ(図7-21a)。これに対して第3項は、逆に分子から光が $\hbar\omega_0$ だけエネルギーを得た結果であり、この項を源として散乱される光を**反ストークス光**(anti-Stokes radiation)とよぶ(図7-21c)。

共鳴条件における光の吸収・放出の強度は2準位間の遷移行列要素の2乗 $|\mu_{ab}|^2$ に比例することはすでに述べた。これに対して、<u>ラマン散乱強度は式(7.45)にあるように、外部の光電場によって分子の分極率が受ける変調幅、すなわちいかに分極率が光により変調を受けやすいかによって決まる</u>。ラマン散乱は9章で述べるように、赤外吸収分光とともに分子の振動状態を調べるための有効な振動分光法の1つである。

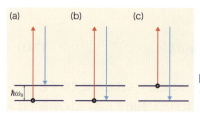

図7-21 (a)ラマン散乱(ストークス)、(b)レイリー散乱、(c)ラマン散乱(反ストークス)

7.7 スペクトル線の形状

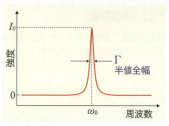

図7-22 スペクトル線

たとえば、分子に幅広い波長分布をもつ光を照射すると、図7-22に示すように分子の状態間の遷移エネルギーに共鳴する光の周波数 ω_0 に鋭い吸収線が観測される。前節までは、スペクトル線における共鳴周波数と強度より、遷移に関与する準位のエネルギー差と遷移双極子モーメントの大きさとの関係を主に述べてきた。ここでは、スペクトル線の形状がどのような要因で決まるかについて考えてみよう。

7.7.1 均一拡がり

ある状態のエネルギーが正確に決まっている定常状態では波動関数が一般に $\Psi_g = \psi_g \exp(-iE_g t/\hbar)$ と書ける (7.2.1 項 Assist「波動関数の変数分離」参照). この定常状態では文字どおりその存在確率分布 $|\Psi_g|^2 = |\psi_g|^2$ は時間に依存しない. これを基底状態としよう. この基底状態から光による遷移で生成された励起状態が何らかの原因である寿命 τ (励起寿命) でしか存在できないとする. これは, 量子論的には励起状態の存在確率が

$$|\Psi_e|^2 = |\psi_e|^2 e^{-t/\tau} \tag{7.46}$$

のように指数関数的に減衰することを意味する. ここで τ を時定数という.

6.4 節で述べたように, 時間領域で変動する量は周波数領域でさまざまな周波数成分が寄与しており, 両者はフーリエ変換で結びつけられている. また, 周波数成分の強度分布がスペクトルにほかならない. したがって, 7.1.3 項と同様な議論からスペクトル $g(\omega)$ は

ローレンツ型スペクトル
$$g(\omega) = g(\omega_0) \frac{\left(\frac{1}{2\tau}\right)^2}{(\omega-\omega_0)^2 + \left(\frac{1}{2\tau}\right)^2} \tag{7.47}$$

と書ける. このように τ で減衰する励起状態への遷移では, スペクトル線は半値全幅 (full width at half maximum) $1/\tau$ の広がりをもつローレンツ型になることがわかる (図 7-23). このスペクトルの線幅, すなわちエネルギーにおける不確かさ $\delta E = \hbar/\tau$ と励起寿命 τ の積をとると

$$\tau \delta E \approx h \tag{7.48}$$

となり, これは時間とエネルギーとの間の不確定性のあらわれである.

励起状態の寿命を決める要因としては, 光を自然放出して基底状態に戻ったり, 他の励起状態へと緩和したり, あるいは化学反応を誘起し異なる分子へと変換されるなどさまざまなものがある. このように励起寿命に寄因するスペクトル線幅を**均一拡がり** (homogeneous broadening) という.

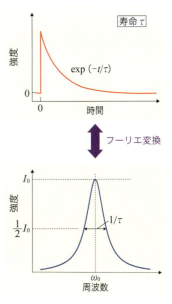

図 7-23 減衰する強度とスペクトル線型との関係

7.7.2 不均一拡がり

通常, スペクトル線の観測はある分子集団についてなされる. 分子集団を構成する個々の分子は前項で記した均一拡がりをもっているが, 分子が置かれる環境によってその共鳴周波数は少しずつずれを生じる. これらの個々のスペクトル線が互いに重なり合うと, 全体として 1 本の拡がった線として見えるが, その幅はそれを構成する個々のスペクトル線幅よりも広くなってしまう. このような原因で生じるスペクトル線の拡がりを**不均一拡がり** (inhomogeneous broadening) という (図 7-24). スペクトル線形は

ガウス型スペクトル
$$g(\omega) = g(\omega_0) \exp\left[-\frac{(\omega-\omega_0)^2}{\sigma^2}\right] \tag{7.49}$$

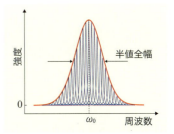

図 7-24 不均一拡がりを示すスペクトル線

青色の鋭いスペクトル線はある均一幅をもった個々の分子によるものである. その共鳴周波数が少しずつずれていると, それらが重なり合って赤色の広い幅のスペクトル線として観察される.

となり，ガウス型 (Gaussian line shape) の関数で表される．ここで，ω_0 は中心周波数，$g(\omega_0)$ はピーク強度，$2\sqrt{\ln 2}\,\sigma$ は半値全幅である．

この拡がりの典型的な例としては，気体分子の並進運動が起こすドップラー効果 (Doppler effect)[†] によるドップラー拡がりを挙げることができる．たとえば，質量 M の気体分子が温度 T において熱平衡状態にある場合には，分子集団はマクスウェル分布に従う速度分布をもっている．分子が速度 v で観測者，すなわち光検出器に対して遠ざかる場合にはその分子が放出する光の周波数 ν は，非相対論的な範囲では $\nu' = \nu/(1 + v/c_0)$，近づいてくる場合は $\nu' = \nu/(1 - v/c_0)$ である．したがってその周波数は分子が静止している場合の共鳴周波数からずれを生じる．この場合，分子集団全体を観測した際に得られるスペクトル線形はガウス型となり，その半値全幅 $\Delta \nu_D$ は

$$\Delta \nu_D = \frac{2\nu_0}{c_0} \sqrt{\frac{k_B T}{M} 2\ln 2} \tag{7.50}$$

である．ここで k_B はボルツマン定数である．

このほかにも，固体や溶液などの凝縮系においては量子系(分子)が置かれた環境のわずかな差がやはり共鳴周波数のずれとなるのでこの場合もスペクトル線は不均一に拡がり，通常スペクトル線はガウス型となる．

Assist　ドップラー効果

救急車などの音を発する自動車とすれ違う際に，救急車が近づくときはその音は高く，遠ざかるときには低く聞こえる現象に類似している．

例題 7.5　ドップラー拡がり

空間に静止した状態で共鳴波長 500 nm をもつ真空中にある分子が，検出器に向かって 300 km s^{-1} の速さで飛来している．このときのドップラー効果による周波数シフトを求めよ．

解答

真空中で静止した分子の共鳴周波数は，次のようになる．

$$\nu = c_0/\lambda = \frac{3.0 \times 10^8 \,\text{m/s}}{500 \times 10^{-9}\,\text{m}} = 6.0 \times 10^{14}\,\text{Hz}$$

分子の速度は光速にくらべて十分小さいので，

$$\Delta \nu_D = \nu' - \nu = \nu \left(1 - \frac{1}{1+v/c_0}\right) \approx \nu\left(\frac{v}{c_0}\right)$$

と近似できる．したがって，周波数シフト量は次のようになる．

$$\Delta \nu_0 = 6.0 \times 10^{14} \times \frac{300 \times 10^3}{3.0 \times 10^8} = 6.0 \times 10^{11}\,\text{Hz}$$

チャレンジ問題

ナトリウム Na の輝線 Na D$_1$ 線 ($\lambda = 589.6$ nm) は $3^2S_{1/2} \rightarrow 3^2P_{1/2}$ の遷移にともなうものである．この励起状態の寿命は 16 ns である．仮に Na が 1000 K にあるとしたとき，Na 原子からのこの共鳴線の均一拡がり，およびドップラー効果による不均一拡がりの半値全幅を推定せよ．

7章 重要項目チェックリスト

電気双極子モーメント [p.122]　　$\boldsymbol{\mu} = q\boldsymbol{r}$　　　　　　　　　（電荷 $+q$ と $-q$ が距離 r だけ離れて存在する電気双極子）

電気双極子と光の相互作用

◆古典的双極子 [p.125]　　$W = -\boldsymbol{\mu} \cdot \boldsymbol{E}(t)$　　　　　　　　　　　　　　　　　　　　　　　　　　　（$\boldsymbol{E}$：電磁波の電場）

◆量子論的双極子 [p.129]　　$\hat{H}_{\text{int}} = -\hat{\boldsymbol{\mu}} E(t)$

◆光と相互作用する電気双極子モーメントの大きさ [p.129]　　$\mu = \langle er \rangle = \mu_{ab} c_a^* c_b \exp(i\omega t) + \text{c.c.}$

◆電気双極子遷移における遷移行列要素 [p.129]　　$\mu_{ab} = \langle a | \hat{\mu} | b \rangle$

自然放出と誘導放出 [p.130, 131]

◆**自然放出**：外界に光子がなくても励起状態からエネルギーの低い状態への遷移によって 1 個の光子が放出される過程.

◆**誘導放出**：外界に分子の遷移と同じ周波数と位相をもった光子が存在している場合の光子の放出過程であり，単位時間あたりの放射の確率は外界にある光子の数に比例する.

◆光の吸収速度　　$-\dfrac{dN_a}{dt} = (N_a - N_b) B\rho - A N_b$

　　　　　　（N_a は下準位，N_b は上準位に存在する粒子数，ρ：光のエネルギー密度，A, B：アインシュタイン係数）

ランベルト-ベールの法則 [p.135]　　$I = I_0 10^{-\varepsilon n l}$

　　　〔I：透過光の強度，I_0：入射光の強度，ε：モル吸収係数（単位は L mol^{-1}），n：分子濃度，l：試料の厚み〕

ラマン散乱 [p.138]　　$\boldsymbol{\mu}(t) = \alpha \boldsymbol{E}_0 \cos \omega t + \dfrac{1}{4} \Delta \alpha \boldsymbol{E}_0 [\cos(\omega - \omega_0)t + \cos(\omega + \omega_0)t]$

　　　（α：分極率）

スペクトル線形

◆ローレンツ型スペクトル（均一拡がり）[p.139]　　$g(\omega) = g(\omega_0) \dfrac{\left(\dfrac{1}{2\tau}\right)^2}{(\omega - \omega_0)^2 + \left(\dfrac{1}{2\tau}\right)^2}$　　（τ：励起寿命）

◆ガウス型スペクトル（不均一拡がり）[p.139]　　$g(\omega) = g(\omega_0) \exp\left[-\dfrac{(\omega - \omega_0)^2}{\sigma^2} \right]$

確認問題

7・1 下記の量の次元を SI 基本単位系で答えよ．
(a) 電気双極子モーメント：$\boldsymbol{\mu}_e$ (b) 電場：$\boldsymbol{E}$
(c) 減衰定数：Γ (d) 真空の誘電率：ε_0
(e) $\boldsymbol{\mu}_e \boldsymbol{E}$ (f) $\hbar \Gamma$ (g) $\varepsilon_0 |\boldsymbol{E}|^2$

7・2 光の吸収確率は分子の遷移双極子モーメントと入射光の偏光方向とがなす角 θ にどのように依存するかを，数式を用いて表せ．

7・3 ある分子のモル吸収係数が 1.5×10^4 $L mol^{-1} cm^{-1}$ であった．この分子の吸収断面積を nm^2 の単位で求めよ．

7・4 ピーク強度と線幅が等しいローレンツ，およびガウス型のスペクトル線形を実際にプロットし，中心周波数から遠く離れるほど，ガウス型のほうがローレンツ型に比べて強度が著しく減少することを確認せよ．

実戦問題

7・5 以下の文章にある空欄［ア］から［ケ］に入る適切な語句を書け．

白熱電球やハロゲンランプなどのように［ア］されたフィラメントから発生する光の波長分布は広く，フィラメント温度の上昇とともにより［イ］波長の光が得られる．一方，レーザー光は通常，レーザー媒体を光共振器の中に入れ，共振器内での誘導放出光を往復させ光強度を［ウ］することによって発振させる．レーザー発振には，高いエネルギー準位の占有数のほうが低いエネルギー準位の占有数より多くなる［エ］分布が必要である．また，共振器内での光増幅の［オ］が共振器の［カ］を上回らねばならない．レーザーには時間的に［キ］発振するものと［ク］発振するものがある．前者は単色性に優れているが，後者は時間分解測定に有用である．また，フィラメントから発生する光に比べてレーザー光は［ケ］に優れ，空間的な指向性が優れているのも特長である．

7・6 レーザーに関する以下の問いに答えよ．
A. 発振器から波長 8.00×10^{-7} m のレーザーが出力 1.00 kW で放射されているとすると，振動の 1 周期の間に放射される光子の数はいくらか．
B. 波長 λ のレーザーを共鳴吸収する原子が静止している．この原子が速度 v でレーザーの進行方向に対向して移動する場合，原子に共鳴吸収させるにはレーザーの波長を $\Delta \lambda$ だけシフトさせる必要がある．シフト量を求めよ．ただし，共鳴吸収時に起こる原子の反跳は無視する．
C. 静止している励起原子から λ の光が放出されれば，その正反対の方向へ原子は反跳する．原子質量を M，光放出前後の原子の内部エネルギー差を ΔE として光放射後の原子の速さ v を求めよ．

［平成 19 年度 京都大学理学研究科入試問題(物理)より］

7・7 光路の長さ 2.4 cm の光学セルに混合気体を封じ，CO_2 の吸収帯のうち 666 cm^{-1} の赤外光を照射したところ，入射光量の 75% が透過した．この吸収波数における CO_2 のモル吸光係数を 5.5×10^7 $mol^{-1} cm^2$ とする．他の気体成分による光吸収は無視できると仮定し，混合気体中の CO_2 濃度［$mol\ cm^{-3}$］を求め，有効数字 2 桁で答えよ．

［平成 20 年度 東京工業大学総合理工研究科入試問題より］

7・8 励起状態の寿命が 1.0 ps であるとき，ローレンツ型のスペクトル線の半値全幅を波数（cm^{-1}）の単位で推定せよ．

8章 分子の構造と対称性

　分子における電子エネルギー状態や原子核の運動状態を量子力学的に記述するためには，それらの状態をどのように規定するか，すなわち，どのようなラベルをつければ状態を識別できるかが重要となる．そのためには分子がもつ**対称性**に注目しなければならない．

　この章では，まず量子力学的に状態を規定することについての一般論を述べた後，対称性とは何か，また，状態を規定するために，分子がもつ対称性をどのようにして用いるのかについて学ぶ．

　状態のラベルづけは，「**点群**」というものを用いると要領よくおこなえる．そこでまず，点群とは何かということを知り，その使い方の概要を知る．この方法を学ぶことにより，たとえば，分子の電子状態を表す分子軌道の形や分子振動のタイプの概要を知ることができる．また，状態間の光学遷移の**選択則**も知ることができる．

■ Contents

- 8.1 　定常状態とは
- 8.2 　対称操作と対称要素
- 8.3 　群論と分子の状態
- 8.4 　点群における対称操作の表現
- 8.5 　電子状態の対称性
- 8.6 　選択則

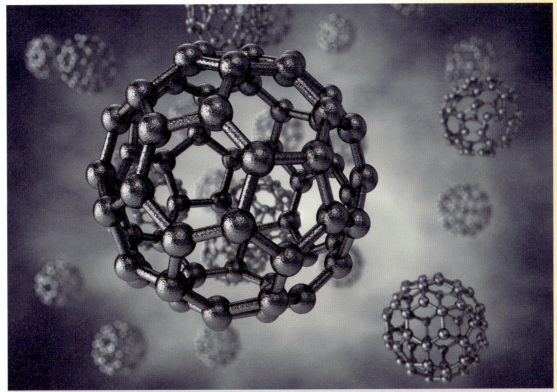

炭素原子60個で構成されるサッカーボール状の構造をもった C_{60} フラーレンは，高度の対称性をもつ安定な分子である．

8章 分子の構造と対称性

8.1 定常状態とは

8.1.1 演算子と固有値

一般に，量子力学では演算子 $\hat{A}$ を波動関数 Ψ に作用させるということは，その演算子に関連した観測をすることと解釈できる．その観測の結果，状態 Ψ は a という観測量を返してくる（図 8-1）．これを数学的に表すと，次の固有値問題を解いたことになる．

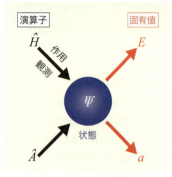

図 8-1 演算子と固有値

$$\hat{A}\Psi = a\Psi \tag{8.1}$$

固有関数と固有値

ここで，a を**固有値**，またこれを与える波動関数 Ψ を**固有関数**，この固有関数で表される状態を**固有状態**（eigenstate）という．1.3 節で導入した定常状態のシュレーディンガー方程式

$$\hat{H}\Psi = E\Psi \tag{8.2}$$

はこの 1 例であり，ハミルトン演算子を作用させることにより，状態のエネルギー値を得る．

8.1.2 定常状態を量子力学的に規定する

前章で述べた，分子が光との相互作用で光を吸収，放出，あるいは散乱するという過程は，ある定常状態から他の定常状態への遷移を意味する．したがって，その定常状態がいかなるものかを規定することが重要である．具体的には，定常状態のさまざまな属性を用いて規定していくことになる．これは，ある人物を同定するのに，性別，年齢，氏名，住所などの個人情報を用いるのに似ている．では，ある量子系の定常状態は，どのような属性，あるいは属性を端的に表すラベルによって規定することができるだろうか．

孤立系においてエネルギー E は時間によらず一定であるため，エネルギーは，孤立系の定常状態を規定するのに有効なラベルである[†]．つまり，孤立系の定常状態は，エネルギー E というラベルをつけて他の状態と区別することができる．

| Assist 保存量

このように時間的に変動しない量を「保存量」という．

しかし，エネルギーというラベルだけで定常状態が一意的に規定できるだろうか．個人情報によりある人物を同定する場合，性別あるいは年齢というラベルのみで個人を同定することは不可能である．正確にその人物を同定するためには氏名，住所，生年月日など多くのラベルを用いなければならない．これと同様に，定常状態を特徴づけるラベルはエネルギーのみとは限らない．ここで，定常状態を規定するためのラベルを見つけるための一般的な方法を考えてみる．

これには，孤立系におけるハミルトン演算子とその固有値であるエネルギーとの関係がヒントになる．ある定常状態に演算子 $\hat{A}$ を作用させた結果，

固有値 a を得たとすると，ハミルトン演算子の場合と同じく，$\Psi \to \Psi_a$ のように $\hat{A}$ の固有値 a でラベルをつけることができる．また，この状態が $\hat{B}$ の固有状態でもある場合は，$\Psi \to \Psi_b$ のように $\hat{B}$ の固有値 b でラベルすることもできる．このことから，<u>定常状態を規定するラベルとしては一般的に固有値を用いればよい</u>．できるだけきめ細かく定常状態を規定するにはできるだけ多種類の固有値を集めた固有値のセットを用いればよい．

そうなると次の問題は，その定常状態を規定するのに必要十分な固有値のセットをどのように決めればよいかということになる．任意の固有値を選べばよいというものではなく，その選び方には厳密な制限がある．これを知るために，次のことを考えよう．

状態 Ψ に対してまず $\hat{A}$ の観測をおこない，次に $\hat{B}$ の観測を連続しておこなったとする．

$$\hat{B}\hat{A}\Psi = \hat{B}a\Psi = a\hat{B}\Psi = ab\Psi \tag{8.3}$$

もし，観測の順番を $\hat{B}$ が先で $\hat{A}$ を後になるように入れ替えても

$$\hat{A}\hat{B}\Psi = \hat{A}b\Psi = b\hat{A}\Psi = ab\Psi \tag{8.4}$$

と，式 (8.3) と同じ固有値の組 $\{a, b\}$ を返してくる場合は，最初におこなった観測が次の観測に影響を与えないということである．すなわち，この定常状態は a あるいは b のみならず，固有値の組 $\{a, b\}$ でラベルをつけることができる（図 8-2）．ここで，演算子の組 $\{\hat{A}, \hat{B}\}$ について

交換子
$$[\hat{A}, \hat{B}] \equiv \hat{A}\hat{B} - \hat{B}\hat{A} \tag{8.5}$$

という**交換子**（commutator）を定義すると，このように結果が観測の順番によらない場合は

$$[\hat{A}, \hat{B}]\Psi = \hat{A}\hat{B}\Psi - \hat{B}\hat{A}\Psi = 0 \tag{8.6}$$

となる．すなわち

可換
$$[\hat{A}, \hat{B}] = 0 \tag{8.7}$$

が成り立つ．この場合，演算子 $\hat{A}$ と $\hat{B}$ は**交換可能**，あるいは**可換**（commutable）であるという†．

一方，もしこの 2 つの演算子が

$$\hat{A}\hat{B}\Psi \neq \hat{B}\hat{A}\Psi \tag{8.8}$$

のように交換可能でない（**非可換**な）場合，すなわち，$[\hat{A}, \hat{B}] \neq 0$ である場合は，最初におこなった観測が次におこなう観測に影響を与えてしまうことを意味する．このような観測の組み合わせでは，どういう順番で観測をおこなうかにより固有値は変化してしまうため，この状態を $\hat{A}$, $\hat{B}$ の固有値でラベルづけすることはできない★．

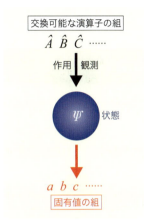

図 8-2 交換可能な演算子による定常状態のラベルづけ

Assist 可換な演算子の例

2.3 節で述べたように，粒子の回転運動の状態 Ψ は

$$\hat{L}^2\Psi = l(l+1)\Psi \qquad \hat{L}_z\Psi = m\Psi$$

の固有方程式を同時に満たし，この固有関数は球面調和関数 Y_{lm} で表される．すなわち l と m がこの状態のラベルである．これは $\{\hat{L}^2, \hat{L}_z\} = 0$ を意味している．

Topic 非可換と不確定性原理

交換可能でない演算子の組としては粒子の座標 (x) と運動量 (p_x) が代表的である．

$$[x, p_x] = i\hbar$$

このように交換可能でない組み合わせの演算子（観測）においては，両者を同時に厳密に定めることが原理的に不可能であるとするハイゼンベルグの不確定性原理が密接に関係している．また，2.3 節で述べた角運動量演算子 $\hat{L}_i$ ($i = x, y, z$) も交換可能でない組み合わせである．一方，角運動量の大きさの 2 乗 $\hat{L}^2$ と $\hat{L}_z$ は交換可能な組み合わせである．

以上のことから，量子系の状態を規定するということは，<u>可換な演算子の必要十分な組み合わせのセットを見つけ出し，状態をこれらの演算子のセットに対応するそれぞれの固有値の組み合わせでラベルづけする</u>ということに帰着する．特に外界と相互作用のない孤立系ではエネルギーが保存量であるため，ハミルトン演算子と可換な演算子のセットを見出すことが重要である．

次節以降では，さまざまな構造をもつ原子や分子の定常状態が，ここで述べた方法によってどのように規定されるかについて見ていく．

8.2 対称操作と対称要素

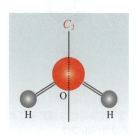

図8-3 水分子 H_2O における2回の回転軸

8.1節で述べた定常状態のラベルづけという観点に，分子構造の対称性がどのように役に立つかを考えてみよう．水分子を例として考える．水分子は屈曲した3原子分子であり，図8-3のように酸素原子を通る軸の周りを180°回転しても元の水分子と区別できない．一般に，ある行為をおこなった後で物体が元と区別できないとき，その行為を**対称操作**（symmetry operation）といい，この操作に対応する軸や面などを**対称要素**（symmetry element）とよぶ．この例の対称操作は以下に述べるように $\hat{C}_2$ と表され，その対称要素は C_2 である†．

このような対称操作をおこなっても水分子のエネルギーが変化することはないことから，水分子の電子や振動の状態を Ψ とすると

$$\hat{H}\hat{C}_2\Psi = \hat{C}_2\hat{H}\Psi \tag{8.9}$$

と書ける．すなわち，この対称操作の演算子はハミルトン演算子と交換可能であり

$$[\hat{H}, \hat{C}_2] = 0 \tag{8.10}$$

となることがわかる．したがって，$\hat{C}_2$ の固有値を，水分子の状態を特徴づけるラベルとすることができる．このように，分子の定常状態を規定するにはその分子固有の対称操作を並べ上げ，そのなかで互いに可換な対称操作の固有値の組み合わせを考えればよい．

以下に対称操作とそれに対応する対称要素を列挙する（図8-4）．以下の(a)〜(e)の説明中の太字はそれぞれの対称操作に対応する対称要素である†．

Assist 対称操作の表記法

ここでは特にことわらないかぎり対称操作の表記法として，分子を対象としたシェーンフリース（Shönflies）記号を用いる．このほかに，結晶を対象とする場合には国際表記，あるいはヘルマン-モーガン（Hermann-Mauguin）表記が用いられる．

Assist 対称操作と対称要素の記号

対称操作の記号は，対称要素の記号の上に ^ がつく．

対称操作	記号	対称要素	記号
回転操作	$\hat{C}_n$	回転軸	C_n
鏡映操作	$\hat{\sigma}$	鏡映面	$\sigma_h, \sigma_v, \sigma_d$
反転操作	$\hat{i}$	対称中心	I
反映操作	$\hat{S}_n$	回映軸	S_n
恒等操作	$\hat{E}$	恒等	E

(a) 回転操作（rotation）：$\hat{C}_n$

ある軸のまわりで $2\pi/n$ 回転させる（n-fold rotation）．ここで n は整数である．このような軸を n 回の**回転軸**（axis of symmetry：C_n）とよぶ．なお，主たる回転軸（主軸）に直交する2回軸を覆転とよび C_2' で表す．$n > 2$ の場合，時計回りと反時計回りの回転操作は異なるものとして区別できるので，それぞれに対応する2つの回転軸があることに注意する．また，種類の異なる複数の回転軸がある場合は，その中で最も大きな n の回転軸を主軸に選ぶ．

(b) 鏡映操作(reflection)：$\hat{\sigma}$

ある面について反対側に映し出す，すなわち，鏡像をとる．このような面を**鏡映面**(mirror plane：σ)とよび，主たる回転軸との位置関係に応じて h (horizontal，水平)，v (vertical，垂直)，d (dihedral，二面角) の添字をつけて σ_h, σ_v, σ_d と区別する．σ_h は主回転軸に垂直で，σ_v は主回転軸を含む鏡映面である．また，σ_d は主回転軸を含む対角面である．

(c) 反転操作(inversion)：$\hat{I}$

ある点を基準として点対称の位置に移動させる．このような点を**対称中心**(center of symmetry：I)とよぶ．

(d) 回映操作(rotary reflection)：$\hat{S}_n$

ある軸の周りで $2\pi/n$ 回転させた後，この軸に直交する面での鏡映をとる．すなわち，$\hat{\sigma}_h\hat{C}_n$ である．このような軸を n 回の**回映軸**(axis of rotary reflection：S_n)とよぶ．国際表記では回映操作の代わりに**回反操作**(improper rotation)，すなわち，ある軸の周りで $2\pi/n$ 回転させた後，中心を基準として反転する操作 ($\hat{S}_n = \hat{I}\hat{C}_n$) を用いる．この軸を n 回の**回反軸**(axis of improper rotation)とよぶ．一般に回映操作と回反操作は n が偶数のときのみ同等となる．

(e) 恒等操作(identity operation)：$\hat{E}$

何もおこなわない．対称要素は E である．

例題 8.1　分子の対称要素

以下の分子におけるすべての対称要素を記せ．
(a) 水 H_2O，(b) アンモニア NH_3，(c) エチレン C_2H_4

解答
・水 H_2O：E, C_2, $2\sigma_v$
・アンモニア NH_3：E, $2C_3$, $3\sigma_v$
・エチレン C_2H_4：E, $3C_2$, $3\sigma_v$, I

チャレンジ問題

以下の分子がもつ対称要素をすべて記せ．

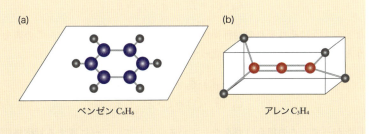

(a) ベンゼン C_6H_6　　(b) アレン C_3H_4

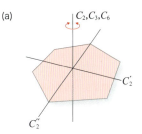

(a)

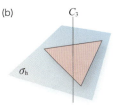

(b)

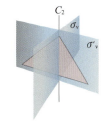

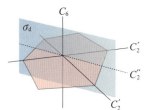

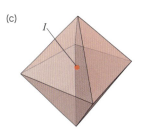

(c)

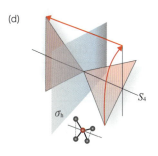

(d)

図 8-4　対称要素

8.3 群論と分子の状態

> **Assist 積**
> ここでの積は一般的なもので，代数での積（乗法）と異なり，必ずしも $R \cdot S = S \cdot R$ となるわけではないことに留意する．

8.3.1 群の定義

　これから**群論**（group theory）という数学的手法を用いて対称操作に関する固有値で分子の状態を規定する方法を述べる．まず，「群」の定義を明らかにしておこう．

　1組の**元**（element，要素）の集合 G があり，G の任意の元に関して $R \cdot S$ という**演算**（operation，積）が定義されており[†]，その結果生じる元もまたその群の元であるとする．これを，数学的には「この集合において積が閉じている」という．そして，次の3つの要請を満たすとき，G を**群**（group）とよぶ．

> ① **結合律**（associative law）：G の任意の元 R, S, T について，$(R \cdot S) \cdot T = R \cdot (S \cdot T)$ が成り立つ．
> ② **単位元**（identity element）の存在：G の任意の元 R について，$R \cdot E = E \cdot R = R$ となる元 E が存在する．ここで，E を**単位元**という．
> ③ **逆元**（inverse element）の存在：G の任意の元 R について，$R \cdot R^{-1} = E$ となる元 R^{-1} が存在する．ここで，R^{-1} を**逆元**という．

　群に含まれる要素の数を群の**位数**（order）という．

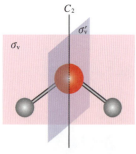

図 8-5　水分子の対称要素

8.3.2 点群

　7.2節で述べた対称操作を元とした集合が，群を構成できることを，実際に水分子を例に確認しよう．基底状態にある水分子の対称操作には，図8-5 に示すように1つの $\hat{C}_2$ と 2つの鏡映操作 $\hat{\sigma}_v$, $\hat{\sigma}'_v$，そして何もおこなわない恒等操作 $\hat{E}$ の計4つがある．ここで，まず水分子に $\hat{C}_2$ を施したのち，$\hat{\sigma}_v$ を施すことを $\hat{\sigma}_v \cdot \hat{C}_2$ と表すことにする．こうした連続した操作がこの集合での積の定義となる．この演算の結果は図8-6 に示したように，$\hat{\sigma}_v \cdot \hat{C}_2 = \hat{\sigma}'_v$ となり，同じ集合の元となる．これら4つの対称操作のすべての組み合わせの積を表8-1 に示す（群表，multiplication table という）．

　この表から，この対称操作の集合は積に関して閉じていることがわかる．また，単位元である $\hat{E}$ があり，

$$\hat{C}_2 \cdot \hat{C}_2 = \hat{E}, \quad \hat{\sigma}_v \cdot \hat{\sigma}_v = \hat{E}$$

などのようにそれぞれの対称操作の逆元が存在している．また，この表を使うと次のように結合律も成り立っていることがわかる．

$$(\hat{C}_2 \cdot \hat{\sigma}_v) \cdot \hat{C}_2 = \hat{\sigma}'_v \cdot \hat{C}_2 = \hat{\sigma}_v$$
$$\hat{C}_2 \cdot (\hat{\sigma}_v \cdot \hat{C}_2) = \hat{C}_2 \cdot \hat{\sigma}'_v = \hat{\sigma}_v$$

したがって，この集合は群をなしている．そして，これに属する対称操作の数からこの群の位数は4である．このような対称操作からなる群を**点群**（point

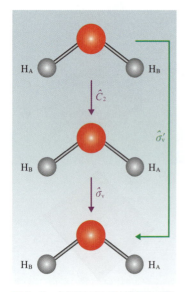

図 8-6　水分子における対称操作の積

表 8-1　C_{2v} 群における群表

第2の操作	第1の操作			
	$\hat{E}$	$\hat{C}_2$	$\hat{\sigma}_v$	$\hat{\sigma}'_v$
$\hat{E}$	$\hat{E}$	$\hat{C}_2$	$\hat{\sigma}_v$	$\hat{\sigma}'_v$
$\hat{C}_2$	$\hat{C}_2$	$\hat{E}$	$\hat{\sigma}'_v$	$\hat{\sigma}_v$
$\hat{\sigma}_v$	$\hat{\sigma}_v$	$\hat{\sigma}'_v$	$\hat{E}$	$\hat{C}_2$
$\hat{\sigma}'_v$	$\hat{\sigma}'_v$	$\hat{\sigma}_v$	$\hat{C}_2$	$\hat{E}$

group)という†.ここで例としてあげた水分子の場合は,以下で述べるように C_{2v} という点群に属す.

(a) 点群の種類

主な点群の種類を次ページの表8-2に示す(すべての点群は恒等操作を対称要素としてもっているが以下では明示しない).

高い対称性をもつものとして,**点群 T_d, O_h, I_h** などがある(図8-7).**点群 T_d** は,正四面体(tetrahedron)を不変に保つすべての対称操作からなる.また,**点群 O_h** は立方体あるいは正八面体(octahedron)を,**点群 I_h** は正二十面体(icosahedron)を不変に保つすべての対称操作からなる.

また,直線分子に関するものとして**点群 $C_{\infty v}$** や **$D_{\infty h}$** がある.任意の角の回転に対して対称な回転軸 C_∞ とこれを含む無限個の鏡映面 σ_v をもつものが**点群 $C_{\infty v}$** であり,これに加えて C_∞ 軸に垂直な鏡映面 σ_h をもつものが**点群 $D_{\infty h}$** である.

(b) 点群の見分け方

任意の分子がどの点群に属するかを決定する簡便な方法を図8-8に示す.

ステップ1として,分子が直線分子であるかどうかを調べる.直線分子である場合は,対称中心をもつかどうかに着目する.

ステップ2としては,分子が3本以上の C_3 軸をもつかどうかを調べる.この場合,対称中心,さらに C_5 軸をもつかどうかを調べる.

ステップ3としては,分子が回転軸や回映軸をもつかどうかを調べる.これらをもたない場合は分子の対称性は低く,次に鏡映面,対称中心をもつかどうかに着目する.

> **Assist 点群**
>
> 点群という名前は,回転,鏡映,反転,回映などの対称操作をおこなっても最低1つの点が不動であるということに由来する.すなわち,これらの対称要素には必ず不動な1点が含まれる.

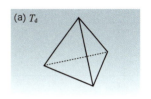

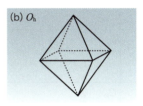

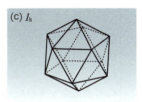

図8-7 (a)正四面体,(b)正八面体,(c)正二十面体

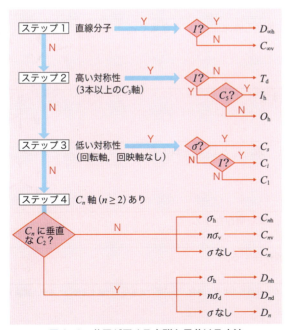

図8-8 分子が属する点群を見分ける方法

表 8-2 主な点群の種類

点群	対称要素（Eは省略）		分子の例
C_1	なし（E）	対称要素をもたない．	
C_s	σ		
C_i	I		
C_n	C_n	$\hat{C}_n$の対称操作はこの軸の周りを$2\pi/n$の角度だけ回転させることなので，$\hat{C}_n^1, \hat{C}_n^2, \cdots\cdots\hat{C}_n^n = \hat{E}$の$n$個の操作を次々とつくり出す．したがって位数は$n$である．	C_3
S_n	S_n	nが偶数の場合，$\hat{E}, \hat{S}_n, \hat{C}_{n/2}, \hat{S}_n^3, \cdots\cdots, \hat{S}_n^{n-1}$の$n$個の要素がある．群$S_2$は$C_i$と同じであることに注意する．また，$n$が奇数の場合は後述する$C_{nh}$と同じである．	S_6
C_{nv}	C_n, C_nを含むn枚のσ_v	C_n軸を鉛直方向にとるので，鏡映面は垂直(vertical)という意味でσ_vと表す．	C_{3v}
C_{nh}	C_n, C_nに垂直なσ_h	C_n軸が鉛直方向なので，鏡映面は水平方向(horizontal)という意味でσ_hと表す．nが偶数の場合はIをもつ．	C_{2v}
D_n	C_n, C_nに垂直なn本のC_2	C_2軸は互いに同じ角度をなす．	D_2
D_{nh}	C_n, 互いに$360°/2n$の角度をなすn枚のσ_v, 1枚のσ_h	この場合は自動的にn本のC_2軸も対称要素として含む．nが偶数の場合はIをもつ．	D_{2h}
D_{nd}	C_n, C_nに垂直なn本のC_2, C_2軸を2分割する位置にC_nを含むn枚のσ_d	この鏡映面は二面角(dihedral)という意味でσ_dと表す．	D_{3d}
T_d	直交する3本のC_2, 4本のC_3, 6枚のσ, 3本のS_4	S_4とC_2は一致する．	
O_h	直交する3本のC_4, 4本のC_3, I, 3本のS_4とC_2, 6本のC_2, 9枚のσ, 4本のS_6	S_4とC_2はC_4と一致，S_6とC_3は一致する．	
$C_{\infty v}$	C_∞, $\infty\sigma$	σはC_∞を含み，無限個存在する．	C—N
$D_{\infty h}$	C_∞, ∞C_2, $\infty\sigma_s$, σ_h, I	C_2, σ_vは無限個存在する．	O—O

※ D_{2h}のように2回軸が3本あるような場合，どれを主軸とするかに任意性がある．通常，分子面に垂直な2回軸を主軸にとるが，議論する場合はその定義を明確にしておく必要がある．

ステップ4としては，分子が $n \geq 2$ の回転軸をもつ場合でこれに対して直交する C_2 軸があるかどうかが分かれ目となる．このような C_2 軸がない場合は，分子は点群 C_n の仲間に属し，C_n 軸に対してどのような鏡映面があるかどうかに着目する．C_n 軸に直交する C_2 軸がある場合は，分子は点群 D_n の仲間に属し，やはりどのような鏡映面をもつかに着目する．

例題 8.2　分子が属する点群

下図に示したような構造をもつ次の分子がどの点群に属するかを答えよ．

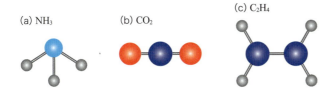

(a) NH_3　(b) CO_2　(c) C_2H_4

解答

(a) NH_3 は非直線型分子であり，1本の C_3 をもつがこれに垂直な C_2 はない．また，3枚の σ_v をもつので点群 C_{3v} に属する．

(b) CO_2 は直線分子であり，C_∞，I，σ_v，σ_h をもつので点群 $D_{\infty h}$ に属する．

(c) C_2H_4 は平面分子であり，3本の互いに垂直な C_2 と3枚の鏡映面をもつので点群 D_{2h} に属する．

Focus 8.1　物理や化学で使われるさまざまな群

本章で述べた点群を用いて分子の状態を規定する方法は，分子の構造が一意的に定まっている場合に有効である．しかし，分子や分子錯体が分子内で大きな構造変化を容易に起こす場合がある．たとえば，アンモニアは下図に示したような2つの安定構造があり，両者の間にあるエネルギー障壁は 24 kJ/mol と大きくないため2つの安定構造間の変換は比較的容易に起きる．また，低温であっても量子論的なトンネリングによりこの分子の振動準位が分裂する．

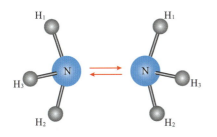

強い化学結合からなる分子でもこのようなことがあるのだから，水素結合やファンデルワールス力などの弱い分子間力で結合している分子錯体の場合はなおさらであり，複数の構造間の変換を考慮しなければならない．このような大振幅運動が存在する分子の状態を記述するには点群は不十分で，粒子間の置換と反転操作からなる**置換−反転群**(Permutaion-inversion group)という群を用いなければならない．

また，自然界には，気相や液相にある分子だけではなく，原子や分子が周期的に規則正しい配列で並んだ結晶も存在する．無機固体のみならずタンパク質を含む分子からなる結晶の構造やその状態を記述することは重要である．結晶は最も小さなくり返し単位である**単位胞**(unit cell)を敷きつめたものであり，点群には含まれなかった並進操作にともなう並進対称性を考慮しなければならない．したがって，結晶には，点群での変換操作に並進操作を加えた**空間群**(space group)を用いなければならない．

> **■ チャレンジ問題**
>
> 次の分子がどの点群に属するかを図8-8を用いて答えよ．
>
> (a) *cis*-ClHC＝CHCl (b) *trans*-ClHC＝CHCl (c) benzene
>
> (d) CHClFBr (e) BF_3 (f) $B(OH)_3$

8.4 点群における対称操作の表現

8.4.1 群の表現

2つのベクトル a, b の和 $a+b$ や差 $a-b$ は，これらのベクトルを含む二次元平面にベクトルを図示し，図式的に求めることができる．この方法はベクトルの和や差の演算を直感的に理解するには便利である．しかし，一般的にもっと複雑なベクトルの演算をおこなうためには，図8-9のように，三次元の座標空間において個々のベクトルの始点と終点の座標を規定し，これらの座標を用いて計算するほうが便利である．つまり，ベクトルを三次元空間の座標で表現し，この表現を使って計算するのである．

前節までは，ベクトルの演算を図式的におこなうのと同様に，対称操作を座標を用いずに図式的に考えてきた．ここでは，ベクトルを座標表示するのと同じように，対称操作をどのように表現するかという問題について考えてみよう．

対称操作 $\hat{R}$ と $\hat{S}$ の積である $\hat{R}\cdot\hat{S}$ と $\hat{S}\cdot\hat{R}$ を施すと一般に異なる結果となる．すなわち演算する順番によって結果が変わることは行列の積を想起させる．そこで，対称操作を行列を用いて表現してみる．

水分子を例として考える．水分子は $\{\hat{E}, \hat{C}_2, \hat{\sigma}_v, \hat{\sigma}'_v\}$ の4つの対称操作が要素であり，この要素は点群 C_{2v} を構成する（8.3.2項参照）．そこで，図8-10のように単位ベクトルの組 $\{i, j, k\}$ が張る直交座標系をとり，任意のベクトル

$$u = u_x i + u_y j + u_z k \tag{8.11}$$

について，それぞれの対称操作を施した場合，どのようにその座標が変換されるかを考える．まず，z 軸の周りで180°の回転，すなわち $\hat{C}_2$ を施すと

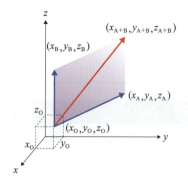

図8-9 ベクトルの座標表示

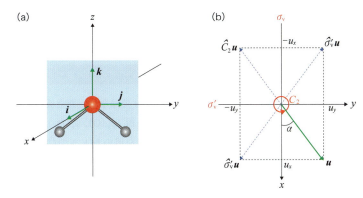

図8-10 水分子における対称操作
(a)座標系．分子面はyz平面にある．(b)この座標系における任意ベクトルuと点群C_{2v}の対称要素．

$$\hat{C}_2 u_x = -u_x \qquad \hat{C}_2 u_y = -u_y \qquad \hat{C}_2 u_z = u_z \tag{8.12}$$

となる．これは

$$\hat{C}_2 \begin{pmatrix} u_x \\ u_y \\ u_z \end{pmatrix} = \begin{pmatrix} -1 & 0 & 0 \\ 0 & -1 & 0 \\ 0 & 0 & 1 \end{pmatrix} \begin{pmatrix} u_x \\ u_y \\ u_z \end{pmatrix} \tag{8.13}$$

のように行列を用いて書くことができる．同様にして

$$\hat{\sigma}_v \begin{pmatrix} u_x \\ u_y \\ u_z \end{pmatrix} = \begin{pmatrix} 1 & 0 & 0 \\ 0 & -1 & 0 \\ 0 & 0 & 1 \end{pmatrix} \begin{pmatrix} u_x \\ u_y \\ u_z \end{pmatrix} \tag{8.14}$$

$$\hat{\sigma}'_v \begin{pmatrix} u_x \\ u_y \\ u_z \end{pmatrix} = \begin{pmatrix} -1 & 0 & 0 \\ 0 & 1 & 0 \\ 0 & 0 & 1 \end{pmatrix} \begin{pmatrix} u_x \\ u_y \\ u_z \end{pmatrix} \tag{8.15}$$

$$\hat{E} \begin{pmatrix} u_x \\ u_y \\ u_z \end{pmatrix} = \begin{pmatrix} 1 & 0 & 0 \\ 0 & 1 & 0 \\ 0 & 0 & 1 \end{pmatrix} \begin{pmatrix} u_x \\ u_y \\ u_z \end{pmatrix} \tag{8.16}$$

と書ける．ここで，行列

$$\mathbf{D}(\hat{E}) = \begin{pmatrix} 1 & 0 & 0 \\ 0 & 1 & 0 \\ 0 & 0 & 1 \end{pmatrix} \tag{8.17}$$

$$\mathbf{D}(\hat{C}_2) = \begin{pmatrix} -1 & 0 & 0 \\ 0 & -1 & 0 \\ 0 & 0 & 1 \end{pmatrix} \tag{8.18}$$

$$\mathbf{D}(\hat{\sigma}_v) = \begin{pmatrix} 1 & 0 & 0 \\ 0 & -1 & 0 \\ 0 & 0 & 1 \end{pmatrix} \tag{8.19}$$

$$\mathbf{D}(\hat{\sigma}'_v) = \begin{pmatrix} -1 & 0 & 0 \\ 0 & 1 & 0 \\ 0 & 0 & 1 \end{pmatrix} \tag{8.20}$$

をそれぞれ $\{i, j, k\}$ を**基底** (basis) とする $\hat{E}$, $\hat{C}_2$, $\hat{\sigma}_v$, $\hat{\sigma}'_v$ の**行列表現** (matrix representation) という[†].

> **Assist** 行列表現
>
> 本書では，ある対称操作 $\hat{R}$ の行列表現を $\mathbf{D}(\hat{R})$ で表す．

例題 8.3 基底と行列表現

基底のとり方は直交座標の単位ベクトルばかりではない．たとえば，水分子の酸素 O と 2 つの水素 H_A と H_B の s 軌道の組 $\{\psi_s(O), \psi_s(H_A), \psi_s(H_B)\}$ を基底にとることもできる．この新しい基底を用いたときの $\hat{C}_2$ の行列表現を求めよ．

解答

この基底に $\hat{C}_2$ の対称操作を施すと，図 8-11 に示すように

$$\hat{C}_2 \{\psi_s(O), \psi_s(H_A), \psi_s(H_B)\} = \{\psi_s(O), \psi_s(H_B), \psi_s(H_A)\}$$

$$= \{\psi_s(O), \psi_s(H_A), \psi_s(H_B)\} \begin{pmatrix} 1 & 0 & 0 \\ 0 & 0 & 1 \\ 0 & 1 & 0 \end{pmatrix} \quad (8.21)$$

となり，新たな基底での次の表現を得る．

$$\mathbf{D}(\hat{C}_2) = \begin{pmatrix} 1 & 0 & 0 \\ 0 & 0 & 1 \\ 0 & 1 & 0 \end{pmatrix} \quad (8.22)$$

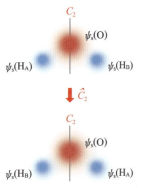

図 8-11 $\{\psi_s(O), \psi_s(H_A), \psi_s(H_B)\}$ を基底にとったときの対称操作 $\hat{C}_2$

チャレンジ問題

水分子について基底 $\{\psi_s(O), \psi_s(H_A), \psi_s(H_B)\}$ における $\hat{E}$, $\hat{\sigma}_v$, $\hat{\sigma}'_v$ の表現 $\mathbf{D}(\hat{E})$, $\mathbf{D}(\hat{\sigma}_v)$, $\mathbf{D}(\hat{\sigma}'_v)$ を求めよ．

このように，群の要素に対応した行列が，群の要素間の積に関して同等な関係を示す場合，この行列の集まりを**群の表現**という[†].

一般に d 次元の基底を次のようにし

$$f = \{f_1, f_2, \ldots, f_d\}$$

この基底のもとでの対称操作 $\hat{R}$ の行列表現を $\mathbf{D}(\hat{R})$ とすると，基底 f とその行列表現 $\mathbf{D}(\hat{R})$ との間には式 (8.21) を一般化した

> **基底と行列の関係**
>
> $$\hat{R} f_i = \sum_j f_j \mathbf{D}_{ji}(\hat{R}) \quad (8.23)$$

> **Assist** 群の表現
>
> $\mathbf{D}(\hat{E})$, $\mathbf{D}(\hat{C}_2)$, $\mathbf{D}(\hat{\sigma}_v)$, $\mathbf{D}(\hat{\sigma}'_v)$ の間にも表 8-1 と同様の関係があることに注意する．

の関係がある．また，行列表現の跡 (trace)，すなわち，行列表現の対角項を足し合せたものを**指標** (character) とよび，$\chi(\hat{R})$ で表す[†].

> **指標**
>
> $$\chi(\hat{R}) = \mathrm{tr} \mathbf{D}(\hat{R}) = \sum_i \mathbf{D}_{ii}(\hat{R}) \quad (8.24)$$

> **Assist** 指標
>
> 式 (8.22) における表現 $\mathbf{D}(\hat{C}_2)$ の跡は
>
> $\chi(\hat{C}_2) = 1 + 0 + 0 = 1$
>
> である．「tr」は対角項を足し合わせることを示し，trace の略である．

8.4.2 既約表現

前節では対称操作の行列表現について述べたが，基底のとり方によって行列表現は異なる．また，大きな多原子分子になると，ある基底のもとでの行列表現はたいへん大きな行列となる．しかし，基底のとり方を工夫することで行列表現を大幅に簡単にできるのみならず，対称性に適合した表現が得られる．ここでは，アンモニア NH_3 を例にとってこのことを説明する．

まず，NH_3 の各原子にs軌道を割り当て，それぞれの波動関数からなる基底 $\{\psi_s(N), \psi_s(H_1), \psi_s(H_2), \psi_s(H_3)\}$ における行列表現を考える．この分子は点群 C_{3v} に属するので，対称操作としては，$\hat{E}, \hat{C}_3^+, \hat{C}_3^-, \hat{\sigma}_v, \hat{\sigma}_v', \hat{\sigma}_v''$ がある（図8-12）．この基底に，対称操作である $\hat{\sigma}_v$ を作用させると次のようになる．

$$\hat{\sigma}_v\{\psi_s(N), \psi_s(H_1), \psi_s(H_2), \psi_s(H_3)\} = \{\psi_s(N), \psi_s(H_1), \psi_s(H_3), \psi_s(H_2)\} \quad (8.25)$$

式 (8.25) の $\hat{\sigma}_v$ の対称操作を行列表現で書くと，次のようになる．

$$\hat{\sigma}_v\{\psi_s(N), \psi_s(H_1), \psi_s(H_2), \psi_s(H_3)\}$$
$$= \{\psi_s(N), \psi_s(H_1), \psi_s(H_2), \psi_s(H_3)\}\begin{pmatrix} 1 & 0 & 0 & 0 \\ 0 & 1 & 0 & 0 \\ 0 & 0 & 0 & 1 \\ 0 & 0 & 1 & 0 \end{pmatrix}$$

$$\therefore \mathbf{D}(\hat{\sigma}_v) = \begin{pmatrix} 1 & 0 & 0 & 0 \\ 0 & 1 & 0 & 0 \\ 0 & 0 & 0 & 1 \\ 0 & 0 & 1 & 0 \end{pmatrix}$$

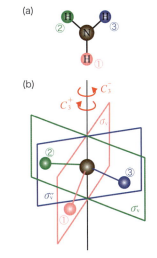

図8-12 NH_3 の分子構造 (a) と対称要素 (b)

同様にして点群 C_{3v} のすべての対称操作の行列表現を書き下した結果を**表8-3**に示す．

表8-3 基底 $\{\Psi_s(N), \Psi_s(H_A), \Psi_s(H_B), \Psi_s(H_C)\}$ による点群 C_{3v} の対称操作の行列表現

$\mathbf{D}(\hat{E})$	$\mathbf{D}(\hat{C}_3^+)$	$\mathbf{D}(\hat{C}_3^-)$
$\begin{pmatrix} 1 & 0 & 0 & 0 \\ 0 & 1 & 0 & 0 \\ 0 & 0 & 1 & 0 \\ 0 & 0 & 0 & 1 \end{pmatrix}$	$\begin{pmatrix} 1 & 0 & 0 & 0 \\ 0 & 0 & 0 & 1 \\ 0 & 1 & 0 & 0 \\ 0 & 0 & 1 & 0 \end{pmatrix}$	$\begin{pmatrix} 1 & 0 & 0 & 0 \\ 0 & 0 & 1 & 0 \\ 0 & 0 & 0 & 1 \\ 0 & 1 & 0 & 0 \end{pmatrix}$
$\chi(\hat{E}) = 4$	$\chi(\hat{C}_3^+) = 1$	$\chi(\hat{C}_3^-) = 1$

$\mathbf{D}(\hat{\sigma}_v)$	$\mathbf{D}(\hat{\sigma}_v')$	$\mathbf{D}(\hat{\sigma}_v'')$
$\begin{pmatrix} 1 & 0 & 0 & 0 \\ 0 & 1 & 0 & 0 \\ 0 & 0 & 0 & 1 \\ 0 & 0 & 1 & 0 \end{pmatrix}$	$\begin{pmatrix} 1 & 0 & 0 & 0 \\ 0 & 0 & 1 & 0 \\ 0 & 1 & 0 & 0 \\ 0 & 0 & 0 & 1 \end{pmatrix}$	$\begin{pmatrix} 1 & 0 & 0 & 0 \\ 0 & 0 & 0 & 1 \\ 0 & 0 & 1 & 0 \\ 0 & 1 & 0 & 0 \end{pmatrix}$
$\chi(\hat{\sigma}_v) = 2$	$\chi(\hat{\sigma}_v') = 2$	$\chi(\hat{\sigma}_v'') = 2$

表8-4 基底 $\{\Psi_1, \Psi_2, \Psi_3, \Psi_4\}$ による点群 C_{3v} の対称操作の行列表現

$\mathbf{D}(\hat{E})$	$\mathbf{D}(\hat{C}_3^+)$	$\mathbf{D}(\hat{C}_3^-)$
$\begin{pmatrix} 1 & 0 & 0 & 0 \\ 0 & 1 & 0 & 0 \\ 0 & 0 & 1 & 0 \\ 0 & 0 & 0 & 1 \end{pmatrix}$	$\begin{pmatrix} 1 & 0 & 0 & 0 \\ 0 & 1 & 0 & 0 \\ 0 & 0 & -\frac{1}{2} & -\frac{1}{2} \\ 0 & 0 & \frac{3}{2} & -\frac{1}{2} \end{pmatrix}$	$\begin{pmatrix} 1 & 0 & 0 & 0 \\ 0 & 1 & 0 & 0 \\ 0 & 0 & -\frac{1}{2} & \frac{1}{2} \\ 0 & 0 & -\frac{3}{2} & -\frac{1}{2} \end{pmatrix}$
$\chi(\hat{E}) = 4$	$\chi(\hat{C}_3^+) = 1$	$\chi(\hat{C}_3^-) = 1$

$\mathbf{D}(\hat{\sigma}_v)$	$\mathbf{D}(\hat{\sigma}_v')$	$\mathbf{D}(\hat{\sigma}_v'')$
$\begin{pmatrix} 1 & 0 & 0 & 0 \\ 0 & 1 & 0 & 0 \\ 0 & 0 & 1 & 0 \\ 0 & 0 & 0 & -1 \end{pmatrix}$	$\begin{pmatrix} 1 & 0 & 0 & 0 \\ 0 & 1 & 0 & 0 \\ 0 & 0 & -\frac{1}{2} & \frac{1}{2} \\ 0 & 0 & \frac{3}{2} & \frac{1}{2} \end{pmatrix}$	$\begin{pmatrix} 1 & 0 & 0 & 0 \\ 0 & 1 & 0 & 0 \\ 0 & 0 & -\frac{1}{2} & -\frac{1}{2} \\ 0 & 0 & -\frac{3}{2} & \frac{1}{2} \end{pmatrix}$
$\chi(\hat{\sigma}_v) = 2$	$\chi(\hat{\sigma}_v') = 2$	$\chi(\hat{\sigma}_v'') = 2$

次に，基底 $\{\psi_s(N), \psi_s(H_1), \psi_s(H_2), \psi_s(H_3)\}$ の線形結合をとった次のような基底を採用した場合について考えてみよう．

$$\begin{aligned}
\Psi_1 &= \psi_s(N) \\
\Psi_2 &= \psi_s(H_1) + \psi_s(H_2) + \psi_s(H_3) \\
\Psi_3 &= 2\psi_s(H_1) - \psi_s(H_2) - \psi_s(H_3) \\
\Psi_4 &= \psi_s(H_2) - \psi_s(H_3)
\end{aligned} \tag{8.26}$$

この基底のもとでの点群 C_{3v} の各対称操作を表現する行列を**表8-4**に示す．**表8-3**と比べると両者は行列表現は異なるが，それぞれの対称操作の行列表現の指標は変化しないことに注意しよう．このように，基底を式(8.26)のように変換しても $\chi(\hat{R})$ は不変であるため，さまざまな対称操作の表現を特徴づける目印，すなわち指標になることを意味している．

表8-4においてもう1つ注意すべきことは，行列がブロック化†されていることである．これは，式(8.26)の4つの基底が Ψ_1, Ψ_2 と $\{\Psi_3, \Psi_4\}$ の3つの組に分けられることを示している．このように，4×4の行列を2つの(1×1)と1つの(2×2)の3つに分けるような操作を行列の**簡約**(reduction)とよび

$$\mathbf{D}^{(4)} = \mathbf{D}^{(1)} \oplus \mathbf{D}^{(1)} \oplus \mathbf{D}^{(2)} \tag{8.27}$$

のように表す．ここで $\oplus$ は**直和**(direct sum)の記号である†．

このようにして，一般に位数 h の点群の行列表現 $\mathbf{D}^{(h)}$ が

既約表現
$$\mathbf{D}^{(h)} = \mathbf{D}^{(d_1)} \oplus \mathbf{D}^{(d_2)} \oplus \ldots \mathbf{D}^{(N)} \tag{8.28}$$

と，これ以上簡約できない表現までたどり着いたとき，その表現を**既約表現** (irreducible representation)とよぶ．また，j 番目の既約表現をここでは $\Gamma^{(j)}$ と表そう．一般にそれぞれの既約表現の次元を d_j とすると群の位数 h との間には次の関係が成り立つ．

$$\sum_{j=1}^{N} d_j^2 = h \tag{8.29}$$

点群 C_{3v} に含まれる対称操作に対して，Ψ_1 と Ψ_2 の基底の既約表現は下のように一次元である．

$$\begin{aligned}
\mathbf{D}^{(1)}(\hat{E}) &= \mathbf{D}^{(1)}(\hat{C}_3^+) = \mathbf{D}^{(1)}(\hat{C}_3^-) = 1 \\
\mathbf{D}^{(1)}(\hat{\sigma}_v) &= \mathbf{D}^{(1)}(\hat{\sigma}_v') = \mathbf{D}^{(1)}(\hat{\sigma}_v'') = 1
\end{aligned}$$

指標の組は $\{1,1,1,1,1,1\}$ となる．一方，Ψ_3 と Ψ_4 の既約表現は二次元で

$$\mathbf{D}^{(2)}(\hat{E}) = \begin{pmatrix} 1 & 0 \\ 0 & 1 \end{pmatrix} \quad \mathbf{D}^{(2)}(\hat{C}_3^+) = \begin{pmatrix} -\frac{1}{2} & -\frac{1}{2} \\ \frac{3}{2} & -\frac{1}{2} \end{pmatrix}$$

$$\mathbf{D}^{(2)}(\hat{C}_3^-) = \begin{pmatrix} -\frac{1}{2} & \frac{1}{2} \\ -\frac{3}{2} & -\frac{1}{2} \end{pmatrix} \quad \mathbf{D}^{(2)}(\hat{\sigma}_v) = \begin{pmatrix} 1 & 0 \\ 0 & -1 \end{pmatrix}$$

などとなり，この表現の指標は $\{2,-1,-1,0,0,0\}$ という組となる．このように，

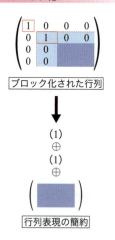

Assist ブロック化

ブロック化された行列

↓

(1)
$\oplus$
(1)
$\oplus$
$(\quad)$

行列表現の簡約

Assist 直和

数学的には，1つの集合 M が共通部分をもたない部分集合 A, B の和集合のとき，M は A と B の直和であるという．

$\{\Psi_1, \Psi_2\}$ の組と $\{\Psi_3, \Psi_4\}$ の組はそれぞれすべての対称操作に関して同じふるまいをすることがわかる．このような場合，これらの基底の組は同じ対称性をもっている，あるいは同じ**対称種**(symmetry species)であるといい，それぞれの既約表現のもとになった基底を**対称適合基底**(symmetry-adapted bases)とよぶ．

指標の組によって対称性を表すことができるので，これをもとに既約表現にラベルをつける．たとえば，指標の組が $\{1,1,1,1,1,1\}$ のものには A，$\{2,-1,-1,0,0,0\}$ のものには E というラベルをつける (8.4.3 項で詳述)．

ここに至ってこの章の最初で掲げた「定常状態にある量子系をどのように特徴づけるか」という問題に関する方法が明らかになった．すなわち，<u>分子の対称性に着目し，個々の対称操作ではなく，1組の対称操作からなる点群を用い，その既約表現ごとにラベルをつける</u>という方法である．

8.4.3 指標表

既約表現につけたラベル，対称操作，指標をそれぞれの群についてまとめて表にしたものを**指標表**(character table)という．一例として点群 C_{2v} の指標表を表 8-5 に示し，その見方をまとめる*．

> **Data 指標表**
> さまざまな点群の指標表は巻末の「付録データ集」にある．

表 8-5 C_{2v} グループの指標表

C_{2v}	E	C_2	$\sigma_v(xz)$	$\sigma_v'(yz)$		
A_1	1	1	1	1	z	x^2, y^2, z^2
A_2	1	1	-1	-1	R_z	xy
B_1	1	-1	1	-1	x, R_y	xz
B_2	1	-1	-1	1	y, R_x	yz
I		II			III	IV

第Ⅰ領域 既約表現 $\Gamma^{(j)}$ のラベルで**ミリカンの記号**(Mulliken symbols)が用いてあり，記号のつけ方は以下の規則に従う．
① 一次元の表現には A あるいは B，二次元の表現には E，三次元の表現には T を用いる．
② 一次元の表現において主軸 C_n に対して対称 $[\chi(C_n) = 1]$ なものには A を，反対称 $[\chi(C_n) = -1]$ なものには B をあてる．
③ 主軸に垂直な C_2 軸 (このような軸がない場合は σ_v) に関して対称なものに 1，反対称なものに 2 の下付き添え字をつける．
④ σ_h に関して対称なものにプライム (′)，反対称なものにダブルプライム (″) をつける．
⑤ 反転対称中心をもつ場合，これに関して対称なものに g，反対称なものに u の下付き添字をつける．

第Ⅱ領域 それぞれの既約表現の指標

第Ⅲ領域 既約表現と同じ対称性をもつ x, y, z 座標，あるいはその添字が表す軸周りの回転 R_x, R_y, R_z を示している．特に，x, y, z 座標の表示は双極子遷移を考える際に有用である．

> **第IV領域** 既約表現と同じ対称性をもつ二次形式．ラマン散乱を考える際に有用である．

8.4.4 射影演算子

ところで，式 (8.26) の基底関数が対称適合基底となっていることを 8.4.2 項で示したが，ここではこのような基底をどのようにすれば得られるかについて考える．この目的には

射影演算子
$$\hat{P}_i = \frac{l_i}{h}\sum_{\hat{R}}\chi_i^*(\hat{R})\,\hat{R} \tag{8.30}$$

という **射影演算子** (projection operator) を用いる[†]．ここで，i は対象とする点群の中の任意の既約表現，l_i はその次元である．ある任意の関数にこの射影演算子を作用させることにより，i の既約表現の対称性をもった関数をつくりあげることができる．NH_3 を例にしてこのことを確かめておこう．

まず，H 原子の s 軌道，$\psi_s(H_1)$ に A 対称の射影演算子 $\hat{P}_A$ を作用させると次の式が得られる[†]．

$$\begin{aligned}\hat{P}_A\psi_s(1) &= \frac{1}{6}(\hat{E}+2\hat{C}_3+3\hat{\sigma}_v)\psi_s(H_1)\\ &= \frac{1}{6}(\hat{E}+\hat{C}_3^++\hat{C}_3^-+\hat{\sigma}_v+\hat{\sigma}_v'+\hat{\sigma}_v'')\psi_s(H_1)\\ &= \frac{1}{6}[\psi_s(H_1)+\psi_s(H_2)+\psi_s(H_3)+\psi_s(H_1)+\psi_s(H_2)+\psi_s(H_3)]\\ &= \frac{2}{6}[\psi_s(H_1)+\psi_s(H_2)+\psi_s(H_3)] \end{aligned} \tag{8.31}$$

また，この関数に E 対称の射影演算子 $\hat{P}_E$ を作用させると

$$\begin{aligned}\hat{P}_E\psi_s(1) &= \frac{2}{6}(2\hat{E}-2\hat{C}_3+0\times 3\hat{\sigma}_v)\psi_s(H_1)\\ &= \frac{2}{6}(2\hat{E}-\hat{C}_3^+-\hat{C}_3^-)\psi(H_1)\\ &= \frac{2}{6}[2\psi_s(H_1)-\psi_s(H_2)-\psi_s(H_3)] \end{aligned} \tag{8.32}$$

となり，二次元の表現の 1 つの基底関数を得る．もう 1 つの基底関数はこれと直交する関数として $\psi_s(H_2)-\psi_s(H_3)$ を得る[†]．

> **Assist　射影演算子の作用**
>
> ベクトル a に垂直な平行光で照射したときに a を含む軸上にできる b の影 ca を b の a への（直交）射影という．射影演算子はこのような射影を与える演算子 ($\hat{P}b=ca$) として考えることができる．ここで c はベクトルではなく，あるスカラー量である．これを係数とよぶ．
>
>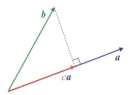
>
> 式 (8.30) で示した射影演算子の作用は次のように考えることができる．ここで，基底関数の組 $\{\Psi_i\}$ $(i=1,\cdots,n)$ があったとする．たとえば，既約表現 A_1 に関する $\hat{P}_{A_1}$ が，この中の任意の基底関数 Ψ_j に作用すると，$\hat{P}_{A_1}$ は Ψ_j を組 $\{\Psi_i\}$ のそれぞれの基底関数に射影して適切な係数 c_k を与え，これらの係数 c_k と基底関数 Ψ_k から $\sum_k c_k\Psi_k$ という和をとることにより，A_1 対称性に合致した関数をつくりあげる．これが，射影演算子の作用である．

> **Assist　A 対称**
>
> ここでは以下の式を利用した．
> $\hat{E}\psi_s(H_1)=\psi_s(H_1)$　$\hat{\sigma}_v\psi_s(H_1)=\psi_s(H_1)$
> $\hat{C}_3^+\psi_s(H_1)=\psi_s(H_2)$　$\hat{\sigma}_v'\psi_s(H_1)=\psi_s(H_2)$
> $\hat{C}_3^-\psi_s(H_1)=\psi_s(H_3)$　$\hat{\sigma}_v''\psi_s(H_1)=\psi_s(H_3)$

> **Assist　基底関数の直交**
>
> E の対称性に合致した基底関数，$2\psi_s(H_1)-\psi_s(H_2)-\psi_s(H_3)$ と $\psi(H_2)-\psi_s(H_3)$ が直交しているのは次のように確かめられる．
>
> $\int[2\psi_s(H_1)-\psi_s(H_2)-\psi_s(H_3)]\times[\psi_s(H_2)-\psi_s(H_3)]d\tau$
> $=\int[2\psi_s(H_1)\psi_s(H_2)-2\psi_s(H_1)\psi_s(H_3)$
> 　$-\psi_s(H_2)^2+\psi_s(H_2)\psi_s(H_3)-\psi_s(H_3)\psi_s(H_2)+\psi_s(H_3)^2]d\tau$
> $=2\cdot 0-2\cdot 0-1+0-0+1=0$

8.5 電子状態の対称性

ここからは，前節で導入した指標表の利用法について学ぶ．対称適合基底の考え方がよく反映されている例として，分子軌道法による電子状態の対称性について考えてみる．

8.5.1 原子軌道の対称性と混成軌道

5.1節にて炭素原子を含む有機分子の構造を説明するために炭素原子における sp, sp^2, sp^3 という混成軌道を導入した．これらの混成軌道は確かに有機分子の構造をうまく説明できるが，どうしてこのような混成を考えねばならないのか，その物理的な起源については述べなかった．ここでは，混成軌道が分子の幾何学的な対称性に起源をもつことを示す．それは，分子の対称性がどの原子軌道を混成させる必要があるかを規定するということである．次の例題を通して確かめてみよう．

例題 8.4 混成軌道の対称性

メタンのように中心原子から正四面体の頂点の方向に 4 つの σ 結合を配置するためには 2s, $2p_x$, $2p_y$, $2p_z$ の 4 つの原子軌道の混成が必要であることを示せ．

解答

図 8-13 に示したように，中心原子から正四面体の頂点の方向に 4 つの σ 結合を炭素原子から伸びる 4 本のベクトルで表し，点群 T_d の各対称操作に対してこれらのベクトルがどのように変換されるかを考えてみる．8.4 節でおこなったのと同様にそれぞれの対称操作に対応する 4 行 4 列の行列表現を書き下せばよいのだが，ここで必要なものはその跡である．たとえば，$\hat{E}$ についてはすべての対角項が 1 となるので $\chi(\hat{E}) = 4$ であり，$\hat{C}_3$ についてはこの 3 回軸に沿ったベクトルのみがこの操作によっては不動であるため，これに対応する対角項のみが 1 であり，それ以外は 0 となる．したがって，$\chi(\hat{C}_3) = 1$ となる．このように行列表現の跡はその操作において不動なベクトルがいくつあるかを数えればよいことに気づく．したがって，表 8-6 を得る．これから，Γ は指標の組が $\{1,1,1,1,1\}$ の A_1 と $\{3,0,-1,-1,-1\}$ の T_2 から成り立っていることがわかる．すなわち，この 4 本の σ 結合を形成するためには，1 つの A_1 対称をもつ原子軌道 (s) と，3 つからなる 1 組の T_2 の対称性をもつ軌道 $\{p_x, p_y, p_z\}$ が必要であることがわかる．つまり，2s 軌道と $2p_x$, $2p_y$, $2p_z$ の 2p 軌道がこれに対応する．

同様にして sp^2 混成の場合は C_{2v}，また sp 混成の場合は $C_{\infty v}$ の対称性を考えればよい．

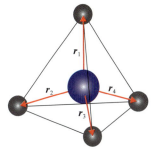

図 8-13 sp^3 混成

表 8-6 点群 T_d の指標表

	E	$8C_3$	$3C_2$	$6S_4$	$6\sigma_d$
Γ	4	1	0	0	2

チャレンジ問題

sp^3 混成の場合と同様にして，sp^2 混成の場合に必要な原子軌道は 2s と $2p_x$, $2p_y$ であり，sp 混成の場合に必要な原子軌道は，2s と $2p_x$ あるいは $2p_y$ のどちらかであることを示せ．

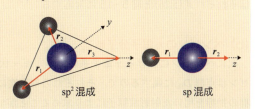

sp^2 混成　　　sp 混成

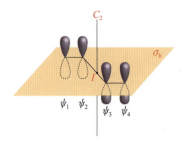

図 8-14 トランス型ブタジエンの対称要素

表 8-7 点群 C_{2h} の指標表

C_{2h}	E	C_2	I	σ_h
A_g	1	1	1	1
B_g	1	−1	1	−1
A_u	1	1	−1	−1
B_u	1	−1	−1	1

8.5.2 π結合共役系における分子軌道

(a) ブタジエンのπ電子分子軌道

5.2.3 節においてブタジエンのπ軌道のエネルギー準位と波動関数について述べたが，ここではπ電子分子軌道の対称性について考えてみる．

トランス型ブタジエンのそれぞれの炭素原子における p_z 軌道を ψ_i ($i=1, 2, 3, 4$) とする（図 8-14）．この分子の対称性 (C_{2h}) を考えると ψ_1, ψ_4 と ψ_2, ψ_3 は置かれた環境が同じなので等価である（表 8-7）．そこで，$\psi_1+\psi_2$ と $\psi_1-\psi_2$ に式 (8.30) の射影演算子を用いて対称性適合基底を求める．

$$\hat{P}_{A_g}(\psi_1+\psi_2) = \frac{1}{4}(\hat{E}+\hat{C}_2+\hat{i}+\hat{\sigma}_h)(\psi_1+\psi_2)$$
$$= \frac{1}{4}[(\psi_1+\psi_4-\psi_4-\psi_1)+(\psi_2+\psi_3-\psi_3-\psi_2)]$$
$$= 0$$

$$\hat{P}_{B_g}(\psi_1+\psi_2) = \frac{1}{4}(\hat{E}-\hat{C}_2+\hat{i}-\hat{\sigma}_h)(\psi_1+\psi_2)$$
$$= \frac{1}{4}[(\psi_1-\psi_4-\psi_4+\psi_1)+(\psi_2-\psi_3-\psi_3+\psi_2)]$$
$$= \frac{1}{2}(\psi_1-\psi_4+\psi_2-\psi_3)$$

$$\hat{P}_{A_u}(\psi_1+\psi_2) = \frac{1}{4}(\hat{E}+\hat{C}_2-\hat{i}-\hat{\sigma}_h)(\psi_1+\psi_2)$$
$$= \frac{1}{4}[(\psi_1+\psi_4+\psi_4+\psi_1)+(\psi_2+\psi_3+\psi_3+\psi_2)]$$
$$= \frac{1}{2}(\psi_1+\psi_4+\psi_2+\psi_3)$$

$$\hat{P}_{B_u}(\psi_1+\psi_2) = \frac{1}{4}(\hat{E}-\hat{C}_2-\hat{i}+\hat{\sigma}_h)(\psi_1+\psi_2)$$
$$= \frac{1}{4}[(\psi_1-\psi_4+\psi_4-\psi_1)+(\psi_2-\psi_3+\psi_3-\psi_2)]$$
$$= 0$$

同様にして $\psi_1-\psi_2$ に射影演算子を作用させると

$$\hat{P}_{A_u}(\psi_1-\psi_2) = \frac{1}{2}(\psi_1+\psi_4-\psi_2-\psi_3)$$
$$\hat{P}_{B_g}(\psi_1-\psi_2) = \frac{1}{2}(\psi_1-\psi_4-\psi_2+\psi_3)$$

を得る．この結果，2つの A_u と 2つの B_g 対称をもつ4つの対称適合基底が得られ，それぞれの基底における節の数を考えると，最も安定な $\Psi_1=\psi_1+\psi_2+\psi_3+\psi_4$ (A_u) から順に，$\Psi_2=\psi_1+\psi_2-\psi_3-\psi_4$ (B_g), $\Psi_3=\psi_1-\psi_2-\psi_3+\psi_4$ (A_u), そして最もエネルギーの高い $\Psi_4=\psi_1-\psi_2+\psi_3-\psi_4$ (B_g) へと並べることができる．これらの分子軌道を示したのが図 8-15 である．これらはそれぞれ式 (5.26) と図 5-15 に対応する[†]．

(b) ベンゼンのπ電子分子軌道

次にベンゼンにおけるπ電子系のエネルギー状態について考える．ベンゼンは点群 D_{6h} に属するので，それぞれの対称性に適合した波動関数はこの群の指標を用いた射影演算子により求めることができる．しかし，ベンゼン

Assist 群論と原子軌道の符号・係数

ここで Ψ_1 から Ψ_4 の分子軌道における各原子軌道の係数の符号は式 (5.26) と一致しているが，係数の絶対値が異なることに注意する．群論を用いると，基底として選んだ原子軌道が対称適合基底である分子軌道の中でどのような符号で寄与するかについてはこのように簡便に求めることができる．しかし，その寄与の大きさである係数の絶対値は 5.2.3 節のような計算を実際におこなわねばならない．

のように対称性の高い分子の場合は計算が複雑となる．そこで，D_{6h} の純粋な回転操作のみからなるサブグループ C_6 について計算をおこない，その後，D_{6h} の対称種のラベルである A_{1g} や A_{2u} などにあらわれる下付き添字である 1g や 2u の区別を考えることとする．

点群 C_6 の指標表を**表 8-8** に示す．

表 8-8　点群 C_6 の指標表

C_6	E	C_6^1	$C_3(=C_6^2)$	$C_2(=C_6^3)$	$C_3^2(=C_6^4)$	C_6^5
A	1	1	1	1	1	1
B	1	-1	1	-1	1	-1
E_1	1	ε	$-\varepsilon^*$	-1	$-\varepsilon$	ε^*
	1	ε^*	$-\varepsilon$	-1	$-\varepsilon^*$	ε
E_2	1	$-\varepsilon^*$	$-\varepsilon$	1	$-\varepsilon^*$	$-\varepsilon$
	1	$-\varepsilon$	$-\varepsilon^*$	1	$-\varepsilon$	$-\varepsilon^*$

※ $\varepsilon = \exp(2\pi i/6)$

点群 C_6 の対称種 j に関する射影演算子を，1 の位置にある炭素原子の $2p_z$ 軌道 ψ_1 に作用させると

$$\hat{P}_j\psi_1 = \chi(\hat{E})\hat{E}\psi_1 + \chi(\hat{C}_6)\hat{C}_6\psi_1 + \chi(\hat{C}_6^2)\hat{C}_6^2\psi_1$$
$$+ \chi(\hat{C}_6^3)\hat{C}_6^3\psi_1 + \chi(\hat{C}_6^4)\hat{C}_6^4\psi_1 + \chi(\hat{C}_6^5)\hat{C}_6^5\psi_1$$
$$= \chi(\hat{E})\psi_1 + \chi(\hat{C}_6)\psi_2 + \chi(\hat{C}_6^2)\psi_3 + \chi(\hat{C}_6^3)\psi_4 + \chi(\hat{C}_6^4)\psi_5 + \chi(\hat{C}_6^5)\psi_6$$

である．それぞれの対称種に応じた指標の値を用いると，以下のような対称性をもった波動関数を得る．

$$\Psi_1(A) = \psi_1 + \psi_2 + \psi_3 + \psi_4 + \psi_5 + \psi_6$$
$$\Psi_2(B) = \psi_1 - \psi_2 + \psi_3 - \psi_4 + \psi_5 - \psi_6$$
$$\Psi_3(E_1) = \psi_1 + \varepsilon\psi_2 - \varepsilon^*\psi_3 - \psi_4 - \varepsilon\psi_5 + \varepsilon^*\psi_6$$
$$\Psi_4(E_1) = \psi_1 + \varepsilon^*\psi_2 - \varepsilon\psi_3 - \psi_4 - \varepsilon^*\psi_5 + \varepsilon\psi_6$$
$$\Psi_5(E_2) = \psi_1 - \varepsilon^*\psi_2 - \varepsilon\psi_3 + \psi_4 - \varepsilon^*\psi_5 - \varepsilon\psi_6$$
$$\Psi_6(E_2) = \psi_1 - \varepsilon\psi_2 - \varepsilon^*\psi_3 + \psi_4 - \varepsilon\psi_5 - \varepsilon^*\psi_6$$

E_1, E_2 対称の状態は，ともに二重に縮退している．縮退した波動関数の線形結合をとることにより，また互いに直交する波動関数の組を得ることができる．そこで，$\Psi_{3a} = \Psi_3 + \Psi_4$，$\Psi_{3b} = (\Psi_3 - \Psi_4)/i$ とすると

$$\Psi_{3a} = 2\psi_1 + \psi_2 - \psi_3 - 2\psi_4 - \psi_5 + \psi_6$$
$$\Psi_{3b} = \sqrt{3}(-\psi_2 - \psi_3 + \psi_5 + \psi_6)$$

となり，実の波動関数を得る．Ψ_5, Ψ_6 にも同様なことを施し，すべての波動関数を規格化すると

$$\Psi_1(A) = \frac{1}{\sqrt{6}}(\psi_1 + \psi_2 + \psi_3 + \psi_4 + \psi_5 + \psi_6)$$

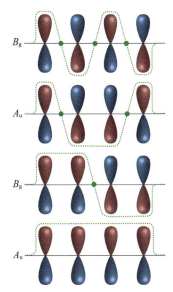

図 8-15　ブタジエンの π 電子分子軌道

波動関数の節(●)の数と位置に注意．

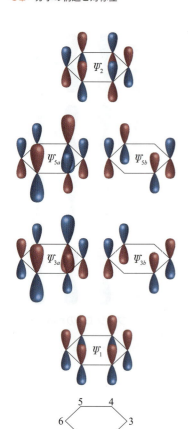

図8-16 式(8.33)に示したベンゼンのπ分子軌道
最下段に炭素原子につけた番号を示す．

$$\Psi_2(B) = \frac{1}{\sqrt{6}}(\psi_1 - \psi_2 + \psi_3 - \psi_4 + \psi_5 - \psi_6)$$

$$\Psi_{3a}(E_1) = \frac{1}{\sqrt{12}}(2\psi_1 + \psi_2 - \psi_3 - 2\psi_4 - \psi_5 + \psi_6)$$

$$\Psi_{3b}(E_1) = \frac{1}{2}(\psi_2 + \psi_3 - \psi_5 - \psi_6) \quad (8.33)$$

$$\Psi_{5a}(E_2) = \frac{1}{\sqrt{12}}(2\psi_1 - \psi_2 - \psi_3 + 2\psi_4 - \psi_5 - \psi_6)$$

$$\Psi_{5b}(E_2) = \frac{1}{2}(\psi_2 - \psi_3 + \psi_5 - \psi_6)$$

を得る．得られた波動関数を模式的に図8-16に示す．

例題 8.5　ベンゼンの波動関数の対称性

波動関数 Ψ_1 がベンゼンが本来属する点群 D_{6h} においてどのような対称性となるかを求めよ．

解答
下付き添字1,2の区別としては，C_6 軸に垂直な C_2 軸に関して Ψ_1 は反対称であるため2，また下付き添字 g，u の区別は，$\hat{I}$ に関して Ψ_1 は反対称であるため u である．したがって，Ψ_1 の D_{6h} における対称性は A_{2u} である．

チャレンジ問題

ベンゼンの波動関数 Ψ_2 の点群 D_{6h} における対称性を答えよ．

8.6　選択則

量子力学では波動関数と演算子を含む積分，すなわち行列要素の計算が必要である．たとえば，5.2節で学んだヒュッケル法などの場合

$$H_{ij} = \int_{-\infty}^{\infty} \psi_i^* \hat{H} \psi_j \, d\tau \qquad S_{ij} = \int_{-\infty}^{\infty} \psi_i^* \psi_j \, d\tau \quad (8.34)$$

の行列要素の計算が必要である．群論を用いることで得られる最も重要な結果の1つは，<u>どのような行列要素がゼロになるのか，あるいは，ゼロでないのかを系の対称性に着目することにより簡単に判断できる</u>ことである．

(a) 奇関数，偶関数の場合

これについてはまず次のような簡単な場合を見てみよう．たとえば，$f(x)$ が奇関数であるとき，すなわち $x \to -x$ という鏡映あるいは反転操作に関して**反対称**(antisymmetric)[†] [$f(-x) = -f(x)$] なのでこの関数の積分

$$\int_{-\infty}^{\infty} f(x) \, dx = 0$$

はゼロとなる．一方，関数 $g(x)$ が偶関数であるとき，同様の積分はゼロで

Assist 反対称
次のような場合である．

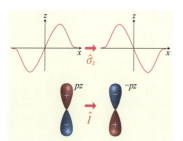

はない†.

この例は，量子系が対称中心，あるいは鏡映面しか対称要素をもたない群 C_i，あるいは C_s に属する場合であり，$g(x)$ は A_g あるいは A'，$f(x)$ は A_u あるいは A'' という対称性をもっている．

(b) 重なり積分の場合

より一般的な場合として 4.1.1 項で述べた重なり積分について考えよう．

$$S_{ij} = \int_{-\infty}^{\infty} \psi_i^* \psi_j \, d\tau$$

にこの分子が属する群の対称操作 $\hat{R}$ を施す．この対称操作で分子の構造はまったく変化しないのだから，当然，重なり積分の値はこの対称操作によって不変でなくてはならない．

$$\hat{R} S_{ij} = \int_{-\infty}^{\infty} \hat{R} \psi_i^* \hat{R} \psi_j \, d\tau = S_{ij} \tag{8.35}$$

ここで，ψ_i の組を（一次元の）既約表現を与える基底としてとると

$$\hat{R} \psi_i^* = \chi^{(i)}(\hat{R}) \psi_i^* \qquad \hat{R} \psi_j = \chi^{(j)}(\hat{R}) \psi_j \tag{8.36}$$

となる．この関係を式(8.35)に代入すると

$$S_{ij} = \chi^{(i)}(\hat{R}) \chi^{(j)}(\hat{R}) \int_{-\infty}^{\infty} \psi_i^* \psi_j \, d\tau = \chi^{(i)}(\hat{R}) \chi^{(j)}(\hat{R}) S_{ij} \tag{8.37}$$

となり，上式がすべての対称操作に関して成り立つためには

$$\chi^{(i)}(\hat{R}) \chi^{(j)}(\hat{R}) = 1 \tag{8.38}$$

でなくてはならない．一次元の既約表現の指標は 1 か −1 なので，式(8.38)は ψ_i と ψ_j が同じ対称種であるときは成り立つ．しかし，異なる対称種に属するときには，ある対称操作に関して必ず $\chi^{(i)}(\hat{R}) \chi^{(j)}(\hat{R}) = -1$ となるので，どの対称操作に関しても式(8.37)を満たすためには $S_{ij} = 0$ でなけれならない．すなわち，重なり積分は 2 つの基底が同じ対称種に属するときにのみゼロでない値をもつ．

一般に，ある関数がすべての対称操作に関して対称である場合，この関数は**全対称**(totally symmetric)という．以上の考察から，<u>行列要素はその被積分関数が全対称であるときにのみゼロでない値をもつ</u>，という重要な結果が導ける．

(c) クーロン積分，共鳴積分の場合

さらに，4.1.1 項で述べたクーロン積分や共鳴積分のように演算子を含む行列要素に関しても同様な考察から

$$I = \int_{-\infty}^{\infty} f^{(l)*} f^{(l')} f^{(l'')} \, d\tau \tag{8.39}$$

においては，$\Gamma^{(l)} \times \Gamma^{(l')} \times \Gamma^{(l'')}$ が全対称種に属さない限り，この積分は必ずゼロとなる．

量子力学では，状態 $\langle i |$ から状態 $| j \rangle$ への遷移に関する行列要素が式(8.39)

> **Assist 偶関数の積分**
>
> 偶然ゼロになる場合があるが，それは必然的ではない．たとえば下図に示した関数は偶関数だが A と B の面積が等しい場合は
>
> $$\int_{-\infty}^{\infty} g(x) \, dx = 0$$
>
> となる．

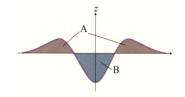

$$\langle i|\hat{\mu}|j\rangle = \int_{-\infty}^{\infty} \Phi_i^* \hat{\mu} \Phi_j d\tau \tag{8.40}$$

と表される．7章で述べた電気双極子遷移では $\hat{\mu}$ は位置の演算子 $(\hat{x}, \hat{y}, \hat{z})$ を含む．したがって，状態 $\langle i|$ から状態 $|j\rangle$ への電気双極子遷移の，たとえば x 方向の遷移双極子モーメントでは，Φ_i^*，x，および Φ_j のそれぞれの対称種の積が全対称である場合には遷移行列はゼロではないので，遷移は許容である．一方，対称種の積が全対称でない場合は禁制である．

このように，ある電気双極子遷移が許容であるか禁制であるかを示す**選択則**(selection rule)は $\Phi_i^* \hat{\mu} \Phi_j$ の積が全対称であるかどうかで決定される．

例題 8.6　遷移双極子モーメントと電子状態の選択則

アンモニア分子の状態 $|a\rangle$ と状態 $|b\rangle$ がともに A_1 の対称性をもつ場合，許容な遷移双極子モーメントは主軸(z)に関してどのような方向になるかを答えよ．

[解答]

右図からわかるようにアンモニア分子は点群 C_{3v} に属する．この点群の指標表（表8-9）の第Ⅲ領域から，主軸(z)に沿った方向の電気双極子は A_1，主軸に直交する面内 (x, y) の電気双極子は E の対称性をもっていることがわかる．したがって，z 軸方向の遷移双極子モーメントは $A_1 \times A_1 \times A_1 = A_1$ となり，許容遷移であるが，x, y 面内の遷移双極子モーメントは $A_1 \times E \times A_1 = E$ となり全対称ではないので禁制遷移である．すなわち，許容な遷移双極子モーメントは主軸と平行である．

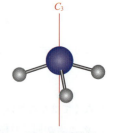

アンモニア分子

これは，入射光のうち，分子軸(C_3)方向の偏光成分のみ相互作用し，この分子に吸収されることを意味する．

表8-9　C_{3v} の指標表

C_{3v}	$\hat{E}$	$2\hat{C}_3$	$3\hat{\sigma}_v$		
A_1	1	1	1	z	x^2+y^2, z^2
A_2	1	1	-1	R_z	
E	2	-1	0	$(x, y)(R_x, R_y)$	$(x^2-y^2, xy)(xz, yz)$

■チャレンジ問題

点群 C_{4v} に属する分子において d 電子の状態 $|d_{xy}\rangle$ と $|d_{x^2-y^2}\rangle$ に関して，演算子 $\hat{z}$，および $\hat{L}_z$ の行列要素，$\langle d_{xy}|\hat{z}|d_{x^2-y^2}\rangle$，$\langle d_{xy}|\hat{L}_z|d_{x^2-y^2}\rangle$ がゼロになるかどうかを確かめよ．

8章 重要項目チェックリスト

固有値と固有関数 [p.144] $\hat{A}\Psi = a\Psi$ (Ψ：固有関数, a：固有値)

演算子と交換関係

◆交換子 [p.145] $[\hat{A}, \hat{B}] \equiv \hat{A}\hat{B} - \hat{B}\hat{A}$ ($\hat{A}, \hat{B}$：演算子)

◆可換 [p.145] $[\hat{A}, \hat{B}] = 0$

◆非可換 [p.145] $\hat{A}\hat{B}\Psi \neq \hat{B}\hat{A}\Psi$ すなわち $[\hat{A}, \hat{B}] \neq 0$

対称操作 [p.146] n 回回転：$\hat{C}_n$ 鏡映：$\hat{\sigma}$ 反転：$\hat{I}$ 回映：$\hat{S}_n$ 恒等：$\hat{E}$

対称操作の行列表現

◆基底と行列の関係 [p.154] $\hat{R}f_i = \sum_j f_j \mathbf{D}_{ji}(\hat{R})$ 〔基底：$f = \{f_1, f_2, \dots, f_d\}$, 対称操作：$\hat{R}$, 行列表現：$\mathbf{D}_{ji}(\hat{R})$〕

◆指標 [p.154] $\chi(\hat{R}) = \mathrm{tr}\mathbf{D}(\hat{R}) = \sum_i \mathbf{D}_{ii}(\hat{R})$

◆簡約化と既約表現 [p.156] $\mathbf{D}^{(h)} = \mathbf{D}^{(d_1)} \oplus \mathbf{D}^{(d_2)} \oplus \cdots \mathbf{D}^{(N)}$ ($\oplus$：直和)

◆射影演算子 [p.158] $\hat{P}_i = \dfrac{l_i}{h} \sum_{\hat{R}} \chi_i^*(\hat{R}) \hat{R}$ (i：既約表現, l_i：その次元)

全対称 [p.163]   ある関数がすべての対称操作に関して対称である場合．

選択則 [p.164]   遷移行列要素における被積分関数 $\phi_i^* \hat{\mu} \phi_j$ が全対称であるとき，$|i\rangle$ と $|j\rangle$ 間の遷移は許容となり，そうでない場合は禁制となる．

確認問題

8・1 点群 C_{3v} に含まれるすべての対称操作に関する群表を書き，これらの対称操作からなる集合が群を成していることを示せ．

8・2 次の分子が属する点群を答えよ．
(a) CO_2， (b) N_2O， (c) NO_2， (d) $CHCl_3$，
(e) エチレン， (f) フェノール，
(g) c-ヘキサン（椅子形）， (h) c-ヘキサン（船形），
(i) CH_4， (j) ナフタレン， (k) アセチレン

8・3 アンモニアの対称適合基底に対して窒素原子のどの p 軌道がゼロでない重なり積分をもちうるか．

8・4 メタンの基底状態は $1a_1^2 2a_1^2 1t_2^6$ という電子配置をもち，その対称性は $^1A_1$ である．HOMO である $1t_2$ 軌道から $3a_1$ への電子を励起するときの励起状態の対称性を答えよ．また，この遷移は許容か禁制かを答えよ．

8・5 波動関数 Ψ と Ψ' が異なる対称種に属するとき，共鳴積分 $\int \Psi' \hat{H} \Psi d\tau$ は必ずゼロになることを示せ．

実戦問題

8・6 $\hat{A}, \hat{B}, \hat{C}$ という3つの演算子が $[\hat{A}, \hat{B}] = i\hat{C}$ という交換関係を満たしているとする．また，ある状態の波動関数 ψ が $\hat{A}$ に対しても $\hat{B}$ に対しても固有関数であるとすると，$\hat{C}\psi = 0$ でなければならないことを証明せよ．

［平成 22 年度 大阪大学理学研究科入試問題より］

8・7 アリルラジカル CH_2CHCH_2 の π 電子の状態をヒュッケル分子軌道法により計算する．ここで，この分子は点群 C_{2v} に属し，各炭素原子の p_z 軌道関数（紙面に対して垂直）をそれぞれ ψ_1, ψ_2, ψ_3 とする．
A. ψ_1, ψ_2, ψ_3 を基底とした点群 C_{2v} のすべての対称操作の行列表現を記せ．
B. この可約表現は既約表現 $A_2 \oplus 2B_1$ に分解できる．射影演算子を用いて，それぞれの対称性に適合した新たな基底を求めよ．
C. この新しい対称適合基底を用いて，電子のハミルトニアンの行列をクーロン積分 α と共鳴積分 β を用いて表せ．

［平成 24 年度 東北大学理学研究科入試問題を改変］

8・8 AH_3 分子（A は第 2 周期の原子）は三方錐形の構造 (C_{3v}) をとるとする．
A. 3つの H 原子の 1s 軌道 (ψ_1, ψ_2, ψ_3) から得られる3つの対称適合性軌道を求めよ．ただし，すべての H 原子は xy 平面上にあるとする．
B. A 原子の軌道 ($\chi_{2s}, \chi_{2p_x}, \chi_{2p_y}, \chi_{2p_z}$) と上記の対称適合性軌道との線形結合を考える．$\psi_1, \psi_2, \psi_3$ のそれぞれと重なり合って分子軌道を形成できる A 原子の軌道を答えよ．

［平成 25 年度 京都大学工学研究科入試問題より］

8・9 1,3-ブタジエンの4つの π 分子軌道を ψ_i ($i = 1, 2, 3, 4$) とする．ただし，軌道エネルギーの低いほうから順に番号をつける．また，この分子のシス体とトランス体の構造と座標軸の定義を下図に示す．シス体とトランス体の分子軌道 ψ_i が属する既約表現の記号を記せ．

シス体　　トランス体

［平成 24 年度 京都大学理学研究科入試問題より］

9章 分子のエネルギー構造とスペクトル

■ Contents

- **9.1** 分子内の運動の分離
- **9.2** 電気双極子遷移
- **9.3** 振動回転スペクトル
- **9.4** 多原子分子の振動
- **9.5** 基準振動モードの対称性と選択則
- **9.6** 点群を用いた振動遷移選択則
- **9.7** 調和振動子近似の破れと特性振動
- **9.8** 電子遷移と電子スペクトル

　前章では分子の定常状態をどのようにラベルをつけて区別するかについて学んだ．本章ではいよいよ，定常状態間の遷移により観察される分子のさまざまな**スペクトル**が，どのような情報を含んでいるのかについて学ぶ．

　7章で学んだように，光との相互作用により分子の運動は変化し，ある定常状態から異なる定常状態へと遷移する．これを**光学遷移**という．分子には分子を構成する原子核の運動(回転，振動)や分子内の電子の運動など，さまざまな運動の種類がある．たとえば，光学遷移に関与する分子の運動が，分子全体の回転なのか，分子内の振動なのか，あるいは分子内の電子の運動なのかによって，その遷移周波数は大きく異なる．そこで，まずは，速さが大きく異なる運動を互いに分離する．特に，分子を構成する原子核の運動に対して分子内の電子の運動はきわめて速いので，光学遷移を考える際には原子核の運動と電子の運動を分離すると考えやすい．

　また，多原子分子の振動運動はさまざまな**振動モード**に分解できる．振動スペクトルは分子がもつ官能基の種類など，構造を推定するうえで重要な情報を与える．そこで，振動モードの対称性やその状態間遷移の選択則などを，8章で学んだ点群を用いて明らかにする．そして最後に，電子と振動間の相互作用がスペクトルにどう影響を与えるのかについても学ぶ．

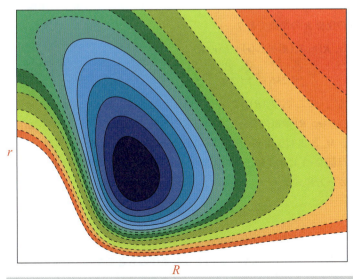
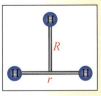

H_3^+ の分子内座標 r と R を二次元で模式的に表したポテンシャルエネルギー曲面．青色から赤色になるにつれてポテンシャルエネルギーが大きくなる．

9章 分子のエネルギー構造とスペクトル

9.1 分子内の運動の分離

9.1.1 運動間の相互作用

分子には，電子，電子スピン，原子核の振動，回転，核スピンなどの**自由度**(degree of freedom)がある．電子の軌道運動と電子スピンの運動の場合はスピン-軌道相互作用によって，分子の回転と原子核のスピンの運動の場合は核スピン-回転相互作用によって，また電子と分子振動運動の場合は振電相互作用によって互いに結びつけられている[†]．しかし，最も粗い近似としてこれらの相互作用を十分小さくて無視できるとすると，分子全体のハミルトニアン $\hat{H}$ は，電子，電子スピン，原子核間の振動，分子全体の回転，核スピンのそれぞれのハミルトニアン $\hat{H}_\mathrm{e}$, $\hat{H}_\mathrm{es}$, $\hat{H}_\mathrm{v}$, $\hat{H}_\mathrm{r}$, $\hat{H}_\mathrm{ns}$ の足し合わせとして次のように書くことができる．

$$\hat{H} = \hat{H}_\mathrm{e} + \hat{H}_\mathrm{es} + \hat{H}_\mathrm{v} + \hat{H}_\mathrm{r} + \hat{H}_\mathrm{ns} \tag{9.1}$$

そして，全体の波動関数は

$$\Psi = \psi_\mathrm{e} \psi_\mathrm{es} \psi_\mathrm{v} \psi_\mathrm{r} \psi_\mathrm{ns} \tag{9.2}$$

のように，それぞれの自由度の波動関数に分離できる．本章では，まずこの近似のもとで，それぞれの自由度における状態とその状態間の遷移について考える．その後で，いくつかの相互作用がもたらす影響について述べる．

> **Assist 相互作用**
>
> ここでの相互作用とは，1つの自由度に関する運動が他の自由度に関する運動に影響を与えるということを意味する．たとえば，分子の回転と分子の振動を考えてみよう．この2つの運動は，まったく互いに影響しない場合は，それぞれ独立に運動する．しかし，回転運動が激しくなり，振動運動が分子全体の回転運動の影響を受けるような場合，2つの運動は互いに影響し合い，独立に運動できなくなる．このように2つの運動において，互いに影響し合う原因となるものを相互作用(この例の場合は回転と振動間の相互作用)という．

9.1.2 ボルン-オッペンハイマー近似

まず電子と原子核の運動の分離について考えよう．M 個の原子核と N 個の電子からなる分子のハミルトニアン $\hat{H}$ はそれを構成する電子の座標 $\boldsymbol{r}$ と原子核の座標 $\boldsymbol{R}$ の関数であり

$$\begin{aligned}\hat{H}(\boldsymbol{r},\boldsymbol{R}) &= T_\mathrm{n}(\boldsymbol{R}) + T_\mathrm{e}(\boldsymbol{r}) + U(\boldsymbol{r},\boldsymbol{R}) \\ &= \sum_{k=1}^{M}\frac{\hat{P}_k^2}{2M_k} + \sum_{i=1}^{N}\frac{\hat{P}_i^2}{2m_\mathrm{e}} + \sum_{k>l}\frac{Z_k Z_l e^2}{R_{kl}} - \sum_{k,i}\frac{Z_k e^2}{r_{ki}} + \sum_{i>j}\frac{e^2}{r_{ij}}\end{aligned} \tag{9.3}$$

と書ける[†]．ここで，$T_\mathrm{n}(\boldsymbol{R})$，$T_\mathrm{e}(\boldsymbol{r})$ はそれぞれ原子核と電子の運動エネルギーである．$U(\boldsymbol{r},\boldsymbol{R})$ は電荷をもっている電子と原子核に働くクーロン相互作用であり，M_k と Z_k は k 番目の原子核の質量と電荷，m_e は電子の質量，R_{kl} や r_{ij} などは図9-1に示す粒子間の距離である．したがって，解くべきシュレーディンガー方程式は

$$\hat{H}(\boldsymbol{r},\boldsymbol{R})\Psi(\boldsymbol{r},\boldsymbol{R}) = E\Psi(\boldsymbol{r},\boldsymbol{R}) \tag{9.4}$$

である．しかし電子と原子核の運動を同時に取り扱わねばならないためこれを厳密に解くことはできない．どのような条件のもとでなら，分子の波動関数 $\Psi(\boldsymbol{r},\boldsymbol{R})$ を電子の波動関数 $\psi(\boldsymbol{r})$ と原子核の波動関数 $\chi(\boldsymbol{R})$ に分け，$\Psi(\boldsymbol{r},\boldsymbol{R})=\psi(\boldsymbol{r})\chi(\boldsymbol{R})$ というように波動関数(変数)を分離できるのだろうか．

> **Assist 原子核と電子の運動の分離**
>
> 式(9.3)における各項間の対応は次のようになっている．
>
> $$T_\mathrm{n}(\boldsymbol{R}) = \sum_{k=1}^{M}\frac{\hat{P}_k^2}{2M_k}$$
>
> $$T_\mathrm{e}(\boldsymbol{r}) = \sum_{l=1}^{N}\frac{\hat{P}_l^2}{2m_\mathrm{e}}$$
>
> $U(\boldsymbol{r},\boldsymbol{R}) =$ 残りの3項

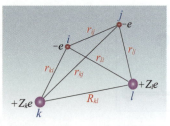

図9-1 電子・原子核間の距離

ボルン（M. Born）とオッペンハイマー（R. Oppenheimer）は，原子核の運動エネルギーが電子の運動エネルギーに比べて格段に小さいことに着目し，電子と原子核の運動を分離して取り扱うことを提唱した．たとえば，電子の静止質量は $m_e = 9.1 \times 10^{-31}$ kg であるのに対して，水素分子の原子核の換算質量（2.4.1項参照）は $\mu = 8.4 \times 10^{-28}$ kg と電子に比べて3桁程度重い．このため，水素分子の原子核の動きは電子に比べて遅く，その運動エネルギーは電子の運動エネルギーの約3％にすぎない．

これをふまえると式(9.3)中の第1項は無視できる．この場合，ハミルトニアン，およびシュレーディンガー方程式は

$$\hat{H}(\boldsymbol{r};\boldsymbol{R}) = T_e(\boldsymbol{r}) + U(\boldsymbol{r};\boldsymbol{R}) \tag{9.5}$$

$$\hat{H}(\boldsymbol{r};\boldsymbol{R})\Psi(\boldsymbol{r};\boldsymbol{R}) = E(\boldsymbol{R})\Psi(\boldsymbol{r};\boldsymbol{R}) \tag{9.6}$$

となる．これらの式において電子の座標 $\boldsymbol{r}$ が変数として入っているが，原子核の座標 $\boldsymbol{R}$ は式(9.4)中とは異なり，変数ではなく単なるパラメーターとして入っている†．すなわち，$\boldsymbol{R}$ は定数としてある値に固定することができる．したがって，式(9.6)は電子の座標だけの方程式となり，これを解くと，$\boldsymbol{R}$ がある値に固定された場合の電子エネルギーが得られる．

そこで，次々と原子核の位置，すなわち $\boldsymbol{R}$ を変えながら電子のエネルギーを求めると，$\boldsymbol{R}$ の関数としてのエネルギー曲面を得る．これを，**ポテンシャルエネルギー曲面** $V(\boldsymbol{R})$ という．二原子分子では，ポテンシャルエネルギー曲面は，図9-2のような曲線となる．

こう考えると，原子核の運動は，原子核についてのハミルトニアンを $\hat{H}_n = T_n(\boldsymbol{R}) + V(\boldsymbol{R})$ としたシュレーディンガー方程式

$$-\sum_{j=1}^{N}\frac{\hbar^2}{2M_j}\frac{\partial^2 \chi}{\partial R_j^2} + V(\boldsymbol{R})\chi = E\chi \tag{9.7}$$

を解くことにより得られる．このように，原子核の運動エネルギーを無視することにより，分子の波動関数を，電子と原子核の波動関数の積に分解する近似を**ボルン–オッペンハイマー近似**（Born-Oppenheimer approximation）という．

> **Assist　パラメーターとしての R**
>
> $\Psi(\boldsymbol{r};\boldsymbol{R})$ のように，セミコロン「；」のあとに $\boldsymbol{R}$ を示しているのは $\Psi(\boldsymbol{r};\boldsymbol{R})$ において $\boldsymbol{R}$ を固定して Ψ を評価することを表している．

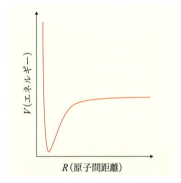

図9-2　一次元のポテンシャルエネルギー曲線

多原子分子の場合はポテンシャルエネルギーは分子内の原子核間のさまざまな結合距離に依存するため多次元のエネルギー曲面（p.167図参照）を考えねばならない．

9.1.3　分子の回転・振動の波動関数

二原子分子の場合，原子核に関する波動方程式（式9.7）の中にあるポテンシャルエネルギー $V(\boldsymbol{R})$ は核間距離 R のみに依存するので，分子全体の並進運動を分離すると3章で学んだ水素原子の場合と同様な問題に還元することができる．そこで，分子軸の方向を角 θ と φ で表すと，原子核の波動関数は，分子全体の回転と原子核の振動の波動関数の積 $\chi(\boldsymbol{R}) = \psi_v(\boldsymbol{R})\psi_r(\theta,\varphi)$ と書くことができる．ここで，回転の波動関数 $\psi_r(\theta,\varphi)$ は球面調和関数 $Y_{JM}(\theta,\varphi)$ で表される．

一方，振動の波動関数が満たすべき波動方程式は μ を分子の換算質量†とすると

> **Assist　換算質量**
>
> ここでの換算質量 μ は次のようになる．
>
> $$\frac{1}{\mu} = \frac{1}{M_1} + \frac{1}{M_2}$$

$$\left[-\frac{\hbar^2}{2\mu}\frac{\mathrm{d}^2}{\mathrm{d}R^2}+\frac{\hbar^2}{2\mu}\frac{J(J+1)}{R^2}\right]\psi_v = E\psi_v \tag{9.8}$$

である．したがって，ボルン-オッペンハイマー近似のもとで，また分子の振動と回転運動が互いに影響せず独立に起きるという仮定のもとでは，二原子分子の波動関数は

$$\Psi = \psi_e(r; R) R^{-1} \psi_v(R) \psi_{JM}(\theta, \varphi) \tag{9.9}$$

とそれぞれ電子，振動，そして回転の波動関数の積として書ける．

9.1.4 回転準位と縮退度

分子全体の回転と分子の振動は完全に独立な運動ではない．すなわち，両者の運動は互いに影響を及ぼしうる．しかし，通常この相互作用は小さいので，回転と振動を独立に取り扱うことができる．

2.4節より，原子間の結合距離が固定されて伸び縮みができない分子（剛体分子）の回転エネルギー（回転準位）は慣性モーメント I を用いて

剛体分子の回転エネルギー
$$E_J = \frac{\hbar^2}{2I} J(J+1) = BJ(J+1) \qquad J = 0, 1, 2, \cdots \tag{9.10}$$

と表される．ここで，J は**回転の量子数**であり，B は

回転定数
$$B = \frac{\hbar^2}{2I} \qquad (\mathrm{J}) \tag{9.11}$$

と定義され，**回転定数**（rational constant）とよばれる*．

ある回転量子数 J をもつ状態 M_J には

$$M_J = -J, \ -J+1, \ \cdots, \ 0, \ \cdots, \ J-1, \ J$$

の $2J+1$ 個の状態があるが，回転エネルギーは量子数 M_J には依存しない．異なる状態が同一のエネルギーをもつことを「状態は縮退している」といい，同一エネルギーをもつ状態の数を**縮退度**（degeneracy）g_J という．したがって，回転量子数 J をもつ状態は $g_J = 2J+1$ の縮退度をもっている．

9.1.5 振動準位と調和振動子近似

ボルン-オッペンハイマー近似のもとでは，原子核は1枚のポテンシャルエネルギー曲面の上を運動すると考えてよい．まず，二原子分子のポテンシャルエネルギーは核間距離 R のみに依存するので，図9-2のようなポテンシャルエネルギー曲線 $V(R)$ 上での運動を考えればよい．平衡核間距離 $R = R_0$ からのずれ，すなわち変位を $x = R - R_0$ として変数変換をし，$V(x)$ を平衡核間距離（$x = 0$）の近傍でマクローリン展開†すると次のようになる．

$$V(x) = V(0) + \left(\frac{\mathrm{d}V}{\mathrm{d}x}\right)_0 x + \frac{1}{2}\left(\frac{\mathrm{d}^2V}{\mathrm{d}x^2}\right)_0 x^2 + \cdots \tag{9.12}$$

Data 回転定数

本書では波数（cm^{-1}）の単位で諸量をあらわす際に，記号に「〜」（チルダ）をつける．したがって，回転定数を波数（cm^{-1}）の単位で表したものは次のようになる．

$$\tilde{B} = \frac{h}{8\pi^2 cI} \qquad (\mathrm{cm}^{-1})$$

Assist マクローリン展開

無限回微分可能な関数 $f(x)$ を

$$f(x) = \sum_{n=0}^{\infty} \frac{1}{n!} \left(\frac{\mathrm{d}^n f}{\mathrm{d}x^n}\right)_{x=a} (x-a)^n$$

のようにべき級数展開することをテイラー展開（補章5.3参照）という．ここで $\left(\frac{\mathrm{d}^n f}{\mathrm{d}x^n}\right)_{x=a}$ は $x = a$ での微係数を意味している．特に $x = 0$ の周りで展開したものを「マクローリン展開」という．

ここで，ポテンシャルエネルギーの基準として $V(0)=0$ とし，第 2 項はポテンシャルエネルギーの極小値なのでその傾き $(\mathrm{d}V/\mathrm{d}x)_0=0$ である．さらに，x の三次以上の項が無視できるほど小さいとすると

調和振動子近似のもとでの二原子分子のポテンシャルエネルギー

$$V(x)=\frac{1}{2}kx^2 \qquad k=\left(\frac{\mathrm{d}^2 V}{\mathrm{d}x^2}\right)_0 \tag{9.13}$$

と近似することができる．ここで，k は**力の定数** (force constant) とよばれる．

このように，ポテンシャルエネルギー曲線を放物線として取り扱う近似(図9-3)を**調和振動子近似** (harmonic oscillator approximation) という．このように放物線状のポテンシャルエネルギー曲線をもつ振動子は，古典力学において 2 つの質点を力の定数 k をもつバネでつないだ調和振動子に対応する．

式 (2.11) から，調和振動子近似のもとで m_1 と m_2 の質量をもつ二原子分子のエネルギーは離散的であり，次のように表せる．

$$E_v=\left(v+\frac{1}{2}\right)\hbar\omega \qquad \omega=\left(\frac{k}{\mu}\right)^{1/2} \tag{9.14}$$

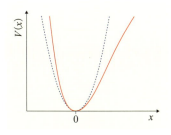

図 9-3 調和振動子近似
赤の実線は実際のポテンシャル曲線であり，青の破線は $x=0$ で調和振動子近似により得られるポテンシャル曲線である．

ここで μ は下のような換算質量である．

$$\mu=\frac{m_1+m_2}{m_1 m_2} \qquad \frac{1}{\mu}=\frac{1}{m_1}+\frac{1}{m_2} \tag{9.15}$$

例題 9.1　力の定数

$^1\mathrm{H}^{35}\mathrm{Cl}$ の H−Cl 伸縮振動の振動数は 2990 cm^{-1} である．この振動の力の定数を求めよ．H 原子の質量を 1.008 u，Cl 原子の質量を 34.97 u とする*．

Data u：統一原子質量単位
$1\mathrm{u}=(^{12}\mathrm{C}\text{の質量})/12$
$\approx 1.660538782\times 10^{-27}\,\mathrm{kg}$
ダルトン (Da) ともよばれる．

解答

この分子の換算質量は

$$\mu=\frac{(34.97\mathrm{u})(1.008\,\mathrm{u})}{(34.97+1.008)\mathrm{u}}(1.661\times 10^{-27}\,\mathrm{kg\cdot u^{-1}})=1.627_3\times 10^{-27}\,\mathrm{kg}$$

なので

$$\begin{aligned}k&=(2\pi c\tilde{\nu})^2\mu\\&=[2\pi(2.998\times 10^8\,\mathrm{m\cdot s^{-1}})(2990\,\mathrm{cm^{-1}})(100\,\mathrm{cm\cdot m^{-1}})]^2(1.627_3\times 10^{-27}\,\mathrm{kg})\\&=5.162\times 10^2\,\mathrm{kg\cdot s^{-2}}=5.162\times 10^2\,\mathrm{N\cdot m^{-1}}\end{aligned}$$

チャレンジ問題

$^{12}\mathrm{C}^{16}\mathrm{O}$ の C-O 伸縮振動の振動数は 2170 cm^{-1} である．この振動の力の定数を求めよ．ただし，$^{12}\mathrm{C}$ と $^{16}\mathrm{O}$ の質量をそれぞれ 12.00 u，15.99 u とする．

9.1.6　同位体効果

分子を構成する原子の一部を同位体に置き換えることによりもたらされる効果を観測することは，分子の同定や反応機構を解明する際に役立つことが

多い．9.1.2 項で見たように，原子核は電子がつくるポテンシャルエネルギー曲面 V 上を運動する．したがって，分子内の原子をその同位体に置換しても，ポテンシャルエネルギー曲面はほとんど変化せず，その原子がある振動座標 Q 方向に感じる力（$-\partial V/\partial Q$）はほとんど同じである．したがって，この原子が関与する振動モードへの影響は質量の違いにのみ依存する．

二原子分子の場合，伸縮振動の波数は

$$\tilde{\nu} = \frac{1}{2\pi c_0}\sqrt{\frac{k}{\mu}} \tag{9.16}$$

であるので，同位体置換した分子の換算質量を $\mu^{(i)}$，その振動数を $\tilde{\nu}^{(i)}$ とすると，置換前の分子の振動数との比は

$$\rho = \frac{\tilde{\nu}^{(i)}}{\tilde{\nu}} = \sqrt{\frac{\mu}{\mu^{(i)}}} \tag{9.17}$$

と書ける．したがって，振動スペクトルにおける同位体効果はその遷移振動数のシフトとしてあらわれ

同位体シフト
$$\Delta\tilde{\nu} = \tilde{\nu} - \tilde{\nu}^{(i)} = (1-\rho)\tilde{\nu} \tag{9.18}$$

を**同位体シフト**という．

例題 9.2　同位体シフト

水素分子（H_2）における振動数は重水素化（D_2）することにより何 % に低下するかを計算せよ．

解答

H_2 の換算質量は $1\times 1/(1+1) = 0.5$ u，D_2 の換算質量は $2\times 2/(2+2) = 1.0$ u なので，式 (9.17) より

$$\rho = \sqrt{\frac{0.5}{1.0}} = \frac{1}{\sqrt{2}} = 0.71.$$

したがって，71% に低下する．

チャレンジ問題
$^{12}C^{16}O$ の振動数は 2170 cm^{-1} である．$^{13}C^{18}O$ の振動数を推定せよ．

9.1.7　ポテンシャルの非調和性

調和振動子近似のもとでは分子の振動エネルギーがいくら大きくなっても分子が解離することはないが，現実の分子は有限な解離エネルギーを超えると解離する．したがって，図 9-4 に示すようにポテンシャルエネルギー曲線は原子核間距離が伸びるほど放物線状の曲線から逸脱する．すなわち，振動の振幅が大きくなると調和振動子近似は破綻してくる．このような調和振動近似からのずれを**ポテンシャルの非調和性**（anharmonicity）とよぶ．

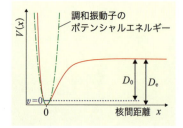

図 9-4　ポテンシャルエネルギーの非調和性

現実の分子は核間距離を伸ばすと解離するため，有限な解離エネルギーをもっている．ここで D_0 は振動の基底状態から測った解離エネルギーで，D_e はポテンシャル曲線の底から測ったものである．

9.2 電気双極子遷移

9.2.1 遷移双極子モーメント

7章で学んだように確率の大きな光学遷移は電気双極子によるものである．二原子分子の電気双極子モーメントをあらわに書くと

$$\boldsymbol{\mu} = \sum_i e_i \boldsymbol{r}_i \tag{9.19}$$

である．ここで，e_i は i 番目の分子を構成する原子核や電子の電荷，$\boldsymbol{r}_i$ はその粒子の分子の重心を原点とした位置ベクトルである．二原子分子の波動関数が式(9.9)で表されることに留意すると，始状態 $|i\rangle = |\psi'_e \psi'_v \psi'_r\rangle$ から終状態 $|f\rangle = |\psi''_e \psi''_v \psi''_r\rangle$ への遷移行列要素は，式(7.26)により下のように書ける．

$$\boldsymbol{\mu}_{fi} = \langle \psi'_e \psi'_v \psi'_r | \hat{\boldsymbol{\mu}} | \psi''_e \psi''_v \psi''_r \rangle \tag{9.20}$$

そこで，まず電子状態の遷移を伴わない，すなわち1つの電子状態 $|\psi''_e\rangle$ 内での回転と振動状態間の遷移について考えてみよう．遷移行列要素においてまず電子座標 r で積分すると

$$\int |\mu \ddot{e}|^2 \hat{\mu} \mathrm{d} r = \mu(R) \vec{R}_u \tag{9.21}$$

となる．これは，この電子状態における電気双極子の期待値であり，この値がゼロでない場合，この分子は**永久電気双極子モーメント** (permanent electric dipole moment)[†] をもつ．永久双極子モーメントは等核二原子分子ではゼロであるが，異核二原子分子ではゼロではなく，R_u 方向のベクトルとなる．ここで，R_u は分子軸方向の単位ベクトルである．そこで，ここからは永久双極子モーメントがゼロでない場合について考えよう．この場合，遷移行列要素は

$$\langle \psi'_v \psi'_r | \mu(R) \boldsymbol{R}_u | \psi''_v \psi''_r \rangle = \langle \psi'_v | \mu(R) | \psi''_v \rangle \langle \psi'_r | \boldsymbol{R}_u | \psi''_r \rangle \tag{9.22}$$

と書ける．式(9.22)の右辺第1因子が振動状態間，第2因子が回転状態間の遷移に関与する[†]．

9.2.2 回転準位間の遷移

同じ振動状態 $|\psi''_v\rangle$ 内での純粋な回転状態間の遷移を考えてみると，回転の波動関数は J と M の量子数で表される球面調和関数なので

$$\langle \psi'_r | \boldsymbol{R}_u | \psi''_r \rangle = \langle J', M'_J | \boldsymbol{R}_u | J'', M''_J \rangle \tag{9.23}$$

となる．この遷移行列要素である式(9.23)がゼロでない値をとるための J と M に関する選択則は，水素原子の軌道角運動量と同じで

純回転遷移の選択則
$$\Delta J = 0, \pm 1 \quad \Delta M_J = 0, \pm 1 \tag{9.24}$$

> **Assist** 永久双極子
>
> 永久双極子を有する二原子分子としては，CO, HCl, NO などの極性分子があり，H_2, N_2, O_2 などの等核二原子分子は永久双極子をもたない．

> **Assist** 振動と回転の波動関数
>
> 振動波動関数は核間距離 R のみに，回転波動関数は二原子分子の配向を示す分子軸方向の単位ベクトル，すなわち，角 θ と φ のみに依存することに注意しよう．

である．ここで，形式的には $\Delta J=0$ も許容であるが，同一の電子状態，同一の振動状態における回転準位間の遷移（**純回転遷移**）の場合は意味をなさない．しかし，9.3 節で述べる振動と回転が一緒に変化する振動回転遷移においては，$\Delta J=0$ の選択則に沿った遷移が許容となることに注意する．

この選択則のため，J から $J+1$ への遷移のエネルギー ΔE_J は式(9.10)より

$$\Delta E_J = E_{J+1} - E_J = 2B(J+1) \tag{9.25}$$

となる†．この場合は光のエネルギーに対して回転準位間の遷移の強度をとった（回転）スペクトルにおいて，スペクトル線（回転線）は図9-5に示したように $2B$ の等間隔で並ぶことになる．

回転定数 B を実験的に求めれば式(9.11)より慣性モーメントが計算でき，その結果，分子の構造を決定することができる．

> **Assist** J から $J+1$ への遷移エネルギーの導出
>
> $\Delta E_J = E_{J+1} - E_J$
> $= B(J+1)(J+2) - BJ(J+1)$
> $= B[(J+1)(J+2) - J(J+1)]$
> $= B[J^2 + 3J + 2 - J^2 - J]$
> $= 2B(J+1)$

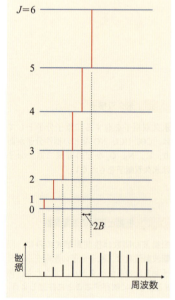

図9-5 純回転遷移とスペクトル形状

例題9.3 回転スペクトルと結合長

^{1}H^{127}I のマイクロ波スペクトルは一連の回転線からなり，それぞれの回転線は 12.8 cm^{-1} 離れている．この分子の結合長(pm)を求めよ．ただし，^{1}H 原子と ^{127}I 原子の質量をそれぞれ 1.01 u，127.0 u とする．

解答

回転線の間隔は $2B$ であるので，$\widetilde{B} = 12.8/2 = 6.4$ cm^{-1} である．一方，$I = \mu r^2$ と式(9.11)より $\widetilde{B} = h/8\pi^2 c\mu r^2$ (cm^{-1}) である．したがって，

$$r = \sqrt{\frac{h}{8\pi^2 c\mu \widetilde{B}}}$$

が得られる．この分子の換算質量は

$$\mu = \frac{m_H m_I}{m_H + m_I} = \frac{1.01 \times 127.0}{(1.01 + 127.0)N_A} = \frac{128.27}{128.01 \times 6.022 \times 10^{23}}$$
$$= 1.66_4 \times 10^{-24} \text{ g} = 1.66_4 \times 10^{-27} \text{ kg}$$

なので次のように導ける．

$$r = \sqrt{\frac{6.626 \times 10^{-34}}{8\pi^2 (2.998 \times 10^8)(1.66_4 \times 10^{-27})(6.4 \times 10^2)}}$$
$$= \sqrt{2.628 \times 10^{-20}} = 1.62_1 \times 10^{-10} = 162 \text{ pm}$$

チャレンジ問題

^{12}C^{16}O の核間距離は 112.8 pm である．$J=0 \to 1$，および $J=1 \to 2$ の遷移周波数(Hz)を予測せよ．ただし，^{12}C 原子と ^{16}O 原子の質量をそれぞれ 12.00 u，15.99 u とする．

9.2.3 振動準位間の遷移

式(9.22)の右辺の第1因子が振動遷移における遷移行列要素である．$\mu(R)$ が核間距離 R の関数なのでこれを式(9.12)の場合と同様に $x = R - R_0$ として

平衡核間距離(R_0)の周りで展開すると次のようになる．

$$\mu(x) = \mu(0) + \left(\frac{d\mu}{dx}\right)_0 x + \frac{1}{2}\left(\frac{d^2\mu}{dx^2}\right)_0 x^2 + \cdots \tag{9.26}$$

ここで行列要素$\langle\psi'_v|\mu(x)|\psi''_v\rangle$を評価する．まず，$|\psi'_v\rangle$と$|\psi''_v\rangle$の異なる振動状態の波動関数は直交するため，第1項は$\langle\psi'_v|\mu(0)|\psi''_v\rangle = \mu(0)\langle\psi'_v|\psi''_v\rangle = 0$となり消失する．しかし，双極子モーメントの微係数$(d\mu/dx)_0$がゼロでなければ（図9-6），第2項はゼロではない有限な値をもつ．すなわち<u>振動準位間の遷移（振動遷移）が許容であるためには，分子振動による核間距離の変位に応じて双極子モーメントが変化しなければならない</u>ことがわかる．

振動による核間距離の変化が小さい場合は，式(9.26)の第3項より高次の項に比べて第2項からの寄与が最も大きく，次のように近似できる．

二原子分子の双極子モーメント
$$\langle\psi'_v|\mu(x)|\psi''_v\rangle \approx \left(\frac{d\mu}{dx}\right)_0 \langle\psi'_v|x|\psi''_v\rangle \tag{9.27}$$

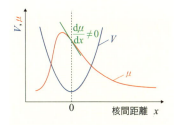

図9-6　ポテンシャルエネルギーと電気双極子モーメントの核間距離依存性

式(2.13)で与えられるエルミートの多項式からなる振動の波動関数を用いた行列要素$\langle\psi'_v|x|\psi''_v\rangle$は

$$\langle\psi_{v+1}|x|\psi_v\rangle \propto (v+1)^{1/2} \tag{9.28}$$
$$\langle\psi_{v-1}|x|\psi_v\rangle \propto v^{1/2}$$

となり，これ以外はゼロとなるので$v' = v \pm 1$の項のみがゼロでない行列要素をもつことがわかる．したがって，調和振動子近似のもとでの電気双極子遷移における振動量子数vに関する選択則は

調和振動子近似の電気双極子遷移の選択則
$$\Delta v = \pm 1 \tag{9.29}$$

である．すなわち，隣り合う振動準位間の遷移（基音[†]）が許容となり，その遷移の振動数は波数の単位で表すと次のようになる．

$$\tilde{\nu} = \frac{E_{v+1} - E_v}{hc_0} = \frac{\hbar\omega}{hc_0} = \frac{\omega}{2\pi c_0} \tag{9.30}$$

以上をまとめると，<u>電気双極子遷移が許容であるための必要十分な条件は，$(d\mu/dx)_0 \neq 0$でかつ $\Delta v = \pm 1$である</u>．

式(9.26)の第3項，すなわちx^2の項からは$\Delta v = \pm 2$の遷移が起きる．これを**第1倍音**（first overtone），あるいは，**第2高調波**（second harmonic）とよぶ．しかし，振動による核間距離の変化が小さい場合は基音，すなわち隣り合う振動準位間の遷移にくらべてその強度は小さい．

例題 9.4　振動量子数における選択則

エルミート多項式の漸化式
$$2xH_v(x) = H_{v+1}(x) + 2vH_{v-1}(x)$$
を用いて式(9.29)の振動量子数に関する選択則を導け．

Assist　基音と倍音

両端を固定した弦の振動では，下図のように真ん中の最も大きな振幅を示す振動から発せられる音を基音という．真ん中の振動を指などで止めた際には2倍の波長が新たな共鳴振動となる．この音を倍音という．

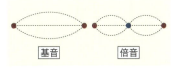

光の遷移周波数の場合も，弦の共鳴音との類推で$v=0 \longleftrightarrow v=1$の遷移周波数を基音，$v=0 \longleftrightarrow v=2$の周波数を倍音とよぶ．

解答

振動量子数 v の振動状態を $|v\rangle$ とすると $|v'\rangle \leftarrow |v\rangle$ の電気双極子遷移の行列要素 $\langle v'|x|v\rangle$ は次のようになる.

$$\langle v'|x|v\rangle = \frac{1}{2}\langle v'|2x|v\rangle = \frac{1}{2}\langle v'|\{|v+1\rangle + 2v|v-1\rangle\}$$
$$= \frac{1}{2}\langle v'|v+1\rangle + v\langle v'|v-1\rangle$$

振動の波動関数の直交性 $\langle v'|v\rangle = \delta_{v'v}$ より許容遷移であるのは，第1項から $v' = v+1$，第2項から $v' = v-1$，すなわち $\Delta v = v' - v = \pm 1$ を得る.

チャレンジ問題

例題 9.4 と同様にエルミート多項式の漸化式を用いて，$\langle v'|x^2|v\rangle$ より，$\Delta v = \pm 2$ の倍音が許容遷移になることを示せ.

9.2.4 振動ラマン遷移

ここまでは，電気双極子遷移による赤外領域における振動準位間の遷移（吸収や発光）について考えた．ここでは，ラマン散乱における選択則について考えよう．7.6 節で述べたようにラマン散乱に関与するのは誘起電気双極子モーメント $\boldsymbol{\mu} = \alpha\boldsymbol{E}$ である（α は分極率，$\boldsymbol{E}$ は電場強度，式 7.42 参照）．したがって，$|v'\rangle \leftarrow |v\rangle$ のラマン遷移に関する遷移行列要素は

$$\boldsymbol{\mu}_{v'v} = \langle v'|\alpha|v\rangle \boldsymbol{E} \tag{9.31}$$

である．これも，式 (9.27) と同様に平衡核間距離の周りでマクローリン展開して近似すると

ラマン遷移の誘起電気双極子モーメント
$$\boldsymbol{\mu}_{v'v} \approx \left(\frac{d\alpha}{dx}\right)_0 \langle v'|x|v\rangle \boldsymbol{E} \tag{9.32}$$

を得る．これから，微係数 $(d\alpha/dx)_0$ がゼロでない場合，すなわち，原子間距離が振動により変動することにともなって分極率 α が変化する場合，ラマン散乱が起きる，すなわちこの伸縮振動はラマン活性であることがわかる[†].

また，振動量子数に関しては赤外吸収と同様，$\Delta v = \pm 1$ の選択則が適用される．図 9-7 に示すように，$\Delta v = 1$，すなわち振動励起をともなうラマン散乱光をストークス散乱光，振動脱励起 ($\Delta v = -1$) をともなうラマン散乱光を反ストークス散乱光という．熱平衡状態では，$v = 0$ の状態のほうが $v = 1$ の状態より占有数が大きいので，ストークス散乱光のほうが反ストークス散乱光に比べて強度が大きい．

Assist 分極率

$\boldsymbol{\mu}$ も $\boldsymbol{E}$ もベクトルなので $\boldsymbol{\mu} = \alpha\boldsymbol{E}$ は直交座標系 (x, y, z) では

$$\begin{pmatrix} \mu_x \\ \mu_y \\ \mu_z \end{pmatrix} = \begin{pmatrix} \alpha_{xx} & \alpha_{xy} & \alpha_{xz} \\ \alpha_{yz} & \alpha_{yy} & \alpha_{yz} \\ \alpha_{zx} & \alpha_{zy} & \alpha_{zz} \end{pmatrix} \begin{pmatrix} E_x \\ E_y \\ E_z \end{pmatrix}$$

と表され，分極率は9つの成分をもっていることがわかる.
直線分子は軸対称であるので，分極率の9つの成分は分子軸方向の成分 $\alpha_\parallel$ と分子軸に垂直な成分 $\alpha_\perp$ に分けることができる．ラマン分光ではさらに，これらから等方的な成分 $\alpha_0 = (\alpha_\parallel + 2\alpha_\perp)/3$ と非等方的な成分 $\alpha_2 = 2(\alpha_\parallel - \alpha_\perp)/3$ に分けて，これらが核間距離の変動に対してどのように変化するかに注目する.

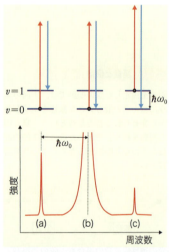

図 9-7 振動ラマンスペクトル
(a) ストークス線，(b) レイリー線，(c) 反ストークス線

9.3 振動回転スペクトル

前節までは回転準位間，および振動準位間の遷移についてそれぞれ別個に

考えてきたが，実際には振動とともに回転状態も変化する，振動・回転準位間の遷移にもとづくスペクトルが得られる．簡単のため調和振動子近似のもとでの直線分子を考えてみる．この場合の振動回転準位のエネルギー $E(v, J)$ は，ゆっくり回転する分子に関しては振動と回転との間の相互作用を無視できるので，式 (9.10) (9.13) より

振動回転準位のエネルギー
$$E(v, J) = \left(v + \frac{1}{2}\right)hc_0\tilde{\nu}_0 + hc_0\tilde{B}_v J(J+1) \tag{9.33}$$

となる．ここで振動の固有振動数 $\tilde{\nu}_0$，および回転定数 $\tilde{B}_v$ は波数の単位 (cm^{-1}) で与えられている．この場合，振動回転状態は $\Psi = \psi_v \psi_r$ というように振動と回転の波動関数の積で表されるので，式 (9.29) より赤外吸収の選択則は，振動と回転の自由度を別々に考えたそれぞれの遷移についての選択則を適用することができる．したがって，まず振動量子数に関する選択則は，$\Delta v = \pm 1$ である．

回転量子数の選択則には注意が必要である．ここまでに扱った二原子分子では分子軸周りの回転の自由度はなく，分子の回転は分子軸に垂直な軸を回転軸とした運動であった．したがって，角運動量ベクトルはこの回転軸に沿った方向に向いている．このような場合は，純回転遷移と同様に回転準位間の遷移は $\Delta J = \pm 1$ が適用される．

しかし，たとえば NO 分子の電子基底状態 ($^2\Pi$) では，電子の軌道角運動量が 0 ではないため，図 9-8 に示すように分子軸に垂直な回転による角運動量のほかに，分子軸周りの角運動量が存在する．また，CO_2 のような直線分子では 9.5 節で後述するように ∠O-C-O の角度を変える変角振動があるので，この振動による分子軸方向の角運動量成分をもつ．このような場合には $\Delta J = \pm 1$ に加えて $\Delta J = 0$ も許容となる．振動回転遷移における選択則を図 9-9 にまとめる．

まず，簡単のため上準位の回転定数 ($\tilde{B}'$) と下準位の回転定数 ($\tilde{B}''$) がほぼ等しい場合 ($\tilde{B}' \approx \tilde{B}'' = \bar{B}$) を考えてみよう．ここで，分子分光学の習慣として上準位の回転状態を J'，下準位を J'' と書く．この場合は，上記の選択則から振動回転遷移は図 9-10 に示すように 3 つの特徴だったスペクトル線の集まりに分けることができる．$\Delta J = J' - J'' = -1$ の遷移を **P 枝** (P branch)

$$\tilde{\nu}^P(J'') \approx \tilde{\nu}_0 - 2\bar{B}J'' \qquad J'' = 1, 2, \cdots \tag{9.34}$$

$\Delta J = J' - J'' = 0$ の遷移を **Q 枝** (Q branch)

$$\tilde{\nu}^Q(J'') \approx \tilde{\nu}_0 \qquad J'' = 0, 1, 2, \cdots \tag{9.35}$$

$\Delta J = J' - J'' = +1$ の遷移を **R 枝** (R branch)

$$\tilde{\nu}^R(J'') \approx \tilde{\nu}_0 + 2\bar{B}(J''+1) \qquad J'' = 0, 1, 2, \cdots \tag{9.36}$$

とよぶ．式 (9.35) にあるように Q 枝ではすべての回転線が同じ周波数に重なり合うため，1 本の鋭いピークとなり，式 (9.34) (9.36) から P および R 枝は $2\bar{B}$ 間隔に隔てられた規則正しい回転線をもつ．振動回転準位間の遷移とス

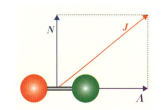

図 9-8 NO($^2\Pi$) における角運動量の合成
N: 回転の角運動量，Λ: 電子の軌道角運動量の分子軸成分，J: 全角運動量．

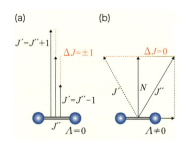

図 9-9 振動回転遷移における選択則
(a) は分子軸方向に角運動量をもたない場合，(b) は分子軸方向に角運動量をもつ場合で，$\Delta J = \pm 1$ に加えて $\Delta J = 0$ も許容となる．

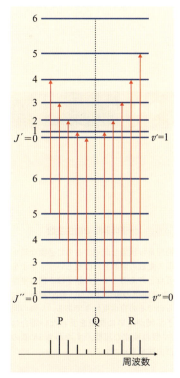

図 9-10 振動回転準位間の遷移とスペクトル

ペクトル形状を図9-10に示す．

一般には $\widetilde{B}' \neq \widetilde{B}''$ なので，この場合の遷移周波数は

$$\widetilde{\nu}^P(J'') = \widetilde{\nu}_0 - (\widetilde{B}' + \widetilde{B}'')J'' + (\widetilde{B}' - \widetilde{B}'')J''^2 \quad J'' = 1, 2, \cdots \quad (9.37)$$
$$\widetilde{\nu}^Q(J'') = \widetilde{\nu}_0 + (\widetilde{B}' - \widetilde{B}'')J'' \quad J'' = 0, 1, 2, \cdots \quad (9.38)$$
$$\widetilde{\nu}^R(J'') = \widetilde{\nu}_0 + 2\widetilde{B}' + (3\widetilde{B}' - \widetilde{B}'')J'' + (\widetilde{B}' - \widetilde{B}'')J''^2 \quad J'' = 0, 1, 2, \cdots \quad (9.39)$$

となる．式(9.38)にあるように，$\widetilde{B}' - \widetilde{B}'' \neq 0$ であるため，Q枝ではすべてのJ''準位からの遷移が同じ遷移周波数とはならず，J''の値に応じてスペクトル線はばらけてしまう．また，図9-11に示すようにP枝あるいはR枝はある遷移から折り返して，いわゆる**バンドヘッド**といわれるものが観測される．

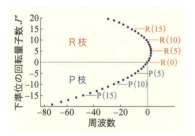

図9-11 振動回転スペクトルにおけるバンドヘッド

P枝とR枝の振動回転線の周波数を下準位の回転量子数 J'' に対してプロットしてある．たとえば，P(5)はP枝における $J'' = 5 \rightarrow J' = 4$ の遷移を意味する．この例では $\widetilde{B}' > \widetilde{B}''$ の場合であり，R(5)近傍にR枝の振動回転線が重なりあう結果，バンドヘッドができる．

例題9.5　Q枝の構造

$\widetilde{B}' > \widetilde{B}''$ のときQ枝の各遷移スペクトル線は周波数軸上でどちらの方向に尾を引くようになるか．

解答

$\widetilde{B}' > \widetilde{B}''$ なので J'' が増加するにつれて $\widetilde{\nu}^Q(J'')$ は低下する．したがってQ枝は周波数の低い方向にばらけていく．

チャレンジ問題

$\widetilde{B}' > \widetilde{B}''$ のとき，P枝，R枝のどちらにバンドヘッドが現れるか．また，そのバンドヘッドにおける遷移周波数を $\widetilde{\nu}_0$, $\widetilde{B}'$, $\widetilde{B}''$ で表せ．

9.4　多原子分子の振動

9.4.1　原子核の運動の自由度

1つの原子の並進運動は，3次元空間では3方向の運動に分解できることからもわかるように，3つの運動の自由度をもっている．したがって，<u>N個の原子からなる分子では全体として $3N$ の運動の自由度がある</u>[†]．しかし，N個の原子は分子を構成しているため，$3N$の自由度は分子全体の並進，分子内の振動，分子全体の回転の3つに分配される．

まず，$3N$のうち，分子全体の並進運動には分子の構造にかかわらず3つの自由度があてられる．回転と振動の自由度は直線分子かそうでないかで異なる．図9-12に示すように，非直線分子の回転運動は3つの軸の周りの回転に分解できるので3つの自由度があてられる．これに対して直線分子の場合は，分子軸周りの回転運動がないので，分子全体の回転としては2つの自由度があてられる．したがって，<u>残りの $3N-6$（直線分子の場合は $3N-5$）の自由度が振動にあてられる</u>ことになる．

Assist　分子の運動の自由度数

物理系の状態を記述するのに必要な最小限の変数の個数を自由度という．原子を質点と考えると1つの原子は3個の座標（直交座標の場合は x, y, z）で記述されるのでその自由度は3である．N個の原子集団が互いに拘束を受けない場合は$3N$個の独立な座標，すなわち$3N$個の自由度をもっている．

9.4.2 多次元のポテンシャルエネルギー曲面

N個($N \geq 3$)の原子からなる多原子分子の場合は，二原子分子のように1つの振動自由度についてのポテンシャルエネルギー曲線ではなく，9.4.1項で示したように複数個の振動自由度をもつため，多次元のポテンシャルエネルギー曲面 $V(x_1, x_2, ...)$ を考えねばならない．そこで，ここでも二原子分子の場合と同様にポテンシャルエネルギー関数を式(9.12)のように，各自由度について平衡核間距離の周りでマクローリン展開する．

$$V(x_1, x_2, ...) = V(0, 0, ...) + \sum_i \left(\frac{\partial V}{\partial x_i}\right)_0 x_i + \frac{1}{2}\sum_{ij}\left(\frac{\partial^2 V}{\partial x_i \partial x_j}\right)_0 x_i x_j + \cdots \quad (9.40)$$

ここで，$V(0, 0, ...)$ をエネルギーの基準として 0 とすると，第2項は定義によりすべて 0 となる．また，変位 x_i に関する三次以上の高次の展開項を無視する調和振動子近似のもとでは次のようになる．

調和振動子近似のもとでの多原子分子のポテンシャルエネルギー曲面

$$V(x_1, x_2, ...) = \frac{1}{2}\sum_{ij} k_{ij} x_i x_j \qquad k_{ij} = \left(\frac{\partial^2 V}{\partial x_i \partial x_j}\right)_0 \quad (9.41)$$

ここで k_{ij} は**一般化した力の定数**(generalized force constant)である．式(9.40)(9.41)での総和はすべての運動の自由度である $3N$ までとるので，この中には分子全体の並進，および回転運動が含まれるが，並進，回転の自由度に関する力の定数はゼロとなる†．このように調和振動子近似のもとでも，力の定数は1つの核の変位のみではなく，2つの核の変位が関与している†．

一方，運動エネルギー T は，i 番目の原子の質量を m_i とすると

$$T = \frac{1}{2}\sum_i m_i \dot{x}_i^2 \quad (9.42)$$

である．分子のエネルギー E は，式(9.41)と(9.42)の和，$E = T + V$ であるが，x_i の線形結合からなる新たな基底関数 Q_i を構築することによって

基準振動モード

$$E = \frac{1}{2}\sum_i \dot{Q}_i^2 + \frac{1}{2}\sum_i \kappa_i Q_i^2 = \frac{1}{2}\sum_i (\dot{Q}_i^2 + \kappa_i Q_i^2) \quad (9.43)$$

という形式で表現することを考える．これが達成できれば，多原子分子の複雑な振動運動を固有振動数 $\sqrt{\kappa_i}$ をもった独立な単振動の集まりとしてとらえ直すことができて，たいへん見通しがよくなる．このような座標 Q_i を**基準座標**(normal coordinate)，またそれで表される単振動を**基準振動モード**(normal mode)とよぶ†．

9.4.3 基準振動

(a) 基準振動の求め方

式(9.41)と式(9.42)から式(9.43)への変換は，多数の質点が互いにバネでつながれた連成振動の問題であり，古典力学ではよく知られている．これにのっとり，まず，基準振動モードとその振動数を求める方法の概略を述べ，

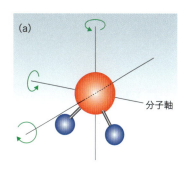

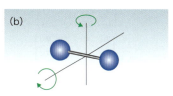

図 9-12 回転の自由度
(a)非直線分子，(b)直線分子

Assist　並進，回転と分子振動

分子全体の並進，および回転運動は分子内の振動ではないので，式(9.41)に示した力の定数をもたない，すなわち 0 となるのは自明である．

Assist　2つの核の変位が関与する振動

式(9.41)と式(9.13)の二原子分子の V を比べてみると，どちらも座標の2乗の項からなっているが，式(9.41)には異なる原子($i \neq j$)の座標の積 $x_i x_j$（交差項）があることに注意しよう．この交差項があるために，V をそれぞれの原子の変位のみからなる

$$\frac{1}{2}\sum_i k_{ij} x_i^2$$

として表すことができない．

Assist　交差項をなくす

基準座標で考えるということは式(9.40)に含まれる交差項をなくすことを意味する．

その後，直線三原子分子の伸縮振動について具体例を示す．

まず，式(9.41)と(9.42)を行列形式で書くと

$$2V = {}^t\mathbf{x}\mathbf{K}\mathbf{x}$$
$$2T = {}^t\dot{\mathbf{x}}\mathbf{M}\dot{\mathbf{x}} \tag{9.44}$$

となる．ここで

$$\mathbf{x} = \begin{pmatrix} x_1 \\ x_2 \\ \cdots \\ \cdots \\ x_N \end{pmatrix} \quad \dot{\mathbf{x}} = \begin{pmatrix} \dot{x}_1 \\ \dot{x}_2 \\ \cdots \\ \cdots \\ \dot{x}_N \end{pmatrix}$$

$$\mathbf{K} = \begin{pmatrix} k_{11} & k_{12} & \cdots & k_{1N} \\ k_{21} & k_{22} & \cdots & k_{2N} \\ \cdots & \cdots & \cdots & \cdots \\ k_{N1} & k_{N2} & \cdots & K_{NN} \end{pmatrix} \quad \mathbf{M} = \begin{pmatrix} m_1 & 0 & \cdots & 0 \\ 0 & m_2 & \cdots & 0 \\ \cdots & \cdots & \cdots & \cdots \\ 0 & 0 & \cdots & m_N \end{pmatrix} \tag{9.45}$$

であり，${}^t\mathbf{A}$ は任意の行列 $\mathbf{A}$ の転置行列†を表す．次に，行列

$$\mathbf{N} = \begin{pmatrix} m_1^{-1/2} & 0 & \cdots & 0 \\ 0 & m_2^{-1/2} & \cdots & 0 \\ \cdots & \cdots & \cdots & \cdots \\ 0 & 0 & \cdots & m_N^{-1/2} \end{pmatrix} \tag{9.46}$$

とその逆行列 $\mathbf{N}^{-1}$† を用いると，式(9.44)は

$$2V = {}^t\mathbf{x}\mathbf{N}^{-1}\mathbf{N}\mathbf{K}\mathbf{N}\mathbf{N}^{-1}\mathbf{x} = {}^t\mathbf{q}\mathbf{\Omega}\mathbf{q}$$
$$2T = {}^t\dot{\mathbf{x}}\mathbf{N}^{-1}\mathbf{N}\mathbf{M}\mathbf{N}\mathbf{N}^{-1}\dot{\mathbf{x}} = {}^t\dot{\mathbf{q}}\mathbf{I}\dot{\mathbf{q}} \tag{9.47}$$

となる．ここで，$\mathbf{q} = \mathbf{N}^{-1}\mathbf{x}$，$\mathbf{\Omega} = \mathbf{N}\mathbf{K}\mathbf{N}$，$\mathbf{I}$ は単位行列である．基準座標とその固有振動数は式(9.47)を対角化†することにより求められる．すなわち，$\mathbf{\Omega}$ を対角化するためのユニタリ行列†を $\mathbf{U}$ とすると，行列 $\mathbf{\Omega}$ は対角化され，次のようになる．

$$\mathbf{\Omega}' = \mathbf{U}^{-1}\mathbf{\Omega}\mathbf{U} = \begin{pmatrix} \omega_1^2 & 0 & \cdots & 0 \\ 0 & \omega_2^2 & \cdots & 0 \\ \cdots & \cdots & \cdots & \cdots \\ 0 & 0 & \cdots & \omega_N^2 \end{pmatrix} \tag{9.48}$$

この対角化された行列 $\mathbf{\Omega}'$ の対角項がそれぞれの基準振動モードの固有振動数の2乗であり，基準座標からなる固有ベクトルは次のようになる．

$$\mathbf{Q} = \mathbf{U}^{-1}\mathbf{N}^{-1}\mathbf{x} \tag{9.49}$$

(b) 直線三原子分子の基準振動

図9-13に示すような直線三原子分子 AB_2 を考える．AおよびB原子の質量は m_A，m_B で，それぞれの原子の分子軸に平行な変位 (x_1, x_2, x_3) のみを考える．ポテンシャルエネルギー V と運動エネルギー T は，式(9.44)より

Assist　転置行列 ${}^t\mathbf{A}$

行列 $\mathbf{A}$ の転置行列 ${}^t\mathbf{A}$ とは行列の成分を行列の対角線で折り返したものである．

$$\mathbf{A} = \begin{pmatrix} a_{11} & a_{12} & \cdots & a_{1N} \\ a_{21} & a_{22} & \cdots & a_{2N} \\ \cdots & \cdots & \cdots & \cdots \\ a_{N1} & a_{N2} & \cdots & a_{NN} \end{pmatrix}$$

$${}^t\mathbf{A} = \begin{pmatrix} a_{11} & a_{21} & \cdots & a_{N1} \\ a_{12} & a_{22} & \cdots & a_{N2} \\ \cdots & \cdots & \cdots & \cdots \\ a_{1N} & a_{2N} & \cdots & a_{NN} \end{pmatrix}$$

Assist　逆行列と単位行列

与えられた n 次の正方行列（行と列の要素の数が等しい行列）$\mathbf{A}$ に対して，右から掛けても左から掛けても単位行列 $\mathbf{I}$ になる行列を逆行列といい，$\mathbf{A}^{-1}$ で表す．

Assist　行列の対角化

$N \times N$ の行列 $\mathbf{A}$ は，一般にゼロでない非対角項をもっているが，式(9.48)のように $\mathbf{U}^{-1}\mathbf{A}\mathbf{U}$ とすることにより，非対角項がすべてゼロとなる対角行列に変換できる．これを「行列の対角化」という．

Assist　ユニタリ行列

ユニタリ行列とは，複素数を要素とした正方行列で，

$$\mathbf{U}\mathbf{U}^* = \mathbf{U}^*\mathbf{U} = \mathbf{I}$$

を満すものである．ここで，$\mathbf{U}^*$ は随伴行列（転置して各要素の複素共役をとった行列）である．各要素が実数の場合，ユニタリ行列は直交行列となる．

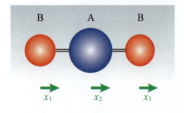

図9-13　直線三原子分子

$$2V = k(x_1-x_2)^2 + k(x_2-x_3)^2$$
$$2T = m_A \dot{x}_1^2 + m_B \dot{x}_2^2 + m_A \dot{x}_2^2 \quad (9.50)$$

と書ける．行列形式でこれを書き直すと

$$2V = (x_1 x_2 x_3)\begin{pmatrix} k & -k & 0 \\ -k & 2k & -k \\ 0 & -k & k \end{pmatrix}\begin{pmatrix} x_1 \\ x_2 \\ x_3 \end{pmatrix} \quad 2T = (\dot{x}_1 \dot{x}_2 \dot{x}_3)\begin{pmatrix} m_A & 0 & 0 \\ 0 & m_B & 0 \\ 0 & 0 & m_A \end{pmatrix}\begin{pmatrix} \dot{x}_1 \\ \dot{x}_2 \\ \dot{x}_3 \end{pmatrix} \quad (9.51)$$

となる．式(9.46)で表される行列 **N** を用い，$r_m = \sqrt{m_A/m_B}$ とすると

$$\Omega = \frac{k}{\sqrt{m_A m_B}}\begin{pmatrix} r_m & -1 & 0 \\ -1 & 2r_m^{-1} & -1 \\ 0 & -1 & r_m \end{pmatrix} \quad (9.52)$$

が得られ，これを対角化することにより次の固有振動数 $\sqrt{\kappa}$ と基準座標 Q が次のように求まる．ここで，$m = m_A + 2m_B$ である．

$$\begin{aligned} Q_1 &= \frac{1}{\sqrt{m}}(m_B x_1 + m_A x_2 + m_B x_3) & \kappa_1 &= 0 \\ Q_2 &= \sqrt{\frac{m_B}{2}}(x_1 - x_3) & \kappa_2 &= \frac{k}{m_B} \\ Q_3 &= \sqrt{\frac{m_A m_B}{2m}}(x_1 - 2x_2 + x_3) & \kappa_3 &= \frac{km}{m_A m_B} \end{aligned} \quad (9.53)$$

Q_1 は全体の並進運動である．Q_2 はこの分子を 2 つの振動する CO の集まりと考えると，その伸縮振動は同位相[†]であるので，**対称伸縮振動**という．Q_3 は，逆位相[†]となるので**反対称伸縮振動**という（図9-14）．もし，真ん中の A 原子が端の B 原子より十分重い（$x_2 \approx 0$）と，Q_3 モードは $(x_1 + x_3)/\sqrt{2}$ になり，$\kappa_3 \to k/m_B$ に近づく．

> **Assist** 同位相と逆位相
> 同位相とは，片方の CO が伸びる際にもう片方の CO も伸びることを意味し，逆位相とは，片方の CO が伸びる際にもう片方の CO が縮むことを意味している．

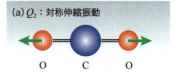

(a) Q_2：対称伸縮振動

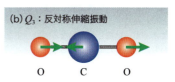

(b) Q_3：反対称伸縮振動

図 9-14 CO_2 の(a)対称伸縮振動，(b)反対称伸縮振動

9.4.4 基準振動の量子力学的表現

基準座標に変換することによって式(9.43)のように多原子分子における振動を複数の単振動のモードに分離することができた．ここまでの考え方は，古典力学にもとづいていることに注意しよう．

式(9.43)に対応する量子力学的なハミルトニアンは，式(1.29)にあるように演算子に置き換えると

> 基準振動モードからなるハミルトニアン
> $$\hat{H} = \sum_i \hat{H}_i \quad \hat{H}_i = \frac{1}{2}\hbar^2 \frac{\partial^2}{\partial Q_i^2} + \frac{1}{2}\kappa_i Q_i^2 \quad (9.54)$$

となる．ここで，$\hat{H}_i$ は i 番目の基準振動モードに関するハミルトニアンである．このようにハミルトニアンが個々の基準モードのハミルトニアンに分割できるということは，それぞれの基準振動モードが独立で，お互いの相互作用がないということを意味する．したがって，その波動関数も下のようにそれぞれのモードの波動関数 $\psi(Q_i)$ に分割できる（Π はそれぞれの波動関数の積を表す）．

Assist 全振動エネルギーとゼロ点エネルギー

全振動エネルギーのうち，基底状態のエネルギーであるゼロ点エネルギー

$$E = \frac{1}{2}\sum_i \hbar \omega_i$$

は，原子数が増えると結構大きなものになることに注意しよう．たとえば，50原子からなる分子の場合144のモードがあり，それぞれのモードが仮に300 cm^{-1}だとするとゼロ点エネルギーだけでも260 kJmol^{-1}，つまり2.7 eV程度になる．

基準振動モードからなる波動関数

$$\Psi = \psi(Q_1)\psi(Q_2)\cdots = \prod_i \psi(Q_i) \tag{9.55}$$

また，全振動エネルギーは

基準振動モードの全エネルギー

$$E = \sum_i \left(v_i + \frac{1}{2}\right)\hbar\omega_i \tag{9.56}$$

である†．ここで v_i, ω_i は i 番目の基準振動モードの振動量子数と固有周波数であり，振動の波動関数はエルミートの多項式で表される（2.2節参照）．

9.5 基準振動モードの対称性と選択則

直線三原子分子は，$3N - 5 = 3\times 3 - 5 = 4$ 個の振動モードをもち，前節ではこのうちの対称と反対称の2つの伸縮振動のみを考えた．残る2つのモードはエネルギー的に縮退した変角振動である†．

また，水分子のように非直線型の構造をもつ分子は，やはり対称と反対称の2つの伸縮振動のほかに1つの変角振動モードをもつ．具体的な基準モードの概要を図9-15に示す．

Assist 縮退した変角振動

CO_2 の変角振動モード ν_2 は，図9-15に示したようにO–C–Oの角度の変化の向きが90°異なっていて互いに独立（直交）している．しかし，分子を分子軸周りに90°回せば重なり合うので，両者はエネルギー的には完全に同等であることがわかる．したがって，このモードはエネルギーは同じだが異なる振動，すなわち，縮退したモードである．

赤外光を共鳴吸収・発光する振動モードは**赤外活性**といい，また，ラマン散乱を起こすモードを**ラマン活性**という．CO_2 分子の伸縮振動 ν_1, ν_3 を例にとり，これらの振動モードのなかでどのモードが赤外，およびラマン活性であるかを考えてみよう．ここでは近似的ではあるが，これらの伸縮振動モードを図9-16に示すように2つのC–O結合の局所的な伸縮振動に分解して考えてみよう．CO_2 は分子全体としては永久双極子モーメントをもたないが，それぞれのC–O結合間には電荷の偏りがあるためC–O結合の伸び縮みによりこの結合間の双極子 μ_{CO} は変動する．

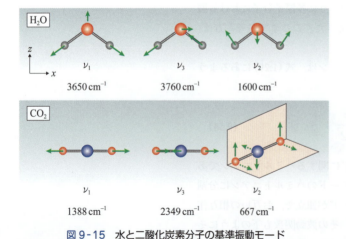

図9-15 水と二酸化炭素分子の基準振動モード

三原子分子においては通常，対称伸縮振動，変角振動，反対称伸縮振動のモードをそれぞれ ν_1, ν_2, ν_3 と命名している．

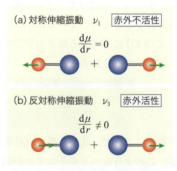

図9-16 CO_2 分子における振動モードの赤外活性，不活性

9.3.2節で学んだように振動モードが赤外活性であるためには振動運動による原子核の変位 r に関する分子の双極子モーメントの変化 $d\mu/dr$ がゼロでないことが必要である．

ν_1 モードの場合，2つの C-O 結合の伸び縮みに関する μ_{CO} の微係数は符号が反対になるため常に互いに打ち消す．したがって，分子全体の双極子モーメントの微係数はゼロとなるので，このモードは赤外不活性である．一方，C-O 結合の伸び縮みに関する分極率 α_{CO} の微係数は C-O 結合の向きにかかわらず同じ符号をもつため，これらは加算的となり，分子全体の分極率の微係数はゼロとはならない．したがって，このモードはラマン活性である．

ν_3 モードの場合，2つの C-O 結合の伸び縮みの位相が逆になっているため，μ_{CO} の微係数は同符号となり，分子全体の双極子モーメントの微係数はゼロではなく，赤外活性となる．これに対して，分極率の微係数は符号が反対になるため常にお互いに打ち消すため，ラマン不活性となる．

このように比較的簡単な分子では，電気双極子モーメントや分極率が，基準座標を平衡位置の周りで微小に変化させたときどのように変化するかを定性的に推測することは容易である．しかし，より複雑な多原子分子の基準モードの場合，電気双極子モーメントや分極率の微係数がゼロになるかどうかを判定するのは容易ではない．そこで，ここでは 8 章で学んだ点群を用いて判定する方法を学ぶ．

9.6 点群を用いた振動遷移選択則

9.6.1 基準振動モードの対称性

まず，8 章において，分子の構造から点群を用いてその対称性を議論したが，基準モードも同様なことができることを確認しておこう．たとえば水分子の場合，それぞれの変位ベクトルが点群 C_{2v} を構成する $\{\hat{E}, \hat{C}_2, \hat{\sigma}_v, \hat{\sigma}'_v\}$ の操作に対してどのように変換されるかを考えると，下の**例題 9.6** にあるように対称伸縮振動と変角振動が対称性 A_1，反対称伸縮が対称性 B_1 をもっていることが簡単に理解できる．

例題 9.6 振動モードの対称性と選択則

H_2O の ν_1 モードが A_1 対称性をもつことを示せ．

解答

対称伸縮モード (ν_1) では右図のように $\hat{C}_2$ の操作をしてもその変位は元と変わらないため，$\hat{C}_2$ に関して対称である．同様に $\hat{E}, \hat{\sigma}_v, \hat{\sigma}'_v$ に関しても対称であるため

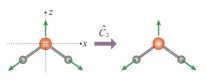

$$\chi(\hat{E}) = \chi(\hat{C}_2) = \chi(\hat{\sigma}_v) = \chi(\hat{\sigma}'_v) = 1$$

すなわち A_1 対称である．

> **チャレンジ問題**
> (1) H_2O の ν_3 モードが B_1 対称性をもつことを示せ．
> (2) CO_2 の変角振動 ν_2，および H_2O の各振動モードが赤外，およびラマン活性かどうかを確かめよ．

9.6.2 電気双極子モーメントの対称性

次に，電気双極子モーメントがどのような対称種に属するかを考える．ある分子の電気双極子モーメント μ は，i 番目の原子の位置を (x_i, y_i, z_i)，その有効電荷を e_i とすると次のように表せる．

$$\mu_x = \sum_{i=1}^{N} e_i x_i \quad \mu_y = \sum_{i=1}^{N} e_i y_i \quad \mu_z = \sum_{i=1}^{N} e_i z_i \tag{9.57}$$

この分子が属する点群の対称操作 $\hat{R}$ をこの双極子モーメントにおこなう際，次の2つのことに留意する．まず第一に，対称操作は同等な原子（同じ有効電荷をもつ原子）のみを交換する．そして第二に，交換した原子の座標を新たな座標に変換する．水分子を例としてこの効果を具体的に見てみよう．

図 9-17 に示したように，まず，水分子に $\hat{C}_2$ を作用させると H_1 と H_2 の交換が起こり，H_1 の座標は $(-x_1, y_1, z_1)$，H_2 の座標は $(-x_2, y_2, z_2)$ となる．したがって，水素原子の有効電荷を e_H とすると，電気双極子モーメントの x 成分は，自明な $\hat{E}$ 以外の $\hat{C}_2$，$\hat{\sigma}(xz)$，$\hat{\sigma}(yz)$ に対して次のように変換される．

$$\begin{aligned} \hat{C}_2 \mu_x &= \hat{C}_2 e_H(x_1+x_2) = e_H(-x_2-x_1) = -\mu_x \\ \hat{\sigma}(xz) \mu_x &= \hat{\sigma}(xz) e_H(x_1+x_2) = e_H(x_1+x_2) = \mu_x \\ \hat{\sigma}(yz) \mu_x &= \hat{\sigma}(yz) e_H(x_1+x_2) = e_H(-x_2-x_1) = -\mu_x \end{aligned} \tag{9.58}$$

同様にして μ_z は次のように変換される．

$$\hat{C}_2 \mu_z = \mu_z \quad \hat{\sigma}(xz) \mu_z = \mu_z \quad \hat{\sigma}(yz) \mu_z = \mu_z \tag{9.59}$$

また，水分子を z 軸の周りに $\pi/2$ 回転させた配置とし，μ_y にそれぞれ対称操作を施すと

$$\hat{C}_2 \mu_y = -\mu_y \quad \hat{\sigma}(xz) \mu_y = -\mu_y \quad \hat{\sigma}(yz) \mu_y = \mu_y \tag{9.60}$$

と変換される．すなわち，表 8-5 の C_{2v} の指標表によると，μ_x, μ_y, μ_z はそれぞれ x, y, z と同じ対称性 (B_1, B_2, A_1) をもつことがわかる．

9.6.3 点群による選択則

8.6 節では量子力学における選択則の一般論を述べた．前項までに基準振動モードと電気双極子モーメントの対称性を明らかにする方法を述べたので，これをもとに，振動基底状態から各基準振動モードの第一励起状態への**遷移**（**基本遷移**，fundamental transition）の赤外吸収に関する選択則を考えてみよう．調和振動子近似のもとでの振動基底状態の波動関数は

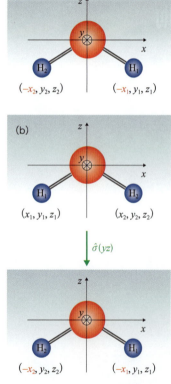

図 9-17 水分子における対称操作
(a) は $\hat{C}_2$, (b) は $\hat{\sigma}_{yz}$ による座標変換

$$\psi_g \propto \exp\left[\sum_i^{3N-6}\left(-\frac{\gamma_i Q_i^2}{2}\right)\right] \quad (9.61)$$

振動基底状態の波動関数

である．ここで $\gamma_i = 4\pi^2 \nu_i/h$ である．どの項も Q_i^2 のように Q_i 自身の2乗となっているので仮に対称操作により $Q_i \to -Q_i$ のように変換されても $Q_i^2 \to Q_i^2$ と元のままなので，あらゆる対称操作に対して対称，すなわち全対称である．これに対して，ある振動モード Q_k の第一励起状態の波動関数は

$$\psi_e \propto Q_k \exp\left[\sum_{i(i\neq k)}^{3N-6}\left(-\frac{\gamma_i Q_i^2}{2}\right)\right] \quad (9.62)$$

第一励起状態の波動関数

である．すなわち，励起状態の波動関数は励起された振動モード Q_k と同じ対称種になる．したがって，8.6節で学んだように $|\Psi_e\rangle \leftarrow |\Psi_g\rangle$ の遷移が許容であるためには行列要素 $\langle \Psi_e | \mu | \Psi_g \rangle$ の被積分関数が全対称でなくてはならない．振動基底状態が全対称であることを考慮すると，振動モードに関する遷移が赤外活性であるためにはその基準振動モードが電気双極子モーメントの成分と同じ対称性でなくてはならないということを意味する．言い換えると基準振動の対称種が x, y, z の対称種のどれかと同じであれば，そのモードは赤外活性である．

一方，誘起双極子モーメントについては

$$\begin{aligned}\mu_x &= \alpha_{xx}E_x + \alpha_{xy}E_y + \alpha_{xz}E_z \\ \mu_y &= \alpha_{yx}E_x + \alpha_{yy}E_y + \alpha_{yz}E_z \\ \mu_z &= \alpha_{zx}E_x + \alpha_{zy}E_y + \alpha_{zz}E_z\end{aligned} \quad (9.63)$$

であり，α_{xx}, α_{xy} などの分極率の各成分は2次形式の xx, xy と同じ対称種となる．したがって，ラマン活性であるためにはその基準振動モードが電気分極率の成分と同じ対称性でなくてはならない．言い換えると，もし基準振動の対称種が二次形式の対称種と同じであれば，そのモードはラマン活性になり得る．

対称中心をもつ分子においては，電気双極子モーメントのすべての成分は反転操作に関して符号を変えるのに対して，分極率のすべての成分は符号を変えない．終状態 $|f\rangle$ は反転操作に関して符号を変えるか変えないかのどちらかしかないので，赤外とラマンの遷移の行列要素が両方とも同時にゼロでない値をとることはない．すなわち，対称中心をもつ分子において赤外とラマンが両方とも活性という基準モードはありえない．これを，**赤外とラマンの相互禁制律**（exclusion rule）という．

9.6.4 結合モードへの遷移

ここまでは，多原子分子の基準振動モードの基底状態から第一励起状態への遷移について考えた．二原子分子と異なり，多原子分子は複数の基準振動モードをもつため2つ以上の振動モードが同時に励起される場合もある（図9-18）．たとえば，基底状態から，ある基準振動モード a, b の両方が $v_a = 1, v_b = 1$ に励起された状態 $|1_a 1_b\rangle$ への遷移行列要素

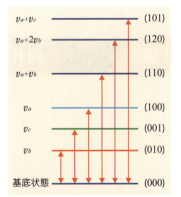

図9-18 基底状態と結合モード間の遷移

3つの基準振動モード（ν_a, ν_b, ν_c）があるとする．右端の記号（$n_a n_b n_c$）は振動励起状態におけるそれぞれの基準振動モードの振動量子数を示す．

$$\langle 1_a 1_b | \hat{\mu} | 0_a 0_b \rangle \propto \left(\frac{\partial^2 \mu}{\partial Q_a \partial Q_b}\right)_0 \langle 1_a 1_b | Q_a Q_b | 0_a 0_b \rangle$$
$$= \left(\frac{\partial^2 \mu}{\partial Q_a \partial Q_b}\right)_0 \langle 1_a | Q_a | 0_a \rangle \langle 1_b | Q_b | 0_b \rangle \quad (9.64)$$

において $(\partial^2 \mu / \partial Q_a \partial Q_b)_0 \neq 0$ であれば,この遷移は許容となる[†].このような遷移を**結合音**(combination band)という.

この場合も点群の知識を使うとこのような遷移が許容であるかないかを確かめることができる.すなわち,振動モード a, b が既約表現 $\Gamma^{(a)}$, $\Gamma^{(b)}$ の対称種であり,$\Gamma^{(a)} \otimes \Gamma^{(b)}$ がその分子の属する点群における x, y, z の対称種と同一のものを含む場合,この電気双極子遷移は許容となる.

> **Assist** 多原子分子における双極子モーメントの展開
>
> 二原子分子で式(9.26)のように平衡核間距離の周りで展開したように,多原子分子の場合もそれぞれの基準振動に関して
> $$\mu = \mu_0 + \sum_i \left(\frac{\partial \mu}{\partial Q_i}\right)_0 Q_i + \frac{1}{2}\sum_{i,j}\left(\frac{\partial^2 \mu}{\partial Q_i \partial Q_j}\right)_0 Q_i Q_j + \cdots$$
> と展開できる.この第3項から結合音の遷移が可能となる.

例題 9.7 多原子分子の振動励起状態の対称種

3つの基準振動モード (ν_a, ν_b, ν_c) をもつ分子において,それぞれのモードについて振動量子数 n_a, n_b, n_c だけ励起された振動励起状態の対称種を求めよ.

[解答]

ν_a, ν_b, ν_c モードの対称種を $\Gamma^{(a)}$, $\Gamma^{(b)}$, $\Gamma^{(c)}$ とすると,励起状態の対称種 Γ は以下の積

$$\Gamma = [\Gamma^{(a)}]^{n_a} \otimes [\Gamma^{(b)}]^{n_b} \otimes [\Gamma^{(c)}]^{n_c}$$

で与えられる[†].ここで,$[\Gamma^{(i)}]^{n_i}$ $(i=a, b, c)$ は $\Gamma^{(i)}$ 自身の n_i 回分の積をとったものである.

> **Assist** 既約表現の直積
>
> 一次元の既約表現 $\Gamma^{(a)}$ と $\Gamma^{(b)}$ との間の積(直積)の指標は,
> $$\chi(\hat{R}) = \chi^{(a)}(\hat{R}) \times \chi^{(b)}(\hat{R})$$
> で与えられる.たとえば,点群 C_{2v} における B_1 と B_2 の直積は指標表の**表8-5**を参照すると,
> $$\begin{Bmatrix} 1\times 1, (-1)\times(-1), 1\times(-1), \\ (-1)\times 1 \end{Bmatrix}$$
> $$= \{1, 1, -1, -1\}$$
> となるので $B_1 \otimes B_2 = A_2$ となる.

■ チャレンジ問題

図9-18において,分子は点群 C_{2v} に属するとし,ν_a, ν_b, ν_c モードの既約表現を A_1, A_1, B_1 とする.図中のすべての振動励起状態の既約表現を求めよ.

9.7 調和振動子近似の破れと特性振動

9.7.1 振動間の結合

前節では調和振動子近似のもとで赤外やラマン遷移における選択則について考えた.すなわち分子のポテンシャルエネルギーの項が基準振動座標 Q_i により

$$V = \frac{1}{2}\sum_i \left(\frac{\partial^2 V}{\partial Q_i^2}\right)_0 Q_i^2 \quad (9.65)$$

と近似できるとした.しかし,現実の分子のポテンシャルエネルギー曲面はこのような調和振動子のポテンシャルを足し合わせたものではなく,非調和性(9.1.7項参照)があるため,式(9.40)と同様に展開すると

$$V = \frac{1}{2}\sum_{i,j}\left(\frac{\partial^2 V}{\partial x_i \partial x_j}\right)_0 x_i x_j + \frac{1}{3!}\sum_{i,j,k}\left(\frac{\partial^3 V}{\partial x_i \partial x_j \partial x_k}\right)_0 x_i x_j x_k + \cdots\cdots \quad (9.66)$$

のように平衡核間距離からの変位に関する微係数 $(\partial^3 V/\partial x_i \partial x_j \partial x_k)_0$ がゼロでない有限な値をもち得る．この項は調和振動子近似のもとでは直交していた基準振動モード間を結合する役割を果たす．このようなポテンシャルエネルギー曲面の非調和性により，異なる振動モードが独立でなく互いに影響し合うように相互作用することを**非調和結合** (anharmonic coupling) という．すなわち，調和振動子近似のもとではある振動モードは1つの基準振動モードの波動関数 Ψ_a で記述されていたものが，非調和結合により $c_a\Psi_a + c_b\Psi_b$ のように他の基準振動モードとの線形結合で表されるようになる．したがって，基準振動モード a に b という振動モードが混ざってくる．

しかし，このようにポテンシャルの非調和性があっても，どの基準振動モード間でも結合が起きるわけではない．分子が属する点群のあらゆる対称操作に対して，当然ながら分子の形が変わるわけではないから，ポテンシャル V は対称操作を施しても不変である．すなわち V は全対称である．したがって，同じ対称種である振動モード間でのみ結合が起こり得る．つまり，同じ対称種である振動励起状態間において振動状態の混合が起こり得るのである[†]．

メチル基 (CH_3) における振動モードを例にして，2つの振動状態の混合する様子を考えよう．分子中のメチル基のみを取り出すと，これは C_{3v} の点群に属する．したがって，アンモニア同様，メチル基は反対称伸縮振動，対称伸縮振動，および変角振動モードをもつ．それぞれの対称種は E, A_1, A_1 であり，その振動数は ≈ 2960, ≈ 2850, $\approx 1400\ cm^{-1}$ である．変角振動の $\nu=2$ の励起状態は $A_1 \otimes A_1 = A_1$ と対称伸縮振動と同じであり，その振動数 $\approx 2800\ cm^{-1}$ は対称伸縮振動の第1励起状態 ($\approx 2850\ cm^{-1}$) にかなり近い．これらの状態はどちらも A_1 なので，上記の議論より状態間で強い混合が起きる．この結果，混合した後の両準位はお互いに反発するようにエネルギー差が広がる．

このように同じ対称種の2つの振動状態のエネルギーが偶然近い場合に強く両者が混合することを**フェルミ共鳴** (Fermi resonance) という（図9-19）．通常，変角振動の倍音の吸収強度は小さいが，対称伸縮振動と混ざることによって，対称伸縮振動が本来もっていた遷移確率を借りること (intensity borrowing) により遷移確率が増加し，対称伸縮振動のバンドがほぼ同程度の強度をもつ2つのバンドに分裂したスペクトルを得ることができる．

> **Assist** 振動モード間の結合
>
> たとえば，式 (9.66) における第2項がゼロでないためには，V が全対称であるので，Q_i と Q_j の対称種の積が全対称，すなわちこれらのモードが同じ対称種を有することが必要である．

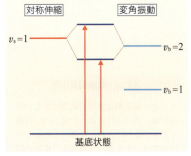

図9-19 フェルミ共鳴

9.7.2 代表的な振動バンド

前節まで多原子分子の振動を基準振動という考え方で理解し，また振動間の結合によりこの見方を修正しなければならないことを述べた．多様な分子にはさまざまに異なる基準振動モードが存在するが，基準振動モードによっては，すべての原子核が同程度に変位するのではなく，CO や C=C など分子内の一部の原子団が主に変位するような振動モードが存在する．すなわち，

表9-1　代表的な特性振動の波数(cm⁻¹)

振動	波数
C—H 伸縮	2800～3000
C—H 変角	1340～1465
C—C 伸縮	700～1250
C＝C 伸縮	1620～1680
C≡N 伸縮	2260～2230
O—H 伸縮	3590～3650
N—H 伸縮	3200～3500
C＝O 伸縮	1640～1780
-C-O-C- 反対称伸縮	1080～1150
CO_3^{2-}	1410～1450
NO_3^{2-}	1350～1420
SO_3^{2-}	1080～1130

これらの振動モードはその変位が分子内のある原子団に局在している．一方，C-H 伸縮振動のように，CH 結合が分子のどの場所にあっても，ほぼ同じ波数をもつものがある．

このように，多くの場合，<u>分子がもつ官能基やグループに応じて分子の種類が異なっても共通に観察される特徴的な波数をもった振動モードがある</u>．これを**特性振動**(characteristic vibration) という．分析化学的にはこれらの振動の振動数と強度をもとに分子を同定することができる．代表的な特性振動の波数を**表9-1**に示す．

9.8　電子遷移と電子スペクトル

前節までは電子基底状態にある分子の回転や振動準位間の遷移によるスペクトルについて考えてきた．本節では，異なる電子状態間の光学遷移について考える．

9.8.1　電子スピンに関する選択則

分子内の電子は分子を構成する原子核との間に働く引力的なクーロン相互作用と電子どうしの間に働く反発的なクーロン相互作用のもとで運動している．これらの相互作用により電子は原子核の周りの限られた空間の中に束縛された状態にある．量子力学は，束縛されたポテンシャルエネルギー井戸の中では，電子がもつ運動エネルギーはとびとびの値，すなわち離散的なエネルギー状態しかもてないことを要請する(2.1 節参照)．また，電子はこのような運動とともに $s = 1/2$ のスピンをもつ．したがって，<u>分子の電子状態を記述するためには電子の軌道運動とスピン状態を考慮しなくてはならない</u>．

9.1.1 節で述べたように，これらの異なる運動が互いに相互作用せず，独立であるとすると電子の状態 Ψ は

$$\Psi = \psi_e \psi_{es} \quad (9.67)$$

のように，電子の軌道運動を表す波動関数 ψ_e とスピン状態を表す波動関数 ψ_{es} の積で書ける．これは電子の軌道運動と電子スピンとの相互作用である**スピン-軌道相互作用**(spin-orbit interaction, 10.1 節参照)が無視できる極限である[†]．

この近似のもとでは，分子の電子スピン状態は，分子内のすべての電子のスピンを合成した全スピンの角運動量 S で規定される．角運動量の縮重度は $(2S+1)$ であるため，$S = 0$，$1/2$，1 の場合をそれぞれ**一重項** (singlet)，**二重項** (doublet)，**三重項** (triplet) 状態とよぶ(3.5.2 項参照)．

この近似のもとでは，異なる電子状態間の電気双極子遷移の遷移双極子モーメントは次のように軌道部分と電子スピン部分に分けることができる．

Assist　スピン-軌道相互作用

スピン-軌道相互作用が無視できない状況では，式(9.67)のように ψ_e と ψ_{es} の積で書くことができなくなる．このような状況ではたとえば，一重項と三重項の電子スピンの状態を $\psi_{es}^{(1)}$，$\psi_{es}^{(3)}$ とすると一重項状態と三重項の軌道運動を表す波動関数 $\psi_e^{(1)}$ と $\psi_e^{(3)}$ は混ざり合い，

$$\Psi = c_1 \psi_e^{(1)} \psi_{es}^{(1)} + c_2 \psi_e^{(3)} \psi_{es}^{(3)}$$

のように2つの状態の線形結合で表されるようになる．ここで，c_1，c_2 はゼロでない係数である．このような混合状態では純粋な一重項，あるいは三重項状態ではなくなり，この状態の電子スピン状態を厳密に規定することはできなくなる．

$$\langle \epsilon_1, S_1 | \hat{\mu} | \epsilon_2, S_2 \rangle = \langle \epsilon_1 | \hat{\mu} | \epsilon_2 \rangle \langle S_1 | S_2 \rangle \tag{9.68}$$

そのうち電子スピンに関する項は

$$\langle S_1 | S_2 \rangle = \delta_{S_1, S_2} \tag{9.69}$$

なので，電子スピンに関する選択則は $\Delta S = S_2 - S_1 = 0$ である．すなわち，全電子スピン角運動量は遷移の前後で保存されねばならない．これを満たす遷移を**電子スピン許容遷移**，逆にこれを満たさない場合の遷移は**電子スピン禁制遷移**であるという．

多くの安定な中性分子の電子基底状態は一重項であるが，励起状態では2つの不対電子ができるため，電子スピンの向きが互いに逆である $S=0$ の一重項状態と，同じ向きである $S=1$ の三重項状態が存在する．したがって，一重項の基底状態から<u>励起一重項状態への遷移は電子スピン許容遷移であり，励起三重項状態への遷移は電子スピン禁制遷移である</u>★．このような電子スピンに関する選択則をふまえたうえで，電子遷移にともなってどのように振動状態が関与するかについて次項で考えてみよう．

9.8.2 フランク-コンドンの原理

単純な二原子分子を考えてみよう．ここからは，前項で述べたようにスピン-軌道相互作用が無視できるほど小さいとして，スピン角運動量が保存される光学遷移（電子スピン許容遷移）を考える．電子の軌道運動に関する状態を ϵ，振動状態を振動量子数 v で表す．9.1.2 項で述べたようにボルン-オッペンハイマー近似が成り立つとすると $|\epsilon v\rangle = |\epsilon\rangle |v\rangle$ というように電子と原子核の運動を分離してそれぞれの状態の積で表すことができる．したがって，それぞれの電子状態において規定されるポテンシャルエネルギー曲面上で原子核は運動する．

ここでは図 9-20 に示すように電子の基底状態 $|\epsilon''\rangle$，励起状態 $|\epsilon'\rangle$ のエネルギー差は $\Delta \epsilon = \epsilon' - \epsilon''$ で，励起状態の平衡核間距離は基底状態から g だけ伸びている†．また，簡単のため，振動は調和振動子として近似し，基底状態と電子励起状態における振動の固有振動数をそれぞれ ω'', ω' とする．

電子が光と相互作用してその電子状態を変える，すなわち光によって電子遷移が起きる際，電子の質量は原子核に比べて非常に小さいためその遷移が起きる時間スケールは原子核の運動に比べてはるかに短い．したがって，2つのポテンシャルエネルギー曲面間での遷移が起きたときには原子核の位置はほとんど変わらない．このように，原子核は電子よりはるかに重いので電子遷移が原子核の応答よりもはるかに速く起きることを**フランク-コンドンの原理**（Franck-Condon principle）とよぶ．すなわち，これは，<u>電子遷移の前後における原子核の位置および運動量に変化がない</u>ことを意味する．したがって，この原理のもとでは，図 9-20 に示したように，2つのポテンシャルエネルギー曲面間の電子遷移が原子核座標に対して垂直な方向に起きるため，このような遷移を**垂直遷移**（vertical transition）とよぶ．

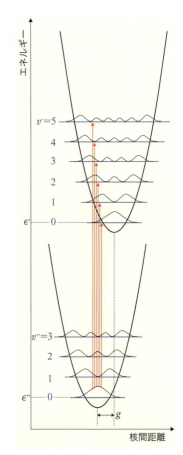

> **Topic** けい光とりん光
>
> 分子が電子励起状態から光を放出して基底状態に遷移することがある．この遷移が電子スピン許容遷移である場合の発光をけい光といい，電子スピン禁制遷移の場合をりん光という（詳しくは 20 章で述べる）．

図 9-20 フランク-コンドンの原理と垂直遷移

垂直の矢印は基底状態の $v''=0$ の準位から励起状態の $v'=0, 1, 2 \ldots$ への遷移を表す．2つの電子状態における平衡核間距離のずれを g として，核振動準位にはそれぞれの振動波動関数の絶対値の2乗を示す．

> **Assist** 励起状態の核間距離
>
> 基底状態からの電子遷移においては，多くの場合，結合性軌道から反結合性軌道に電子が遷移するため，電子励起状態のポテンシャルエネルギー曲面における平衡核間距離は基底状態に比べて伸びている．

それでは，ポテンシャルエネルギー曲面の非調和性を考慮したより現実的な系での電子遷移を考えてみよう．$v''=0$から電子励起状態における振動状態v'への遷移は図9-21に示すように$\Delta\epsilon+n\omega'$ $(n=0, 1, 2, \cdots)$のように低い振動状態への遷移ではほぼ等間隔に並んだものとなり，より高い振動状態への遷移は励起状態のポテンシャル曲面の非調和性のために振動状態間のエネルギー差が小さくなるので，スペクトル間隔は徐々に狭くなる．$v''=1$からの遷移も同様で，これが$v''=0$からの遷移に重畳する．このようなスペクトル線の構造を電子遷移における**振動構造**，あるいは**振動のプログレッション**という[†]．

各遷移の強度は，$|\epsilon''v''\rangle$と$|\epsilon'v'\rangle$状態間の遷移双極子モーメントである$\langle\epsilon'v'|\hat{\mu}|\epsilon''v''\rangle$によって決まる．ボルン-オッペンハイマー近似のもとでは

$$\langle\epsilon'v'|\mu|\epsilon''v''\rangle=\int dr\int dR\psi^*_{\epsilon'v'}\hat{\mu}\psi_{\epsilon''v''}$$
$$=\mu_{\epsilon'\epsilon''}S(v', v'')$$

というように，電子と原子核振動に関する2つの項の積で書ける．ここで，rとRはそれぞれ電子と原子核の座標であり

$$\mu_{\epsilon'\epsilon''}=\int dr\psi^*_{\epsilon'}\hat{\mu}\psi_{\epsilon''} \tag{9.70}$$

$$S(v', v'')=\int dR\psi^*_{v'}(R)\psi_{v''}(R) \tag{9.71}$$

である．したがって，<u>電子遷移が許容であるためにはまず$\mu_{\epsilon'\epsilon''}\neq 0$でなくてはならない</u>．$S(v',v'')$は振動状態間の重なり積分であるため，電子遷移スペクトルにおける強度は2つの電子状態における振動の波動関数の重なりに依

> **Assist** 異なる電子状態間の遷移
>
> 9.2節では振動遷移において$\Delta v=\pm 1$の選択則があることを示したが，異なる電子状態間の遷移においては電子励起によって分子の構造が変化するため，基底状態と電子励起状態では分子内ポテンシャルが異なっている．場合によっては，分子の対称性も異なることがある．したがって，それぞれのポテンシャルエネルギー曲面上での振動波動関数は異なり，両者は直交条件を満たしているわけではない．その結果，同じ電子状態内での振動遷移における選択則は適用されない．

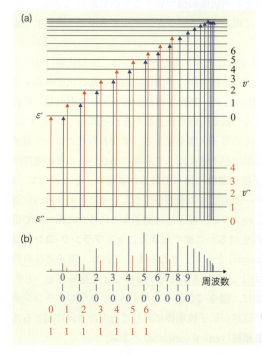

図9-21 電子吸収スペクトルにおける振動のプログレッションの模式図

(a)は基底状態の$v''=0$からの遷移を青色で，$v''=1$からの遷移を赤色で示す．(b)は，電子励起状態における非調和性により，高い振動励起状態v'への遷移周波数がある値に収斂していることを模式的に示している．また，同一のv''からの一連の振動プログレッションにおける相対強度はフランク-コンドン因子を反映している．

存する．その相対強度を決める$|S(v', v'')|^2$を**フランク-コンドン因子**とよぶ．図9-21bに示したように，励起状態での平衡核間距離が基底状態のものに比べて伸びている場合は$v'' = 0 \to v' = 0$の遷移強度は小さく，振動の重なり積分が最大となる$v' \neq 0$への遷移をピークとした強度分布を示す．

電子励起状態から基底状態へ遷移する，すなわち発光の場合も吸収と同じようにこのフランク-コンドンの原理が適用される．吸収の場合と同様に，電子励起状態で核間距離が基底状態に比べて伸びている場合は，電子励起状態の振動準位$v' = 0$の振動波動関数と最も重なり積分の大きい$v'' \neq 0$の遷移をピークとした強度分布をもつ振動構造を示す．したがって，発光スペクトルは，図9-22に示すように，吸収スペクトルの鏡像のような形をとる場合が多い．

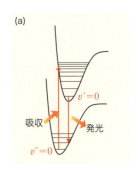
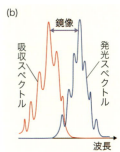

図9-22 吸収と発光スペクトル

9.8.3 多原子分子の電子スペクトル

前項では二原子分子を例にとり，電子遷移と電子スペクトルにおける振動構造について述べたが，ここでは多原子分子の電子スペクトルを理解するうえで重要な点について述べる．まず，比較的小さな多原子分子とより大きな多原子分子の場合とに分けて考える．

基底状態における分子の振動状態は9.4節で学んだように基準振動モードで表されたが，9.7.2項にあるようにC=OやO-Hなど分子内の一部の原子団に振動が局在している特性振動モードが存在した．これと同様に多原子分子の電子遷移を考える際には実際に遷移に関与する電子状態の波動関数が分子内でどれぐらい広がっているかが重要である．

(a) 小さな分子の電子スペクトル

比較的小さな分子ではほとんどの電子状態の波動関数が分子全体に広がっているため，電子遷移の選択則は基本的には二原子分子と同様，分子全体の対称性を考慮しなければならない．

例としてNO_2を考える．この分子は点群C_{2v}に属し，その基底状態の電子配置は窒素と酸素の1s軌道（それぞれ$1a_1, 2a_1$）を除くと

$$(3a_1)^2(2b_2)^2(4a_1)^2(1b_1)^2(5a_1)^2(3b_2)^2(4b_2)^2(1a_2)^2(6a_1)^1$$

である†．図9-23に分子軌道の一部を示す．全電子数23個のうち，それぞれの原子の1s軌道を占める合計6個の電子を除く17個の電子を，エネルギーの低いほうから2つずつ満たしていくと最後に$6a_1$軌道に1つの電子が占有されることになる．したがって，この分子はスピンの縮重度が2の二重項であり，この分子の基底電子状態の対称性はすべての占有軌道の既約表現の直積をとることにより得られ，$^2A_1$である．

C_{2v}における電気双極子モーメントのμ_x, μ_y, μ_z成分はそれぞれB_1, B_2, A_1という対称性を示すので，励起状態がそれぞれB_1, B_2, A_1の対称性をもつものへは許容遷移である．各励起状態は基底状態に比べて大幅な電子密度の変化をともなうので，分子内のポテンシャルは大きく変化する．したがっ

> **Assist 分子軌道の表記**
>
> $(1a_1)^2$のように$(m\Gamma)^n$の表記は分子軌道の対称性Γと電子占有数nを示しており，エネルギーの低いものから順に記されている．同じ対称性をもつ分子軌道は，数字mによってエネルギーの低いものから番号がつけてある．

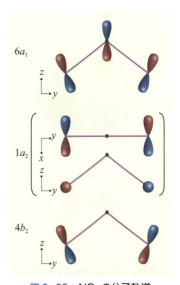

図9-23 NO_2の分子軌道

て，各遷移とも非常に混み合った振動構造を示す．

慣例として，基底状態の電子状態には $\tilde{X}$，励起状態の電子状態にはエネルギーの低いものから始めて $\tilde{A}$, $\tilde{B}$, $\tilde{C}$ というラベルをつける．基底状態から励起状態 $\tilde{A}$ への遷移（吸収）を「$\tilde{A} \leftarrow \tilde{X}$」，励起状態 $\tilde{A}$ から基底状態への遷移（発光）を「$\tilde{A} \rightarrow \tilde{X}$」と記す．

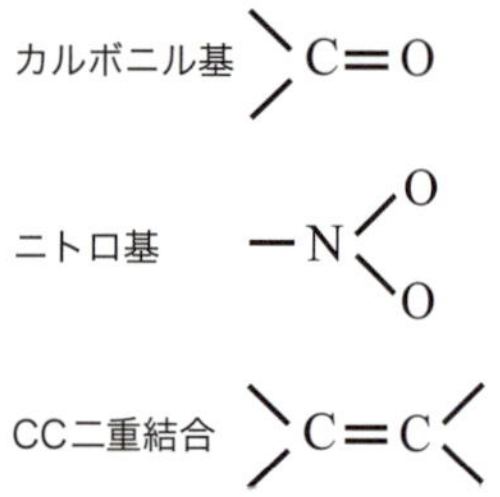

(b) 大きな分子の電子スペクトル

大きな多原子分子の電子遷移では，遷移に関与する電子状態の波動関数の拡がりが分子全体ではなく，主に分子の一部に分布している場合が多い．そのような特徴的な部分を**発色団**（chromophore）とよぶ．代表的な発色団には図9-24 に示すようにカルボニル基，ニトロ基，CC 二重結合などがある．また，遷移に関与する電子軌道の種類（n：非結合性の孤立電子対，π：結合性の π 軌道，π^*：反結合性の π 軌道）に応じて，$n \rightarrow \pi^*$ への遷移を $n\pi^*$ 遷移，$\pi \rightarrow \pi^*$ への遷移を $\pi\pi^*$ 遷移として区別する．代表的な発色団と吸収特性を表9-2 に示す．

電子励起状態に遷移した分子はエネルギー的に高い不安定な状態にあるため，さまざまな過程により状態を変化させる．このような電子励起状態緩和については 20 章で述べる．

図9-24 代表的な発色団

表9-2 代表的な発色団の吸収特性

発色団	遷移波数 $\tilde{\nu}_{max}$ (cm^{-1})	吸収バンド λ_{max} (nm)	吸収係数 ε_{max} (L mol^{-1}cm^{-1})
C=O ($\pi \rightarrow \pi^*$)	61,000	163	15,000
	57,300	174	5,500
C=O ($n \rightarrow \pi^*$)	37〜35,000	270〜290	10〜20
C$_6$H$_5$-	39,000	255	200
	50,000	200	6,300
	55,000	180	10,000

9.8.4 振電相互作用

表9-2 に示したように，遷移確率を表す分子吸収係数は遷移によって大きく異なる．特に，カルボニル基を発色団とする吸収バンドのうち，290 nm 付近の $n\pi^*$ 遷移は 160 nm 付近の $\pi\pi^*$ 遷移に比べると吸収係数が 3 桁程度小さい．ホルムアルデヒドを例にとり，この理由について考えてみよう．この分子の基底状態の電子配置は

$$(1a_1)^2(2a_1)^2(3a_1)^2(4a_1)^2(1b_2)^2(5a_1)^2(1b_1)^2(2b_2)^2$$

でその対称性は $^1A_1$ である．HOMO 近傍の分子軌道を図9-25 に示す．

ここで，HOMO の $2b_2$ はカルボニル基に O2p$_y$ からなる非共有電子対をもつ軌道であり，LUMO の $2b_1$ は $\Psi_{\pi^*} = c_1\psi(C2p_x) - c_2\psi(O2p_x)$ で近似できる反結合性軌道である．π 結合性軌道である $1b_1$ の電子を $2b_1$ に励起した状態は $b_1 \times b_1 = a_1$ であるから，その電子状態の対称性は A_1 である．したがって，こ

図9-25 ホルムアルデヒドの一部の分子軌道

の $\pi\pi^*$ 遷移は許容で，遷移双極子モーメントは z 軸方向である．これに対して，$2b_2 \rightarrow 2b_1$ の HOMO－LUMO 遷移では，励起状態が A_2 となるので禁制遷移である．このため，$n\pi^*$ 遷移の吸収係数が $\pi\pi^*$ 遷移に比べて著しく小さくなる．

それでは，$n\pi^*$ 遷移が電気双極子遷移としては禁制であるのに有限の吸収係数をもつのはどうしてだろうか．9.1 節において電子と原子核の運動が分離できるとし，分子の電子・振動の波動関数は $\Psi = \psi_e \psi_v$ と積の形で書けるとした．しかし，**振電相互作用**（vibronic coupling）といわれる電子と振動運動の間の相互作用が無視できない場合は，分子の電子・振動状態（振電状態）はこのような単純な形ではなく，同じ対称性をもつ状態の線形結合

$$\Psi = \sum_i c_i \psi_e^{(i)} \psi_v^{(i)} \tag{9.72}$$

として表現しなければならない．すなわち，振電相互作用により状態間の混ざり合いが起きる．ホルムアルデヒドの場合は，第 1 電子励起状態において B_1 の対称性をもつ振動モードの $v=1$ や $v=3$ の振動状態に励起された振電状態は，$A_2 \times B_1 = B_2$ の対称性をもち，これは電気双極子遷移が許容な B_2 の電子状態と同じ対称性であるため互いに混ざり合うことができる．もちろん，両準位のエネルギー差は大きいのでその混成の度合いは小さい．しかし，この混ざり合いの結果，y 軸方向に遷移モーメント（$B_2 \leftarrow A_1$）をもった遷移として有限な吸収係数を獲得することができる．

実際の $^1A_2 \leftarrow {}^1A_1$ バンドのスペクトルを図 9-26 に示す．分子面に垂直な方向の変角振動（ν_4，図 9-27a）の $v=1$，あるいは $v=3$ の励起状態に，さらに C－O 伸縮振動（ν_2，図 9-27b）が励起された振電状態（$2_0^n 4_0^1$, $2_0^n 4_0^3$, $n=1, 2, 3, \cdots$）への遷移が並んでいることがよくわかる．すなわち，ν_2 に関する振動のプログレッションが明瞭に観測される．これは，$n\pi^*$ 遷移において C－O 反結合性軌道の軌道への励起が起きるため，電子励起状態における C－O 結合が基底状態に比べて伸びていることを示している．

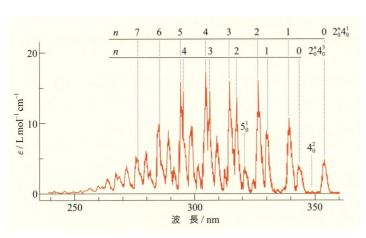

図 9-26 ホルムアルデヒドの $^1A_2 \leftarrow {}^1A_1$ バンドのスペクトル

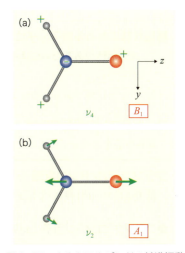

図 9-27 ホルムアルデヒドの基準振動の一部
(a) の ＋，－ は紙面に垂直方向に沿った振動を表している．

9章 分子のエネルギー構造とスペクトル

9章 重要項目チェックリスト

ボルン-オッペンハイマー近似 [p.169]
原子核の運動エネルギーが電子の運動エネルギーに比べて格段に小さいことに着目し,電子と原子核の運動を分離して取り扱う近似.

純回転遷移における選択則 [p.173]
1. 永久電気双極子をもつ.
2. $\Delta J = 0, \pm 1$ $\Delta M_J = 0, \pm 1$ (J:回転量子数, M_J:Jのz成分)

調和振動子近似における赤外振動遷移の選択則 [p.175]
1. $\partial \mu / \partial x \neq 0$:分子振動による核間距離の変位に応じて双極子モーメントが変化する.
2. $\Delta v = \pm 1$

調和振動子近似におけるラマン振動遷移の選択則 [p.176]
1. $\partial \alpha / \partial x \neq 0$:分子振動による核間距離の変位に応じて分極率が変化する.
2. $\Delta v = \pm 1$

調和振動子近似における振動回転遷移における選択則 [p.177]
$\Delta v = \pm 1$, $\Delta J = J' - J'' = -1$(P枝), $\Delta J = 0$(Q枝), $\Delta J = +1$(R枝)

分子の振動の自由度 [p.178]   直線分子:$3N-5$,非直線分子:$3N-6$ (N:分子を構成する原子の数)

基準振動モード [p.179] $E = \frac{1}{2}\sum_i \dot{Q}_i^2 + \frac{1}{2}\sum_i \kappa_i Q_i^2 = \frac{1}{2}\sum_i (\dot{Q}_i^2 + \kappa_i Q_i^2)$ (Q:基準座標,$\sqrt{\kappa}$:固有振動数)

◆ i番目の基準モードのハミルトニアン [p.181] $\hat{H}_i = -\frac{1}{2}\hbar^2 \frac{\partial^2}{\partial Q_i^2} + \frac{1}{2}\kappa_i Q_i^2$

◆ 全振動波動関数 [p.182] $\Psi = \psi(Q_1)\psi(Q_2)\cdots = \prod_i \psi(Q_i)$

基底状態にある多原子分子における赤外,ラマン活性の選択則 [p.185]
1. 赤外活性であるためにはその基準振動モードが電気双極子モーメントの成分と同じ対称性でなくてはならない.
2. ラマン活性であるためにはその基準振動モードが分極率の成分と同じ対称性でなくてはならない.

赤外とラマンの相互禁制律 [p.185]
対称中心をもつ分子において赤外とラマンが両方とも活性という基準モードはありえない.

フランク-コンドンの原理 [p.189]
電子遷移の前後において原子核の位置および運動量は変化しない.

◆ フランク-コンドン因子 [p.190] $|S(v', v'')|^2$, $S(v', v'') = \int dR \psi_{v'}^*(R) \psi_{v''}(R)$

($S(v',v'')$:振動状態間の重なり積分,R:原子核の座標)

確認問題

9・1 $^{14}N^{16}O$ の純回転スペクトルの $J=4\leftarrow 3$ の遷移が 700 MHz であったとしよう。この分子の平衡結合長を推定せよ。

9・2 ある等核二原子分子の振動スペクトルを測定したところ $v=1\leftarrow v=0$ の遷移振動数は $1.50\times 10^{12}\ s^{-1}$ であった。これに対応する遷移波数 (cm^{-1})、および遷移エネルギー (J) を求めよ。

[平成 21 年度 東京大学理学研究科入試問題より]

9・3 非調和性を取り入れたポテンシャルとしてモースポテンシャル

$$V(x) = hcD_e\{1-e^{-\alpha x}\}^2 \qquad a = \left(\frac{k}{2hcD_e}\right)^{1/2}$$

がある (図 9-4 参照)。ここで、D_e (cm^{-1}) はポテンシャルの深さを表す。このポテンシャルにおける振動固有エネルギーは

$$E_v = \left(v+\frac{1}{2}\right)\hbar\omega - \left(v+\frac{1}{2}\right)^2 \hbar\omega\chi_e$$

$$\omega\chi_e = \frac{a^2\hbar}{2\mu} \qquad \omega = \left(\frac{k}{\mu}\right)^{1/2}$$

である。ここで、χ_e は非調和性の定数である。そこで、$^1H^{35}Cl$ のポテンシャルエネルギー曲線がモースポテンシャルで近似できるとした場合、振動基底状態から測った振動準位 ($v=1\sim 5$) のエネルギー (cm^{-1}) を求め、調和振動子近似のもとでのエネルギーと比較せよ。ただし、伸縮振動の振動数は 2990 cm^{-1}、非調和性パラメーター $\omega\chi_e$ は 52 cm^{-1} であるとする。

9・4 次の分子の基準振動の数を答えよ。
(a) エチレン, (b) ベンゼン, (c) アセチレン

9・5 CO 分子の炭素、および酸素原子を次のさまざまな同位体に置換して CO 伸縮振動の波数を比べた。波数の高い順に並べ替えた結果を記せ。

$^{13}C^{16}O,\ ^{13}C^{18}O,\ ^{12}C^{18}O,\ ^{12}C^{16}O$

[平成 20 年度 京都大学理学研究科入試問題より]

実戦問題

9・6 回転遷移、$J\Leftrightarrow J+1$、における遷移モーメントは

$$|\langle J|\mu|J+1\rangle|^2 = \frac{J+1}{2J+1}\mu^2$$

であり、大きな J 状態ではほとんど J に依存しない。これをふまえて回転スペクトルにおいて最も強い吸収線に対応する回転状態の J が

$$J \approx \sqrt{\frac{kT}{2hc\widetilde{B}}} - \frac{1}{2}$$

で与えられることを示せ。

[平成 22 年度 東京工業大学理工学研究科入試問題を改変]

9・7 3 μm 近傍のメタンの振動回転スペクトルを測定したところ、下図のスペクトルを得た。これから読み取り、$R(0) = 3029.12\ cm^{-1}$, $R(1) = 3038.87\ cm^{-1}$ を得た。これらの値からメタンの回転定数を求めよ。

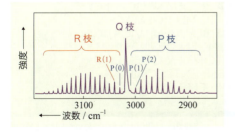

ただし、振動励起状態は基底状態と同じ構造であるものとする。さらに、水素原子の質量を 1.01 g mol^{-1} として C–H 間の結合距離を求めよ。

[平成 24 年度 京都大学工学研究科入試問題より]

9・8 9.4.3 項 (b) で考えた三原子分子において、全対称伸縮振動と反対称伸縮振動では常にどちらが高い振動数をもつか。理由を付して答えよ。

9・9 下図に示すように CH_3Cl 分子がある角度傾いて空間に固定されているとする。分子軸方向に遷移双極子モーメントをもつモードに共鳴する赤外光を z 軸に沿って入射したところ、その吸収強度は、y 軸に沿って入射した場合の 0.60 倍であった。CH_3Cl 分子の分子軸 (3 回軸) と z 軸のなす角度 (θ) を求めよ。角度の単位は度とし、有効数字 2 桁で答えよ。ただし、分子軸は yz 平面内にあり、また赤外光は yz 平面内に電場ベクトルをもつ直線偏光とする。

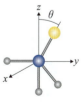

[平成 25 年度 京都大学理学研究科入試問題より]

10章 電子スピンと核スピン

■ Contents
10.1 電子スピン
10.2 核スピン
10.3 磁気共鳴分光法

電子は，軌道角運動量とともに，自転運動に対応するスピン角運動量をもつ．2つの電子が対をつくっているときはスピン角運動量が打ち消されているが，不対電子をもつ系では角運動量による磁気モーメントが生じ，原子や分子の性質にスピンが大きく影響を及ぼす．外部磁場によって準位のエネルギーが変化することを**ゼーマン効果**といい，それによって分裂したスピン副準位の間の遷移を観測するのが**電子スピン共鳴**（ESR）である．

原子核にもスピンがあり，その大きさは核の種類（核種）によって異なる．電子と同じように，ゼーマン分裂した核スピンの副準位間の遷移を観測するのが，**核磁気共鳴**（NMR）である．複数の核スピンがあるとその間の相互作用が働いて，スペクトルには分子に特有のパターンが現れる．また，核スピンは電子スピンとも相互作用するので，ESRスペクトルにも超微細構造が観測される．

この章では，スペクトルの実例を示しながら，これらの基本的な考え方を解説する．

ドイツのフランクフルト大学にある「シュテルン–ゲルラッハの実験」の記念銘板．この実験では，銀原子に不均一な磁場をかけると原子線が2つに分かれ，電子スピンが発見された．肖像は左がシュテルン（O. Stern），右がゲルラッハ（W. Gerlach）．

10.1 電子スピン

10.1.1 電子スピン角運動量と磁気モーメント

電子はスピン角運動量(S)をもち,その大きさは $S = 1/2$ と決まっている[†]. したがって,$m_S = +1/2$ と $m_S = -1/2$ の2つの磁気副準位が存在し,単独の電子がそのいずれかを占有すると磁性を示す. そのとき生じる電子スピンによる磁気モーメントを次のように定義する.

電子スピンによる磁気モーメント
$$\boldsymbol{\mu}_e = -g_e \mu_B \boldsymbol{s} \tag{10.1}$$

ここで,g_e は「電子の g 値」とよばれる定数で[†],相対論的な補正を含めて $g_e = 2.0023$ という値をもつ.μ_B は **ボーア磁子**(Bohr magneton)とよばれ

$$\mu_B = \frac{e\hbar}{2m_e} \tag{10.2}$$

で与えられる.e は電気素量,m_e は電子の質量であり,ボーア磁子の値は $\mu_B = 9.274 \times 10^{-24}\,\mathrm{J\,T^{-1}}$ である.T は Tesla(テスラ)という単位である[*].

磁気モーメントは磁場と相互作用するので,電子スピンの準位のエネルギーは,磁場 H をかけることによって変化する[†]. これを **ゼーマン効果**(Zeeman effect)といい,そのエネルギー変化 E_Z は次のようになる.

ゼーマン効果
$$E_Z = -\boldsymbol{\mu}_e \cdot \boldsymbol{H} = -\mu_e H \cos\theta \tag{10.3}$$

ここで,θ は $\boldsymbol{\mu}_e$ と $\boldsymbol{H}$ のなす角度である. 式(10.3)から,磁場によるエネルギーの変化は,電子スピンの磁気モーメントが磁場の方向に揃ったときに最も大きくなり,垂直のときに0になることがわかる(図10-1). 磁場の方向を z にとると,式(10.1)(10.3)より,下のように書ける.

$$E_Z = g_e \mu_B \boldsymbol{s} \cdot \boldsymbol{H} = g_e \mu_B H \cdot s_z \tag{10.4}$$

次に,一電子および二電子系について,全電子スピン角運動量の大きさごとに,準位構造と磁気モーメント,およびゼーマン効果を示す.

10.1.2 一重項,二重項,三重項

(a) 一重項状態($S = 0$)

多くの分子では,1つのエネルギー準位に2個の電子が入って対をなしている. 電子はフェルミ粒子なので,スピン量子数 m_S まで含めて同じ状態を2個以上とることができない(**パウリの排他律**). したがって,1つの準位に2個の電子が入る場合は,図10-2 に示したように $m_S = +1/2$ と $m_S = -1/2$ の準位に1個ずつ入るが,2つの電子は区別をすることができない. これを対称的に扱うために,波動関数はスレーター行列式(4.2.3項参照)を用いて

Assist スピン角運動量の s

電子1個のときは小文字の s を,2個以上のとき(たとえば三重項状態)は,大文字の S を用いる.

Assist 電子の g 値

磁場に対してエネルギーがどれくらいの割合で変わるかという値である.

Data T(Tesla, テスラ)

磁場の強さ H は単位磁気(磁荷)から受ける力の大きさだが,ここではそれに比例する磁束密度の単位 T(Tesla, テスラ)を用いる. 身近に使っている磁石の強さは 0.1 T くらいである.

Assist ゼーマン効果

電子が自転するときには電荷の回転をともなうので電流が流れる. よって,電子スピンは小さな磁石だと考えることができ,それぞれの副準位のエネルギーは磁場によって変化する.

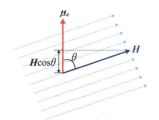

図10-1 磁気モーメントと電場の角度

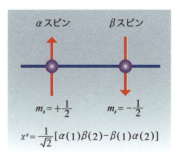

図10-2 1準位内の電子対でのスピン状態

次のように表す．

$$\chi^s = \frac{1}{\sqrt{2}} \begin{vmatrix} \alpha(1) & \beta(1) \\ \alpha(2) & \beta(2) \end{vmatrix} = \frac{1}{\sqrt{2}} [\alpha(1)\beta(2) - \beta(1)\alpha(2)] \quad (10.5)$$

このとき，全体の磁気モーメントは，打ち消し合って0になっている．スピン角運動量の大きさも $S = 0$ となり，$m_S = 0$ の1つの準位しかない．これを**一重項状態**(singlet state)とよぶ．

(b) 二重項状態($S = 1/2$)

電子スピンの効果が現れるためには，何らかの形で不対電子をつくる必要がある．そのひとつは，安定な分子から電子を1個取り去ったものか付加したものをつくる方法である．こうしてできた分子種を一般に「ラジカル」とよぶ．ラジカルには，電荷をもった「イオンラジカル」と電荷をもたない「中性ラジカル」がある．

磁気的な作用に関与するのは不対電子だけであり，全体としてのスピンの大きさは $S = 1/2$ になる．これを**二重項状態**(doublet state)という．

図10-3は，二重項状態についてのゼーマン効果を示したものである．$m_S = +1/2$ と $m_S = -1/2$ の2つの副準位が分裂し，そのエネルギーは磁場に比例して変化する†．

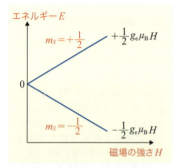

図 10-3　電子スピン状態のゼーマン効果

Assist　準位の分裂と共鳴

この電子に対して入射する電磁波の周波数が，分裂のエネルギー間隔に一致すると，次節で学ぶ共鳴が起こり，スペクトルの形にそれが現れるというわけである．

例題 10.1　ゼーマン分裂の大きさ

実験に用いられる通常の磁場の強さは0.3 Tである．このときの電子スピンの副準位 $m_S = +1/2$ と $m_S = -1/2$ の間のエネルギー差（ゼーマン分裂）はいくらになるか．波数と周波数の単位で求めよ．

[解答]

式(10.4)から，電子スピンの副準位のエネルギーの磁場による変化は

$$E_Z(\pm 1/2) = g_e \mu_B H s_z = g_e \mu_B H \cdot (\pm 1/2)$$

で表される．したがって，ゼーマン分裂の大きさは

$$\begin{aligned}
\Delta E_{\pm 1/2} &= E_Z(+1/2) - E_Z(-1/2) = g_e \mu_B H \\
&= 2.0023 \times 9.274 \times 10^{-24} \times 0.3 = 5.571 \times 10^{-24} \text{ J} \\
&= 5.571 \times 10^{-24} \times 5.0341 \times 10^{22} = 0.2804 \text{ cm}^{-1} \\
&= 5.571 \times 10^{-24} \times 1.5092 \times 10^{33} = 8.407 \times 10^{9} \text{ Hz} \\
&= 8.407 \text{ GHz}
\end{aligned}$$

と求められる．

チャレンジ問題

式(10.4)から類推して，次節で取り扱う水素原子の核スピン($I = 1/2$, $g_I = 5.585$)のゼーマン分裂を求め，周波数単位で答えよ．ただし，水素原子の原子核の質量は，電子の1836倍大きい．

(c) 三重項状態($S = 1$)

対になっている電子の 1 個を空軌道に励起すると，不対電子 2 個の系が形成される．このときのスピンの状態には図 10-4 で示される 4 通りが考えられる．ただし，電子の 1 と 2 は区別ができないので，粒子の交換に対して

Focus 10.1　　Na 原子の $^2P_{3/2}$ と $^2P_{1/2}$

Na 原子の 3s 準位と 3p 準位のエネルギー差は，橙色の光のエネルギーに対応する．これがナトリウムランプの色であり（下左図），フラウンホーファーの命名にしたがって，D 線とよばれている．D 線を高分解能で観測すると 17 cm^{-1} だけ分裂した 2 本のスペクトルからなることがわかる．これが $^2P_{3/2}$ と $^2P_{1/2}$ 状態からの発光である（下中央図）．

$^2P_{3/2}$ と $^2P_{1/2}$ は，同じ軌道角運動量とスピン角運動量であるが，お互いの方向がそれぞれ異なる状態である．2 つの角運動量は基本的には公転と自転の独立な運動であるが，電子の運動があまりにも速いので，相対論的な効果によって 2 つの角運動量は相互作用し，エネルギーに違いを生じる．これを**スピン-軌道相互作用**といい，その演算子は次のように表される．

$$\hat{A}_{SO} = a\,\boldsymbol{l}\cdot\boldsymbol{s}$$

ここで，a はスピン軌道相互作用の結合定数であり，角運動量と実際のエネルギーの値の間の比例定数である．これを $^2P_{3/2}$ の波動関数に作用させると

$$\hat{A}_{SO}\,\psi(^2P_{3/2}) = E_{SO}\,\psi(^2P_{3/2})$$

となって，エネルギー固有値を求めることができる．$\boldsymbol{l}\cdot\boldsymbol{s}$ は軌道角運動量ベクトルと電子スピン角運動量ベクトルとの内積で

$$\boldsymbol{l}\cdot\boldsymbol{s} = \frac{1}{2}[(\boldsymbol{l}+\boldsymbol{s})^2 - \boldsymbol{l}^2 - \boldsymbol{s}^2]$$
$$= \frac{1}{2}(\boldsymbol{j}^2 - \boldsymbol{l}^2 - \boldsymbol{s}^2)$$

と表されるので

$$\hat{A}_{SO}\,\psi(^2P_{3/2}) = \frac{a}{2}(\boldsymbol{J}^2 - \boldsymbol{l}^2 - \boldsymbol{s}^2)\,\psi(^2P_{3/2})$$
$$= \frac{a}{2}[j(j+1) - l(l+1) - s(s+1)]\,\psi(^2P_{3/2})$$
$$= \frac{a}{2}\left[\frac{3}{2}\left(\frac{3}{2}+1\right) - 1(1+1) - \frac{1}{2}\left(\frac{1}{2}+1\right)\right]\psi(^2P_{3/2})$$
$$= \frac{a}{2}\,\psi(^2P_{3/2})$$

が得られ，$^2P_{3/2}$ のエネルギー固有値は $(1/2)a$ になる．

同様に，$^2P_{3/1}$ については次の値が得られる．

$$\hat{A}_{SO}\,\psi(^2P_{1/2}) = -a\,\psi(^2P_{1/2})$$

これによるエネルギー準位の変化を表したのが，下右図である．実験結果は 2 つの準位のエネルギー差が 17 cm^{-1} であることを示しているので，$a = 11.4$ cm^{-1} と求められる．このように，全角運動量の異なる準位はほとんどの場合エネルギーが異なり，そのスペクトル線は分裂する．これを**微細構造**(fine structure)という．

Na 原子の $^2P_{1/2}$ からの発光は 16956 cm^{-1}（波長 589.76 nm）に，$^2P_{3/2}$ からの発光は，16973 cm^{-1}（波長 589.16 nm）に観測され，それぞれ D$_1$ 線および D$_2$ 線とよばれている．それぞれの状態の副準位は磁場によってエネルギーが変化し，磁場中ではスペクトル線が，それぞれ 2 本，4 本に分裂して副準位の数に対応している．

ナトリウムランプを用いた照明

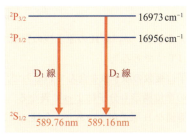
Na 原子の D 線

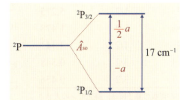
スピン-軌道相互作用

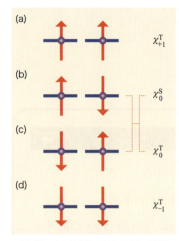

図10-4 2電子系のスピン状態

対称・反対称になるように，図10-4bとcはその線形結合をとって次の波動関数を用いて表す．

$$\chi^S = \frac{1}{\sqrt{2}}[\alpha(1)\beta(2) - \beta(1)\alpha(2)] \tag{10.6}$$

$$\chi^T_{+1} = \alpha(1)\alpha(2) \tag{10.7}$$

$$\chi^T_0 = \frac{1}{\sqrt{2}}[\alpha(1)\beta(2) + \beta(1)\alpha(2)] \tag{10.8}$$

$$\chi^T_{-1} = \beta(1)\beta(2) \tag{10.9}$$

式(10.6)の波動関数は式(10.5)と同じになり，一重項状態である．一方，式(10.7)〜(10.9)の波動関数は電子1と電子2の交換に対して対称になっており，この3つを**三重項状態**(triplet state)という．

この2電子系を2つの角運動量の合成(3.5.1項参照)で考えてみる．

$$\bm{S}(S, m_S) = \bm{s}_1(1/2, m_{S1}) + \bm{s}_2(1/2, m_{S2}) \tag{10.10}$$

合成された全電子スピン角運動量の大きさの量子数のとりうる値は $S=0$, 1であり，それぞれ一重項状態と三重項状態に対応している．さらに，$S=1$ の三重項状態では，m_S のとりうる値は $+1, 0, -1$ であり，それぞれの波動関数が $\chi^T_{+1}, \chi^T_0, \chi^T_{-1}$ になっている．χ^T_0 では磁気モーメントは0である．

10.2 核スピン

原子核も核スピン(I)をもっているが，その大きさは核の種類によって異なる．主な核種の核スピンの大きさを右の表にまとめてある(表10-1)．核スピンによる磁気モーメントは次のように表される．

> 核スピンによる磁気モーメント
> $$\bm{\mu}_I = g_N \mu_N \bm{I} \tag{10.11}$$

ここで g_N は「核の g 値」であり，この値は核種によって大きく異なる．μ_N は**核磁子**(nuclear magneton)とよばれ

$$\mu_N = \frac{e\hbar}{2m_H} \tag{10.12}$$

で与えられる．m_H は ^1H の原子核の質量であり，核磁子の値は $\mu_N = 5.051 \times 10^{-27}\,\mathrm{J\,T^{-1}}$ である*．

分子は複数の原子核を含んでいるので，核スピンどうしが相互作用し，スピンの準位構造も分子によって異なる．たとえば，メチルラジカル(CH$_3$・)には等価なH原子が3つあり，全核スピンは角運動量の合成から

$$\bm{I}(I, m_I) = \bm{I}_1(1/2, m_{I1}) + \bm{I}_2(1/2, m_{I2}) + \bm{I}_3(1/2, m_{I3}) \tag{10.13}$$

と表される．m_I のとりうる値は $3/2, 1/2, -1/2, -3/2$ であり，その状態の数

表10-1 主な原子核の核スピンの大きさと g_N 値

原子核	スピンの大きさ	g_N
^{1}H	1/2	5.585
^{2}H	1	0.857
^{12}C	0	
^{13}C	1/2	1.404
^{14}N	1	0.404
^{15}N	1/2	−0.566
^{16}O	0	
^{17}O	5/2	−0.757
^{19}F	1/2	5.275
^{23}Na	3/2	1.478
^{29}Si	1/2	−1.111
^{35}Cl	3/2	0.548
^{37}Cl	3/2	0.456

質量数が奇数の原子核は，核スピンの大きさが半整数である．質量数が偶数の原子核については，原子番号が奇数の原子の核スピンの大きさは整数，原子番号が偶数の原子は核スピンをもたない．

は図 10-5 に示すように 1:3:3:1 になる．一般に，等価な H 原子が N 個ある系での m_I の準位の数は，図 10-6 に示した「パスカルの三角形」で得られる二項係数で与えらえる．ベンゼン分子 (C_6H_6) は 6 つの等価な H 原子をもつので，$m_I = 3, 2, 1, 0, -1, -2, -3$ に対して，その状態の数 1:6:15:20:15:6:1 になる．

> **Data ボーア磁子 μ_B と核磁子 μ_N**
>
> $\mu_B = 9.274 \times 10^{-24}$ J T^{-1}
> $\mu_N = 5.051 \times 10^{-27}$ J T^{-1}
>
> 磁気モーメントは磁気の大きさを表し，角運動量に比例する．電子スピンの場合は
>
> $$s_z = \frac{e\hbar}{2m_e} m_s = \mu_B m_s$$
>
> と表し，μ_B をボーア磁子という．核スピンの場合は
>
> $$I_z = \frac{e\hbar}{2m_H} m_I = \mu_N m_I$$
>
> と表し，μ_N を核磁子という．m_e, m_H はそれぞれ電子と ^{1}H 原子核の質量で，原子核のほうが 1836 倍質量が大きいので，核磁子はボーア磁子に比べかなり小さい．

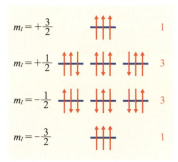

図 10-5　$CH_3 \cdot$ の核スピン状態

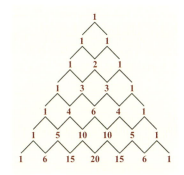

図 10-6　パスカルの三角形

例題 10.2　エチルラジカルの核スピン準位

エチルラジカル $CH_3CH_2 \cdot$（図 10-7）の全核スピンの m_I の準位の数を求めよ．

[解答]

エチルラジカルでは，CH_3 と CH_2 に等価な H 原子が 3 個と 2 個ある．ただし，2 つのグループの H 原子は周りの構造が異なるので，別々に分けて核スピン角運動量の合成をおこない，これを I_a, I_b とする．それぞれのスピン量子数のとりうる値は，$m_{Ia} = +3/2, +1/2, -1/2, -3/2, m_{Ib} = +1, 0, -1$ であり，(m_{Ia}, m_{Ib}) の準位の数は，パスカルの三角形を用いると，上の表のようになる．たとえば，$(m_{Ia} = +3/2, m_{Ib} = +1)$ ではすべての核スピンが上向きの 1 通りしかないが，$(m_{Ia} = +1/2, m_{Ib} = 0)$ では，I_a の 3 通りそれぞれに I_b の 2 通り，計 6 通りのスピンの向きのとり方が考えられる．すべての準位の数は $2^5 = 32$ である．

m_{Ia} \ m_{Ib}	+1	0	-1
+3/2	1	2	1
+1/2	3	6	3
-1/2	3	6	3
-3/2	1	2	1

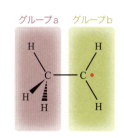

図 10-7　エチルラジカル

■ チャレンジ問題

ブタジエン ($CH_2=CH-CH=CH_2$) は，4 つと 2 つの等価な H 原子をもっている．それぞれの合成核スピンを I_a, I_b としたときの (m_{Ia}, m_{Ib}) の準位の数を求めよ．

10.3 磁気共鳴分光法

10.3.1 電子スピン共鳴(ESR)

孤立自由電子の電子スピン($s = 1/2$)の磁場によるエネルギーの変化を示したのが図10-8である．2つの副準位のエネルギー分裂は磁場の強さに比例して大きくなるが，この分裂と同じエネルギー(周波数)をもつ電磁波を照射すると電子はこれを吸収し，$m_s = -1/2$ の電子スピンは $m_s = +1/2$ へと遷移する．これを**電子スピン共鳴**(Electron Spin Resonance : **ESR**)という．このときの共鳴条件は次の式で与えられる．

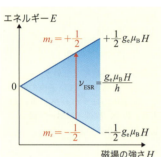

図10-8 電子スピン共鳴

ESRの共鳴条件
$$\nu_{ESR} = \frac{g_e \mu_B H}{h} \tag{10.14}$$

孤立自由電子の g 値は 2.0023 であり，マイクロ波とよばれる領域にある 10 GHz の電磁波を用いると，共鳴磁場はおよそ 0.3 T となる．実際の ESR 装置では，感度を向上させるためにマイクロ波の共振器が用いられ，周波数を変化させるのが困難なため，マイクロ波の周波数を固定したまま磁場の強さを変化させて共鳴を観測する．これが **ESR スペクトル**である．また，変調という技法を使って検出感度を上げているので，スペクトル線の形状は磁場に対して微分形になる．

実際の原子や分子では，その構造や周囲の状態によってエネルギー準位の変化が異なり，共鳴磁場の値も系によってそれぞれ異なる．したがって，ESR スペクトルを詳細に解析すれば，電子が置かれている状態を明らかにすることができる．特に注目されるのが，その分子種に含まれる原子の核スピンによるスペクトル線の分裂である．

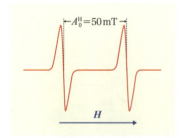

図10-9 H原子のESRスペクトル

図10-9 は H 原子の ESR スペクトルであるが，磁場の大きさとして 50 mT (ミリテスラ) だけ分裂した2本のスペクトル線が観測される．これは，H 原子の核スピン($I = 1/2$)が電子スピンと相互作用して副準位のエネルギーが変化したことによるものである．このように，核スピンによって ESR スペクトル線がいくつもに分裂することを**超微細構造**(hyperfine structure)という．その結合定数を A_0^H とすると，電子スピンの $m_s = \pm 1/2$ の副準位は，核スピンの $m_I = \pm 1/2$ の副準位と相互作用して，$\pm (1/4) A_0^H$ だけ変化する．この準位構造で ESR スペクトルを測定すると，A_0^H だけ分裂した2本のスペクトル線が観測されると予測される(図10-10)．

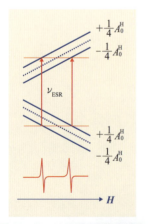

図10-10 H原子の超微細構造

例題 10.3 メチルラジカルの ESR スペクトル

メチルラジカル($CH_3 \cdot$)の ESR スペクトルを予測せよ．

解答

メチルラジカルの3つのH原子は等価であり，全核スピン角運動量の量

子数 $m_I =$ +3/2, +1/2, −1/2, −3/2 に対する状態の数は 1:3:3:1 になる．不対電子はほぼ C 原子上にあるが，一部は H 原子上にも分布して核スピンと相互作用する．分裂は，$A_0^{CH_3} = 2.3$ mT となって H 原子に比べると小さいが，図 10-11 のような超微細構造をもった ESR スペクトルが予測される．

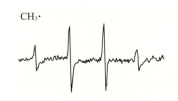

図 10-11　CH_3 の ESR スペクトル

チャレンジ問題

図 10-12 はエチルラジカル（$CH_3CH_2\cdot$）の ESR スペクトルである（感度をさらに上げるために二次微分の線形になっている）．例題 10.2 のチャレンジ問題を参考にして，その超微細構造を説明せよ．

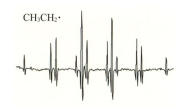

図 10-12　$CH_3CH_2\cdot$ の ESR スペクトル

π 結合をもった不飽和炭化水素のラジカルでは，不対電子は C 原子の 2p 軌道に分布し，その密度は分子軌道によって決まっている．特定の C 原子にある不対電子は，それと直接結合している H 原子の核スピンと強く相互作用して超微細分裂を生じる（図 10-13）．その大きさは次に示すマッコーネルの式で近似的に与えられる．

マッコーネルの式
$$A_0^\pi = Q_H^C \cdot \rho_C \tag{10.15}$$

ここで，ρ_C は C 原子上の π 電子密度（5.3.2 項参照），Q_H^C は比例定数で，多くの不飽和炭化水素ラジカルの実験から 2.7 mT という値が出されている．この式は，超微細分裂は C 原子上の π 電子の存在確率に比例して大きくなるということを示している．逆に，<u>ESR スペクトルを観測して超微細分裂の値を定めると，不対電子が占有している π 軌道の展開係数を推定することができる</u>．

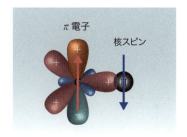

図 10-13　π 電子の超微細相互作用

例題 10.4　ブタジエンアニオンラジカルの ESR スペクトル

ブタジエンアニオンラジカル（$CH_2=CH-CH=CH_2\cdot$）の ESR スペクトル（図 10-14）から，π 軌道（LUMO）を推定せよ．

解答

全体で 15 本のスペクトル線が見出されるが，その間隔や強度をよく見ると，左端に 1:2:1 のパターンがあり，それがさらに 1:4:6:4:1 のパターンでくり返されていることがわかる．ブタジエン分子には，4 つの等価な H 原子（H_a）と 2 つの等価な H 原子（H_b）があり（図 10-15），2 つのパターンはそれぞれを合成した核スピン角運動量に由来する．観測される超微細結合定数は

$$A_0^{H_a} = 0.762 \text{ mT} \qquad A_0^{H_b} = 0.279 \text{ mT}$$

であるが，マッコーネルの式から，それぞれが結合している C 原子上の π 電子密度は

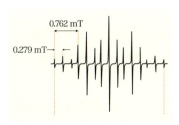

図 10-14　$CH_2CH=CHCH_2\cdot$ の ESR スペクトル

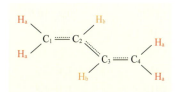

図 10-15　ブタジエン分子

$$\rho_{C1} = \rho_{C4} = 0.282 \qquad \rho_{C2} = \rho_{C3} = 0.103$$

になる．これから符号の考察も含めて波動関数の係数を求めると

$$\Psi = 0.5310\psi_1 - 0.3215\psi_2 - 0.3215\psi_3 + 0.5310\psi_4$$

が得られる．アニオンラジカルでは不対電子は LUMO の π 軌道を占有しているが，ヒュッケル法から得られる波動関数は

$$\Psi_3 = 0.6015\psi_1 - 0.3717\psi_2 - 0.3717\psi_3 + 0.6015\psi_4$$

であり，ESR スペクトルの結果とおおよそ対応している．

> **■ チャレンジ問題**
> ヒュッケル法を用いて，ベンゼンアニオンラジカル($C_6H_6\cdot$)の ESR スペクトルを予測せよ．ただし，π 電子密度については，縮退している LUMO の 2 つの π 軌道の平均をとる．

10.3.2 核磁気共鳴(NMR)

核スピンでのゼーマン効果によるエネルギーの変化は

$$E_Z = -\boldsymbol{\mu}_I \cdot \boldsymbol{H} = -\mu_I H \cos\theta \tag{10.16}$$

で与えられる．ここで，θ は $\boldsymbol{\mu}_I$ と $\boldsymbol{H}$ のなす角度であり，磁場の方向を z にとると

$$E_Z = -g_N\mu_N \boldsymbol{I} \cdot \boldsymbol{H} = -g_N\mu_N H I_z \tag{10.17}$$

と表される．このときの磁場によるエネルギーの変化を示したのが図10-16 であり，電磁波による遷移の共鳴条件は次のようになる．

> **NMR の共鳴条件**
> $$\nu_{NMR} = \frac{g_N\mu_N H}{h} \tag{10.18}$$

この条件が満たされると，$m_I = +1/2$ の電子スピンは $m_I = -1/2$ へと遷移する．これを，**核磁気共鳴**(Nuclear Magnetic Resonance：**NMR**)という．主に用いられるのは水素原子の核スピンを観測する ^1H NMR であり，0.3 T の磁場での電磁波の周波数は 12.8 MHz になる．この領域の電磁波はラジオ波とよばれている．最近では，NMR スペクトルの分解能を上げるために，90 MHz の高周波のラジオ波を使うことも多く，高いものだと 900 MHz の NMR スペクトロメーターが大きな研究施設に設置されていることもある．このときの共鳴磁場は 20 T ほどになる．

多くの分子は複数の核スピンを含むので，核スピンどうしの相互作用によって，NMR スペクトルには分子固有のスペクトルパターンが現れる．^{1}HNMR の場合には，ラジオ波を吸収する核スピンが他の核スピンと相互作

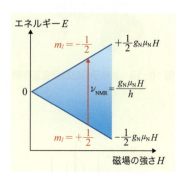

図 10-16 核磁気共鳴

表 10-2 主な官能基の化学シフト

官能基	δ の値(ppm)
-COOH	8.9－12.0
-OH	1.0－5.6
-NH$_2$	3.2－4.7
-CHO	9.3－10.5
=CH$_2$	4.2－6.5
-C≡CH	2.2－3.0
-CH$_3$	1.4－2.5
-CH$_2$-	1.1－1.8

用して，磁気モーメントを変化させる．主には核の周りの電子により外部磁場を遮蔽する効果をもたらす．そのため，共鳴磁場が一定の割合で大きくなり，これを次に示す**化学シフト**(chemical shift)で表す．

化学シフト
$$\delta = \frac{H - H_0}{H_0} \tag{10.19}$$

> **Data** ppm
> parts per million の略で，百万分の1を単位とすることを表す．
> 10000 ppm = 1 %

ここで，H_0 は孤立 ^{1}H 原子の共鳴磁場であり，δ はそこからの観測スペクトル線の共鳴磁場のずれ（シフト）を ppm* の単位で表す．主な官能基の化学シフトの値を**表10-2**に示す．

さらに，等価な ^{1}H 原子が複数あると，磁場の遮蔽は合成された全核スピンによって決まり，スペクトル線はパスカルの三角形で示されるパターンで分裂する．核スピンの相互作用は主にスピン間の距離で決まるので，炭化水素分子のスペクトル分裂は，隣接するC原子に結合しているH原子によるパターンが強く現れる．

図10-17は，アセトアルデヒド分子(CH$_3$CHO)のNMRスペクトルであるが，δ = 2.2 のところに 1:1 パターン，δ = 9.3 のところに 1:3:3:1 パターンのスペクトル線が観測される．2つのパターン全体の強度は 3:1 になっており，グループa（メチル基）とグループb（アルデヒド基）にそれぞれ 3 個と 1 個あるH原子の吸収に対応する．グループaの吸収が 1:1 パターンになって

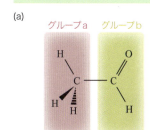

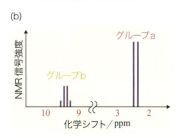

図10-17 アセトアルデヒド分子(a)とそのNMRスペクトル(b)

Focus 10.2　MRI（核磁気共鳴画像法）

MRI (Magnetic Resonance Imaging) は，^{1}H原子の核磁気共鳴(NMR)シグナルの時間応答が生体内の状態によって異なることを利用し，mm とか cm という大きさの領域での生体内の微細な構造を，正確な画像データにすることで治療に役立てている．MRIでは，分子の構造を解明するときにおこなう化学シフトの分析をするのではなく，^{1}H核スピンの緩和を使って生体内部の状態を区別している．m_I = +1/2 にある核スピンはラジオ波によって m_I = -1/2 へと遷移するが，その後一定の時間で緩和して元の m_I = +1/2 へ戻る．この時間を「核スピン緩和時間」というが，この値は体内でどのような状態にあるかによって異なる．そこで，2次元の平面の各位置で緩和時間の差を測定して（2方向での磁場勾配を利用して位置を特定する），1枚の画像にする．これとは垂直な方向に人体を移動させながら撮像をくり返すと，3次元の立体画像が完成する．組織やその化学的な環境によって ^{1}H核スピンの緩和時間は微妙に異なるので，たとえば疾病や傷害で異常があると，MRIのデータを見ればその部分の確認が正確にできる．従来は，人体の内部を調べるのにレントゲン写真やCTスキャンが用いられてきたが，リスクが少なく解像度も高いMRIは近年急速に普及し，最新医療に大きく貢献している．

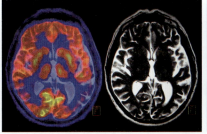

MRI装置とMRIで得られた脳の画像

いるのは，隣接するアルデヒド基の1個のH原子の核スピン（$I = 1/2$，$m_I = \pm 1/2$）とのスピン-スピン相互作用によるものである．逆に，グループbの吸収は，隣接するメチル基の3つのH原子の核スピンによって 1:3:3:1 パターンになっている．

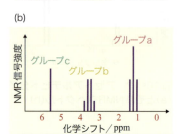

図 10-18　エチルアルコール分子(a)とそのNMRスペクトル(b)

例題 10.5　エチルアルコールのNMRスペクトル

エチルアルコール分子（CH_3CH_2OH）のNMRスペクトルを説明せよ．

解答

図 10-18 は，エチルアルコール分子のNMRスペクトルであるが，$\delta = 1.1$ のところに 1:2:1 パターン，$\delta = 3.6$ のところに 1:3:3:1 パターン，$\delta = 5.5$ のところに単一のスペクトル線が観測される．2つのパターン全体の強度は 3:2:1 になっているので，それぞれグループa（メチル基），グループb（メチレン基），グループc（OH基）の 3個，2個，1個のH原子の吸収に対応する．グループaの吸収が 1:2:1 パターンになっているのは，隣接するメチレン基の 2個のH原子の核スピンとのスピン-スピン相互作用によるものである．グループbの吸収は 1:3:3:1 パターンになっているので，隣接するメチル基の 3個のH原子との相互作用が強く現れていると考えられる．しかし，1:1 パターンになるような分裂は見られていないので，OH基との相互作用は大きくないと考えられる．同様にして，グループcの吸収には分裂は見られず，単一のスペクトル線だけになっている．

チャレンジ問題

ジエチルエーテル分子（$CH_3CH_2\text{-}O\text{-}CH_2CH_3$）のNMRスペクトルを予測せよ．

10章 重要項目チェックリスト

電子スピン

◆電子スピン(S)の磁気モーメント ［p.197］　　$\boldsymbol{\mu}_e = -g_e \mu_B \boldsymbol{s}$

(s：電子スピン角運動量，g_e：自由電子のg値)

◆ゼーマン分裂の大きさ ［p.197］　　$E_Z = g_e \mu_B \boldsymbol{s} \cdot \boldsymbol{H} = g_e \mu_B H \cdot s_z$

(μ_B：ボーア磁子，H：磁場)

$m_S = +1/2$ と $m_S = -1/2$ の副準位は磁場によって分裂する．

核スピン

◆核スピン(I)の磁気モーメント ［p.200］　　$\boldsymbol{\mu}_I = g_N \mu_N \boldsymbol{I}$　　(g_N：核のg値，μ_N：核磁子，I：核スピン)

核スピン角運動量の大きさとg値は，核種によって異なる．複数の核スピンがあるときの状態の数はパスカルの三角形で求められる．

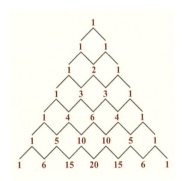

電子スピン共鳴（ESR）

◆ESRの共鳴条件 ［p.202］　　$\nu_{ESR} = \dfrac{g_e \mu_B H}{h}$

電子スピンの副準位間のマイクロ波遷移を観測する．核スピンによって，超微細構造が見られる．

◆マッコーネルの式 ［p.203］　　$A_0^\pi = Q_H^C \cdot \rho_C$

［A_0^π：超微細分裂の大きさ，ρ_C：C原子上のπ電子密度，Q_H^C：比例定数(2.7 mT)］

核磁気共鳴（NMR）

◆NMRの共鳴条件 ［p.204］　　$\nu_{NMR} = \dfrac{g_N \mu_N H}{h}$

核スピンの副準位間のラジオ波遷移を観測する．複数の核スピンがあると，その構造特有の分裂パターンが見られる．

◆化学シフト ［p.205］　　$\delta = \dfrac{H - H_0}{H_0}$

［H_0：孤立^{1}H原子の共鳴磁場，δ：そこからの観測スペクトル線の共鳴磁場のずれ(単位はppm)］

確認問題

10·1 電子スピン角運動量 ($S = 1/2$) の空間の量子化を図示せよ．

10·2 重水素原子 ^{2}H の核スピンは $I = 1$ である．CD_3 ラジカルの ESR スペクトルの超微細構造を予測せよ．

10·3 90 MHz の周波数で ^{1}H NMR を観測するときの共鳴磁場を計算せよ．

10·4 酢酸エチル分子 ($CH_3COOC_2H_5$) の NMR スペクトルを予測せよ．

10·5 下図は示性式 $C_2H_4Cl_2$ で表される分子の NMR スペクトルである．この分子の構造式を書け．

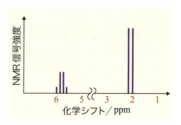

実戦問題

10·6 O 原子の ^3P 状態でのスピン軌道結合定数は，$a = -75\ cm^{-1}$ である．この電子状態のエネルギー準位の構造を説明せよ．

10·7 下図はナフタレンアニオンラジカルの ESR スペクトルである．この超微細構造を予測せよ．ただし，ヒュッケル法でのナフタレンの LUMO の分子軌道は
$$\Psi_3 = 0.4235(\psi_1 + \psi_4 - \psi_5 - \psi_8)$$
$$- 0.2629(\psi_2 + \psi_3 - \psi_6 - \psi_7)$$
で表される．

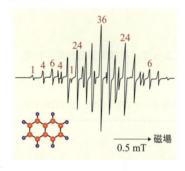

10·8 ^{14}N 原子の核スピンは $I = 1$ である．テトラシアノエチレン [$(C\equiv N)_2C=C(C\equiv N)_2$] のアニオンラジカルについて，ESR スペクトルの超微細構造を予測せよ．

10·9 エチルアルコールの酸化反応を追跡したところ，A，B の 2 つの NMR スペクトルが観測された．A では $\delta = 2.2$ のところに 1:1 パターンと $\delta = 9.8$ のところに 1:3:3:1 パターンが強度比 3:1 で，B では $\delta = 2.1$ と $\delta = 11.4$ のところに単一スペクトル線と 1:3:3:1 パターンが強度比 3:1 で，それぞれ観測された．これらの分子を同定してスペクトルの構造を説明せよ．

第III部
熱力学

　分子の性質は量子論によって知ることができる．しかし，大きな分子になると，反応解析に必要な精度でシュレディンガー方程式を解くことは現在でも難しい．また，粒子数が膨大になると，分子間相互作用を考慮して，物質全体としての性質を量子論的に扱うことは，ほぼ不可能である．たとえば，水分子1個の性質は量子論的に調べられるが，コップ1杯の水のマクロな性質を量子化学計算で計算することは当分無理だろう．一方，フラスコ内の温度を知っても，フラスコ内の1個の粒子の運動速度はわからない．分子1個の性質を詳細に知ることと，フラスコ内で起こっていることの理解の間には質的に大きな違いがあるといえる．

　実は，フラスコ内の反応や相転移などのマクロな性質を明らかにするためには，独立に動く個々の分子の性質は必要なく，平均としての性質を知れば十分であることが多い．こうした場合に用いられる理論体系が「熱力学」である．

　熱力学が確立した時代には，まだ原子・分子の概念がなかったことからわかるように，熱力学では物質を構成する粒子を考える必要はない．しかし，熱力学の式の意味を理解するには，やはり分子の描像を無視するわけにはいかない．たとえば，気体の状態方程式は，粒子の運動を考えるとより深く理解できるし，熱力学的な定義のエントロピーの意味は，粒子の概念があって初めて明確になる．

　第III部では，粒子との関連を念頭に，熱力学を学んでいく．その厳密な関連は統計力学を用いて達成されるが，統計熱力学は最後の章で触れるにとどめる．

- **11章** 気体分子運動論
- **12章** 熱力学第一法則
- **13章** エントロピーと変化
- **14章** ギブズエネルギー
- **15章** 溶液の混合
- **16章** 溶液の性質
- **17章** 化学平衡
- **18章** 統計熱力学

蒸気機関車でも用いられた蒸気機関は，液体の水に熱エネルギーを加えて気体に変え，その高い圧力を機械的エネルギーに変換することで仕事をさせ，車輪を動かす動力を得る．

11章 気体分子運動論

■ Contents
11.1 理想気体の状態方程式
11.2 分子運動と気体の圧力
11.3 気体分子の速度分布
11.4 気体分子の衝突
11.5 気体分子の拡散
11.6 実在気体とファンデルワールス方程式
11.7 分子間相互作用

　本章ではまず，**理想気体の状態方程式**を通して，「状態」という概念を学ぶ．次にその状態を規定する「圧力」と「温度」を分子論的に考察することで，気体分子の運動とマクロな状態量との関係を明らかにする．この関係は，気相中での反応を理解するうえで重要となる．また，気体分子の運動が「拡散」という現象を導いていることを理解し，**拡散方程式**を導出する．

　最後に，実際の気体では理想気体からのずれがあることを認識し，それが何によるものであるかを調べることで，分子の大きさや**分子間相互作用**について学ぶ．

　こうした分子の運動の概念をもっておくことで，次章からの「熱力学」も理解しやすくなると思われる．

国際宇宙ステーションから見た熱帯低気圧．地球をとりまく大気には諸条件によって温度や圧力が異なる部分が生じる．暖かい空気の塊は上昇して膨張することで冷え，雲をつくる．こうした温度や圧力といった気体の性質もミクロで見ると分子の運動として理解できる．

11.1 理想気体の状態方程式

気体の「状態」を理解するために，まずは**理想気体** (ideal gas) の**状態方程式** (equation of state) から始めよう．温度一定のとき，気体の体積 V は圧力 P に反比例するという**ボイルの法則** (Boyle's law, 図 11-1) と，圧力一定のとき，気体の体積は絶対温度 T に比例するという**シャルルの法則** (Charles's law, 図 11-2) から，$V \propto (T/P)$ と書ける．この比例関係における気体粒子 1 mol あたりの比例定数を**気体定数** (gas constant)* といい，R で表す．よって，気体の物質量を n mol とすると，平衡状態の P と V の関係は次の式で表される．

理想気体の状態方程式
$$PV = nRT \qquad (11.1)$$

これを**理想気体の状態方程式**とよぶ．逆に，この式に従う気体を理想気体という．これは気体が十分に希薄（気体粒子間が互いに十分離れている）で，分子間相互作用が無視できる場合に成り立つ．実在気体の状態方程式は，理想気体の状態方程式とは異なるが，1 atm*，0°C のほとんどの気体が誤差 1 % 以内で式 (11.1) を満足するので，<u>気体を考える基本として，まずこの理想気体の状態方程式から出発する</u>のが適当であろう．なお，本章の後半では，この理想気体条件が成り立たない場合について考察する．

> **Data 気体定数**
>
> 気体定数 R は，IUPAC (International Union of Pure and Applied Chemistry) が推奨する SI 単位系では次の値である
>
> $R = 8.314510$ J K^{-1} mol^{-1}
>
> ほかの単位で表した R の値を以下に示す．
>
> 83.14510 cm^3 bar mol^{-1} K^{-1}
> 82.058 cm^3 atm mol^{-1} K^{-1}
> 0.082058 L atm mol^{-1} K^{-1}

> **Data 圧力の単位**
>
> 長さや重さ，時間についてはかなり SI 単位系が使われるようになってきたが，圧力についてはまだ気圧 (atm) や mmHg が使われることもある．単位間の関係を下に示す．
>
> 1 Pa = 1 N m^{-2}
> 1 bar = 10^5 Pa = 1000 hPa
> 1 atm = 101.325 kPa = 760 Torr
> 1 Torr = 133.32 Pa
> 1 mmHg = 133.32 Pa
> (N = kg m s^{-2} = J m^{-1})

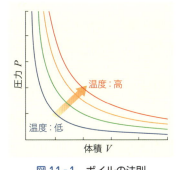

図 11-1 ボイルの法則
いくつかの温度における理想気体の圧力-体積依存性を表す．この曲線は反比例の関係を示す双曲線になっている．

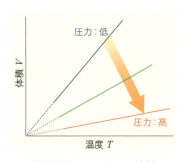

図 11-2 シャルルの法則
いくつかの圧力における理想気体の体積-温度依存性を表す．$T = 0$ では，どの圧力でも同じく体積 0 に外挿される．

11.2 分子運動と気体の圧力

理想気体の状態方程式を，粒子の運動という立場で考えてみよう．定性的に考えると，<u>気体の圧力とは気体の粒子と壁が衝突する力に由来する</u>．こう考えると，体積を小さくすると粒子が壁に衝突する頻度が増えて圧力が増えるボイルの法則が理解できる．また，温度は粒子の運動エネルギーに関係しているだろうから，温度を上げると粒子が壁と衝突する頻度も速度も増すと思われ，シャルルの法則も理解できる．

まず粒子が壁にぶつかる力と圧力との関係を見ていこう．x 軸方向に u_x の

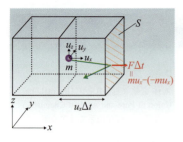

図 11-3 箱の中の粒子の運動
粒子が x 軸と垂直な面と弾性的に衝突すると，x 軸方向の運動量が逆転し，その変化分が壁への力として働き，圧力が生じる．Δt の間に衝突しうるのは，壁から $u_x \Delta t$ 以内の距離にある粒子である．

速度で運動している粒子が壁に衝突して及ぼす力は，その運動量変化から計算できる．質量 m をもつ 1 個の粒子が壁に完全弾性衝突（衝突で並進運動エネルギーが保存される）すると，運動量は mu_x から $-mu_x$ になるため，変化量の $2mu_x$ に対応する力が壁にかかることになる（図 11-3）．気体では粒子が多数衝突しているが，ある時間幅 Δt の間に壁に衝突する粒子数は，壁から $u_x \Delta t$ 以内の距離にある粒子なので，壁の面積を S とすると，$u_x \Delta t S$ の体積中に存在する粒子が衝突しうることになる．粒子の入っている箱の体積を V，全粒子数を N とすると，粒子の数密度は N/V なので，この体積中には $u_x \Delta t SN/V$ の粒子が存在する．このうち半分の壁方向へ向かって運動する粒子のみが壁と衝突することになるため，衝突する粒子数は $u_x \Delta t SN/2V$ である．よって，粒子全体での運動量の変化は次のようになる．

$$(2mu_x)(u_x \Delta t SN/2V) = NmSu_x^2 \Delta t/V$$

単位面積・単位時間あたりの運動量変化が圧力 P に対応するので，上の式を $S\Delta t$ で割って

$$P = Nmu_x^2/V$$

となる．ただし，すべての粒子が同じ速度で運動しているわけではないので，u_x^2 を平均値 $\langle u_x^2 \rangle$ に置き換えると以下の式が得られる．

$$P = Nm\langle u_x^2 \rangle/V$$
$$PV = Nm\langle u_x^2 \rangle \tag{11.2}$$

これまで x 軸を選んで考えたが，y 軸，z 軸を選ぶこともでき，空間の方向によって運動に違いがない（異方性がない）場合，3 方向は等価（等方的）であるから

$$\langle u_x^2 \rangle = \langle u_y^2 \rangle = \langle u_z^2 \rangle = \frac{1}{3}\langle u^2 \rangle \tag{11.3}$$

である†．u を「全速度」という．これを式 (11.2) に代入し，式 (11.1) の理想気体の状態方程式と合わせると次の式が得られる．

$$PV = \frac{1}{3}Nm\langle u^2 \rangle = nRT \tag{11.4}$$

1 モルの粒子の場合は，$n=1$ と $N=N_A$（N_A：アボガドロ数）を式 (11.4) に代入すると次の式が導かれる．

$$\frac{1}{3}N_A m\langle u^2 \rangle = RT \tag{11.5}$$

この式 (11.5) は右辺の巨視的性質 RT と左辺の分子論的性質 $m\langle u^2 \rangle$ との関係を示すものであり，並進運動エネルギー（$mu^2/2$）の平均値 $m\langle u^2 \rangle/2$ が温度 T に比例していることを示す．また，その値は，式 (11.5) より，1 モルあたり $N_A m\langle u^2 \rangle/2 = (3/2)RT$ であり，1 粒子あたり

$$\frac{1}{2}m\langle u^2 \rangle = \frac{3}{2}k_B T \tag{11.6}$$

であることがわかる（k_B は**ボルツマン定数***）．これは粒子が x, y, z の 3 つの方向に動く結果であり，並進運動の 1 自由度あたり $(1/2)k_B T$ のエネルギー

Assist 速度の平均値の導出

x, y, z 方向は等価であるから

$$\langle u_x^2 \rangle = \langle u_y^2 \rangle = \langle u_z^2 \rangle$$

でなければならない．さらに，どの粒子も

$$u^2 = u_x^2 + u_y^2 + u_z^2$$

を満足するので，

$$\langle u^2 \rangle = \langle u_x^2 \rangle + \langle u_y^2 \rangle + \langle u_z^2 \rangle$$

であり，式 (11.3) が得られる．

Data ボルツマン定数

$$k_B = \frac{R}{N_A} = 1.380 \times 10^{-23} \text{ JK}^{-1}$$

をもつという**エネルギー等分配則**(equipartition law)を示す(18.5.1 項参照).

また，M をモル質量とすると $N_A m = M$ なので，式(11.5)から

$$\langle u^2 \rangle = \frac{3RT}{M} \tag{11.7}$$

を得る．次元を速度にするために，この式の平方根をとった**根平均 2 乗速度**(root-mean-square speed) $u_{\rm rms}$ は次のようになる．

根平均 2 乗速度

$$u_{\rm rms} = \sqrt{\frac{3RT}{M}} \tag{11.8}$$

この式(11.8)より，気体分子の平均の速度は，温度の平方根に比例し，また分子量の平方根に反比例することがわかる．

例題 11.1 根平均 2 乗速度

300 K での窒素分子の根平均 2 乗速度を求めよ．

解答

窒素分子の 1 モルあたりの質量は 0.028 kg なので，式(11.8)より次のように求められる．

$$u_{\rm rms} = \sqrt{\langle u^2 \rangle} = \sqrt{\frac{3RT}{M}} = \sqrt{\frac{3 \times 8.31 \times 300}{0.028}} = 517 \text{ ms}^{-1}$$

Topic　窒素分子の速さ

517 ms^{-1} は時速にすると約 1900 km/h であり，室温で空気中の窒素分子は，かなり速い速度で飛び回っていることがわかる．

チャレンジ問題

300 K で二酸化炭素の根平均 2 乗速度はいくらになるか．また，500 K ではいくらになるか．

11.3 気体分子の速度分布

前節で，気体の圧力や体積は気体粒子のある温度における速度と関係すること，すべての粒子が同じ速度で運動しているわけではないことを述べた．では，速度はどういう分布になっているのであろうか．本節では**マクスウェル-ボルツマン分布**とよばれる分布関数を簡単に導いてみる．

11.3.1　1 方向への速度分布

気体中に多くの分子が存在するなかで，u_x と $u_x+{\rm d}u_x$，u_y と $u_y+{\rm d}u_y$，u_z と $u_z+{\rm d}u_z$ の間に速度成分をもつような分子がいる確率を $\varPhi(u_x, u_y, u_z)$ とする．分子の速度の x 成分，y 成分，z 成分が完全に独立とすると仮定すると，全体としての確率はそれぞれの成分をもつ確率 $f(u_x), f(u_y), f(u_z)$ の積であるから

$$\varPhi(u_x, u_y, u_z) = f(u_x)f(u_y)f(u_z) \tag{11.9}$$

11章 気体分子運動論

> **Assist 等方的な速度**
> もしたとえば u_x がこの関数にあらわに含まれているとすると、気体は u_x 方向に特異な運動成分をもつことになり、等方的でなくなるからである.

> **Assist 式(11.13)の導出**
> 微分の関係式を用いて
> $$\left(\frac{\partial \ln \Phi}{\partial u_x}\right)_{u_y, u_z} = \frac{d\ln \Phi}{du}\left(\frac{\partial u}{\partial u_x}\right)_{u_y, u_z}$$
> と書く. また,
> $$\frac{\partial u^2}{\partial u_x} = 2u\frac{\partial u}{\partial u_x}$$
> であり、$u^2 = u_x^2 + u_y^2 + u_z^2$ なので
> $$\frac{\partial u^2}{\partial u_x} = \frac{\partial (u_x^2 + u_y^2 + u_z^2)}{\partial u_x} = 2u_x$$
> よって $2u\, \partial u/\partial u_x = 2u_x$ であり、ここから導かれる関係式 $\partial u/\partial u_x = u_x/u$ を使うと
> $$\left(\frac{\partial \ln \Phi}{\partial u_x}\right)_{u_y, u_z} = \frac{u_x}{u}\frac{d\ln \Phi}{du}$$
> と書き直せる. この式を式(11.12)の左辺に代入し、u と u_x についてまとめると、式(11.13)が得られる.

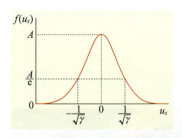

図11-4 ガウス分布の例
$u_x = 0$ を中心として左右対称になっている.

> **Assist 確率と平均値（その1）**
> 一般に、ある物理量 x_i をとる確率分布 $f(x_i)$ がわかっていれば、x_i の平均値は、x_i にそれが出現する確率を掛けて、その積を足せばよい.
> $$\langle x \rangle = \sum_i x_i f(x_i)$$
> x が連続な場合は和の代わりに積分になる. $f(X)$ を X という物理量をとる確率とすると、X の平均 $\langle X \rangle$ は、X に確率 $f(X)$ を掛けて積分した
> $$\langle X \rangle = \int_{-\infty}^{\infty} X f(X) dX$$
> で与えられる.

となる. また、ここで考えている気体は等方的なので、$\Phi(u_x, u_y, u_z)$ はその速度 u だけの関数でなくてはならない[†]. よって式(11.9)は

$$\Phi(u) = f(u_x)f(u_y)f(u_z) \tag{11.10}$$

と書けることになる. 式(11.10)の対数をとると

$$\ln \Phi(u) = \ln f(u_x) \ln f(u_y) \ln f(u_z) \tag{11.11}$$

である. これを u_x について微分すると

$$\left(\frac{\partial \ln \Phi(u)}{\partial u_x}\right)_{u_y, u_z} = \frac{d\ln f(u_x)}{du_x} \tag{11.12}$$

が得られる. 左辺の $\Phi(u)$ は u の関数なので、u_x ではなく u についての微分に書き直すと[†]

$$\frac{d\ln \Phi(u)}{u\, du} = \frac{d\ln f(u_x)}{u_x\, du_x} \tag{11.13}$$

が得られる. 同様にして、$f(u_y), f(u_z)$ についても同じ u の関数との関係が得られ、すべて等しい.

$$\frac{d\ln \Phi(u)}{u\, du} = \frac{d\ln f(u_x)}{u_x\, du_x} = \frac{d\ln f(u_y)}{u_y\, du_y} = \frac{d\ln f(u_z)}{u_z\, du_z} \tag{11.14}$$

u_x, u_y, u_z は互いに独立だから、式(11.14)は定数に等しくなければならない. この定数を -2γ とすると（-2 という定数はあとで計算を簡単にするためにつけている）、たとえば $f(u_x)$ について

$$\frac{d\ln f(u_x)}{u_x\, du_x} = -2\gamma \tag{11.15}$$

と書ける. 両辺を積分すると

$$f(u_x) = A e^{-\gamma u_x^2} \tag{11.16}$$

であることがわかる. これは**ガウス分布**(Gauss distribution)とよばれる分布関数である（図11-4）. $u_x = 0$ から u_x の絶対値が大きくなると $f(u_x)$ が急に小さくなる形をしている. また、γ がその幅に関係している.

次に2つの定数、A と γ を決定する. まず、$f(u_x)$ は確率分布なので、すべてに対して積分すると1に規格化されていなければならない.

$$\int_{-\infty}^{\infty} f(u_x) du_x = 1 \tag{11.17}$$

式(11.16)を式(11.17)に代入し、ガウス関数の積分公式（補章5.6参照）を使うと、次のように A が求められる.

$$A\int_{-\infty}^{\infty} e^{-\gamma u_x^2} du_x = 2A\sqrt{\frac{\pi}{4\gamma}} = 1$$
$$A = \sqrt{\frac{\gamma}{\pi}} \tag{11.18}$$

$f(u_y)$ と $f(u_z)$ でも同様の結果となる.

次に γ を求める. u_x^2 の平均は、$f(u_x)$ を使うと、次のように計算できる[†].

$$\langle u_x^2 \rangle = \int_{-\infty}^{\infty} u_x^2 f(u_x) du_x = \sqrt{\frac{\gamma}{\pi}} \int_{-\infty}^{\infty} u_x^2 e^{-\gamma u_x^2} du_x = \frac{1}{2\gamma}$$

ここで，式(11.3)と式(11.6)を合わせると$\langle u_x^2 \rangle = k_B T/m$なので$\gamma$が求められる．

$$\gamma = \frac{m}{2k_B T} \tag{11.19}$$

Aとγの値を式(11.16)に代入すると，次の式になる．

$$f(u_x) = \sqrt{\frac{m}{2\pi k_B T}} e^{-mu_x^2/2k_B T} \tag{11.20}$$

これはそれぞれの方向の速度分布がガウス曲線で与えられ，その幅が温度の関数となっていることを示している．

窒素分子のいくつかの温度におけるこの関数を図11-5に示した．温度が上昇するにつれて，大きなu_xをもつほうへ裾を引いていることがわかる．

この関数は，粒子の運動が方向について均等であるためu_xの正負に対して対称な形をしていて，u_xの平均は明らかに0である．これは

$$\langle u_x \rangle = \int_{-\infty}^{\infty} u_x f(u_x) du_x = \sqrt{\frac{m}{2\pi k_B T}} \int_{-\infty}^{\infty} u_x e^{-mu_x^2/2k_B T} du_x = 0 \tag{11.21}$$

という計算からもわかる．この関数を1モルあたりに直すために，$N_A m = M$，$N_A k_B = R$を使うと

$$f(u_x) = \sqrt{\frac{M}{2\pi RT}} e^{-Mu_x^2/2RT} \tag{11.22}$$

となる．式(11.20)は1粒子の運動を記述するが，モル単位での粒子の運動を述べるにはこちらの式(11.22)のほうが便利である．

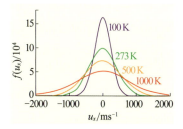

図11-5　一次元方向の速度分布
100 K，273 K，500 K，1000 Kにおける窒素分子のある一次元方向の速度分布．また，18章で学ぶように，これは温度Tのもとでエネルギー$mu_x^2/2$をもつ平衡状態の確率（ボルツマン分布，18.1.2項参照）になっている．

11.3.2　マクスウェル-ボルツマン分布

各方向への速度成分をもつ分子の確率分布はわかったが，等方的な気体の場合，反応速度などを考えるうえでその全速度uだけが大切になる．分子の全速度uの分布を求めるには，uから$u+du$の速度をもつ粒子の割合をあらためて$F(u)$と定義して，それが，u_xとu_x+du_x，u_yとu_y+du_y，u_zとu_z+du_zの間に同時に速度をもつ確率

$$F(u)du = f(u_x)du_x f(u_y)du_y f(u_z)du_z \tag{11.23}$$

を考える．式(11.20)およびその変数をu_yとu_zに変えたものを式(10.23)に代入すると，次の式が得られる．

$$F(u)du = \left(\frac{m}{2\pi k_B T}\right)^{3/2} e^{-m(u_x^2+u_y^2+u_z^2)/2k_B T} du_x du_y du_z \tag{11.24}$$

ここで，右辺の$du_x du_y du_z$は**速度空間の体積素片**とよばれ，$dxdydz$が普通の空間での体積素片であるのと同じような意味をもつ．

u_x，u_y，u_zの3次元空間において，速度uから$u+du$をもつ粒子は，座標の原点からuの距離にある厚さduの球殻内の速度をもった粒子であり，その容積は$4\pi u^2 du$になる（図11-6）．したがって，式(11.24)で$u_x^2 + u_y^2 + u_z^2$をu^2で置き換え，$du_x du_y du_z$を$4\pi u^2 du$に置き換えると

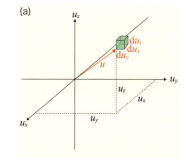

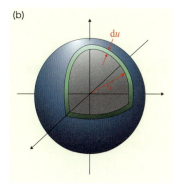

図11-6　速度空間の体積素片
(a)は，直交座標においてu_xとu_x+du_x，u_yとu_y+du_y，u_zとu_z+du_zの間に同時に速度をもつ部分．(b)は，極座標による表示．座標の原点からuの距離にある厚さduの球殻内の容積は$4\pi u^2 du$になる．

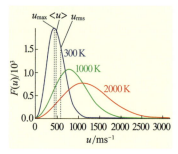

図 11-7 マクスウェル-ボルツマン分布
300 K, 1000 K, 2000 K における窒素分子の速度分布．および 300 K での u_{max}, $\langle u \rangle$, u_{rms} の速度を示している．

Assist　ボルツマン因子

熱平衡にある場合，エネルギー E をとる確率は e^{-E/k_BT} に比例することを 18.1 節で学ぶ．この e^{-E/k_BT} をボルツマン因子とよぶ．

Assist　確率と平均値（その 2）

11.3.1 項の「Assist」で示したように確率分布から平均値が求められる．ただし，この場合，u は 0 か正の値しかとれないので積分範囲が変わり，次のようになる．

$$\langle x \rangle = \int_0^\infty u F(u) du$$

Data　根平均 2 乗速度，平均速度，最確速度

それぞれの比は次のようになる．

$u_{rms} : \langle u \rangle : u_{max}$
$= \sqrt{3} : \sqrt{8/\pi} : \sqrt{2}$
$\approx 1.22 : 1.13 : 1$

マクスウェル-ボルツマン分布

$$F(u)du = 4\pi \left(\frac{m}{2\pi k_B T}\right)^{3/2} u^2 e^{-mu^2/2k_B T} du \quad (11.25)$$

が得られる．これを**マクスウェル-ボルツマン分布**（Maxwell-Boltzmann distribution）という．これは，温度 T のもとでエネルギー $mu^2/2$ をもつ平衡状態の確率がボルツマン分布に u^2 を掛けた形になることを示している．指数関数の前の u^2 という因子は，速度空間の体積素片から来ていることに気をつけよう．1 モルあたりでは，次の式になる．

$$F(u)du = 4\pi \left(\frac{M}{2\pi RT}\right)^{3/2} u^2 e^{-Mu^2/2RT} du \quad (11.26)$$

いくつかの温度におけるこの分布を図 11-7 に示した．$u = 0$ をもつ粒子数は 0 であるが，これは式 (11.25) の u^2 の因子から来る．すなわち，この形は，u^2 で増えていく体積素片の体積と，エネルギーが高くなるほど減っていくボルツマン因子†による兼ね合いで，ある速度で最大値をとることを示している．温度が高くなると，当然高いエネルギー状態まで許されるので，分布幅が広くなってくる．

分子が速度 u をもつ確率を表すこの分布関数からは，いろいろな物理量を計算することができる．たとえば，u の平均値 $\langle u \rangle$ は次のようになる†．

$$\langle u \rangle = \int_0^\infty u F(u) du = 4\pi \left(\frac{m}{2\pi k_B T}\right)^{3/2} \int_0^\infty u^3 e^{-mu^2/2k_B T} du$$

平均速度

$$\langle u \rangle = 4\pi \left(\frac{m}{2\pi k_B T}\right)^{3/2} \cdot \frac{1}{2} \left(\frac{2k_B T}{m}\right)^2 = \sqrt{\frac{8k_B T}{\pi m}} = \sqrt{\frac{8RT}{\pi M}} \quad (11.27)$$

また，最も確率の大きい速さ（**最確速度**, most probable speed）u_{max} は $F(u)$ の極大値を与える u であり，これは $F(u)$ の微分

$$\frac{dF(u)}{du} = 4\pi \left(\frac{m}{2\pi k_B T}\right)^{3/2} \left[2u - \frac{mu^3}{k_B T}\right] e^{-mu^2/2k_B T} = 0$$

から得られる．上の式を満たすには [ ] の中が 0 である条件から

最確速度

$$u_{max} = \sqrt{\frac{2k_B T}{m}} = \sqrt{\frac{2RT}{M}} \quad (11.28)$$

が得られる．式 (11.8) (11.27) (11.28) より，気体分子の特徴的な速さ，u_{rms}，$\langle u \rangle$，u_{max} はどれも（定数・RT/M）$^{1/2}$ という形をもつが，定数が微妙に異なっていることがわかる．しかしその差はわずかである*．

例題 11.2　平均速度と最確速度

300 K での窒素分子の平均速度と最確速度を求めよ．

[解答]

$$\langle u \rangle = \sqrt{\frac{8RT}{\pi M}} = \sqrt{\frac{8 \times 8.31 \times 300}{3.14 \times 0.028}} = 476 \text{ ms}^{-1}$$

$$u_\text{max} = \sqrt{\frac{2RT}{M}} = \sqrt{\frac{2\times 8.31 \times 300}{0.028}} = 422 \text{ ms}^{-1}$$

> **チャレンジ問題**
> 窒素の沸点である 77 K での平均速度を求めよ．また，その平均速度が 700 ms^{-1} になるのは何度か．

11.4 気体分子の衝突

11.4.1 壁との衝突

前節で求めた速度分布の関数（マクスウェル-ボルツマン分布）を用いると多くの興味ある物理量を導くことができる．まず，気体分子が容器の壁と衝突する頻度を導こう．これは，気体分子の輸送現象や表面反応の速度論において中心的な役目をする．

粒子が図 11-8 のように，面積 S に z 軸から角度 θ，x 軸から角度 φ で衝突することを考える．時間 dt の間に底面に衝突する速さ u の分子をすべて含むように，長さ udt，底面積 S，壁の法線に対して θ の角をなす傾いた円柱を示した．この円柱の体積は $(Sudt)\cos\theta$ である．よって，数密度 $\rho = N/V$ を用いると，この円柱に含まれる分子数は $\rho(Sudt)\cos\theta$ である．また，u と $u+du$ の間の速さをもつ分子の割合は前節のマクスウェル-ボルツマンの式から $F(u)du$ である．全立体角は 4π なので[†]，立体角 θ と $\theta+d\theta$, φ と $\varphi+d\varphi$ の間からやってくる分子の割合は，$\sin\theta d\theta d\varphi / 4\pi$ である．

これより，時間 dt の間にその方向から面積 S に衝突する分子の数 dN_col[†] は

$$dN_\text{col} = \rho(Sudt)\cos\theta \cdot F(u)du \cdot \frac{\sin\theta d\theta d\varphi}{4\pi} \tag{11.29}$$

である．単位面積・単位時間あたりに衝突する粒子数を $dz_\text{col}(=dN_\text{col}/Sdt)$ と書くと，式 (11.29) の両辺を Sdt で割って

$$dz_\text{col} = \frac{1}{S}\frac{dN_\text{col}}{dt} = \frac{\rho}{4\pi} uF(u)du \cdot \cos\theta\sin\theta d\theta d\varphi \tag{11.30}$$

で与えられる．これをすべての可能な速さと方向について積分すると，単位面積あたりの**衝突頻度**（単位時間あたりの衝突回数）として

$$z_\text{col} = \frac{\rho}{4\pi}\int_0^\infty uF(u)du \int_0^{\pi/2}\cos\theta\sin\theta d\theta \int_0^{2\pi}d\varphi$$

が得られる[†]．ここで，$\int_0^\infty uF(u)du$ は平均速度 $\langle u \rangle$ なので，次のようになる．

> **壁との衝突頻度**
> $$z_\text{col} = \rho\frac{\langle u \rangle}{4} \tag{11.31}$$

これを見ると，単位面積あたりの壁への衝突頻度は，その平均速度と密度だけに依存した簡単な関数であることがわかる．

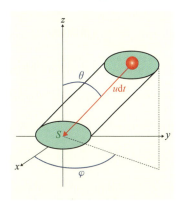

図 11-8 気体分子が面積 S の壁に z 軸から角度 θ，x 軸から角度 φ で衝突する条件
壁から udt の長さをもった円柱内の粒子が衝突できる．

Assist　立体角

二次元における角（平面角）の概念を三次元に拡張したもの．空間上の 1 点から出る半直線が動いてつくる錐面で区切られた部分のことで，この錐面の開き具合を角度という．角度は，角の頂点を中心とする半径 1 の球から錐面が切り取った面積の大きさで表す．よって全平面角は 2π であるのに対して，全立体角は半径 1 の球の表面積 4π となる．

Assist　col

「col」は collision（衝突）の略．式 (11.32) に出てくる「mcol」は molecular collision（分子衝突）の略．

Assist　壁への衝突の積分範囲

壁への衝突は壁の一方でしか起きないので，θ の積分範囲は 0 から $\pi/2$ である．よって，θ での積分は $1/2$，φ での積分は 2π になる．

11.4.2 粒子間の衝突

気体分子が壁に衝突する頻度がわかったが，化学反応を考える際には分子どうしの衝突が必要となる．ここでは，気相で分子どうしがどの程度衝突するかを考える．そのためには，理想気体で仮定したことと違い，気体分子に大きさがあることを認めなければならない．

まずは，分子を直径 d の剛体球とし，他の分子は動いていないものと仮定して考えてみよう．

分子が衝突するためには，お互いの分子の中心距離が d より小さい必要がある．つまり，注目している分子は，半径 d (直径 $2d$) の円筒形の大きさを掃引し (図11-9)，この円筒の内側に他の分子の中心があれば，それと衝突する．したがって，その面積すなわち**衝突断面積** (collision cross section) は $\sigma = \pi d^2$ である．衝突円筒の体積は断面積 σ と長さ $\langle u \rangle dt$ の積，すなわち $\sigma \langle u \rangle dt$ に等しい．他の分子の中心がこの円筒の内部にあれば必ず衝突が起きるので，注目している分子が起こす衝突の数は衝突円筒内の分子数に等しい．分子の数密度が ρ なら，時間 dt 内の分子間衝突数は

$$dN_{\mathrm{mcol}} = \rho \sigma \langle u \rangle dt \tag{11.32}$$

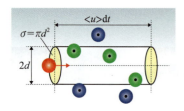

図 11-9 衝突円筒
分子どうしが衝突するためには，お互いの中心距離が d より小さい必要があるので，直径 $2d$ で長さ $\langle u \rangle dt$ の円柱内に中心がある球（緑色）は衝突することになる．青色の球は中心がその外にあるので衝突しない．

であり，衝突頻度 z_{mcol} は次のようになる．

$$z_{\mathrm{mcol}} = \frac{dN_{\mathrm{mcol}}}{dt} = \rho \sigma \langle u \rangle = \rho \sigma \sqrt{\frac{8 k_B T}{\pi m}} \tag{11.33}$$

ここまでは注目する分子以外は動いていないとして仮定したが，実際には相対的な運動を考えないといけない．このためには，相対的に運動している質量 m_1 と m_2 の2個の物体の運動を，質量中心座標と相対運動座標に分けて計算しなくてはならず面倒であるが，結論としては，一方が換算質量 (2.4.1項参照) $\mu = m_1 m_2 / (m_1 + m_2)$ をもって運動し，他方は静止しているとして取り扱える．したがって，式(11.33)の m を μ で置き換えるだけでよい．衝突する2個の分子の質量が同じならば，$\mu = m/2$ であり，2個の分子の平均の相対速さ $\langle u_r \rangle$ は，式(11.27)より，$\langle u_r \rangle = \sqrt{2} \langle u \rangle$ で与えられる．したがって z_{mcol} は，次のようになる．

分子間の衝突頻度
$$z_{\mathrm{mcol}} = \rho \sigma \langle u_r \rangle = \sqrt{2} \rho \sigma \langle u \rangle \tag{11.34}$$

これによると，分子が平均の速さ $\langle u \rangle$ で移動している間に，毎秒 z_{mcol} 回の衝突をする．よって衝突と衝突の間に分子が移動する平均距離である**平均自由行程** (mean free path) l は

平均自由行程
$$l = \frac{\langle u \rangle}{z_{\mathrm{mcol}}} = \frac{\langle u \rangle}{\sqrt{2} \rho \sigma \langle u \rangle} = \frac{1}{\sqrt{2} \rho \sigma} \tag{11.35}$$

となる．つまり，粒子が衝突せずに進む距離は，意外にもその速度には依存せず，粒子の密度と大きさだけによることがわかる．

ρ を理想気体の値 $\rho = nN_A/V = PN_A/RT$ で置き換えれば

$$l = \frac{RT}{\sqrt{2}\,N_A \sigma P} \qquad (11.36)$$

が得られる．式 (11.36) は，<u>温度が一定ならば，平均自由行程が圧力に反比例する</u>ことを示している．

気体分子の反応は，容器中の粒子が衝突することによって起こるため，その反応速度は単位体積あたりの全衝突頻度 Z_{tot} と関係することが予想される．z_{mcol} を特定の 1 分子の衝突頻度だとすると，単位体積あたりの全衝突頻度は，z_{mcol} に分子の数密度 ρ を掛け，1 対の分子の衝突を 2 回の衝突と数えないために 2 で割ったもので与えられる．したがって，式 (11.34) から，Z_{tot} が得られる．

全衝突頻度
$$Z_{tot} = \frac{1}{2}\rho z_{mcol} = \frac{1}{2}\sigma \langle u_r \rangle \rho^2 = \frac{\sigma \langle u \rangle \rho^2}{\sqrt{2}} \qquad (11.37)$$

例題 11.3　平均自由行程と全衝突頻度

25 ℃，1 bar の窒素分子の z_{mcol}，平均自由行程を求めよ．ただし，窒素分子の衝突断面積を $0.45\,\mathrm{nm^2}$ とする．

解答

まず，密度 ρ を計算すると，理想気体として

$$\rho = \frac{N_A n}{V} = \frac{N_A P}{RT} = \frac{6.02 \times 10^{23}\,\mathrm{mol^{-1}} \times 1 \times 10^5\,\mathrm{Pa}}{8.31\,\mathrm{JK^{-1}\,mol^{-1}} \times 300\,\mathrm{K}} = 2.41 \times 10^{25}\,\mathrm{m^{-3}}$$

例題 11.2 の計算で $\langle u \rangle = 476\,\mathrm{ms^{-1}}$ だったので

$$z_{mcol} = \sqrt{2}\,\rho \sigma \langle u \rangle = \sqrt{2} \times 2.41 \times 10^{25} \times 0.45 \times 10^{-18} \times 476 = 7.3 \times 10^9\,\mathrm{s^{-1}}$$

$$l = \frac{1}{\sqrt{2}\,\rho \sigma} = \frac{1}{\sqrt{2} \times 2.41 \times 10^{25} \times 0.45 \times 10^{-18}} = 6.5 \times 10^{-8}\,\mathrm{m}$$

チャレンジ問題

25 ℃，1 bar の窒素の全衝突頻度を求めよ．

11.5　気体分子の拡散

11.5.1　拡散とは

風もなく静かな部屋でも香水のにおいが空気中に広がることからわかるように，気体分子は巨視的な長距離でもちゃんと動いている．これを**拡散** (diffusion) とよぶ．一方で，前節で示したように，室温大気圧での気体分子は平均して約 100 ps の間隔で絶えず頻繁に衝突し，その間に約 60 nm 動いている．このことから，気体分子は拡散によってマクロな長距離を一気に動くのではなく，小刻みに隣の分子とぶつかりながら移動しているという描像

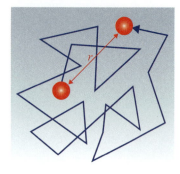

図11-10 ランダム歩行
気体分子は衝突までは直線的に進むが、衝突によって方向が変わる。このジグザグ運動をくり返して中心から離れていく。最初の位置から離れた距離 r を変位という。

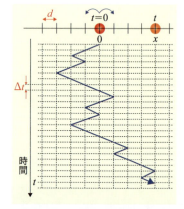

図11-11 1次元でのランダム歩行により進んでいく粒子
時間 Δt の間に左右どちらかにランダムに進むと考える。時刻 t で最初の位置から離れた距離を x とした。

Assist　スターリングの公式

N が十分に大きいときのスターリングの公式

$$\ln N! \approx [N+(1/2)] \ln N - N + \ln(2\pi)^{1/2}$$

を使って、式(11.39)の対数を近似すると

$\ln P(N,t) \approx \ln(2/\pi n)^{1/2} - (1/2)(n+N+1)$
$\ln(1+N/n) - (1/2)(n-N+1)$
$\ln(1-N/n)$

となる。原点からあまり遠いところまで分子が動く確率は小さいであろうから、$N/n \ll 1$ とすると

$$\ln P(N,t) \approx \ln(2/\pi n)^{1/2} - N^2/2n$$

すなわち、式(11.40)が得られる。

が得られる。この種の運動を、**ランダム歩行**(酔歩)、あるいは**ランダムフライト**(random flight) という。ランダム歩行の特徴は、動き始めからある時刻まで移動した直線距離である**変位**(図11-10の r)に比べて、ジグザグ運動の全行程ははるかに長いことである。

簡単のために、この運動をまず一次元で考えてみよう。距離 d の一様な格子を考えて、時刻 0 の原点に 1 個の分子があると考える(図11-11)。この分子は時間 Δt の間に右か左に 1 ステップ動き隣の格子に移るとする。この 1 ステップの距離を平均自由行程と思えばよい。この一次元格子での拡散とは、この分子が時刻 t に原点から x の距離にいる確率を求めることに相当する。時間 t の間に分子は $n = t/\Delta t$ 回のステップで移動する。右向きのステップ数を n_R、左向きを n_L とすると、$n = n_R + n_L$ であり、$x = (n_R - n_L)d$ である。実質的に動いたステップ数を $N = x/d$ とすると $N = n_R - n_L = n_R - (n - n_R) = 2n_R - n$ であり、$n_R = (1/2)(n+N)$ である。すべての可能なステップは 2^n あるが、このうちでこうしたステップをとる組み合わせは n 個のなかから順序によらず n_R をとる組み合わせなので $n!/n_R!(n-n_R)!$ である。よって時刻 t に $x = Nd$ に分子がいる確率 $P(N,t)$ は

$$P(N,t) = \frac{n!}{n_R!(n-n_R)!2^n} \tag{11.38}$$

である。ここに $n_R = (1/2)(n+N)$ を代入すると次のようになる。

$$P(N,t) = \frac{n!}{\left(\frac{n+N}{2}\right)!\left(\frac{n-N}{2}\right)!2^n} \tag{11.39}$$

N が十分に大きいときはスターリングの公式を用いて次のように近似できる[†]。

$$P(N,t) = \sqrt{\frac{2}{\pi n}} \exp\left(\frac{-N^2}{2n}\right) \tag{11.40}$$

これが、原点にいたランダム歩行する分子が時刻 t で $x(=Nd)$ にいる確率を表す。すなわち、どのように分子が拡散しているかを表す式である。

ステップ距離は分子の大きさの程度であり十分に小さく、x は連続と考えられるから、$x \sim x + dx$ の範囲にある分子は、$n = t/\Delta t$, $N = x/d$ を代入し

$$P(x,t)dx = \sqrt{\frac{2\Delta t}{\pi t}} \exp\left(\frac{-x^2 \Delta t}{2td^2}\right)\frac{dx}{2d} = \sqrt{\frac{\Delta t}{2d^2 \pi t}} \exp\left(\frac{-x^2 \Delta t}{2td^2}\right)dx$$

と書ける。ここで n が奇数か偶数かによって N も奇数か偶数になるので、ステップ数 n を決めたときに dx の範囲にある格子点の数は $dN = dx/2d$ となることを用いた。この関数は $D \equiv d^2/2\Delta t$ を用いると

$$P(x,t)dx = \sqrt{\frac{1}{4\pi Dt}} \exp\left(\frac{-x^2}{4Dt}\right)dx \tag{11.41}$$

で表される。これが時間とともに粒子がどれぐらい変位していくかを表す式である。これはガウス分布となり、以前に示した図11-4のような形の分布である。

11.5.2 拡散方程式

このように時間に依存する分布は，巨視的な濃度変化としても考えることができる．図11-12のような一次元の管の中の分子の濃度を考えよう．

流束（flux）J_x を，「x 方向に単位時間あたりこの単位面積を通過して拡散する分子の正味の濃度」として定義する．もし x 方向に濃度勾配（濃度差）がなければ，左からこの面積を通過する分子の数と右から通過する分子の数は平均すれば等しくなり，正味の流速 J_x は 0 になる．ここでは，x の正の方向に行くにつれ濃度 c が減少していると仮定しよう．つまり，濃度勾配 dc/dx が負である．この場合，x 方向に濃度が小さいので，左側では，右側よりも単位体積中の分子数が多く，そのため単位時間あたりこの面積を右から拡散していく分子よりも左から拡散していく分子のほうが多い．すると，図11-12 に示すように，濃度勾配と逆方向に物質の正味の輸送が起こる．濃度勾配が大きいほど分子の移動である J_x は大きい．これらの考察から，**フィックの第一法則**（Fick's first law of diffusion）の式

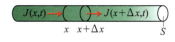

図11-12 流束
一次元の管の中の粒子濃度に空間的勾配があることによって，拡散が起こり，流束が生まれる．

フィックの第一法則
$$J_x = -D\left(\frac{dc}{dx}\right) \quad (11.42)$$

が導かれる．マイナスは，拡散による正味の輸送が濃度勾配と逆方向に起こることを示している．D は定数で，**拡散係数**（diffusion coefficient）とよばれる．

時刻 t から $t+\Delta t$ の間に一端 x から流れ込む濃度は $J(x,t)S\Delta t$ であり，他端 $x+\Delta x$ から流れ出す濃度は $J_x(x+\Delta x,t)S\Delta t$ である．よって体積 $\Delta x S$ での濃度増加は次のように書かれる．

$$[J_x(x,t) - J_x(x+\Delta x,t)]S\Delta t = -\frac{\partial J_x(x,t)}{\partial x}\Delta x S \Delta t$$

これが Δt の間での物質量変化 $[\partial(c\Delta xS)/\partial t]\Delta t$ と等しいので

$$\frac{\partial c}{\partial t} + \frac{\partial J_x}{\partial x} = 0 \quad (11.43)$$

という連続の方程式が得られる．

式(11.42)と式(11.43)より，**拡散方程式**（diffusion equation）とよばれる

拡散方程式
$$\frac{\partial c(x,t)}{\partial t} = D\frac{\partial^2 c(x,t)}{\partial x^2} \quad (11.44)$$

が得られる．これが濃度勾配がある場合に，濃度の空間・時間変化を表す式である．たとえば，$t=0$ で粒子がガウス分布

$$c(x, t=0) = \frac{1}{\sqrt{2\pi a^2}}\exp(-x^2/2a^2) \quad (11.45)$$

であるとしよう．a は濃度分布の幅である．これを拡散方程式に代入して解くと次の式になる★．

$$c(x,t) = \frac{1}{\sqrt{2\pi(a^2+2Dt)}}\exp[-x^2/2(a^2+2Dt)] \quad (11.46)$$

この確率分布は図11-13のように広がっていく．ガウス分布の幅は，

> **Topic　拡散現象の本質**
> 式(11.46)の解は $a \to 0$ とすると
> $c(x,t) = (1/4\pi Dt)^{1/2}\exp(-x^2/4Dt)$
> となり，先のランダム歩行から求めた分子分布の式(11.41)と同じとなる．これは，分子レベルでのランダムな運動が拡散現象の本質であることを示している．

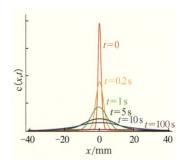

図11-13 拡散による濃度分布の変化
時刻 0 である濃度分布をもった拡散係数 $D=10^{-5}$ m²s⁻¹ の粒子が，時間とともにどのような分布になっていくかを示した．分布のすそ野が 2 cm ほど広がるのに 10 秒ほどかかることがわかる．

$\sqrt{a^2+2Dt}$ であるため，はじめのうちは $\sqrt{a^2+2Dt} \approx a+Dt/a$ で幅の増分は時間 t に比例する．しかし $2Dt \gg a^2$ になると分布の幅は $\sqrt{a^2+2Dt} \approx \sqrt{2Dt}$ のように t の 1/2 乗でしか広がらない．

粒子が平均してどれぐらい動くかを知る目安，**平均 2 乗変位** $\langle x^2 \rangle$ は，次の式で求めることができる．

$$\langle x^2 \rangle = \int_{-\infty}^{\infty} \frac{x^2}{\sqrt{4\pi Dt}} \exp\left(-\frac{x^2}{4Dt}\right) dx = 2Dt \tag{11.47}$$

同様な計算を y, z 方向でもおこない，中心からの距離の 2 乗が $r^2 = x^2 + y^2 + z^2$ であることを使うと，三次元空間の平均 2 乗変位 $\langle r^2 \rangle$ は $6Dt$ になる．

$$\langle r^2 \rangle = 6Dt \tag{11.48}$$

このように，拡散係数は，粒子が拡散運動でどれほど速く広がっていくかを示す量であり，反応のマクロな速度を表すときに現れる重要な物理量である．空気中のいくつかの分子の拡散係数を表に示す（**表 11-1**）．

こうした運動は，溶液中でも同様に取り扱える．溶液中の分子運動は 16.4 節で扱う．

表 11-1 空気中（1 atm）での原子・分子の拡散係数

分子（温度）	$D/10^{-5}\,\mathrm{m^2\,s^{-1}}$
H_2 (282 K)	7.10
He (282 K)	6.58
O_2 (273 K)	1.76
CO_2 (282 K)	1.48
benzene (298 K)	0.96
ethanol (273 K)	1.02

例題 11.4　拡散で広がる速度

香水のにおいが空気中を広がることを拡散現象と述べたが，このにおい分子が拡散で広がる速度を計算してみよう．ベンゼン程度の有機分子の室温 (298 K) 空気中での拡散係数は $9.6 \times 10^{-6}\,\mathrm{m^2\,s^{-1}}$ ほどである．このとき，平均 2 乗変位の平方根が 1 m になるための時間を求めよ．

[解答]

式 (11.48) より，次のように計算できる．

$$t = \frac{(1\,\mathrm{m})^2}{6(9.6 \times 10^{-6}\,\mathrm{m^2\,s^{-1}})} = 1.7 \times 10^4\,\mathrm{s} = 4.7\,\mathrm{h}$$

におい分子が 1 m 広がるのに約 5 時間かかるほど拡散は遅い過程である．以前の**例題 11.1・11.2** で，室温で窒素分子が動く速度は約 500 $\mathrm{ms^{-1}}$ ということを知った．香水分子も同じ程度とすると，もし分子どうしが衝突しないで進んだら，1 m 動くのに，たった 2 ms しかかからない．衝突頻度は約 $7 \times 10^9\,\mathrm{s^{-1}}$ で与えられるので，$1.7 \times 10^4\,\mathrm{s}$ の間に 1×10^{14} 回も衝突している．さらに，平均自由行程は $6.5 \times 10^{-8}\,\mathrm{m}$ なので，拡散で 1 m 広がるために，$6.5 \times 10^6\,\mathrm{m} = 6500\,\mathrm{km}$ も動いていることになる．

チャレンジ問題

空気の入った 1 辺 10 cm の箱の中で，282 K で水素分子が拡散で広がるのにかかる時間を，平均 2 乗変位の平方根が 10 cm になるための時間として求めよ（拡散係数は**表 11-1** を見よ）．

11.6 実在気体とファンデルワールス方程式

実在気体は，通常の条件ではかなりの精度で理想気体の状態方程式を満足するが，厳密に見ると，そこには差がある．その差は高圧や低温などの条件で大きくなっていくことが知られている．ここからは，理想気体からのずれを示す要因について考えていく．

11.6.1 ファンデルワールス方程式

理想気体と実在気体との差を定量的に調べるとき，何かの量を比べなくてはならない．よく使われる指標が，**圧縮因子** (compressibility factor) とよばれる $Z = PV/nRT$ である．この値は，理想気体であれば常に1であるので，1からのずれを見ることで実在気体と理想気体の差を見ることができる．

たとえば，実在気体の多くで低圧では $Z=1$ だが，圧力が高くなるにつれて理想的挙動からのずれ ($Z \neq 1$) が観測される．このように，理想的挙動からのずれの程度は圧力や温度とその気体の性質に依存する．図11-14にいくつかの気体の Z と圧力の関係を示す．He などの貴ガスや窒素分子ではほとんどの圧力で正にずれているのに対して，メタンなどでは低圧では1より下にずれているが圧力とともに徐々に1より大きくなっていることがわかる．

この理想からのずれには理想気体で無視した2つの原因があると考えられる．1つは，気体を構成しているのが分子であり，それぞれの<u>分子は小さいとはいえ有限の大きさをもっている</u>ことである．つまりわれわれの観測している体積 V は，気体中の分子体積 (V_{mol}) と，これらが自由に飛び回っている空間（隙間）の体積 (V_{id}) とからなっているはずである．

$$V = V_{mol} + V_{id} \tag{11.49}$$

状態方程式で考慮すべき体積は，分子体積に由来する部分 V_{mol} を取り除いた，気体分子が実際に自由に飛び回れる空間体積 V_{id} である．排除すべき分子の体積はその分子数 n モルに比例するだろうから，1モルあたりの分子の体積を反映する量を b とすれば，式(11.49)で扱う体積は次のようになる†．

$$V_{id} = V - V_{mol} = V - nb \tag{11.50}$$

もう1つのずれの原因は，<u>多くの分子の間には**分子間相互作用** (intermolecular interaction) が働いている</u>ことである．こうした分子間相互作用は2つの分子が比較的近距離まで接近しないと働かないので，圧力が高い条件下で顕著になることが予想される．特に，引力は分子どうしを近づけ，分子が壁に衝突する力すなわち圧力 P を弱める傾向にある．この減少量は，分子1個あたりに働く引力と，壁の単位面積に単位時間あたりに衝突する分子数との積に比例する．両者とも分子密度 (n/V) に比例するので，この密度の2乗に依存すると考えられる．分子どうしに引力が働いていない場合の圧力を P_{id} とすれば，観測される P は比例定数を a（分子間引力を反映する値）

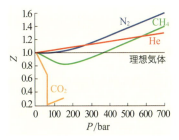

図11-14 圧縮因子 Z の圧力依存性
窒素分子，メタン分子，ヘリウム原子，二酸化炭素の 300 K における，圧縮因子 Z の圧力依存性．CO_2 の Z がある圧力で急に減少しているのは，ここで液化が起こっているからである（液体になると，体積が小さくなるので Z が小さくなる）．

Assist　排除体積

b は分子の体積を反映するが，もう少し正確にいえば，その体積は，ある粒子の周りに他の粒子が入ってくることのできない体積になる．これを**排除体積**という．他の粒子が入ってこられない距離は，下図のように，粒子の半径を r とすると $2r$ である．他の分子を排除するということで，この量を1分子あたりの半分にして，その体積は $(1/2)(4/3)\pi(2r)^3 = (16/3)\pi r^3$ である．これは粒子を球と考えた場合の球の体積 $(4/3)\pi r^3$ の4倍である．

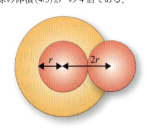

として，次のように書けるであろう．

$$P = P_{id} - a(n/V)^2 \tag{11.51}$$

これら V_{id} と P_{id} が状態方程式で考慮すべき量であるので

$$P_{id} V_{id} = nRT$$

と書け，これに式 (11.50)(11.51) を代入すると次の式になる．

ファンデルワールス方程式
$$\left[P + a\left(\frac{n}{V}\right)^2\right](V - nb) = nRT \tag{11.52}$$

これは**ファンデルワールス方程式**（van der Waals equation）として知られている式である．または，両辺を n で割って，1 モルあたりの圧力 P を考えるとすると次の式になる．†

モルあたりのファンデルワールス方程式
$$\left(P + \frac{a}{V_m^2}\right)(V_m - b) = RT \tag{11.53}$$

になる．ここで V_m は $\frac{V}{n}$ で，1 モルあたりの体積（**モル体積**，molar volume）を示す．これは，比較的少数のパラメーターで実在気体をよく表すだけでなく，そのパラメーターに分子間相互作用 (a) や分子の大きさ (b) という物理的な意味づけがなされているということで，よく知られている式である．V_m が大きいときには，式 (11.53) が理想気体の状態方程式になることがわかる．式 (11.52) の定数 a と b を**ファンデルワールス定数**（van der Waals constant）といい，その値は気体ごとに異なる（**表 11-2**）．

ファンデルワールス方程式を用いて圧力を表すと

$$P = \frac{RT}{V_m - b} - \frac{a}{V_m^2} \tag{11.54}$$

なので，同じ体積でも b が大きいほど P は大きくなるし，a が大きいほど P は小さくなる．これを用いて圧縮因子 Z を表すと次のようになる．

$$Z = \frac{PV_m}{RT} = \frac{V_m}{V_m - b} - \frac{a}{RTV_m} \tag{11.55}$$

> **Assist モル量**
>
> 物質量に比例する量については，物質量で割ったモル量がしばしば便利である．そうしたモル量を表すときは下付きの m を付ける．たとえば，モル体積は V_m と書く．

表 11-2 分子の臨界温度 T_c，臨界圧力 P_c，ファンデルワールス定数 (a, b)，レナード-ジョーンズポテンシャルのパラメーター (σ, ε)

化学種	臨界温度 T_c/K	臨界圧力 P_c/MPa	ファンデルワールス定数 a/L^2 bar mol^{-2}	b/10^{-2} L mol^{-1}	レナード-ジョーンズパラメーター σ/0.1 nm	(ε/k_B)/K
He	5.2014	0.22746	0.03469	2.377	2.551	10.22
Ne	44.4	2.73	0.2106	1.690	2.820	32.8
Ar	150.7	4.865	1.361	3.219	3.542	93.3
Kr	209.4	5.5	2.325	3.957	3.655	178.9
N_2	126.2	3.4	1.366	3.858	3.798	71.4
O_2	154.58	5.043	1.392	3.186	3.467	106.7
CO_2	304.21	7.3825	3.656	4.283	3.941	195.2
H_2O	647.3	22.12	5.524	3.041	2.641	809.1
CH_4	190.55	4.595	2.305	4.310	3.758	148.6

高圧では V_m-b が小さくなるので式 (11.55) の第 1 項が支配的になり，分母が分子より小さいので Z は 1 より大きくなる．一方，低圧で V が大きくなると，第 1 項は 1 に近づくので第 1 項に比べて相対的に第 2 項が無視できなくなり，1 よりも小さくなる．すなわち，<u>Z が 1 より大きくなるのは体積効果であり，1 より小さくなるのは分子間引力の効果である</u>ことが理解できる．

11.6.2 臨界点

ファンデルワールス方程式は上のように非常に簡単な気体の描像にもとづいてつくられたものであるが，気体の PTV の関係を非常によく表すだけでなく，驚くべきことに，液体へ至る領域まで定性的に表すことが知られている．二酸化炭素について，いくつかの温度で計算した P-V 曲線を図 11-15 に示した．温度が高いとき (たとえば 353 K) には，ボイルの法則に近い，圧力の増加とともに単調に体積の減少する P-V 曲線が得られる．しかし温度を下げていくと，$T_c = 304.2$ K を境に，ある圧力に対して 3 つの体積の値が得られる，2 つの極値をもったグラフになる．これは，式 (11.54) を V_m についてまとめた

$$V_m^3 - \left(b + \frac{RT}{P}\right)V_m^2 + \frac{a}{P}V_m - \frac{ab}{P} = 0 \tag{11.56}$$

が，V_m についての三次方程式であるためである．1 つの圧力に対して 3 つの体積をもつというのは現実的には変なことであるが，実際のふるまいはどうなっているのであろうか．

二酸化炭素の**等温線** (isotherm, 一定温度 T での P の実測値を V_m の関数としてプロットしたもの) を図 11-16 に示す．ボイルの法則によると，P と V_m は反比例する形になるはずで，温度が高いときの曲線がそれにあたる．そこから温度を下げていくと，その反比例関係がだんだんと崩れてきて，ある温度 T_c (この場合 304.2 K) で曲線の一部分が平らになり，T_c 以下の温度になると水平な領域が存在するようになる (図 11-16 の点線部分)．水平領域

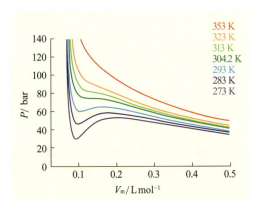

図 11-15 ファンデルワールス方程式で計算した等温線
ファンデルワールス方程式で計算した二酸化炭素のいくつかの温度での圧力 - 体積の等温線．臨界温度 304.2 K を境に，これより高温では単調な曲線だが，これより低温では極大と極小を表す点が出現する．

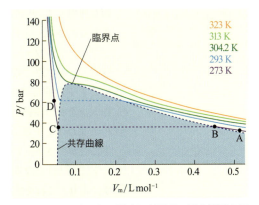

図 11-16 いくつかの温度における二酸化炭素の圧力-体積依存を示す等温線
臨界温度 304.2 K より低温では，圧縮によって液化が起こり，存在できない領域 (青色で塗りつぶした領域) が出現する．

では圧力を変えないで体積を変えることができる．これは気体と液体が互いに平衡で共存するためである．図11-16で水平線の両端を結んだ破線曲線を**共存曲線**(coexistence curve)といい，この曲線内の条件では気体と液体が共存している．

例として，図11-16の273 Kでの等温曲線で，体積の大きいほうから小さいほうへ進むとき何が起こっているかを見ていこう．図11-16の点Aにおいては，気相の二酸化炭素だけが存在する．これを圧縮していくと点Bで水平線に達するが，ここで気体が液体になる．この点からさらに気体を圧縮しても，気体が液体になるだけであり，圧力は変わらないで，気体と液体の割合が変化していく．すなわち，圧縮するにつれて徐々に体積の小さい液体の割合が増えていくことを示す．点Cに達すると，すべての二酸化炭素が液体になる．つまりここがこの気圧での液体二酸化炭素の体積である．ここよりさらに体積を圧縮すると，圧力は急激に増加する(D)が，これは圧力が高くなっても液体の体積はほとんど変化しない(すなわち圧縮しにくい)ことを意味している．

温度が上昇するにつれて，水平線部分が短くなっていき，温度 $T_c = 304.2$ K で水平成分は消失する．この等温曲線の変曲点にあたるところでは，気相と液相の両方が同一の密度をもつ状態になり，液体と気体の区別がなくなる．この点を**臨界点**(critical point)といい，T_cを**臨界温度**(critical temperature)とよぶ．二酸化炭素を容器に入れて観測していると，この点で液体とその蒸気の間の境界面(メニスカス)が消えて，液体部分と気体部分の区別がつかなくなる．この状態の流体が**超臨界流体**(supercritical fluid)とよばれる状態である(13.6.1項参照)．この点における圧力とモル体積を，**臨界圧**(critical pressure)P_c および**臨界モル体積**(critical molar volume)$V_{c,m}$ という．なお，T_cよりも上の温度では，圧力の大きさにかかわらず気体は液化できず，常に気体である．

いくつかの分子の臨界パラメーターを表11-2に挙げておいた．貴ガスにおいては体積が大きいほどT_cが高いことがわかるが，これはあとで述べるファンデルワールス力が大きいためである．それ以外の分子でも，分子間相互作用とT_c，P_cの間に相関があるように見える[†]．なぜこういう相関が見られるのかは，以下のようにファンデルワールス方程式から理解できる．

ファンデルワールス方程式による等温線図(図11-15)と図11-16を比べると，類似点に気がつくだろう．ファンデルワールス方程式は，高い温度でのP-V曲線だけでなく，臨界温度以下での水平な部分の出現を極小点と極大点をもつ曲線として見かけ上再現している．実際，臨界点におけるT_c，P_c および $V_{c,m}$ を以下のようにしてファンデルワールスのパラメーターで表すことができる．$T = T_c$ である臨界点では，式(11.56)の三次方程式の根が1つ(三重根)になる変曲点を示す．その条件から，$(V_m - V_{c,m})^3 = 0$ となるはずであり，これを展開すると次のようになる．

$$V_m^3 - 3V_{c,m}V_m^2 + 3V_{c,m}^2 V_m - V_{c,m}^3 = 0$$

この式を，臨界点における式(11.56)と比べると次のようになる．

Assist 分子間相互作用とT_c, P_cの相関

たとえば，分子間相互作用が比較的弱い二酸化炭素の場合，$T_c = 304.21$ K (31.0℃)，$P_c = 7.38$ MPa であるが，水素結合で強い引力相互作用がある水では，$T_c = 647.3$ K (374.1℃)，$P_c = 22.1$ MPa となり超臨界状態をつくるには高温・高圧が必要になる．

$$V_{\text{c,m}} = 3b \qquad P_\text{c} = \frac{a}{27b^2} \qquad T_\text{c} = \frac{8a}{27bR} \qquad (11.57)$$

つまり，ファンデルワールス定数から，臨界モル体積，臨界圧力，臨界温度が決められる[†]．すなわち，液化を表す臨界圧力や臨界体積などは，分子の大きさや分子間相互作用を反映していることがわかる．

低温 $T<T_\text{c}$ では，ファンデルワールス方程式の計算による曲線は，極小点と極大点をもち，実際の等温線とは異なる（図 11-17）．しかし，図 11-17 の線分 BE とループ曲線で囲まれた部分（オレンジ色）の面積と，線分 CE と曲線で囲まれた部分（青色）の面積が等しくなるように圧力 P_1 を決め，この圧力の水平な線分 BC で曲線を置き換えることにより実際の等温線に対応させることができる．こうして得られる図を**マクスウェルの等面積構図**（Maxwell equal-area construction）という．実験曲線とファンデルワールス方程式の食い違いは状態方程式の近似によるものだが，近似的とはいえ，この簡単な方程式が液化現象まで記述していることは驚きである．

Assist ファンデルワールス定数

実際には，$T_\text{c}, P_\text{c}, V_\text{c,m}$ の測定から，ファンデルワールス定数が決められる．

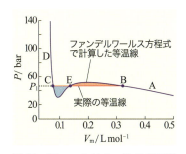

図 11-17 マクスウェルの等面積構図

臨界温度以下の温度でのファンデルワールス方程式で計算した二酸化炭素の圧力-体積の等温線．水平線 BC はその上の赤領域と下の青領域の面積が等しくなるように引いた直線である．

 ### 11.6.3 ビリアル係数

前節で，実在気体の状態方程式をファンデルワールス方程式で表したが，それでも一般の気体を厳密に再現することはできない．ここでは，もっと一般に適用できる方法について述べる．

(a) ビリアル状態方程式

1 bar 以下の気圧では，ほとんどの気体は理想気体に近く，$Z \approx 1$ である．よって，Z を，1 を中心にして，それ以外の小さい補正を $1/V$（あるいは P）で数学的に展開することができるであろう．

まず例として，式 (11.53) のファンデルワールス方程式を $1/V_\text{m}$ で展開してみると，次のように書き直せる．

$$P = \frac{RT}{V_\text{m}} + (RTb - a)\frac{1}{V_\text{m}^2} + \frac{RTb^2}{V_\text{m}^3} + \cdots \qquad (11.58)$$

これを圧縮因子 Z の式に変形すると，

$$Z = \frac{PV_\text{m}}{RT} = 1 + \left(b - \frac{a}{RT}\right)\frac{1}{V_m} + \frac{b^2}{V_\text{m}^2} + \cdots \qquad (11.59)$$

と書ける．$1/V_\text{m}$ に対してプロットすると，$1/V_\text{m}$ が小さい（低圧）領域では，第2項目が重要である．そのため，分子間引力の大きな気体（$b<a/RT$）では Z が 1 より小さい値になる．しかし，そうした場合でも $1/V_\text{m}$ が大きくなるにつれて，第3項目の分子体積の寄与が増えてきて，1 より大きい値になる．

式 (11.59) はファンデルワールス方程式を $1/V_\text{m}$ で展開することで，Z の $1/V_\text{m}$ 展開を求めたが，このようなやり方で一般に

ビリアル状態方程式
$$Z = \frac{PV_\text{m}}{RT} = 1 + \frac{B_{2V}(T)}{V_\text{m}} + \frac{B_{3V}(T)}{V_\text{m}^2} + \cdots \qquad (11.60)$$

と，**ビリアル展開**（virial expansion）することができる．ここで $B_{2V}(T)$ などは，

展開のための係数で，**ビリアル係数**(virial coefficient) といわれる温度だけの関数である．$B_{2V}(T)$ を第二ビリアル係数(second virial coefficient)，$B_{3V}(T)$ を第三ビリアル係数とよぶ．これが**ビリアル状態方程式**(virial equation of state) である．

Z は，V だけでなく P で展開することもできる．

$$Z = \frac{PV_m}{RT} = 1 + B_{2P}(T)P + B_{3P}(T)P^2 + \cdots \tag{11.61}$$

これらの係数も，ビリアル係数である．B_{2P} と B_{2V} の間には次の関係がある．

$$B_{2V} = RTB_{2P} \tag{11.62}$$

(b) 第二ビリアル係数

式(11.60)あるいは式(11.61)を見るとわかるが，V_m が大きくなるか P が小さくなるにつれて，$Z \to 1$ となる．第二ビリアル係数が最低次の展開係数なので理想気体からのずれを最もよく反映し，多くの気体の値が表にされている．<u>ほとんどの気体で，第三ビリアル係数は第二ビリアル係数に比べて十分に小さい</u>．

図 11-18a にヘリウム，ネオン，アルゴン，窒素について B_{2V} を温度に対してプロットしたものを示す．また，図 11-18b は $B_{2V} = 0$ 付近を見やすいように縦軸を拡大したものである．B_{2V} は低温において He 以外では負であるが，温度とともに増加して正の値をとる．He では極大をもっている．

なぜ B_{2V} が温度とともに負から正になるのだろうか．なぜ原子が大きくなるほどこの変化点が高温領域へ移るのだろうか．これらのふるまいは，B_{2V} と分子間相互作用との関係から以下のように理解できる．

たとえば気体の状態方程式がファンデルワールス状態方程式で書かれるとしよう．すると，式(11.60)と式(11.61)を比べることで

$$B_{2V}(T) = b - \frac{a}{RT} \tag{11.63}$$

となる．つまり，B_{2V} の符号はファンデルワールス定数 a，b，すなわち分子間相互作用と分子の大きさを反映しており，<u>低温では分子間引力の項が支配的で負になるが，温度が高くなるにつれて分子体積の寄与が支配的になって正の値になる</u>ことを理解できる．

もっと一般的に，統計熱力学によるとビリアル係数と分子間相互作用との間には以下のような関係があることが示されている．距離 r だけ離れた 2 個の分子のポテンシャルエネルギーを $u(r)$ とすると，$B_{2V}(T)$ と $u(r)$ との関係は

$$B_{2V}(T) = -2\pi N_A \int_0^\infty [e^{-u(r)/k_B T} - 1] r^2 dr \tag{11.64}$$

で与えられる†．この式でわかるように，$u(r) = 0$ のとき $B_{2V}(T) = 0$ である．いい換えると，<u>分子の大きさ(斥力)を含めた分子間相互作用がなければ，理想的挙動からのずれもない</u>．このように，ビリアル係数と分子間相互作用の関係によって，このビリアル状態方程式が重要な意味をもっているのである．

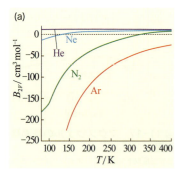
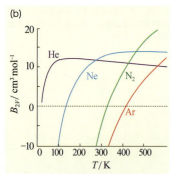

図 11-18 He, Ne, Ar, N₂ の第二ビリアル係数の温度依存性
低温では負の値だが，温度上昇とともに正の値になっている．(b)は(a)の $B_{2V} = 0$ 付近の領域を拡大したもの．

Assist ポテンシャルエネルギーと力

ポテンシャルエネルギー U とは，一般に，無限遠から距離 r の地点まで物体を運んでくるときにどれだけの仕事がなされたかを示す値であり，

$$U = -\int_r^\infty F dr$$

で与えられる．ポテンシャルエネルギー U があると力 F が働くが，上式を微分して

$$F = -\frac{dU}{dr}$$

によって力 F を求めることができる．

11.7 分子間相互作用

11.7.1 分子間相互作用の由来

気体の非理想性の原因となる**分子間相互作用**は，化学反応や液体・固体の物性を考える際に重要なので，その原因を詳しく見ておこう．分子間相互作用には引力的相互作用と斥力相互作用がある．引力的相互作用にはクーロン力，イオン-電気双極子間力，ファンデルワールス力，水素結合，電荷移動力などがある．

(a) イオン間相互作用

帯電したイオン間では，クーロン相互作用が働く（図 11-19a）．電荷 q_A, q_B をもつイオン間のエネルギーは，分子間距離 r に逆比例する．たとえば Na^+ と Cl^- の間に働く力がこれにあたる[*]．

> **Data** イオン間相互作用のエネルギー
>
> $$u(r) = \frac{q_A q_B}{4\pi\varepsilon_0 r}$$

(b) イオン-電気双極子間

荷電していない分子でも，その分子内で正電荷分布の中心と負電荷分布の中心が一致しないとき，この電荷の偏りによって**電気双極子**をもつ．電荷 q のイオンと電気双極子 μ とのイオン-電気双極子相互作用エネルギーは，電荷と双極子を結ぶ線と双極子のなす角度を θ とすると（図 11-19b），以下のように与えられる．

$$u(r) = -\frac{q\mu\cos\theta}{4\pi\varepsilon_0 r^2}$$

これは配向 θ に依存することからわかるように，配向によって異なる．気体や液体のように乱雑な配向をしているときは，配向について平均をとらないといけない[*]．乱雑な配向では平均すると正と負が相殺されて 0 になりそうであるが，引力を生じるように電気双極子がイオンの電荷と逆符号部分が近づくような配置になっているほうがエネルギーが低いので，相対的にその配向をとる確率が高く，平均すると引力になる．温度が高いとエネルギーが高い同符号電荷の近い配置をとる確率が増えるので，引力は弱まる．

> **Data** イオン−電気双極子間相互作用エネルギー
>
> 双極子の種々の配向について熱平均をとると
>
> $$u(r) = -\frac{q^2\mu^2}{6(4\pi\varepsilon_0)^2 r^4}\frac{1}{k_B T}$$
>
> となる．式の負号は 2 個の分子が互いに引きつけ合っていることを示す．

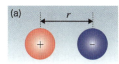

イオン間のクーロン相互作用

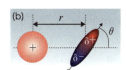

イオン-電気双極子間力

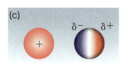

イオン-誘起電気双極子相互作用

電気双極子間相互作用

双極子-誘起双極子相互作用

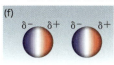

ロンドンの分散引力

図 11-19 分子間相互作用を説明する分子の図
赤色が正電荷，青色が負電荷を表す．

(c) イオン-非極性分子間

イオンは，電荷も電気双極子ももたない分子とも相互作用する（図11-19c）．これは，帯電した物質の近くに置かれた分子内で電荷密度の再分配が起こるためである．これを**分極**という．そのため，中性の非極性原子・分子で電気双極子が誘起され，この**誘起電気双極子モーメント**と電荷との静電気相互作用（**イオン-誘起電気双極子力**）が起こる*．原子あるいは分子が電場と相互作用するとき，（負の電荷の）電子は一方向に片寄り，（正の）核はそれと反対方向に片寄る．この電荷分離とそれに付随した誘起電気双極子モーメントは電場の強さに比例するので，誘起電気双極子モーメントを μ，電場を E と記すと，$\mu = \alpha E$ となる．α で表した比例定数を**分極率**（polarizability）という．この効果によってイオン-誘起電気双極子力が生じる．

> **Data** イオン-誘起電気双極子力のエネルギー
>
> $$u(r) = -\frac{1}{2}\frac{\alpha q^2}{(4\pi\varepsilon_0)^2 r^4}$$

(d) ファンデルワールス力

電荷をもたない中性分子間にも引力相互作用が働く．これを**ファンデルワールス力**（van der Waals force）とよぶ．ファンデルワールス力は中性分子や原子間に働く弱い引力で，一般には，電気双極子-電気双極子間力，誘起力，分散力の総称である．

① 電気双極子間

双極子モーメントが μ_1 と μ_2 である2つの極性分子を考えよう（図11-19d）．これらの間の相互作用は，双極子モーメントの向きに寄るであろう．イオン-電気双極子の場合と同様に乱雑な配向をしているときは，配向について平均をとらないといけない．その場合と同様に，引力を生じる逆平行配置のほうがエネルギーが低いので，平均すると引力相互作用になる*．

> **Data** 電気双極子間相互作用のエネルギー
>
> 2個の分子の全平均相互作用は，
> $$u(r) = -\frac{2\mu_1^2\mu_2^2}{(4\pi\varepsilon_0)^2(3k_B T)}\frac{1}{r^6}$$
> と，r^{-6} に比例する項になる．

② 電気双極子-誘起双極子間

片方の分子が電気双極子モーメントをもたない場合には，双極子によって誘起された誘起双極子モーメントとの相互作用である双極子-誘起双極子相互作用とよばれる相互作用が働く（図11-19e）．誘起双極子モーメントは永久双極子モーメントに対して常にエネルギーが低いように誘起され，相互作用はいつも引力的である*．

> **Data** 電気双極子-誘起双極子間相互作用のエネルギー
>
> $$u(r) = -\frac{\mu_1^2\alpha_2}{(4\pi\varepsilon_0)^2 r^6} - \frac{\mu_2^2\alpha_1}{(4\pi\varepsilon_0)^2 r^6}$$
>
> 第1項は分子1の永久双極子モーメントと分子2の誘起双極子モーメントを表し，第2項はそれと逆の場合を表している．

③ 無極性分子（原子）間

二酸化炭素のような電気双極子をもたない分子間にも引力的相互作用が働く．この寄与はロンドン（F. W. London）によって量子力学を用いて最初に計算され，**分散相互作用**（dispersion interaction）や**ロンドン相互作用**（London interaction）とよばれる．この引力は量子力学的効果だが，一般に使われる次のような古典的な考え方に適合している．図11-19f のように距離 r だけ離れた2個の原子を考えよう．一方の原子核の正電荷を，その原子上の電子だけでは，他方の原子上の電子に対して完全には遮蔽することができず，他方の分子の電子雲を歪ませることになる．この効果は，元の原子の電子雲を相互作用エネルギーを下げるように歪ませ，引力的な相互作用を生む．この電子的な引力を量子力学的に平均すると，r^{-6} で変化する引力項が得られる*．

> **Data** 中性分子間相互作用のエネルギー
>
> 厳密な量子力学計算は多少複雑だが，最終結果の近似的な形は，
> $$u(r) = -\frac{3}{2}\left(\frac{I_1 I_2}{I_1+I_2}\right)\frac{\alpha_1\alpha_2}{(4\pi\varepsilon_0)^2}\frac{1}{r^6}$$
> となる．ここで，I_j は j 番目の原子あるいは分子のイオン化エネルギーである．

(e) 水素結合

また，O，F，Nのような電気陰性度の大きな原子Aに水素原子Hが結合した化合物は，電子がA原子の方に引き寄せられ，Hは電気的に正電荷を帯びる．このHが電子に富む原子に近づくと会合し，あたかも電気陰性度の大きい原子どうしを水素原子がつないでいるような結合をつくる．これを**水素結合**(hydrogen bond)とよぶ(図11-20)．水素結合エネルギーは普通20 kJ mol^{-1}前後であり，通常の共有結合エネルギー（≈500 kJ mol^{-1}）よりはずっと小さいが，ファンデルワールス力よりは桁違いに大きい．この水素結合は水溶液，アルコール溶液，分子性結晶で重要な役目を果たしているが，タンパク質や核酸のような生体高分子が特定の構造をとっているのも水素結合が関与しているためであり，水素結合は物質の性質や構造の理解に特に重要である．

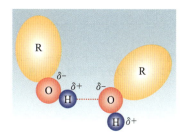

図11-20　アルコール類の水素結合
Rは炭化水素部分．

(f) 斥力

分子がさらに接近してくると，分子を構成する個々の電子や核の間の相互作用を考えなくてはならなくなり，この場合には，分子の最外殻にある電子間に強い反発が働き，斥力的相互作用が大きくなる．斥力相互作用については，分子の形に大きく依存し，量子化学的な計算をしないと値はわからないが，引力的相互作用よりもかなり近距離で働く力になる．

11.7.2　ファンデルワールス相互作用の大きさ

一般には，いくつかの分子間相互作用が同時に働く．例として，ファンデルワールス相互作用中の各相互作用の寄与の割合をr^{-6}の係数として表11-3に示す．貴ガスや水素分子のような無極性分子では，双極子モーメントが0であることを反映して，双極子-双極子相互作用や双極子-誘起双極子相互作用は0である．NeとArを比較すると，Arのほうが分散相互作用が大きい．これは原子が大きいために外殻の電子が動きやすく，かけられた電場に対しての応答(分極率)が大きいことに対応している．H_2とCl_2を比較しても同じことがいえる．

このように，分子量が大きいほどファンデルワールス相互作用が大きくなるので，沸点や融点は高くなる．

表11-3　ファンデルワールス相互作用の大きさ

物質	双極子モーメント /D	分極率 /10^{-30} m^3	双極子-双極子相互作用 /10^{-79} Jm^6	双極子-誘起双極子相互作用 /10^{-79} Jm^6	分散相互作用 /10^{-79} Jm^6
Ne	0	0.39	0	0	4
Ar	0	1.63	0	0	50.4
H_2	0	0.82	0	0	13
CO	0.10	1.99	0.003	0.06	67
HCl	1.12	2.63	26	6	107
H_2O	1.94	1.48	233	11	33

11.7.3 レナード-ジョーンズポテンシャル

以上のような分子間相互作用を考慮し，式(11.64)を用いれば$B_{2V}(T)$を温度の関数として計算できるはずであるが，距離依存性の前についている分極率などの因子の計算は，大きな分子になると現在の計算レベルでも精度がよくない．そこで，電荷をもたない中性分子の場合には，引力相互作用のr依存性が

$$u(r) \propto -\frac{1}{r^6} \tag{11.65}$$

であることを用いて，その係数を経験的に決めることがおこなわれていた．斥力相互作用はもっと複雑な距離の関数であり，分子の形にも大きく依存するが，計算を簡単にするためにnを定数として

$$u(r) \propto -\frac{1}{r^n} \tag{11.66}$$

と仮定することが多い．斥力相互作用は引力相互作用よりも近距離で働くことを考慮して，式(11.66)において，nは6よりも大きな値である12とすることが多い．よって，引力的相互作用と斥力相互作用とを合わせた分子間ポテンシャルエネルギーは次のように表される．

レナード-ジョーンズポテンシャル
$$u(r) = 4\varepsilon\left[\left(\frac{\sigma}{r}\right)^{12} - \left(\frac{\sigma}{r}\right)^6\right] \tag{11.67}$$

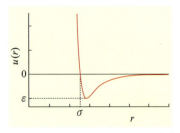

図11-21 レナード-ジョーンズポテンシャルの分子間距離r依存性

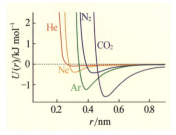

図11-22 いくつかの物質で決められたレナード-ジョーンズポテンシャル

この式(11.67)を**レナード-ジョーンズポテンシャル**〔Lennard-Jones (LJ) potential〕といい，図11-21のような距離依存性になる．

LJポテンシャルの2個のパラメーターは次のような物理的意味をもつ．εは$u(r)$の極小値でポテンシャルの井戸の深さとなる．また，σは$r=\sigma$を代入するとわかるように，$u(r)=0$になる距離である（図11-21参照）．よってεは分子どうしがどれくらい強く引き合うかの目安であり，σは分子の大きさの目安となる．LJポテンシャルの係数は，通常経験的に決められる（図11-22）．これを用いると（まだ解析的に積分するには少し複雑ではあるが），計算機を使えば数値的に比較的簡単に$B_{2V}(T)$を計算できる．いくつかの気体分子のLJポテンシャルパラメーターをp.224の表11-2に示した．

11.7.4 単純ポテンシャル

(a) 剛体球ポテンシャル

LJポテンシャルよりもっと単純で，しかも本質を理解できるモデルがある．それは箱の中で飛び回る硬いボールである．これは分子の斥力だけを取り入れたもので，**剛体球ポテンシャル**（hard-sphere potential）（図11-23a）という．パチンコ玉を入れた箱を振り回している運動を思い浮かべてもらえればよい．直径がσのパチンコ玉のポテンシャルは数式で表すと，

$$u(r) = \begin{cases} \infty & r < \sigma \\ 0 & r > \sigma \end{cases} \tag{11.68}$$

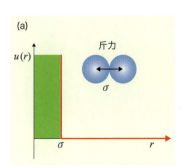

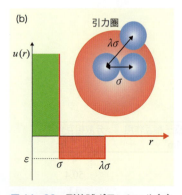

図11-23 剛体球ポテンシャル(a)と井戸型ポテンシャル(b)
黄緑色部分が斥力の壁を表し，赤色部分が引力部分を示す．

である．これは引力がなく，斥力が無限に急激に変化するものとして表される．つまりパチンコ玉どうしは接する以上には近づけないという古典的な描像である．

剛体球ポテンシャルの場合の第二ビリアル係数は次のようになる[†]．

$$B_{2V}(T) = \frac{2\pi\sigma^3 N_A}{3} \tag{11.69}$$

これは N_A 個の球の体積の4倍であり，<u>剛体球の第二ビリアル係数は温度に無関係である</u>ことがわかる．これは常に正なので，Z は1よりも大きくなる．すなわち，図11-14で1よりも大きいのは分子体積の効果といえる．温度が高くて引力ポテンシャルがほとんど効き目がないほどの十分なエネルギーで分子が動き回るときに有効であろう．しかしこれでは Z が1より下がることが説明できない．この1より小さい部分は引力的相互作用によって説明されるようになる．

(b) 井戸型ポテンシャル

この引力を取り入れた最も簡単なモデルは，**井戸型ポテンシャル**（square-well potential，図11-23b）であろう．

$$u(r) = \begin{cases} \infty & r < \sigma \\ -\varepsilon & \sigma < r < \lambda\sigma \\ 0 & r > \lambda \end{cases} \tag{11.70}$$

ここでパラメーター ε は引力的相互作用の大きさ，$(\lambda\sigma - \sigma) = (\lambda - 1)\sigma$ はその幅である．この井戸型ポテンシャルの場合にも第二ビリアル係数が解析的に求められる[†]．

$$B_{2V}(T) = \frac{2\pi\sigma^3 N_A}{3}[1 - (\lambda^3 - 1)(e^{\varepsilon/k_B T} - 1)] \tag{11.71}$$

この場合は，B_{2V} に剛体球ポテンシャルでは見られなかった温度依存性が現れる．また，$\lambda > 1$ で $(\lambda^3 - 1) > 0$，$e^{\varepsilon/k_B T} - 1 > 0$ であることからわかるように，右辺第2項の寄与は B_{2V} の負に寄与する．剛体ポテンシャルとの比較から，この負の温度依存性は引力的相互作用に由来することがわかる．これは，温度が低いとこの井戸にとらわれるが，<u>温度が高くなるにつれて井戸の影響を受けにくくなることに対応する</u>．

図11-24に，窒素とネオンの実測データの温度依存性と式(11.71)でフィットした曲線を示す．曲線は，窒素のほうがネオンより大きくて (σ)，相互作用 (ε) も大きく，相互作用の範囲 (λ) も広いことを表し，分子の大きさやファンデルワールス相互作用から定性的に予想される描像に一致する．

このように第二ビリアル係数に寄与する成分として，正の寄与と負の寄与があり，負の寄与には温度依存性がある．そのため，この2つが打ち消し合って $B_{2V}(T) = 0$ になる温度が存在し，この温度を**ボイル温度**（Boyle temperature）という．<u>ボイル温度では，分子間相互作用の反発力部分と引力部分が互いに打ち消し合うため</u>，（第三ビリアル係数以降の効果を無視すれば）気体は見かけ上，理想的にふるまう．

Assist 剛体球ポテンシャルの第二ビリアル係数の導出

式(11.68)を式(11.64)に代入して

$$\begin{aligned}B_{2V}(T) &= -2\pi N_A \int_0^\infty [e^{-u(r)/k_B T} - 1]r^2 dr \\ &= -2\pi N_A \int_0^\sigma [0 - 1]r^2 dr \\ &\quad - 2\pi N_A \int_\sigma^\infty [e^0 - 1]r^2 dr \\ &= \frac{2\pi\sigma^3 N_A}{3}\end{aligned}$$

を得る．

Assist 井戸型ポテンシャルの第二ビリアル係数の導出

$$\begin{aligned}B_{2V}(T) &= -2\pi N_A \int_0^\sigma [0 - 1]r^2 dr \\ &\quad - 2\pi N_A \int_\sigma^{\lambda\sigma} [e^{\varepsilon/k_B T} - 1]r^2 dr \\ &\quad - 2\pi N_A \int_{\lambda\sigma}^\sigma [e^0 - 1]r^2 dr \\ &= \frac{2\pi\sigma^3 N_A}{3} - \frac{2\pi\sigma^3 N_A}{3} \\ &\quad (\lambda^3 - 1)(e^{\varepsilon/k_B T} - 1) \\ &= \frac{2\pi\sigma^3 N_A}{3}[1 - (\lambda^3 - 1)(e^{\varepsilon/k_B T} - 1)]\end{aligned}$$

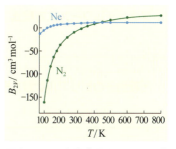

図11-24 窒素分子とネオンの第二ビリアル係数の実測値と式(10.71)によるフィット曲線
実測値を●印で示している．窒素は直径 $\sigma = 330$ pm，$\lambda = 1.64$，$\varepsilon = 1.16 \times 10^{-21}$ J（$\varepsilon/k_B = 84.4$K）でよく再現され，ネオンは直径 $\sigma = 237$ pm，$\lambda = 1.40$，$\varepsilon = 7.55 \times 10^{-21}$ J（$\varepsilon/k_B = 54.7$K）で再現された．

11章 重要項目チェックリスト

理想気体の状態方程式 [p.211]　　$PV = nRT$　　（P：気体の圧力，V：体積，n：物質量/mol，R：気体定数，T：温度）

気体分子の速度

◆ マクスウェル-ボルツマン分布 [p.216]

$$F(u)\mathrm{d}u = 4\pi\left(\frac{m}{2\pi k_\mathrm{B} T}\right)^{3/2} u^2 \mathrm{e}^{-mu^2/2k_\mathrm{B}T} \mathrm{d}u \quad 1\text{モルあたりでは} \quad F(u)\mathrm{d}u = 4\pi\left(\frac{M}{2\pi RT}\right)^{3/2} u^2 \mathrm{e}^{-Mu^2/2RT} \mathrm{d}u$$

〔$F(u)$：u から $\mathrm{d}u$ の速度をもつ粒子の割合，u：全速度，k_B：ボルツマン定数，M：モル質量〕

◆ 根平均2乗速度 [p.213]　　$u_\mathrm{rms} = \sqrt{\dfrac{3RT}{M}}$

◆ 平均速度 [p.216]　　$\langle u \rangle = \sqrt{\dfrac{8RT}{\pi M}}$　　◆ 最確速度 [p.216]　　$u_\mathrm{max} = \sqrt{\dfrac{2RT}{M}}$

気体分子の衝突

◆ 壁との衝突頻度 [p.217]　　$z_\mathrm{col} = \rho\dfrac{\langle u \rangle}{4}$　　◆ 分子間の衝突頻度 [p.218]　　$z_\mathrm{mcol} = \rho\sigma\langle u_\mathrm{r}\rangle = \sqrt{2}\,\rho\sigma\langle u\rangle$

（ρ：数密度，σ：衝突断面積）

◆ 平均自由行程 [p.218]　　$l = \dfrac{1}{\sqrt{2}\,\rho\sigma}$　　◆ 全衝突頻度 [p.219]　　$Z_\mathrm{tot} = \dfrac{\sigma\langle u\rangle\rho^2}{\sqrt{2}}$

気体分子の拡散

◆ フィックの第一法則 [p.221]　　$J_x = -D\left(\dfrac{\mathrm{d}c}{\mathrm{d}x}\right)$　　（J_x：流束，D：拡散係数，c：濃度）

◆ 拡散方程式 [p.221]　　$\dfrac{\partial c(x,t)}{\partial t} = D\dfrac{\partial^2 c(x,t)}{\partial x^2}$

ファンデルワールス方程式 [p.224]　　$\left(P + \dfrac{a}{V_\mathrm{m}^2}\right)(V_\mathrm{m} - b) = RT$

（V_m：モル体積，$a\cdot b$：ファンデルワールス定数）

圧縮因子のビリアル状態方程式 [p.227]　　$Z = \dfrac{PV_\mathrm{m}}{RT} = 1 + \dfrac{B_{2V}(T)}{V_\mathrm{m}} + \dfrac{B_{3V}(T)}{V_\mathrm{m}^2} + \cdots$

〔Z：圧縮因子，$B_{2V}(T)$：第二ビリアル係数，$B_{3V}(T)$：第三ビリアル係数〕

レナード-ジョーンズ（LJ）ポテンシャル [p.232]　　$u(r) = 4\varepsilon\left[\left(\dfrac{\sigma}{r}\right)^{12} - \left(\dfrac{\sigma}{r}\right)^6\right]$　　（ε, σ：パラメーター）

確認問題

11·1 1 mol の気体に対するファンデルワールスの状態方程式

$$\left(P + \frac{a}{V_m^2}\right)(V_m - b) = RT$$

について，下記の問いに答えよ．ここで，P, V, T, R は，それぞれ気体の圧力，容積，絶対温度，および気体定数である．

A. 理想気体の状態方程式を補正するための定数 a と b の意味を説明せよ．

B. n mol の気体に対するファンデルワールスの状態方程式はどのように書き直されるか．また，そのように書き直した理由を述べよ．

C. 臨界温度は $8a/27Rb$ で表されることを示せ．

D. ①臨界温度 T_c に比べて十分に高い温度 T_1，②臨界温度 T_c，③臨界温度 T_c に比べて十分に低い温度 T_2 における P と V の関係を表す曲線（等温線）の概略図をそれぞれ描け．

[平成 21 年度 京都大学工学研究科入試問題より]

11·2 ある 2.0 モルの理想気体が 273 K で 20 L の容器に入っているとき，0.20 L の容器に入っているとき，それぞれの圧力はいくらになるか．その気体が $a = 2.0$ L²bar mol⁻², $b = 4.0 \times 10^{-2}$ L mol⁻¹ のファンデルワールス状態方程式に従うとき，圧力はそれぞれいくらになるか．

11·3 下図は，酸素，オゾン，水素，水の圧縮因子 $Z = PV/RT$ のふるまいを示す．容器 A～D にそれらの分子が別々に等しい物質量で入っているが，どの容器にどの物質が入っているかは不明である．下左図は容器 A～D に入っている物質の変化，また下右図は，容器 A および B に入っている物質の高圧下でのふるまいを表している．容器 D に入っている物質では，圧力 p' において Z が急激に変化した．

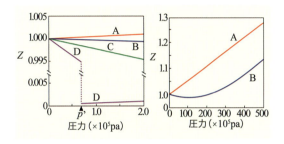

A. 容器 A～D に入っている物質を答えよ．

B. 容器 D に入っている物質について，圧力を上げていくときに圧力 p' で何が起きたか．

C. 圧力 p' を何というか答えよ．

D. この図は 90 ℃, 100 ℃, 110 ℃ のいずれかで測定したものである．何度で測定したデータかを答えよ．

[平成 21 年度 京都大学学部前期入試問題より]

実戦問題

11·4 以下の問いに答えよ．計算の有効数字は 3 桁でよい．

A. 理想気体の温度 T と根平均 2 乗速度の関係を求めよ．

B. 4 K の温度で気体状態の水素分子を理想気体と見なし，その根平均 2 乗速度を求めよ．

C. 4 K の根平均 2 乗速度をもつ気体状態の水素分子のド・ブロイ波長を求め，分子構造から得られる水素分子のおよその大きさと比較せよ．

[平成 17 年度 京都大学理学研究科入試問題より]

11·5 次の表はいくつかの実在気体をファンデルワールス状態方程式で近似したときの，定数 a および b の値を並べたものである．(1)～(4) に相当する気体を (ア)～(エ) のなかからそれぞれ 1 つずつ選び記号で答えよ．

	a(MPa dm⁶ mol⁻²)	b(dm³ mol⁻¹)	
(1)	0.0036	0.024	(ア) 水
(2)	0.138	0.032	(イ) ベンゼン
(3)	1.82	0.115	(ウ) ヘリウム
(4)	0.554	0.030	(エ) アルゴン

[平成 19 年度 京都大学理学研究科入試問題より]

11·6 実在気体 1 mol のファンデルワールスの状態方程式は次のように書ける．

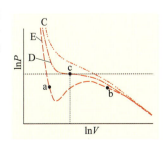

$$\left(P+\frac{a}{V_\mathrm{m}^2}\right)(V_\mathrm{m}-b)=RT$$

図中の2点鎖線C,1点鎖線D,破線Eは,それぞれ一定温度 T_C, T_D, T_E においてこの状態方程式で記述される P と V の関係を表している.

A. T_C, T_D, T_E のなかで最も高い温度はどれか,答えよ.

B. 温度 T_E で V_b より大きな V にある実在気体をゆっくりと圧縮したところ,体積が V_b のときに気体が凝縮し始めた.体積が V から V_b に変化するときと V_b から V_a に変化するときに対し,圧力 P がどのように変化するかについて記せ.

C. T_D は臨界温度である.図中の P_c と V_c を a, b の関数として記せ.

［平成24年度 九州大学理学府入試問題より］

11・7 一定温度($T=273\,\mathrm{K}$)で,圧力 P を変えながら,$\mathrm{N_2}$,$\mathrm{H_2}$,$\mathrm{CH_4}$,$\mathrm{NH_3}$ の各気体分子1モルの体積 V を測定し,PV/RT を圧力 P の関数として求め,それを図に示した.実在気体1モルの状態方程式が

$$\frac{PV}{RT}=1+\frac{(b/V)}{1-(b/V)}-\frac{1}{RT}\left(\frac{a}{V}\right) \qquad ①$$

と書けるとして,以下の設問 **A**〜**D** に答えよ.ただし,a, b は気体固有の定数であり,また,$P=1\,\mathrm{atm}$,$T=273\,\mathrm{k}$ における理想気体1モルの体積は $22.4\,\mathrm{dm^3}$ である.

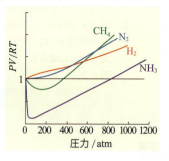

A. PV/RT が1以上となっている気体 $\mathrm{N_2}$,気体 $\mathrm{H_2}$ の a/b と RT と b/V の間に成り立っている関係を不等式で示せ.

B. $RT\leq(a/b)$, $V>b$ のとき,PV/RT が1以下の場合,$\mathrm{CH_4}$ と $\mathrm{NH_3}$ の各気体分子1モルの体積 V が不等式 $V\geq\dfrac{b}{1-(b/a)RT}$ を満たしていることを示せ.

	a $\mathrm{atm\,dm^6\,mol^{-2}}$	b $\mathrm{dm^3\,mol^{-1}}$
気体A	4.17	0.037
気体B	0.245	0.027

C. 表に示した a, b の値をもつ気体A,気体Bは,$\mathrm{NH_3}$ か $\mathrm{H_2}$ である.気体A,気体Bの (a/b) の値と $T=273\,\mathrm{k}$ における RT の値の間の大小関係を記し,それから推定される気体A,気体Bの分子名を記せ.

D. 気体であると同時に液体でもある状態を臨界状態というが,式①で記述される気体の臨界温度 T_c,臨界圧力 P_c は,それぞれ,$T_\mathrm{c}=\dfrac{8}{27}\times\dfrac{a}{bR}$,$P_\mathrm{c}=\dfrac{1}{27}\times\dfrac{a}{b^2}$ である.臨界体積 V_c を a, b の関数として求めなさい.

［平成23年度 九州大学理学府入試問題より］

12章 熱力学第一法則

　熱力学は，平衡状態にある系の熱や圧力などのマクロな性質を扱う学問である．それは，本章と次章で見ていくように，わずか3つ（基本的には2つといってもよい）の基礎的な法則をもとに論理的に構築されている．たった3つの仮定から，自然界のすべてのマクロな現象を説明できるというのはすごいことである．

　本章で扱う**熱力学第一法則**は，エネルギー保存則を表している．これは，「熱とは何か」という多くの科学者の探究の末に，熱もエネルギーの一種であることが発見され，提唱されたものである．ここに，熱力学の第一歩が踏み出されたといえる．まず基本的な言葉の定義を知った後で，仕事と熱の違い，状態関数と経路関数の違いを学習し，エネルギー保存則から**エンタルピー**や**熱容量**を学んでいく．

■ Contents

12.1 熱と仕事
12.2 状態関数と経路関数
12.3 熱力学第一法則（エネルギー保存則）
12.4 エンタルピー
12.5 熱容量と断熱膨張・断熱圧縮
12.6 反応にともなうエンタルピー変化
12.7 ジュール-トムソン効果

水が落ちることで位置エネルギーが減少するが，運動エネルギーが増える．下に落ちてしまうと，位置エネルギーも運動エネルギーも減少するが，その全エネルギーは減少することなく，熱エネルギーに変わっている．このように，エネルギーは形態を変えても，全エネルギーは増えも減りもしない（熱力学第一法則）．ダムでは，その運動エネルギーの一部を電気エネルギーに変えている．

12章 熱力学第一法則

12.1 熱と仕事

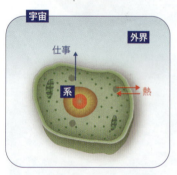

図12-1 系・外界・宇宙
系は，フラスコ内の溶液でも，ピストンでも細胞でもよい．外界はそれ以外，宇宙は全体を表す．

Assist　内部エネルギー
ここでは，系全体の運動などは考えない．そのため，「内部」エネルギーとよぶ．また，内部エネルギーではエネルギー差を考えるので，変化しないもの（たとえば原子核エネルギーなど）は考えない．

Data　絶対温度の定義
2018年以前は，絶対零度と水の三重点の温度の1/273.16 Kで定義されていた．

Data　絶対温度と摂氏温度
$t\,/\,°C = T\,/\,K - 273.15$

12.1.1 系と状態

まずは言葉の定義から始めよう．これからひんぱんに出てくる**系**(system)は，調べようとする対象であり，宇宙の中の一部である．たとえば，フラスコ内の反応に興味があればフラスコで仕切られた溶液全体でもいいし，細胞1個でもいいし，人間の体全体でもいい．系の中に含まれるものは粒子である必要はなく，連続体で十分である．**外界**(bath, surroundings)はそれ以外のすべてを指し，系と境界で区別される．両者の間ではエネルギーのやりとりをおこなえる．系と外界を合わせた全体を**宇宙**(Universe)とよぶ（図12-1）．

系の状態(state)を表す変数として選んだ量のことを**状態関数**(state function)，あるいは**状態変数**(state variable)，熱力学的状態量という．それは状態固有のもので，その状態にどのようにして到達したかという履歴には依存しない．たとえば，気体の状態方程式における P, V, T は状態変数である．

これらは**示量性の量**(extensive quantity)と**示強性の量**(intensive quantity)に分類される．示量性の量は，系の大きさに比例するもので，たとえば体積，質量，エネルギーなどが挙げられる．示強性の量は，系の大きさには無関係な量で，圧力，温度，密度などがある．示量性の変数を系の粒子数（あるいは系の体積）で割ると示強性の変数になる．たとえば，体積 V は示量性の量であるが，前章に出てきたモル体積 V_m は示強性になるし，質量 m (kg) は示量性の量だが，密度 ρ (kg m^{-3}) は示強性である．示量性の量と示強性の量の区別は系の性質を記述する際にしばしば重要になる．

12.1.2 内部エネルギーと温度

系の全エネルギー（たとえば，分子の並進・回転・振動・電子エネルギー，分子間相互作用，ポテンシャルエネルギーの合計）を**内部エネルギー**(internal energy)とよび，U で表す[†]．He や Ar のような単原子分子の希薄な気体では分子の飛行（並進）のエネルギーだけしかもたないが，多原子分子は，並進に加えて回転や振動のエネルギーをもっている．そのため，同じ1モルの分子からなる同じ温度の希薄気体でも，Ar と H$_2$O では，内部エネルギーが異なっている．

絶対温度(absolute temperature)は，平衡状態にある系を構成する分子がもっている平均エネルギーの指標である．その単位 K (ケルビン) は，ボルツマン定数を 1.380649×10^{-23} s^{-2} m^2 kg K^{-1} と定義することで決められている[*]．

12.1.3 熱と仕事

系と外界との間にはエネルギーのやりとりがあるが，それには2つの由来

がある．温度差に起因するエネルギー移動が**熱** (heat) であり，外界との間の不均衡な力に起因するエネルギー移動が**仕事** (work) である†．系と外界の間で熱の形でのエネルギー輸送を許さない境界を**断熱的** (adiabatic) であるといい，熱や仕事の出入りはあるが物質は出入りしない系を**閉鎖系** (closed system) とよぶ〔物質が出入りできる系は，開いた系 (open system) とよぶ〕．また，熱が出入りできて，温度一定で起こる過程を**等温過程** (isothermal process) とよぶ．

分子の乱雑な運動が熱運動であり，熱の移動というのはこの運動エネルギーを変えることに相当する．2つの物体AとBが熱的に接触しているとき（図13-12参照），十分に長い時間（無限の時間にわたって）状態の変化が何も起こらなければ**熱平衡** (heat balance) が達成されているという★．もし熱がAからBに流れれば，それは熱平衡ではないし，その場合Aの温度はBの温度よりも高いという．すなわち，熱平衡状態では2つの物体の温度が等しくなっているといえる．われわれは日常生活で，物体AとBの温度が等しくて，さらにBとCの温度も等しければAとCの温度は等しいということを知っている．この「常識」，

> もし物体AとBが熱平衡にあり，Bがさらに別のCと熱平衡にあるとき，AはCとも熱平衡にある．

を「熱力学の第零法則」とよぶことがある．これが，2つの物体の温度を別の物体を仲立ちにして測定できる根拠となっている．すなわち，温度計によってAとBの温度を測ったとき，同じ温度ならば，AとBの温度は同じであるといえる常識の根拠である．

熱に対して，仕事は組織的な運動を利用するエネルギー輸送といえる．熱力学では，仕事としてしばしばピストン運動を考えるが，これは仕事を抽象化したものであり，実際にはもちろんピストンに限るものではなく，たとえば細胞や筋肉の膨張・収縮でもよいし，電気的な仕事でもよい†．このように熱と仕事は，見かけはかなり違うが，どちらも系の内部エネルギーを変化させる方法である．

こうした系のエネルギーを変える熱や仕事の符号は，系のエネルギーを増やす方向に働くものを正にとる．熱ならば，系に加えられた熱を正の量，系から逃げる熱を負の量とする．仕事によって系のエネルギーが増加する場合，「外界によって仕事が系になされる」といい，それを正の量にとる．一方，仕事によって系のエネルギーが減少する場合，「系が外界に仕事をする」あるいは「系によって仕事がされる」といい，それを負の量にとる（図12-2）．

> **Assist　仕事**
>
> 仕事には化学的・電気的なエネルギー移動なども含まれるが，ここでは特に断らない限り考えないことにする．ピストンによる特徴的な仕事は，体積変化による膨張・圧縮仕事である．

> **Topic　窓ガラスは非平衡状態**
>
> 「平衡」とは永遠に待っても変化しない状態である．じーっと見ていて何も変化してないようでも平衡状態でない物は身の回りにたくさんある．たとえば，窓ガラスは，いくら長い間見ていても変化しないようだ．しかし，長時間（場合によっては何世紀も）観測すると，ガラスがだんだん下の方に垂れてくるのが見えるはずだ（13.9節参照）．

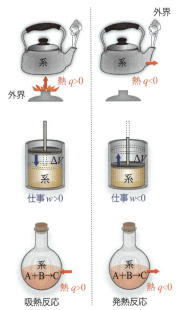

図12-2　熱や仕事の符号

系のエネルギーを増やす熱や仕事が正の値である．これは，高校で習う「A＋B→Cの反応が発熱反応なら熱方程式をA＋B＝C＋Q (cal/mol)　($Q>0$) と書いていたQとは逆符号であることに注意しよう．

12.2 状態関数と経路関数

12.2.1 仕事と状態関数

系を唯一に定めるための必要なすべての変数が決まっているとき，「系が決まった状態にある」という．たとえば，理想気体の状態は，P, V, T を指定すれば完全に記述できる[†]．

先に述べたように，状態関数とは，ある状態が決まったとき，その状態のみに依存してある値に決まる関数である．この状態関数では，その微分を式 (12.1) のように普通のやり方で積分できる．たとえば，系を加熱したり系に仕事をしたりして状態1から状態2へエネルギー U を変えた場合を考えよう．その変化は，経路に沿った無限小変化の和，すなわち積分となる．

$$\int_1^2 dU = U_2 - U_1 \equiv \Delta U \tag{12.1}$$

積分した結果である ΔU の値は初期状態と最終状態だけに依存し，初期状態1から最終状態2に行くためにどのような経路をとったかには依存しない．

また，状態1から状態1へ戻ってくるような循環過程があった場合，dU の積分は常に0である．ちょうど，山頂までの山登りをするときに，急な階段を登ろうとも緩やかな坂道を登ろうとも，登った高度差は同じであるし，山頂を経由して出発地点に戻ってくればいかに疲れようが最終的には高度差はないことと同じである．人が1歩で登る高さを dh とすれば，頂上までの dh の積分はどのような経路をたどっても山の高さ h になる（図 12-3）．つまり高度は状態関数である．このように積分が経路に依存しないことを dh が**完全微分** (exact differential) であるという（補章 5.5 参照）．

一方，仕事はどうであろうか．山頂に登るとき，急な階段を登るか緩やかな坂道を長く歩くかは人の好みだが，どちらを選ぶかで疲れ方は違うであろう．また，山頂を経由して出発地点に戻ってくれば，最終的な高度差はないが，疲れているであろう．つまり，最初の状態と終わりの状態は同じでも，仕事をしているのである．仕事は内部エネルギーと同じエネルギーであるが，かなり性質が異なるし，状態関数とはよべないことがわかる．

これをもう少し厳密に考えるために，ピストンのついた容器を外圧 P_{ext} で押して，気体を圧縮する仕事を考える．仕事は，（力）×（距離）で与えられるので，気体になされる仕事 w は一般に，次のように書ける[†]．

気体を圧縮する仕事
$$w = -\int_1^2 P_{ext} dV \tag{12.2}$$

これは P を V に対してプロットして，V_1 と V_2 の間の P-V 曲線と横軸 V とに囲まれた間の面積を求め，それに負符号をつけたものである（図 12-4a）．圧縮するために使われる外圧 P_{ext} の値は圧縮される気体の圧力よりも大きくなければならないが，大きければどういう値でもよい．一定値でもよいし，圧縮に従って変化してもかまわない．この値によって w はいろいろ

Assist　状態を決めるのに必要な変数

理想気体においては P, V, T は $PV = nRT$（n：物質量）の関係があるので，気体の状態を指定するにはこれらの3変数のうちの任意の2変数で十分である．ただし，多成分系や多相系など他の系ではもっと多くの変数が必要になる．

図 12-3　山の高度は状態関数

Assist　仕事の量と向き

ある物体を力 F で z だけ動かすとき，仕事は，次のように書ける．

$$w = -\int F dz$$

ピストンの例を考えよう．ピストンの面積を S とすると，働いている力は PS である．このピストンを z だけ押し込むとき，Sz は体積 V になるので，その仕事は下のようになる．

$$w = -\int F dz = -\int PS dz = -\int P dV$$

なお，負号がついているのは，体積変化が負（$dV < 0$）のとき，押し縮めるには力が必要なことからわかるように系に仕事がなされるが，その仕事量を正にするためである（この際，熱の出入りがなければ系の内部エネルギーは増加する）．膨張時には $dV > 0$ なので，w は負になり，系が仕事をしたことになる．

な値をとりうる．また，w の値は P_{ext} がどのように変化するかがわからなければ計算することができない．すなわち，<u>ある過程に関与する仕事は，その過程がどのように行われるかによって違うので，仕事は状態関数ではない</u>．このことは，「ある状態のエネルギー」とはいえても，「ある状態の仕事」という言葉がないことからもわかるであろう．「ある状態の体積」を V_1 と表すことはあっても，「ある状態の仕事」を w_1 と書くことはできないのである．

逆に膨張させる仕事をするときには，P_{ext} を気体の圧力より小さくしなければならない（図 12-4b）．例として，気体の温度を変えないで体積を膨張させる等温膨張過程でどれだけの仕事をすることになるのか，計算してみよう．P_{ext} が最初の圧力 P_1 よりも小さくて一定ならば

$$w = -P_{ext}(V_2 - V_1) = -P_{ext}\Delta V \qquad (\Delta V = V_2 - V_1) \qquad (12.3)$$

となる．膨張の場合は $V_2 > V_1$ だから，$w < 0$ である．これは系が外界に対して仕事をしたことを示す．

12.2.2 可逆過程と経路関数

(a) 可逆過程

式 (12.3) で P_{ext} を小さくすれば，系のする仕事の絶対値はいくらでも小さくできる．では最大の仕事はいくらになるのだろうか．それは P_{ext} が最大のとき，すなわち気体の圧力と無限に近いときになる．外部の圧力が内部の圧力より無限小に小さい（つまり，限りなく等しいが小さい）とき，無限小の膨張が起こる．その後，また外部の圧力を無限小に小さくし，無限小の膨張を行う．それをくり返して膨張させるわけなので，実際にこの過程で膨張させるためには，無限大の時間がかかるだろう．よって，現実にはこうした過程はおこなえないが，最大仕事を簡単に計算できるなど，この過程は理想過程として重要である．

このような理想的な場合，膨張過程は外圧を無限小だけ増やせば膨張から圧縮へ逆転できる．このように系にも外界にも影響を及ぼさずに，進むことも戻ることもできる過程を**可逆過程** (reversible process) という†．

このとき，内部の圧力は外部の圧力と（ほぼ）等しいので，気体は平衡状態にあるといえる．すなわち，系ができる最大の仕事は，膨張の全過程で気体はほとんど平衡状態にある可逆過程のときである．この場合には，P_{ext} を気体の圧力 (P) で置き換えることになる．たとえば理想気体の場合は式 (12.2) の P_{ext} を $P = nRT/V$ で置き換えられるので，

$$w_{rev} = -\int_1^2 P dV = -\int_1^2 \frac{nRT}{V} dV = -nRT \int_1^2 \frac{dV}{V} = -nRT \ln \frac{V_2}{V_1} \qquad (12.4)$$

と書かれる．ここで下付きの「rev」は可逆 (reversible) ということを表す．明らかに，w_{rev} は式 (12.3) の w と異なっている．これは w がどういう経路をたどったかに依存しているからである．

逆に圧縮するときには，P_{ext} を気体の圧力より大きくしなければならないので，圧縮できる最低の P_{ext} は系の圧力（から無限小に大きい圧力）であり，

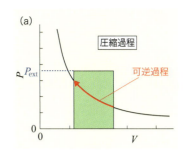

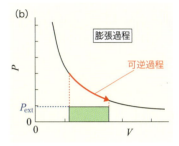

図 12-4 等温での気体の圧縮過程 (a) と膨張過程 (b)
曲線は理想気体の等温線．圧縮するためには等温線より大きな圧力を，膨張するためには等温線より小さな圧力をかけなければならない．系にされる仕事は黄緑色の面積に等しい．圧縮時の最低の仕事量，および膨張時の最大の仕事量は，P_{ext} を赤線で描いた可逆過程の圧力とした場合になる．

Assist 不可逆過程

逆に，もし $P_{ext} < P_1$ で膨張させると，膨張した気体は元には戻れない．こうした過程を**不可逆過程** (irreversible process) という．

このときに可逆過程になる．よって，気体の可逆的な等温膨張により最大仕事ができるのと同様に，可逆的な等温圧縮においては系は最小仕事をされることになる．

(b) 経路関数

仕事のように，経路に依存する量を，**経路関数** (path function) という．Δ を始状態と終状態の差を表す記号とすると，たとえば体積変化はその状態をつくった経路によらず $\Delta V = V_2 - V_1$ と書けるが，加えた仕事エネルギーは $w_2 - w_1$ のように書けないので，Δw とは書かない．「その変化で必要な仕事は w である」と書く．また，こうした経路関数である量の微小変化は，単純にそれを積分できないことを明確にするために，状態関数の微小変化 dV とは区別しなければいけない．教科書によって種々の区別する書き方があるが，ここでは δ で表す．つまり w の微小変化を δw と書き，その積分は

$$\int_1^2 \delta w = w \tag{12.5}$$

となる．このように，仕事の積分を書くことはできるが，この積分は経路を指定しないと計算できない．状態 1 から状態 1 へ戻ってくるような循環過程があった場合，体積や圧力などの状態関数の積分は必ず 0 になるが，δw の積分はどういう経路をたどったかに依存しており，一般には 0 にならない．

同様に，系のエネルギーを変える別の方法である「熱」も，経路関数である．これは，「ある状態の温度」とはいえても，「ある状態の熱」とはいえないことからも，わかるであろう．よって，熱エネルギー q の微小変化は，dq ではなく δq と書く．これを変化の経路に沿って下のように積分したものが，熱 q である．

$$\int_1^2 \delta q = q \tag{12.6}$$

例題 12.1 可逆過程の仕事

2 モルの理想気体を 300 K の定温で 2.00 bar から 4.00 bar へ可逆的に圧縮するときの仕事を求めよ．

解答

$$w = -\int_1^2 P dV = -\int_1^2 \frac{nRT}{V} dV = -nRT \ln(V_2/V_1) = nRT \ln(P_1/P_2)$$
$$= -(2 \text{ mol})(8.315 \text{ Jmol}^{-1}\text{K}^{-1})(300 \text{ K}) \ln(2/4) = 3.46 \text{ kJ}$$

チャレンジ問題

2 モルの理想気体を 300 K の定温で，20 L から 10 L に可逆的に圧縮するときの仕事を求めよ．また，$P = 100$ bar の一定圧力で圧縮するときの仕事を求めよ．

12.3 熱力学第一法則(エネルギー保存則)

高いところにある物体は位置エネルギーをもつが、それが落ちれば位置エネルギーを失う代わりに運動エネルギーを得る。この物体が床に落ちて止まれば、位置エネルギーも運動エネルギーもなくなったように見えるが、そのエネルギーは床と物体への温度上昇(熱エネルギー)と変わっている。このように、エネルギーは形態を変えても、なくなったり、無からつくられたりすることがなく、保存する。

熱力学の第一法則(First law of thermodynamics)とは

> エネルギーは生成や消滅をすることがなく、その総和は常に一定である

というエネルギー保存則である。この保存則によると、エネルギーが仕事と熱の形で移動する過程の場合、その系の内部エネルギー変化は

熱力学第一法則
$$\Delta U = q + w \tag{12.7}$$

と書ける。あるいは、微小変化量として

$$dU = \delta q + \delta w \tag{12.8}$$

の式に従う。これが熱力学第一法則の定義式となる。

熱としてエネルギーが移動しない過程(断熱過程)では、$\delta q = 0$ なので

$$dU = \delta w \tag{12.9}$$

となる†。この式は、外部と熱のやりとりがない場合、系に対してした仕事は系のエネルギーをその分だけ増加させることを示す。すなわち、<u>断熱圧縮によって系のエネルギーが増える(つまり温度が上昇する)</u>のである★。

逆に、もし断熱的に気体が膨張すると、気体(系)が外界に仕事をするが、その分のエネルギーは気体のエネルギーが減少することで支払われ、<u>気体の温度が低下する</u>。12.2.2 項で見たように、可逆膨張でできる仕事は最大仕事なので、可逆的な断熱膨張では気体の温度低下は最大になるであろう。この温度変化がいくらになるかは、12.5 節で計算する。

一方、もし系に仕事がなされない場合は、その系の内部エネルギー変化は熱の出入りのみによって決まり、下の式で表せる。

$$dU = \delta q \tag{12.10}$$

Assist 断熱過程と仕事経路

式(12.9)で U は状態関数であるから、この場合には、経路関数である仕事 w も状態が決まればある値をとるようになる。これは断熱過程という経路が規定されたからである。

Topic 熱くなる水鉄砲

水鉄砲に空気を入れて出口をふさぎ、ピストンを急激に押し込むと、水鉄砲が熱くなることが見られる。これは押し込むときにした仕事が内部エネルギーを増加させ、系の温度を上げたためである。

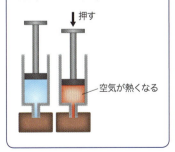

12.4 エンタルピー

熱エネルギーの移動が伴う(圧力-体積仕事が唯一の仕事である)可逆過程の場合、熱力学第一法則によると、式(12.2)(12.7)より次のように書ける。

$$\Delta U = q + w = q - \int_{V_1}^{V_2} P dV \tag{12.11}$$

ここで2つの場合を考えよう．

(a) 定容条件での内部エネルギー変化

もし系の体積が変わらないとすると（定容），$V_1 = V_2$ だから式(12.11)の第2項がゼロになり〔あるいは式(12.9)を積分して〕

$$\Delta U = q$$

となる．分子の内部エネルギーは反応などを調べるうえで重要だが，実験的に系の内部エネルギーを求めるのは難しいことが多い[†]．しかし，熱量は（熱量計などを使って）比較的容易に測定できるため，<u>熱量を測定することで，実験的に ΔU を決めることができる</u>というのは大切な知見である．

(b) 定圧下での内部エネルギー変化

もう1つのもっと重要な場合は，多くの実験がおこなわれている大気圧などの一定圧力下の場合である[†]．式(12.11)において P を定数とおくと，q は

$$q = \Delta U + P\int_{V_1}^{V_2} dV = \Delta U + P\Delta V \tag{12.12}$$

となる．先に述べたように，実験的には熱エネルギーが観測可能量であり，この量をいつも $q = \Delta U + P\Delta V$ と書いてもよいが，それは煩わしい．よって，新しい状態関数

> **エンタルピー**
> $$H = U + PV \tag{12.13}$$

を定義する．U, P, V が状態関数であることから，この新しい H も状態関数であることがわかる．この状態関数 H は**エンタルピー** (enthalpy) とよばれる．定圧では

$$\Delta H = \Delta U + P\Delta V \tag{12.14}$$

であるから，この条件では，式(12.12) (12.14) より

$$q = \Delta H \tag{12.15}$$

となっていることがわかる．すなわち，<u>定圧下でのエンタルピー変化は，系に出入りする熱と同じ意味のもの</u>と思えばよい．

例題 12.2 エンタルピーと内部エネルギー変化

1 atm で氷が融解する場合のエンタルピーを測定すると 6.02 kJmol^{-1} であった．内部エネルギー変化を求めよ．また，100 ℃，1 atm で水が沸騰する場合のエンタルピーを測定すると 40.7 kJmol^{-1} であった．内部エネルギー変化を求めよ．ただし，氷，水，水蒸気（100 ℃）のモル体積をそれぞれ 0.0196

Assist　内部エネルギーの値

分子には，並進運動，振動，回転，電子励起などさまざまな状態があり，それぞれのエネルギーを求めて合計するのは，（特に大きな分子で温度が高い場合には）実験的にはかなり困難である．

Assist　定容と定圧

煮物などの料理をつくる場合，鍋にふたをしなければ，圧力は大気圧で一定となり，定圧条件となる．もし，ふたをして蒸気が漏れないように固定すれば，定容条件となる〔ただし実際の圧力鍋中の気体は，一定圧力までは定容であるが，ある圧力以上になると蒸気を逃がすようになっているので，定容ではなくなる（系の物理量自体が変化する）〕．

Lmol^{-1}, 0.0180 Lmol^{-1}, 30.6 Lmol^{-1} とする．

解答

$$\Delta U_\mathrm{m} = \Delta H_\mathrm{m} - P\Delta V_\mathrm{m}$$
$$= 6.02 \text{ kJmol}^{-1} - (1\text{atm})(0.0180 \text{ Lmol}^{-1} - 0.0196 \text{ Lmol}^{-1})$$
$$= 6.03 \text{ kJ mol}^{-1}$$

となる[†]．したがって，この場合は ΔH_m と ΔU_m の間にはほとんど違いはない．

沸騰する場合は

$$\Delta V_\mathrm{m} = 30.6 \text{ Lmol}^{-1} - 0.0180 \text{ Lmol}^{-1} = 30.6 \text{ Lmol}^{-1}$$

であるから，次のようになる[†]．

$$\Delta U_\mathrm{m} = \Delta H_\mathrm{m} - P\Delta V_\mathrm{m}$$
$$= 37.6 \text{ kJmol}^{-1}$$

この値は次のように物理的に説明できる．この過程の ΔV_m はかなり大きいので，沸騰するための熱量 ΔH_m としては 40.7 kJ mol^{-1} だが，そのうちの 3.1 kJ mol^{-1} が水蒸気に変わるための体積膨張としての仕事になる．残りの 37.6 kJ mol^{-1} ($q = \Delta U_\mathrm{m}$) は，水分子が水素結合で液体にある状態から，水素結合を切って気体になるために使われている．

Assist kJ mol^{-1} への単位変換

6.02 kJmol^{-1} - (1 atm)(0.0180 Lmol^{-1} - 0.0196 Lmol^{-1})
= 6.02 kJmol^{-1} - (1atm)(1.013×10^5 Pa atm^{-1})
(-1.60×10^{-3} Lmol^{-1})(1 m^3/10^{3}L)(1 kJ/10^{3}J)
= 6.03 kJ mol^{-1}

Assist kJ mol^{-1} への単位変換

40.7 kJmol^{-1} - (1 atm)(1.013×10^5 Pa atm^{-1})
(30.6 Lmol^{-1})(1 m^3/10^{3}L)(1 kJ/10^{3}J)
= 37.6 kJmol^{-1}

■ チャレンジ問題

80 ℃，1 atm でベンゼンが沸騰する場合のエンタルピーを測定すると 30.7 kJ mol^{-1} であった．内部エネルギー変化を求めよ．ただし液体ベンゼンの密度を 0.88 gcm^{-3} とし，気体の体積は理想気体として計算せよ．

12.5　熱容量と断熱膨張・断熱圧縮

12.5.1　熱容量

熱力学の実験的測定においては，熱量測定と温度上昇測定が中心となる．ある熱量を加えたときにどれぐらい温度上昇するかを表すのが**熱容量** (heat capacity) であり[†]，<u>内部エネルギーあるいはエンタルピーを温度で微分した量として定義される</u>★．物質の温度を上昇させるのに必要なエネルギーは物質量に依存するので，熱容量は示量性の量である[†]．

一定容積で加熱する場合の熱容量を C_V と書く．一定容積では熱量 $q = \Delta U$ であるから，C_V は，次のように書ける．

定容熱容量

$$C_V = \left(\frac{\partial U}{\partial T}\right)_V \tag{12.16}$$

同様に，一定圧力で加熱する場合は，熱量は ΔH で与えられるので，熱容量を C_P と書くと，C_P は，次のように書ける．

Assist 熱容量の重要性

熱容量は熱力学で測定する最も重要な物理量である．U と H の温度微分を与えるし，エントロピーを測定するにも，熱容量の温度依存性が必要となる．統計熱力学と熱力学の実験的橋渡しをするときにも熱容量が大切になる．

Topic 熱容量の測定

定圧，定容熱容量を測定するには，それぞれ定圧，定容下において，微量の熱を系に与えたときの温度の微小変化を測定すればよい．これは

$$\left(\frac{\partial T}{\partial q}\right)_P \text{ や } \left(\frac{\partial T}{\partial q}\right)_V$$

といった量なので，これの逆数が熱容量になる．

Assist 示量性の量とモル量　p.245

モルあたりの熱容量をモル熱容量というが，しばしば「モル」は省略される．示量性の量については，物質量で割ったモル量がしばしば便利であり，そうしたモル量を表すときは下付きのmをつける．たとえば，モル熱容量は C_m と書く．一方，単位質量あたりの物理量は「比」という言葉をつけて表すことになっているので，単位質量あたりの熱容量を「比熱容量 (specific heat capacity)」とよぶ．比熱容量を「比熱」とよぶこともあるが，現在ではこれは正式用語ではない．

定圧熱容量

$$C_P = \left(\frac{\partial H}{\partial T}\right)_P \tag{12.17}$$

定圧のもとで吸収される熱量の一部は膨張の仕事に使われるが，定容のもとで吸収された熱はすべて温度上昇のために使われる．よって，ほとんどの場合，C_P は C_V よりも大きい．

では，この 2 つの熱容量はどれぐらい違うのであろうか．$H = U + PV$ だから，理想気体の場合，PV を nRT で置き換えると

$$H = U + nRT \tag{12.18}$$

となる．理想気体の場合，後で示すように U は温度だけに依存するし，H も温度だけで決まる（14.3 節参照）．したがって，温度について式 (12.18) を微分できて

$$\frac{dH}{dT} = \frac{dU}{dT} + nR \tag{12.19}$$

を得る．また，式 (12.16)，(12.17) を用いると

$$C_P - C_V = nR \tag{12.20}$$

となる．すなわち，<u>理想気体の場合，定容と定圧の熱容量は，1 モルあたり R だけの違いがある</u>ことがわかる．

Focus 12.1　一般的に定容と定圧での熱容量の差はどれくらいか

理想気体では $C_P - C_V = nR$ であったが，この差を一般の媒体で求めてみよう．C_P と C_V の定義から

$$C_P - C_V = \left(\frac{\partial U}{\partial T}\right)_P + P\left(\frac{\partial V}{\partial T}\right)_P - \left(\frac{\partial U}{\partial T}\right)_V$$

である．ここで $\left(\frac{\partial U}{\partial T}\right)_P$ を知るために，U の V と T での全微分

$$dU = \left(\frac{\partial U}{\partial V}\right)_T dV + \left(\frac{\partial U}{\partial T}\right)_V dT$$

に，V の全微分

$$dV = \left(\frac{\partial V}{\partial T}\right)_P dT + \left(\frac{\partial V}{\partial P}\right)_T dP$$

を代入すると

$$dU = \left(\frac{\partial U}{\partial V}\right)_T \left(\frac{\partial V}{\partial T}\right)_P dT + \left(\frac{\partial U}{\partial V}\right)_T \left(\frac{\partial V}{\partial P}\right)_T dP + \left(\frac{\partial U}{\partial T}\right)_V dT$$

$$= \left[\left(\frac{\partial U}{\partial V}\right)_T \left(\frac{\partial V}{\partial T}\right)_P + \left(\frac{\partial U}{\partial T}\right)_V\right] dT + \left(\frac{\partial U}{\partial V}\right)_T \left(\frac{\partial V}{\partial P}\right)_T dP$$

と書ける．よって P 一定 ($dP = 0$) では，

$$\left(\frac{\partial U}{\partial T}\right)_P = \left(\frac{\partial U}{\partial V}\right)_T \left(\frac{\partial V}{\partial T}\right)_P + \left(\frac{\partial U}{\partial T}\right)_V$$

である．これを $C_P - C_V$ に代入して

$$C_P - C_V = \left[P + \left(\frac{\partial U}{\partial V}\right)_T\right] \left(\frac{\partial V}{\partial T}\right)_P$$

となる．右辺の $P\left(\frac{\partial V}{\partial T}\right)_P$ は外圧 P に対してなされる系の膨張の寄与で，$\left(\frac{\partial U}{\partial V}\right)_T \left(\frac{\partial V}{\partial T}\right)_P$ は物質の分子間力に抗して体積が変化する際の仕事による寄与である．特に，$\left(\frac{\partial U}{\partial V}\right)_T$ は，圧力と同じ次元なので内部圧とよばれることがある．これは定温で内部エネルギーの体積依存性として現れるが，後で示すように理想気体ではこの項が 0 であるため，第 2 項は消える．もし 0 にならなければ，その気体は理想気体ではないといえる．液体や固体では分子間力が大きいため，この項が大きい．

ただ，U を直接測定することは難しいので，もっと測定の簡単な物理量で表現したい場合がある．これについては 14.3 節で求める．

単原子理想気体では並進運動に関して3つの自由度があるので，エネルギーの等分配側から1モルあたり $U = (3/2)RT$ をもつ[†]．この温度微分が $C_{V,m}$ であるので，1モルの単原子理想気体の $C_{V,m}$ は $3R/2$ であることがわかる．したがって，$C_{P,m} = 5R/2$ であり，気体の場合には $C_{P,m}$ と $C_{V,m}$ の差はかなり大きくなる．その比は，$5/3 = 1.667$ となるが，これは表12-1で見るように貴ガスの熱容量において成り立っている．

固体と液体の場合は温度上昇で膨張する割合が小さいので，その差は小さい．厳密にどれぐらいの値になるかは，Focus12.1で述べている．

Assist　単原子理想気体の熱容量

エネルギーの等分配則によると，1つの自由度あたり $(1/2)RT$ のエネルギーが分配される．単原子理想気体では三次元の並進運動しか自由度がないので $(3/2)RT$ のエネルギーをもつ．よって，$C_{V,m}$ は，これを T で微分した $(3/2)R$ である．

表12-1　気体の定圧・定積モル熱容量 (298.15 K, 1 atm)

	$C_{P,m}/\mathrm{JK^{-1}mol^{-1}}$	$C_{V,m}/\mathrm{JK^{-1}mol^{-1}}$	$C_{P,m}/C_{V,m}$
He	20.79	12.47	1.667
Ne	20.79	12.47	1.667
Ar	20.79	12.47	1.667
N_2	29.12	20.81	1.399
CH_4	35.79	27.40	1.306

12.5.2　断熱膨張・断熱圧縮

外界と熱のやりとりがない断熱条件で体積を膨張（圧縮）させることを考えよう．この断熱過程では，膨張（圧縮）の際に系がした（された）仕事エネルギーは熱エネルギーからもたらされるので，温度が下がる（上がる）．理想気体を断熱的に状態1（温度 T_1, 体積 V_1）から終状態2（温度 T_2, 体積 V_2）へ体積を変えたとき，V と T の間には次の関係があることが導かれる[†]．

$$V_1 T_1^{C_{V,m}/R} = V_2 T_2^{C_{V,m}/R} \tag{12.21}$$

$$T_1 V_1^{R/C_{V,m}} = T_2 V_2^{R/C_{V,m}} \tag{12.22}$$

よって可逆断熱膨張（圧縮）させたときの温度は

$$T_2 = T_1 \left(\frac{V_1}{V_2}\right)^{R/C_{V,m}} \tag{12.23}$$

で与えられる．状態1と2はどういう状態でもよいので，断熱過程について式(12.22)から

$$TV^{R/C_{V,m}} = \text{一定} \tag{12.24}$$

という規則も得られる．あるいは式(12.21)で $C_V/R = c$ とおくと

$$T^c V = \text{一定} \tag{12.25}$$

とも書かれる．また，(12.24)に $T = PV/nR$ を代入すると

$$PV^{1+R/C_{V,m}} = PV^{(C_{V,m}+R)/C_{V,m}} = \text{一定} \tag{12.26}$$

Assist　断熱条件での体積変化

内部エネルギーの変化は
$$dU = nC_{V,m}dT$$
で表される．理想気体では可逆な断熱過程でされた仕事は
$$dw = -PdV = -nRTdV/V$$
である．よって可逆断熱過程では
$$nC_{V,m}dT = dU = dw = -nRTdV/V$$
となり，すなわち
$$(C_{V,m}/R)(dT/T) = -(dV/V)$$
である．$C_{V,m}$ を一定として，両辺を最初の状態1 (T_1,V_1) から終状態2 (T_2,V_2) まで積分すると
$$(C_{V,m}/R)\ln(T_2/T_1) = -\ln(V_2/V_1)$$
となる．よって式(12.21)(12.22)が導かれる．

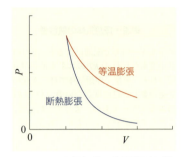

図 12-5 理想気体の等温膨張と断熱膨張を表す圧力－体積曲線
断熱膨張のほうが傾きが急である．

であり，理想気体では，$C_{P,m} = C_{V,m} + R$ の関係にあることを使って

ポアソンの法則
$$PV^\gamma = 一定 \tag{12.27}$$

が導かれる．ここで $C_{P,m}/C_{V,m} \equiv \gamma$ とおいた．たとえば，単原子分子では，前節で示したように，γ の値は 5/3 になる．この断熱過程での理想気体の圧力と体積の関係を**ポアソンの法則**という．等温過程でのボイルの法則「$PV = 一定$」と比べると，V に γ 乗がかかっている違いがある．$\gamma > 1$ であるから，P を縦軸，V を横軸にプロットした曲線は，等温の場合より早く減少する関数になる（図 12-5）．

例題 12.3　等温過程と断熱過程

1.0 bar で 2.0 L の単原子理想気体の圧力を等温的に半分の 0.50 bar にした．このときの体積を求めよ．また，断熱的に 0.50 bar にしたときの体積を求めよ．

解答

等温膨張では，ボイルの法則より，0.50 bar では 4.0 L である．断熱膨張では，$V_2 = (P_1/P_2)^{1/\gamma} V_1$ なので，$V_2 = (1\,\text{bar}/0.5\,\text{bar})^{3/5} \times 2 = 3.0\,\text{L}$

チャレンジ問題

等温的に 2.0 bar で 3.0 L のメタンガスの圧力を 0.50 bar にしたときの体積を求めよ．また，断熱的に圧力を変えたときの体積も求めよ．メタンガスは理想気体として，熱容量は表 12-1 の値を使え．

12.6　反応にともなうエンタルピー変化

12.6.1　標準反応エンタルピー

化学反応では発熱や吸熱が起こる．測定が容易なためよく用いられる圧力一定条件でのこうした熱の出入り（反応熱）は，エンタルピー変化として表され，**反応エンタルピー**（reaction enthalpy）とよばれる．

一般に，反応による状態関数の変化を表すときは，Δ の後ろに r（reaction の頭文字）を書く★．たとえば，反応内部エネルギー変化は $\Delta_r U$ である．同様に，反応エンタルピー変化は $\Delta_r H$ と書かれる．$\Delta_r H > 0$ の場合は吸熱反応，$\Delta_r H < 0$ の場合は発熱反応である．

すべての反応物と生成物が標準状態（1 bar）にあるとき，ある指定された試薬が 1 モル関与するときの化学反応のエンタルピーを**標準反応エンタルピー**（standar reaction enthalpy）といい，$\Delta_r H°$ と書く†．上付き添字の（°）はすべての反応物と生成物が標準状態にあることを表す（気体の場合，1 bar では理想

Topic　エンタルピー変化を表す記号

$\Delta_r H$ のほかにも IUPAC では，状態関数の変化を表すための記号が勧告されている．たとえば，いろいろなエンタルピー変化を表す記号として以下のようなものがある．

反応	記号	反応	記号
反応	$\Delta_r H$	相転移	$\Delta_{trs} H$
水和	$\Delta_{hyd} H$	蒸発	$\Delta_{vap} H$
燃焼	$\Delta_c H$	混合	$\Delta_{mix} H$
原子化	$\Delta_{at} H$	昇華	$\Delta_{sub} H$
生成	$\Delta_f H$	溶解	$\Delta_{sol} H$
イオン化	$\Delta_{ion} H$	希釈	$\Delta_{dil} H$
融解	$\Delta_{fus} H$	吸着	$\Delta_{ads} H$

気体でない場合が多いが，理想気体とみなせるほどの低圧での値を，理想気体の圧力依存性の関係を用いて 1 bar にしたときの「仮想的理想気体」である）*．温度は，別途指定して記載されるが，データ集としてまとめられるときや，実験データを報告するときには 295.15 K が推奨されている．

反応エンタルピーのうち，燃焼にともなう**燃焼エンタルピー**（$\Delta_c H$）は，物質を高圧の酸素雰囲気中で燃焼させ，その温度上昇から放出される熱量を測定して決められる．反応エンタルピーと同様に，すべての反応物と生成物が標準状態（1 bar）にあり，ある指定された試薬が 1 モル関与する燃焼エンタルピーを**標準モル燃焼エンタルピー**（standard molar enthalpy of combustion）といい $\Delta_c H°$ と書く．燃焼エンタルピーの例を挙げると，水素の燃焼は

$$H_2(g) + (1/2)O_2(g) \longrightarrow H_2O(l) \qquad \Delta_c H° = -285.83 \text{ kJmol}^{-1}$$

炭素の燃焼は

$$C(黒鉛) + O_2(g) \longrightarrow CO_2(g) \qquad \Delta_c H° = -393.51 \text{ kJmol}^{-1}$$

メタンの燃焼は

$$CH_4(g) + 2O_2(g) \longrightarrow CO_2(g) + 2H_2O(l) \qquad \Delta_c H° = -890.7 \text{ kJmol}^{-1}$$

というふうに書かれる†．これらは $\Delta_c H° < 0$ からわかるように，発熱である．

> **Assist** $\Delta_r H°$ の値　　p.248
>
> この値は，フラスコの中で本当にすべて反応したときの発熱（あるいは吸熱）の熱量ではない．組成が変わらないとしたときの仮想的な値である．詳細は 14.5 節や 15.1 節の部分モル量を参考のこと．

> **Data** 標準状態の圧力
>
> 1982 年までは 1 atm を標準状態としていたので，以前のデータ集には 1 atm での値が多い．

> **Assist** 気体・液体・固体の記号
>
> 反応条件として，物質に気体（g），液体（l），固体（s）を表す記号をつけることがある．

　12.6.2　ヘスの法則

エンタルピーは状態関数である．そのため，どのような経路でその状態をつくったかに依存しない．たとえば，A から B をつくったときの $\Delta_r H$ は，A から C をつくり，C から B をつくったときのそれぞれの $\Delta_r H$ の和になる（図 12-6）．こうした $\Delta_r H$ の加成性は，多くの反応熱測定をおこなったヘス（G. H. Hess）によって見いだされたので，**ヘスの法則**（Hess's law）として知られている．

このことを用いると，測定が難しい状態のエンタルピーも，測定のしやすい他の過程の測定結果から求めることができる．たとえば，炭素の燃焼を一酸化炭素の状態で止めるのは難しいので

$$C(s) + (1/2)O_2 \longrightarrow CO \qquad \text{(a)}$$

の $\Delta_r H$ 測定は難しいが

$$C(s) + O_2 \longrightarrow CO_2 \qquad \text{(b)}$$
$$CO + (1/2)O_2 \longrightarrow CO_2 \qquad \text{(c)}$$

の 2 つの $\Delta_r H$ がわかっていれば，化学式で (b) − (c) が (a) になるので，$\Delta_r H$ も次の式で求めることができる．

$$\Delta_r H(b) - \Delta_r H(c) = \Delta_r H(a)$$

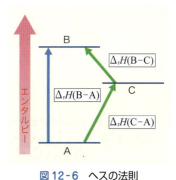

図 12-6　ヘスの法則
$\Delta_r H(B-A) = \Delta_r H(C-A) + \Delta_r H(B-C)$ の場合を表した図である．

この法則を使うと，ある物質 A が昇華する際

$$A(s) \longrightarrow A(g)$$

のエンタルピー変化 $\Delta_{sub}H$ を，その温度でまず融解して蒸発する際のエンタルピー変化 $(\Delta_{fus}H + \Delta_{vap}H)$ と考えてもよいことがわかる．

$$\Delta_{sub}H = \Delta_{fus}H + \Delta_{vap}H \tag{12.28}$$

$\Delta_{fus}H > 0$ なので，物質の昇華エンタルピーはその温度での蒸発エンタルピーよりも大きいことがわかる．

また $A \rightarrow B$ の順反応と $B \rightarrow A$ の逆反応の反応エンタルピーは，ヘスの法則から次のようになる．

$$\Delta_r H(逆反応) = -\Delta_r H(順反応)$$

12.6.3　標準モル生成エンタルピー

分子は原子の結合によってつくられているので，ある分子が元素からつくられるエンタルピー変化は，分子が決まれば一定であろう．よって，ある分子のエンタルピーという値があれば便利である．しかし，ある物質のもつエンタルピーの絶対値を知ることは不可能である．そのため，標準状態にある元素を基準として，そこから分子 1 モルを生成させる場合の標準反応エンタルピー $\Delta_r H°$ をその分子の**標準モル生成エンタルピー** (standard molar enthalpy of formation) $\Delta_f H°$ として定義している．

このとき，単体としては，1 bar，25 °C で安定なものをとる．たとえば，水素や酸素などはそれぞれの分子の気体の標準モル生成エンタルピー $\Delta_f H°$ をゼロとする．つまり，酸素 O の基準は気体の酸素分子 O_2 であり，酸素原子 O や液体の酸素分子ではない．また，元素によってはいろいろな状態で存在する可能性があるが，その場合には主に存在する状態を基準とすることになっている．たとえば，炭素 C の同素体には，グラファイト，ダイヤモンド，フラーレンなど多種があるが，グラファイトが用いられる(図 12-7)．

このように基準の物質のエンタルピーの値を決めると，燃焼エンタルピーの値を用いて，任意の物質の生成エンタルピーを求めることができる．

たとえば，298.15 K の $H_2O(l)$ の $\Delta_f H°$ は -285.8 kJ mol^{-1} であるが，これは次の式の H_2 の標準燃焼エンタルピーにほかならない．

$$H_2(g) + (1/2)O_2(g) \longrightarrow H_2O(l)$$

メタンの生成熱を実験によって直接求めるのは簡単ではないが，メタンを構成する単体元素 C(黒鉛)，H_2 の燃焼熱とメタン CH_4 の燃焼熱を用いれば

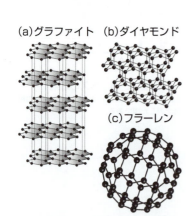

図 12-7　炭素の同素体の例

(a)グラファイト　(b)ダイヤモンド　(c)フラーレン

$$C(黒鉛) + O_2(g) \longrightarrow CO_2(g) \qquad \Delta_c H° = -394 \text{ kJ mol}^{-1} \quad (a)$$
$$H_2(g) + (1/2)O_2(g) \longrightarrow H_2O(l) \qquad \Delta_c H° = -286 \text{ kJ mol}^{-1} \quad (b)$$
$$CH_4(g) + 2O_2(g) \longrightarrow CO_2(g) + 2H_2O(l) \quad \Delta_c H° = -891 \text{ kJ mol}^{-1} \quad (c)$$

で，(a)+2×(b)－(c)によって次のように求めることができる(図12-8)．

$$\text{C(黒鉛)} + 2\text{H}_2(\text{g}) \longrightarrow \text{CH}_4(\text{g}) \quad \Delta_f H° = -75 \text{ kJ mol}^{-1}$$

また，過酸化水素の生成熱 $\Delta_f H°$ は，

$$\text{H}_2(\text{g}) + \text{O}_2(\text{g}) \longrightarrow \text{H}_2\text{O}_2(\text{l})$$

という反応を直接生じさせることはできないので直接は測定できないが

$$\text{H}_2(\text{g}) + (1/2)\text{O}_2(\text{g}) \rightarrow \text{H}_2\text{O}(\text{l}) \quad \Delta_c H° = -286 \text{ kJ mol}^{-1} \quad (\text{d})$$

$$\text{H}_2\text{O}_2(\text{l}) \rightarrow \text{H}_2\text{O}(\text{l}) + (1/2)\text{O}_2(\text{g}) \quad \Delta_c H° = -98 \text{ kJ mol}^{-1} \quad (\text{e})$$

という測定可能な反応を使って，(d)－(e)で，

$$\Delta_f H° = -188 \text{ kJ mol}^{-1}$$

と決めることができる．

このようにして決めた標準モル生成エンタルピーとヘスの法則を組み合わせれば，多くの反応エンタルピーを測定することなく，計算で求めることができる．以上のことを一般化しておこう．

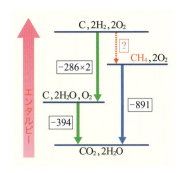

図12-8 メタンの生成熱
図中の数値の単位は kJmol^{-1}

$$\nu_A A + \nu_B B \longrightarrow \nu_C C + \nu_D D$$

という反応の $\Delta_r H°$ は，A～D のそれぞれの標準モル生成エンタルピーを $\Delta_f H°(i)$ (i = A～D) として，次の式で与えられる．

$$\Delta_r H° = \nu_C \Delta_f H°(\text{C}) + \nu_D \Delta_f H°(\text{D}) - \nu_A \Delta_f H°(\text{A}) - \nu_B \Delta_f H°(\text{B})$$

いくつかの物質の標準モル生成エンタルピーを**表12-2**に示した[†]．

表12-2 物質の標準モル生成エンタルピー (298.15 K, 1 atm)

物質	$\Delta_f H°$/kJmol^{-1}	物質	$\Delta_f H°$/kJmol^{-1}
H$_2$O(l)	－285.8	Br$_2$(g)	30.9
H$_2$O(g)	－241.8	CO$_2$(g)	－393.5
HCl(g)	－92.3	CO(g)	－110.5
CH$_4$(g)	－74.87	benzene(g)	82.6
C$_2$H$_6$(g)	－83.8	cyclohexane(g)	－123.4
C$_2$H$_4$(g)	52.47	C(グラファイト)	0
C$_2$H$_2$(g)	226.73	C(ダイヤモンド)	1.895
NaOH(c)	－425.61	NaCl(c)	－411.15

l：液体, g：気体, c：結晶

Assist　エンタルピーと安定性

たとえばこの表よりダイヤモンドはグラファイトよりエンタルピー的に不安定であることがわかる．ただし，物質の安定性を議論するにはエンタルピー(エネルギー)だけでは不十分で，別の因子が必要となる．安定性の判定基準については14章まで待ってもらおう．

12.6.4 エンタルピーの温度依存性

前節の標準モルエンタルピーは 298.15 K での値が与えられることが多いが，別の温度での反応にともなうエンタルピーを知りたいことも多いだろう．エンタルピーの温度依存性は，式 (12.17) の定圧下での熱容量を温度について積分することで計算できる．

エンタルピーの温度依存性
$$H(T_2) - H(T_1) = \int_{T_1}^{T_2} C_P(T) dT \tag{12.29}$$

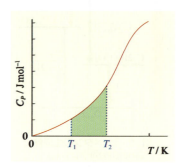

図 12-9　熱容量の温度依存性
温度 T_1 でのエンタルピーから，別の温度 T_2 でのエンタルピーを求めるには，C_P を温度に対してプロットして，その下の面積を元の温度のエンタルピーに加えればよい．

すなわち，熱容量の温度依存性の測定により，エンタルピーの温度依存性を求めることができる（図 12-9）．普通，物質に熱を加えると温度が上昇するので，熱容量は正であり，エンタルピーは温度上昇とともに増加することがわかる．

ただし，式 (12.29) は相転移がない場合である．もし温度変化している途中に相転移があると，この相転移の途中では熱を加えても温度は上昇しないので，熱容量は無限大に発散し，別の扱いが必要となる．相転移は一定温度で起こるので，必要な熱量（融解熱 $\Delta_{fus}H$ や蒸発熱 $\Delta_{vap}H$）を加えればよい．一般的な物質の，低温（固体）から高温（気体）に至るエンタルピーは図 12-10 のような変化をする．

一般的な反応「$\nu_A A + \nu_B B \longrightarrow \nu_C C + \nu_D D$」の反応エンタルピーの温度依存性は，式 (12.28) と (12.29) を組み合わせれば

$$\Delta_r H(T_2) = \Delta_r H(T_1) + \int_{T_1}^{T_2} \Delta C_P(T) dT \tag{12.30}$$

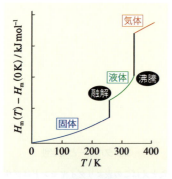

図 12-10　一般的な物質のエンタルピーの温度依存性
相転移のあるところでジャンプがある．

として求められる．ここで，ΔC_p は生成系と反応系の熱容量の差で

$$\Delta C_p(T) = \nu_C C_{P,C}(T) + \nu_D C_{P,D}(T) - \nu_A C_{P,A}(T) - \nu_B C_{P,B}(T) \tag{12.31}$$

である．

12.7　ジュール-トムソン効果

Assist　理想気体の内部エネルギーの体積依存性

後で見るように熱力学の関係式を使えば，理想気体では内部エネルギーの体積依存性はないことがわかる（14.3 節参照）．よって媒体が理想気体ならば，いくら精度を上げても温度変化は観測されない．

かつてジュール（J. P. Joule）は，気体の内部エネルギーの体積依存性を調べるため，体積を真空中へ膨張させた際の温度変化を測定しようとした．しかし，当時の装置は精度が十分ではなく，温度変化は見られなかった[†]．その後，ジュールとトムソン（W. Thomson）は，以下のようなもっと精度のよい装置を考案した（図 12-11）．

この装置では，外界と熱的に遮断されている．断熱的に一定の圧力 P_1 によって，n モル，P_1，V_1，T_1 の気体を，多孔性の仕切りを通して他方（P_2，V_2）へゆっくりと流す．そして，圧力を変えた結果として生じるかもしれない温度変化を観測するというものである．この圧力変化過程による温度変化を求めてみよう．

外圧 P_1 で押し込まれることによって気体になされた仕事は，$w_1 = P_1 V_1$ で

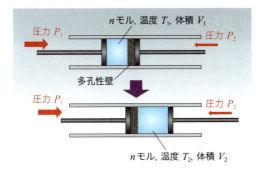

図 12-11
ジュール-トムソンの実験
気体を片方の部屋から別の部屋に断熱的に移す.

ある.一方,膨張する気体がした仕事は,$w_2 = -P_2V_2$ となる.気体になされた全仕事はこれらの和であるから

$$w = w_1 + w_2 = P_1V_1 - P_2V_2$$

となる.これは断熱過程($q=0$)なので,気体が片方から他方へ圧力を変えて移動するときの内部エネルギー変化 ΔU は,熱力学第一法則から

$$\Delta U = U_2 - U_1 = w = P_1V_1 - P_2V_2$$

となる.よってこの過程では

$$U_1 + P_1V_1 = U_2 + P_2V_2$$

が成り立っている.両辺はそれぞれのエンタルピーであるから,この過程は等エンタルピー過程 $H_1 = H_2$ であることがわかる.等エンタルピーで圧力を変化させたときに変化する温度の圧力微分

ジュール-トムソン係数
$$\mu = \left(\frac{\partial T}{\partial P}\right)_H \tag{12.32}$$

は**ジュール-トムソン係数**(Joule-Thomson coefficient)とよばれる.

理想気体ではジュール-トムソン係数は 0 である[†].しかし,多くの気体の精密な測定では,この係数は 0 でない値をとり,非理想性の実験的検証となる.この値は,気体の種類や温度に依存した値をとる.このジュール-トムソン係数の符号が変わる温度は,逆転温度とよばれる.

多くの気体の通常温度では $\mu > 0$ である.これは圧力 P を下げる(膨張させる)と,T が減少する,つまり温度が下がることを示している.等エンタルピー膨張による温度冷却効果は**ジュール-トムソン効果**(Joule-Thomson effect)とよばれている.

Assist 理想気体でのジュール-トムソン係数の導出

H について,P と T に対する全微分をとり,式(12.17)より C_P に置き換えると

$$dH = \left(\frac{\partial H}{\partial P}\right)_T dP + \left(\frac{\partial H}{\partial T}\right)_P dT$$
$$= \left(\frac{\partial H}{\partial P}\right)_T dP + C_P dT$$

である.この式を dT に対して整理すると

$$dT = -\frac{1}{C_P}\left(\frac{\partial H}{\partial P}\right)_T dP + \frac{1}{C_P}dH$$

となる.この両辺を H 一定の下,P で偏微分すると

$$\mu = \left(\frac{\partial T}{\partial P}\right)_H = -\frac{1}{C_P}\left(\frac{\partial H}{\partial P}\right)_T$$

が得られる.ここで,詳しくは後の 14.3 節で示すが

$$\left(\frac{\partial H}{\partial P}\right)_T = V - T\left(\frac{\partial V}{\partial T}\right)_P$$

である.理想気体では

$$\left(\frac{\partial V}{\partial T}\right)_P = \frac{nR}{P} = \frac{V}{T}$$

なので

$$\left(\frac{\partial H}{\partial P}\right)_T = V - T\left(\frac{\partial V}{\partial T}\right)_P = V - V = 0$$

と書け,次のようになる.

$$\mu = \left(\frac{\partial H}{\partial P}\right)_T = 0$$

12章 重要項目チェックリスト

熱力学第零法則［p.239］ もし物体 A と B が熱平衡にあり，B がさらに別の C と熱平衡にあるとき，A は C とも熱平衡にある．

◆**状態関数**［p.238］ 履歴に依存せず，系の状態を表す変数

◆**経路関数**［p.242］ 仕事などのように経路に依存する量

熱力学第一法則［p.243］ $\Delta U = q + w$ (U：内部エネルギー，q：熱，w：仕事)

エネルギーは生成や消滅をすることがなく，その総和は常に一定である．

熱容量

◆**定容熱容量**［p.245］ $C_V = \left(\dfrac{\partial U}{\partial T}\right)_V$ ◆**定圧熱容量**［p.246］ $C_P = \left(\dfrac{\partial H}{\partial T}\right)_P$

エンタルピー［p.244］ $H = U + PV$

◆**標準反応エンタルピー**［p.248］ $\Delta_r H^\circ$
すべての反応物と生成物が標準状態 (1 bar) にあるとき，ある指定された試薬が 1 モル関与するときの化学反応のエンタルピー

◆**ヘスの法則**［p.249］ $\Delta_r H^\circ$ の加成性

◆**標準モル生成エンタルピー**［p.250］ $\Delta_f H^\circ$
$\nu_A A + \nu_B B \longrightarrow \nu_C C + \nu_D D$ という反応の $\Delta_r H$ は，A〜D のそれぞれの標準モル生成エンタルピーを $\Delta_f H^\circ(i)$ ($i =$ A〜D) として，次の式で与えられる．
$\Delta_r H^\circ = \nu_C \Delta_f H^\circ(C) + \nu_D \Delta_f H^\circ(D) - \nu_A \Delta_f H^\circ(A) - \nu_B \Delta_f H^\circ(B)$

◆**エンタルピーの温度依存性**［p.252］ $H(T_2) - H(T_1) = \displaystyle\int_{T_1}^{T_2} C_P(T) dT$

ジュール-トムソン係数［p.253］

$\mu = \left(\dfrac{\partial T}{\partial P}\right)_H$

確認問題

12·1 ファンデルワールス状態方程式に従う n モルの気体を V_1 から V_2 に定温可逆的に圧縮するとき,必要な仕事を求めよ.

12·2 ある理想気体の定圧モル熱容量の温度依存性が
$$C_P / \mathrm{Jmol^{-1}K^{-1}} = 30 + 0.1 \cdot T$$
で表されるとき,この気体分子 2 モルを 1 bar で定圧可逆過程で 300 K から 400 K まで温度を上げた.このとき,系がした仕事 w,もらった熱量 q,内部エネルギー変化 ΔU を求めよ.

12·3 12·2 と同じ気体を,定積可逆過程で 300 K から 400 K まで温度を変化させたときの系がした仕事 w,もらった熱量 q,内部エネルギー変化 ΔU,エンタルピー変化 ΔH を求めよ.

12·4 ベンゼンの燃焼エンタルピーが 3139 kJ mol^{-1} であった.ベンゼンの生成モルエンタルピーを求めよ.ただし,次の値を使ってよい.

C(黒鉛) + O$_2$(g) ⟶ CO$_2$(g)　$\Delta_c H° = -394$ kJ mol^{-1}
H$_2$(g) + (1/2)O$_2$(g) ⟶ H$_2$O(l)　$\Delta_c H° = -286$ kJ mol^{-1}

実戦問題

12·5 次の文章を読んで問いに答えよ.計算結果は有効数字 2 桁で記せ.必要ならば以下のデータ,ならびに数値を利用せよ.

気体定数 $R = 8.31 \mathrm{JK^{-1}mol^{-1}}$, $2^{1/2} = 1.41$,
$2^{1/3} = 1.26$, $2^{3/2} = 2.83$, $2^{5/3} = 3.17$, $2^{7/5} = 2.64$

ボルツマンは温度 T において 1.00 mol の理想気体分子についての運動の自由度(並進運動および回転運動のみを考慮する)あたり,$(1/2)RT$ のエネルギーが分配されることを明らかにした.つまり,その分子が単原子分子の場合には,並進の自由度は ア ,回転の自由度は イ なので,全エネルギー(内部エネルギー) U は ウ RT となる.一方,二原子分子では並進の自由度は エ で,回転の自由度は オ となるため,全エネルギー U は カ RT となる.

A. 空欄 ア ～ カ にあてはまる数字を入れよ.

B. 単原子分子の理想気体 1.00 mol の温度を,一定体積条件および一定圧力条件において,1.00 K 上昇させるために必要な熱量(J)を求めよ.また,初期状態の圧力が 100 kPa のこの気体を断熱可逆的に初期状態の体積の半分に圧縮した.最終的な圧力を計算せよ.なお,計算過程も記せ.

C. ある二原子分子の気体の定容熱容量が 0.547 JK^{-1}g^{-1} であった.この気体分子の分子量を求めよ.なお計算過程も記せ.

[平成 21 年度 名古屋大学工学研究科入試問題より]

12·6 気体分子 1 mol の圧力 P と体積 V の関係を示す図(両対数表示)に関する以下の設問に答えよ.

A. 温度 T における理想気体 1 mol の P と V の間の関係を表す式を記せ.ただし,気体定数を R と記せ.

B. 理想気体 1 mol の体積 V を断熱的に dV だけ変化させると,温度 T も dT だけ変化する.このとき

$$\frac{dT}{T} = (1-\gamma)\frac{dV}{V} \quad ; \quad \gamma = \frac{C_P}{C_V}$$

の関係が成り立つ.ここで,C_P と C_V はそれぞれ理想気体 1 mol の定圧熱容量と定積熱容量である.

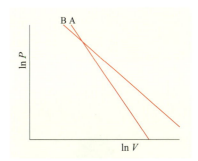

(1) 断熱変化において P と V の間に成り立つ関係式を導出せよ.

(2) 定温状態と断熱状態における理想気体の P と V の関係が,実線 A と B で図に示されている.断熱状態の理想気体の P と V の関係を示しているのは,実線 A と B のどちらか,答えよ.また,そう考えた理由も簡単に記せ.

(3) 図から γ の値を見積もったところ 1.4 であった.He, N$_2$, NH$_3$ のなかで,$\gamma = 1.4$ である気体はどれか,答えよ.

[平成 24 年度 九州大学理学府入試問題より]

13章 エントロピーと変化

■ Contents
- 13.1 エントロピー
- 13.2 エントロピーは状態関数
- 13.3 不可逆過程のエントロピー
- 13.4 熱力学第二法則
- 13.5 熱力学第三法則
- 13.6 エントロピーの圧力・温度依存性
- 13.7 エントロピーの絶対値
- 13.8 標準エントロピーと標準反応エントロピー
- 13.9 残余エントロピー

　高いところから物体が落ちるように，化学反応や状態変化はその系のエネルギーを低くする方向に進むように見える．これまで学んできたことから，化学反応を引き起こす指標として内部エネルギーやエンタルピーを考えればよいことが予想される．実際，燃焼など自然に起こる化学反応の多くは発熱反応で熱エネルギーを放出し，エネルギーの低い方向に反応が自発的に進む．しかし，こうしたエネルギーだけで説明できない過程も数多くある．

　たとえば，塩が水に溶解するとき $3.8~\text{kJ mol}^{-1}$ のエネルギーの不安定化を起こすにもかかわらず，なぜ溶けるのか．氷が融けるとき $6~\text{kJ mol}^{-1}$ もエネルギーが不安定になるのになぜ融けるのか．熱い物体と冷たい物体を接触させると，全体のエネルギーは一定に保たれつつ，熱い物体が冷えて冷たい物体の温度が上昇するが，なぜ逆にはならないのか．水面にインクを垂らすとインクの粒子は広がっていくが，なぜ元に戻らないのか．

　このような反応が自発的に進むかどうかを判断する基準は何であろうか．多くの科学者がこの問題に取り組んできた．この基準を与えるのが**熱力学第二法則**である．ここでは，歴史的順序とは異なるが，「乱雑さ」の概念がわかりやすい粒子の例から始める．この例を通して，乱雑さを数値化する**エントロピー**の概念を学び，熱力学第二法則が自然界の基本的な法則であることを見ていく．

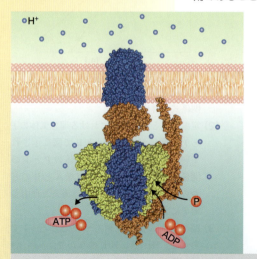

生命のエネルギー通貨であるATPは，生体膜の両側のプロトン濃度差によってつくられることがあるが，濃度差があってもなくてもエネルギーはほとんど同じである．エネルギー差がない過程でエネルギーをつくり出すのは，エネルギー保存則に矛盾しないのだろうか．また，水にインクを垂らすと自然に粒子が広がっていき，元には戻らない．これらは本章で学ぶエントロピーというものを考えると説明できる．

13.1 エントロピー

13.1.1 エントロピーの定義

図 13-1 2枚のコインを投げたときの表・裏の出かた
場合の数は全部で4通りある.

何枚かのコインを投げて表が出る枚数を当てるゲームを考えよう. たとえば, 2枚のコインを投げたとしたら, 可能性としては, 「2枚とも表」, 「表と裏」, 「2枚とも裏」という場合があるが, おそらく多くの人は「表と裏」に賭けるであろう. それは場合の数として

- 「2枚とも表」………1通り
- 「表と裏」…………2通り
- 「2枚とも裏」………1通り

であることを感覚として(あるいは計算して)知っているからである(図13-1). この場合, 「2枚とも表」に賭けるより「表と裏」に賭けたほうが得をする確率が2倍も高い.

同じことを, 10枚のコインを投げて賭ける場合で考えよう. さすがに10枚になると「表・表・裏……」と数えるのはたいへんだが, **場合の数**を使うと, 表がn枚出る場合の数は, $_{10}C_n = 10!/n!(10-n)!$ で計算できるという便利な規則がある. この場合, 場合の数は「表:裏」の比で次のようになる.

表:裏	10:0	9:1	8:2	7:3	6:4	5:5	4:6	3:7	2:8	1:9	0:10
場合の数	1	10	45	120	210	252	210	120	45	10	1

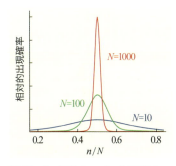

図 13-2 N枚のコインを投げてn枚の表が出る確率をn/Nに対してプロットした図
枚数が増えるにしたがって, 表と裏が1:1で出る確率がどんどん大きくなる.

明らかに5:5に賭けるのが得だが, 6:4や4:6に賭けてもそれほど悪くなさそうだ. しかし, 100枚のコインを投げたらどうなるであろうか. その場合, 次のようになり,

表:裏	10:0	9:1	8:2	7:3	6:4	5:5	4:6	3:7	2:8	1:9	0:10
場合の数	1	$1.7×10^{13}$	$5.3×10^{20}$	$2.9×10^{25}$	$1.3×10^{28}$	$1.0×10^{29}$	$1.3×10^{28}$	$2.9×10^{25}$	$5.3×10^{20}$	$1.7×10^{13}$	1

表:裏の比が1:0に賭けるより5:5に賭けたほうが, なんと$1.0×10^{29}$倍という天文学的確率で得をする. 6:4と5:5でも, 約10倍の違いがある. 表の枚数nを全体のコインの枚数Nで割ったn/Nに対して, その出現確率を図13-2に示した. コインの数が増えるほど, 5:5($n/N=0.5$)の現れる相対的な確率はどんどん増えていくのがわかる.

ここで, 気体分子を考えて, この分子が2つの容器に分配される場合の数を考えよう. コインの表と裏というのを容器1と容器2と思えばまったく同じ計算ができる. 容器1と2に10個の分子が均等に分かれて入る場合のほうが, 片方の容器に分子が偏る場合より, 1:252の割合で出現しやすいことがわかる(図13-3). さらに, 100個の分子になると, 容器1と容器2に同じ数だけ入る場合が圧倒的に出現しやすい. アボガドロ数個ほどならもっと顕著になる.

このことは, 気体の入った1つの容器と真空の容器をつなぎ, コックを開けたとき, 気体は2つの容器に均等に入って同じ圧力になるという常識的現

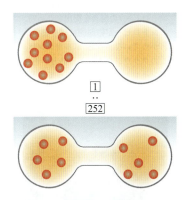

図 13-3 気体分子が分配される場合の数
10個の気体分子が1つの容器にたまたま集まる確率は, 5:5の場合の1/252である.

13章 エントロピーと変化

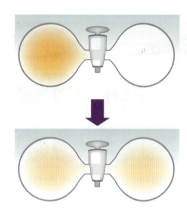

図 13-4　圧力が同じになる気体
片方の容器に気体を詰め，コックを開けると，気体は必ず2つの容器に均等に入って圧力が一致する．この逆の現象はエネルギー的には変わらないが，起こらない．

> **Topic　観測不可能な現象**
> 同じ体積の2つの容器に入った気体粒子がたった100個でも，全部の粒子が片方に局在する確率は，両方の容器に同数の粒子が入る場合に比べ，1.0×10^{-29}になる．これは，1ピコ秒 (10^{-12} s) で粒子の入れ替わりが起こるとしても，宇宙の年齢とされる140億年 $= 1.4 \times 10^{10}$ 年 $= 4.4 \times 10^{17}$ 秒待たないと達成されない．粒子200個だと宇宙の年齢の何倍も待たないといけない．1モルのオーダーだと，宇宙の年齢をもつ生物が何世代にわたって見続けても観測できない．

> **Topic　エントロピーの2つの定義**　p.259
> 実際は，熱力学体系のほうが原子・分子の概念より早くつくられた．クラウジウスは，新しい状態関数（エントロピー）の定義を提出した当時，エントロピーが物理的に何を表すかわかっていなかった．ボルツマンは，このクラウジウスによる熱力学的なエントロピーを論文で知っており，自分の理論を拡張し，$S = k_\text{B} \ln W$ で S を定義し直した．
>
>
>
> ウィーンの中央墓地にあるボルツマンの墓には，その業績をたたえて $S = k \log W$ という式が刻まれている．

象（図13-4）を説明する．分子がどちらの容器に存在しても，エネルギー的には同じでも，2つの容器に均等に入った状態から，1つの容器にだけ気体が入った状態には決してならない．これはエネルギー的に不利だからではなく（後で見るように理想気体の場合，エネルギーは体積には依存しない），確率的にそうした場合が「非常に」起こりにくいからである★．

(a) ボルツマンのエントロピー

このように，<u>自然は乱雑なほう，すなわち場合の数 W が大きいほうを好む</u>．乱れについてのこのような考え方を数式で表すため，ボルツマン (L. Boltzmann) は**エントロピー** (entropy) S という量と W を結びつけた式を提出した．それが次の式である．

> エントロピー（ボルツマンの定義）
> $$S = k_\text{B} \ln W \tag{13.1}$$

この式の詳細は 18 章で示すとして，ここでは，なぜ S が W そのものではなく $\ln W$ に比例すると考えたのかについて述べておく．それは，複数の系があったときに，体積やエネルギーのようにそれぞれを足すことで全体の場合の数に対する値を示すようにしたいためである．
たとえば，系が A と B という 2 つの系からなっている場合，全系の S_total は

$$S_\text{total} = S_\text{A} + S_\text{B}$$

であると考えたい．しかし，A の W の値を W_A，B の W の値を W_B であるとすると，それらを足したときの W_AB は，それぞれの場合の数の積 $W_\text{AB} = W_\text{A} W_\text{B}$ で与えられて，和にはならない．ところが，S が $\ln W$ に比例するとすると，全系のエントロピーは

$$S_\text{AB} = k_\text{B} \ln W_\text{AB} = k_\text{B} \ln W_\text{A} W_\text{B} = k_\text{B} \ln W_\text{A} + k_\text{B} \ln W_\text{B} = S_\text{A} + S_\text{B}$$

となってうまくいくのである．
状態の「乱雑さ」を表す指標としては，エネルギーのように状態関数であることが望ましい．上の考えにもとづくと，場合の数は状態が決まれば決まるので，<u>S は状態関数になっている</u>ことが理解できるであろう．また，場合の数はコインの数が多いほど大きくなるので，<u>系の大きさに依存する示量性の量</u>であることがわかる．

(b) クラウジウスのエントロピー

さて，ここまでは乱雑さをエントロピーという物理量で表現することを考えてきたが，熱力学の考えには粒子とか分子という概念は必要ない．つまり熱力学的に乱雑さを表すのに，コインで考えた場合の数というものは使わなくていいはずだし，使わないで表現できる値があったほうが統一がとれる．こうした乱雑さを表す熱力学量としては，熱エネルギーが考えられるが，熱 q が直接エントロピーを表現するとしたのでは，熱が状態関数でないことからして適当ではない．ところが，後で見るように，熱を温度で割ると状態関

数になることを示すことができる．クラウジウス (R. J. E. Clausius) は，可逆過程での熱変化 δq_{rev} を用いて，状態関数

エントロピー（クラウジウスの定義）
$$dS = \frac{\delta q_{rev}}{T} \quad (13.2)$$

でエントロピーを定義した[★]．

13.1.2 体積膨張でのエントロピー増加

18章で学ぶ統計力学を使うと，$dS = \delta q_{rev}/T$ で定義される S は，ボルツマンの定義した S と一致することが証明できる（18.8.2項参照）．しかしここでは，理想気体が等温で V_1 から V_2 へ膨張する際のエントロピー変化を，2つの考え方で比べてみることで両者が一致していることを示そう．

図 13-5 のように，最初は体積 V_1 の容器に気体が入っていて，コックを開けて全体の体積が V_2 になる場合を考える．

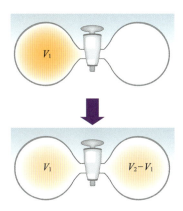

図 13-5 最初は V_1 の体積に閉じ込められていた気体分子が，V_2 の体積になる場合

(a) ボルツマンの定義式によるエントロピー変化

まず，ボルツマン流に，場合の数からエントロピー変化を求める．確率の考え方によれば，コックを開け全体の体積を V_2 にしたときに1個の粒子が体積 V_1 の容器内にいる確率は，明らかに V_1/V_2 である．もちろん，全体積 V_2 にいる確率は1なので，「容器1にいる場合の数 W_1」と「全体積のどこかにいる場合の数 W_2」の比は，それぞれの確率の比に等しく，次のようになる[†]．

$$\frac{W_2}{W_1} = \frac{(\text{全体のどこかにいる確率})}{(\text{容器1にいる確率})} = \frac{1}{\frac{V_1}{V_2}} = \frac{V_2}{V_1}$$

容器の中に n モル個の粒子があって，それぞれが独立であれば，全体の $\frac{W_2}{W_1}$ は，粒子1個のときの $\frac{W_2}{W_1}$ を粒子の個数 (nN_A) 回掛けた数になるので

$$\frac{W_2}{W_1} = \left(\frac{V_2}{V_1}\right)^{nN_A}$$

となる[†]．すると，膨張にともなうエントロピー変化 ΔS は

$$\Delta S = S_2 - S_1 = k_B \ln W_2 - k_B \ln W_1 = k_B \ln \frac{W_2}{W_1} = nR \ln \frac{V_2}{V_1} \quad (13.3)$$

となる（ここで $N_A k_B = R$ を使った）．

(b) 熱力学的な定義式によるエントロピー変化

次に，熱力学的な定義式 (13.2) から S を計算する．ボルツマンによる定義との一致を見るために，まずとりあえず，式 (13.2) で定義される S が状態関数であることを認めて出発しよう．

エントロピーを状態関数と認めたので，その値は初期状態と最終状態だけに依存し，その間の経路には依存しない．よって，この膨張が実際は可逆過程でなくても，可逆的変化と考えて式 (13.2) を積分することによって，次のように ΔS を計算できる（これが状態関数であることのメリットである）．

Assist　場合の数と確率

確率の考え方がイメージしにくければ，「容器1にいる場合の数」は，容器内のすべての空間を微小体積 ΔV に分割し，粒子が $V_1/\Delta V$ 個の小区画のどこにいるかの場合の数であると考えてもよい．そうすると，1個のボールを $V_1/\Delta V$ 個の箱に入れる場合の数 W_1 と同じであり

$W_1 = V_1/\Delta V$

となる．一方，V_2 では

$W_2 = V_2/\Delta V$

となるゆえ，次のようになる．

$W_2/W_1 = V_2/V_1$

Assist　同じ容器に集まる確率

気体はランダムに運動しているので，偶然に同じ容器に集まってしまう確率もあるはずである．上の計算を使うと，偶然同じ容器に集まる確率を計算することもできる．簡単のため，2つのフラスコの体積を同じと仮定すると $V_2 = 2V_1$ である．すると，1モルの気体粒子が偶然に片方だけに存在する確率は

$$\left(\frac{V_1}{V_2}\right)^{N_A} = \left(\frac{1}{2}\right)^{6 \times 10^{23}} = 10^{-1.8 \times 10^{23}}$$

であり，想像できる範囲を超えたとてつもなく小さい値であることがわかる．

$$\Delta S = \int_1^2 \frac{\delta q_{rev}}{T} \tag{13.4}$$

ΔS を計算するために，熱力学第一法則

$$\delta q_{rev} = dU - \delta w_{rev}$$

を用いる．後に 14.3.3 項で証明するが，理想気体の U は温度だけに依存し体積に無関係なので，$dU = 0$ である（上のボルツマン流の計算でも，粒子間の相互作用などは考えてないので理想気体と思ってよい）．したがって $\delta q_{rev} = -\delta w_{rev}$ である．

この可逆な仕事は

$$\delta w_{rev} = -PdV = -\frac{nRT}{V}dV$$

で与えられるので

> **エントロピー変化**
> $$\Delta S = \int_1^2 \frac{\delta q_{rev}}{T} = -\int_1^2 \frac{\delta w_{rev}}{T} = nR\int_{V_1}^{V_2} \frac{dV}{V} = nR\ln\frac{V_2}{V_1} \tag{13.5}$$

となる．これは式 (13.1) から求めたエントロピー変化の式 (13.3) と一致する．いずれの場合でも $V_2 > V_1$ なので $\Delta S > 0$ である．つまり<u>理想気体が膨張するときエントロピー（すなわち場合の数）が増大する</u>ことがわかるが，これは<u>動ける空間が広がるためと定性的に理解できる</u>．

このように，式 (13.2) で定義した S は乱雑さを表す S として適当であると考えられる．熱力学の体系に粒子描像は必要でなく，統一的に熱力学体系を扱うために，本章から 17 章までは，式 (13.2) でエントロピーを考えることにする（もう少し一般的で簡略な証明は 18 章でおこなう）．

13.2　エントロピーは状態関数

さて，先に仮定した，S が状態関数であることを示そう．そのためには，dS の積分が経路に依存しない，つまり任意のサイクルについて積分すると 0 になることを示せばよい．数学的には

$$\oint dS = 0 \quad \text{あるいは} \quad \oint \frac{\delta q_{rev}}{T} = 0 \tag{13.6}$$

であることを示せばよい[†]．積分記号上の円は循環過程を表す．

13.2.1　理想気体のカルノーサイクル

任意のサイクルについて積分すると 0 になることを示すために，まずは，理想気体の**カルノーサイクル** (Carnot cycle) とよばれるある特別なサイクルについて正しいことを示そう．カルノーサイクルとは，フランスの技術者カルノー (N. L. S. Carnot) が考えた，以下の熱エンジンのように，**循環**（サイクル）的な熱のやりとりで仕事をする熱機関である．

各過程においてある高温熱源（温度 T_h）から熱としてエネルギーを受け取り、このエネルギーの一部で仕事をして残りのエネルギーを低温熱源（温度 T_c）に熱として放出する（図 13-6）。その過程は以下のようにおこなわれる。

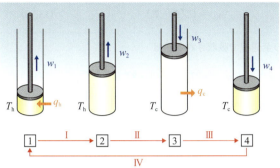

図 13-6 カルノーサイクルの循環図

> **過程 I** 状態 1 から状態 2 へ等温可逆膨張させる（状態 1：T_h, P_1, V_1 → 状態 2：T_h, P_2, V_2）。この過程で系が行う仕事を w_1、熱の移動量を q_h とする。
>
> **過程 II** 状態 2 から状態 3 へ断熱可逆膨張させる（状態 2：T_h, P_2, V_2 → 状態 3：T_c, P_3, V_3）。この過程で系が行う仕事を w_2 とする。熱の移動は $q = 0$ である。
>
> **過程 III** 状態 3 から状態 4 へ等温可逆圧縮させる（状態 3：T_c, P_3, V_3 → 状態 4：T_c, P_4, V_4）。この過程で系が行う仕事を w_3、熱の移動量を q_c（$q_c < 0$）とする。
>
> **過程 IV** 状態 4 から断熱可逆圧縮して元の状態に戻る（状態 4：T_c, P_4, V_4 → 状態 1：T_h, P_1, V_1）。この過程で系が行う仕事を w_4 とする。熱の移動は $q = 0$ である。

これらを P-V 曲線として描いたのが図 13-7 である。これは一見すると複雑な過程であるが、その結果はシンプルで、非常に重要ないくつかのことを教えてくれるので、現在でもモデル計算として使われている。このそれぞれの過程における q と w は以下のように計算できる。

> **過程 I**
> $$w_1 = -\int_{V_1}^{V_2} p\,dV = -\int_{V_1}^{V_2} \frac{nRT_h}{V}\,dV = -nRT_h \ln\frac{V_2}{V_1} \quad (13.7)$$
>
> この過程では温度が変わってないので理想気体の内部エネルギーも変化がない（$\Delta U = 0$）。熱力学第一法則から $\Delta U = q_h + w_1 = 0$ であり、よって次のようになる。
> $$q_h = -w_1$$
>
> **過程 II** $q = 0$ なので、仕事のエネルギーは（熱力学第一法則から）内部エネルギーに等しく、次のようになる。
> $$w_2 = \Delta U = C_V(T_c - T_h) \quad (13.8)$$

Assist　任意のサイクルの積分　p.260

任意のサイクルで式 (13.6) の積分が 0 となれば、経路に依存しないことは、以下のように考えるとわかる。A から B へ行って（経路 I）、次に B から A に戻ってくる過程（経路 II）を考える。任意のサイクルについて積分すると 0 になるということは

$$\int_{A\text{経路 I}}^{B} \frac{\delta q}{T} + \int_{B\text{経路 II}}^{A} \frac{\delta q}{T} = 0$$

ということである。ここで A から B へ向かう経路を、まったく逆に B から A へ戻る（経路 III）ことを考える。これは同じ経路を逆に戻るだけなので、熱の出入りも逆になる。すなわち

$$\int_{A\text{経路 I}}^{B} \frac{\delta q}{T} = -\int_{B\text{経路 III}}^{A} \frac{\delta q}{T}$$

これを式 (A) に代入すると

$$\int_{B\text{経路 II}}^{A} \frac{\delta q}{T} = \int_{B\text{経路 III}}^{A} \frac{\delta q}{T}$$

I と II、よって II と III は任意の経路なので、dq/T の積分は経路によらないことがわかる。

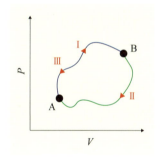

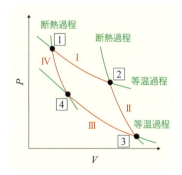

図 13-7　カルノーサイクル（赤線）の圧力-体積図
緑線は、断熱過程と等温過程を表す。

過程Ⅲ 上の過程Ⅰと同様にして，次のようになる．

$$w_3 = -q_c = -nRT_c \ln\frac{V_4}{V_3} \tag{13.9}$$

過程Ⅳ 断熱過程なので $q=0$ であり，次のようになる．

$$w_4 = C_V(T_h - T_c) \tag{13.10}$$

よって，Ⅰ～Ⅳの全過程で吸収された熱は

$$q = q_h + q_c = nRT_h \ln\frac{V_2}{V_1} + nRT_c \ln\frac{V_4}{V_3} \tag{13.11}$$

となる．$V_1 < V_2$ なので第1項は正(熱の吸収)で，$V_3 > V_4$ なので第2項は負(熱の放出)である．また，全仕事は $w = -q$ である．

このように，始状態と終状態が同じであるサイクル過程では，状態関数である内部エネルギーの変化はなく $\Delta U = 0$ であるが，熱と仕事は状態関数でないので上のような0でない値をとっている．さて，カルノーは，<u>この可逆サイクルの全過程に対する q は0でないが，$\delta q/T$ の全過程に対する積分は0になることを見出した</u>．

これを示すのは簡単である．まず過程ⅡとⅣに関しては $q=0$ であり，過程ⅠとⅢに関しては温度が一定であるので

$$\int\frac{\delta q}{T} = \frac{1}{T_h}\int_{経路Ⅰ}\delta q + \frac{1}{T_c}\int_{経路Ⅲ}\delta q = \frac{q_h}{T_h} + \frac{q_c}{T_c} = nR\ln\frac{V_2}{V_1} + nR\ln\frac{V_4}{V_3}$$

$$= nR\ln\frac{V_2 V_4}{V_1 V_3} \tag{13.12}$$

となる．ここで理想気体の断熱可逆過程に対しては式(12.24)で示した $TV^{R/C_{V,m}} = $ 一定 という関係があるので，$C_{V,m}/R = c$ とすると，過程Ⅱについて $V_2 T_h^c = V_3 T_c^c$，過程Ⅳについて $V_1 T_h^c = V_4 T_c^c$ である．よって

$$\frac{V_2}{V_3} = \frac{T_c^c}{T_h^c} = \frac{V_1}{V_4} \tag{13.13}$$

であり，$V_2 V_4/(V_1 V_3) = 1$ となる．すなわち $\delta q_{rev}/T$ の全過程に対する積分式(13.12)は $nR\ln 1 = 0$ となる．ここで，カルノーサイクルは可逆過程に対しておこなわれたということを明確に表すために下付きの「rev」をつけた．よって理想気体のカルノーサイクルでは，$\delta q_{rev}/T$ が状態関数であるといえる．

また，式(13.12)が0なので

$$\frac{q_h}{T_h} + \frac{q_c}{T_c} = 0 \tag{13.14}$$

である．つまり次のように書ける．

$$\frac{q_h}{q_c} = -\frac{T_h}{T_c} \tag{13.15}$$

ここで，この**熱機関の効率** η を，熱機関がした仕事を高温熱源から熱として受け取ったエネルギーで割った量で定義する．

熱機関の効率
$$\eta = \frac{-w}{q_h} = \frac{q_h + q_c}{q_h} \tag{13.16}$$

これは，受け取ったエネルギーのうちどれだけの割合を仕事に変えることができるかという量である．式(13.14)より $q_c = -q_h(T_c/T_h)$ なので，効率は，

$$\eta = 1 - \frac{T_c}{T_h} = \frac{T_h - T_c}{T_h} \quad (13.17)$$

と書くことができる[†]．すなわち，<u>熱機関の効率は，熱をもらうほうの温度と熱を捨てるほうの温度に依存し，必ず1以下になる</u>ことがわかる．

η が1になるのは $T_c = 0$ のときだけである．この η が1になる温度を0として定義したのが**熱力学温度目盛り**（thermodynamic temperature scale）である[†]．

13.2.2 任意の媒体のカルノーサイクル

さて，上では理想気体のカルノーサイクルについて $\delta q_{rev}/T$ が状態関数となることを示したが，それ以外の媒体でも成り立つのであろうか．実は，全過程で可逆的におこなわれた熱機関サイクルは，媒体が何であれ，同じ効率をもつことが以下のような考察で示される．

上で見たサイクルは，高温熱源から熱 q_h をもらって仕事をし，低温熱源に q_c の熱を捨てた．これはまさにエンジンなどで見られる熱機関である．しかし全過程で可逆的に動作するエンジンはすべて逆向きにも運転できて，その場合，仕事というエネルギーをもらうことで低温側から熱を奪い，高温側に熱を捨てる熱ポンプとなる（これをやっているのがエアコンである）．

ここで，2個の可逆エンジンAとBを同じ2つの熱源の間で運転することを考える．

2つのエンジンが同じ効率であれば，エンジンAの仕事を使ってBのエンジンを動かすことができるので，高温側からの熱をエンジンAで低温側に移して，そのままエンジンBによって高温側に戻すことができる（図13-8a）．結局，この全過程では，外部（2つのエンジン以外）に対して仕事もしていないし，熱の移動もないことになり，常識に反することは何もない．

しかし，もし2つのエンジンの効率が違えばどうなるだろうか．仮にエン

Assist 熱機関の効率

可逆過程は，前章で述べたように，最大の仕事ができる過程なので，(13.17)で求めた効率は最大効率である．このように最大効率で熱エンジンを動かしても，効率は高温と低温の温度比の関数であり，1より小さいことがわかる．つまり，熱機関では効率1にすることはできない．また温度差が大きいほど効率はよい．車のエンジンなど，普通は低温側の温度は室温近くで動かすので，効率を上げるためには高温側の温度をなるべく高くしたほうがよいことがわかる．

Assist 熱力学温度目盛り

温度目盛りを決めるには，0だけでなく，もう1点基準を決める必要があるが，それが水の三重点 $T = 273.16$ K である．

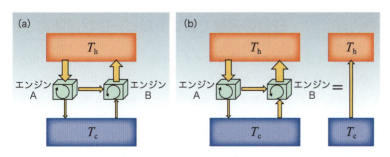

図13-8 2つの同じ効率のカルノーサイクルを組み合わせた場合(a)と効率の異なるカルノーサイクルを組み合わせた場合(b)

矢印の太さが移動するエネルギーの大きさを表す．片方のカルノーサイクルでは高温側から熱を受け取り（下向き矢印），仕事（左から右への矢印）をして残りのエネルギーを低温側に捨てる．もう片方ではそれを逆に動かして，仕事を使って低温側の熱を高温側に運ぶ．(a)のように2つの同じ効率のカルノーサイクルを組み合わせると，何も変化を残していないことになる．(b)のようにもしカルノーサイクルの効率が異なれば，2つのカルノーサイクルを使って，自発的に低温側から高温側に熱が流れるという「常識」に反した現象が起こることになる．

ジンAの効率がカルノーサイクルで得られた最大効率 $\eta_{\max}$ で，エンジンBの効率はそれより低いとしよう．エンジンAによる仕事は $\eta_{\max} q_h$ であり，もらったエネルギーから仕事分を引いたエネルギー $q_h - \eta_{\max} q_h = (1-\eta_{\max})q_h$ を低温側に捨てることになる．エンジンBを使って，高温側から熱をもらい低温側に熱を捨てるカルノーサイクルによって，エンジンAと同じだけの仕事量を得るためには，少なくともこの仕事量を効率で割った $\eta_{\max} q_h / \eta$ だけのエネルギーを高温側からもらわなくてはならない．その仕事をした後，残りのエネルギーを低温側に捨てるが，その大きさは

$$（もらったエネルギー）-（した仕事）=(\eta_{\max} q_h / \eta)-(\eta_{\max} q_h)=[(\eta_{\max}/\eta)-\eta_{\max}]q_h$$

となる．$(\eta_{\max}/\eta) > 1$ なので，これはエンジンAの捨てる熱より大きく，結局，低効率のエンジンはたくさんの熱をもらって，たくさんの熱を捨てないと高効率のエンジンと同じ仕事はできないということになる．すなわち，仕事を得るための熱エンジンとしてはエンジンAより劣っていることになるが，逆に動かすと，エンジンBは少ない仕事でたくさんの熱を高温側に運ぶすぐれた熱ポンプになるということである．

そのため，エンジンAの仕事を使ってBのエンジンを動かすと，高温側からの熱はエンジンAで低温側に移るが，それよりも多くの熱を低温側から吸い上げて高温側に捨てられることになる．すなわち，全体としてみると，系は仕事をしてもされてもいないのに，勝手に熱が低温から高温に移動していることになる（図13-8b）．これはわれわれが経験的に知っている「熱は高温から低温に流れて，決して逆に低温から高温には流れない」ことに矛盾している．したがって，元の仮定がまちがっている，すなわち「すべての可逆エンジンは同じ効率をもつ」と結論しなくてはならない．つまり，<u>最大効率は熱機関の設計や作業物質に依存しない</u>と結論づけられる．もしすべての可逆エンジンの効率が等しいならば，式(13.15)が成り立ち，よって式(13.14)が成り立つので，理想気体のカルノーサイクルで導いた $\delta q_{\mathrm{rev}}/T$ が状態関数であるという結論はすべての媒体において正しいことになる．

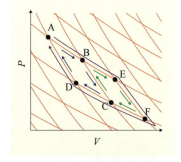

図 13-9 2 つのカルノーサイクルを組み合わせた場合の圧力-体積図
共通部分(B-C間)では打ち消し合って，全体ではその外周のサイクル(紫線)として扱える．

13.2.3 任意の過程でエントロピーは状態関数

最後に，任意の可逆過程からなるサイクルは，カルノーサイクルの組み合わせとして表すことができることを示す．まず2つのカルノーサイクル A→B→C→D→A（青サイクル）と B→E→F→C→B（緑サイクル）を考えよう（図13-9）．このどちらも，1周すると上で示したように $\delta q_{\mathrm{rev}}/T$ が0となる．この過程の中で，青矢印のB→Cと緑矢印のC→Bは同じ経路で逆方向の過程なので，この2つの部分は打ち消し合う．よって，青サイクルと緑サイクルを足したものは，A→E→F→D→A というサイクルになり，これの $\delta q_{\mathrm{rev}}/T$ の和はやはり0である．すなわち，共通部分のあるカルノーサイクルを足した $\delta q_{\mathrm{rev}}/T$ は，それぞれのサイクルの外周の和になって，ゼロになることがわかる．

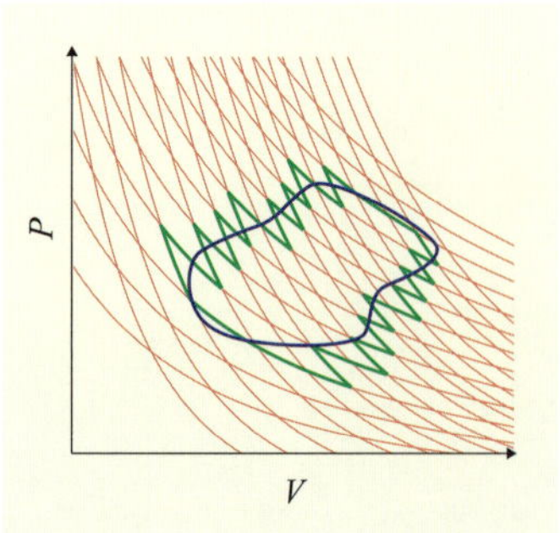

図 13-10 任意のサイクル(青線)は，多数の小さなカルノーサイクル(赤線)の和(緑線)として表せることを示した図
もっと小さなカルノーサイクルを考えれば，青線と緑線は一致する．

同じことを一般のサイクルに拡張できる．図13-10で示すように，一般

のサイクル(青色のサイクル)は,多数の小さなカルノーサイクルに分割することができる.先と同様に,このサイクルの中で隣に逆方向のサイクルがある場合,カルノーサイクルではエントロピーは状態関数だから,行って同じところに帰ってきたら0になる.つまり,ある経路に沿ったエントロピー変化は隣のサイクルのエントロピー変化で打ち消される.打ち消されない経路は,隣にサイクルがないところ,すなわち周辺にある経路でのエントロピー変化(図 13-10 の緑色の経路)である.このカルノーサイクルはいくらでも小さくすることができるので,緑のサイクルを青サイクルと無限に近づけることもできる.それぞれのカルノーサイクルのエントロピー変化は0であるから,一般の可逆サイクルの経路に沿った積分は0になる.よって,S は状態関数であることが証明できた.

以上のように,熱が高温から低温へ流れるという「常識」にもとづいて,エントロピーが状態関数であることを示すことができた.これは非常に重要な結論である.すでに前節でこの結論を使っていたが,<u>エントロピーが状態関数であるので,何か変化が起こったときに,その経路に関係なく,その状態のエントロピーを計算できる</u>のである.

例題 13.1　熱機関の効率

熱エンジンで,高温の水蒸気(100 ℃)から熱を受け取り,室温(20 ℃)に熱を捨てるとき,その最大効率はいくらになるか.

解答

効率は $\eta = 1 - (T_\mathrm{c}/T_\mathrm{h})$ なので,$\eta = 1 - (293/373) = 0.254$ となる.つまり受け取ったエネルギーのうち,最大でも 25% ほどしか仕事として使えない.

■チャレンジ問題

P-V 座標に描いたカルノーサイクル(図 13-7)を,同様に S-T 座標に対してプロットせよ.

13.3　不可逆過程のエントロピー

さて,エントロピー S は状態関数であることがわかった.その性質として,状態が決まれば唯一に決まる.よって,状態1から状態2へ変化するとき,可逆か非可逆かによらず,(13.1.2 項で計算したように)可逆と仮定して ΔS を計算することができる.しかし,その定義に入っている δq_rev は可逆過程の熱であるが,不可逆過程については q が経路関数であるので,δq_rev と異なっていてもおかしくない.つまり,経路に依存していてもおかしくないのに,なぜ S は経路に依存しないのか.こうした経路の違いはどのように表されるのか.これを,理想気体の等温膨張における可逆変化と不可逆変化の違いで見ていこう(図 13-11).

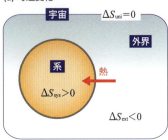

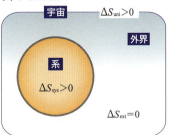

図 13-11 可逆過程と不可逆過程のエントロピー変化

可逆変化では系のエントロピーが増えてもそれを打ち消す外界のエントロピー減少があって、全体として見るとエントロピー変化はない。しかし、不可逆変化では、全体として見たときにもエントロピーの増加がある。

可逆等温膨張でも不可逆等温膨張でも、エントロピーは状態関数なので、始状態と終状態が同じならば、系のエントロピー変化 ΔS_{sys} は、同じ式 (13.5) で与えられる。次に、外界のエントロピー変化 ΔS_{ext} を調べてみる。

等温可逆膨張では、$\Delta U = 0$（理想気体の等温過程）であり、系は仕事をした分、そのエネルギーを外界から受け取らなくてはならない。その大きさは仕事量の符号を逆にした、$q_{rev} = -w_{rev} = nRT \ln(V_2/V_1)$ である。したがって外界のエントロピーは

$$\Delta S_{ext} = -\frac{q_{rev}}{T} = -nR \ln \frac{V_2}{V_1} \tag{13.18}$$

だけ減少することになる。よって、宇宙の全エントロピー変化 ΔS_{uni} は

$$\Delta S_{uni} = \Delta S_{sys} + \Delta S_{ext} = 0$$

となる。すなわち、全過程が可逆的に実行されると、系と外界を足した宇宙のエントロピー変化はないことがわかる。

一方、不可逆膨張として、真空への膨張を考えよう。不可逆膨張でも温度が変わらなければ $\Delta U = 0$（理想気体の等温過程）である。気体は何も仕事をしないから $w_{irr} = 0$ で、したがって熱力学第一法則から $q_{irr} = 0$ である。つまり外界から系に熱の形のエネルギーは供給されない。よって $\Delta S_{ext} = 0$ である。したがって全エントロピー変化は次の式で与えられる（式 13.5）。

$$\Delta S_{uni} = \Delta S_{sys} + \Delta S_{ext} = nR \ln \frac{V_2}{V_1} + 0 = nR \ln \frac{V_2}{V_1}$$

つまり、系の ΔS はどちらの経路でも同じ値だが、外界の ΔS に違いが現れる。系のエントロピーはどちらも同じなので、宇宙のエントロピーに違いが出るといってもよい。この例からわかるように、<u>可逆過程では宇宙のエントロピー変化はなく、不可逆過程では宇宙のエントロピーは増大する</u>。

13.4 熱力学第二法則

エントロピーが状態関数であることを証明するときに仮定した、「熱が自然に高温から低温に流れるという経験」に矛盾することはこれまで見つかっていない。これは

> ほかに何ら変化をともなわずに、低温の物体から高温の物体に熱を移すことはできない。

と言い換えられ、これを**クラウジウスの原理**という。この原理を数式で表すために、この「自発過程のエントロピー変化」を計算してみよう。

13.4.1 自発過程のエントロピー変化

図 13-12 のような、外界からは熱的に孤立した大きな 2 部屋 A, B から

図 13-12 高温と低温の物質を含む熱的に孤立した 2 つの部屋

なる系を考える．AとBはそれぞれの内部では平衡であり，それぞれの部屋の温度をT_AとT_Bとする．これら2つの部屋は，固定されている壁で隔てられているが，熱は通すものとする．この2部屋からなる全系のエネルギーUとエントロピーSは，熱力学第一法則とエントロピーの定義より

$$U = U_A + U_B = \text{定数} \qquad S = S_A + S_B$$

と表される．ここで，壁を通して熱が流れたとする．このとき，部屋の熱容量が十分に大きくてそれぞれの部屋の温度変化は無視でき，また壁は固定されているので，熱エネルギーの流れによる仕事はない（$\delta w = 0$）とする．そして，$dS = \delta q_{rev}/T$なので，それぞれの部屋の内部エネルギー変化は

$$dU_A = \delta q_{rev} + \delta w_{rev} = T_A dS_A \qquad dU_B = \delta q_{rev} + \delta w_{rev} = T_B dS_B$$

で表される．よって，この2部屋の系のエントロピー変化は

$$dS = dS_A + dS_B = \frac{dU_A}{T_A} + \frac{dU_B}{T_B} \tag{13.19}$$

となる．しかし，この2部屋の系は外部からは孤立しているので，$dU = dU_A + dU_B = 0$であり，$dU_A = -dU_B$の関係があるので，全体のエントロピー変化は

自発過程のエントロピー変化

$$dS = dU_B \left(\frac{1}{T_B} - \frac{1}{T_A} \right) \tag{13.20}$$

となる．すなわち，<u>系内の熱の移動によって（温度変化がなくても）エントロピーは変化しているのである</u>．

ここで，熱の流れる方向とエントロピー変化の符号を考える．$T_B > T_A$ならば，BからAへエネルギーが熱として流れることが経験でわかっていて，$dU_B < 0$である．すると，式(13.20)から$dS > 0$である．同様に，$T_B < T_A$ならば，$dU_B > 0$（系Aから系Bへエネルギーが熱として流れる）なので，やはり$dS > 0$である．この結果は，<u>高温物体から低温物体への熱としてのエネルギーの自発的な流れが，$dS > 0$という条件に支配されている</u>と解釈することができる．もし$T_A = T_B$ならば，この2部屋の系は平衡であり，$dS = 0$である．

13.4.2 熱力学第二法則

上で調べたことをもう少し一般化しよう．エネルギーの変化を考えなくてよいように，上の例のようなエネルギーが一定になる孤立系における無限小の自発的変化を考える．内部エネルギーは状態関数なので，その変化は可逆過程か不可逆過程かという経路によらず一定であり

$$dU = (0 =) \delta q + \delta w = \delta q_{rev} + \delta w_{rev} \tag{13.21}$$

となる．ここで，δqとδwは一般の過程で起こる熱と仕事の変化である．可逆膨張過程では最大のエネルギーが仕事として使え（$|\delta w| \leq |\delta w_{rev}|$），$\delta w$と$\delta w_{rev}$はどちらも負であることに気をつけると，$\delta w - \delta w_{rev} \geq 0$であることが

わかる．よって，$\delta q_{rev} - \delta q = \delta w - \delta w_{rev} \geq 0$ であり，したがって $\delta q_{rev} \geq \delta q$ が導かれる．可逆圧縮過程でも同じである．すなわち

クラウジウスの不等式
$$dS = \frac{\delta q_{rev}}{T} \geq \frac{\delta q}{T} \tag{13.22}$$

となる．ここで等号は可逆過程の場合である．これを**クラウジウスの不等式**という．系が孤立系(あるいは宇宙と一致)であれば $\delta q = 0$ であるから

$$\Delta S \geq 0 \tag{13.23}$$

である．等号はやはり可逆過程のときである．この式(13.23)は，

> ・系と外界を含めた宇宙のエントロピー変化(あるいは孤立系のエントロピー)は減少することはない．
> ・孤立系で自発過程が起こるとき，エントロピーは増加する．

ということを示しており，**熱力学第二法則** (second law of thermodynamics) といわれる．

　高温物体と低温物体を接触させたとき，高温物体の温度が冷え低温物体の温度が上がるが，逆に，高温物体の温度が上がり低温物体の温度が下がるという現象は起こらない．あるいは，前節の気体粒子の真空容器への膨張は自然に起こることなど，そのほかにもエネルギー変化がないにもかかわらず変化が起こる現象は広く一般に見られる．こうした場合に共通しているのは，「場合の数(エントロピー)が増える方向に進む」とまとめることができる．

　孤立系ではエネルギーは一定なので，孤立系でのすべての自発過程の原動力はエントロピーの増加から生じるといえるのである．つまり，エネルギーと異なりエントロピーは保存される必要がなく，自発過程が生じるたびに増

Focus 13.1　　熱力学第二法則に違反している？

　エントロピーの定義が $\Delta S = \delta q_{rev}/T$ なので，熱が系から出て行くような $\delta q_{rev} < 0$ ならば，エントロピーは小さくなるではないかと思うかもしれない．確かに，この場合，系のエントロピーは小さくなっている．しかしその分，外界への熱の流出が起こり，可逆過程ではその2つがキャンセルして宇宙での $\Delta S = 0$ が成り立つ．もしそれが不可逆過程ならば，系のエントロピーが低下する以上に外界のエントロピーは増大しているはずである．すなわち，条件 $\Delta S \geq 0$ は孤立系，あるいは宇宙に対するものであることを忘れてはいけない．

　一見，自発過程でも $\Delta S < 0$ になっていることはあちこちで見られる．たとえば，冷蔵庫の中で氷ができるときは，水という乱雑なものから氷という秩序の大きなものをつくり出している(エントロピーの減少)．これは第二法則に違反しているわけではなく，冷蔵庫の外では必ず水から氷をつくった負の ΔS 以上のエントロピー増加をもたらしている．冷房も熱を外部に運んで部屋の $\Delta S < 0$ をつくり出しているが，それ以上に外界の ΔS を増加させている．これが都市部の温暖化の一因になっている．

　また，ヒトを含め生物は，細胞をつくるなどエントロピーを減少させて生きている．秩序立った構造を自然につくっているように見えるが，生物は勝手にエントロピーを減少させているわけではない．他のエネルギーや他のエントロピー増大(食物からとったもの)を使って減少させているのである．現在まで，本当にこの熱力学第二法則に違反している現象は見つかっていない．

加すると認識しておくことが重要である．

　孤立系のエントロピーは増加し続けるが，どこかでそれ以上自発過程が生じない平衡状態になるであろう．したがって，孤立系のエントロピーは平衡状態で最大になるといえる．つまり，孤立系の平衡状態では $dS = 0$ である．さらに，以前 12.2.2 項で説明したように，定義によって可逆過程は過程のどの瞬間においても平衡であるから，孤立系の可逆過程については常に $dS = 0$ であるとわかる．これは 13.3 節で求めた，可逆過程での $\Delta S_{uni} = 0$ に対応する．

　熱力学第二法則は別の表現で表されることもある．これまでの議論を振り返るとわかるように，上の式は熱エンジンの議論から導かれている．よって，同等な表現として，$T_h = T_c$ ならば効率はゼロであること，すなわち

> 等温循環過程から仕事を得ることは不可能である．

ともいえる．この結論は**第二法則のケルビンの表現**として知られている．等温で孤立した系は，外界に変化を残すことなく熱を仕事に変換することはできないのである．

　また，カルノーサイクルからわかるように，高温側からエネルギーを得て仕事に変えても，かならず低温側に熱を捨てないといけない．つまり

> 熱をもらうだけで捨てないでそれをすべて仕事に変えることはできない．

といえる．これは**トムソンの原理**とよばれる．

13.4.3　熱接触した2つの物体のエントロピー変化

　ΔS を計算する例として，外界から孤立させられた2つの物体が熱接触し，温度が等しくなる場合を考えよう．簡単のために，2つの物体は同じ大きさで同じ熱容量 C_V をもつとする．すると2つの物体の温度は最終的に平均の

$$T = \frac{T_h + T_c}{2}$$

となるであろう．次に，それぞれの物体についてエントロピー変化を計算する．$\delta q_{rev} = dU = C_V dT$ なので，温度が T_1 から T_2 に変化したときのエントロピー変化は

$$\Delta S = \int_{T_1}^{T_2} \frac{C_V dT}{T}$$

である．T_1 から T_2 の間で C_V が一定とすると

$$\Delta S = C_V \ln \frac{T_2}{T_1}$$

である．初め温かかった物体では，$T_1 = T_h$ および $T_2 = (T_h + T_c)/2$ なので

$$\Delta S_h = C_V \ln \frac{T_h + T_c}{2T_h} \tag{13.24}$$

となる．これは負の値で，エントロピーは減少している．同様に，冷たかっ

た物体は

$$\Delta S_c = C_V \ln \frac{T_h + T_c}{2T_c} \tag{13.25}$$

となり，これは正である．また，式(13.24)(13.25)の対数の中の分子は同じ値で，分母を比べると $T_h > T_c$ なので，$|\Delta S_h| < |\Delta S_c|$ であることはすぐにわかる．よってエントロピーの全変化量

$$\Delta S = \Delta S_h + \Delta S_c = C_V \ln \frac{(T_h + T_c)^2}{4T_h T_c}$$

は正である†．

> **Assist** ΔS が正になる計算
>
> $(T_h - T_c)^2 = T_h^2 - 2T_h T_c + T_c^2 > 0$ から始め，両辺に $4T_h T_c$ を加えると，
> $T_h^2 + 2T_h T_c + T_c^2 = (T_h + T_c)^2 > 4T_h T_c$
> が得られる．よって
> $\ln \frac{(T_h + T_c)^2}{4T_h T_c} > 0$
> である

驚くべきことに，膨大で広範な熱力学の体系は，基本的には熱力学第一法則と第二法則のたった2つの法則から成り立っているといえる．すなわち，「エネルギー保存(第一法則)と，現象の起こる確率(第二法則)が，世の中のすべての過程を支配している」のである．これ以降の章では，この基本となる2つの法則から，数学を使って実用上大切ないろいろな規則を導いていく†．

> **Assist** 熱力学法則は経験則
>
> 実は，もととなるこれらの2つの法則は経験則である．本当にこれらは正しいのか？ それは誰にもわからない．しかし，これまでにこれに違反している現象がないということから，その正当性が確保されているのである．

例題 13.2　エントロピー変化

容器に入った 100 g の 30 ℃の水と 500 g で 90 ℃での水を熱的に接触させた．温度が一定になったときのそれぞれの水のエントロピー変化を求めよ．ただし，水の定容熱容量 C_V を 4.2 J g^{-1} K^{-1} で温度に依存しないとし，またこれらの水の外には熱は逃げず，容器の熱容量も無視してよいとする．

[解答]

平衡になったときの温度を T とすると，エネルギーは保存するので

$$C_V 100 \text{ g}(T - 30) = C_V 500 \text{ g}(90 - T)$$

よって

$$T = (45000 + 3000)/600 = 80 \text{ ℃ } (353 \text{ K})$$

30 ℃ (303 K)の水のエントロピー変化は

$$\Delta S = 4.2 \text{ J g}^{-1} \text{K}^{-1} \times 100 \text{ g} \times \ln \frac{353}{303} = 64 \text{ JK}^{-1}$$

90 ℃ (363 K)の水のエントロピー変化は

$$\Delta S = 4.2 \text{ J g}^{-1} \text{K}^{-1} \times 500 \text{ g} \times \ln \frac{353}{363} = -59 \text{ JK}^{-1}$$

> **チャレンジ問題**
>
> 断熱された容器を $P_{ext}(>P)$ で V_1 から V_2 まで圧縮したときのエントロピー変化を求めよ．また，粒子の動ける体積が減る($\Delta V < 0$)ので，乱雑さを表すエントロピーは減少する($\Delta S < 0$)ように思われるが，そうなっているかどうかを議論せよ．

13.5 熱力学第三法則

熱力学の最後の法則として，**熱力学第三法則**（third law of thermodynamics）について述べておこう．これは熱力学の式の展開のためにはあまり使われないが，反応など現象の説明にたいせつな「エントロピーの絶対値」を決める際に使われる．

熱力学第三法則といわれているものにはいくつかの等価な表現があるが

> 純粋で完全な結晶に対して絶対零度でのエントロピーはゼロとなる．

とまとめられる★．

直感的には，エントロピーと乱雑さの関係から考えると理解しやすい．この章の最初に述べたように，統計にもとづいたエントロピーの分子論的な式として，ボルツマンの $S = k_B \ln W$ がある（式 13.1）．分子に対しては，W は系の全エネルギーを種々のエネルギー状態に分配する際の場合の数と考えられる（詳細は 18 章で議論する）．温度 0 では多くの物質が結晶になって空間的に完全な秩序ができ，さらに原子や分子の運動も静止し，最低エネルギーの状態になるであろう．こうした状態では基底状態以外の状態を選ぶことができないので，場合の数 W は 1 になり，よって $S = 0$ となる．

純粋という制限は，もし混合物ならば成分分離によってさらにエントロピーを下げることができるため，絶対零度でも $S > 0$ となることを示している．また，完全でない結晶でも $S = 0$ にはならないことを後で示す．

この法則を使って，前節で述べたエントロピーの絶対値を決めることができることを次の節で見ていく．

> **Topic 第三法則の表現**
>
> 第三法則は，ネルンストが「ある物質のエントロピーは，圧力や状態によらず温度がゼロに近づくにつれて一定の値に近づく」と表現した．しかし，いくつかの物質では，一定にならないことがわかってきたので，のちにプランクによって「純物質で熱力学的に安定な状態については，絶対零度でのエントロピーはゼロとなる」と提唱された．この熱力学法則のもつミクロな描像としての意味が，ミクロに対する法則である量子論の父として有名なプランクによって明らかにされたことは興味深い．

13.6 エントロピーの圧力・温度依存性

 ### 13.6.1 エントロピーの圧力依存性

まず，今後よく使うことになる，理想気体のエントロピーの圧力依存性を調べておく．温度一定で気体を圧縮して圧力を増加させれば，体積が減って気体粒子の動ける空間が減少し，$\Delta S < 0$ となるであろう．この圧力依存性は，先に求めた理想気体のエントロピーの体積依存性（式 13.5）

$$\Delta S = nR \ln \frac{V_2}{V_1}$$

を用いると，簡単に計算できて

エントロピーの圧力依存性
$$\Delta S = -nR \ln \frac{P_2}{P_1} \tag{13.26}$$

である．これは，これ以降も多くの場面で出会うことになる式である．

13.6.2 エントロピーの温度依存性

温度が上がるほど高いエネルギー状態まで分布することができるので，分子のとりうる状態数はより大きく，乱雑になり，エントロピーは増えると予想される．エントロピーの温度依存性を調べるために，可逆過程についての熱力学第一法則

$$dU = \delta q_{rev} + \delta w_{rev}$$

を用いると，次の関係式が得られる[†]．

$$\left(\frac{\partial S}{\partial T}\right)_V = \frac{1}{T}\left(\frac{\partial U}{\partial T}\right)_V = \frac{C_V}{T} \tag{13.27}$$

$$\left(\frac{\partial S}{\partial V}\right)_T = \frac{1}{T}\left[P + \left(\frac{\partial U}{\partial V}\right)_T\right] \tag{13.28}$$

式(13.27)は，定容での S の温度依存性を示す式である．よって定容での S の温度変化は

$$\Delta S = S(T_2) - S(T_1) = \int_{T_1}^{T_2} \frac{C_V}{T} dT$$

である．定容熱容量 C_V は正の値をもつので，エントロピーは温度上昇とともに増えることがわかる．狭い温度範囲で，もし C_V が温度に依存しないと考えられるときには

$$\Delta S = C_V \ln \frac{T_2}{T_1}$$

となる．単原子理想気体の場合，$C_V = (3/2)nR$ なので，次のようになる．

$$\Delta S = \frac{3}{2} nR \ln \frac{T_2}{T_1}$$

同様にして，定圧の場合には

$$\left(\frac{\partial S}{\partial T}\right)_P = \frac{C_P}{T} \tag{13.29}$$

であることを導くことができる．よって，定圧で系を加熱した場合には

$$\Delta S = S(T_2) - S(T_1) = \int_{T_1}^{T_2} \frac{C_P}{T} dT \tag{13.30}$$

である．つまり C_P/T を温度に対してプロットしてその積分（面積）（図13-13）からエントロピー変化が求められる．狭い温度範囲で，もし C_P が温度に依存しないと考えられるときには，次のようになる．

> **エントロピーの温度依存性**
>
> $$\Delta S = C_P \ln \frac{T_2}{T_1}$$

Assist エントロピーの温度依存性の導出

$dU = \delta q_{rev} + \delta w_{rev}$ に $\delta q_{rev} = TdS$, $\delta w_{rev} = -PdV$ を代入すると次の式が得られる．

$$dU = TdS - PdV$$
$$dS = (1/T)(dU + PdV) \quad ①$$

ここで U を独立変数である T と V で展開した一般式

$$dU = \left(\frac{\partial U}{\partial T}\right)_V dT + \left(\frac{\partial U}{\partial V}\right)_T dV$$

を式①に代入すると

$$dS = \left(\frac{1}{T}\right)\left(\frac{\partial U}{\partial T}\right)_V dT + \left(\frac{1}{T}\right)\left[P + \left(\frac{\partial U}{\partial V}\right)_T\right]dV \quad ②$$

となる．この熱力学第一法則から導いた式②と，T と V を独立変数とした S の全微分

$$dS = \left(\frac{\partial S}{\partial T}\right)_V dT + \left(\frac{\partial S}{\partial V}\right)_T dV$$

を比較すると，dT と dV のそれぞれの項が等しいので，次の式が導かれる．

$$\left(\frac{\partial S}{\partial T}\right)_V = \frac{1}{T}\left(\frac{\partial U}{\partial T}\right)_V = \frac{C_V}{T}$$

$$\left(\frac{\partial S}{\partial V}\right)_T = \frac{1}{T}\left[P + \left(\frac{\partial U}{\partial V}\right)_T\right]$$

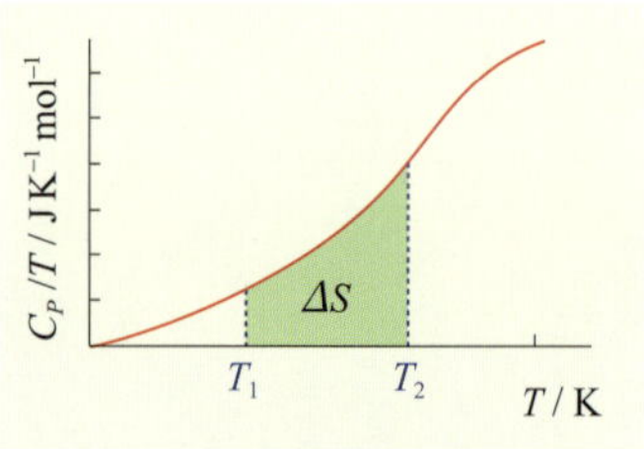

図 13-13　温度とエントロピー
温度 T_1 のエントロピーから別の温度 T_2 でのエントロピーを求めるには，C_P/T を温度に対してプロットし，その下の面積を元のエントロピーに加えればよい．

例題 13.3　エントロピーの温度依存性

やかんの中の 5 mol の水を 20 ℃から 60 ℃まで加熱したときのエントロピー変化を求めよ．ただし水の定圧熱容量は 4.2 JK^{-1}g^{-1} として，この温度範囲では一定とする．

解答

1 モルでの定圧熱容量は $C_P = 4.2\,\mathrm{JK^{-1}g^{-1}} \times 18\,\mathrm{g\,mol^{-1}} = 76\,\mathrm{JK^{-1}mol^{-1}}$
なので，次のように導ける．

$$\Delta S = 5\int_{T_1}^{T_2} \frac{C_P}{T}\,dT = 5\,\mathrm{mol} \times 76\,\mathrm{JK^{-1}mol^{-1}} \times \ln(333/293) = 48.5\,\mathrm{JK^{-1}}$$

チャレンジ問題

n モルの理想気体の温度と体積が (T_1, V_1) から (T_2, V_2) に変化するときのエントロピー変化を求めよ．

13.7 エントロピーの絶対値

S の絶対値を調べよう．絶対値を決めるためには，どこかの温度で値を決めなければならない．一番明白な基準点はおそらく温度 0 であろう．式 (13.30) で $T_1 = 0$，$T_2 = T$ としたら，温度 T での S の絶対値は $S(0)$ を用いて

$$S = S(0) + \int_0^T \frac{C_P}{T}\,dT$$

である．ここで熱力学第三法則の $S(0) = 0$ を使うと

$$S = \int_0^T \frac{C_P}{T}\,dT$$

から絶対値を求めることができる．

ただし，固体-液体や液体-気体などの相転移があると，C_P が不連続になるので上の式は積分できなくなる．こうした場合，相転移は可逆過程（無限小の温度を変えることで逆向きに進めることができる）と考えられるので，相転移に際してのエントロピー変化 $\Delta_\mathrm{trs} S$ を

$$\Delta_\mathrm{trs} S = \frac{q_\mathrm{rev}}{T_\mathrm{trs}} \tag{13.31}$$

によって計算することができる．ここで T_trs はその相転移温度である．

定圧での相転移では $\Delta_\mathrm{trs} H = q$ なので，式 (13.31) は，次のようになる．

$$\Delta_\mathrm{trs} S = \frac{\Delta_\mathrm{trs} H}{T_\mathrm{trs}} \tag{13.32}$$

よって，相転移がある場合に S を計算するには，$C_P(T)/T$ を初めの転移温度まで積分し，相転移について $\Delta_\mathrm{trs} H/T_\mathrm{trs}$ を加え，さらに $C_P(T)/T$ を次の転移温度まで積分する，ということをくり返せばよいことがわかる．たとえば，融解と沸騰の 2 つの相転移をもつ気体では，沸点よりも高い T で

第三法則エントロピー

$$S(T) = \int_0^{T_\mathrm{fus}} \frac{C_P^\mathrm{s}(T)\,dT}{T} + \frac{\Delta_\mathrm{fus} H}{T_\mathrm{fus}} + \int_{T_\mathrm{fus}}^{T_\mathrm{vap}} \frac{C_P^\mathrm{l}(T)\,dT}{T} + \frac{\Delta_\mathrm{vap} H}{T_\mathrm{vap}} + \int_{T_\mathrm{vap}}^{T} \frac{C_P^\mathrm{g}(T')\,dT'}{T'}$$

(13.33)

によって与えられる．ここで，第 3 項目 T' は温度を表す積分変数，T_fus と

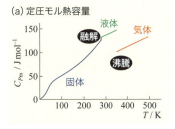
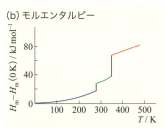
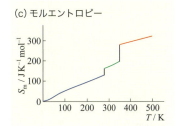

図 13-14 ベンゼンの定圧モル熱容量 (a)，モルエンタルピー (b)，モルエントロピー (c) の温度依存性
固体 (青)，液体 (緑)，気体 (赤) のそれぞれでは連続だが，相転移では不連続である．1 つの相内では熱容量が，相転移点ではエンタルピーが実験的に測定され，それを使ってモルエンタルピー，モルエントロピーが計算される．

T_{vap} は融点と沸点，$C_P^s(T)$, $C_P^l(T)$, $C_P^g(T)$, は固相，液相，気相の熱容量，そして $\Delta_{fus}H$ および $\Delta_{vap}H$ は融解エンタルピーと蒸発エンタルピーである．

このように熱容量と転移エンタルピーと転移温度を用いて式(13.33)からエントロピーを計算できる．こうして得たエントロピーを**第三法則エントロピー** (third-law entropy) という．たとえば，ベンゼンの定圧モル熱容量，モルエンタルピー，モルエントロピーを温度に対してプロットすると図13-14 が得られる．

13.8 標準エントロピーと標準反応エントロピー

13.8.1 標準モルエントロピー

圧力 1 bar の状態を標準状態に選び，この状態（気体では 1 bar = 10^5 Pa の仮想的な理想気体の状態）にあるエントロピーを**標準エントロピー** (standard entropy) $S°$ とよぶ．温度については，そのつど指定することになるが通常は室温付近の 298.15 K が選ばれることが多い．いくつかの物質の**標準モルエントロピー** (standard molar entropy) $S_m°$ を表13-1 に示す．これを見ると，いくつかの傾向があることに気がつくであろう．

明確なのは，同じ物質では，標準モルエントロピーは固体，液体，気体の順に大きくなることである．これは，固体が液体や気体より秩序だっていることを反映している．

それ以外の原子・分子種による違いを理解するには，その原子・分子のとりうる状態を知ることが必要である．単原子分子気体の標準モルエントロピーは，質量が大きくなるほど大きくなる．これは，単原子分子気体ではとりうるエネルギー準位として並進運動しかないが，並進運動のエネルギー準位の間隔は質量が大きいと狭くなるに由来する (2.1節参照)．よって，質量の増加は，ある温度においてより多くの並進エネルギー準位が利用できることを意味し，大きなエントロピーをもたらすことが理解できるであろう．準位のエネルギー幅と温度とエントロピーの関係は，18.8節で導く．

同じぐらいの質量でも，単原子分子と二原子分子を比べると，二原子分子の S のほうが大きい．これは，回転・振動のエネルギー準位が関与してきて，より多くの準位を占めることができ，場合の数が増えるからである．さらに，一般に分子を構成する原子数が多くなると標準モルエントロピーが大きくなる傾向がある．これは振動モード数が増える効果と，エネルギーが小さい振動モードが現れて室温で占有しやすくなるためである．

F_2 と O_2 を比較すると分子量の小さい O_2 のほうが大きなエントロピーをもっている．これは O_2 の基底状態が三重項状態のため (4.2.1項参照)，基底状態で 3 つの準位をもち，とりうる場合の数が増えるためと説明できる．

表 13-1　いくつかの物質の標準モルエントロピー $S_m°$ /J K^{-1} mol^{-1} (298.15 K, 1 bar)

物質	$S_m°$
He(g)	126.2
Ne(g)	146.3
Ar(g)	154.8
Kr(g)	164.1
Xe(g)	169.7
Br$_2$(g)	245.4
Br$_2$(l)	152.2
I$_2$(g)	260.6
I$_2$(s)	116.1
H$_2$(g)	130.7
N$_2$(g)	191.6
O$_2$(g)	205.1
F$_2$(g)	202.8
CH$_4$(g)	186.3
C$_2$H$_6$(g)	229.6
C$_2$H$_4$(g)	219.6
C$_2$H$_2$(g)	200.9
H$_2$O(g)	188.8
H$_2$O(l)	69.9
NaCl(s)	72.1
benzene(l)	173.3
benzene(g)	269.3
cyclohexane(l)	204.4
C(グラファイト)	5.74
C(ダイヤモンド)	2.38

13.8.2 標準反応エントロピーと標準生成エントロピー

ある温度・圧力での化学反応によるエントロピー変化を**反応エントロピー** (reaction entropy) という．特に，標準状態の反応エントロピーを**標準反応エントロピー**といい，標準モルエントロピーから計算できる．この計算は，標準モルエンタルピーから標準反応エンタルピーを計算したのと同じようにおこなう．

一般の反応

$$\nu_A A + \nu_B B \rightarrow \nu_C C + \nu_D D$$

に対し，標準反応エントロピー変化は

標準反応エントロピー変化
$$\Delta_r S^\circ = \nu_C S_m^\circ(C) + \nu_D S_m^\circ(D) - \nu_A S_m^\circ(A) - \nu_B S_m^\circ(B) \quad (13.34)$$

で与えられる．ここでは，i 成分の標準モルエントロピーを $S_m^\circ(i)$ と書いた．特に，化合物を単体からつくる反応にともなうエントロピー変化を**生成エントロピー** (entropy of formation) とよび，反応前後の物質が標準状態にあるとき，**標準生成エントロピー**という†．

> **Assist** 標準反応エントロピーと成分
> 標準反応エントロピーは，反応系，生成系とも成分が混合されていない（仮想的な）場合を考える．混合したときは，15章で学ぶ混合エントロピーも加えなければならない．

例題 13.4 標準生成エントロピー

エチレンの標準生成エントロピーを求めよ．

解答

$$2C(s) + 2H_2(g) \longrightarrow C_2H_4(g)$$

において

$$S_m^\circ[C(s)] = 5.74 \text{ J K}^{-1} \text{ mol}^{-1}$$
$$S_m^\circ[H_2(g)] = 130.68 \text{ J K}^{-1} \text{ mol}^{-1}$$
$$S_m^\circ[C_2H_4(g)] = 219.54 \text{ J K}^{-1} \text{ mol}^{-1}$$

だから，$\Delta_f S^\circ = -53.28 \text{ J K}^{-1} \text{ mol}^{-1}$

13.9 残余エントロピー

標準エントロピーは前節で述べたような方法を使って，熱力学的に実験的に求めることができる．一方，ボルツマン流で定義されたエントロピーは，分子の回転や振動の分光データにより量子準位エネルギー値がわかっていれば，分布可能な状態数から計算できる（18 章参照）．この 2 つの方法で求めたエントロピーは実験的にも一致するのであろうか．

表13-2 に 298.15 K における，いくつかの物質について実験（熱測定）で求められたエントロピーと分光データにもとづいて理論的に計算した値を比較して示した．比較的単純な分子についてはよい一致が見られる．これはまさに，熱力学的なエントロピーと分布の数から定義するボルツマン流のエントロピーが同じであることを実験的に示すデータである．

しかし，いくつかの分子では一致していない．たとえば，一酸化炭素では約 5 JK^{-1}mol^{-1} ほど計算のほうが大きい．ほかにもいくつかの分子では違いが見られ，どの場合も熱測定で求められたエントロピーのほうが小さい．これは，絶対零度近くまでの熱容量測定において，熱力学第三法則から予想されるような本当に完全なエントロピーゼロの状態へたどり着けなかったためと考えられる．この差「S_m°（計算）$-S_m^\circ$（熱）」を絶対零度でも残っているエントロピーという意味で，**残余エントロピー**（residual entropy）という．この原因については，次のように説明される．

熱力学第三法則は，絶対零度における**完全結晶**のエントロピーがゼロとなることを述べているが，熱力学平衡状態にない物質のエントロピーについては何もいっていない．もし極低温でも平衡状態になければ，0 と仮定して求めた第三法則エントロピーは実際のそれよりも小さいであろう．たとえば，一酸化炭素の場合，その電気双極子モーメントは非常に小さいので，結晶化するときに電気双極子間の相互作用でエネルギーが小さくなるように整列する傾向がそれほど強くないと考えられる．このため，実験的に得られる結晶では，結晶格子点での CO の向きが乱雑になる可能性がある．そのため，この結晶を温度 0 に向かって冷却しても，CO の向きがバラバラになった状態のまま固定されてしまい，最低エネルギーで $W=1$ の状態，つまりすべての分子が同じ向きをとった状態を実現することができないと考えられる．つまり，熱力学第三法則で要求している完全結晶とはいえない（図13-15）．

CO の向きがばらばらだと，どれぐらいのエントロピー増加になるのかを計算することができる．各 CO について，CO と OC の 2 通りのとり方ができるとする．N 個の分子のそれぞれが 2 つの状態を等しくとりうるとすると，この結晶の配置の数 W は 2^N である．したがって，この結晶の 0 K におけるモルエントロピーは $S=R\ln 2 = 5.7$ JK^{-1}mol^{-1} であろう．これを実験的に求められた第三法則エントロピーに加えると，分光測定と計算で求められた値と一致がよくなる．

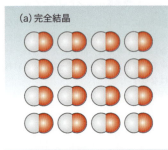

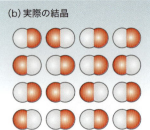

図13-15 模式的に描いた一酸化炭素の結晶
熱力学第三法則で仮定されているのは (a) のような完全結晶だが，実際には (b) のような不完全さの残った結晶になる．

表13-2 熱測定で求められた標準エントロピー S_m°（熱）と分光データにもとづいて理論的に計算した標準エントロピー S_m°（計算）（298.15 K）

物質	S_m°（熱） /JK^{-1}mol^{-1}	S_m°（計算） /JK^{-1}mol^{-1}	S_m°（計算）$-S_m^\circ$（熱） /JK^{-1}mol^{-1}
N$_2$	192.0	191.6	—
O$_2$	205.4	205.1	—
HCl	186.2	186.8	—
H$_2$	123.7	130.4	6.7
CO	193.3	198.0	4.7
CH$_4$	186.1	186.1	—

このように絶対零度で完全結晶にならない物質はたくさんある．たとえば，身の周りにあるガラスは，液体を冷却したときに結晶にならずに，そのまま**過冷却液体**の流動性が失われてしまった状態であるので，温度 0 に近づけてもエントロピーは 0 にはならない．すなわち，ガラスのような物質では，液体から温度を下げていくと，過冷却液体になる．それでもまだ比較的温度の高いうちは準安定平衡状態とよばれる熱力学平衡状態にあるが，さらに温度が低下するにつれてしだいに平衡になるための時間が長くなっていき，ついにはわれわれが通常観測する時間スケールでは熱力学平衡状態に到達できなくなる．

こうした温度以下での過冷却液体は，平衡を扱う熱力学で定義される相ではなく，**非平衡凍結状態**という．ガラスの残余エントロピーの値は，もし同じ分子で結晶が得られれば，その熱容量，融解エンタルピー，液体の熱容量を用いて得られる液体の(第三法則)エントロピーと，ガラス状態から液体に至る熱容量測定から得られる同温度でのエントロピーとを比較することにより求めることができる．

例題 13.5 残余エントロピー

重水素化メタン H_3CD 結晶の残余エントロピーを求めよ．ただし，各分子の H と D の位置はランダムと仮定せよ．

解答

H_3CD の各分子が低温の結晶中で 4 つの異なる配向をとりうることを考えれば

$$S_{m,res} = R \ln 4 = 11.5 \, \text{JK}^{-1} \text{mol}^{-1}$$

である．

13章 重要項目チェックリスト

エントロピー

◆ボルツマンの定義式 [p.258]　　$S = k_B \ln W$　　　　(S：エントロピー, k_B：ボルツマン定数, W：場合の数)

◆クラウジウスの定義式 [p.259]　　$dS = \dfrac{\delta q_{rev}}{T}$　　　　(δq_{rev}：可逆過程での熱変化, T：温度)

エントロピー変化

◆体積依存性 [p.260]　　$\Delta S = nR \ln \dfrac{V_2}{V_1}$　　　　(n：モル数, R：気体定数, V_2：最後の体積, V_1：最初の体積)

◆理想気体の圧力依存性 [p.271]　　$\Delta S = -nR \ln \dfrac{P_2}{P_1}$　　　　(P_2：最後の圧力, P_1：最初の圧力)

◆温度依存性 [p.272]　　$\Delta S = C_P \ln \dfrac{T_2}{T_1}$　　　　(C_P：等圧熱容量, T_2：最後の温度, T_1：最初の温度)

カルノーサイクル

◆カルノーサイクルでの効率 [p.262]　　$\eta = \dfrac{-w}{q_h} = \dfrac{q_h + q_c}{q_h}$　　　　(q_h：高温熱源から受け取った熱量, q_c：低温熱源へ放出した熱量)

熱力学第二法則 [p.268]

- 孤立系で自発過程が起こるとき,エントロピーは増加する
- 等温循環過程から仕事を得ることは不可能である(ケルビンの表現)
- 熱をもらうだけで捨てないでそれをすべて仕事に変えることはできない(トムソンの原理)

◆クラウジウスの不等式 [p.268]　　$dS = \dfrac{\delta q_{rev}}{T} \geq \dfrac{\delta q}{T}$

熱力学第三法則 [p.271]
純粋で完全な結晶に対して,0 K ではエントロピーは 0 である

第三法則エントロピー [p.273]
$$S(T) = \int_0^{T_{fus}} \dfrac{C_P^s(T)dT}{T} + \dfrac{\Delta_{fus}H}{T_{fus}} + \int_{T_{fus}}^{T_{vap}} \dfrac{C_P^l(T)dT}{T} + \dfrac{\Delta_{vap}H}{T_{vap}} + \int_{T_{vap}}^{T} \dfrac{C_P^g(T')dT'}{T'}$$

[T_{fus}：融点, T_{vap}：沸点, $C_P^s(T)$：固相熱容量, $C_P^l(T)$：液相熱容量, $C_P^g(T)$：気相熱容量, $\Delta_{fus}H$：融解エンタルピー, $\Delta_{vap}H$：蒸発エンタルピー]

標準モルエントロピー [p.274]
S_m°：圧力 1 bar の標準状態にある 1 モルの物質のエントロピー

標準反応エントロピー [p.275]
$\Delta_r S^\circ = \nu_C S_m^\circ(C) + \nu_D S_m^\circ(D) - \nu_A S_m^\circ(A) - \nu_B S_m^\circ(B)$

標準状態での化学反応のエントロピー変化

確認問題

13·1
- **A.** 2 モルの理想気体を 20 L から 30 L に等温可逆過程で膨張させたときのエントロピーの変化を求めよ．
- **B.** この気体を 2 bar から 0.5 bar に等温可逆過程で圧力を下げたときのエントロピーの変化を求めよ．
- **C.** B の場合の外界と全体(宇宙)のエントロピー変化を求めよ．

13·2 5 mol の水が 100 ℃で気化するときのエントロピー変化を求めよ．ただし，$\Delta_{vap}H_m = 40.7$ kJmol^{-1} とする．

13·3 温度 300 K において，図のような全体積 0.40 m^3 の容器の片方の部屋(体積 0.10 m^3)に 0.30 mol の酸素を封入している．この仕切りを取って等温可逆的に平衡状態にしたとき，エントロピーの増加はいくらか．有効数字 2 桁で答えよ．ただし，仕切りの体積は無視できるものとする．また，すべての気体は理想気体として扱えるものとし，必要ならば気体定数 $R = 8.3$ J K^{-1} mol^{-1} を用いよ．

[平成 19 年度 京都大学理学研究科入試問題より]

実戦問題

13·4 500 ℃と 100 ℃の熱浴の間で働く熱機関の最大効率を求めよ．
[平成 11 年度 広島大学先端物質科学研究科入試問題より]

13·5 1 mol の単原子分子の理想気体について，以下の問いに答えよ．なお，気体定数 $R = 8.31$ J K^{-1}mol^{-1} である．
- **A.** この気体の定容熱容量 C_V を R を使って表せ．
- **B.** この気体の定容熱容量 C_V と定圧熱容量 C_P の間に $C_P = C_V + R$ の関係が成り立つことを示せ．
- **C.** この気体を一定圧力で 20 ℃から 313 ℃まで加熱したときのエントロピー変化量の値を求めよ．なお，ln 2 = 0.693 である．

[平成 11 年度 広島大学先端物質科学研究科入試問題より]

13·6 全体が断熱壁で囲まれた図のような装置に対して，ジュール-トムソン膨張を考える．温度 T_A，圧力 P_A に保たれている A 室の気体を，圧力 P_B ($P_B < P_A$) に保たれている B 室に多孔質の栓を通じて，きわめてゆっくりとすべて噴出させる．この過程により，気体の体積は V_A から V_B に増加し，B 室の気体の温度は T_B になったとする．このとき，気体がなされる仕事は，A 側は ア ，B 側は イ である．エネルギー保存則から内部エネルギー変化は ア + イ に等しい．この膨張過程ではエンタルピー H が一定に保たれているが，<u>エントロピー S の変化はゼロではなく，ジュール-トムソン膨張は不可逆過程である</u>．

圧力差に対する温度変化を表すジュール-トムソン係数 μ は気体の定圧モル熱容量 C_P と熱膨張率 α を用いて次式で与えられる．

$$\mu = \left(\frac{\partial T}{\partial P}\right)_H = \frac{V(T\alpha - 1)}{C_P} \quad \text{(i)}$$

ここで C_P と α はそれぞれ

$$C_P = \left(\frac{\partial H}{\partial T}\right)_P \quad \alpha = \frac{1}{V}\left(\frac{\partial V}{\partial T}\right)_P$$

で定義される．式 (i) は $T_1 = \alpha^{-1}$ を満たす温度 T_1 を境に，膨張後に気体の温度が下降あるいは上昇することを表している．この温度 T_1 は ウ とよばれる．

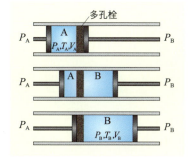

- **A.** 空欄 ア ～ ウ に適切な数式または語句を記入せよ．
- **B.** 文中の下線部について，気体が 1 モルの理想気体の場合，エントロピー変化 ΔS を求めよ．ただし，気体定数を R とする．
- **C.** 文中の下線部のように，ジュール-トムソン膨張は不可逆な断熱過程である．このため，ジュール-トムソン膨張と可逆断熱膨張では，増加する体積が同じ場合でも，生じる温度変化は異な

る．理想気体の体積が V_A から V_B に増加するとき，以下の (1)(2) の膨張について膨張前後の温度の比 T_B/T_A を求めよ．ただし，気体の定容モル熱容量を C_V とする．
(1) ジュール-トムソン膨張
(2) 可逆断熱膨張

D. 実在気体のモデルとしてファンデルワールス気体がある．1 モルのファンデルワールス気体の状態方程式は次式で与えられる．

$$\left[P + \frac{a}{V^2}\right](V-b) = RT$$

ここで，a と b は正の定数である．ファンデルワールス気体の T_I は，$T_I = 2a/(bR)$ であることを示せ．ただし，V は b に比べて十分に大きいとしてよい．

E. D で T_I に分子間力を表すパラメーター a が含まれることから，実在気体のジュール-トムソン膨張による温度変化には分子間力が関与していることが示唆される．ジュール-トムソン膨張によって温度が下がるとき，その理由を分子間力の観点から簡単に説明せよ．

[平成 25 年度 京都大学工学研究科入試問題より]

13・7 モル定積熱容量 C_V をもつ 1 モルの理想気体を，以下に示す 4 つの過程（カルノーサイクル）で可逆的に変化させた．
・過程 1：体積 V_1 から V_2 への一定温度 T_h での膨張
・過程 2：温度 T_h から T_c への一定体積 V_2 での冷却
・過程 3：体積 V_2 から V_1 への一定温度 T_c での収縮
・過程 4：温度 T_c から T_h への一定体積 V_1 での加熱
以下の問い **A**～**C** に答えよ．

A. 各過程における系の内部エネルギー変化 ΔU を求めよ．

B. 1 サイクルにおいて系がなした仕事の合計を求めよ．

C. 過程 1 と 2 のそれぞれにおける系のエントロピー変化 ΔS を求めよ．

14章 ギブズエネルギー

12・13章で熱力学の基本となる法則は出つくした．「エネルギーは保存する」ということと「宇宙のエントロピーは増大する」ということさえ知っておけば，世の中のすべてのマクロな現象は説明できる．しかし，「宇宙」というといかにも大げさである．身の周りにある変化を考えるときは興味のある系に注目しており，宇宙を考えることはあまりないだろう．そこで，系に注目したときに，反応が起こるか起こらないかを調べるための基準となる系の性質・物理量があれば便利である．本章ではそうした量について見ていく．

具体的には，**ギブズエネルギー**と**ヘルムホルツエネルギー**とよばれるエネルギーを導出し，なぜそれが有用なのかを例を挙げつつ示す．特に定圧下で起こる現象に関して，ギブズエネルギーは大切な役目を果たす．その応用を15・16・17章で解説するが，ここではその基礎を学ぶ．

さらには，ひとつの応用として，**相平衡**をギブズエネルギーの観点から調べる．11章で取り上げた非理想気体についても，もっと便利な形に整理する．

たくさんの関係式が出てきて嫌になるかもしれないが，ちょっとした数学で簡単に導き出される関係式なので，すべての式を覚える必要はない．しかし，これから示すようにこれらの式は非常に有用であるので，恐れずに導出過程をたどってほしい．

■ Contents

14.1 ギブズエネルギー
14.2 ヘルムホルツエネルギー
14.3 熱力学量の関係
14.4 ギブズエネルギーの温度・圧力依存性
14.5 標準反応ギブズエネルギー
14.6 相平衡
14.7 クラペイロンの式
14.8 非理想気体——フガシティー

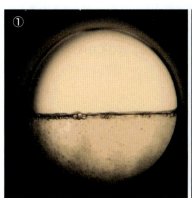 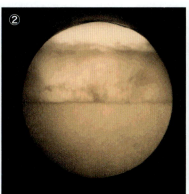 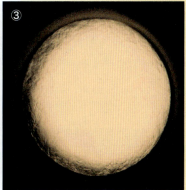

プロパンの超臨界流体（本文 p.295 参照）ができていく過程．①上部に気体，下部に液体とはっきり分かれ，境界面（メニスカス）がはっきり見える．②温度が上がるにつれて気体と液体の濃度が近づいていき，メニスカスがぼんやりしていく．③臨界点に達すると気体と液体の区別はなくなり，「超臨界流体」状態になる．

14.1 ギブズエネルギー

14.1.1 ギブズエネルギーとは

反応(化学反応だけでなく相転移など含む)が自然に起こることを，**反応の自発性**という．反応が自発的に起こるかどうかは，大切な情報になる．系に着目したこうした状態変化過程の自発性を判断するための基準は，これまで説明してきた第一法則，第二法則にもとづくものでなければならない．

ほとんどの化学反応は，大気圧下での定圧で起こるので，まずは定温定圧の系における反応の自発性の基準が何かを調べよう．温度が一定であるためには，系が熱源と熱接触していなければならないから，この系が孤立していないことは明らかである．そのため，系のエントロピー $\Delta S > 0$ を判断基準として使うわけにはいかない．そこで，代わりに，熱力学の第一法則 $dU = \delta q + \delta w$ に第二法則の $dS \geq \delta q / T$ と $\delta w = -PdV$ を代入した

$$dU \leq TdS - PdV \tag{14.1}$$

を使う．T と P が一定なので，これは

$$d(U - TS + PV) \leq 0 \tag{14.2}$$

と書ける．これがその過程が自発的かそうでないかを判断するための基準である．この量はひんぱんに出てくるので，新しい熱力学状態関数 G として

ギブズエネルギーの定義
$$G = U - TS + PV \tag{14.3}$$

によって定義する．この量 G を**ギブズエネルギー** (Gibbs energy)という．よって，T, P 一定での反応の自発性の基準は次のようになる．

$$dG \leq 0 \tag{14.4}$$

13.2節で，「宇宙」では S は自発過程で増大し，平衡で $dS = 0$ となると述べたが，T と P が一定の「系」では，ギブズエネルギーが，自発的過程で平衡に到達するまで減少し，平衡では $dG = 0$ となる．式(14.3)は，エンタルピー $H = U + PV$ を使うと

$$G = H - TS \tag{14.5}$$

と書くこともできる．よってこの場合

定温定圧の系での反応の自発性の基準
$$\Delta G = \Delta H - T\Delta S \leq 0 \tag{14.6}$$

が自発性の基準となる．等号は可逆過程で成立し，不等号は不可逆な(自発的)過程で成立する．

式(14.6)は，自発性が，定圧下での熱を表すエンタルピーとエントロピー

> **Topic 永遠に待てば…**
>
> 熱力学が自発的に起こらないと予言する反応は，いくら待っていても決して自発的には起こらないし，起こると予言された反応は(永遠に待てば)必ず自発的に起こる．ただし，次の14.2節で具体的に述べるように，自発的に起こると予言された反応が，人が見ている間に起こるかどうかはわからない．宇宙の年齢待っても起こらない可能性もある．永遠というのは，宇宙の年齢以上のことである．

の兼ね合いで決まっていることを示している (Focus14.1 参照). 反応は ΔG が負になる方向に進むので, $\Delta H<0$, つまりエネルギーが減少するような発熱過程が有利であり, また $\Delta S>0$, つまり乱雑になる方向への過程が自発性に有利である. しかし吸熱過程 $\Delta H>0$ でも, $\Delta S>0$ だと, $\Delta G=\Delta H-T\Delta S$ は負になりうる. 特に, ΔS にかかる因子 T のため, 低温では ΔH の項が, 高温では $T\Delta S$ の項が支配的になりうる. もちろん吸熱過程 $\Delta H>0$ でエント

Focus 14.1　自発過程でギブズエネルギーが減ることの意味

$\Delta G<0$ の条件より, 反応はエネルギー (エンタルピー) を減らし, 乱雑さ (エントロピー) を増やす方向に進みやすいことがわかった. しかし, 「エネルギーを減らす方向へ進行しやすい」という意味を考えてみてほしい. エネルギーを減らしたいという自然の欲求は, ボールが位置エネルギーを減らすために高い所から落ちることを見れば当然のように思われるかもしれないが, 位置エネルギーが減るのと同時に運動エネルギーは増えるのでエネルギーは保存している. 実際, 熱力学第一法則によって, エネルギーは保存されなければならない. では, どこから「エンタルピーが減少する方向に進みやすい」という「規則」が出てきたのだろうか.

吸熱反応が起こるということは, フラスコが周囲から (熱) エネルギーを取り込んでフラスコ (系) 内のエネルギーが増えることである. どうしてこういうことが自然に起こりうるのだろうか.

また, エネルギーと乱雑さを考え合わせた ΔG の符号から自発過程を予見する場合も, その結果は乱雑さだけを考慮した熱力学第二法則に合致してなくてはならないはずである. この関係はどうなっているのか.

こうした疑問は, ΔH が定圧下における外界から系への熱移動を表していることを思い出し, ΔH とは系と外界との熱のやりとりによる外界のエントロピー変化を考慮したものであることを認識すれば解けるであろう. つまり, 系へ入る熱と外界へ入る熱を q_{sys} と q_{ext} とすると, 両者はエネルギー保存則から逆符号の関係にある. よって, ΔH を式で書けば

$$\Delta H = q_{sys} = -q_{ext} = -T\Delta S_{ext}$$

である. ここで ΔS_{ext} は外界のエントロピー変化を表す. すると, ΔG は

$$\Delta G = \Delta H - T\Delta S = -T\Delta S_{ext} - T\Delta S = -T(\Delta S_{ext}+\Delta S)$$

と書けるので, ギブズエネルギー変化とは系と外界を合わせた宇宙のエントロピー変化を表すにほかならない. そしてその符号が負であるということは, エントロピーの増大する方向がギブズエネルギーの減少する方向であり, まさに熱力学の第二法則そのものであることがわかる. よって, ΔG による自発性の基準というのは, 単に, 系に着目した熱力学第二法則であるといえる.

こう考えると, 発熱過程 $\Delta H<0$ は, 外界のエントロピーを増やす過程なので進みやすいだけであって, エネルギーを減らすために進んでいるのではないことがわかる. 逆に吸熱過程 $\Delta H>0$ は, 外部のエントロピーを下げるので, 進行しにくいといえる.

系をフラスコ内の反応と考えると, フラスコ内でエントロピーを増やす過程がなければ, 自然にフラスコ内の物質が周りの空気から熱を集めるという現象 (吸熱反応) は起こらない. しかしフラスコ内の物質が, 外部のエントロピー減少を補うぐらいのエントロピー増加をすれば, 自発過程になる. これが $\Delta G<0$ である.

このように考えれば, わざわざ新しいギブズエネルギーなるものを出してこないでも, 自発過程を議論するためにはエントロピーだけで十分ではないかと思うかもしれないが, 宇宙を気にしないで目の前のフラスコ (系) 内だけの熱力学量で考えられるという意味でギブズエネルギーは非常に重要であり, 実際に広く使われている.

吸熱反応において $\Delta H>0$ なので, 系が熱 (q_{sys}) を吸収する. その分, 外界は熱を放出し ($q_{ext}<0$), 外界のエントロピーは減る ($\Delta S_{ext}<0$). 系のエントロピー変化 (ΔS_{sys}) がこの減少を打ち消すほど増加すれば, この反応は自然と起こりうる.

ロピーが減少する過程 $\Delta S<0$ ならば，どんな温度でも $\Delta G>0$ であり，その過程は決して自発的にはならない．

> **例題 14.1　ギブズエネルギー変化と自発過程**
>
> ギブズエネルギーの符号が自発過程が起こるかどうかを予見する例として，1 atm での水の沸騰を考える．$H_2O(l) \longrightarrow H_2O(g)$ の過程の $T=350$ K でのモルギブズエネルギー変化 $\Delta_{vap}G_m$ を求めよ．ただし，1 atm，100 ℃ 付近での水のモル蒸発エンタルピー $\Delta_{vap}H_m$ は 40.65 kJmol^{-1}，また，$\Delta_{vap}S_m = 108.9$ JK^{-1}mol^{-1} とする．
>
> **解答**
>
> 蒸発によるモルギブズエネルギー変化 $\Delta_{vap}G_m$ は
>
> $$\Delta_{vap}G_m = G_m[H_2O(g)] - G_m[H_2O(l)]$$
> $$= \Delta_{vap}H_m - T\Delta_{vap}S_m$$
>
> である．$T=350$ K では，$\Delta_{vap}G_m = 2.53$ kJ mol$^{-1}>0$ となり，沸騰は起こらないことがわかる．
>
> **■チャレンジ問題**
>
> $T = 373.15$ K と，$T = 380$ K での $\Delta_{vap}G_m$ を求め，自発過程が起こるかどうか考えよ．

このように ΔG を使えば，ある反応が自発過程なのか，平衡なのか，あるいは起こりえない反応なのかを判定することができる．

しかし注意しないといけないのは，$\Delta G<0$ でも一見反応が進行してないように見えることがあることである．たとえば

$$2H_2(g) + O_2(g) \longrightarrow 2H_2O(l)$$

の反応はギブズエネルギー的には起こるはず（$\Delta G = -237$ kJmol^{-1}）だが，実際には風船の中で水素と酸素を混ぜていても無期限に保存できる（ただし，何かのきっかけで爆発する危険性があるので，実際に試すには注意が必要である）．これは，この反応が「非常に」遅いためである．このように熱力学は，その過程が自発過程か永久に待っても起らないものであるかを教えてくれるが，速度については何も教えてくれない．これらは「反応速度論」の問題である．

Assist　G が予言できること

つまり，ギブズエネルギー的に「自発的に起こらない」と予言されたものはいくら待っても永久に起こらないが，「自発的と予言された過程」でも宇宙の寿命中に起こるとは限らない．

14.1.2　反応のギブズエネルギー変化

ギブズエネルギー G は重要な量なので，もう少しその意味を考えてみよう．式(14.3)の $G = U - TS + PV$ から

$$dG = dU - TdS - SdT + PdV + VdP$$

であるが，等温定圧（$dT = dP = 0$）では次のようになる．

$$dG = dU - TdS + PdV \tag{14.7}$$

可逆過程では熱力学第一法則より $dU = \delta q_{\mathrm{rev}} + \delta w_{\mathrm{rev}}$ ゆえ

$$dG = \delta q_{\mathrm{rev}} + \delta w_{\mathrm{rev}} - TdS + PdV$$

と書け，S の定義（$dS = \delta q_{\mathrm{rev}}/T$）より，次のようになる．

$$dG = \delta w_{\mathrm{rev}} + PdV$$

ここで，δw_{rev} を，圧力に抗した体積変化に由来する仕事（圧力-体積仕事）$-PdV$ とそれ以外の仕事 $\delta w_{\mathrm{rev}}'$ に分けると次のようになる

$$dG = \delta w_{\mathrm{rev}}' \tag{14.8}$$

定圧で起こる過程では圧力-体積仕事をしないといけない場合があるが，ΔG はこの変化を可逆的に行った場合に系がすることのできる「圧力-体積仕事以外の非膨張仕事」を表す†．体積変化があると圧力-体積仕事は必ず生じ，それは「有用な仕事」として自由に使えない．その残りが，仕事のために自由に使えるエネルギーであり，<u>この ΔG という量は，その系が圧力-体積仕事以外に行うことのできる最大の仕事となる</u>．摩擦のような何らかの不可逆過程があれば，得られる仕事の量は小さくなる．そういう意味で ΔG を，「ギブズ自由エネルギー」とよんでいた．しかし，現在では「ギブズエネルギー」とよぶことが推奨されている．

<u>もし $\Delta G > 0$ ならば，変化は自発的には起こらず，ΔG の値はこの変化を可逆的に引き起こすために系に対してしなければならない最小の仕事を表す</u>．過程に何らかの不可逆性があれば，変化させるために必要な仕事の量はこれよりも大きくなる．

> **Assist** ΔG がもつ意味
>
> 式(14.7)を積分すると次のようになる．
>
> $$\Delta G = \Delta U - T\Delta S + P\Delta V$$
>
> ここで，系がもっている内部エネルギーの変化 $\Delta U (<0)$ を使って，外部に仕事をすることを考えよう．その仕事量は，エネルギー保存則から ΔU だと思うかもしれない．しかし，エントロピー（乱雑さ）として系がもっている部分は，有用な仕事（たとえばピストンを押す）として使えない．そのため，$T\Delta S$ を差し引かなければならない．もし，系のエントロピーが減る場合（$T\Delta S < 0$），その分のエネルギー $T\Delta S$ だけ $\Delta U (<0)$ から絶対値が減ることになる（仕事をするためには $\Delta U < 0$ なので，絶対値を減らすことになる）．もしエントロピーが増えるような場合には，$T\Delta S$ は正であり，この分だけ使えるエネルギーは増える．また，系の体積が増加する（$\Delta V > 0$）と，系は余分な仕事を外部に対してしなくてはならず，使いたい仕事には回せない．よって，この体積増加による余分な仕事分を $\Delta U (<0)$ から減らさないといけない．結局，ΔG とは，外部に対して本当にできる仕事(の最大値)を表すものである．

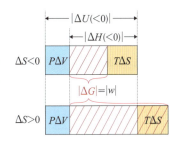

14.2 ヘルムホルツエネルギー

14.2.1 ヘルムホルツエネルギーとは

通常の実験室ではあまり扱わないが，体積と温度が一定に保たれた系も考えることができる†．この場合も，ギブズエネルギーを導いたのと同じようにして反応の自発性を予言することができる．

この場合は，熱力学第一法則の式 $dU = \delta q + \delta w$ で，$dV = 0$（定容）なので $\delta w = 0$ である．熱力学第二法則の $dS \geq \delta q / T$ をこの式に代入すると

$$dU \leq TdS \tag{14.9}$$

が得られる．等号は可逆過程で成立し，不等号は不可逆過程で成立する．式(14.9)から，V と T が一定ならば

> **Assist** 定容・定温の系
>
> たとえば，温度や圧力によって中の体積が変わらないようにつくった容器中で密閉して反応を行った場合などである．しかし，現実には，厳密に体積の変わらない反応容器をつくることは非常に難しい．

$$d(U-TS) \leq 0 \tag{14.10}$$

とも書けることがわかる．これが定温定容での自発的変化の判断基準である．この量も G と同様に重要なので，いつも $U-TS$ と書くよりは

> **ヘルムホルツエネルギーの定義**
> $$A = U - TS \tag{14.11}$$

という新しい熱力学状態関数を定義する．この A を**ヘルムホルツエネルギー**（Helmholtz energy）という．そうすると式(14.10)は

$$dA \leq 0 \tag{14.12}$$

となる．温度と体積が一定に保たれている系では，自発的過程によりヘルムホルツエネルギーは減少し続け，その後，系は平衡になり，A は最小になって $dA = 0$ となる．

ある状態から別の状態への等温的変化での自発性の基準は

> **定温・定容の系での反応の自発性の基準**
> $$\Delta A = \Delta U - T\Delta S \leq 0 \tag{14.13}$$

であることがわかる[†]．ここで等号は可逆変化，不等号は不可逆で自発的な変化の場合である．

14.2.2 ヘルムホルツエネルギーの意味づけ

このヘルムホルツエネルギーの解釈もギブズエネルギーと類似である．G を A と読み替えるとともに，G の式の中に現れる H を U と読み替えればよい．たとえば，式(14.13)で内部エネルギーが減少して（$\Delta U<0$），乱雑さが増える $\Delta S>0$ ならば，ΔA は負であり，変化は自発的に起こる．つまり，エネルギーとエントロピーの変化はいずれも反応を進める方向に働いている．しかし内部エネルギーが減るような $\Delta U<0$ の変化でも，$\Delta S<0$ で $\Delta A>0$ になる変化は自発的には起こらない[†]．ΔS には T がかかっているので，低温では ΔU の符号が，高温では ΔS の符号が重要である．

ここでも，なぜ内部エネルギーが減る方向に反応が進みやすいのかという疑問が出るかもしれない．前節で議論したように，定容では系の内部エネルギー変化は外界の熱エネルギー変化と絶対値は同じで符号が逆であり，エントロピーの定義を使えば，dA は宇宙のエントロピー変化を表していると見ることができるので，$\Delta A = \Delta U - T\Delta S < 0$ というように，系のエネルギーという表現をとっているが，熱力学第二法則と等価である．第二法則を納得すれば，$\Delta A<0$ が自発過程であることを疑う余地はない．

さらに，前節と同じく，系がもっている内部エネルギー U を使って何か仕事をする場合を考えてみよう．このエネルギーを使ってできる仕事量は，エネルギー保存則からいえば U だと思うかもしれないが，実際には，エントロピー（乱雑さ）として系がもっている部分は，有用な仕事として使えない．

Assist　等温的変化の S

系が孤立していれば，あるいは系と外界を足した宇宙では $dU=0$ なので，式(14.13)から熱力学第二法則の $dS \geq 0$ が得られる．

Assist　ΔA と ΔS の関係

ギブズエネルギーと類似の議論をすると以下のようになる．系の内部エネルギーとエントロピーが ΔU と ΔS だけ変化したとする．このときのヘルムホルツエネルギー変化 ΔA は

$\Delta A = \Delta U - T\Delta S$

である．もし ΔS が負ならば，$-T\Delta S$ は正であり，内部エネルギーの減少分（$\Delta U<0$）を使って仕事をしようとしても，$-T\Delta S$ の分だけ少ない仕事しかできない．それは，系のエントロピーを減少させるためには，その分余分にエネルギーが必要だからである．逆に ΔS が正ならその増加分を外部への仕事として使えるので，内部エネルギー減少分以上の仕事が外部に対してできることになる．よって $|\Delta A|>|\Delta U|$ となる．

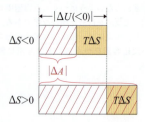

ゆえに，エントロピーのエネルギー TS を U から引いた A が仕事として自由に使えるエネルギーであり，「ヘルムホルツ自由エネルギー」とよんでいた〔この場合は定積変化 ($\Delta V = 0$) なので，膨張・収縮にともなう仕事はない〕．

可逆的経路に対しては ΔS を q_{rev}/T で置き換えることができるので

$$\Delta A = \Delta U - q_{rev}$$

である．しかし熱力学第一法則によれば $\Delta U - q_{rev}$ は w_{rev} に等しいので，可逆等温では次の式が得られる．

$$\Delta A = w_{rev} \tag{14.14}$$

つまり，$\Delta A < 0$ で自発過程が起こったとき，ΔA の値はこの変化を可逆的におこなった場合に系がすることのできる仕事(ただし，体積一定なので PV 仕事以外の仕事である)を表す．可逆過程の仕事は最大なので，これは最大の仕事を表す．また，$\Delta A > 0$ ならば，その過程は自発的には起こらないので，w_{rev} はこの変化を可逆的に引き起こすために系に対してしなければならない最小仕事を表す．

14.3　熱力学量の関係

14.3.1　エントロピーの測定

このように熱力学量は自発性を判断するうえで大切なものだが，測定が困難な物理量も多い．こうしたときに，数学的に導かれる関係式を用いれば，測定の容易な物理量から，欲しい物理量を求めることができる．

たとえば，S は重要な量であるにもかかわらず直接には測定困難なので，別の物理量から S を求めることを考える．後で式(14.30)として示すが

$$S = -\left(\frac{\partial G}{\partial T}\right)_P \tag{14.15}$$

という関係式が得られたとする．すると，G の定圧下での温度依存性が求められれば，S が求められることを理解できる．

G の温度依存性を測定するのが難しければ，やはり後の式(14.31)で示す

$$\left(\frac{\partial S}{\partial P}\right)_T = -\left(\frac{\partial V}{\partial T}\right)_P \tag{14.16}$$

という関係式を使えば，比較的測定が容易な P-T-V データから S の圧力依存性を計算できる．これを用いて

$$\Delta S = -\int_{P_1}^{P_2}\left(\frac{\partial V}{\partial T}\right)_P dP \tag{14.17}$$

というように，体積の温度微分をいろいろな圧力に対してプロットして積分すれば，エントロピー変化が得られる．

このように，熱力学量の関係式を知っていると便利なことはたいへん多い．これらの関係式はどうやって出てくるのかを次に学ぶが，これらは数学的な

変換だけの問題である．以下に示す式も同様で，どんな条件のもとでも成り立つ厳密なものである．

14.3.2 マクスウェルの関係式

U, H, G, A は4つともエネルギーを表す量である．しかし残りの変数 P, V, T, S はそれぞれ単位が違っているので，この U, H, G, A を区別して整理してみよう．まず「自然な変数」というものがあることから始める．

状態を決めるには，T, P, V あるいは S や U などの変数を決めればよいが，それぞれ独立ではない．このうち2つを決めれば状態が決まるので，どの2つの変数を選ぶかで任意性がある．しかし，「自然な変数」で表すと，きれいに整理できて便利だということを覚えておこう．たとえば，以前に導出した，可逆過程における

$$dU = TdS - PdV \tag{14.18}$$

という式は，「きれい」にまとめられている．このように，<u>きれいにまとめることのできる変数</u>を，**自然な変数**という．上の U に対する自然な変数は S と V であるといえる．このようにまとめることができれば，数学的に U の全微分を独立変数 S と V で

$$dU = \left(\frac{\partial U}{\partial S}\right)_V dS + \left(\frac{\partial U}{\partial V}\right)_S dV \tag{14.19}$$

と書くことができるので，式(14.18)と(14.19)を比べることで

$$\left(\frac{\partial U}{\partial S}\right)_V = T \quad \text{および} \quad \left(\frac{\partial U}{\partial V}\right)_S = -P \tag{14.20}$$

であることがわかり，有用な関係式を導くことができるのである．

さらに，式(14.20)のそれぞれを V と S で偏微分し，交差微分が等しいということを使うと†

マクスウェルの関係式①

$$\left(\frac{\partial T}{\partial V}\right)_S = -\left(\frac{\partial P}{\partial S}\right)_V \tag{14.21}$$

が得られる．このような，交差微分が等しいとおいて得られる式を**マクスウェルの関係式**(Maxwell relation) という．

では，自然な変数でなければどうなるのだろうか．たとえば，U の独立変数を S と V ではなく V と T であると考えてみる．この場合

$$dU = \left(\frac{\partial U}{\partial V}\right)_T dV + \left(\frac{\partial U}{\partial T}\right)_V dT \tag{14.22}$$

と書くことはできても，導出は 14.3.3 項で示すが

$$dU = \left[T\left(\frac{\partial P}{\partial T}\right)_V - P\right]dV + C_V dT \tag{14.23}$$

になる〔第2項は C_V の定義式 $C_V = (\partial U/\partial T)_V$ からすぐに出るだろう〕．つまり，U を V と T の関数と考えることができるが，その全微分は，S と V の関数と考えたときのように簡単ではないことがわかる．

Assist　交差偏微分は等しい

ここで用いるのは，一般的に数学の関係式として，ある熱力学関数 F は独立な2つの変数で

$$dF = \left(\frac{\partial F}{\partial X}\right)_Y dX + \left(\frac{\partial F}{\partial Y}\right)_X dY$$

と書けることである．もしそれとは別に，F の微小変化が

$$dF = adX + bdY$$

と書けることがわかれば

$$\left(\frac{\partial F}{\partial X}\right)_Y = a \quad \left(\frac{\partial F}{\partial Y}\right)_X = b$$

が導かれる．また，F に対して X と Y で偏微分をとるとき，その順序によらない．

$$\left(\frac{\partial^2 F}{\partial X \partial Y}\right) = \left(\frac{\partial^2 F}{\partial Y \partial X}\right)$$

これを F の交差偏微分が等しいという．

S はどうだろうか．式(14.18)を dS について解いて

$$dS = \frac{1}{T}dU + \frac{P}{T}dV \tag{14.24}$$

と書くことができる．これは S の自然な変数が U と V であることを示している．この式と，S を U と V で展開した形式的な全微分

$$dS = \left(\frac{\partial S}{\partial U}\right)_V dU + \left(\frac{\partial S}{\partial V}\right)_U dV$$

とを比べると，次の式が得られる．

$$\left(\frac{\partial S}{\partial U}\right)_V = \frac{1}{T} \quad \text{および} \quad \left(\frac{\partial S}{\partial V}\right)_U = \frac{P}{T} \tag{14.25}$$

残りの H，G，A についても，同様ではあるが大切な関係なので以下に見ていこう．エンタルピー H の全微分は

$$dH = d(U+PV) = dU + PdV + VdP$$

であるが，式(14.18)の $dU = TdS - PdV$ を代入すると

$$dH = TdS + VdP \tag{14.26}$$

と書ける．これは H の自然な変数が S と P であることを示している．これを S と P を独立変数とする H の形式的な全微分

$$dH = \left(\frac{\partial H}{\partial S}\right)_P dS + \left(\frac{\partial H}{\partial P}\right)_S dP$$

と比較すると，次のようになる．

$$\left(\frac{\partial H}{\partial S}\right)_P = T \quad \text{および} \quad \left(\frac{\partial H}{\partial P}\right)_S = V \tag{14.27}$$

また，交差偏微分が等しいことを使うと，上のそれぞれの式を P と S で偏微分して次の式になる．

マクスウェルの関係式②
$$\left(\frac{\partial T}{\partial P}\right)_S = \left(\frac{\partial V}{\partial S}\right)_P \tag{14.28}$$

次に G について考える．$G = H - TS = U - TS + PV$ を微分すると

$$dG = dU - TdS - SdT + PdV + VdP$$

が得られる．式(14.18)から

$$dG = VdP - SdT \tag{14.29}$$

である．よって G の自然な変数は P と T であることがわかる．これを G の形式的な全微分

$$dG = \left(\frac{\partial G}{\partial P}\right)_T dP + \left(\frac{\partial G}{\partial T}\right)_P dT$$

と比較すると

$$\left(\frac{\partial G}{\partial P}\right)_T = V \quad \text{および} \quad \left(\frac{\partial G}{\partial T}\right)_P = -S \tag{14.30}$$

である．また，交差偏微分が等しいことを使うと，上のそれぞれの式を T と P で微分して次の式になる．

マクスウェルの関係式③
$$\left(\frac{\partial V}{\partial T}\right)_P = -\left(\frac{\partial S}{\partial P}\right)_T \tag{14.31}$$

同様に A について考えると次の式が導ける†

マクスウェルの関係式④
$$\left(\frac{\partial P}{\partial T}\right)_V = \left(\frac{\partial S}{\partial V}\right)_T \tag{14.32}$$

まとめると次のようになる．

$dA = -PdV - SdT$　　　$dU = TdS - PdV$　　　$dG = -SdT + VdP$　　　$dH = TdS + VdP$

$\left(\dfrac{\partial U}{\partial S}\right)_V = T$　　　$\left(\dfrac{\partial U}{\partial V}\right)_S = -P$　　　$\left(\dfrac{\partial H}{\partial S}\right)_P = T$　　　$\left(\dfrac{\partial H}{\partial P}\right)_S = V$

$\left(\dfrac{\partial G}{\partial P}\right)_T = V$　　　$\left(\dfrac{\partial G}{\partial T}\right)_P = -S$　　　$\left(\dfrac{\partial A}{\partial V}\right)_T = -P$　　　$\left(\dfrac{\partial A}{\partial T}\right)_V = -S$

$\left(\dfrac{\partial T}{\partial V}\right)_S = -\left(\dfrac{\partial P}{\partial S}\right)_V$　　　$\left(\dfrac{\partial T}{\partial P}\right)_S = \left(\dfrac{\partial V}{\partial S}\right)_P$　　　$\left(\dfrac{\partial V}{\partial T}\right)_P = -\left(\dfrac{\partial S}{\partial P}\right)_T$　　　$\left(\dfrac{\partial P}{\partial T}\right)_V = \left(\dfrac{\partial S}{\partial V}\right)_T$

たくさん関係式が出てきたが，全部を覚える必要はない．<u>U, H, G, A の自然な変数さえ覚えておけば，必要な関係式はすぐに導出できる</u>．

> **Assist** A を用いたマクスウェルの関係式
>
> $A = U - TS$ を微分すると
>
> $\quad dA = dU - TdS - SdT$
>
> である．$dU = TdS - PdV$ なので
>
> $\quad dA = -PdV - SdT$
>
> である．これを A の V と T を変数とした全微分
>
> $\quad dA = \left(\dfrac{\partial A}{\partial V}\right)_T dV + \left(\dfrac{\partial A}{\partial T}\right)_V dT$
>
> と比較して次の式になる．
>
> $\left(\dfrac{\partial A}{\partial V}\right)_T = -P$ および $\left(\dfrac{\partial A}{\partial T}\right)_V = -S$
>
> A の交差偏微分が等しいことを使うと，マクスウェルの関係式は
>
> $\left(\dfrac{\partial P}{\partial T}\right)_V = \left(\dfrac{\partial S}{\partial V}\right)_T$
>
> となる．

14.3.3 マクスウェルの関係式の応用

(a) 内部エネルギーの体積依存性

これらの関係式の使い方を見るために，たとえば内部エネルギー U の定温での体積依存性を調べてみよう．知りたい量は $(\partial U/\partial V)_T$ なので，$dU = TdS - PdV$ の両辺を T 一定として V で偏微分すると

$$\left(\frac{\partial U}{\partial V}\right)_T = T\left(\frac{\partial S}{\partial V}\right)_T - P \tag{14.33}$$

と求められる．さらに，S は測定しにくいので，測定しやすい変数にするために式(14.32)の $(\partial S/\partial V)_T = (\partial P/\partial T)_V$ の関係式を使うと

$$\left(\frac{\partial U}{\partial V}\right)_T = T\left(\frac{\partial P}{\partial T}\right)_V - P \tag{14.34}$$

が得られる．この式(14.34)の両辺を V_1 から V_2 まで積分すると次のようになる．

$$U(V_2) = U(V_1) + \int_{V_1}^{V_2}\left[T\left(\frac{\partial P}{\partial T}\right)_V - P\right]dV \tag{14.35}$$

ここで $U(V_1)$, $U(V_2)$ は体積 V_1, V_2 での内部エネルギーの値である．よって，<u>圧力の温度依存性を種々の体積に対して測定し，温度を掛けたその値から圧力を引いて V_1 から V_2 まで積分すれば相対的な内部エネルギー〔$U(V_1)$ に対しての $U(V_2)$〕を求めることができる</u>ことがわかる．こう書けば面倒そうに思うかもしれないが，内部エネルギーという測定しにくい量を，P-T-V のデータから抽出できるというのは有用である†．

> **Assist** 理想気体の内部エネルギー
>
> 理想気体では $(\partial P/\partial T)_V = nR/V$ なので
>
> $\left(\dfrac{\partial U}{\partial V}\right)_T = T\left(\dfrac{\partial P}{\partial T}\right)_V - P$
>
> $\qquad\qquad = \dfrac{nRT}{V} - P = 0$
>
> となり，<u>理想気体の内部エネルギーは体積に依存しない</u>という，ここまでで何度か使ってきたことが証明できる．

(b) 定圧・定容熱容量

12.5節では C_V と C_P の差を $C_P - C_V = [P + (\partial U/\partial V)_T](\partial V/\partial T)_P$ として導いたが，この中の $(\partial U/\partial V)_T$ は，「内部エネルギーの体積依存性」という求めにくい量なので，もっと測定しやすい物理量で表すことを考える．式 (14.33) を使うと

$$C_P - C_V = T\left(\frac{\partial P}{\partial T}\right)_V \left(\frac{\partial V}{\partial T}\right)_P \tag{14.36}$$

となる．この中の $(\partial V/\partial T)_P$ は定圧下での体積が温度によってどのように変わるかを表す．すなわち，圧力一定で物体が熱膨張する大きさを表す**熱膨張率**(coefficient of thermal expansion)

熱膨張率
$$\alpha_P = \left(\frac{1}{V}\right)\left(\frac{\partial V}{\partial T}\right)_P \tag{14.37}$$

と関係していて，多くのデータもそろっているし，測定も比較的容易である(表 14-1)．一方，$(\partial P/\partial T)_V$ は定積下での温度と圧力の関係であり，気体の場合は比較的精度よく測定できるが，液体や固体では温度を変えると容器も含めて体積が変わってしまうことが多いため，精度のよい測定が困難になる．そのため，もっと便利な量で表したい．そこで，オイラーの連鎖式† を用いて

$$\left(\frac{\partial P}{\partial T}\right)_V = -\left(\frac{\partial V}{\partial T}\right)_P \bigg/ \left(\frac{\partial V}{\partial P}\right)_T$$

と変形すると，この中の $(\partial V/\partial P)_T$ は，温度一定で圧力によって圧縮される割合を表す**圧縮率**

圧縮率
$$\kappa_T = -\left(\frac{1}{V}\right)\left(\frac{\partial V}{\partial P}\right)_T \tag{14.38}$$

と関係しているので

$$C_P - C_V = \frac{VT\alpha_P^2}{\kappa_T} \tag{14.39}$$

となる．普通，体積は圧力とともに小さくなる ($\kappa_T > 0$) ので，右辺は正であり，$C_P > C_V$ であることがわかる★．

(c) エンタルピーの圧力依存性

もう1つの例として，定温でのエンタルピーの圧力依存性が知りたいとしよう．知りたいのは $(\partial H/\partial P)_T$ なので，式(14.26)の $dH = TdS + VdP$ の両辺を T が一定のもと P で偏微分し，次のように求められる．

$$\left(\frac{\partial H}{\partial P}\right)_T = T\left(\frac{\partial S}{\partial P}\right)_T + V$$

さらに，測定しやすい変数にするため $(\partial S/\partial P)_T = -(\partial V/\partial T)_P$ の関係式を使うと

$$\left(\frac{\partial H}{\partial P}\right)_T = -T\left(\frac{\partial V}{\partial T}\right)_P + V \tag{14.40}$$

が得られる．よって

表 14-1 有機液体の熱膨張率 α_P (273-303 K) と圧縮率 κ_T (298 K, 1 bar)

物質	$\alpha_P/10^{-3}\,\text{K}^{-1}$	$\kappa_T/10^{-9}\,\text{Pa}^{-1}$
アセトン	1.430	1.24
アニリン	0.840	0.467
エチレングリコール	0.620	0.372
ベンゼン	1.229 (279-303 K)	0.967
メタノール	1.190	1.255

Assist オイラーの連鎖式

z を独立変数 x と y で展開して

$$dz = \left(\frac{\partial z}{\partial x}\right)_y dx + \left(\frac{\partial z}{\partial y}\right)_x dy$$

となる．$dz = 0$ のとき

$$\left(\frac{\partial x}{\partial y}\right)_z \left(\frac{\partial y}{\partial z}\right)_x \left(\frac{\partial z}{\partial x}\right)_y = -1$$

よって次の式が導かれる．

$$\left(\frac{\partial x}{\partial y}\right)_z = -\left(\frac{\partial z}{\partial y}\right)_x \bigg/ \left(\frac{\partial z}{\partial x}\right)_y$$

Topic 水の熱膨張率

水は4℃付近で密度が最大になり，この温度で熱膨張率が0になる．すなわち，この温度で $C_P = C_V$ となる．

> **Assist** 理想気体のエンタルピー
>
> 理想気体では $(\partial V/\partial T)_P = nR/P$ なので
> $$\left(\frac{\partial H}{\partial P}\right)_T = -T\left(\frac{\partial V}{\partial T}\right)_P + V$$
> $$= -\frac{nRT}{P} + V = 0$$
> となり，理想気体のエンタルピーは圧力に依存しないということがわかる．

$$H(P_2) = H(P_1) + \int_{P_1}^{P_2}\left[-T\left(\frac{\partial V}{\partial T}\right)_P + V\right]dP \quad (14.41)$$

となる．体積の温度微分を種々の圧力に対して測定し，温度を掛けた値の符号を変えて体積を足したデータを積分すれば，相対的なエンタルピーを求めることができることがわかる．やはり面倒そうではあるが，P-V-T データがあればそう難しいことではない†．

14.4 ギブズエネルギーの温度・圧力依存性

> **Assist** 体積の定義
>
> この関係式が，体積 V を定義しているとみることもできる．

次章で見るように，化学平衡などを考えるうえでギブズエネルギーは大切になる．そうした際に，温度依存性や圧力依存性を知りたいことがしばしばある．

(a) ギブズエネルギーの圧力依存性

まず，圧力依存性を考えよう．前節で導いた関係式†

$$\left(\frac{\partial G}{\partial P}\right)_T = V$$

> **Topic** 成り立つのは理想気体だけか
>
> いろいろな関係式が出てきたが，常に，理想気体でしか成り立たないか，厳密に成り立つかを意識しておくことは重要である．厳密には理想気体はありえないので，理想気体の下で導出された関係式（たとえば式14.43など）は，あくまで近似式になる．理想気体という注釈なしに純粋に数学的に導かれた関係式（式14.42など）は，常に正しい．この2つの間には大きな違いがある．

を使うと，温度一定でのギブズエネルギーの圧力依存性は，上式を P_0 から P まで積分した

$$\Delta G = \int_{P_0}^{P} V dP \quad (14.42)$$

で与えられる．圧力を変えたときの1モルあたりのギブズエネルギー変化を ΔG_m と書くと，1モルの理想気体では

$$\Delta G_m = RT\int_{P_0}^{P}\frac{dP}{P} = RT\ln\frac{P}{P_0} \quad (14.43)$$

が得られる★．標準状態を $P_0 = 1$ bar とすると*

> **Data** bar と atm
>
> 以前は標準状態は1 atm だったが，標準状態を1 bar にしたのは，P が bar で与えられたときに，いちいち標準圧力 P_0 で割るという数値を入れたくなかったからでもある．標準圧力が1 atm のままだと，P として bar の単位を使うと，$P_0 = 1.01325$ bar という数値をいつも書かないといけなくなる．分母に1 bar がくれば，1は書かなくてもいいので，便利である．

標準モルギブズエネルギー
$$G_m(T, P) = G°(T) + RT\ln(P/1\text{ bar}) \quad (14.44)$$

と書ける．ここで $G°(T)$ は1 bar における1モルの理想気体のギブズエネルギーであり，**標準モルギブズエネルギー** (standar molar Gibbs energy) という．G_m は圧力と温度の関数であるが，$G°(T)$ は1 bar という標準圧力のもとでの値なので，温度だけに依存する．よって，式(14.44)は，圧力 P での理想気体の標準ギブズエネルギーに対する相対的なギブズエネルギーを表すといえる．

$\Delta G = \Delta H - T\Delta S$ であるので，ΔG はエンタルピー変化とエントロピー変化に由来する．しかし，前節で見たとおり，理想気体ではエンタルピーは圧力に依存しないので，ギブズエネルギーの圧力依存性は純粋にエントロピーの効果である†．

> **Assist** 理想気体のエントロピーの圧力依存性
>
> 実際，$(\partial S/\partial P)_T = -(\partial V/\partial T)_P$ を使うと，理想気体では $(\partial S_m/\partial P)_T = -R/P$ なので，P_1 から P_2 まで積分すると
> $$S_m(P_2) = S_m(P_1) - \int_{P_1}^{P_2}\frac{R}{P}dP$$
> $$= S_m(P_1) - R\ln\left(\frac{P_2}{P_1}\right)$$
> という関係が導ける（式13.26 参照）．

(b) ギブズエネルギーの温度依存性

ギブズエネルギーの温度依存性は，$G = H - TS$ から出発して，両辺を T で

割り

$$\frac{G}{T} = \frac{H}{T} - S \tag{14.45}$$

という関係式を用いる．P 一定のもと T で偏微分すると

$$\left(\frac{\partial G/T}{\partial T}\right)_P = -\frac{H}{T^2} + \frac{1}{T}\left(\frac{\partial H}{\partial T}\right)_P - \left(\frac{\partial S}{\partial T}\right)_P$$

が得られる．最後の2項は $(\partial S/\partial T)_P = C_P/T$ という関係式 (13.29) のため打ち消されて

ギブズ-ヘルムホルツの式
$$\left(\frac{\partial G/T}{\partial T}\right)_P = -\frac{H}{T^2} \tag{14.46}$$

が得られる．これを**ギブズ-ヘルムホルツの式**（Gibbs-Helmholtz equation）という．反応によるギブズエネルギー変化 ΔG では，同様に次の式になる．

$$\left(\frac{\partial \Delta G/T}{\partial T}\right)_P = -\frac{\Delta H}{T^2} \tag{14.47}$$

14.5 標準反応ギブズエネルギー

前章までに出てきた標準反応エンタルピーと標準反応エントロピーがわかっていれば，**標準反応ギブズエネルギー**（standard reaction Gibbs energy） $\Delta_r G°$ を次式で計算することができる★．

標準反応ギブズエネルギー
$$\Delta_r G° = \Delta_r H° - T\Delta_r S°$$

これは反応物と生成物の標準モルギブズエネルギーの差である．化学反応式の両辺の物質の純粋状態をすべて標準圧力で準備したときの，混合する前の系全体の反応推進力の大きさに対応する．

ギブズエネルギーも状態関数であるので，エンタルピーの場合のヘスの法則（12.6.2項参照）と類似の加成性が成り立つ．よって，標準生成エンタルピーと同じく，それぞれの物質の**標準生成ギブズエネルギー** $\Delta_f G°$ を定義しておくと，それらの値から $\Delta_r G°$ が計算できて便利である．この $\Delta_f G°$ は，基準状態での元素からその化合物をつくるための標準反応ギブズエネルギーであり，標準生成エンタルピーと同様にその絶対値を決めることはできないので，基準状態での元素の標準生成ギブズエネルギーを0にとった相対値になる（**表14-2**）．これを使うと，一般的な反応

$$\nu_A A + \nu_B B \longrightarrow \nu_C C + \nu_D D$$

の $\Delta_r G°$ は，A〜Dのそれぞれの標準モル生成ギブズエネルギーを $\Delta_f G°(i)$ （$i =$ A〜D）として，次式で与えられる．

$$\Delta_r G° = \nu_C \Delta_f G°(C) + \nu_D \Delta_f G°(D) - \nu_A \Delta_f G°(A) - \nu_B \Delta_f G°(B)$$

> **Topic** 一般の反応ギブズエネルギー
>
> なぜここで標準反応ギブズエネルギーは出てくるのに，一般の反応ギブズエネルギーについて述べないのか不思議に思うかもしれない．標準反応ギブズエネルギーは生成物と反応物の標準生成ギブズエネルギー差として，比較的簡単に計算できる．しかし，フラスコ内で起きている反応のギブズエネルギーは，そのフラスコ内にどれぐらいの化学種が存在し，どの程度混じっているのかなど，多くの情報が必要であり，各成分の独立な足し引きでは表せないので，取り扱いはそれほど簡単ではない（15章，16章で詳しく取り扱う）．$\Delta_r G°$ のように肩に○が付いているのと，○が付いていない $\Delta_r G$ には，大きな違いがあるのである．また，この標準状態は非常に特殊であることにも注意してほしい．たとえば，$H_2O(g)$ の 298.15 K，1 bar という状態は存在しないように，仮想状態の場合もある．

14章 ギブズエネルギー

表 14-2 いくつかの物質の標準モル生成ギブズエネルギー (298.15 K)

物質	$\Delta_f G°$/kJmol^{-1}
$H_2O(l)$	-237.2
$H_2O(g)$	-228.6
$HCl(g)$	-95.3
$Br_2(g)$	3.1
$NaCl(c)$	-384.2
$CO_2(g)$	-394.4
$NaOH(c)$	-379.5
$CO(g)$	-137.2

> **例題 14.2　標準生成ギブズエネルギー**
>
> 水の生成
>
> $$H_2(g) + (1/2)O_2(g) \longrightarrow H_2O(l)$$
>
> の $\Delta_f G°$ を求めよ．ただし，標準モル生成エンタルピーは**表 12-2**，標準モルエントロピーは**表 13-1** を用いよ．
>
> **解答**
>
> データによると 298.15 K, 1 bar で $\Delta_f H°[H_2O(l)] = -285.8$ kJ mol^{-1} である．298.15 K, 1 bar での $H_2(g)$ と $O_2(g)$ の $\Delta_f H°$ は定義によって 0 である．また，$H_2(g)$, $O_2(g)$, $H_2O(l)$ の $S°$ は，それぞれ 130.6 JK^{-1}mol^{-1}, 205.0 JK^{-1}mol^{-1}, 69.9 JK^{-1}mol^{-1} であるから
>
> $$\Delta_f G° = \Delta_f H° - T\Delta_f S°$$
>
> によって，$H_2O(l)$ の標準生成ギブズエネルギーは次のように計算できる．
>
> -285.8 kJ mol^{-1} $-$ (298.15 K)(69.9 $-$ 130.6 $-$ 205.0/2) JK^{-1}mol^{-1}(1 kJ/1000 J)
> $= -237$ kJ mol^{-1}

14.6　相平衡

14.6.1　相図

ある物質が他の物質とはっきりした境界をもち，内部はどこでも均一な状態にあるとき，これを**相** (phase) という．代表的な相は，固相，液相，気相であり，これらの相の間で平衡状態になって共存することを**相平衡** (phase equilibrium) といい，相の間で変化を起こすことを**相転移** (phase transition) という．通常はこれを化学反応とはよばないが，熱力学量の変化を示す「過程」であり，「反応」の一種と見ることもできる．ここでは，相平衡と相転移をギブズエネルギーの観点から考えよう．

(a) 水の相図

まず，相の概略を見るため，**図 14-1** に身近にある水の**相図** (phase diagram) を示した．

相図は，どのような圧力・温度の条件の下で，物質のどのような状態が平衡に存在するかを示している．この相図には 3 つの領域があり，3 つの領域を区切っている線は，2 相が平衡に共存しうる圧力と温度を表している．

たとえば，$P = 1$ atm ($= 0.1013$ MPa) の等圧線を，点 A から温度を上げていってみよう．水は低温 (273.15 K 以下) では氷 (固体) であるが，そこから昇温していくと，B 点の 273.15 K (0°C) で融解して水 (液体) になる*．この点

> **Data 水の融点と沸点の温度**
>
> 摂氏温度では氷の融点が 0 °C と決められていたが，現在の温度の定義では，普通われわれが知っている氷点は約 0 °C となった．この温度は，実験誤差によって変わりうる．たとえば，次章で説明するように，空気の溶けた水の凝固点は凝固点降下のために空気の溶けていない純粋な水のそれより少し低い．同様に水の沸点も，約 99.97 °C である．

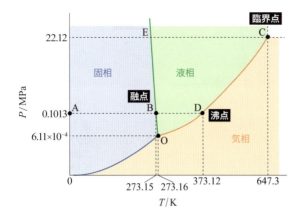

図 14-1
圧力-温度で表した水の相図
圧力軸は直線スケールではなく，融解曲線(緑線)の傾きがわかりやすいように誇張して描いてある．

が**融点** (melting point) であり，この温度では固体と液体が共存できる．固相と液相を分けている OE 線が**融解曲線** (melting curve) である†．

さらに昇温すると，圧力 1 atm の線が蒸気圧曲線と交差する点 D (温度 373.12 K) で沸騰して気体となる．この点が**沸点** (boiling point) であり，液体と気体が共存する．ここよりも高温では気体のみが存在できる．この液相と気相を分ける線が**蒸気圧曲線** (vapor pressure curve) であり，飽和蒸気圧が温度によってどのように変わるか，あるいは沸点が圧力とともにどのように変わるかを示している．線の傾きを見れば，圧力とともに沸点が上昇しているのがわかるであろう．

蒸気圧曲線を温度の高い方にたどると，端(点 C)があって，ここでは液体と気体の区別がつかなくなる．ここが**臨界点** (critical point) とよばれ，そこよりも高い温度での流体が**超臨界流体** (supercritical fluid) とよばれる (p.281 参照)．蒸気圧曲線を液相から気相へ超えるときは蒸発熱が必要であり，また体積も大きく変わる．しかし臨界点を越えたところでは，そうした不連続な変化は起こらず，連続的に変化する．臨界状態近傍では，液相と気相の密度がほぼ等しくなっており，液体とも気体ともいえない．この領域では，空間的にも時間的にも密度の揺らぎが激しいことが知られている．密度の揺らぎが激しいと，入射してきた光が強く散乱され，夕焼けのように赤く見えたり，まったく光が通らず黒く見えたりする現象が観察される．

液体と固体と気体が共存する点 O は**三重点** (triple point) とよばれる．O よりも低圧で氷を加熱すると液体を経ずに蒸気になる (**昇華**，sublimation)．この固相と気相を分ける線が**昇華曲線** (sublimation curve) である．三重点よりも高い圧力では昇華は起こらないことがわかる．

(b) 二酸化炭素の相図

もうひとつの例として，二酸化炭素 CO_2 の相図を**図 14-2** に示す．概略は水の相図と同じである．しかし，1 atm の圧力での低温点 A から定圧で温度を上げていくと，点 B に達し，融解することなく気体になることがわかる．これは，二酸化炭素の特徴として，三重点の圧力が 1 気圧よりも高いことに由来する．二酸化炭素の固体(ドライアイス)を温めると，直接気化(昇華)す

Assist　水の融解曲線

水の融解曲線はかなり急な傾きで立っているが，わずかに左に傾いている．これは圧力を上げると融点が下がることを示している．しかし以下の二酸化炭素の例に見るように，ほとんどの物質ではこの線は右に傾いており，圧力上昇で融点は上昇する．この左に傾く傾向は水に特徴的である．

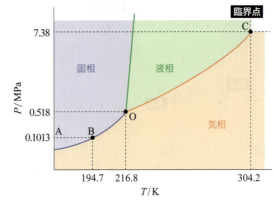

図 14-2
圧力-温度で表した
二酸化炭素の相図
圧力軸は直線スケールではなく, 融解曲線(緑線)の傾きがわかりやすいように誇張して描いてある.

Topic 二酸化炭素ボンベ

二酸化炭素が詰められたボンベの中では, 液体と気体が共存して平衡状態になっている. 20℃ (293.2 K) では, 気体の圧力は 56.5 atm である.

るという見慣れた現象が起こる理由である. これ以上の温度では気体しか存在しない. ただし, 三重点の圧力 0.518 MPa 以上では, 二酸化炭素でも, 固体は融解して液体となる★. また, 臨界温度や臨界圧力が低いので比較的容易に超臨界流体がつくれる. このため, 工業的な超臨界流体の応用には二酸化炭素がよく使われる.

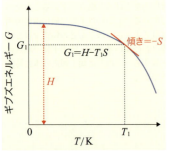

図 14-3 固体のギブズエネルギーの温度変化の模式図

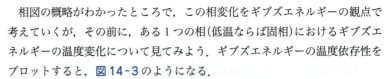

14.6.2 ギブズエネルギーの温度変化

相図の概略がわかったところで, この相変化をギブズエネルギーの観点で考えていくが, その前に, ある 1 つの相(低温ならば固相)におけるギブズエネルギーの温度変化について見てみよう. ギブズエネルギーの温度依存性をプロットすると, 図 14-3 のようになる.

固体を極低温にして, $T=0$ に近づけると TS の項がほぼ消えるので, エ

Focus 14.2　　超臨界流体の応用

臨界点付近では温度一定で圧力を変化させるだけで, 密度を大きく変えることができ, それにともなって物質の溶解性が変化する. そのため, 単一の溶媒で各種物質の入り混じった状態から, 特定のものだけを選択的に取り出すことができる. こうした工業的目的のためには, 臨界温度や臨界圧力が比較的低くて扱いやすい二酸化炭素がしばしば用いられる. たとえば, コーヒーの生豆からカフェインを取り除く際, 通常では有機溶媒を用いた抽出を行うが, ここで超臨界二酸化炭素を用いると, 抽出後の溶媒の残留を考えなくてもよく, 溶媒による抽出物の変質もないという利点がある. 超臨界二酸化炭素は, ホップエキスの抽出や, DHA や EPA の抽出にも用いられている.

また, 最近では水の超臨界流体の応用にも興味がもたれている. 水の密度は室温でだいたい $1\,\mathrm{g/cm^3}$ だが, 温度が上昇していくと密度は減少していき, 二酸化炭素と同じく, 臨界点付近になると温度一定でも, 圧力を少し変えるだけで密度を大きく変えることができる. 水の超臨界状態をつくるには高温高圧が必要だが, 誘電率を温度上昇に従って減少させることができ, 臨界点付近では圧力にもよるがだいたい 10 以下に下げることができる. そのため, 有機物の溶解性を増やすことができ, 工業的な応用が広がり, 環境に対して負荷をかけない媒体として期待されている. また, 臨界点の少し手前では水のイオン積が増大し, 加水分解反応が促進され, フロンや PCB などの環境汚染物質を, 有毒物質を出すことなく処分できるようになる.

ンタルピーだけの寄与になる．すなわち $T=0$ のギブズエネルギーは分子のエネルギーによるものといえる．温度上昇とともにギブズエネルギーは下がる．これはエントロピーの正の値に対して，温度上昇とともに $-TS$ の負の値が大きくなるためである．また，$(\partial G/\partial T)_P=-S$ なので，この勾配は $-S$ となる．温度上昇とともに S は増加する(13.7節参照)ので，G の傾きは温度上昇とともに負の絶対値が増加することになる．

次に，相間のギブズエネルギーの違いを考えるが，基本となるのは，$G=H-TS$ において，エンタルピーに関しては $H^s<H^l<H^g$ であること(図12-10参照)と，エントロピーについては $S^s<S^l<S^g$ であること(図13-14参照)である†．

(a) 融解

2つの相がある場合は，それぞれの G-T 曲線を考える．まず固体と液体の G-T 曲線(図14-4)を見てみよう．

温度が低いときのギブズエネルギー $G=H-TS$ は，固体のほうが液体よりも小さい．これは低温ではエンタルピーの寄与が TS 項に比べて大きく，固体のほうがエンタルピー的に低く(エネルギー的に安定：$H^s<H^l$)有利だからである．この温度で固体のギブズエネルギーが液体より小さいことは，固体から液体への変化(融解)が自発的には起こらないことを示す．

温度を上げていくとどちらの相のギブズエネルギーも減少していくが，$(\partial G/\partial T)_P=-S$ のエントロピーは固体よりも液体のほうが大きい($S^l>S^s$)ため，液相のほうが固相より傾きが急になる．高温では TS 項がエンタルピーに比べて大きいので，相対的に大きなエントロピーをもつ液相の減少のほうが大きく，高温では液相が有利になる．2つの曲線が交差する温度が，融解温度 T_f であり，固体と液体が平衡にある．

以上のことを考慮すると，G-T 曲線が交差する理由は，液体のほうがエントロピー項が大きいためといえる．融点以上に温度を上げていくと，液体のギブズエネルギーのほうが固体のギブズエネルギーより小さくなり，固体は液体の曲線に乗り換え，融ける．図14-4にはそれぞれの相の(ある意味仮想的な)ギブズエネルギー曲線を示しているが，一番エネルギーの低い部分が安定相であり，それより高い相は不安定である．たとえば，液相の T_f 以下での曲線は，準安定な過冷却液体(13.9節参照)を示す．

ギブズエネルギーは温度の連続関数だが，傾きが異なる固相から液相への乗り換えが起こることによって，$G(T)$ の T に対する勾配は相転移点で不連続になる．G の T 微分は $-S$ なので，これが13.7節で見たように相転移点で S が不連続になる理由である．

(b) 沸騰

次に，液体と気体の G-T 曲線を重ねたものを図14-5に示す．固相-液相で説明したのとほぼ同じ説明がこの場合にもできる．温度の低い領域では，エンタルピー的に有利な液相が安定であり($H^l<H^g$)，気体から液体への凝集が起こる．しかし $S^g>S^l$ であるから，曲線の勾配は気体が大きいため，

> **Assist** 固体，液体，気体の熱力学量
>
> 固体，液体，気体の熱力学量を，上付きの s, l, g で表す．

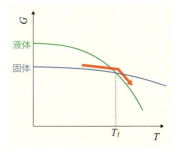

図 14-4 融解を表す固体と液体のギブズエネルギーの温度依存性
物質はその温度での最低ギブズエネルギーの相をとるので，温度を上げていくと赤矢印で示したような固体から液体への融解が起こる(T_f：融解温度)．

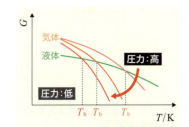

図 14-5 沸騰を表す液体と気体のギブズエネルギーの温度依存性
圧力が低下すると気体のギブズエネルギー曲線の傾きが大きくなり，液体と交わる点が低温へ移り，沸点が下がる(T_b：沸点)．

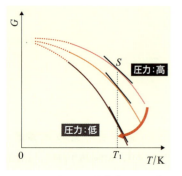

図 14-6 気体のギブズエネルギーの温度依存性を表す模式図
圧力が低下すると気体のエントロピー S が大きくなるため，ある温度 T_1 での気体のギブズエネルギー曲線の傾きが大きくなる．

温度上昇とともに気体の G が速く減少し，液体の G と交差する．この交差する温度 T_b（沸点）で液体と気体が平衡になる．

また，式 (14.31) で示した $(\partial S/\partial P)_T = -(\partial V/\partial T)_P$ からわかるように，気体のエントロピーは圧力に依存し，S が傾きとなる G-T 曲線にも圧力が大きな影響を及ぼす．式 (14.31) の右辺は理想気体では $-nR/P$ になるので，エントロピーは気体の圧力に反比例し，ギブズエネルギーの温度に対する下がり方が低圧ほど大きくなる（図 14-6）．定性的には，圧力が低いとモル体積が大きくなり，エントロピーが大きくなるためと説明できる．一方で，液体はそれほど影響を受けない．そのため，圧力が下がるほど液体と交差する温度が下がり，図 14-5 のように沸点が低下する．

(c) 三重点

液体に比べ気体の G-T 曲線は圧力に対し敏感なので，圧力によっては固相-液相の交差が起こる点（融点）を通るような蒸気圧もありうる．こういう状況での，3 相の曲線が一致する温度 T_0 では，固体と液体と気体がすべて平衡にある三重点となる（図 14-7）．この圧力よりもさらに圧力を下げると，気体の曲線が固相と交差して，以下に述べる昇華が起こることになる．

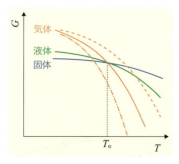

図 14-7 三重点
赤破線から圧力を下げていくと気体のギブズエネルギー曲線の傾きが大きくなり，ある圧力（オレンジ実線）では液体-固体のギブズエネルギー曲線の交点と交わるようになる．この 3 つの相が交わった点が三重点である．さらに圧力を下げると（オレンジ一点鎖線）この三重点は達成されなくなる．

(d) 昇華

固体から気体への直接の相転移が昇華であり，気体から固体への転移が**凝結** (condensation) あるいは**凝華**とよばれる．こうした昇華・凝結が起こる状況の G-T 曲線を図 14-8 に示した．固体→液体→気体の相転移が起こる場合に比べて，気体の G が大きく下がると〔こうした状況は図 14-6 からわかるように，圧力が低いときに起こる〕，気体と固体の G-T 曲線が交差する．この場合，気体の温度が急に下がると，エンタルピーの寄与のために気体から固体への凝結が起こるが，温度が上昇して固体と気体の G-T 曲線が交差する温度 T_{sub} 以上では，固相から気相への相転移が起こることがわかる．固相が T_{sub} 以上で準安定に存在していても T_f 以下では昇華が起こるが，液相と固相の交差点である T_f で液体へ融解する．これ以上の温度になると，昇華ではなく液体から気体への沸騰になる．

1 気圧近辺での水と二酸化炭素の G-T 曲線の概略を図 14-9 に示した．気体のギブズエネルギーは分子間が離れているため，水も二酸化炭素も大きくは違わない．どちらの気体も大きな S をもっているので，気相の G-T 曲線は 1 気圧でも急な傾きをもっている．しかし，水では水素結合があるため，固体や液体でのギブズエネルギーは安定化しているのに対して，二酸化炭素では，そうした分子間相互作用が弱いために気体のギブズエネルギーと液体のギブズエネルギーが比較的近い．そのため，1 気圧の条件では液体が有利となる温度がなくなり，固体から気体へと昇華する．

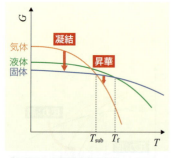

図 14-8 昇華を表すギブズエネルギー曲線の模式図
低温で固相にある物質の温度が T_{sub} を超えると液体の曲線に交わるより先に気体の曲線に交わる．ここで昇華が起こる．もし気体の温度が下がれば，固体への凝結が起こる．

(e) 臨界点

気体の蒸気圧が増えれば，そのエントロピーは液体の S に近づく．気体の S の圧力依存性からわかるように，圧力が増えると温度依存性の傾きは緩や

かになる．これにより液相との交点は高温側にずれていく．もっと圧力を上げると気体の勾配 S^g が液体の勾配 S^l と等しくなる点が現れる．これが**臨界点**である（図14-10）．この点では，気体と液体の区別がなくなる．

一般に，分子間力が強い物質では臨界温度 T_c が高く，貴ガス原子のように原子間力が弱い場合には臨界温度は低い．これは，分子間力が強い物質では液相曲線と気相曲線の間隔が温度の低いところで大きいため，液相曲線と気相曲線の曲率が等しくなるのに高い温度が必要となるためと説明できる．

14.6.3 ギブズエネルギーの圧力依存性

前項では，定圧で G-T 曲線を調べたが，定温での G-P 曲線はどうなるであろうか．G の圧力依存性は $(\partial G/\partial P)_T = V$ から得られる．つまり P に対する G の勾配は体積であり，常に正である．ほとんどの物質で $V_m^g \gg V_m^l > V_m^s$ なので，気体の G-P 曲線の勾配は液体よりずっと大きく，液体の勾配は固体より大きい．14.4節で見たように，この圧力依存性は，ほとんどエントロピーの寄与である．よって，低圧ではエントロピーの大きな気相が安定であるが，圧力上昇とともに，どこかで液相，固相と交差するはずである．図14-11 は三重点より上の温度における気体，液体，固体の G を P に対してプロットしたものである．圧力を上げると，気体の曲線上を液体の G-P 曲線に当たるまで変化し，そこで気体は液体へと凝縮する．圧力をさらにあげると，固体の曲線に到達する（凝固）．

氷が水に浮くことからわかるように，水ではあまり高くない圧力では $V_m^s > V_m^l$ である．よって，固体の G-P 曲線の勾配は液体より大きく，水の三重点より少し温度が低いところでの G-P 曲線は図14-12a のようになる．この温度では，水蒸気から氷になり，さらに圧力を上げると水になる．これは，水の相図（図14-1）で三重点のすぐ左側の垂直線を昇ることに対応する．

図14-12b は水以外の物質の三重点より低い温度でのふるまいである．この温度では圧力の増加によって気体から直接，固体が得られ，それ以上圧力を上げてもそのままの状態が続く．この温度では，液相のギブズエネルギーは気相や固相のものより常に高いためである．図14-12c は三重点における G-P 曲線である．三重点（P_o）では3相のギブズエネルギー曲線が交わり，三重点の圧力より高圧側では固相のギブズエネルギーは液相より低い．

以上のような考察は，固相-液相という転移だけでなく，2種類以上の固相がある場合にも使える．

例題 14.3 相転移

ある物質にある結晶相（I）と結晶相（II）が存在し，それぞれの相でのモル体積が等しいとき，IとIIの間の相転移は温度一定で圧力を変えることによっては起こらない理由を説明せよ．また，温度を変えることで相転移が起こるとき，それは何を意味しているか．

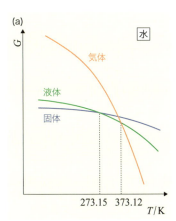

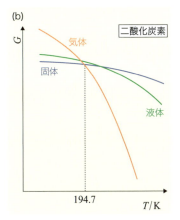

図14-9 水(a)と二酸化炭素(b)のギブズエネルギー曲線の模式図
二酸化炭素では気体と固体・液体の曲線が近いので，昇華が起こりやすくなる．

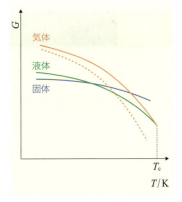

図14-10 臨界点を表す模式図
圧力が低いとき（破線）には通常の固体・液体・気体の相転移が起こるが，圧力を上げていき，気体の勾配と液体の勾配が等しくなるような状況が起こる場合（実線），T_c（臨界温度）で気体と液体の区別がなくなる．

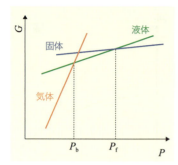

図 14-11 三重点より上の温度における気体，液体，固体のギブズエネルギーの圧力依存性の模式図
P_b：凝縮する圧力，P_f：融解する圧力

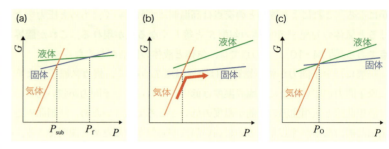

図 14-12 いくつかの温度での G-P 曲線
(a) 水の三重点より少し温度が低い場合のギブズエネルギーの圧力依存性の模式図．固体の傾きのほうが大きいので，圧力を上げると，まず固体になってから液体になる．P_{sub} は昇華点．(b) 水以外の物質の三重点より少し温度が低い場合のギブズエネルギーの圧力依存性の模式図．この場合は，液体の傾きが固体より大きいため，気体から固体になって圧力を上げてもそのままである．(c) 三重点におけるギブズエネルギーの圧力依存性の模式図．

解答

ギブズエネルギーの圧力微分は，それぞれの相の体積である．よって，体積が等しい場合には，圧力に対するギブズエネルギー曲線は平行になり，圧力を変えることで交差しないので相転移は起こらない．ギブズエネルギーの温度微分は，それぞれの相のエントロピーなので，温度変化によって相転移が起こることは，エントロピーが異なっていることを示す．

チャレンジ問題

ダイヤモンドとグラファイトの 298 K，1 atm における燃焼熱はそれぞれ 395.3 kJ mol^{-1} および 393.4 kJ mol^{-1} であり，モルエントロピーはそれぞれ 2.44 JK^{-1}mol^{-1} および 5.69 JK^{-1}mol^{-1} である．これらを用いて 25 ℃，1 atm でのダイヤモンドからグラファイトへの転移にともなうギブズエネルギーの変化量を求めよ．その結果から，常温常圧ではどちらが熱力学的に安定であるかを判定せよ．

14.7 クラペイロンの式

相平衡が起こる圧力の温度依存性を調べよう．2相を α と β とすると，相転移の点ではモルギブズエネルギーが等しいので

$$G_m^\alpha(T, P) = G_m^\beta(T, P)$$

である．T と P を変数として両辺の全微分をとると

$$\left(\frac{\partial G_m^\alpha}{\partial P}\right)_T dP + \left(\frac{\partial G_m^\alpha}{\partial T}\right)_P dT = \left(\frac{\partial G_m^\beta}{\partial P}\right)_T dP + \left(\frac{\partial G_m^\beta}{\partial T}\right)_P dT \quad (14.48)$$

となる．以前に導出した

$$\left(\frac{\partial G_m}{\partial P}\right)_T = V_m \quad \text{および} \quad \left(\frac{\partial G_m}{\partial T}\right)_P = -S_m$$

を式(14.48)に代入すると

$$V_m^\alpha dP - S_m^\alpha dT = V_m^\beta dP - S_m^\beta dT$$

が得られる．これを dP/dT について解くと

$$\frac{dP}{dT} = \frac{S_m^\beta - S_m^\alpha}{V_m^\beta - V_m^\alpha} = \frac{\Delta_{trs} S_m}{\Delta_{trs} V_m} \quad (14.49)$$

となる†．相転移では可逆平衡にあるので，$\Delta_{trs} S_m = \Delta_{trs} H_m / T$ の関係を使い

クライペロンの式

$$\frac{dP}{dT} = \frac{\Delta_{trs} H_m}{T \Delta_{trs} V_m} \quad (14.50)$$

と書ける．上式を**クラペイロンの式**(Clapeyron equation)という．これは，相図の2相境界線の勾配は，2相の転移のエンタルピー変化と体積変化で決まることを示している．

(a) 固相-液相の相変化

多くの物質で $(dP/dT)^{-1} = dT/dP > 0$ となる，すなわち，圧力をかけると融点が上がる原因は，式(14.50)の右辺が正のためである．それは融解エンタルピー ($\Delta_{trs} H_m$) は正なので，$\Delta_{trs} V_m > 0$，つまり固体から液体になると体積が増えるためといえる．

一方，氷では圧力の増加につれて融点が下がる．すなわち水の圧力-温度相図において，固-液平衡曲線が負の勾配をもつ．これは $\Delta_{fus} V_m$ が負である（つまり氷が融解すると体積が減る）ためである★．

また，融解においてはその体積変化は小さいので，分母が小さくなり，P-T でプロットした相図の融解曲線の傾き dP/dT は大きな値をとる．すなわち，融点の圧力依存性は小さいことがわかる．

例題 14.4 融 点

通常の氷では $\Delta_{fus} V_m = -1.63 \text{ cm}^3\text{mol}^{-1}$，$\Delta_{fus} H_m = 6.01 \text{ kJmol}^{-1}$ ほどである．273 K において，大気圧下でさらに 10 bar の圧力がかかったとき，融点はどれぐらい低下または上昇するか．ただし，$\Delta_{fus} V_m$ も $\Delta_{fus} H_m$ もこの圧力範囲では一定とみなせる．

解答

$$\frac{dP}{dT} = \frac{6010 \text{ Jmol}^{-1}}{(273 \text{ K})(-1.63 \text{ cm}^3\text{mol}^{-1})} \left(\frac{100 \text{ cm}}{1 \text{ m}}\right)^3 \left(\frac{1 \text{ bar}}{10^5 \text{ Pa}}\right) = -135 \text{ barK}^{-1}$$

となる．この逆数をとると

$$\frac{dT}{dP} = -7.41 \times 10^{-3} \text{ K bar}^{-1}$$

となる．よって，10 bar の圧力がかかると，7.4×10^{-2} K の融点低下が起こる．

チャレンジ問題

1 atm 付近におけるベンゼンの固-液共存線の勾配を求めよ．ただし，融点 (278.7 K) における $\Delta_{fus} H_m$ は 9.95 kJ mol^{-1} で，$\Delta_{fus} V_m$ は 10.3 cm^{3}mol^{-1} とする．

Assist trs

「trs」は相転移を表す．$\Delta_{trs} S_m$，$\Delta_{trs} H_m$，$\Delta_{trs} V_m$ はそれぞれ，相転移にともなうエントロピー，エンタルピー，体積の変化を示している．

Topic アイススケートができる理由の誤解について

氷は圧力がかかると融点が下降する．このため，スケートで滑れるのは，スケートの刃による圧力によって氷が融け，その水によって潤滑されるからだと説明されることがある．しかし，この説明は定量的に考えるとおかしい．アイススケートの刃の面積を 10 cm^2，人の体重を 60 kg とすると，重力加速度が 9.8 m/s^2 なので，圧力は約 6 bar である．しかし融点の圧力依存性は例題 14.4 のように 7.41×10^{-3} K bar^{-1} ぐらいである．よって 6 bar で変わる融点はせいぜい 0.04 ℃ ほどである．一方で，-20 ℃ といった低温下でも，アイススケートはちゃんと滑る．よって，圧力による氷の融解が，スケートのできる理由であるとは考えにくい．〔James White, *The Physics Teacher*, 30, 495 (1992)〕

(b) 液相-気相の相変化

液相-気相の相変化では, 蒸発による体積変化 $\Delta_{trs}V_m$ が非常に大きくなるので, dP/dT は傾きが緩やかであり, 逆にいえば, 圧力によって沸点が敏感に変わるということを意味している. この値は, それぞれの相でのモル体積(気相：V_m^g, 液相：V_m^l)を用いて

$$\frac{dP}{dT} = \frac{\Delta_{vap}H_m}{T(V_m^g - V_m^l)} \quad (14.51)$$

と書ける. ここで, 臨界点に非常に近くない限りは気体の体積は液体に比べて十分に大きく ($V_m^g \gg V_m^l$), 式(14.51) の V_m^g に対して V_m^l を無視することができる. さらに, 蒸気圧がそれほど高くなければ, 蒸気を理想気体とみなして V_m^g を RT/P で置き換えることができるので, 式(14.51) は

クラウジウス-クラペイロンの式

$$\frac{1}{P}\frac{dP}{dT} = \frac{d\ln P}{dT} = \frac{\Delta_{vap}H_m}{RT^2} \quad (14.52)$$

となる. この式を**クラウジウス-クラペイロンの式**(Clausius-Clapeyron equation)という[†]. たとえば, $\Delta_{vap}H_m$ があまり温度に依存しないと仮定すると, 式(14.52) は

$$\ln\frac{P_2}{P_1} = -\frac{\Delta_{vap}H_m}{R}\left(\frac{1}{T_2} - \frac{1}{T_1}\right) = \frac{\Delta_{vap}H_m}{R}\left(\frac{T_2 - T_1}{T_1 T_2}\right) \quad (14.53)$$

と簡単に積分できる. この式を用いれば, モル蒸発エンタルピーと, ある温度における蒸気圧から別の温度における蒸気圧を計算することができる.

> **Assist　クラウジウス-クラペイロンの式**
>
> 仮定として, 気体のモル体積に対して液体のモル体積を無視したり, 蒸気が理想気体として取り扱えるという条件を導入してはいるが, 沸点を計算するときの実用上はこの式(14.52) を用いるのが便利である.

> **例題14.5　沸　点**
>
> 富士山頂(気圧：630 hPa とする)で水が沸騰する温度を求めよ. ただし, 水の 1 atm = 1013 hPa での沸騰する温度を 100 ℃, モル蒸発エンタルピーを $\Delta_{vap}H_m = 40.7$ kJmol^{-1} とする.
>
> **[解答]**
>
> クラウジウス-クラペイロンの式より下記のように計算できる★.
>
> $\ln(630/1013) = (40.7\times 10^3/8.31)\,(T-373)/373\,T$
>
> $-0.475\times 373\,T = 4900\,(T-373)$
>
> $T = 360\,\text{K} = 87\,°\text{C}$

> **チャレンジ問題**
>
> ベンゼンの 1013 hPa における沸点は 353 K であり, 蒸発のエンタルピー変化 $\Delta_{vap}H_m = 30.8$ kJmol^{-1} である. $\Delta_{vap}H_m$ が温度に依存せず, 蒸気は理想気体と仮定して, 400 K におけるベンゼンの蒸気圧を計算せよ.

> **Topic　沸点が下がると**
>
> このように富士山頂では 87 ℃ くらいに沸点が下がる. このため, 圧力釜がないと, ご飯が半煮え状態になったり, 煮込み時間が長くかかったりすることになる. エベレスト山(8850 m)では, 気圧が 300 hPa くらいになり, 沸点は 70 ℃ くらいに下がる. さらに高度を上げると, 沸点がどんどん下がり, 高度約 2 万 m くらいになると, 人が宇宙服を着ていない限り血液が体温で「沸騰」してしまう.

(c) 蒸気圧の温度依存性

式(14.52) の不定積分をとると

$$\ln P = -\frac{\Delta_{vap}H_m}{RT} + C \qquad C \text{ は定数} \quad (14.54)$$

が得られる．よって，蒸気圧の対数を温度の逆数に対してプロットすると，勾配が $\Delta_{vap}H_m/R$ の直線になる．

図 14-13 は 273 K から 373 K までの水の蒸気圧のプロットである．373 K におけるこの直線の勾配から求めた $\Delta_{vap}H_m$ は 41 kJmol^{-1} である．273 K での傾きから求めた $\Delta_{vap}H_m$ は 44.9 kJmol^{-1} であり，少し異なっている．このように，$\Delta_{vap}H_m$ に温度依存性があるとすると，このプロットは直線から曲がる．それをもし直線として傾きを求めた場合には，問題としている温度範囲における平均の $\Delta_{vap}H_m$ を表していることになる．

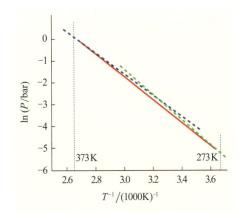

図 14-13
水の蒸気圧 P の温度依存性（赤線）
このプロットの傾きが蒸発エントロピーになる．100 ℃ 付近での傾き（青破線）と 0 ℃ 付近での傾き（緑破線）とは少し異なる．

14.8 非理想気体——フガシティー

ここまで気体に関しては理想気体の状態方程式を用いていくつかの関係式を導いてきた．たとえば，ギブズエネルギーの圧力依存性は，$(\partial G_m/\partial P)_T = V_m$ と理想気体の $V_m = RT/P$ の式を用いて

$$G_m(T, P) = G°(T) + RT\ln\frac{P}{P°} \qquad (P° = 1\,\text{bar}) \quad (14.55)$$

と求められ，これを使ってこれまで議論してきた．しかし実在気体は理想気体の状態方程式で比較的よく表されるとはいえ，異なっている．たとえば，11.6 節では，ファンデルワールス状態方程式やビリアル展開などの式を用いた．これらの式のように $V_m = RT/P$ からずれてくると，もはや G_m は式 (14.55) では表せなくなり，補正項が必要となる．本章の最後に，こうした理想気体からのずれがあるときの扱いを簡単に述べておこう．

式 (14.55) の理想気体からのずれを取り込むのに，いくつかの補正項を（ビリアル展開のようにして）加えることもできるが，そうするとこれまで理想気体の状態方程式を用いて導出してきた式を大きく書き直さなければならない．できれば理想気体と同じ形式で書けたほうが，理想気体からのずれを簡単に表現することができるし，これまでと同じような式の展開ができるので

便利であろう．そのため，Pを補正する係数γを導入して

$$G_m(T, P) = G°(T) + RT\ln\frac{\gamma P}{P°} \tag{14.56}$$

と書く．このγPをfとおくと

フガシティー
$$G_m(T, P) = G°(T) + RT\ln\frac{f}{P°} \tag{14.57}$$

となり，理想気体の式に近い．このfを**フガシティー**（fugacity）という．また，その補正のための係数γを**フガシティー係数**（fugacity coefficient）とよぶ．

たとえば$P \to 0$などで現実気体が理想気体に近づくとγは1に近づき，fはPに近づく．よって，γがどれぐらい1からずれているかが，理想気体からのずれを表す目安となる．$\gamma < 1$あるいは$f < P$ならば，その気体のギブズエネルギーは理想気体のそれより小さいし，逆に$\gamma > 1$あるいは$f > P$ならば理想気体のギブズエネルギーより大きい値をもつ．

このfあるいはγは，分子を見ただけではわからない値なので，実験で測定しなくてはならない．その実験的決定方法を見ていこう．

関係式$(\partial G_m/\partial P)_T = V_m$は気体が理想気体かどうかによらず必ず成り立つ式であり，P_1からP_2まで積分すれば

$$G_m(P_2) - G_m(P_1) = \int_{P_1}^{P_2} V_m dP$$

である．ここでP_1を0に近い値にすると$G_m(P_1)$は式(14.55)で表され，$G_m(P_2)$はf_2を使った式(14.57)で書けるので，上式の左辺は

$$G°(T) + RT\ln\left(\frac{f_2}{P°}\right) - \left[G°(T) + RT\ln\left(\frac{P_1}{P°}\right)\right] = RT\ln\left(\frac{f_2}{P_1}\right)$$

となる．よって

$$RT\ln\left(\frac{f_2}{P_1}\right) = \int_0^{P_2} V_m dP \tag{14.58}$$

である．ここで，$P_1 \approx 0$なので，積分の下限を0とおいた．もしこれが理想気体であるとしたら，上式の左辺は$RT\ln(P_2/P_1)$であり，V_m^iを理想気体の体積として

$$RT\ln\left(\frac{P_2}{P_1}\right) = \int_0^{P_2} V_m^i dP \tag{14.59}$$

となる．この2つの式を引き，P_2は任意であるのでP，その圧力でのフガシティーf_2をfと書くと

$$\ln\left(\frac{f}{P}\right) = \ln\gamma = \left(\frac{1}{RT}\right)\int_0^P (V_m - V_m^i) dP \tag{14.60}$$

となる．よって，現実気体の体積を測定し，理想気体からの体積の差をPの関数としてプロットして，十分低い圧力からPまで積分し，RTで割るとγが求まり，そこからfが求められることになる（図14-14）．

あるいは，RTを消すために，理想気体では$V_m^i = RT/P$，現実気体では$V_m = RTZ/P$（$Z = PV_m/RT$：圧縮因子）とおいて

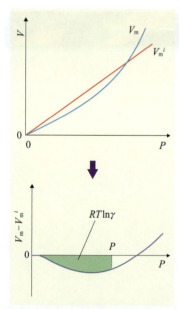

図14-14 式(14.60)でフガシティー係数を求めるための模式図
緑色の部分の積分値が$RT\ln\gamma$になる．

$$\ln \gamma = \int_0^P \frac{Z-1}{P} \mathrm{d}P \tag{14.61}$$

が得られることを使えば，圧縮因子 Z を P の関数として測定し，$(Z-1)/P$ を P に対しプロットし，P までの積分値を求めてもよい．

　もし，知りたい気体の Z のビリアル係数がわかっていれば，P でビリアル展開した式(11.61)を使うと

$$\begin{aligned}\ln \gamma &= \int_0^P (B_{2P} + B_{3P}P + \cdots\cdots) \mathrm{d}P \\ &= B_{2P}P + (1/2)B_{3P}P^2 + \cdots\cdots \end{aligned} \tag{14.62}$$

と非常に簡単な関係があることがわかる．よって，ビリアル係数がわかっていれば，どのような温度や圧力に対しても f が求められることになる．

　11.6 節で見たように，非理想性の主な寄与である $B_{2V} = RTB_{2P}$（式 11.62）は，分子間の引力的相互作用で負になる．このときには式(14.62)より，$\gamma < 1$ となり，この実在気体のギブズエネルギーは理想気体のギブズエネルギーより小さい．つまり，安定化しているとわかる．また分子間の斥力的相互作用が主に効くと B_{2P} は正になり $\gamma > 1$ なので，実在気体のギブズエネルギーは理想気体のものより大きくなる．

14章　重要項目チェックリスト

ギブズエネルギー ［p.282］

$$G = U - TS + PV = H - TS$$

（U：内部エネルギー，S：エントロピー，H：エンタルピー）

ヘルムホルツエネルギー ［p.286］

$$A = U - TS$$

熱力学量の関係

$$\left(\frac{\partial U}{\partial S}\right)_V = T \quad \left(\frac{\partial U}{\partial V}\right)_S = -P \quad \left(\frac{\partial H}{\partial S}\right)_P = T \quad \left(\frac{\partial H}{\partial P}\right)_S = V$$

$$\left(\frac{\partial G}{\partial P}\right)_T = V \quad \left(\frac{\partial G}{\partial T}\right)_P = -S \quad \left(\frac{\partial A}{\partial V}\right)_T = -P \quad \left(\frac{\partial A}{\partial T}\right)_V = -S$$

◆マクスウェルの関係式 ［p.290］

$$\left(\frac{\partial T}{\partial V}\right)_S = -\left(\frac{\partial P}{\partial S}\right)_V \quad \left(\frac{\partial T}{\partial P}\right)_S = \left(\frac{\partial V}{\partial S}\right)_P \quad \left(\frac{\partial V}{\partial T}\right)_P = -\left(\frac{\partial S}{\partial P}\right)_T \quad \left(\frac{\partial P}{\partial T}\right)_V = \left(\frac{\partial S}{\partial V}\right)_T$$

ギブズエネルギーの温度・圧力依存性

◆圧力依存性 ［p.292］

$$\Delta G = \int_{P_0}^{P} V dP$$

◆標準モルギブズエネルギー ［p.292］

$$G_m(T, P) = G°(T) + RT\ln(P/1\,\text{bar})$$

（G_m：モルギブズエネルギー，$G°$：標準モルギブズエネルギー）

◆温度依存性：ギブズ-ヘルムホルツの式 ［p.293］

$$\left(\frac{\partial G/T}{\partial T}\right)_P = -\frac{H}{T^2}$$

標準反応ギブズエネルギー ［p.293］

$$\Delta_r G° = \Delta_r H° - T\Delta_r S°$$

クラペイロンの式 ［p.301］

$$\frac{dP}{dT} = \frac{\Delta_{trs} H_m}{T\Delta_{trs} V_m}$$

◆クラウジウス-クラペイロンの式 ［p.302］

$$\frac{1}{P}\frac{dP}{dT} = \frac{d\ln P}{dT} = \frac{\Delta_{vap} H_m}{RT^2}$$

フガシティー ［p.304］

$$G_m(T, P) = G°(T) + RT\ln\frac{f}{P°} \qquad f = \gamma P$$

（f：フガシティー，γ：フガシティー係数）

確認問題

14·1 状態方程式 $P(V_m - b) = RT$ に従う気体について，$C_{P,m} - C_{V,m}$ を求めよ．

14·2 100 atm の圧力下での氷の融点（単位 K）を有効数字 4 桁で求めよ．計算過程も明確に記すこと．必要であれば次の値を用い，また水と氷の密度および氷の融解エンタルピーは 1 atm から 100 atm の間で圧力に依存しないと仮定せよ．また，1 atm の圧力下での氷の融点を 0 ℃とする．

    0 ℃ = 273.15 K
    1 atm = 1.01325×10^5 Pa
    0 ℃における水の密度　0.99984 g cm^{-3}
    0 ℃における氷の密度　0.91680 g cm^{-3}
    氷の融解エンタルピー　6.0068 kJ mol^{-1}
    水のモル質量　18.0153 g mol^{-1}

［平成 23 年度 京都大学理学研究科入試問題より］

14·3 反応の標準状態（298 K, 1 atm）におけるエンタルピー変化やエントロピー変化は，それぞれ，標準生成エンタルピー $\Delta_f H°$ と標準エントロピー $S°$ を用いて計算することができる．表はいくつかの物質の $\Delta_f H°$ と $S°$ の値を示している．

物質	状態	$\Delta_f H°$/kJ mol^{-1}	$S°$/J K^{-1} mol^{-1}
CH$_3$OH	液体	−239	127
O$_2$	気体	0	206
CO$_2$	気体	−394	214
H$_2$O	気体	−242	189
H$_2$O	液体	−286	70

表の値を用いて，液体のメタノールの燃焼反応の標準状態におけるエンタルピー変化 $\Delta H°$，エントロピー変化 $\Delta S°$，ギブズ（自由）エネルギー変化 $\Delta G°$ を求めよ．なお，数値は小数点以下を四捨五入せよ．

［平成 19 年度 九州大学理学府入試問題より］

実戦問題

14·4 次の表はさまざまな純物質液体の 1 atm での沸点と蒸発エントロピーを示したものである．空欄 (a) ～ (c) にあてはまる物質名を下の〔 〕内より選んで答えよ．特に分子間相互作用と蒸発エントロピーの関係に注意し，選んだ理由も述べること．

	塩素	ヘキサン	四塩化炭素	(a)	(b)	(c)
沸点(K)	239	342	350	352	353	374
蒸発エントロピー (J K^{-1} mol^{-1})	85.4	84.4	85.8	110	87.2	60.7

〔ギ酸 formic acid，エタノール ethanol，ベンゼン benzene，窒素 dinitrogen〕

［平成 23 年度 京都大学理学研究科入試問題より］

14·5 一般に，融点の近傍で，固相－気相共存線の勾配は液相－気相共存線の勾配よりも大きく，次の式①が成り立つ．

$$\frac{\left(\dfrac{dP^S}{dT}\right)}{\left(\dfrac{dP^L}{dT}\right)} > 1 \quad ①$$

任意の 2 相の境界で成り立つ式 $dP/dT = \Delta S_m/\Delta V_m$ にもとづいて式①を導け．ただし，P^S は固相の圧力，P^L は液相の圧力を指す．気体は理想気体とみなし，固相と液相のモル体積は気相のモル体積に比べて無視できると考えよ．

［平成 23 年度 京都大学理学研究科入試問題より］

14·6 炭素 1 モルあたりのグラファイトとダイヤモンドの 298 K, 1 気圧における燃焼熱，エントロピー，およびモル体積を下の表に示す．これらのデータを用い，以下の問い **A** ～ **C** に答えよ．

	燃焼エンタルピー kJ mol^{-1}	エントロピー J K^{-1} mol^{-1}	モル体積 cm^3 mol^{-1}
グラファイト	393.5	5.7	5.3
ダイヤモンド	395.4	2.4	3.4

A. 298 K, 1 気圧における炭素 1 モルあたりのダイヤモンド生成エンタルピーからグラファイトの生成エンタルピーを引いた差，および，ダイヤモンドとグラファイトのギブズエネルギー差を求めよ．

B. 温度一定（298 K）の条件下で，ダイヤモンドとグラファイトのギブズエネルギー差が圧力 P でどのように表されるかを求めよ．ただし，ダイヤモンドとグラファイトのモル体積は圧力に依存しないと仮定する．

C. 圧力一定（1 気圧）で温度を変化させることでグラファイトをダイヤモンドに相転移させることができるかどうかを議論せよ．また，温度一定（298 K）で圧力を変えた場合はどうか．もし相転移を起こさせることができるときは，問い **B** の結果を用いて，その温度，あるいは圧力を求めよ．ただし，1 気圧 = 1.0×10^5 Pa とせよ．

14・7 ある気体の状態方程式が次に示されるように第二ビリアル係数 B までで表現されるとする．この気体に関する下の問いに答えよ．

$$\frac{PV}{nRT} = 1 + \frac{nB}{V}$$

- **A.** この気体を温度 T で体積 V_1 から V_2 まで等温可逆変化させたときに，気体になされる仕事 w を計算せよ．また，理想気体に対して同じ操作をおこなったときの仕事との差 Δw 計算せよ．
- **B.** 第二ビリアル係数は正の定数 a, b を用いて次のように表現されるとする．

$$B = b - \frac{a}{RT}$$

B は温度によって正負いずれの値もとりうる．実在気体では分子間力が作用することを考慮して，B の温度による符号の変化を簡単に説明せよ．

- **C.** 問い **A** の可逆変化で気体の内部エネルギー U がどれだけ変化したかを考えてみよう．熱力学の第一法則より U はエントロピー S および体積 V と次の関係式で結びついている．

$$dU = \boxed{(1)} \, dS + \boxed{(2)} \, dV$$

一方，S は温度と体積の関数として

$$dS = \left(\frac{\partial S}{\partial T}\right)_V dT + \left(\frac{\partial S}{\partial V}\right)_T dV$$

と書けるので

$$dU = \boxed{(3)} \, dT + \boxed{(4)} \, dV$$

したがって，次の式が得られる．

$$\left(\frac{\partial U}{\partial V}\right)_T = \boxed{(4)}$$

ここでマクスウェルの関係

$$\left(\frac{\partial P}{\partial T}\right)_V = \left(\frac{\partial S}{\partial V}\right)_T$$

により次の式が求まる．

$$\left(\frac{\partial U}{\partial V}\right)_T = \boxed{(5)}$$

- **(a)** 文中の (1)〜(5) にあてはまる式を書け．
- **(b)** 上のマクスウェルの関係式を証明せよ．

[平成10年度 京都大学理学研究科入試問題より]

14・8 液体および気体の窒素に関わる次の問いに答えよ．気体窒素は理想気体とみなせ．

- **A.** 下図のように窒素が容器内に存在し，全体の温度が 77.4 K で液相と気相が平衡状態にある（状態 a）．液体部分の質量は 4.40 g であり，なめらかに動く重さの無視できるふたが内部と外部を隔てており，外気圧は $1.01 \times 10^5 \, \mathrm{kg\,m^{-1}\,s^{-2}}$ である．状態 a の容器全体を 77.4 K に保ったまま準静的に熱を伝えて，すべての窒素がちょうど気体に変わる状態 b へと変化させた．この変化に必要な熱は何 J か．ただし窒素以外の部分の熱容量は無視せよ．蒸発エンタルピーは $5.58 \times 10^3 \, \mathrm{J\,mol^{-1}}$，アボガドロ定数は $6.02 \times 10^{23} \, \mathrm{mol^{-1}}$，ボルツマン定数 ($k_B$) は $1.38 \times 10^{-23} \, \mathrm{J\,K^{-1}}$，窒素原子の原子量は 14.0 とせよ．

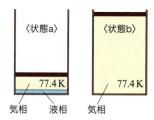

- **B.** 気体窒素と液体窒素の間の平衡を考えることにより，沸点の圧力依存性を表す次の式を導け．

$$\frac{dP}{dT} = \frac{\Delta H_m}{T \Delta V_m}$$

ただし，ΔH_m はモル蒸発エンタルピー，ΔV_m は蒸発にともなう1モルあたりの体積変化とする．

- **C.** 問い **B** の式を用いて，窒素の沸点が 79.0 K となる圧力を求めよ．ただし，蒸発エンタルピーを一定値とせよ．
- **D.** 温度と体積が (T_1, V_1) である気体窒素を，可逆的断熱変化で (T_2, V_2) である状態へ変化させた．このとき成り立つ次の関係式における X の値を求めよ．

$$\left(\frac{T_2}{T_1}\right)^X = \frac{V_1}{V_2}$$

ただし，窒素分子の並進運動と回転運動のみを考え，各運動の1つの自由度ごとに1分子あたりで $(1/2)k_B T$ の平均エネルギーをもつと仮定せよ．

[平成16年度 京都大学理学研究科入試問題より]

15章 溶液の混合

ここまでは，1成分だけの系の熱力学について学んできたが，化学反応などは多成分系の溶液系で起こることが多い．本章では，こうした場合に適用できるように多成分系へ熱力学を拡張する．

多成分系では，圧力や温度だけでなく，組成も熱力学量を変化させる要因となる．そこで，V, U, G, S などの示量性関数の T, V, P 依存性に加え，溶液組成に熱力学量がどのように依存するかを考える．そのためには<u>部分モル量</u>という概念が必要となる．これを知ると，フラスコ内での化学反応を含む溶液系のさまざまな現象が説明・予見できるようになる．

たとえば，水と油の関係といわれるように，水と油は溶け合わない代表であるが，溶け合わないということはどういうことなのか．溶けたらエネルギー的に不利になるのか．そういった問いに答えるための基礎ができるであろう．また，溶液の性質（安定性）や反応の平衡定数を議論するうえで重要となる<u>活量</u>についても学ぶ．

■ Contents

15.1 部分モル量
15.2 化学ポテンシャル
15.3 混合の化学ポテンシャル
15.4 理想溶液
15.5 非理想溶液
15.6 ヘンリーの法則
15.7 活量

いろいろな種類のドレッシング．長い時間放置しておくと，自然に分離してしまうものと，混ざり合ったままのものに分かれる．

15.1 部分モル量

多成分系の熱力学量を議論するにあたっては，**部分モル量** (partial molar quantity) という概念をまちがいなく理解しておかなくてはいけない．これは，これまで出てきた単なるモル量とはまったく異なる量である．すべての示量性の熱力学量に対して部分モル量が定義できる．以降で重要になるギブズエネルギーの部分モル量を学ぶ前に，もう少しイメージしやすいと思われる，体積の部分モル量について見ていこう．

15.1.1 部分モル分子体積

図 15-1 水(左)とエタノール(右)の分子模型

分子模型をつくってみると，「分子体積」という言葉からは，野球のボールのように，分子がある決まった体積をもつように思えるかもしれない (図 15-1)．しかしそうしたイメージとは異なり，分子体積は，$V = (\partial G/\partial P)_T$ で定義される熱力学量であり，物質によって一定の値ではない．

確かに，1種類の物質については，その体積は物質量に比例する．たとえば，コップの中の水分子1モルは，その密度が約 1 g/mL であることからわかるように約 18 mL である．そのコップに水をさらに注いで2モルにすると，2倍の体積 36 mL になる．よって，1モルあたりの体積を知りたければ，体積をその状態の物質量で割ればよい．これが水分子のモル体積 18 mL mol^{-1} であり，V_m とこれまで表記してきた．このようにモル体積の次元は，体積÷物質量(mL mol^{-1})である．同様にして，エタノールだけの入ったコップにエタノール n モルを加えると，体積は約 $58 \times n$ mL だけ増え，エタノールのモル体積は 58 mL mol^{-1} とわかる．

では，混合系(多成分系)ではどうであろうか．おそらく多くの人が知っているように，1Lの水と1Lのエタノールを混ぜても，足し算の2Lにはならず，約 1.93 L しかない(図 15-2)．では，この混合溶液の中の水の体積はいくらといえばいいのだろうか．この質問は，1.93 L の体積をどのように水とエタノールの体積に分けるかという問題になる．もはや水1モルあたりの体積を 18 mL mol^{-1} といってはいけないことがわかるだろう．

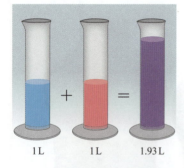

図 15-2 水とエタノールの混合
水1Lとエタノール1Lを混ぜると，全体では 1.93 L にしかならない．こうしたときに，「分子体積」とは何を意味するのか．

では，どうやれば水の「モル体積」が求められるのだろうか．それには，<u>ほんのわずかの(成分比を変えないぐらいの)水をその溶液に加え，体積がどれぐらい増えるかを測定すればよい</u>．

たとえば，エタノールがいっぱい入ったコップの中に水をほんの少し (dn_w mol とする) 入れたら，どれぐらい体積が増加するだろうか．もし水の「モル体積」が溶液の組成によらず純水のモル体積 V_m と同じだとすれば，増加体積は $dn_w \times V_m = dn_w \times 18$ mL mol^{-1} になるだろうが，実際はそうはならない．測定によると，$dn_w \times 14$ mL mol^{-1} 程度である．もっとたくさん水を混ぜた溶液に，同じ dn_w mol 入れると，その増え方は大きくなっていくのが見られ，ほぼ純粋の水に水を入れると $dn_w \times 18$ mL mol^{-1} 程度になる．このように体積は組成の関数であるので，ある分子の体積という場合は，その組成での値

を測定しなければならない．そして，その値を求めるには，わずかの dn_W を加えて増える体積 dV_W を測定して，dn_W で割ってやればよい．式で書くと dV_W/dn_W というよく知った微分になる(図15-3)．

実際には，体積は組成の関数であると同時に，圧力や温度の関数でもあるので，他の変数を固定した偏微分で $(\partial V_W/\partial n_W)_{T,P,n_{i\neq W}}$ と書き，これを**部分モル体積**(partial molar volume)とよぶ．

一般に，i 成分の部分モル体積を V_i とし，次のように表す†．

部分モル体積
$$V_i = \left(\frac{\partial V}{\partial n_i}\right)_{T,P,n'} \qquad n' \neq n_i$$

大量のエタノール中では水の部分モル体積は $V_W = 14$ mL mol^{-1} である．次元は mL mol^{-1} であり，1モルあたりの体積を表す．しかし，上の説明でわかるように，これは V_m とはまったく異なる量である．この mol^{-1} という意味は，1モルあたりという意味ではなく，少しだけ i 成分を加えたときに増える体積を1モルへ換算した値になる．体積は示量性の物理量であるが，こうして決めた部分モル体積は，系の大きさには依存しない示強性の熱力学量となる．このように部分モル体積とモル体積はまったく違った概念であるが，純物質についてだけは，モル量と部分モル量が一致する．

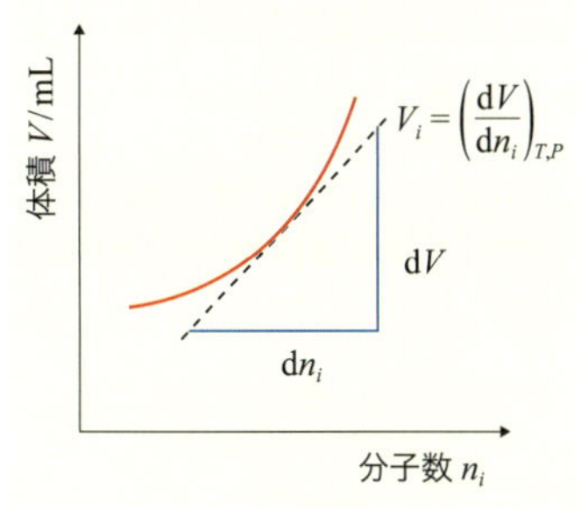

図15-3 部分モル体積
部分モル体積は，体積の分子数依存性曲線の傾きで表される．よって，組成によって部分モル体積は変化することがわかる．

Assist 部分モル体積の記号

部分モル体積などを上付きのバーを書いて表記することもある．たとえば部分モル体積は $\bar{V}$ と書かれることもある．

15.1.2 部分モル体積の濃度依存性

同様に，エタノールのときだけのエタノールの体積は約 58 mL mol^{-1} だが，大量の水に少し入れたときは 54 mL mol^{-1} となり，その条件での部分モル体積は $V_E = 54$ mL mol^{-1} である．それぞれの部分モル体積を，組成のモル分率に対してプロットしたのが図15-4である．これを見ると，エタノールの部分モル体積は，エタノール量を増やすにしたがって，最初に減ってから増えるのに対して，水は逆にまず増えて極大をとってから減っていることに気がつくであろう．もっとよく見ると，その変化の様子がちょうどさかさまに折り返したようになっている．実はこれは2種類の溶液を混合したときに一般に見られる関係で，以下のように説明できる．

一般に，成分1，2という2つの成分の混合溶液に，成分1を dn_1，成分2を dn_2 加えたときの全体積変化は，T と P が一定ならば

$$dV(T, P, n_1, n_2) = V_1 dn_1 + V_2 dn_2 \qquad (15.1)$$

となる．ここでは体積が T，P の関数であることをあらわに書いた．全体の量を増やしても，組成さえ同じならば部分モル体積は一定なので，両辺を0から n_1, n_2 まで積分すると，体積は次のようになる．

$$V = \int_0^{n_1} V_1 dn_1 + \int_0^{n_2} V_2 dn_2 = V_1 n_1 + V_2 n_2 \qquad (15.2)$$

一般に多成分系では次のように書ける．

$$V = \sum_i n_i V_i \qquad (15.3)$$

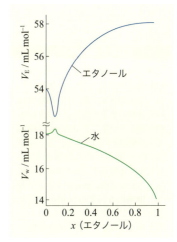

図15-4 エタノール(青線)と水(緑線)の部分モル体積の組成依存性
横軸の x はエタノールのモル分率である．

Assist　モルと濃度

◆モル分率(x_i：mole fraction)
i 成分の物質量を n_i と書くと $x_i = n_i/N$ で定義される．N は全体の物質量である．分率なので全部の和をとると 1 になる．

$$\sum_i x_i = 1$$

このモル分率は，温度や圧力に依存しないので，式の計算に便利である．

◆モル濃度(c：molarity)
溶液 1 L あたりの溶質の物質量．

$$c = \frac{n_2}{1\text{L}(溶液)} \quad (n_2：溶質の物質量)$$

モル濃度は mol L^{-1} の単位をもつ．温度が変わって溶液の体積が変わるとモル濃度も変わるので，温度変化を扱う場合には注意が必要である．しかしメスフラスコを使った溶液の調整には便利である．

◆質量モル濃度(m：molality)
溶媒 1 kg あたりの溶質の物質量．

$$m = \frac{n_2}{1\text{kg}(溶媒)} \quad (n_2：溶質の物質量)$$

質量モル濃度の単位は mol kg^{-1} である．質量モル濃度は体積でなく質量で定義されているので，非常に正確に測定でき，また圧力や温度に依存しないので圧力・温度依存性の実験をするときに便利である．希薄水溶液では，1 L の溶液が約 1 kg の水を含んでいるので，モル濃度と質量モル濃度は非常に近い値を示す．

Topic　混ぜると減る!?

エタノールを水と混ぜるとそれぞれの体積を加えたものより体積が減る．この場合は，それぞれ純粋な場合の体積の和より混合したほうが体積が減るということであって，部分モル体積は正の値である．ところが MgSO$_4$ をわずかに水に溶かすと，水溶液の体積は元の水の体積より減る．これは体積が負ということであり，静電的な溶質溶媒相互作用によって水が溶質に引き寄せられた結果と考えられる．つまり負の体積がありうる．これ以外にも，NiSO$_4$ など電荷が大きな電解質では負の体積を示す．アルキメデスは風呂に入って水があふれたことから体積測定を思いついたという話があるが，こうした塩を風呂に入れると，水があふれるどころか減る．個別のイオンの体積を求めるのは難しいが，Ni^{2+} の無限希釈での体積は -30 cm^3 mol^{-1} ほどの大きな負の値である．

式(15.2)を全微分すると

$$dV = V_1 dn_1 + n_1 dV_1 + V_2 dn_2 + n_2 dV_2 \quad (15.4)$$

である．これを式(15.1)と比べると

$$n_1 dV_1 + n_2 dV_2 = 0 \quad (15.5)$$

となることがわかる．これは，成分 1 と 2 の部分モル体積変化は独立に変わることができず，式(15.5)のような関係があることを示す．

式(15.5)の両辺を溶液内のすべての物質量 $(n_1 + n_2)$ で割ると

$$x_1 dV_1 + x_2 dV_2 = 0 \quad (15.6)$$

となる．ここで x_i は i 成分の物質量 n_i を溶液内のすべての物質量で割った

$$x_i = \frac{n_i}{\sum_j^{\text{all}} n_j}$$
（モル分率）

で定義される**モル分率**(mole fraction)である†．よって次のようになる．

$$dV_2 = -\frac{x_1}{x_2} dV_1 \quad (15.7)$$

この関係から，<u>片方の体積が減れば($dV_1 < 0$)もう片方の体積は増加する($dV_2 > 0$)</u>ことがわかる．また，<u>x_1/x_2 の大きいところでは V_1 の小さな変化は V_2 の大きな変化を意味する</u>．これが，図15-3で示した，水が多いところでの，水の部分モル体積のちょっとした極大ピークが，エタノールの部分モル体積の大きな極小になっている原因である．

例題 15.1　モル分率と部分モル体積

20 ℃で 1 L の水とエタノールを混ぜたときの体積を図15-4を用いて求めよ．ただし，この温度でのそれぞれの密度を 0.998 g mL^{-1} と 0.79 g mL^{-1} とする．

解答

密度を使うと，1 L ずつのエタノールと水の物質量は，それぞれ

$$(998 \text{ g L}^{-1} \times 1 \text{ L})/18 \text{ g mol}^{-1} = 55.4 \text{ mol}$$
$$(790 \text{ g L}^{-1} \times 1 \text{ L})/46 \text{ g mol}^{-1} = 17.2 \text{ mol}$$

である．よって，エタノールのモル分率は

$$\frac{17.2}{17.2 + 55.4} = 0.237$$

である．図によれば，この組成ではおよそ $V_w = 17.7$ mL mol^{-1}，$V_E = 55.5$ mL mol^{-1} である．したがって溶液の体積は

$$55.4 \text{ mol} \times 17.7 \text{ mL mol}^{-1} + 17.2 \text{ mol} \times 55.5 \text{ mL mol}^{-1} = 1.93 \text{ L}$$

15.2 化学ポテンシャル

チャレンジ問題
ある分子1の水溶液中での部分モル体積が
$$V_1 = 50 + 9(1-x_1)^2 \quad (\text{ただし } x_1 \text{ は分子1のモル分率})$$
で与えられるとき，この溶液の水の部分モル体積を求めよ．ただし純水の部分モル体積を $18\ \mathrm{mL\ mol^{-1}}$ とする．

15.2 化学ポテンシャル

さて，いよいよ本題の混合溶液中のギブズエネルギーの話に移ろう．簡単のため2成分系だけを取り扱うが，これからの概念や結果の大部分は多成分系でも成立し，容易に多成分系へ適用できる．

15.2.1 ギブズエネルギーと化学ポテンシャル

ここでは2成分を1，2と番号をつけて，それぞれの成分の物質量を n_1 モル，n_2 モルとする．溶液のギブズエネルギーに対して，体積に対しておこなったのと同じ操作をする．ギブズエネルギーは T, P, n_1, n_2 の関数なので，G の全微分は

$$dG = \left(\frac{\partial G}{\partial T}\right)_{P,n_1,n_2} dT + \left(\frac{\partial G}{\partial P}\right)_{T,n_1,n_2} dP + \left(\frac{\partial G}{\partial n_1}\right)_{P,T,n_2} dn_1 + \left(\frac{\partial G}{\partial n_2}\right)_{P,T,n_1} dn_2 \tag{15.8}$$

で与えられる．右辺にある G を物質量で偏微分した量が**部分モルギブズエネルギー**である．特にこの量は有用なため**化学ポテンシャル**(chemical potential)という特別の名前が与えられ，μ という記号で表される．

化学ポテンシャル
$$\mu_i = \left(\frac{\partial G}{\partial n_i}\right)_{T,P,n_{j\neq i}} = G_i \tag{15.9}$$

部分モル体積のときと同じ注意であるが，この化学ポテンシャルをモルギブズエネルギーと思ってはいけない．あくまで，<u>その溶液の成分を保ったまま，物質 i が(仮想的に)1モル変化したときのギブズエネルギー変化</u>である．純粋な系(1成分系)でのみ，化学ポテンシャルは1モルあたりのギブズエネルギーになる．

これを使うと T と P が一定ならば

$$dG = \mu_1 dn_1 + \mu_2 dn_2 \tag{15.10}$$

である．組成一定の下でこれを積分することで，ギブズエネルギー G は次のように書ける．

$$G = \mu_1 n_1 + \mu_2 n_2 \tag{15.11}$$

他の示量性熱力学変数も対応した部分モル量をもつ．たとえば，

$\left(\dfrac{\partial S}{\partial n_i}\right)_{T,P,n_j \neq i}$ は **部分モルエントロピー** (partial molar entropy) S_i とよばれ，$\left(\dfrac{\partial H}{\partial n_i}\right)_{T,P,n_j \neq i}$ は **部分モルエンタルピー** (partial molar enthalpy) H_i である．

15.2.2 ギブズ-デュエムの式

化学ポテンシャルが混合物の組成に対してどのような依存性を示すかという問題は，溶液の混合に関してだけでなく化学反応の多くの場面で現れる．部分モル体積で見たのと同じように，化学ポテンシャルはそれぞれの成分の変化に対して独立に変化するのではない．組成を変化させたときにどのような関係があるかを調べよう．

まず，式(15.11)を T, P 一定で微分すると

$$dG = \mu_1 dn_1 + \mu_2 dn_2 + n_1 d\mu_1 + n_2 d\mu_2$$

であるが，これから式(15.10)を引くと

$$n_1 d\mu_1 + n_2 d\mu_2 = 0 \tag{15.12}$$

が得られる．両辺を $n_1 + n_2$ で割ると

$$x_1 d\mu_1 + x_2 d\mu_2 = 0 \tag{15.13}$$

となり，部分モル体積の関係式と似た関係が得られた．

Focus 15.1　「化学ポテンシャル」とよぶ理由

部分モルギブズエネルギーを，どうして「化学ポテンシャル」とよぶのであろうか．ポテンシャルとはポテンシャルエネルギーのことで，その場所で物体にかかる力を積分したものである．逆に，ポテンシャルの座標微分が力になる．濃度が異なることによって，あたかも力が働いているように見えるので化学ポテンシャルとよぶ．

わかりやすいように，純物質で平衡にある2相からなる系，たとえば，液体の水と気体の水蒸気を考えよう．この場合の2成分は液相にある分子と気相にある分子である．全体の G は液相と気相の G の和になる．

$$G = G^l + G^g$$

T と P を一定に保ったまま液相から気相へ dn だけ移したとする．この過程における G の無限小変化量は

$$dG = \left(\dfrac{\partial G^g}{\partial n^g}\right)_{P,T} dn^g + \left(\dfrac{\partial G^l}{\partial n^l}\right)_{P,T} dn^l$$

である．ここで液相の減少分は必ず気相の増加分と絶対値が等しいので $dn^l = -dn^g$ ゆえ

$$dG = \left[\left(\dfrac{\partial G^g}{\partial n^g}\right)_{P,T} - \left(\dfrac{\partial G^l}{\partial n^l}\right)_{P,T}\right] dn^g = (\mu^g - \mu^l) dn^g$$

と書かれる．反応(この場合は分子の相移動)は $dG < 0$ の方向に自発的に進むので，$\mu^g < \mu^l$ ならば $dn^g > 0$ の方向，すなわち液相から気相へ物質が移動することになる(下図 **a**)．逆に $\mu^g > \mu^l$ ならば $dn^g < 0$ の方向，すなわち気相から液相へ物質が移動することになる(下図 **b**)．すなわち化学ポテンシャルの低い方向へ物質は流れる．これは，位置ポテンシャルや電気的ポテンシャルと類似している．双方の化学ポテンシャルが等しいときが，液体と気体が平衡にある場合である(下図 **c**)．

(a) 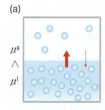　(b) 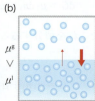　(c)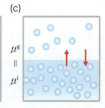

一般には

> **ギブズ-デュエムの式**
> $$\sum_i x_i \, d\mu_i = 0 \tag{15.14}$$

と書かれる．これらは多成分系の性質を議論するときに非常に有用な関係式であり，部分モル量に対する**ギブズ-デュエムの式**(Gibbs-Duhem equation) とよばれる．すなわち，組成 $x_1 (= 1-x_2)$ を変えたとき，それぞれの化学ポテンシャルはこの関係式を満足するようにしか変われない．

たとえば，成分 2 の化学ポテンシャルの変化量は

$$d\mu_2 = -\left(\frac{x_1}{x_2}\right) d\mu_1 \tag{15.15}$$

となる．この関係を用いれば，ある成分の化学ポテンシャルを組成の関数として知ることで，他方の化学ポテンシャルが求められる．前節で出てきた式 (15.5) も，部分モル体積に関するギブズ-デュエムの式である．この重要な関係式の応用例は以下のいくつかの節で見ることになる．

15.3 混合の化学ポテンシャル

15.3.1 混合溶液の化学ポテンシャル

混合溶液の化学ポテンシャルの組成依存性が，溶液の性質を論じるうえで大切になる．前章で，純気体が理想気体として扱える場合，G の圧力依存性から

$$G_m(T, P) = G°(T) + RT \ln(P/1\,\text{bar}) \tag{15.16}$$

を導いた（式 14.44）．ここで $G°$ は標準モルギブズエネルギーであり，1 bar における 1 モルの理想気体のギブズエネルギーである．2 つの相が平衡にあるとき，それぞれの相の化学ポテンシャル（ギブズエネルギー）が等しいということを思い出すと，純液体 1 の蒸気と液体とが平衡にある場合，純液体 1 の化学ポテンシャル $\mu_1^*(\text{liq})$ は気体の化学ポテンシャル (15.16) と等しい．よって

$$\mu_1^*(\text{liq}) = \mu_1°(T) + RT \ln(P_1^*/1\,\text{bar}) \tag{15.17}$$

となる．ここで純液体の蒸気圧を P_1^* と書いた．また，$\mu_1°$ は成分 1 の標準化学ポテンシャルである．

この溶液が 2 成分系であるときは，その成分 1 の蒸気圧を P_1 として

$$\mu_1^{\text{sol}} = \mu_1°(T) + RT \ln(P_1/1\,\text{bar}) \tag{15.18}$$

となる．左辺の肩の sol は**溶液**(solution) であることを示す．式 (15.17) (15.18) から標準化学ポテンシャルを消して

Assist 純物質を表す記号

μ_1^* や P_1^* などの右肩の ＊ 印は IUPAC 推奨の純物質の印である．

混合溶液の化学ポテンシャル
$$\mu_1^{\text{sol}} = \mu_1^*(\text{liq}) + RT \ln\left(\frac{P_1}{P_1^*}\right) \quad (15.19)$$

が得られる．この式は，混合溶液の化学ポテンシャルが純液体のそれと比べてどう変化するかを示す式である．これは蒸気が理想気体として扱える場合は，常に成り立つ式である．もし理想気体として扱えなければ，14.8節で導入したフガシティーを使わなければならない．

15.3.2 混合の熱力学量

2種類の純粋な液体を混合する場合を考えよう．ここで，混合することによって純粋物質のギブズエネルギーからどの程度変化するかを表す**混合ギブズエネルギー** (Gibbs enegy of mixing) を

混合ギブズエネルギー
$$\Delta_{\text{mix}} G = G^{\text{sol}}(T, P, n_1, n_2) - G_1^*(T, P, n_1) - G_2^*(T, P, n_2) \quad (15.20)$$

で定義する．ここで G^{sol} は溶液の，G_1^* と G_2^* は純成分のギブズエネルギーである．前章で見たように，ギブズエネルギーの符号が反応の自発性を予言するので，この混合ギブズエネルギーが負のときは自発的に混合するし，正のときは混合しないということがわかるであろう．同様な量は他の熱力学量にも定義できて，たとえば**混合エントロピー** (entropy of mixing) は

$$\Delta_{\text{mix}} S = S^{\text{sol}} - S_1^* - S_2^* \quad (15.21)$$

であり，**混合エンタルピー** (enthalpy of mixing) は次のようになる

$$\Delta_{\text{mix}} H = H^{\text{sol}} - H_1^* - H_2^* \quad (15.22)$$

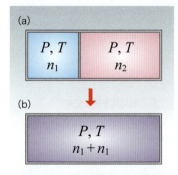

図15-5　2種類の気体の混合
この場合のギブズエネルギー変化を考える．

15.3.3 理想気体の混合ギブズエネルギー

溶液の混合を考える前に，まず比較として，理想気体の混合ギブズエネルギーを求めておこう．仕切りで隔てられた2つの容器(図15-5a)に入った理想気体(どちらも温度 T，圧力 P) は，それぞれ

$$G_1(T, P) = n_1[\mu_1^\circ(T) + RT \ln P] \quad (15.23)$$

$$G_2(T, P) = n_2[\mu_2^\circ(T) + RT \ln P]$$

で与えらえる(標準状態の圧力は 1 bar である)．ここで，n_1, n_2 はそれぞれの物質の物質量である．仕切りを取って1と2を混合したとき(図15-5b)，それぞれの分圧を P_1, P_2 として($P = P_1 + P_2$)，混合気体のギブズエネルギー G^{mix} は

$$G^{\text{mix}}(T, P) = n_1[\mu_1^\circ(T) + RT \ln P_1] + n_2[\mu_2^\circ(T) + RT \ln P_2] \quad (15.24)$$

となる．よって混合ギブズエネルギーは

$$\Delta_{mix} G(T,P) = n_1 RT \ln\left(\frac{P_1}{P}\right) + n_2 RT \ln\left(\frac{P_2}{P}\right) \tag{15.25}$$

となる．常に $P_1, P_2 < P$ なので，$P_1/P < 1$，$P_2/P < 1$ であり，$\Delta_{mix} G < 0$ となる．よって別々の成分から常に自発的に混合気体が生じることがわかる．

$P = n_1 RT/V_1 = n_2 RT/V_2$，とダルトンの法則†の $P_1 = n_1 RT/V$，$P_2 = n_2 RT/V$，($V = V_1 + V_2$) を代入してみると

$$\Delta_{mix} G(T,P) = n_1 RT \ln\left(\frac{V_1}{V}\right) + n_2 RT \ln\left(\frac{V_2}{V}\right) \tag{15.26}$$

となる．

この式の右辺は，13章の式 (13.5)，すなわちそれぞれの気体の入っている容器の体積を V へ増加させた場合のエントロピー変化に $-T$ を掛けたものに等しいことがわかる．すなわち，混合ギブズエネルギーはエントロピー変化に由来する†．

また，分圧がモル分率に等しい $P_1/P = x_1$，$P_2/P = x_2$ ということを使うと

$$\Delta_{mix} G = RT(n_1 \ln x_1 + n_2 \ln x_2) \tag{15.27}$$

である．

> **Assist** ダルトン(Dalton)の法則
>
> 理想気体の混合物が及ぼす圧力は，個々の気体が単独に同じ体積を占めるときの圧力(分圧)の和である．
>
> $$P = \sum_i P_i$$

> **Assist** 混合したから増えたのではない
>
> 2種類の気体を混合したのだから，気体粒子が乱雑に混じってエントロピーが増加したと考えやすい．ところが，13章の S の増加を調べた式にさかのぼると，混合したことを使っていないのに気がつく．つまり，この混合エントロピーは体積膨張のエントロピーの増加から来るものにほかならない．よって，理想気体を混合してエントロピーが増えたのは，2種類の粒子が混合したからではなく，体積が増えたからといえる．すなわち，分子が独立に運動していて，混合によってそれぞれの分子の動けるスペースが大きくなってエントロピーが増加したという描像が正しい．「混合エントロピー」という名前に惑わされてはいけない．

15.4 理想溶液

15.4.1 ラウールの法則

次に溶液の混合を考えよう．式 (15.19) が溶液の組成とどのように関係するかを知るためには，その蒸気圧と溶液組成との関係を知らなければならない．ラウール (F. Raoult) は，いくつかの溶液で，各成分の蒸気分圧が単純な式

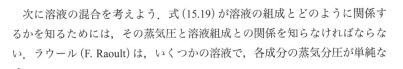

ラウールの法則
$$P_i = x_i P_i^* \tag{15.28}$$

に従うことを見出した (P_i^* は純液体の蒸気圧)．式 (15.28) を**ラウールの法則** (Raoult's law) という★．後でわかるように，この法則が成り立つ溶液では，それぞれの分子が溶液内で乱雑に分布しており，純粋液体中および混合物中における分子間力がすべて似かよっている．全組成領域でラウールの法則に従う溶液を**理想溶液** (ideal solution) とよぶ．

15.4.2 理想溶液の混合による変化

全圧はそれぞれの分圧の和であるので，2成分理想溶液の蒸気圧は，図15-6 のようになる．式 (15.19) とラウールの法則の式 (15.28) によれば，溶液中の成分 i の化学ポテンシャルは，

> **Topic** ラウールの法則と蒸留
>
> ラウールの法則が成り立つ溶液での蒸気圧はどうなっているのだろうか．仮に，$P_1^* > P_2^*$ としよう．すると成分1の気相中でのモル分率 x_1 (gas) は，溶液中の分率を x_1 とすると
>
> x_1(gas) $= P_1/P$
> $= x_1 P_1^* / (x_1 P_1^* + x_2 P_2^*)$
> $> x_1 P_1^* / (x_1 P_1^* + x_2 P_1^*)$
> $= x_1/(x_1 + x_2) = x_1$
>
> となる．よって，気相中では成分1の分率が溶液中の分率より大きいことがわかる．つまり，蒸発しやすい成分のほうがたくさん気体中に出るということである．これが蒸留の原理になる．

317

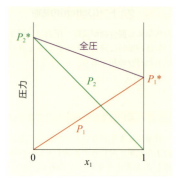

図 15-6 2成分理想溶液の蒸気圧
それぞれの分圧は x_1 と x_2 に比例しており、全圧は P_1+P_2 である。

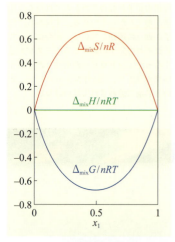

図 15-7 理想溶液の混合ギブズエネルギー（青線）、混合エントロピー（赤線）、混合エンタルピー（緑線）の組成依存性
ギブズエネルギーは $x_1=x_2=0.5$ で最小になり、負の値なので、2種類の液体は混合する。

理想溶液の成分の化学ポテンシャル
$$\mu_1^{\text{sol}} = \mu_1^*(\text{liq}) + RT\ln x_1 \qquad (15.29)$$

となる。式(15.27)(15.29)より、理想溶液の混合ギブズエネルギーは

$$\Delta_{\text{mix}}G = n_1\mu_1^{\text{sol}} + n_2\mu_2^{\text{sol}} - n_1\mu_1^* - n_2\mu_2^* = RT(n_1\ln x_1 + n_2\ln x_2)$$

となり、両辺を nRT ($n=n_1+n_2$) で割ると次のように書ける（図15-7）。

理想溶液の混合ギブズエネルギー
$$\frac{\Delta_{\text{mix}}G}{nRT} = x_1\ln x_1 + x_2\ln x_2 \qquad (15.30)$$

x_1 と x_2 が 1 よりも小さいのでこの量は常に負である。よって別々の成分から常に自発的に混合液体が生じる。理想溶液についてのこの結果は、理想気体の混合についての式(15.27)と同じである。

一方、混合エントロピーは

$$\Delta_{\text{mix}}S = -\left(\frac{\partial \Delta_{\text{mix}}G}{\partial T}\right)_{P,n_1,n_2} \qquad (15.31)$$

で与えられ、理想溶液については

理想溶液の混合エントロピー
$$\Delta_{\text{mix}}S = -R(n_1\ln x_1 + n_2\ln x_2) \qquad (15.32)$$

となる。$\Delta G = -T\Delta S$ となっていることに気がつくであろう。このことは、理想気体の場合と同じく、<u>理想溶液の混合はエントロピー増加によって起こっている</u>ことを示す。さらに、このエントロピー増加は、混合したことによる体積増加からくることも、気体との類似性を考えるとわかるであろう。つまり、2種類の粒子が混合したからエントロピーが増えたわけではなく、動けるスペースが増えたからエントロピーが増えたといえる。

混合エンタルピーは

理想溶液の混合エンタルピー
$$\Delta_{\text{mix}}H = \Delta_{\text{mix}}G + T\Delta_{\text{mix}}S = 0 \qquad (15.33)$$

である。したがって、混合することによって発熱もしないし吸熱もしないことがわかる（図15-7）。理想溶液で混合エンタルピーがないというのは、溶液中の相互作用と純粋な液体中の相互作用が同じということを意味する。さらに、理想溶液では、混合における体積変化は

$$\Delta_{\text{mix}}V = \left(\frac{\partial \Delta_{\text{mix}}G}{\partial P}\right)_{T,n_1,n_2} = 0 \qquad (15.34)$$

で与えられ、体積変化もないことがわかる。

このように、<u>理想溶液では、混合によってエネルギーも体積も変わらず、2つの成分がまったく同じ性質をもった分子ということができる</u>。このように同じ性質をもった別の分子というのは存在しないので、厳密には理想溶液は存在しないことになる。しかし、クロロベンゼンとブロモベンゼンやトルエンとベンゼンのように、性質が類似した分子どうしは、近似的に理想溶液をつくる。

15.4.3 混合溶液の成分

混合溶液の1成分が $x_i = 0$ から $x_i = 1$ までラウールの法則に従うならば，他方も従うことをギブズ-デュエムの関係式から導くことができる．

x_2 の全領域（0から1まで）で

$$\mu_2 = \mu_2^* + RT \ln x_2 \tag{15.35}$$

であるとしよう．μ_2 を x_2 について微分し，式(15.13)に代入して $d\mu_1$ について解くと

$$d\mu_1 = -\frac{x_2}{x_1}d\mu_2 = -RT\frac{x_2}{x_1}d\ln x_2 = -RT\frac{x_2}{x_1}\frac{dx_2}{x_2} = -RT\frac{dx_2}{x_1}$$

となる．しかし，$x_1 + x_2 = 1$ だから $dx_2 = -dx_1$ なので，次の式が得られる．

$$d\mu_1 = RT\frac{dx_1}{x_1} \tag{15.36}$$

式(15.36)の両辺を $x_1 = 1$（純成分1）から任意の x_1 まで積分すると

$$\mu_1 = \mu_1^* + RT \ln x_1$$

が得られる．ここで $\mu_1^* = \mu_1(x_1 = 1)$ である．すなわち<u>片方の成分が理想溶液としてふるまえば，もう片方の成分も理想溶液としてふるまう</u>ことがわかる．

15.5 非理想溶液

15.5.1 非理想溶液の混合ギブズエネルギー

理想気体が現実にはあり得ないように，現実溶液も厳密に理想溶液となることはない．それにもかかわらず，<u>理想溶液としての性質は，現実溶液が理想溶液からどのようにずれるかを調べる際の基準となるので重要である</u>．

(a) 負のずれを示す溶液

たとえば，アセトンとクロロホルムの溶液の蒸気圧を溶液の組成に対して測定すると，それぞれの蒸気分圧はラウールの法則から予想されるよりも小さくなるという現象が見られる（図15-8）．こうした挙動を，「ラウールの法則から負のずれを示している」という．<u>負のずれは，2つの溶液を混合することで蒸気になりにくくなるということであり，分子論的には異なる分子間の引力相互作用が同種分子間の引力相互作用より強いためと考えられる</u>（図15-9）．

この場合も気体は理想気体として扱えるとすると式(15.19)のとおり

$$\mu_i^{\text{sol}} = \mu_i^*(\text{liq}) + RT \ln\left(\frac{P_i}{P_i^*}\right) \quad i = 1, 2$$

である．また，混合ギブズエネルギーは式(15.20)より

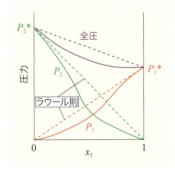

図15-8 ラウールの法則から負のずれを示す溶液の蒸気圧の組成依存性
ラウール則の蒸気圧を破線で示した．

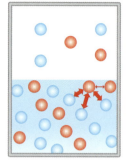

図 15-9 異種分子間相互作用と同種分子間相互作用
ラウールの法則から負のずれを示す溶液では、異種分子間相互作用のほうが強いため、混合したときに蒸気になりにくくなる。

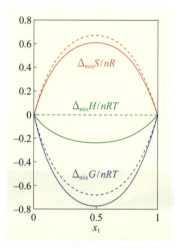

図 15-10 ラウールの法則から負のずれを示す溶液の混合ギブズエネルギー、混合エントロピー、混合エンタルピーの組成依存性
比較のため理想溶液のそれぞれを破線で示した。ギブズエネルギーは $x_1 = x_2 = 0.5$ で最小になり、負の値なので、2種類の液体は混合し、混合によって発熱する（$\Delta_{mix}H<0$）。

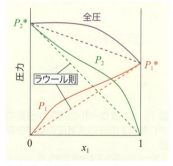

図 15-11 ラウールの法則から正のずれを示す溶液の蒸気圧の組成依存性
ラウール則の蒸気圧を破線で示した。

$$\Delta_{mix}G = n_1\mu_1^{sol} + n_2\mu_2^{sol} - n_1\mu_1^* - n_2\mu_2^*$$

である。よって

非理想溶液の混合ギブズエネルギー

$$\Delta_{mix}G = RT\left(n_1\ln\frac{P_1}{P_1^*} + n_2\ln\frac{P_2}{P_2^*}\right) \quad (15.37)$$

が得られる。P_1 と P_2 がそれぞれ P_1^* と P_2^* よりも小さいため、この量は常に負であり、別々の成分から常に自発的に溶液が生じる。すなわち、2つの溶液は混合する。

混合エンタルピーは、異分子間相互作用が強いため、負（$\Delta_{mix}H<0$）の値をもつと考えられる（図 15-10）。しかし、混合エントロピーは理想溶液より小さい正の値をもつかどうかは一般的にはわからない。なぜなら混合エントロピーは、$\Delta_{mix}G$ の温度微分から求められるが、P に温度依存があるためデータがないと微分できないためである。定性的には、異種成分間の安定化のほうが大きいので、成分1の周りには成分2が集まりやすくなり、成分2の周りには成分1が集まりやすくなり、結果として動けるスペースに制限ができて、エントロピーは理想溶液よりも小さくなると考えられる（図 15-10）。よって、この溶液の混合ギブズエネルギーが理想溶液より負で大きな絶対値をもつ主な理由はエンタルピーの寄与である。同様に、$\Delta_{mix}G$ を圧力で微分した、混合における体積変化も単純には求められない。

2成分溶液の一方の成分が理想的挙動から負のずれを示せば、もう一方の成分も負のずれを示すことを、ギブズ-デュエムの式を用いて示すこともできる（→ web）。

(b) 正のずれを示す溶液

負のずれを示す溶液とは逆に、混合溶液の蒸気分圧がラウールの法則から予想されるよりも大きい正のずれを示している溶液もある（図 15-11）。分子論的には、溶液中の分子が気体へ飛び出しやすくなるのだから、同種分子間の引力相互作用が、異種間の引力相互作用よりも強いために正のずれが起きると考えられる（図 15-12）。この場合、$\Delta_{mix}G$ はやはり式 (15.37) で与えられる。$\Delta_{mix}H$ は、上の説明から予想されるように、混合したことによって不安定化するので正の値になるであろう。混合エントロピーがどうなるかは、一般にはいえないが、異種分子を遠ざける効果があると考えれば、やはり理想溶液よりは小さくなるであろうことが予想される。

こうした $\Delta_{mix}G$、$\Delta_{mix}H$、$T\Delta_{mix}S$ の概略図を図 15-13 に示す。$\Delta_{mix}H$ が正ということは、混合はエネルギー的には不安定ということを示す。それでも混ざる場合があるのはエントロピーの寄与によるといえる。

$\Delta G = \Delta H - T\Delta S$ なので、$\Delta_{mix}H$ がもっと大きな正の値になって、$\Delta_{mix}G$ が正になれば、2つの溶液は混ざらない（相分離する）。この相分離する場合については以下でもう少し詳しく扱う。

2成分溶液の一方の成分が理想的挙動から正のずれを示せば、もう一方の成分もそうでなければならないことは、負のずれの場合と同様にして示すこ

15.5.2 正則溶液

非理想溶液の定性的性質を前節で見てきたが，その特性を簡単な式で表すことができれば，もっと具体的にその性質がどのような要因から生じているかが明らかになるであろう．もちろん非理想溶液となるいろいろな原因があるので，一般に取り扱うことはできないが，いくつかの非理想溶液で見られる特殊な場合について考えていく．それは，<u>混合エントロピーが理想溶液の場合と同じで，混合熱が0でないような溶液</u>である．こうした性質をもつ溶液を**正則溶液**（regular solution）とよぶ．

たとえば，こうした溶液では，蒸気圧が

$$P_1 = x_1 P_1^* \exp\left(\frac{\alpha x_2^2}{RT}\right) \quad P_2 = x_2 P_2^* \exp\left(\frac{\alpha x_1^2}{RT}\right) \quad (15.38)$$

のように，x_1 と x_2 の関数として表される．2成分溶液の分子論的理論によれば，このなかのパラメーター α は，異種分子間と同種分子間の相互作用の差を表すもので，次の式で与えられることがわかっている．

$$\alpha = N_A(\varepsilon_{11} + \varepsilon_{22} - 2\varepsilon_{12}) \quad (15.39)$$

ここで，ε_{11} は分子1どうしの相互作用，ε_{22} は分子2どうしの相互作用，ε_{12} は分子1と分子2の間の相互作用を表す（図15-14）．たとえば，$\alpha > 0$ ということは $\varepsilon_{11} + \varepsilon_{22} > 2\varepsilon_{12}$ なので，異種の分子間相互作用が同種分子間の相互作用よりも小さいことを意味する．先ほどの描像で考えれば，これは，正のずれを示す場合である．この場合の蒸気圧を x_1 に対してプロットしたものを図15-15に示すが，正のずれを示していることがわかる．

$\alpha < 0$ となるのは異種の分子間相互作用が同種分子の間の相互作用よりも大きい場合であり，蒸気圧が負のずれを示す．なお，$\alpha = 0$ のときは，式(15.38)が $P_1 = x_1 P_1^*$，$P_2 = x_2 P_2^*$ となることからわかるように，理想溶液である．

式(15.37)で示した混合ギブズエネルギーを表す式

$$\Delta_{\mathrm{mix}} G = RT\left(n_1 \ln \frac{P_1}{P_1^*} + n_2 \ln \frac{P_2}{P_2^*}\right)$$

の P_1 と P_2 に式(15.38)を代入し，n_1 と n_2 をモル分率 $x_1 = n_1/n$，$x_2 = n_2/n$（全物質量 $n_1 + n_2 = n$）で表すと，混合ギブズエネルギーは

$$\Delta_{\mathrm{mix}} G = nRT\left[x_1 \ln\left(x_1 \exp \frac{\alpha x_2^2}{RT}\right) + x_2 \ln\left(x_2 \exp \frac{\alpha x_1^2}{RT}\right)\right]$$
$$= nRT\left[x_1 \ln x_1 + x_2 \ln x_2 + \frac{\alpha(x_1 x_2^2 + x_1^2 x_2)}{RT}\right]$$
$$= nRT\left[x_1 \ln x_1 + x_2 \ln x_2 + \frac{\alpha x_1 x_2(x_1 + x_2)}{RT}\right]$$

となり，$x_1 + x_2 = 1$ を使うと次のように表せることがわかる．

> **正則溶液の混合ギブズエネルギー**
> $$\Delta_{\mathrm{mix}} G = nRT(x_1 \ln x_1 + x_2 \ln x_2) + n\alpha x_1 x_2 \quad (15.40)$$

図 15-12 ラウールの法則から正のずれを示す溶液の異種分子間相互作用と同種分子間相互作用
異種分子間相互作用のほうが弱いため，混合することで蒸気になりやすくなる．

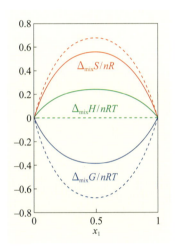

図 15-13 ラウールの法則から正のずれを示す溶液の混合ギブズエネルギー，混合エントロピー，混合エンタルピーの組成依存性
比較のため理想溶液のそれぞれを破線で示した．この図の場合は，ギブズエネルギーは $x_1 = x_2 = 0.5$ で最小になり，負の値なので，2種類の液体は混合する．混合によって吸熱する（$\Delta_{\mathrm{mix}} H > 0$）．

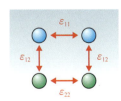

図 15-14 分子間相互作用
青と緑で異なる分子種を表している．

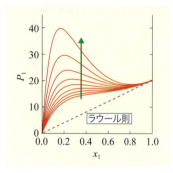

図 15-15 正則溶液で，分子間相互作用（$\alpha > 0$）あるいは温度 T を変えた時の蒸気圧の組成依存性
下から上に順に $RT/\alpha = 0.6, 0.56, 0.52, 0.48, 0.44, 0.40, 0.36, 0.32, 0.28$ である。温度が低くなるにつれ，あるいは分子間相互作用の違いが大きくなるほど蒸気圧が増えていることがわかる。

理想溶液では $\Delta_{\text{mix}}G = nRT(x_1 \ln x_1 + x_2 \ln x_2)$ なので，違いは $n\alpha x_1 x_2$ である。

蒸気圧が負のずれを示すときは，異種の分子間相互作用が同種分子間の相互作用よりも大きい場合で $\alpha < 0$ なので，$\Delta_{\text{mix}}G$ は理想溶液より小さくなり（負で絶対値は大きくなる），溶液が安定化することがわかる。しかし，このときも混合エントロピーは

$$\Delta_{\text{mix}}S = -\frac{\partial \Delta_{\text{mix}}G}{\partial T} = -nR(x_1 \ln x_1 + x_2 \ln x_2) \tag{15.41}$$

であり，これは理想溶液と同じである。また混合エンタルピーは

$$\Delta_{\text{mix}}H = \Delta_{\text{mix}}G + T\Delta_{\text{mix}}S = n\alpha x_1 x_2 \tag{15.42}$$

であり，負の値になる。これは，異種の分子間相互作用が同種分子間の相互作用よりも大きいので混合することにより発熱することを示している。よって，$\Delta_{\text{mix}}G$ が負で大きくなり，混合溶液が安定化する要因はエンタルピーの効果であることがわかる。

逆に，同分子種間相互作用が異分子種間相互作用より強いときは $\alpha > 0$ であるから，混合エンタルピー $\Delta_{\text{mix}}H = n\alpha x_1 x_2$ は正になり，吸熱であることを示す。α を 0 からだんだんと大きくしていった場合の $\Delta_{\text{mix}}G$ を図 15-16 に示す。正の混合エンタルピーのために，理想溶液より正の方向にずれることがわかる。このふるまいについて，次項でもう少し詳しく見ていこう。

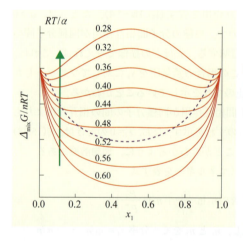

図 15-16 正則溶液で，分子間相互作用（$\alpha > 0$）あるいは温度 T を変えたときの混合ギブズエネルギーの組成依存性
下から上に順に RT/α を図に示した値のように変化させている。$RT/\alpha = 0.5$ より大きいとギブズエネルギーは $x_1 = x_2 = 0.5$ で最小になり，2 種類の液体は混合する。しかしそれより小さいところでは 2 つの極小をもち，溶液は 2 相分離する。破線は極小点の変化を示す。この破線の位置が，2 相の組成を表す。

15.5.3 相分離と温度

温度によって 2 つの液体が自由に溶け合ったり，部分的に溶けて相分離することがある。これらの現象は熱力学的にどう説明できるのかを調べよう。

同種分子間相互作用を異種分子間相互作用より大きくしていくと（すなわち，α を大きくしていくと），$\Delta_{\text{mix}}G$ が正の方向にシフトしていくが，あるところまで行くと 1 つの極大と 2 つの極小をもつようになる（たとえば，図 15-16 の $RT/\alpha = 0.48$ より上）。これは何を意味しているのだろうか。

前章で反応はギブズエネルギーを最小にする方向に進むことを述べたが，

この考えにもとづくと，溶液が自発的に 2 つの $\Delta_{\text{mix}}G$ の極小に落ち込むことを意味する．今の場合，横軸はモル分率なので，異なったモル分率をもつ 2 つの相に分離することになる．

この 2 つの溶液の組成はそれぞれの極小における x_1 の値で与えられる．式(15.40)を x_1 だけで表すと

$$\Delta_{\text{mix}}G = nRT(x_1 \ln x_1 + x_2 \ln x_2) + n\alpha x_1 x_2$$
$$= nRT[x_1 \ln x_1 + (1-x_1)\ln(1-x_1)] + n\alpha x_1(1-x_1) \quad (15.43)$$

であるから，$\Delta_{\text{mix}}G$ の極値の条件として

$$\frac{\partial(\Delta_{\text{mix}}G)}{\partial x_1} = nRT[\ln x_1 - \ln(1-x_1)] + n\alpha(1-2x_1) = 0 \quad (15.44)$$

が得られる．$x_1 = 1/2$ は，RT/α の任意の値について方程式(15.44)の解になっているので，常に極小か極大になっていることがわかる．$x_1 = 1/2$ で極小か極大かは，$\partial^2(\Delta_{\text{mix}}G)/\partial x_1^2$ の符号でわかる．

$$\partial^2(\Delta_{\text{mix}}G)/\partial x_1^2 = nRT\left(\frac{1}{x_1} + \frac{1}{1-x_1}\right) - 2n\alpha$$
$$= n\left[\frac{RT}{x_1(1-x_1)} - 2\alpha\right] \quad (15.45)$$

これが正になる条件は

$$\frac{RT}{x_1(1-x_1)} > 2\alpha$$

である．$x_1 = x_2 = 1/2$ のとき，上の式は

$$\frac{RT}{2\alpha} > x_1(1-x_1) = 1/4$$

となる．よって $RT/\alpha > 0.5$ のときに極小になり，$RT/\alpha < 0.5$ のときに極大になることがわかる．図 15-16 を見るとわかるように，極大のときにはそのほかに 2 つの極小をもち，その値が互いに平衡にある混ざり合わない 2 つの溶液の組成を与える．$RT/\alpha = 0.5$ はその境目である臨界値となっている．この臨界値は α とともに T にも依存していることに注意しよう．$T_c = 0.5\alpha/R$ よりも高温では 2 液体は任意の割合で混ざり合い，$T_c = 0.5\alpha/R$ よりも低温では混ざり合わない．2 液体が完全に混ざり合う限界の温度 T_c が**共溶温度** (consolute temperature) である．

上の議論は，同種の分子間相互作用が異種間よりも大きくなると，相分離するのだが，温度を高くするとまた混じり合うようになることを意味する．これは温度が高いと分子間の優位性を乗り越えるほど熱運動が活発になって（つまりエントロピーの項 $T\Delta_{\text{mix}}S$ が優勢になって），混ざると解釈できる．逆に，同種の分子間相互作用が異種間よりも少し大きいだけで混合している溶液でも，温度を下げると相分離するようになる場合もある．式(15.45)は，分子間相互作用と温度とが同じように働いていることを示す．

Topic 固体と気体の液体への溶解度

固体では秩序が高くてエントロピーが小さいため，液体に溶けると $\Delta_{\text{mix}}S$ は大きな正の値となる．一方で，固体はエネルギー的に安定で，大きな溶媒和がなければ $\Delta_{\text{sol}}H > 0$ となる．したがって $\Delta_{\text{sol}}G = \Delta_{\text{sol}}H - T\Delta_{\text{sol}}S$ の関係から，温度が高くて $T\Delta_{\text{sol}}S$ の寄与の大きいほうが溶解しやすいことが理解できる．固体を液体に溶かすときに，溶けにくければ温度を上げる理由である．一方，気体の場合は，気体状態のエントロピーが大きいので液体に溶けたほうがエントロピーは減少する．また，気体状態では相互作用がほとんどないが液体中では周囲の分子から引力的相互作用を受けて $\Delta_{\text{sol}}H < 0$ になり，温度が高くて $T\Delta_{\text{sol}}S$ の寄与の大きいほうが溶解しにくいことになる．これは炭酸飲料を温かくすると，炭酸が抜ける現象を説明する．

15.6 ヘンリーの法則

たとえ理想溶液でなくても，成分2がわずかに成分1に溶けている場合，その蒸気圧は溶けている分子の濃度（ここではモル分率）に比例すると考えられる．実際，イギリスのヘンリー（W. Henry）は，溶液に溶けている溶質の蒸気圧が溶質のモル分率に比例することを見出し，次のように表した．

> ヘンリーの法則　　$P_2 = k_{H,2} x_2$ 　　(15.46)

これを**ヘンリーの法則**（Henry's law）といい，$k_{H,2}$を成分2の**ヘンリー係数**（Henry's law constant）という．ヘンリー係数は実験から決められる値である．これは希薄溶液であれば，理想溶液でなくても成立する．これの特殊な場合（$k_{H,2} = P_2^*$ となるとき）を表すのがラウールの法則（$P_i = x_i P_i^*$）である．

図 15-17 に2つの溶液を混合したときの成分1の蒸気圧のふるまいを示した．x_1が0に近いとき，P_1がラウールの法則からずれているが，x_1に比例しヘンリーの法則に従っている．一方で，成分1の蒸気圧はx_1が1に近づくにつれてラウールの法則の値に近づいていることがわかるであろう．すなわち，<u>多くの溶液において，その成分が少ないときはヘンリーの法則に，その成分が大部分を占めるときにはラウールの法則に従っている</u>．これは分子論的には，$x_1 \approx 1$ の場合，ほとんどの成分1の分子は分子1に囲まれているので，溶液が理想的にふるまうと解釈できる．一方で，x_1が希薄な極限では成分1の分子は完全に成分2の分子に取り囲まれているので，$k_{H,1}$の値は分子1と分子2の間の分子間相互作用を反映しているといえる．もしx_1が増えてきて，分子1どうしの分子間相互作用が蒸気圧に影響を及ぼすようになれば，ヘンリー則からずれるであろう．

同じことが，成分2についてもいえる．結局，多くの混合溶液の蒸気圧は

$$x_i \to 1 \text{ のとき } P_i \to x_i P_i^* \qquad x_i \to 0 \text{ のとき } P_i \to k_{H,i} x_i$$

と書くことができる（図 15-17）．ただし$k_{H,i}$は成分iのヘンリー係数である．$k_{H,i} x_i$を式(15.19)のP_iに代入すると，$x_i \to 0$で

$$\mu_i^{sol} = \mu_i^* + RT \ln \frac{k_{H,i} x_i}{P_i^*} \qquad (15.47a)$$

$$= \mu_i^* + RT \ln \frac{k_{H,i}}{P_i^*} + RT \ln x_i \qquad (15.47b)$$

となる．よって，ヘンリー則に従う溶液の化学ポテンシャルを理想溶液の式(15.29)と比べると，余分な項（右辺第2項）が現れていることがわかる．しかし，もし基準となる標準状態†を

$$\mu_i^\circ = \mu_i^* + RT \ln \frac{k_{H,i}}{P_i^*} \qquad (15.48)$$

とすると

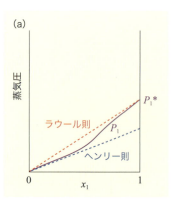

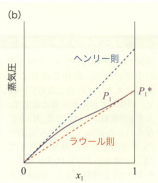

図 15-17　ヘンリーの法則
ラウールの法則から負のずれを示す溶液(a)でも正のずれを示す溶液(b)でも，x_1が小さいときにはP_1はx_1に比例する．

Assist 標準状態

エンタルピーもギブズエネルギー（化学ポテンシャル）も絶対値を決めることはできないので，どこかに基準となるところをとり，そこからの相対値で議論する．その基準となるところが標準状態である．ラウール則標準状態では，純粋状態の化学ポテンシャルをその基準としたが，ここでは式(15.48)の値を基準にとる．

$$\mu_i^{\text{sol}} = \mu_i^\circ + RT \ln x_i \qquad (15.49)$$

となって，理想溶液の式(15.29)と同じ形になり，後で見るように今後の式の取り扱いに便利である．そのため，溶媒にたくさん溶けないような物質のギブズエネルギーは，この標準状態からの値として求められている．

この形の標準状態は，式(15.47a)で $x_i = 1$ とした $\mu_i^* + RT \ln(k_{\text{H},i}/P_i^*)$ を基準の化学ポテンシャルとしてとるということを示す．すなわち，ヘンリーの法則を表す $x_i = 0$ 付近での化学ポテンシャルを $x_1 = 1$ まで外挿した点に対応する．すなわち，ラウールの法則での標準状態は，純粋な液体を基準にして式(15.29)のように書いていたのだが，希薄な溶質に対しては，希薄な状態をその物質の純液体まで外挿した仮想的な状態を標準状態にすることで，理想溶液と同じ形の化学ポテンシャルを書くことができるのである．よって溶質においては，この仮想的な点からの相対値として化学ポテンシャルを表すことになる†．

この標準状態は，「分子1は無限希釈溶液の性質をもちつつ，純粋な溶液 $x_1 = 1$ である」という，現実には存在しない(つまりあり得ない)架空の状態である．こういう架空の状態を標準状態にとることで，数式的に理想溶液と似た扱いができることが便利である．特に，溶媒にあまり溶けない溶質系についてはこのとり方が普通になされ，データ集に収められている．

もし x_1 が1に近いときに成分1がラウールの法則に従えば，成分2はヘンリーの法則に従うことは，ギブス-デュエムの式を使うと簡単に証明できる．成分1が1に近いときにラウールの法則に従うとすると，$P_1 = x_1 P_1^*$ であり，$(\partial \ln P_1 / \partial x_1)_{T,P} = 1/x_1$ なので，x_1 が1に近いとき

$$x_1 \left(\frac{\partial \ln P_1}{\partial x_1} \right)_{T,P} = x_2 \left(\frac{\partial \ln P_2}{\partial x_2} \right)_{T,P} = 1 \qquad (15.50)$$

となる．x_2 について不定積分をおこなうと

$$\ln P_2 = \ln x_2 + C$$

(C：積分定数)となる．この定数 C を $C = \ln k_{\text{H},2}$ とおくと，x_2 が0に近いとき(つまり x_1 が1に近いとき)には

$$P_2 = k_{\text{H},2} x_2$$

が得られる．このように，<u>ほぼ純粋な溶液のとき，溶媒はラウールの法則に従い，溶質はヘンリーの法則に従う</u>．

> **Assist** 溶液の化学ポテンシャルの標準状態
>
> よって，溶液の化学ポテンシャル(ギブズエネルギー)を使用する際には，どこを標準状態にとったデータなのかに注意が必要である．さもないと，まったくまちがった化学ポテンシャルの値を用いてしまうことになる．

 15.7 活 量

 15.7.1 活量とは

溶液中の成分 i の化学ポテンシャルは式(15.19)で与えられる．これは系の蒸気圧が十分低く，蒸気が理想気体としてふるまうと仮定した場合であり，

蒸気が理想気体として扱えない場合には，14.8節でおこなったように，分圧をフガシティーで置き換えるという処置をする．溶液についても，すべての濃度でラウール則やヘンリー則に完全に従う溶液はほとんどないので，非理想溶液を表すために，気体と類似のことをしてみよう．

具体的な例があったほうがわかりやすいであろうから，15.5節に出てきた，蒸気圧が $P_1 = x_1 P_1^* \exp(\alpha x_2^2/RT)$，$P_2 = x_2 P_2^* \exp(\alpha x_1^2/RT)$ で表される正則溶液を例にとる．この場合

$$\mu_1^{sol} = \mu_1^*(\text{liq}) + RT \ln\left[x_1 \exp\left(\frac{\alpha x_2^2}{RT}\right)\right]$$
$$= \mu_1^*(\text{liq}) + RT \ln(x_1 \gamma) \qquad (15.51)$$

と書ける．ここで

$$\gamma = \exp\left(\frac{\alpha x_2^2}{RT}\right) \qquad (15.52)$$

とおいた．これはもちろん理想溶液の

$$\mu_1^{sol} = \mu_1^*(\text{liq}) + RT \ln x_1$$

とは異なっているが，非常に似ている．この式を理想溶液と類似の式に書くため，**活量**(activity)とよばれる a_1 を

$$\mu_1^{sol} = \mu_1^*(\text{liq}) + RT \ln a_1 \qquad (15.53)$$

によって定義する†．この場合は $a_1 = x_1 \gamma$ である．式(15.53)は式(15.19)を非理想溶液へ一般化したものと見ることができる．$x_1 \to 1$ のとき，$x_2 \to 0$ なので，式(15.52)から $\gamma \to 1$ となり，$a_1 \to x_1$ となる．すなわち，$x_1 \to 1$ のときは理想溶液の式であり，ほとんどが同一成分ならラウール則に従うという前節で示したことが再現されている．

これによれば，$\alpha > 0$（異種の分子間相互作用が同種分子間の相互作用よりも小さい）ならば $\gamma > 1$ で，$\alpha < 0$（異種の分子間相互作用が同種分子間の相互作用よりも大きい）ならば $\gamma < 1$ である．よって活量 a_1 が x_1 より大きいということは，蒸気圧が理想溶液よりも大きく（ラウール則から正のずれを示す），溶液としては理想溶液よりも不安定化しているといえる．

これを一般化して，式(15.19)と式(15.53)を比較し，成分 i の活量 a_i を，x_i が 1 に近づいたとき x_i に近づくように

活量
$$a_i = \frac{P_i}{P_i^*} \qquad (15.54)$$

によって定義する（活量は無次元である）．言い換えれば，純液体の活量は（全圧が1 barで，いま扱っている温度において）1である．理想溶液ではすべての濃度において $P_i = x_i P_i^*$ なので，理想溶液中の成分 i の活量は $a_i = x_i$ で与えられる．

非理想溶液でも a_i はやはり P_i/P_i^* に等しいが，この比はもはや x_i に等しくはない．非理想性が強くなると，a_i は x_i からずれてくるであろう．よって，その比の a_i/x_i をその溶液の理想性からのずれの尺度として用いることがで

Assist　活量が大きいと active

活量とは，実効的な濃度といえる．もし i 成分の活量がモル分率よりも大きい（すなわち活量係数が1より大きい）とする（$a_i > x_i$）と，溶液としては不安定化する，つまり活性な（アクティブな）存在に見え，この成分はあたかも実際の分子濃度以上の働きをするといえる．また，後（17.1.3項）に見るように，活量が化学反応の平衡定数を決める．よって，活量の大きい溶質はあたかも濃度が高いかのように反応を進めることになる．単純にいえば，activity の大きな溶液は active である！

きる．この比を成分 i の**活量係数** (activity coefficient) といい，γ_i で表す．すなわち

> 活量係数
> $$\gamma_i = \frac{a_i}{x_i} \quad (15.55)$$

である．すべての成分について $\gamma_i = 1$ ならば，その溶液は理想溶液であり，$\gamma_i \neq 1$ ならば，その溶液は理想溶液ではない．

式(15.53)と式(15.55)によれば

$$\mu_i^{\text{sol}} = \mu_i^* + RT \ln a_i = \mu_i^* + RT \ln x_i + RT \ln \gamma_i \quad (15.56)$$

なので，これを式(15.30)の $\Delta_{\text{mix}}G = RT(n_1 \ln x_1 + n_2 \ln x_2)$ に代入すると

$$\Delta_{\text{mix}}G/RT = n_1 \ln x_1 + n_2 \ln x_2 + n_1 \ln \gamma_1 + n_2 \ln \gamma_2 \quad (15.57)$$

となる．式(15.57)を全モル数 $n = n_1 + n_2$ で割ると，混合ギブズエネルギー $\Delta_{\text{mix}}G$ が次の式で求められる．

$$\Delta_{\text{mix}}G/nRT = x_1 \ln x_1 + x_2 \ln x_2 + x_1 \ln \gamma_1 + x_2 \ln \gamma_2 \quad (15.58)$$

右辺の初めの2項は，式(15.30)に見るように理想溶液の混合ギブズエネルギーを表しており，後の2項が非理想性を表す．

15.7.2 ラウール則標準状態とヘンリー則標準状態

以上では，理想溶液の式に合うように活量を定義したので，標準状態は純溶液の μ_i^* である．これを**ラウール則標準状態にもとづく活量**という．これはラウール則に近い溶媒を表すときに適当である．しかし，溶媒中にわずかにしか溶けないような溶質を表すときのように，溶けている溶質の濃度が0に近づいてヘンリー則になる場合 ($x_i \to 0$ のとき $P_i \to k_{\text{H},i} x_i$) には，異なった標準状態のとりかたが化学ポテンシャルを表すのに便利である．そのことを式(15.49)で述べた．すなわち，そのような場合には $x_i \to 0$ で

$$\mu_i^{\text{sol}} = \mu_i^\circ + RT \ln x_i \qquad \mu_i^\circ = \mu_i^* + RT \ln \frac{k_{\text{H},i}}{P_i^*}$$

と書ける．この標準状態の下で，成分 i の活量を

$$\mu_i^{\text{sol}} = \mu_i^\circ + RT \ln a_i \quad (15.59)$$

によって定義すると，$\mu_i^{\text{sol}} = \mu_i^* + RT \ln\left(\dfrac{P_i}{P_i^*}\right)$ なので

> ヘンリー則標準状態の活量
> $$a_i = \frac{P_i}{k_{\text{H},i}} \quad (15.60)$$

であることがわかる．これを**ヘンリー則標準状態の活量**とよぶ．式(15.47b)と式(15.59)を比較すればわかるとおり，$x_i \to 0$ のとき $a_i \to x_i$ となっている（一方で，先に定義した理想溶液の活量では $x_1 \to 1$ のとき $a_1 \to x_1$ となる）．もし $k_{\text{H},i} = P_i^*$ であれば，理想溶液であり，式(15.59)は式(15.53)と同等になる．

Assist 標準状態のとり方に注意
多くのデータベースに載せられているのは，こうした標準状態における $\Delta_f G°$ である．標準状態のとり方をまちがえて，データ集のデータを使うとまちがった結果を与えるので注意が必要である．

このように標準状態が異なれば，そこからの相対値である活量も異なる．よって，前節でも述べたように，どの状態を標準状態にとったのかがわからないとその値は意味がないことになる[†]．通常は，先に述べたように，溶媒にあまり溶けないような溶質では，ヘンリー則標準状態を使う．このように，溶媒と溶質で異なった標準状態をとると煩わしいし混乱するので，なぜこんなことをするのか不思議に思うかもしれないが，それは活量を濃度の簡単な関数で表すためである．もし溶質をヘンリー則標準状態にとらなければ，$x_i \to 0$ のとき $a_i \to x_i$ とならず，活量を使って表される物理量，たとえば溶質の反応を表す平衡定数なども複雑な溶質濃度の関数になる．しばしば，「活量とは実効濃度である」といういい方をされるが，その関係がわかりやすいのは，標準状態を適切にとった場合である．

15.7.3 モル濃度単位での活量

以上，濃度としてモル分率を使って活量を定義してきたが，ヘンリー則が成り立つ溶質に対しては，濃度がモル分率でなく，モル濃度 c，あるいは質量モル濃度 m で表されることが多いので，それらに対する表現を導いておこう．溶媒と溶質のモル濃度をそれぞれ c_1，c_2 とする．すると希薄溶液中では

$$x_2 = \frac{c_2}{c_1 + c_2} \approx \frac{c_2}{c_1} \tag{15.61}$$

であるので

$$\begin{aligned}\mu_2^{\text{sol}} &= \mu_2° + RT\ln x_2 = \mu_2° + RT\ln\frac{c_2}{c_1} \\ &= \mu_2° + RT\ln\frac{c°}{c_1} + RT\ln\frac{c_2}{c°} \\ &= \mu_2^{°c} + RT\ln\frac{c_2}{c°}\end{aligned} \tag{15.62}$$

と書ける．ここで $c°$ は標準モル濃度であり，普通は $1\,\text{mol L}^{-1}$ にとられる．また，標準状態を

$$\mu_2^{°c} = \mu_2° + RT\ln\frac{c°}{c_1}$$

とおいた．この場合の化学ポテンシャルは，$\mu_2^{°c}$ を標準状態とした溶質の濃度単位での化学ポテンシャルとなる．よって，この標準化学ポテンシャル $\mu_2^{°c}$ は，希薄な溶質状態を保った溶質モル濃度 $1\,\text{mol L}^{-1}$ という仮想的な溶液の化学ポテンシャルである．またその中に溶媒の情報 (c_1) が入っているので，溶媒の性質にも依存する．

この場合も，理想溶液からのずれを表すために，活量 $a_{c,2}$ が使われ

$$\mu_2^{\text{sol}} = \mu_2^{°c} + RT\ln a_{c,2} \tag{15.63}$$

となる．この場合，活量係数は $a_{c,2} = \gamma_{c,2}(c_2/c°)$ であり，$c_2 \to 0$ のときは $a_{c,2} \to c_2/c°$ ($c° = 1\,\text{mol L}^{-1}$ なので数値としては，$a_{c,2} \to c_2$)，$\gamma_{c,2} \to 1$ である．

質量モル濃度 m で表した場合も，同じように化学ポテンシャルは

$$\mu_2^{\text{sol}} = \mu_2^{\circ m} + RT\ln\frac{m_2}{m^\circ} = \mu_2^{\circ m} + RT\ln a_{m,2} \tag{15.64}$$

と書くことができ，活量係数は $a_{m,2} = \gamma_{m,2}(m_2/m^\circ)$ で定義される．ここで m° は標準質量モル濃度であり，普通は $1\,\text{mol}\,\text{kg}^{-1}$ にとられる．

活量は無次元なので，どういう単位で考えた活量なのか（つまり何を標準状態にとったのか）を明示しないといけない．

例題 15.2 活量と活量係数

ある 2 成分溶液の成分 1 の蒸気圧を測定すると，$x_1 = 1, 0.1, 0.01$ のとき，それぞれ $P_1 = 200, 80, 10\,\text{hPa}$ であった．成分 1 の濃度が薄い $x_1 = 0.01$ でヘンリー則に従うことがわかっているとき，$x_1 = 0.1$ でのヘンリー則標準状態での活量と活量係数を求めよ．

解答

成分 1 のヘンリー係数は $k_{\text{H},1} = P_1/x_1 = 1000\,\text{hPa}$．，$x_1 = 0.1$ でのヘンリー則標準状態での活量は $a_\text{H} = 80/1000 = 0.08$ であり，活量係数は $0.08/0.1 = 0.8$ である．

このように，ヘンリー則に従う濃度の薄いところでは，活量は濃度（この場合はモル分率）と近くなる．

チャレンジ問題

上の溶液の $x_1 = 0.1$ でのラウール則標準状態での活量と活量係数を求めよ．

15章 重要項目チェックリスト

部分モル量

- ◆部分モル体積 [p.311] $V_i = \left(\dfrac{\partial V}{\partial n_i}\right)_{T,P,n'}$
- ◆モル分率 [p.312] $x_i = \dfrac{n_i}{\sum_{j}^{\text{all}} n_j}$ (n_i：物質量)

- ◆化学ポテンシャル（部分モルギブズエネルギー）[p.313] $\mu_i = \left(\dfrac{\partial G}{\partial n_i}\right)_{T,P,n_{j\neq i}}$

- ◆部分モルエントロピー [p.314] $S_i = \left(\dfrac{\partial S}{\partial n_i}\right)_{T,P,n_{j\neq i}}$
- ◆部分モルエンタルピー [p.314] $H_i = \left(\dfrac{\partial H}{\partial n_i}\right)_{T,P,n_{j\neq i}}$

ギブズ-デュエムの式 [p.315]

$\sum_i x_i \, d\mu_i = 0 \qquad d\mu_2 = -\left(\dfrac{x_1}{x_2}\right) d\mu_1 \qquad x_1 dV_1 + x_2 dV_2 = 0$

(x_i：モル分率, μ_i：化学ポテンシャル)

混合ギブズエネルギー [p.316]

$\Delta_{\text{mix}} G = G^{\text{sol}}(T, P, n_1, n_2) - G_1^*(T, P, n_1) - G_2^*(T, P, n_2)$

理想溶液

- ◆ラウールの法則 [p.317] $P_i = x_i P_i^*$ (P_i^*：純液体の蒸気圧)

- ◆混合溶液の化学ポテンシャル [p.316] $\mu_1^{\text{sol}} = \mu_1^*(\text{liq}) + RT \ln\left(\dfrac{P_1}{P_1^*}\right)$

- ◆理想溶液の化学ポテンシャル [p.318] $\mu_i^{\text{sol}} = \mu_i^*(\text{liq}) + RT \ln x_i$

- ◆理想溶液の混合ギブズエネルギー [p.318] $\Delta_{\text{mix}} G = nRT(x_1 \ln x_1 + x_2 \ln x_2)$

非理想溶液

- ◆非理想溶液の混合ギブズエネルギー [p.320] $\Delta_{\text{mix}} G = RT\left(n_1 \ln \dfrac{P_1}{P_1^*} + n_2 \ln \dfrac{P_2}{P_2^*}\right)$

- ◆正則溶液の混合ギブズエネルギー [p.321] $\Delta_{\text{mix}} G = nRT(x_1 \ln x_1 + x_2 \ln x_2) + n\alpha x_1 x_2$ (α：定数)

ヘンリーの法則 [p.324] $P_2 = k_{\text{H},2} x_2$ ($k_{\text{H},2}$：ヘンリー係数)

- ◆ヘンリー則に従う溶液の化学ポテンシャル $\mu_i^{\text{sol}} = \mu_i^* + RT \ln \dfrac{k_{\text{H},i}}{P_i^*} + RT \ln x_i$

活量

- ◆ラウール則標準状態での活量 [p.326] $a_i = \dfrac{P_i}{P_i^*}$
- ◆活量係数 [p.327] $\gamma_i = \dfrac{a_i}{x_i}$

- ◆ヘンリー則標準状態での活量 [p.328] $a_i = \dfrac{P_i}{k_{\text{H},i}}$

確認問題

15・1 ベンゼンとトルエンを 300 K で 1 モルずつ混合したときの，混合ギブズエネルギー，混合エンタルピー，混合エントロピーを求めよ．ただし，ベンゼンとトルエンは理想溶液とする．

15・2 図のような 2 室に分かれている容器に，0.40 mol の窒素と 0.30 mol の酸素が入っている．仕切りを取って等温可逆的に混合したときの混合エントロピーを有効数字 2 桁で答えよ．仕切りの体積は無視できるものとする．ただし，すべての気体は理想気体として扱えるものとし，必要ならば気体定数 $R = 8.3$ J K^{-1} mol^{-1} を用いよ．

酸素	窒素
0.30 mol	0.40 mol
0.10 m^3	0.30 m^3

［平成 19 年度 京都大学理学研究科入試問題より］

15・3 1-プロパノールと水の混合溶液で，1-プロパノールのモル分率が 0.40 のときの部分モル体積が，それぞれ 74 mL mol^{-1} と 18 mL mol^{-1} であったとき，この溶液 1.0 kg の体積を求めよ．

15・4 25 ℃ でのベンゼンとトルエンの蒸気圧をそれぞれ 0.130 bar と 0.030 bar として，以下の問い **A** と **B** に答えよ．ただし，ベンゼンとトルエンの混合液は理想溶液としてよいものとする．

A. この温度で，ベンゼンとトルエンの混合液と平衡にある蒸気の全圧が 0.060 bar であった．この混合液中のトルエンのモル分率を求めよ．

B. 同温度で，トルエンのモル分率が 0.40 であるベンゼンとの混合溶液がある．この溶液と平衡にある蒸気相のトルエンのモル分率を求めよ．

実戦問題

15・5 ある 2 成分溶液の成分 1 の蒸気圧 (torr 単位) が，$P_1 = 200\, x_1 \exp[x_2^2 + (1/2)x_2^3]$ と書かれるとする．

A. 純粋な成分 1 の蒸気圧 (P_1^*) と成分 1 のヘンリー係数 ($k_{\mathrm{H},1}$) を求めよ．

B. $x_1 = 0.1$ のときの成分 1 のラウール則標準状態での活量と活量係数を求めよ．またこのときのヘンリー則標準状態での活量と活量係数を求めよ．

C. $x_1 = 0.01$ のときの成分 1 のラウール則標準状態での活量と活量係数を求めよ．またこのときのヘンリー則標準状態での活量と活量係数を求めよ．

15・6 メタノール (記号 A で表す) と四塩化炭素 (記号 B で表す) からなる混合液体が蒸気と熱平衡にある系を考えよう．図1 は 25 ℃ でメタノールと四塩化炭素を混合し，1 mol の溶液を生成する際の混合エンタルピー $\Delta_{\mathrm{mix}}H$，混合エントロピー $\Delta_{\mathrm{mix}}S$ と温度 T の積，混合ギブズ自由エネルギー $\Delta_{\mathrm{mix}}G$ を，メタノールのモル分率 x_A の関数として示したものである．

図2 は 35 ℃ におけるメタノールの分圧 (P_A)，四塩化炭素の分圧 (P_B) および全蒸気圧 P を示したものである．また，メタノールの液相でのモル分率が $x_\mathrm{A} = 1.00$，0.90 および 0.00 の場合の蒸気相でのメタノールのモル分率と全蒸気圧を示したのが 表1 である．以下の問いに答えよ．

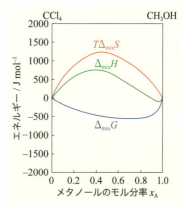

図1

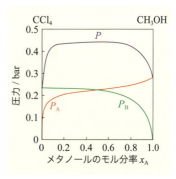

図2

表 1

メタノールのモル分率 x_A		全蒸気圧
液相	蒸気相	P / bar
1.00	1.00	0.280
0.90	0.68	0.376
0.00	0.00	0.228

A. 図1を見るとこの溶液は理想溶液とはいえない．理想溶液とはどのような液体かを，図1に則して述べよ．

B. 2成分系の理想溶液の場合，混合エントロピー $\Delta_{mix}S$ はどのような関数で表されるか．

C. 液体と蒸気が熱平衡にある状態を，分子レベルで説明するとどうなるか，また熱力学の言葉で表現するとどうなるか．

D. 図2を見ると，ラウールの法則がよくあてはまっていないことがわかる．もしメタノールと四塩化炭素が，いずれも全組成領域でラウールの法則に従うとすれば，メタノールの溶液組成が $x_A = 0.90$ のときのメタノールと四塩化炭素の蒸気圧はそれぞれ何 bar になるかを計算せよ．

［平成10年度 大阪大学理学研究科入試問題より］

15･7 ある温度における物質 a の蒸気圧は 26 kPa，物質 b の蒸気圧は 9 kPa である．この2つの液体を容器に入れて混合した後，同じ温度で気液平衡の状態にしたところ，全体の圧力が 15 kPa となった．a，b の混合物は液体状態では理想溶液であり，気体状態では理想気体である．液体中と気体中での a のモル分率 x_{liq} と x_{gas} を求めよ．

［平成24年度 大阪大学理学研究科入試問題より］

16章 溶液の性質

　15章では，2つの溶液を混合する際の熱力学の扱いを学んだ．ここでは，溶液の化学ポテンシャルを使い，いくつかのたいせつな性質を説明する．

　たとえば，高校化学で勉強したであろう「**浸透圧**」「**凝固点降下**」「**沸点上昇**」という現象が，「2つの相が平衡のとき化学ポテンシャルが等しい」という基本的な関係だけで統一的にきれいに説明できることを知るであろう．また，電解質溶液では理想液体からのずれが大きくなることが知られているが，その原因についても学ぶ．

　そして最後に，溶液内での拡散現象を取り扱う．

■ Contents
16.1 塩が水に溶ける熱力学
16.2 束一的性質
16.3 電解質溶液
16.4 溶液中での拡散
16.5 イオンの移動度

イスラエルにある死海．死海の水には高濃度の塩分が溶解しており，食塩等が湖岸に凝固している．死海の水はもともと海水であり，もちろん海水にも塩分が溶解している．本章では，そのように食塩がなぜ水に自然に溶けるのかという原理から始め，溶液のさまざまな性質を学ぶ．

16.1 塩が水に溶ける熱力学

ここまでたくさん式を導出してきたが，休憩の意味も込めて，なぜ食塩が水に溶けるかを考えてみよう．NaCl はイオン結合でつくられた非常に安定な化合物で，NaCl を融解するためには 801 ℃ という高温が必要であり，またイオン解離するには 6200 ℃ にまでしなくてはならない．それにもかかわらず，水に溶かすと常温で解離してしまう．これはなぜであろうか．

真空中でのイオン間のクーロン力と比べ，媒質中でのイオン間のクーロン力は，極性分子がそれらの電場効果を打ち消すように配向するため弱くなり，次の式で表される．

媒質中でのイオン間のクーロン力

$$F = \frac{q_A q_B}{4\pi\varepsilon_0\varepsilon_r r^2} \tag{16.1}$$

ここで ε_r は比誘電率であり，真空中で $\varepsilon_r = 1$ である．たとえば水の 25 ℃ での ε_r は 78 である．このことはイオン間の引力が真空中に比べて 1/78 も弱められることを示し，NaCl が常温で水に溶ける理由の1つと考えられる．しかし，これだけでは，電気的引力相互作用が弱められるだけで，溶ける理由の説明にはなっていない．意外なことに，結晶が水中へ溶ける過程の溶解エンタルピー変化はわずかだが吸熱的であり（$\Delta_{sol}H = 3.9$ kJ mol^{-1}），エネルギー的には不利なのである．

溶解を熱力学的に理解するために，熱力学サイクル（ボルン-ハーバーサイクル）を考え，NaCl の溶解過程を，昇華（Ⅰ），イオン化（解離）（Ⅱ），水和（Ⅲ）の各過程に分けて考察してみよう（図 16-1）*．

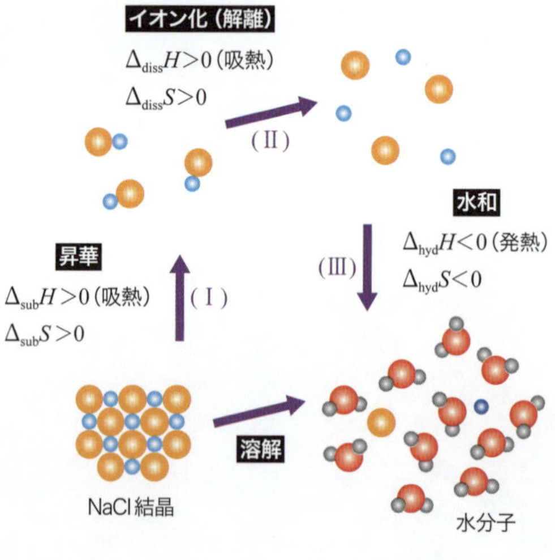

> **Data** 溶解過程を表す略号
>
> sol：solution（溶解）
> diss：dissociation（解離）
> sub：sublimation（昇華）
> hyd：hydration（水和）

図 16-1 NaCl を水に溶かすときに考える熱力学サイクル

（Ⅰ）昇華

結晶格子を壊すために外界から熱を吸収するのでエンタルピーは増加する（$\Delta_{sub}H > 0$）．また，イオンは結晶点から離れて自由になるのでエントロピーも増加する（$\Delta_{sub}S > 0$）．

(Ⅱ) イオン化（解離）

真空中の原子は熱を吸収してイオンに解離する（$\Delta_{diss}H>0$）．よって，固体の NaCl を気相中のイオンに解離させるエンタルピー変化 $\Delta_{sub}H+\Delta_{diss}H$ は，結晶格子からイオンを無限遠に引き離す**格子エネルギー**（lattice energy）と一致する．この値は 787 kJ mol^{-1} と求められている．

(Ⅲ) 水和

大きな双極子モーメントをもつ水にイオンを入れると，イオンの電場のため，それまで水分子どうしで水素結合していた配置が壊れ，水分子のうち負に帯電した酸素原子が陽イオンの方を向き，正に帯電した水素原子が陰イオンの方を向くような配向（水和）が起こる．このように，イオンを水中に入れる過程は，「水分子の相互作用を切断する過程」（A）と「各イオンの水和過程」（B）に分けられる．

（A）の水素結合を壊す過程は吸熱的であり（$\Delta H>0$），乱雑さが増すためエントロピーも増加する（$\Delta S>0$）．一方，（B）のイオンの水和過程では，エンタルピー変化は負になり（$\Delta H<0$），イオンの周りに水分子が配向するため秩序が増してエントロピーも減少する（$\Delta S<0$）．（A）の水分子どうしの相互作用より（B）の水分子とイオンの相互作用のほうがより強いため，（A）（B）全体では $\Delta_{hyd}H<0$ となる．また，（A）の水分子の結合の切断の寄与より（B）のイオンの周りの再配向の寄与のほうが大きいため，（A）（B）全体でのエントロピーは減少し，$\Delta_{hyd}S<0$ となる．この水和エントロピー変化を求めると，$\Delta_{hyd}S=-185$ J K^{-1} mol^{-1} である．

よって，NaCl が水中へ溶ける（Ⅰ）〜（Ⅲ）の過程での溶解エンタルピー変化が吸熱的（$\Delta_{sol}H=3.8$ kJ mol^{-1}）であるのは，（Ⅰ）〜（Ⅱ）でのエンタルピー変化（$\Delta_{sub}H+\Delta_{dis}H>0$，すなわち NaCl の格子エネルギー）の絶対値が，（Ⅲ）の水和エンタルピー変化（$\Delta_{hyd}H<0$）の絶対値よりも少しだが大きいためである．ヘスの法則から，気相中のイオンを水中に移したときの水和エンタルピー変化は $\Delta_{hyd}H=-783$ kJ mol^{-1} とわかる[†]．つまり，<u>イオンが水分子に水和されるとき，固体の NaCl を気相中のイオンに解離させるときのエネルギーをほぼ補うほどの非常に大きな安定化が起こる</u>．

一方，（Ⅰ）〜（Ⅲ）の溶解過程では，結晶中に固定されているイオンが水中にばらばらにされるため，エントロピーは非常に大きく増加する．NaCl 結晶の溶解のエントロピー変化には，（Ⅰ）（Ⅱ）の昇華・解離過程でイオンが固体から自由に動けるようになるための正の寄与と，（Ⅲ）の水和過程での配列による負の寄与とがあり，この2つの寄与の差し引きとして正の値（$\Delta S>0$）になる．結局，このエントロピーの増加により，溶解のギブズエネルギー（$\Delta_{sol}G=\Delta H-T\Delta S$）は最終的に負の値になり，結晶が溶解することになる★．

> **Assist　水和エンタルピー変化の導出**
>
> $\Delta_{sol}H=(\Delta_{sub}H+\Delta_{diss}H)+\Delta_{hyd}H$
> より
> $\Delta_{hyd}H=3.8-787$
> $\quad\quad\quad=-783$ kJ mol^{-1}

> **Topic　なぜ NaCl はベンゼンに溶けないのか**
>
> 無極性であるベンゼンでは Na$^+$ と Cl$^-$ を効果的に溶媒和（ベンゼンは水ではないので水和でなく溶媒和という）しない．そのため，大きなエンタルピー減少の寄与がないので溶解しない．さらに，比誘電率が小さいために，カチオンとアニオンが離れて存在すると，水中と比べて不安定になるのである．

16.2　束一的性質

これまで見てきたように，溶液の性質は，分子間相互作用，つまり溶液を

構成する分子の性質に依存する．ところが，希薄溶液において，溶質の粒子数だけで決まり，溶質の種類によらない性質が見られることがある．このような性質を，1つにまとめられる性質という意味を込めて**束一的性質**(colligative property)という．束一的性質には，溶質の添加による溶媒の**蒸気圧降下**(vapor-pressure depression)，不揮発性溶質による溶液の**沸点上昇**(boiling-point elevation)，溶質による溶液の**凝固点降下**(freezing-point depression)，**浸透圧**(osmotic pressure)などがある．

こうした性質は，「互いに平衡にある固体・液体・気体，または半透膜によって隔てられた溶液間の各成分については化学ポテンシャルが同じでなくてはならない」という熱力学的な要請から生じる．すなわち，純粋な溶媒の場合に比べて，溶質が存在する溶液になると，化学ポテンシャルが溶媒だけの場合から変化し，平衡を維持するために他の相の化学ポテンシャルにも同じだけ変化をもたらさなければならなくなるためにその性質が変わるといえる（図 16-2）．

化学ポテンシャルで決まる溶液の性質が構成する分子の性質によらないということは，その化学ポテンシャルの原因が分子間相互作用などのエネルギーではないということである．化学ポテンシャルには，エントロピーの項とエネルギーに対応するエンタルピーの項とがあるが，エンタルピー由来でないなら，その性質を決めているのはエントロピーである．すなわち，純粋な液体中に溶質が入ると，それだけで溶液のエントロピーは増え，よって化学ポテンシャルが変わり，相平衡条件が変わるということになる[†]．

上で定性的に述べたように，すべての束一的性質が現れる基本は，溶質（成分 2）が存在するとき，純溶媒（成分 1）に対する化学ポテンシャルが μ_1^* から $\mu_1^* + RT \ln x_1$ まで減少する（$x_1 < 1$ だから $\ln x_1$ は負である）ことにある．溶液の化学ポテンシャルが減少することから，蒸気圧が低下し（図 16-2），液体–蒸気の平衡はより高い温度で起こる（沸点が上昇する）．同様に，溶液での分子の乱雑さが，凝固する傾向に歯止めをかける．その結果，より低い温度で初めて固体と溶液の間の平衡が達成されるようになるため凝固点が降下する．

以下，それぞれの現象を具体的に見ていこう．

> **Assist　溶質と溶媒の条件**
>
> 簡単のため，以下で扱う溶質は揮発性でなく蒸気には存在しないこと，溶液が凝固するときは純粋な溶媒の固体が凝固することとする．つまり，溶質は蒸気にも固体中にも現れず，溶媒蒸気や固体溶媒の化学ポテンシャルに何の影響も及ぼさないで，液体の化学ポテンシャルだけが溶質によって変わるとする．

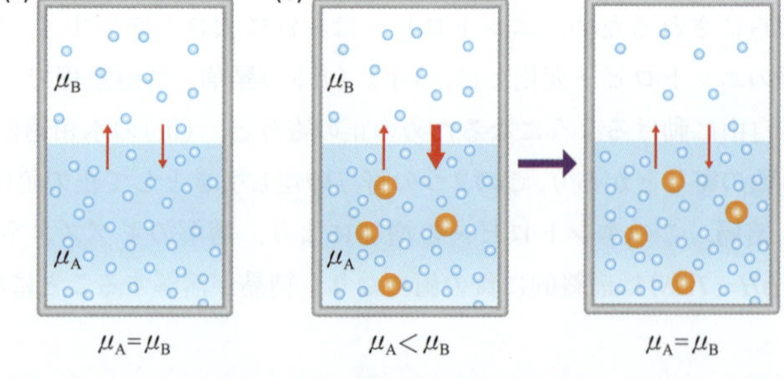

図 16-2　平衡と化学ポテンシャル

気体–液体平衡は，気体と液体の化学ポテンシャルが等しいように蒸気圧が決まる(a)．もし，(b)のように液体に溶質（図中の大きな球）が入ると，エントロピーの増加によって液体相の化学ポテンシャルが低くなる（安定になる）．その結果，溶媒分子の気体から液体への平衡移動が起こり，蒸気圧が低下する．これが 16.2.1 項で述べる蒸気圧低下の原因である．

16.2.1 蒸気圧降下

溶質を溶かしたときの**蒸気圧降下**は，ラウールの法則(15.4節参照)から簡単に説明できる†．ラウールの法則によると

$$P_1 = x_1 P_1^* \tag{16.2}$$

である．この式(16.2)に $x_1 = 1 - x_2$ を代入すると $P_1 = (1-x_2)P_1^*$ となる(x_1, x_2 は，それぞれ溶媒，溶質のモル分率)．そこから

> 蒸気圧降下
> $$P_1^* - P_1 = x_2 P_1^*$$

が導かれる．すなわち，溶媒の蒸気圧は溶質のモル分率だけによって決まる量で減少する(この現象の化学ポテンシャルによる説明は図16-2参照)．

Assist 溶質と溶媒の条件

成分1は溶媒なのでラウールの法則が使えることに注意しよう．

16.2.2 凝固点降下

凝固点降下は，不揮発性の溶質を溶媒に溶かすと溶媒の凝固点が低くなる現象のことをいう．溶液の凝固点においては，固体の溶媒と溶液の溶媒が平衡状態にある(図16-3)．

この平衡の条件は，固体の化学ポテンシャル μ_1^s と溶液の化学ポテンシャル μ_1^{sol} が等しいということなので，次のようになる．

$$\mu_1^s(T_f) = \mu_1^{sol}(T_f) \tag{16.3}$$

ここで，T_f は溶液の凝固点である．μ_1^{sol} に対して式(15.56)を用いると

$$\mu_1^s = \mu_1^* + RT \ln a_1 \tag{16.4}$$

が得られる(μ_1^* は純溶媒である)．よって次のようになる．

$$\ln a_1 = \frac{\mu_1^s - \mu_1^*}{RT} \tag{16.5}$$

両辺を温度で微分し，右辺にギブズ-ヘルムホルツの式(式14.46)を使うと

$$\frac{d \ln a_1}{dT} = \frac{1}{R}\left[\frac{\partial\left(\frac{\mu_1^s}{T}\right)}{\partial T} - \frac{\partial\left(\frac{\mu_1^l}{T}\right)}{\partial T}\right] = \frac{H_{m,1}^l - H_{m,1}^s}{RT^2} = \frac{\Delta_{fus} H_m}{RT^2} \tag{16.6}$$

が得られる．ここで，$\Delta_{fus}H_m$ は純溶媒の融解モルエンタルピーである．

式(16.6)を，活量 $a_1 = 1$ (つまり $\ln a_1 = 0$，凝固温度 T_f^*) の純溶媒から，任意の $\ln a_1$，凝固温度 T_f の溶液の状態まで積分すると

$$\ln a_1 = \int_{T_f^*}^{T_f} \frac{\Delta_{fus} H_m}{RT^2} dT \tag{16.7}$$

が得られる．溶液が十分希薄な場合，$\ln a_1 = \ln x_1 = \ln(1-x_2) \approx -x_2$ と近似できるので，左辺は $-x_2$ となる．$\Delta_{fus}H_m$ が T_f^* から T_f まで温度に依存しないなら，$\Delta_{fus}H_m$ が積分の前に出て

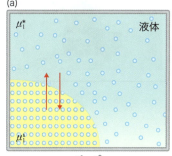
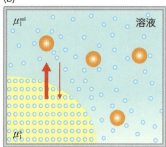

図16-3 ある温度における液体と固体の平衡

溶質のないときは凝固点において液体と固体が平衡にある(a)．液体に溶質があると液体の化学ポテンシャルが低下し，固体から液体への平衡移動が起こる(b)．そのため，凝固させるためには温度が純液体の場合より低くなくてはならず，凝固点降下が生じる．

$$-x_2 = \frac{\Delta_{\text{fus}} H_{\text{m}}}{R} \int_{T_{\text{f}}^*}^{T_{\text{f}}} \frac{dT}{T^2} = \frac{\Delta_{\text{fus}} H_{\text{m}}}{R} \left(\frac{1}{T_{\text{f}}^*} - \frac{1}{T_{\text{f}}} \right)$$
$$= \frac{\Delta_{\text{fus}} H_{\text{m}}}{R} \left(\frac{T_{\text{f}} - T_{\text{f}}^*}{T_{\text{f}} T_{\text{f}}^*} \right) \tag{16.8}$$

となる．ここで，凝固点降下による凝固点の温度差を $T_{\text{f}}^* - T_{\text{f}} = \Delta T_{\text{f}}$ とし，この差が数度であるのに対して T_{f} は数 100 K のオーダーなので，$T_{\text{f}} T_{\text{f}}^* \approx T_{\text{f}}^{*2}$ と近似すると

$$x_2 = \frac{\Delta_{\text{fus}} H_{\text{m}}}{R} \left(\frac{\Delta T_{\text{f}}}{T_{\text{f}}^{*2}} \right)$$

となる．よって凝固点降下は次のように表せる．

$$\Delta T_{\text{f}} = \frac{R T_{\text{f}}^{*2}}{\Delta_{\text{fus}} H_{\text{m}}} x_2 \tag{16.9}$$

右辺は必ず正だから，<u>溶質の存在で凝固点は必ず降下すること</u>がわかる★．多くの場合，温度変化を伴う溶液実験では質量モル濃度で濃度を表すので，x_2 を m_2 に変えておこう．希薄溶液では，溶媒の分子量を M_1 とすると

$$x_2 = \frac{m_2}{\dfrac{1000 \text{ g kg}^{-1}}{M_1} + m_2} \approx \frac{M_1 m_2}{1000 \text{ g kg}^{-1}} \tag{16.10}$$

なので，結局，次のように表せる．

凝固点降下
$$\Delta T_{\text{f}} = \frac{R T_{\text{f}}^{*2} M_1}{1000 \Delta_{\text{fus}} H_{\text{m}}} m_2 = K_{\text{f}} m_2 \tag{16.11}$$

ここで K_{f} は溶媒に依存した**凝固点降下定数** (freezing-point depression constant) である．この定数が大きいほど，わずかな溶質で凝固点が大きく下がることになる．いくつかの溶媒の K_{f} を**表 16-1** に示す．

> **Topic** 融雪剤
> 塩化カルシウムなどを成分とする融雪剤を道路などに散布すると，融雪剤が溶けることによって凝固点降下が起こり，融点が低下する．その融点より高い温度の雪や氷は水に変化するので，融雪作用がもたらされる．
>
>

表 16-1 溶媒の凝固点(T_{f})，凝固点降下定数(K_{f})，沸点(T_{b})，沸点上昇定数(K_{b})

溶媒	T_{f} / K	K_{f} / K kg mol^{-1}	T_{b} / K	K_{b} / K kg mol^{-1}
H$_2$O	273.2	1.86	373.2	0.515
CCl$_4$	250.2	29.8	349.9	4.48
ベンゼン	278.7	5.12	353.3	2.53
アセトン	178.5	2.40	329.4	1.71

例題 16.1 凝固点降下定数と凝固点降下

水の K_{f} の値を計算せよ．

解答

$K_{\text{f}} = \dfrac{R T_{\text{f}}^2 M}{1000 \Delta_{\text{fus}} H_{\text{m}}}$ なので

$K_{\text{f}} = \left(\dfrac{18.05 \text{ g mol}^{-1}}{1000 \text{ g kg}^{-1}} \right) \dfrac{(8.314 \text{ JK}^{-1} \text{ mol}^{-1})(273.2 \text{ K})^2}{6.01 \text{ kJ mol}^{-1}} = 1.86 \text{ K kg mol}^{-1}$

チャレンジ問題

ある物質 5 g を 100 g の水に溶かすと，凝固点が 0.46 K 下がった．この物質の分子量を求めよ．

16.2.3　沸点上昇

沸点上昇とは，不揮発性溶質を含む溶液では純溶液の沸点よりも沸点が上昇することをいう．この現象も，凝固点降下と同じく，溶液の化学ポテンシャルが下がることで説明できる．この場合，溶液の化学ポテンシャルが低下することで気相から液相への移動が起こり，蒸発しにくくなる．そのため，沸騰させるためにはより高い温度が必要となる．

式も凝固点降下と同じように導くことができる．式 (16.11) と同じように，沸点上昇を ΔT_b とおくと

沸点上昇
$$\Delta T_b = K_b m \tag{16.12}$$

と書けて，この**沸点上昇定数**(boiling-point eleveation constant)は

$$K_b = \frac{R T_b^{*2} M_1}{1000 \Delta_{vap} H_m} \tag{16.13}$$

で与えられる．ここで，T_b^* は純溶媒の沸点，$\Delta_{vap} H_m$ は純溶媒の蒸発モルエンタルピーである．いくつかの溶媒の K_b を**表 16-1** に示している．

16.2.4　浸透圧

溶媒(小さな分子)だけを透す膜(半透膜)で隔てられた 2 室に，溶媒・溶質が同じで濃度の異なる 2 つの溶液があると，濃度の低い(溶質分子の密度が相対的に低い)溶液から濃度の高い(溶質分子の密度が相対的に高い)溶液に溶媒分子が移動する．移動を阻止するには，濃度の高い溶液側に圧を加えなければならない．この圧を溶液の**浸透圧**という(**図 16-4**)．この浸透圧は，特に生体に対して大きな影響を及ぼす★．

ファント・ホッフ (J. H. van't Hoff) は，希薄溶液では浸透圧が溶質の濃度に正比例することを実験から見つけた．この浸透圧 Π は次のように書かれる．

浸透圧のファント・ホッフの式
$$\Pi = cRT \tag{16.14}$$

ここで，c は溶液のモル濃度 n_2/V である(温度を変えないのでモル濃度がよく使われる)．これは**浸透圧のファント・ホッフの式** (van't Hoff equation for osmotic pressure) という．これがどのようにして導かれるかを見ていこう．

| Topic | 赤血球の浸透圧に由来する事故 |

浸透圧が原因で起こった事例として，病院で誤って純水を静脈に注入したために，患者が死亡したことがある．赤血球を純水あるいは薄い食塩水に入れると，赤血球細胞内の溶液の浸透圧が非常に高いため，血液の平衡に達するまで水が赤血球中に流入する．しかし，平衡に達する前に細胞膜がその圧力に耐えられずに破裂してしまう．

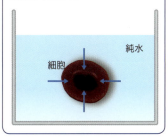

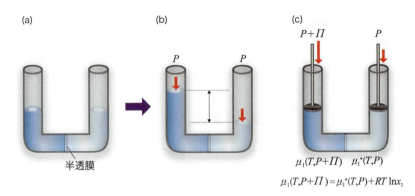

図 16-4　浸透圧
溶媒分子のみを通す半透膜で仕切られた部屋の片方(左側)に溶質を溶かすと(a)，左側の界面が上昇する(b)．これを同じ界面の高さにするには，左側に大気圧以外の圧力Πをかけなけれならない(c)．この圧力Πが浸透圧である．

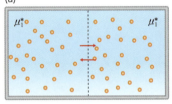

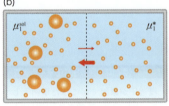

図 16-5　溶液の化学ポテンシャル
溶媒分子のみを通す半透膜で仕切られた同じ圧力の2つの部屋の化学ポテンシャルは等しい(a)．片方(左側)に溶質を溶かすと(b)，左の部屋の化学ポテンシャルが減少し右から左への溶媒分子の移動が起こる．この移動により圧力が変わる．最初と同じ体積を維持しようとすれば，左側の部屋に圧力をかけなければならない．

(a) 理想溶液の浸透圧

溶媒に溶質を溶かすことで，その化学ポテンシャルは小さくなる(図 16-5)．膜の両側での化学ポテンシャルを等しくするために，温度も成分比も変えられないので，(自然は)圧力を使うしかない．以下に見るように，溶液は圧力によって化学ポテンシャルが大きくなるので，溶質の溶けている側に余分な圧力をかけて，活量a_1のときの溶液の化学ポテンシャルと純溶媒の化学ポテンシャルを等しくできる．式で書くと，次のようになる．

$$\mu_1^*(T, P) = \mu_1^{\text{sol}}(T, P+\Pi) = \mu_1^*(T, P+\Pi) + RT \ln a_1 \quad (16.15)$$

この式は，次のように書き換えられる．

$$\mu_1^*(T, P+\Pi) - \mu_1^*(T, P) + RT \ln a_1 = 0 \quad (16.16)$$

式(16.16)の最初の2項は，圧力がかかったときに，化学ポテンシャルがどのように変化するかを表している．化学ポテンシャルの圧力微分は体積なので

$$\left(\frac{\partial \mu}{\partial P}\right)_T = V_{\text{m}} \quad (16.17)$$

であり，以下のように化学ポテンシャルの圧力依存性が計算できる．溶媒のモル体積を$V_{\text{m},1}^*$として，式(15.17)の両辺をPから$P+\Pi$まで積分すると

$$\mu_1^*(T, P+\Pi) - \mu_1^*(T, P) = \int_P^{P+\Pi} \left(\frac{\partial \mu_1^*}{\partial P}\right)_T dP = \int_P^{P+\Pi} V_{\text{m},1}^* dP \quad (16.18)$$

であるが，$V_{\text{m},1}^*$が圧力にあまり依存しないとすると，この積分は$V_{\text{m},1}^*\Pi$になる．よって，これを式(16.16)に代入すると

$$\Pi V_{\text{m},1}^* + RT \ln a_1 = 0 \quad (16.19)$$

と書ける．これは非理想溶液でも使える式である．

溶液が希薄な(x_2が小さな値の)場合は，前節で使った$\ln a_1 = \ln x_1 =$

$\ln(1-x_2) \approx -x_2$ の近似（これは理想溶液の近似といえる）をすると，Π は

$$\Pi = \frac{RTx_2}{V_{m,1}^*} \tag{16.20}$$

になる．ここで，しばしば溶液の濃度は，モル濃度で表されるので，モル分率 x_2 をモル濃度 $c_2 = n_2/V$ にする．x_2 が小さくて，$n_2 \ll n_1$ の場合

$$x_2 = \frac{n_2}{n_1 + n_2} \approx \frac{n_2}{n_1}$$

であり，さらに $n_1 V_{m,1}^*$ は溶液の全体積 V にほぼ等しいので

$$\Pi = \frac{n_2 RT}{n_1 V_{m,1}^*} \approx \frac{n_2 RT}{V} = c_2 RT \tag{16.21}$$

という，浸透圧に関するファント・ホッフの式が得られる．

例題 16.2　浸透圧の大きさ

293 K で 100 cc の水に 10 g の砂糖を溶かした砂糖水の浸透圧を求めよ．

[解答]

$c = 10 \text{ g}/(342 \text{ g mol}^{-1} \times 0.1 \text{ L}) = 0.29 \text{ mol L}^{-1}$ なので

$\Pi = 0.29 \text{ mol L}^{-1} \times (1 \text{ L}/10^{-3} \text{m}^3) \times 8.314 \text{ J K}^{-1} \text{mol}^{-1} \times 293 \text{K}$

$= 7.1 \times 10^5 \text{ Pa} \approx 7 \text{ atm}$

コーヒーに砂糖を入れた程度の濃度でも，浸透圧は 7 気圧にもなる．化学ポテンシャルの減少を圧力で補うのは結構たいへんであることがわかる．

チャレンジ問題

293 K で海水の浸透圧を求めよ．ただし，塩分濃度は質量濃度が 3.5 % として，NaCl は水中で電離していることに注意せよ．

(b) 非理想溶液の浸透圧

上の例題で見たように，わずかの溶質粒子によって大きな浸透圧が得られるので，浸透圧は分子量を決定するための有効な束一的性質である．分子量を決めるためには，c_2 を質量濃度 ρ_2 kg L^{-1} と分子量 M_2 kg mol^{-1} で表した $c_2 = \rho_2/M_2$ を式(16.21)に代入した

$$\Pi = \frac{\rho_2 RT}{M_2}$$

という式を使う．ρ_2 のわかっている溶液で Π を測定すれば M_2 が求められる．この方法で 100 万近い分子量を正確に測ることができる．

この方法によると，たとえ小さい塩を含む緩衝液を溶媒として用いても，塩が通るぐらいの穴の開いた半透膜を使うことで緩衝液成分に妨害されることなく，半透膜を通らない大きな溶質のみの分子量が測定できる．また，その穴を通る小さな不純物分子にも妨害されないという実用上の利点もある．

さらに，凝固点降下や沸点上昇は，溶媒の凝固点や沸点近くの温度でない

> **Topic　海水から純水を得る膜**
>
> 15℃で 29 atm より高い圧力が海水にかかっている場合，海水中の水の化学ポテンシャルは純水中よりも大きくなる．このために，固体半透膜を用いて，29 atm の浸透圧よりも高い圧力を海水に掛けると海水から純水を得ることができる．この過程を**逆浸透**という．逆浸透装置は市販されており，いろいろな半透膜（最も普通なのは酢酸セルロース）を用いて，塩水から新鮮な水を得るために使われている．
>
>
>
> 逆浸透膜を用いた家庭用浄水器

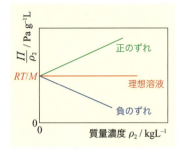

図 16-6 浸透圧を質量濃度で割った値を質量濃度に対してプロットしたグラフ

正または負の傾きをもつ場合がある．

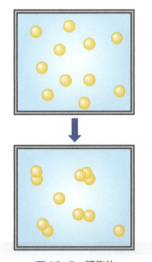

図 16-7 凝集体

下図のように凝集体ができると，見かけ上，分子数が減り，分子量が大きくなったようにふるまう．束一的性質は，独立に動く粒子の数だけに依存することに注意しよう．

Assist 分子の大きさを考慮した近似

$$P \approx \frac{nRT}{V - nb}$$

を $V \gg nb$ で展開する．

Assist 分子間相互作用の非理想性への寄与

もちろん，非理想性の由来には分子間相互作用から来るものもあり，測定された浸透圧係数の分子論的な解釈には注意が必要である．

と測定できないのに対して，浸透圧は室温の溶液であれば温度に依存することなく測定できるため，特に，温度を変えると変性するようなタンパク質のような生体高分子に使われていた．

しかし，こうした場合，しばしば溶液が理想溶液からずれることがある．たとえば，一連の濃度で測定を行い，Π/ρ_2 を濃度 ρ_2 に対してプロットする．もし理想溶液ならば，この値は濃度によらず RT/M_2 になるはずである．しかし，一定値ではなくずれを示すことがある（図 16-6）．負の勾配は，濃度が増えれば見かけ上分子数が減る，すなわち分子量が増えることを示す．これは溶質が集まって二量体や多量体をつくる**凝集**（aggregation，図 16-7）として解釈できる．この現象は，巨大分子が関わる会合解離反応の平衡定数の測定に利用することができる．

しかし，凝集などがない場合にも，勾配が見られることがしばしばある．これは，式 (16.19) の中の $\ln a_1 \approx \ln x_1$ とした近似が正しくない，すなわち理想溶液からずれることによる．こうした場合，以前には活量とモル分率とを関係づける活量係数 γ が使われたが，浸透圧においては $\ln a = \phi \ln x$ で定義される**浸透圧係数**（osmotic coefficient）ϕ が使われる．これは活量係数 γ と似たような意味をもつが，より非理想性に敏感である．この溶液が希薄理想溶液としてふるまうならば，$\phi = 1$ であるので，ϕ の 1 からのずれは，溶液の非理想性の目安になる．$\ln a_1 = \phi \ln x_1 = -x_2 \phi$ より，実在溶液の浸透圧は，式 (16.19) の $\Pi V_{m,1}^* = -RT \ln a_1$ に代入して次のようになる．

$$\Pi = \frac{RT x_2 \phi}{V_{m,1}^*} \tag{16.22}$$

希薄溶液では $x_2 \approx (n_2/n_1)$ で，$n_1 V_{m,1}^* = V$ ゆえ，次のように表せる．

非理想溶液の浸透圧

$$\Pi = \left(\frac{n_2}{V}\right) RT \phi = c_2 RT \phi \tag{16.23}$$

非理想溶液の浸透圧がこのようにして求められるので，ϕ を浸透圧係数とよぶのである．<u>実在溶液の浸透圧は，理想溶液の ϕ 倍になることがわかる</u>．

特に，高分子を扱うときの非理想性の由来の 1 つは，分子の大きさによるものである．これは実在気体の方程式と比較するとわかりやすい．気体のファンデルワールス方程式（式 11.52）の圧力 P を，分子間力の a 項を除いてビリアル展開すると[†]

$$P = \frac{nRT}{V} + \frac{n^2 RT b}{V^2} + \cdots\cdots = \frac{nRT}{V}\left[1 + b\left(\frac{n}{V}\right) + \cdots\cdots\right] \tag{16.24}$$

と書かれる．右辺の第 2 項目の係数が第 2 ビリアル係数で $B_2 = b$ であり，排除体積（11.6.1 項参照）である．浸透圧も同様に考えて

$$\Pi = c_2 RT (1 + B c_2 + \cdots\cdots) \tag{16.25}$$

と展開する．この B を**浸透ビリアル係数**とよび，これを求めれば排除体積が求められる．つまり濃度依存性の第 1 項から濃度（つまり分子量）が求められ，第 2 項から体積の情報が得られる[†]．

16.3 電解質溶液

溶液の性質を決める溶液の化学ポテンシャルは，式(15.56)で与えられる．この中の活量は濃度だけでなく溶媒や溶質の種類によっても異なり，簡単に見積もることが難しい．そのため，式(15.55)の活量係数 $\gamma_i = a_i/x_i$ を1にして，活量を濃度に置き換えるという近似がしばしばおこなわれる．中性分子の希薄溶液においてはこの近似は正しいことが多い．しかし，電荷をもつイオンだと，10^{-3} mol L^{-1} ほどの濃度でもこの近似があまりよくない場合が多い．ここでは，そのように電解質溶液を特殊にしている原因について調べよう．

16.3.1 電解質の活量係数

まず，電解質の活量と活量係数を定義しよう．電解質溶液は，全体としては電気的に中性であるから，溶液内の正電荷の量は負電荷の量と必ず等しい．そのため，正電荷または負電荷を帯びたイオンだけの溶液の性質を個別に測定することができないので，カチオンとアニオンの活量係数を別々に測定することはできない．そのため，平均の活量や活量係数を考えることになる．

一般的な塩 $C_{\nu_+}A_{\nu_-}$ の電解質を水に溶かした電解質溶液を考える．この塩は単位式量あたり z_+e の正電荷をもつ ν_+ 個のカチオンと z_-e の負電荷をもつ ν_- 個のアニオンに解離し，電気的中性の条件から $\nu_+z_+ + \nu_-z_- = 0$ である．たとえば のように $z_+ = 2$, $z_- = 1$ の場合は「2-1 電解質」，H_2SO_4 のように $z_+ = 1$, $z_- = 2$ の場合は「1-2 電解質」とよぶ．

この電解質溶液中の化学ポテンシャルをカチオン由来とアニオン由来に分けて次のように書く（μ_2 の添字の2はこれが溶質であることを示す）．

$$\mu_2 = \nu_+\mu_+ + \nu_-\mu_- \tag{16.26}$$

ここで，化学ポテンシャルは活量を使って

$$\mu_2 = \mu_2^\circ + RT \ln a_2 \tag{16.27}$$

$$\mu_+ = \mu_+^\circ + RT \ln a_+ \qquad \mu_- = \mu_-^\circ + RT \ln a_- \tag{16.28}$$

と書かれる．このなかの標準化学ポテンシャルも，カチオンとアニオンに形式的に分割して $\mu_2^\circ = \nu_+\mu_+^\circ + \nu_-\mu_-^\circ$ としておく．式(16.27)(16.28)を式(16.26)に代入すると次の式を得る．

$$\nu_+ \ln a_+ + \nu_- \ln a_- = \ln a_2$$

これは次のように書き直すことができる．

$$a_2 = a_+^{\nu_+} a_-^{\nu_-} \tag{16.29}$$

先に述べたように普通はカチオンだけ，アニオンだけという単一のイオンの活量を求めることができないので，この平均値をとった**平均イオン活量** (mean ionic activity) $a_\pm$ を

$$a_2 = a_\pm^\nu = a_+^{\nu_+} a_-^{\nu_-} \tag{16.30}$$

によって定義する．ここで，$\nu = \nu_+ + \nu_-$ である．また，対応する活量係数を，各イオンの活量と濃度を使って

$$a_+ = m_+ \gamma_+ \quad \text{および} \quad a_- = m_- \gamma_-$$

によって定義する．ここで，m_+ と m_- は個々のイオンの質量モル濃度である．これらの a_+ と a_- の式を式(16.30)に代入すると

$$a_2 = a_\pm^\nu = (m_+^{\nu_+} m_-^{\nu_-})(\gamma_+^{\nu_+} \gamma_-^{\nu_-}) \tag{16.31}$$

となる．ここで，**平均イオン質量モル濃度**(mean ionic molality) $m_\pm$ を

$$m_\pm^\nu = m_+^{\nu_+} m_-^{\nu_-} \tag{16.32}$$

によって，また，**平均イオン活量係数**(mean ionic activity coefficient) $\gamma_\pm$ を

$$\gamma_\pm^\nu = \gamma_+^{\nu_+} \gamma_-^{\nu_-} \tag{16.33}$$

によって定義すると，式(16.30)は次のように書くことができる．

電解質溶液全体の平均イオン活量
$$a_2 = a_\pm^\nu = m_\pm^\nu \gamma_\pm^\nu \tag{16.34}$$

これが電解質溶液の全体の活量である†．

16.3.2 デバイ-ヒュッケル理論

(a) 電解質溶液の活量係数

非電解質(スクロース)と電解質水溶液について，平均イオン活量係数を図16-8に示した．<u>非電解質に比べて，電解質では活量係数が大きく1よりずれて，非理想性が強いことがわかる．さらに，そのずれ方は，もっている電荷の大きさに依存し，電荷の大きい溶質ほど大きくずれる．</u>なぜ電解質では理想溶液からのずれが大きいのか，なぜ電荷が大きくなるとずれが大きくなるかを理解するには，理想溶液からのずれの原因を調べる必要がある．

ヘンリー則標準状態(15.6節参照)は，溶質間の相互作用がない溶液を基準としてとるものであった．よって，活量係数が1からずれるときは溶質間の相互作用を考えないといけない．イオンは，イオン間距離 r に対して $1/r$ に比例して変化するクーロンポテンシャルを介して，互いに相互作用する(図16-9)．この相互作用は，中性の溶質分子間の相互作用，つまり $1/r^6$ などで変化する相互作用と比較してはるかに長距離にわたって影響を及ぼす．したがって電解質溶液は，非電解質溶液が理想的挙動からずれる濃度よりも低い濃度で，もっと大きく理想的挙動からずれることになる．<u>電荷が大きいとさらに強いクーロン相互作用を誘起し，理想性から大きくずれることが予想される．</u>

こうした相互作用を取り込み，電解質溶液の活量係数を導いたのが，デバ

Assist 電解質溶液の活量と活量係数の例

HCl のような 1-1 電解質溶液では

$$a_{1\text{-}1} = a_\pm^2 = a_+ a_- \quad \gamma_\pm = (\gamma_+ \gamma_-)^{1/2}$$

H_2SO_4 のような 1-2 電解質溶液では
$$a_{1\text{-}2} = a_\pm^3 = a_+^2 a_- \quad \gamma_\pm = (\gamma_+^2 \gamma_-)^{1/3}$$

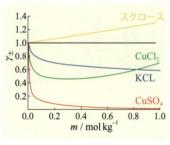

図 16-8 25℃での平均イオン活量係数を質量モル濃度に対してプロットした図

電離しない溶質に比べて，電離する塩では大きく理想溶液からずれる．

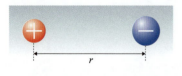

図 16-9 イオン間のクーロン相互作用

距離 r の逆数に比例する．

イ（P. Debye）とヒュッケル（E. Hückel）である．彼らがいくつかの仮定を用いて導いたのが**デバイ-ヒュッケルの極限法則**（Debye-Hückel limiting law）である．ここでは，その概略と結果のみを示す★．

(b) デバイ-ヒュッケルの極限法則

デバイ-ヒュッケル理論では，仮定として，イオンは単なる点イオン（半径0）であり，その点イオンどうしが純粋なクーロンポテンシャル

$$U(r) = \frac{q_+ q_-}{4\pi\varepsilon_0 \varepsilon_r r} = \frac{z_+ z_- e^2}{4\pi\varepsilon_0 \varepsilon_r r}$$

で相互作用すると考える（$q_+ = z_+ e$, $q_- = z_- e$ はカチオンとアニオンの電荷，ε_r は溶媒の比誘電率）．さらに，溶媒は均一で，比誘電率 ε_r（25 °C の水の場合 78.54）をもつ連続媒体とする．このような，「イオンに大きさがない」という仮定と「溶媒を分子ではなく連続体として扱う」仮定は，分子論の発達した現代では粗いように思えるかもしれないが，希薄な溶液でイオンどうしが互いに平均として遠く離れているときには妥当である．

デバイ-ヒュッケルの極限法則によると，電解質溶液が低濃度のとき，その平均イオン活量係数の対数は

デバイ-ヒュッケルの極限法則
$$\ln \gamma_\pm = -|q_+ q_-| \frac{1}{8\pi\varepsilon_0 \varepsilon_r k_B T r_D} \tag{16.35}$$

で与えられる．ここで，r_D は

デバイ半径
$$r_D^2 = \frac{\varepsilon_0 \varepsilon_r k_B T}{2\rho N_A e^2 I} \tag{16.36}$$

で与えられる距離の次元をもつ量であり，**デバイ半径**（Debye radius）とよばれる（図 16-10）．ρ は溶媒の質量密度，I（mol kg^{-1}）は**イオン強度**（ionic strength）とよばれる量

イオン強度
$$I = \frac{1}{2}\sum m_i z_i^2 \tag{16.37}$$

である．ここで，m_i は i 成分の質量モル濃度である．これらの式によると

$$\ln \gamma_\pm \propto \frac{1}{r_D} \propto \sqrt{I} \propto \sqrt{m}$$

であるので，$\ln \gamma_\pm$ は質量モル濃度の平方根 $\sqrt{m}$ に比例して変化することがわかる．その傾きは，298 K の水溶液の場合，式(16.35)より，1-1 電解質で，$\ln \gamma_\pm = -1.17\sqrt{m}$，1-2 電解質で $\ln \gamma_\pm = -3.46\sqrt{m}$，2-2 電解質で $\ln \gamma_\pm = -9.36\sqrt{m}$ となる．これらを図にプロットすると，濃度の薄いところでは，実測値をよく再現していることがわかる（図 16-11）．そのため，希薄な極限で成り立つ式ということで**デバイ-ヒュッケルの極限法則**とよばれる．

しかし，$m > 0.01$ mol kg^{-1} 以上になると，理論値からずれてくる．その1つの理由は同種イオン間の相互作用が無視できなくなるためであり，濃度が比較的高いときまで成り立つようにした拡張デバイ-ヒュッケル理論も提案

Topic 「デバイ-ヒュッケルの極限法則」導出の定性的な考え方

電解質では溶液中に正と負のイオンが存在する．これらが独立に存在すれば，通常の溶質のふるまいをするが，帯電しているために強いクーロン相互作用で互いに引き合い，独立にふるまわなくなる．その相互作用の結果，アニオンの近くにはカチオンが，カチオンの近くにはアニオンが見いだされる確率が高くなるはずである．つまり，平均的には，あるイオンの近傍には対イオン（反対電荷をもつイオン）が余分にある球形のもや（**イオン雰囲気**）ができる（図 16-10）．このもやは全体として，中心イオンの電荷と符号が反対で大きさが等しい電荷をもつ．よって，中心イオンの化学ポテンシャルは，そのイオン雰囲気とのクーロン相互作用によって，低下する．このエネルギー低下が，理想溶液の化学ポテンシャルとの差となり，活量係数 $RT \ln \gamma_\pm$ の由来となる．つまり，イオンのギブズエネルギーへの非理想的寄与は，イオン間の相互作用のない溶液中でイオンをつくるのに必要なエネルギーと，相互作用によるイオン雰囲気のあるときに必要なエネルギーの差として計算できる．この計算には電磁気的な取り扱いも必要なのでここでは立ち入らない．

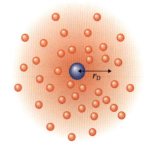

図 16-10 イオン雰囲気とデバイ半径
中心イオンの周りには平均的に対イオンが多く集まり，イオン雰囲気を形成する．中心近くでは相互作用は強いが体積が小さいために，遠くでは相互作用が弱いために，存在する対イオン量は少なく，中間付近で最も対イオン量が多くなる．その目安となる距離がデバイ半径 r_D である．このイオン雰囲気領域全体での電荷の積分値は，中心イオンの電荷と符号が反対で大きさは等しい．図の赤丸はある瞬間の対イオンの存在を概念的に表しているが，これらの電荷をすべて足したものが中心イオンの電荷の逆符号と等しくなり，赤丸1個が1つの対イオンではない．

されている.

(c) デバイ半径

ここで導入された距離の次元をもつデバイ半径 r_D は，中心イオンによる電解質の**イオン雰囲気** (ionic atmosphere) を特徴づける定数である．溶液中のあるイオンを取り巻く反対符号の正味電荷は，その静電的相互作用のために散漫に広がった殻になっている（図 16-10）．これは，中心イオンの周りのイオン雰囲気を表現している．原点に電荷 q をもつ 1 個のイオンを置いたとき，そこから半径 r，厚さ dr の球殻内に分布する対イオンの電荷は

$$p(r)dr = -q\left(\frac{r}{r_D^2}\right)e^{-r/r_D}dr \tag{16.38}$$

であることが導かれる．この場合，対イオンの分布の極大が $r = r_D$ のところで起きることが示され，<u>r_D はイオン雰囲気の厚さの目安になる</u>（図 16-12）．また，このことは電荷の影響が e^{-r/r_D} で減ることを示しているので，r_D は**遮蔽定数** (shielding constant) ともよばれる.

$m = 0.01$ mol kg^{-1} の水溶液におけるイオン雰囲気の厚さは，ほぼ 3 nm であり，水分子で約 10 層分の厚さになる．$m = 10^{-4}$ mol kg^{-1} なら $r_D = 30$ nm と電解質が薄くなるほどイオン雰囲気の厚さは厚くなることがわかる．また，比誘電率 ε_r が大きくなると，$r_D \propto \sqrt{\varepsilon_r}$ なので対イオン層は大きくなる．これは，ε_r が大きいと，溶媒が分極するので影響が遠くまで及ぶということを示している．

この電荷の遮蔽効果は生体分子の安定性にも重要である★．またこのイオン雰囲気は，次節で扱うようにイオンが動くときの抵抗となる．

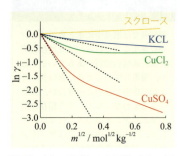

図 16-11 25°C での平均イオン活量係数の対数を質量モル濃度の平方根に対してプロットした図
式 (16.35) による計算値を破線で示した.

> **Topic** DNA を安定させる電荷の遮蔽効果
>
> 21 章で述べるように DNA は 2 本鎖をもつが，それぞれに負に帯電したリン酸基が存在する．通常このように同じ電荷をもつ基が近くにあると，エネルギー的に不安定になる．しかし，水溶液中にわずかな反対符号の塩が存在するだけで十分にこの静電的反発力が遮蔽され安定になる．

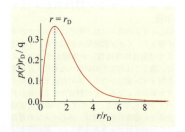

図 16-12 あるイオンを中心にとったときの対イオンの電荷分布
横軸は中心からの r_D で規格化した距離，縦軸は式 (16.38) から計算される相対電荷量.

例題 16.3　イオン強度とデバイ半径

298 K で 2.00×10^{-3} mol kg^{-1} の濃度の FeCl$_2$ 水溶液のイオン強度とデバイ半径を求めよ．

解答

イオン強度は

$$I = (1/2)(2^2 \times 2.00 \times 10^{-3} + 1^2 \times 2 \times 2.00 \times 10^{-3}) = 6.00 \times 10^{-3} \text{mol kg}^{-1}$$

なので，次のように求められる．

$$\begin{aligned}
r_D^2 &= \frac{\varepsilon_0 \varepsilon_r k_B T}{2\rho N_A e^2 I} \\
&= \frac{8.854 \times 10^{-12} \text{C}^2 \text{J}^{-1} \text{m}^{-1} \times 78.5 \times 1.3806 \times 10^{-23} \text{JK}^{-1} \times 298 \text{K}}{2 \times 1000 \text{kgm}^{-3} \times 6.022 \times 10^{23} \text{mol}^{-1} \times (1.602 \times 10^{-19} \text{C})^2 \times I \text{ mol kg}^{-1}} \\
&= \frac{92.51 \times 10^{-21}}{I} \text{m}^2 \\
&= \frac{92.51 \times 10^{-21}}{6.00 \times 10^{-3}} \text{m}^2 \\
&= 15.4 \times 10^{-18} \text{m}^2
\end{aligned}$$

$r_D = 3.92$ nm

> **■ チャレンジ問題**
> 298 K で 2.00×10^{-3} mol kg^{-1} の濃度の FeCl$_2$ 水溶液の平均活量係数を求めよ.

16.4 溶液中での拡散

11.5 節では，気体分子の拡散現象を取り上げた．気体では平均自由行程の距離だけ自由に飛び回り，そのたびに衝突をくり返し，結果として正味に分子が動く．このように粒子が衝突しながらながら動くときに，拡散方程式に従うことを示した．溶液中では分子はほぼぎゅうぎゅうに詰まっており，気体のように自由に飛び回っているわけではないが，分子が動けるので，わずかの隙間を利用して隣の分子と置き換わるような運動をしていると考えられる．この運動が**ブラウン運動**(Brownian motion)として知られるもので，平均自由行程が非常に短い気体と同じと考えることができ，溶液中での拡散現象となる．分子運動にもとづいた基本的な取り扱いは，11.5 節で説明したものとほぼ同じである．ここでは，熱力学の観点で拡散現象を見ていこう．

16.4.1 濃度勾配に働く力

溶質の活量が a の溶液では，その化学ポテンシャルは 1 分子あたり

$$\mu = \mu^\circ + k_\mathrm{B} T \ln a$$

であった．もし活量が空間的に一様でなければ，膨張仕事以外の最大仕事が $\mathrm{d}w = \mathrm{d}\mu \neq 0$ で与えられる．すなわち，その溶質に働く力 F は，w の空間座標 x に関する微分を逆符号にした量なので

$$F = -k_\mathrm{B} T \frac{\partial \ln a}{\partial x} \tag{16.39}$$

となる．すなわち，化学ポテンシャルの勾配が分子に働く力と見ることができる．ただし，これは実際に分子に働いている物理的な力というよりは，エントロピーによる熱力学的な力である．

もし溶液が理想溶液なら，活量 a をモル濃度 c で置き換えて

$$F = -k_\mathrm{B} T \frac{\partial \ln c}{\partial x} = -k_\mathrm{B} T \frac{1}{c} \frac{\partial c}{\partial x} \tag{16.40}$$

となる．つまり，濃度の傾きと逆方向へ，傾きに応じた力が働くことになる．

> **例題 16.4 溶質に働く力**
> ある理想溶液の溶質の濃度が x 方向に ($x > 0$), $c(x) = c_0 \exp(-x/20\,\mathrm{cm})$ で表される分布をしているとき，27 ℃において $x = 0$ cm での溶質に働く力を求めよ．

解答
$x = 0$ cm での濃度勾配は $dc/dx = -c_0/20$ cm
よって $F = RT/20$ cm $= 8.31$ J/K mol $\times 300$ K$/0.2$ m $= 12.5$ kN/mol

チャレンジ問題
80 ℃のコーヒーにミルクを 1 滴，静かに入れた．ミルクはコーヒーの中を広がっていくが，その濃度分布が，$c_0 \exp(-x^2/4 \text{ mm}^2)$ で表されるとき，$x = 1.0$ mm の位置でのミルク粒子に働く力を求めよ．

16.4.2 拡散係数

プールの中で歩くと，空気中を歩くよりかなりの抵抗を感じるであろう．こうしたことからわかるように，**粘度** (viscosity) の高い媒質中では，摩擦力という，運動とは反対向きの力が働き，動くことを邪魔する．この摩擦力は，物体の速度 v に比例するが向きは逆である．すなわち次のようになる．

摩擦力
$$\text{摩擦力} = -fv \tag{16.41}$$

ここで f を**摩擦係数** (frictional coefficient) という．f の単位は（力／速度）で，これは（質量 × 加速度／速度）に等しい．この摩擦力は v とともに増加していくので，動こうとする駆動力とこの摩擦力がつり合う速度にそのうちに達し，加速度が 0 となり，一定速度になる．

溶液中で働く分子にも同様に摩擦力が働き，拡散を引き起こす熱力学的な力とこの摩擦力がつり合う条件から

$$fv = -\frac{k_B T}{c}\frac{dc}{dx}$$

となる．よって

$$cv = -\frac{k_B T}{f}\frac{dc}{dx}$$

が得られる．左辺は濃度単位での流束 J にほかならないので，以前に導いたフィックの第一法則（式 11.42）と比較すれば

$$J = -D\frac{dc}{dx} = -\frac{k_B T}{f}\frac{dc}{dx}$$

となり，拡散係数 D は次のように表せる．

拡散係数と摩擦係数の関係式
$$D = \frac{k_B T}{f} \tag{16.42}$$

この式はアインシュタインが導いた式だが，拡散係数という巨視的測定値を，分子の摩擦係数という微視的性質に結びつける非常に重要な関係である．拡散における駆動力は，周囲の分子の熱運動の運動エネルギーに由来する乱

雑な力である．よって，摩擦係数が大きくなることは，拡散の速度，すなわち運動の平均速度の尺度としての拡散係数が小さくなることを意味する．

摩擦係数は分子の大きさと形状に関連づけることができる．半径 r の球や球状の高分子に対し，ストークス(G. G. Stokes)は

ストークスの式
$$f = 6\pi\eta r \tag{16.43}$$

という関係式を見い出した．ここで，η は粘度*で，周囲の媒質にどれくらい粘性があるかの尺度である(**表16-2**)．式(16.42)(16.43)より

ストークス-アインシュタインの関係式
$$D = \frac{k_B T}{6\pi\eta r} \tag{16.44}$$

というストークス-アインシュタインの関係式が得られる．もし，体積既知の巨大分子が球状で，溶媒和していなければ，その半径が計算でき，ストークスの式(式16.43)から摩擦係数が計算できる．しばしば，逆に拡散係数の実験的測定(**表16-3**)から，その分子半径(流体力学半径とよばれる)が求められるが，この半径は分子模型をつくるときなどにしばしば使われる，いわゆるファンデルワールス半径†とは異なっているので注意が必要である．この流体力学半径は，あくまでストークス-アインシュタインの関係式が成り立つと仮定して拡散係数から算出したものにすぎない．

例題 16.5 溶液中での拡散速度

コップの水に赤インクを垂らすと広がっていくことが見えるから，「拡散」というものがあるとしばしば本に書かれている．コップの中で平均2乗変位の平方根が1cm広がる速度を計算してみよう．水中の赤インクの粒子の拡散係数を比較的小さいタンパク質の大きさの $1\times10^{-10}\,\mathrm{m^2\,s^{-1}}$ とせよ．

解答

$$t = \frac{(0.01\,\mathrm{m})^2}{6(1\times10^{-10}\,\mathrm{m^2\,s^{-1}})} = 1.7\times10^5\,\mathrm{s} = 47\,\mathrm{h} \approx 2\,日$$

この速度を見れば，コップの水の中の赤インクが見ているうちに広がるのは，拡散というよりは振動や対流によるものであることがわかるであろう．

チャレンジ問題

298 K での水中で拡散係数 $D = 1.0\times10^{-10}\,\mathrm{m^2\,s^{-1}}$ をもつ粒子の半径を求めよ．水の粘度を 0.890 cP とせよ．

Data 粘度の単位

cP(センチポアズ)あるいは mPa s(ミリパスカル秒)が使われる．
1 cP = 1 mPa s = $1\times10^{-3}\,\mathrm{kg\,m^{-1}\,s^{-1}}$

表 16-2 298 K における液体の粘度(cP)

水	0.890
メタノール	0.553
エタノール	1.06
ベンゼン	0.608
トルエン	0.554

表 16-3 溶液中での原子・分子の拡散係数 $D/10^{-9}\,\mathrm{m^2\,s^{-1}}$ (25 °C)

溶媒：水	
Ar	2.00
O_2	2.10
N_2	1.88
尿素	1.38
グリシン	1.06
ベンゼン	1.02
エタノール	0.84
グルコース	0.57
蔗糖(スクロース)	0.52
ミオグロビン	0.11
ヘモグロビン	0.069
溶媒：ベンゼン	
トルエン	1.85
ヘプタン	2.10
アニリン	1.96
溶媒：エタノール	
ベンゼン	1.81
I_2	1.32
H_2O	1.24

Assist ファンデルワールス半径

共有結合で結合していない2つの原子が接触しているときの距離で，原子の大きさとして使われることが多い．通常，ファンデルワールス力によって単体の結晶をつくる元素について，隣接する原子どうしの距離を2で割ることで算出される．

16.5 イオンの移動度

16.5.1 イオンの移動度と拡散係数

イオンを含む溶液中で，2つの電極間に一様な電場 E をかけたとする．この電場 E によってカチオンは負極に向かって，アニオンは正極に向かって，zeE（z はイオンの電荷数）の力を受ける．この力によってイオンは加速されるが，粘性のある溶液中を動くためその速度に比例した摩擦力を受ける．そのため，これらのイオンは最終的にはつり合った速度（ドリフト速度）v で動く（図16-13）．このときの摩擦力は，摩擦係数 f を用いて fv であるので，$zeE = fv$ である．

ドリフト速度はかけた電場の大きさに比例するので $v = uE$ となる．この u を**イオンの移動度**(mobility)とよぶ．移動度 u は，上式と比べて $u = ze/f$ とわかる．これを拡散係数 D と摩擦係数 f の関係式(16.42)に代入すると

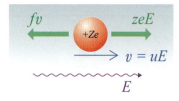

図 16-13 電場がかかったときのイオンの移動

イオンの移動度と拡散係数
$$D = \frac{uk_B T}{ze} = \frac{uRT}{zF} \quad (16.45)$$

となる（$F = eN_A$ は**ファラデー定数**，Faraday's constant）．このように**イオンの拡散係数をイオンの移動度から計算することができる**．

> **Data** ファラデー定数
> $F = 9.6485 \times 10^4$ C mol^{-1}

16.5.2 イオンのモル伝導率と拡散係数

この式中のイオンの移動度 u を，測定しやすい**伝導率**(conductivity)で表すことを考えよう．伝導率 κ は，単位面積，単位長さあたりのコンダクタンス（抵抗の逆数：単位は $\Omega^{-1}\mathrm{m}^{-1} = \mathrm{CV}^{-1}\mathrm{s}^{-1}\mathrm{m}^{-1}$）である．伝導率は，電気を運ぶイオンの数に依存するので，しばしば，電解質1モルあたりの伝導率にした，**モル伝導率**(molar conductivity) Λ_m

> **Data** 抵抗の単位
> Ω(オーム) = A/V = (C/s)V
> A：アンペア（電流），V：ボルト（電圧），C：クーロン（電荷）

モル伝導率
$$\Lambda_m = \frac{\kappa}{c}$$

が用いられる．ここで c は電解質のモル濃度である．

また，もし溶液中のイオンが独立に存在していれば，全体としての伝導率は，それぞれのイオンの足し合わせで表されるであろう．実際，多くの電解質について濃度をゼロに外挿したときのモル伝導率（無限希釈モル伝導率）を測定し，共通するイオンを含む電解質溶液を比べると，各イオンはそれぞれの種類で決まる固有の寄与をすることが見出されている．このように，電解質が完全に電離して相互作用してないときの**極限モル伝導率**(limiting molar conductiviy)を Λ_m^0 で表すと，Λ_m^0 は電解質を構成しているイオンの寄与に分解できることがわかっており

極限モル伝導率
$$\Lambda_m^0 = \nu_+ \lambda_+ + \nu_- \lambda_-$$

と書かれる．ここで，ν_+ と ν_- は，電解質の化学式単位中のカチオンとアニオンの数である（たとえば，NaCl では $\nu_+ = \nu_- = 1$，BaCl$_2$ では $\nu_+ = 1$，$\nu_- = 2$ となる）．λ_+ と λ_- は各イオンのモル伝導率である．

さて，オームの法則 $I = V/R$（I：電流，V：電圧，R：抵抗）から，単位面積，単位長さあたりに流れる電流は，$I = \kappa E$（E：単位長さあたりの電圧）である（図16-14a）．一方，カチオンあるいはアニオン 1 個が運ぶ電荷は ze である．これがドリフト速度 v で面積 S を通って運ばれる．時間 dt に運ぶことのできるイオンの存在する体積は $Svdt$（図16-14b）なので，モル濃度 c の電解質溶液では，この体積中に $Svdt\nu_i cN_A$ 個（N_A：アボガドロ数，$\nu_i = \nu_+$ または ν_-）のイオン（カチオンあるいはアニオン）が存在する．よって，単位時間，単位面積あたりに流れる電流は，$ze \times Svdt\nu_i cN_A$ を S と dt で割った $zev\nu_i cN_A$ であり，$v = uE$，$eN_A = F$ を使うと

$$I = zev\nu_i cN_A = zu\nu_i cFE$$

となる．これを $I = \kappa E$ と比較して

$$\kappa = zu\nu_i cF$$

と求められる．伝導率にはアニオンとカチオンの寄与があり，Λ_m^0 はそれぞれの和で次のように書ける．

$$\Lambda_m^0 = z_+ u_+ \nu_+ F + z_- u_- \nu_- F$$

よって，カチオンとアニオンについてそれぞれ

$$\lambda = zuF$$

と求められる．ここに式(16.45)からの $u = zeD/k_B T$ あるいは $u = zFD/RT$ を代入すると，イオンのモル伝導率は

イオンのモル伝導率
$$\lambda = \frac{z^2 eFD}{k_B T} = \frac{z^2 DF^2}{RT} \tag{16.46}$$

で与えられる．これは，<u>イオンの拡散係数とモル伝導率が比例関係にあること</u>を示している．

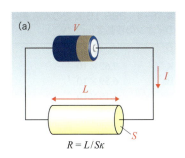
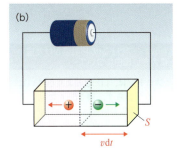

図 16-14 オームの法則（a）と電解質に電場をかけたときに流れる電流（b）

16.5.3 イオンの大きさと移動度

イオンは電場がかかるとそれぞれ固有の速度で溶液中を移動する．上の導出でわかるように，その速度はイオンの受ける静電気力と溶液中での摩擦抵抗とのバランスで決まるためである．<u>単位電場の強さあたりのイオンの速度はイオンの移動度 u として定義される</u>．

ストークスの式（式16.43）によれば，大きい分子ほど摩擦係数は大きく，ゆっくり動くはずである．よって，大きいイオンほど電場に対してもゆっくり動くので無限希釈モル伝導率が小さいと予想されるかもしれない．しかし，イオンの結晶中でのイオン半径は Li$^+$，Na$^+$，K$^+$ になるにしたがって，0.06,

表 16-4 298.15 K での水溶液中のイオンの移動度 ($m^2 s^{-1} V^{-1}$)

H^+	36.3×10^{-8}
K^+	7.62×10^{-8}
Ba^{2+}	6.59×10^{-8}
Na^+	5.19×10^{-8}
Li^+	4.01×10^{-8}
OH^-	20.5×10^{-8}
SO_4^{2-}	8.27×10^{-8}
Cl^-	7.91×10^{-8}

0.095, 0.133 nm と大きくなるにもかかわらず，表 16-4 のようにイオンが大きいほど速く動く．たとえば，K^+ イオンは Na^+ イオンより大きいが，K^+ イオンのほうが動きやすい．

これはイオンの周りの溶媒和の効果で説明される．水は極性分子でありイオン-双極子相互作用により，イオンの周りに水分子が配向すること (水和) でイオンを安定化させる働きがある．Li^+，Na^+，OH^- などの小さく，また Mg^{2+} のような多価のイオンは大きい電荷密度をもつので水分子と大きな静電的相互作用を生じ，その結果，大きな水和圏をもつ．この大きな水の衣のため，大きくて電場の弱いイオンよりも動きにくくなるのである．★

このイオンとの相互作用は周囲の水の特性にも影響を与える．小さくまた多価のイオンの強い電場により，イオンのすぐそばの水分子が分極するだけでなく，第 1 層目の水より遠い第 1 水和圏以上の水分子に秩序を生み出す．こうしたイオンは「構造形成イオン」とよばれ，たとえば粘度の増加を引き起こす．一方，K^+，Rb^+，NH_3^+，Cl^- などの大きくかつ 1 価のイオンは広がった表面電荷とそれゆえに弱い電場により遠くの水を分極させない．その結果，これらのイオンを含む溶液の粘度は下がる．こうしたイオンは，「構造破壊イオン」とよばれることがある．

> **Topic** プロトンの移動度がけた違いに大きい理由について
>
> プロトンは，Li^+ などより小さいにもかかわらず，表 16-4 に見るように移動度が桁違いに大きい．これは，プロトンが水中を動いて電荷を運んでいるというよりは，水分子間を飛び移っているためという説明がなされている (Grotthuss 機構)．しかし，その詳細な分子機構は，量子化学や分子動力学シミュレーションなどを使って議論されている最中である．
>
>
>
> 水分子間のプロトンの飛び移りによる電荷移動

例題 16.6 移動度，拡散係数の大きさ

298 K における水溶液中での Cl^- イオンの極限モル伝導率は 7.62×10^{-3} $m^2 s^{-1} V^{-1} C mol^{-1}$ であった．Cl^- の移動度，拡散係数を求めよ．

解答

$$u = \frac{\lambda}{zF} = 7.90 \times 10^{-8} \, m^2 \, s^{-1} \, V^{-1}$$

$$\begin{aligned}
D &= \frac{uRT}{zF} \\
&= \frac{7.90 \times 10^{-8} \, m^2 \, s^{-1} \, V^{-1} \, 8.31 \, J \, K^{-1} \, mol^{-1} \, 298 \, K}{9.65 \times 10^4 \, C \, mol^{-1}} \\
&= 2.03 \times 10^{-9} \, m^2 \, s^{-1}
\end{aligned}$$

📊 チャレンジ問題

Cl^- の拡散係数から，ストークス-アインシュタインの関係式 (式 16.44) が成り立つとして，その半径を求めよ．ただし，この水溶液の粘度を 0.89 cP とせよ．またこれを Cl^- のイオン半径 0.18 nm と比べよ．

16章 重要項目チェックリスト

束一的性質 [p.336] 溶質の粒子数だけで決まり、溶質の種類によらない性質。蒸気圧降下、沸点上昇、凝固点降下、浸透圧などがある。

◆**蒸気圧降下** [p.337]　　$P_1^* - P_1 = x_2 P_1^*$　　　　　　　　　　　　　　　　　　　　　　　(x_2：溶質のモル分率)

◆**凝固点降下** [p.338]　　$\Delta T_f = \dfrac{RT_f^{*2} M_1}{1000 \Delta_{fus} H_m} m_2 = K_f m_2$

(T_f：溶液の凝固点, $\Delta_{fus}H_m$：純溶媒の融解モルエンタルピー, M_1：溶媒の分子量, m_2：溶質の質量モル濃度, K_f：凝固点降下定数)

◆**沸点上昇** [p.339]　　$\Delta T_b = \dfrac{RT_b^{*2} M_1}{1000 \Delta_{vap} H_m} m_2 = K_b m_2$　　($\Delta_{vap}H_m$：純溶媒の蒸発モルエンタルピー, K_b：沸点上昇定数)

◆**浸透圧のファント・ホッフの式** [p.339]　　$\Pi = cRT$　　　　　　　　　　　(Π：浸透圧, c：溶液のモル濃度)

平均イオン活量 [p.344]　　$a_2 = a_\pm^\nu = m_\pm^\nu \gamma_\pm^\nu$　　　　　　　($\gamma_\pm$：平均イオン活量係数, $m_\pm$：平均イオン質量モル濃度)

デバイ-ヒュッケルの極限法則 [p.345]　　$\ln \gamma_\pm = -\dfrac{|q_+ q_-|}{8\pi \varepsilon_0 \varepsilon_r k_B T r_D}$

(q_+, q_-：カチオンとアニオンの電荷, k_B：ボルツマン定数, ε_r：比誘電率)

◆**デバイ半径** [p.345]　　$r_D^2 = \dfrac{\varepsilon_0 \varepsilon_r k_B T}{2\rho N_A e^2 I}$　　　　　　　　　　　　　　　　(ρ：溶媒の質量密度, I：イオン強度)

◆**イオン強度** [p.345]　　$I = \dfrac{1}{2} \sum m_i z_i^2$　　　　　　　　　　　　　　　　　　　　　(m：i成分の質量モル濃度)

溶液中での拡散

◆**ストークス-アインシュタインの関係式** [p.349]　　$D = \dfrac{k_B T}{6\pi \eta r}$　　　　　　　　　　(D：拡散係数, η：粘度)

イオンの移動度 [p.350]　　$D = \dfrac{u k_B T}{ze} = \dfrac{uRT}{zF}$　　(u：イオンの移動度, z：イオンの電荷数, F：ファラデー定数)

◆**モル伝導率** [p.350]　　$\Lambda_m = \dfrac{\kappa}{c}$　　　　　　　　　　　　　　　　　　　　　　　(κ：伝導率, c：電解質のモル濃度)

◆**極限モル伝導率** [p.350]　　$\Lambda_m^0 = \nu_+ \lambda_+ + \nu_- \lambda_-$

(ν_+, ν_-：化学式単位中のカチオンとアニオンの数, λ_+, λ_-：各イオンのモル伝導率)

◆**イオンのモル伝導率** [p.351]　　$\lambda = \dfrac{z^2 eFD}{k_B T} = \dfrac{z^2 DF^2}{RT}$

確認問題

16·1 $BaSO_4$ の水に対する溶解度は 20 ℃で 1.0×10^{-5} mol kg^{-1} である。この溶液のイオン強度を求めよ。またこの溶液のデバイ半径と平均活量係数 $\gamma_\pm$ をデバイ-ヒュッケル理論により求めよ。

16·2 上の問題の結果を使い、$BaSO_4$ (s) $\longrightarrow$ Ba^{2+} (aq) $+ SO_4^{2-}$ (aq) の $\Delta G°$ を求めよ。

16·3 25 ℃におけるモル濃度 0.1 M の水溶液（誘電率 $\varepsilon = 78$）の NaCl 溶液のイオン雰囲気の厚さ（デバイ半径）を計算せよ。もし濃度が 0.01 mM になるとその半径はいくらになるか。また、$\varepsilon_r = 50$ のエタノール水溶液中における厚さはどうなるか。

実戦問題

16・4 分子量を測定するために，束一的性質を利用する方法がある．以下の問い A〜D に答えよ．必要ならば，気体定数 $R = 8.31 \text{ J K}^{-1} \text{ mol}^{-1}$ を用いよ．

- **A.** 束一的性質のひとつとして，蒸気圧降下がある．蒸気圧降下測定から分子量を求めることを考える．下記の (1) から (5) の中に，適切な式を書け．ただし，(1) には単位もつけて答えよ．

    まず，溶質 A g を分子量 M_1 の溶媒 100 g に溶かす．このときの溶質の質量モル濃度 m_2 は，溶質の分子量を M_2 としたとき
    $$m_2 = \boxed{\quad (1) \quad}$$
    で与えられる．この m_2 は溶質のモル分率 x_2 と
    $$x_2 = \boxed{\quad (2) \quad}$$
    の関係がある．次に，この溶液の溶媒の蒸気圧 P_1 と，純粋な溶媒の蒸気圧 P_1^* を測定する．理想溶液の場合，P_1 は，溶媒のモル分率 x_1 と P_1^* を用いて
    $$P_1 = \boxed{\quad (3) \quad}$$
    で与えられる．よって，溶質のモル分率 x_2 は P_1 と P_1^* を用いて
    $$x_2 = \boxed{\quad (4) \quad}$$
    で与えられる．この (2) 式と (4) 式より，溶質の分子量 M_2 を求めることができる．溶質の濃度が十分に希薄であるとき，M_2 は比較的簡単な式
    $$M_2 = \boxed{\quad (5) \quad}$$
    で与えられる．

- **B.** 浸透圧測定を用いても，分子量を求めることができる．ここに，ある高分子 5.0 g を水に溶かして 2.0×10^2 mL にした水溶液がある．この溶液の，293 K での浸透圧を測定したところ，2.0 kPa であった．この分子の分子量を有効数字 2 桁で求めよ．ただし，水の体積は圧力によって変化しないと考え，この溶液は十分に希薄で理想溶液として扱えるものとする．

- **C.** 浸透圧が生じる本質は，溶液の化学ポテンシャルが圧力によって変化することである．以下の問いに，有効数字 2 桁で，単位もつけて答えよ．

    (a) 293 K で圧力を 100 kPa から 200 kPa まで増加させたときの水の化学ポテンシャル変化 $\Delta \mu_1$ を求めよ．ただし水のモル体積は 18 mL mol^{-1} とし，この圧力による体積圧縮は無視できるとする．

    (b) 同様に，水蒸気を 400 K で圧力を 100 kPa から 200 kPa まで増加させたときの，化学ポテンシャル変化 $\Delta \mu_2$ を求めよ．ただし水蒸気は理想気体とする．

    [平成 23 年度 京都大学理学研究科入試問題より]

16・5 純物質の液体および溶液の沸点に関する以下の設問 A〜C に答えよ．

- **A.** 非電解質である純物質 A の沸点 T_A は圧力を増大させるとどのように変化するか，液体 (L) と蒸気 (G) のそれぞれについての化学ポテンシャル μ_A-温度 T 曲線を描いて説明せよ．ただし，μ_A は温度とともに直線的に変化するものとする．なお，純物質 A の μ_A の T 依存性および圧力 P 依存性がそれぞれモルエントロピー S_A およびモル体積 V_A を与えることに注意せよ．

- **B.** この純物質 A の液体 (L) と蒸気 (G) の相境界を表す蒸気圧 P_A-沸点 T_A 曲線の勾配 dP_A/dT_A を与える関係式を導け．なお，この純物質 A の液体状態および蒸気状態の化学ポテンシャルをそれぞれ，μ_A^L, μ_A^G と表記せよ．

- **C.** 純物質 A (成分 A) に少量の不揮発性の非電解質 B (成分 B) を溶かした溶液 (I) を調製した．ここで溶液は理想溶液であるとする．一定圧力においてこの溶液の沸点 T_A^I は純物質 A の沸点 T_A に比べ高くなるかそれとも低くなるか，溶液中の成分 A の化学ポテンシャル μ_A^I-T 曲線を描いて説明せよ．ただし，溶液中の成分 A および B のモル分率をそれぞれ x_A および x_B とし，μ_A^I は温度とともに直線的に変化するものとする．

    [平成 24 年度 九州大学理学府入試問題より]

17章 化学平衡

化学反応では，反応物から生成物に向かって反応が進行する．生成物が生じるに従って逆反応が速くなり，正反応速度と逆反応速度がつり合い，見かけ上は反応が停止したような状態になる．このように，時間とともに変化しなくなった状態を **化学平衡** という．

この章では，化学平衡を熱力学的に取り扱う．反応にともなうギブズエネルギーを考えることで，化学平衡における平衡定数が理解できるようになり，平衡定数は濃度ではなく活量で表されることがわかる．また，平衡定数の温度依存性，圧力依存性を説明・予言できるようになり，ル・シャトリエが見つけた「平衡にある反応が，ある条件の変化を受けたとき，その変化を打ち消す方向へ平衡がずれる」という一見不思議な原理が，ギブズエネルギーの考え方で統一的に説明できることを見るであろう．

さらには，**電気化学** への熱力学の応用を簡単に述べておく．

■ Contents
17.1 化学平衡の熱力学
17.2 平衡定数の温度・圧力依存性
17.3 電気化学と平衡

溶液に浸して変色した試験紙と一覧表の色を比較して，おおよそ pH の値を調べる道具．pH は水溶液中の水素イオンの濃度を表す数値．温度一定の水溶液中では水素イオンと水酸化物イオンの濃度積は一定に保たれ，どちらのイオンが多いかで，溶液の酸性・塩基性の指標にできる．

17章 化学平衡

17.1 化学平衡の熱力学

17.1.1 反応進行度

化学平衡を扱う際, 反応がどれぐらい進んだかを表さなければならない. 例として次の反応を考えてみる.

$$A + 2B \longrightarrow 3C$$

この反応の進行は, たとえば A の物質量 n_A の減少によって表すことができるだろう. 初期物質量を n_A^0, n_B^0, n_C^0 としてある単位時間 dt に $(n_A^0 - n_A)$ だけの量が減れば, その速度は $(n_A^0 - n_A)/dt$ になる. しかし, B がどれぐらい減ったかで反応の進行を表すとすると, A が $(n_A^0 - n_A)$ 減ると B は $(n_B^0 - n_B) = 2(n_A^0 - n_A)$ 減るので, 速度は $2(n_A^0 - n_A)/dt$ になる. もし C がどれぐらい増えるかで表せば, A が $(n_A^0 - n_A)$ 減ると C は $-(n_C^0 - n_C) = 3(n_A^0 - n_A)$ 増えるので, 速度は $3(n_A^0 - n_A)/dt$ になる.

このように, 単純に化学種の濃度変化で反応の進み具合を表そうとすると, 不確定になってしまう. この任意性をなくすため, 化学反応式の中の各成分種の係数 (**化学量論係数**, stoichiometric coefficient) に依存しない反応進行を表す量として, 反応した量または生成した量をそれぞれの化学量論係数で割った量 ξ (**反応進行度**, extent of reaction) で表す[†]. この場合だと, 次のように書ける.

$$\xi = -\frac{n_A - n_A^0}{1} = -\frac{n_B - n_B^0}{2} = \frac{n_C - n_C^0}{3}$$

一般の反応

$$\nu_A A + \nu_B B \rightleftharpoons \nu_C C + \nu_D D \qquad ①$$

でも同様で, 反応進行度変化 $d\xi$ は, 反応して減少した反応物量 (dn_A, dn_B), あるいは増加した生成物の物質量 (dn_C, dn_D) をそれぞれの化学量論係数で割った量になる.

> 反応進行度変化
> $$d\xi = -\frac{dn_A}{\nu_A} = -\frac{dn_B}{\nu_B} = \frac{dn_C}{\nu_C} = \frac{dn_D}{\nu_D} \qquad (17.1)$$

反応進行度 ξ は物質量の単位と同じで, 普通は mol を使う. ξ には符号があり, 反応式の右辺へ進む過程 〔$(dn_A, dn_B) < 0$, $(dn_C, dn_D) > 0$〕 では ξ は正になり, 左辺へ戻る逆反応では ξ は負になる.

17.1.2 反応ギブズエネルギー

温度と圧力が一定のもとでは, 以前に式 (15.9) で定義したように i 成分の化学ポテンシャルは

Assist 反応進行度が 0 とは

反応進行度は反応の進行を表すものであるが, 反応の進行の相対的なものを表すのではない. だから $0 \leq \xi \leq 1$ に限られているわけではない. $\xi = 0$ だからといってすべてが反応物であるわけでもなく, 単に, 最初の状態ということを示しているに過ぎない. この最初の状態に, 生成物が存在してもよい.

$$\mu_i = \left(\frac{\partial G}{\partial n_i}\right)_{T,P,n_j \neq i}$$

であるので，dn_i だけその成分が変化したとき，ギブズエネルギーは $\mu_i dn_i$ だけ変化する．よって，反応①が起こったとき，ギブズエネルギー変化 dG はそれぞれの成分の化学ポテンシャルにその成分の変化量を掛けた量の和

$$dG = \sum_j \mu_j dn_j = \mu_A dn_A + \mu_B dn_B + \mu_C dn_C + \mu_D dn_D$$

で表されることになる．これは反応進行度 ξ を用いると

$$\begin{aligned}dG &= -\nu_A \mu_A d\xi - \nu_B \mu_B d\xi + \nu_C \mu_C d\xi + \nu_D \mu_D d\xi \\ &= (\nu_C \mu_C + \nu_D \mu_D - \nu_A \mu_A - \nu_B \mu_B) d\xi\end{aligned} \quad (17.2)$$

と書かれる．反応ギブズエネルギー $\Delta_r G$ を，その組成において反応進行度が微小量 $d\xi$ だけ変わるときのギブズエネルギー変化として定義すると

$$\Delta_r G = \left(\frac{\partial G}{\partial \xi}\right)_{T,P} = \nu_C \mu_C + \nu_D \mu_D - \nu_A \mu_A - \nu_B \mu_B \quad (17.3)$$

と書ける．これは「反応している組成」における反応物と生成物の化学ポテンシャルの差に対応する．化学ポテンシャルが部分モル量であることを思い出すと，<u>$\Delta_r G$ も混合物の組成に依存し，反応進行度合いによって変化する</u>ことがわかるであろう†．また，$\Delta_r G$ の単位は $J\,mol^{-1}$ であり，反応進行度1モルあたりのギブズエネルギーに対応するが，この1モルあたりというのを正しく理解しなければならない．これは，ある瞬間でのギブズエネルギー変化率を反応進行度1モルあたりに直した値であり，本当に1モル変化したときの値ではない（15章の最初に述べた部分モル量に関する注意点と同じである）．

ギブズエネルギーを ξ に対してプロットしたときの勾配は，反応が進行するにしたがって刻々と変化する（図17-1）．反応はギブズエネルギーが減少する方向に自発的に進むから，<u>生成物の化学ポテンシャルのほうが反応物より小さければ，正方向に自発的に進む．逆に反応物のほうが小さければ，逆反応が進む</u>．平衡においては勾配は0，すなわち $\Delta_r G = 0$ であり，どちらの方向にも自発的には進まない．

 ### 17.1.3 平衡定数

(a) 圧平衡定数

$\Delta G = \Delta H - T\Delta S$ であるから，反応の方向は ΔH と $T\Delta S$ の大きさで決まる．すなわち，エネルギー的に安定化する（$\Delta H < 0$）方向と乱雑さが最大になろうとする（$T\Delta S > 0$）方向に向かう．理想気体では

$$\mu_i(T, P) = \mu_i^\circ(T) + RT \ln(P_i / P^\circ) \quad (17.4)$$

で与えられるので，反応①の $\Delta_r G$ は

Assist 標準状態以外の値が標準ギブズエネルギーで決まる

$\Delta_r G$ は反応進行度に対する微分だが，標準反応ギブズエネルギーでは物質は純粋状態（混合していない状態）であることに注意しよう．よって，$\Delta_r G°$ の符号だけで反応が進行するかどうかは予見できない．これが正でも反応はある程度進むし，負でも完全に反応が全部進むことは少ない．もしすべての物質が標準状態にあり，混合しなければ，この符号で反応がどうなるかを予見することはできる．それが相転移への適用であった．たとえば，水が水蒸気になる相転移は100℃で起こる．これは標準ギブズエネルギーで予見できる．しかし，これではもっと低い温度で水が水蒸気になる（蒸発する）という現象（反応）を説明できない．これについての知見を与えるのが本章で扱う平衡定数 K_P であり，K_P の決定には標準状態以外の状態や混合ギブズエネルギーの知識が必要となる．ところが，以下に見るように平衡定数は標準ギブズエネルギーで決まるのである．標準状態以外の K_P が，標準ギブズエネルギーで決まるというのが，不思議に思えるかもしれないが，その理由は本章の内容をよく理解できれば納得できるだろう．

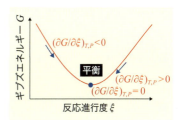

図17-1 反応進行度と反応ギブズエネルギー
自発的反応はギブズエネルギーの谷に向かって進む．

$$\Delta_r G = \nu_C \mu_C^\circ(T) + \nu_D \mu_D^\circ(T) - \nu_A \mu_A^\circ(T) - \nu_B \mu_B^\circ(T)$$
$$+ RT\left(\nu_C \ln\frac{P_C}{P^\circ} + \nu_D \ln\frac{P_D}{P^\circ} - \nu_A \ln\frac{P_A}{P^\circ} - \nu_B \ln\frac{P_B}{P^\circ}\right)$$
$$= \Delta_r G^\circ + RT \ln \frac{\left(\frac{P_C}{P^\circ}\right)^{\nu_C}\left(\frac{P_D}{P^\circ}\right)^{\nu_D}}{\left(\frac{P_A}{P^\circ}\right)^{\nu_A}\left(\frac{P_B}{P^\circ}\right)^{\nu_B}}$$
$$= \Delta_r G^\circ + RT \ln Q_P \tag{17.5}$$

で与えられる．ここで $\Delta_r G^\circ$ は標準反応ギブズエネルギーで

$$\Delta_r G^\circ = \nu_C \mu_C^\circ(T) + \nu_D \mu_D^\circ(T) - \nu_A \mu_A^\circ(T) - \nu_B \mu_B^\circ(T) \tag{17.6}$$

であり，反応比 Q_P は次のように書ける．

$$Q_P = \frac{\left(\frac{P_C}{P^\circ}\right)^{\nu_C}\left(\frac{P_D}{P^\circ}\right)^{\nu_D}}{\left(\frac{P_A}{P^\circ}\right)^{\nu_A}\left(\frac{P_B}{P^\circ}\right)^{\nu_B}} \tag{17.7}$$

$\Delta_r G^\circ$ は反応物と生成物の標準モルギブズエネルギーの差である．すなわち，温度 T，圧力 1 bar の標準状態にある混合されていない反応物と，同じ温度 T，圧力 1 bar の標準状態にある混合されていない生成物の標準ギブズエネルギーの差である．$\Delta_r G^\circ$ は反応とともに変わらない反応系固有の値であるが，$\Delta_r G$ は反応の進行とともに変わる．このように $\Delta_r G^\circ$ と $\Delta_r G$ を区別することが大切である．標準圧力 P° は通常 1 bar にとるので式に P° を書かないのが普通だが，その場合でも，式(17.5)の対数中の Q_P は無次元である．

Q_P が現れた由来をたどってみると，これは式(17.4)の化学ポテンシャルの圧力依存性から来ていることがわかる．この圧力依存性は 14.4 節の議論を思い出すと，エントロピー由来の項である．すなわち，<u>Q_P は反応物と生成物の混合を表すものである</u>．標準反応ギブズエネルギーは混合されていない標準モルギブズエネルギーの差であるから，Q_P は化学反応の標準反応ギブズエネルギーへ混合の効果を加えるものと考えてもよい．

平衡に達したときは $\Delta_r G = 0$ ゆえ

化学平衡と標準反応ギブズエネルギー（理想気体）
$$\Delta_r G^\circ = -RT \ln \frac{(P_{C,eq})^{\nu_C}(P_{D,eq})^{\nu_D}}{(P_{A,eq})^{\nu_A}(P_{B,eq})^{\nu_B}} \equiv -RT \ln K_P \tag{17.8}$$

の関係がある．ここで，$P_{i,eq}$ は i 成分の平衡での圧力である．$\Delta_r G^\circ$ は（圧力が 1 bar での）標準状態での値であるから，温度だけの関数である．よって K_P も温度だけによってきまる定数であり，全圧には依存しない．この K_P を **(圧)平衡定数** という[†]．

圧平衡定数
$$K_P = \frac{(P_{C,eq})^{\nu_C}(P_{D,eq})^{\nu_D}}{(P_{A,eq})^{\nu_A}(P_{B,eq})^{\nu_B}} \tag{17.9}$$

先に注意したように，それぞれの圧力は標準状態の圧力 1 bar で割った値であるから，<u>平衡定数に単位はない</u>．$\Delta G^\circ = \Delta H^\circ - T\Delta S^\circ$ の関係式より，K_P とエンタルピー変化やエントロピー変化との間には

> **Assist** 理想気体以外の K_P
>
> 「K_P は全圧には依存しない」というのは，導出過程からわかるように，理想気体の場合だけである．蒸気が理想気体からずれる場合には，K_P も全圧に依存する．ただし，あまり圧力が大きくない範囲では理想気体はよい近似なので，多くの反応でこのことが成り立つ．

$$K_P = \exp\left(\frac{-\Delta_r G^\circ}{RT}\right) = \exp\left(\frac{-\Delta_r H^\circ}{RT}\right)\exp\left(\frac{\Delta_r S^\circ}{R}\right) \quad (17.10)$$

の関係があることがわかる．このように 14.5 節で計算した標準反応ギブズエネルギーは，平衡定数を計算するうえで大切な値である．

(b) 濃度平衡定数

ここまでは考えている対象が気体だったので濃度を圧力で表したが，溶液の場合はモル分率やモル濃度で表すことが普通である．理想溶液からずれた場合も含めて，一般には化学ポテンシャルは 15.7 節で定義した活量を用いて表される．

$$\mu_i^{\text{sol}} = \mu_i^\circ + RT \ln a_i$$

すると，上でおこなったのと同じように変換することで，A，B，C，D に対する活量を a_A, a_B, a_C, a_D, 活量表記の反応比を Q_a とすると

$$\Delta_r G = \Delta_r G^\circ + RT \ln Q_a \qquad Q_a = \frac{a_C^{\nu_C} a_D^{\nu_D}}{a_A^{\nu_A} a_B^{\nu_B}} \quad (17.11)$$

となる．物質がすべて混合されていない標準状態にあれば，それぞれの成分の化学ポテンシャルは標準化学ポテンシャルになるので $a_i = 1$ ($i =$ A, B, C, D)で，よって $Q_a = 1$ となり，予想されるように $\Delta_r G = \Delta_r G^\circ$ である．

平衡に達したときは $\Delta_r G = 0$ ゆえ

化学平衡と標準反応ギブズエネルギー（濃度）

$$\Delta_r G^\circ = -RT \ln \frac{(a_{C,\text{eq}})^{\nu_C}(a_{D,\text{eq}})^{\nu_D}}{(a_{A,\text{eq}})^{\nu_A}(a_{B,\text{eq}})^{\nu_B}} \equiv -RT \ln K_c \quad (17.12)$$

となる．ここで，平衡定数がモル濃度で定義した活量で表されている場合の添え字として，K に c を添えて K_c と書く（**濃度平衡定数**）．濃度が薄いときには，活量 a_i は c_i/c° で置き換えられて

$$K_c = \frac{(c_C/c^\circ)^{\nu_C}(c_D/c^\circ)^{\nu_D}}{(c_A/c^\circ)^{\nu_A}(c_B/c^\circ)^{\nu_B}} \quad (17.13)$$

となる．15.7 節で述べたように，標準濃度 c° として 1 mol L^{-1} がしばしば用いられるため，これは省略されることが普通である．よって

濃度平衡定数

$$K_c = \frac{(c_C)^{\nu_C}(c_D)^{\nu_D}}{(c_A)^{\nu_A}(c_B)^{\nu_B}}$$

と書かれる．K_c にも単位がないことに気をつけよう．

もし理想気体だとすると，K_P と K_c との関係は，$P_i = n_i RT/V = c_i RT$ より

圧平衡定数と濃度平衡定数の関係

$$K_P = K_c \left(\frac{c^\circ RT}{P^\circ}\right)^{\Delta \nu} \quad (17.14)$$

である．ここで $\Delta \nu = \nu_C + \nu_D - \nu_A - \nu_B$ である．

(c) 反応の平衡状態

ここで，以下のような疑問をもつかもしれない．14 章で，化学反応は

ΔG<0 の条件で進行することを学んだ．p.356 の反応①でいえば，A と B の標準ギブズエネルギーが C と D の標準ギブズエネルギーより大きければ，ΔG°<0 であり，自発的反応である．よって A＋B は C＋D になるはずであるが，途中で反応が止まって A，B，C，D が共存する平衡が成り立つのはどうしてであろうか．

この答えを求めるために，A→B という単純な反応を考えてみよう．このとき，A の標準ギブズエネルギーが B の標準ギブズエネルギーより大きければ反応が自発的に起こる．もし，生成した B が A と混ざらないとしたら，この系のギブズエネルギーは $\Delta G°(A)$ から $\Delta G°(B)$ まで，生じた B の量に比例して変化し，全ギブズエネルギーを反応進行度に対してプロットしたときの勾配は一定となり，すべての A は B に変わるはずである（図17-2）．

しかし，反応は途中で止まって平衡になる．どうしてであろうか．それは，実際には A と B が混合することによる．15章で学んだように，分子が混合すると混合エントロピーの効果により，ギブズエネルギーが小さくなる．そのため，$\Delta_r G = 0$ に対応するギブズエネルギーに極小ができ，そこで反応が止まることになる．つまり，<u>化学平衡がどの組成にあるかを決めるのに寄与する重要な要素は，生成物ができるにつれて発生する生成物と反応物との混合だといえる</u>．

上のことを式で表してみよう．理想溶液での混合ギブズエネルギーは

$$\Delta_{mix}G = nRT(x_A \ln x_A + x_B \ln x_B)$$

と書けた（式 15.30）．この式は，ギブズエネルギーの全変化に対して U 字形の寄与をする．そのため，ギブズエネルギーに極小ができ，その位置が平衡混合物の平衡組成に対応する（図17-2）．

式(17.5)と(17.8)を用いると

反応ギブズエネルギーと平衡状態

$$\Delta_r G = -RT \ln K_P + RT \ln Q_P = RT \ln\left(\frac{Q_P}{K_P}\right) \quad (17.15)$$

という関係式が得られる．平衡では $\Delta_r G = 0$ で $Q_P = K_P$ である．もし $Q_P < K_P$ ならば系が平衡に近づくにつれて Q_P は増加しなければならない．これは生成物の分圧が上昇して，反応物の分圧が減少しなければならないことを示している．すなわち，反応は左から右へ進行する．$\Delta_r G$ で表せば，$Q_P < K_P$ ならば $\Delta_r G < 0$ であり，上の反応は左から右へ進むのが自発的であることを示している．逆に，$Q_P > K_P$ ならば，系が平衡に近づくにつれて Q_P は減少しなければならないから，生成物の分圧が減少しなければならない．$\Delta_r G$ で表現するなら，$Q_P > K_P$ ならば $\Delta_r G > 0$ であり，上の反応は右から左に向かって進むのが自発的であることを示している．

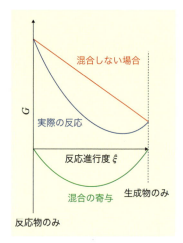

図 17-2 反応進行度と反応ギブズエネルギー
分子が混合しなければ，標準ギブズエネルギーの坂道を転がるようにすべてが自発的に反応するかもしれない（赤線）が，混合の寄与（緑線）を加えると（青線），途中のどこかで極小ができて，そこで平衡になる．

例題 17.1　水の電離平衡定数

298 K での水の解離平衡

$$H_2O(l) \rightleftharpoons H^+(aq) + OH^-(aq)$$

の平衡定数を求めよ．ただし，この反応のエンタルピー変化を $\Delta_r H° = 55.9 \text{ kJ mol}^{-1}$，エントロピー変化を $\Delta_r S° = -80.54 \text{ JK}^{-1}\text{mol}^{-1}$ とせよ．

解答

$$K_c = \frac{a_{H^+} a_{OH^-}}{a_{H_2O}} \approx c_{H^+} c_{OH^-} = \exp\left(\frac{-\Delta_r G°}{RT}\right)$$
$$= \exp\left[\frac{-(\Delta_r H° - T\Delta_r S°)}{RT}\right]$$

ここで，水の活量 a_{H_2O} は，水がほぼ純粋状態であるため，ラウール則標準状態の活量で $a_{H_2O} = 1$ であることを使った．また，a_{H^+} や a_{OH^-} などはモル濃度で表したヘンリー則標準状態の活量であり，濃度が薄いときには，標準状態 1 mol L^{-1} で割ったモル濃度に漸近する．この式に，$\Delta_r H° = 55.9 \text{ kJ mol}^{-1}$，$\Delta_r S° = -80.54 \text{ J K}^{-1}\text{mol}^{-1}$ を代入すると

$$K_c = \exp\left[\frac{-(55.9 \times 10^3 + 298 \times 80.54)}{298 \times 8.314}\right] \approx 1.0 \times 10^{-14}$$

となる（単位はない）．この平衡定数を使うと，水の中性条件から $c_{H^+} = c_{OH^-} = 1.0 \times 10^{-7} \text{ mol L}^{-1}$ であることがわかる．よって，よく知られているように水の pH = 7 となる．しかし，上の式に T が入っていることからわかるようにこれは 298 K でしかあてはまらない．

 チャレンジ問題

上の水の解離平衡で，$\Delta_r H°$ と $\Delta_r S°$ が温度に依存しないとして，100 ℃ での平衡定数を求めよ．また，この条件での pH を求めよ．

17.2 平衡定数の温度・圧力依存性

17.2.1 ル・シャトリエの原理

前節で見たように，化学反応の平衡は，圧力，温度，濃度などで決まる．よって，これらの要因を変化させれば，系は新しい平衡条件 $\Delta_r G = 0$ に向かって移動する．さまざまな条件を変えたとき，平衡の位置がどう変わるかを定性的に示したのが，フランスの化学者ル・シャトリエ (H. L. Le Chatelier) である．**ル・シャトリエの原理** (Le Châtelier's principle) は

> 平衡にある反応が，ある条件の変化を受けたとき，その変化を打ち消す方向へ平衡がずれる．

とまとめられる．たとえば，温度が上昇すれば吸熱の方向へ，圧力を増やせば圧力の減る方向への反応が進行する．この原理を，これまで述べてきた熱力学を用いて考察してみる．

17.2.2 平衡定数の温度依存性

(a) ファント・ホッフの式

温度依存性を導くために，ギブズ-ヘルムホルツの式(式14.46)

$$\left(\frac{\partial \Delta G°/T}{\partial T}\right)_P = -\frac{\Delta H°}{T^2} \tag{17.16}$$

から出発する．式(17.16)に $\Delta_r G°(T) = -RT\ln K_P(T)$ を代入すると

ファント・ホッフの式
$$\left(\frac{\partial \ln K_P(T)}{\partial T}\right)_P = \frac{d\ln K_P(T)}{dT} = \frac{\Delta_r H°}{RT^2} \tag{17.17}$$

が得られる．これを**ファント・ホッフの式**(van't Hoff equation)という．

吸熱反応ならば $\Delta_r H° > 0$ であり，$d\ln K_P/dT > 0$ となるゆえ $K_P(T)$ は温度上昇につれて増加する．$K_P(T)$ が増加するということは，生成物へ向かって反応が進行することであり，加熱によって吸熱反応が進行することになる．

逆に発熱反応ならば $\Delta_r H° < 0$ であり，$K_P(T)$ は温度上昇につれて減少する．$K_P(T)$ が減少するということは，反応物へ向かって反応が進行する(逆反応)ということであり，どちらもル・シャトリエの原理で予測される方向と一致する．

このファント・ホッフの式を使うと，標準反応エンタルピー $\Delta_r H°$ を実験で測定できる．式(17.17)を T_1 から T_2 まで積分して

$$\ln \frac{K_P(T_2)}{K_P(T_1)} = \int_{T_1}^{T_2} \frac{\Delta_r H°(T) dT}{RT^2} \tag{17.18}$$

が得られる．$\Delta_r H°$ が一定と考えられる程度に温度範囲が小さければ

$$\ln \frac{K_P(T_2)}{K_P(T_1)} = -\frac{\Delta_r H°}{R}\left(\frac{1}{T_2} - \frac{1}{T_1}\right) \tag{17.19}$$

と書くことができる．よって，<u>異なった温度での平衡定数が測定できれば，その反応の標準反応エンタルピーを求めることができることがわかる</u>．

式(17.19)は，十分小さな温度範囲での $\ln K_P(T)$ の $1/T$ に対するプロットは，勾配が $\Delta_r H°/R$ の直線になるはずであることを示している(**図17-3**)．この関係式にもとづいて，測定した $\ln K_P$ を $1/T$ に対してプロットし，その傾きから $\Delta_r H°$ を求めることがしばしばなされる．このグラフは**ファント・ホッフプロット**(van't Hoff plot)としてよく知られており，熱測定に代わって $\Delta_r H°$ を求める方法として使われている．

ただし，この解析は，$\Delta_r H°$ が一定と考えられるという仮定があることを忘れてはならない．ファント・ホッフプロットの直線関係があまりに有名なので，$\Delta_r H°$ の温度依存性からくるファント・ホッフプロットのわずかな曲りを，2つの反応があって2つの異なったエンタルピーの反応が重なっているためと(まちがって)解釈されることもある[†]．

また

$$K_P = \exp\left(\frac{-\Delta_r G°}{RT}\right) = \exp\left(\frac{-\Delta_r H°}{RT}\right)\exp\left(\frac{\Delta_r S°}{R}\right) \tag{17.20}$$

の対数をとれば

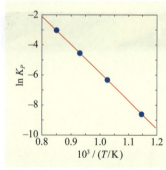

図17-3 ヨウ素蒸気の解離反応の温度依存性

Assist 曲がったファント・ホッフプロット

たとえば，**14.7節**では，水の蒸気圧を用いてエンタルピーを求める方法を示したが，この場合エンタルピーの温度依存性のために $\ln P$ を $(1/T)$ に対してプロットしたグラフは曲がっている(**図14-13**参照)．

$$\ln K_P = -\frac{\Delta_r H^\circ}{RT} + \frac{\Delta_r S^\circ}{R}$$

となることからわかるように，ファント・ホッフプロットの直線を $(1/T)=0$ へ外挿した切片は $\Delta_r S^\circ/R$ を与える．これは，<u>高温極限で K_P を決めているのは系のエントロピーである</u>ことを示している．

実験的には，こうした $\Delta_r H^\circ$ や $\Delta_r S^\circ$ は反応に関する有用な情報となる．$\Delta_r H^\circ>0$ なら生成物は反応物よりもエネルギーが高く結合が弱いし，$\Delta_r S^\circ>0$ なら反応物より生成物のエントロピーは大きく，乱雑になっているとわかる．

逆に，式 (17.19) を使えば，$\Delta_r H^\circ$ がわかっているときには，異なった温度の K_P を計算で求めることができる．もし $\Delta_r H^\circ$ の温度依存性が無視できなければ，直接積分した

$$\ln K_P(T) = \ln K_P(T_1) + \int_{T_1}^{T} \frac{\Delta_r H^\circ(T')\mathrm{d}T'}{RT'^2} \quad (17.21)$$

から別の温度での K_P を求めることができる．

(b) 分子論的意味

この温度依存性は，分子論的に考えると直感的に理解しやすい．

吸熱反応では，生成物のほうが反応物よりエネルギーが高い．熱平衡状態では，この2つの状態にエントロピーとエンタルピーで決まる割合で分子が分布している．これが平衡状態であり，割合は平衡定数で決まる．この系の温度を上げると，系としては高いエネルギーまで占めることができるようになり，相対的にエネルギーの低い反応物の占有数が減って，高いエネルギーの生成物状態の占有数が増加する（図17-4）．すなわち，反応が進む．

逆に発熱反応であれば，生成物のほうが反応物よりエネルギーが低く，温度上昇によって，相対的にエネルギーの高い反応物の占有数が増える．すなわち逆反応が進むことになる．

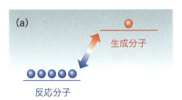

図 17-4 吸熱反応における反応分子と生成分子
吸熱反応（$\Delta_r H^\circ>0$）では，生成分子のほうが高いエネルギーをもつ．この系の温度を上げると（a→b），生成分子が増える．

17.2.3 平衡定数の圧力依存性

先に述べたように，K_P は温度が一定であれば一定値なので，圧平衡定数は圧力には依存しない．しかし，そこに含まれる化学種の濃度は圧力に依存するかもしれない．たとえば，圧平衡定数をモル分率の平衡定数に直すことで，この圧力依存性を考えてみよう．

反応系が理想気体とすると，$P_i = n_i RT/V$ を K_P を表す式 (17.9) に代入して

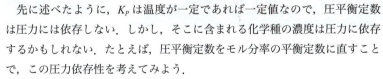

$$K_P = \frac{\left(\dfrac{n_C RT}{VP^\circ}\right)^{\nu_C}\left(\dfrac{n_D RT}{VP^\circ}\right)^{\nu_D}}{\left(\dfrac{n_A RT}{VP^\circ}\right)^{\nu_A}\left(\dfrac{n_B RT}{VP^\circ}\right)^{\nu_B}}$$

$$= \frac{n_C^{\nu_C} n_D^{\nu_D}}{n_A^{\nu_A} n_B^{\nu_B}}\left(\frac{RT}{VP^\circ}\right)^{\Delta\nu} \quad (17.22)$$

となる．ここで $\Delta\nu = \nu_C + \nu_D - \nu_A - \nu_B$ である．全物質量 $n = n_A + n_B + n_C + n_D$ として，分母を $n^{(\nu_A+\nu_B)}$，分子を $n^{(\nu_C+\nu_D)}$ で割って，その差である $n^{\Delta\nu}$ を分子

に掛けると

$$K_P = \frac{x_C^{\nu_C} x_D^{\nu_D}}{x_A^{\nu_A} x_B^{\nu_B}} \left(\frac{nRT}{VP°}\right)^{\Delta\nu} \quad (17.23)$$

となり，$nRT/V = P$ なのでモル分率によって平衡定数 K_x を書けば[†]，

$$K_P = K_x \left(\frac{P}{P°}\right)^{\Delta\nu} \quad (17.24)$$

と表される．ここで P は系の全圧である．K_P は温度が一定であれば一定値なので，$\Delta\nu>0$ で P が増加したとき，K_x はそれを打ち消すように減少しなければならない．逆に $\Delta\nu<0$ であれば，K_x は増加しなければならない．いずれにしても，<u>全系の分子数が減少する方向へ平衡は動く</u>ことがわかる．これはル・シャトリエの原理に従うことを示している．

例として，次のような A 分子が会合して二量化する反応の平衡を考えよう．

$$A_2 \rightleftharpoons 2A$$

初めには A_2 のみが存在し，この濃度を C_0，解離度を α[†] とすると，それぞれの濃度は $[A_2] = (1-\alpha)C_0$ と $[A] = 2\alpha C_0$ であるから，モル分率は $x_{A_2} = (1-\alpha)/(1+\alpha)$，$x_A = 2\alpha/(1+\alpha)$ となる．ここで，それぞれの成分の分圧を P_A, P_{A_2} として，圧平衡定数を K_P と書くと

$$K_P = \frac{P_A^2}{P_{A_2}} = \frac{x_A^2 P^2}{x_{A_2} P} = K_x P$$

となるゆえ，P が大きくなると K_x が小さくなることがわかる．また，K_P は $4\alpha^2 P/(1-\alpha^2)$ であるので，解離度 α は

解離度
$$\alpha = \frac{1}{\sqrt{1 + \dfrac{4P}{K_P}}} \quad (17.25)$$

と書かれ，圧力 P が大きいほど α は小さくなることがわかる．すなわち<u>圧力が大きいほどそれを打ち消すように解離が抑えられている</u>．

17.3 電気化学と平衡

化学平衡の具体例の 1 つとして，電気を生み出す電池の反応を考えてみる．

17.3.1 電 池

(a) 電池の構成

酸化還元[†]を利用して電流を得る装置を電池という．化学電池は陽極と陰極の 2 つの電極を電解液に浸したものからなる．電極を同じ電解質に入れる場合もあるが，2 つの電極が異なる 2 つの電解質に浸されている場合，その 2 つを塩橋[†]で，電気的につなぐ．

酸化の起こる電極を**アノード**(陽極)，還元の起こる電極を**カソード**(陰極)という[†]．アノードでの化学種の酸化で電子が電極に移り，カソード近辺で

Assist 平衡定数 K_x

モル分率によって平衡定数を表すと次のようになる

$$K_x = \frac{x_C^{\nu_C} x_D^{\nu_D}}{x_A^{\nu_A} x_B^{\nu_B}}$$

Assist 解離度

解離度 α とは，解離した分子数を，解離する前の全分子数で割った値である．たとえば，$A_2 \rightleftharpoons 2A$ という解離反応を考えよう．最初に A_2 のみが C_0 の濃度で存在して，解離によって $[A_2]$ の濃度になったとする．すると解離によって分解した A_2 の濃度は $C_0 - [A_2]$ であるので，α は次のようになる．

$$\alpha = (C_0 - [A_2])/C_0$$

Assist 酸化還元

ここではある物質が「酸化される」とは電子を失うことであり，「還元される」とは電子を受け取ることを指す．

Assist 塩橋

カチオンとアニオンの伝導度のほぼ等しい KCl や KNO_3 のような塩を，イオンの混合が防止された寒天などのゲル状の物質に入れて閉じ込めたもの．

化学種が電子を引き抜き，正の電荷を電極に残す(図 17-5)．
こうした電池の構成を表す表記法では，相の境界を縦線で表す．たとえば，硫酸亜鉛溶液に亜鉛棒を浸し，硫酸銅溶液に銅の棒を浸した**ダニエル電池**(図 17-6)では次のように書かれる．

$$Zn(s)\,|\,ZnSO_4(aq)\,\|\,CuSO_4(aq)\,|\,Cu(s)$$

通常，酸化反応が起こる電極を左に，還元反応の起こる電極を右に書く．この表示で縦線は相の境界面の存在を示す．また，電池で，多孔性の隔壁や塩橋で仕切られているときは 2 重の縦線で示す．この場合は $ZnSO_4$ と $CuSO_4$ の 2 つの液相の間に塩橋のあることを示している．

> **Assist** 電極のよび方
>
> 電池でも電気分解でも，酸化の起こる電極をアノード，還元の起こる電極をカソードという．しかし日本語では，電池の酸化の起こる電極を陽極，還元の起こる電極を陰極といい，電気分解では酸化の起こる電極を正極，還元の起こる電極を負極とよんでいる．

(b) 電池の反応

電気化学反応は酸化還元反応であるので，酸化の半反応と還元の半反応に分けることができる．たとえば，ダニエル電池は，Zn/Zn^{2+} と Cu/Cu^{2+} の半電池の組み合わせと考えられて，以下の 2 つの酸化還元反応式が別々の部屋で起こっている．

$$Cu^{2+}(aq) + 2e \longrightarrow Cu(s) \qquad ②$$
$$Zn(s) \longrightarrow Zn^{2+}(aq) + 2e \qquad ③$$

よって全体としては次の反応が起こっていることになる．

$$Cu^{2+}(aq) + Zn(s) \longrightarrow Cu(s) + Zn^{2+}(aq) \qquad ④$$

両金属棒を導体で接続すれば，亜鉛棒は少しずつ溶解し，銅の棒は少しずつ重くなることがわかるであろう．このとき，電子は亜鉛棒から銅の棒へ移動し，**起電力**(electromotive force)が生じる．

電池が可逆的である場合，この電池全体の全起電力 E は，反応②の起電力 $E(Cu^{2+}/Cu)$ と反応③の起電力 $E(Zn/Zn^{2+})$ の和で

$$E = E(Zn/Zn^{2+}) + E(Cu^{2+}/Cu)$$

と書ける．なお

$$Cu^{2+}(aq) + 2e \longrightarrow Cu(s)$$

の起電力は

$$Cu(s) \longrightarrow Cu^{2+}(aq) + 2e$$

の起電力の逆符号である．

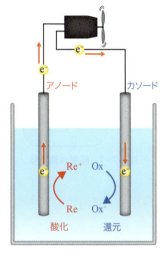

図 17-5　電池の原理

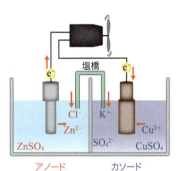

図 17-6　ダニエル電池

(c) 起電力

こうした半電池を組み合わせて電池がつくられるので，それぞれの起電力がわかれば，組み合わせによるいろいろな電池の起電力を知ることができる．しかし，測定によって求められるのは常に 2 つの電極電位の差であるので，半電池の絶対的な電位を知ることはできない．そこで，ある特定の半電池を選び，その電位をゼロとして他の半反応の電位を決める．その参照電極とし

て，**標準水素電極**が選ばれている．これは

$$\left(\frac{1}{2}\right) H_2(g, 1\ atm) \rightleftharpoons H^+(a=1) + e$$

という反応に対応する．図 17-7 のように白金を塩酸溶液に浸し，これに圧力 P の水素を接触させる．電位ゼロとは水素イオン濃度が 1 M (すなわち pH = 0) で，気体は標準状態にある場合の電位である．この電極を片側に置き，測定したい電極をもう一方に置き，電位差を求めることで，その電極の電位が求められる．

反応が化学平衡にある場合は，右向きと左向きの反応がつり合い，外部に対して電気的仕事がおこなえない．しかし，化学平衡に達していない場合，反応によって電子が外部回路に出され，電気的仕事がされることになる．この電子移動によって達成される仕事は，導線を通った電荷の量 q に2つの電極の間の電位差(電池電位) E を掛けたものである．この電荷 q と電池電位が大きければ，大きな電気仕事ができることになる．

この電池は電気をつくり出しているので，反応ギブズエネルギー $\Delta_r G$ は負の値になる．電池反応が可逆的に起こり，電流が流れていないときの2つの電極の電位差が起電力 E である．

図 17-7 標準水素電極

(d) 電池の反応ギブズエネルギー

これまで扱ってきた熱力学では，系のできる最大の非膨張仕事は，$\Delta_r G$ で与えられることを示している．よって，これが電池のできる最大の非膨張仕事である(ただし，これは電池が可逆に働いている場合である．可逆電池は，電池にその符号と反対符号の無限に小さい電圧を加えたとき，電池で起こる反応が逆に起こるような電池である)．

よって，電子1モルの電荷を表す**ファラデー定数** F を使って，反応1モルあたり n モルの電子が移動したときの反応ギブズエネルギーを表すと次の式になる．

$$\Delta_r G = -qE = -nFE \tag{17.26}$$

これが電気的仕事と熱力学をつなぐ関係式である．

$\Delta_r G < 0$ のとき，自発的反応であるが，この場合 $E > 0$ となることがわかる．上式の n は，その化学式における関与する電子数であり，たとえば，上のダニエル電池の反応が起こったときには $n = 2$ である．

燃料電池★として最も簡単な水素-酸素燃料電池の基本的な反応は

$$\text{アノード}: 2H_2(g) + 4OH^-(aq) \longrightarrow 4H_2O(l) + 4e$$
$$\text{カソード}: O_2(g) + 2H_2O(l) + 4e \longrightarrow 4OH^-(aq)$$

であり全体として

$$2H_2 + O_2 \longrightarrow 2H_2O$$

という反応が起こっていることになり，$n = 4$ である．

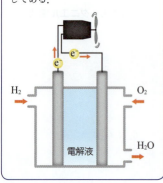

Topic 燃料電池

燃料電池とは，燃料(還元剤：たとえば水素)と酸化剤(たとえば酸素)を外部から供給して，その反応によるエネルギーを電気エネルギーとして取り出す装置である．水素と酸素はそれぞれアノード室，カソード室を通じて導入される．全体の反応は水素を空気中で燃焼させた場合と同じである．

例題 17.2　電池のエネルギー

あるモーターに 2 V（= 2 J/C）の電池をつないで 0.5 A の電流（I = 0.5 C/s）を 60 秒流したとき，電池から得られるエネルギーを求めよ．

解答

$$\Delta G = -0.5 \text{ C/s} \times 60 \text{ s} \times 2 \text{ J/C} = -60 \text{ J}$$

このすべてがモーターの回転の仕事になってはいないだろうが，理想的な場合の最大値が 60 J ということである．

17.3.2　ネルンストの式

反応の $\Delta_r G$ がわかれば，電池の起電力を求めることができる．式 (17.11)

$$\Delta_r G = \Delta_r G^\circ + RT \ln Q$$

と式 (17.26) より

$$E = -\frac{\Delta_r G^\circ}{nF} - \left(\frac{RT}{nF}\right) \ln Q \tag{17.27}$$

である．このなかの $-\Delta_r G^\circ / nF$ を E° と書き，電池の**標準起電力** (standard electromotive force) という．すなわち

標準反応ギブズエネルギーと標準起電力
$$\Delta_r G^\circ = -nFE^\circ \tag{17.28}$$

で，標準起電力とは $\Delta_r G^\circ$ を電位で表したものにほかならない．よって，起電力 E は次のように書ける．

ネルンストの式
$$E = E^\circ - \left(\frac{RT}{nF}\right) \ln Q \tag{17.29}$$

これを**ネルンストの式** (Nernst equation) という．この式を用いると，標準起電力のわかっている反応の任意の濃度での起電力を知ることができる．

反応が平衡に達したとき，この電池反応の平衡定数を K とすると，$Q = K$ である．この条件では電池から電気は取り出せなくて，$E = 0$ なので

$$\ln K = \frac{nFE^\circ}{RT} \tag{17.30}$$

となる．これを用いれば，標準電極電位を知ることで，その反応の平衡定数を求めることができる．たとえば

$$2\text{Cu}^+ \longrightarrow \text{Cu(s)} + \text{Cu}^{2+}$$

という不均化反応の平衡定数を求めてみよう．**表 17-1** によると

$$\text{Cu}^{2+} + \text{e} \longrightarrow \text{Cu}^+ \text{ の } E^\circ = 0.159 \text{ V} \qquad \text{Cu}^+ + \text{e} \longrightarrow \text{Cu} \text{ の } E^\circ = 0.520 \text{ V}$$

表17-1 298Kにおける標準電極電位 /V

反応	E°/V
$Au^{3+} + 3e^- \longrightarrow Au$	1.52
$4H^+ + O_2 + 4e^- \longrightarrow 2H_2O$	1.229
$Br_2(aq) + 2e^- \longrightarrow 2Br^-$	1.087
$Ag^+ + e^- \longrightarrow Ag$	0.799
$Fe^{3+} + e^- \longrightarrow Fe^{2+}$	0.771
$Cu^+ + e^- \longrightarrow Cu$	0.520
$O_2 + 2H_2O + 4e^- \longrightarrow 4OH^-$	0.401
$Cu^{2+} + 2e^- \longrightarrow Cu$	0.340
$Cu^{2+} + e^- \longrightarrow Cu^+$	0.159
$AgBr(s) + e^- \longrightarrow Ag(s) + Br^-(aq)$	0.0713
$2H^+ + 2e^- \longrightarrow H_2$	0
$Fe^{2+} + 2e^- \longrightarrow Fe$	−0.44
$Zn^{2+} + 2e^- \longrightarrow Zn$	−0.763
$2H_2O + 2e \longrightarrow H_2 + 2OH^-$	−0.828
$Al^{3+} + 2e^- \longrightarrow Al$	−1.676
$Na^+ + e^- \longrightarrow Na$	−2.714
$Ca^{2+} + 2e^- \longrightarrow Ca$	−2.84
$K^+ + e^- \longrightarrow K$	−2.925
$Li^+ + e^- \longrightarrow Li$	−3.045

となるので，上の反応の $E°$ は 0.361 V である．よってその平衡定数が

$$\begin{aligned}K &= \exp\left(\frac{nFE°}{RT}\right) \\ &= \exp\left(\frac{9.648 \times 10^4 \, C \, mol^{-1} \times 0.361 \, JC^{-1}}{8.31 \, JK^{-1} \, mol^{-1} \times 298 \, K}\right) \\ &= e^{14.05} = 1.26 \times 10^6\end{aligned}$$

と求められる．このように 10^6 ほどもある平衡定数は，濃度の直接的な測定で実験的に決めるのは難しい場合も多いが，電位を知れば求められる．

また，<u>電池の標準起電力はそれぞれの反応の標準起電力の和である</u>．たとえば，ダニエル電池の反応

$$Cu^{2+}(aq) + Zn(s) \longrightarrow Cu(s) + Zn^{2+}(aq) \qquad ④$$

の E は，表17-1 の値を使って，反応②の標準起電力 $E(Cu/Cu^{2+}) = 0.340V$ と反応③の標準起電力 $E(Zn/Zn^{2+}) = 0.763V$ の和で，次のようになる．

$$E = E(Zn/Zn^{2+}) + E(Cu/Cu^{2+}) = 1.103V$$

例題 17.3 起電力

質量モル濃度 0.2 mol kg^{-1} の ZnSO$_4$ と，0.1 mol kg^{-1} の CuSO$_4$ を用いたダニエル電池の 25 °C での起電力を求めよ．ただし，$E° = 1.10$ V とし，活量係数は 1 としてよいとする．

解答

この反応では $n = 2$ で $a_{Zn(s)} = a_{Cu(s)} = 1$ なのでネルンストの式は

$$\begin{aligned}E &= E° - \left(\frac{RT}{nF}\right)\ln\left(\frac{a_{Cu(s)} a_{Zn^{2+}}}{a_{Zn(s)} a_{Cu^{2+}}}\right) \\ &= 1.10 - \left(\frac{8.314 \times 298}{2 \times 96487}\right)\ln\left(\frac{0.2}{0.1}\right) = 1.09\end{aligned}$$

チャレンジ問題

例題 17.3 の溶液の活量係数が ZnSO$_4$ 溶液では $\gamma_\pm = 0.1$，CuSO$_4$ では $\gamma_\pm = 0.2$ とすれば，ダニエル電池の起電力はいくらになるか．

17.3.3 起電力と熱力学量

(a) 起電力とギブズエネルギー

標準起電力を用いて，燃料電池の反応の標準反応ギブズエネルギーを求めてみよう．表17-1 を見れば

$$2H_2O + 2e \longrightarrow H_2 + 2OH^- \qquad E° = -0.828 \, V \qquad (17.31)$$

$$O_2 + 2H_2O + 4e \longrightarrow 4OH^- \qquad E° = 0.401 \, V \qquad (17.32)$$

という電位が載っている．式(17.31)より

$$2H_2 + 4OH^- \longrightarrow 4H_2O + 4e \qquad E° = 0.828 \text{ V}$$

なので，式(17.32)を足して燃料電池の電位が

$$2H_2 + O_2 \longrightarrow 2H_2O \qquad E° = 1.23 \text{ V}$$

と求められる．この標準起電力を用いると，水が2モル生成する反応の標準反応ギブズエネルギーが次のように求められる．

$$\Delta_r G° = -nFE° = -4 \times 9.64 \times 10^4 \text{Cmol}^{-1} \times 1.23\text{V} = -475 \text{ kJ mol}^{-1}$$

ここでは，上の反応に関与している電子数が4であることを使った．

水の標準生成ギブズエネルギー $\Delta_f G°$ は

$$H_2 + (1/2)O_2 \longrightarrow H_2O$$

の反応で与えられるので，上の $\Delta_r G° = -475$ kJmol^{-1} の半分の値，-238 kJmol^{-1} である[†]．

このように，標準起電力の値は，熱力学量を知るために有用なデータである．<u>起電力が測定できれば，式(17.28)によってギブズエネルギーが求められ，その温度依存性から他の熱力学量エンタルピーやエントロピーも求められる</u>．$\Delta_r G°$ には主にエントロピー項に対応した温度依存性があるので，それに対応した起電力 E も温度依存的である．その温度依存性は $(\partial G/\partial T)_P = -S$ を用いて

$$\frac{dE°}{dT} = \frac{\Delta_r S°}{nF}$$

となる．これから標準反応エントロピーが求められる．また

$$\Delta_r H° = \Delta_r G° + T\Delta_r S°$$

より，イオンの標準反応エンタルピー変化がわかる．

(b) 起電力と活量

また，起電力とギブズエネルギーの関係を使うと，起電力を測定することで溶液の活量，あるいは $\gamma_\pm$ を求めることができる．たとえば，Ag|AgCl電極をCl$^-$イオンを含んだ緩衝溶液に浸したガラス電極と水素電極で構成した以下のような電池を考えよう．

$$\text{Pt}| H_2(g, 1\text{ atm}) |\text{HCl}(a_{\text{HCl}})| \text{AgCl(s)} |\text{Ag(s)}$$

半電池反応は

$$(1/2)H_2(g, 1\text{ atm}) \rightleftharpoons H^+(aq) + e$$
$$\text{AgCl(s)} + e \rightleftharpoons \text{Ag(s)} + Cl^-(aq)$$

である．この反応について，起電力はそれぞれの化学種の活量を用いて

Assist ギブズエネルギーから起電力を求める

逆に，水の標準生成ギブズエネルギーがわかっていれば，その標準起電力は
$E° = -\Delta_f G°/nF$
$= 238 \text{ kJmol}^{-1}/(2 \times 9.64 \times 10^4 \text{ Cmol}^{-1})$
$= 1.23 \text{ V}$
と求めることができる．

$$E = E° - \left(\frac{RT}{F}\right)\ln\left[\frac{a_{H^+}\, a_{Cl^-}\, a_{Ag(s)}}{a_{AgCl(s)}\, P(H_2)^{1/2}}\right]$$

と書かれる．ここで固体については $a_{Ag(s)} = a_{AgCl(s)} = 1$ であり，水素圧力は $P(H_2) = 1$ なので

$$E = E° - \left(\frac{RT}{F}\right)\ln a_{H^+}\, a_{Cl^-}$$

となる．HClの活量を平均イオン活量係数と濃度で表すと [†]

$$a_{H^+} a_{Cl^-} = \gamma_\pm^2 m^2$$

となるから，起電力は

> **起電力と活量係数**
> $$E = E° - \left(\frac{2RT}{F}\right)\ln \gamma_\pm m \tag{17.33}$$

となる．つまり，<u>濃度のわかっている溶液に対して起電力 E を測定すれば，$E°$ は既知なので，その溶液の活量係数が求められる</u>．

> **Assist** 活量を平均イオン活量係数と濃度で表す
>
> HClの活量 a_{HCl} を式(16.30)で定義した平均イオン活量で表すと
> $$a_{HCl} = a_{H^+} a_{Cl^-} = a_\pm^2$$
> である．ここで，式(16.33)で定義した平均イオン活量係数を使うと
> $$a_\pm = \gamma_\pm (m_{H^+} m_{Cl^-})^{1/2}$$
> となる．m_{H^+} と m_{Cl^-} はそれぞれの質量モル濃度であり，$m_{H^+} = m_{Cl^-} = m$ なので，
> $$a_{HCl} = \gamma_\pm^2 m^2$$
> となる．

17.3.4 電気化学系列

14章で見たように，化学反応の自発性はギブズエネルギーの符号で知ることができる．標準ギブズエネルギーと標準電極電位には式(17.28)の関係があることがわかったので，酸化還元反応が起こるかどうかは標準電極電位の値を見ればすぐにわかる．

たとえば，銀イオン(Ag^+)を含む溶液に金属鉄(Fe)を浸けることを考える．Fe と Ag^+ については，標準電極電位の表17-1 から

$$Ag^+ + e \longrightarrow Ag \qquad E° = +0.799 \text{ V}$$
$$Fe^{2+} + 2e \longrightarrow Fe \qquad E° = -0.44 \text{ V}$$

とわかる．これを使うと

$$Ag^+ + Fe \longrightarrow Fe^{2+} + Ag$$

の反応では $E° = 0.799 + 0.44 = 1.24 \text{ V} > 0$ なので，$\Delta_r G° < 0$ であり，この反応は自発的に起こるはずである．

このように，還元電位が高いものから並んでいる表を見れば，表の上のほうにある反応の左辺にある化学種は，それよりも下にある右辺の化学種と反応するということがわかる．この考えに従えば，還元力は表17-1 より

$$Li > K > Ca > Na > Al > Zn > Fe > Cu > Ag > Au$$

という順番であることが理解できる．これを **電気化学系列** (electrochemical series) とよぶ．

17章 重要項目チェックリスト

反応進行度変化 ［p.356］ $d\xi = -\dfrac{dn_A}{\nu_A} = -\dfrac{dn_B}{\nu_B} = \dfrac{dn_C}{\nu_C} = \dfrac{dn_D}{\nu_D}$

（ξ：反応進行度，n_A・n_B：反応物量，n_C・n_D：生成物量，ν：化学量論係数）

化学平衡［p.357］　反応物から生成物に向かって反応が進行し，生成物が生じるに従って逆反応が速くなり，正反応速度と逆反応速度がつり合い，見かけ上は反応が停止したような状態（$\Delta_r G = 0$）．

◆**化学平衡と標準反応ギブズエネルギー** ［p.358］

$$\Delta_r G^\circ = -RT\ln\dfrac{(a_{C,eq})^{\nu_C}(a_{D,eq})^{\nu_D}}{(a_{A,eq})^{\nu_A}(a_{B,eq})^{\nu_B}}$$　　　　　　　　（a：活量）

理想気体では：$\Delta_r G^\circ = -RT\ln\dfrac{(P_{C,eq})^{\nu_C}(P_{D,eq})^{\nu_D}}{(P_{A,eq})^{\nu_A}(P_{B,eq})^{\nu_B}} \equiv -RT\ln K_P$　　　　（K_P：圧平衡定数）

◆**圧平衡定数と濃度平衡定数** ［p.359］　$K_P = K_c\left(\dfrac{c^\circ RT}{P^\circ}\right)^{\Delta\nu}$　　　　（K_c：濃度平衡定数）

ル・シャトリエの原理 ［p.361］　平衡にある反応が，ある条件の変化を受けたとき，その変化を打ち消す方向へ平衡がずれる．

◆**ファント・ホッフの式** ［p.362］　$\left(\dfrac{\partial \ln K_P(T)}{\partial T}\right)_P = \dfrac{\Delta_r H^\circ}{RT^2}$

◆**圧平衡定数 K_P とモル分率平衡定数 K_x の関係** ［p.364］　$K_P = K_x\left(\dfrac{P}{P^\circ}\right)^{\Delta\nu}$

◆**解離度** ［p.364］　$\alpha = \dfrac{1}{\sqrt{1+\dfrac{4P}{K_P}}}$

起電力と標準反応ギブズエネルギーとの関係 ［p.367］　$\Delta G^\circ = -nFE^\circ$　（E°：標準起電力，F：ファラデー定数）

◆**ネルンストの式** ［p.367］　$E = E^\circ - \left(\dfrac{RT}{nF}\right)\ln Q$　　　　（E：起電力，Q：反応比）

確認問題

17·1 $CH_3COOH \rightleftharpoons H^+ + CH_3COO^-$
の平衡が成り立つ 0.01 M の酢酸水溶液での pH を求めよ．ただしこの温度での $K_c = 2.75 \times 10^{-5}$ とする．

17·2 $H_2O(l)$ が 1 bar, 298.15 K で $H_2(g)$ と $O_2(g)$ に分解するときのギブズエネルギーは $\Delta G_m = 237$ kJmol^{-1} であった．1 モルの $H_2O(l)$ を，1 bar, 298.15 K の $H_2(g)$ と $O_2(g)$ に電気分解するために必要な最小電圧を求めよ．

17·3 電池 Ag|Ag$^+$Br$^-$|AgBr(s)|Ag を考え，**表17-1** の標準起電力を用いて 25 °C での水中の臭化銀 AgBr の溶解度積を推定せよ．

17·4 ダニエル電池の標準電位は 1.10 V である．この反応の平衡定数を求めよ．

17·5 $2Cu^+ (aq) \longrightarrow Cu(s) + Cu^{2+} (aq)$ の平衡定数を求めよ．

実戦問題

17·6 次式で与えられる化学平衡を考える．
$$2HI \underset{k_2}{\overset{k_1}{\rightleftharpoons}} H_2 + I_2$$
この反応の分圧表示による平衡定数 K_P は，300 K から 1200 K で次のような温度依存性を示す．
$$\ln K_P = -1.75 - 159 \times 10 \left(\frac{1}{T}\right) + 660 \times 10^2 \left(\frac{1}{T}\right)^2$$
ここで T は絶対温度を表す．以下の問いに答えよ．
- **A.** 1000 K において始状態として 5.0 kPa の H_2 と 3.0 kPa の I_2 を一定容積の容器に閉じ込めたとき，平衡が達成された後の，それぞれの成分の分圧を求めよ．ただし反応物および生成物はいずれも理想気体の状態方程式に従うものとする．
- **B.** 次の熱力学的関係式を証明せよ．
$$\left[\frac{\partial (G/T)}{\partial T}\right]_P = -\frac{H}{T^2}$$
ここで G, H, および P はそれぞれギブズエネルギー，エンタルピーおよび圧力を表す．
- **C.** 1000 K における反応のエンタルピー変化と反応のエントロピー変化を計算せよ．ただし気体定数 R は 8.31 JK^{-1}mol^{-1} とする．

[平成 16 年度 京都大学理学研究科入試問題より]

17·7 次の問いに答えよ．
- **A.** 一定組成の閉鎖系における可逆過程に対し，熱力学第一法則と第二法則は 1 つの式にまとめられる．仕事としては体積変化の仕事のみである場合について，その内部エネルギーの微小変化 dU を状態関数（状態量）だけで表せ．また dU を表す式からギブズ（自由）エネルギー G の微小変化 dG を表す式を導け．
- **B.** 次の反応が全体の電池反応として進行する燃料電池について答えよ．

$$H_2(g) + \frac{1}{2}O_2(g) \longrightarrow H_2O(l)$$

(1) 酸性条件下でのアノードとカソードにおける半電池反応の反応式をそれぞれ示せ．

(2) 標準状態 (1 atm, 25 °C) における全体の電池反応について，反応のエンタルピー変化 ($\Delta H°$) と反応のエントロピー変化 ($\Delta S°$) がそれぞれ -286 kJ と -163 JK^{-1} であるとき，反応のギブズ（自由）エネルギー変化 ($\Delta G°$) を有効数字 3 桁まで求めよ．

(3) 標準状態における電池の両極間電位差が 0.87 V あり，外部に接続された負荷に電流が流れ電気的仕事がなされた．このときのエネルギー変換の効率はいくらか．この電池が可逆的に働いたときの効率を 1 とする．求める式を示したうえで，有効数字 2 桁まで求めよ．ファラデー定数を 9.65×10^4 C mol^{-1} とし，1 J = 1 VC である．

[平成 13 年度 九州大学理学府入試問題より]

17·8 定温条件において気相可逆反応
$$A \rightleftharpoons nB$$
が進行する状況を考える．反応開始時には，物質 A のみが 1 mol 存在し，物質 B は存在しないとする．なお，n は量論係数であり，すべての気体が理想気体であるとする．
- **A.** 反応進行度が ξ のときの，物質 A のモル分率を表す式を示せ．
- **B.** 物質 A のモル分率が x のときの，系内の物質 1 mol あたりの混合エントロピー ΔS_m は
$$\Delta S_m = -R[x\ln x + (1-x)\ln(1-x)]$$
で与えられる．ここで，R は気体定数である．系内の物質 1 mol あたりの混合エントロピーが

最大になるときの，物質 A のモル分率 x の値を求めよ．

C. 系内の物質 1 mol あたりの混合エントロピーが最大になるときの反応進行度 ξ を与える式を示せ．

D. この化学反応の平衡状態での全圧が P であるとして，分圧を用いる平衡定数（圧平衡定数）K_P とモル分率を用いる平衡定数（モル分率平衡定数）K_x の間の関係を示せ．

E. この化学反応が平衡状態に至ったのち，温度を一定に保ったまま全圧を低下させると，圧平衡定数 K_P とモル分率平衡定数 K_x の大きさはそれぞれどうなるか．$n \geq 2$ の場合について理由とともに答えよ．

[平成 20 年度 広島大学理学研究科入試問題より]

17・9 400 ℃，3.06 気圧 (atm) で式①の反応の平衡を達成させると，気相は体積で 70.0% の CO と 30.0% の CO_2 を含む．以下の問いに答えよ．

$$C(固体) + CO_2(気体) \rightleftharpoons 2CO(気体) \quad ①$$

A. CO の分圧はいくらか．

B. CO および CO_2 の分圧をそれぞれ $P(CO)$ および $P(CO_2)$ とすると，圧力平衡定数 (K_P) はどのように表されるか．

C. K_P の値を求めよ．

D. 温度を 400 ℃ に保って，圧力を 3.06 気圧から 10.0 気圧に高くすると CO 濃度（体積パーセント）は 70.0% より増加するか，減少するか．また，その理由を 3 行以内で述べよ．

[平成 18 年度 東京工業大学総合理工研究科入試問題より]

17・10 温度 T で濃度の異なる電解質 $(CuSO_4)$ 水溶液（相 1 と相 2）を，陽イオンは透過するが陰イオンは透過しない膜を隔てて接触させた．相 1 および相 2 における

Cu^{2+} の重量モル濃度はそれぞれ m_1，m_2 $(m_1 > m_2)$ であるとして以下の問いに答えよ．

A. 両相に金属棒 (Cu) を浸しその両端を短絡した．アノード（陰極）およびカソード（陽極）として働くのはそれぞれどちらの相に浸した電極か．半反応式もあわせて記述せよ．

B. この電池の起電力 E を求めよ．必要であればファラデー定数を F とせよ．

[平成 20 年度 九州大学理学府入試問題より]

17・11 可逆電池 $Zn|Zn^{2+}||Cu^{2+}|Cu$ の起電力 $E(V)$ の温度変化を測定したところ

$$E/V = 1.100 + 2.012 \times 10^{-4} [(\theta/℃) - 25.0]$$

が得られた．ここで θ は摂氏温度である．25.0 ℃ におけるこの電池反応のギブズエネルギー変化 ΔG とエントロピー変化 ΔS はいくらか．有効数字 3 桁まで求めよ．ただし，ファラデー定数 F を 9.65×10^4 $Cmol^{-1}$ とする．

[平成 10 年度 九州大学理学府入試問題より]

17・12 次の問いに答えよ．
酸素と水素が反応して水を生成する反応について考える．300 K における標準生成エンタルピー $(\Delta_f H°)$，標準生成ギブズエネルギー $(\Delta_f G°)$ および C_P は下表の値とする．なお C_P は温度変化に対して一定とする．

	$\Delta_f H°/kJ\,mol^{-1}$	$\Delta_f G°/kJ\,mol^{-1}$	$C_P/JK^{-1}\,mol^{-1}$
$O_2(g)$	0	0	30.0
$H_2(g)$	0	0	28.0
$H_2O(g)$	−242	−230	34.0

A. 水の生成反応における 1300 K での標準生成エンタルピーを求める式を記し，算出せよ．なお，算出過程がわかるように記せ．

B. 水の生成反応の 1300 K における標準エントロピーを求める式を記せ．

C. (2) の算出法に従って計算した 1300 K における標準エントロピーを $-58.0\,J\,K^{-1}\,mol^{-1}$ とする．上記反応の 1300 K におけるギブズエネルギー変化を算出せよ．なお，算出過程がわかるように記せ．

[平成 23 年度 東京工業大学理工学研究科入試問題より]

18章 統計熱力学

■ Contents
18.1 占有する確率分布
18.2 ボルツマン分布の導出
18.3 分子分配関数のもつ意味
18.4 熱力学量と分子分配関数
18.5 分子運動と分子分配関数
18.6 系の分配関数
18.7 系の分配関数と分子分配関数
18.8 熱力学量の微視的意味

　ここまで,「場合の数」を補助的に使いつつも,基本的には粒子を考えない「熱と仕事エネルギー」というマクロな考え方で熱力学を構築してきた.しかし,物質が原子や分子という粒子からできていることが常識である現代のわれわれにとって,熱力学で学んだ結論が粒子のミクロな性質とどう関係しているかを知ることは,より詳細な知見を得るために大切である.　**統計熱力学** (statistical thermodynamics) は,粒子のもつミクロな性質と,熱力学の扱うマクロな性質をつなぐものである.モルという 10^{23} 個単位の粒子集団全体としての性質を,個々の原子や分子の性質から導くことは不可能に思われる.しかし,集団の性質を決めるためには,個々の粒子のもつエネルギーを知らなくても,その平均のエネルギーがわかれば十分なのである.

　ここでは,まず,ある全エネルギーをもつ粒子集団が,粒子としてはどのようなエネルギー分布をもつかを表す関数を導き,基本となる**ボルツマン分布**を導出する.この考えを使うと,**分配関数**という,分子のもつ性質とマクロな性質をつなぐ関数を導入できる.ここで初めて,熱力学のエントロピーと場合の数とが対応する.また,第Ⅰ・Ⅱ部で学んできた分子固有の性質(並進運動,回転運動,振動運動,電子状態)の情報からマクロな熱力学量が計算できることも学ぶ.

マクロな物質は,原子や分子というミクロな粒子が膨大な数集まってできている.では,マクロな物質全体の性質は,ミクロな粒子のエネルギーなどの性質を集めれば説明できるのだろうか.粒子の分布について確率的に考えていくことが,その切り口となる.

18.1 占有する確率分布

分子の立場に立ったミクロなエネルギー状態の情報からマクロな熱力学量を計算するときには，分子がとるミクロなエネルギー E_i とその確率 p_i を考える．まず，ある温度で分子がどういうエネルギー準位に存在するかを表そう．

いくつかのエネルギー準位がある系を考える．温度 T を決めるということは，その系のもつ平均エネルギーを決めるということに対応する[†]．定性的に考えれば，温度が低いと小さなエネルギー準位を占める割合が多くなり，温度が高くなるほどエネルギーの大きな準位の分布が多くなるであろう．ここでの問題は，温度 T のとき，各準位が占有する確率分布を計算することにある．つまり，全体のエネルギーが規定されているとき，各状態の占有数はどのように表されるのだろうか．

18.1.1 少数系の熱平衡での分布

たとえば，図18-1のようなエネルギー間隔 ε で一番下のエネルギーを0としたエネルギー差準位 ($\varepsilon_0, \varepsilon_1, \varepsilon_2, \varepsilon_3, \varepsilon_4, \cdots\cdots$) を考えよう．全エネルギーが0のときは，とりうる状態は，すべての分子が基底状態にいる場合だけであり，とりうる場合の数は1である．

全エネルギーが0でない場合は，準位に分布させるいろいろな方法が想定できる．例として，全分子数が5個で，全エネルギーが 4ε のときに，どのような分布をとる可能性があるかを考えてみよう．たとえば，「1つの分子だけが 4ε のエネルギーをもち，他の分子はエネルギーが0」とか，「4つの分子が同じ ε のエネルギーをもつ」とか，多くの分配方法があり得る．それらを全部書き出したのが図18-2であり，IからVまでの可能性がある．このそれぞれを**状態**(state)とよぶ．

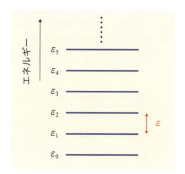

図18-1 エネルギー間隔 ε の等エネルギー差準位

このような準位に，全エネルギー 4ε という条件のもとで，5つの粒子を分布させる場合を考える．

> **Assist 温度**
>
> 温度は熱平衡を特徴づける尺度なので，通常は，18.1.2項に述べる熱平衡における分布(ボルツマン分布)が成り立つときに定義される．しかし，それからずれるときにも，形式的にボルツマン分布を当てはめて温度を定義することがある．たとえば，レーザー発振に必要な，エネルギーの高い準位が低い準位より分布数が多いという逆転分布の場合，負の温度として表される．

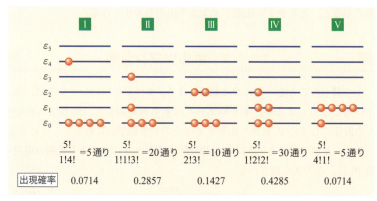

図18-2 全粒子数が5個で全エネルギーが 4ε のときにとりうる状態と，それぞれの状態がとりうる場合の数と出現確率

(a) ある状態をとる場合の数

これらの状態は等確率で起こるのではない．たとえば，1つの分子が ε_4 にあり，ほかが全部基底状態 ε_0 にいる場合（状態 I）には，5個の分子のなかからその1個を選び出す方法が5通りある．ε_2 に2個，残りの3個が基底状態にある状態 III の場合の数はどうだろうか．5個の分子をそれぞれの準位に置く場合の数は 5! 通りあるが，同じ準位どうしの分子を置き換えても同じ状態なので，同じ準位にいる分子の順番を置き換える方法の数で割らなくてはいけない．よって，$5!/(2!3!) = 10$ 通りとなる．同様に計算すると，それぞれの状態をとる場合の数は，I : II : III : IV : V = 5 : 20 : 10 : 30 : 5 である．

(b) ある状態が出現する確率

どの分子もある準位を占有する確率が同じだとすると，ある状態が出現する確率は，その状態をとる場合の数を全場合の数 $(5+20+10+30+5)$ で割ったもので与えられる．状態 I, II, III, IV, V についてはそれぞれ 0.0714, 0.2857, 0.1427, 0.4285, 0.0714 と求められる．

(c) ある準位を占有する確率

次に，ある準位を分子が占有する確率はどうなるであろうか．それは，ある状態のその準位の分子の数に，その状態が出現する確率を掛けたものである[†]．これを計算すると $p(\varepsilon_0) = 0.514$, $p(\varepsilon_1) = 0.2856$, $p(\varepsilon_2) = 0.143$, $p(\varepsilon_3) = 0.057$, $p(\varepsilon_4) = 0.014$ となり，その比は下から約 37 : 20 : 10 : 4 : 1 となる．これを表したのが図 18-3 である．これを見るとわかるように，エネルギーの低い準位を分子の占有する確率が大きく，高い準位になるにつれて減っていくことがわかる．

全分子数を10個にしたらどうなるだろうか．5個の場合と同様に各状態の出現する場合の数を計算すると I : II : III : IV : V = 10 : 90 : 45 : 360 : 10 となる．分子が5個の場合と比べて場合の数が増加し，さらにこのなかの IV 状態の出現する確率が相対的に大きくなっている．もし分子数をさらに多くすると，とりやすい状態がますます出現しやすくなる．

> **Assist** ある準位に分子が占有する確率
>
> その準位に平均して何個分子があるかを考えればよい．たとえば，ε_0 に占有する確率を求めてみよう．状態 I では ε_0 に4個が占有しその確率が 0.0714 なので，4×0.0714 になる．同様にすべての状態を足し合わせて，ε_0 に占有する平均の個数は
> $4 \times 0.0714 + 3 \times 0.2857 + 3 \times 0.1427 +$
> $2 \times 0.4285 + 1 \times 0.0714 = 2.571$ 個
> であり，分子は全部で5個なので，存在確率は $p(\varepsilon_0) = 2.571/5 = 0.514$ となる．

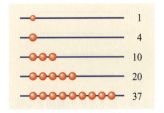

図 18-3 図 18-2 の各準位に分子が占有する確率比
●の数はそのだいたいの目安．

18.1.2 ボルツマン分布

上で調べたことを一般の系に拡張しよう．5つぐらいの分子ならば，数え上げることもできるが，モルのオーダはもちろんのこと，50個でもたいへんな計算になるので，状態の出現する場合の数を数学的に数えることにする．一般に，N 個の分子を i 準位に n_i 個分配させたときにできる k 状態の場合の数 W_k は，次の式で表される．

$$W_k = \frac{N!}{\prod n_i!} \tag{18.1}$$

系の各状態のエネルギーを ε_i とし，最低エネルギーを0とおいた系に，分子数 N を分布させる．その準位を占める確率を p_i，その数を $n_i (= N p_i)$ とし，

系の全エネルギーを U とする．N と U は次の式で表せる．

$$N = \sum n_i \tag{18.2}$$
$$U = \sum n_i \varepsilon_i \tag{18.3}$$

また，各分子が独立であり，各準位を占める確率も同じであると仮定する[†]．ボルツマンは，この場合，温度 T のときに一番とりやすい分布（**最確分布**）は次の式で表されることを示した．

$$n_i = N p_i = \frac{N \exp\left(-\dfrac{\varepsilon_i}{k_B T}\right)}{\sum_j \exp\left(-\dfrac{\varepsilon_j}{k_B T}\right)} \tag{18.4}$$

ここで定数 k_B は以前にも出てきた**ボルツマン定数**であり（11.2 節参照），この分布を**ボルツマン分布**（Boltzmann distribution）とよぶ．

これはある温度 T のときに，ある準位がどれぐらいの確率で占有されるかを表したものである．これによると，その確率はエネルギー増加とともに指数関数的に減衰することを示している．たとえば，最初に考えたエネルギー間隔 ε の等エネルギー差準位に全エネルギー 4ε で分布する場合の確率（図 18-3）を，横軸をエネルギーに，縦軸を確率にしてプロットしたものを図 18-4 に示す．なんとなく，指数関数的に減衰しているように見えないだろうか．実際，この確率分布を指数関数でフィットしたものが青線であるが，比較的よく合っているといえる．

ボルツマン分布は次節の導出に見るように，非常に多数の粒子の熱平衡分布を表すという仮定のもとに導出された式だが，たった 5 個の粒子の場合でもその分布を比較的よく説明するというのは驚きである．

> **Assist　縮退があるときの場合の数**
>
> 各分子が独立であり，各準位を占める確率も同じであると仮定する．これは同じエネルギーをもつ準位はすべて同じ確率で出現するという意味で，「Principle of equal a priori probability」とよばれる．もし準位に縮退があれば，縮退準位間の粒子の置き換えは新しい状態なので，数えないといけない．準位 i の縮重度を g_i とすると，$g_i^{n_i}$ の置き方が生じることになり，式(18.1)は次のようになる．
>
> $$W_k = \frac{N! \prod (g_i)^{n_i}}{\prod n_i!}$$

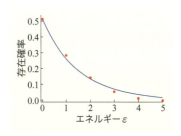

図 18-4　各準位の占有確率とエネルギー

● は図 18-3 に示した各準位の占有確率を各エネルギー準位に対してプロットしたもの．指数関数でフィットしたものを青線で表しており，ボルツマン分布に合致する．

18.2　ボルツマン分布の導出

ここではボルツマン分布を導いてみよう[†]．

先に示したように，ある分布（配置）をとりうる場合の数 W_k は，全粒子の順序を入れ替える数 $N!$ を各順位内で粒子を入れ替える場合の数 $n_i!$ で割った下記の式(18.1)で与えられた．

$$W_k = \frac{N!}{\prod n_i!}$$

この W_k に関するすべての和をとったものが，全体で現れる場合の数 $W = \sum W_k$ である．この全体の場合の数を考慮して各準位の平均の出現確率を出したものが，占有数分布である．しかし，13.1.1 項の簡単な例からわかるように，分子数が多くなると，場合の数が一番多いものが圧倒的に優勢になってくる．そのために，全体の確率を求める代わりに，一番とりやすい配置（**最確配置**）を求めて，それを全体の配置とする近似が妥当になる．つまり，W_k が最大になるのがどういう場合かを求めれば十分ということである．

ここで階乗を数学的に簡単に扱うために，W_k が最大になる場合を求める代わりに $\ln W_k$ を最大にすることを考える．

> **Assist　ボルツマン分布の考え方**
>
> ある温度での最確分布を求めるための数学的な式の展開が中心となるので，最初は飛ばしてもよいかもしれないが，ここで用いる考え方はほかにも使われるので，できればその考え方をたどってほしい．

18章 統計熱力学

Data　スターリングの公式

$\ln N! \approx N \ln N - N$

式(18.1)の対数をとって，Nが大きいときに近似的に成り立つスターリングの公式*を用いて展開し，n_iで微分すると，次のように書ける．

$$\frac{\partial \ln W_k}{\partial n_i} = \frac{\partial \left[\ln\left(\frac{N!}{\prod_i n_i}\right)\right]}{\partial n_i} = \frac{\partial \left[\ln(N!) - \ln\left(\prod_i n_i!\right)\right]}{\partial n_i}$$

$$= -\frac{\partial \left(\sum_i \ln n_i!\right)}{\partial n_i} = -\frac{\partial \left(\sum_i n_i \ln n_i - n_i\right)}{\partial n_i}$$

$$= -(\ln n_i + 1 - 1) = -\ln n_i \tag{18.5}$$

いま，$\ln W_k$の極値を求めたいのだが，そのためには単に$\ln W_k$の極値を求めるだけでなく，この際に満たすべき束縛条件として，全粒子数(式18.2)と全エネルギー(式18.3)が決まっているということを考慮しなくてはならない．すなわち，n_iは自由に変化できるわけではない．

このような，束縛条件を考慮した極値を求める際には，「ラグランジュの未定係数法」という数学的方法を用いる．これは，極値においては，式(18.5)と，式(18.2)からの($\sum n_i - N$)，式(18.3)からの($\sum n_i \varepsilon_i - U$)の3つの式はすべてゼロであるので，3つの式を足し合わせてもやはりゼロであることを用いる方法である．その際に，式(18.2)に未知の定数αを掛け，さらに式(18.3)に別の未知の定数βを掛け，αとβを未定係数として，次の式の極値を求めるということをする．

$$\ln W_k - \alpha\left(\sum n_i - N\right) - \beta\left(\sum n_i \varepsilon_i - U\right) \tag{18.6}$$

この式のn_iに関する極値は，第1項目をn_iで微分したのが式(18.5)であり，第2項目と3項目を微分すると

$$\frac{\partial \left(\alpha \sum_i n_i\right)}{\partial n_i} = \alpha \qquad \frac{\partial \left(\beta \sum_i n_i \varepsilon_i - U\right)}{\partial n_i} = \beta \varepsilon_i$$

であるから

$$\ln n_i + \alpha + \beta \varepsilon_i = 0 \tag{18.7}$$

が成り立てばよいことがわかる．よって

$$n_i = e^{-\alpha} e^{-\beta \varepsilon_i} \tag{18.8}$$

である．定数$e^{-\alpha}$は，これを式(18.2)に代入して

$$N = e^{-\alpha} \sum_j e^{-\beta \varepsilon_j} \quad \text{よって} \quad e^{-\alpha} = \frac{N}{\sum_j e^{-\beta \varepsilon_j}} \tag{18.9}$$

と求められるので，式(18.8)に代入して

ボルツマン分布

$$n_i = \frac{N e^{-\beta \varepsilon_i}}{\sum_j e^{-\beta \varepsilon_j}} \tag{18.10}$$

となる．これが，各準位を占める粒子の数を表すボルツマン分布である．また，この分母をqと表し，**分子分配関数**(molecular partition function)とよぶ†．

Assist　分子分配関数 q

熱を表すqと同じ記号だが，まちがえないように注意しよう．

分子分配関数
$$q = \sum_i e^{-\beta \varepsilon_i} \quad (18.11)$$

この関数がどういう意味をもつかは後で詳しく説明するが，簡単にいうと熱的にとりうる(分配される)状態の数を示すものである．

次に β を求めよう．まず，ここではわかりやすいように，簡略化した系で求めることにする(もっと一般的な場合は，最後の 18.8 節で示す)．

あるエネルギー準位をもつ分布数 $n_i (i = 0, 1, 2 \cdots\cdots)$ がある場合，そのとりうる場合の数は

$$W_1 = \frac{N!}{n_0! n_1! n_2! \cdots\cdots n_i! \cdots\cdots n_j! \cdots\cdots}$$

である．この系に熱エネルギー q_{rev} が加わり，粒子が 1 個だけ，i 準位から j 準位へ移ったとしよう(図 18-5)．すると n_i は $n_i - 1$ に，n_j は $n_j + 1$ になる．ただし，この 2 つの準位のエネルギー差を $\Delta \varepsilon$ とすると，エネルギーは保存しないといけないので $q_{rev} = \Delta \varepsilon$ である．この移動した後の場合の数は

$$W_2 = \frac{N!}{n_0! n_1! n_2! \cdots\cdots (n_i - 1)! \cdots\cdots (n_j + 1)! \cdots\cdots}$$

となる．この W_1 と W_2 の比は

$$\frac{W_2}{W_1} = \frac{n_i! n_j!}{(n_i - 1)!(n_j + 1)!} = \frac{n_i}{(n_j + 1)} \quad (18.12)$$

である．n_i, n_j が十分に大きいとするとこの比は n_i/n_j としてよいだろう．よって式(13.1)で与えられたボルツマン流のエントロピー変化は

$$\Delta S = k_B \ln\left(\frac{W_2}{W_1}\right) = k_B \ln\left(\frac{n_i}{n_j}\right) \quad (18.13)$$

となる．ここで，式(18.10)のボルツマン分布から

$$\frac{n_j}{n_i} = e^{-\Delta \varepsilon \beta} \quad (18.14)$$

といえ，また $\Delta \varepsilon = q_{rev}$ なので

$$\Delta S = k_B \ln(e^{\Delta \varepsilon \beta}) = k_B (\Delta \varepsilon \beta) = k_B \beta q_{rev} \quad (18.15)$$

である．式(18.15)が 13 章で学んだクラウジウスの与えた熱力学によるエントロピー $\Delta S = q_{rev}/T$ と等しくなるには

パラメーター β
$$\beta = \frac{1}{k_B T}$$

でなければならない．よって式(18.10)は次のように書けることがわかる．

ボルツマン分布
$$n_i = \frac{N e^{-\varepsilon_i / k_B T}}{\sum_j e^{-\varepsilon_j / k_B T}}$$

一番エネルギーの低い準位では，エネルギーを 0 にとっているので，その準位の分子の指数因子は常に $e^{-\varepsilon_i/k_B T} = e^{-0/k_B T} = 1$ である．

温度が 0 K に近づいていくと，エネルギーが 0 である最低エネルギー準位

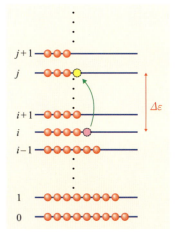

図 18-5 エネルギー準位間を移動する粒子
多くの準位にボルツマン分布によって粒子が分布しているエネルギー準位を考える．熱エネルギー q によって i 準位の 1 個(ピンクの丸)が j 準位(黄色の丸)へ粒子が移ることを考える．

以外は $\varepsilon_i/k_B T \to \infty$ となり，$e^{-\varepsilon/k_B T} \to 0$ なので，エネルギーが0である一番エネルギーの低い準位にしか分布しないことがわかる．すなわち，とれる場合の数（準位の数）W が，エネルギー0の1つしかないということであり，これが絶対零度で $S = k_B \ln W$ が0になる理由である．

温度が上昇すると，エネルギーが高い準位にも分布するようになる．2つの状態 n_i と n_j の分布数比は，そのエネルギー差を $\Delta\varepsilon$ として

$$\frac{n_j}{n_i} = \exp\left(-\frac{\Delta\varepsilon}{k_B T}\right) \tag{18.16}$$

となる．$\Delta\varepsilon/k_B T > 0$，つまり n_j のほうが n_i よりエネルギーが大きいと

$$\frac{n_j}{n_i} = \exp\left(-\frac{\Delta\varepsilon}{k_B T}\right) < 1$$

となり，必ずエネルギーの低い準位のほうが分布数は大きいことが示される（図18-6）．

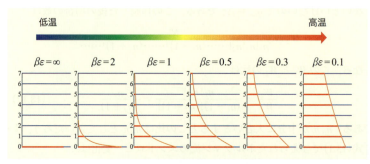

図 18-6　ボルツマン分布の例
赤線が相対的な分布数を表す．すべて一番エネルギーの低い基底状態の占有数で規格化している．$T = 0$ K（一番左）では，エネルギーの一番低い状態のみが占有される．温度が高くなるにしたがって，徐々にエネルギーの高い状態が占有されるようになる．

例題 18.1　ボルツマン分布による分配

エネルギーが 2 kJ mol^{-1} 離れた2つの準位にボルツマン分布によって分配されるとき，100 K での分布数比を求めよ．また，300 K ではどうなるか．

解答

$$\frac{n_1}{n_0} = \exp\left(-\frac{\Delta\varepsilon}{k_B T}\right) = \exp\left(\frac{-2000 \text{ J mol}^{-1}/6.02 \times 10^{23} \text{ mol}^{-1}}{1.38 \times 10^{-23} \text{ JK}^{-1} \times 100 \text{ K}}\right)$$
$$= 0.09$$

$$\frac{n_1}{n_0} = \exp\left(-\frac{\Delta\varepsilon}{k_B T}\right) = \exp\left(\frac{-2000 \text{ J mol}^{-1}/6.02 \times 10^{23} \text{ mol}^{-1}}{1.38 \times 10^{-23} \text{ JK}^{-1} \times 300 \text{ K}}\right)$$
$$= 0.45$$

チャレンジ問題

エネルギーが 2 kJ mol^{-1} ずつ離れた3つの準位に1モルの分子がボルツマン分布によって分配されるとき，300 K でのそれぞれの準位に占有する分子数をモル単位で求めよ．

18.3 分子分配関数のもつ意味

q を分配関数とよぶのは,この温度において,熱的にとりうる(分配される)状態の数を表すからである.このことを簡単な例で見てみよう.

(a) 3 準位系の場合

たとえばエネルギーが 0, ε, 2ε しかない 3 準位系を考える.分子分配関数 q は,式 (18.11) より次のようになる.

$$q = e^{-0} + e^{-\beta\varepsilon} + e^{-2\beta\varepsilon} \tag{18.17}$$

$\beta = 1/k_B T$ より,$T=0$ では $\beta\varepsilon = \infty$ なので,式 (18.21) の第 2 項と第 3 項は 0 となり,$q=1$ である.これは,$T=0$ ではエネルギー 0 の準位しか占有できず,占有する状態数が 1 であることに対応して $q=1$ となっているといえる(もしこの準位が g 重に縮退していれば $q=g$ となる).

T が大きくなるにつれて $\beta\varepsilon (= \varepsilon/k_B T)$ は小さくなり,上の順位に分配されるようになる.いくつかの $\beta\varepsilon$ について各準位の占有数と q を図 18-7 に示した.q が最大となるのは,T が非常に大きい場合(すなわち $\beta \approx 0$)である.式 (18.17) の各項は 1 になるため,$q=3$ となり,これは 3 つの準位を均等にとりうることを示す.すなわち,<u>q の大きさが,どれぐらいの数の準位に分配されているかを示す目安となっている</u>.図 18-8 には q と温度との関係を示した.温度とともに単調に $q=3$ まで増加していることがわかる

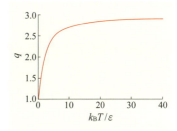

図 18-8 エネルギー 0, ε, 2ε の 3 準位系の分配関数の温度依存性

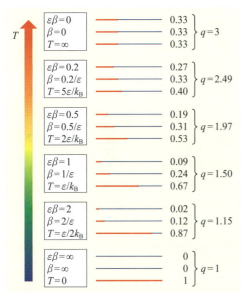

図 18-7 いくつかの温度 T における,エネルギー 0, ε, 2ε の 3 準位系が占有する分布と分配関数 q
それぞれの温度について,3 本の横線で,下から 0, ε, 2ε の準位を表している.赤線の長さは分布数の割合を示している.

(b) 無限個の準位系の場合

もう 1 つの例として,エネルギー間隔が ε の一様な無限個の非縮退準位をもつ場合(図 18-9)を考えよう(これは 2 章で学んだ,調和振動子ポテンシャルで書ける振動エネルギー準位と同じである).

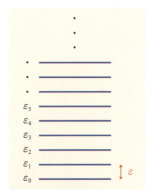

図 18-9 エネルギー間隔 ε の一様な無限個の非縮退準位

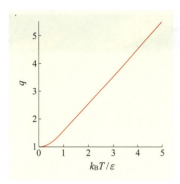

図 18-10　エネルギー間隔 ε の一様な無限個の非縮退準位の分配関数の温度依存性

等比級数の和の規則

$$1 + x + x^2 + x^3 + \cdots = \frac{1}{1-x} \qquad (x < 1)$$

を使うと

一様な無限個の非縮退準位をもつ場合の分子分配関数
$$q = \frac{1}{1 - e^{-\beta\varepsilon}} \tag{18.18}$$

であることが導ける．この値を図 18-10 に示した．温度 T が高くなるにつれて，q は 1 から無限大まで増加していることがわかる．温度が低いうちはその増加は緩やかだが，温度が高くなると，直線的に増加しているように見えるだろう．この感じは，T が十分大きくなると，$\beta\varepsilon$ は小さいので，$e^{-\beta\varepsilon} \approx 1 - \beta\varepsilon + \cdots$ のように展開できて，これを上式に代入すると $q \approx 1/\beta\varepsilon = k_{\mathrm{B}}T/\varepsilon$ となり，T に比例するように増加していることから証明できる．

このように分配関数 q は単に熱的にとりうる状態の数を表すものであるが，これが大切なのは，以下に見るように q を用いると熱力学的性質を計算することができるためである．

18.4　熱力学量と分子分配関数

18.4.1　平均エネルギー

分子のもつ平均エネルギー U は，式 (18.10) で求めた n_i を使うと，式 (18.3) より

$$U = \sum_i n_i \varepsilon_i = N \frac{\sum_i \varepsilon_i e^{-\beta\varepsilon_i}}{q} \tag{18.19}$$

となる．ここで，右辺をもっと簡単な形で書くことを考える．$\ln q$ の β に関する微分をとると

$$\left(\frac{\partial \ln q}{\partial \beta}\right)_V = \frac{1}{q}\left(\frac{\partial \sum_i e^{-\beta\varepsilon_i}}{\partial \beta}\right)_V = -\frac{\sum_i \varepsilon_i e^{-\beta\varepsilon_i}}{q} \tag{18.20}$$

となる．q は後で見るように温度以外の変数，たとえば体積に依存することがあるので，V を一定に保つ記号を付けた．これは，式 (18.19) と非常に近い形になっている．この 2 つの式より次のようになることがわかる．

平均エネルギー
$$U = -N\left(\frac{\partial \ln q}{\partial \beta}\right)_V \tag{18.21}$$

これは β に関する偏微分であるが，$\beta = 1/k_{\mathrm{B}}T$ なので T に関する偏微分にすることもできる．微分に関する関係式を使うと，任意の関数 f について

$$\frac{\partial f}{\partial \beta} = \left(\frac{\partial f}{\partial T}\right)\left(\frac{\partial T}{\partial \beta}\right) = \frac{\frac{\partial f}{\partial T}}{\frac{\partial \beta}{\partial T}} = \frac{\frac{\partial f}{\partial T}}{\frac{\partial \left(\frac{1}{k_{\mathrm{B}}T}\right)}{\partial T}} = -k_{\mathrm{B}}T^2 \frac{\partial f}{\partial T}$$

である．よって次のように書くこともできる†．

$$U = Nk_B T^2 \left(\frac{\partial \ln q}{\partial T}\right)_V \tag{18.22}$$

> **Assist** β と T
>
> 多くの人にとっては，β という記号よりは温度 T で表したほうがわかりやすいかもしれない．しかし，式(18.21)と式(18.22)を比べただけでも付いている記号が少ない式(18.21)のほうが見やすいことがわかる．このように，β を使ったほうが，式が見やすくなるので，これからも通常は β を用いて温度 T を表すことにする．

例題 18.2 粒子の平均エネルギー

エネルギー間隔が ε の一様な無限個の非縮退準位をもつ準位に，温度 T で分子が分布するとき，その平均エネルギーを求めよ．

解答

分配関数は式(18.18)の $q = \dfrac{1}{1-e^{-\beta\varepsilon}}$ である．これを式(18.21)に代入すると，平均エネルギーは次のようになる．

$$\frac{U}{N} = -\left[\frac{\partial \ln(1-e^{-\beta\varepsilon})}{\partial \beta}\right]_V = \frac{\varepsilon e^{-\beta\varepsilon}}{1-e^{-\beta\varepsilon}}$$

チャレンジ問題

エネルギー間隔が ε の一様な無限個の非縮退準位をもつ準位に分子が分布する系の定容熱容量を求めよ．

18.4.2 統計エントロピー

S を分子分配関数 q を用いて計算してみよう．S はボルツマンの関係式より

$$S = k_B \ln W$$

であり，一番場合の数が多い W_k は式(18.1)で与えられるので

$$S = k_B \left[N \ln N - \sum_i n_i \ln n_i\right] \tag{18.23}$$

である†．式(18.7)より

$$S = k_B \left[N \ln N - \sum_i n_i(-\alpha - \beta\varepsilon_i)\right] \tag{18.24}$$

となる．ここで n_i に対する和は式(18.2)より全粒子数 N であり，$n_i\varepsilon_i$ は式(18.3)より全エネルギー U であることがわかるので

$$S = k_B(N \ln N + \alpha N + \beta U) \tag{18.25}$$

と書ける．一方，熱力学では温度 T は次の式(14.25)で定義されるので

$$\left(\frac{\partial S}{\partial U}\right)_V = \frac{1}{T} \tag{18.26}$$

式(18.25)の U 微分をとって，式(18.26)を代入することで

$$\beta = \frac{1}{k_B T}$$

であることが再び得られる．

ここで式(18.9)から，$\alpha = -\ln(N/q) = -\ln N + \ln q$ なので

> **Assist** 式(18.23)の導出
>
> $$\begin{aligned}\ln W &= \ln\left(\frac{N!}{\prod_i n!}\right) \\ &= \ln N! - \ln\left(\prod_i n!\right) \\ &= \ln N! - \sum_i \ln n!\end{aligned}$$
>
> （スターリングの公式を使って）
>
> $$= N \ln N - N - \sum_i (n \ln n - n)$$
>
> （ここで $\sum_i n = N$ より）
>
> $$= N \ln N - \sum_i n \ln n$$

エントロピーと分子分配関数
$$S = k_B \beta U + N k_B \ln q \quad (18.27)$$

となる．これでエントロピーが q を用いて計算できることがわかる．

これらを分子に適用するときに，注意すべきことが2つある．1つは，これまでの扱いではゼロ点エネルギーが入ってない．つまり最低のエネルギーは0としてきた．分子では最低エネルギーでもゼロ点エネルギー（2.1.4項参照）をもつので，この寄与を考慮しなくてはならない．これについては，たとえば U を計算した後で，ゼロ点エネルギーを加えればよい．

もう1つは，縮退のある場合である．これまでは各準位に縮退がない場合を考えてきたが，縮退がある（同じエネルギーの複数の状態が存在する）ときには，各指数関数の前に縮退度 g_i を掛けて次のようにしなければならない[†]．

> **Assist** 準位に縮退がある場合
> たとえば，回転準位や磁場のないときの電子スピンによる縮退（2重縮退）を考えるときなど，多くの場合があるので大切になる．

縮退を考慮に入れたボルツマン分布
$$n_i = \frac{N g_i e^{-\beta \varepsilon_i}}{\sum_i g_i e^{-\beta \varepsilon_i}} \quad (18.28)$$

18.5 分子運動と分子分配関数

分配関数は大切な関数なので，いくつかの分子自由度に対して q を求めておこう*．

> **Data** 分子自由度の略語
> 分配関数には次のような分子自由度の略語を付している．
> trans (translation)：並進
> rot (rotation)：回転
> vib (vibration)：振動

■ 18.5.1　並進運動と分子分配関数　▼

(a) 一次元の場合

まずは，一次元の箱の中の粒子の並進運動（図18-11）に関する q を求める．長さ x の容器に入っている質量 m の粒子のエネルギー準位は，次の式で表せる（2.1.1項参照）．

$$\varepsilon_n = \frac{n^2 h^2}{8 m x^2} \qquad n = 1, 2, \cdots\cdots \quad (18.29)$$

最低準位のエネルギーを0とおくと，他の準位のエネルギーは

$$\varepsilon_n = (n^2 - 1)\varepsilon \qquad \varepsilon = \frac{h^2}{8 m x^2} \quad (18.30)$$

となる．よって，q の定義（式18.11）から

$$q = \sum_{n=1}^{\infty} e^{-(n^2-1)\beta \varepsilon} \quad (18.31)$$

となる．普通，気体を閉じ込めておく容器のサイズでは x が分子サイズより非常に大きいため，このエネルギー間隔 ε は十分に狭く，$n^2 - 1$ は n^2 に置き換えられ，さらに室温付近で $\beta \varepsilon \, (= \varepsilon / k_B T)$ は小さいので，和は積分に置き換えることができる．したがって

$$q = \int_0^{\infty} e^{-n^2 \beta \varepsilon} dn$$

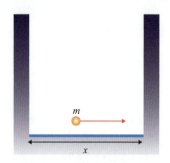

図18-11　一次元の箱の中の粒子の並進運動

と書ける．これはガウス関数の積分であり（補章5.6参照）

一次元の並進運動に関する分子分配関数
$$q = \sqrt{\frac{\pi}{4\beta\varepsilon}} = \sqrt{\frac{2\pi m}{h^2\beta}}\, x \tag{18.32}$$

となる．これが一次元の並進運動に関する分配関数である．

(b) 三次元の場合

三次元の場合，各方向への運動が独立であれば，全エネルギーは各モードの和であり

$$E = \varepsilon(n_x) + \varepsilon(n_y) + \varepsilon(n_z)$$

と書けて（n_x, n_y, n_z はそれぞれの方向への運動の量子数），分配関数は

$$q_{\text{trans}} = \sum_{n_x, n_y, n_z} e^{-\beta\varepsilon(n_x) - \beta\varepsilon(n_y) - \beta\varepsilon(n_z)} \tag{18.33}$$

となる．これはそれぞれの成分に分けて書くと

$$\begin{aligned} q_{\text{trans}} &= \sum_{n_x, n_y, n_z} e^{-\beta\varepsilon(n_x)} e^{-\beta\varepsilon(n_y)} e^{-\beta\varepsilon(n_z)} \\ &= \sum_{n_x} e^{-\beta\varepsilon(n_x)} \sum_{n_y} e^{-\beta\varepsilon(n_y)} \sum_{n_z} e^{-\beta\varepsilon(n_z)} \\ &= q_{\text{trans-}x}\, q_{\text{trans-}y}\, q_{\text{trans-}z} \end{aligned} \tag{18.34}$$

とそれぞれの方向への分配関数の積になる．

これに，式(18.32)と，対応する y, z 方向への q を代入すると

三次元の並進運動に関する分子分配関数
$$q_{\text{trans}} = \left(\frac{2\pi m}{h^2\beta}\right)^{\frac{3}{2}} xyz = \left(\frac{2\pi m}{h^2\beta}\right)^{\frac{3}{2}} V \tag{18.35}$$

となる★．ここで，x, y, z はそれぞれの方向への箱の長さなので，$V = xyz$ は容器の体積である．

分配関数を求めたので，これを用いて単原子分子のもつ平均並進エネルギー $\langle\varepsilon_{\text{trans}}\rangle$ を計算してみよう．エネルギーは $\ln q$ を β で微分したものなので（式18.21参照），次のように書ける．

単原子分子のもつ平均並進エネルギー
$$\langle\varepsilon_{\text{trans}}\rangle = -\left(\frac{\partial \ln q_{\text{trans}}}{\partial \beta}\right)_V = \frac{3}{2}\left(\frac{d\ln\beta}{d\beta}\right) = \frac{3}{2\beta} = \frac{3k_\text{B}T}{2} \tag{18.36}$$

x, y, z 方向の運動を分離して同様に考えるとわかるが，たとえば x 方向だけの一次元にしか動けないとするとこのエネルギーは3分の1の $k_\text{B}T/2$ になる．二次元だと $k_\text{B}T$ である．このように，各自由度あたり $k_\text{B}T/2$ のエネルギーが分配されていると見ることができ，これは11.2節に出てきたエネルギーの等分配則を表している．

また，並進運動によるエントロピーは，式(18.27)，および $U = \langle\varepsilon_{\text{trans}}\rangle$ として式(18.36)を用いると次のようになる†．

並進運動によるエントロピー
$$S_{\text{trans}} = k_\text{B}\left[\frac{3}{2} + \ln\left\{\left(\frac{2\pi m}{h^2\beta}\right)^{3/2} V\right\}\right] \tag{18.37}$$

Topic 熱的ド・ブロイ波長

$(2\pi m/h^2\beta)^{1/2}$ の逆数は長さの次元をもつので，$\Lambda = (2\pi m/h^2\beta)^{-1/2}$ を「熱的ド・ブロイ波長」とよぶことがある．熱的ド・ブロイ波長は，温度 T における理想気体の分子のド・ブロイ波長の平均値の尺度であり，分子1個の広がりの平均的なサイズと考えることができる．同種の理想気体 N 分子が体積 V の中にあるとき，平均の分子間距離は $(V/N)^{1/3}$ であるが，$\Lambda \ll (V/N)^{1/3}$ のときには分子の広がりに重なりがなく，古典的な扱いができる．しかし $\Lambda \approx (V/N)^{1/3}$ になると同種分子の広がりに重なりが生じるため，量子論的な効果が無視できなくなり量子統計を使わなければならない．

Assist 区別できない粒子の並進運動のエントロピー

18.7節で示すように，区別できない粒子集団による気体の場合，式(18.37)の右辺の(3/2)は(5/2)になるので注意する．

これを使うと，粒子の閉じ込められた体積を V_A から V_B にしたときのエントロピー変化は次のようになる．

$$\Delta S = S(V_B) - S(V_A) = k_B \ln\left(\frac{V_B}{V_A}\right)$$

$N_A k_B = R$ に注意すると，以前に式 (13.5) などで導いた結果が得られる．

(c) 断熱圧縮を微視的に見ると

体積を変えるということは，微視的に見ると何を変えているのだろうか．箱の中の粒子の並進運動に関して，その箱の長さを変えることは，式 (18.29) からわかるように，エネルギー準位の間隔を変えていることに相当する．すなわち，体積を変えることは，並進運動のエネルギー準位を変える働きをしていることがわかる．圧縮するということは，式 (18.29) の x を小さくすることであり，エネルギー間隔を広げることに相当する．もし周囲と何も相互作用させず(断熱的に)，体積を圧縮すると，その分布は変わらないままエネルギー間隔が広げられるので，内部エネルギーが増える (図 18-12a・b)．これは高いエネルギー準位に分布することを意味しており，すなわち温度上昇をもたらす．これが 12.5 節で見た断熱圧縮による温度上昇である．

この過程によって発生する熱を取り除きながら温度を一定に保つようにすれば，粒子は熱を放出しながら低い準位に落ちる (図 18-12b・c)．それはとりもなおさず，場合の数を減らすように働き，温度が一定であってもエントロピーが減少することを理解できる．

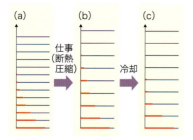

図 18-12 体積変化とボルツマン分布

圧縮するということは，そのエネルギー間隔を広げることであり，断熱圧縮により内部エネルギーが増える．そこから等温になるように熱を取り除く(冷却する)と，ボルツマン分布は元の温度の分布になる．

18.5.2 回転運動と分子分配関数

非対称な直線分子の回転エネルギー準位は $hcBJ(J+1)$ $(J = 0, 1, 2, \cdots\cdots, B = h/8\pi^2 I)$ であり，各準位は $2J+1$ 重に縮退している (9.1.4 項参照)．よって分配関数 q_{rot} は

$$q_{rot} = \sum_J (2J+1) e^{-\beta BJ(J+1)} \tag{18.38}$$

となる．回転エネルギーが熱エネルギー $k_B T$ より小さい場合，その和を積分に置き換えることができて

$$q_{rot} = \int_0^\infty (2J+1) e^{-\beta BJ(J+1)} dJ \tag{18.39}$$

で与えられる．実はこの積分は

$$\frac{de^{-\beta BJ(J+1)}}{dJ} = -\beta B e^{-\beta BJ(J+1)} \frac{dJ(J+1)}{dJ} = -\beta B(2J+1) e^{-\beta BJ(J+1)}$$

の関係を用いると簡単に計算できることがわかっていて，下のようになる．

回転運動の分子分配関数
$$q_{rot} = \frac{-1}{\beta B} \int_0^\infty \frac{de^{-\beta BJ(J+1)}}{dJ} dJ = \frac{-1}{\beta B} \left[e^{-\beta BJ(J+1)}\right]_0^\infty = \frac{1}{\beta B} \tag{18.40}$$

よって，平均回転エネルギーは

平均回転エネルギー
$$\langle \varepsilon_{\mathrm{rot}} \rangle = -N \left(\frac{\mathrm{d}\ln q_{\mathrm{rot}}}{\mathrm{d}\beta} \right) = \frac{N}{\beta} = Nk_{\mathrm{B}}T \tag{18.41}$$

と求められる．これは，回転には，分子軸に対して垂直な 2 つの軸周りの自由度があり，それぞれに $k_{\mathrm{B}}T/2$ のエネルギーが分配されるので，あわせて $k_{\mathrm{B}}T$ のエネルギーになっていることを示す．

18.5.3 振動と分子分配関数

あるモードの振動を調和振動子とすると，振動エネルギー準位は

$$\varepsilon_n = \left(n + \frac{1}{2}\right) h\nu \qquad n = 0, 1, 2 \cdots \cdots \tag{18.42}$$

で与えられる（2.2.1 項，9.1.5 項参照）．ゼロ点振動準位からのエネルギーを考えると

$$\varepsilon_n = nh\nu \tag{18.43}$$

と書ける．これは式 (18.18) で扱った，エネルギー間隔 ε の一様な無限個の非縮退準位をもつ場合なので，分配関数は次のようになる[†]．

振動の分子分配関数
$$q_{\mathrm{vib}} = \frac{1}{1 - e^{-\beta h\nu}} \tag{18.44}$$

Assist ゼロ点振動を考慮に入れた振動の分配関数

あるいはゼロ点振動の寄与を考えると下の式になる．

$$q_{\mathrm{vib}} = \frac{e^{-\beta h\nu/2}}{1 - e^{-\beta h\nu}}$$

多くの分子において，振動エネルギーは，室温での熱エネルギーと比べてかなり大きいのが普通である．たとえば，HCl の振動エネルギー 2990 cm^{-1} = 35.8 kJ mol^{-1} は，室温のエネルギー $k_{\mathrm{B}}T$ = 2.48 kJ mol^{-1} (298 K) と比べると非常に大きく，$\beta h\nu = h\nu/k_{\mathrm{B}}T = 14.4$ である．こうした場合，式 (18.44) の分母がほぼ 1 であり（$e^{-14.4} = 5.6 \times 10^{-7}$），$q$ はほぼ 1 である（すなわち振動基底状態しか占有していないということである）．

一方，大きな分子の大振幅振動や，分子間の振動といった弱い相互作用の下での振動のように，振動のエネルギーが $k_{\mathrm{B}}T$ と比べて十分に小さい場合

$$e^{-\beta h\nu} \approx 1 - \beta h\nu$$

と展開できるので，次のようになる．

$$q_{\mathrm{vib}} \approx \frac{1}{\beta h\nu} = \frac{k_{\mathrm{B}}T}{h\nu} \tag{18.45}$$

多原子分子でいくつかの振動モード $v_1, v_2, \cdots\cdots$ がある場合には，それぞれの振動に対して上の式が成り立つ．全エネルギーがそれらの和で書ければ，全体としての分配関数はそれらの積で表される．

$$q_{\mathrm{vib}\text{全体}} = q(v_1)\, q(v_2) \cdots\cdots$$

> **例題 18.3　振動の分配関数**
>
> ベンゼンのもつ低い振動エネルギーは 404 cm^{-1} である．298 K において，この振動準位と基底状態との占有数比を求めよ．また，この振動が調和振動子と考えた場合の分配関数を求めよ．
>
> **[解答]**
>
> 振動エネルギー 404 cm^{-1} ＝ 4.83 kJ mol^{-1} ゆえ，基底状態と第一振動励起状態の占有数比は
>
> $$e^{-\beta h\nu} = e^{-4.83/2.48} = e^{-1.95} = 0.14$$
>
> 分配関数は式 (18.44) の $q_{\text{vib}} = 1/(1-e^{-\beta h\nu})$ より $q_{\text{vib}} = 1.16$
>
> **■ チャレンジ問題**
>
> 水素分子の振動の波数を 4160 cm^{-1} として，298 K における第一励起状態の分子数と基底状態の分子数の比を計算せよ．

18.5.4　電子励起状態と分子分配関数

たとえば，比較的低いエネルギー準位をもつベンゼンの最低励起 $\pi\pi^*$ 状態は 260 nm 付近に吸収をもち，これはエネルギーとしては 1 分子あたり 7.5×10^{-19} J (4.5×10^5 kJ mol^{-1}，波数にして 3.8×10^4 cm^{-1}) である．この場合，$\varepsilon_{\text{ele}}/k_{\text{B}}T$ は $T = 300$ K で約 1.8×10^2 であり，$\exp(-\varepsilon_{\text{ele}}/k_{\text{B}}T) \approx 6.7 \times 10^{-79}$ となって，基底状態以外はほぼ無視できることがわかる．

よって，多くの場合は，電子状態に関する分配関数 q_{ele} は，$q_{\text{ele}} = 1$ として妥当である．ただし，基底状態が g 重に縮退している場合には，その g 倍になる．たとえば，酸素分子の基底状態は，電子スピンの三重項状態なので $q_{\text{ele}} = 3$ である．

18.5.5　全分子分配関数

分子全体の分配関数は，以上の各自由度における分子分配関数の積をとることで計算できる．

> **分子全体の分子分配関数**
> $$q_{\text{tot}} = q_{\text{trans}} q_{\text{rot}} q_{\text{vib}} q_{\text{ele}} \tag{18.46}$$

18.6　系の分配関数

これまでは，分子分配関数を扱ってきたが，分子全体の系を扱えるような**一般的な分配関数**を簡単に説明する．

18.6.1 カノニカルアンサンブル

これまで考えてきた熱力学量は平衡状態で定義され，それは無限時間の平均をとった量になる．よって，この章で考えてきた系でも，アボガドロ数の分子の入った系の熱力学変数の時間平均（図 18-13）をとりたいが，それはかなり難しい．その代わりに，同じような系をたくさん複製し，そうした集団の力学変数の平均を，系の時間平均と等しいと考えることにする．

このために，粒子がたくさん入った，ある体積 V，組成 N，温度 T をもつ，粒子の行き来のない閉鎖系を考える．こうした系がお互いに熱接触してたくさん存在する状況を仮想的に考える（図 18-14）．この集団内ではお互いに熱接触しているので，集団全体が同じ温度の平衡状態になっていて，どれも同じ温度 T をもつ．

また，N 分子系を複製した全体の系の数を $\widetilde{N}$ とする（この $\widetilde{N}$ は複製した系の数であり，各系にある分子の数 N とは無関係である）．複製といっても完全に同じではなく，系のエネルギーは異なっていてよい．つまり温度 T は一定だが，各系のエネルギーは必ずしも同じでなく，エネルギーは集団全体の平均のエネルギーの周りを揺らいでいると考える．この平均エネルギーが温度 T と結びつけられている．

さらに，これら多数の系全体は外界とは断熱されていて，熱のやりとりはなく，こうした系の集団（**アンサンブル**：ensemble）の全エネルギー $\widetilde{E}$ は一定とする．こうした多数の，N, V, T が共通な系の集合体を**カノニカルアンサンブル**（canonical ensemble）とよぶ†．よって，1 つのカノニカルアンサンブルの分子数は $N\widetilde{N}$ であり，1 つの系の体積を V とすると全体の体積は $V\widetilde{N}$ である．

そうしたアンサンブル内のある（N 分子）系のエネルギーを E_i として，そうしたエネルギーをもつ系の数を N_i で表す．すると，次のように書ける．

$$\widetilde{E} = \sum_i N_i E_i \qquad \widetilde{N} = \sum_i N_i \tag{18.47}$$

この系全体がどのようなエネルギーをとるかを振り分ける方法はたくさんあるだろうが，その場合の数 $\widetilde{W}$ は以前に出てきた式に似た

$$\widetilde{W}_k = \frac{\widetilde{N}!}{\prod N_i!} \tag{18.48}$$

と書ける．このなかには，非常に起こりやすい場合も，ほとんど起こらないような場合もありうる．18.2 節で説明したのと同様，アンサンブル全体のとりうる場合の数 $\widetilde{W}$ は，その中の最確配置の場合の数 $\widetilde{W}_k$ で置き換えられる．以下，この $\widetilde{W}_k$ を $\widetilde{W}$ と書くことにすると，アンサンブル内の系のとりうる場合の数 W をつかって $\widetilde{W} = W^{\widetilde{N}}$ となる．

一番起こりやすい配置は，アンサンブルの全エネルギー $\widetilde{E}$ が一定で，系の総数が $\widetilde{N}$ で固定されているという条件で，$\widetilde{W}$ を最大にすれば求められる．これは 18.2 節で考えたような「ラグランジュの未定係数法」を用いた式を解くことで，ほとんど同じ流れをたどって導くことができる．その結果，E_i というエネルギー分布にある確率 p_i は

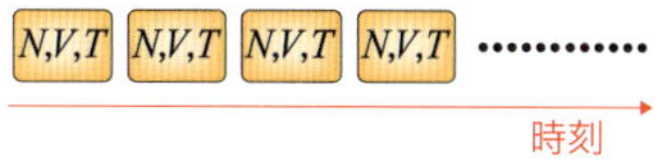

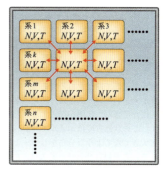

図 18-13 集団の平均の性質について，それらの時間平均を考えたいが

図 18-14 カノニカルアンサンブルの概念図
考えたい粒子がたくさん存在する集団の複製をたくさんつくる．それらはお互いに熱接触しているので，集団全体が同じ温度の平衡状態になっているが，粒子の移動はない．また，これらの系をまとめたものは全体として孤立している．

Assist いろいろなカノニアルアンサンブル

化学反応など分子数が変わる場合は，開放系の概念が必要になる．このような，分子が系と系の間を移動できるアンサンブルを「グランドカノニカルアンサンブル」（grand canonical ensemble）という．この場合は，化学ポテンシャルが各系で同じであるとする．「ミクロカノニカルアンサンブル」（microcanonical ensemble）というアンサンブルでは，カノニカルアンサンブルの同じ温度という仮定の代わりに，すべての系が厳密に同じエネルギーをもつとする．すなわち，各系が別々に孤立しているアンサンブルである．

> **カノニアンアンサンブルの分布確率と分配関数**
> $$p_i = \frac{N_i}{\widetilde{N}} = \frac{e^{-\beta E_i}}{Q} \qquad Q = \sum_i e^{-\beta E_i} \tag{18.49}$$

という分布に従うことがわかる†．Q を**カノニカルアンサンブルの分配関数**（canonical partition function）とよぶ．これは分子分配関数と同様に，あらゆるエネルギー状態についてボルツマン因子の総和をとったものである．その意味するところも，18.3節で説明したものと同様であり，異なるのは，これが系のエネルギーである点である．

Assist 分布関数と状態密度

式(18.49)だけを見たら，アンサンブルの中の系の E_i が低いほど存在確率が高いように思われる．しかし，それでは，たとえ室温や高温でも，エネルギーの低い系，つまり低温な系がたくさんありうるというちょっと変なことになる．実際には，系があるエネルギー E_i をもつ状態をとりうる確率は，式(18.49)の分布関数にエネルギー E_i をもつ状態密度を掛けないといけない．状態密度とは，あるエネルギー幅あたりの状態の数をそのエネルギー幅で割ったものであり，状態密度が大きいということは，同じエネルギーにたくさんの状態が存在することを示す．この状態密度はエネルギーが高いほど大きくなるような分布をもつ．よって，それらを掛け合わせたものは，$\widetilde{E}$ を $\widetilde{N}$ で割った平均のエネルギー E に鋭いピークをもつ関数になる．すなわち，ほとんどの系は平均エネルギー E をもつことになる．

18.6.2 系の分配関数による内部エネルギーとエントロピーの表現

この Q が求まれば，温度 T での N 分子系エネルギー準位に対する確率分布がわかり，物理量 X のこのカノニカルアンサンブルでの平均値 $\langle X \rangle$ を

$$\langle X \rangle = \sum_i X_i \frac{N_i}{\widetilde{N}} = \frac{\sum_i X_i e^{-\beta E_i}}{Q} \tag{18.50}$$

で求めることができる．

1つの系の平均のエネルギーは，全エネルギー $\widetilde{E}$ を系の個数 $\widetilde{N}$ で割った $E = \widetilde{E}/\widetilde{N}$ で与えられる．すると系の内部エネルギー U はゼロ点エネルギーから測って

$$U = \sum_i p_i E_i = \frac{1}{Q} \sum_i E_i e^{-\beta E_i} \tag{18.51}$$

で与えられる．以前と同様な考え方をすることで次の式が求められる．

> **系の分配関数で表す内部エネルギー**
> $$U = -\left(\frac{\partial \ln Q}{\partial \beta}\right)_V \tag{18.52}$$

この式は<u>分配関数を使って内部エネルギーを求めることができる</u>ことを示しており，非常に重要である．たとえば，これを温度 T で微分すれば，熱容量が Q を使って表せたことになる．

系のエントロピーは，$S = k_B \ln W$ である．一方，$\ln \widetilde{W}$ は，系の分配関数 Q を使って以前と同様に

$$\ln \widetilde{W} = \ln \widetilde{N}! - \sum_i \ln N_i! = \widetilde{N}\beta U + \widetilde{N} \ln Q$$

と導けるので次のようになる．

$$S = k_B \ln W = k_B \ln \widetilde{W}^{1/\widetilde{N}} = \frac{k_B}{\widetilde{N}} \ln \widetilde{W}$$

よって

> **系の分配関数で表すエントロピー**
> $$S = k_B \beta U + k_B \ln Q \tag{18.53}$$

となる．U は Q から計算できたので，S も Q から計算できることになる．

ここまで来ると，種々の熱力学関数を分配関数を使って表せることに気がつくであろう．たとえばヘルムホルツエネルギー A は $A = U - TS$ なので

$$A = -k_\text{B} T \ln Q \tag{18.54}$$

また，A を体積 V で微分して得られる圧力 P は次のようになる．

$$P = -\left(\frac{\partial A}{\partial V}\right)_T = k_\text{B} T \left(\frac{\partial \ln Q}{\partial V}\right)_T \tag{18.55}$$

18.7 系の分配関数と分子分配関数

18.7.1 系の分配関数と分子分配関数の関係式

系の分配関数 Q と分子分配関数 q は，分子間相互作用のない場合，以下のように簡単な関係がある．N 個の独立な分子からなる集団の全エネルギーはその和であるから，ある状態 i の系全体のエネルギー E_i は，それぞれの分子のエネルギーを $\varepsilon_i(1)$，$\varepsilon_i(2)$，……$\varepsilon_i(N)$ と書いて，

$$E_i = \varepsilon_i(1) + \varepsilon_i(2) + \cdots + \varepsilon_i(N)$$

となる．すると系全体の分配関数 Q は次の式で与えられる．

$$\begin{aligned}
Q &= \sum_{i_z} e^{-\beta \varepsilon_i(1) - \beta \varepsilon_i(2) \ldots - \beta \varepsilon_i(N)} \\
&= \sum_i e^{-\beta \varepsilon_i(1)} \sum_i e^{-\beta \varepsilon_i(2)} \ldots \sum_i e^{-\beta \varepsilon_i(N)}
\end{aligned} \tag{18.56}$$

もし粒子が独立で区別可能ならば，上の番号づけは意味があるし，同種の分子を考えているので，それぞれの項は分子分配関数 q となって

系全体の分配関数と各分子の分配関数（粒子が区別できるとき）
$$Q = q^N \tag{18.57}$$

である．すなわち，<u>系全体の分配関数は，各分子分配関数の単純な積になる</u>．

しかし，同種の粒子が気体のように自由に空間を動いていれば，それらを区別できなくなるので番号を振ることはできない．たとえば，分子 1, 2, 3 がエネルギー $\varepsilon_a, \varepsilon_b, \varepsilon_c$ をもつとすると，全体のエネルギーは $E = \varepsilon_a + \varepsilon_b + \varepsilon_c$ であるが，これは分子 1, 2, 3 がエネルギー $\varepsilon_b, \varepsilon_a, \varepsilon_c$ をもつとした場合と区別はできない．こうした区別できない場合の数は，たとえばこの場合 $3! = 6$ 通りあるので，6 通り分たくさん数え過ぎていることになる．

このように，もし粒子が独立で区別不可能ならば，それぞれの項を巡回して得られる $N!$ 個のすべての配列は同じものを表すことになり，数え過ぎを補正するために $N!$ で割らなくてはならない．よって次のようになる．

系全体の分配関数と各分子の分配関数（粒子が区別できないとき）
$$Q = \frac{q^N}{N!} \tag{18.58}$$

たとえば，それぞれ異なる色のついた粒子が飛び回っている気体の場合は，それぞれが区別可能である（図 18-15a）．色が同じ粒子（つまり同じ原子や分子）の気体の場合には，それぞれの粒子を追跡できないので q^N を $N!$ で割

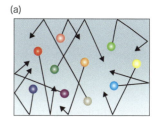

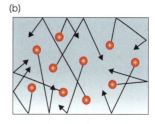

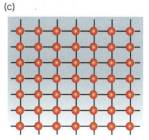

図 18-15 区別できる粒子とできない粒子

すべての粒子が異なっていれば，それらは区別できる (a)．しかし，すべての粒子が同じでランダムに飛び回っていたら区別できない (b)．すべての粒子が同じでも，固定されていれば，それぞれを区別することができる (c)．

る必要がある（図 18-15b）. しかし，たとえ同種の粒子からなる系でも，結晶中で格子点に固定されているような場合には，それぞれが区別できるため，$Q = q^N$ の式を使わなくてはならない（図 18-15c）.

18.7.2 単原子分子の系の分子分配関数

この Q を用いて，多数の分子が含まれる系の内部エネルギーやエントロピーを計算することができる．たとえば，アルゴンなどの単原子分子の気体のエントロピーを計算してみよう．

気体では，同じ粒子は区別できないので

$$Q = \frac{q_{\text{trans}}^N}{N!}$$

である．これを式(18.53)に代入し，スターリングの公式(p.378 参照)を使ってエントロピーを計算すると

$$S = k_B \beta U + N k_B \ln q - k_B \ln N!$$
$$= k_B \beta U + N k_B \ln q - N k_B \ln N + N k_B$$

となる．自由度としては並進運動しかないので，$k_B \beta U = 3Nk_B/2$ と q_{trans} に対する式(18.35)を使って

$$S_{\text{trans}} = Nk_B \left[\frac{3}{2} + \ln\left\{\left(\frac{2\pi m}{h^2 \beta}\right)^{3/2} V\right\} - \ln N + 1 \right]$$

$$= Nk_B \left[\frac{5}{2} + \ln\left\{\left(\frac{2\pi m}{h^2 \beta}\right)^{3/2} \frac{V}{N}\right\} \right] \quad (18.59)$$

となる．また，理想気体の場合には $V = Nk_B T/P$ なので下のように書ける[†].

理想気体のエントロピー
$$S = Nk_B \left[\frac{5}{2} + \ln\left\{\left(\frac{2\pi m}{h^2 \beta}\right)^{3/2} \frac{k_B T}{P}\right\} \right] \quad (18.60)$$

Assist エントロピーが負になる !?

式(18.60)で，$T \to 0$ にすると，対数の引数の中がどんどん小さくなり，対数としては大きな負の値になり，ついには S が負になってしまう．これまで学んできたようにエントロピーは正の値であるはずなのに，なぜであろうか？ これは，この S の導出過程の仮定を見ればわかる．この S を求めるときに，並進のエネルギー間隔に比べて温度が十分に高いという近似で計算しているためである．この仮定が成り立たない場合は，この近似が使えなくて別の方法で求めなくてはならず，エントロピーの最低値は熱力学第 3 法則で述べたように 0 となる．

例題 18.4 単原子分子の標準モルエントロピー

25 °C で圧力 1 bar の気体ネオンの標準モルエントロピーを求めよ．

解答

式(18.60)で対数のなかは，$P = 1$ bar とおいて

$$\left[2 \times 3.14 \times \frac{0.0202 \text{ kg mol}^{-1}}{6.02 \times 10^{23} \text{ mol}^{-1}} \times \frac{(1.38 \times 10^{-23} \text{ JK}^{-1})(298 \text{ K})}{(6.63 \times 10^{-34} \text{ Js})^2} \right]^{3/2}$$
$$\times \frac{(1.38 \times 10^{-23} \text{ JK}^{-1})(298 \text{ K})}{10^5 \text{ Pa}}$$
$$= (0.195 \times 10^{22})^{3/2} 4.11 \times 10^{-21}/10^5 = 3.54 \times 10^6$$

よって $Nk_B = R$ とおいて

$$S = R\left(\frac{5}{2} + 15.1\right) = 17.6R = 146 \text{ J K}^{-1} \text{ mol}^{-1}$$

チャレンジ問題

50 °C で圧力 1 bar の気体アルゴンの標準モルエントロピーを求めよ．

18.7.3 多原子分子の系の分配関数

式(18.55)のように，圧力は $P = k_B T(\partial \ln Q/\partial V)_T$ で与えられるので，これに Q を代入してみよう．S を計算したときと同様にして

$$P = k_B T \left[\frac{\partial (N \ln q - \ln N!)}{\partial V} \right]$$

であるが，V に関係した項は q の中にあるだけなので(式18.35参照)

$$P = k_B T N \left(\frac{\partial \ln V}{\partial V} \right) = \frac{N k_B T}{V} \tag{18.61}$$

となって，11章の「理想気体の状態方程式」が分配関数から導けたことがわかる．

同種の多原子分子における分配関数 Q は，回転や振動，電子励起状態などの寄与も含めて

多原子分子の系の分配関数
$$Q = \frac{(q_{\text{trans}} q_{\text{rot}} q_{\text{vib}} q_{\text{ele}})^N}{N!} \tag{18.62}$$

となる．18.5節で分子の振動・回転などの分配関数 $q_{\text{vib}}, q_{\text{rot}}$ は求めているので，単原子分子の場合と同様の計算をすることで振動・回転の自由度を含めたエントロピーが求められる．

18.8 熱力学量の微視的意味

18.8.1 仕事と熱

熱力学で見てきた仕事と熱とは，分子の立場に立つとどういう意味をもっているのかを見てみよう．これを知ると，次節で見るように，熱力学の「マクロなエントロピー」と分子の立場にたった「ミクロなエントロピー」を関連づけることができる．

巨視的な系の平均エネルギーは

$$U = \sum_i p_i E_i \tag{18.63}$$

と書ける．ここで，p_i はエネルギー E_i をもつ確率である．式(18.63)は，変数 N, V, T が固定された，カノニカルアンサンブルの平均エネルギーを表している．式(18.63)の微分をとると次のようになる．

$$dU = \sum_i p_i dE_i + \sum_i E_i dp_i \tag{18.64}$$

ここで，E_i は N と V の関数なので，dE_i を N を一定に保って体積を少し変化させる，つまり dV による E_i の変化として考えると，$dE_i = (\partial E_i/\partial V)_N dV$ である．これを式(18.64)に代入すると

$$dU = \sum_i p_i \left(\frac{\partial E_i}{\partial V} \right)_N dV + \sum_i E_i dp_i \tag{18.65}$$

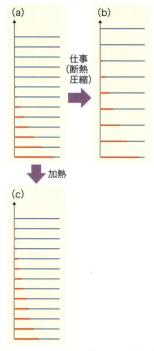

図18-16 仕事と熱の分子論的説明

気体を断熱圧縮すると分布はそのままでエネルギー準位の間隔だけが広がる．よって，高いエネルギー準位まで占有することになるので，温度は上昇する．これが気体の断熱圧縮で温度が上昇する分子論的な説明である．圧縮しないで単に温度を上げたときには，準位間隔は変わらないまま，エネルギーの高い準位まで占有することになる．

となる．この結果を熱力学第一法則の 12 章で使った

$$dU = \delta w_{\text{rev}} + \delta q_{\text{rev}} = -PdV + \delta q_{\text{rev}}$$

と比べると

可逆的な仕事と熱の分子論的意味

$$\delta w_{\text{rev}} = \sum_i p_i \left(\frac{\partial E_i}{\partial V}\right)_N dV \tag{18.66}$$

$$\delta q_{\text{rev}} = \sum_i E_i dp_i \tag{18.67}$$

に対応していることがわかるであろう．つまり，ミクロに見ると，<u>可逆的な仕事 δw_{rev} とは，系の状態の占有数分布は変えずに，系のエネルギー準位を微小変化させることに対応する</u>（図18-16a・b）．また，<u>可逆的な熱は，系のエネルギー準位を変えずに，系の状態の確率分布を変化させることを意味する</u>（図18-16a・c）．

また，式(18.66)を

$$\delta w_{\text{rev}} = -PdV$$

と比較すると，式(18.66)より気体の圧力 P は，次のように書けることがわかるだろう．

$$P = -\sum_i p_i \left(\frac{\partial E_i}{\partial V}\right)_N \tag{18.68}$$

18.8.2 $S = k_B \ln W$ の導出

最後に，熱力学によるエントロピーの定義 $dS = \delta q_{\text{rev}}/T$ から，ボルツマンによるエントロピーの定義 $S = k_B \ln W$ を導いてみよう．$dS = \delta q_{\text{rev}}/T$ を，$TdS = \delta q_{\text{rev}}$ として，右辺に式(18.67)を使うと

$$TdS = \sum_i E_i dp_i \tag{18.69}$$

である．ここで $p_i = \exp(-\beta E_i)/Q$ なので

$$E_i = -\frac{1}{\beta}\ln(Qp_i) = -\frac{1}{\beta}(\ln Q + \ln p_i) \tag{18.70}$$

である．これを式(18.69)に代入すると

$$TdS = -\frac{1}{\beta}\sum_i (\ln Q + \ln p_i)dp_i = -\frac{1}{\beta}\sum_i \ln Q dp_i - \frac{1}{\beta}\sum_i \ln p_i dp_i$$

となる．右辺の第1項は $\sum_i dp_i = 0$ なので消え，次のようになる．

$$TdS = -\frac{1}{\beta}\sum_i \ln p_i dp_i \tag{18.71}$$

式(18.71)の両辺を積分すると $\int \ln x dx = x(\ln x - 1) + C$ （C は積分定数）ゆえ

$$TS = -\frac{1}{\beta}\sum_i \int \ln p_i dp_i = -\frac{1}{\beta}\left(\sum_i p_i \ln p_i - \sum_i p_i + C\right) = -\frac{1}{\beta}\left(\sum_i p_i \ln p_i - 1 + C\right)$$

となる．両辺を T で割って

$$S = -k_{\mathrm{B}}\Bigl(\sum_i p_i \ln p_i - 1 + C\Bigr)$$

と書ける．ここで，$T=0$ では $p_0=1$ で他の準位の確率は 0 なので，右辺の（ ）の中は $(-1+C)$ になる．一方，$T=0$ で $S=0$ であるという熱力学第三法則を使うと，$(-1+C)=0$ とわかるので

$$S = -k_{\mathrm{B}}\sum_i p_i \ln p_i \tag{18.72}$$

となる．これによると，<u>エントロピーは各状態の出現確率の対数の平均値（の符号を変えたもの）</u>といえる．

一方で，系の平均の場合の数 W を $\widetilde{W}^{(1/\widetilde{N})}$ で定義すると

$$\ln W = \frac{\ln \widetilde{W}}{\widetilde{N}}$$

である．ここで，$\widetilde{W} = \widetilde{N}!/N_0!\,N_1!\cdots N_i!\cdots$ を代入して

$$\ln W = \left(\frac{1}{\widetilde{N}}\right)\Bigl(\ln \widetilde{N}! - \sum_i \ln N_i!\Bigr)$$

となる．スターリングの近似式を使うと

$$\ln W \approx \left(\frac{1}{\widetilde{N}}\right)\Bigl(\widetilde{N}\ln\widetilde{N} - \widetilde{N} - \sum_i N_i \ln N_i + \sum_i N_i\Bigr) \tag{18.73}$$

であるが，$\sum N_i = \widetilde{N}$ なので

$$\begin{aligned}
\ln W &\approx \ln\widetilde{N} - \left(\frac{1}{\widetilde{N}}\right)\sum_i N_i \ln N_i \\
&= \ln\widetilde{N} - \sum_i \Bigl[\frac{N_i}{\widetilde{N}}\Bigl\{\ln\Bigl(\frac{N_i}{\widetilde{N}}\Bigr) + \ln\widetilde{N}\Bigr\}\Bigr] \\
&= \ln\widetilde{N} - \sum_i p_i \ln p_i - \sum p_i \ln\widetilde{N} \\
&= -\sum_i p_i \ln p_i
\end{aligned} \tag{18.74}$$

と変形される．よってこれを式(18.72)に代入すると

$$S = k_{\mathrm{B}} \ln W$$

というボルツマンによるエントロピーの式が出てくる．

18章 重要項目チェックリスト

ボルツマン分布 [p.379]

$$n_i = \frac{Ne^{-\beta\varepsilon_i}}{\sum_i e^{-\beta\varepsilon_i}} \qquad \beta = \frac{1}{k_B T}$$

(n_i：準位を占有する粒子数, N：分子数, ε_i：各準位のエネルギー, k_B：ボルツマン定数)

分子分配関数 [p.379]

$$q = \sum_i e^{-\beta\varepsilon_i}$$

◆三次元の並進運動に関する分子分配関数 [p.385]

$$q_{\text{trans}} = \left(\frac{2\pi m}{h^2 \beta}\right)^{\frac{3}{2}} xyz = \left(\frac{2\pi m}{h^2 \beta}\right)^{\frac{3}{2}} V$$

◆回転運動の分子分配関数 [p.386]

$$q_{\text{rot}} = \frac{1}{\beta B}$$

◆振動の分子分配関数 [p.387]

$$q_{\text{vib}} = \frac{1}{1 - e^{-\beta h\nu}}$$

◆エントロピーの分子分配関数による表現 [p.384]

$$S = k_B \beta U + N k_B \ln q$$

◆平均エネルギーの分子分配関数による表現 [p.382]

$$U = -N \left(\frac{\partial \ln q}{\partial \beta}\right)_V$$

系の分配関数

◆カノニカルアンサンブル

分布確率 [p.390]　　$p_i = \dfrac{N_i}{\tilde{N}} = \dfrac{e^{-\beta E_i}}{Q}$　　　分配関数 [p.390]　　$Q = \sum_i e^{-\beta E_i}$

◆内部エネルギーの系の分配関数による表現 [p.390]

$$U = -\left(\frac{\partial \ln Q}{\partial \beta}\right)_V$$

◆エントロピーの系の分配関数による表現 [p.390]

$$S = k_B \beta U + k_B \ln Q$$

系の分配関数と分子分配関数

粒子が区別できるとき [p.391]　　$Q = q^N$　　粒子が区別できないとき [p.391]　　$Q = \dfrac{q^N}{N!}$

◆単原子分子気体の並進運動によるエントロピー [p.392]

$$S = N k_B \left[\frac{5}{2} + \ln\left\{\left(\frac{2\pi m}{h^2 \beta}\right)^{3/2} \frac{k_B T}{P}\right\}\right]$$

可逆的な仕事と熱の分子論的な意味 [p.394]

仕事　$\delta w_{\text{rev}} = \sum_i p_i \left(\dfrac{\partial E_i}{\partial V}\right)_N dV$　　熱　$\delta q_{\text{rev}} = \sum_i E_i dp_i$　　　　(p_i：エネルギー E_i をもつ確率)

確認問題

18·1 N 個の二原子分子が温度 T で平衡状態にあったとき，最低振動エネルギー準位にある分子数を求めよ．ただし，振動の周波数を ν とし，調和振動子と考えてよいものとする．

18·2 不対電子をもつ N 個の相互作用をしてないラジカルがある．これらを磁場に入れたとき，電子スピンの準位のエネルギー差が e になった．このスピン系について次の問いに答えよ．
  A. 分配関数を求めよ．
  B. 温度 T のときの全エネルギーを求めよ．ただし，磁場のかかっていないときのエネルギーを 0 とせよ．
  C. 全エネルギー最大値のときのエントロピーを求めよ．

18·3 ε だけ離れた 2 準位 1 粒子系の，温度 T での分配関数，エネルギー，定容熱容量を求めよ．下の準位のエネルギーを 0 としてよい．

実戦問題

18·4 N 個の原子が 1 列に並んだ系を考える．各原子はエネルギーが ε_0, ε_1 の 2 つの量子状態をとることができる．ただし，この系は絶対温度 T の熱浴と熱平衡状態にあるものとする．
  A. それぞれの原子がとるエネルギーの組み合わせを考えることにより，エネルギーが ε_1 の量子状態にある原子数が n である場合の数 $W(n)$ を求めよ．
  B. **A** の場合の全系のエネルギー E_n を求めよ．
  C. カノニカル分布の考え方より n の平均値 $\langle n \rangle$ は，
  $$\langle n \rangle = \frac{1}{Q}\sum_{n=0}^{N} nW(n) \mathrm{e}^{-E_n/k_\mathrm{B}T} \quad Q = \sum_{n=0}^{N} W(n) \mathrm{e}^{-E_n/k_\mathrm{B}T}$$
  と与えられる．ただし，k_B はボルツマン定数である．$\ln Q$ を ε_1 で微分することにより，$\langle n \rangle$ が分配関数 Q を用いて，
  $$\langle n \rangle = -k_\mathrm{B}T \frac{\partial \ln Q}{\partial \varepsilon_1}$$
  と表されることを示せ．
  D. この系の分配関数は，
  $$Q = (\mathrm{e}^{-\varepsilon_0/k_\mathrm{B}T} + \mathrm{e}^{-\varepsilon_1/k_\mathrm{B}T})^N$$
  と表される．この式と **C** の結果を用いて $\langle n \rangle$ を求め，ε_1 の関数として図示せよ．
  [平成 19 年度 広島大学先端物質科学研究科入試問題より]

18·5 アインシュタインは N 個の同一種類の原子からできている結晶の統計熱力学的なモデルを提案した．それぞれの原子は，結晶格子点で x, y, z の 3 方向に独立に振動することができ，全体として $3N$ 個の振動運動が存在すると考える．各々の振動運動は振動数 ν の調和振動子モデルで表すことができるとして，この系に関する以下の問いに答えよ．ただし，N はアボガドロ数程度の大きな数であり，β は $1/k_\mathrm{B}T$ とせよ．
  A. 格子点にある 1 個の原子の振動分配関数 q が調和振動子のモデルを用いて
  $$q = \left(\frac{\mathrm{e}^{-\beta h\nu/2}}{1-\mathrm{e}^{-\beta h\nu}} \right)^3$$
  と表せることを示せ．ただし，振動数 ν の調和振動子のエネルギーは $E_n = [n+(1/2)]h\nu$ ($n = 0,1,2,\cdots\cdots$) で与えられるとする．ここで，h はプランク定数である．また，実数変数 x の無限級数和が，$0 < x < 1$ であれば $\sum_{n=0}^{\infty} x^n = \frac{1}{1-x}$ であることを用いよ．
  B. N 個の原子からなる系全体の振動分配関数 Q は，q を用いて，どのように表すことができるか．ただし，各原子は独立に運動すると考えよ．
  C. 容積一定の条件の下で，系の内部エネルギーの平均値は，
  $$U = -\left(\frac{\partial \ln Q}{\partial \beta} \right)_V$$
  と書ける．U を求め，さらに定容熱容量 C_V を導出せよ．
  D. 十分に温度が高くなると，この系の定容熱容量がどのようになるか説明せよ．
  [平成 18 年度 大阪大学理学研究科入試問題より]

18·6 互いに独立な同一粒子 1 mol からなる系について，各粒子が**図1**の (a) 〜 (c) のエネルギー準位をもつ場合をそれぞれ考える．ただし，図中の二重線は二重縮退を表し，準位間のエネルギー間隔 (ε および 2ε) は**図1**に示したとおりである．気体定数を R，ボルツマン定数を k_B として，以下の問いに答えよ．

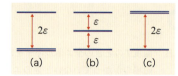

図1

A. (a), (b), (c) それぞれの系について, 温度 $T = \infty$ における1粒子あたりの平均エネルギーと平均エントロピーはいくらか. ただし, いずれも $T = 0$ を基準とせよ.

B. (a), (b), (c) それぞれの系について, 1粒子の分配関数 q を書け.

C. 図2は, (a), (b), (c) の系のモル熱容量 (C_m) の温度変化を表したものである. 曲線(1), (2), (3)はそれぞれ, (a), (b), (c) いずれに対応するものか. また, そう判定した理由を簡単に述べよ.

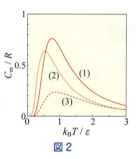

図2

D. 低温でエネルギー準位(a)をもっていた系が, ある温度 $T_{trs} = 2\varepsilon/k$ で相転移し, それより高温ではエネルギー準位(c)となった. モル転移エネルギーおよびモル転移エントロピーはいくらか. 必要なら, $e^{-1} = 0.368$ を使え.

[平成24年度 大阪大学理学研究科入試問題より]

第IV部
化学反応

　化学反応の研究は興味深いテーマであり，これを理論と実験で解き明かすのは物理化学の醍醐味の１つである．今や数えきれないくらい多くの化学反応が知られ，さまざまな用途に利用されている．大事なのは，それぞれの反応をどう制御するかであり，そのためには基本的な考え方と実際の反応過程への応用を学ぶ必要がある．

　そこでまず，化学反応の進む速さ（反応速度）がどう表されるかを考える．われわれは，温度が高くなると多くの化学反応が速くなることを経験的に知っているが，なぜそうなるのか，あるいは反応によってどう違うのかについて，理論的な取り扱いと実際の反応系の例を示しながら解説する．重要なのは反応過程を正確に理解することで，どのようなメカニズムで反応が起こっているのかを理論的につかめると，反応速度の大きさや温度変化も深く理解でき，反応速度の制御が可能になる．

　次に紹介するのが光化学反応である．第Ⅱ部で学んだ分子分光学では，分子による光の吸収と放出に主眼が置かれたが，ここでは分子が光で励起されたのち，化学反応を起こしたり，光放出をともなわずに緩和していく過程に注目する．特に，近年飛躍的に発展したレーザー分光法の機構を，研究結果を示しながら解説する．

　DNAなどの生体系でも，いくつかの反応過程が絶妙に組み合わされ，生体機能を担っている．21章は，その基本的な反応系を紹介する．また，近年，均一系ではなかなか進まない化学反応が，特定の固体表面や触媒などの界面で効率よく起こることが見出された．22章では，表面・界面での化学反応について解説する．

19章	反応速度
20章	光化学反応
21章	生体系の化学反応
22章	表面・界面での反応

太陽電池は，光起電力効果を利用し，光エネルギーを電力に変換する．光電池ともいう．シリコン太陽電池のほか，さまざまな半導体を素材にしたものがあり，太陽光発電として実用化されている．

19章 反応速度

■ Contents
19.1 反応速度式と速度定数
19.2 反応速度の温度変化と触媒作用
19.3 遷移状態理論
19.4 素反応と律速段階

　分子に、熱や光でエネルギーを与えたり、電子や原子を衝突させたりすると化学結合が切れることがある。さらに、新しい化学結合が生じると、種類の違う分子へと変化する。この過程を**化学反応**という。

　ここではまず、**反応速度**に注目しながら化学反応の基礎的な取り扱いを学ぶ。重要なのは、われわれの身近な所で起こっている化学反応を巧みに制御することであり、それは反応の速さを制御することにほかならない。たとえば、ロケットエンジンも燃料電池も同じ水素の燃焼反応であるが、その速さは大きく異なる。それぞれの目的に合った反応速度を得るために、最新の技術を駆使して装置をつくっている。

　本章ではまず、反応の速さを、数式を使ってきちんと求めることから始める。そのために必要な**反応速度式**と**速度定数**を習得する。さらに、それを使って、温度変化や触媒作用、遷移状態理論といった複雑な反応の機構を学ぶ。そうして、化学反応をより深く理解できるようになることがこの章の目的である。

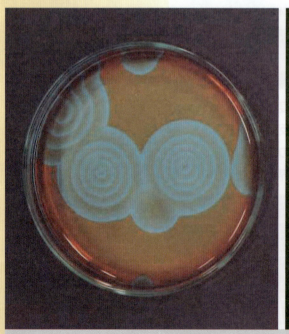 

セリウム塩と臭化物イオンを触媒として、カルボン酸をブロモ化する化学反応では、容器内で同心円を描いて反応が進んだり、数10秒の周期で反応物と生成物の濃度がくり返し変化する。左の写真の同心円パターンが、少し時間が経った右の写真で広がっているのがわかる。このような振動反応は、最新デバイスや生体内で重要な役割を果たしている。

19.1 反応速度式と速度定数

分子 A が何らかの形でエネルギーを得て B に変化する化学反応を考える．このとき，A を**反応物**(reagent)，B を**生成物**(product)という．このような反応は**単分子反応**とよばれる．単分子反応が起こる速さは周りにある分子の濃度に関係なく，反応は A の状態に固有な一定の確率で起こり続ける．

単位時間あたりの反応量，たとえば 1 秒間にどれだけの量の A が B に変化するかを**反応速度**(rate of reaction)という．単分子反応では多くの場合，その反応速度は反応物の量(の一次)に比例する．そのように反応速度が反応物の量の一次に比例する反応を**一次反応**といい，その反応速度は温度とともに大きくなる．

主な単分子反応は分子の解離と異性化であり，「N_2O_5 の熱分解」や「ジクロロエチレンのシス-トランス異性化」などがモデルとして考えられる(図 19-1)．

これに対して，A と B が衝突・会合†して C に変化する反応を**二分子反応**という．二分子反応では，多くの場合，反応速度が 2 つの反応物それぞれの量に比例する．そのように反応速度が反応物の量の二次に比例する反応を**二次反応**といい，衝突の確率と衝突したときの状態によって反応速度が支配される．

これからこの 2 つの過程の反応速度の変化について詳しく見ていく．

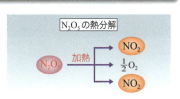

図 19-1　単分子反応の例

Assist　会　合

2 つの分子が衝突しても，多くの場合は短い時間内に離れてしまう．しかしながら，極性分子など引きつける力が大きな分子では，そのまま反応して 1 つの分子になることもある．これを分子の会合(association)という．

19.1.1　単分子反応　A $\xrightarrow{k_1}$ B

分子 A が B に変化する単分子反応では，1 個の分子に対する反応の確率がある温度では一定であると仮定し，それを k_1 で表す．k_1 は，この反応の**反応速度定数**(rate constant)とよばれる．また，分子 A の量(溶液中では濃度)を [A] で表す．単分子反応の反応速度は，1 個の分子に対する反応の確率 k_1 とともに分子の量 [A] にも比例するので一次反応となる†．

一次反応速度式
$$\frac{d}{dt}[A] = -k_1[A] \tag{19.1}$$

このように，反応速度を反応物の量や反応速度定数で表した式を**反応速度式**(rate law)という．この式は

$$\frac{1}{[A]}\frac{d}{dt}[A] = -k_1$$

と変形することができ，この両辺を積分すると†

一次反応の積分速度式
$$\ln[A] = -k_1 t + \text{Const.} \tag{19.2}$$

が得られる．これを**積分速度式**(integrated rate equation)という．さらに両辺の指数をとり，初期条件($t = 0$ で A の濃度が $[A]_0$)を用いると，[A] の経時

Assist　単分子反応と一次反応

「単分子反応」「二分子反応」は，反応が 1 つの分子の中で起こるか 2 つの分子が衝突して起こるかという定義であり，「一次反応」「二次反応」は，反応速度が反応物の一次で表されるか二次で表されるかの定義である．二分子反応でも一次反応式に従うことはある．

Assist　微分方程式の積分

反応速度のように，方程式に微分係数が含まれているときには，適切な条件をつけてこれを積分すると，反応物や生成物の量(濃度)を求めることができる．

変化は

単分子反応の経時変化
$$[A] = [A]_0 e^{-k_1 t} = [A]_0 e^{-t/\tau} \tag{19.3}$$

と求められる．一次反応では反応物の量は指数関数的に減少していく．$\tau = 1/k_1$ はその減少に対する時定数で**寿命**（lifetime）とよばれ，A の量が $[A]_0$ の $1/e = 1/2.718 \approx 0.368$ になる時間である（図 19-2）．

もうひとつの時定数が**半減期**（half-life）であり，これは反応物の量が半分になる時間である．式(19.3)で $[A]$ が $[A]_0$ の半分になる時間を $t_{1/2}$ とおくと

$$\frac{1}{2}[A]_0 = [A]_0 e^{-k_1 t_{1/2}} \tag{19.4}$$

となる．これから

$$e^{-k_1 t_{1/2}} = \frac{1}{2}$$

が得られ，両辺の自然対数をとると

一次反応の半減期と寿命
$$t_{1/2} = \frac{\ln 2}{k_1} = \frac{0.693}{k_1} = 0.693\tau \tag{19.5}$$

と半減期が求まる．反応速度定数が大きくて反応が速いと時定数（寿命および半減期）は短くなる．

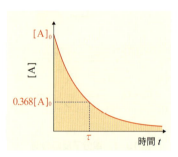

図 19-2 一次反応の寿命

Assist　自然対数の指数関数

$e^x = y$ とすると，$x = \ln y$ と表され，これから

$-\ln x = -\ln(\ln y)$
$\therefore e^{-\ln x} = (\ln y)^{-1} = x^{-1}$

が得られ，式(19.5)が導かれる．

例題 19.1　単分子反応の経時変化

単分子反応で，$k_1 = \ln 2$ のとき，$[A]$ がどのように減少していくかを具体的に示せ．

解答

この単分子反応での反応物の量の経時変化は，式(19.3)から

$$[A] = [A]_0 e^{-k_1 t} = [A]_0 e^{-(\ln 2)t}$$

で与えられる．自然対数の指数関数の公式†を使うと

$$[A] = [A]_0 \{e^{-(\ln 2)}\}^t = [A]_0 2^{-t} = [A]_0 \left(\frac{1}{2}\right)^t \tag{19.6}$$

が得られる．これをグラフにしたのが図 19-3 であり，$[A]$ の値は 1 秒経過するごとに半分になっていく．一般に，単分子反応では反応物の量は一定の割合で減少していく．

チャレンジ問題

この単分子反応で，生成物の量の経時変化を式とグラフで表せ．

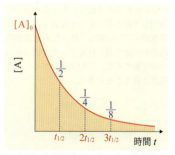

図 19-3 一次反応での $[A]$ の経時変化

19.1.2 二分子反応 A + B $\xrightarrow{k_2}$ C

同じ種類の気体の二分子が衝突して新たな分子を生じる反応は

$$A + A \xrightarrow{k_2} C \quad (19.7)$$

と表される．2つの分子が会合して二量体をつくる反応などがこれにあたる．この場合，反応速度は[A]の2乗に比例し（二次反応）

$$\frac{d}{dt}[A] = -\frac{d}{dt}[C] = -k_2[A]^2 \quad (19.8)$$

で与えられる．これを変形して

$$\frac{1}{[A]^2}\frac{d}{dt}[A] = -k_2 \quad (19.9)$$

と表し，$t=0$ でのAの濃度を $[A]_0$ として積分すると，

$$\int_{[A]_0}^{[A]} \frac{1}{[A]^2} d[A] = \int_0^t -k_2 dt \quad (19.10)$$

が得られる．これから，積分速度式は

$$\frac{1}{[A]} - \frac{1}{[A]_0} = k_2 t \quad \therefore \quad \frac{1}{[A]} = k_2 t + \frac{1}{[A]_0} \quad (19.11)$$

となる．これをグラフに表すと，$1/[A]$ は切片 $1/[A]_0$，傾き k_2 の直線となり（図19-4），反応速度は気体の圧力（濃度）とともに大きくなる

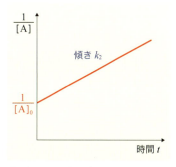

図19-4 二次反応での $1/[A]$ の経時変化

次に，2種類の分子AとBの二分子反応を考える．

$$A + B \xrightarrow{k_2} C \quad (19.12)$$

この反応のモデルとしては，気体の水素分子とヨウ素分子の反応や，液体の水の中での水素イオンと水酸イオンの結合反応などが考えられる（図19-5）．反応速度はAとBが会合する確率に依存し，気体の場合は分子の衝突による会合の頻度に比例する場合が多い．気体分子運動論（11.4節参照）から，その頻度は[A]と[B]の両方に比例することがわかる．したがって，その反応速度式は

二次反応速度式
$$\frac{d}{dt}[A] = \frac{d}{dt}[B] = -k_2[A][B] \quad (19.13)$$

と表され，二次反応となる．k_2 はこの反応の反応速度定数である．式(19.13)より，$[A]_0 \neq [B]_0$ としたときの積分速度式は

$$\frac{1}{([A]_0 - [B]_0)} \ln\left[\frac{[B]_0([A]_0 - x)}{[A]_0([B]_0 - x)}\right] = k_2 t \quad (19.14)$$

と表される．ここで x は反応による[A]の減少分を表す．この式から，Aについての半減期は次のようになる．

二次反応の半減期
$$t_{1/2}(A) = \frac{1}{k_2([A]_0 - [B]_0)} \ln\left(\frac{[A]_0}{2[B]_0 - [A]_0}\right) \quad (19.15)$$

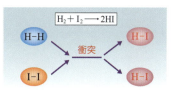

図19-5 二分子反応の例

<u>二次反応では，反応速度や半減期は初濃度によって変わる．</u>

例題 19.2 二次反応の半減期

二次反応 A + B ⟶ C の積分速度式と B についての半減期を導け．

解答

A, B の初期濃度を $[A]_0$, $[B]_0$ と表し，t 秒後に $[A]$ が x だけ減少したとすると，式(19.13)から

$$\frac{d}{dt}([A]_0 - x) = -k_2([A]_0 - x)([B]_0 - x)$$

となる．これから

$$\frac{1}{([A]_0 - x)([B]_0 - x)} \frac{d}{dt}([A]_0 - x) = -k_2$$

$$\frac{1}{([A]_0 - [B]_0)} \left(\frac{1}{[A]_0 - x} - \frac{1}{[B]_0 - x} \right) \frac{dx}{dt} = k_2$$

の関係式が成り立ち，この両辺を積分すると

$$\frac{1}{([A]_0 - [B]_0)} \{\ln([A]_0 - x) - \ln([B]_0 - x)\} = k_2 t + \text{Const.}$$

$$\therefore \frac{1}{([A]_0 - [B]_0)} \ln\left(\frac{[A]_0 - x}{[B]_0 - x} \right) = k_2 t + \text{Const.}$$

の積分速度式が得られる．$[A]_0 \neq [B]_0$ とし，$t = 0$ で $x = 0$ なので

$$\text{Const.} = \frac{1}{([A]_0 - [B]_0)} \ln\left(\frac{[A]_0}{[B]_0} \right)$$

と積分定数が求められ，積分速度式は最終的に

$$\frac{1}{([A]_0 - [B]_0)} \ln\left[\frac{[B]_0([A]_0 - x)}{[A]_0([B]_0 - x)} \right] = k_2 t$$

と表される．$[B]$ が $[B]_0$ の半分になる時間(B の半減期)を $t_{1/2}(B)$ とすると，$x = (1/2)[B]_0$ から

$$\frac{1}{([A]_0 - [B]_0)} \ln\left[\frac{[B]_0\left([A]_0 - \frac{1}{2}[B]_0\right)}{[A]_0\left([B]_0 - \frac{1}{2}[B]_0\right)} \right] = k_2 t_{1/2}(B)$$

が得られ，これから B の半減期が次のように求まる．

$$t_{1/2}(B) = \frac{1}{k_2([A]_0 - [B]_0)} \ln\left(2 - \frac{[B]_0}{[A]_0} \right)$$

■チャレンジ問題

A の半減期が式(19.15)で表されることを示せ．

二次反応での $[A]$, $[B]$ の経時変化は複雑で，単純な式では表せないが，初期濃度を変化させて実験をおこない，$[A]$ と $[B]$ の割合の経時変化を測定すれば，二次反応速度定数を決めることができる．式(19.13)の二次反応の積分速度式は

> **二次反応の積分速度式**
> $$k_2 t = \frac{1}{([A]_0-[B]_0)} \ln\left(\frac{[B]_0[A]}{[A]_0[B]}\right) \quad (19.16)$$

と表され，時間 t と $\ln([A]/[B])$ は比例関係にある．これをグラフにしたのが図 19-6 である．グラフは直線になり，その傾きは $k_2([A]_0-[B]_0)$ に等しくなるので，$[A]_0-[B]_0$ を変化させながら $\ln([A]/[B])$ の経時変化を測定してやれば k_2 が求まる．

このように，反応速度定数がわかれば，初期濃度を調整することによって二次反応の進み具合を制御することができる．

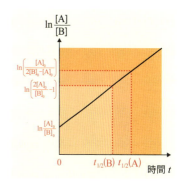

図 19-6 二次反応での $\ln([A]/[B])$ の経時変化

19.2 反応速度の温度変化と触媒作用

単分子反応の代表的な例として，次のような五酸化二窒素（N_2O_5）の熱分解を詳しく見てみる．

$$N_2O_5 \longrightarrow 2NO_2 + \frac{1}{2}O_2$$

この反応は温度が高くなると速くなることが知られているが，その理由を説明するのが図 19-7 である．横軸は分解反応が進むにつれて変化する状態を表す変数（反応座標）であり，縦軸はエネルギーを表す．グラフは反応が進むにつれてポテンシャルエネルギーがどう変化するかを示していて，反応が起こる前と後のポテンシャルエネルギーをそれぞれ E_I，E_{III} とする．

$E_I < E_{III}$ のとき，この反応を**吸熱反応**といい，反応によって熱が吸収される．逆に $E_I > E_{III}$ のとき，この反応を**発熱反応**といい，反応によって熱が放出される．N_2O_5 の熱分解は発熱反応である．反応が始まるとエネルギーは E_I より高くなるが，あるところで最大値 E_{II} をとった後は減少していく．もし反応物のもつエネルギーが E_{II} よりも大きければ，この頂点を越えて反応は進み N_2O_5 は分解する．このときの $E_a = E_{II} - E_I$ を**活性化エネルギー**（activation energy）といい，分子が反応するために必要なエネルギーを表す．

一般に，系の状態や化学反応がどの方向へ進むかは，ギブズエネルギー（14.1 節参照）の変化によって決まるが，ポテンシャルエネルギーに障壁のある反応では，その速度は障壁の高さ，すなわち活性化エネルギーに依存する．

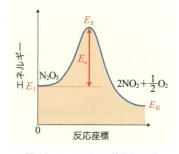

図 19-7 N_2O_5 の熱分解反応

19.2.1 反応速度の温度変化──アレニウスの式

反応が進む速さは速度定数 k によって表されるが，その値は温度が上がるにつれて大きくなることが多い．その温度変化を予測するのによく使われるのが次に示す**アレニウスの式**（Arrhenius equation）である．

> アレニウスの式
> $$k = A\exp\left(-\frac{E_a}{RT}\right) \tag{19.17}$$

ここで A は**頻度因子**（frequency factor）といい，一定の温度での反応確率を表す．指数の部分は反応の温度依存性を示す因子で，反応の速さが活性化エネルギーと温度の兼ね合いで決まっていることを示している．

この式による反応速度の温度変化と活性化エネルギーに対する依存性を示したのが図19-8である．<u>反応は温度が上がると速くなり，活性化エネルギーが高くなると遅くなる</u>．多くの身近な反応の活性化エネルギーは 100 kJ mol^{-1} くらいで，反応速度は温度が 10 ℃ 上がるごとに 1.5 〜 3 倍大きくなる．

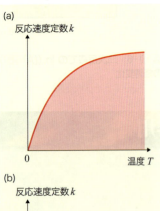

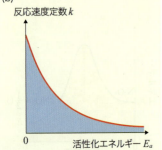

図 19-8 反応速度定数の温度変化依存性(a)と活性化エネルギー依存性(b)

例題 19.3 反応速度の温度変化

水素とヨウ素の二分子反応 $H_2 + I_2 \longrightarrow 2HI$ では，頻度因子は $A = 2 \times 10^{14}$ cm^3 mol^{-1} s^{-1}，活性化エネルギーは $E_a = 168$ kJ mol^{-1} である．気体定数を $R = 8.31$ J mol^{-1} K^{-1} として，700 K での反応速度定数を求めよ．また，温度が 710 K に上がったら，反応速度定数は何倍になるかを計算せよ．

解答

アレニウスの式から，反応速度定数は次の式で与えられる．

$$k = A\exp\left(-\frac{E_a}{RT}\right)$$

これに，A，E_a，R の値と，温度 700 K を代入すると

$$k = 2 \times 10^{14} \exp\left(-\frac{168 \times 10^3}{8.31 \times 700}\right) = 2 \times 10^{14} \times \exp(-28.9)$$
$$= 2 \times 10^{14} \times 2.9 \times 10^{-13} = 58 \text{ cm}^3 \text{ mol}^{-1} \text{ K}^{-1}$$

と反応速度定数が求められる．さらにこの式に 710 K を代入すると，

$$k = 2 \times 10^{14} \exp\left(-\frac{168 \times 10^3}{8.31 \times 710}\right) = 2 \times 10^{14} \times \exp(-28.5)$$
$$= 2 \times 10^{14} \times 4.3 \times 10^{-13} = 86 \text{ cm}^3 \text{ mol}^{-1} \text{ K}^{-1}$$

となり，温度が 10 K が上がると反応速度定数は約 1.5 倍になる．

チャレンジ問題

A $\longrightarrow$ B の単分子反応の活性化エネルギーは $E_a = 120$ kJ mol^{-1} で，温度 500 K での半減期は 100 秒である．510 K に温度を上げると半減期はいくらになるか．アレニウスの式を使って予測せよ．

19.2.2 触媒作用

通常の状態ではなかなか進まない反応でも，ある特別な物質を加えるだけで反応速度が飛躍的に大きくなることが多い．窒素と水素からアンモニアを合成する反応はその代表的な例であり，反応式は次のように表される．

$$N_2 + 3H_2 \longrightarrow 2NH_3$$

N_2 も H_2 も安定な分子なのでそもそも反応しにくいと予測される．さらに，この反応では4分子が会合する必要があるので，通常の条件では反応が起こらない．しかしながら，反応容器内に Fe^{3+} を含む物質を加えると，500 atm, 300 °Cといった比較的穏やかな条件で多量に合成することが可能となる．この方法は「ハーバー=ボッシュ法」とよばれ，高い効率でアンモニアを合成できる画期的な手段として社会に大きく貢献した．ここで加えた Fe^{3+} を含む物質は**触媒**（catalyst）といい，反応に直接関わることはないが反

Focus 19.1　燃料電池と白金触媒

水を電気分解すると酸素 O_2 と水素 H_2 を生じるが，その逆過程によって電力を取り出す装置が燃料電池である．その反応式は

$$2H_2 + O_2 \longrightarrow 2H_2O$$

で表されるが，これは活性化エネルギーの大きい酸化還元反応で，かなり高温にしないと反応が起こらない．これを効率よく進めるためには触媒が必要不可欠であり，現在では白金 (Pt) 触媒が広く用いられている．下図は燃料電池のしくみを示したものである．H^+ が中を移動できる電解質（固体高分子膜などが用いられる）を，2つの電極で挟んだ構造になっている．O_2（実際には空気を用いることが多い）を注入する側の電極は陽極になり，これを空気極という．これに対して H_2 を注入する側の電極は陰極となり，これを燃料極という．両電極内は H^+ が移動できるが，白金を用いた触媒が含まれていて，次のような反応が効率よく起こるように工夫されている．

$$\text{燃料極}：H_2 \longrightarrow 2H^+ + 2e^-$$
$$\text{空気極}：O_2 + 4H^+ + 4e^- \longrightarrow 2H_2O$$

燃料極で生じた H^+ は，電解質内を移動して空気極へ移り，O_2 と反応して H_2O になる．そのとき同時に電荷も移動するので，陽極から陰極へ電気が流れる．

白金触媒がないと，この一連の反応が起こるのに 1000 °C以上の高温が必要となるが，最適な触媒を添加すると 100 °C以下でも効率よく反応が進行し，大きな電力を取り出すことができる．原料の水素をつくる方法としては，天然ガス（主成分はメタン CH_4）の水蒸気改質反応などが用いられている．

$$CH_4 + 2H_2O \longrightarrow 4H_2 + CO_2$$

この反応にも白金触媒が必要で，比較的低温でも効率よく反応が進むようになっている．

このように，白金触媒は燃料電池にとって極めて重要であるが，問題は白金がレアメタルで，高価であるとともに資源として貴重だということである．現在，それに代わる触媒の開発が盛んにおこなわれている．エネルギーや地球環境問題を解決する鍵ともなる研究であり，今後の発展が期待されている．

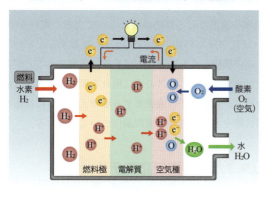

応速度を大きくする役割を果たしている（アンモニア合成については 22.3 節で詳しく述べる）．

触媒作用の機構として最も重要なのが，反応の活性化エネルギーを小さくすることである．たとえば，二分子反応では 2 つの分子が会合する必要があるが，その会合状態を安定化する物質があったらポテンシャルエネルギーの障壁が低くなり，結果として活性化エネルギーが小さくなって反応速度は大きくなる（図 19-9）．触媒には，ほかにも，2 つの分子が会合する確率や会合している時間を長くする作用によって，化学反応を促進する働きがあると考えられる．

よく知られている触媒作用としては，酢酸メチルの加水分解

$$CH_3COOCH_3 + H_2O \longrightarrow CH_3COOH + CH_3OH$$

があるが，この反応は酸を加えるだけで非常に速くなる．また，気体の H_2 と O_2 の反応

$$H_2 + O_2 \longrightarrow 2H_2O$$

は，常温で反応することはないが，白金黒を加えると激しく反応して水分子 H_2O ができる．この反応が穏やかに進むように工夫し，速さを適度に保っているのが燃料電池である（Focus19.1 参照）．

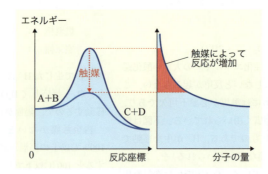

図 19-9　触媒作用
触媒によってポテンシャルエネルギーの障壁が低くなると，より多くの分子がこれを越えて反応できるようになる．

19.3　遷移状態理論

化学反応の速度は濃度や温度などの反応条件によって大きく変わるので，適切な条件を設定すれば化学反応の進み具合を巧みに制御することができる．そのためには，反応の機構をきちんと調べて正確に理解することが非常に重要である．ここではまず，アレニウスの式に現れる頻度因子と温度依存性について理解するために，気体原子の衝突モデルを考え，さらに反応が起こる段階で生じる中間状態を考える遷移状態理論について解説する．

19.3.1　衝突反応モデル

気体の二分子反応（$A + B \longrightarrow C$）が進むときのエネルギー変化を表した

のが図 19-10 である．このときの反応速度定数は A と B の衝突回数 Z_{AB} に比例すると考えられるが，A と B が衝突した際，そのエネルギーの総和が活性化エネルギーを超えたときだけ反応が起こると考えなければならない．そのエネルギーをもつ分子の割合は反応速度定数に比例することになり，それを表したのが図 19-11 である．

近似計算の結果，その割合は $\exp(-E_a/RT)$ に比例し，反応速度は次のように書き表される．

二分子反応の反応速度
$$v = k_2[A][B] = pZ_{AB}\exp\left(-\frac{E_a}{RT}\right) \quad (19.18)$$

ここで，p は**立体因子** (steric factor) とよばれ，2 分子が衝突したときの立体的な配置によって異なる反応の確率を表す．Z_{AB} は気体の 2 分子が単位時間内に衝突する平均の回数，指数関数の項はアレニウスの式と同じで，活性化エネルギーによる温度依存性を表す．

分子を球形と考え，A と B の直径をそれぞれ d_A, d_B とすると，気体分子の衝突回数は，気体分子運動論から次の式で与えられる．

$$Z_{AB} = \pi\left(\frac{d_A}{2} + \frac{d_B}{2}\right)^2 \sqrt{u_A^2 + u_B^2}\, n_A n_B \quad (19.19)$$

ここで，u_A, u_B と n_A, n_B は，それぞれ A と B の平均速度と密度である．これを式(19.18)に代入すると

$$k_2[A][B] = p\pi\left(\frac{d_A}{2} + \frac{d_B}{2}\right)^2 \sqrt{u_A^2 + u_B^2}\, n_A n_B \exp\left(-\frac{E_a}{RT}\right) \quad (19.20)$$

が得られる．密度 n_A, n_B とは単位体積あたりの A，B の分子数であり，これは [A], [B] に等しくなるので両辺から消去できる．また，反応速度定数 k_2 はアレニウスの式(式 19.17)で与えられるので，次の関係式が成り立つ．

$$A\exp\left(-\frac{E_a}{RT}\right) = p\pi\left(\frac{d_A}{2} + \frac{d_B}{2}\right)^2 \sqrt{u_A^2 + u_B^2}\exp\left(-\frac{E_a}{RT}\right) \quad (19.21)$$

これから，頻度因子は

頻度因子
$$A = p\pi\left(\frac{d_A}{2} + \frac{d_B}{2}\right)^2 \sqrt{u_A^2 + u_B^2}$$
$$= p\pi(r_A + r_B)^2 \sqrt{u_A^2 + u_B^2} \quad (19.22)$$

と求まり，分子の半径の和 $(r_A + r_B)$ の 2 乗と平均速度の根 2 乗平均に比例することがわかる．分子の速度の項は厳密には温度に依存するが，その変化は比較的小さく，ここでは近似的に一定として頻度因子に含める．

19.3.2 遷移状態モデル

図 19-12 は，二分子置換反応 (AB＋C ⟶ A＋BC) が進むときのエネルギーと状態の変化を示したものである．反応が起こる前では AB という二原子分子は安定で，とびとびの振動エネルギー準位が存在して分子のほとんどが $v = 0$ の準位にある．大きなエネルギーを得た分子はポテンシャル障壁を

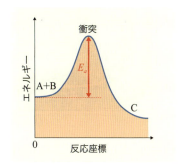

図 19-10　A＋B ⟶ C の反応機構

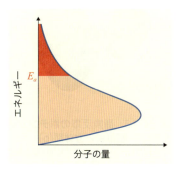

図 19-11　分子のエネルギー分布と反応確率
赤い部分が活性化エネルギーを越える分子である．

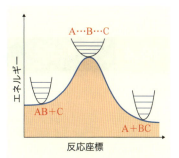

図 19-12　反応の遷移状態
二分子置換反応では，反応座標に対するポテンシャルエネルギー曲線は極小点をもたないが，これとは異なる座標に対しては安定な極小点をもつこともあり，エネルギー障壁の頂上でも振動準位が観測されている．これを遷移状態とよび，ある一定の時間分子がここに留まって反応の中間段階を保っていると考えられる．

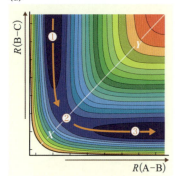

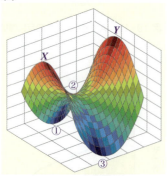

図 19-13 置換反応のポテンシャル面の平面図(a)と立体図(b)
ポテンシャルエネルギーの大きいところは赤，小さいところは青で示してある．

上り，一部は頂点に達して反応する．このとき，A⋯B⋯C の遷移状態が安定になる場合があり，これを**活性複合体**(activated complex)という．反応がどれくらいの確率で起こるかはこの活性複合体の構造によって決まると考えられる．これを理論的に考察して反応速度を予測するのが**遷移状態理論** (transition state theory)である．

図 19-13a は，この反応が直線上で起こると仮定したときのポテンシャルエネルギー面と反応の経路を示したものである．縦軸と横軸はそれぞれ原子間距離 $R(A-B)$，$R(B-C)$ であり，その2つの変数でポテンシャルエネルギーが変化して曲面となる．それを等高線で表してある．

②では，①→②→③に沿った方向にはポテンシャルエネルギーは極大になっているが，$X→Y$ 方向には逆に極小になっている(図 19-13b)．ポテンシャル面はちょうど馬の鞍のような形をしているので，②は**鞍点**(saddle point)とよばれる．$X→Y$ 方向とは，A−B と B−C が同位相で伸縮しているときの振動座標であり(図 19-14a)，この方向に沿っては反応が起こりにくい．しかし，これに垂直な方向では伸縮が逆位相になっているので(図 19-14b)，置換反応が起こりやすい．

実際の反応経路は，ポテンシャル面の低いところ(図 19-13a の青色部分)であると考えられ，①で A−B⋯C の状態であるのが，矢印に沿って②の遷移状態に移り，活性化エネルギー以上のエネルギーをもっていると，鞍点を越えて③へ進み，A⋯B−C となって反応が完結する．気体の二分子置換反応はこのように進むと考えられ，反応確率はポテンシャル面によって決まっている．

図 19-14 伸縮の位相と反応座標

19.4 素反応と律速段階

多くの化学反応は，いくつかの基本的な反応の組み合わせになっている．各々の反応段階は**素反応**(elementary reaction)とよばれ，それが組み合わさって全体の反応が進むしくみを**反応機構**という．それぞれの素反応の速度定数がわかっていても，反応全体の速度は反応機構によって異なる．ここでは，代表的な反応例についてその反応機構と速度を見てみる．

19.4.1 基本的な複合反応

(a) 競争反応
単分子反応で複数の生成物が生じる場合を**競争反応**(competitive reaction)

という．いま，分子 A が変化して分子 B と分子 C を同時に生成するとき（図 19-15），それぞれの反応速度定数を k_b, k_c とすると，[A] についての反応速度式は次のように表される．

$$\frac{d}{dt}[A] = -(k_b + k_c)[A] \tag{19.23}$$

この式から，[A] の経時変化は

$$[A] = [A]_0 e^{-(k_b+k_c)t} \tag{19.24}$$

となる．すなわち，[A] は，B と C を生じる反応速度定数の和に従って単一指数関数的に減少し，その半減期は

$$t_{1/2} = -\frac{\ln 2}{k_b + k_c} \tag{19.25}$$

で与えられる†．また，[B] と [C] に対する反応速度式は

$$\frac{d}{dt}[B] = k_b[A] \qquad \frac{d}{dt}[C] = k_c[A] \tag{19.26}$$

と表され，これを式(19.23)に代入して積分すると次のようになる．

$$[B] = \frac{k_b[A]_0}{k_b + k_c}\{1 - e^{-(k_b+k_c)t}\} \qquad [C] = \frac{k_c[A]_0}{k_b + k_c}\{1 - e^{-(k_b+k_c)t}\} \tag{19.27}$$

この反応で生成する [B] と [C] の比（**分岐比**）は次の式で与えられる．

$$\frac{[B]}{[C]} = \frac{k_b}{k_c} \tag{19.28}$$

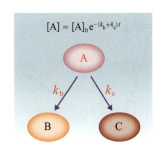

図 19-15　競争反応　A ⇄ B, C

Assist 競争反応の寿命

$$\tau = \frac{1}{k_b + k_c} = \frac{t_{1/2}}{\ln 2}$$
$$\approx 1.44 t_{1/2}$$

(b) 逐次反応

分子 A が変化して分子 B になり，そこからさらに分子 C に変化する一連の反応を**逐次反応** (consecutive reaction) という（図 19-16）．A ⟶ B，B ⟶ C の反応速度定数を k_b, k_c とすると，[A]，[B]，[C] についての反応速度式は次のように表される．

$$\frac{d}{dt}[A] = -k_b[A] \tag{19.29}$$

$$\frac{d}{dt}[B] = k_b[A] - k_c[B] \tag{19.30}$$

$$\frac{d}{dt}[C] = -k_c[B] \tag{19.31}$$

これを連立方程式にして [A]，[B]，[C] の経時変化を求める．いま，$t = 0$ における [A]，[B]，[C] を $[A]_0, [B]_0, [C]_0$ とおき，$[B]_0 = [C]_0 = 0$ とする．[A] の減少は式(19.29)だけで決まっていて，両辺を積分すればその経時変化は次のように求められる．

$$[A] = [A]_0 e^{-k_b t} \tag{19.32}$$

これを式(19.30)に代入し，両辺を積分すると，[B] の経時変化は

$$[B] = \frac{k_b[A]_0}{k_c - k_b}(e^{-k_b t} - e^{-k_c t}) \tag{19.33}$$

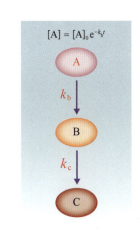

図 19-16　逐次反応　A → B → C

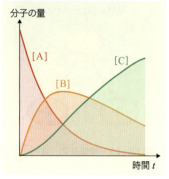

図 19-17 逐次反応での経時変化

となる．さらにこれを式(19.31)に代入して両辺を積分すると，[C]の経時変化も求めることができる．

$$[C] = [A]_0 \left[1 + \frac{1}{k_c - k_b}(k_b e^{-k_c t} - k_c e^{-k_b t})\right] \quad (19.34)$$

横軸に時間をとり，これらをすべてグラフに表したのが図 19-17 である．[A] は 1 次反応と同じように k_b の速度定数で単純に減少していくが，それとともに生成した B は同時に C へ変化していく．[B] の値はある時刻で極大となり，その後減少して [C] の増加へとつながる．

例題 19.4　逐次反応

$^{239}U \xrightarrow{k_b} {}^{239}Np \xrightarrow{k_c} {}^{239}Pu$ の核反応は逐次反応であり，$^{239}U \longrightarrow {}^{239}Np$ の半減期は 2.3 分，$^{239}Np \longrightarrow {}^{239}Pu$ の半減期は 2.3 日である．^{239}U が生成して 1 日が経過したとき，^{239}Np と ^{239}Pu が元の ^{239}U の何 % できているかを求めよ．

解答

まずはそれぞれの反応速度定数を秒単位で求める．反応物の量が元の量の半分になる時間が半減期であるので，$^{239}U \longrightarrow {}^{239}Np$ については，次のように求められる．

$$e^{-138 k_b} = \frac{1}{2} \qquad -138 k_b = \ln\frac{1}{2} = -0.693 \qquad \therefore k_b = 5.0 \times 10^{-3}$$

同様にして $^{239}Np \longrightarrow {}^{239}Pu$ については次の式が得られる．

$$k_c = 3.5 \times 10^{-6}$$

したがって，t 秒後の ^{239}Np と ^{239}Pu の量は，式(19.33)(19.34)から

$$\frac{[^{239}Np]}{[^{239}U]_0} = \frac{5 \times 10^{-3}}{3.5 \times 10^{-6} - 5 \times 10^{-3}}(e^{-5.0 \times 10^{-3} t} - e^{-3.5 \times 10^{-6} t})$$

$$\frac{[^{239}Pu]}{[^{239}U]_0} = 1 + \frac{1}{3.5 \times 10^{-6} - 5 \times 10^{-3}} \times (5.0 \times 10^{-3} e^{-3.5 \times 10^{-6} t} - 3.5 \times 10^{-6} e^{-5.0 \times 10^{-3} t})$$

で与えられる．これに，$t = 24 \times 3600 = 8.64 \times 10^4$ を代入すると，^{239}Np は 74%，^{239}Pu は 26% と求められる．^{239}U はほとんど残ってない．

■ チャレンジ問題

^{239}Np と ^{239}Pu の量の変化を，図表作成ソフトウェアを使って正確にグラフに表せ．

19.4.2　複合反応と律速段階

いくつかの素反応が組み合わさって進行すると，全体的な反応速度は複雑になる．しかし実際は，そのうち 1 つの素反応過程の反応速度が小さくて，その進み具合によって全体の反応速度が支配されることが多い．これを**律速**

段階(rate-determining step)という．

　反応速度式に近似を用いることによって，全体の反応を比較的簡単に表すことができる．ここでは，よく知られているリンデマン機構と N_2O_5 の熱分解反応の例を見ながら，そのなかでの律速段階について考えてみる．

(a) リンデマン機構

　いま，一次反応 A ⟶ B+C が次の素反応の組み合わせで起こっているとする(図19-18)†．

$$A+A \xrightarrow{k_*} A + A^* \quad (\text{I})$$
$$A+A^* \xrightarrow{k_{-*}} A + A \quad (\text{II})$$
$$A^* \xrightarrow{k_r} B + C \quad (\text{III})$$

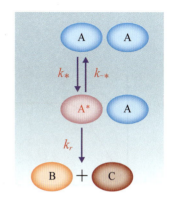

図19-18　リンデマン機構

　これは多くの化学反応で見られ，**リンデマン機構**(Lindemann mechanism)とよばれる．ここで，A^* は A 分子どうしの衝突で生じる活性化分子である．(I)は活性化反応，(II)はその逆反応で A 分子の失活過程である．(III)の反応は A^* からしか起こらない．[A]についての速度方程式は

$$\frac{d}{dt}[A^*] = k_*[A]^2 - k_{-*}[A][A^*] - k_r[A^*] \quad (19.35)$$

と表される．式(19.35)を積分すると非常に複雑な形になるので，簡単のために近似を使う．その近似は，反応が一定の速度で進んでいて [A^*] の値が変わらないとするもので，これを**定常状態近似**(steady-state approximation)という．式(19.35)の値を 0 とおいて

$$k_r[A^*] + k_{-*}[A][A^*] = k_*[A]^2$$
$$\therefore [A^*] = \frac{k_*[A]^2}{k_r + k_{-*}[A]} \quad (19.36)$$

Assist　k_*　k_{-*}

k_{-*} は k_* の反応の逆反応の速度定数を表す．

の関係式が成り立つ．(III)の反応速度は

$$v_r = \frac{d}{dt}[B] = \frac{d}{dt}[C] = k_r[A^*] \quad (19.37)$$

で与えられるので，式(19.36)を代入して

$$v_r = \frac{k_r k_*[A]^2}{k_r + k_{-*}[A]} \quad (19.38)$$

が得られ，(III)の反応の進み方は k_r と $k_{-*}[A]$ の比率によって大きく異なることがわかる．もしも A^* の失活が速くて，(II)の反応速度が(III)よりも十分大きければ($k_r \ll k_{-*}[A]$)，式(19.38)の反応速度は

$$v_r' = \frac{k_r k_*}{k_{-*}}[A] \quad (19.39)$$

と表され，近似的に一次反応とみなせる．

　この場合は(II)の反応過程が律速段階となり，(III)の反応速度が分子の衝突や [A^*] によらなくなると考えられる．逆に(III)の反応速度が(II)よりも十分大きければ($k_r \gg k_{-*}[A]$ ならば)，式(19.38)の反応速度は

$$v_r'' = k_*[A]^2 \quad (19.40)$$

となり，見かけ上，二次反応とみなせる．この場合は(III)の反応過程自体が律速段階である．実際には，初期濃度[A]を変えて各成分濃度の経時変化を測定し，各反応速度定数を決定する．

> **例題 19.5　シクロプロパンの異性化反応**
>
> 気体のシクロプロパン(CP)は高温で異性化反応を起こし，プロペン(PP)を生成する．図 19-19 は，その 800 K での反応速度定数の圧力変化を示している．この結果から，この反応はリンデマン機構によっていることを示せ．また，圧力が十分高くて反応速度定数 k_p が一定とすると，気体の CP を加熱後 1 時間経過したときに何%の CP が反応するか予測せよ．
>
> [解答]
>
> この異性化では，低圧で定数の値が小さくなり，圧力が 0 の極限では反応速度は 0 になる．したがって，分子の衝突が反応が進むための初期段階であるリンデマン機構によることが示される．圧力が十分高くて反応速度定数が一定のときには $k_r \ll k_{-*}$ であり，その値は式(19.39)と図 19-19 から
>
> $$k_1' = \frac{k_r k_*}{k_{-*}} = 7.0 \times 10^{-4} \, \text{s}^{-1}$$
>
> になる．したがって，1 時間後の CP の量は，式(19.3)より
>
> $$[CP]_{1hr} = [CP]_0 \, e^{-k_1' t} = [CP]_0 \, e^{-7.0 \times 10^{-4} \times 3600} = [CP]_0 \times 0.08$$
>
> と求められ，92% の CP が反応すると予測される．

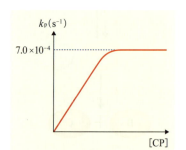

図 19-19　CP の異性化反応(800 K)の反応速度定数の圧力変化

> **■チャレンジ問題**
>
> CP の量が次の式で減少するとして
>
> $$-\frac{d[CP]}{dt} = k_r [CP^*]$$
>
> 式(19.40)から反応速度定数の圧力依存性が
>
> $$v_r = \frac{k_r k_* [CP]^2}{k_r + k_{-*}[CP]}$$
>
> で表されることを示せ．

(b) N_2O_5 の熱分解反応

五酸化二窒素(N_2O_5)の熱分解反応は単分子反応であるが，詳しい実験の結果から，次のような複雑な反応機構であることがわかっている(図 19-20)．

$$N_2O_5 \underset{k_{-1}}{\overset{k_1}{\rightleftarrows}} NO_2 + NO_3 \quad \text{(I)}$$

$$NO_2 + NO_3 \xrightarrow{k_{II}} NO + O_2 + NO_2 \quad \text{(II)}$$

$$NO + NO_3 \xrightarrow{k_{III}} 2NO_2 \quad \text{(III)}$$

(I)の反応は可逆反応で，その逆反応は(III)と競争反応になっている．(I)

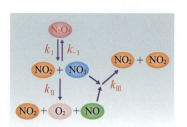

図 19-20　N_2O_5 の熱分解反応

と (II) は逐次反応になっているが，(II) と (III) の過程もお互いに関連している．反応全体としては

$$N_2O_5 \longrightarrow 2NO_2 + \frac{1}{2}O_2$$

と表すことができ，素反応過程で現れる NO_3 や NO は最終的に生成物として残ることはない．このような分子を**反応中間体** (reaction intermediate) という．定常状態近似を用いてこれらの定常的な濃度を求めると

$$[NO_3]_s = \frac{k_I[N_2O_5]}{(k_{-I} + 2k_{II})[NO_2]} \tag{19.41}$$

$$[NO]_s = \frac{k_{II}[NO_2]}{k_{III}} \tag{19.42}$$

となる†．このときの $[N_2O_5]$ に対する反応速度式は

$$-\frac{d}{dt}[N_2O_5] = k_I[N_2O_5] - k_{-I}[NO_2]_s[NO_3]_s$$

$$= \frac{k_I k_{II}}{k_{-I} + 2k_{II}}[N_2O_5] \tag{19.43}$$

と表され，結果としては全体的に一次反応と考えることができる．また，素反応のなかで最も遅いのは (II) であり，五酸化二窒素 (N_2O_5) の熱分解反応では NO_2 と NO_3 の衝突過程が律速段階になっている．

Assist $[NO_3]_s$

$[NO_3]_s$ は時間に依存しない定常状態での NO_3 の濃度を表す．

19章 重要項目チェックリスト

単分子反応　　$A \xrightarrow{k_1} B$　　　　　　　　　　　　　　　　　　　　　　(k_1：反応速度定数)

◆一次反応速度式 [p.401]　　$\dfrac{d}{dt}[A] = -k_1[A]$　　　　　　　　　　([A]：分子Aの量(濃度))

◆反応物量の経時変化 [p.402]　　$[A] = [A]_0 e^{-k_1 t}$　　　　　　　　　　($[A]_0$：時刻tにおける分子Aの量(濃度))

◆一次反応の半減期と寿命 [p.402]　　$t_{1/2} = -\dfrac{\ln 2}{k_1} = \dfrac{0.693}{k_1} = 0.693\tau$　　　　($t_{1/2}$：半減期，τ：寿命)

二分子反応　　$A + B \xrightarrow{k_2} C$　　　　　　　　　　　　　　　　　　　　(k_2：反応速度定数)

◆二次反応速度式 [p.403]　　$\dfrac{d}{dt}[A] = \dfrac{d}{dt}[B] = -k_2[A][B]$

◆二次反応の半減期 [p.403]　　$t_{1/2}(A) = -\dfrac{1}{k_2([A]_0 - [B]_0)} \ln\left(\dfrac{[A]_0}{2[B]_0 - [A]_0}\right)$

◆二次反応の積分速度式 [p.405]　　$-k_2 t = \dfrac{1}{([A]_0 - [B]_0)} \ln\left(\dfrac{[B]_0[A]}{[A]_0[B]}\right)$

反応速度の温度変化

◆アレニウスの式 [p.406]　　$k = A \exp\left(-\dfrac{E_a}{RT}\right)$　　　　　　(A：頻度因子，E_a：活性化エネルギー)

気体分子の衝突反応モデル　　$A + B \xrightarrow{k_2} C$

◆二分子反応の反応速度 [p.409]　　$v = k_2[A][B] = pZ_{AB} \exp\left(-\dfrac{E_a}{RT}\right)$　(p：立体因子，A：頻度因子，Z_{AB}：衝突回数)

◆頻度因子 [p.409]　　$A = p\pi(r_A + r_B)^2 \sqrt{u_A^2 + u_B^2}$　　　　　　(r：分子半径，u：分子の平均速度)

確認問題

19·1 二次反応 $A+B \longrightarrow C$ で，B を大過剰にしたとき，その反応速度が $v' = k'[A]$ になって見かけ上一次反応になることを示せ．

19·2 熱平衡にある分子のエネルギー分布が次のボルツマン分布で表されるとき
$$N(E) = N(0)\exp(-E/RT)$$
$E \geq E_a$ の分子の割合が $\exp(-E_a/RT)$ に比例することを示せ．

19·3 逐次反応における [C] の経時変化が
$$[C] = [A]_0 + \frac{[A]_0}{k_c - k_b}\{k_b e^{-k_c t} - k_c e^{-k_b t}\}$$
で表されることを示せ．

19·4 可逆反応
$$A \underset{k_{-1}}{\overset{k_1}{\rightleftarrows}} B$$
における反応速度式を書き，それから $t = \infty$ における A の濃度 $[A]_\infty$ を求めよ．

19·5 N_2O_5 の熱分解反応における [C] の経時変化が
$$-\frac{d}{dt}[N_2O_5] = \frac{k_1 k_{II}}{k_{-1} + 2k_{II}}[N_2O_5]$$
で与えられることを示せ．

実戦問題

19·6 二次反応 $A+B \longrightarrow C$ での活性化エネルギーは $E_a = 80$ kJ/mol である．同じ条件で，活性化エネルギーだけを変化させる作用をもつ触媒を加えたところ，$\exp(-E_a/RT)$ が 0.001 から 0.01 に変化し，反応速度が 10 倍になった．この触媒を加えたことによって活性化エネルギーはいくらになったかを推定せよ．

19·7 A と B が反応して前駆平衡により中間体 I を与え，引き続き生成物 P を与える反応を考える．B の初濃度が A の初濃度に比べてはるかに大きく，[B] は全体を通して一定とみなせる．このとき，反応時間 t 後の [A] を，$[A]_0$, $[B]_0$, k_1, k_{-1}, k_2, t のうち必要なものを用いて表せ．ただし，中間体 I については定常状態近似が成り立つとせよ．
$$A+B \underset{k_{-1}}{\overset{k_1}{\rightleftarrows}} I \overset{k_2}{\longrightarrow} P$$

[平成 25 年度 京都大学工学研究科入試問題より]

19·8 次のような連鎖反応を考える．
$$CH_3COCH_3 \overset{k_1}{\longrightarrow} 2CH_3 + CO$$
$$CH_3 + CH_3COCH_3 \overset{k_2}{\longrightarrow} CH_4 + CH_3COCH_2$$
$$CH_3COCH_2 \overset{k_3}{\longrightarrow} CH_3 + CH_3CO$$
$$CH_3 + CH_3COCH_2 \overset{k_4}{\longrightarrow} CH_3COC_2H_5$$

このときのアセトン濃度の時間変化 $d[CH_3COCH_3]/dt$ を，アセトン濃度 $[CH_3COCH_3]$ および 4 つの速度定数 k_1, k_2, k_3, k_4 を用いて表せ．ただし，CH_3 および CH_3COCH_2 は定常状態にあると仮定してよく，$k_4[CH_3] \ll k_3$ とする．

[平成 15 年度 京都大学理学研究科入試問題より]

20章 光化学反応

■ Contents
20.1 光による化学結合の切断
20.2 励起状態ダイナミクス
20.3 レーザー化学

　光はエネルギーであり，分子が光を吸収すると化学反応を生じることが多い．光と分子の相互作用については第Ⅱ部で深く学んだが，ここでは光によって励起された分子がどのように変化していくか，あるいはそこからどのような化学反応が起こるかについて解説する．

　主な過程は，光を放出して緩和する「輻射過程」，光を放出せず最終的には熱エネルギーに変換する「無輻射過程」，そして「励起状態からの化学反応」の3つである．これらの動的な過程を総称して**励起状態ダイナミクス**とよんでいる．この章の目的は，その基礎的な取り扱いを学ぶことと，現代社会に欠かせない光化学反応を理解することである．

　最初まず，分子が光を吸収したときに化学結合が切断される機構を解説する．そして，それも含めて励起状態ダイナミクスを詳しく学んだ後，特に注目すべき光化学反応の例を紹介する．

　このような励起分子のふるまいを正確に知るための光源としてレーザーが使われる．レーザーの優れた特性を生かして励起状態ダイナミクスを解明し，広く応用していく**レーザー化学**についても本章で学ぶ．

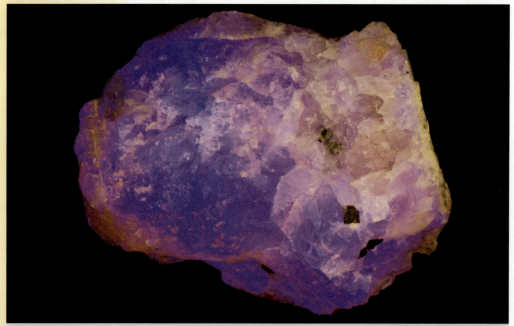

紫外線を照射されて紫色のけい光を発する蛍石．主成分はフッ化カルシウム（CaF_2）．けい光は，分子が励起状態から基底状態へ遷移する際に放出される光である．

20.1 光による化学結合の切断

20.1.1 光解離のしくみ

水素分子の固有状態には，結合性のσと反結合性σ*の2つがある（4.1.4項参照）．σ状態のポテンシャルエネルギー曲線には極小点があり，とびとびの振動準位も存在する．これに対して，σ*状態では核間距離が短くなるにつれてポテンシャルエネルギーが連続的に大きくなり，極小点をもつことはない（図20-1a）．これを**反発状態**（repulsive state）という．そこでは振動準位はどのエネルギーにも連続的に存在すると考えられる．分子がこの状態に光励起されるとただちに核間距離が長くなり，短時間の間に化学結合が切断される．このように，光によって反結合性の状態へ励起された直後に結合が切断される解離を，**直接解離**（direct dissociation）という．

σ状態からσ*状態への電子遷移を**σσ*遷移**という．分子は，通常は基底状態のゼロ点振動準位（$v''=0$）にあり，核間距離も平衡位置r_eの近くにある．光励起では電子の状態は変化するが，原子核の運動は変わらない．したがって，σ*状態へ光で励起された分子の核間距離もr_eの近くにあり，そこでのσ状態とσ*状態のポテンシャルエネルギーの差に対応する波長λ_eで吸収強度は最大になる．σ*状態の振動準位は連続なので，σσ*吸収のスペクトルに共鳴線は見られず，幅の広い吸収帯が観測される（図20-1b）．

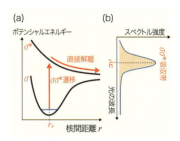

図20-1 σσ*遷移(a)と吸収スペクトル(b)

(a)のように，σ*状態へ光励起された分子の結合は，短い時間の間に切断される（直接解離）．(b)のように，σσ*吸収のスペクトルには共鳴線はなく，λ_eの波長で強度が最大になる．

例題 20.1　σσ*遷移

分子軌道法（4.1節参照）を用いて，水素分子のσσ*遷移のエネルギーをeVおよびcm^{-1}の単位で求めよ．ただし，平衡核間距離r_eでのクーロン積分の値$\alpha=13.6$ eV，共鳴積分の値$\beta=-3.5$ eV，重なり積分の値$S=0.20$とする．

解答

λ^*はr_eでのσとσ*とのポテンシャルエネルギーの差に対応する光の波長である．分子軌道法により，水素分子の2つのエネルギー固有値は

$$E_\sigma = \frac{\alpha+\beta}{1+S} \qquad E_{\sigma^*} = \frac{\alpha-\beta}{1-S}$$

で与えられるので，σσ*遷移のエネルギーは

$$E_{\sigma\sigma^*} = \frac{\alpha-\beta}{1-S} - \frac{\alpha+\beta}{1+S} = \frac{2(\alpha S - \beta)}{1-S^2}$$

となる．これに，α, β, Sの値を代入すると

$$E_{\sigma\sigma^*} = \frac{2[13.6 \times 0.20 - (-3.5)]}{1-(0.20)^2} = 6.5 \text{ eV} = 52{,}000 \text{ cm}^{-1}$$

が得られる．

> **チャレンジ問題**
> 水素分子の $\sigma\sigma^*$ 遷移の吸収帯の波長 λ^* を求めよ．

20.1.2 前期解離

ポテンシャルエネルギー曲線が極小をもつ安定な結合性の励起状態では，光を吸収して結合が切れることはない．しかし，結合性の励起状態の特定の振動準位に励起された場合にも分子が解離する現象が，多くの分子で見出されている．これは，図20-2 に示したような極小をもつ安定な励起状態と，解離につながる反発状態との相互作用に由来するものである．これを**前期解離** (predissociation) という．これによって，安定な状態へ光で励起した場合でも化学反応が起こることになる．

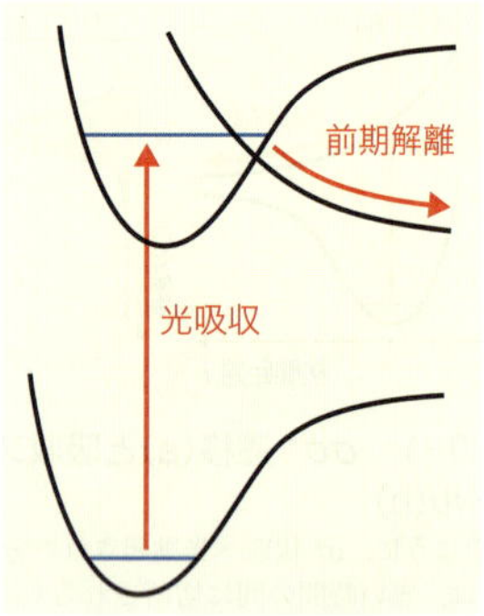

前期解離は，反発状態へ励起した場合の直接解離とは異なり，少し特殊な性質を示すことが多い（ヨウ素分子，20.3.1項参照）．まずは，光励起が特定の振動準位に選択的に起こるので，解離確率や反応速度にその励起準位の波動関数が影響を及ぼす．このような効果は「量子性」ともよばれる．ほかにも，電場や磁場で解離速度が変わるなどの効果もあり，光解離過程の制御という観点から注目されている．

図20-2 前期解離
分子を安定な結合性の状態に励起したときでも，反発状態との相互作用があると解離することがある．これを前期解離という．

20.1.3 光解離の例

(a) 塩素分子の紫外光分解

光による分子の解離で最もよく知られているのは，塩素分子の紫外光分解である．たとえば，気体の塩素分子と水素分子の反応は

$$H_2 + Cl_2 \longrightarrow 2HCl$$

と表されるが，これは次のような複合反応である．

$$Cl_2 \xrightarrow{h\nu} 2Cl \qquad (I)$$

$$Cl + H_2 \longrightarrow HCl + H \qquad (II)$$

$$H + Cl_2 \longrightarrow HCl + Cl \qquad (III)$$

(I) の反応は塩素分子の光分解で，2つの Cl 原子が生成される．そのうちの1個が水素分子と衝突し，(II) の反応で塩化水素分子 HCl と H 原子になる．この過程で生成した H 原子がさらに塩素分子と衝突して反応し，(III) の過程で HCl 分子と Cl 原子になる．こうして生成した Cl 原子は再び (II) の過程に使われ，一連の (II) と (III) の反応がくり返される（図20-3）．

このような反応を**連鎖反応** (chain reaction) といい，濃度が高いなど，条件によっては爆発的に反応することもあるが，気体の場合，圧力や温度の設定，停止反応の活用などで反応速度をうまく制御すれば，効率のよい有用な反応系をつくることができ，多くの応用が可能となる．

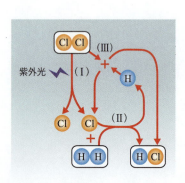

図20-3 塩素分子と水素分子の反応過程

(b) 光増感

光で連鎖反応を開始しようとすると，化学結合の切断のために大きなエネルギーが必要となるので，光の波長は紫外領域*になる．

たとえば，水素分子の結合エネルギーは 431 kJ mol^{-1} である．これをそのエネルギーに対応する光の波長に直すとおよそ 360 nm になるが，その光を照射しても水素分子は 200 nm より長い波長領域に吸収帯がないので解離はしない．ところが，反応容器内に水銀の蒸気を混ぜると，300 nm の波長の光で水素分子は解離する．この反応は次のように表される．

$$\text{Hg} \xrightarrow{h\nu} \text{Hg*} \tag{IV}$$

$$\text{Hg*} + \text{H}_2 \longrightarrow \text{HgH} + \text{H} \tag{V}$$

$$\text{HgH} \longrightarrow \text{Hg} + \text{H} \tag{VI}$$

(IV) の反応で，まず Hg 原子が紫外光を吸収して励起原子になる．これが水素分子と衝突して解離反応 (V) を起こして HgH 分子を生成する．さらに，(V)→(VI) の逐次反応によって H 原子を生成し，励起 Hg 原子は失活して元に戻る (図 20-4)．

この一連の反応で励起水銀原子 Hg* は，光エネルギーを吸収して水素分子を分解する触媒のような役割を果たしている．このような作用を **光増感** (photosensitization) という．

Data 紫外領域
$\lambda = 100 \sim 400$ nm

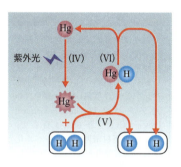

図 20-4 水素分子の解離

20.2 励起状態ダイナミクス

分子が光を吸収すると電子励起状態への遷移が起こり，大きなエネルギーをもった励起分子が生成する．一般に，励起された分子はそのエネルギー準位に固有の緩和や反応過程を示し，余剰のエネルギーを放出して安定化する．励起状態のあるエネルギー準位から他の状態へ時間とともに変化していく過程を **励起状態ダイナミクス** (excited state dynamics) という．

図 20-5 は **ジャブロンスキー図** (Jablonski diagram) とよばれる図で，縦軸にエネルギーをとり，光を吸収して励起された分子がどのような過程を経て

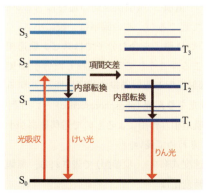

図 20-5 ジャブロンスキー図
光を吸収して励起された分子は，内部転換で S_1 状態の最も低いエネルギー準位へ緩和し，そこからけい光を発する．また，その一部は項間交差を経て三重項状態へ移り，内部転換で T_1 状態の最も低いエネルギー準位へ緩和して，そこからりん光を発する．太い横線は電子状態を，細い横線はその振動励起準位を示している．輻射過程は赤色の矢印，無輻射過程は茶色の矢印で表してある．

元の状態へ戻っていくか(緩和)を示したものである．けい光のように光を出してエネルギーを放出する**輻射過程**(radiative process)と，光を出さずに他の状態へ移っていく**無輻射過程**(nonradiative process)の2つがある．これらの過程がどれくらいの時間内で進むのかは**寿命**(lifetime)で表される．輻射寿命はだいたい10〜100 nsである．無輻射寿命の値は分子によってさまざまであるが，短いものでは1 psを切るものもある．無輻射過程が速いと，けい光を出して緩和する分子の割合(けい光量子収率)は小さくなり，励起されたエネルギーのほとんどは熱になって分子の温度が上がる．

20.2.1 光吸収と発光過程

電子がすべて対をつくっている安定な分子では，基底状態はスピン一重項状態(スピン角運動量 $S=0$)になっていて(10.1.2項参照)，これを S_0 と表す．ここから電子を1個，エネルギーの高い空準位へと励起すると電子励起状態ができるが，2個の不対電子が生成するので，スピン一重項状態に加えてスピン三重項状態($S=1$)もできる．これらの電子励起状態をエネルギーの小さい順からそれぞれ，$S_1, S_2, S_3, S_4, \cdots$ および $T_1, T_2, T_3, T_4, \cdots$ と表す．

光の吸収ではスピン状態を変えることはできないので，基底状態 S_0 からの光吸収で励起できるのは電子一重項状態だけである．また，励起状態からの発光に関しては，<u>分子からの発光は，そのスピン状態のうちで最もエネルギーの低い状態から起こる</u>ことが知られている．これを**カシャ則**(kasha's rule)という．

S_1 状態から基底状態へ**輻射遷移**(radiative transition)するとき，放出される光を**けい光**(fluorescence)という★．この輻射過程は比較的速く，けい光の寿命は 10〜100 ns である．

スピン状態が同じ $S_2, S_3, S_4, \cdots$ の間には相互作用が強く働き，お互いの間の**無輻射遷移**(non radiative transition)は非常に速い．したがって，$S_2, S_3, S_4, \cdots$ へ励起された分子は無輻射過程によって速やかにエネルギーを放出して S_1 状態へと遷移する．このような同じスピン状態間の無輻射遷移を**内部転換**(Internal Conversion：**IC**)という．

分子によっては，光吸収で $S_1, S_2, S_3, S_4, \cdots$ 状態へ励起された後，スピン三重項状態へ無輻射遷移することもある(図20-5)．これを**項間交差**(Intersystem Crossing：**ISC**)という．一重項-三重項状態間の遷移はスピン-軌道相互作用(10.1.2項参照)によって起こるが，その確率は一般に小さい．ただし，非共有電子対をもつ N 原子や O 原子を含む分子ではスピン軌道相互作用が強くなり，ISC が有効に起こる．こうして T_n へ遷移した分子は IC によって T_1 に緩和し，そこから無輻射過程と輻射過程で基底状態 S_0 へ戻る(図20-5)．このときに放出される光を**りん光**(phosphorescence)という★．この輻射過程は，非常に弱いスピン軌道相互作用によるもので遷移確率が小さく，りん光の寿命は 0.001〜1 s ときわめて長い．

けい光とりん光の輻射過程は一次速度式(19.1.1項参照)で表される．無輻射遷移がないときには発光強度の経時変化は

Topic　けい光タンパク質

可視光や紫外光で励起されたときに，強いけい光を発するアミノ酸以外の発色団をもつタンパク質を「けい光タンパク質」という．特に，オワンクラゲ(下写真)のもつ緑色けい光タンパク質(Green Fluorescent Protein：GFP)(下図)は有名で，2008年の下村脩博士のノーベル化学賞の受賞理由となった．今では，遺伝子組換え技術を用いてけい光タンパク質の発現ができるようになり，目的のタンパク質の位置の特定や細胞分化過程における移動などを観察する重要なツールになっている．多くのけい光分子に対して用いられる物理化学的手法が，タンパク質という大きな生体分子の，しかも生細胞内で適用できるという，画期的な例である．

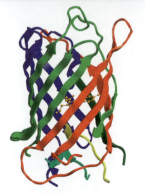

発光強度の経時変化
$$I = I_0 e^{-k_r t} = I_0 e^{-\frac{t}{\tau_r}} \quad (20.1)$$

と与えられる．ここで，k_r は**輻射減衰速度定数**で，$\tau_r = 1/k_r$ を**輻射寿命**(radiative lifetime)という．けい光強度もりん光強度も励起分子の数に比例し，1つのエネルギー準位からの発光であれば，一次反応の反応物の量と同じように指数関数的に減衰していく．

20.2.2 無輻射遷移と量子収率

多くの分子が紫外光や可視光を吸収してもけい光やりん光を発せず，無輻射過程で緩和することは古くから知られていた．その機構は，最近の研究から次のように理解されている．無輻射過程は分子内での状態変化であり，全体のエネルギーは保存されなければならない．したがって，たとえば S_1 状態のエネルギー準位からは，それと等しいエネルギーにある基底状態 S_0 の振動励起準位へと内部転換することになるが，S_0 のポテンシャルエネルギーは S_1 状態よりもはるかに小さいので，その準位は振動エネルギーが大きい準位でなければならない．

この無輻射過程においては，電子エネルギーが振動エネルギーに変換されており，原子核と電子を独立に取り扱うというボルン-オッペンハイマー近似が破れていることになる．これは電子状態と振動状態が二次的な相互作用で結合する**振電相互作用**(vibronic coupling)によって起こる．ボルン-オッペンハイマー近似は，原子核と電子の質量が2000倍ほど違うので導入できるものだが，最近の研究で，励起分子ダイナミクスにおいては振電相互作用が重要な役割を果たしていることが明らかになっている．大きな多原子分子では，S_1 状態の特定の振動準位と同じエネルギーをもつ S_0 の振動励起準位の数が多いので，有効に無輻射遷移が起こりやすい

光を吸収して励起された分子は，これらの無輻射過程で，発光状態である S_1 や T_1 状態に非常に速い時間で緩和する．そこからけい光やりん光を発して基底状態 S_0 へ輻射遷移するのだが，同時に競争的に（19.4.1項参照）に無輻射遷移も起こる場合が多い．S_1 状態からの2つの過程を示したのが**図20-6**である．

無輻射遷移する先がスピン三重項状態のときは項間交差 ISC であるが，S_1 状態の振動エネルギー準位から励起三重項状態へ遷移した後，速やかに T_1 の準位へと IC する．そこから分子はりん光を発するが，この場合も無輻射遷移と競争的にそれと等しいエネルギーにある基底状態 S_0 の準位へと内部転換する．

これらの過程をすべて考慮してそれぞれの励起分子の性質が定められるが，それぞれのダイナミクス過程の起こる割合を実験で正確に調べることが非常に重要である．分子が光子を1個吸収すると励起分子が1個できる．それに対して各過程での最終状態がどれくらいの割合で生じるかを**量子収率** (quantum yield) ϕ と定義する．

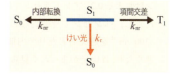

図20-6 S_1 状態からの輻射および無輻射遷移

図 20-6 に示してある S_1 状態から S_0 状態への輻射過程 (けい光) と無輻射過程 (IC と ISC) を例にとり, けい光の量子収率について考えてみる. 2 つの過程の減衰速度定数をそれぞれ k_r, k_{nr} とすると, その減衰速度式は競争反応 (19.4.1 項参照) と同じになり

$$\frac{d}{dt}[S_1] = -(k_r + k_{nr})[S_1] \tag{20.2}$$

で与えられる. ここで, $[S_1]$ は S_1 状態にある分子の数である. これから $[S_1]$ の経時変化は

$[S_1]$ の経時変化
$$[S_1] = [S_1]_0 e^{-(k_r+k_{nr})t} = [S_1]_0 e^{-\frac{t}{\tau_f}} \tag{20.3}$$

で与えられる. けい光強度は $[S_1]$ に比例して減衰し, τ_f を**けい光寿命** (fluorescence lifetime) という. このときの**けい光量子収率** (fluorescence quantum yield) は次のように表す.

けい光量子収率
$$\Phi_f = \frac{k_r}{k_r + k_{nr}} \tag{20.4}$$

この値は励起分子がどれくらいの効率でけい光を発するかを示し, 分子の

Focus 20.1　　ベンゼンの励起状態ダイナミクス

ベンゼン分子を紫外光で励起するといくつかの特徴的な光化学過程が観測され, それぞれの起こる割合は光の波長によって著しく異なる. S_1 状態への光遷移は禁制であり本来の吸収強度は 0 であるが, 他の電子励起状態との振電相互作用が強く, いくつかの振電バンドは比較的大きな吸収強度をもつ. そこでも基底状態への内部転換は比較的速いことが知られており, けい光量子収率は 0.1 くらいである. 典型的な芳香族炭化水素の S_1 状態でもおよそこれくらいの収率であり, たとえば, ナフタレンはおよそ 0.2, アントラセンでは 0.67 という値である. ただし, ベンゼンで特徴的なのが, 振動エネルギーが 3300 cm^{-1} を超えるあたりで内部転換の速度が急激に大きくなり, けい光がまったく見られなくなることである. このエネルギー領域では化学反応は起こっていないことも確かめられ, これは何か他の電子状態との相互作用があって内部転換が大きく促進されているのではないかと考えられ, "第 3 チャンネル" とよばれて盛んに論争がおこなわれた.

結局, 高分解能レーザー分光によって, 励起されたベンゼン分子は回転運動による相互作用によって S_1 状態の他の振動エネルギー準位へ移り (IVR, 20.3.3 項で後述), そこから基底状態へ内部転換するのが主な無輻射過程であることが明らかとなった. 振動エネルギーが増加するにつれて他のエネルギー準位の数が急激に増加するので, けい光量子収率も急激に減少すると考えると実験結果を説明できる.

さらに光の波長が短くなると, 励起されたベンゼン分子のエネルギーが大きくなって, 下図に示したような多様な光異性化反応が起こることも報告されている[1]. 簡単な分子であるにもかかわらず, その励起状態ダイナミクスは多様で興味が尽きない.

[1] D.Bryce-Smith, A. Gilbert, *Tetrahedron*, Vol.32, 1309 (1976)

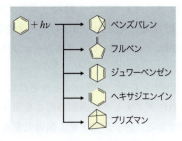

ベンゼンの光化学反応

種類や励起光波長によってその値は大きく異なる．実験的には光の吸収量とけい光の全発光強度を同時に測定することによって決定することができ，多くの分子でその値が報告されている．ただし，実際の実験が難しい部分もあり，その値の正確さは今後も検証していく必要がある．

20.3 レーザー化学

　分子が光を吸収すると電子励起状態への遷移が起こり，高いエネルギーをもった励起分子が生成する．励起された分子ではそのエネルギー準位に固有の緩和や反応が起こり，余剰のエネルギーを放出していずれ安定な状態になる．ほとんどの過程がナノ秒あるいはピコ秒といった短い時間領域で起こることが知られている．その励起状態ダイナミクスを明らかにするのに，最新の研究ではほとんどの場合レーザーが用いられている．7章で学んだように，レーザー光は，熱輻射の光源である太陽やランプとは異なる優れた特性をもっている．主な特性として，単色性がきわめてよい，極短パルス光が得られる，強度が大きいということが挙げられる．それぞれの利点を生かして，励起された分子がどのような性質をもっているか，そして，どのような化学反応が起こるのかなどを明らかにすることができる．

20.3.1　高分解能レーザーと分子の選択励起

　レーザー光は，原子や分子の発光を強めて発振させて得られる光であり，決まった値のエネルギーをもつ準位間の遷移を利用して取り出しているので，原理的にエネルギー幅を小さくすることが可能である（7.4節参照）．これを「光の単色性」という．この性質を利用して高分解能スペクトルを測定し，原子や分子のエネルギー準位を明らかにできる．

(a) ヨウ素分子(I_2)の核スピン準位

　ヨウ素分子は，可視領域すべてにわたる広い吸収帯をもっているが，高分解能スペクトルが正確に測定されていて，分子の構造やエネルギー準位が明らかにされている．それと同時に各スペクトル線の波長がきわめて高い精度で決定されており，物理量の基準となる光の波長標準として活用されている．

　図20-7aは，フーリエ変換分光計（6.4節参照）で測定されたI_2分子の高分解能吸収スペクトルを示したもので，単一の振動回転スペクトル線が分離して観測されている．それでも，この方法では気体分子のドップラー効果の影響で線幅が$0.05\ \mathrm{cm}^{-1}$ほど広がっている（7.7.2節参照）．そこで，さらにエネルギー幅が小さいレーザー光を用いてドップラー効果を除いた（ドップラーフリー）スペクトルを観測すると，図20-7bに示したように，1つの振動回転スペクトル線がさらにいくつかのスペクトル線に分裂していることがわかる．これは，I原子のもつ核スピン（$I = 5/2$）によるものである．電子スピンと核スピンの相互作用（**超微細相互作用**，hyperfine interaction，10.3.1項

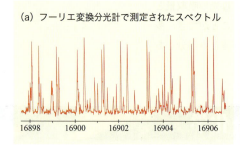
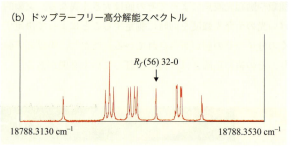

図 20-7　ヨウ素の高分解能スペクトル

(a) は気体 I_2 分子の吸収スペクトル (横軸は光の波数) で，振動・回転のスペクトル線が分離して観測されているが，気体分子のドップラー効果によって 0.05 cm^{-1} の線幅で広がっている．(b) はそのドップラー効果を除く工夫をして観測された高分解能スペクトルであり，(a) の 1 本のスペクトル線の中に超微細相互作用で分裂した核スピン状態間の遷移が含まれているのが明確に現れている．それぞれの強度が少しずつ異なるのは，前期解離によるけい光量子収率の低下が核スピン状態によって異なることに起因している．

参照) によって核スピンの状態が異なるエネルギー準位に差が生じ，スペクトル線も分裂して観測される．

　I_2 分子は，可視領域の光でも前期解離することはよく知られていたが，このような高分解能スペクトルを測定すると，解離の速度が核スピンの状態によって異なることがわかる．というのも，観測されたスペクトル線の強度が，核スピンの状態の数を考えて理論的に予測される比率と大きく異なるからである．その強度比は振動回転の量子数によっても異なる．

　詳しい解析の結果，I_2 分子の前期解離の速度は振動，回転，そして核スピンによって変化することが明らかになった．特に核スピンによって促進されている前期解離過程は**超微細前期解離**とよばれている．

　各々のスペクトル線が分離しているときには，その線幅よりもエネルギー幅の小さいレーザー光を 1 本のスペクトル線の中心に合わせることによっ

Focus 20.2　　波長標準と時間および長さの定義

　光の波長標準とは，原子や分子の特定のスペクトル線の波長を極限的に高い精度で決定したもので，これを基準として時間や長さの単位が定められている．たとえば，I_2 分子の 1 つの代表的なスペクトル線の波長は $\lambda_0 = 532.245036$ nm と正確に値が求められている．光の波長は媒体によってわずかに異なるので，標準として用いるのはすべて真空中での値である．真空中での光の速さは $c = 2.99792458 \times 10^8$ ms^{-1} と定められているので，その光の振動数 (周波数) は

$$\nu_0 = \frac{c}{\lambda_0} = \frac{2.99792458 \times 8^8}{5.32245036 \times 10^{-7}} = 563.260233 \times 10^{12} \text{ s}^{-1}$$

になる．最新のレーザーでは光の波長を極めて高い精度で変化させたり，ある特定の値に正確に固定することができる．そこで，標準となるスペクトル線の中心にレーザー光の波長を固定してやると，高精度に定められた値の波長をもった光を得ることができる．

　この波長標準を使って時間と長さの単位が定義されている．現在は，^{133}Cs 原子の超微細スペクトル線 (レーザー光ではなく電波の領域) が標準として用いられており，その電波が 9192631770 回振動する時間を 1 秒と定めている．この方法に従って時間を知らせる信号が人工衛星から発信されていて，それで時刻を合わせているのが電波時計である．長さに関しては，こうして定められた 1 秒間に光が進む距離の 1 / 2.99792458 × 10^8 の長さを 1 m と定義している．ちなみに質量に関しては，1 kg はキログラム原器と同じ質量と定義されている．

　これらは「原子単位」(atomic unit) とよばれている．

て，特定の振動・回転量子数をもつエネルギー準位の励起分子を選択的に生成することができる．これを**選択光励起**という．たとえば，図 19-7b に示されている I_2 分子の核スピン状態のスペクトル線を選択光励起すると，特定の振動・回転・各スピンの量子数をもつ励起分子ができ，各々の準位のけい光寿命を決めることができる．I_2 分子の超微細前期解離はこのようにして見つけられた．

(b) セシウム分子（Cs_2）の磁気前期解離

Cs_2 分子も可視領域に吸収帯があり，その励起状態で前期解離する．これは，光で励起される一重項状態が，反発的なポテンシャルをもつ三重項状態とスピン-軌道相互作用によって混ざり合うことで生じる．

前期解離が速い準位のスペクトル線を観測すると，レーザー光のエネルギー幅より線幅が広いことがわかった．これは前期解離によって励起分子の寿命が短くなり，不確定性原理に従ってエネルギーの不確定性，すなわちスペクトル線幅が大きくなってしまうことに起因する．この場合，スペクトル線形はローレンツ型になる (7.7.1 項参照)．これに，電磁石を使って磁場をかけるとスペクトル線幅がさらに広がり，前期解離が促進される (図 20-8)．

このように，<u>高分解能レーザー光を用いてスペクトル線形を正確に測定すると，励起状態ダイナミクスの機構を明らかにすることができる</u>．

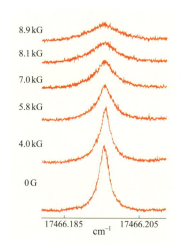

図 20-8　Cs_2 の磁気前期解離
セシウム分子（Cs_2）の振動・回転スペクトル線には，前期解離によって線幅が広がっているものがある．分子に外部から磁場をかけると，前期解離は促進され，図の下から上へと磁場が強くなるとともに，スペクトル線がさらに広がっていくのが観測される．H. Kato, M. Baba, et al., *J. Chem. Phys.*, Vol.98, 6684 (1993) より．

20.3.2　極短パルスレーザー

レーザーの大きな特徴の 1 つに，時間幅の小さいパルス光を発生できることが挙げられる．光で励起された分子の挙動は非常に速く，たとえば分子のけい光過程は 1 ps 〜 10 ns (1×10^{-12} s 〜 1×10^{-8} s) の時間領域で起こることが多い．無輻射遷移や光化学反応のような励起状態ダイナミクスはそれよりもさらに速いことが知られている．近年，それよりもはるかに短い時間幅のパルスレーザー光が発生できるようになり，それぞれの過程をリアルタイムで観測することが可能となった．

(a) NaI 分子の前期解離

NaI 分子は，光で励起すると次のような解離反応を起こす．

$$\mathrm{NaI} \longrightarrow \mathrm{Na} + \mathrm{I}$$
$$\phantom{\mathrm{NaI}} \longrightarrow \mathrm{Na}^+ + \mathrm{I}^-$$

この分子は，NaCl と類似の電子配置をとっているので，中性のまま解離するだけでなく，電離を起こす確率も高い．2 つの反応過程に対応する状態のポテンシャルエネルギーの差は小さく (図 20-9a)，両状態は強く相互作用していて励起分子は 2 つの状態間で移り変わる．実際に，基底状態からこの状態に光で励起された分子はおよそ 1 ps の周期で分子振動し，振動するごとに少しずつ解離していく．

ポンプアンドプローブ法[†]を用いてその生成物を検出したのが図 20-9b

Assist　ポンプアンドプローブ法

分子 A にパルスレーザー光（ポンプ光）を照射して励起分子 A* を生成する．そこから反応で生じる生成物 B をもうひとつのパルスレーザー光（プローブ光）で検出する方法を，ポンプアンドプローブ法という．多くの場合 B の励起によって生じるイオン B* を検出する．これによって光化学反応を高感度で検出できるとともに，プローブ光の遅延時間 Δt を変化させることにより，反応過程をリアルタイムで捉えることができる．

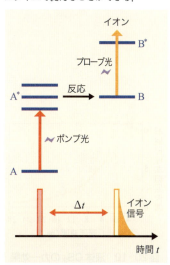

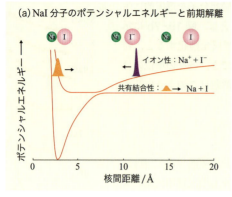
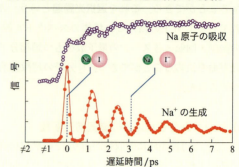

図20-9 NaI の磁気前期解離
T. S. Rose, M. J. Rosker, and A. H. Zewail, *J. Chem. Phys.*, Vol.91, 7415 (1989)

である．図20-9b 中の下のグラフは励起 NaI 分子が振動して原子間の距離が長くなったところで2つ目のパルス光を照射し，それによって生成する Na^+ を検出したものである．横軸に最初のパルス光からの遅延時間をとってそれを表すと，およそ 1 ps の周期で信号が現れ，NaI 分子の振動ごとに解離に至る直前の段階の活性複合体（19.3.2 項参照）が生成しているのがわかる．

また，図20-9b 中の上のグラフは前期解離によって生成する生成物（free fragment：ここでは中性の Na 原子）の吸収を見たもので，その量が階段状に増加しているのが明確に見られる．これは，Na 原子の寿命が長いために振動ごとに生成する Na 原子がたまっていくためである．

このように<u>ピコ秒あるいはフェムト秒といった非常に短いパルスレーザー光とポンプアンドプローブ法を用いると，光化学反応を直接捕まえることができる</u>．この NaI 分子の前期解離過程は，高分解能レーザー分光法によるスペクトル線の不確定性幅を測定することによっても確かめられており，その振動，回転準位に対する依存性から反応機構も明らかにされている[2]．

[2] M. Baba, et al., *J. Chem. Phys.*, Vol.111, 9574 (1999)

(b) 単純分子液体のカー効果

強いレーザー光を分子の液体に照射すると，多くの系で屈折率が非常に速く変化することが知られているが，光によって複屈折（偏光の方向によって屈折率が異なること）を生じる現象を**光カー効果**という．その原因としては，光による電子雲の歪み，液体中での分子の配向の変化，化学反応などが考えられる．この効果はとても有用で，ピコ秒あるいはフェムト秒のパルスレーザー光を用いると，偏光の変化を利用して光の透過量を瞬間的に制御することができ，「カーシャッター」とよばれて広く活用されている．

図20-10 は，フェムト秒レーザー光を照射したときの二硫化炭素（CS_2）液体の屈折率の変化を示したものであるが，レーザー光を照射した直後 1 ps のきわめて短い時間内で，急激に屈折率が変化し，その後およそ 10 ps の寿命で元に戻っていくのが明確に示されている．ここで見られる屈折率の変化は，CS_2 分子の中の状態変化，すなわち分子がもつ電子の状態の変化に起因していると考えられる．

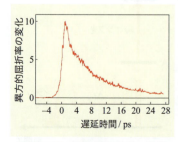

図20-10 液体 CS_2 のカー効果

(c) アントラセン分子の逆重水素化効果

分子が光を吸収すると，けい光を発したり無輻射遷移を起こしたりして基底状態に戻っていく．多くの分子でその寿命は 10 ns 程度であり，ピコ秒パルスレーザーを用いて光照射後のけい光強度の時間変化を測定すれば，励起準位の寿命を正確に決めることができる．アントラセン分子 (図 20-11) の S_1 状態のゼロ振動準位の寿命は 18 ns であり，けい光量子収率は 67 %，つまり励起分子の 1/3 は無輻射遷移していることがわかっている．

一般に，H 原子を D 原子で置換すると無輻射遷移は遅くなり，励起分子の寿命は長くなる．これは重水素置換[†]によってゼロ点振動のエネルギーと振動数が小さくなり，相互作用する 2 つの状態の間の波動関数の重なりが小さくなるためである．しかしながら，すべての H 原子を D 原子に置換したアントラセン分子の寿命は 4 ns であり，逆に短くなっている (逆重水素化効果)[3]．この原因となっているのは，三重項状態への項間交差であると考えられていたが，高分解能レーザー分子分光法によって，主な無輻射過程は基底状態への内部転換であることが示された (図 20-12)．ただし，なぜ重水素化で無輻射遷移が促進されるのかについては明らかにされていない．

(d) アズレン分子の高速内部転換

アズレン分子 (図 20-13) の S_1 状態のエネルギーは小さく，その吸収帯は可視の 600 nm 付近にある．アズレンは青色をしているが，この分子の S_1 状態での内部転換は非常に速く，ピコ秒レーザーを用いて測定されたけい光寿

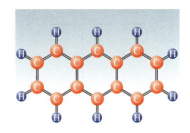

図 20-11 アントラセン分子

Assist 重水素置換

H 原子と D 原子は水素の質量同位体であり，化学的な性質はほとんど変わらない．しかし，ゼロ点エネルギーやトンネル効果が関与すると，原子の質量による違いが励起分子ダイナミクスに大きく影響する場合がある．

[3] W. R. Lambert, P. M. Felker, and A. H. Zewail, *J. Chem. Phys.*, Vol.81, 2209 (1984)

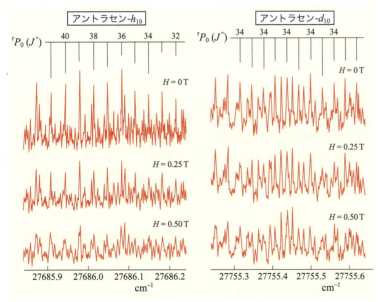

図 20-12 アントラセンと重水素置換体の高分解能スペクトルとその磁場による変化
アントラセンの重水素置換体の S_1 状態のゼロ振動準位では，通常のアントラセンに比べるとスペクトル線がかなり広がっており，重水素置換によって，無輻射遷移が促進されていることを示している．磁場によるスペクトル線の広がりは 2 つの分子でそれほど変わらないので，主な無輻射緩和過程は三重項状態への項間交差ではなく，基底状態への内部転換であることが検証された．M. Baba, et al., *J. Chem. Phys.*, Vol.130, 134315 (2009)

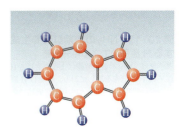

図 20-13 アズレン分子

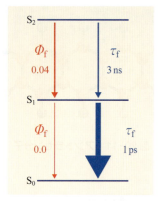

図20-14 アズレンの励起状態ダイナミクス

[4] E. P. Ippen, C. V. Shank, and R. L. Woerner, *Chem. Phys. Lett.*, Vol.46, 20 (1977)
[5] M. Beer, and H. C. Longuet-Higgins, *J. Chem. Phys.*, Vol.23, 1390 (1955)
[6] Y. Semba, K. Yoshida, M. Baba, et al., *J. Chem. Phys.*, Vol.131, 024303 (2009)

命は 1.9 ps，けい光量子収率はほぼ 0 であった（図 20-14）[4]．これに対して，紫外領域に吸収帯をもつ S_2 状態へ励起すると弱いけい光が見られる（図 20-14）[5]．これは，カシャ則（20.2.1 項参照）に反する現象である．

最近になって S_2 状態についての高分解能レーザー分光の研究がなされ，正確な回転定数が求められた．その結果，分子構造は S_0 と S_2 状態でほとんど同じであり，そのため無輻射遷移が抑制されて，S_2 状態からのけい光が有効になることが明らかとなった[6]．このように，励起分子ダイナミクスを理解するには分子構造を正確に決定することが重要である．

アズレンの S_2 状態におけるカシャ則の破れは，5 員環と 7 員環という少し特殊な π 結合によって生じる稀な場合である．

20.3.3 光化学反応のレーザー追跡

ピコ秒やフェムト秒の極短パルスレーザーによって，非常に短い時間内に起こる化学反応の観測が可能となった．反応の検出には，まずはパルスレーザー光で瞬時に励起分子を生成する．その後，光吸収の変化や反応生成物の変化を高い時間分解能の検出機器で捕まえる，あるいは，ポンプアンドプローブ法のようにもう 1 つのパルスレーザー光を遅れて照射して反応過程を検知するなどの方法がある．ここでは，そのなかでも重要なものを実際の実験結果とともに示し，前期解離と光異性化反応の典型的な例を紹介する．

(a) NH_3 の前期解離による H 原子の検出

アンモニア（NH_3）分子は，紫外光によって前期解離し，H 原子と NH_2 分子を生成する．

$$NH_3 \longrightarrow H + NH_2$$

光で励起された分子は一定のエネルギーをもち，反応機構に応じていろいろな割合で生成物にエネルギーを分配する．そこで，NH_3 を，励起状態の特定の振動準位へパルスレーザー光で励起した後，前期解離によって生成する H 原子の量を時間とともに観測してグラフにする．エネルギーを大きく分配された H 原子は速度が大きいので，短い時間でレーザー光を照射した地点から検出器に到達する．逆に，エネルギーの小さい H 原子は速度が小さいので，検出器に到達するのに比較的長い時間がかかる．この飛行時間（Time Of Flight：TOF）に対して H 原子の量をプロットしてやると，どれくらいのエネルギーをもった H 原子がどれくらい生成したかを測定できる（これを「飛行時間計測法」とよぶ）．さらに，もともとの励起 NH_3 分子のエネルギーは一定なので H 原子のエネルギーが定まるともう 1 つの生成物の NH_2 分子のエネルギーを知ることができる．

図 20-15 は，NH_3 分子を S_1 状態のゼロ振動準位へ励起したときに生成する H 原子の量を表したものである．横軸は H 原子の飛行時間を NH_2 分子のエネルギーに変換したものであるが，TOF の分布に規則正しい間隔をもったピークが見られる．これは NH_2 分子の振動および回転エネルギー準位が

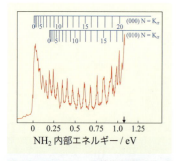

図 20-15 NH_3 の前期解離で生成する H 原子のエネルギー分布

グラフは，NH_3 の前期解離によって生じる H 原子の TOF 分布を示しており，横軸は H 原子の飛行時間をもうひとつの解離生成物である NH_2 へ分配されるエネルギーに換算してある．規則的に並んでいるピークは，NH_2 の振動・回転準位の分布に対応している．J. Biesner, M. N. R. Ashfold, R. N. Dixon, et al., *J. Chem. Phys.*, Vol.88, 3607 (1988)

規則正しいとびとびの値の固有値をもち，その結果 NH$_2$ 分子全体のエネルギーの値も特定のものだけになるため，H 原子に分配されるエネルギーもとびとびの値しか許されず，TOF で規則正しいピークを与えていると考えられる．

この前期解離におけるエネルギー分配について特徴的なのは，NH$_2$ の回転エネルギーが小さい準位が生成する確率が高いことであり，それが図20-15 のグラフの左端に見られる大きなピークである．このように選択的なエネルギー分配が起こるのは，NH$_3$ 分子の基底状態と励起状態のポテンシャル面の交差によるものである．

NH$_3$ 分子は基底状態 X では三角錐であるが，励起状態 $\tilde{A}$ では平面である（図20-16a）．このように安定構造が大きく異なるとポテンシャル曲線が交差することになり，NH$_3$ 分子の場合は，N-H 結合の長さ（R）と結合角（θ）の変化の 2 次元で考えるとポテンシャル面が円錐状で交差する（図20-16b）．これを**円錐交差点**（conical intersection）といい，この位置で解離が選択的に起こり，エネルギー分配も限られたものになる．

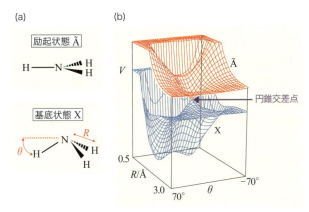

図20-16 NH$_3$ の基底状態および励起状態（a）とポテンシャル面の円錐交差（b）

青で示した基底状態 X のポテンシャル面は $\theta=0$ で少し高くなっているのに対し，赤で示した励起状態 $\tilde{A}$ のポテンシャル面は $\theta=0$ で極小となる．それにともなって，2 つのポテンシャル面は $\theta=0$，$R=2\text{Å}$ のところで交差するが，2 つの座標で交差するのは 1 点しかなく，その形状は円錐型になる．

(b) スチルベン（C$_6$H$_5$CHCHC$_6$H$_5$）分子の光異性化反応

スチルベン分子にはシス体とトランス体の 2 つの構造異性体があるが，紫外光を吸収すると，シスからトランス，トランスからシスへと異性化反応を起こす（図20-17）．トランス-スチルベンの S$_1$ 状態のけい光寿命はピコ秒レーザーを用いて測定される．

図20-18 は，超音速ジェット中で生成したスチルベンの冷却孤立分子について，S$_1$ 状態の特定の振動エネルギー準位を選択励起したときのけい光強度の経時変化を示したものである．見てわかるように，振動エネルギーが増えるとともに寿命は短くなり，ゼロ振動準位では 2.7 ns だったのが，3000 cm^{-1} の振動エネルギーでは 100 ps くらいになる．これは，トランス-スチルベンが異性化してシス体に変化するためである．これを**光異性化反応**

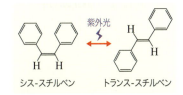

図20-17 スチルベンの光異性化

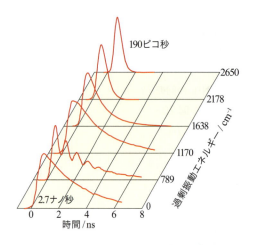

図 20-18 気体スチルベン分子のけい光寿命の変化
J. A. Syage, P. M. Felker, and A. H. Zewail, *J. Chem. Phys.*, Vol.81, 4706 (1999)

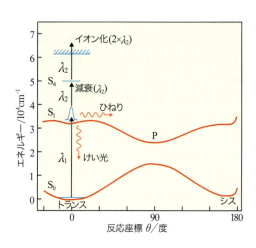

図 20-19 スチルベンのポテンシャル曲線と異性化

(photoisomerization) とよぶ．

その反応の進み方を表したのが図 20-19 である．横軸は反応座標で，この場合は中心のエチレン部分回りの結合の回転角である．縦軸は，基底状態および励起状態のポテンシャルエネルギーを表す．レーザー光で励起状態の高振動準位へ励起されたトランス体は，非常に速く他の振動準位へ移り，きわめて短い間にいろいろな振動モードが混ざり合った状態になる．これを，**分子内振動エネルギー再分配** (Intramolecular Vibrational Redistribution：IVR) という．その後，別の励起状態を経てシス体へ異性化するが，それは電子スピン三重項状態だと考えられている★．

(c) 過渡吸収法による太陽電池内の電離の追跡

1950 年代から光化学反応の研究は急速に発展したが，その有力な実験手段が**フラッシュフォトリシス** (flash photolysis) であった[7]．これは，光化学反応を生じる分子を含む試料にフラッシュランプの光をパルス的に照射し，反応が時間とともにどのように進んでいくかを観測する方法である．もう 1 つの定常的なランプ光 (検出光) を用いて，生成物や反応途中で生じる不安定種の光吸収を検出する (**過渡吸収法**という．図 20-20)．分光器で光の波長別の吸収強度を測定したものが**過渡吸収スペクトル**である．これによって生成物や不安定種が何であるかを同定することができる．

最近では，フラッシュランプの代わりにパルスレーザーが用いられ，検出光にもランプ光ではなくて，揺らぎが少なく安定で制御も容易な白色 LED などが用いられるようになった．さらには，ピコ秒やフェムト秒といった極短パルスレーザーが用いられるようになって時間分解能が飛躍的に向上し，超高速の反応でも追跡が可能になった．

いま注目されている系として有機高分子薄膜がある．導電性透明膜を用いたタッチパネル，あるいは光イオン化しやすい分子を使った太陽電池などが開発されている．高性能の太陽電池として期待されているポリマー薄膜

Topic 異性化の中間状態

最近になって異性化の中間状態からの光吸収がフェムト秒レーザーのポンプアンドプローブ法で見出された〔T. Baumert, A. H. Zewail, et al., *Appl. Phys. B*, Vol.72, 105 (2001)〕．

[7] R. G. W. Norrish, and G. Porter, *Nature*, Vol.164, 658 (1949)

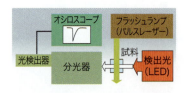

図 20-20 過渡吸収法

(RPa-P3HT/PCMB) にフェムト秒レーザーを照射して過渡吸収スペクトルを測定すると，イオン化して電離した分子が 1 ps の時間領域で減衰していくのが観測されている．このように，太陽電池としての特性もフェムト秒レーザーを用いた過渡吸収法によって解明できるようになった．

(d) 過渡回折格子(TG)法による励起状態ダイナミクス

ここまで，可視紫外分光で吸収・発光測定をどのようにおこなうかを示してきた．励起状態ダイナミクスを調べるために，多くの場合は，こうした過渡的光吸収測定，あるいは発光の測定がなされてきた．しかし，励起状態から光を発する状態は限られているし，化学的に活性な反応中間体で発光する分子種はまれである．また，過渡吸収も観測できない場合がしばしばある．こうした場合，励起状態からは必ずといっていいほど起こる無輻射遷移を時間分解で検出できれば，非常に一般的な励起状態ダイナミクス検出法となる．そのために，無輻射失活にともなって放出される熱を検出することがおこなわれる．無輻射失活による温度上昇を検出する手法として，光音響法や過渡レンズ法などがあるが，ここでは**過渡回折格子法** (Transient Grating：TG) について簡単に述べる．

TG 法では，位相のそろった(コヒーレントな) 2 つの励起光を試料内で空間的に重ね合わせることで光干渉を起こさせ，格子状の光強度分布を試料中につくる(図 20-21)．この光によって分子を励起すると，格子状の励起状態の濃度分布が生成する．そこから無輻射失活で熱が放出されると，媒体の温度が格子状に上昇することになる．屈折率は温度の関数であるので，屈折率の格子，すなわち回折格子が生成する．この回折格子を別に入射するプローブ光の回折として検出することで，放出された熱エネルギーを求めるのが無輻射失活計測としての TG 法である．

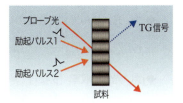

図 20-21 過渡回折格子(TG)法

信号強度は温度上昇を反映するため，その強度の時間変化を測定することで，無輻射失活の速度や，反応速度などを決めることができるし，信号強度から上昇した温度 (ΔT) を決めることもできる．媒体の熱容量 (C_p) がわかっていれば放出された熱エネルギー ($q = C_p T$) を求めることができ (12.5 節参照)，励起のための光子エネルギーから差し引けば無輻射失活の量子収率 Φ_{nr} を以下の式で求めることができる．

$$q = N\Phi_{nr}\Delta E \qquad (20.5)$$

ここで，ΔE は励起状態のエネルギー，N は励起された分子数である．もし，励起状態から反応が起こらなければ，この値 Φ_{nr} からけい光量子収率 ($\Phi_f = 1 - \Phi_{nr}$) が求められる．項間交差が起こる場合には，その量子収率という，他の手法では測定が難しい値を決めることも可能となる．

また，温度上昇以外に，分子配向や分子の体積変化などに起因する屈折率変化も検出されるため，TG 法は，特に溶液系の励起状態ダイナミクスや反応を調べるために用いられている．

20章 重要項目チェックリスト

光による化学結合の切断

◆**直接解離**［p.419］ 反結合性の状態へ励起すると化学結合が切断される．

◆**前期解離**［p.420］ 結合性の状態でも，反結合性の状態との相互作用があると解離が起こる．

励起状態ダイナミクス

◆**輻射過程**［p.422］ 光を出してエネルギーを放出する．
- 「けい光」：励起一重項状態から基底状態へ遷移する際に放出される．
- 「りん光」：励起三重項状態から基底状態へ遷移する際に放出される．

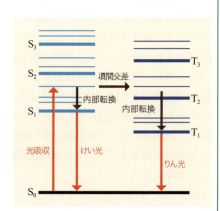

◆**無輻射過程**［p.422］ 光を出さずに他の状態へ変化する．
- 「内部転換」：同じスピン状態間の無輻射遷移
- 「項間交差」：異なるスピン状態間の無輻射遷移

◆**けい光・りん光発光強度の経時変化**［p.423］

$$I = I_0 e^{-k_r t} = I_0 e^{-\frac{t}{\tau_r}}$$ （無輻射遷移がない場合）

（k_r：輻射減衰速度定数，$\tau_r = 1/k_r$：輻射寿命）

◆**けい光量子収率**［p.424］　$\Phi_f = \dfrac{k_r}{k_r + k_{nr}}$

（k_{nr}：無輻射減衰速度定数）

励起分子がどれくらいの効率でけい光を発するかを示す．

レーザー化学

◆**レーザー光の優れた特性**
- 単色性がよい……高分解能スペクトルの測定
- 極短パルス光が得られる……ポンプアンドプローブ法
- 強度が大きい……光化学反応の高感度検出

確認問題

20·1 H_2 分子をある波長の光で励起したときの準位は 2 つの H 原子が無限に離れたときよりも 3.0 eV だけエネルギーが高かった。その後解離してできる H 原子の速度とド・ブロイ波長を求めよ。ただし、2 つの H 原子に分配されるエネルギーは等しいとする。

20·2 オゾン (O_3) 分子の O-O 結合エネルギーは 4.0 eV である。これと同じエネルギーをもつ光子の波長を求めよ。

20·3 ベンゼン分子の S_1 状態の低振動準位では、輻射減衰速度定数は 1.0×10^6 sec^{-1}、けい光寿命は 150 ns である。この準位のけい光量子収率はいくらか。

20·4 ピラジン分子 ($C_4N_2H_4$) は S_1 状態に光励起すると、けい光もりん光も強く観測される。一方、ピリジン分子 (C_5NH_5) では、三重項状態になった分子は検出されるが、けい光もりん光もまったく観測されない。2 つの分子の励起状態ダイナミクスを説明せよ。

20·5 分子の S_1 状態の光吸収強度は輻射減衰速度定数に比例する。ナフタレン、アントラセン、ピレン分子でレーザー分光法によって測定されたけい光寿命は、それぞれ 250 ns, 18 ns, 1400 ns、けい光量子収率は 0.30, 0.67, 0.90 である。これらの分子の S_1 状態の光吸収強度の比を求めよ。

20·6 1 フェムト秒 (1 fs $= 1 \times 10^{-15}$ s) のレーザーパルス光の最小エネルギー幅 (不確定性幅) はいくらになるか、波数単位で答えよ。またその時間内に $\nu_0 = 3000$ cm^{-1} の調和振動子は何回振動するかを求めよ。

実戦問題

20·7 ある分子が光によって状態 X_1 に瞬間的に励起された ($t = 0$) 後、状態 X_2 を経由して状態 X_3 に変化する過程を反応速度論的に考える。これらの過程はすべて一次反応として取り扱えるとする。

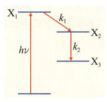

A. 状態 X_1 から状態 X_2 への速度定数を k_1、状態 X_2 から状態 X_3 への速度定数を k_2 とする。時刻 t において状態 X_1, X_2, X_3 を占める分子数をそれぞれ $X_1(t), X_2(t), X_3(t)$ としたとき、各状態を占める分子数の時間変化を表す方程式を示せ。

B. 最初 (時刻 $t = 0$) にすべての分子が状態 X_1 に励起されたとする。速度定数 k_1 が k_2 よりも十分大きい場合 ($k_1 \gg k_2$)、および逆に速度定数 k_1 が k_2 よりも十分小さい場合 ($k_1 \ll k_2$) について、各状態を占める分子数の時間変化を定性的に図示せよ。

C. 初期条件 $X_1(0) = N$, $X_2(0) = 0$, $X_3(0) = 0$ の場合に微分方程式を解いてそれぞれの状態を占める分子数の時間変化を求めよ。

[平成 12 年度 京都大学理学研究科入試問題より]

20·8 図は、NHCO の光分解によって生成した電子励起 NH ラジカルの濃度の経時変化を示したものである。25 ℃に保たれた

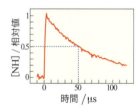

反応系中には、10 mTorr ($= 1.33$ Pa) のプロパンが入っており、その濃度は NH ラジカルに比べてはるかに大きいと考えて以下の問いに答えよ。

A. NH ラジカルとプロパンの濃度をそれぞれ [NH], [C_3H_8] として、NH ラジカルの時間変化を表す微分速度式を示せ。

B. [NH] $\ll$ [C_3H_8] の条件の下で上式を積分し、半減期と速度定数との関係を導け。

C. 図を読み取って、NH ラジカルとプロパンの二分子反応の速度定数を L mol^{-1} s^{-1} の単位で求めよ。

[平成 8 年度 京都大学理学研究科入試問題より]

21章 生体系の化学反応

■ Contents
21.1 生体分子の構造
21.2 タンパク質の構造形成の要因
21.3 タンパク質の反応速度
21.4 タンパク質の反応
21.5 新しいダイナミクス測定
21.6 酵素の基質認識機構

　ここまで，量子化学，分子分光，熱力学，反応速度論などを学んできたが，こうした基礎は，構造・物性・反応など多くの分野に一般的に適用できる．特に，物理化学の醍醐味は化学反応への適用であろう．そうしたなかでも，生体分子の反応は，選択的で高効率というユニークさをもつだけではなく，生命現象を支えているという点で非常に重要である．しかし同時に，その構造や反応は非常に複雑で，これから物理化学的な解明を待っている部分が非常に大きい分野である．

　本章では生体分子への物理化学の適用について，その基礎を学ぶ．もちろんこの分野は非常に幅広く活発であるので，概略だけでも1章程度で網羅することは不可能である．したがってここでは，生体分子のなかでも最も重要な，タンパク質，核酸，糖，脂質などの基本的な性質について学び，その化学反応を調べる物理化学的手法について最近の発展も含めて簡単に記述することとする．

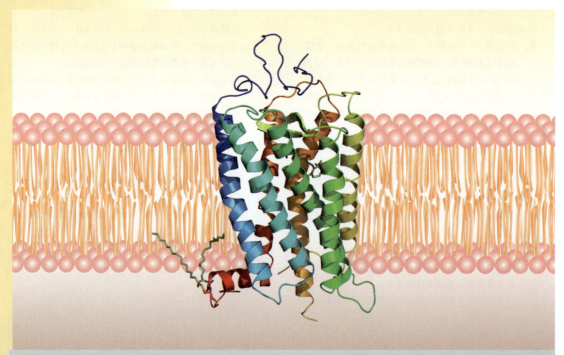

脊椎動物の網膜細胞に存在するロドプシン (Rhodopsin) という物質．オプシンというタンパク質とレチナールの複合体で，500 nm の光を最も吸収する．それを利用して，反応の分子機構が調べられる．

21.1 生体分子の構造

反応や性質を知るうえで，その構造情報は重要であるが，生体分子の多くは高分子や多くの分子の集合体であり，とりうる構造的自由度が非常に大きい．そのため，なぜそうした構造をとるのかを理解するだけでも困難である．さらには，構造の実験的決定も難しいことが多い．では，生体分子の構造にどうアプローチしていけばよいのだろう．そのことを考えていくための土台として，ここでは，DNA，タンパク質，生体膜の構造を見ていこう．

> **Assist** 疎水性効果と疎水性相互作用
>
> 「疎水性相互作用」とよばれることも多いが，その原因は疎水性による分子間相互作用ではないため，「疎水性効果」とよぶほうが適当であろう．

21.1.1 疎水性効果

生体分子の特徴は，水中で働くことである．溶媒が水の場合，**疎水性効果**（hydrophobic effect）とよばれる効果が働く．これは多くの生体分子の構造を決めるうえで重要な働きをし，生体分子の構造を理解するうえで避けて通れない．これからこの疎水性効果について述べ，熱力学的説明をおこなう．

この疎水性効果は，**疎水性相互作用**（hydrophobic interaction）ともよばれ[†]，水に油を入れたとき，混じり合わずに分離する現象の由来である．つまり，油分子は水中では，水に囲まれるより，油分子どうしで集まったほうが安定化することを意味する．このように油分子どうしが集まる現象は，疎水性相互作用という名前から，油分子どうしの相互作用のほうが油分子と水分子の間の相互作用より強いために起こるように考えられる（図21-1）．この描像は本当に正しいのであろうか．

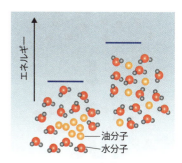

図 21-1　水と油の分離
油分子どうしの引力的相互作用が油-水分子の相互作用よりも強いことに由来するのか？

その由来を知るために，油分子（メタン，エタン，ベンゼン）を，非極性であるベンゼン溶媒から極性をもつ水溶液へ移したときのエンタルピー変化とエントロピー変化を**表21-1**に示す．

この表を見るとわかるように，無極性分子を無極性溶媒から水中へ移すときのギブズエネルギー変化 ΔG は正である．この正の符号は無極性分子（油）が水に溶けないことを示す．ここで興味深いのは，無極性溶媒から水へ移したとき ΔH も ΔS も負であることである．ΔH が負であるということは，無極性分子は無極性の環境にあるより，水中のほうがエネルギー的に安定となることを示す．

この安定性は，以下のように説明できる（図21-2a）．純水中では，水分子は他の水分子と水素結合をつくっている．水分子の平均配位数は約4であることが知られているが，ある水分子の周囲には別の水分子が4個以上ある．そのため，水素結合によってできる水のネットワーク構造は安定ではなく，

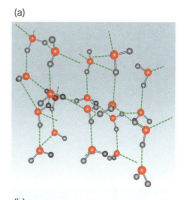

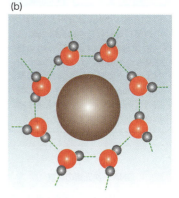

図 21-2　不安定な水のネットワーク構造(a)と油分子の周りで秩序だった構造をつくる水分子の模式図(b)

表 21-1　油分子をベンゼン溶媒から水溶液へ移したときのエンタルピー・エントロピー変化

	ΔH/kJ mol^{-1}	ΔS/J K^{-1} mol^{-1}	ΔG/kJ mol^{-1}
CH$_4$ (C$_6$H$_6$) → CH$_4$ (H$_2$O)	−11.7	−75.8	10.9
C$_2$H$_6$ (C$_6$H$_6$) → C$_2$H$_6$ (H$_2$O)	−9.2	−83.6	15.9
C$_6$H$_6$ (C$_6$H$_6$) → C$_6$H$_6$ (H$_2$O)	0.0	−57.7	17.2

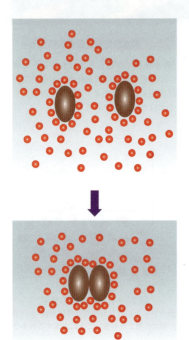

図 21-3 水溶液に 2 つの無極性分子が存在する場合
油分子は集まって表面積を小さくしたほうがエントロピー的に有利になる．

絶えず切れたりつながったりをくり返している．そのような水中に無極性分子を入れると，その周りの水分子は水素結合の相手を部分的に失うが，違った位置の水分子と水素結合し，むしろ水分子にとっては水素結合を過不足なく（エンタルピー的に）安定につくるには有利になる．無極性分子の周りの水分子は，バルクの水よりもエンタルピー的に安定なネットワーク構造をとるため，メタンやエタンを水中に移すことで ΔH が負になるのである．このような無極性分子に対する水の溶媒和を**疎水性水和**という．

では，なぜ ΔS が負なのであろうか．上に述べたように，無極性分子の周りの水分子は水素結合ネットワークを最適化するため，非常に秩序だったネットワーク構造をつくる（図 21-2b）．この秩序によってエントロピーが減少し，この過程は不利になる．エントロピー的な不利さがエンタルピー的な有利さにまさるため，ギブズエネルギー変化は正になる．このように，<u>無極性分子と水とが混ざり合わないというのは，エンタルピー駆動(enthalpy driven)というよりエントロピー駆動(entropy driven)によるものである</u>．

では，水溶液中に無極性分子が 2 つ以上存在したらどうなるであろうか．無極性分子がお互いに接触して水との接触面積をできるだけ減らした場合，疎水性水和による強いネットワーク構造の一部を壊すので，エンタルピーは増加する（$\Delta H > 0$）．しかし一方でエントロピーを減少させていた原因の表面積が減少することによって ΔS の増加を生み，全体としては ΔG の減少が生じる（図 21-3）．すなわち，無極性分子はお互い寄り集まったほうが有利になる．ここでもエンタルピーではなくエントロピーが現象を支配している．

このように<u>疎水性相互作用は，無極性分子どうしの直接的な引力相互作用ではなく，水分子との関係で決まる相互作用の概念である</u>．

21.1.2 DNA

DNA（デオキシリボ核酸，deoxyribonucleic acid）は生物の遺伝情報をつかさどる高分子である．有機塩基と 5 単糖が結合したヌクレオシドにリン酸がエステル結合したヌクレオチドが縮合重合した，**核酸**（nucleic acid）という化合物の一種である．核酸には RNA（リボ核酸）と DNA（デオキシリボ核酸）があり，DNA では有機塩基として，アデニン(A)，グアニン(G)，シトシン(C)，チミン(T)の 4 種類が使われている（図 21-4a）．

細胞分裂のときに，自分の DNA と同じ複製をつくることで遺伝情報が伝えられる．DNA からの情報は，相補的な RNA に転写され，タンパク質などが合成される．基本的な DNA の構造は，ワトソン(J. Watson)とクリック(F. Crick)によって提唱された．それは，A と T，C と G がそれぞれ水素結合によってペアをつくった二重らせん構造である（図 21-4b）．

こうした構造は，比較的弱い分子間相互作用によるものであるため，機械的あるいは熱的な影響を受けやすい．たとえば，熱を加えると，塩基間の水素結合が切れ，2 本の鎖が離れる[†]．

G と C，A と T はそれぞれ 3 本と 2 本の水素結合によって特異的に塩基対をつくっているので，構造をつくる中心的な働きをしているのは水素結合だ

> **Topic** DNA 構造の種類
>
> 図 21-4b の DNA は B 形とよばれ，中心軸に対し右巻きに直径 2nm，1 巻き 10 塩基対 (3.4 nm/ピッチ) の構造をもつ．現在では，このほかに B 形より広くて平らな (1 巻き 11 塩基対，2.8 nm/ピッチ) 右巻きらせん構造の A 形 DNA や，左巻きらせん構造をもつ Z 形 DNA も知られている．

> **Assist** DNA 一次元鎖の融解
>
> この変性は，「DNA 一次元鎖の融解」ともいわれ，この融点を測定することで，DNA の安定性についての知見が得られる．

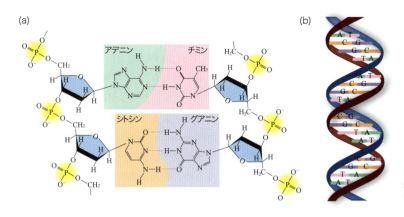

図 21-4　DNA の構造
塩基対をつくる水素結合(a)と DNA の二重らせん(b).

と思われる．確かに，3 本の水素結合をする G-C 対の多い DNA のほうが 2 本の水素結合の A-T 対より融点が高いことから，水素結合が構造形成に大切な寄与を示していることがわかる．また，DNA の KCl 水溶液中での 2 本鎖から 1 本鎖への転移は，1 塩基対あたり $\Delta H \approx 35$ kJ mol^{-1}，$\Delta S \approx 88$ JK^{-1} mol^{-1} 程度である．この ΔH の値が典型的な水素結合の大きさに近いことも，水素結合が構造形成に大切であることを示しているように思われる．

ところが，水中ではこれらの対が壊れても，ほぼ同じエネルギーで水と水素結合するため，実は構造形成に対するエネルギー的な安定化はそれほど大きくないと考えられている．それより，<u>二重らせん形成には主に，π 電子をもつ塩基の分子面の相互作用によるエンタルピー的な寄与が効いていると考えられている</u>（図 21-5）．実際，ΔH の値が塩基対の配列に依存していることは，この芳香族分子面間の相互作用による安定化を支持する．また，二重鎖をつくることで，こうした疎水性の有機分子を水から遠ざける疎水性効果による寄与もあるであろう．

リン酸基陰イオンが近くに存在することにより，陰イオン間の静電気相互作用（図 21-5）は，不安定化の要因となる．しかし 16 章で述べたように，イオン濃度が高くなると電荷を遮蔽するために，この要因のかなりの部分は取り除かれる．

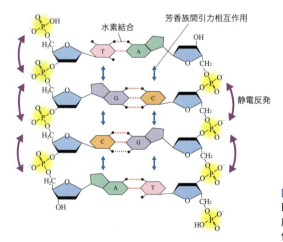

図 21-5
DNA の二重らせん形成に寄与する分子相互作用

21.1.3 生体膜

生体膜は，**リン脂質二分子膜**からつくられている（図21-6）．**リン脂質**は，図21-7のような構造をもつ両親媒性分子であり，リン脂質に水を加えると，「ミセル」★のように親水基を水側に向け，疎水基どうしが向き合った会合体が自発的に形成される．ミセルの非極性基が集まる力は，前節で述べた疎水性効果による．

二分子膜の構造を安定化するのも疎水性効果によるが，二分子膜の親水基・疎水基のバランスはミセルとは異なるため，表面の曲率をほとんどもたない平面状の膜となる．その熱力学的特性などは，表面張力などの表面物性で記述されることが多い．

細胞などにおいてこの膜は，リン脂質だけからなる単なる仕切り壁ではなく，**流動モザイクモデル**（fluid mosaic model）とよばれ，リン脂質二分子膜の「海」に，膜タンパク質が「モザイク状」に貫通あるいは浮かんでいるモデルで表される．これは，生体膜の構造が，固体の壁のように動かない静的なものではなく，熱運動によって動く（16.4節参照），まさに海のように動的なものとして扱われることを示す．実際に，膜分子は平面内で流動性をもち，**側方拡散**（lateral diffusion）を起こす「二次元の液体」のようにふるまうことが知られている．よって，膜の中に存在するタンパク質なども，その位置は固定されておらず，分子が膜の中で絶えず動いている．

21.1.4 タンパク質

生体を構成する分子のなかで最も多いのが水であるが，次に多いのは**タンパク質**（protein）であり，その働き（反応）によって生命が成り立っているといっても過言ではない．タンパク質は20種類の**アミノ酸**（amino acid）を基本分子として構成される高分子であり，その配列はDNAの遺伝情報で決められる．多くの場合，生体内で固有の立体構造をとり，生体の機能を発揮する．

> **Topic** ミセル
>
> 水に溶けやすいカルボン酸などの親水基と油に溶けやすく水に溶けにくい疎水基を結びつけた化合物を「両親媒性物質」という（図21-7）．このような物質を水に溶かすと，希薄溶液ではばらばらになって溶けているが（下図左），ある濃度より濃いと，親水基を外に疎水基を内に向けた集合体ができる（下図右）．これを「ミセル」という．
>
>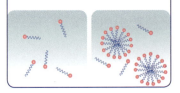

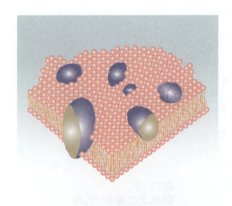

図21-6 リン脂質二分子膜
膜の中にタンパク質などが貫通したり浮かんだりしている．

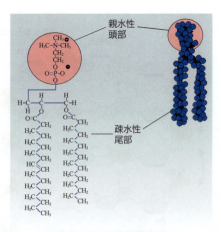

図21-7 リン脂質分子

アミノ酸は，1分子中に塩基性基の**アミノ基**（−NH₂）と酸性基の**カルボキシ基**（−COOH）をもつ両性化合物であり，人体を構成する標準アミノ酸は表21-2に示す20種類からなる．

プロリン以外は同じ炭素原子にアミノ基とカルボキシ基がついているので，「α-アミノ酸」とよばれる．また，グリシン以外はすべて光学活性であり，天然に存在するアミノ酸はほとんどL体として存在している（図21-8）．

アミノ酸は，結晶中では分子内にCOO⁻とNH₃⁺の両イオンが存在する構造になる．これを**両性イオン**（双性イオン，zwitterion）という．図21-9のように水溶液中では，陽イオン，両性イオン，陰イオンが平衡状態にあり，pHの変化によってその組成が変わる．これらの混合物の電気量が全体とし

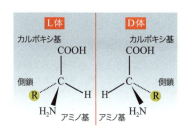

図21-8 アミノ酸の光学活性
一方が他方を鏡に映した立体構造をしており，重ね合わせることができない光学異性体になっている．

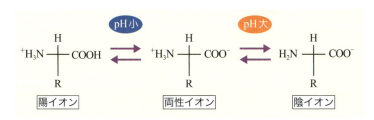

図21-9 pHによるアミノ酸の存在形

表21-2 アミノ酸の側鎖（R）と各アミノ酸を表す3文字表記，1文字表記，pK_1，pK_2と側鎖のpK

名称	R	3文字表記	1文字表記	pK_1（−COOH）	pK_2（−NH₂）	pK_3（R）
グリシン	−H	Gly	G	2.35	9.78	
アラニン	−CH₃	Ala	A	2.35	9.78	
バリン	−CH(CH₃)₂	Val	V	2.29	9.74	
ロイシン	−CH₂CH(CH₃)₂	Leu	L	2.33	9.74	
イソロイシン	−CH(CH₃)CH₂CH₃	Ile	I	2.32	9.76	
メチオニン	−CH₂CH₂SCH₃	Met	M	2.13	9.28	
プロリン	−(CH₂)₃−	Pro	P	1.95	10.64	
フェニルアラニン	−CH₂(C₆H₅)	Phe	F	2.20	9.31	
トリプトファン	−CH₂C₈NH₇	Trp	W	2.46	9.41	
セリン	−CH₂OH	Ser	S	2.19	9.21	
トレオニン	−CH(OH)CH₃	Thr	T	2.09	9.10	
アスパラギン	−CH₂C(=O)(NH₂)	Asn	N	2.14	8.72	
グルタミン	−CH₂CH₂C(=O)(NH₂)	Gln	Q	2.17	9.13	
チロシン	−CH₂(C₆H₄)OH	Tyr	Y	2.20	9.21	10.46
システイン	−CH₂SH	Cys	C	1.92	10.70	8.37
リシン	−(CH₂)₄NH₃⁺	Lys	K	2.16	9.06	10.54
アルギニン	−(CH₂)₃NHC(NH₂)₂⁺	Arg	R	1.82	8.99	12.48
ヒスチジン	−CH₂(C₃N₂H₂)	His	H	1.80	9.33	6.04
アスパラギン酸	−CH₂COO⁻	Asp	D	1.99	9.90	3.90
グルタミン酸	−CH₂CH₂COO⁻	Glu	E	2.10	9.47	4.07

※ pKは解離定数で，$pK = -\log K$である．

> **Assist** アミノ酸残基
>
> タンパク質分子上で，そのタンパク質を構成しているアミノ酸1単位にあたる部分．

図 21-10　ペプチド結合

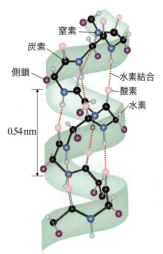

図 21-11　代表的な二次構造

て0になっているときのpHを**等電点**(isoelectric point：pI)という．pHが低いときには陽イオン型として存在しているが，多くのアミノ酸ではpIが6付近にあり，中性は等電点に近い．

側鎖の基の性質によって，それぞれのアミノ酸の特徴が現れる．側鎖にメチル基，イソプロピル基，フェニル基などがつくアミノ酸は無極性残基となり水に溶けにくくなる[†]．OH基やSH基などのあるアミノ酸は極性残基として水と相互作用しやすい．また，リシン，アルギニン，ヒスチジンはpH6で正電荷をもち，アスパラギン酸やグルタミン酸は負電荷をもつ．

アミノ酸が脱水縮合してできる**ペプチド結合**(peptide bond，図21-10)で多くのアミノ酸が重合したポリペプチドのうち，アミノ酸残基50以上のものをタンパク質とよぶことが多い．共有結合で結ばれたアミノ酸の配列構造をタンパク質の**一次構造**(primary structure)という．

これが骨格であるが，天然状態では伸びた紐のような構造をとることはなく，ある決まった局所的な部分構造をとる．これを**二次構造**(secondary structure)という．二次構造形成には，特に水素結合が大切である．最も安定な水素結合は，N-H⋯O=Cが直線状に並んだ構造だが，ペプチド結合の >N-H と別のペプチド結合の >C=O の間に水素結合ができると，**αヘリックス**(α-helix)とよばれるらせん構造をつくる(図21-11a)．αヘリックスは，らせん1回転あたり3.6個の残基からなり，1回転するごとに軸方向へ0.54 nm進む．N-Hはポリペプチド鎖に沿って3残基離れた残基のC=Oと水素結合をつくる．この構造は最も多くの水素結合をつくり，結合の長さや角度のひずみが少ない安定構造である．アミノ酸が光学活性であるために右巻きと左巻きで安定性が異なり，右巻きヘリックスのほうがより安定である．

もう1つのしばしば見られる二次構造は，2本の伸びたポリペプチド鎖間の水素結合によってつくられる，**βシート**(β-sheet)とよばれる構造である(図21-11b)．βシート内の水素結合はポリペプチド鎖の伸びている方向に対してだいたい垂直に突き出しており，波板状のシートになっている．

タンパク質は，αヘリックスとβシートをいろいろな割合で含んでいる．たとえば，酸素を運ぶタンパク質であるヘモグロビンや酸素貯蔵の役割をもつミオグロビンなどでは75%以上がαヘリックスでできている．

タンパク質の**三次構造**(tertiary structure)は，この二次構造がいかに折りたたまれ，側鎖がいかに配置されるかを示す．タンパク質の形状が球状のものを「球状タンパク質」とよび，通常水に溶けやすく生命活動の維持に重要である．また，繊維状のものを「繊維状タンパク質」といい，水に溶けず，生命体の構造形成に主要な役割を果たしている．

四次構造(quaternary structure)は，2つ以上の**サブユニット**(subunit)からなる分子のサブユニットどうしの相対的な配置に関するものである．

ヘモグロビンに関する一次，二次，三次，四次構造を図21-12に示す．

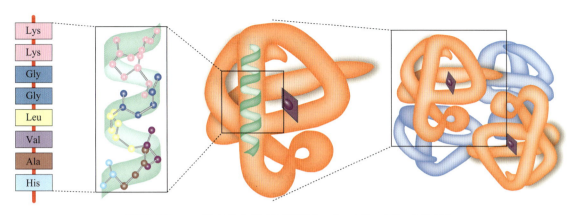

図 21-12　ヘモグロビンに関する代表的な一次，二次，三次，四次構造

21.2　タンパク質の構造形成の要因

21.2.1　構造形成に寄与する相互作用

　タンパク質の構造形成に重要な相互作用としては，静電的相互作用，水素結合，分散力，双極子-双極子相互作用，疎水性効果などがある．こうした分子間力の由来については 11.7.1 項で述べたが，ここではタンパク質の構造形成への寄与について述べる．

(a) 静電的相互作用

　タンパク質中の電荷をもつ基のクーロン相互作用は非常に強い相互作用なので，異なった電荷をもつ残基は近接することでエネルギー的に安定化する．特に比較的誘電率の低いタンパク質内部の電荷は，反対符号の電荷が近くに来るような構造をとる．しかし，水と接しているタンパク質の表面イオンでは，すでに水和により安定化されているので，2つのイオン間の相互作用はそれほど強くはないこともある．

(b) ファンデルワールス相互作用

　電気双極子間相互作用も比較的強い影響を及ぼす．特に，タンパク質内部の双極子-双極子相互作用（11.7.1 項参照）は安定化に大きく寄与するが，水和されているタンパク質の外周では水分子との相互作用のため影響は少ない．分散力は距離の6乗に反比例する近距離相互作用であり（11.7.1 項参照），比較的弱い力だが，タンパク質内部には近接し合う基が多数あるので構造形成には重要な要因となりうる．また，特に分極率の大きな芳香族環どうしでは分散力による引力的相互作用が働くため，特別な空間配置をとりやすくなる．

(c) 水素結合

　水素結合は，他のファンデルワールス相互作用に比べて相互作用が強い．**天然構造**（native structure）が壊れ内部の基が外部に出る**変性構造**（unfolded

Assist　天然構造と変性構造

タンパク質は，アミノ酸が一重結合でつながった高分子であるため，回転の自由度があり，天文学的に大きな構造的な自由度をもつ．しかし，生物学的な機能を発揮するために，多くのタンパク質ではこうしたランダムな構造をもつことは少なく，ある決まった構造をとることが多い．このような機能をもつ決まった構造を「天然構造」という．この天然構造が壊れた構造が「変性構造」である．

structure) では，外に出た基は外部の水と水素結合するのでエネルギー的な損失はないが，タンパク質内部に水素結合をつくれない基が生じると大きなエネルギー損失となる．したがって，天然構造のタンパク質内部では，水素結合をつくりうる基はほとんど水素結合をしている．水素結合は，α ヘリックスや β シートなどの二次構造をつくったり構造を決定したりする際の大きな要因である．

(d) 疎水性効果

疎水性分子が多数水中に存在すると，疎水性効果のために，疎水性分子どうしが寄り集まって周りの水を減らしたほうがエントロピー的に有利となる．この効果により，疎水性残基はタンパク質内部に取り込まれようとし，これがタンパク質構造形成の大きな要因になる．

(e) ジスルフィド結合

-SH をもつ基が 2 つ近くにあると，-S-S- 結合をつくり，その三次構造を安定化することがある．

(f) コンフォーメーションエントロピー

コンフォーメーション（conformation）とは，二次構造以上の高次構造を意味する．天然構造では少々の不均一性があってもほぼ決まった構造をとるが，変性構造では非常に多くの異性体が存在し，エントロピー的には天然構造より圧倒的に有利である．この効果はタンパク質の天然構造を不安定化する方向に働く．

> **Topic　天然変性タンパク質**
>
> 近年，機能を発揮する天然状態でも決まった構造をとらないで，一見変性状態のような不規則な構造をもっているタンパク質が数多く見出されており，「天然変性タンパク質」とよばれている．

21.2.2　変性とその原因

上記の (a) 〜 (f) の要因によって，機能を発揮するタンパク質は決まった天然構造をとる★．しかし，たとえば，生卵に熱を加えると，もはやヒヨコが生まれないゆで卵になる．これは機能を発揮する構造である天然構造が崩れ，機能を発揮しない（ランダムな）構造になってしまったことを示す．このように，タンパク質の共有結合はそのままで，水素結合などが破壊されて立体構造が変化することを**変性**（denaturation）という．タンパク質は，生命をつくる分子なので安定そうに見えるが，熱以外にも pH や有機溶媒，界面活性剤などによって容易に変性する．

タンパク質の天然構造から変性構造にともなう熱力学量変化 $\Delta G = \Delta H - T\Delta S$ を図 21-13 にプロットした．1 つの大きな特徴として，室温付近において，タンパク質はかなり大きな安定化エンタルピー（$\Delta H > 0$）をもっている．これだけ大きな安定化エンタルピーをもっていると変性しにくいように思われるかもしれないが，この大きな安定化エンタルピーは大きなエントロピーの減少（$-T\Delta S < 0$）でほとんど打ち消されている．そのため，100 残基程度の比較的小さいタンパク質の通常条件下での天然構造安定化エネルギーは，せいぜい 40 kJ/mol ほどになる．

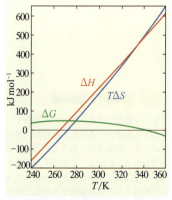

図 21-13　典型的なタンパク質の変性に伴う熱力学量変化
$\Delta G > 0$ ということは天然状態のほうが変性状態よりも安定ということである．

これはたかだか水素結合2本分程度であり，天然構造においては水素結合だけでも数10本もあることが多いことを考えれば，非常に小さいといえる．それは，いろいろな引力相互作用とともにエントロピー的要因との微妙なバランスの結果である．

タンパク質の安定化エネルギーのもう1つの特徴として，温度に敏感に依存していることがある．高温でタンパク質は変性する★．これは**高温変性**とよばれ，温度が高くなったために，エントロピーの寄与($T\Delta S$)が大きくなり，天然構造の不安定化が起こったものといえる．

また，タンパク質は低温になっても変性する．これは凍傷に見られ，**低温変性**とよばれる．この由来は，図21-13を見るとわかるようにエンタルピーが負になってくるためとわかる．低温変性の分子論的な原因は，天然状態より変性状態の水和の寄与が大きくなり，変性状態がエンタルピー的に安定化するためと解釈されている．

以上のような多くの安定化と不安定化要因の結果，わずかな安定化エネルギーによって天然構造が保持されている．このため，タンパク質はX線結晶構造解析でわかるような構造に固定されているのではなく，常に揺らいだ構造をもつ．すなわち，動いていないタンパク質構造は，実際の生命現象における働きを必ずしも反映していないことに注意しなければならない．

タンパク質の構造は結構柔らかいもので，一部を押すと変形したり運動のしかたが変わったりする．また，ごくわずかに構造が変わっただけでも，化学的性質や他のタンパク質との協調関係が変わったりすることがある†．こうした揺らぎが起こる原因には，タンパク質分子だけの安定性ではなく，その周囲の水分子も含めた系全体の安定性が大きく関わっている．このことは生命活動には水が欠かせないことが示している．

> **Topic　やけど**
>
> 熱湯など熱い物が皮膚に接触して起きるやけどの原因は，高温でタンパク質が変性してしまう高温変性である．

> **Assist　タンパク質活性と揺らぎ**
>
> こうした揺らぎがタンパク質の活性のうえで重要となっているという指摘もあり，21.6節で簡単にふれる．

21.3 タンパク質の反応速度

以下では，生命現象をつかさどるタンパク質の反応について学ぶ．化学反応機構を明らかにするうえで，反応の速度論的測定と解析は非常に重要となる．速度を求めるためには，中間体の検出や時間変化を観測しなくてはならないが，そのために有用なのが分光法である．

 ### 21.3.1　測定法

反応のダイナミクスを調べるには，単に吸収や発光スペクトルから濃度を求めるだけでなく，その時間変化を追跡しなくてはならない．19.1節で説明したように，反応ダイナミクスを実験的に観測するには，基本的には成分濃度の時間変化を測定すればよい．そのために，X線・可視光・紫外光・赤外・マイクロ波・ラジオ波などの光吸収強度を測定する．あるいは，ラマン散乱などで検出される振動をプローブとしてその時間発展を観測する．

(a) 高速流通法とストップフロー法

分子集団で反応の時間発展を観測するためには，ある瞬間に一斉に反応を開始しなければならない[†]．その開始方法が古くから開発されてきた．たとえば，酵素反応など2種類の分子の反応過程を調べるためには，試料溶液を高速に混合して時間変化を検出するのが一番直接的な方法であろう．そのために，シリンジ(注射筒)で反応成分を流し，反応容器で混合されてスタートした反応成分濃度を連続的に観測する**高速流通** (rapid mixing) 法とよばれる手法(図21-14a)が使われる．この方法では，混合してからの時間は，流速と混合した点からの距離で決まるので，測定装置に時間分解能がなくても，空間分解によって時間変化が追跡できる．

しかしこの方法では常にサンプルを流し続けるために大量の反応液が必要であるので，反応液の通過を止めて測定する**ストップフロー** (stopped flow) 法とよばれる方法(図21-14b)が主に用いられている．この方法では，2種類(以上)の溶液を混合することによりpHなどの溶液条件を短時間で変化させることで反応を開始し，瞬時にフローを停止して，その後の試料溶液の可視・紫外・近赤外領域の吸収スペクトル・蛍光などの変化を測定する．均一系触媒の反応，酵素反応，酸化還元反応，構造形成，粒子生成など，ミリ秒～秒オーダーのさまざまな高速反応の反応速度測定，短寿命中間体の検出をおこなうことができる．これにより，反応活性の評価，反応の活性化エネルギーの導出，反応機構の解析，反応阻害剤・促進剤の特性比較などが可能となる．この手法により，たとえば酵素反応の速度が調べられ，酵素の反応機構についての知見を得られてきた．

このような溶液混合によって反応を開始させる方法を用いて，種々の反応機構が調べられてきたが，溶液を混合できる速度には限界があり，工夫を凝らしてもミリ秒～マイクロ秒より速い反応を観測することは困難である．それより速い反応は，たとえば次に説明する**緩和法** (relaxation) という方法で調べる．

(b) 緩和法

この手法は，アイゲン (M. Eigen) が開発した．平衡状態にある反応系の温度あるいは圧力を急速に変化させることによって非平衡状態とし，系が新しい平衡状態に接近する過程を測定する．その時間変化より反応速度を決定する．平衡定数を変えるのに温度変化を利用する場合は**温度ジャンプ法** (temperature jump method)，圧力変化を利用する場合は**圧力ジャンプ法** (pressure jump method) とよばれる．またそれ以外にも，化学種の濃度，特にpH，pOHをジャンプさせる，**pHジャンプ** (pH-jump) などもある．これらの方法によりマイクロ秒以下の反応速度を測定することができるようになった．

ここでは，溶液中の反応速度論の研究で広く用いられる温度ジャンプ緩和法を例にとって説明する．温度ジャンプ法では，平衡反応混合物の温度を一定の圧力で突然変化させる．平衡定数が温度の逆数に指数関数的に依存することを考えれば，温度変化は平衡濃度に変化をひき起こすはずである[†]．この温度変化後，系は新しい温度に対応した新しい平衡状態に向かって緩和し

> **Assist** 1分子計測
>
> 最近の1分子の動きを観測する手法を用いれば，一斉に反応を開始する必要はない．

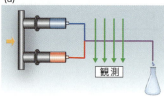

図21-14 高速流通法(a)とストップフロー法(b)

(a)では赤色溶液と青色溶液を流し続け，その混合した点からさまざまな位置で(たとえば吸収法によって)濃度を測定する．(b)では混合後，溶液を止め，1点で濃度の時間変化を測定する．

> **Assist** 温度変化と平衡定数
>
> 17.1.3項で $\ln K_p = -\Delta_r G°/RT$ を導いている．

21.3 タンパク質の反応速度

ていくが，その速度を調べることで，以下のように平衡反応に関する速度を求めることができる．

単純な一般の平衡反応

$$A \underset{k_{-1}}{\overset{k_1}{\rightleftarrows}} B \qquad (I)$$

を考えよう．ここで正反応と逆反応の速度はどちら側の反応物についても一次であるとする．はじめ，この系は温度T_1において平衡にあり，AとBの濃度をそれぞれ$[A]_{1,eq}$と$[B]_{1,eq}$と書く．ここで，温度をT_1からT_2にジャンプさせる．T_2における平衡濃度を$[A]_{2,eq}$と$[B]_{2,eq}$とする．式(17.17)から，この反応について$T_1 > T_2$で$\Delta_r H°$が正ならば，温度ジャンプによってBの平衡濃度が大きくなり，$\Delta_r H°$が負ならば，小さくなることがわかる．

温度ジャンプの後の濃度変化を，反応速度方程式から導こう．$[B]$の時間変化は

$$\frac{d[B]}{dt} = k_1[A] - k_{-1}[B] \qquad (21.1)$$

である．この微分方程式を解くために，$[A]_{2,eq}$と$[B]_{2,eq}$を基準としたときの変化量を使って

$$[A] = [A]_{2,eq} + \Delta[A] \qquad (21.2)$$
$$[B] = [B]_{2,eq} + \Delta[B]$$

とおく．この変化量を用いて式(21.1)を解くと†，その時間変化として

緩和法で求める時間変化
$$\Delta[B] = \Delta[B]_0 e^{-(k_1+k_{-1})t} = \Delta[B]_0 e^{-t/\tau} \qquad (21.3)$$

が得られる．ここで

緩和時間定数
$$\tau = \frac{1}{k_1 + k_{-1}} \qquad (21.4)$$

を**緩和時間定数**(relaxation time constant)という．

図21-15は典型的な温度ジャンプ実験における$\Delta[B]$の時間依存性である．時刻ゼロから，単一指数関数的に変化し，この速度定数はT_2における正反応と逆反応の速度定数の和になる．よって，時間変化だけの測定では，正反応と逆反応のそれぞれの反応速度定数を知ることはできないが，平衡定数Kを決めることができれば，$K = k_1/k_{-1}$の関係から，速度定数k_1とk_{-1}を別々に決定することができる．

例題21.1 温度ジャンプ法による反応速度の決定

先の(I)の平衡反応について，急に温度を微小変化させ，$[B]$の時間変化を測定したところ，単一指数関数で変化し，その緩和時間定数は5 sであった．また，この温度での平衡定数は2.0であった．この場合のk_1とk_{-1}を求めよ．

Assist （式21.3）の導出

式(21.2)を式(21.1)に代入すると，$[B]_{2,eq}$は定数なので時間微分は消えて，

$$\frac{d\Delta[B]}{dt} = k_1[A]_{2,eq} + k_1\Delta[A]$$
$$- k_{-1}[B]_{2,eq} - k_{-1}\Delta[B]$$

が得られる．さらに，AとBの濃度の和が一定なので，$\Delta[A] + \Delta[B] = 0$であり，$[A]_{2,eq}$と$[B]_{2,eq}$は平衡なので$k_1[A]_{2,eq} = k_{-1}[B]_{2,eq}$を満たす．よって

$$\frac{d\Delta[B]}{dt} = -(k_1 + k_{-1})\Delta[B]$$

となる．$t = 0$で$\Delta[B]_0 = [B]_{1,eq} - [B]_{2,eq}$という初期条件を使って上の式を積分すると式(21.3)が得られる．

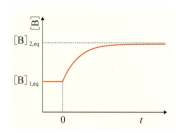

図21-15 $\Delta[B]$の時間依存性の例
$t = 0$で温度や圧力などをジャンプさせて，その後の新しい平衡が達成する過程を化学種の濃度の時間変化として観測する．

[解答]

式 (21.4) から $k_1+k_{-1} = 0.2$ s^{-1}．また，平衡定数 $K = k_1/k_{-1} = 2.0$ より，$k_{-1} = (0.2/3) = 0.067$ s^{-1}，$k_1 = 0.13$ s^{-1} となる．

チャレンジ問題

$$A + B \underset{k_{-1}}{\overset{k_1}{\rightleftharpoons}} C$$

という平衡があるとき，急に温度を変えてこの平衡をわずかにずらすことを考える．このとき，A の濃度の示す時間変化を表す式を求めよ．ただし，これらの濃度変化はわずかなので，変化分の積は変化分に対して無視してよいものとする．

(c) 過渡吸収分光

溶液混合や温度ジャンプ，圧力ジャンプ以外でも瞬時に反応を開始するための方法が望まれる．たとえば，放電や光による活性化などがある．放電でしばしば使われていたのはマイクロ波 (≈2450 MHz) 放電とラジオ波 (≈20 MHz) 放電である．

しかし，分光法と組み合わせて詳細な反応機構を得るという点で広範に用いられているのは，光で反応を開始する手法である．20.3.3 項で説明した**フラッシュフォトリシス**とよばれるこの技術は 1950 年代に Norrish と Porter によって始められ，気相および溶液中の素反応の速度を直接研究する有力な技術として確立した．この方法では，パルス光によって開始した反応の時間変化を，反応分子あるいは生成分子の光吸収の変化として別のプローブ光でモニターする．これまで，化学反応の中間体を検出したり，反応機構を明らかにするために非常によく用いられてきた方法であるが，生体分子の化学反応ダイナミクスを調べる方法としても有力である．

21.3.2 ミカエリス-メンテン機構

上のような手法で反応の時間変化が求められると，次にそれを合理的に説明する反応機構を考えることになる．たとえば，比較的単純な分子の解離反応では一次反応，二量体形成では二次反応などがあるが (19.1 節参照)，生体分子に特徴的な機構として**ミカエリス-メンテン機構** (Michaelis-Menten mechanism) がある．ここでは，その機構について述べる．

生体分子の特徴の 1 つに，非常に効率のよい反応を起こすことが挙げられる．そのよい例は酵素反応である．**酵素** (enzyme) は生物が物質を消化する段階から吸収・輸送・代謝・排泄に至るまでのあらゆる過程に関与し，生体が物質を変化させて利用するのに欠かせないなど，生命を維持するのに必要な反応の多くをつかさどる．したがって，酵素は生化学研究における一大分野であり，早い段階から研究対象になっている．

酵素は，生化学反応を触媒するタンパク質分子であるが，10^{-8} M という非常に低い濃度でも生体反応への影響が見られることがある．こうした低い

濃度で起こる反応の機構を調べることは難しかったが，速度論的解析から徐々に明らかにされてきた．

酵素の触媒作用で反応する分子を**基質**(substrate)という(21.6 節参照)．基質が反応を起こす酵素分子の部分領域を**活性部位**(active site)という．酵素の特異性は，活性部位の立体構造や酵素分子全体の構造のためにその領域に課せられる空間的な制約によって決まっている．

初期の実験的研究によれば，多くの酵素触媒反応の反応速度は，基質濃度 $[S]$ が低いときは $[S]$ に比例し ($v = k[S]$)，濃度が高くなるとある一定値 ($v = v_{max}$) に近づくことが見いだされていた．こうしたふるまいを説明するため，ミカエリス(L. Michaelis)とメンテン(M. Menten)は，酵素 E と基質 S が**複合体**(complex)ES をつくる次のような反応機構を考えた．

$$E + S \underset{k_{-1}}{\overset{k_1}{\rightleftharpoons}} ES \underset{k_{-2}}{\overset{k_2}{\rightleftharpoons}} E + P$$

ここで，P は生成物を表す．この機構によれば，$[S]$, $[ES]$, $[P]$ に関する反応速度は

$$-\frac{d[S]}{dt} = k_1[E][S] - k_{-1}[ES] \quad (21.5a)$$

$$-\frac{d[ES]}{dt} = (k_2 + k_{-1})[ES] - k_1[E][S] - k_{-2}[E][P] \quad (21.5b)$$

$$\frac{d[P]}{dt} = k_2[ES] - k_{-2}[E][P] \quad (21.5c)$$

で与えられる．これをいくつかの仮定をおいて解くと†，初期速度 v_0 は，

ミカエリス＝メンテン機構の初期反応速度

$$v_0 = -\frac{d[S]}{dt} = \frac{k_1 k_2 [S][E]_0}{k_1[S] + k_{-1} + k_2} = \frac{k_2[S][E]_0}{[S] + K_m}$$
$$= \frac{k_2[E]_0}{1 + \frac{K_m}{[S]}} = \frac{v_{max}}{1 + \frac{K_m}{[S]}} \quad (21.6)$$

となることを示せる．ここで $K_m = (k_{-1} + k_2)/k_1$ であり，**ミカエリス定数**(Michaelis constant)という．また，$v_{max} = k_2[E]_0$ は，$[S]$ が大きい場合の速度の最大値を表す．この式によると，初期速度は，基質濃度が小さいとき($K_m \gg [S]_0$)には

$$v_0 = \frac{v_{max}}{K_m}[S]_0$$

となり，基質濃度について一次である．一方，基質濃度が大きいとき($K_m \ll [S]_0$)には，$v_0 = v_{max}$ と 0 次になることがわかる．これは実験で観測されるふるまいを再現している．速度が基質の濃度に関係ない 0 次の反応速度式になるのは，酵素に対して基質が非常に多いと，ほぼすべての酵素が基質と複合体を形成するからである．

酵素の触媒定数 k_{cat} は，最大速度を酵素の活性部位の濃度で割った数($v_{max}/[E]_0$) として定義される†．つまり，酵素の 1 個の活性部位によって単位時間に生成分子に変換されうる基質分子の数である．酵素が活性部位を 1 つしかもたなければ，触媒定数は次のようになる．

Assist 酵素触媒反応の反応速度の導出

まず，酵素は遊離の状態 [E] または酵素-基質錯体 [ES] の一部として存在するが，酵素は触媒であり反応によって消費されてしまうことはないので，これら 2 つの濃度の和は一定で，酵素の初期濃度 $[E]_0$ に等しい．

$$[E]_0 = [ES] + [E] \quad \text{①}$$

これを用いて式(21.5b)を，

$$-\frac{d[ES]}{dt} = [ES](k_1[S] + k_{-1} + k_2 + k_{-2}[P])$$
$$- k_1[S][E]_0 - k_{-2}[P][E]_0$$

と書き直せる．酵素を大過剰の基質と混合すると，酵素-基質錯体の濃度 [ES] がたまっていく期間がはじめに存在する．ミカエリスとメンテンは [ES] は反応中ほぼ一定にとどまるので，複合体について定常状態の近似が成り立つという仮説を立てた．定常状態の近似を仮定すると

$$d[ES]/dt = 0$$

とおくことができ，上式を解けば [ES] を反応速度定数と $[E]_0$, $[S]$, $[P]$ で表す式

$$[ES] = \frac{k_1[S] + k_{-2}[P]}{k_1[S] + k_{-2}[P] + k_{-1} + k_2}[E]_0$$

を得ることができる．これを式(21.5a)に代入し，①を使うと，次のようになる．

$$v = -\frac{d[S]}{dt}$$
$$= \frac{k_1 k_2 [S] - k_{-1} k_{-2}[P]}{k_1[S] + k_{-2}[P] + k_{-1} + k_2}[E]_0$$

少量だけが生成物になるまでの初期段階の速度 v_0 を測定することにすれば，$[P] \approx 0$ なので，この式は式(21.6)のように簡単になる．

Assist 活性部位の濃度で割る理由

酵素の濃度でなく，活性部位の濃度で割った数を使うのは，酵素によっては 2 個以上の活性部位をもつものがあるからである．

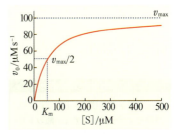

図 21-16 初期速度の基質濃度依存性

$$k_{cat} = \frac{v_{max}}{[E]_0} = k_2$$

たとえば，カタラーゼという過酸化水素の分解を触媒する酵素では，$k_{cat} = 9 \times 10^6 \, s^{-1}$ が報告されている．

[S] が K_m に等しいとき，$v_0 = v_{max}/2$ となる．つまり，ミカエリス定数は，最大速度の半分の速度を与える基質濃度ということができる（図 21-16）．K_m が小さいということは，低い濃度で酵素は飽和され，酵素が基質を強く結合することに相当する．

初期反応 $[S] \approx [S]_0$ では式 (21.6) の両辺の逆数をとった

$$\frac{1}{v_0} = \frac{1}{v_{max}} + \frac{K_m}{v_{max}[S]_0} \tag{21.7}$$

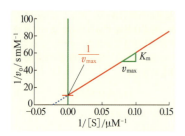

図 21-17 初期速度の逆数を基質の初期濃度に対してプロットしたグラフ
こうすると v_{max} と K_m を決めることができる．

の式にもとづいて，$1/v_0$ を $1/[S]_0$ の値に対してプロットすれば，切片から $1/v_{max}$，傾きから K_m/v_{max} が求められる（図 21-17）．

式 (21.6) は $[P] \approx 0$ という条件で導かれた式である．しかし，もし生成物からの逆反応が遅ければ，$k_{-2} \approx 0$ とできるので，$[P] \approx 0$ でなくても

$$-\left(1 + \frac{K_m}{[S]}\right)d[S] = v_{max}\,dt \tag{21.8}$$

となる．この両辺を積分すると

$$[S]_0 - [S] + K_m \ln\frac{[S]_0}{[S]} = v_{max}\,t \tag{21.9}$$

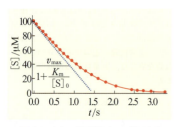

図 21-18 基質濃度の時間変化
観測された [S] の時間変化（赤丸）を式 (21.9) でフィット（赤線）することで v_{max} と K_m を決めることができる．また $t \approx 0$ での傾きが式 (21.8) で $[S] \approx [S]_0$ にした値にほぼ等しくなる（青色点線）．

となる．よって，[S] の時間変化を上式でフィットすることによって，v_{max} と K_m を決定することができる（図 21-18）．

21.4 タンパク質の反応

タンパク質が機能を発揮するには化学反応を起こさなければならない．こうした反応の分子論的機構を明らかにするためには，その中間体の検出が重要であり，そのためには前節で述べたような反応ダイナミクス観測が必要となる．

21.4.1 タンパク質の光反応

タンパク質の化学反応機構を調べるうえで，光で反応を開始できるタンパク質は有用な役目を果たしてきた．なぜなら，レーザーを用いて分光学的に詳細に検討できるからである．

タンパク質には 20 種類のアミノ酸以外に可視光領域に吸収をもつ発色団をもつことがある．これらは共役した電子をもつことが多く，この場合，電子励起状態のエネルギーが低いために可視光領域に吸収をもつ．特に光センサータンパク質には，可視光を検出するための発色団をもつものが多く，たとえばレチナール，フラビン類，クマル酸などが用いられている（表 21-3）．それぞれの分子によって吸収スペクトルの波長が異なってくる★

> **Topic** アミノ酸を使う紫外線センサー
> 最近発見された UVR8 とよばれる紫外線センサーでは，アミノ酸のトリプトファン（Trp）が用いられている．

そのほか，光合成中心タンパク質などはクロロフィルを含むし，ヘモグロビンやミオグロビン，シトクロム C などは赤い色をしたヘムをもつ．こうした分子をもつタンパク質では，これまでに開発された可視吸収や可視発光検出法が使えるため，発色団周囲の反応に関する先進的研究がなされている．

たとえば，視覚をつかさどるタンパク質であるロドプシンは，7本の α ヘリックスが膜を貫通する構造をもつ．光を感知するために光を吸収するのは，その中に含まれているレチナール分子であり，これは暗状態で 11-cis 型レチナールの構造をもつ．この分子が光を吸収すると励起一重項状態から光異性化して all-trans 型レチナールになる（図 21-19）．このシス-トランス異性化反応が，最初のステップである．この異性化反応の機構は超高速分光や理論を用いて詳細に調べられており，1 ピコ秒以内に起こることが明らかになっている．このように，生理学的には 10 ミリ秒ほどの遅い過程である視覚の反応でも，その開始反応の素過程は非常に速い．その後，周りのタンパク質構造にその歪みが伝わり，ロドプシン全体が構造変化するが，そこにもいくつかの中間体が存在することが過渡吸収法によって明らかにされている．

このように，<u>分光法を用いると，化学反応の中間体を時間とともに検出できる</u>ので，反応の分子機構を知るために有力である．機能的には直接に光感受と関係ないタンパク質反応についても，分光法で多く調べられている．

たとえば，ミオグロビンは，その結晶構造が最初に決定されたタンパク質としてよく知られている．主に α ヘリックスで構成され，水溶性の比較的小さいタンパク質である．その機能は，筋肉中で酸素を貯蔵することであり，外界の酸素のあるなしによって酸素をタンパク質から出し入れする．酸素が

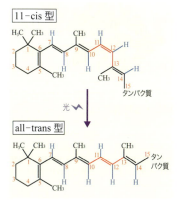

図 21-19 レチナールの光異性化反応

表 21-3 発色団を含むタンパク質

機能	タンパク質例	含まれる発色団	化学反応
光合成	光合成中心タンパク質	クロロフィル，カロチノイド，キノン類	電子移動
エネルギー伝達	集光アンテナタンパク質	クロロフィル，フィコビリン	エネルギー移動
イオンポンプ	バクテリオロドプシン，ハロロドプシンなど	レチナール	異性化反応
光センサー	ロドプシンなど	レチナール	異性化反応
	PYP	クマル酸	異性化反応
	フィトクロム類	ビリン色素	異性化反応
	BLUF ドメイン（AppA, PixD など）	フラビンアデニンジヌクレオチド（FAD）	電子・プロトン移動
	LOV ドメイン（フォトトロピン，YcgF，YtvA など）	フラビンモノヌクレオチド（FMN）	共有結合形成
	クリプトクロム類	フラビンアデニンジヌクレオチド（FAD）	電子・プロトン移動
	UVR8	トリプトファン	?
光 DNA 修復	フォトリアーゼ	フラビンアデニンジヌクレオチド（FAD），プテリン	電子移動
酸素運搬・貯蔵	ヘモグロビン・ミオグロビン	ヘム	リガンド解離
電子伝達	シトクロム C	ヘム	リガンド解離・電子移動

結合するのは，タンパク質中のヘムとよばれる色素にある鉄原子であるが，この部分はタンパク質に囲まれて外界とは接していない．そのため，ヘムにつく小分子である酸素などのリガンドが外へ放出される過程や，外から結合する過程では，必然的にリガンドが動く過程とともにタンパク質の構造変化が起こらなければならない．

こうしたリガンドの動きとともに変わる構造変化については，タンパク質反応のモデルとして物理化学的に多くの研究がなされてきた．生物学的な機能には酸素がリガンドとして働くが，一酸化炭素(CO)を用いると室温溶液中では光励起によって量子収率が1近くで解離する．そのため，一酸化炭素をリガンドとするミオグロビン(図21-20)がよく研究されてきた．

COのついた状態と，ついていない状態での吸収スペクトルは異なっている．この違いの変化を時間とともに観測することで，光励起後350フェムト秒ですでにCOの解離したスペクトルになっていることがわかり，COの鉄からの解離反応は非常に速いことが示された．またこの吸収変化は，180ナノ秒と数ミリ秒の時間領域で回復していくが，これはタンパク質内にあるCOがヘムと再結合する過程と，いったんタンパク質外に逃げ出したCOが再結合する過程であることが示されている．この速度の測定により，ミオグロビンとCOの結合安定性などについての知見が得られたり，COが外部からタンパク質内へ戻ってくる際には，いくつかの不均一なエネルギーバリアを越えて戻ってくることなど，再結合過程の詳細も明らかにされている．

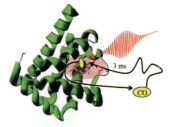

図21-20　ミオグロビンからのリガンド解離反応
ヘム(赤色部分)についたリガンド(この場合は一酸化炭素CO，黄色丸)は光によって量子収率1で解離する．その後，COは700 nsで外へ放出され，二分子反応(酸素濃度に依存する速度：通常の条件では数ミリ秒)で元の状態へ戻る．

21.4.2　タンパク質の折りたたみ

生卵に熱を加えると変性してゆで卵になる．このゆで卵を置いていても自然に生卵に戻ることはない(図21-21)．このようにタンパク質の変性は不可逆に思われるが，元に戻らないのはいくつかの変性タンパク質がからまり合って凝集してしまうことによる場合が多い．

実際，特に分子量2万以下の比較的小さい球状タンパク質の場合，濃度を低くして凝集が起こらないようにして変性した原因を取り除くと，ほとんどの場合，可逆的に天然構造に戻る．この過程は，**タンパク質の折りたたみ**(フォールディング，folding)とよばれている．<u>これは化学結合の組み換えが起こるような化学反応ではなく，構造変化であるが，やはり「反応」と見ることができる</u>．

図21-21　生卵を加熱すると変性してゆで卵になる
ゆで卵から生卵に戻ることはないが，タンパク質を希薄条件にして変性要因を取り除くと，多くの場合，天然状態へ戻る．

タンパク質の主鎖は，回転の許される一重結合で構成されていることを考えると，変性タンパク質は天文学的に大きな自由度をもつことが予想できる．その天文学的に多い変性構造のなかから，どのようにしてタンパク質は唯一の天然構造を見つけるのであろうか．生命現象を担うタンパク質といえども，分子であるので，その安定構造は熱力学的最安定（ギブズエネルギー最小）状態として決定されている[†]．しかし，「熱力学的最安定」という意味は，タンパク質だけでなくその周囲の水を含んだ全系の多くの原子間力とエントロピーに関係した熱力学量であり，コンピュータの発達した現在でもその最安定構造を計算で探し出すのは容易ではない．

こうした折りたたみが，どのように起こるのかについては未知の部分が多い．初期には，それぞれのタンパク質に固有のフォールディング経路が存在すると考えられ，フォールディング中間体の探索が行われた．しかし，多くのタンパク質の折りたたみ反応において中間体が見つからなかった．これは当時の測定装置の時間分解能が足りなかったためでもあるが，現在でも中間体の見つかってない反応が多数ある．

こうした知見にもとづいて，固有の特異的フォールディング経路を必要としない，エネルギー地形理論に基礎をおくモデルが提出された（図21-22）．これは，エネルギー曲面が，天然状態に向かって傾きをもっていて，その傾きを滑り落ちるというモデルである．しかしそのギブズエネルギーの見積もりは，前節で述べたような多くの要因の足し合わせであるため，現在でもかなり困難である．特に水和ギブズエネルギーは，生体分子の溶媒である水がタンパク質の構造形成過程に及ぼす影響を表しており，構造形成にともなう全ギブズエネルギー変化の重要な部分を占めるが，評価が最も困難である．

折りたたみの問題は，化学的にも物理的にも興味深いが，現在ではアルツハイマー病などタンパク質の関わる病気にも関係していることが明らかとなり，より重要な問題と認識されている．

Assist　タンパク質の熱力学的最安定状態

これは「タンパク質フォールディングの熱力学原理」とよばれ，アンフィンゼン（C.B. Anfinsen）が，酵素タンパク質リボヌクレアーゼAのフォールディングの研究を通して，タンパク質の自己組織化原理を発見したことから認識され始めた．

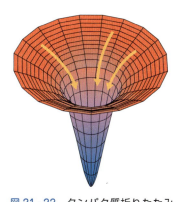

図21-22　タンパク質折りたたみを説明するファネル（漏斗）モデル

縦軸はギブズエネルギー，横軸はタンパク質のコンフォメーションエントロピーを模式的に表したものである．ギブズエネルギーの大きな平らな部分が変性状態で，ギブズエネルギーの底にあたる部分が天然状態を表す．多くの変性状態が存在するが，矢印に沿って底へ滑り落ちていくモデルである．

21.5　新しいダイナミクス測定

反応ダイナミクスを観測する種々の方法が開発されてきたが，化学種の濃度の時間変化をモニターするには，多くの場合，紫外可視吸収や発光，あるいは赤外吸収やラマン散乱などの振動励起にともなう光強度の時間変化が観測されてきた．これらは高感度で速い反応速度が追えるため，多くの研究がなされてきた．しかし，近年，これまで時間分解されなかった物理量の時間変化が測定できるようになり，特に生体分子の反応研究に大きく役立つことがわかってきている．ここでは，そうした最新の例を2つほど取り上げる．

21.5.1　反応にともなう熱力学量と時間変化

第Ⅲ部で取り上げた熱力学量は，物質の性質を理解するのに重要な役割を果たす．多くの自由度をもち，多くの水分子と相互作用する生体分子に対し

てはさらに重要となる．たとえば，タンパク質を取り巻く水分子の水和について，熱容量測定より知見が得られるし，タンパク質の揺らぎや柔らかさについては，熱膨張係数や圧縮率の測定を通して調べられている．これまでの熱力学量の実験的測定には，たとえば，あるエネルギーを系に与えて温度上昇を測定するカロリメトリーが用いられてきた．可逆反応においては，その平衡定数 K の温度微分や圧力微分と式(14.30)(17.17)の関係によって，始状態と終状態のエンタルピー変化や体積変化が求められる．しかし，多くの化学反応では不可逆であるか，あるいは平衡が片方に極端によっており平衡定数が求められない場合が多い．また，刻々と変化していく化学反応へはどのようにこの手法を適用すればいいのだろうか．

第III部で説明したように，熱力学量は平衡状態を表す量であり，非平衡反応には適用できない．しかし，分子のレベルで見ると，短い時間でも，その分子の周囲の局所的な領域で平衡が成り立っている場合もある．たとえば，溶液などの凝集相では，非常に短い時間(数 10 フェムト秒)で分子衝突が起こり，エネルギーのやりとりがおこなわれている．そのため，ある分子の周囲 2 分子層程度では 10 ピコ秒というかなり短い時間でエネルギーの交換が十分におこなわれて，熱的にボルツマン分布が達成されていると考えられる．すると，この局所的領域では温度という概念が使えるはずである．実際，高速の分光法によってこのことが確認されている．

もちろん，2 分子層以外の所ではまだ熱の移動が起こっており，非平衡状態であるが，局所的な部分を取り出してきてアンサンブル平均(18.6 節参照)をとることで，熱力学量が議論できるであろう．このような原理にもとづいて，熱力学量を時間分解検出する手法が，20.3.3 項で述べた過渡回折格子(TG)法を用いて開発された．そこでは無輻射遷移により放出される熱エネルギーを時間分解検出することについて述べたが，同様に，反応にともなう熱の出入り，エンタルピー変化を時間分解検出できる．また，分子体積も屈折率変化に寄与することを考えれば，分子の部分モル体積を時間とともに測定することも可能となっている．

この手法は，特に分光学的に反応ダイナミクスを追跡するのが困難なことが多い生体分子の反応に適用されている．たとえば，21.4.1 項で述べたミオグロビンからのリガンドの解離過程について，ヘムの吸収変化を観測するとヘムの近傍の変化しか観測できず，リガンドがヘムから解離したのちにどのような経路をたどって外部に出ていくか調べられない．しかし，エネルギー変化や体積変化の時間変化を調べることで，吸収変化に頼らない変化を検出できる．この結果，タンパク質の中にあるいくつかの空洞(キャビティー)を移りながら 700 ナノ秒で外部に出ていくことが解明された．

さらに，こうした量の温度依存性や圧力依存性を調べることで，熱膨張係数や圧縮率，熱容量などが時間分解で求められる．このように，従来は安定分子でその性質を明らかにするために用いられていた熱力学的手法が，反応中間体にも適用できるようになることで，化学反応の詳細をより明確にできることが期待されている(図 21-23)．

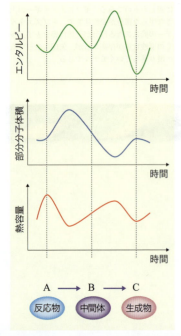

図 21-23　反応にともなう熱力学量の時間変化の概念図

21.5.2 反応中間体の拡散係数

拡散現象については11章や16章で扱ってきたが，その本質はブラウン運動に見られるランダムな移動である．拡散現象が「拡散係数」という1つの値で特徴づけられるためには，分子衝突が十分に起こらないといけないが，特に溶液系ではピコ秒以内の時間で衝突が起こっているので，数10ピコ秒も経てば拡散係数とよべる量になっている．よって原理的には数10ピコ秒以上の時間領域では拡散係数の時間分解測定も可能である．しかし，それらの章で見積もったように，溶液中で拡散によって分子がミリメートルの巨視的スケールで移動するのは数分から数時間かかる非常に遅い過程であるため，多くの拡散係数の測定にはそれぐらいの時間をかけなくてはならず，そのため安定に存在する分子についてのみ測定される値であった．

しかし，TG法を利用すると，光の干渉を用いてマイクロメートルのスケールの濃度分布をつくることができ，拡散係数の速い測定が可能となる．これによって初めて過渡的に存在する反応中間体の拡散係数を測定できるようになった（図21-24）．また，それだけでなく，反応によって拡散係数が変化する過程を時間分解で検出できるようになり，反応過程の研究に適用できるようになってきている．

この手法が有用なのは，タンパク質などの生体高分子のコンフォメーションが拡散係数に反映されるためである．コンフォメーション変化を時間分解でとらえるのは難しいが，拡散係数の時間分解検出手法で溶液中の生体分子の構造変化を時間分解で調べることができる．

また，多量化で拡散係数が変化するような場合には，その多量化の証拠にもなるし，速度も決めることができる．こうした多量化反応を実時間で溶液中で観測するのは難しいことが多いが，この手法では簡単である．この手法を，たとえば時間分解バイオセンサーとして用いることも可能となる．この手法は円二色性†など他の分光法で構造変化が見えないような場合でも，敏感に変化を検出できるほど高感度であることが示されている．

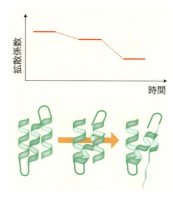

図21-24 反応にともなう拡散係数の時間変化の概念図

Assist 円二色性

多くの生体分子では，図21-8に示すような光学異性体の片方だけが自然界に存在する．光学異性体は，沸点や融点や光吸収などの多くの物理学的性質が同じであり，その差を検出することが難しい．しかし，円偏光（6.2.2項参照）に対する吸収係数は左円偏光と右円偏光で異なり，これを円二色性という．この性質を用いると，タンパク質の α ヘリックスや β シートなどの構造についての情報も得られる．

21.6 酵素の基質認識機構

(a) 鍵と鍵穴機構

ミカエリス-メンテン機構で用いたような，反応の途中で複合体（錯体）を形成するという考え方は，その表面すべてで反応できるわけではない巨大なタンパク質が小さい分子をどのように触媒するかという機構を考えたとき，妥当であろう．複合体形成の分子機構はどうなっているのだろうか．フィッシャー（E.Fischer）は，タンパク質が遊離状態において，基質結合時と同一の立体構造を形成していて，基質（鍵）がその基質結合部位（鍵穴）にぴったりと入り込み，強く特異的に結合するというモデルを提案した．これは，現在でも標準的なモデルとなっている．このような結合のメカニズムを，**鍵と鍵穴機構**という（図21-25a）．タンパク質が，結合型と同じ構造を，反応で

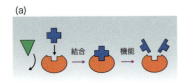
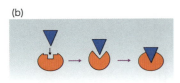
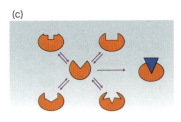

図 21-25　タンパク質の反応モデル
(a) 鍵と鍵穴機構，(b) 誘導適合機構，(c) 構造選択機構

きる時間だけ維持できるほど硬いならば，この機構によって酵素活性が説明できる．実際，多くの計算による医薬品探索ではこのモデルにもとづいた原理が用いられている．

(b) 誘導適合機構

しかし，この標準的なモデルでは説明できない現象が多く見つかり始めている．X線結晶構造解析によって明らかにされたタンパク質構造のなかには，結合部位がタンパク質分子内部に埋もれており，一見しただけでは，どのようにしてリガンドが内部に入り込むのか不明の場合もある．これを理解するためには，実際には，タンパク質は柔らかく揺らいでいることに注目したタンパク質の動きを考える必要がある．

もしタンパク質の活性部位が，リガンド結合時と同じでなければ，リガンドはタンパク質上のリガンド結合部位にぴったりと入り込めないであろう．たとえリガンドがタンパク質と弱く結合しても，そのままならばすぐに解離するであろう．しかし，この弱い結合を契機として，タンパク質が構造を変化させ，形と相互作用がより反応に適するように変化するなら，特異的な強い結合をつくる可能性がある．このように，最初の弱い結合のあとにタンパク質の構造変化が誘起され，リガンドと適合する構造が誘導されるメカニズムを，**誘導適合機構**という（図 21-25b）．

(c) 構造選択機構

また，タンパク質は揺らいでいるため，天然状態には多形性があることを考慮したモデルもありうる．天然構造ではギブズエネルギーが最小の基底状態にあっても，熱エネルギーによってギブズエネルギーの高い励起状態構造が存在できる．もちろん存在割合は天然構造が大きく，励起構造は少ないであろう．しかし，リガンドが天然構造と結合せず，励起構造と選択的に強く結合し，触媒活性が発揮される可能性もある．このとき，リガンドは次々とこの励起構造に結合するため，遊離状態におけるこの励起構造の存在割合が減り，遊離状態での平衡を保つために，天然構造から励起構造へと構造変化が起きる．この結果，天然構造の存在割合は減り，リガンドが結合した励起構造が多くなり，効率的な触媒活性が引き起こされる．このような分子認識機構のことを，**構造選択機構**という（図 21-25c）．

21章 重要項目チェックリスト

疎水性効果 ［p.437］ 無極性分子は，水中で水分子に囲まれるより，無極性分子どうしで集まったほうが安定する現象．

◆**疎水性水和** ［p.438］ 無極性分子に対する水の溶媒和．

デオキシリボ核酸（DNA） ［p.438］ 有機塩基（アデニン，グアニン，シトシン，チミン）と5単糖が結合したヌクレオシドに，リン酸がエステル結合したヌクレオチドが縮合重合した二重らせん構造の核酸．細胞分裂時に，自分と同じ複製をつくることで遺伝情報が伝えられる．

タンパク質 ［p.440］ 20種類のアミノ酸を基本分子として構成される高分子．

◆**アミノ酸** ［p.440］ 1分子中に塩基性基のアミノ基（$-NH_2$）と酸性基のカルボキシ基（$-COOH$）をもつ両性化合物．

◆**一次構造** ［p.442］ 共有結合で結ばれたアミノ酸の配列構造．

◆**二次構造** ［p.442］ ある決まった局所的な部分構造．

◆**三次構造** ［p.443］ 二次構造が折りたたまれた構造．

◆**四次構造** ［p.443］ 2つ以上のサブユニットどうしの相対的な配置構造．

◆**コンフォメーション** ［p.444］ 一次構造以上の高次構造．

緩和法 ［p.446, 447］ 平衡状態にある反応系の環境を急速に変化させることによって非平衡状態とし，系が新しい平衡状態に接近する過程を測定する．温度ジャンプ法，圧力ジャンプ法，pHジャンプ法などがある．

$A \underset{k_{-1}}{\overset{k_1}{\rightleftarrows}} B$ のとき

$$\Delta[B] = \Delta[B]_0 e^{-(k_1+k_{-1})t} = \Delta[B]_0 e^{-t/\tau} \qquad \tau = \frac{1}{k_1+k_{-1}}$$

（τ：緩和時間定数，k：速度定数）

ミカエリス-メンテン機構 ［p.449］ 酵素と基質が複合体をつくる次のような反応．

$$E + S \underset{k_{-1}}{\overset{k_1}{\rightleftarrows}} ES \underset{k_{-2}}{\overset{k_2}{\rightleftarrows}} E + P$$

（E：酵素，S：基質，P：生成物）

◆**初期反応速度** ［p.449］

$$v_0 = -\frac{d[S]}{dt} = \frac{k_2[E]_0}{1+\frac{K_m}{[S]}} = \frac{v_{max}}{1+\frac{K_m}{[S]}} \qquad K_m = \frac{k_{-1}+k_2}{k_1}$$

（K_m：ミカエリス定数）

酵素の基質認識機構 ［p.455, 456］ 鍵と鍵穴機構，誘導適合機構，構造選択機構

確認問題

21・1 油を水に入れると相分離する理由を，熱力学的に100字程度で説明せよ．

21・2 A. 25°Cでの酢酸の解離定数 K_a は 1.75×10^{-5} mol L^{-1} である．0.005 mol L^{-1} の酢酸水溶液のpHを求めよ．ただし，活量係数はすべての化学種について1であると仮定する．

B. $A^- + H^+ \underset{k_{-1}}{\overset{k_1}{\rightleftharpoons}} AH$ で表される反応について，正逆反応速度を決定するために温度ジャンプ法がよく用いられる．温度ジャンプ法では，最初，温度 T における平衡を達成させておき(平衡1)，急に温度を $T + \Delta T$ に変化させる．すると系は新たな平衡(平衡2)に向かって動き始め，[H$^+$]，[A$^-$]，[AH]は時間とともに変化する．この緩和過程を追うことによって，k_1 と k_{-1} を求めている．下図は 0.005 mol L^{-1} の酢酸水溶液に対する実験データである．縦軸は任意のスケール，横軸は時間(ns)である．このグラフから読み取れる緩和時間は，次のうちのどの値に最も近いか．記号で答えよ．

A：50 ns，B：120 ns，C：200 ns，
D：270 ns，E：750 ns

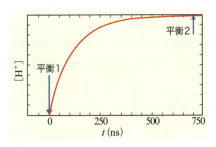

C. 一般式が次のように与えられる平衡の緩和について， 内に適切な式を書き加えながら考えよ．

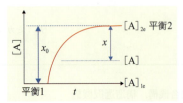

時刻 $t = 0$ において平衡状態(平衡1)にあった系が，何らかの理由で新しい平衡状態(平衡2)に向かって緩和する場合に，新しい平衡濃度からのずれを x とすると，任意の時刻 t における A，B，C の濃度は

$$[A] = [A]_{2e} - x$$
$$[B] = [B]_{2e} - x$$
$$[C] = [C]_{2e} + x$$

と表すことができる．$t = 0$ においては，$x = x_0 = [A]_{2e} - [A]_{1e}$ である．これを用いると，Aの濃度の時間変化は速度式，

$$\frac{d[A]}{dt} = \boxed{\text{イ}}$$

で表される．この式を x のべきで整理すると，

$$-\frac{dx}{dt} = \boxed{\text{ロ}} + \boxed{\text{ハ}} x + \boxed{\text{ニ}} x^2$$

となる．
このうち第1項は平衡の定義である $\boxed{\text{ホ}}$ の関係より0となる．
また，ずれ x は微少であると考えられるので第3項は無視してよい．
$t = 0$ で $x = x_0$ としてこの微分方程式を解くと，

$$x = \boxed{\text{ヘ}}$$

この式は前問の実験データに対応する理論式であり，この式から，実験で観測される緩和時間が $\boxed{\text{ト}}$ と表されることがわかる．

D. 問い A～C の結果を用いて，0.005 mol L^{-1} の酢酸水溶液の解離平衡に関わる k_1 と k_{-1} の値を計算せよ．有効数字は1桁でよい．

[平成17年度 京都大学理学研究科入試問題より]

実戦問題

21·3 AとBは異性体であり，どちらからも反応物に対して一次の速度式で異性化し，十分時間がたつと以下のような平衡に達するものとする．

$$A \underset{k_{-1}}{\overset{k_1}{\rightleftharpoons}} B$$

純粋なAとBを単離して，異性化する前に吸収スペクトルを測定したところ，それぞれ図1のようであった．濃度 10^{-2} mol L^{-1} の純粋なAの入った溶液を，光路長1 cm の吸収測定セルに入れて400 nm で吸光度の時間変化を測定したところ，図2のように吸光度2.0から漸近的に0.5まで減衰し，吸光度が1.0になる時間は30秒であった．以下の問い **A〜D** に有効数字2桁で答えよ．ただし，光吸収についてはランベルト-ベールの法則が成り立ち，気体定数は $R = 8.31$ J K^{-1} mol^{-1} とする．

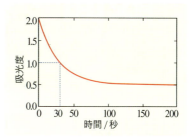

図2 400 nm での吸光度の時間変化

A. 300 nm と 350 nm で吸光度の時間変化を測定するとどのような変化をすると考えられるか．それぞれの波長での吸光度の時間変化を表す式を k_1, k_{-1} を用いて表せ．

B. 速度定数 k_1, k_{-1} を求めよ．

C. この反応の平衡定数が温度とともに以下のように変化した．この反応の標準反応エンタルピー $\Delta_r H°$ を求めよ．ただし $\Delta_r H°$ は温度に依存しないものとし，単位をつけて答えよ．

温度 / K	300	350
平衡定数	2.0	5.0

D. ある温度で平衡にあった試料の温度を，急にわずかに下げた．このとき，400 nm の吸光度は減るか増えるか．またその変化量を ΔOD として，ΔOD の時間変化を表す式を k_1, k_{-1} を用いて表せ．

[平成26年度 京都大学理学研究科入試問題より]

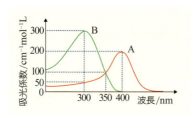

図1 AとBの吸収スペクトル

22章 表面・界面での反応

■ Contents
22.1 固体表面の構造と吸着
22.2 表面反応
22.3 固体触媒反応
22.4 光触媒

固体の**表面**や，物質と物質とが接する場所にできる**界面**は，エネルギーや電荷などの出入口であるとともに，有用な化学反応である触媒反応の舞台ともなる．表面・界面は，触媒のほかにも，エネルギー変換，電池，腐食，接着，摩擦など実用面できわめて重要な役割を果している．

一方，表面・界面は，学術的にもたいへん興味深い研究分野を提供している．前章までに学んだ気相や液相にある分子中の電子は，分子を構成する原子核とのクーロン相互作用により，限定された空間に束縛された離散的なエネルギーをもつ．これに対して，金属などの固体では，それを構成する原子の価電子が互いに強く相互作用し，空間的に広がる連続したエネルギー状態である**バンド**を構成している．したがって，固体表面とは，空間的に局在化した束縛電子系と非局在化した電子系が出会う場所であり，気相や液相などの均一系にはない特徴をもつ．

本章では，固体表面の構造と電子状態を概観し，分子の吸着，脱離，反応の考え方を学ぶ．また，触媒反応や光エネルギー変換として重要である**光触媒**についてもふれる．

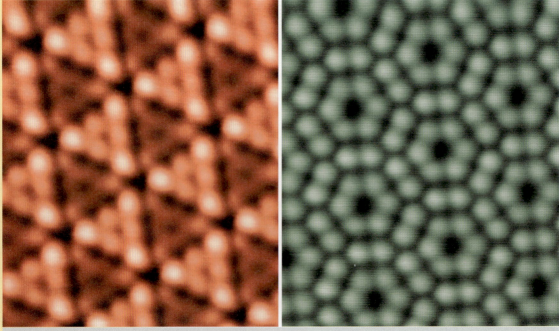

Si(111)面の走査トンネル顕微鏡像(白黒画像に着色)．

22.1 固体表面の構造と吸着

22.1.1 固体表面の構造

結晶中では原子が規則的に配列されている．そのことは，固体の電子状態を含むさまざまな性質を理解するための基本となる．図22-1は，金属結晶の典型的な構造である**面心立方格子**(face-centered cubic lattice)を示す．この結晶をある面で切断すると結晶構造を反映した規則正しい原子配列をもつ表面が現れるが，その配列のしかたは切断する面によって異なる．このような異なる結晶表面を表すために**ミラー指数**(Miller indecies)というものを用いる．ミラー指数は，($h\,k\,l$)の形で表し，次のようにして求める．

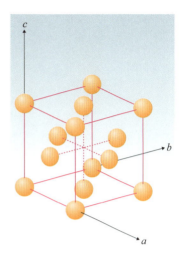

図22-1 面心立方格子

① 結晶学的方向を示す方位ベクトル(図22-1中の a, b, c)の軸と結晶面との切片を p, q, r とする†．
② p, q, r の逆数 $1/p, 1/q, 1/r$ をとる．
③ 逆数の分母の最小公倍数を $1/p, 1/q, 1/r$ に掛けて整数化してできる組($h\,k\,l$)を得る．

面心立方格子をもつ結晶におけるミラー指数の小さい代表的な面の原子配列を図22-2に示す．

Assist 軸に平行な切断面

切断する面がたとえば ab 面に平行である場合は，$p=\infty$，$q=\infty$ となるので，$1/p=1/q=0$ となる．

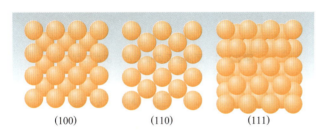

(100) (110) (111)

図22-2 面心立方格子の低ミラー指数面

例題22.1 ミラー指数

$p=4$，$q=4$，$r=\infty$ である面のミラー指数を求めよ．

[解答]
$r=\infty$ というのは，この面が c 軸に平行であることを示している．p, q, r の逆数は$(1/4, 1/4, 1/\infty=0)$となるので，ミラー指数は(110)となる．

チャレンジ問題
図22-3のような結晶面のミラー指数を求めよ．

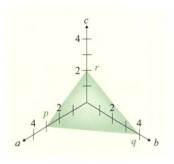

図22-3 結晶面

実際には，結晶をある面で切断して表面に出た原子は，結晶内の原子に比べて配位数が減少するため，熱力学的には不安定である．したがって，表面の原子は少しずつ位置を変えることにより熱力学的に安定な構造をとる．このような表面の原子配列の変化を**表面緩和**(surface relaxation)という．このような緩和は表面第1層にとどまらず，数層に及ぶこともある．また，場合によっては表面原子が大きく再配列し，結晶を切り出したときに予想される構造と大きく異なる構造をとる場合もある．このような現象を**表面再構成**(surface reconstruction)という．

現実の固体表面では図22-4に示すように1原子層から数原子層の段差をもったり，表面第1層の原子の一部が欠損していたりすることが多い．このような段差を**ステップ**(step)，ステップに挟まれた広い平坦な領域を**テラス**(terrace)，また原子が欠損したところを**欠陥サイト**，テラス上に余分に存在する原子は**付加原子**(**アドアトム**)，また，ステップが折れ曲がったところを**キンク**(kink)とよぶ．

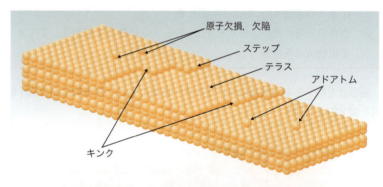

図22-4 固体表面の構造とさまざまな欠陥

22.1.2 固体の電子状態

(a) 一次元鎖の電子状態

固体表面の電子状態を理解するためには固体そのものの電子状態を理解しなければならない．これまで取り扱ってきた気相や液相にある分子の電子状態と，固体の電子状態との大きな違いは，分子の電子は分子を構成する原子核集団近傍のごく限られた空間に局在化するのに対して，固体の電子は物質内の広い空間に非局在化している点である．このことを，仮想的な一次元の炭素原子の集団を例として見てみよう．

2つの炭素原子の2s軌道をそれぞれ$\psi_s(1)$，$\psi_s(2)$とすると，4.1.4項で述べたように，これらは相互作用して，結合性の軌道σと反結合性軌道σ^*を形成する．この二量体に炭素原子を1つずつ足していくと，それぞれの2s軌道の混成により，図22-5に示したような分子軌道ができる．ここで，各分子軌道におけるそれぞれの2s軌道の符号に注意しよう．最も安定な軌道はすべての2s軌道の符号がそろっているのに対して，最も不安定な軌道はすべての隣り合う2s軌道の符号が異なり，その間に**節**(node)をもつ．し

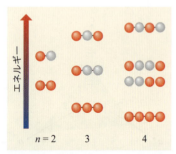

図22-5 C_n(n = 2, 3, 4)の2s軌道からなる電子状態
赤白の色は2s軌道の符号を表す．

たがって，軌道のエネルギーは節の数が多くなるほど高くなる．

(b) バンドの分散

この考え方を無限に連なった一次元の炭素鎖に適応すると，隣り合う原子間のそれぞれの 2s 軌道の混成により，図 22-6 に示したような分子軌道ができる．やはり，分子軌道のエネルギーは節の数が多くなるほど高くなることに注意しよう．すなわち，最安定の電子状態の波動関数にはまったく節が存在せず，最もエネルギーの高い状態の波動関数は隣り合うすべての原子間に節が存在する．

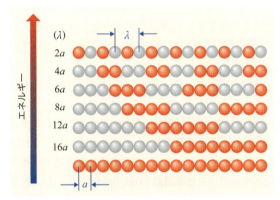

図 22-6 2s 軌道からなる一次元炭素鎖の電子状態
a は炭素原子間の間隔，λ は符号変化の周期の波長である．

また，これらの波動関数には 2s 軌道の符号の変化が周期的にくり返されており，そのくり返し周期の逆数である波長がエネルギーとともに短くなっていることがわかる．そこで波数 $k = 2\pi/\lambda$ と定義する．たとえば，$k=0$ と $k=\pi/a$ の場合にはそれぞれ

$$\Psi_0 = \sum_n e^0 \psi_s(n) = \psi_s(0) + \psi_s(1) + \psi_s(2) + \cdots \tag{22.1}$$

$$\Psi_{\pi/a} = \sum_n e^{i\pi n} \psi_s(n) = \sum_n (-1)^n \psi_s(n) = \psi_s(0) - \psi_s(1) + \psi_s(2) - \cdots \tag{22.2}$$

となり，それぞれ最安定状態と最もエネルギーの高い状態に対応する．そこで，この間のエネルギーをもつ電子状態の波動関数は

$$\Psi_k = \sum_n e^{ikna} \psi_s(n) \tag{22.3}$$

と書くことができ，そのエネルギー E は k に依存する．

ここで重要なことは，無限の長さをもつこの一次元系の物質の電子状態は無数にあり，その状態のエネルギーを実空間である波長で表すには $\lambda = 2a$ から無限大までの波長を要するが，k を用いると，図 22-7 に示すようにすべての状態は $0 \leq k \leq \pi/a$ の間に含まれるということである．このように波数をもとに考える空間を**逆格子空間** (reciprocal space)，あるいは**運動量空間** (momentum space) といい，電子状態エネルギーを図 22-7 のように波数（運動量）に対してプロットしたものを**バンド構造**，あるいは，**電子状態の分散** (dispersion) という．この分散の大きさ，すなわちバンドの最大と最小のエネルギー差は，隣り合う軌道間の相互作用の大きさによって決まる（4.1 節参

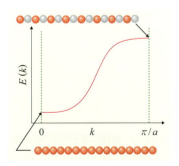

図 22-7 一次元炭素鎖のバンド構造

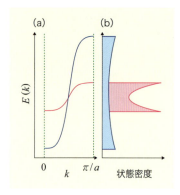

図 22-8 バンド分散(a)と状態密度(b)

バンド分散の大きいバンド(青色)と小さなバンド(赤色).

照).すなわち,図 22-8a にあるように,相互作用が大きいとバンド構造は大きくうねり,相互作用が小さいとバンド構造は平坦となる.

(c) 状態密度とフェルミ-ディラック分布

逆格子空間により結晶の電子状態が波数の関数としてうまく記述できることがわかったが,もう 1 つ固体の電子状態を記述する方法がある.それは,単位エネルギーあたりにどれだけの電子状態があるか,すなわち**状態密度**(density of state:DOS)という考え方である.

前述のバンドの分散と状態密度とは密接な関係がある.波数 k の電子状態のエネルギーは $E(k)$ なので $E \sim E+\Delta E$ の間にある状態数は,図 22-8b に示すようにバンド分散が大きいほど少なく(状態密度が小さく),逆にバンド分散が小さいほど多い(状態密度が大きい).すなわち,状態密度はバンドの k に対する勾配の逆数に比例する.

3.3.2 項にあるように,1 つの準位は,互いに逆を向いた電子スピンをもつ 1 対の電子によって占有されることは,もちろん原子・分子の場合と変わらない.系の電子をエネルギーの低い電子状態から順番に 2 つずつ占有させたときにできる最も高い占有準位を**フェルミ準位**(Fermi level)といい,これは分子でいうところの HOMO に相当する.また,この準位にある電子を真空中に取り出すのに必要なエネルギーを**仕事関数**(work function)といい,原子や分子におけるイオン化エネルギーに対応する.

温度 T における電子のエネルギー分布は次式で表される**フェルミ-ディラック分布**に従う.ここで μ は化学ポテンシャルである.

フェルミ-ディラック分布
$$f(E) = \frac{1}{e^{(E-\mu)/kT}+1} \tag{22.4}$$

> **例題 22.2** フェルミ-ディラック分布おける電子分布
>
> フェルミ-ディラック分布において高エネルギー側での電子分布の近似値を求めよ.
>
> **[解答]**
>
> E が大きい部分では $e^{(E-\mu)/kt} > 1$ となるので
>
> $$f(E) = \frac{1}{e^{(E-\mu)/kt}} = e^{-(E-\mu)/kt}$$
>
> となり,これはボルツマン分布に似たエネルギー依存性を示す.

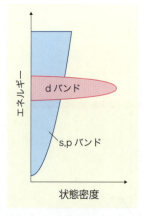

図 22-9 金属の電子構造の模式図

> **■ チャレンジ問題**
>
> 炭素原子の一次元鎖において 2p$_z$ 軌道からなる電子状態の分散関係を定性的に描け.ただし,一次元鎖に沿った方向を z 軸にとる.

(d) 金属のバンド構造

　以上，簡単な一次元系を例にとって結晶における電子状態の考え方について述べた．実際の金属は三次元の広がりを有し，より複雑な電子構造をもっている．ここでは金属の電子構造を状態密度の観点から定性的にとらえておこう．

　図22-9に金属の電子状態の状態密度分布を模式的に示す．広いバンド幅，すなわち大きな分散をもつバンドはs軌道およびp軌道からなるバンドである．これは s, p 軌道が空間的に広がっているため隣り合う軌道間の相互作用が大きいことに起因している．これに対して，d軌道からなるバンドは比較的平坦で，あるエネルギー領域に大きな状態密度をもっている．これは，d軌道はよりコンパクトであるため隣り合う原子のd軌道との相互作用が小さいことを反映している．

　s, p バンドの電子は空間的には非局在化しており，これがいわゆる金属電子としての役割を主に果たしている．これに対して，dバンドの電子はより局在化しており，遷移金属原子のd電子の数が多くなるほどdバンドの占有される部分が増加する．後述する白金など触媒能の優れた元素ではdバンドが少し非占有になっている（図22-10a）のに対して，銅，銀，金のdバンドは完全に占有されており，そのエネルギー位置はフェルミ準位よりかなり深い（図22-10b）．このように，<u>dバンドのフェルミ準位からの位置，およびその占有状態が金属の種類によって異なり，これが表面における吸着種との相互作用や化学反応性に深く関与している</u>．

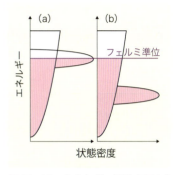

図22-10　白金などの遷移金属（a）と銅などの貴金属（b）の電子構造のバンド

(e) 半導体のバンド構造

　次に，半導体の電子構造を定性的に図22-11に示す．金属との大きな違いは，電子に占有されている状態（価電子帯）と電子に占有されていない状態（伝導帯）の間に，電子状態密度が存在しないエネルギー領域（禁止帯）があることである．このような電子状態密度のとびを**バンドギャップ**（band gap）とよぶ．

　通常，バンドギャップのエネルギーは常温の熱エネルギーより十分大きいため，半導体内に電流を流すことができない．このような半導体を**真性半導体**（intrinsic semiconductor）とよぶ．

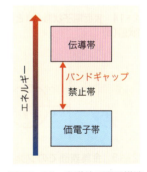

図22-11　半導体の電子構造

　このような半導体でも，不純物として価数の違うイオンを混ぜることにより，状態密度がないバンドギャップ内にこのイオン由来の電子状態が形成される．もし，この状態が図22-12aのように伝導帯に十分近い位置にある場合，熱により電子が伝導帯に励起され，これが流れる電流のもとになる．このような半導体を**n型半導体**とよぶ．逆に，図22-12bのようにイオン由来の非占有状態が価電子帯の近傍にできると，価電子帯の電子が熱的にこの非占有状態に励起される．このようにして価電子帯から電子が抜けた跡を正孔とよび，これが価電子体の電子を動かすもととなる．このような半導体を**p型半導体**とよぶ．

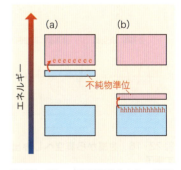

図22-12　n型半導体（a）とp型半導体（b）

eは電子，hは正孔を表す．

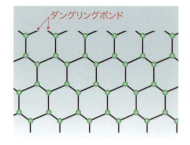

図22-13 ダイヤモンド構造のバルク切断面

最上面の原子は1原子あたり2つのダングリングボンドを有している.

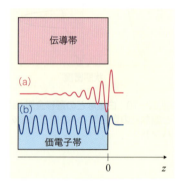

図22-14 表面電子状態(a)と表面共鳴状態(b)

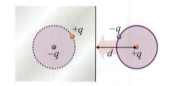

図22-15 金属表面でのファンデルワールス力

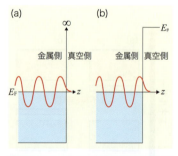

図22-16 金属から真空へしみ出す電子

(a)のようにポテンシャルが無限の場合, 電子は金属中にとどまっているが, (b)のようにポテンシャルに有限の高さがある場合は, 電子が金属から真空へしみ出す.

22.1.3 表面電子状態

規則正しいくり返し構造をもつ結晶をある面で切断すると, そこに新たに表面ができる. 表面に存在する原子は, 結晶内の原子とより少ない数しか相互作用できないので, 表面には結晶内部とは異なる電子状態が形成される.

たとえば, 半導体であるシリコンの結晶内では, 1つのSi原子が正四面体の頂点に配置された4つのSi原子と共有結合している. しかし, 図22-13に示したように表面に露出した原子は結晶内でもともと結合していた2つのSi原子を失い, 真空側に不対電子を生ずる. このようにして表面に生じた不対電子を**ダングリングボンド**(dangling bond)という. この不対電子は表面にある隣り合う不対電子と相互作用することにより表面の二次元に広がったバンドを形成する.

このバンドが半導体のバンドギャップ内に位置すると, この状態は結晶内部深くには侵入できないため表面近傍にのみ局在化した状態となる(図22-14a). このようなバンドを, 表面に固有な電子状態という意味で**表面電子状態**(surface electronic state)という. もし, この表面固有の状態が禁止帯の外のエネルギーをもつ場合は, 表面状態は固体内部の連続状態と混ざり合い, 固体の奥深くまで浸透した状態となることが多い(図22-14b). このような状態を**表面共鳴状態**(surface resonance state)という.

当然, 未結合手であるダウンリングボンドは結合性に富み, 表面における分子との化学的な相互作用による, いわゆる化学吸着の原因となる.

22.1.4 吸着分子の構造と表面における相互作用

(a) 物理吸着

原子や分子(吸着種)が固体表面に近づくとさまざまな相互作用を受ける. 弱い吸着の代表例として, 金属表面上でのキセノンなどの貴ガス原子の吸着について考えよう.

まず, 吸着種内の電子分布の揺らぎが原因となり引力が発生する. すなわち, 図22-15に示すように吸着種内に束縛されている電子は, 瞬間的には有限な双極子を形成する. これに応じて金属内部に反対の電荷(鏡像電荷)が発生し, これらの間にクーロン相互作用が発生する. もちろん, 吸着種内の双極子は瞬間的なものだが, この相互作用を時間的に平均すると, 吸着種は, 吸着種と表面との距離の3乗に反比例する ($-1/d^3$) 正味の吸着ポテンシャルを得る. このような電子分布の揺らぎに起因する力が11.7.1項に出てきた**ファンデルワールス力**である.

また, 表面における電気双極子層による静電的な引力も働く. 金属内に電子を束縛しているポテンシャルは有限の高さをもっているため, 電子は金属から真空中へとしみ出している(図22-16). したがって, 図22-17に示したように表面近傍では金属中とは異なり, 電荷のバランスがくずれている. すなわち, 正味の電荷は表面から中側は少し正に, 真空側は負となり, 表面に電気二重層ができている. したがって, 貴ガスが表面に近づくにつれて,

貴ガスの電子密度もこの電気二重層に応じて図22-18に示すようになり，原子は分極する．この表面での双極子層により誘起分極した原子と，表面の電気双極子層との間での静電的な力も，貴ガスを吸着させる源の1つとなる．

このように，ファンデルワールス力や双極子–誘起双極子相互作用などの静電的な力による弱い吸着を**物理吸着**(physisorption)とよぶ．物理吸着では，次に説明する化学吸着と違って，吸着する原子・分子の電子軌道と固体表面の電子軌道との間の軌道間の混成はほとんどない．

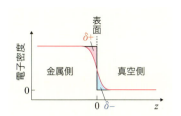

図22-17 金属表面における電気二重層

(b) 化学吸着

吸着種の原子・分子と表面の電子軌道が混成すると吸着エネルギーは大きくなる．このような表面での化学結合よる吸着を**化学吸着**(chemisorption)という†．これを白金表面に吸着した一酸化炭素を例として考えてみよう．

図22-19に示したCOのHOMOは炭素側に大きく張り出した非結合性軌道をもつの5σ軌道，LUMOはC–O結合に関して反結合性である$2\pi^*$軌道であり，これらのフロンティア軌道が他の分子との相互作用や反応に深く関わるのは表面との相互作用においても同様である．

一方，白金のほうはフェルミ準位をまたぐdバンド（図22-10a 参照）がこのCOとの相互作用に大きく関わる（図22-20）．

まず，5σ軌道と空の軌道である白金のd_{z^2}バンドとの混成によりフェルミ準位を挟んで新たにバンドができ，フェルミ準位より下のバンドは電子によって占有される．このバンドには相互作用する前には非占有状態であったd_{z^2}軌道が混ざっており，一方，エネルギーの高いほうのバンドには相互作用する前には占有状態であった5σ軌道が混ざっている．したがって，この軌道の混成により下側のバンドのみ電子が占有されるということは，5σ軌道からd_{z^2}バンドへの電子移動が部分的に起きていることを意味する．

これに対して，$2\pi^*$と電子占有バンドであるdバンド（d_{xy}やd_{yz}）との混成ではまったく逆のことが起きる．すなわち，混成の結果できた$2\pi^*$軌道が混じったバンドが占有状態となり，d軌道が混じったバンドが非占有になるため，これらの軌道の混成の結果，相互作用する前に占有状態であったdか

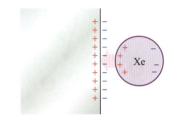

図22-18 金属表面での電気双極子-誘起双極子相互作用

> **Assist** 物理吸着と化学吸着の区別
>
> 吸着エネルギーが0.3 eV程度以下を目安として物理吸着という場合が多いが，本来は吸着力の由来を明確にする必要がある．

(a)

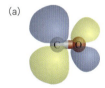

LUMO ($2\pi^*$)

(b)

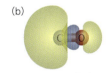

HOMO (5σ)

図22-19 COのフロンティア軌道

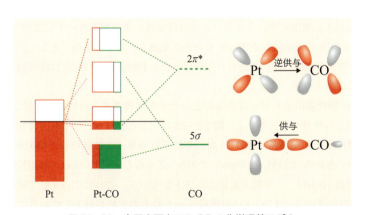

図22-20 金属表面上でのCOの化学吸着モデル
赤枠，緑枠はそれぞれPtとCOの電子状態を模式的に表したもので，枠の大きさは混成状態への寄与の大きさを示す．また，塗りつぶされている部分は電子により占有されていることを意味する．

ら非占有であった2π*へと電子が部分的に移動したことを意味する．

このような混成の結果，新たに占有状態となったバンドのエネルギー安定化が十分に大きい場合，強い化学結合が生じる．こうした，一方ではσ軌道から表面側に電子が供与され，もう一方では表面側から分子の2π*へと逆方向に電子が供与されるモデルを**ブライホルダーモデル**（Blyholder model）とよぶ†．

> **Assist** ブライホルダーモデル
>
> これをσ供与，π逆供与（σ-donation π-back donation）という場合もある．

本来非占有であったCOの2π*軌道の一部が電子に占有されることに注意しよう．この軌道はC-O結合に関しては反結合性軌道である．したがって，COの結合の強さは吸着により低下する．この結果，真空中に孤立したCOのC-O伸縮振動の固有振動数は2143 cm^{-1}であるのに対し，金属面上では1850〜2120 cm^{-1}と大きく低下する．すなわち，COはC-O結合を弱くするという犠牲を払い，C-Pt間の結合性を獲得していることになる．

分子と表面との相互作用があまり大きくない場合は，分子内の結合は弱められるが，まだ分子は解離せずに吸着する．この場合を**分子状吸着**（molecular adsorption）という．しかし，表面との相互作用が大きくなると，分子内の結合がついに切断されて分子の解離片が吸着する場合もある．このような吸着のしかたを**解離吸着**（dissociative adsorption）という（図 22-21）．

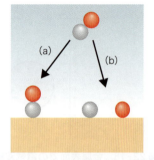

図 22-21 分子状吸着(a)と解離吸着(b)

22.1.5 吸着種の振動構造

吸着した分子がどのような振動構造をもっているかは，吸着種と表面との相互作用を知るうえで重要である．ここでも金属表面に吸着したCOを例として，吸着種の振動構造について考えてみよう．

気相中のCOは全部で3×2=6個の運動の自由度をもっている（9.4.1項参照）．その内訳は，3個の並進自由度，2個の回転自由度，およびC-O結合の伸縮振動の1個の振動の自由度からなる．これが表面に吸着すると，図22-22に示すように，並進と回転の5つの自由度は，表面とCO分子との間の振動モードに変換される．これらのモードは気相で自由に運動していた並進・回転運動が表面により束縛された運動になるという意味で，**束縛並進**（frustrated translation），**束縛回転振動**（frustrated rotation）モードとよばれる．すなわち，表面に平行な並進の2つの自由度が束縛並進モードに変換され，2つの回転の自由度が束縛回転モードに変換されるのである．そして，もう1つの表面法線方向の並進の自由度はCOと金属表面との間の伸縮振動モードに変換される．

COの吸着エネルギーは表面のどのサイトに吸着するかによって異なる．表面上の吸着サイトとしては図22-23に示した**ブリッジサイト**と**オントップサイト**などがある．Pt(111)面のそれぞれのサイトに吸着したCOの伸縮振動の振動数は1855, 2104 cm^{-1}であり，どちらも気相でのCOの伸縮振動の振動数2143 cm^{-1}より低波数側にシフトしている．これは22.1.4項で述べたCOの化学吸着により，COの振動モードの力の定数が低下していることを意味している．また，より低波数側にシフトしているブリッジサイトのCOのほうがより強い化学吸着をしていることがわかる．

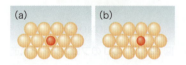

図 22-22 オントップサイトに吸着したCOの振動モード

束縛回転と束縛並進モードは，振動方向を分子軸周りに90°回転させた独立なモードがそれぞれにある．

図 22-23 オントップサイト(a)とブリッジサイト(b)に吸着したCO（上から見た図）

22.2　表面反応

22.2.1　吸着・脱離平衡

　固体表面が気体にさらされると，気相にある分子は，前節で述べた表面と吸着種との引力的な相互作用によって固体表面に**吸着** (adsorption) するが，吸着された分子の一部は再び気相へと**脱離** (desorption) する．そして，気相からの吸着速度と表面からの脱離速度が一致したところで，気相中の分子と表面に吸着した分子との間に平衡が成り立つ．このとき，表面上には見かけ上，ある一定の分子数が定常的に存在する．表面吸着種の濃度は単位面積あたりの分子数であり，これを**被覆率** (coverage) という．ここでは，ある温度，圧力のもとでの吸着・脱離の平衡について考えてみよう．

　吸着・脱離平衡を表した最も単純なモデルは**ラングミュアの吸着等温式** (Langmuir adsorption isotherm) である．このモデルでは，以下のような仮定を設ける．

Focus 22.1　　　　　　　　　　和周波発生振動分光

　一般に吸着種に関する分光法には高い検出感度が要求される．これは，表面や界面に存在する分子数がバルク物質に比べて圧倒的に少ないことに起因する．たとえば赤外吸収分光を例にとると，バルク物質の場合は厚さを増やし，光路長を長くすればするほど，光と相互作用する分子数が増加する．しかし，表面吸着種の場合，固体表面と接する分子の数は固体をいくら厚くしても変化しないため，表面分子1層がもたらす吸収量に変化はない．したがって，表面分光には分子1層，あるいはそれ以下の分子数を検出できる高感度化が必要である．ここでは，高感度振動分光法の1つとしてレーザーを用いた和周波発生分光について述べる．

　物質に光を照射すると物質内の電子がそれに応答し分極 P が生成され，これがまた光を発生する源となる．弱い光に対しては次式の第1項にあるように P は光電場に線形に依存するが ($\chi^{(1)}$ は線形感受率)，光の強度が大きくなるにしたがって

$$P = \chi^{(1)} E + \chi^{(2)} E^2 + \cdots$$

のように第2項 ($\chi^{(2)}$ は2次の非線形感受率) 以上の非線形な応答が寄与してくる．この第2項から入射光の2倍の周波数をもつ光が発生 (第2高調波発生) したり，入射した2つの異なる光の和の周波数 ($\omega = \omega_1 + \omega_2$) をもった光が発生する．この過程を和周波発生 (sum frequency generation) という．

　そこで，下図に示したように ω_2 を可視域にとり，赤外域の光 (ω_1) を対象とする分子の振動遷移周波数に共鳴させると，信号光である和周波が強くなる．したがって，赤外光の周波数の関数として和周波の信号強度を測定することにより，吸着種の振動スペクトルを得ることができる．ここで大事なことは，対称中心がある系では，系内で誘起された微視的な分極が互いに打ち消すように干渉するため，和周波光信号がゼロとなることである．したがって，和周波は中心対称性が破れたところでのみ発生するという制約があることである．多くの結晶は中心対称性を有しているため，この制約により結晶内部では和周波は発生しない．しかし，表面ではその中心対称性が破れるため，和周波信号は表面からのみ発生する．これが，この分光が表面鋭敏であるといわれる所以であり，高感度化をもたらす理由である．

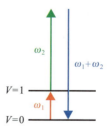

① 表面には分子が吸着する場所(吸着サイト)が存在し，すべての吸着サイトは同等であり，1つのサイトに1つの分子が吸着する．
② 気相から飛来した分子が空の吸着サイトに来た場合は吸着することができるが，サイトがすでに分子によって占められている場合はそこに吸着することはできない．
③ 吸着サイトあたりの吸着のエンタルピーは一定で，吸着種の被覆率には依存しない．すなわち，分子が吸着するとき，吸着のエンタルピーはその隣の吸着サイトに分子が吸着しているかどうかには依存しない．

このような仮定のもとで，圧力 P，温度 T で気相中の分子と吸着した分子の間に次のような平衡が成立しているとする．

$$M(g) + * \underset{k_d}{\overset{k_a}{\rightleftarrows}} M(ad)$$

ここで，* は吸着サイト，M(g) は気相中にある分子を，M(ad) は表面に吸着した分子を示す．また，k_a と k_d はそれぞれ吸着と脱離の速度定数である．表面上の吸着サイトの総数 N_t のうち，N_s 個のサイトが吸着分子で占められている場合，その相対被覆率を $\theta = N_s/N_t$ で表すと，吸着速度は $k_a P(1-\theta)$，脱離速度は $k_d \theta$ となる．したがって，平衡が成立していると

$$k_a P(1-\theta) = k_d \theta \tag{22.5}$$

である．この式を変形して

ラングミュアの吸着等温式

$$\theta = \frac{KP}{1 + KP} \tag{22.6}$$

を得る．ここで，$K = k_a/k_d$ である．式(22.6)を**ラングミュアの吸着等温式**という(図22-24)．

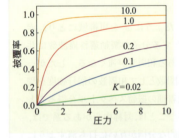

図 22-24 さまざまな K に対するラングミュアの等温吸着線

例題 22.3　ラングミュアの吸着等温式

ラングミュアの等温吸着において低圧極限 ($P \to 0$) の挙動から平衡定数 K を求める方法を示せ．

[解答]

式(22.6)の分母において低圧極限では $KP \ll 1$ なので $\theta \approx KP$ と近似できる．したがって，等温吸着線の傾きから K を求めることができる．

■ チャレンジ問題

AとBの2種類の分子が共存する場合，どちらの分子にもラングミュアの吸着等温式が成り立つとして，それぞれの被覆率 θ_A と θ_B を，分圧 P_A, P_B, 平衡定数 K_A, K_B を用いて表せ．

22.2.2 吸着・脱離のダイナミクス

(a) 吸着過程

それでは気相から飛来した分子は固体表面にどのようにして吸着するのだろうか．温度 T の気相中の分子の集団は，平均として $2k_BT$ の分子の運動エネルギーを有している．エネルギーの基準を，静止した分子が表面から無限に離れた場所にある場合にとると，図 22-25 に示したように，$+2k_BT$ の平均エネルギーをもった分子が表面近傍に接近する．表面近傍ではまず表面との引力的な相互作用により分子は加速され，表面の原子と衝突する．この際，分子の運動エネルギーの一部が表面原子の振動運動 (**フォノン**) に移動する．また，表面の原子が金属の場合は，金属内の電子を励起 (電子-正孔対励起) することによっても運動エネルギーを失う．

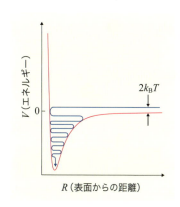

図 22-25 気相から飛来した分子が吸着ポテンシャルにとりこまれていく様子を模式的に示した図

これらの非弾性衝突におけるエネルギーの損失が $2k_BT$ よりも大きいと，表面から反跳してきた分子は吸着のポテンシャル井戸の中に入り込み，真空側のポテンシャル障壁で跳ね返され，再び表面の原子と衝突する．これをくり返すことで徐々に分子の運動エネルギーは固体側へと散逸し，最終的には吸着ポテンシャルの底で平衡状態となる．このように，吸着には，表面を通した固体側へのエネルギー散逸が必要である．

ここでは，暗に分子が表面に垂直に入射すると仮定したが，斜めに入射しても分子の表面法線方向の運動エネルギーに関して同様なエネルギー損失が起きる．ただし，この場合，表面平行方向の運動エネルギーがあるため，図 22-26 に示したように，分子が最初に表面と衝突した位置から最終的に吸着される位置は大きく異なることがあり得る．

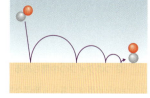

図 22-26 表面に対して斜めから入射した分子の吸着過程の模式図

吸着ポテンシャルは必ずしも 1 つの極小値をもつとは限らない．図 22-27 に示すように，物理吸着と化学吸着ポテンシャルが重畳し，複数の極小値をもつ場合が一般的である．表面温度，気相分子の運動エネルギーなどに応じて，どちらのポテンシャル井戸の中で分子が安定化されるかが決まる．

また，より表面から遠い位置に極小値をもつ，表面と弱い相互作用をする分子は，表面平行方向のエネルギー障壁も小さいので，表面上を容易に動き回れる．このような状態を化学吸着する前の段階とみなし，**吸着の前駆状態** (precursor state) という．

分子の吸着しやすさの目安となる付着確率 s は

$$s = \frac{N_{ad}}{N_i} \quad (22.7)$$

と表す．ここで，N_i は単位時間あたりに入射する分子数，N_{ad} はそのうち吸着される分子数である．

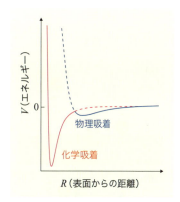

図 22-27 複数の極小値をもつ吸着ポテンシャル曲線

(b) 脱離過程

それでは次に，被覆率 θ で表面に吸着していた分子が，気相へと脱離する過程を考えよう．ここで，脱離の速度定数 k_d は

$$k_d = A_n \exp\left(-\frac{E_{ad}}{k_BT}\right) \quad (22.8)$$

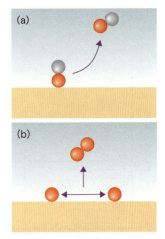

図22-28 一次の脱離(a)と二次の脱離(会合脱離)(b)

というように，頻度因子 A_n に，脱離のために乗り越えるべき障壁の高さ E_{ad} 以上のエネルギーをもっている分子の割合 $\exp(-E_{ad}/k_BT)$ を乗じたものとなる．したがって，脱離速度(単位時間あたりに脱離する分子数)は

$$-\frac{d\theta}{dt} = A_n \theta^n \exp\left(-\frac{E_{ad}}{k_BT}\right) \quad \text{脱離速度} \tag{22.9}$$

で表される．図22-28a に示したように，吸着分子がおのおの独立に脱離する場合

$$M(ad) \xrightarrow{k_d} M(g) + *$$

は $n=1$ であり，これを**一次の脱離過程**という．図22-28b のように，表面上で2つの分子が会合して脱離する場合

$$M(ad) + M(ad) \xrightarrow{k_d} M_2(g) + *$$

は $n=2$ となり，**会合脱離**または**再結合脱離**という．

22.2.3 表面反応の形式

表面での反応には形式的には次の2つのタイプがある．それぞれこれらのモデル反応型を提唱した研究者の名前を冠して，1つはラングミュア-ヒンシェルウッド (Langmuir-Hinshelwood) 型，もう1つはエリー-リディール (Eley-Rideal) 型とよばれている．両者の大きな違いは，気相から飛来してきた反応前の分子がどの程度表面とエネルギーのやりとりをしているかという点である．両者の型において次の反応を例にとり

$$A + B \longrightarrow C$$

それぞれの反応のタイプをもう少し詳しく考えてみよう†．

> **Assist　2つのタイプの中間もある**
>
> この2つの反応型はどちらも極端な場合である．実際にはこの中間，すなわち気相から飛来した分子が表面との相互作用で吸着ポテンシャルエネルギーの谷の中にとりこまれるが，まだ完全に表面と平衡に至る前に吸着分子と反応を起こすような場合もあり得る．

(a) ラングミュア-ヒンシェルウッド型

反応物である分子A，Bの両方がすでに表面に吸着し，表面とは十分にエネルギーのやりとりをおこない，両者は平衡状態にあるとする．このタイプで吸着種どうしが反応するためには，吸着種が表面上を拡散して出会い，それから反応して分子Cを生成し，これが気相へと脱離することになる(図22-29a)．

$$A(ad) + B(ad) \longrightarrow C(g)$$

したがって，反応物は，気相での記憶，すなわち<u>本来気相中にあったときのエネルギー，運動量，表面に衝突するときの入射角度などの情報をすべて失っている</u>．

(b) エリー-リディール型

表面に吸着し平衡状態にある分子Bに，気相から分子Aが直接衝突し，

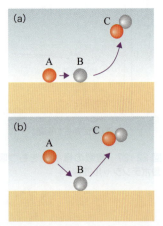

図22-29 ラングミュア-ヒンシェルウッド型(a)とエリー-リディール型の反応機構(b)

生成物 C を形成するという反応モデルである(図 22-29b).

$$A(g) + B(ad) \longrightarrow C(g)$$

このタイプの反応は気相における反応と類似しており，生成物の収量は分子 A の気相でのエネルギー，運動量，表面に衝突するときの入射角度などに依存する．すなわち，表面反応において分子 A の気相での記憶が失われていないことを意味する．

22.3 固体触媒反応

22.3.1 アンモニア合成

多くの場合，反応にはエネルギー障壁があり，この高さによって平衡に達する時間は大きく変化する．触媒作用とは，反応の活性化エネルギー障壁を下げることにより平衡への到達時間を短縮させるものである．固体触媒は代表的な不均一触媒†であり，ここでは，19.2.2 節で取り上げた代表的な触媒反応である窒素と酸素からアンモニアを合成する**ハーバー-ボッシュ法**(Haber-Bosch process)を例に，固体表面の触媒作用について考えてみる．

窒素と水素分子からのアンモニア合成反応

$$\frac{1}{2}N_2 + \frac{3}{2}H_2 \rightleftharpoons NH_3$$

は 46 kJmol^{-1} の発熱反応であるため，低温であるほどアンモニア生成側に平衡は傾く．一方，アンモニアが生成されると物質量は減少するため，高圧であるほどアンモニア合成には有利である．したがって，図 22-30 に示したように低温で高圧にするほど，平衡がアンモニア生成側に偏ることがわかる．しかし，温度を下げると反応速度自体は低下するため，単位時間あたりのアンモニア収量は下がってしまう．そこで，低温でも反応を促進させるための触媒が必要となる．

ハーバー (F. Haber) によって開発され，ボッシュ (C. Bosch) により工業化された不均一触媒を用いたアンモニア合成はハーバー-ボッシュ法として知られる代表的な触媒反応である．触媒は Fe_3O_4 が主体とし，これに Al_2O_3，K_2O，CaO，SiO_2，MgO などが含まれる．

この反応は以下のような素反応過程から成り立っていると考えられる．

$$N_2(g) + 2* \rightleftharpoons 2N(ad)$$
$$H_2(g) + 2* \rightleftharpoons 2H(ad)$$
$$N(ad) + H(ad) \rightleftharpoons NH(ad)$$
$$NH(ad) + H(ad) \rightleftharpoons NH_2(ad)$$
$$NH_2(ad) + H(ad) \rightleftharpoons NH_3(ad)$$
$$NH_3(ad) \rightleftharpoons NH_3(g)$$

ここで，* は反応のサイトを表す．すなわち，窒素分子と水素分子の解離

Assist 不均一触媒

固体触媒では気相や液相といった異なる相との界面で反応が進行するので不均一触媒とよばれる．

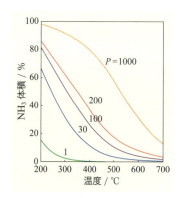

図 22-30 平衡時のアンモニア収量の温度，圧力依存性
グラフ中の数字は圧力(atm)．

吸着に引き続き，逐次，窒素原子がラングミュア-ヒンシェルウッド型の反応により触媒表面で水素化され，最終生成物であるアンモニアに至る．

これらの素反応におけるポテンシャルエネルギーを反応座標に沿って図式的に描いたものが図22-31である．まず，窒素と水素分子が解離吸着するステップが21 kJmol^{-1}のエネルギー障壁をもつが，解離吸着の結果，259 kJmol^{-1}の余剰エネルギーが得られ，これはその後の水素化過程（すべて吸熱反応）を進行させるのに十分なものであり，最終的には46 kJmol^{-1}のエネルギーが放出される．したがって，反応分子の解離吸着が全体の反応の**律速段階**（rate determinig step）になっていることがわかる．とりわけ，気相できわめて安定な窒素分子の解離吸着がこの反応の律速段階であり，鉄を中心とした触媒がこの律速段階の活性化エネルギー障壁を下げるのに役立っている．

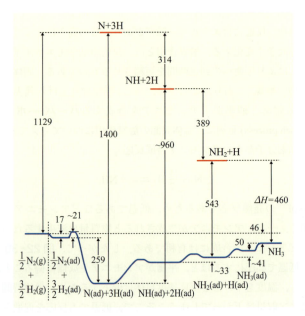

図22-31 アンモニア合成反応におけるポテンシャルエネルギー図
単位はkJ mol^{-1}．G. Ertl, *Catalysis Reviews* 21, 201 (1980)をもとに作成．

22.3.2 周期表から見る金属触媒能

前節で述べたように，アンモニア合成を例にとると窒素分子の解離吸着を促進することが必要である．このためには，22.1.4節で述べたように，窒素分子と触媒表面の原子が強く相互作用し，窒素の解離吸着を促進させねばならない．したがって，窒素原子の吸着エネルギーが十分大きいことが必要だが，N–金属原子間の結合が強いほど触媒能が向上するわけではない．なぜなら，この結合が強すぎると次の反応ステップへのエネルギー障壁が高くなり，窒素の解離吸着に続く反応の進行をむしろ阻害するからである．すなわち，反応中間体が蓄積され，反応物である窒素や水素を解離させるための反応活性点を中間体が占めてしまい，新たな解離吸着が起きなくなり，全体の

反応収率が低下するのである．このように，反応中間体，生成物，あるいは不純物が表面の活性点を占めることによる触媒反応の阻害を**触媒の被毒**(poisoning)という．

したがって，よい触媒とは，反応物や生成物との相互作用が強すぎず，また弱すぎず，適度な強さをもつという微妙なバランスをもつものでなくてはならない．

遷移金属は周期表の左から右に移行するとd電子の数が増加するが，それとともに吸着原子との相互作用は小さくなっていく．したがって，ある反応の触媒能を周期表の順番にプロットすると，図22-32に示したように触媒活性がFe，Ru，Osのように周期表の中間の元素（8族）で最大となる傾向がある．これは，前述したように吸着原子との相互作用が適度に強い元素が最適な触媒能をもつことを示している．触媒活性とd電子の占有率とのプロットは山の形をしているので，このような傾向を**火山曲線**(volcano curve)とよぶ．

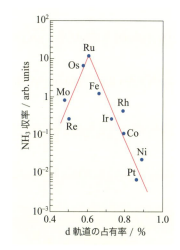

図22-32 遷移金属のアンモニア合成における活性を表す火山曲線

22.4 光触媒

22.4.1 光触媒の原理

前節で述べた触媒反応は熱エネルギーを使って進行するものであった．ここでは，光エネルギーを使うことにより触媒作用を示す**光触媒**(photocatalyst)について述べる．光触媒の機能としては，有機物の分解や水を分解して水素と酸素を発生させるものがあり，環境問題やエネルギー問題の観点から注目すべき触媒である．

光触媒には主に金属酸化物の半導体が用いられる．半導体は22.1.2節で述べたように，電子に占有されている価電子帯と非占有状態にある伝導帯からなり，両者は電子状態密度が存在しないバンドギャップにより隔てられている．反応は，バンドギャップを越えるエネルギーをもつ光を吸収することから開始される．

光触媒反応は熱触媒反応に比べて，表面反応のみならず半導体内の電荷のふるまいが関与するため，より複雑である．光触媒作用の出現には次の素過程が関与している．

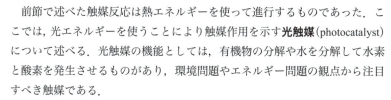

まず，図22-33に示したような電極の配置を考えてみよう．両電極間には外部からある電位がかけられているとする．半導体電極に光を照射すると，光吸収により電極内に電子-正孔対が生成される．電子-正孔対は分離し，

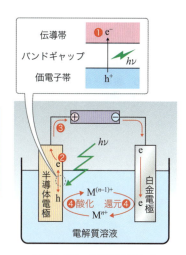

図22-33 光電気化学セル

外部からかけられた電位差により，半導体表面には正孔が蓄積される．電子は外部の回路を通して金属電極のほうに流れる．そして，半導体電極表面では正孔による酸化反応，金属電極の表面では電子による還元反応が起きる．このようにして進行する反応を**光電気化学反応**という．通常の電気化学と異なるのは，外部からの電圧の印加はあくまでも補助的なものであり，半導体電極の光励起により発生する両電極間の電位差により電気化学反応が進行する点である．

22.4.2 助触媒

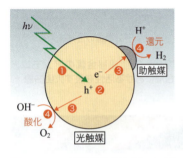

図 22-34 半導体粒子を用いた光触媒反応
①光吸収による電子-正孔対形成，②電子-正孔対の分離，③電荷の輸送，④表面での酸化還元反応

前項のように半導体と金属の別々の電極を構成しなくても，半導体の微粒子のみで光触媒反応を誘起することもできる．これを模式的に示したのが図22-34である．この場合は電極系のように外部から電位をかけないが，粒子内で電荷分離をし，電子と正孔がそれぞれ表面まで輸送され，そこで酸化・還元反応を起こす．この方法は，水中に懸濁させた粉体の半導体触媒に光を照射すればよいだけなので，簡便であり，スケールアップすることも容易である．しかし，光電気化学反応と異なり，外部電位がかかっていないので，せっかく分離された電子と正孔が光触媒中で再結合しやすいという欠点がある．この欠点を補うために白金などの金属ナノ粒子を光触媒に付着させる試みがおこなわれている．

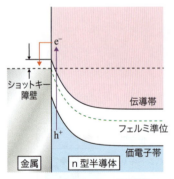

図 22-35 金属・半導体界面でのショットキー障壁

金属ナノ粒子と半導体との相互作用が大きい場合は図22-35に示したように半導体のバンドは界面近傍で湾曲し(band bending)，界面にショットキー障壁といわれるエネルギー障壁ができる．界面近傍で励起された電子はこの障壁を越えて容易に金属ナノ粒子側に移動する．その後金属内での速いエネルギー緩和により電子は金属側から見たショットキー障壁を越えることが困難となり半導体への逆電子移動速度は低下する．

また，白金などの金属表面では，水の還元による水素発生が，半導体表面に比べて起きやすいので，金属ナノ粒子は，電子を溜める役割とともに還元反応を促進させる役割を担っている．このように光触媒反応を促進させる作用があるのでこれらを**助触媒**(cocatalyst)という．

このように助触媒を用いる場合，半導体はもっぱら光吸収により電荷をこしらえる光捕集系として働き，実際の酸化還元反応を起こすのは助触媒というように役割を分担している．以上をまとめると，半導体微粒子による光誘起酸化還元反応とは，助触媒を含む光触媒が触媒内での電荷分離によりいわば小さな電池を形成し，その表面にて電極反応を誘起していることと考えることもできる．

22.4.3 光触媒反応の熱力学的条件

これらの酸化還元反応が熱力学的に起きるかどうかは17.3節で述べた標準電極電位を参考にすれば判断できる．たとえば，水の電気分解には

$$2H^+ + 2e^- \longrightarrow H_2 \qquad E° = 0 \text{ V} \qquad (22.10)$$
$$2H_2O \longrightarrow 4H^+ + O_2 + 4e^- \qquad E° = -1.23 \text{ V} \qquad (22.11)$$

の2つの半反応が関与している．水1 molを分解するための標準反応ギブズエネルギー $\Delta_r G° = 237.2 \text{ kJ mol}^{-1}$ であるため，この反応は自発的には進行しない．したがって，外部からのエネルギーを要する．光触媒反応の場合，外部からのエネルギーとして，光触媒である半導体に吸収される光のエネルギーを利用する．

　この場合の光触媒の電子構造とそれぞれの酸化還元電位との関係を図22-36に示す．バンドギャップを越えるエネルギーの光吸収により生じた伝導帯の電子，および価電子帯の正孔は速やかにそれぞれのバンド端までエネルギー緩和する．もし，伝導帯のバンド端のエネルギーが式(22.10)の標準電位よりも高ければ熱力学的には水素を発生させることができる．また，価電子帯のバンド端が式(22.11)の標準電位よりも低い位置にあれば，酸素発生が熱力学的には可能となる．すなわち，<u>水の分解を起こすためには，光触媒のバンドギャップ内に水素と酸素の発生に関する標準電位が入るような関係でなくてはならない</u>．

　図22-36に示した水分解の条件はあくまでも必要条件であり，十分条件ではない．すなわち，この条件を満たしていても，水から水素と酸素を発生する完全分解反応が起こらない場合もある．これは，上記の半反応はあくまで反応を形式的に書いたものであり，実際の反応はさまざまな過程が関与した多段階で進行するからである．特に酸素発生反応は4つのプロトンと4つの電子(正孔)が関与する酸化反応であり，さまざまな反応中間体が関与し[†]，また，大きな反応障壁をもつ反応素過程があると考えられる．

Assist 酸素発生の反応機構

酸素発生の反応機構としては，たとえば

$H_2O \longrightarrow H^+ + e^- + OH$
$OH \longrightarrow O^- + H^+$
$O^- + H_2O \longrightarrow HOO^- + H^+ + e^-$
$HOO^- \longrightarrow O_2^- + H^+ + e^-$
$O_2^- \longrightarrow O_2(g) + e^-$

などが提案されている．

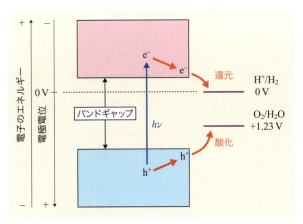

図22-36　光触媒のエネルギー構造と水分解の酸化還元電位との関係

22章 重要項目チェックリスト

固体の電子状態

◆**電子バンド構造（電子状態の分散）**［p.463］ ポテンシャルの周期的構造によって生じる電子状態のエネルギーの波数 k に対する依存性を示したもの．

◆**状態密度（DOS）**［p.464］ バンド分散における k 方向の勾配の逆数に比例する．

◆**フェルミ-ディラック分布**［p.464］ $f(E) = \dfrac{1}{e^{(E-\mu)/kT} + 1}$
〔$f(E)$：温度 T における電子のエネルギー分布，μ：化学ポテンシャル〕

◆**金属と半導体の電子構造**［p.465］ 金属はフェルミ準位をまたぐ連続的な状態密度をもち，半導体は占有状態である価電子帯と非占有状態である伝導帯からなり，その間には状態が存在しないバンドギャップがある．

物理吸着と化学吸着［p.467］ 吸着エネルギーが吸着種と表面原子との間の軌道混成による場合を化学吸着といい，そうでない場合を物理吸着という．

ラングミュアの吸着等温式［p.470］ $\theta = \dfrac{KP}{1 + KP}$ 〔θ：相対被覆率，$K = \dfrac{k_\mathrm{a}}{k_\mathrm{d}}$（$k_\mathrm{a}, k_\mathrm{d}$ は吸着と脱離の速度定数）〕

脱離速度［p.472］ $-\dfrac{d\theta}{dt} = A_n \theta^n \exp\left(-\dfrac{E_\mathrm{ad}}{k_\mathrm{B} T}\right)$ （A_n：頻度因子，E_ad：脱離のための活性化エネルギー）

表面反応の形式

◆**ラングミュア-ヒンシェルウッド型**［P.472］ $\mathrm{A(ad) + B(ad) \longrightarrow C(g)}$

◆**エリー-リディール型**［p.473］ $\mathrm{A(g) + B(ad) \longrightarrow C(g)}$

触媒作用［p.473］ 反応の活性化エネルギー障壁を下げることにより平衡への到達時間を短縮させる作用．

確認問題

22·1 結晶面のミラー指数が以下の場合の結晶軸の切片 (p, q, r) を求めよ.
(a) (1 2 0)   (b) (9 9 7)   (c) (3 3 5)

22·2 次の文章の( )内に適切な記号, 式, 語句を入れよ.
　自由エネルギー変化 ΔG は, エンタルピー変化 ΔH, (ア) ΔS, 絶対温度 T を用いると $\Delta G = $ (イ) と表される. 固体表面への気体分子の吸着は自発的に起こるため, ΔG (ウ) 0 の現象といえる. また, これは気体分子が固体表面に集まる現象であるため, ΔS (エ) 0 である. 以上を考慮すると, 必然的に ΔH (オ) 0 となる. すなわち, 固体表面に気体分子が吸着するのは (カ) を伴う現象である. なお, この場合, ΔH の絶対値は (キ) と (ク) の積の絶対値より必ず大きい.
[平成20年度 東京工業大学総合理工学研究科入試問題より]

22·3 結晶表面に吸着種が図のように規則的に配置した場合を考えてみよう. ここで, i, j を辺とする四角形は結晶表面の最小くり返し単位を表す単位胞であり, i, j はその単位ベクトルである. i_a, j_a を辺とする吸着種の最小くり返し周期が i, j のそれぞれ n, m 倍である場合, 吸着種の構造を $(n \times m)$ と表す. 吸着種が (2×2) 構造を有している場合, この吸着種の相対被覆率(基盤となっている結晶の原子数に対する吸着種の分子数の割合)を求めよ.

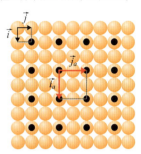

吸着種の(2×2)構造

22·4 Pt(100) 面のオントップサイトに吸着した CO 分子は近似的に点群 C_{2v} に属すると考えることができる. 図22-22 に示した振動モードがどのような電気遷移双極子モーメントをもつかを答えよ.

22·5 ある半導体のバンドギャップは 3.2 eV であった. この半導体を電子励起することのできる最も長い波長を求めよ.

実戦問題

22·6 金属 Ni を触媒として, エチレンと水素からエタンを生成する反応をおこなう. 重水素分子を用いる水素化, すなわち $C_2H_4 + D_2$ の反応をおこなうと生成物は $C_2H_{6-x}D_x$ ($x = 0 \sim 6$) のすべての x の値を有する混合物が得られる. 反応はエチレンも水素も Ni 上に吸着して進行することがわかっている. このような混合物が得られる理由を説明せよ.
[平成24年度 東京大学工学系研究科入試問題より]

22·7 式 (22.9) で与えられる脱離速度において, A_n, E_{ad} が温度や被覆率 θ に依存しないとすると脱離速度を温度の関数としてプロットした曲線のピーク温度から脱離の活性化エネルギー E_{ad} を求めることができることを示せ. ただし, 頻度因子 A_n は既知とする.

22·8 ラングミュアの吸着等温線において次の問いに答えよ.
A. 表面に吸着した気体分子の吸着量を 273 K, 10^5 Pa における気体の体積に換算したものを V とし, その最大量(飽和吸着量)を V_0 とし, θ を V, および V_0 で表せ.
B. 上式をラングミュアの吸着等温線の式 (22.6) に代入することにより, P/V の表式を求めよ.
C. ある粉末 7.0 g へ CO を吸着させたところ, 下表のような結果が得られた. これから CO の最大吸着量 V_0 を有効数字 2 桁で求めよ.

P/Pa	1.0	6.0
V/m^3	2.0×10^{-5}	6.0×10^{-5}

[平成22年度 名古屋大学工学研究科入試問題を改変]

物理化学で使う数学

物理化学の理論は数学にもとづいている．原子や分子の構造と性質については量子論の基礎となる数式とその意味を学ばなければならないし，分光学では電磁気学や解析力学，また熱力学ではいろんな形の微分方程式を解かなければならない．ただし，その数学自体を学習することが目的ではないので，ここでは物理化学の理解に必要な部分に注目し，そこで使う定義式や公式，基本となる計算法を項目別にまとめておく．実際に必要となるところは，各章の本文中に参照を示してあるので，内容の深い理解に役立ててほしい．

■ Contents
- **S1.** 物理量とエネルギーの単位
- **S2.** 関数
- **S3.** 行列と行列式
- **S4.** 固有値方程式
- **S5.** 微分と積分
- **S6.** 角運動量演算子に関する計算
- **S7.** フーリエ変換

S1 物理量とエネルギーの単位

S1.1 国際単位系（SI 単位）

表1　SI 基本単位

時間	秒：second [s]	^{133}Cs の基底状態の超微細構造の遷移の振動数を $\Delta\nu = 9192631770 \text{ s}^{-1}$ と定め，$1 \text{ s} = 9192631770/\Delta\nu$ とする．
長さ	メートル：meter [m]	真空中での光速度 $c = 299792458 \text{ m s}^{-1}$ と定め，$1 \text{ m} = (c/299792458)\text{s}$ とする．
質量	キログラム：kilogram [kg]	プランク定数 $h = 6.62607015\times 10^{-34} \text{ J s}$ $(\text{J} = \text{m}^2 \text{ kg s}^{-2})$ と定め，$1 \text{ kg} = \{h/(6.62607015\times 10^{-34})\}\text{m}^{-2}\text{s}$ とする．
電流	アンペア：ampere [A]	電気素量 $e = 1.602176634\times 10^{-19}$ C（C = A s）と定め，$1 \text{ A} = \{e/(1.602176634\times 10^{-19})\}\text{s}^{-1}$ とする．
温度	ケルビン：kelvin [K]	ボルツマン定数 $k_B = 1.380649\times 10^{-23}$ J K^{-1} (J = m^2 kg s^{-2}) と定め，$1 \text{ K} = \{(1.380649\times 10^{-23})/k_B\}\text{kg m}^2\text{s}^{-2}$ とする．
光度	カンデラ：candela [cd]	視感効果度（540×10^{12} Hz の単色光の発光効率）$K_{cd} = 683$ lm W^{-1} (W = m^2 kg s^{-3} = J s^{-1}; lm = cd sr) と定め，$1 \text{ cd} = (K_{cd}/683)\text{kg m}^2\text{s}^{-3}\text{sr}^{-1}$ とする．
物質量	モル：mole [mol]	アボガドロ定数 $N_A = 6.02214076\times 10^{23}$ mol^{-1} と定め，$1 \text{ mol} = 6.02214076\times 10^{23}/N_A$ とする（ある物質の 1 mol は，6.02214076×10^{23} 個の要素粒子を含む）．

SI 単位は，国際的に広く使用が推奨されており，7つの基本単位からなる（**表1**）．

この7つを組み合わせて，多くの物理量の単位が **SI 組立単位** として構成されている．よく用いられるのが**表2**の単位である．

表2　SI 組立単位の例

力	ニュートン [N]	m kg s^{-2}
圧力	パスカル [Pa]	m^{-1} kg s^{-2}
電荷	クーロン [C]	s A
電圧	ボルト [V]	m^2 kg s^{-3} A^{-1}

S1.2　エネルギーの単位と換算

エネルギーの基本単位はジュール(Joule)であり，SI 組立単位として $1\,\mathrm{J} = 1\,\mathrm{kg\,m\,s^{-2}}$ と定義される．すなわち，$1\,\mathrm{J}$ は $1\,\mathrm{m\,s^{-1}}$ の速度で運動している質量 $1\,\mathrm{kg}$ の粒子のもつエネルギーである．しかしながら，エネルギーはとても重要な物理量であらゆる分野で取り扱われ，用いられる単位も場合によって異なる(表3)．

さらに物理化学では，エネルギーに比例する物理量(あるいは反比例するものの逆数)をエネルギーの単位として用いることが多い．よく用いられるのは表4のような単位である．

表3　エネルギーの単位

電子ボルト	eV	$1\,\mathrm{eV} = 1.6022 \times 10^{-19}\,\mathrm{J}$
カロリー	cal	$1\,\mathrm{cal} = 4.184\,\mathrm{J}$
キロワット時	kWh	$1\,\mathrm{kWh} = 3.6 \times 10^{6}\,\mathrm{J}$

表4　エネルギーに換算できる単位

絶対温度	ケルビン	$1\,\mathrm{K} \Leftrightarrow 1.38065 \times 10^{-23}\,\mathrm{J}$
電磁波の周波数	ヘルツ	$1\,\mathrm{Hz} \Leftrightarrow 6.6261 \times 10^{-34}\,\mathrm{J}$
電磁波の波数	波数	$1\,\mathrm{cm^{-1}} \Leftrightarrow 1.9865 \times 10^{-23}\,\mathrm{J}$
質量	キログラム	$1\,\mathrm{kg} \Leftrightarrow 8.9876 \times 10^{16}\,\mathrm{J}$

S2　関　数

S2.1　三角関数　$\sin\theta$, $\cos\theta$, $\tan\theta$

粒子が半径 r の円周上を反時計回りに等速度運動しているとする．ある時点で x 軸とのなす角が θ であったとすると，その粒子の座標は

$$x = \cos\theta \quad y = \sin\theta \quad y/x = \tan\theta \tag{S2.1}$$

で与えられる(図1)．いま，θ が毎秒 ω だけ変化している(**角速度**)とすると，時刻 t 秒後の角度は $\theta = \omega t$ になり，x と y の値は**周期** $T = 2\pi/\omega$，**振動数** $\nu = \omega/2\pi$ で単振動する．

この円運動に対しては，次のような関数を定義すると理解しやすい．

$$f^{+} = x + iy \qquad f^{-} = x - iy \tag{S2.2}$$

ここで，i は**虚数単位**($i^2 = -1$)であり，関数の実数部分が x 座標，虚数部分が y 座標を示す．その符号を考えると，f^{+} は反時計回り，f^{-} は時計回りの回転を表す．

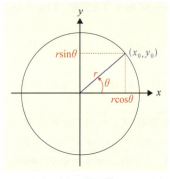

図1　三角関数

S2.2　指数関数と対数関数　e^x, $\ln x$

関数 $y = 10^x$ を**指数関数**(exponential function)という．このベキの部分の数を**対数**(logarithm)といい，$x = \log_{10} y$ と表す．添え字の 10 は対数の底とよばれ，10 の場合は通常省略される(常用対数)．指数関数の重要な特徴は，後の S6 節で示すように，微分・積分しても関数の形が変わらないことである．さらに，ネイピア数($\mathrm{e} = 2.71828\cdots$)のベキで表すと，微分・積分のときに変

換係数が 1 になるのでとても便利である．また，これを対数の底にとると同じように微分・積分が容易になる．これを**自然対数**(natural logarithm)といい $\ln y$ と表す．自然対数と常用対数の間には次のような関係がある．

$$\ln y = \left(\frac{1}{2.303}\right)\log y \tag{S2.3}$$

S2.3 複素関数 $x + iy$

実数 a, b と虚数単位 i を用いて構成され，$z = a + ib$ と表される数を複素数という．a は z の**実部**，b は z の**虚部**といい，それぞれ $\mathrm{Re}[z] = a$, $\mathrm{Im}[z] = b$ と表す．また，$z^* = a - ib$ を z の**複素共役**(complex conjugate)といい，複素共役の積はその大きさ(絶対値)の 2 乗を表す．

$$z^* z = |z|^2 = a^2 + b^2 \tag{S2.4}$$

一般に，複素数 z に異なる複素数 z' を対応させる関数を**複素関数**といい，物理化学では三角関数や指数関数を使って波動関数を表すのによく用いられる．

複素数は，xy 平面内の点 (a, b) に対応させると理解が深まる．これを複素平面またはガウス平面という．重要な式として，次に示す**オイラーの公式**がある．

$$e^{i\theta} = \cos\theta + i\sin\theta \tag{S2.5}$$

この関数は，二次元複素平面の点 (x, y) を原点の周りに θ だけ反時計回りに回転させる操作に対応している(図2)．今，$z = x + iy$ に $e^{i\theta}$ を乗じた結果の複素数を $z^+ = x^+ + iy^+$ とすると

$$\begin{aligned} z^+ = z e^{i\theta} &= (x + iy)(\cos\theta + i\sin\theta) \\ &= (x\cos\theta - y\sin\theta) + i(x\sin\theta + y\cos\theta) \end{aligned} \tag{S2.6}$$

が得られる．これを 2 行 2 列の係数行列(S3 節参照)で表現すると

$$\begin{pmatrix} x^+ \\ y^+ \end{pmatrix} = \begin{pmatrix} \cos\theta & -\sin\theta \\ \sin\theta & \cos\theta \end{pmatrix} \begin{pmatrix} x \\ y \end{pmatrix} \tag{S2.7}$$

となり，これは原点周りの反時計回り方向の角度 θ の回転行列である．同様に，$e^{-i\theta}$ はこれと逆回転である時計回りの回転に対応する．

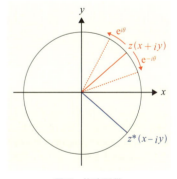

図2 複素関数

S3 行列と行列式

S3.1 ベクトルの行列表現

n 次元のベクトルを他の n 次元ベクトルに写像することを一次変換という．実際の計算には，ベクトルの座標成分の値だけを取り出して並べたものを用いる．これを**行列**(matrix)という．たとえば，三次元空間の x, y, z 方向の**単位ベクトル**(unit vector)は，

$$\boldsymbol{i} = \begin{pmatrix} 1 \\ 0 \\ 0 \end{pmatrix} \quad \boldsymbol{j} = \begin{pmatrix} 0 \\ 1 \\ 0 \end{pmatrix} \quad \boldsymbol{k} = \begin{pmatrix} 0 \\ 0 \\ 1 \end{pmatrix} \tag{S3.1}$$

と表される．行列と行列の積を計算することは特に重要で，$\mathbf{A}$ と $\mathbf{B}$ の2つの積の行列要素は

$$(\mathbf{AB})_{ij} = \sum_{k=1}^{n} \mathbf{A}_{ik} \mathbf{B}_{kj} \tag{S3.2}$$

で与えられる．すなわち，i 番目の行と j 番目の列について，1番目，2番目，…どうしの要素を掛け合わせて和をとる．たとえば，2行2列の行列の積の要素は次のように表される．

$$\begin{pmatrix} A_{11} & A_{12} \\ A_{21} & A_{22} \end{pmatrix}\begin{pmatrix} B_{11} & B_{12} \\ B_{21} & B_{22} \end{pmatrix} = \begin{pmatrix} A_{11}B_{11}+A_{12}B_{21} & A_{11}B_{12}+A_{12}B_{22} \\ A_{21}B_{11}+A_{12}B_{21} & A_{21}B_{12}+A_{22}B_{22} \end{pmatrix} \tag{S3.3}$$

ベクトルの**内積**(dot product, **スカラー積**)も行列の積の形で次のように表される(図3)．

$$\boldsymbol{A} \cdot \boldsymbol{B} = (A_x \quad A_y \quad A_z)\begin{pmatrix} B_x \\ B_y \\ B_z \end{pmatrix} = A_x B_x + A_y B_y + A_z B_z \tag{S3.4}$$

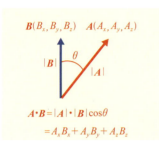

図3 ベクトルの内積(スカラー積)

S3.2 行列式とその展開

n 次元のベクトルの行列の1つの行の要素を並び替えることを**置換**といい，2つの入れ替えが偶数回必要なのを**偶置換**，奇数回必要なのを**奇置換**とよぶ．これらの置換における符号の変化を表す記号として

$$\mathrm{sgn}(p) = \begin{cases} 1 & p \text{ が偶置換のとき} \\ -1 & p \text{ が奇置換のとき} \end{cases}$$

を定義し，次のような表現を導入する．

$$\det \mathbf{A} = \begin{vmatrix} A_{11} & A_{12} & \cdots & A_{1n} \\ A_{21} & A_{22} & \cdots & \cdots \\ \cdots & \cdots & \cdots & \cdots \\ A_{n1} & \cdots & \cdots & A_{nn} \end{vmatrix} = \sum_p \mathrm{sgn}(p) A_{1p_1} A_{2p_2} \cdots A_{np_n} \tag{S3.5}$$

これを**行列式**(determinant)という．ここで，$\sum_p$ は n 個の要素のすべての置換に対する和を表す．行列式は特定の行の要素で展開できる．たとえば，1行目の要素で展開するときには

$$\det \mathbf{A} = A_{11}\hat{A}_{11} + A_{12}\hat{A}_{12} + \cdots A_{1n}\hat{A}_{1n} \tag{S3.6}$$

と表される．ここで，$\hat{A}_{1j}$ は $\det \mathbf{A}$ から1行目と j 列目の要素を除いた小行列式 $|\mathbf{D}_{1j}|$ に符号の変化を加えたもので，次の式で与えられる．

$$\hat{A}_{1j} = (-1)^{1+j}|\mathbf{D}_{1j}| \tag{S3.7}$$

これを係数とした式(S3.6)の展開を，余因子展開という．この展開を続けて

Assist sgn

sign function(符号関数)の略号であり，「サイン関数」ともいうが，正弦関数 sin とまぎらわしいので，sign のラテン語形である signum をとって「シグナム関数」ということもある．

いくと，行列式は多項式の形になる．たとえば，2 行 2 列の行列式は

$$\begin{vmatrix} A_{11} & A_{12} \\ A_{21} & A_{22} \end{vmatrix} = A_{11}A_{22} - A_{12}A_{21} \tag{S3.8}$$

と展開できる．また，ベクトル A と B の**外積**(cross product，**ベクトル積**)は

$$A \times B = \begin{vmatrix} i & j & k \\ A_x & A_y & A_z \\ B_x & B_y & B_z \end{vmatrix}$$

$$= i \begin{vmatrix} A_y & A_z \\ B_y & B_z \end{vmatrix} - j \begin{vmatrix} A_x & A_z \\ B_x & B_z \end{vmatrix} + k \begin{vmatrix} A_x & A_y \\ B_x & B_y \end{vmatrix}$$

$$= i(A_yB_z - A_yB_z) + j(A_zB_x - A_xB_z) + k(A_xB_y - A_yB_x) \tag{S3.9}$$

と表される(**図 4**)．

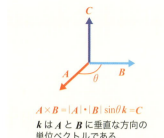

$A \times B = |A| \cdot |B| \sin\theta\, k = C$
k は A と B に垂直な方向の単位ベクトルである．

図 4 ベクトルの外積(ベクトル積)

S3.3 連立一次方程式

連立一次方程式

$$\begin{aligned} a_{11}x_1 + a_{12}x_2 + \cdots a_{1n}x_n &= b_1 \\ &\vdots \\ a_{n1}x_1 + a_{n2}x_2 + \cdots a_{nn}x_n &= b_n \end{aligned} \tag{S3.10}$$

を行列で表現すると

$$\mathbf{ax} = \mathbf{b} \tag{S3.11}$$

$$\begin{pmatrix} a_{11} & a_{12} & \cdots & a_{1n} \\ a_{21} & a_{22} & \cdots & \cdots \\ \cdots & \cdots & \cdots & \cdots \\ a_{n1} & \cdots & \cdots & a_{nn} \end{pmatrix} \begin{pmatrix} x_1 \\ x_2 \\ \vdots \\ x_n \end{pmatrix} = \begin{pmatrix} b_1 \\ b_2 \\ \vdots \\ b_n \end{pmatrix} \tag{S3.12}$$

と表される．連立方程式の左辺の係数をそのまま並べた行列 $\mathbf{a}$ を係数行列という．b_n の値がすべて 0 の場合，$x_1 = x_2 = \cdots = x_n = 0$ は自明の解であるが，それ以外の解をもつための必要十分条件は，係数行列の行列式の値が 0 であることであり，これを式で表すと次のようになる．

$$\det \mathbf{a} = \begin{vmatrix} a_{11} & a_{12} & \cdots & a_{1n} \\ a_{21} & a_{22} & \cdots & \cdots \\ \cdots & \cdots & \cdots & \cdots \\ a_{n1} & \cdots & \cdots & a_{nn} \end{vmatrix} = 0 \tag{S3.13}$$

S4 固有値方程式

S4.1 固有値方程式の行列表現

物理量を表す正方行列 $\mathbf{A}$ とベクトル $\mathbf{x}$，数 λ について

$$\mathbf{A}x = \lambda x \tag{S4.1}$$

が成り立つとき，λ を $\mathbf{A}$ の**固有値**(eigenvalue)，x を**固有ベクトル**(eigenvector, **固有関数**)という．固有ベクトルは，$\mathbf{A}$ の一次変換で方向が変わることはない．$\mathbf{A}$ の固有値 λ を決める方程式は，式(S4.1)を変形して

$$(\mathbf{A} - \lambda \mathbf{I})x = 0 \tag{S4.2}$$

で与えられる．ここで $\mathbf{I}$ は単位行列である．また，固有関数

$$\Psi = c_1 \psi_1 + c_2 \psi_2 + \cdots + c_n \psi_n$$

を求める方程式は，式(S3.10)と同様の連立一次方程式であり，次のような行列表現になる．

$$\begin{pmatrix} a_{11} & a_{12} & \cdots & a_{1n} \\ a_{21} & a_{22} & \cdots & \cdots \\ \cdots & \cdots & \cdots & \cdots \\ a_{n1} & \cdots & \cdots & a_{nn} \end{pmatrix} \begin{pmatrix} c_1 \\ c_2 \\ \vdots \\ c_n \end{pmatrix} = \begin{pmatrix} 0 \\ 0 \\ \vdots \\ 0 \end{pmatrix} \tag{S4.3}$$

c_i がすべて 0 でない解をもつための必要十分条件は

$$\det |\mathbf{A} - \lambda \mathbf{I}| = 0$$

であり，これを展開して多次方程式を立て，それを解いて固有値を求める．しかしながら，$\mathbf{A}$ 行列を適当な一次変換(実際にはユニタリ変換)で対角化する(非対角要素をすべて 0 にする)ことができれば

$$U^{-1} \begin{pmatrix} a_{11} & a_{12} & \cdots & a_{1n} \\ a_{21} & a_{22} & \cdots & \cdots \\ \cdots & \cdots & \ddots & \cdots \\ a_{2n} & \cdots & \cdots & a_{nn} \end{pmatrix} U = \begin{pmatrix} a'_1 & 0 & \cdots & 0 \\ 0 & a'_2 & \cdots & \cdots \\ \cdots & \cdots & \ddots & \cdots \\ 0 & \cdots & 0 & a'_n \end{pmatrix} \tag{S4.4}$$

の対角要素 a'_i は，やはり式(S4.1)の解なので，固有値 λ_i に等しくなる．したがって，$\mathbf{A}$ 行列を簡単に対角化することでも固有値を求めることができ，得られた固有値を式(S4.3)に代入すれば固有関数も求めることができる．行列の対角化にはヤコビ法などいくつかの方法があるが，今ではコンピューターによって容易に数値解が得られる．

　ベクトルの写像は，逆にいえば座標軸に対する回転であり，それによってベクトルの各座標成分の値は変化するが，ベクトルの大きさは座標の回転によらず一定で，これが固有値である．得られる固有値に対する固有ベクトルが固有関数になる．その方向自体は一次変換によって変わることはない．

S4.2　線形演算子と線形結合

　量子論では，運動量やエネルギーのような粒子に関する物理量の期待値は，波動関数に作用する**演算子**(operator)を用いて求められる．物理量 A を与える演算子は

$$\hat{A}(c_1 \psi_1 + c_2 \psi_2) = c_1 \hat{A} \psi_1 + c_2 \hat{A} \psi_2 \tag{S4.5}$$

を満足するものでなければならない．これを**線形演算子**という．ここで，c_1,

c_2 は定数である．今，ψ_1, ψ_2 が $\hat{A}$ の固有関数であるとし，固有値を

$$\hat{A}\psi_1 = a_1\psi_1 \qquad \hat{A}\psi_2 = a_2\psi_2 \tag{S4.6}$$

とおく．このとき，その**線形結合**(linear combination)

$$\psi_3 = c_1\psi_1 + c_2\psi_2 \tag{S4.7}$$

もまた固有関数になり，ψ_3 が規格化されているとすると，固有値は次のように与えられる．

$$\begin{aligned} A &= \int \psi_3^* \hat{A} \psi_3 \mathrm{d}\tau \bigg/ \int \psi_3^* \psi_3 \mathrm{d}\tau \\ &= \int (c_1^* \psi_1^* + c_2^* \psi_2^*) \hat{A} (c_1\psi_1 + c_2\psi_2) \mathrm{d}\tau \\ &= |c_1|^2 a_1 + |c_2|^2 a_2 \end{aligned} \tag{S4.8}$$

これを，**重ね合わせの原理**という．さらに，2つの固有関数 ψ_1, ψ_2 について

$$\int \psi_1^* \hat{A} \psi_2 \mathrm{d}\tau = \int (\psi_1 \hat{A})^* \psi_2 \mathrm{d}\tau \tag{S4.9}$$

が成り立つとき，$\hat{A}$ を**エルミート演算子**という[†]．観測可能な物理量を表す演算子は，線形エルミート演算子でなければならない．よく用いられる演算子は次の3つである．

(a) 位置(x, y, z)を表す演算子

$$\hat{x} = x \qquad \hat{y} = y \qquad \hat{z} = z \tag{S4.10}$$

位置の座標を表す演算子には，座標変数をそのまま用いる．

(b) 運動量(p_x, p_y, p_z)を表す演算子

$$\hat{p}_x = -i\hbar \frac{\partial}{\partial x} \qquad \hat{p}_y = -i\hbar \frac{\partial}{\partial y} \qquad \hat{p}_z = -i\hbar \frac{\partial}{\partial z} \tag{S4.11}$$

(c) エネルギーを表す演算子

$$\hat{H} = \frac{\hat{p}^2}{2m} + U = -\frac{\hbar^2}{2m}\left(\frac{\partial^2}{\partial x^2} + \frac{\partial^2}{\partial y^2} + \frac{\partial^2}{\partial z^2}\right) + U(x, y, z) \tag{S4.12}$$

> **Assist　エルミート演算子**
>
> すなわち，エルミート演算子とは，波動関数の順序を逆にして複素共役(自己共役)演算子を作用させても行列要素の値が変わらないものをいう．

S4.3　変分原理と変分法

いま，エネルギー固有値と固有関数を求める場合を考えてみよう．系全体のエネルギーは運動エネルギーとポテンシャルエネルギーの和で与えられ，線形演算子は

$$\hat{H} = -\frac{\hbar^2}{2m}\left(\frac{\partial^2}{\partial x^2} + \frac{\partial^2}{\partial y^2} + \frac{\partial^2}{\partial z^2}\right) + U(x, y, z) \tag{S4.13}$$

と表される．これが**ハミルトン演算子**である．この最低の固有値を E_0，それに対する固有関数を ψ_0 とすると，ψ_0 とは異なる規格化された波動関数 ψ に対しては，その固有値は E_0 よりも必ず大きい．これを**変分原理**(variation principle) といい，式で表すと

$$\int \psi^* \hat{H} \psi \mathrm{d}\tau > E_0 \tag{S4.14}$$

となる．この関係式を用いると，最適の近似解を求める簡便な方法が導かれる．あるパラメーター κ を含む規格化された固有関数 $\psi(x, y, z, \kappa)$ を考え（試行関数），そのエネルギーの確率期待値を次の式で計算する．

$$E(\kappa) = \int \psi^*(x, y, z, \kappa) \hat{H} \psi(x, y, z, \kappa) \mathrm{d}\tau \tag{S4.15}$$

さらに，κ を変化させて $E(\kappa)$ の値が最小となる κ_m を求める．このときの $E(\kappa_\mathrm{m})$ と $\psi(x, y, z, \kappa_\mathrm{m})$ が，$\hat{H}$ に対する最適の近似固有値および固有関数になる．この近似解法を**変分法**という．

S5 微分と積分

表5 いろいろな導関数

$\dfrac{\mathrm{d}}{\mathrm{d}x} x^n = nx^{n-1}$	
$\dfrac{\mathrm{d}}{\mathrm{d}x} \mathrm{e}^{ax} = a\mathrm{e}^{ax}$	
$\dfrac{\mathrm{d}}{\mathrm{d}x} \ln x = \dfrac{1}{x}$	
$\dfrac{\mathrm{d}}{\mathrm{d}x} \log_a x = \dfrac{1}{x \log a}$	
$\dfrac{\mathrm{d}}{\mathrm{d}x} \sin kx = k \cos kx$	
$\dfrac{\mathrm{d}}{\mathrm{d}x} \cos kx = -k \sin kx$	
$\dfrac{\mathrm{d}}{\mathrm{d}x} \tan kx = \dfrac{k}{\cos^2 kx}$	
$\dfrac{\mathrm{d}}{\mathrm{d}x}\left(\dfrac{1}{\sin kx}\right) = \dfrac{k}{\sqrt{1-x^2}}$	
$\dfrac{\mathrm{d}}{\mathrm{d}x}\left(\dfrac{1}{\cos kx}\right) = -\dfrac{k}{\sqrt{1-x^2}}$	
$\dfrac{\mathrm{d}}{\mathrm{d}x}\left(\dfrac{1}{\tan kx}\right) = \dfrac{k}{1+x^2}$	

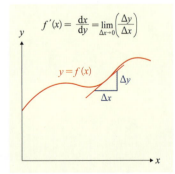

図5 関数と微分係数

S5.1 微分係数と導関数

変数が a から $a+\Delta x$ まで変化したとき，関数 $f(a)$ の変化量は

$$\Delta f(a) = f(a+\Delta x) - f(a) \tag{S5.1}$$

と表される．Δx が十分小さいと，Δf は Δx に比例すると考えられるので

$$\Delta f(a) = c(a, \Delta x) \cdot \Delta x \tag{S5.2}$$

となる．$c(a, \Delta x)$ は比例定数で，a の微小変化に対する $f(a)$ の平均変化率である．この $\Delta x \to 0$ の極限値を**微分係数**といい

$$f'(a) = \lim_{\Delta x \to 0} c(a, \Delta x) = \lim_{\Delta x \to 0} \frac{\Delta f(a)}{\Delta x} \tag{S5.3}$$

で定義される．微分係数の値は a によって変化するが，それをあらゆる点で逐一計算しなくても，変数 x のある領域内のすべての点で微分係数を表す関数 $f'(x)$ を求め，それに a を代入すれば，容易に各点での微分係数を得ることができる．この $f'(x)$ を**導関数**（derivative）といい，多くの関数で決められている（表5）．導関数は一般に次のように表される．

$$f'(x) = \frac{\mathrm{d}y}{\mathrm{d}x} = \lim_{\Delta x \to 0} \frac{\Delta f(x)}{\Delta x} \tag{S5.4}$$

微分可能なのは滑らかな関数であり，微分係数はその傾きを表す．微分係数を表す関数もまた滑らかな関数である（図5）．

S5.2 不定積分と定積分

積分は微分の逆演算であり

$$f(x) = \int f'(x) \mathrm{d}x \tag{S5.5}$$

を導関数 $f'(x)$ の**不定積分** (indefinite integral) と定義する (**表6**). 区間を規定した積分は**定積分** (definite integral) といい，導関数の定積分は

$$\int_{a_1}^{a_2} f'(x) dx = f(a_2) - f(a_1) \tag{S5.6}$$

で与えられる．区間 $[a_1, a_2]$ を N 等分して，微分係数を導いた式 (S5.2) をくり返し適用すると

$$f(a_1+\Delta x) = f(a_1) + f'(a_1)\Delta x$$
$$f(a_1+2\Delta x) = f(a_1+\Delta x) + f'(a_1+\Delta x)\Delta x$$
$$\vdots$$
$$f(a_2) = f\{a_1+(N-1)\Delta x\} + f'\{a_1+(N-1)\Delta x\}\Delta x \tag{S5.7}$$

が得られ，これを順次足し合わせると

$$f(a_2) = f(a_1) + [f'(a_1)\Delta x + f'(a_1+\Delta x)\Delta x + \cdots$$
$$+ f'\{a_1+(N-1)\Delta x\}\Delta x] \tag{S5.8}$$

となる．ここで，$g(x)$ を $f(x)$ の導関数として $\Delta x \to 0$ の極限をとると

$$\int_{a_1}^{a_2} g(x) dx = \lim_{\Delta x \to 0}[g(a_1)\Delta x + g(a_1+\Delta x)\Delta x +$$
$$\cdots + g\{a_1+(N-1)\Delta x\}\Delta x] \tag{S5.9}$$

となり，定積分は積分区間を N 等分し，その面積を足し合わせたもので，分割を無限に細かくした極限の値であると考えることができる (**図6**).

表6 不定積分 (積分定数は略)

$$\int x^n dx = \frac{x^{n+1}}{n+1} \quad (n \neq -1)$$

$$\int x^n dx = \ln x \quad (n = -1)$$

$$\int e^{ax} dx = \frac{1}{a} e^{ax}$$

$$\int \ln x \, dx = x \ln x - x$$

$$\int \sin kx \, dx = -\frac{1}{k} \cos kx$$

$$\int \cos kx \, dx = \frac{1}{k} \sin kx$$

$$\int \tan kx \, dx = -\frac{1}{k} \ln (\cos kx)$$

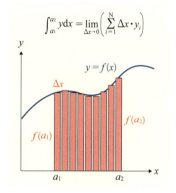

図6 定積分

 S5.3 テイラー展開

微分を導くための式 (S5.2) は，厳密には Δx に比例する部分だけではない．さらに近似を高めるために二次の項まで含めて考えると

$$f(x+\Delta x) = f(x) + f'(x)\Delta x + d(x)(\Delta x)^2 \tag{S5.10}$$

と表される．$(\Delta x)^2$ の係数を決めるために，式 (S5.10) の x の代わりに $x+\Delta x$ とおくと

$$f(x+2\Delta x) = f(x+\Delta x) + f'(x+\Delta x)\Delta x + d(x+\Delta x)(\Delta x)^2 \tag{S5.11}$$

が得られる．ここで再び式 (S5.2) から

$$f'(x+\Delta x) = f'(x) + f''(x) + \Delta x$$
$$d(x+\Delta x) = d(x) + d'(x)\Delta x$$

が得られ，これらを式 (S5.11) に適用すると

$$f(x+2\Delta x) = f(x) + f'(x) \cdot 2\Delta x + \frac{1}{4}\{2d(x)+f''(x)\}d(x)(2\Delta x)^2 \tag{S5.12}$$

と表される．さらに，式 (S5.10) で Δx の代わりに $2\Delta x$ とおくと

$$f(x+2\Delta x) = f(x) + f'(x) \cdot 2\Delta x + d(x) \cdot 4(\Delta x)^2 \tag{S5.13}$$

が得られる．したがって，式 (S5.12) と式 (S5.13) を比較すると

$$d(x) = \frac{1}{4}\{2d(x) + f''(x)\}$$

となり，次のように $d(x)$ が求まる．

$$d(x) = \frac{1}{2}f''(x) \tag{S5.14}$$

これをくり返すと

$$f(x + \Delta x) = f(x) + f'(x) \cdot \Delta x + \frac{1}{2!}f''(x) \cdot (\Delta x)^2$$
$$+ \frac{1}{3!}f^{(3)}(x) \cdot (\Delta x)^3 + \cdots + \frac{1}{n!}f^{(n)}(x) \cdot (\Delta x)^n + \cdots \tag{S5.15}$$

が得られ，さらに x の代わりに a，Δx の代わりに $x - a$ とおくと，最終的に

$$f(x) = f(a) + f'(a) \cdot (x - a) + \frac{1}{2!}f''(a) \cdot (x - a)^2 + \frac{1}{3!}f^{(3)}(a) \cdot (x - a)^3 + \cdots$$
$$= \sum_{n=0}^{\infty} \frac{1}{n!} f^{(n)}(x) \cdot (\Delta x)^n \tag{S5.16}$$

という級数展開の式が導かれる．これを**テイラー展開**（Taylor expansion）という（**表 7**）．

表 7　テイラー展開

$$e^x = \sum_{n=0}^{\infty} \frac{x^n}{n!}$$

$$\log(1 + x) = \sum_{n=0}^{\infty} (-1)^{n-1} \frac{x^n}{n}$$
$$(-1 < x \leq 1)$$

$$\sin x = \sum_{n=0}^{\infty} (-1)^n \frac{x^{2n+1}}{(2n+1)!}$$

$$\cos x = \sum_{n=0}^{\infty} (-1)^n \frac{x^{2n}}{(2n)!}$$

S5.4　偏微分と全微分

変数が 2 つ以上の関数の微分は，そのうち 1 つの変数の関数と同じと考え，他の変数を定数とみなして導関数を求める．複数変数関数を 1 変数に関して微分することを**偏微分**（partial derivative）という．2 変数関数 $f(x, y)$ について，

$$f'_x(x, y) = \lim_{\Delta x \to 0} \frac{f(x + \Delta x, y) - f(x, y)}{\Delta x} = \frac{\partial f}{\partial x} \tag{S5.17}$$

$$f'_x(x, y) = \lim_{\Delta y \to 0} \frac{f(x, y + \Delta y) - f(x, y)}{\Delta y} = \frac{\partial f}{\partial y} \tag{S5.18}$$

を**偏微分係数**（**偏導関数**）という．

2 つの変数が同時に変化したとき，関数 $f(x, y)$ の変化量 Δf は

$$\begin{aligned}\Delta f &= f(x + \Delta x, y + \Delta y) - f(x, y)\\ &= \{f(x + \Delta x, y + \Delta y) - f(x, y + \Delta y)\}\\ &\quad + \{f(x, y + \Delta y) - f(x, y)\}\end{aligned} \tag{S5.19}$$

と表される．これに式(S5.2)を適用すると，

$$\Delta f = f'_x(x, y + \Delta y)\Delta x + f'_y(x, y)\Delta y \tag{S5.20}$$

となり，$\Delta y \to 0$ の極限では

$$f'_x(x, y + \Delta y) = f'_x(x, y)\Delta x$$

としてよいので，式(S5.19)から

$$\Delta f = \frac{\partial f}{\partial x}\Delta x + \frac{\partial f}{\partial y}\Delta y \tag{S5.21}$$

が得られる．ここで，$\Delta x \to 0$, $\Delta y \to 0$ の極限をとり，極限微小量を df で表すと，最終的に次の式が導かれる．

$$df(x,y) = \frac{\partial f}{\partial x}dx + \frac{\partial f}{\partial y}dy \tag{S5.22}$$

これを関数 f の**全微分**(total derivative)という．

S5.5　完全微分と不完全微分

物理量 f が 2 つの変数とそれらに依存する 2 つの関数で表されるとすると，その微小量変化は

$$df = M(x,y)\,dx + N(x,y)\,dy \tag{S5.23}$$

で与えられる．これを，図 7 に示したように閉曲線について積分する．積分の値が径路によらない ($\int_{\mathrm{I}} = \int_{\mathrm{II}}$) のであれば，どの径路を通っても元の地点に戻ってきたら周回線積分の値は 0 になる．これを次のように表す．

$$\oint_C df = 0 \tag{S5.24}$$

このとき df は**完全微分**(exact differential)であるといい，その積分の値は径路によらない．状態量は完全微分でなければならない．

グリーンの定理によって，この反時計回りの周回閉曲線積分は

$$\oint_C \{M(x,y)dx + N(x,y)dy\} = \iint\left(\frac{\partial N}{\partial x} - \frac{\partial M}{\partial y}\right)dxdy \tag{S5.25}$$

となる．したがって，この部分が 0 になるためには

$$\frac{\partial N}{\partial x} = \frac{\partial M}{\partial y} \tag{S5.26}$$

でなければならない．また，全微分の関係式から

$$df = \frac{\partial f}{\partial x}dx + \frac{\partial f}{\partial y}dy \tag{S5.27}$$

と表されるので，この式 (S5.27) と式 (S5.23) から

$$\frac{\partial f}{\partial x} = M \qquad \frac{\partial f}{\partial y} = N \tag{S5.28}$$

が成り立つ．それぞれを y, x で偏微分すると

$$\frac{\partial}{\partial y}\frac{\partial f}{\partial x} = \frac{\partial M}{\partial y} \qquad \frac{\partial}{\partial x}\frac{\partial f}{\partial y} = \frac{\partial M}{\partial x} \tag{S5.29}$$

となり，式 (S5.26) から最終的に次の式が得られる．

$$\frac{\partial}{\partial y}\frac{\partial f}{\partial x} = \frac{\partial}{\partial x}\frac{\partial f}{\partial y} \tag{S5.30}$$

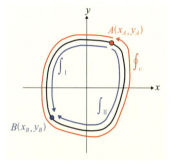

図 7　周回閉曲線積分

このように，完全微分であるならば，「経路によって積分の値が変わらない」，「閉曲線を通って元の地点へ戻ったときの積分の値は 0 になる」，「2 変数についての偏微分の順序を変えても結果は変わらない」などの性質をもっていることになり，状態量はこれに従う．逆に，物理量がこれらの条件を満たさなければ，**不完全微分**(inexact differential)である．

S5.6 ガウス積分の公式

(a) e^{-ax^2} の積分（ガウス積分）

$$I_0 = \int_0^\infty e^{-ax^2} dx = \frac{1}{2}\sqrt{\frac{\pi}{a}} \tag{S5.31}$$

証明 この積分の2乗をとると

$$\begin{aligned}I_0^2 &= \int_0^\infty e^{-ax^2} dx \times \int_0^\infty e^{-ay^2} dy \\ &= \int_0^\infty e^{-a(x^2+y^2)} dx dy\end{aligned} \tag{S5.32}$$

が得られる．この積分は xy 平面上の面積積分と考えることができ，次のように極座標に変換してみる．

$$x = r\cos\theta \qquad y = r\sin\theta \qquad r^2 = x^2 + y^2$$

積分要素は，平面内の微小面積部分（平面積分）になり（図8）

$$dx\,dy = r\,d\theta\,dr \tag{S5.33}$$

が得られる．式(S5.33)を式(S5.32)に代入し，積分範囲は第1象限すべてになることを考えると

$$\begin{aligned}I_0^2 &= \int_0^{\pi/2} d\theta \int_0^\infty re^{-ar^2} dr \\ &= \frac{\pi}{2}\int_0^\infty re^{-ar^2} dr\end{aligned}$$

この積分は次の(b)で示すとおり，$1/2a$ になるので

$$I_0^2 = \frac{\pi}{2}\cdot\frac{1}{2a} = \frac{\pi}{4a} \tag{S5.34}$$

が得られ，式(S5.31)が証明される．

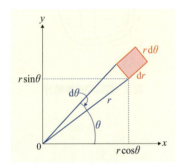

図8　平面積分

(b) xe^{-ax^2} の積分

$$I_1 = \int_0^\infty xe^{-ax^2} dx = \frac{1}{2a} \tag{S5.35}$$

証明 この積分で，$t = ax^2, dt = 2ax\,dx$ と変数変換すると

$$\begin{aligned}I_0^2 &= \int_0^\infty \left(\frac{dt}{2a\,dx}\right)e^{-at} dx \\ &= \frac{1}{2a}\int_0^\infty e^{-at} dt = \frac{1}{2a}[e^{-at}]_0^\infty = \frac{1}{2a}\end{aligned} \tag{S5.36}$$

が得られる．

(c) $x^n e^{-ax^2}$ の積分

$$I_n = \int_0^\infty x^n e^{-ax^2} dx = \frac{n-1}{2a} I_{n-2} \tag{S5.37}$$

証明 式(S5.37)を部分積分すると

$$\begin{aligned}
I_n &= \int_0^\infty x^{n-1} x e^{-ax^2} dx \\
&= -\frac{1}{2a} \int_0^\infty x^{n-1}(-2ax e^{-ax^2}) dx \\
&= \left[-\frac{1}{2a} x^{n-1} e^{-ax^2}\right]_0^\infty - \left(\frac{1}{2a}\right)\int_0^\infty (n-1) x^{n-2} e^{-ax^2} dx \\
&= \left(\frac{n-1}{2a}\right)\int_0^\infty x^{n-2} e^{-ax^2} dx = \left(\frac{n-1}{2a}\right) I_{n-2} \tag{S5.38}
\end{aligned}$$

が得られる．すでに

$$I_0 = \frac{1}{2}\sqrt{\frac{\pi}{a}} \qquad I_1 = \frac{1}{2a}$$

がわかっているので，偶数，奇数の n ごとに定積分の値を逐次求めることができる．

S5.7 球面積分

粒子の速度に関するマクスウェル-ボルツマン分布を導くときなどでは，球面上の単位面積あたりの密度関数を**球面積分**することが必要となる．このとき，球面上での微小変化は，xy 面に垂直な方向は $rd\theta$，xy 面に平行な方向は $r\sin\theta d\varphi$ で与えられる．したがって，**微小面積**（**球面積分要素**）は

$$\Delta S = rd\theta\, r\sin\theta\, d\varphi = r^2 \sin\theta\, d\theta\, d\varphi \tag{S5.39}$$

と表される（図9）．これを全球面で積分すると

$$\begin{aligned}
\int_0^{2\pi}\int_0^\pi r^2 \sin\theta\, d\theta\, d\varphi &= r^2 \int_0^{2\pi} d\varphi \int_0^\pi \sin\theta\, d\theta \\
&= r^2 \cdot 2\pi \cdot 2 = 4\pi r^2
\end{aligned} \tag{S5.40}$$

となり，これが球面積になる．密度関数の球面積分は

$$I_\rho = \int_0^{2\pi}\int_0^\pi \rho(\theta,\varphi) r^2 \sin\theta\, d\theta\, d\varphi \tag{S5.41}$$

で与えられる．速度分布や確率密度の場合，ガウス積分になることが多い．

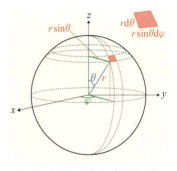

図9 微小面積（球面積分要素）

S6 角運動量演算子に関する計算

角運動量演算子（angular momentum operator）は (x, y, z) 方向の単位ベクトル i, j, k を用いて次のように表される．

$$\hat{L} = \hat{r} \times \hat{p} = -i\hbar \begin{vmatrix} \boldsymbol{i} & \boldsymbol{j} & \boldsymbol{k} \\ x & y & z \\ \partial/\partial x & \partial/\partial y & \partial/\partial z \end{vmatrix}$$

$$= -i\hbar\left(y\frac{\partial}{\partial z} - z\frac{\partial}{\partial y}\right)\boldsymbol{i} - i\hbar\left(z\frac{\partial}{\partial x} - x\frac{\partial}{\partial z}\right)\boldsymbol{j} - i\hbar\left(x\frac{\partial}{\partial y} - y\frac{\partial}{\partial x}\right)\boldsymbol{k}$$

(S6.1)

これから，**角運動量**(angular momentum)の各方向成分の演算子は

$$\hat{L}_x = -i\hbar\left(y\frac{\partial}{\partial z} - z\frac{\partial}{\partial y}\right) \quad \hat{L}_y = -i\hbar\left(z\frac{\partial}{\partial x} - x\frac{\partial}{\partial z}\right)$$
$$\hat{L}_z = -i\hbar\left(x\frac{\partial}{\partial y} - y\frac{\partial}{\partial x}\right)$$

(S6.2)

と表される．また，角運動量の大きさの2乗を表す演算子は

$$\hat{L}^2 = \hat{L}_x^2 + \hat{L}_y^2 + \hat{L}_z^2$$

(S6.3)

で与えられる．

S6.1 角運動量成分どうしの交換子

$$\{\hat{L}_x, \hat{L}_y\} = i\hbar\hat{L}_z \quad \{\hat{L}_y, \hat{L}_z\} = i\hbar\hat{L}_x \quad \{\hat{L}_z, \hat{L}_x\} = i\hbar\hat{L}_y \quad (S6.4)$$

角運動量の各方向成分の演算子どうしは交換しない．これは，角運動量の方向成分をすべて正確に決定することができないということを示している．

> **Assist** 演算子の交換子
> $$\{\hat{A}, \hat{B}\} = \hat{A}\hat{B} - \hat{B}\hat{A}$$
> 2つの演算子の順序を変えてその差を取ったものを交換子という．物理量 A と B が独立で，その値を同時に正確に決められるときは，交換子が0になる．逆に，交換子が0でないときは，2つの物理量を同時に正確に決めることができない．

証明 角運動量の成分どうしの**交換子**(commutator)を波動関数に作用させた形で展開すると

$$\{\hat{L}_x, \hat{L}_y\}\psi = \hat{L}_x(\hat{L}_y\psi) - \hat{L}_x(\hat{L}_y\psi)$$
$$= -\hbar^2\left(y\frac{\partial}{\partial z} - z\frac{\partial}{\partial y}\right)\left(z\frac{\partial\psi}{\partial x} - x\frac{\partial\psi}{\partial z}\right) + \hbar^2\left(z\frac{\partial}{\partial x} - x\frac{\partial}{\partial z}\right)\left(y\frac{\partial\psi}{\partial z} - z\frac{\partial\psi}{\partial y}\right)$$
$$= -\hbar^2\Big\{y\frac{\partial z}{\partial z}\frac{\partial\psi}{\partial x} + yz\frac{\partial^2\psi}{\partial z\partial x} - y\frac{\partial x}{\partial z}\frac{\partial\psi}{\partial z} - yx\frac{\partial^2\psi}{\partial z^2}$$
$$- z\frac{\partial z}{\partial y}\frac{\partial\psi}{\partial x} - z^2\frac{\partial^2\psi}{\partial y\partial x} + z\frac{\partial x}{\partial y}\frac{\partial\psi}{\partial z} + zx\frac{\partial^2\psi}{\partial y\partial z}$$
$$- z\frac{\partial y}{\partial x}\frac{\partial\psi}{\partial z} - zy\frac{\partial^2\psi}{\partial x\partial z} + z\frac{\partial z}{\partial x}\frac{\partial\psi}{\partial y} + z^2\frac{\partial^2\psi}{\partial x\partial y}$$
$$+ x\frac{\partial x}{\partial z}\frac{\partial\psi}{\partial z} + xy\frac{\partial^2\psi}{\partial z^2} - x\frac{\partial z}{\partial z}\frac{\partial\psi}{\partial y} - xz\frac{\partial^2\psi}{\partial z\partial y}\Big\}$$

(S6.5)

が得られる．ここで，位置座標 x, y, z は独立変数なので

$$\frac{\partial y}{\partial x} = \frac{\partial z}{\partial y} = \cdots = 0 \quad \frac{\partial^2\psi}{\partial x\partial y} = \frac{\partial^2\psi}{\partial y\partial x}$$

などの関係式を用いると，式(S6.5)は

$$\{\hat{L}_x, \hat{L}_y\}\psi = +\hbar^2\left(z\frac{\partial}{\partial y} - x\frac{\partial}{\partial x}\right)\psi = i\hbar\hat{L}_z\psi \quad (S6.6)$$

となり，式(S6.4)が導かれる．

S6.2 角運動量の大きさの2乗と成分の交換子

$$\{\hat{L}^2, \hat{L}_x\} = 0, \quad \{\hat{L}^2, \hat{L}_y\} = 0, \quad \{\hat{L}^2, \hat{L}_z\} = 0 \tag{S6.7}$$

角運動量の大きさの2乗とその1成分の間の交換子は0である．したがって，角運動量の大きさとその3方向成分のうち1つは独立であり，それらの値を同時に正確に決めることができる．

> **証明** この交換子は $\{\hat{L}^2, \hat{L}_z\} = (\hat{L}^2\hat{L}_z - \hat{L}_z\hat{L}^2)$
> と表されるが，式(S6.3)を用いると，次のように展開できる．
>
> $$\begin{aligned} \{\hat{L}^2, \hat{L}_z\} &= \hat{L}_x^2\hat{L}_z + \hat{L}_y^2\hat{L}_z + \hat{L}_z^3 - \hat{L}_z\hat{L}_x^2 - \hat{L}_z\hat{L}_y^2 - \hat{L}_z^3 \\ &= \hat{L}_x^2\hat{L}_z + \hat{L}_y^2\hat{L}_z - \hat{L}_z\hat{L}_x^2 - \hat{L}_z\hat{L}_y^2 \\ &= \{\hat{L}_x^2, \hat{L}_z\} + \{\hat{L}_y^2, \hat{L}_z\} \end{aligned} \tag{S6.8}$$
>
> それぞれの交換子を計算すると
>
> $$\begin{aligned} \{\hat{L}_x^2, \hat{L}_z\} &= \hat{L}_x^2\hat{L}_z - \hat{L}_z\hat{L}_x^2 + \hat{L}_x\hat{L}_z\hat{L}_x - \hat{L}_x\hat{L}_z\hat{L}_x \\ &= \hat{L}_x\{\hat{L}_x, \hat{L}_z\} - \{\hat{L}_z, \hat{L}_x\}\hat{L}_x \\ &= -i\hbar(\hat{L}_x\hat{L}_y + \hat{L}_y\hat{L}_x) \end{aligned} \tag{S6.9}$$
>
> $$\begin{aligned} \{\hat{L}_y^2, \hat{L}_z\} &= \hat{L}_y^2\hat{L}_z - \hat{L}_z\hat{L}_y^2 + \hat{L}_y\hat{L}_z\hat{L}_y - \hat{L}_y\hat{L}_z\hat{L}_y \\ &= \hat{L}_y\{\hat{L}_y, \hat{L}_z\} - \{\hat{L}_z, \hat{L}_y\}\hat{L}_y \\ &= +i\hbar(\hat{L}_x\hat{L}_y + \hat{L}_y\hat{L}_x) \end{aligned} \tag{S6.10}$$
>
> となり，式(S6.8)に代入すると，式(S6.7)が導かれる．

S6.3 上昇・下降演算子

$$\hat{L}_z(\hat{L}_x + i\hat{L}_y)\psi = (\hat{L}_x + i\hat{L}_y)(\hat{L}_z + \hbar)\psi \tag{S6.11}$$
$$\hat{L}_z(\hat{L}_x - i\hat{L}_y)\psi = (\hat{L}_x - i\hat{L}_y)(\hat{L}_z - \hbar)\psi \tag{S6.12}$$

上昇・下降演算子 $\hat{L}_\pm = \hat{L}_x \pm i\hat{L}_y$ を作用させると，固有値は $\pm\hbar$ だけ増減する[†]．

> **証明** 式(S6.11)の右辺から左辺を引くと
>
> $$\begin{aligned} \text{右辺} - \text{左辺} &= \hat{L}_x\hat{L}_z\psi + \hat{L}_x\hbar\psi + i\hat{L}_y\hat{L}_z\psi + i\hbar\hat{L}_y\psi \\ &\quad - \hat{L}_z\hat{L}_x\psi - i\hat{L}_z\hat{L}_y\psi \\ &= i\hbar\hat{L}_y\psi + \hat{L}_x\hbar\psi - \hat{L}_x\hbar\psi + i\hbar\hat{L}_y\psi \\ &= 0 \end{aligned} \tag{S6.13}$$
>
> となり，式(S6.11)が証明された．式(S6.12)の証明も同様である．

Assist 上昇・下降演算子

$$\hat{L}_+ = \hat{L}_x + i\hat{L}_y$$
$$\hat{L}_- = \hat{L}_x - i\hat{L}_y$$

この2つの演算子は，複素関数で定義された f^+, f^- と同じ形をしており，xy 平面内での反時計回り，時計回りの回転を表す．それぞれの回転で z 方向の固有値が $+\hbar$ および $-\hbar$ 変化するので，上昇・下降演算子とよばれている．

S7 フーリエ変換

物理化学で取り扱う現象は，多くの場合時間によって変化するが，同時にエネルギーの変化もともない，電磁波の周波数の変化も考慮しなければならない．この時間と周波数の間の変換を可能にするのが**フーリエ変換**（Fourier transform）である．原子や分子のスペクトルを測定するとき，一般的には単一の周波数の光だけを選択して（単色光）物質に照射し，その周波数を連続的に変化させて，吸収や発光などの分子からの応答を記録する．他方，多くの周波数の光（白色光）を分子に照射し，変調や干渉効果を利用して分子からの応答を周期的な関数として観測できれば，その時間依存信号をフーリエ変換することにより，周波数に対するスペクトルを得ることができる．

連続性および収束性のよい任意の関数 $f(t)$ を三角関数によって展開する．これを**フーリエ展開**といい

$$f(t) = \sum_{n=1}^{\infty} f_n u_n(t) \tag{S7.1}$$

で表される．f_n は**フーリエ係数**とよばれる．区間 $[t_1, t_2] = [-L/2, +L/2]$ でのフーリエ展開は次のように表すことができる．

$$f(t) = \frac{a_0}{\sqrt{L}} + a_1 \sqrt{\frac{2}{L}} \cos\left(\frac{2\pi x}{L}\right) + b_1 \sqrt{\frac{2}{L}} \cos\left(\frac{2\pi x}{L}\right) + \cdots$$
$$\cdots + a_n \sqrt{\frac{2}{L}} \cos\left(\frac{2\pi n x}{L}\right) + b_n \sqrt{\frac{2}{L}} \cos\left(\frac{2\pi n x}{L}\right) + \cdots \tag{S7.2}$$

これを**フーリエ級数**といい，それぞれのフーリエ係数は次のように与えられる．

$$\begin{aligned}
a_0 &= \frac{1}{\sqrt{L}} \int_{-L/2}^{+L/2} f(t) \, \mathrm{d}t \\
a_n &= \frac{1}{\sqrt{L}} \int_{-L/2}^{+L/2} f(t) \cos\left(\frac{2\pi x}{L}\right) \mathrm{d}t \qquad n = 1, 2, \cdots \\
b_n &= \frac{1}{\sqrt{L}} \int_{-L/2}^{+L/2} f(t) \sin\left(\frac{2\pi x}{L}\right) \mathrm{d}t \qquad n = 1, 2, \cdots
\end{aligned} \tag{S7.3}$$

フーリエ級数に対して $L \to \infty$ の極限をとると，次の式が導かれる．

$$f(t) = \frac{1}{2\pi} \int_{-\infty}^{\infty} \mathrm{d}\omega \int_{-\infty}^{\infty} f(t') \cos\{-\omega(t'-t)\} \mathrm{d}t' \tag{S7.4}$$

これを**フーリエの積分定理**という．このうちの三角関数の部分を指数関数に直すことを考えてみる．オイラーの公式から

$$\int_{-\infty}^{\infty} e^{-i\omega(t'-t)} \mathrm{d}\omega$$
$$= \int_{-\infty}^{\infty} \cos\{-\omega(t'-t)\} \mathrm{d}\omega + i \int_{-\infty}^{\infty} \sin\{-\omega(t'-t)\} \mathrm{d}\omega \tag{S7.5}$$

が得られる．正弦関数，余弦関数は位相に対してそれぞれ偶関数，奇関数であるので

$$\int_{-\infty}^{\infty} e^{-i\omega(t'-t)} \mathrm{d}\omega = \int_{-\infty}^{\infty} \cos\{-\omega(t'-t)\} \mathrm{d}\omega \tag{S7.6}$$

となり，これを式(S7.4)に代入すると

$$f(t) = \frac{1}{2\pi} \int_{-\infty}^{\infty} d\omega \int_{-\infty}^{\infty} f(t') \, \mathrm{e}^{-i\omega(t'-t)} \, \mathrm{d}t' \tag{S7.7}$$

が得られる．この時間に関する積分の部分を

$$F(\omega) = \frac{1}{\sqrt{2\pi}} \int_{-\infty}^{\infty} f(t') \, \mathrm{e}^{-i\omega t'} \, \mathrm{d}t' \tag{S7.8}$$

と書き表し，$F(\omega)$ を $f(t)$ のフーリエ変換という．式(S7.8)を式(S7.7)に代入すると

$$f(t) = \frac{1}{\sqrt{2\pi}} \int_{-\infty}^{\infty} F(\omega) \, \mathrm{e}^{-i\omega t} \, \mathrm{d}\omega \tag{S7.9}$$

となる．これをフーリエ逆変換という．

(a) 余弦関数のフーリエ変換

単純な余弦関数を

$$f(t) = \cos \omega_0 t \tag{S7.10}$$

と表すと，そのフーリエ変換は

$$F(\omega) = \int_{-\infty}^{\infty} \cos \omega_0 t \, \mathrm{e}^{-i\omega t} \, \mathrm{d}t = \pi [\delta(\omega - \omega_0) + \delta(\omega + \omega_0)] \tag{S7.11}$$

と表される(図10)．ここで，$\delta(x)$ はデルタ関数で

$$\delta(x) = \begin{cases} \infty & (x = 0) \\ 0 & (x \neq 0) \end{cases} \tag{S7.12}$$

で定義される特殊関数である．ある周波数 ω_0 で電磁波に対して原子や分子から応答があると，そのフーリエ変換は ω_0 にピークを与える．

(b) 指数関数のフーリエ変換

単純な指数関数を

$$f(t) = \mathrm{e}^{-a|t|} \qquad a > 0 \tag{S7.13}$$

と表すと，そのフーリエ変換は

$$\begin{aligned} F(\omega) &= \int_{-\infty}^{\infty} \mathrm{e}^{-a|t|} \mathrm{e}^{-i\omega t} \, \mathrm{d}t \\ &= \frac{1}{\sqrt{2\pi}} \int_{-\infty}^{0} \mathrm{e}^{at} \mathrm{e}^{-i\omega t} \, \mathrm{d}t + \frac{1}{\sqrt{2\pi}} \int_{0}^{\infty} \mathrm{e}^{-at} \mathrm{e}^{-i\omega t} \, \mathrm{d}t \\ &= \frac{1}{\sqrt{2\pi}} \left[\frac{\mathrm{e}^{(a-i\omega)t}}{a - i\omega} \right]_{-\infty}^{0} + \frac{1}{\sqrt{2\pi}} \left[\frac{\mathrm{e}^{(-a-i\omega)t}}{a + i\omega} \right]_{0}^{\infty} \\ &= \frac{1}{\sqrt{2\pi}} \left(\frac{1}{a - i\omega} + \frac{1}{a + i\omega} \right) = \frac{2}{\sqrt{\pi}} \frac{a}{a^2 + \omega^2} \end{aligned} \tag{S7.14}$$

となり，**ローレンツ関数**で表される(図11)．これは，均一幅が a のスペクトル線型であり，励起状態での緩和速度(寿命の逆数)が大きいほど，スペクトル線が広がる．つまり時間とエネルギーの不確定性を示していると考えられる．

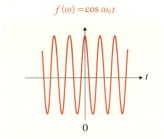

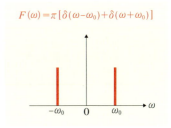

図10　余弦関数のフーリエ変換

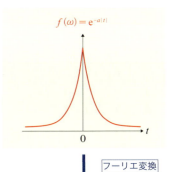

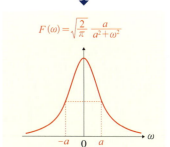

図11　指数関数のフーリエ変換

付録データ集

指標表

C_1	E
A	1

$C_s(=C_{1h})$	E	σ_h		
A'	1	1	x, y, R_z	x^2, y^2, z^2, xy
A''	1	−1	z, R_x, R_y	yz, xz

$C_i(=S_2)$	E	i		
A_g	1	1	R_x, R_y, R_z	x^2, y^2, z^2
A_u	1	−1	x, y, z	xy, xz, yz

C_2	E	C_2		
A	1	1	z, R_z	x^2, y^2, z^2, xy
B	1	−1	x, y, R_x, R_y	yz, xz

C_3	E	C_3	C_3^2		
A	1	1	1	z, R_z	x^2+y^2, z^2
E	$\begin{Bmatrix}1\\1\end{Bmatrix}$	$\begin{matrix}\varepsilon\\\varepsilon^*\end{matrix}$	$\begin{Bmatrix}\varepsilon^*\\\varepsilon\end{Bmatrix}$	$(x, y)\ (R_x, R_y)$	$(x^2-y^2, xy)\ (xz, yz)$

$\varepsilon = \exp^{(2\pi i/3)}$

C_4	E	C_4	C_2	C_4^3		
A	1	1	1	1	z, R_z	x^2+y^2, z^2
B	1	−1	1	−1		x^2-y^2, xy
E	$\begin{Bmatrix}1\\1\end{Bmatrix}$	$\begin{matrix}i\\-i\end{matrix}$	$\begin{matrix}-1\\1\end{matrix}$	$\begin{Bmatrix}-i\\i\end{Bmatrix}$	$(x, y)\ (R_x, R_y)$	(xz, yz)

S_4	E	S_4	C_2	S_4^3		
A	1	1	1	1	R_z	x^2+y^2, z^2
B	1	−1	1	−1	z	x^2-y^2, xy
E	$\begin{Bmatrix}1\\1\end{Bmatrix}$	$\begin{matrix}i\\-i\end{matrix}$	$\begin{matrix}-1\\-1\end{matrix}$	$\begin{Bmatrix}-i\\i\end{Bmatrix}$	$(x, y)\ (R_x, R_y)$	(xz, yz)

C_{2v}	E	C_2	σ_v	σ_v'		
A_1	1	1	1	1	z	x^2, y^2, z^2
A_2	1	1	-1	-1	R_z	xy
B_1	1	-1	1	-1	x, R_y	xz
B_2	1	-1	-1	1	y, R_x	yz

C_{3v}	E	$2C_3$	$3\sigma_v$		
A_1	1	1	1	z	x^2+y^2, z^2
A_2	1	1	-1	R_z	
E	2	-1	0	$(x, y) (R_x, R_y)$	$(x^2-y^2, xy) (xz, yz)$

C_{4v}	E	$2C_4$	C_2	$2\sigma_v$	$2\sigma_d$		
A_1	1	1	1	1	1	z	x^2+y^2, z^2
A_2	1	1	1	-1	-1	R_z	
B_1	1	-1	1	1	-1		x^2-y^2
B_2	1	-1	1	-1	1		xy
E	2	0	-2	0	0	$(x, y) (R_x, R_y)$	(xz, yz)

C_{6v}	E	$2C_6$	$2C_3$	C_2	$3\sigma_v$	$3\sigma_d$		
A_1	1	1	1	1	1	1	z	x^2+y^2, z^2
A_2	1	1	1	1	-1	-1	R_z	
B_1	1	-1	1	-1	1	-1		
B_2	1	-1	1	-1	-1	1		
E_1	2	1	-1	-2	0	0	$(x, y) (R_x, R_y)$	(xz, yz)
E_2	2	-1	-1	2	0	0		(x^2-y^2, xy)

C_{2h}	E	C_2	i	σ_h		
A_g	1	1	1	1	R_z	x^2, y^2, z^2, xy
B_g	1	-1	1	-1	R_x, R_y	xz, yz
A_u	1	1	-1	-1	z	
B_u	1	-1	-1	1	x, y	

C_{3h}	E	C_3	C_3^2	σ_h	S_3	S_3^5		
A'	1	1	1	1	1	1	R_z	x^2+y^2, z^2
E'	$\begin{cases}1\\1\end{cases}$	$\begin{matrix}\varepsilon\\\varepsilon^*\end{matrix}$	$\begin{matrix}\varepsilon^*\\\varepsilon\end{matrix}$	$\begin{matrix}1\\1\end{matrix}$	$\begin{matrix}\varepsilon\\\varepsilon^*\end{matrix}$	$\begin{matrix}\varepsilon^*\\\varepsilon\end{matrix}$	(x, y)	(x^2-y^2, xy)
A''	1	1	1	-1	-1	-1	z	
E''	$\begin{cases}1\\1\end{cases}$	$\begin{matrix}\varepsilon\\\varepsilon^*\end{matrix}$	$\begin{matrix}\varepsilon^*\\\varepsilon\end{matrix}$	$\begin{matrix}-1\\-1\end{matrix}$	$\begin{matrix}\varepsilon\\\varepsilon^*\end{matrix}$	$\begin{matrix}\varepsilon^*\\\varepsilon\end{matrix}$	(R_x, R_y)	(xz, yz)

$\varepsilon = \exp^{(2\pi i/3)}$

D_2	E	C_2	C_2'	C_2''		
A	1	1	1	1		x^2, y^2, z^2
B_1	1	1	-1	-1	z, R_z	xy
B_2	1	-1	1	-1	y, R_y	xz
B_3	1	-1	-1	1	x, R_x	yz

D_3	E	$2C_3$	$3C_2$		
A_1	1	1	1		x^2+y^2, z^2
A_2	1	1	-1	z, R_z	
E	2	-1	0	$(x, y) (R_x, R_y)$	$(x^2-y^2, xy) (xz, yz)$

D_4	E	$2C_4$	C_2	$2C_2'$	$2C_2''$		
A_1	1	1	1	1	1		x^2+y^2, z^2
A_2	1	1	1	-1	-1	z, R_z	
B_1	1	-1	1	1	-1		x^2-y^2
B_2	1	-1	1	-1	1		xy
E	2	0	-2	0	0	$(x, y) (R_x, R_y)$	(xz, yz)

D_{2h}	E	C_2	C_2'	C_2''	i	$\sigma(xy)$	$\sigma'(yz)$	$\sigma''(xz)$		
A_g	1	1	1	1	1	1	1	1		x^2, y^2, z^2
B_{1g}	1	1	−1	−1	1	1	−1	−1	R_z	xy
B_{2g}	1	−1	1	−1	1	−1	1	−1	R_y	xz
B_{3g}	1	−1	−1	1	1	−1	−1	1	R_x	yz
A_u	1	1	1	1	−1	−1	−1	−1		
B_{1u}	1	1	−1	−1	−1	−1	1	1	z	
B_{2u}	1	−1	1	−1	−1	1	−1	1	y	
B_{3u}	1	−1	−1	1	−1	1	1	−1	x	

D_{3h}	E	$2C_3$	$3C_2$	σ_h	$2S_3$	$3\sigma_v$		
A_1'	1	1	1	1	1	1		x^2+y^2, z^2
A_2'	1	1	−1	1	1	−1	R_z	
E'	2	−1	0	2	−1	0	(x, y)	(x^2-y^2, xy)
A_1''	1	1	1	−1	−1	−1		
A_2''	1	1	−1	−1	−1	1	z	
E''	2	−1	0	−2	1	0	(R_x, R_y)	

D_{4h}	E	$2C_4$	C_2	$2C_2'$	$2C_2''$	i	$2S_4$	σ_h	$2\sigma_v$	$2\sigma_d$		
A_{1g}	1	1	1	1	1	1	1	1	1	1		x^2+y^2, z^2
A_{2g}	1	1	1	−1	−1	1	1	1	−1	−1	R_z	
B_{1g}	1	−1	1	1	−1	1	−1	1	1	−1		x^2-y^2
B_{2g}	1	−1	1	−1	1	1	−1	1	−1	1		xy
E_g	2	0	−2	0	0	2	0	−2	0	0	(R_x, R_y)	(xz, yz)
A_{1u}	1	1	1	1	1	−1	−1	−1	−1	−1		
A_{2u}	1	1	1	−1	−1	−1	−1	−1	1	1	z	
B_{1u}	1	−1	1	1	−1	−1	1	−1	−1	1		
B_{2u}	1	−1	1	−1	1	−1	1	−1	1	−1		
E_u	2	0	−2	0	0	−2	0	2	0	0	(x, y)	

D_{6h}	E	$2C_6$	$2C_3$	C_2	$3C_2'$	$3C_2''$	i	$2S_3$	$2S_6$	σ_h	$3\sigma_d$	$3\sigma_v$		
A_{1g}	1	1	1	1	1	1	1	1	1	1	1	1		x^2+y^2, z^2
A_{2g}	1	1	1	1	−1	−1	1	1	1	1	−1	−1	R_z	
B_{1g}	1	−1	1	−1	1	−1	1	−1	1	−1	1	−1		
B_{2g}	1	−1	1	−1	−1	1	1	−1	1	−1	−1	1		
E_{1g}	2	1	−1	−2	0	0	2	1	−1	−2	0	0	(R_x, R_y)	(xz, yz)
E_{2g}	2	−1	−1	2	0	0	2	−1	−1	2	0	0		(x^2-y^2, xy)
A_{1u}	1	1	1	1	1	1	−1	−1	−1	−1	−1	−1		
A_{2u}	1	1	1	1	−1	−1	−1	−1	−1	−1	1	1	z	
B_{1u}	1	−1	1	−1	1	−1	−1	1	−1	1	−1	1		
B_{2u}	1	−1	1	−1	−1	1	−1	1	−1	1	1	−1		
E_{1u}	2	1	−1	−2	0	0	−2	−1	1	2	0	0	(x, y)	
E_{2u}	2	−1	−1	2	0	0	−2	1	1	−2	0	0		

D_{2d}	E	$2S_4$	C_2	$2C_2'$	$2\sigma_d$		
A_1	1	1	1	1	1		x^2+y^2, z^2
A_2	1	1	1	−1	−1	R_z	
B_1	1	−1	1	1	−1		x^2-y^2
B_2	1	−1	1	−1	1	z	xy
E	2	0	−2	0	0	$(x, y)\,(R_x, R_y)$	(xz, yz)

D_{3d}	E	$2C_3$	$3C_2$	i	$2S_6$	$3\sigma_d$		
A_{1g}	1	1	1	1	1	1		x^2+y^2, z^2
A_{2g}	1	1	−1	1	1	−1	R_z	
E_g	2	−1	0	2	−1	0	(R_x, R_y)	$(x^2-y^2, xy)\,(xz, yz)$
A_{1u}	1	1	1	−1	−1	−1		
A_{2u}	1	1	−1	−1	−1	1	z	
E_u	2	−1	0	−2	1	0	(x, y)	

D_{4d}	E	$2S_8$	$2C_4$	$2S_8^3$	C_2	$4C_2'$	$4\sigma_d$		
A_1	1	1	1	1	1	1	1		x^2+y^2, z^2
A_2	1	1	1	1	1	−1	−1	R_z	
B_1	1	−1	1	−1	1	1	−1		
B_2	1	−1	1	−1	1	−1	1	z	
E_1	1	$\sqrt{2}$	0	$-\sqrt{2}$	−2	0	0	(x, y)	
E_2	1	0	−2	0	2	0	0		(x^2-y^2, xy)
E_3	1	$-\sqrt{2}$	0	$\sqrt{2}$	−2	0	0	(R_x, R_y)	(xz, yz)

T_d	E	$8C_3$	$3C_2$	$6S_4$	$6\sigma_d$		
A_1	1	1	1	1	1		$x^2+y^2+z^2$
A_2	1	1	1	−1	−1		
E	2	−1	2	0	0		$(x^2-y^2, 2z^2-x^2-y^2)$
T_1	3	0	−1	1	−1	(R_x, R_y, R_z)	
T_2	3	0	−1	−1	1	(x, y, z)	(xy, xz, yz)

O	E	$8C_3$	$3C_2$	$6C_4$	$6C_2'$		
A_1	1	1	1	1	1		$x^2+y^2+z^2$
A_2	1	1	1	−1	−1		
E	2	−1	2	0	0		$(x^2-y^2, 2z^2-x^2-y^2)$
T_1	3	0	−1	1	−1	$(x, y, z)\,(R_x, R_y, R_z)$	
T_2	3	0	−1	−1	1		(xy, xz, yz)

O_h	E	$8C_3$	$3C_2$	$6C_4$	$6C_2'$	i	$8S_6$	$3\sigma_h$	$6S_4$	$6\sigma_d$		
A_{1g}	1	1	1	1	1	1	1	1	1	1		$x^2+y^2+z^2$
A_{2g}	1	1	1	−1	−1	1	1	1	−1	−1		
E_g	2	−1	2	0	0	2	−1	2	0	0		$(x^2-y^2, 2z^2-x^2-y^2)$
T_{1g}	3	0	−1	1	−1	3	0	−1	1	−1	(R_x, R_y, R_z)	
T_{2g}	3	0	−1	−1	1	3	0	−1	−1	1		(xy, xz, yz)
A_{1u}	1	1	1	1	1	−1	−1	−1	−1	−1		
A_{2u}	1	1	1	−1	−1	−1	−1	−1	1	1		
E_u	2	−1	2	0	0	−2	1	−2	0	0		
T_{1u}	3	0	−1	1	−1	−3	0	1	−1	1	(x, y, z)	
T_{2u}	3	0	−1	−1	1	−3	0	1	1	−1		

$C_{\infty v}$	E	$2C_\varphi$	$\infty\sigma_v$		
Σ^+	1	1	1	z	x^2+y^2, z^2
Σ^-	1	1	−1	R_z	
Π	2	$2\cos\varphi$	0	$(x, y)\,(R_x, R_y)$	(xz, yz)
Δ	2	$2\cos 2\varphi$	0		(x^2-y^2, xy)
Φ	2	$2\cos 3\varphi$	0		
$\vdots$	$\vdots$	$\vdots$	$\vdots$		
Γ_j	2	$2\cos j\varphi$	0		

φ は任意の角

$D_{\infty h}$	E	$2C_\varphi$	∞C_2	i	$2S_{(-\varphi)}$	$\infty\sigma_v$		
Σ_g^+	1	1	1	1	1	1		x^2+y^2, z^2
Σ_g^-	1	1	−1	1	1	−1	R_z	
Π_g	2	$2\cos\varphi$	0	2	$-2\cos\varphi$	0	(R_x, R_y)	(xz, yz)
Δ_g	2	$2\cos 2\varphi$	0	2	$2\cos 2\varphi$	0		(x^2-y^2, xy)
$\vdots$	$\vdots$	$\vdots$	$\vdots$	$\vdots$	$\vdots$	$\vdots$		
$\Gamma_{j,g}$	2	$2\cos j\varphi$		2	$(-1)^j \cdot 2\cos j\varphi$	0		
Σ_u^+	1	1	−1	−1	−1	1	z	
Σ_u^-	1	1	1	−1	−1	−1		
Π_u	2	$2\cos\varphi$	0	−2	$2\cos\varphi$	0	(x, y)	
Δ_u	2	$2\cos 2\varphi$	0	−2	$-2\cos 2\varphi$	0		
$\vdots$	$\vdots$	$\vdots$	$\vdots$	$\vdots$	$\vdots$	$\vdots$		
$\Gamma_{j,u}$	2	$2\cos j\varphi$	0	−2	$-(-1)^j \cdot 2\cos j\varphi$	0		

φ は任意の角

熱力学データ (298.15 K, 1 atm)

物質		$\Delta_f H°$/kJmol^{-1}	$S_m°$/JK^{-1}mol^{-1}	$\Delta_f G°$/kJmol^{-1}
無機化合物				
C(s)	グラファイト	0	5.74	0
C(s)	ダイヤモンド	1.895	2.38	2.9
CO(g)	一酸化炭素	−110.5	197.6	−137.2
CO$_2$(g)	二酸化炭素	−393.5	213.6	−394.4
CS$_2$(g)	二硫化炭素	117.4	237.7	67.2
CS$_2$(l)	二硫化炭素	89.7	151.3	65.3
He(g)	ヘリウム	0	126.0	0
Ne(g)	ネオン	0	146.3	0
Ar(g)	アルゴン	0	154.8	0
Kr(g)	クリプトン	0	164.1	0
Xe(g)	ゼノン	0	169.7	0
H$_2$(g)	水素	0	130.6	0
D$_2$(g)	重水素	0	144.9	0
N$_2$(g)	窒素	0	191.5	0
O$_2$(g)	酸素	0	205.0	0
O$_3$(g)	オゾン	142.7	238.8	163.2
F$_2$(g)	フッ素	0	202.7	0
Cl$_2$(g)	塩素	0	223.0	0
Br$_2$(g)	臭素	30.9	245.4	3.1
Br$_2$(l)	臭素	0	152.2	0
I$_2$(g)	ヨウ素	62.4	260.6	19.4
I$_2$(s)	ヨウ素	0	116.1	0
H$_2$O(g)	水蒸気	−241.8	188.7	−228.6
H$_2$O(l)	水	−285.8	69.9	−237.2
HCl(g)	塩化水素	−92.3	186.8	−95.3
NaCl(c)	塩化ナトリウム	−411.2	72.1	−384.2
NaOH(c)	水酸化ナトリウム	−425.6	64.46	−379.5
有機化合物				
CH$_4$(g)	メタン	−74.87	186.1	−50.7
C$_2$H$_2$(g)	エチン	226.73	200.8	209.2
C$_2$H$_4$(g)	エテン	52.47	219.2	68.2
C$_2$H$_6$(g)	エタン	−83.8	229.1	−32.8
C$_3$H$_6$(g)	プロペン	20.0	266.6	62.8
C$_3$H$_8$(g)	プロパン	−104.7	270.2	−23.5
C$_4$H$_{10}$(g)	ブタン	−125.6	310.0	−17.0
C$_5$H$_{12}$(g)	ペンタン	−146.9	348.8	−8.2
C$_6$H$_{12}$(l)	シクロヘキサン	−156.4	204.4	26.8
C$_6$H$_{12}$(g)	シクロヘキサン	−123.4	298.1	
C$_6$H$_{14}$(l)	ヘキサン	−198.7	296.1	

$C_6H_6(l)$	ベンゼン	49.0	173.3	124.3
$C_6H_6(g)$	ベンゼン	82.6	269.1	129.7
$C_6H_5CH_3(l)$	トルエン	12.4	221.0	122.0
$CH_3OH(l)$	メタノール	−239.1	127.3	−166.3
$CH_3OH(g)$	メタノール	−201.5	239.7	−162.0
$C_2H_5OH(l)$	エタノール	−277.0	160.1	−174.8
$C_2H_5OH(g)$	エタノール	−235.2	282.6	−168.5
$(CH_3)_2CO(l)$	アセトン	−248.1	200.0	
$HCOOH(l)$	ギ酸	−425.1	131.8	−361.3
CH_3COOH	酢酸	−485.6	157.2	−390.0

298 K における標準電極電位 / V

$F_2 + 2e^- \longrightarrow 2F^-$	2.87	$Cu^{2+} + 2e^- \longrightarrow Cu$	0.340
$O_3 + 2H^+ + 2e^- \longrightarrow O_2 + H_2O$	2.08	$Cu^{2+} + e^- \longrightarrow Cu^+$	0.159
$Au^+ + e^- \longrightarrow Au$	1.83	$AgBr(s) + e^- \longrightarrow Ag(s) + Br^-(aq)$	0.0713
$H_2O_2 + 2H^+ + 2e^- \longrightarrow 2H_2O$	1.76	$2H^+ + 2e^- \longrightarrow H_2$	0
$MnO_4^- + 4H^+ + 3e^- \longrightarrow MnO_2 + 2H_2O$	1.70	$Pb^{2+} + 2e^- \longrightarrow Pb$	−0.126
$2HClO + 2H^+ + 2e^- \longrightarrow Cl_2 + 2H_2O$	1.63	$Ni^{2+} + 2e^- \longrightarrow Ni$	−0.257
$Au^{3+} + 3e^- \longrightarrow Au$	1.52	$Fe^{2+} + 2e^- \longrightarrow Fe$	−0.44
$Cl_2(aq) + 2e^- \longrightarrow 2Cl^-$	1.40	$S + 2e^- \longrightarrow S^{2-}$	−0.447
$O_3 + H_2O + 2e^- \longrightarrow O_2 + 2OH^-$	1.25	$Zn^{2+} + 2e^- \longrightarrow Zn$	−0.763
$O_2 + 4H^+ + 4e^- \longrightarrow 2H_2O$	1.23	$2H_2O + 2e^- \longrightarrow H_2 + 2OH^-$	−0.828
$Pt^{2+} + 2e^- \longrightarrow Pt$	1.20	$Mn^{2+} + 2e^- \longrightarrow Mn$	−1.18
$Br_2(aq) + 2e^- \longrightarrow 2Br^-$	1.09	$Al^{3+} + 3e^- \longrightarrow Al$	−1.676
$Ag^+ + e^- \longrightarrow Ag$	0.799	$Mg^{2+} + 2e^- \longrightarrow Mg$	−2.356
$Fe^{3+} + e^- \longrightarrow Fe^{2+}$	0.771	$Na^+ + e^- \longrightarrow Na$	−2.714
$I_2(s) + 2e^- \longrightarrow 2I^-$	0.536	$Ba^{2+} + 2e^- \longrightarrow Ba$	−2.92
$Cu^+ + e^- \longrightarrow Cu$	0.520	$Ca^{2+} + 2e^- \longrightarrow Ca$	−2.84
$O_2 + 2H_2O + 4e \longrightarrow 4OH^-$	0.401	$K^+ + e^- \longrightarrow K$	−2.925
$[Fe(CN)_6]^{3-} + e^- \longrightarrow [Fe(CN)_6]^{4-}$	0.361	$Li^+ + e^- \longrightarrow Li$	−3.045

問題の解答

ここには略解のみを載せ，詳しい解答は本書のウェブサイトに掲載します．

1 章

◆チャレンジ問題

1・1 電子が金属内で引き付けられているエネルギーよりも光子のエネルギーが大きい（波長が短い）ときに，そのエネルギーを受け取った電子が表面から飛び出す．

1・2 $A = \sqrt{2/a}$

1・3 $E_2 = h^2/2ma^2$

◆確認問題

1・1 $v = \hbar/ma_0$

1・2 $n = 1 \to n = 2$

1・3 7.27 nm

1・4 (a), (b)

1・5 運動量演算子を 2 乗して $2m$ で割る．

1・6 $\hbar^2 k^2 / 2m$

◆実戦問題

1・7 A 【ア】 $e/\sqrt{mr^3}$ 【イ】 $mr^2\omega^2/2$
【ウ】 $\dfrac{mr^2\omega^2}{2} - \dfrac{e^2}{r}$ 【エ】 短

B $\oint p\,dq = 2\pi mr^2 \omega = nh$

$E_n = -\dfrac{me^4}{2\hbar^2} \dfrac{1}{n^2}$

C $a_0 = \dfrac{\hbar^2}{me^2}$

1・8 A $\int_{x_1}^{x_2} |\Psi(x)|^2\,dx$

B $\int_{-\infty}^{+\infty} \Psi^*(x)\,x\,\Psi(x)\,dx$

C $\Delta x = \sqrt{\langle x^2 \rangle - \langle x \rangle^2}$

D $\hat{H}_{\text{kin}} = \hat{p}^2/2m$

E $\langle \hat{H}_{\text{kin}} \rangle \geq \hbar^2/8md^2$

1・9 $|\Psi(x)|^2 = \left(\dfrac{2a}{\pi}\right)^{1/2} e^{-2ax^2}$

2 章

◆チャレンジ問題

2・1 $|\Psi(x)|^2 = \dfrac{1 - \cos(2n\pi x/a)}{a}$

2・2 $|\Psi_n(\xi)|^2 = N_n^2 [H_n(\xi)]^2 e^{-\xi^2}$

2・3 単純に r と $p = mv$ の積になる．

2・4 $A_z = m\hbar \quad (m = -l, -l+1, \cdots, l-1, l)$

2・5 $\mu_{\text{HCl}} = 1.65 \times 10^{-27}$ kg, $I_{\text{HCl}} = 2.79 \times 10^{-47}$ kg m^2

◆確認問題

2・1 奇関数と偶関数の違いを考えるとわかりやすい．

2・2 $E_n = \dfrac{n^2 h^2}{2ma^2}$, $\quad \Psi_n(x) = A_n e^{i2\pi nx/a}$

2・3 $\psi_{10}(\xi) = N_{10}(1024\xi^{10} - 23040\xi^8 - 161280\xi^6$
$\qquad\qquad - 403200\xi^4 - 302400\xi^2 - 30240)e^{-\xi^2/2}$

図は略

2・4 ψ_0 と ψ_1 の全空間積分を計算すると 0 になる．

2・5 45°, 90°, 135°

2・6 $m_S = +1/2$ と $m_S = -1/2$ がある．

2・7 4.2×10^{-21} J

◆実戦問題

2・8 $(64\pi)^{-1/4}$

2・9 $-i\hbar \dfrac{\partial}{\partial \varphi}$

2・10 $\xi_0^{\max} = 0 \qquad \xi_1^{\max} = 1$
$\xi_0^{\text{eq}} = \pm (mk)^{1/4} \qquad \xi_1^{\text{eq}} = \pm (9mk)^{1/4}$

2・11 $\nu = (a/2\pi)(2D_e/\mu)^{1/2}$

2・12 $\Psi(\theta) = \Psi(\theta + 2\pi)$

$E_n = \dfrac{n^2 \hbar^2}{8mr^2} \qquad \Psi_n(\theta) = A_n e^{-in\theta}$

3 章

◆チャレンジ問題

3・1 54.4 eV

3・2 $\rho_{2S}(r) = (1/8a_0^3)(2 - r/a_0)^2 e^{-r/a_0}$ （図は略）

3・3 原子価は 3，同じものは P．

3・4 $^2D_{5/2} \quad j = 5/2 \quad m_j = 5/2, 3/2, 1/2, -1/2, -3/2, -5/2$
$^2D_{3/2} \quad j = 3/2 \quad m_j = 3/2, 1/2, -1/2, -3/2$

◆確認問題

3・1 $\sum_{l=0}^{n-1}(2l+1) = n^2$

3・2 $r = 0.76a_0, \ r = 5.23a_0$

3・3 653 nm

3・4 565 kJ mol^{-1}

3·5　1.0081

3·6　$_{16}$S, $_{19}$K, $_{31}$Ga

3·7　$^3P_2$, $^3P_1$, $^3P_0$, $^1D_2$, $^1S_0$

◆実戦問題

3·8　13.6 eV

3·9　状態の数は変化しない．

3·10　$S=0, L=0, J=0$　($^3P_2$, $^3P_1$, $^3P_0$, $^1D_2$, $^1S_0$)
　　　図は略

3·11　A　球対称
　　　B　略
　　　C　$P(r)=\dfrac{r^2}{8a_0^3}\left(2-\dfrac{r}{a_0}\right)^2 e^{-r/a_0}$

3·12　A　$N=1/\sqrt{\pi}$
　　　B　$\langle V \rangle = -1/a_0 = 2E_{1s}$
　　　　　$E_{1s}=\langle T \rangle + \langle V \rangle$
　　　　　∴　$2\langle T \rangle + \langle V \rangle = 0$

3·13　A　(a) C > N　(b) N < O　(c) O < F
　　　　　(d) Cl > F　(e) F > I
　　　B　N
　　　C　Si はその原子サイズにより混成軌道をつくりにくく，また，O 原子との二重結合の結合エネルギーが小さいため，網目構造のほうが安定になる．

4 章

◆チャレンジ問題

4·1　略

4·2　$\varepsilon_1 = -13.7$ eV　　$\varepsilon_2 = -13.5$ eV
　　　$\Psi_1 = 0.645(\psi_1+\psi_2)$　　$\Psi_2 = 0.791(\psi_1-\psi_2)$

4·3　$\Lambda = 0.16$　　$\lambda = 0.44$

4·4　$\Psi(\mathrm{NH_2Cl}) = c_1\psi_{pz}(\mathrm{N}) + c_2[\psi_{py}(\mathrm{N})+\psi_{px}(\mathrm{N})]+$
　　　　　　　　　　　$c_3\psi_{pz}(\mathrm{Cl})+c_4[\psi_{1s}(\mathrm{H_1})+\psi_{1s}(\mathrm{H_2})]$
　　　三角錐

◆確認問題

4·1　$c_1\psi_{1s}(\mathrm{H})+c_2\psi_{2s}(\mathrm{Li})$　　$c_1\psi_{1s}(\mathrm{H})+c_2\psi_{2pz}(\mathrm{Li})$
　　　$c_1\psi 2_{pz}(\mathrm{H})+c_2\psi_{2s}(\mathrm{Li})$　　$c_1\psi_{2pz}(\mathrm{H})+c_2\psi_{2pz}(\mathrm{Li})$

4·2　Li$_2$（図は略）

4·3　$\Psi(\mathrm{H_2O_2})=c_1[\psi_{2pz}(\mathrm{O_1})-\psi_{2pz}(\mathrm{O_2})]+c_2[\psi_{2px}(\mathrm{O_1})+$
　　　　　　　　　　　$\psi_{2px}(\mathrm{O_2})]+c_3[\psi_{1s}(\mathrm{H_1})+\psi_{1s}(\mathrm{H_2})]$
　　　（形は略）

4·4　略（10 章参照）．

4·5　略

◆実戦問題

4·6　$N=(2\lambda S+1+\lambda^2)^{-1/2}$

4·7　$E=\dfrac{(\alpha_\mathrm{H}+\alpha_\mathrm{F})\pm\sqrt{(\alpha_\mathrm{H}+\alpha_\mathrm{F})^2-4(\alpha_\mathrm{H}\alpha_\mathrm{F}-\beta^2)}}{2}$

4·8　略

4·9　$A=\cos\theta_{ij}$　　$\lambda=\sqrt{3}$

4·10　π^*_{2p}　（図と説明は略）

5 章

◆チャレンジ問題

5·1　原点 O を中心に，($\pm 1, \pm 1, \pm 1$) の頂点をもつ立方体を考え，互い違いの方向の頂点へ向かうベクトルの成分を求めれば理解できる．

5·2　250 nm

5·3　404 nm，224 nm，155 nm

5·4　Ψ_1, Ψ_2, Ψ_3 の 2 個ずつの電子の和をとる．

◆確認問題

5·1　異なる原子軌道間の重なり積分はすべて 0 になる．

5·2　$\varepsilon_1=(\alpha+\beta)/1.1$　　$\varepsilon_2=(\alpha-\beta)/0.9$
　　　$\Psi_1=(\psi_1+\psi_2)/1.48$　　$\Psi_2=(\psi_1-\psi_2)/1.34$

5·3　1 番目の準位

5·4　$\alpha+2\beta$, $\alpha+\beta$, $\alpha+\beta$, $\alpha-\beta$, $\alpha-\beta$, $\alpha-2\beta$

5·5　9, 10 の位置は 3 ヵ所で要素が β になる．

5·6　略

◆実戦問題

5·7　結合性の軌道は反転に対して符号が逆転するが，反結合性の軌道は反転に対して符号が変わらない．

5·8　$E_{\mathrm{deloc}}=0.472\beta$　　$E_{\min}=1.236\beta$

5·9　$\varepsilon_1=\alpha+\sqrt{2}\beta$　$\varepsilon_2=\alpha$　$\varepsilon_3=\alpha-\sqrt{2}\beta$　354 nm

5·10　略

5·11　$\varepsilon_1=\alpha+2\beta$　$\varepsilon_2=\alpha$　$\varepsilon_3=\alpha$　$\varepsilon_4=\alpha-2\beta$　$E_{\mathrm{deloc}}=0$

5·12　1, 4, 5, 8 の位置

6 章

◆チャレンジ問題

6·1　(1) $n=1.1$　　(2) $\lambda=442$ nm

6·2　$u=1.1\times 10^{-6}$ J m^{-3}

6·3　出射された光パルスは，入射パルスに比べてより長いパルス幅になることが予想される．

6·4　$I=83$ kW　　$n=3.4\times 10^{23}$ photons/s

◆確認問題

6·1　Ψ_1　(a) 3.0 Hz　(b) 5.0 m　(c) 0.33 s
　　　　　(d) 4.0 V m^{-1}　(e) 15 m s^{-1}
　　　Ψ_2　(a) 0.56 Hz　(b) 0.90 m　(c) 1.8 s
　　　　　(d) 0.40 V m^{-1}　(e) 0.50 m s^{-1}

6·2　15.5

6·3　略

6·4　略

6·5　(1) 直線偏光　(2) 円偏光

6·6　$\Delta t=6.7$ ps

6·7　分解能 $\widetilde{\Delta v}=0.02$ cm^{-1}　　移動距離 $d=125$ cm

◆実戦問題

6・8 略

6・9 A $L(x) = n_1\sqrt{x^2+a^2} + n_2\sqrt{(c-x)^2+b^2}$

　　　B 略

6・10 A 略

　　　B 4%

7章

◆チャレンジ問題

7・1 x軸方向(理由は略)

7・2 略

7・3 $A/B = 4.496 \times 10^{-16}$ J m^{-3} s

7・4 吸光度 0.695　20.2%

7・5 均一拡がり 9.91 MHz　不均一拡がり 2.40×10^9 Hz

◆確認問題

7・1 (a) A s m　(b) kg m s^{-3} A^{-1}　(c) s^{-1}
(d) A^{2}s^4 kg^{-1} m^{-3}　(e) m^2 kg s^{-2}　(f) m^2 kg s^{-2}
(g) kg m^{-1} s^{-2}

7・2 光の吸収確率は $\cos^2\theta$ に比例する.

7・3 $\sigma = 2.5 \times 10^{-3}$ nm^2/molecule

7・4 略

◆実戦問題

7・5 ア. (通電)加熱, イ. 短い, ウ. 増幅, エ. 反転,
オ. 利得, カ. 損失, キ. 連続, ク. パルス,
ケ. 可干渉性(コヒーレンス)

7・6 A 1.07×10^7 photons

　　　B $\Delta\lambda = -\lambda v/c_0$

　　　C $v = \sqrt{\dfrac{2}{M}\left(\Delta E - h\dfrac{c_0}{\lambda}\right)}$

7・7 $c = 9.5 \times 10^{-10}$ mol cm^{-3}

7・8 $\Delta E = 33$ cm^{-1}

8章

◆チャレンジ問題

8・1 (a) E, $2C_6$, $2C_3$, C_2, $3C'_2$, $3C''_2$, I, $2S_3$, $2S_6$, σ_h, $3\sigma_v$, $3\sigma_d$
(b) E, C_2, $2C'_2$, $2S_4$, $2\sigma_d$

8・2 (a) C_{2v}　(b) C_{2h}　(c) D_{6h}　(d) C_1　(e) D_{3h}　(f) C_{3h}

8・3 $\mathbf{D}(\hat{E}) = \begin{pmatrix} 1 & 0 & 0 \\ 0 & 1 & 0 \\ 0 & 0 & 1 \end{pmatrix}$

$\mathbf{D}(\hat{\sigma}_v) = \begin{pmatrix} 1 & 0 & 0 \\ 0 & 1 & 0 \\ 0 & 0 & 1 \end{pmatrix}$

$\mathbf{D}(\hat{\sigma}'_v) = \begin{pmatrix} 1 & 0 & 0 \\ 0 & 0 & 1 \\ 0 & 1 & 0 \end{pmatrix}$

8・4 略

8・5 B_{2g}

8・6 略

◆確認問題

8・1 略

8・2 (a) $D_{\infty h}$, (b) $C_{\infty v}$, (c) C_{2v}, (d) C_{3v}, (e) D_{2h},
(f) C_s, (g) D_{3d}, (h) C_{2v}, (i) T_d, (j) D_{2h}, (k) $D_{\infty h}$

8・3 p_zはs_1と, p_x, p_yはs_2, s_3とゼロでない重なり積分をもちうる.

8・4 $^1T_2$　許容

8・5 略

◆実戦問題

8・6 略

8・7 A

$\mathbf{D}(\hat{E}) = \begin{pmatrix} 1 & 0 & 0 \\ 0 & 1 & 0 \\ 0 & 0 & 1 \end{pmatrix}$
$\mathbf{D}\{\hat{C}_2(z)\} = \begin{pmatrix} 0 & 0 & -1 \\ 0 & -1 & 0 \\ -1 & 0 & 0 \end{pmatrix}$

$\mathbf{D}\{\hat{\sigma}_v(xz)\} = \begin{pmatrix} 0 & 0 & 1 \\ 0 & 1 & 0 \\ 1 & 0 & 0 \end{pmatrix}$
$\mathbf{D}\{\hat{\sigma}_v(yz)\} = \begin{pmatrix} -1 & 0 & 0 \\ 0 & -1 & 0 \\ 0 & 0 & -1 \end{pmatrix}$

B $\psi_A = \psi_2$　$\psi_B = \dfrac{1}{\sqrt{2}}(\psi_1 + \psi_3)$

$\psi_C = \dfrac{1}{\sqrt{2}}(\psi_1 - \psi_3)$

C $\mathbf{H} = \begin{pmatrix} \alpha & 0 & 0 \\ 0 & \alpha & \beta \\ 0 & \beta & \alpha \end{pmatrix}$

8・8 A $\psi_1 : A_1$　$\psi_2, \psi_3 : E$
B $\psi_1 : \chi_{2s}, \chi_{2pz}$　$\psi_2, \psi_3 : \chi_{2px}, \chi_{2py}$

8・9 シス体：Ψ_1, Ψ_2, Ψ_3, Ψ_4 はそれぞれ B_1, A_2, B_1, A_2
トランス体：Ψ_1, Ψ_2, Ψ_3, Ψ_4 はそれぞれ A_u, B_g, A_u, B_g

9章

◆チャレンジ問題

9・1 $k = 1.903 \times 10^3$ N m^{-1}

9・2 $\tilde{\nu} = 2119$ cm^{-1}

9・3 $J = 0 \to 1$ の遷移周波数：1.158×10^{11} Hz
$J = 1 \to 2$ の遷移周波数：2.316×10^{11} Hz

9・4 略

9・5 P枝　$\tilde{\nu}^P(J'') = \tilde{\nu}_0 - \dfrac{(\tilde{B}' - \tilde{B}'')^2}{4(\tilde{B}' - \tilde{B}'')}$

9・6 (1) 略
(2) CO_2 の ν_2 モード：赤外活性, ラマン不活性
H_2O の各振動モード：すべて赤外, ラマンとも活性

問題の解答

9・7 (010): A_1
(001): B_1
(100): A_1
(110): $A_1 \times A_1 = A_1$
(120): $A_1 \times A_1 \times A_1 = A_1$
(101): $A_1 \times B_1 = B_1$

◆確認問題
9・1 $r = 115$ pm
9・2 遷移波数 50.0 cm^{-1} 遷移エネルギー 9.94×10^{-4} aJ
9・3 略
9・4 (a) 12 (b) 30 (c) 7
9・5 ^{12}C^{16}O, ^{13}C^{16}O, ^{12}C^{18}O, ^{13}C^{18}O

◆実戦問題
9・6 略
9・7 メタンの回転定数 $\bar{B} = 4.88$ cm^{-1}
C-H 間の結合距離 $r = 11.2$ pm
9・8 反対称伸縮振動(理由は略)
9・9 52.2 度

10 章

◆チャレンジ問題
10・1 12.77 MHz
10・2 m_{Ia} が 2, 1, 0, −1, −2 で 1:4:6:4:1 の比率, さらに m_{Ib} が 1, 0, −1 で 1:2:1 の比率で状態の数が決まっている.
10・3 CH$_3$ の 1:3:3:1 パターンが, さらに CH$_2$ の 1:2:1 パターンに分裂している.
10・4 1:6:15:20:15:6:1 パターンの等間隔のスペクトル線が予想される.
10・5 エチルアルコールのグループaとグループbと同様のスペクトル線が観測される.

◆確認問題
10・1 略
10・2 強度比が, 1:3:6:7:6:3:1 の等間隔のスペクトル線が予測される.
10・3 2.35 T
10・4 エチル基の CH$_2$ の 1:2:1 パターン, CH$_3$ の 1:3:3:1 パターン, そしてカルボキシル基に隣接する CH$_3$ の 1 本のスペクトル線が予測される.
10・5 CH$_3$-CHCl$_2$

◆実戦問題
10・6 ^{3}P$_2 < ^3$P$_1$ (150 cm^{-1}) $< ^3$P$_0$ (225 cm^{-1}).
10・7 1:4:6:4:1 のパターンが, さらに 1:4:6:4:1 のパターンに分裂している.
10・8 強度比が, 1:4:10:16:19:16:10:4:1 の等間隔のスペクトル線が予想される.
10・9 A:アセトアルデヒド B:酢酸 (説明略)

11 章

◆チャレンジ問題
11・1 300K:$u_{rms} = 412$ m s^{-1} 500K:$u_{rms} = 532$ m s^{-1}
11・2 $\langle u \rangle = 241$ m s^{-1} $T = 648$ K
11・3 8.9×10^{34} s^{-1} m^{-3}
11・4 $t = 2.3 \times 10$ s

◆確認問題
11・1 A a:分子間力を反映する定数, b:分子体積を反映する定数
B 式(11.52)
C 式(11.57)
D 図 11-15 参照
11・2 20 L の容器:$P = 0.23$ MPa
0.20 L の容器:$P = 23$ MPa
20 L の容器:$P = 0.23$ MPa
0.20 L の容器:$P = 17.8$ MPa
11・3 A 水素, 酸素, オゾン, 水
B 凝縮
C 飽和蒸気圧
D 90 ℃

◆実戦問題
11・4 A $u_{rms} = \left(\dfrac{3RT}{M}\right)^{1/2}$
B $u_{rms} = 223$ m s^{-1}
C $\lambda = h/p = 8.93 \times 10^{-10}$ m
11・5 (1) ヘリウム (2) アルゴン (3) ベンゼン (4) 水
11・6 A T_c
B V から V_b までは圧力が増加する. V_b から V_a までは圧力一定で, 液体部分が増える.
C $V_{c,m} = 3b$ $P_c = \dfrac{a}{27b^2}$
11・7 A $1/[1-(b/V)] > (1/RT)(a/b)$
B 略
C A:NH$_3$ B:H$_2$
D $V_c = 3b$

12 章

◆チャレンジ問題
12・1 可逆では 3.46 kJ, 一定圧力では 100 kJ
12・2 27.8 kJmol^{-1}
12・3 等温では 12 L, 断熱では 8.6 L

◆確認問題
12・1 $w = -nRT \ln \dfrac{V_2 - nb}{V_1 - nb} - n^2 a \left(\dfrac{1}{V_2} - \dfrac{1}{V_1}\right)$
12・2 $w = -1.7$ kJ $\Delta H = q = 13$ kJ $\Delta U = 11.3$ kJ
12・3 $w = 0$ $\Delta U = q = 11.3$ kJ $\Delta H = 13$ kJ

12・4 $\Delta_r H° = -83$ kJ mol^{-1}

◆実戦問題

12・5 **A** ア：3，イ：0，ウ：3/2，エ：3，オ：2，カ：5/2

B 一定体積 12.5 J, 一定圧力 20.8 J, 317 kPa

C 38 g mol^{-1}

12・6 **A** $PV = RT$

B (1) $PV^\gamma = $ 一定

(2) A (理由は略)

(3) N$_2$

13 章

◆チャレンジ問題

13・1 略(長方形になる)

13・2 $\Delta S = 0$

13・3 $nC_V \ln(T_2/T_1) + nR \ln(V_2/V_1)$

◆確認問題

13・1 **A** 6.73 J K^{-1}

B 23.0 J K^{-1}

C -23.0 J K^{-1}

13・2 546 J K^{-1}

13・3 3.5 J K^{-1}

◆実戦問題

13・4 0.517

13・5 **A** $3R/2$

B $H = U + nRT$ より

C 14.4 J K^{-1}

13・6 **A** ア：$P_A V_A$　イ：$-P_B V_B$　ウ：逆転温度

B $\Delta S = nR \ln(P_A/P_B)$

C (1) $T_2/T_1 = 1$

(2) $T_2/T_1 = \left(\dfrac{V_1}{V_2}\right)^{R/C_V}$

D 略

E ジュール-トムソン効果は分子間距離が増大する際，分子間力に対して仕事をするために起こる．

13・7 **A** 過程 1：理想気体なので $\Delta U = 0$

過程 2：$\Delta U = C_V(T_c - T_h)$

過程 3：理想気体なので $\Delta U = 0$

過程 4：$\Delta U = C_V(T_h - T_c)$

B $w = R(T_c - T_h) \ln(V_2/V_1)$

C 過程 1：定温，可逆膨張なので $R \ln(V_2/V_1)$

過程 2：$C_V \ln(T_2/T_1)$

14 章

◆チャレンジ問題

14・1 $T = 373.15$ K では $\Delta_{vap} G_m = 0$

$T = 380$ K では $\Delta_{vap} G_m = -0.62$ kJ mol^{-1}

14・3 2.9 kJmol^{-1} > 0

グラファイトはダイヤモンドより熱力学的に安定

14・4 $dT/dP = 0.0288$ K bar^{-1}

14・5 $P = 3.48 \times 10^5$ Pa

◆確認問題

14・1 $C_{P,m} - C_{V,m} = R$

14・2 $T = 272.4$ K

14・3 $\Delta H° = -727$ kJ mol^{-1}

$\Delta S° = -82$ J K^{-1} mol^{-1}

$\Delta G° = -702.5$ kJ mol^{-1}

◆実戦問題

14・4 (a) エタノール　(b) ベンゼン　(c) ギ酸

14・5 略

14・6 **A** $\Delta H = 1.9$ kJ mol^{-1}

$\Delta G = 2.89$ kJ mol^{-1}

B $\Delta G = \Delta G(P_1) + (-1.9 \times 10^{-6}$ m^{3}mol$^{-1})(P_2 - P_1)$

C $P_t = 1.54 \times 10^9$ Pa

14・7 **A** $w = nRT \ln \dfrac{V_2}{V_1} + n^2 RTB \left(\dfrac{1}{V_2} - \dfrac{1}{V_1}\right)$

理想気体は第 1 項のみなので差は第 2 項目

B T が小さいときには相対的に a/RT の項の寄与で B は小さいあるいは負の値になるが，T が大きいとき(高温)では b の項が効いて $B > 0$ になる．

C (a) (1) T　(2) P　(3) $T(\partial S/\partial T)_V$

(4) $[T(\partial S/\partial V)_T - P]$　(5) $T(\partial P/\partial T)_V - P$

(b) 略

14・8 **A** 8.87 kJ

B 本文で導出している(式 14.51)

C 1.21×10^5 kg m^{-1} s^{-2}

D 5/2

15 章

◆チャレンジ問題

15・1 $18 + 18(x_1^2/2)$ mL mol^{-1}

15・2 活量 $a_R = 80/200 = 0.4$

活量係数 $0.4/0.1 = 4.0$

◆確認問題

15・1 $\Delta G = 3450$ J　$\Delta H = 0$　$\Delta S = -\Delta G$

15・2 4.0 J K^{-1}

15・3 水の体積 310 mL　全部で 1160 mL

15・4 **A** 0.70

B 0.13

◆実戦問題

15・5 **A** $P_1^* = 200$ torr　　$k_{H,1} = 896$

B ラウール則標準状態　$a_1 = 0.324$　$\gamma_1 = 3.24$

ヘンリー則標準状態　$a_1 = 0.0719$　$\gamma_1 = 0.719$
- **C** ラウール則標準状態　$a_1 = 0.0433$　$\gamma_1 = 4.33$
ヘンリー則標準状態　$a_1 = 0.0096$　$\gamma_1 = 0.96$

15·6
- **A** $\Delta H = 0$ で $\Delta G = -T\Delta S$ である溶液
- **B** $\Delta_{mix} S = -R(n_1 \ln x_1 + n_2 \ln x_2)$
- **C** 液体表面から分子が気体へ抜け出す速度と，気体から液体へ入る速度が等しくなる．
液体と気体のギブズエネルギーが等しくなる．
- **D** $P_{MeOH}(0.9) = 0.252$ bar　$P_{CCl_4}(0.1) = 0.0228$ bar

15·7 x_{liq} 0.353　x_{gas} 0.612

16 章

◆チャレンジ問題

16·1 2.0×10^2 g mol^{-1}
16·2 $\Pi = 29$ atm
16·3 $\gamma = 0.833$
16·4 1.5×10^3 kN mol^{-1}
16·5 $r = 2.4 \times 10^{-9}$ m
16·6 $r = 0.1 \times 10^{-9}$ m

◆確認問題

16·1 $I = 4.0 \times 10^{-5}$　$r_D = 47.6$ nm　$\gamma_\pm = 0.970$
16·2 $\Delta G^\circ = 56.2$ kJ mol^{-1}
16·3 0.96 nm
濃度が 10^{-4} になると 96 nm
ε が変わると 77 nm

◆実戦問題

16·4
- **A** (1) $10A/M_2$　(2) $m_2/(m_2 + 1000/M_1)$　(3) $x_1 P_1^*$
(4) $(P_1^* - P_1)/P_1^*$
(5) $10AP_1^*/(1000/M_1)(P_1^* - P_1)$
- **B** $M_0 = 3.0 \times 10^4$
- **C** (a) 1.8 J mol^{-1}　(b) 2.3 kJ mol^{-1}

16·5
- **A** 略
- **B** $\dfrac{dP}{dT} = \dfrac{\Delta_{trs} S_A}{\Delta_{trs} V_A}$
- **C** 高くなる

17 章

◆チャレンジ問題

17·1 9.24×10^{-13}　pH　[H$^+$] $= 9.6 \times 10^{-7}$　pH ≈ 6.0
17·3 1.10 V

◆確認問題

17·1 pH = 3.3
17·2 $E = 1.23$ V
17·3 4.9×10^{-13}
17·4 1.66×10^{37}
17·5 1.2×10^6

◆実戦問題

17·6
- **A** HI = 5.2 kPa　I$_2$ = 0.4 kPa　H$_2$ = 2.4 kPa
- **B** 略
- **C** $\Delta H = 12.1$ kJ mol^{-1}　$\Delta S = -15.1$ J mol^{-1}

17·7
- **A** $dG = dU - TdS + PdV$
- **B** (1) アノード：H$_2$ + 2OH$^-$ → 2H$_2$O + 2e
カソード：(1/2)O$_2$ + H$_2$O + 2e → 2OH$^-$
(2) $\Delta G^\circ = -237$ kJ mol^{-1}
(3) 0.709

17·8
- **A** $(1-\xi)/[1+(n-1)\xi]$
- **B** 0.5
- **C** $\xi = 1/(n+1)$
- **D** $K_P = K_x(P/P^\circ)^{\Delta\nu}$　$\Delta\nu = n-1$
- **E** K_P は温度だけの関数なので変わらず，P が小さくなると K_x は大きくなる．

17·9
- **A** 2.142 atm
- **B** $K_P = P(\text{CO})^2/P(\text{CO}_2)$
- **C** $K_P = 5$
- **D** $K_P = K_x(P/P^\circ)^{\Delta\nu}$ において K_x は濃度平衡定数であり，$\Delta\nu > 0$ なので，P を増加させると K_x は減らないといけない．よって逆反応が進んで CO は減るので濃度は減少する．

17·10
- **A** 濃度の高い溶液のほうが Cu(s) になるのでカソード．
カソード：Cu^{2+}(aq) + 2e ⟶ Cu(s)
アノード：Cu(s) ⟶ Cu^{2+}(aq) + 2e
- **B** $E = -(RT/nF) \ln [a_{Cu(m_1)}/a_{Cu(m_2)}]$

17·11 $\Delta_r G = -212$ kJ mol^{-1}　$\Delta S = -38.8$ J K^{-1} mol^{-1}

17·12
- **A** -251 kJ mol^{-1}　（式は略）
- **B** -53.2 J K^{-1} mol^{-1}　（式は略）
- **C** $\Delta_f G^\circ = -175.6$ kJ mol^{-1}　（式は略）

18 章

◆チャレンジ問題

18·1 0.121 : 0.273 : 0.606
18·2 $R(\varepsilon/k_B T)^2 [e^{-\beta\varepsilon}/(1-e^{-\beta\varepsilon})^2]$
18·3 2.1×10^{-9}
18·4 155 J K^{-1} mol^{-1}

◆確認問題

18·1 $N[1-\exp(-h\nu/k_B T)]$
18·2
- **A** $q = \exp(-\varepsilon/2k_B T) + \exp(\varepsilon/2k_B T)$
- **B** $E = (N\varepsilon/2)[1-\exp(\varepsilon/k_B T)]/[1+\exp(\varepsilon/k_B T)]$
- **C** $S_m = Nk_B \ln 2$

18·3 $q = 1 + \exp(-\varepsilon\beta)$
$U = \varepsilon \exp(-\varepsilon\beta)/[1+\exp(-\varepsilon\beta)]$
$C_V = (\varepsilon^2/k_B T^2)[\{\exp(-\varepsilon\beta) + 2\exp(-2\varepsilon\beta)\}/\{1+\exp(-\varepsilon\beta)\}^2]$

◆実戦問題

18·4 A $W = \dfrac{n!}{n!(N-n)!}$

B $(N-n)\varepsilon_0 + n\varepsilon_1$

C 略

D $\langle n \rangle = N\exp(-\varepsilon_1/k_B T)/[\exp(-\varepsilon_0/k_B T) + \exp(-\varepsilon_1/k_B T)]$

18·5 A 略

B $Q = q^N$

C $U = -3N(\partial \ln e^{-\beta\varepsilon/2}/\partial\beta - \partial \ln(1-e^{-\beta\varepsilon})/\partial\beta)_V$
$= 3N[(\varepsilon/2) + \varepsilon e^{-\beta\varepsilon}/(1-e^{-\beta\varepsilon})]$
$C_V = 3R(h\nu/k_B T)^2[e^{-\beta h\nu}/(1-e^{-\beta h\nu})^2]$

D $C_V \approx 3R$

18·6 A (a) $U = 2\varepsilon/3$ $S = k_B \ln 3$
(b) $U = \varepsilon/3 + 2\varepsilon/3 = \varepsilon$ $S = k_B \ln 3$
(c) $U = 2(2\varepsilon/3) = 4\varepsilon/3$ $S = k_B \ln 3$

B (a) $q = 2 + \exp(-2\varepsilon/k_B T)$
(b) $q = 1 + \exp(-\varepsilon/k_B T) + \exp(-2\varepsilon/k_B T)$
(c) $q = 1 + 2\exp(-2\varepsilon/k_B T)$

C (a)が(3), (b)が(2), (c)が(1)に対応する.

D $\Delta U = 0.537\varepsilon$ $\Delta S = -0.04R$

19 章

◆チャレンジ問題

19·1 $[B] = [A_0](1-e^{-k_1 t})$ グラフは略

19·2 式(19.13)を用いて例題と同様の計算をする.

19·3 91 秒

19·4 図 19-17 と同様.

19·5 式(19.39)と同様に, 定常状態近似を用いて導かれる.

◆確認問題

19·1 大過剰のとき, [B]は一定としてよい.

19·2 $\int_{E_a}^{\infty} N(0)\exp(-E/RT)d\tau \propto -[\exp(-E/RT)]_{E_a}^{\infty}$
$= \exp(-E_a/RT)$

19·3 式(19.31)に式(19.33)を代入して積分する.

19·4 $\dfrac{d}{dt}[A] = -k_1[A] + k_{-1}[B]$ $[A]_\infty = \dfrac{k_{-1}}{k_1}[B]_\infty$

19·5 $[NO_2]$ と $[NO_3]$ に定常状態近似を用いる.

◆実戦問題

19·6 $53\ \text{kJ mol}^{-1}$.

19·7 $[A] = [A]_0 \exp\left[\left(-k_1 + \dfrac{k_1}{k_{-1}+k_2}\right)t\right]$

19·8 略

20 章

◆チャレンジ問題

20·1 192 nm

◆確認問題

20·1 1.00 nm

20·2 310 nm

20·3 0.15

20·4 ピラジンでは ISC は有効に起こるが, S_1 および T_1 での無輻射遷移は速くない. ピリジンでは, S_1 および T_1 での無輻射遷移が非常に速いと考えらえる.

20·5 $1:31:0.54$

20·6 $2650\ \text{cm}^{-1}$ およそ 0.9 回振動する

◆実戦問題

20·7 A $\dfrac{d}{dt}X_1(t) = -k_1 X_1(t)$
$\dfrac{d}{dt}X_2(t) = k_1 X_1(t) - k_2 X_2(t)$
$\dfrac{d}{dt}X_3(t) = k_2 X_2(t)$

B 略

C $X_1(t) = X_1(0)e^{-k_1 t}$
$X_2(t) = X_1(0)\dfrac{k_1}{k_2 - k_1}(e^{-k_1 t} - e^{-k_2 t})$
$X_3(t) = X_1(0)\left[1 + \dfrac{k_1}{k_2 - k_1}(k_1 e^{-k_2 t} - k_2 e^{-k_1 t})\right]$

20·8 A $-\dfrac{d}{dt}[NH] = -k_2[NH][C_3 H_8]$

B $t_{1/2} = \dfrac{\ln 2}{k_2[C_3 H_8]}$

C $2.7 \times 10^3\ \text{L mol}^{-1}\ \text{s}^{-1}$

21 章

◆チャレンジ問題

21·1 最初の平衡を 1, 新たな平衡を 2 で表し
$\Delta[C] = [C]-[C]_{2,\text{eq}}$, $\Delta C_0 = [C]_{2,\text{eq}}-[C]_{1,\text{eq}}$ とすると
$\Delta[C] = \Delta C_0 e^{-t/\tau}$
となる. ここで緩和時間 τ は次のように表される.
$\tau = \dfrac{1}{k_1([A]_{2,\text{eq}}+[B]_{2,\text{eq}})+k_{-1}}$

◆確認問題

21·1 油分子が水に入ると水分子のエントロピーが増加するため, その増加をなるべく少なくするために表面積を小さくしようとして集合体をつくり, 分離する.

21·2 A $[H^+] = 3.0 \times 10^{-4}\ \text{mol L}^{-1}$

B 120 ns

C (イ) $k_1([A]_{2e} - x)([B]_{2e} - x) - k_{-1}([C]_{2e} + x)$
(ロ) ~ (ニ) $k_1[A]_{2e}[B]_{2e} - k_{-1}[C]_{2e} - [k_1([A]_{2e} +$

$[B]_{2e})+k_{-1}]x+k_1x^2$

(ホ) $k_1[A]_{2e}[B]_{2e}=k_{-1}[C]_{2e}$

(ヘ) $x=x_0\exp[-\{k_1([A]_{2e}+[B]_{2e})+k_{-1}\}t]$

(ト) $k_1([A]_{2e}+[B]_{2e})+k_{-1}$

D $k_{-1}=2.4\times10^5\,\text{s}^{-1}$ $k_1=1.4\times10^{10}\,\text{M}^{-1}\text{s}^{-1}$

◆実戦問題

21·3 A 300 nm：$OD=[19-15\cdot\exp\{-(k_1+k_{-1})t\}]/8$
350 nm は変化なし

B $k_{-1}=0.00915$ $k_1=0.027$

C $\Delta H=16\,\text{kJ mol}^{-1}$

D 吸光度は増える．
$OD(t)=OD_2+(OD_1-OD_2)\exp[-(k_1+k_{-1})t]$

22 章

◆チャレンジ問題

22·1 (4 3 6)

22·2 略

22·3 $\theta_A=\dfrac{K_AP_A}{1+K_AP_A+K_BP_B}$ $\theta_B=\dfrac{K_BP_B}{1+K_AP_A+K_BP_B}$

◆確認問題

22·1 (a) $p=2$, $q=1$, $r=\infty$
(b) $p=7$, $q=7$, $r=9$
(c) $p=5$, $q=5$, $r=3$

22·2 (ア) エントロピー (イ) $\Delta H-T\Delta S$ (ウ) <
(エ) < (オ) < (カ) 発熱 (キ) T (ク) ΔS

22·3 1/4

22·4 束縛回転振動，束縛並進振動はともに表面平行(x,y)方向，分子内 CO 伸縮振動と CO と表面間の伸縮振動は表面法線(z)方向に電気双極子モーメントをもつ．

22·5 387 nm

◆実戦問題

22·6 略

22·7 略

22·8 A $\theta=V/V_0$

B $\dfrac{P}{V}=\dfrac{1}{K(V-V_0)}$

C $1.0\times10^{-4}\,\text{m}^3$

索 引

人 名

アイゲン	446
アインシュタイン	12, 130
カルノー	260
クラウジウス	259
クリック	438
ジュール	252
シュレーディンガー	20
ストークス	349
デバイ	344
ド・ブロイ	13
トムソン	252
ハーバー	473
ハイゼンベルク	16
ヒュッケル	345
ファント・ホッフ	339
フィゾー	106
フィッシャー	456
フラウンホーファー	9
プランク	9
ヘス	249
ヘンリー	324
ボーア	14
ポーリング	60, 77
ボッシュ	473
ボルツマン	258
マクスウェル	105
マリケン	60
ミカエリス	449
メンテン	449
ラザフォード	13
ラマン	138
リュードベリ	14
ル・シャトリエ	361
レーマー	106
ロンドン	230
ワトソン	438

数字・欧文

3準位系	381
3準位系レーザー	134
4準位系レーザー	134
α スピン	38
α ヘリックス	442
β シート	442
β スピン	38
$\pi\pi^*$ 遷移	191
$\pi\pi^*$ 光吸収	93
π 軌道	74
π 結合	72
π 結合次数	98
π 電子エネルギー	97
π 電子近似	90
$\sigma\sigma^*$ 遷移	419
σ 軌道	74
σ 結合	72
A係数(アインシュタインの)	131
B係数(アインシュタインの)	130
DNA［デオキシリボ核酸］	438
DNA一次元鎖の融解	438
d軌道	54
ESR →電子スピン共鳴	
ESRスペクトル	202
HOMO［最高占有分子軌道］	75
K殻	55
LCAO	73
LUMO［最低非占有分子軌道］	75
L殻	55
MRI［核磁気共鳴画像法］	205
M殻	55
NMR →核磁気共鳴	
$n\pi^*$ 遷移	191
n型半導体	465
pHジャンプ	446
pI →等電点	
p型半導体	465
p軌道	50, 53
P枝	177
Q枝	177
RNA［リボ核酸］	438
R枝	177
SCF-HF法	79
sin関数 →正弦関数	
SI組立単位	481
SI単位	481
sp^2 混成軌道	86
sp^3 混成軌道	85
sp混成軌道	88
s軌道	50
TG法 →過度回析格子法	

あ

アズレン分子	429
アセチレン分子	88
圧縮因子	223, 304
圧縮率	291
圧平衡定数	358
圧力ジャンプ法	446
圧力の単位	211
アドアトム →付加原子	
アニオン →陰イオン	
アノード	364
アミノ基	441
アミノ酸	440
アミノ酸残基	442
アレニウスの式	406
アンサンブル	389
アンサンブル平均	454
鞍点	410
アントラセン分子	429
アンモニア合成	407, 473
アンモニア分子	80, 430

い

イオン化	334
イオン化ポテンシャル	48, 59
イオン強度	345

513

索引

い

イオン性の割合	77
イオンの移動度	350
イオン雰囲気	346
イオン-誘起電気双極子力	230
異核二原子分子	75
位数	148
異性化	401
位相	11
位相速度	112
一次元箱	27
一次構造	442
一次の脱離過程	472
一次反応	401
一重項	63, 188, 197
一般解	27
一般化した力の定数	179
一般的な分配関数	388
井戸型ポテンシャル	27, 233
異分子種間相互作用	322
陰イオン［アニオン］	59, 324
インターフェログラム	115

う

宇宙	238
宇宙のエントロピー変化	266
うなり	112
運動量演算子	22
運動量空間	463

え

永久双極子	173
永年行列式	72
（水素分子イオンの）永年行列式	70
永年方程式	67, 69
（水素分子イオンの）永年方程式	70
エーテル	106
液相-気相の相変化	302
エクリプス	86
エチレン分子	91
エネルギー準位	9, 13, 19, 375
エネルギー等分配則	213
エネルギー密度	109
エリー-リディール型	472
エルミート演算子	487
エルミート多項式	31
エルミート方程式	31
塩基対	438
演算	148

演算子	19, 144, 486
円錐交差点	431
エンタルピー	244
エンタルピー駆動	438
円筒対称	53
エントロピー	258
（クラウジウスの）エントロピー	258
（ボルツマンの）エントロピー	258
エントロピー駆動	438
エントロピーの圧力依存性	271
エントロピーの温度依存性	272
エントロピーの絶対値	271
エントロピー変化	379
円二色性	155
円偏光	109

お

オイラーの公式	483
オイラーの連鎖式	291
温度ジャンプ法	446
オントップサイト	468

か

カーシャッター	428
回映軸	147
回映操作	147
外界	238
会合	401
会合脱離	472
外積	→ベクトルの外積
回折	115
回折格子	115
回転	178
回転エネルギー準位	386
回転軸	146
回転準位	170
回転準位間の遷移	173
回転操作	146
回転定数	170, 177
回転の量子数	170
回転波近似	124
回反軸	147
回反操作	147
界面	460
解離	334, 401
解離吸着	468
解離度	364
ガウス型	140

ガウス関数	112
ガウス関数の積分	385, 493
ガウス分布	214
化学吸着	467
化学シフト	205
化学平衡	355
化学ポテンシャル	313, 336, 343
化学量論係数	356
可換［交換可能］	19, 145
鍵と鍵穴機構	456
可逆過程	241
可逆等温膨張	266
殻	55
角運動量	33, 494
角運動量演算子	34
角運動量の2乗の演算子	41
角運動量の合成	62
核酸	438
拡散	219
拡散係数	221, 348
拡散方程式	221
核磁気共鳴［NMR］	203
核磁気共鳴画像法 →MRI	
核磁子	200
核スピン	200
角速度	39, 482
確率	376
確率期待値	19
重なり積分	29, 68, 91, 163
重ね合わせの原理	107, 487
火山曲線	475
カシャ則	422
カシャ則の破れ	430
カソード	364
カチオン →陽イオン	
活性化エネルギー	406
活性部位	449
活性複合体	410
活量	326, 344, 369
活量係数	327
荷電子帯	465
過渡回折格子法［TG法］	433, 454, 455
過渡吸収スペクトル	432
過渡吸収分光	448
過渡吸収法	432
カノニカルアンサンブル	389
カノニカルアンサンブルの分配関数	390
カルノーサイクル	260

カルボキシ基	*441*
過冷却液体	*277*
カロリメトリー	*454*
換算質量	*39, 169*
干渉	*111*
慣性モーメント	*39, 170*
完全結晶	*276*
完全微分	*240, 491*
簡約	*156*
緩和時間定数	*447*
緩和法	*446*

き

基音	*175*
規格化	*18*
規格化定数	*18, 31*
奇関数	*162*
基質	*449*
基準座標	*179*
基準振動	*179*
基準振動モード	*179*
気体定数	*211*
奇置換	*484*
基底	*154*
基底状態	*85*
起電力	*365*
軌道	*49*
軌道角運動量	*61*
ギブズエネルギー	*282, 313, 406*
ギブズ-デュエムの式	*315, 325*
ギブズ-ヘルムホルツの式	*293, 337*
基本遷移	*184*
逆元	*148*
逆格子空間	*463*
逆浸透	*341*
既約表現	*156*
吸光係数	*135*
吸光度	*135*
吸収係数	*135*
吸収スペクトル	*135, 419*
吸収の飽和	*131*
球対称	*50*
吸着	*469*
吸着速度	*470*
吸着・脱離平衡	*469*
吸着の前駆状態	*471*
吸熱反応	*406*
球面極座標	*40*
球面積分	*493*

球面積分要素	*493*
球面調和関数	*35, 47*
鏡映操作	*147*
鏡映面	*147*
凝華	*298*
境界条件	*13, 27*
凝結	*298*
凝固点	*337*
凝固点降下	*336, 337*
凝固点降下定数	*338*
凝集	*342*
共振器	*133*
競争反応	*411*
共存曲線	*226*
共鳴エネルギー	*100*
共鳴周波数	*124*
共鳴積分	*68, 90, 163*
共溶温度	*323*
行列	*483*
行列式	*71, 484*
行列の対角化	*180*
行列表現	*154*
極限モル伝導率	*350*
局在化モデル	*99*
極性分子	*80*
極値	*378*
虚数単位	*482*
虚部	*483*
許容	*129*
均一拡がり	*139*
キンク	*462*
禁止帯	*465*
禁制	*129*

く

空間群	*151*
偶関数	*162*
空間の量子化	*37*
偶置換	*484*
クーロン演算子	*79*
クーロン積分	*68, 90, 163*
クーロン力	*14*
屈折率	*105*
クラウジウス-クラペイロンの式	*302*
クラウジウスの原理	*266*
クラウジウスの不等式	*268*
グラファイト	*250*
クラペイロンの式	*301*
グランドカノニカルアンサンブル	*389*

群	*148*
群速度	*112*
群の表現	*154*
群表	*148*
群論	*148*

け

系	*238*
けい光	*422*
けい光寿命	*424*
けい光量子収率	*424*
系の分配関数	*391*
経路関数	*242*
欠陥サイト	*462*
結合音	*186*
結合性	*419*
結合性軌道	*72*
結合長	*100*
結合律	*148*
元	*148*
原子価	*57*
原子軌道	*50*
原子番号	*48, 55*
減衰項	*124*
減衰振動	*124*
元素の周期律	*58*

こ

高温変性	*445*
光学活性	*441*
光学遷移	*167*
光学素子	*115*
光学密度	*136*
交換演算子	*79*
項間交差	*422*
交換子	*145, 494*
交差偏微分	*288*
光子 [フォトン]	*12, 116*
格子エネルギー	*335*
光子数	*118*
光子のフラックス	*118*
構成原理	*56*
酵素	*448*
構造形成イオン	*352*
構造選択機構	*456*
構造破壊イオン	*352*
光速	*11, 106*
高速流通法	*446*

515

索引

剛体回転子	38
剛体回転子の固有値	42
剛体球ポテンシャル	232
光電効果	11
恒等操作	147
項の記号	61, 62
光路差	114
黒体輻射	10
極短パルスレーザー	427
五酸化二窒素（N_2O_5）の熱分解反応	415
固相-液相の相変化	301
古典論	10
固有関数	19, 144, 486
固有関数の直交	29
固有状態	144
固有振動数	31
固有値	19, 144, 486
固有値方程式	19
固有ベクトル	486
混合エンタルピー	316
混合エントロピー	316
混合ギブズエネルギー	316
混合溶液	315
混成軌道	85
コンフォーメーション	444
根平均2乗速度	213

さ

最外殻電子配置	58
最確速度	216
最確配置	377
最確分布	377
再結合脱離	472
最高占有分子軌道 → HOMO	
最低非占有分子軌道 → LUMO	
サブユニット	442
酸化還元	364
三角波	118
三次構造	442
三重結合	89
三重項	63, 188, 199, 388
三重点	295, 298
残余エントロピー	276

し

磁気副準位	38, 49
磁気量子数	49, 56
シクロプロパン	414
仕事	125, 239
仕事関数	464
自己無撞着場法	79
指数関数	482
ジスルフィド結合	444
自然対数	483
自然な変数	288
自然放出	131
磁束密度	105
実部	483
質量数	55
質量モル濃度	312, 328
自発的反応	360
指標	154
指標表	157
示強性の量	238
射影演算子	158
ジャブロンスキー図	421
遮蔽定数	346
シャルルの法則	211
周期	482
重水素置換	429
自由度	168, 178, 247, 468
自由度数	178
周波数シフト	140
ジュール-トムソン係数	253
ジュール-トムソン効果	253
縮退	386
縮退準位	50
縮退度	170, 384
寿命	402, 422
主量子数	48, 56
シュレーディンガー方程式	20
（一次元箱の中の粒子の）シュレーディンガー方程式	27
（剛体回転子）のシュレーディンガー方程式	40
（時間を含む）シュレーディンガー方程式	22
（水素原子の）シュレーディンガー方程式	47
（水素分子イオンの）シュレーディンガー方程式	67
（調和振動子の）シュレーディンガー方程式	30
（定常状態の）シュレーディンガー方程式	23
純回転遷移	174
循環過程	260
純物質	315
昇華	295, 334
昇華曲線	295
蒸気圧曲線	295
蒸気圧降下	336
象限	54
上昇・下降演算子	35, 495
状態	375
状態関数	238, 240, 258
状態変数	238
状態方程式	211
状態密度［DOS］	464
衝突断面積	218
衝突頻度	217
蒸発熱	252
触媒	407
触媒定数	449
触媒の被毒	475
助触媒	476
ショットキー障壁	476
シリコン	466
示量性の量	238
真空の透磁率	105
真空の誘電率	14, 105
進行波	13
親水基	440
真性半導体	465
振電相互作用	193, 423
振動	178
振動・回転準位間の遷移	177
浸透圧	336, 339
（非理想溶液の）浸透圧	341
（理想溶液の）浸透圧	340
浸透圧係数	342
浸透圧のファント・ホッフの式	339
振動回転スペクトル	176
振動構造	190
振動準位間の遷移	174
振動数	9, 11, 482
振動のプログレッション	190
浸透ビリアル係数	342
振動モード	387
振動ラマン遷移	176
振幅	11

す

水素結合	231, 443
水素原子	46
水素原子のエネルギー準位	48

水素原子の固有関数	51
水素原子のスペクトル線	14, 15
水素類似原子	48
垂直遷移	189
水和	334
水和エンタルピー変化	335
水和ギブズエネルギー	453
スカラー積	33, 484
スターリングの公式	220, 378, 392, 395
スタガー	86
スチルベン	431
ステップ	462
ストークス-アインシュタインの関係式	349
ストークス光	138
ストークスの式	349
ストップフロー法	446
スネルの法則	117
スピン	38
スピン角運動量	37, 56, 197
スピン-軌道相互作用	188, 199
スピン磁気量子数	38
スピン多重度	63
スペクトル線	9, 138
スレーター行列式	78

せ

正弦関数［sin 関数］	11
正弦波	11
生成エントロピー	275
生成熱	250
生成物	401
正則溶液	321
生体分子	436
ゼーマン効果	56, 197
赤外活性	183
赤外とラマンの相互禁制律	185
積分速度式	401
斥力	231
セシウム分子	427
節	73, 462
摂氏温度	238
絶対温度	238
ゼロ点エネルギー	30, 182
ゼロ点振動準位	387, 419
遷移行列要素	129
遷移状態理論	410
全角運動量	61
前期解離	420
全空間積分	18
線形演算子	486
線形結合	67, 487
全振動エネルギー	182
全対称	163
選択光励起	427
選択則	164, 173, 175
全微分	491

そ

相	294
双極子モーメント	76
相互作用	168
相図	294
（二酸化炭素の）相図	296
（水の）相図	295
相転移	294
相平衡	294
束一的性質	336
速度空間の体積素片	215
束縛回転振動	468
束縛並進	468
側方拡散	440
疎水基	440
疎水性効果	437, 444
疎水性水和	438
疎水性相互作用	437
素反応	411
（粒子の）存在確率	17

た

第一励起状態	184
対角要素	91
第三ビリアル	228
第三法則エントロピー	274
対称種	157
対称伸縮振動	181
対称性	146
対称操作	146
対称中心	147
対称適合基底	157
対称要素	146
対数	482
体積素片 →微小体積	
第二ビリアル係数	228
第二法則のケルビンの表現	269
ダイヤモンド構造	466
楕円偏光	109
多原子分子	79
多体問題	55
脱離	469
脱離速度	470, 472
ダニエル電池	365
ダルトンの法則	317
単位元	148
単位ベクトル	34, 123, 483
単位胞	151
単位立体角	123
ダングリングボンド	466
単振動	30
弾性散乱	137
断熱過程	243
断熱的	239
断熱膨張・圧縮	247
タンパク質	440
タンパク質の折りたたみ	452
タンパク質の構造形成	443
単分子反応	401

ち

力の定数	171
置換	484
置換-反転群	151
逐次反応	412
超微細構造	202
超微細前期解離	426
超微細相互作用	425
超臨界流体	226, 281, 295
調和振動子	30, 387
調和振動子近似	171
調和振動子の固有関数	31
調和振動子の存在確率	32
直接解離	419
直線分子	88
直線偏光	108
直和	156
直交	29

て

定圧	244
定圧熱容量	246
低温変性	445
定在波	13, 17
定常状態近似	413
定常状態の波動関数	23

索　引

定積分	489
定容	244
定容熱容量	245
テイラー展開	490
デオキシリボ核酸　→DNA	
デカルト座標	40
テスラ［Tesla］	197
デバイ［D］	77
デバイ半径	345
デバイ-ヒュッケルの極限法則	345
テラス	462
点イオン	345
電気陰性度	60
電気化学系列	370
電気双極子	122, 229
（量子論的な）電気双極子	127
電気双極子近似	129
電気双極子遷移	129, 164, 175, 186, 193
電気双極子モーメント	122
点群	148
点群の種類	149
点群の見分け方	149
電子状態	388
電子状態の分散	463
電子親和力	60
電子スピン	197
電子スピン角運動量	61
電子スピン共鳴［ESR］	202
電子スピン許容遷移	189
電子スピン禁制遷移	189
電子スペクトル	188
電磁波	105, 122
電子配置	19
電池	364
転置行列	180
伝導帯	465
伝導率	350
天然構造	444
天然構造安定化エネルギー	444
天然変性タンパク質	444
電場	105

と

同位体シフト	172
等温過程	239
等温線	225
透過率	135
導関数	488
統計エントロピー	383
統計熱力学	374
動径分布関数	52
透磁率	105
等電点［pI］	441
同分子種間相互作用	322
特解	125
特性振動	188
ドップラー効果	140, 425
ドップラー拡がり	140
ド・ブロイ波	13
トムソンの原理	269
トンネル効果	33

な

内殻電子	58
内積　→ベクトルの内積	484
内部エネルギー	238
内部エネルギー変化	244
内部転換	422
等核二原子分子	75

に

二原子分子	38
二酸化炭素	89
二次構造	442
二次反応	401
二重結合	88
二重項	63, 188, 198
二重縮退	74
二重らせん構造	438
二分子反応	401
ニュートンの運動方程式	9, 122

ね

熱	239
熱機関の効率	262
熱的ド・ブロイ波長	385
熱輻射	9
熱平衡	239
熱膨張率	291
熱容量	245, 433
熱力学	2, 237
熱力学温度目盛り	263
熱力学第一法則	243
熱力学第三法則	271
熱力学第零法則	239
熱力学第二法則	268
熱力学的最安定	453
熱力学によるエントロピー	394
ネルンストの式	367
燃焼エンタルピー	249
燃焼熱	250
粘度	348
燃料電池	366, 408

の

濃度平衡定数	359

は

場合の数	257, 376
ハートリー-フォック法	78
ハーバー-ボッシュ法	407, 473
倍角の公式	18
排除体積	223
ハイゼンベルクの思考実験	16
π電子密度	98
パウリの排他律	56, 197
波数	27, 107
波数ベクトル	107
パスカルの三角形	201
波束	21, 113
波長	9, 11
波長標準	426
白金触媒	408
発色団	191, 451
発熱反応	406
波動関数	17
波動方程式	19
（一次元の）波動方程式	21
（三次元の）波動方程式	21
バネ定数	122
ハミルトン演算子［ハミルトニアン］	22, 487
波面	107
パルス	113
パルスレーザー（光）	134, 427
反結合性	419
反結合性軌道	72
半減期	402
反ストークス光	138
反対称	162
反対称伸縮振動	181
半値全幅	113, 139
反転操作	147

反転分布	132
バンド	460
半導体	475
バンドギャップ	465, 475
バンド構造	463
バンドヘッド	178
反応エンタルピー	248
反応エントロピー	275
反応機構	411
反応ギブズエネルギー	357, 366
反応進行度	356
反応速度	401
反応速度式	401
反応速度定数	401
反応中間体	415
反応の自発性	282
反応物	401
反発状態	419

ひ

非可換	145
光異性化反応	431, 451
光カー効果	428
光解離過程	420
光触媒	475
光増感	421
光電気化学反応	476
光の強度	109
光の散乱	136
光の速度　→光速	
光の単色性	425
光の波長と振動数	9
光の波動性と粒子性	12
非局在化エネルギー	100
非局在化モデル	100
微細構造	199
非縮退準位	381
微小体積［体積素片］	18, 493
非対角要素	91
非調和結合	187
被覆率	469
微分演算子	41
微分係数	488
非平衡凍結状態	277
比誘磁率	105, 345
ヒュッケル法	90
標準エントロピー	274
標準起電力	367
標準状態	324, 328

標準水素電極	366
標準生成エントロピー	275
標準生成ギブズエネルギー	293
標準電極電位	367
標準濃度	359
標準反応エンタルピー	248, 362
標準反応エントロピー	275
標準反応ギブズエネルギー	293, 358, 368
標準モルエントロピー	274
標準モルギブズエネルギー	292
標準モル生成エンタルピー	250
標準モル燃焼エンタルピー	249
表面	460
表面緩和	462
表面共鳴状態	466
表面再構成	462
表面電子状態	466
ビリアル係数	228
ビリアル状態方程式	228
ビリアル展開	227, 342
非理想気体	303
非理想溶液	319
頻度因子	406

ふ

ファネルモデル［漏斗モデル］	453
ファラデー定数	350, 366
ファンデルワールス相互作用	443
ファンデルワールス力	230, 466
ファンデルワールス定数	224
ファンデルワールス方程式	224
ファント・ホッフの式	362
ファント・ホッフプロット	362
フィックの第一法則	221
フーリエ係数	496
フーリエ展開	496
フーリエの積分原理	496
フーリエ変換	113, 124, 139, 496
フーリエ変換限界	113
フーリエ変換分光計	425
フェルミ共鳴	187
フェルミ準位	464
フェルミ–ディラック分布	464
フォールディング	452
フォールディング中間体	453
フォック演算子	79
フォトン　→光子	
フォノン	471

不可逆過程	241
不可逆等温膨張	266
不確定性原理	16, 30, 145
（位置と運動量についての）不確定性	16, 127
（エネルギーと時間との間の）不確定性	113, 139
付加原子［アドアトム］	462
フガシティー	304
フガシティー係数	304
不完全微分	491
不均一拡がり	139
復元力	122
複合体	449
輻射過程	422
輻射減衰速度定数	423
輻射寿命	423
輻射遷移	422
複素関数	483
複素共役	67, 483
複素表示	110
ブタジエンのπ電子分子軌道	160
ブタジエン分子	93
不対電子	57
物質合成	2
物質波	104
沸点	295, 339
沸点上昇	339
沸点上昇定数	339
沸騰	297
物理吸着	467
不定積分	489
部分電荷	76
部分モルエンタルピー	314
部分モルエントロピー	314
部分モルギブズエネルギー	313
部分モル体積	311
部分モル量	310
ブライホルダーモデル	468
ブラウン運動	347
フラウンホーファー線	9, 14, 46
ブラケット	20
フラッシュフォトリシス	432, 448
プランク–アインシュタインの式	12
フランク–コンドン因子	190
フランク–コンドンの原理	189
プランク定数	10
プランクの式	11
フランクの量子化説	9
ブリッジサイト	468

索引

分岐比 411
分極 127, 230
分極率 137, 176, 230
分散相互作用 230
分散素子 116
分子間相互作用 223, 229
分子軌道法 66
分子自由度 384
分子状吸着 468
分子内振動エネルギー再分配 432
分子分配関数 378, 391
フントの規則 57
分配関数 384

へ

閉殻構造 57
平均2乗変位 222
平均イオン活量 343
平均イオン活量係数 344
平均イオン質量モル濃度 344
平均エネルギー 382
平均自由行程 218
平衡定数 357
（モル分率による）平衡定数 364
平衡定数の圧力依存性 363
平衡定数の温度依存性 362
閉鎖系 239
並進（運動） 178, 384
平面波 107
平面分子 88
ベクトル 33
ベクトル積 33, 485
ベクトルの外積 33, 485
ベクトルの内積 33, 484
ヘスの法則 249
ペプチド結合 442
ヘモグロビン 442
ヘルムホルツエネルギー 286, 390
変位 220
偏光 108
変数分離 46, 127
変性 444
変性構造 444
ベンゼンのπ電子分子軌道 160
ベンゼンの励起状態ダイナミクス 424
偏微分 490
偏微分係数［偏導関数］ 490
変分原理 69, 487
変分法 488

ヘンリー係数 324
ヘンリー則標準状態 344
ヘンリー則標準状態の活量 327
ヘンリーの法則 324

ほ

ポアソンの法則 248
ボイル温度 233
ボイルの法則 211, 248
方位量子数 49, 56
ボーア磁子 197
ボーアの原子モデル 14, 46
ボーアの量子条件 15
ボーア半径 15, 50, 53
ボーズ粒子 118
保存量 144
ポテンシャルエネルギー 15, 22, 406
ポテンシャルエネルギー曲面 169
ポテンシャルの非調和性 172
ポリエチレン 88
ボルツマン因子 216, 390
ボルツマン定数 11, 212, 377
ボルツマンによるエントロピー 394
ボルツマン分布 377, 380
ホルムアルデヒド 192
ボルン-オッペンハイマー近似 67, 169, 189, 423
ポンプアンドプローブ法 427

ま

マイケルソン干渉計 114
マクスウェルの関係式 288
マクスウェルの等面積構図 227
マクスウェルの方程式 105
マクスウェル-ボルツマン分布 213, 216
マクローリン展開 170, 176, 179
マクロなエントロピー 393
摩擦係数 348
マッコーネルの式 203

み

ミオグロビン 452
ミカエリス定数 449
ミカエリス-メンテン機構 448
ミクロカノニカルアンサンブル 389
ミクロなエントロピー 393

水分子 79
ミセル 440
密度汎関数法 78
ミラー指数 461
ミリカンの記号 157

む

無輻射過程 422
無輻射失活 433
無輻射遷移 422

め

メーザー 134
面心立方格子 461

も

モノクロメーター 116
モル吸収係数 135
モル体積 224
モル伝導率 350
モル濃度 312, 328
モル分率 312
モル量 224

ゆ

融解 297
融解曲線 295
融解熱 252
誘起電気双極子モーメント 137, 230
融点 295
誘電放出 130
誘電率 105
誘導吸収 130
誘導適合機構 456
ユニタリ行列 180
ユニタリ変換 486
揺らぎ 445

よ

陽イオン［カチオン］ 59, 343
溶液 315
四次構造 442
四重項 63

ら

ライマン系列	127
ラウール則標準状態にもとづく活量	327
ラウールの法則	317, 325, 337
ラウールの法則から正のずれ	321
ラウールの法則から負のずれ	319
ラグランジュの未定係数法	378, 389
ラザフォードの原子モデル	13, 14
ラジカル	198
ラプラス演算子［ラプラシアン］	22, 41
ラマン活性	176, 183
ラマン散乱	138, 176
ラングミュア-ヒンシェルウッド型	472
ラングミュアの吸着等温式	469, 470
ランダムフライト	220
ランダム歩行	220
ランベルト-ベールの法則	135

り

リガンド	452
理想気体	211
理想気体の状態方程式	211
理想溶液	317
律速段階	413, 474
立体因子	409
立体角	217
リボ核酸　→RNA	
粒子と波動の二重性	116
流束	221
流動モザイクモデル	440
リュードベリ定数	14, 48
量子収率	423
量子数	28, 37
量子性	420
量子電磁力学	117
量子論	2, 9
両親媒性分子	440
両性イオン	441
臨界圧	226
臨界温度	226
臨界点	226, 295, 299
臨界モル体積	226
りん光	422
リン脂質	440
リン脂質二分子膜	440

リンデマン機構	413

る

ル・シャトリエの原理	361

れ

励起状態	85
励起状態ダイナミクス	421
レイリー散乱	137
レイリー-ジーンズの式	10
レーザー	132, 425
レーザー発振	133
レチナール分子	451
レナード-ジョーンズポテンシャル	232
錬金術	1
連鎖反応	420

ろ

漏斗モデル　→ファネルモデル	
ローレンツ型	124, 139
ローレンツ関数	497
ローレンツ力	125
ロドプシン	451
ロンドン相互作用	230

わ

和周波発生振動分光	469

図版クレジット
※本文中に表示したものは除く

- カバーオモテ（レーザー機器）：Zffoto/Shutterstock、（波イメージ）：Pavel L Photo and Video/Shutterstock
- カバーウラ：ogwen/Shutterstock
- p.iii 「はじめに」背景：evryka/Shutterstock
- p.1 序章タイトルバック：majcot/Shutterstock
- p.1 図：Pieter Brueghel the Elder
- p.2 上図：jordache/Shutterstock
- p.2 下図：Sai Yeung Chan/Shutterstock
- p.3 上図：SphinxHK/Shutterstock
- p.3 下図：Hung Chung Chih/Shutterstock
- p.7 第Ⅰ部扉：agsandrew/Shutterstock
- p.8 ほか 1～5章タイトルバック：Anatolii Vasilev/Shutterstock
- p.8 1章イントロ：Benjamin Couprie, Institut International de Physique de Solvay
- p.26 2章イントロ（バネ）：3DDock/Shutterstock、（振り子時計）：Alexander Sakhatovsky/Shutterstock、（風車）：pedrosala/Shutterstock
- p.103 第Ⅱ部扉：NASA, ESA, and the Hubble Heritage (STScI/AURA)-ESA/Hubble Collaboration
- p.104 など 6～10章タイトルバック：Incredible Arctic/Shutterstock
- p.104 6章イントロ：Fouad A. Saad/Shutterstock
- p.106 Topic：MilanB/Shutterstock
- p.106 Focus6.1：Francois Arago, "Astronomie Populaire" (1857)
- p.114 図6-14：Genkou75/Wikimedia Commons
- p.115 図6-15：Alain Le Rille/Wikimedia Commons
- p.116 Topic：bogdan ionescu/Shutterstock
- p.121 7章イントロ：Jorg Hackemann/Shutterstock
- p.132 Focus7.1：Christian Delbert/Shutterstock
- p.138 Topic：Indian Association for the Cultivation of Science
- p.140 Assist：Designua/Shutterstock
- p.143 8章イントロ：nobeastsofierce/Shutterstock
- p.196 10章イントロ：Frank Behusen/Wikimedia Commons
- p.199 Focus10.1：Sakarin Sawasdinaka/Shutterstock
- p.205 Focus10.2（MRI装置）：EPSTOCK/Shutterstock、（MRI画像・中央）：Semnic/Shutterstock、（MRI画像・右）：Daisy Daisy/Shutterstock
- p.209 第Ⅲ部扉：photocell/Shutterstock
- p.210 など 11～18章タイトルバック：Keo/Shutterstock
- p.210 10章イントロ：the Earth Science and Remote Sensing Unit, NASA Johnson Space Center
- p.237 11章イントロ：KPG_Payless/Shutterstock
- p.244 Assist：Steve Heap/Shutterstock
- p.256 13章イントロ（ATP）：petarg/Shutterstock、（インク拡散）：jcjgphotography/Shutterstock
- p.258 Topic：Daderot/Wikimedia Commons
- p.281 14章イントロ：C.M. Rayner, A.A. Clifford and K.D. Bartle, Department of Chemistry, University of Leeds, UK.
- p.309 15章イントロ：Svetlana Foote/Shutterstock
- p.310 図15-1（水）：molekuul.be/Shutterstock、（エタノール）：Dmitry Guzhanin/Shutterstock
- p.333 16章イントロ：Zaid Saadallah/Shutterstock
- p.338 Topic：Ivan Smuk/Shutterstock
- p.341 Topic：nata-lunata/Shutterstock
- p.355 17章イントロ：Sabine Kappel/Shutterstock
- p.374 18章イントロ：fredredhat/Shutterstock
- p.399 第Ⅳ部扉：Norikazu/Shutterstock
- p.400 19～22章タイトルバック：UGREEN 3S/Shutterstock
- p.400 19章イントロ：森義仁 お茶の水女子大学大学院教授（分子科学研究所花崎研究室で撮影）
- p.418 20章イントロ：MarcelClemens/Shutterstock
- p.422 Topic（クラゲ）：Dwight Smith/Shutterstock、（GFP）：Raimundo79/Shutterstock
- p.452 図20-21（生卵）：Valentina Proskurina/Shutterstock、（ゆで卵）：Charlie Edwards/Shutterstock
- p.460 22章イントロ：奥山弘 京都大学大学院准教授
- p.481 補章タイトルバック：Marina Sun/Shutterstock
- p.498 など 付録タイトルバック：Zffoto/Shutterstock

著者略歴

寺嶋　正秀（てらじま　まさひで）
1959年　香川県生まれ
京都大学大学院理学研究科博士課程，東北大学理学部助手，
京都大学理学部助教授などを経て
現　在　京都大学大学院理学研究科教授
専　門　分子科学，生物物理，分子分光学
理学博士

馬場　正昭（ばば　まさあき）
1955年　福岡県生まれ
京都大学大学院理学研究科博士課程，神戸大学理学部助手，
京都大学大学院理学研究科教授などを経て
現　在　京都大学名誉教授
専　門　レーザー分子分光，励起分子ダイナミクス
理学博士

松本　吉泰（まつもと　よしやす）
1953年　京都府生まれ
京都大学大学院工学研究科修士課程，東京大学大学院工学
系研究科博士課程，分子科学研究所助教授，総合研究大学
院大学教授，京都大学大学院理学研究科教授などを経て
現　在　京都大学名誉教授，豊田理化学研究所フェロー
専　門　分子分光学，表面・界面化学
工学博士

現代物理化学

第1版　第1刷　2015年12月20日　発行	著　者　寺嶋　正秀
第9刷　2025年2月10日　発行	馬場　正昭
	松本　吉泰

検印廃止

発行者　曽根　良介
発行所　（株）化学同人

〒600-8074 京都市下京区仏光寺通柳馬場西入ル
編　集　部　TEL 075-352-3711　FAX 075-352-0371
企画販売部　TEL 075-352-3373　FAX 075-351-8301
　　　　　　振　替　01010-7-5702
e-mail　webmaster@kagakudojin.co.jp
URL　https://www.kagakudojin.co.jp

印刷・製本　西濃印刷（株）

JCOPY 〈出版者著作権管理機構委託出版物〉
本書の無断複写は著作権法上での例外を除き禁じられています．複写される場合は，そのつど事前に，出版者著作権管理機構（電話 03-5244-5088, FAX 03-5244-5089, e-mail: info@jcopy.or.jp）の許諾を得てください．

本書のコピー，スキャン，デジタル化などの無断複製は著作権法上での例外を除き禁じられています．本書を代行業者などの第三者に依頼してスキャンやデジタル化することは，たとえ個人や家庭内の利用でも著作権法違反です．

Printed in Japan　© M. Terazima, M. Baba, Y. Matsumoto　2015
無断転載・複製を禁ず
乱丁・落丁本は送料小社負担にてお取りかえします．

ISBN978-4-7598-1809-3

数学の公式

◆三角関数

$\sin(x \pm y) = \sin x \cos y \pm \cos x \sin y$

$\cos(x \pm y) = \cos x \cos y \mp \sin x \sin y$

$\sin 2x = 2 \sin x \cos x$

$\cos 2x = \cos^2 x - \sin^2 x = \begin{cases} 1 - 2\sin^2 x \\ 2\cos^2 x - 1 \end{cases}$

$\sin^2 \dfrac{x}{2} = \dfrac{1 - \cos x}{2}$

$\cos^2 \dfrac{x}{2} = \dfrac{1 + \cos x}{2}$

$\sin x \pm \sin y = 2 \sin\left(\dfrac{x \pm y}{2}\right) \cos\left(\dfrac{x \mp y}{2}\right)$

$\cos x + \cos y = 2 \cos\left(\dfrac{x + y}{2}\right) \cos\left(\dfrac{x - y}{2}\right)$

$\cos x - \cos y = 2 \sin\left(\dfrac{x + y}{2}\right) \sin\left(\dfrac{y - x}{2}\right)$

$\sin x \sin y = \dfrac{1}{2}[\cos(x - y) - \cos(x + y)]$

$\cos x \cos y = \dfrac{1}{2}[\cos(x - y) + \cos(x + y)]$

$\sin x \cos y = \dfrac{1}{2}[\sin(x - y) + \sin(x + y)]$

◆指数・対数

$x^0 = 1 \quad x^n \cdot x^m = x^{n+m} \quad (x^n)^m = x^{nm}$

$\ln xy = \ln x + \ln y \quad \ln \dfrac{x}{y} = \ln x - \ln y$

$\ln x^y = y \ln x$

$e^{\pm ix} = \cos x \pm i \sin x$

$\sin x = \dfrac{e^{ix} - e^{-ix}}{2i}$

◆テイラー展開

$(1 + x)^n = 1 + nx + \dfrac{n(n-1)}{2!}x^2 + \dfrac{n(n-1)(n-2)}{3!}x^3$
$\qquad + \cdots\cdots \qquad\qquad\qquad\qquad (x^2 < 1)$

$\ln(1 + x) = x - \dfrac{1}{2}x^2 + \dfrac{1}{3}x^3 - \cdots\cdots$
$\qquad\quad = \sum_{n=1}^{\infty}(-1)^{n-1} \cdot \dfrac{1}{n}x^n \quad (-1 < x \leq 1)$

$e^x = 1 + x + \dfrac{1}{2!}x^2 + \cdots\cdots = \sum_{n=0}^{\infty} \dfrac{1}{n!}x^n$

◆微分

$\dfrac{d}{dx}x^n = nx^{n-1}$

$\dfrac{d}{dx}e^{ax} = ae^{ax}$

$\dfrac{d}{dx}\ln x = \dfrac{1}{x}$

$\dfrac{d}{dx}\log_a x = \dfrac{1}{x \ln a}$

$\dfrac{d}{dx}\sin kx = k \cos kx$

$\dfrac{d}{dx}\cos kx = -k \sin kx$

$d(f + g) = df + dg$

$d(fg) = f dg + g df$

$d\dfrac{f}{g} = \dfrac{1}{g}df - \dfrac{f}{g^2}dg$

$\dfrac{df}{dt} = \dfrac{df}{dg}\dfrac{dg}{dt}$

$\left(\dfrac{\partial y}{\partial x}\right)_z \left(\dfrac{\partial x}{\partial z}\right)_y \left(\dfrac{\partial z}{\partial y}\right)_x = -1$

$\left(\dfrac{\partial y}{\partial x}\right)_z = \dfrac{1}{\left(\dfrac{\partial x}{\partial y}\right)_z}$

◆積分

$\displaystyle\int af(x)dx = a\int f(x)dx$

$\displaystyle\int [f(x) + g(x)]dx = \int f(x)dx + \int g(x)dx$

$\displaystyle\int \sin x \, dx = -\cos x + C$

$\displaystyle\int \cos x \, dx = \sin x + C$

$\displaystyle\int \ln x \, dx = x \ln x - x + C$

$\displaystyle\int x^n \, dx = \dfrac{x^{n+1}}{n+1} + C \quad (n \neq -1)$

$\displaystyle\int \dfrac{1}{x}dx = \ln x + C$

$\displaystyle\int_0^{\infty} x^n e^{-ax} dx = \dfrac{n!}{a^{n+1}}$